U0248125

装备科技译著出版基金

# 振动防护理论

## Theory of Vibration Protection

〔加拿大〕 Igor A. Karnovsky  Evgeniy Lebed  著

舒海生 史肖娜 赵磊 牟迪 译

国防工业出版社

·北京·

著作权合同登记 图字：军－2018－047 号

**图书在版编目（CIP）数据**

振动防护理论／（加）伊戈尔·A·卡尔诺夫斯基
（Igor A. Karnovsky），（加）叶夫根尼·列别德
（Evgeniy Lebed）著；舒海生等译. —北京：国防工
业出版社，2019.3
书名原文：Theory of Vibration Protection
ISBN 978－7－118－11764－6

Ⅰ．①振… Ⅱ．①伊… ②叶… ③舒… Ⅲ．①工程振
动学 Ⅳ．①TB123

中国版本图书馆 CIP 数据核字（2019）第 026745 号

First published in English under the title
Theory of Vibration Protection
by Igor A. Karnovsky and Evgeniy Lebed, edition：1
Copyright © 2016 Springer International Publishing Switzerland
This edition has been translated and published under licence from
Springer International Publishing AG, part of Springer Nature.
本书简体中文版由 Springer 授权国防工业出版社独家出版。

※

国防工业出版社出版发行
（北京市海淀区紫竹院南路23号 邮政编码100048）
三河市腾飞印务有限公司印刷
新华书店经售

*

开本 710×1000 1/16 印张 39¼ 字数 724 千字
2019 年 3 月第 1 版第 1 次印刷 印数 1—2000 册 定价 199.00 元

**（本书如有印装错误，我社负责调换）**

国防书店：(010)88540777　　发行邮购：(010)88540776
发行传真：(010)88540755　　发行业务：(010)88540717

# 前　言

在现代工程技术领域中,如何降低各类机械装备的振动水平是一个极为重要的问题。抑制有害振动的量级有利于保证产品的功能得以正常发挥,从而增强其可靠性,并可以减少对操作人员的有害影响,这也是振动抑制技术具有深远意义的主要原因。一般地,我们将能够用于抑制振动的方法和手段统称为振动防护技术。

振动防护在众多领域中都是非常必要的,其防护对象包括工程结构、制造装备、飞行器、船舶以及运载平台上的各类装置等。无论防护对象怎样变化,振动防护技术的基本途径、核心概念和主要方法都是一致的。现代振动防护理论具有非常宽广的内涵,涉及大量的思想、概念和方法,它们主要建立在一般振动理论、结构理论和控制理论所给出的基本原理和方法基础之上,并广泛采用了微分方程理论和复数分析理论。

本书对振动防护问题进行了较为系统而全面的阐述,并将其划分为三个主要方面:被动式振动防护、参数式振动防护和主动式振动防护。

被动式振动防护是指仅通过被动元件来抑制振动的水平,防护过程的实现不需要外部提供能量源。一般而言,现有的被动式振动防护主要包括了三个不同的途径:振动隔离(隔振)、阻尼减振(消振)和动力吸振(吸振)。在这一方面的防护理论中,通常会涉及线性和非线性振动理论,因此也常常需要利用这些理论框架中所给出的一些概念与方法。

在机械系统的振动防护中还存在另一种方法,即内部振动防护。这种方法主要通过改变系统的相关参数来实现减振这一目的。本书中将这一防护类型称为参数式振动防护,其核心问题在于确定合适的系统参数,使得所期望的振动水平得以降低。参数式振动防护理论主要建立在 Shchipanov-Luzin 不变性原理这一基础上,并需要借助线性微分方程理论进行分析。

主动式振动防护是通过引入额外的能量源来实现振动抑制,其核心问题是根据系统的当前状态来确定所需附加的外部控制量。最优主动振动防护理论是建立在 Pontryagin 原理和 Krein 矩量方法基础上的,利用这些方法我们能够针对不同类型的约束条件进行相应的分析。

本书面向各个相关领域的研究生和工程师,阅读本书之前要求读者已经具备了振动理论、复分析和微分方程理论等方面的相关知识。为便于阅读,本书对一些内容作了适当压缩,部分公式将直接给出,而不再介绍其严格的数学证明过程。另外,本书主要定位于振动防护理论层面,因此不去讨论一些特定防护系统的具体细节。

书中给出了众多学者所提出的一系列重要模型和方法,然而应当着重指出的是,由于振动防护相关的文献浩如烟海,因而很难想象在这本书中将所有的振动防护技术和思想全部涵盖到,为此我们要向那些研究工作未被包括进来的学者们致歉。

全书主要由绪论和四个核心部分组成,此外还包括一个附录部分。

在绪论部分中,简要介绍了振动源的相关问题,阐述了机械激励源的类型以及它们对防护对象的影响,同时还讨论了防护对象的动力学模型和振动防护的基本途径。

第 1 部分包含了第 1~9 章,重点考察了被动式振动防护理论中的各类主要方法。第 1~4 章讨论了振动隔离技术,第 5 章关注的是阻尼减振技术,第 6~7章分析了吸振方法。最后,在第 8 章和第 9 章中分别阐述了参数式振动防护和非线性振动防护问题。

第 2 部分主要介绍了两种用于动力学过程最优控制的基本方法,分别是Pontryagin 原理(第 10 章)和 Krein 矩量法(第 11 章)。这些方法可以用于振动的主动抑制。此外,这一部分还以方框图形式描述了任意的振动防护系统及其分析过程,这些将在第 12 章中介绍。

第 3 部分重点阐述了受冲击作用结构的分析。在第 13 章中将利用拉普拉斯变换对线性动力学系统的瞬态振动进行分析,并讨论基于力控制和运动控制方法的主动式振动防护问题,以及参数式振动防护问题。第 14 章介绍冲击和谱的相关理论,而第 15 章则针对受随机力和随机运动激励的力学系统,重点考察其振动防护问题。

第 4 部分包括了两个特定的主题,其中第 16 章介绍的是在振动源处的振动抑制技术,第 17 章分析了振动对人员的有害影响,这一章是与 T. Moldon(加拿大)合作编写的。

最后的附录部分中给出了一些相关的基本知识,其中包括了复数的概念及其运算、拉普拉斯变换的基本性质和常用变换表。

每一章中的公式和图表是按顺序编号的,每个编号的第一个数字代表了章号,第二个数字代表的是图表或公式的序号。此外,为引起读者注意,书中还对一些较为复杂的问题用星号进行了标注。

Igor A. Karnovsky,加拿大,BC,Coquitlam.

Evgeniy Lebed,加拿大,BC,Burnaby.

2015 年 10 月

# 致　谢

在本书的撰写和成稿过程中，引用和借鉴了很多研究人员的已有工作，在此我们要向他们表示衷心的感谢。在本书撰写的初期阶段，我们曾与众多的朋友、同事以及合作者们就本书中涉及的诸多概念、思想、方法以及相关研究结果等内容进行过充分的讨论和交流，从中受益匪浅，因此这里也要向他们表示由衷的敬意。

本书作者之一 I. A. K. 还要特别感谢一些著名的专家和他的同事与朋友们，其中包括了 R. Sh. Adamiya 院士（格鲁吉亚）、A. E. Bozhko 教授（乌克兰）、M. T. Kazakevich 教授（德国）、M. V. Khvingiya 院士（格鲁吉亚）、A. O. Rasskazov 教授（乌克兰）、V. B. Grinyov 教授（乌克兰）、M. Z. Kolovsky 教授（俄罗斯）、S. S. Korablyov 教授（俄罗斯）以及 A. S. Tkachenko 教授（乌克兰）等人。尽管这些学者没有直接参与到本书的撰写工作中，不过正是在他们的早期研究工作基础上本书才得以最终成稿，他们所带来的建议、评述、意见和支持对于本书而言都是不可或缺的。

此外，我们还要感谢 Mark Zhu 和 Sergey Nartovich 在计算机程序方面的技术支持，以及 Olga Lebed 经理在本书撰写过程中所提供的帮助和支持。

最后，我们再一次向所有给本书提出宝贵意见和建议的人们表示衷心的感谢！

Igor A. Karnovsky，加拿大，BC，Coquitlam.

Evgeniy Lebed，加拿大，BC，Burnaby.

2015 年 10 月

# 作者简介

**Igor A. Karnovsky**：哲学博士，理学博士，结构分析、振动理论和振动最优控制方面的专家，在这一领域内具有40年教学和科研工作经验，发表了70多篇科研论文，撰写了2本有关结构分析的著作（2010—2012年，Springer出版社）和3本有关结构动力学的手册（2001—2004年，McGraw Hill出版社），并有大量振动控制方面的专利获得授权。

**Evgeniy Lebed**：哲学博士，应用数学和工程领域的专家，在该领域内具有10年教学和科研工作经验，主要研究兴趣包括微分方程的定性理论、积分变换、图像和信号处理方面的频域分析等。发表了15篇科研论文，并拥有一项美国专利（2015）。

# 目 录

## 第 1 部分  被动振动防护

X

# 第 2 部分　主动振动防护

# 第 4 部分 若干特定主题

# 绪　论

这一部分简要地介绍振动源和振动防护对象的相关内容。我们将阐述有害机械载荷的不同类型以及它们对相关对象(包括人员)的影响,同时还将讨论振动防护对象的动力学模型和振动防护的基本方法。

## 0.1　振动源和振动防护对象

振动防护理论的研究对象是机械系统,振动源将会对这些机械系统产生激励作用,从而传导到所关心的振动防护对象上,如图 1 所示。

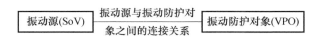

图 1　振动源与振动防护对象之间的相互作用

振动源的激励可以有多种形成原因,一般可以划分为内部激励和外部激励两大类。内部激励是防护对象自身正常工作时所产生的,而外部激励一般是不依赖于防护对象自身的。对于内部激励来说,它们还可以进一步划分为两个子类型:

(1)运动部件导致的激励。这一激励类型的实例包括转子的旋转、活塞的往复运动以及其他机械部件的运动等。作为振动源的这些运动部件一般都会产生动力作用,这些动力作用又会通过各类部件之间的约束关系传递到与振动源相联系的各个不同对象上,其中就包括了需要消除或抑制其振动水平的那些物体。以后我们将称这些物体为振动防护对象(Vibration Protection Objects,VPO)。

为减小各约束部位的动力作用,可以考虑降低振动源的振动水平。对动力机械作平衡处理,特别是对转动零部件(如转子)作静平衡和动平衡,这是十分常见的处理措施。关于转子的自动平衡技术,读者可以参阅文献[1,2],其中详细介绍了与此相关的各类技术方法。

(2)振动源处的物理和化学过程导致的激励。这些过程一般包括内燃机和喷气式发动机中的排气过程、发动机中液体或气体与涡轮叶片的相互作用过程、

1

管道中气体或液体的脉动过程、发动机和发电机中的电磁作用过程,以及其他一些过程,如金属切削机床切除金属和采矿装备中的材料处理过程等。对于这类激励源来说,通过改变这些物理或化学过程的条件设置是可以降低相应的振动水平的[3, vol. 4]。

外部激励与防护对象自身的功能是没有关系的,这类激励可以包括爆炸、地震、碰撞、温度变化以及风载等。

为了帮助读者获得更为清晰直观的认识,下面我们介绍几个振动防护对象及其受到的激励情况。

1a. 安装在基础上的带有不平衡转子的发动机。如果我们的目的是降低发动机本体的振动,那么很显然,这里应当将振动防护对象作为发动机本体,而振动源是发动机的转子,支撑转子的部件受到了动力作用,从而形成了对发动机本体的激励,如图2(a),(b)所示。

1b. 与上面的系统相同,不过此处我们的目的是降低基础的振动水平,如图2(c)所示。此时振动防护对象就变成了基础,而振动源仍然是不平衡的发动机转子。激励主要体现在那些将发动机安装到基础上的零部件上,它们会受到动力作用。

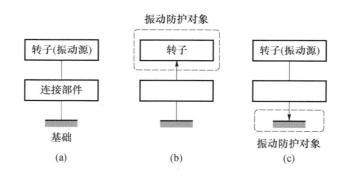

图2 不平衡的转子是振动源:两种振动防护问题

2a. 安装在飞机驾驶舱内的控制面板。如果我们关心的是该控制面板的振动的话,那么振动防护问题就是如何减小它们的振动水平。显然,振动防护对象就是控制面板了,而振动源则是飞机的所有能够导致面板振动的部件。控制面板安装位置上各点的运动激励对于面板来说就形成了动力扰动。

2b. 系统与上相同,不过这里我们关心的是如何降低控制面板安装处的飞机机壳的振动水平。此时,振动防护对象变成了控制面板安装处的飞机部件,振动源来自于飞机中相互作用的多个零部件,它们会对上述振动防护对象产生动力学和声学激励作用。

3. 运输工具与人员构成的系统。这种情况中,在振动条件下如何保护人员是一个极为重要的问题。这种振动防护问题可以有很多不同的类型,例如,我们可以选择人员的座椅为防护对象,也可以选择整个驾驶室为防护对象,甚至还可以将减小整个运输工具的工作机构的振动作为目标。

系统受到的激励可以是力也可以是运动。如果某物体的振动是由它所承受的力或力矩等力学参量导致的,那么这就对应了力激励的情形;而如果物体的振动是由基础的位移、速度或加速度等运动学参量导致的,那么就对应了运动激励的情形(飞行员由于座椅的运动而产生振动就属于这一类)。在这两种情形中,物体的振动都取决于该物体与基础之间的连接特性。

在后面的内容中,我们将把一般的机械激励区分为上面提到的这两种形式,即力激励和运动激励,图 3 给出了这些激励类型的最简单的案例。

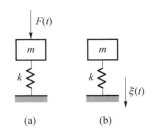

图 3　(a)力激励;(b)运动激励

在图 3 中,$m$ 代表的是物体的质量,$k$ 代表的是连接件(弹簧)的刚度系数,物体是通过该连接件连接到基础上的。$F(t)$ 和 $\xi(t)$ 分别表示的是力激励和基础的运动激励。

这里附带提及的是,对于内部激励而言,在确定运动激励时一般需要详细分析问题的实际情况;对于外部激励来说,如地震,那么运动激励的特征就是非常明显的了。

## 0.2　机械载荷及其对物体和人员的影响

一般来说,不利的机械载荷可以划分为三种类型,分别是线性过载、振动载荷以及冲击载荷。

**线性过载**

线性过载情况一般发生在结构物的加速或减速过程中,经常是由加减速过程所导致的力学效应。在飞机的起落过程和操控过程(如翻滚、俯仰和偏转动作)中,线性过载更为突出。一般来说,线性过载具有两个主要特征,分别是恒定的加速度值 $a_0$ 与加速度的最大增长率 $\dot{a} = \max(\mathrm{d}a/\mathrm{d}t)$(也称加加速度),如图4所示。

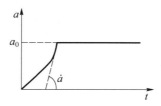

图4 线性过载的时间历程

在一些特殊情况中,线性过载是随时间呈线性变化的。如果线性过载是以静态的方式传递到相关物体上,那么在这种线性过载单独作用的条件下,一般是难以对此类物体进行防护;而如果线性过载是叠加到振动或冲击激励上的,那么在振动防护过程中,一般也需要做较大的改变,并且相应的振动防护装置也会变得更加复杂一些。

线性过载条件下的运动平台可能以很大的线加速度运动,此时对于固定在平台之上的物体来说,如果采用了振动防护装置,那么该装置一般可以有三种不同类型的工作状态。

(1)加速状态:在这一阶段,振动防护装置主要处于承受应力状态,线性过载将导致该装置承受额外的应力载荷。

(2)停机状态:在这一阶段,用于起动加速的发动机将停止工作,而一直在承受应力载荷的振动防护装置在此时也将发生松弛,并在很短的时间内释放出它所储存的势能,显然这将导致冲击现象,它对该振动防护装置往往是有害的。

(3)减速状态:类似地,在这一阶段中,振动防护装置也将受到显著的线性过载。

**振动激励**

动力型振动激励主要是指作用在物体上的动态变化着的力 $F$ 或力矩 $M$,而运动型振动激励则是指振动源(基础、飞机机身等)处的加速度($a$)、速度($v$)或位移($x$)等。这些激励都是时间的函数,它们可以是定常的(稳态的)或非定常的(非稳态的)。

**定常的振动激励**。这种类型中最简单的激励形式是 $x(t) = x_0\sin\omega_0 t$,其中 $x(t)$ 代表的是振动力或运动激励,$x_0$ 和 $\omega_0$ 分别代表的是该激励的幅值和频率。激励的周期可以根据其频率来确定,即 $T = 2\pi/\omega_0$。这个简谐型的激励及其对应的频谱如图5(a),(b)所示。

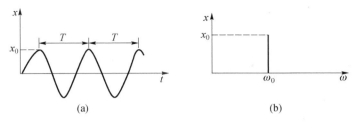

图 5　简谐激励过程及其对应的频谱

简谐型的激励力一般产生于不平衡的转子、各种类型的振子以及柱塞泵等设备[4]，而运动激励一般来源于物体安装基础的振动[5]。

**非定常的振动激励**。这种类型的激励一般来源于激励源的瞬态过程，例如，转子加速过程中作用到机体上的动态激励力可以表示为 $x(t) = a(\omega)\sin(\omega(t)t)$，其中 $\omega(t)$ 表明了转子的角速度是随时间改变的。

**多谐型振动激励**。这种激励形式一般可以描述为[3,vol.1]

$$x(t) = \sum_{k=1}^{\infty}(a_k\cos k\omega_0 t + b_k\sin k\omega_0 t)$$

该激励中的简谐成分所具有的频率为 $k\omega_0(k=1,2,\cdots)$，一般将它们称为该激励的频谱。每个频率成分的幅值和相位分别为 $A_k = \sqrt{a_k^2 + b_k^2}$ 和 $\varphi_k$，其中 $\tan\varphi_k = b_k/a_k$。将这组频率成分的幅值按照频率升序排列起来，我们就可以得到该激励的幅值谱，如图 6 所示，其中给出了一个典型的多谐型激励的幅值谱情况。这种激励形式通常出现在那些带有循环工作机构的机械设备的振动场合中[3,vol.1,4]。

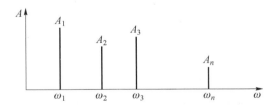

图 6　多谐激励的幅值谱

激励的最大频率与最小频率之差称为带宽，即 $\omega_{\max} - \omega_{\min}$。当 $\omega_{\max}/\omega_{\min} > 10$ 时，一般将这种激励称为宽带激励，而如果能量谱主要集中在少数频率附近，那么这种激励一般称为窄带激励。

将两个振动过程作几何相加，可以得到所谓的利萨如曲线，该曲线的外形取决于这两个过程的频率、幅值和相位之间的相关性[3,vol.1]。当两个周期振动过程的频率之间只存在较小的差异时，那么将它们叠加之后将会形成一种"拍"的现象。从叠加信号中我们可以观察到幅值是周期性增大和减小的，这种幅值变化的频率正好等于两个振动过程的频率差值[6]。

多谐激励的带宽对于振动防护问题来说具有重要的影响,在考虑采用何种模型来描述振动防护对象的时候,应当考虑到这一带宽情况,所选择的分析模型必须使得所关心的防护对象的本征频率均落在激励带宽之内[2]。

高频的振动激励往往还会导致声振效应,这种情况下振动激励不仅会通过机械连接元件传递到防护对象上,而且也会通过周围环境(如空气介质)传递过去。实际上,过高的声压会对高精密的机械设备和仪器产生严重的影响,例如现代喷气式发动机和超声速飞机等往往会带来这种激励,它们所产生的影响不可忽视。

*混沌激励*。 一般地,混沌振动可以通过如下形式的表达式来描述,即

$$x(t) = \sum_{k=1}^{N} (a_k \cos\omega_k t + b_k \sin\omega_k t)$$

当这个多谐过程中的频率成分之比值为无理数时,它也就表征了一类由完全独立的激励源所产生的振动激励情形。

*随机激励*。 各类实际问题中,往往会出现振动激励具有不确定性的情况。虽然可以根据理论计算或现场测量得到激励的特性,不过这些结果中都会带有随机因子,它们的影响是无法预先确定的。这也是此类振动激励难以通过一些标准函数形式来表达的主要原因。唯一可行的途径是将其描述为一个随机过程,并借助其随机特性来进行考察和分析。典型的随机振动激励包括液体流经管路时的压力脉动、射流的气动力噪声,以及带有多台设备的振动平台等[7]。

**冲击激励**

冲击激励可以分为动力冲击激励(DIE)和运动冲击激励(KIE)这两种不同的类型。动力冲击激励是指系统处于冲击力或冲击力矩的作用下,而运动冲击激励则是指系统受到的是运动形式的冲击,主要是由于速度的快速变化而导致的,如飞机着陆。这两种冲击激励形式的特性都可以用持续时间和最大值来刻画。应当注意的是,这些冲击激励所导致的系统的振动过程是非稳态的。

动力冲击激励的"力–时间"或"力矩–时间"特性曲线,运动冲击激励的"加速度–时间"特性曲线,一般称为冲击波形。一般情况下,这些特性曲线图中的力(力矩、加速度)在一定的时间范围内从零逐渐增大到峰值,然后再恢复到零值。冲击波形的主要特性可以通过持续时间、幅值和谱特性等来表征[8]。

**机械载荷对人体和物体的影响**

*线性过载的影响*。 在没有外部载荷的情况下,即便只存在线性过载,也可能导致系统中的一些仪器(如继电器装置)出现误动作。

*振动激励的影响*。 这类激励的有害影响主要表现为如下几种形式:

(1)共振现象的出现,这是此类激励可能导致的最大的危险。

（2）此类激励的重复作用会导致材料内部损伤的累积，进而又会导致疲劳裂纹的扩展甚至疲劳断裂。

（3）可能导致刚性连接部位的弱化和磨损。

（4）当系统中存在间隙时，可能导致接触面之间产生碰撞。

（5）可能导致结构表面层损伤，并在系统工作过程中导致结构的早期磨损。

此外，当系统中同时还存在线性过载时，振动激励还有可能带来更为严重的影响或危害[9]。

*冲击激励的影响*。这种激励可以导致脆性断裂。当冲击激励是周期性出现的时候，还可能诱发系统的共振行为。多次重复冲击激励作用条件下，有可能导致疲劳破坏[2]。类似于振动激励的情况，同时存在线性过载和冲击激励时，情况会变得更为恶劣，此时振动防护系统的设计也随之变得更为复杂而困难[9]。

人们已经认识到，在存在振动激励的条件下很多系统都是难以正常工作的，甚至会彻底地损坏，这方面的文献资料非常多。从最简单的系统到十分复杂的系统，从交通运输、航空、民用建筑到结构工程等领域，这样的案例是屡见不鲜的。

振动对人体的影响涉及多种多样的因素[10]，其中包括了振动谱成分、持续时间、振动方向、作用位置，以及每个个体的身体特性等。就振动对人体的影响这一角度来看，有害振动总体上可以分为以下两种：

（1）影响人员功能状况的振动。

（2）影响人员生理状态的振动。

第一种负面振动效应主要导致人员的疲劳感，视觉反应时间、运动反应时间的增加，以及前庭反应和协调性的紊乱等。第二种负面振动效应则主要导致的是神经系统疾病、心血管系统功能失调、肌骨系统功能紊乱，以及肌肉组织和关节处的功能退化等。

可以看出，振动对人体功能状态的负面影响将直接造成生产率和工作质量的下降，而对人体生理状况的影响则会带来慢性疾病，甚至振动病[10]。

## 0.3　振动防护对象的动力学模型

动力学系统的一个最基本的特征就是自由度的个数，它代表的是能够完全确定系统位置状态所需的独立坐标的个数。

根据自由度数量的不同，任何结构系统都可以划分为两种主要类型，分别是集中参数型系统和分布参数型系统，或者称为离散系统和连续系统。一般地，如果一个构件的质量分布特性的影响不明显，那么就可以用一个集中质量（位于该构件上）来替代，此时我们称其为集中参数型构件。与此不同的是，对于连续系统来说,质量是均匀或非均匀地分布的,这种质量的分布特性会对动力学行为产生显著的影响,因而不宜用集中质量来替代。从数学层面来看,这两种系统的区别在于,集中参数系统可由常微分方程来描述,而分布参数系统必须用偏微分方程来描述。下面我们给出一些集中参数和分布参数型系统的实例。

图7(a),(b)分别给出了一个轻质(质量可以忽略不计)的静定梁和静不定梁,梁上均带有一个集中质量。这两个结构系统都是单自由度的,即集中质量的横向位移这个坐标是唯一的自由度。与此不同的是,图7(c)中的轻质梁具有3个自由度。可以看出,在结构上引入附加约束将会导致结构刚度的增大,也即增大了静不定程度,而引入附加的质量则会导致自由度个数的增加。

图7(d)给出的是一根轻质的悬臂梁,梁上带有一个集中质量。应当注意的是,这一情况中出现的变形状态并不是平面弯曲,而是弯扭组合变形,这是因为该集中质量不在剪力中心上。正因如此,这一系统将具有2个自由度,它们分别是垂向位移和 $y$–$z$ 面内的转角(关于 $x$ 轴)。图7(e)所示的结构包括了一根轻质梁和一个绝对刚性体,它也具有2个自由度,分别是刚性体的横向位移 $y$ 与该物体在 $y$–$x$ 面内的转角。图7(f)中给出了一座桥梁结构,其中包含了两个刚性体,它们通过浮筒支撑。从其原理图中可以看出这两个刚体之间是通过铰链C连接的,并带有弹性支座,因此该结构系统只具有1个自由度。

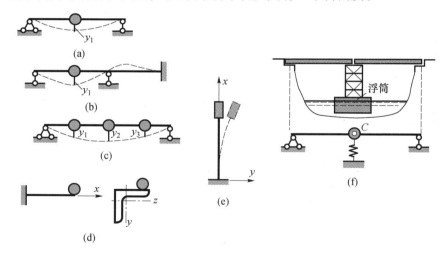

图7　若干不同结构形式

如图8所示为一些平面框架和拱结构,在这些结构中我们均假定所有构件都是集中质量元件,而不考虑其质量分布特性。由于图8(a),(b)中的集中质量 $M$ 可以沿着垂直和水平方向运动,因而这些结构将具有2个自由度。图8(c)所示的双层框架结构中包含了刚性横木(每根横木的总质量为 $M$),因此该框架可以借助图 8(d) 来描述。

　　带有一个或三个集中质量的拱结构可以分别参见图 8(e),(f),若考虑垂向和水平方向的位移,那么它们的自由度个数就分别为 2 和 6。对于比较平缓的拱结构来说,这些集中质量的水平位移可以忽略不计,因而此时这些拱结构的自由度数量就分别为 1 和 3 个,都是垂向上的。

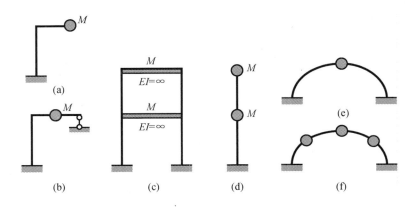

图 8　若干框架和拱结构

　　图 7 和图 8 中的这些实例都是对应于集中参数系统的,由于其中的质量是集中参数型的,因而这些结构的构型都可以通过每个集中质量的位移函数 $y = y(t)$ 来描述,进而这些结构的动力学行为也就可以通过相应的常微分方程来描述了。这里有必要对图 7(f) 所示的浮筒桥和图 8(c) 所示的双层框架的集中参数做一讨论,这两种情况中,实际质量确实是分布式的,不过由于这些构件的刚度非常大(前面已假定为绝对刚性),因而每个这样的构件的位置就都可以用一个坐标来定义了。对于图 7(f) 中的结构,这个坐标可以是浮筒的垂向位移或者桥跨结构的转角,而对于图 8(c) 中的双层框架结构来说,这些坐标就是每一根横木的水平位移。

　　一般而言,分布参数型结构的分析要更为复杂一些。最简单的情形就是一根带有分布质量 $m$ 的梁,这种情况下系统的构型需要通过每个单元质量的位移(时间的函数)来确定。由于质量是分布的,因而梁上任何一点处的位移都是该点位置 $x$ 和时间 $t$ 的函数,可以表示为空间和时间坐标的函数 $y = y(x, t)$,显然,该结构的动力学行为就必须借助偏微分方程来描述了。

　　很多情况下,结构系统中往往会同时包含集中参数元件和分布参数元件。图 9 给出了一个框架结构,它是由轻质杆 $BF(m = 0)$、带有分布质量 $m$ 的构件 $AB$ 和 $BC$,以及一个刚性构件 $CD(EI = \infty)$ 组成的。图中的虚线示出了最简单的振动形态。

9

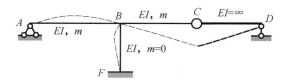

图9　带有分布参数和集中参数元件的框架

如果在图7(a)中我们考虑梁的分布质量特性和物体的集中质量特性,那么这个系统的行为就必须通过一个微分方程组来描述,这组方程中既包括了关于梁的偏微分方程,又包括了关于物体的常微分方程。

为了更好地适应力学系统的多样性,系统的模型描述一般是以某些特定的形式给出的。这里我们采用了三个不同类型的被动元件,即质量、刚度和阻尼元件,其中阻尼元件提供的是某种能量耗散能力或机制。于是,图7(a),(b)和(f)中的系统就都可以描述为如图3所示的单自由度系统了(不考虑阻尼)。

我们再回到图7(a)所示的情况,这一系统可由一个二阶常微分方程来描述,当引入了两个附加质量后(图7(c)),自由度数量增加了2,进而也就有必要引入两个额外的二阶微分方程。

任何两自由度系统模型(图7(d),(f),图8(a)-(e))都可以表示成图10所示的形式(不考虑阻尼),这一模型形式不仅适用于力激励情况,也可适用于运动激励情况,其中的刚度系数 $k_1$ 和 $k_2$ 与结构类型和边界条件有关,其推导过程可以参阅文献[11]。

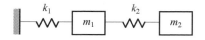

图10　两自由度力学系统原理图

对于图10所示的系统,可以采用两个二阶常微分方程来描述。若将阻尼元件引入到系统中(与弹性元件并联),这组方程的阶次仍然不会改变。

*特殊情形*　设有一个"轻质梁 + 集中质量 $m$"系统(图11),现在在该系统中的任意点处引入一个阻尼器(除了集中质量位置处),那么此时的系统就可以通过如下两个常微分方程来描述:

$$\begin{cases} y_1 = -b\dot{y}_1\delta_{11} - m\ddot{y}_2\delta_{12} \\ y_2 = -b\dot{y}_1\delta_{21} - m\ddot{y}_2\delta_{22} \end{cases}$$

式中的第二个方程是针对集中质量的,它是关于 $y_2$ 的二阶方程,而第一个方程是针对阻尼器的,它关于 $y_1$ 的一阶方程。$\delta_{ik}$ 为单位脉冲位移响应,其计算过程可参阅文献[12]。事实上,上述这两个方程还可以进一步转化为一个三阶方程,因此该系统的自由度数实际上是 1.5[13]。

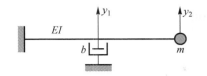

图 11　具有 1.5 个自由度的力学系统

对于任意形式的振动防护系统而言,它们都可以通过线性或非线性微分方程来描述。当系统仅包含集中参数元件时,可以采用常微分方程形式,而带有分布参数元件的系统则必须借助偏微分方程了。对于线性刚度元件(如零质量的弹簧),力和位移(元件两端的相对位移)之间是比例关系;对于线性阻尼元件(无质量),力和速度(元件两端的相对速度)之间也是比例关系。在线性系统中,叠加原理是有效的,即不同激励同时作用下产生的任何响应(如作用力、位移)都等于这些激励单独作用所产生的响应之和(代数和或者矢量和)[14]。

## 0.4　振动防护方法

一般来说,可以有三种不同的基本途径来抑制物体的振动水平,这些途径是:

(1)降低振动激励源的振动水平。

(2)被动式振动防护。

(3)主动式振动防护。

降低振动激励源处的振动水平。降低机械设备激励源处的振动水平的方法有很多,它们主要建立在对转子的静、动平衡处理这一基础上,或者更一般地说,是建立在对机械设备中相关运动部件的平衡处理这一基础上的[2,15]。

被动式振动防护是指所设计的振动防护装置中不需要外部提供能源。这种振动防护类型可以通过振动隔离和阻尼耗能来实现,也可以通过改变防护对象的结构和参数来实现。目前比较典型的途径就是隔振、阻尼减振和吸振这三种。被动振动防护系统一般包括了机械系统、附加质量、附加弹性元件、附加的耗能装置,还可能包括其他一些无质量构件。

振动隔离是通过在系统中引入一个附加装置来减小该系统(或防护对象)的振动水平,该附加装置能够削弱防护对象与振动源之间的连接[2,16,17],此类装置一般称为隔振器。如果激励源位于防护对象内,那么该激励一般是一种动力激励,而如果激励源位于防护对象外部,那么一般对应于运动激励,此时的隔振问题就属于运动隔离问题。图 12(a)给出了一个隔振器的原理简图,物体与基础之间的连接刚度是通过引入一个弹性元件来削弱的。

阻尼减振是通过在系统中引入附加装置来增强能量的耗散,从而实现振动水平的降低[2,16,18]。这些装置一般称为阻尼元件。这一途径可以理解为对系统或防护对象在结构上做了某种改变。图12(b)中给出了一个带有阻尼元件的隔振器的原理简图。

吸振是通过在系统中引入所谓的吸振器来降低系统的振动水平[2,16,19,20,21]。一般来说,所引入的吸振器能够生成附加的动态力,该动态力可以用于补偿掉主激励力,从而减小防护对象的振动,实际上振动能量被转移到了吸振器上了。图12(c)给出了一个由质量 $m$、弹性元件 $k$、阻尼元件 $b$ 和一个吸振器 $m_a - k_a$ 组成的系统。应当注意,图12所示的所有情形中,振动既可以是由动力激励也可以是由运动激励导致的。

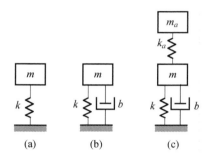

图12　最简单的被动振动防护模型

在被动振动防护系统这一类型中,我们应当认识到存在着最优被动防护系统。这里所谓的最优被动防护系统是指,附加装置的最佳形式或系统参数的最佳配置,当然,这也与隔振、阻尼减振或吸振方式相关。人们可以自由选择所期望的最优指标来量化振动防护的性能,这些指标包括了系统的最小尺寸,达到期望的振动水平所需经历的最短时间,以及其他很多方面[22,23]。

改变防护对象的参数和振动防护装置的结构。这种方法的本质在于对共振模式进行调控,为此可以通过引入附加装置或被动元件以改变防护对象的固有振动频率,特别是引入能够增强能量耗散效应的装置。利用这些措施,我们就能够改变共振特性,有效抑制振动水平。

主动式振动防护是指在系统中引入自动控制系统来抑制振动水平,需要外部提供能源[23-26]。图13中给出了一个典型的主动振动防护系统的原理,防护对象(质量 $m$)通过被动元件模块1连接到基础 S 上,而该振动防护系统的主动部分包括了传感器2(用于测量对象状态),信号转换器3,以及执行机构4(即作动器)。该系统受到的可以是动力激励也可以是运动激励。

主动振动防护系统的一个主要优点在于,在给定约束条件下它们能够提供最优的振动抑制或消除效果。例如,在对能量消耗量有限制的条件下,可以很容易地实现最短时间内抑制振动这一目标。

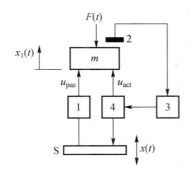

图13　一维振动防护系统的功能方案图
1—被动元件;2—传感器;3—信号转换装置;4—作动器

参数式振动防护。这一类型的振动防护方法适用于线性动力学系统,它建立在 Shchipanov – Luzin 不变性原理这一基础之上,这是现代控制论方法中的一个基本理论[27,28]。对于一组给定的参数来说,不变性意味着系统的一个或多个广义坐标不会受到外部激励的影响。换言之,这些坐标关于外部激励具有不变性。Shchipanov – Luzin 原理为我们提供了一种用于确定系统参数的方法,由此可以实现所期望的不变性条件。

## 0.5　振动抑制效果的评价

振动防护的有效性可以通过防护对象的振动下降量来评价,也可以通过传递到对象或基础上的动力载荷减少量来评估。为了实现这一目的,可以采用很多不同的分析方法,包括运动学参数的分析、力传递率的分析以及能量参数的分析等[29]。

如果假定已经观测到某“防护对象 – 振动防护装置”系统表现出了一种稳态简谐过程,那么我们就可以将任意点 $a$ 处的运动学参数与撤除振动防护装置之后的系统所对应的运动学参数进行比较。不妨设点 $a$ 处的振动位移幅值为 $y_a$,那么可以构造表达式 $k^* = \dfrac{y_a^{\mathrm{VPD}}}{y_a}$,显然该值与速度或加速度的比值也是相同的,即 $k^* = \dfrac{\dot{y}_a^{\mathrm{VPD}}}{\dot{y}_a} = \dfrac{\ddot{y}_a^{\mathrm{VPD}}}{\ddot{y}_a}$。振动的下降量可以表示为 $k_{\mathrm{e}} = 1 - k^*$,也即振动防护有效系数。可以看出,随着 $k_{\mathrm{e}}$ 的增大,振动防护装置的有效性也随之增强。当 $k_{\mathrm{e}} = 1$ 时,系统的振动将得到彻底的抑制。

在外部激励 $F(t) = F_0 \sin\omega t$ 作用下,考虑系统的稳定受迫振动状态,此时的振动防护有效性可以通过动力放大率(DC)来评价,它代表的是周期振动的幅值 $A$ 与物体在 $F_0$ 作用下的静态位移量 $\delta_{\mathrm{st}}$ 的比值,也即 $\mathrm{DC} = A/\delta_{\mathrm{st}}$。此外,也可以通过振动传递率来评价,即传递到基础上的动力幅值与外部激励力幅值的比值,它实际上反映的是系统中两个不同点处的物理量(特别是力)之间的传递关系。

利用上述方法,也可以对运动激励情况下的振动防护装置的有效性进行评估。应注意的是,这种情况下的有效性必须明确是针对相对运动还是绝对运动的,这些有效性经常以对数尺度形式来表示。有时人们还会从能量角度来分析振动防护的有效性问题,其中主要涉及振动功率、能量损耗等概念。此外,在各类问题中还经常使用插入损失这一指标,它反映的是有无振动防护装置情况下某物理量的比值。

## 0.6 频谱:线性尺度、对数尺度和分贝

在各类工业环境中,人们所观测到的机械振动大多位于很宽的频率范围。一般地,8 ~ 16Hz 范围内的振动称为低频振动,31.5 ~ 63Hz 为中频振动,而 125 ~ 1000Hz 则称为高频振动。可以把整个频率范围划分为不同区间,上面这些区间称为倍频程,更大的区间则称为十倍频程。

倍频程是一个频率区间,该区间的上限频率与下限频率之比为 $2^{[30]}$。如果将上限频率与下限频率分别记作 $f_2$ 和 $f_1$,那么整个倍频程(1/1)及其子区间一般按如下方式来确定:

1/1 倍频程:$f_2 = 2f_1$。

1/2 倍频程:$f_2 = \sqrt{2}f_1 = 1.4142f_1$。

1/3 倍频程:$f_2 = \sqrt[3]{2}f_1 = 1.2599f_1$。

1/6 倍频程:$f_2 = \sqrt[6]{2}f_1 = 1.1214f_1$。

两个频率 $f_1$ 和 $f_2$ 之间的倍频程区间是频率比的对数(基底为 2),即 $\mathrm{Oct}_{f_1 - f_2} = \log_2(f_2/f_1) = 3.322\log(f_2/f_1)$ 倍频程,其中 log 符号代表的是基底为 10 的对数运算。例如,如果令 $f_1 = 2\mathrm{Hz}$,$f_2 = 32\mathrm{Hz}$,那么频率区间 $[f_1, f_2]$ 将覆盖了 $3.322\log f_2/f_1 = 3.322\log 16 = 4$ 个倍频程。对于一般工业场合中的振动问题,通常需要采用 8 ~ 10 个倍频程。

十倍频程代表的是上限和下限频率之比为 10 的频率区间。两个频率 $f_1$ 和 $f_2$ 之间的十倍频程区间是频率比的对数(基底为 10),即 $\mathrm{Dec}_{f_1 - f_2} = \log(f_2/f_1)$。

此外,为了从整体上来刻画某频率区间 $[f_1, f_2]$,人们还经常使用该区间上下限频率的几何平均值这一参量,即 $f_{\mathrm{gm}} = \sqrt{f_1 f_2}$。

在振动的谱成分分析中,人们常常采用倍频程和三分之一倍频程,表 1 中列出了倍频程及其三分之一倍频程范围,以及对应的几何平均值。

表 1　倍频程及其内的 1/3 倍频程的频率范围以及对应的几何平均频率[2]

| 频率范围/Hz | | 几何平均频率/Hz | 频率范围/Hz | | 几何平均频率/Hz |
|---|---|---|---|---|---|
| 倍频程① | 1/3 倍频程② | | 倍频程① | 1/3 倍频程② | |
| | 0.7 ~ 0.89 | 0.8 | | 11.2 ~ 14.1 | 12.5 |
| 0.7 ~ 1.4 | 0.89 ~ 1.12 | 1.0 | 11 ~ 22 | 14.4 ~ 17.8 | 16 |
| | 1.12 ~ 1.4 | 1.25 | | 17.8 ~ 22.4 | 20 |
| | 1.4 ~ 1.78 | 1.6 | | 22.4 ~ 28.2 | 25 |
| 1.4 ~ 2.8 | 1.78 ~ 2.24 | 2.0 | 22 ~ 44 | 28.2 ~ 35.6 | 31.5 |
| | 2.24 ~ 2.8 | 2.5 | | 35.5 ~ 44.7 | 40 |
| | 2.8 ~ 3.5 | 3.15 | | 44.7 ~ 56.2 | 50 |
| 2.8 ~ 5.6 | 3.5 ~ 4.4 | 4.0 | 44 ~ 88 | 56.2 ~ 70.8 | 63 |
| | 4.4 ~ 5.6 | 5.0 | | 70.8 ~ 89.1 | 80 |
| | 5.6 ~ 7.1 | 6.3 | | 89.1 ~ 112.2 | 100 |
| 5.6 ~ 11.2 | 7.1 ~ 8.9 | 8.0 | 88 ~ 176 | 112.2 ~ 141.3 | 125 |
| | 8.9 ~ 11.2 | 10 | | 141.3 ~ 177.8 | 160 |
| ① $f_2/f_1 = 2$; | | | | | |
| ② $f_2/f_1 = \sqrt[3]{2} = 1.25992$ | | | | | |

现有的一些标准大多是以均方根值这一形式给出最大容许振动量数据的，这里我们针对若干不同的变量表示方法介绍其均方根值的计算。

对于一组离散值 $x_i(i = 1, \cdots, n)$，均方根是这组值的平方和的算术平均的平方根，即

$$x_{rms} = \sqrt{\frac{1}{n}(x_1^2 + x_2^2 + \cdots + x_n^2)}$$

对于定义在区间 $T_1 \leqslant t \leqslant T_2$ 内的连续函数 $f(t)$，其均方根为

$$f_{rms} = \sqrt{\frac{1}{T_2 - T_1}\int_{T_1}^{T_2} [f(t)]^2 dt}$$

对于全时间域内的函数，均方根为 $f_{rms} = \lim_{T \to \infty} \sqrt{\frac{1}{T}\int_0^T [f(t)]^2 dt}$。

对于周期函数，全时间域上的均方根是等于一个周期内的均方根值的[30]。例如，若取 $f(t) = a\sin\omega t$，可以得到 $f_{rms} = a/\sqrt{2}$。

实例　考虑时间区间 $T$ 内的函数 $f(t) = a\sin\omega t$，试计算其均方值 $\bar{f^2}$ 和均方根值 $f_{rms}$。

在整个时间域内，均方值为

$$\bar{f^2} = \lim_{T \to \infty} \frac{1}{T}\int_0^T [f(t)]^2 dt = \lim_{T \to \infty} \frac{1}{T}\int_0^T [a\sin\omega t]^2 dt$$

$$= \lim_{T \to \infty} \frac{a^2}{T} \int_0^T \frac{1}{2}(1 - \cos 2\omega t)\,\mathrm{d}t = \frac{a^2}{2}$$

于是,均方根值就是 $f_{\mathrm{rms}} = a/\sqrt{2}$。

一般来说,可以采用三种形式的尺度来衡量振动水平,并以图像形式表达出相关的物理量,这些尺度分别是线性尺度、对数尺度和分贝。

线性单位给出的是振动成分的真实图像,利用这种尺度我们可以很容易地提取和评价谱中的最高频率成分。不过,对于谱中的较低频率成分来说分析是比较困难的,这是因为人眼一般所能识别出的低频成分大约是谱中最高频成分的1/40～1/60,而难以有效分辨低于这一范围的任何成分。因此,如果所感兴趣的谱成分是同阶的,那么就可以采用这种线性尺度进行分析。

如果谱中包含的频率成分范围非常大(幅值差异达到若干个数量级),那么在以图像表示时,最方便的做法是在 $y$ 轴上(幅值轴)采用对数坐标,而不是直接表示其幅值大小。这种表示方法就是对数尺度表示。据此我们可以轻松地观察和表示最大最小值差值超过 5000 的那些信号。与线性尺度相比,这种图所能表示的范围至少可以增大 100 倍。对数尺度表示法的另一个优点在于,复杂力学系统的早期缺陷在谱成分中往往表现出非常小的相对幅值,显然,利用对数尺度我们就可以发现这一成分并监测其发展过程。对数尺度表示法的不足之处在于,根据图像来确定真实幅值时必须对图中的数据做额外的指数运算。

任何物理量(如速度、压力等)的幅值都可以采用与参考值或标准值作比较的方式来表示。分贝(dB)是一个对数单位,它常常用来反映两个相同物理量之间的比值情况,一般定义为 $L_\sigma = 20\lg(\sigma/\sigma_0)$ (dB),显然这是一个无量纲的量,其中 $\sigma$ 可以代表振动加速度、速度和位移等,它们的标准单位已由 ISO 1683[31] 规定。式中 $\sigma_0$ 为参考值,实际上对应了 0dB。

不难看出,在振动问题中,分贝这个概念主要用于比较两个同类型的物理量。如表 2 所示,$a$、$v$、$d$ 分别代表了当前的加速度、速度和位移,若选择了参考量 $v_0 = 10^{-9}$,那么振动过程中的相关指标将具有正的分贝值了。当然,也可以选择其他的参考量值,例如 $d_0 = 8 \times 10^{-12}$ (m),$v_0 = 5 \times 10^{-8}$ (m/s),$a_0 = 3 \times 10^{-4}$ (m/s$^2$)[2]。在表 3 中给出了加速度和速度的分贝值,同时还给出了与这些分贝值对应的实际物理量值。

表 2  振动量级与 SI 制中的优先参考值[10,31]

| | 定义式(dB) | 参考值 |
| --- | --- | --- |
| 振动加速度级 | $L_A = 20\lg(a/a_0)$ | $a_0 = 10^{-6}\,\mathrm{m/s^2}$ |
| 振动速度级 | $L_V = 20\lg(v/v_0)$ | $v_0 = 10^{-9}\,\mathrm{m/s}$ |
| 振动位移级 | $L_D = 20\lg(d/d_0)$ | $d_0 = 10^{-11}\,\mathrm{m}$ |
| 振动力级 | $L_F = 20\lg(F/F_0)$ | $F_0 = 10^{-6}\,\mathrm{N}$ |

表 3　ISO 1683 中规定的参考值以及分贝、加速度和速度之间的转换关系

| 分贝/dB | 加速度/( m/s$^2$) | 速度/( m/s) |
|---|---|---|
| -20 | $10^{-7}$ | $10^{-10}$ |
| **0** | **$10^{-6}$** | **$10^{-9}$** |
| 20 | $10^{-5}$ | $10^{-8}$ |
| 40 | $10^{-4}$ | $10^{-7}$ |
| 60 | $10^{-3}$ | $10^{-6}$ |
| 80 | $10^{-2}$ | $10^{-5}$ |
| 100 | $10^{-1}$ | $10^{-4}$ |
| 120 | 1 | $10^{-3}$ |
| 140 | 10 | $10^{-2}$ |
| 160 | $10^2$ | $10^{-1}$ |
| 180 | $10^3$ | 1 |
| 200 | $10^4$ | 10 |

与线性尺度不同的是,在用分贝单位来描述振动量级的时候,需要了解有关振动水平的更多信息,此外,在对数尺度图像上表示分贝值要比直接表示实际值在直观性上稍差一些。

分贝值及其与幅值之间的关系。分贝是振动评价中的一个相对的对数单位,借助它我们可以方便地去进行物理量的比较。如果假定测得的物理量 $\sigma$ 增大了 $n$ 倍,并设振动量级增大了相应的 $x$ dB,那么我们有 $L_\sigma + x = 20\lg \dfrac{n\sigma}{\sigma_0}$。可以将这个式子化为 $L_\sigma + x = 20\lg n + 20\lg \dfrac{\sigma}{\sigma_0}$,也即 $x = 20\lg n$。当 $n = 2$ 时,我们就有 $x = 6$ dB。于是可以认为,任何参数在分贝值上增加 6 dB,都意味着其实际值将变为原来的 2 倍。此外,当 $n = 10$ 时,我们有 $x = 20$ dB。

现假设振动量级改变了 $k$ dB,那么我们可以得到如下两个关系式,即

$$\begin{cases} L_1 = 20\lg \dfrac{\sigma_1}{\sigma_0} \\ L_2 = L_1 + k = 20\lg \dfrac{\sigma_2}{\sigma_0} \end{cases}$$

因此,我们有 $k = 20\lg \dfrac{\sigma_2}{\sigma_1}$。幅值之比为 $\dfrac{\sigma_2}{\sigma_1} = 10^{k/20}$。如果 $k = 3$,那么可得 $\dfrac{\sigma_2}{\sigma_1} = 1.4125$。

利用上述性质,可以很方便地分析振动的变化趋势,表 4 中列出了振动量级的变化( dB) 与对应的幅值变化情况。这些数据可以在对数尺度图形上表示出

来,如图 14 所示。

表 4　振动量级(dB)的变化及其对应的幅值比

| 量级的变化量/dB | 幅值比[①] | 量级的变化量/dB | 幅值比[①] |
|---|---|---|---|
| 0 | 1 | 30 | 31 |
| 3 | 1.4 | 36 | 60 |
| **6** | **2** | 40 | 100 |
| 10 | 3.1 | 50 | 310 |
| 12 | 4 | 60 | 1000 |
| 18 | 8 | 70 | 3100 |
| **20** | **10** | 80 | 10000 |
| 24 | 16 | 100 | 100000 |
| ①部分幅值比数值经过了圆整 | | | |

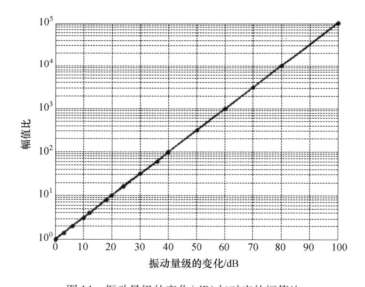

图 14　振动量级的变化(dB)与对应的幅值比

转换关系。对于频率为 $f(\mathrm{Hz})$ 的简谐振动来说,位移($D$)、速度($V$)和加速度($A$)之间的幅值关系为 $A = (2\pi f)^2 D, A = 2\pi fV, V = 2\pi fD$。

对于频率为 $f(\mathrm{Hz})$ 的简谐振动,可以建立振动加速度级 $L_A$、速度级 $L_V$ 和位移级 $L_D$(单位均为 dB)之间的关系,若令参考量为[2]:$a_0 = 3 \times 10^{-4}\mathrm{m/s}^2, v_0 = 5 \times 10^{-8}\mathrm{m/s}, d_0 = 8 \times 10^{-12}\mathrm{m}$,下面我们建立 $L_A$ 和 $L_V$ 之间的关系式。由于 $a = 2\pi fv$,因此有 $L_A = 20\lg\dfrac{a}{a_0} = 20\lg\dfrac{2\pi fv}{3 \cdot 10^{-4}}$,该式中包含了速度 $v$,于是必须在分母中引入前面的速度参考值 $v_0 = 5 \times 10^{-8}\mathrm{m/s}$,由此可以得到如下表达式:

$$L_A = 20\lg\frac{2\pi fv}{3 \cdot 10^{-4}} = 20\lg\left(\frac{v}{5 \times 10^{-8}} \cdot \frac{2\pi}{\frac{3}{5} \times 10^4}f\right)$$

$$= 20\lg\left(\frac{v}{5 \times 10^{-8}}\right) + 20\lg\left(\frac{5 \times 2\pi}{3 \times 10^4}\right) + 20\lg f$$

最终可得 $L_A = L_V + 20\lg f - 60(\mathrm{dB})$。

$L_V$ 和 $L_D$，$L_D$ 和 $L_A$ 之间的关系式也可作类似的推导。

## 供思考的一些问题

（1）试解释如下术语：①振动源；②振动防护对象；③导致振动的两组内部因素；④被动式振动防护；⑤主动式振动防护；⑥振动隔离、阻尼减振和振动吸收；⑦力激励和运动激励；⑧十倍频程、倍频程和分贝；⑨位移级、速度级和加速度级。

（2）试解释参数式振动防护的基本思想。

（3）试述被动和主动振动防护系统的主要元件。

（4）试述振动防护有效性评价的主要方法。

（5）试述主要的线性被动元件的物理特性。

（6）试述最优主动振动控制问题所包括的主要内容。

（7）试建立振动速度级 $L_V$、频率 $f(\mathrm{Hz})$ 和位移级 $L_D$ 之间的关系式（以 dB 给出）。假定参考值为 $v_0 = 5 \times 10^{-8}\mathrm{m/s}$，$d_0 = 8 \times 10^{-12}\mathrm{m}$。

参考答案：$L_V = L_D + 20\lg f - 60(\mathrm{dB})$。

（8）试建立振动位移级 $L_D$ 和加速度级 $L_A$ 之间的关系式（以 dB 给出）。假定参考值为 $a_0 = 3 \times 10^{-4}\mathrm{m/s^2}$，$d_0 = 8 \times 10^{-12}\mathrm{m}$。

参考答案：$L_D = L_A - 40\lg f + 120(\mathrm{dB})$。

（9）试计算一个十倍频程中所包含的倍频程个数。

参考答案：$\mathrm{Oct}_{f_1-f_2} = \log_2(f_2/f_1) = 3.332\lg10 = 3.322$ 个倍频程。

（10）试确定与四个倍频程对应的频率比 $f_2/f_1$。

参考答案：

$$\mathrm{Oct}_{f_1-f_2} = \log_2(f_2/f_1) = 3.332\lg(f_2/f_1) = 4 \rightarrow \lg(f_2/f_1)$$

$$= 1.2041 \rightarrow f_2/f_1 = 10^{1.2041} = 16。$$

（11）试确定频率区间 10～160Hz 内包含的十倍频程的个数。

参考答案：$\mathrm{Dec}_{f_1-f_2} = \lg(f_2/f_1) = \lg16 = 1.204$ 个十倍频程。

（12）试构造一个转换表，将振动级（dB）变换成速度值（m/s），取参考值 $v_0 = 5 \times 10^{-8}\mathrm{m/s}$。

求解：如果 $L_v = 90\text{dB}$，则有

$$L_v = 20\lg \frac{v}{5 \times 10^{-8}} = 90\text{dB} \rightarrow \lg \frac{v}{5 \times 10^{-8}} = 4.5$$

$$\rightarrow \frac{v}{5 \times 10^{-8}} = 10^{4.5} = 31622.7 \rightarrow v = 0.00158 = 0.158 \times 10^{-2}\text{m/s}$$

参考答案：

| dB | m/s | dB | m/s | dB | m/s | dB | m/s | dB | m/s |
|----|-----|----|-----|----|-----|----|-----|----|-----|
| 80 | 0.050 | **90** | **0.158** | 100 | 0.50 | 110 | 1.58 | 120 | 5.0 |
| 81 | 0.056 | 91 | 0.177 | 101 | 0.56 | 111 | 1.77 | 121 | 5.6 |
| 82 | 0.063 | 92 | 0.199 | 102 | 0.63 | 112 | 1.99 | 122 | 6.3 |
| 83 | 0.071 | 93 | 0.223 | 103 | 0.71 | 113 | 2.23 | 123 | 7.1 |
| 84 | 0.079 | 94 | 0.251 | 104 | 0.79 | 114 | 2.51 | 124 | 7.9 |
| 85 | 0.089 | 95 | 0.281 | 105 | 0.89 | 115 | 2.81 | 125 | 8.9 |
| 86 | 0.099 | 96 | 0.316 | 106 | 1.00 | 116 | 3.16 | 126 | 10.0 |
| 87 | 0.112 | 97 | 0.354 | 107 | 1.12 | 117 | 3.54 | 127 | 11.2 |
| 88 | 0.026 | 98 | 0.397 | 108 | 1.26 | 118 | 3.97 | 128 | 12.6 |
| 89 | 0.141 | 99 | 0.446 | 109 | 1.41 | 119 | 4.46 | 129 | 14.1 |
| 因子 | $10^{-2}$ | | **$10^{-2}$** | | $10^{-2}$ | | $10^{-2}$ | | $10^{-2}$ |

（13）设在频率 $f = 100\text{Hz}$ 处位移幅值为 $x = 8\text{mm}$，试计算对应的振动加速度级 $L_a$（dB），取参考值为 $d_0 = 8 \times 10^{-12}\text{m}$。

求解：$L_x = 20\lg \dfrac{x}{d_0} = 20\lg \dfrac{0.008}{8 \times 10^{-12}} = 180\text{dB} \rightarrow L_a = L_x + 40\lg f - 120$

$$= 180 + 40\lg 100 - 120 = 140\text{dB}$$

参考答案：$L_a = 140\text{dB}$。

# 参考文献

1. Gusarov A. A., Susanin V. I., Shatalov L. N. etc. (1979). Automatic balancing machine rotor. Moscow: Nauka.

2. Frolov, K. V. (Ed.). (1981). Protection against vibrations and shocks. vol. 6. In Handbook: Chelomey, V. N. (Chief Editor) (1978 - 1981) Vibration in Engineering, Vol. 1 - 6. Moscow: Mashinostroenie.

3. Chelomey, V. N. (Chief Ed.). (1978 - 1981) Vibrations in engineering. Handbook (Vols. 1 - 6). Moscow: Mashinostroenie.

4. Frolov, K. V., & Furman, F. A. (1990). Applied theory of vibration isolation systems. New York: Hemisphere.

5. Clough, R. W., &Penzien, J. (1975). Dynamics of structures. New York: McGraw-Hill.

6. Crawford, F. S., Jr. (1965). Waves. Berkeley physics course(Vol. 3). New York: McGraw-Hill.

7. Crandall, S. H. (Ed.). (1963). Random vibration(Vol. 2). Cambridge, MA: MIT Press.

8. Lalanne, C. (2002). Mechanical vibration and shock(Vols. 1 - 4). London: Hermes Penton Science.

9.  Il'insky, V. S. (1982). Protection of radio-electronic equipment and precision equipment from the dynamic excitations. Moscow: Radio.

10. Griffin, M. J. (1990). Handbook of human vibration. London: Elsevier/Academic Press. Next editions 1996, 2003, 2004.

11. Karnovsky, I. A., & Lebed, O. (2001). Formulas for structural dynamics. Tables, graphs andsolutions. New York: McGraw Hill.

12. Karnovsky, I. A., & Lebed, O. (2010). Advanced methods of structural analysis. Berlin, Germany: Springer.

13. PanovkoYa. G., &Gubanova, I. I. (2007). Stability and oscillations of elastic systems: Modern concepts, paradoxes, and errors. NASA TT-F, 751, 1973 (6th ed.). Moscow: URSS.

14. Shearer, J. L., Murphy, A. T., & Richardson, H. H. (1971). Introduction to system dynamics. Reading, England: Addison-Wesley.

15. Burton, P. (1979). Kinematics and dynamics of planar machinery. Englewood Cliffs, NJ: Prentice Hall.

16. Harris, C. M. (Editor in Chief). (1996). Shock and vibration handbook (4th ed.). New York: McGraw-Hill.

17. Mead, D. J. (1999). Passive vibration control. Chichester, England: Wiley.

18. Nashif, A. D., Jones, D. I. G., & Henderson, J. P. (1985). Vibration damping. New York: Wiley.

19. Korenev, B. G., &Reznikov, L. M. (1993). Dynamic vibration absorbers. Theory and technical applications. Chichester, England: Wiley.

20. Korenev, B. G., &Rabinovich, I. M. (Eds.). (1984). Dynamical analysis of the buildings and structures. Handbook. Moscow: Strojizdat.

21. Reed, F. E. (1996). Dynamic vibration absorbers and auxiliary mass dampers (Chapter 6). In C. M. Harris (Ed.), Shock and vibration handbook. New York: McGraw-Hill.

22. Balandin, D. V., Bolotnik, N. N., &Pilkey, W. D. (2001). Optimal protection from impact, shock and vibration. Amsterdam: Gordon and Breach Science Publishers.

23. Athans, M., &Falb, P. L. (2006). Optimal control: An introduction to the theory and its applications. New York: McGraw-Hill. Reprinted by Dover in 2006.

24. Komkov, V. (1972). Optimal control theory for the damping of vibrations of simple elastic systems. Lecture notes in mathematics (Vol. 253). Berlin, Germany: Springer.

25. Fuller, C. R., Elliott, S. J., & Nelson, P. A. (1996). Active control of vibration. London: Academic Press.

26. Kolovsky, M. Z. (1999). Nonlinear dynamics of active and passive systems of vibration protection. Berlin, Germany: Springer.

27. Solodovnikov, V. V. (Ed.). (1967). Technical cybernetics (Vols. 1 - 4). Moscow: Mashinostroenie.

28. D'Azzo, J. J., &Houpis, C. H. (1995). Linear control systems. Analysis and design (4th ed.). New York: McGraw-Hill.

29. Kljukin, I. I. (Ed.). (1978). Handbook on the ship acoustics. Leningrad, Germany: Sudostroenie.

30. Thomson, W. T. (1981). Theory of vibration with application (2nd ed.). Englewood Cliffs, NJ: Prentice-Hall.

31. ISO 1683: 2015. Acoustics—Preferred reference values for acoustical and vibratory levels.

# 第 1 部分

# 被动振动防护

# 第1章 单自由度和多自由度系统的振动隔离

这一章我们主要介绍一些基本概念,包括振动防护系统的原理图、振动激励的不同类型以及复数幅值分析方法等内容,并针对不同类型的经典线性单轴隔振器以及一些特殊形式的隔振器如等频隔振器、带有干摩擦的隔振器等进行讨论[1,2]。

## 1.1 振动防护系统的原理图

一般而言,一个振动防护系统包括三个方面的内容,即激励源、振动防护对象和振动防护装置。振动防护对象可以是一个刚性物体,它具有一个或多个自由度,也可以是一个弹性物体,具有无穷多个自由度。总体来看,隔振是指弱化振动源和振动防护对象之间的联系。

振动防护系统的原理图是振动防护理论[3,4]中的一个最基本的概念,它建立在一系列假设基础上,这些假设应考虑系统的特点,主要包括如下一些方面:

(1)振动防护对象及其模型;

(2)支撑防护对象的基础类型(刚体或弹性体);

(3)被动式振动防护装置中的基本元件类型及其数量,以及连接方式;

(4)被动式构件的数学模型(线性、非线性);

(5)运动的约束条件(单向/双向运动、对称/非对称运动);

(6)振动激励的类型(力激励、运动激励、简谐激励、多谐激励或冲击激励)。

对于振动防护系统来说,选择什么样的原理图主要取决于所设计的系统的目的及其精度要求。

我们来考虑这样一个案例,一个质量为 $m$ 的绝对刚性的物体通过一个振动防护装置安装到某个结构上,该结构称为支撑 S。假定这一物体的运动只发生在一个方向上,且受到力激励 $F(t)$ 的作用,如图 1.1 所示。

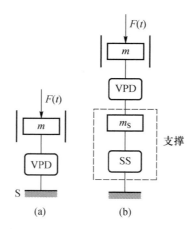

图 1.1　两种支撑形式的被动振动防护原理图:(a)绝对刚性支撑;(b)弹性支撑
VPD—振动防护装置;S—支撑;$m_s$—支撑的质量;SS—支撑的刚度

根据不同的情况,我们可以做如下分析:

(1)假设支撑 S 是不可移动的,或者说该支撑 S 的质量非常大,即 $m_s \gg m$,又或者其刚度远远大于振动防护装置的刚度。在这种情形下,原理图可以表示为单自由度情况,如图 1.1(a)所示;

(2)若假定这个物体是通过相同的一套振动防护装置固定到类似于飞机机翼这类结构上的,那么在这种情形中,支撑物的质量可能小于该物体的质量,并且支撑的刚度可能与振动防护装置的刚度相差不远,因此这里的原理图就必须采用两自由度的方式来给出,如图 1.1(b)所示。

显然,对于一个振动防护系统来说,在确定它的自由度数量时不仅要考虑防护对象自身的自由度个数,而且有必要考虑支撑结构的特点。

在振动防护装置中,我们必须指出存在一类特殊的情况,即系统具有任意数量的自由度,但是这些自由度上的位移均发生在同一个方向上,这种系统一般称为单轴系统,参见图 1.1 和图 1.2。对于图 1.2 中所给出的原理图,每一个都包含了一个弹性元件(提供刚度)和一个耗能元件(提供能量耗散),这些是主要的被动式元件。

在多级振动隔离系统情形中,原理图里面往往还要引入额外的质量元件(图 1.2(c))或无质量元件(图 1.2(d),(e)中的阴影矩形部分),此时这些元件的组合既可以是常规方式的也可以是非常规方式的。常规的连接方式是指每个相邻的质量元件或无质量元件仅仅与前一个质量元件相连,如图 1.2(c),(d)所示。此外,在振动防护系统中还可以引入位移限制器(图 1.2(b))以及带有固定或移动式支撑点的杠杆。

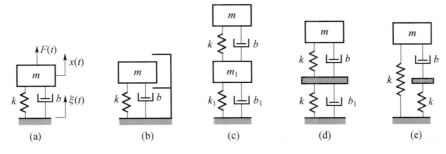

图 1.2　振动隔离方案:(a)最简单的振动防护系统;(b)运动受限的振动防护系统;
(c,d)常规的级联方式构成的振动防护系统;(e)非常规连接方式的振动防护系统

弹性元件的"载荷－位移"特性曲线既可以是线性的也可以是非线性的,用于耗散能量的元件可以是黏性阻尼器或干摩擦阻尼器等类型,它们的"载荷－速度"特性曲线也可以是线性或者非线性的。此外,引入位移限制器或具有非线性特性的被动式元件一般也会使得该振动防护系统成为非线性系统。

应当注意的是,图 1.2 所示的每一个振动防护系统都适用于外部动态力激励 $F(t)$ 或者运动激励 $\xi(t)$ 情况的分析。

利用被动元件 $m$、$k$ 和 $b$,以及无质量构件和限位器(单侧或双侧),我们可以构造出大量不同形式的振动隔离器。如果振动系统中包含有倾斜且对称布置的弹性元件[6],那么这个隔振器仍可保持为单轴系统,不过同时也会展现出一些十分重要的新特征。

对于受到简谐力或者简谐运动激励作用的线性振动防护系统而言,它们的分析过程可以大大简化。这种情况下,对应的原理图可以等效替换为一个力学网络,这一问题将在第 2 章和第 3 章中进行详细分析。

## 1.2　线性黏性系统——简谐激励和振动防护的性能指标

这里考虑一个由弹簧－质量－阻尼器元件构成的线性系统,我们将给出防护对象受到简谐型力激励和运动激励条件下的状态方程,并进行详细的分析,同时也将讨论振动防护的各种性能指标及其实现条件。

这里所讨论的力学系统包括了一个质量 $m$,它支撑在一个刚度为 $k(\mathrm{N/m})$ 的弹性元件上,且带有一个阻尼器 $b(\mathrm{N\cdot s/m})$。这一系统受到的是力激励 $F(t)$ 或者运动激励 $\xi(t)$ 的作用。系统中的 $b-k$ 元件实际上就构成了一个振动防护装置。我们所关心的主要问题是振动发生衰减时应满足何种条件。

现假定这一系统是线性系统[5,7],即

(1)对位移无额外的限制(即不含限位器);

（2）弹性元件两端的相对位移正比于两个端点之间的作用力，即 $R_k = k \cdot \Delta x$；

（3）阻尼器两端的相对速度正比于两个端点之间的作用力，即 $R_b = b \cdot \Delta \dot{x}$。

## 1.2.1 振动防护系统的最简力学模型

如图 1.3 所示，如果将弹簧和阻尼器这两个被动元件以并联形式连接起来，那么也就构成了一个最简单的无惯性、单轴振动隔离器。现考虑该系统受到简谐力激励 $F(t) = F\sin\omega t$ 或者运动激励 $\xi(t) = \xi_0\sin\omega t$，分别如图 1.3（a），（b）所示。这里我们将质量 $m$ 的绝对运动坐标 $x(t)$ 的零点设定在静平衡位置（SEP）。

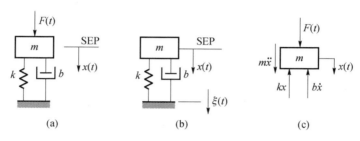

图 1.3　单侧隔振器：（a）力激励情况；（b）运动激励情况；
（c）力激励、固定支撑情况下的受力分析

当系统中的物体 $m$ 受到的是力激励时，隔振器中产生的力可以表示为

$$R = kx + b\dot{x}$$

式中：$x$ 为弹性元件的变形量；$\dot{x}$ 为变形速度。物体的受力分析如图 1.3（c）所示。

当系统中的物体 $m$ 受到的是运动激励时，隔振器中产生的力可以写为

$$R = k(x - \xi) + b(\dot{x} - \dot{\xi})$$

式中：$x - \xi$ 为质量 $m$ 的相对位移量；$\dot{x} - \dot{\xi}$ 为阻尼器两个端点之间的相对速度。下面我们针对力激励和运动激励这两种不同的情形分别进行讨论。

## 1.2.2 力激励——动力放大率和传递率

有阻尼情况下受迫振动的微分方程可以写作

$$m\ddot{x} + b\dot{x} + kx = F(t) \tag{1.1}$$

这里我们主要考虑简谐型的力激励情况，即 $F(t) = F_0\sin\omega t$，其中 $F_0$ 为扰动力 $F(t)$ 的幅值，$\omega$ 为扰动力的频率。式（1.1）可以变换成如下的等效形式：

$$\begin{cases} \ddot{x} + 2n\dot{x} + \omega_0^2 x = P_0\sin\omega t \\ \omega_0^2 = k/m \\ 2n = b/m \\ P_0 = F_0/m \end{cases} \tag{1.2}$$

式中:$\omega_0$ 为对应的无阻尼振动系统的固有圆频率。

上面这个方程的解一般可以表示为 $x = x_1 + x_2$,其中 $x_1$ 为式(1.1)对应的齐次方程的通解,而 $x_2$ 为式(1.1)的一个特解。

对于通解 $x_1$,它是随着时间不断衰减到零值的。对于特解 $x_2$,我们可以寻找如下的形式解:

$$x_2 = A\sin(\omega t - \beta) \tag{1.3}$$

式中:$A$ 和 $\beta$ 为未知常数。将这个形式解对时间 $t$ 求两次微分可以得到

$$\begin{cases} \dot{x}_2 = A\omega\cos(\omega t - \beta) \\ \ddot{x}_2 = -A\omega^2\sin(\omega t - \beta) \end{cases}$$

将 $x_2$ 的表达式和相应的导数表达式代入式(1.1)的左边,并引入记号 $\psi = \omega t - \beta$,可以得到

$$A(-\omega^2 + \omega_0^2)\sin\psi + 2n\omega A\cos\psi = P_0(\sin\psi\cos\beta + \cos\psi\sin\beta)$$

对上面这个方程来说,它必须在任意的 $\psi$ 值处成立,也就是在任意时刻 $t$ 处,$\sin\psi$ 和 $\cos\psi$ 的系数都必须分别相等,于是可以得到如下两个方程:

$$\begin{cases} A(\omega_0^2 - \omega^2) = P_0\cos\beta \\ 2n\omega A = P_0\sin\beta \end{cases}$$

对这两个方程做平方并相加,然后相除,我们可以得到

$$\begin{cases} A = \dfrac{F_0/m}{\sqrt{(\omega_0^2 - \omega^2)^2 + 4n^2\omega^2}} = \dfrac{F_0/k}{\sqrt{(1 - m\omega^2/k)^2 + b^2\omega^2/k^2}} \\ \tan\beta = \dfrac{2n\omega}{\omega_0^2 - \omega^2} = \dfrac{b\omega/k}{1 - m\omega^2/k} \end{cases} \tag{1.4}$$

这两个式子即描述了质量 $m$ 的稳态振动情况。

式(1.4)也可以以如下所述的参量来表达,即临界阻尼 $b_{cr} = 2m\omega_0$ 和阻尼比 $\xi = b/b_{cr}$。此时有 $b\omega/k = 2\xi\omega/\omega_0$。由此,我们就可以得到

$$\begin{cases} A = \dfrac{F_0/k}{\sqrt{(1 - \omega^2/\omega_0^2)^2 + 4\xi^2\omega^2/\omega_0^2}} \\ \tan\beta = \dfrac{2\xi\omega/\omega_0}{1 - \omega^2/\omega_0^2} \end{cases} \tag{1.5}$$

一般来说,评价一个振动防护系统的有效性可以有多种不同指标,它们的定义有所不同:

（1）如果振动防护系统的设计目标是为了减少质量 $m$ 的受迫稳态振动的幅值，那么可以采用动力放大率（dynamic coefficient，DC）这一评价指标。动力放大率表示的是质量 $m$ 的位移幅值 $A$（源自于扰动力 $F(t)$）与该质量的零频率静变形量 $\delta_{st}$ 的比值，后者实际上就是指该质量在受到静态力 $F_0$（扰动力 $F(t)$ 的幅值）作用下产生的静态变形量[8]。于是有

$$DC = \frac{A}{\delta_{st}} = \frac{1}{\sqrt{(1-z^2)^2 + 4\nu^2 z^2}} \tag{1.6}$$

其中，$\delta_{st} = F_0/k$，而 $z = \omega/\omega_0$ 和 $\nu = n/\omega_0$ 均为无量纲参数，实际上这里的 $\nu = \xi$[7]。

图 1.4 给出了一幅动力放大率示意图，它是无量纲频率 $z = \omega/\omega_0$ 和相对阻尼 $\nu = n/\omega_0$ 的函数曲线。显然，有效的振动防护性能应对应于区间 $DC \leqslant 1$，对所有的 $\nu = n/\omega_0 = d/2\sqrt{km}$ 值而言，在 $z = \omega/\omega_0 \geqslant \sqrt{2}$ 这一范围内均能满足 $DC \leqslant 1$，图 1.4 中已经用阴影标注出了这一范围。反之，对于所有的 $z$ 值而言，要想满足 $DC \leqslant 1$，最小的 $\nu$ 应为 $\nu = 1/\sqrt{2}$。当 $\nu = 1/\sqrt{2}$ 时，$DC = 1/\sqrt{1+z^4} < 1$。显然，当 $\nu > 1/\sqrt{2}$ 时，这一振动防护系统在全频率范围内（$0 < z < \infty$）都是有效的。

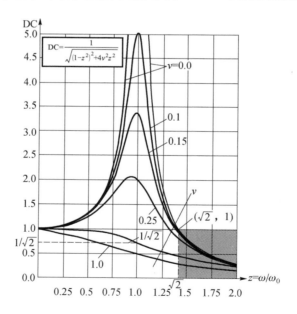

图 1.4　动力放大率（DC）与无量纲频率 $z$ 和相对阻尼 $\nu = n/\omega_0$ 之间的关系曲线

对于 $\nu < 1/\sqrt{2}$ 的情况，要确定振动防护的有效性，我们需要特别考虑 $DC = 1$ 的情形。事实上可以发现，这种情形下当 $z > \sqrt{2(1-2\nu^2)}$ 时就能获得有效的振动防护。例如，假定 $\nu = 0.7$，那么有 $z > \sqrt{2(1-2\times 0.7^2)} = $

0.2。也就是说,对于给定的 $z$ 值,如果阻尼水平增加了,振动防护的有效性就会随之增加。

(2)如果振动防护系统的设计目标是为了降低传递到固定基础上的动态力幅值[9],那么我们需要考察这个动态力的具体情况。此时该力可以表示为 $b\dot{x} + kx$,可以看出这个力的幅值为

$$R_f = X \sqrt{k^2 + (b\omega)^2} \tag{1.7}$$

其中:

$$X = \left| \frac{F_0}{(k - m\omega^2) + jb\omega} \right| = \frac{F_0}{\sqrt{(k - m\omega^2)^2 + (b\omega)^2}}, j = \sqrt{-1} \tag{1.8}$$

很明显,幅值 $A$ 和 $X$ 是相等的。这一公式的详细推导过程将在 1.3 节中借助复数幅值方法给出。

传递率(Transmissibility Coefficient, TC)[3,4]表示的是传递到基础上的动态力的幅值 $R_f$ 与激励力幅值 $F_0$ 的比值,即

$$TC = \frac{R_f}{F_0} = \sqrt{\frac{1 + 4\nu^2 z^2}{(1 - z^2)^2 + 4\nu^2 z^2}} \tag{1.9}$$

图 1.5 给出了一幅传递率示意图,它是无量纲频率 $z = \omega/\omega_0$ 和相对阻尼 $\nu = n/\omega_0$ 的函数曲线。显然这里的振动防护有效性应当是指 $TC \leqslant 1$,对于任意的阻尼而言,这一条件对应了 $z \geqslant \sqrt{2}$ 这一频率范围,该范围在图 1.5 中已经用阴影标注。对于该区域中的任意 $z$ 值,阻尼水平越弱,振动防护就越有效,最有效的情形发生于理想的弹性条件下,也即 $\nu = 0$。

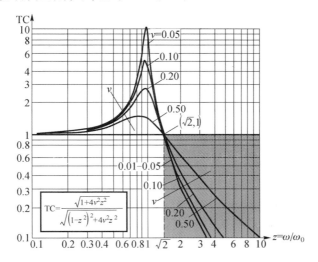

图 1.5　传递率(TC)与无量纲频率 $z$ 和相对阻尼 $\nu = n/\omega_0$ 之间的关系曲线

根据上述分析不难看出,在简谐型的力激励情况中,如果频率比 $z = \omega/\omega_0$ 大于等于 $\sqrt{2}$,那么振动防护就可以同时满足两个方面的有效性,即 DC $\leqslant 1$ 和 TC $\leqslant 1$。在这一频率范围内,阻尼会起到不同的影响,增大阻尼将导致 DC 降低而 TC 却会增大。关于振动防护的有效性问题,人们已经给出了大量数值分析结果,感兴趣的读者可以去参阅 Crede 和 Ruzicka 的文献[1]。

当动力学系统中存在多个具有不同频率值的激励力时,一般必须针对频率最低的激励给出足够小的传递率,这样的话就能够使得高频激励力所对应的振动防护效果足够好。

## 1.2.3 运动激励——过载振动系数和相对位移

对于受到基础运动激励 $\xi(t)$ 作用的单自由度系统,其原理图可参见图 1.3(b)。质量为 $m$ 的物体将产生较为复杂的运动,这里我们将通过坐标 $x$、$\xi$ 和 $x - \xi$ 来分别表示绝对运动、基础运动和相对运动。

弹簧中产生的力是正比于弹簧的变形量 $k(x - \xi)$ 的,而阻尼器中产生的力则是正比于阻尼器端点之间的相对速度 $b(\dot{x} - \dot{\xi})$ 的。将这些力综合起来,我们就可以得到如下的运动微分方程:

$$m\ddot{x} + b(\dot{x} - \dot{\xi}) + k(x - \xi) = 0 \tag{1.10}$$

下面我们来考察一下质量的绝对运动和相对运动情况。

**1. 绝对运动**

运动方程(1.10)可以改写为

$$m\ddot{x} + b\dot{x} + kx = k\xi + b\dot{\xi}$$

若令 $\xi(t) = \xi_0 \sin\omega t$,那么关于绝对运动坐标 $x$ 的方程就变为[1]

$$m\ddot{x} + b\dot{x} + kx = \xi_0(k\sin\omega t + b\omega\cos\omega t) = \xi_0\sqrt{k^2 + (b\omega)^2}\sin(\omega t + \gamma) = \xi_{eq}\sin(\omega t + \gamma) \tag{1.11}$$

式中:$\xi_{eq} = \xi_0\sqrt{k^2 + (b\omega)^2}$,$\tan\gamma = b\omega/k$。

式(1.11)与式(1.1)是相似的,因此我们可以导得绝对运动的幅值:

$$A = \frac{\xi_{eq}}{\sqrt{(k - m\omega^2)^2 + (b\omega)^2}} \tag{1.12}$$

此时,绝对运动的加速度 $\ddot{x}$ 的幅值可以表示为

$$\omega^2 X = \frac{\omega^2 \xi_{eq}}{\sqrt{(k - m\omega^2)^2 + (b\omega)^2}} = \frac{\omega^2 \xi_0 \sqrt{k^2 + (b\omega)^2}}{\sqrt{(k - m\omega^2)^2 + (b\omega)^2}} \tag{1.13}$$

这里我们可以按照下面的关系式来定义绝对加速度层面上的振动防护有效

性,即

$$K_{\mathrm{acc}}^{\mathrm{abs}} = A_{\mathrm{acc}}^{\mathrm{object}}/A_{\mathrm{acc}}^{\mathrm{sup}} \tag{1.14}$$

式中:$A_{\mathrm{acc}}^{\mathrm{object}}$ 为物体绝对加速度的幅值;$A_{\mathrm{acc}}^{\mathrm{sup}} = \omega^2 \xi_0$ 为基础支撑的绝对加速度幅值。

事实上,这个系数 $K_{\mathrm{acc}}^{\mathrm{abs}}$ 定义的是质量为 $m$ 的物体的过载量。利用无量纲参数 $\nu = b/(2m\omega_0)$、$z = \omega/\omega_0$ 以及 $\omega_0 = \sqrt{k/m}$,我们可以得到

$$K_{\mathrm{acc}}^{\mathrm{abs}} = \frac{\sqrt{1 + 4\nu^2 z^2}}{\sqrt{(1 - z^2)^2 + 4\nu^2 z^2}} \tag{1.15}$$

可以看出,简谐力激励 $F(t) = F_0 \sin\omega t$ 条件下的传递率 TC 与简谐型运动激励条件下的 $K_{\mathrm{acc}}^{\mathrm{abs}}$ 是完全一致的。

**2. 相对运动**

物体的相对运动坐标是 $z = x - \xi$,此时式(1.10)可以改写为关于坐标 $z$ 的形式[7]:

$$m(\ddot{z} + \ddot{\xi}) + b\dot{z} + kz = 0 \tag{1.16}$$

如果我们仍假定 $\xi(t) = \xi_0 \sin\omega t$,那么式(1.16)就变成为

$$m\ddot{z} + b\dot{z} + kz = m\xi_0 \omega^2 \sin\omega t \tag{1.17}$$

式(1.17)与式(1.1)也是相似的,因此我们可以导出相对运动坐标 $z$ 的幅值如下:

$$Z = \frac{m\xi_0 \omega^2}{\sqrt{(k - m\omega^2)^2 + (b\omega)^2}} \tag{1.18}$$

这里可以将振动防护的有效性指标定义为

$$K_{\mathrm{displ}}^{\mathrm{relat}} = A_{\mathrm{disp}}^{\mathrm{relob}}/A_{\mathrm{disp}}^{\mathrm{sup}}$$

式中:$A_{\mathrm{disp}}^{\mathrm{relob}}$ 为物体相对位移幅值;$A_{\mathrm{disp}}^{\mathrm{sup}}$ 为基础支撑的位移幅值。

利用无量纲参数 $\nu = b/(2m\omega_0)$、$z = \omega/\omega_0$ 以及 $\omega_0 = \sqrt{k/m}$,我们有

$$K_{\mathrm{displ}}^{\mathrm{relat}} = \frac{z^2}{\sqrt{(1 - z^2)^2 + 4\nu^2 z^2}} \tag{1.19}$$

图 1.6 给出了上述关系曲线。显然这里的振动防护在 $K_{\mathrm{displ}}^{\mathrm{relat}} \leqslant 1$ 时是有效的,当 $\nu > 1/\sqrt{2}$ 时这一条件在全频带内都是满足的。如果 $\nu < 1/\sqrt{2}$,那么这一振动防护系统仅在 $0 < z < 1/\sqrt{2(1 - 2\nu^2)}$ 这一频率范围内才是有效的。对于给定的频率值 $z$,振动防护的有效程度随着阻尼 $\nu$ 的增加而提高。在最不利的条件下,即 $\nu = 0$ 时,振动防护的有效范围将位于 $0 < z < 1/\sqrt{2}$ 这一频带。在该图中,已经用阴影区域标注出了振动防护的有效范围。

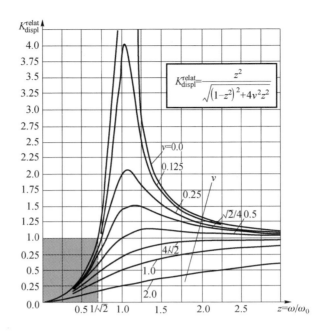

图 1.6  相对位移传递率与无量纲频率 $z$ 和相对阻尼 $\nu = n/\omega_0$ 之间的关系曲线

在表 1.1[4,11] 中我们列出了由 $k - m - b$ 元件构成的振动防护系统的相关结果(图 1.3(a),(b))。该表中的第一列和第三列分别是简谐力激励和简谐运动激励条件下的结果,这些激励的幅值都是不变的。表中第二列所示的结果是力激励条件下的,不过这时的激励力幅值是与激励频率有关的,这种情形可以发生在不平衡转子类的机械设备中,这种设备所产生的不平衡激励力的幅值一般是随频率而变化的,此时的 $m_e$ 代表的是不平衡质量,而 $e$ 代表的是偏心量。

表 1.1  单自由度有阻尼系统的振动防护特性[4,11]

| 激励 | $F(t) = F_0 \sin\omega t$ | $F(t) = m_e e\omega^2 \sin\omega t$ | $\xi(t) = \xi_0 \sin\omega t$ |
|---|---|---|---|
| 绝对运动方程 | $m\ddot{x} + b\dot{x} + kx = F_0\sin\omega t$ | $m\ddot{x} + b\dot{x} + kx = m_e e\omega^2\sin\omega t$ | $m\ddot{x} + b\dot{x} + kx = k\xi + b\dot{\xi}$ 相对坐标: $x_r = x - \xi : m\ddot{x}_r + b\dot{x}_r + kx_r = m\xi_0\omega^2\sin\omega t$ |
| 绝对运动的稳态响应 $x(t) = A\sin(\omega t + \varphi)$ 相对位移幅值 $A_r$ | $A = \dfrac{\delta_{st}}{\sqrt{(1-z^2)^2 + 4v^2z^2}}$ $\delta_{st} = \dfrac{F_0}{k}$ | $A = \dfrac{z^2\delta}{\sqrt{(1-z^2)^2 + 4v^2z^2}}$ $\delta = \dfrac{m_e}{m}e$ | $A_r = \dfrac{z^2\xi_0}{\sqrt{(1-z^2)^2 + 4v^2z^2}}$ |

| 激励 | $F(t) = F_0 \sin\omega t$ | $F(t) = m_e e\omega^2 \sin\omega t$ | $\xi(t) = \xi_0 \sin\omega t$ |
|---|---|---|---|
| 动力放大系数（DC） | $DC = \dfrac{A}{\delta_{st}}$ $= \dfrac{1}{\sqrt{(1-z^2)^2 + 4v^2z^2}}$ | $DC = \dfrac{A}{\delta}$ $= \dfrac{z^2}{\sqrt{(1-z^2)^2 + 4v^2z^2}}$ | $DC = \dfrac{A_r}{\delta_0}$ $= \dfrac{z^2}{\sqrt{(1-z^2)^2 + 4v^2z^2}}$ |
| 传递到基础上的力的幅值 $R_f = b\dot{x} + kx$ | $R_f = F_0\beta\sqrt{1 + 4v^2z^2}$ | $R_f = m_e e\omega^2 z^2\beta\sqrt{1 + 4v^2z^2}$ | $R_f = m\xi_0 z^2\beta\sqrt{1 + 4v^2z^2}$ |
| 传递率（TC） | $TC = \dfrac{R_f}{F_0} = \beta\sqrt{1 + 4v^2z^2}$ | $TC = \dfrac{R_f}{m_e e\omega^2}$ $= z^2\beta\sqrt{1 + 4v^2z^2}$ | $TC = \dfrac{R_f}{m\xi_0} = z^2\beta\sqrt{1 + 4v^2z^2}$ |
| 振动防护量 $VP = 20\log TC$, dB | $VP = 20\log\beta\sqrt{1 + 4v^2z^2}$ | $VP = 20\log z^2\beta\sqrt{1 + 4v^2z^2}$ | $VP = 20\log z^2\beta\sqrt{1 + 4v^2z^2}$ |

　　此外，表 1.1 中还包含了关于物体绝对运动坐标 $x(t)$ 的微分方程（第一行），稳态响应的幅值（第二行），以及振动防护有效性的评价表达式（第三行到第六行）。

　　应当注意的是，表 1.1 中采用了如下的一些记号：相位角 $\varphi = \arctan\dfrac{2zv}{1-z^2}$、静态变形量 $\delta_{st} = \dfrac{F_0}{k}$。无量纲参数分别为

$$
\begin{cases}
z = \dfrac{\omega}{\omega_0} \\[2mm]
\omega_0 = \sqrt{\dfrac{k}{m}} \\[2mm]
v = \dfrac{n}{\omega_0} = \dfrac{b}{2\sqrt{km}} \\[2mm]
2n = \dfrac{b}{m} \\[2mm]
\beta = \dfrac{1}{\sqrt{(1-z^2)^2 + 4v^2z^2}}
\end{cases}
$$

从表中可以很明显地看出,第二列和第三列中的动力放大率 DC、传递率 TC 以及振动防护量级(dB)都是一致的。

## 1.3 复数幅值方法

对于一个线性系统来说,当它受到简谐激励的时候,其稳态运动响应可以借助复数幅值方法进行分析。这一方法是 Kennelly 和 Steinmetz(1893)所提出的[12],后来 Mitkevitch 和 Puhov 对该方法从理论和技术层面都进行了重要完善[13]。复数幅值方法的核心要点是复数的几何解释,也就是一个矢量可以通过其投影的组合形式来描述,其投影包括了实数轴和虚数轴上的两个分量[11]。

### 1.3.1 简谐量的矢量描述

考虑一个从点 $O$ 发出的矢量 $Z$,且该矢量以不变的角速度 $\omega$ 转动,若令 $x$ 和 $y$ 分别表示复数平面的两个坐标轴,其中 $x$ 是实数轴而 $y$ 是虚数轴,那么这一矢量将如图 1.7 所示。

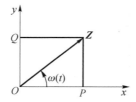

图 1.7 复数平面上的矢量 $Z$ 及其分量

任意时刻矢量 $Z$ 投影到实数轴和虚数轴上的分量可以表示为

$$x(t) = Z\cos\omega t$$
$$y(t) = Z\sin\omega t \tag{1.20}$$

这两个分量 $x(t)$ 和 $y(t)$ 都是幅值为 $Z$ 的简谐函数,其圆频率为 $\omega$。一般地,矢量 $Z$ 可以表示成复三角函数或复指数形式,即

$$Z = Z(\cos\omega t + j\sin\omega t) = Ze^{j\omega t}$$

其中,$j = \sqrt{-1}$,而 e 为自然对数的底(e≈2.718)。

显然,$x(t)$ 和 $y(t)$ 这两个函数描述的是简谐运动,它们可以分别视为复数 $Z$ 的实部和虚部,即

$$\begin{cases} x(t) = \text{Re}[Ze^{j\omega t}] \\ y(t) = \text{Im}[Ze^{j\omega t}] \end{cases} \tag{1.21}$$

由此我们可以导出如下关系:

$$\begin{cases} \dot{x}(t) = \mathrm{Re}\left[\dfrac{\mathrm{d}}{\mathrm{d}t}(Z\mathrm{e}^{\mathrm{j}\omega t})\right], \dot{y}(t) = \mathrm{Im}\left[\dfrac{\mathrm{d}}{\mathrm{d}t}(Z\mathrm{e}^{\mathrm{j}\omega t})\right] \\[2mm] \ddot{x}(t) = \mathrm{Re}\left[\dfrac{\mathrm{d}^2}{\mathrm{d}t^2}(Z\mathrm{e}^{\mathrm{j}\omega t})\right], \ddot{y}(t) = \mathrm{Im}\left[\dfrac{\mathrm{d}^2}{\mathrm{d}t^2}(Z\mathrm{e}^{\mathrm{j}\omega t})\right] \end{cases}$$

考虑到如下关系式:

$$\begin{cases} \dfrac{\mathrm{d}}{\mathrm{d}t}(Z\mathrm{e}^{\mathrm{j}\omega t}) = \mathrm{j}\omega Z\mathrm{e}^{\mathrm{j}\omega t} = \mathrm{j}\omega \boldsymbol{Z} \\[2mm] \dfrac{\mathrm{d}^2}{\mathrm{d}t^2}(Z\mathrm{e}^{\mathrm{j}\omega t}) = (\mathrm{j}\omega)2Z\mathrm{e}^{\mathrm{j}\omega t} = -\omega^2\boldsymbol{Z} \end{cases}$$

我们可以将矢量 $\boldsymbol{Z}$ 的每一次微分理解为将该矢量的长度放大了 $\omega$ 倍然后再逆时针转动了90°。图 1.8 给出了矢量 $\boldsymbol{Z}$ 及其导数( $\omega$ = 0.5)的矢量图。

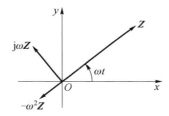

图 1.8　位移、速度和加速度的矢量关系图

如果我们假定 $x = x_0\sin\omega t$,那么对应的矢量图就可以通过如下函数来构造:

$$\begin{cases} \dot{x} = x_0\omega\cos\omega t = x_0\omega\sin\left(\omega t + \dfrac{\pi}{2}\right) \\[2mm] \ddot{x} = -x_0\omega^2\sin\omega t \end{cases}$$

特定条件下,可能有多个以相同的角速度 $\omega$ 旋转的矢量存在,这种情况下我们一般更关心这些矢量之间的相对位置情况,这也是为什么我们在构造矢量图的时候一般只针对某个特定时刻的原因(通常是针对 $t$ = 0 时刻给出矢量图)。

在简谐激励情况中,求解线性微分方程的最简单方法就是复数分析方法。一般地,对于如下的线性微分方程:

$$\frac{\mathrm{d}^n x}{\mathrm{d}t^n} + a_1\frac{\mathrm{d}^{n-1}x}{\mathrm{d}t^{n-1}} + \cdots + a_{n-1}\frac{\mathrm{d}x}{\mathrm{d}t} + a_n x = F(t) \tag{1.22}$$

如果假定上述方程中的系数 $a_i$ 均为实数(无论是常数还是时变的),并且 $F = F_1 + \mathrm{j}F_2$,其中 $F_1$ 和 $F_2$ 也是实数,那么我们就可以把这个方程的解表示为 $x = x_1 + \mathrm{j}x_2$ 这种形式,并且 $x_1$ 和 $x_2$ 就对应于式(1.22)右端分别为 $F_1$ 和 $F_2$ 时的解。

## 1.3.2　单轴隔振器

这里我们采用复数幅值方法来分析如图 1.9 所示的系统的稳态振动问题。

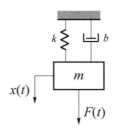

图 1.9　最简单的 $m-k-b$ 系统的原理图

图中所示的坐标 x 是以静平衡位置为坐标原点的,扰动力为 $F(t) = F\sin\omega t$。该系统的运动可以通过如下方程来描述:

$$m\ddot{x} + b\dot{x} + kx = F\sin\omega t \tag{1.23}$$

下面引入复数形式的扰动力,即 $\boldsymbol{F} = F\mathrm{e}^{\mathrm{j}\omega t}$,于是实际的扰动力也就是 $F\sin\omega t = \mathrm{Im}\boldsymbol{F}$。考虑到系统的稳态运动的频率也应当为 $\omega$,不过会存在一个相位上的滞后角 $\varphi$,因此可以设复数形式的响应为 $\boldsymbol{X} = X\mathrm{e}^{\mathrm{j}(\omega t-\varphi)}$,显然,实际的位移也就是

$$x(t) = \mathrm{Im}\boldsymbol{X} = X\sin(\omega t - \varphi) \tag{1.24}$$

这样一来,稳态运动的分析也就简化为确定位移解的复数幅值了,即 $\overline{X} = X\mathrm{e}^{-\mathrm{j}\varphi}$。实际上,也就是去确定复数幅值的绝对值 $X = |\overline{X}|$ 和相位角 $\varphi = -\arg\overline{X}$。令 $x = \overline{X}\mathrm{e}^{\mathrm{j}\omega t}, \dot{x} = \mathrm{j}\omega \overline{X}\mathrm{e}^{\mathrm{j}\omega t}, \ddot{x} = -\omega^2 \overline{X}\mathrm{e}^{\mathrm{j}\omega t}$,将这些关系式和 $\boldsymbol{F} = F\mathrm{e}^{\mathrm{j}\omega t}$ 代入到原方程(1.23)中,在消去公共的因子 $\mathrm{e}^{\mathrm{j}\omega t}$ 之后,我们就可以得到复数幅值的表达式

$$\overline{X} = \frac{F}{k + \mathrm{j}b\omega - m\omega^2}$$

由此很容易导出实际的响应幅值和相位角了,即

$$\begin{cases} X = \left|\dfrac{F}{k - m\omega^2 + \mathrm{j}b\omega}\right| = \dfrac{F}{\sqrt{(k - m\omega^2)^2 + (b\omega)^2}} \\ \varphi = -\arg\dfrac{F}{k - m\omega^2 + \mathrm{j}b\omega} = \arctan\dfrac{b\omega}{k - m\omega^2} \end{cases} \tag{1.25}$$

式(1.24)和式(1.25)完整地确定了系统(1.23)的稳态运动响应。

实例:试构造出图 1.9 所示系统的矢量图。假定系统参数值和激励参数值分别是 $m = 10\mathrm{kg}, k = 500\mathrm{N/m}, b = 300\mathrm{N \cdot s/m}, F(t) = F\sin\omega t, F = 50\mathrm{N}, \omega = 4\mathrm{rad/s}$。

根据前述的计算公式,我们可以得到

$$\begin{cases} X = \dfrac{F}{\sqrt{(k - m\omega^2)^2 + (b\omega)^2}} = \dfrac{50}{\sqrt{(500 - 10 \times 4^2)^2 + (300 \times 4)^2}} = 0.04\mathrm{m} \\ \varphi = \arctan\dfrac{b\omega}{k - m\omega^2} = \arctan\dfrac{300 \times 4}{500 - 10 \times 4^2} = \arctan 3.529 = 1.295\mathrm{rad} = 74.2° \end{cases}$$

根据质量 m 的位置及其速度方向的不同,图 1.10 给出了四种不同情况下的位移矢量 $\boldsymbol{X}$、速度矢量 $\mathrm{j}\omega\boldsymbol{X}$ 和加速度矢量 $\omega^2\boldsymbol{X}$ 的矢量位置关系,图中的虚线表示

的是静平衡位置。

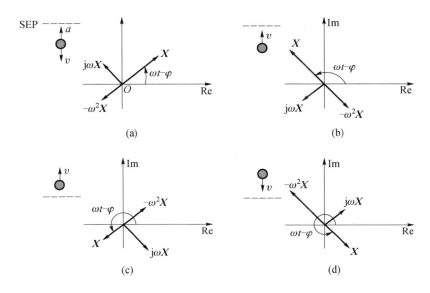

图 1.10　质量 $m$ 处于不同位置和不同速度方向情况下的位移、速度和加速度的矢量图：
（a）质量位于静平衡位置下方且速度向下；（b）质量位于静平衡位置下方且速度向上；
（c）质量位于静平衡位置上方且速度向上；（d）质量位于静平衡位置上方且速度向下

在情况（a）中，质量的位移 $x$ 和速度 $v = \dot{x}$ 为正值（方向向下），而加速度 $a = \ddot{x}$ 是负值。位移矢量 $X$ 的指向可以这样来理解，即它的虚部 $\mathrm{Im}X$ 是正值，这个虚部也正对应了位移 $x$ 的方向（如果激励力为 $F\cos\omega t$，那么 $x(t) = \mathrm{Re}X$）。速度矢量 $j\omega X$ 的指向应理解为其虚部 $\mathrm{Im}(j\omega X)$ 为正值，实际上对应了速度 $\dot{x}$ 的方向。最后，对于加速度矢量 $\omega^2 X$ 来说，虚部 $\mathrm{Im}(-\omega^2 X)$ 应为负值，这代表了加速度 $a = \ddot{x}$ 的实际方向。

### 1.3.3　阿甘特图

现在我们将注意力转向矢量力图，即阿甘特图[7,14]。这里令 $t = 0$，于是力矢量 $F$ 的方位就是 $\varphi = 74.2°$。

在构造矢量图的过程中，必须注意的是弹性力与位移 $x$ 成正比且方向相反，而阻尼器中的力正比于速度 $\dot{x}$ 且方向相反。相关的矢量计算关系式如下：

$$\begin{cases} |-kX| = kX = 500 \times 0.04 = 20\mathrm{N} \\ |-jb\omega X| = b\omega X = 300 \times 4 \times 0.04 = 48\mathrm{N} \\ |m\omega^2 X| = m\omega^2 X = 10 \times 4^2 \times 0.04 = 6.4\mathrm{N} \end{cases}$$

图 1.11 给出了矢量图，该图表明式（1.23）在任意时刻 $t$ 都是满足的。

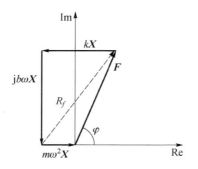

图 1.11　矢量图

上面这个矢量图是封闭的,所有矢量在实轴和虚轴上的投影和分别为

$$\begin{cases} 50\cos1.295 - 20 + 6.4 = 20.01 - 20 \approx 0 \\ 50\sin1.295 - 48 = 48.1 - 48 \approx 0 \end{cases}$$

利用矢量图的一个优点在于,它能帮助我们方便地计算出传递到基础支撑上的力 $b\dot{x} + kx$,这个力的幅值为

$$R_f = X \sqrt{k^2 + (b\omega)^2} \tag{1.26}$$

根据这个力的幅值就可以计算出传递率 TC 了,也就是 $R_f$ 与 $F$ 的幅值之比。关于传递率 TC 的更多详细内容将在第 12 章中给出。

### 1.3.4　两自由度系统

本节我们简要地讨论一下复数幅值方法在多自由度系统中的分析过程。如图 1.12 所示,一根不可变形的刚性杆 $AB$ 支撑于两根刚度系数分别为 $k_1$ 和 $k_2$ 的弹簧上,该系统受到了运动激励 $z_1$ 和 $z_2$ 的作用。点 $A$ 和点 $B$ 的垂向位移以及质心位移分别用坐标 $y_1$、$y_2$ 和 $y_0$ 表示。

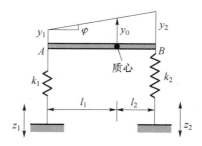

图 1.12　两自由度系统的被动振动防护原理图

显然我们有如下关系式:

$$\begin{cases} y_1 = y_0 - l_1\varphi \\ y_2 = y_0 + l_2\varphi \end{cases} \tag{1.27}$$

为了导出系统的运动方程,可以借助拉格朗日方程[10],即

$$\frac{\mathrm{d}}{\mathrm{d}t}\left(\frac{\partial T}{\partial \dot{q}_i}\right) - \frac{\partial T}{\partial q_i} + \frac{\partial U}{\partial q_i} = Q_i, i = 1, \cdots, n \tag{1.28}$$

式中:$T$ 和 $U$ 分别为系统的动能和势能;$q_i$ 和 $\dot{q}_i$ 分别为第 $i$ 个广义坐标上的位移和速度;$Q_i$ 为与 $q_i$ 对应的广义力;$t$ 为时间变量;$n$ 为自由度个数,这里有 $n = 2$。

在描述系统状态的变量 $\varphi$、$y_0$、$y_1$ 和 $y_2$ 中,我们必须选择独立坐标,选择的方法有很多种。根据这些独立坐标,考虑到式(1.27),其他变量就可以导出了。

这里我们不妨选择质心位移和转动角度为独立的广义坐标,即 $q_1 = y_0$,$q_2 = \varphi$。于是,系统的动能和势能就可以表示为

$$T = \frac{1}{2}M y_0^2 + \frac{1}{2}J\varphi^2 \tag{1.29}$$

$$U = \frac{1}{2}k_1 (y_1 - z_1)^2 + \frac{1}{2}k_2 (y_2 - z_2)^2 \tag{1.30}$$

其中:$M$ 和 $J$ 分别为杆的质量以及关于质心的惯性矩。

由此可以写出拉格朗日方程:

$$\begin{cases} \dfrac{\mathrm{d}}{\mathrm{d}t}\left(\dfrac{\partial T}{\partial \dot{y}_0}\right) - \dfrac{\partial T}{\partial y_0} + \dfrac{\partial U}{\partial y_0} = Q_{y_0} \\ \dfrac{\mathrm{d}}{\mathrm{d}t}\left(\dfrac{\partial T}{\partial \dot{\varphi}}\right) - \dfrac{\partial T}{\partial \varphi} + \dfrac{\partial U}{\partial \varphi} = Q_\varphi \end{cases} \tag{1.31}$$

进而可导出如下两个微分方程:

$$\begin{cases} M\ddot{y}_0 + (k_1 + k_2)y_0 + (-k_1 l_1 + k_2 l_2)\varphi = k_1 z_1 + k_2 z_2 \\ J\ddot{\varphi} + (k_1 l_1^2 + k_2 l_2^2)\varphi + (-k_1 l_1 + k_2 l_2)y_0 = -k_1 l_1 z_1 + k_2 l_2 z_2 \end{cases} \tag{1.32}$$

当然,上述方程也可以改写成更为简洁的矩阵形式。

在受到基础支撑的简谐激励时,为了确定出动力放大率和传递率,一般应当按照下述过程进行分析:

(1)假定基础激励的形式为 $\overline{Z}_1 \mathrm{e}^{\mathrm{i}\omega t}$ 和 $\overline{Z}_2 \mathrm{e}^{\mathrm{i}\omega t}$,其中的 $\overline{Z}_1$ 和 $\overline{Z}_2$ 为复数幅值,同时应将广义坐标 $y_0$ 和 $\varphi$ 的表达式写成复数形式,即 $\overline{Y}_0 \mathrm{e}^{\mathrm{i}\omega t}$ 和 $\overline{\Psi}\mathrm{e}^{\mathrm{i}\omega t}$;

(2)将上述表达式代入到式(1.32)中,并求出复数幅值 $\overline{Y}_0$ 和 $\overline{\Psi}$;

(3)计算出广义坐标的幅值,也就是复数幅值的绝对值 $Y_0$ 和 $\Psi$;

(4)建立所需的反映振动防护有效性所对应的计算式,即性能指标计算式。

## 1.4　线性单轴振动防护系统

这里我们主要考察一个带有弹性悬挂的单轴隔振器,将介绍如何将一般形式的隔振器简化为简单形式的隔振器这一思想,并讨论这种简化所需的相关条件。

### 1.4.1 阻尼器与弹性悬挂的串联——传递系数

通过引入附加的弹簧(刚度系数为$k_1$),并使之与一个阻尼器(阻尼系数为$b$)串联,我们往往可以增强一个振动防护系统的性能。图 1.13 给出了这一系统的原理图,这里我们假定该系统受到的是一个动力激励($F\sin\omega t$)[11,15]的作用。

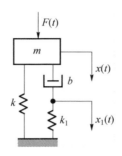

图 1.13 带弹性悬挂的单轴隔振器

描述质量 $m$ 的运动规律的动力学方程可以表示为

$$m\ddot{x} + b(\dot{x} - \dot{x}_1) + kx = F\sin\omega t \tag{1.33}$$

式中:$x$ 和 $x_1$ 分别为防护对象的位移和节点处的位移,见图 1.13。

考虑到阻尼器 $b$ 和弹簧 $k_1$ 是串联连接的,因此阻尼器中产生的力应当与该弹簧中的力相等,即

$$b(\dot{x} - \dot{x}_1) = k_1 x_1 \tag{1.34}$$

将这一关系式代入到式(1.33)中,可以得到

$$m\ddot{x} + k_1 x_1 + kx = F\sin\omega t \tag{1.35}$$

上面这个方程中包含了两个未知量,即 $x$ 和 $x_1$。根据这一方程我们可以导得

$$x_1 = \frac{1}{k_1}(F\sin\omega t - m\ddot{x} - kx) \rightarrow \dot{x}_1 = \frac{1}{k_1}(F\omega\cos\omega t - m\dddot{x} - k\dot{x})$$

将 $\dot{x}_1$ 的表达式代入到式(1.35)中,可以得到一个三阶的关于位移 $x(t)$ 的常微分方程:

$$\dddot{x} + \frac{k_1}{b}\ddot{x} + \frac{k + k_1}{m}\dot{x} + \frac{kk_1}{mb}x = \frac{Fk_1}{mb}\sin\omega t + \frac{F\omega}{m}\cos\omega t \tag{1.36}$$

显然,由于引入了一个附加的弹性元件,图 1.13 所示的系统的自由度数增大了,现在将具有 1.5 个自由度。

为便于分析,这里将激励力 $F(t)$、位移 $x(t)$ 和 $x_1(t)$ 表示为复数形式,分别为 $F\mathrm{e}^{\mathrm{j}\omega t}$、$\overline{X}\mathrm{e}^{\mathrm{j}\omega t}$ 和 $\overline{X}_1\mathrm{e}^{\mathrm{j}\omega t}$,其中的 $F$、$\overline{X}$ 和 $\overline{X}_1$ 是复数幅值,而 $\mathrm{j} = \sqrt{-1}$。利用这些复数量,式(1.33)和式(1.34)可以化为

$$\begin{cases} (k - m\omega^2 + jb\omega)\overline{X} - jb\omega\overline{X}_1 = F \\ - jb\omega\overline{X} + (k_1 + jb\omega)\overline{X}_1 = 0 \end{cases}$$

上述方程的解为

$$\begin{cases} \overline{X} = \dfrac{F(k_1 + j\omega b)}{k_1(k - m\omega^2) + j\omega b(k + k_1 - m\omega^2)} \\ \overline{X}_1 = \dfrac{j\omega b F}{k_1(k - m\omega^2) + j\omega b(k + k_1 - m\omega^2)} \end{cases} \tag{1.37}$$

实数幅值为

$$\begin{cases} X = \dfrac{F}{k}\dfrac{\sqrt{1 + 4\nu^2 z^2 / \tilde{k}^2}}{\sqrt{(1 - z^2)^2 + 4\nu^2 z^2(1 + 1/\tilde{k} - z^2/\tilde{k})^2}} \\ X_1 = \dfrac{F}{k}\dfrac{2\nu z/\tilde{k}}{\sqrt{(1 - z^2)^2 + 4\nu^2 z^2(1 + 1/\tilde{k} - z^2/\tilde{k})^2}} \end{cases} \tag{1.38}$$

其中, $\tilde{k} = \dfrac{k_1}{k}, \nu = \dfrac{b}{2\sqrt{km}}, z = \dfrac{\omega}{\omega_0}, \omega_0 = \sqrt{\dfrac{k}{m}}$。

动力放大率一般定义为质量 $m$ 的振幅 $X$ 与其静态变形量(激励力幅值 $F$ 作用下)的比值,因此动力放大系数为

$$\mathrm{DC} = \dfrac{X}{F/k} = \dfrac{\sqrt{1 + 4\nu^2 z^2 / \tilde{k}^2}}{\sqrt{(1 - z^2)^2 + 4\nu^2 z^2(1 + 1/\tilde{k} - z^2/\tilde{k})^2}} \tag{1.39}$$

**1. 传递系数**

传递到基础上的力可以表示为

$$R_f(t) = kx(t) + k_1 x_1(t) \tag{1.40}$$

这个力的复振幅为 $\overline{R}_f$,即

$$\overline{R}_f = k\overline{X} + k_1\overline{X}_1 = \dfrac{F[k(k_1 + j\omega b) + jk_1 b\omega]}{k_1(k - m\omega^2) + j\omega b(k + k_1 - m\omega^2)} \tag{1.41}$$

它的实数幅值为

$$R_f = \dfrac{F\sqrt{1 + 4\nu^2 z^2(1 + 1/\tilde{k})^2}}{\sqrt{(1 - z^2)^2 + 4\nu^2 z^2(1 + 1/\tilde{k} - z^2/\tilde{k})^2}} \tag{1.42}$$

于是传递系数为

$$\mathrm{TC}=\frac{F_f}{F}=\frac{\sqrt{1+4\nu^2z^2\left(1+1/\tilde{k}\right)^2}}{\sqrt{(1-z^2)^2+4\nu^2z^2\left(1+1/\tilde{k}-z^2/\tilde{k}\right)^2}} \tag{1.43}$$

**2. 极限情况**

假定撤去弹簧 $k_1$,此时的阻尼器 $b$ 将刚性连接到基础上,相当于 $k_1=\infty$,这种情况下前面的式(1.39)和式(1.43)将分别简化为式(1.6)和式(1.9)。

当 $z=\omega/\omega_0$ 比较大时,图 1.13 所示的带弹性悬挂的系统将比图 1.3 所示的系统更为有效。例如,当 $z=10$, $\tilde{k}=k_1/k_2=2$, $\nu=0.4$ 时,所得到的传递系数为 $\mathrm{TC}=0.030$[11]。

对于图 1.3 所示的系统, $\tilde{k}=\infty$,此时得到的传递系数为 TC = 0.081。这就意味着通过引入附加弹簧 $k_1$,传递到基础上的力将可以减小 2.7 倍。

## 1.4.2 隔振器的简化

图 1.3 已经给出了一个单级隔振器($k-b$)系统,这里我们将这种类型的系统称为简单振动防护装置(SVPD)。通过在 SVPD 中引入附加元件或者将多个 SVPD 连接起来,我们就可以构造出大量的隔振器形式,如单级或多级结构、常规或非常规连接方式构成的结构等,它们将由一组 $k-b$ 元件构成。此外,这些隔振器也可以包含一些附加质量或无质量的元件。在某些特定情况下,复杂的隔振器是可以简化成简单隔振器形式的,因而我们就可以方便地利用前面导出的关于隔振系数的公式来进行讨论。表 1.2 中列出了一些可以简化为 SVPD 的典型隔振器形式,符号 * 代表的是归一化量值。

表 1.2 复杂隔振器的等效简化形式[4]

| 悬挂形式 | 复杂隔振器转化为简单隔振器的条件 | 等效参数 | |
|---|---|---|---|
| | | 刚度 | 阻尼 |
| 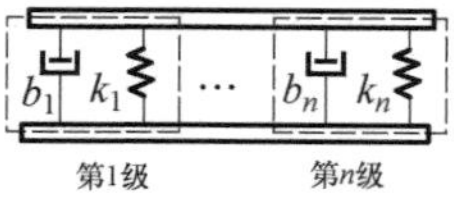$b_1$<br>$k_1$<br>…<br>$b_n$<br>$k_n$<br>第1级<br>第n级 | — | $\sum_{i=1}^{n} k_i$ | $\sum_{i=1}^{n} b_i$ |
| 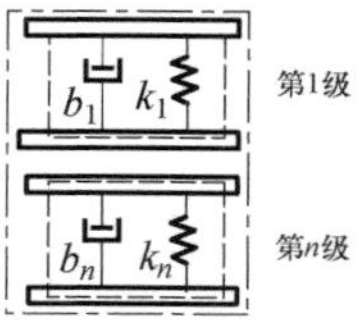$b_1$<br>$k_1$<br>第1级<br>$b_n$<br>$k_n$<br>第n级 | $\frac{k_i}{k*}=\frac{b_i}{b*}=\lambda_i, i=1,2,\cdots,n$ | $\frac{1}{\sum \frac{1}{k_i}}$ | $\frac{1}{\sum \frac{1}{b_i}}$ |

| 悬挂形式 | 复杂隔振器转化为<br>简单隔振器的条件 | 等效参数 | |
|---|---|---|---|
| | | 刚度 | 阻尼 |
| | $\dfrac{k_i}{k*}\cdot\dfrac{b_i}{b*}=\lambda_i, i=2,3$ | $k_1+\dfrac{k_2 k_3}{k_2+k_3}$ | $b_1+\dfrac{b_2 b_3}{b_2+b_3}$ |
| | $\dfrac{c_k}{c_1*}\cdot\dfrac{b_k}{b_1*}=\lambda_k, k=1,2$<br><br>$\dfrac{k_i}{k_2*}\cdot\dfrac{b_k}{b_2*}=\mu_i, i=3,4$ | $\dfrac{k_1 k_2}{k_1+k_2}+\dfrac{k_3 k_4}{k_3+k_4}$ | $\dfrac{b_1 b_2}{b_1+b_2}+\dfrac{b_3 b_4}{b_3+b_4}$ |
| | $\dfrac{k_1+k_3}{k*}=\dfrac{b_1+b_3}{b*}=\lambda_1$<br><br>$\dfrac{k_2+k_4}{k*}=\dfrac{b_2+b_4}{b*}=\lambda_2$ | $\dfrac{(k_1+k_3)(k_2+k_4)}{k_1+k_2+k_3+k_4}$ | $\dfrac{(b_1+b_3)(b_2+b_4)}{b_1+b_2+b_3+b_4}$ |

## 1.4.3　不可简化的隔振器形式

除了前面述及的可以化为 SPVD 形式的隔振器构型以外,还有很多单轴隔振器结构是不能做类似的简化的。图 1.14 给出了一些最简单的隔振器例子,这些隔振器包含了附加的元件 $k$ 或 $b$,或者同时包含了附加的 $k$ 和 $b$。它们不包含附加质量 $m$,而包含的是无质量构件。对于这些系统的运动来说,这些无质量构件将会引入附加的约束,式(1.34)就给出了一个这样的约束[4]。

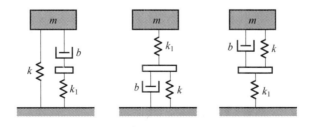

图 1.14　不可简化的复杂单轴隔振器

分析此类系统的最有效的方法是机械阻抗法,也就是需要将它们表示成力学网络。后面一些章节中我们将讨论如何将这些原理图转换为对应的力学网络图。

对于图 1.14(b),(c)所示的隔振器,文献[4]已经考察了它们在动力激励和运动激励条件下的性能指标 DC、TC 和 $K_{\text{displ}}^{\text{relat}}$。

### 1.4.4 特殊类型的隔振器

利用被动元件如质量、阻尼器、弹簧、无质量构件和杠杆等的任意组合,可以设计出很多不同形式的隔振器,这些隔振器可以是线性或非线性的、单轴或多轴的、单级或多级的,借助它们可以构造出不同形式的振动防护系统。非线性特征可以源自于系统的结构方面的特性,例如带有限位器的系统,也可以源自于弹性和(或)阻尼特性的非线性。图 1.15 给出了一些单自由度的非线性单轴振动防护系统,在每个子图中均示出了可以引发非线性的特定元件。

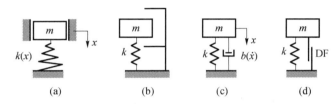

图 1.15　非线性单轴隔振器的若干类型:(a)Iorish 隔振器;(b)带限位器的隔振器;
(c)带非线性黏性阻尼器的隔振器;(d)带干摩擦元件(DF)的隔振器

**1. Iorish 等频隔振器**

这一类型的隔振器中包含了一个非线性弹性元件,其刚度依赖于防护对象的质量,如图 1.15(a)所示[16, vol. 3, 17, vol. 2]。通过引入这样的元件,即使安装在同一弹性基础上的质量不同,我们仍然可以获得不变的固有振动频率。显然这一特点能够使我们显著地减少所需制备的隔振器型号。

**2. 带有限位器的隔振器**

对于此类隔振器,其特点在于,当振动量较小时,质量将按照线性系统的规律运动,不过当振动量较大时,质量会与限位器产生接触,从而其运动会受到限制,这也就导致了非线性效应[17, vol. 2]。

**3. 带有非线性阻尼器的隔振器**

这一类型的隔振器中可以包含不同形式的阻尼器或耗散力。首先是平方型阻力,这种耗散力以及相应的系统数学模型可以表示为

$$\begin{cases} R = b\dot{x}^2 \\ \ddot{x} \pm \dfrac{b}{m}\dot{x}^2 + \omega^2 x = 0 \end{cases}$$

其次是乘幂型阻力,此时的耗散力以及相应的系统数学模型可以表示为

$$\begin{cases} R = b\dot{x} \mid \dot{x} \mid^{n-1} \\ \ddot{x} \pm \dfrac{b}{m}\dot{x} \mid \dot{x} \mid^{n-1} + \omega^2 x = 0 \end{cases}$$

**4. 库伦摩擦(干摩擦)型**

采用这种形式的隔振器,运动方程可以写为

$$m\ddot{x} + kx = -fmg\,\mathrm{sign}\dot{x}$$

式中:$g$ 为重力加速度,若 $\dot{x} > 0$ 则 $\mathrm{sign}\dot{x} = 1$,若 $\dot{x} < 0$ 则 $\mathrm{sign}\dot{x} = -1$。

此外,如果将上述非线性隔振器构型任意组合起来,我们还能够构造出更多的隔振器形式,例如,可以将非线性刚度元件和带有干摩擦特性的元件组合起来构造出一类隔振器。

在单自由度系统中,一般可以用一个二阶非线性微分方程来描述其运动规律,这类系统的线性化方法将在第 9 章中讨论,而关于非线性的类型及其分类问题可以参阅文献[17,vol. 2;18;19]。

值得指出的是,振动防护系统中的弹性元件(弹簧)也可以视为具有分布质量的元件,这时一个单轴的振动防护系统模型将包含一个集中质量(振动防护对象)和一个可变形的杆件。显然,这种情况下我们将得到该系统的混合型数学模型,它可以借助耦合形式的动力学方程来描述,其中的偏微分方程描述的是杆件的纵向振动,而另一个常微分方程则描述了防护对象的运动行为。

## 1.5　准零刚度型振动防护系统

我们来考虑一个线性振动防护系统($m-k-b$),如图 1.3(a)所示。前面已经指出(参见 1.2 节),如果质量 $m$ 受到简谐型激励 $F_0\sin\omega t$ 的作用,那么传递系数 TC 可以由式(1.9)给出,即

$$k_R = \frac{R_0}{F_0} = \sqrt{\frac{1 + 4v^2 z^2}{(1 - z^2)^2 + 4v^2 z^2}}$$

式中:$R_0$ 为传递到基础上的动态力的幅值,$z = \omega/\omega_0$,$\omega_0 = \sqrt{k/m}$,$v = b/2\sqrt{km}$。TC 的曲线如图 1.5 所示。如果 TC < 1,那么振动防护系统就是有效的;如果 TC ≥ 1,那么防护系统就是不合适的。可以看出,在这一模型框架下,$z < \sqrt{2}$ 这一频带是不可能产生振动抑制效果的。

若将阻尼引入系统,那么在 $z < \sqrt{2}$ 这一频带内的传递系数 TC 将减小(仍然是大于 1 的),而在 $z > \sqrt{2}$ 频带内 TC 则会增大(仍然小于 1)。

为了增强隔振性能,系统中的弹性元件必须具有尽可能小的刚度。若不考

虑阻尼的影响,那么当频率达到极限值 $\omega_0 = 0$ 时($z = \omega/\omega_0 = \infty$),传递系数将会变为 $k_R = 0$。因此,对于 $m - k$ 系统而言,刚度为零时就可以实现零传递,这一结论已经为人们所证实。实际上这一点是不难理解的,当不存在弹性元件时,力的传递将缺少所需的传递元件,因而不会传递到基础上。不过应当注意的是,当降低 $m - k$ 系统的固有频率时,不可避免地会增大该系统的尺寸。因此,一般来说一方面我们需要降低固有频率以增强振动防护系统的性能,另一方面又要尽量避免增大该系统的尺寸。这一对矛盾可以通过准零刚度型振动防护系统[6]加以消除,下面对这一概念做一介绍。

这里我们通过 Von Mises 桁架来阐述准零刚度这一概念及其作用[20,21]。该桁架是由两个弹性元件构成的,刚度为 EA,如图 1.16(a)所示,受到的载荷为 $P$。虚线表示的是施加载荷之前桁架所处的构型,连接点的垂向位移 $y$ 向下为正。我们假定该连接点可以发生较大的位移,为此这些弹性杆件可以视为弹簧元件。应当注意的是,这个系统是一个静不定系统[22],事实上,根据连接点的平衡方程我们有

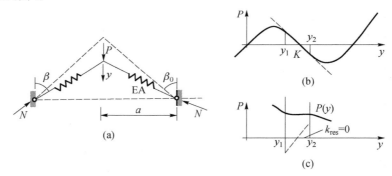

图 1.16   (a) von Mises 桁架;(b) 载荷特性 $P(y)$;(c) 准零刚度系统的载荷特性 $P(y)$

$$N = P/2\cos\beta \tag{1.44}$$

式中:$N$ 为构件的内力;$\beta$ 为受载后构件的轴线与垂向之间的夹角。由于这个角度 $\beta$ 不同于初始的 $\beta_0$,并且与载荷力 $P$ 有关,因而系统将表现出静不定特性。

下面我们来建立变形方程。每根杆件的压缩量可以表示为

$$\Delta l = \frac{a}{\sin\beta_0} - \frac{a}{\sin\beta}$$

于是,杆件的内力为

$$N = \frac{EA\Delta l}{l_0} = EA\left(1 - \frac{\sin\beta_0}{\sin\beta}\right) \tag{1.45}$$

令式(1.44)和式(1.45)的右端相等,可以得到

$$P = 2EA\left(1 - \frac{\sin\alpha_0}{\sin\alpha}\right)\cos\alpha \tag{1.46}$$

下面再以线性位移 $y$ 来表示力 $P$[21]：

$$\begin{cases} P = 2EAf(y,a,\beta_0)\left[\dfrac{1}{\sqrt{\tan^2\beta_0 + f^2(y,a,\beta_0)}} - \cos\beta_0\right] \\ f(y,a,\beta_0) = 1 - \dfrac{y}{a}\tan\beta_0 \end{cases} \qquad (1.47)$$

显然，这里的 $P = P(y)$ 是非线性的，它源自于系统的几何非线性，即大变形导致的非线性[18]。图 1.16(b) 给出了 $P = P(y)$ 的曲线，即"载荷 – 位移"曲线。我们在图中的 $K$ 点处绘制了该点处的切线，可以看出，在某个变形量范围内 $(y_1 - y_2)$，该切线可以视为近似的直线，这就意味着在这一变形范围内的"载荷 – 位移"关系近似是线性的。现在我们再引入一个附加的线性弹簧，其载荷 – 位移特性如图 1.16(c) 中的虚线所示，这里我们令其刚度与图 1.16(b) 中那条切线的斜率相等。此时，在 $y_1 - y_2$ 这个变形范围内合成的刚度将变为零，该范围内的新 $P = P(y)$ 曲线也就变成水平的了。在图 1.16(c) 中，这一合成刚度已经以粗线标出。这一新系统一般称为准零刚度系统，"准"字主要是指零刚度是发生在一个有限变形量范围内的。此类系统的特点在于，尽管是零刚度的，但是它仍然可以承受静态载荷，这一点可以从图 1.16(c) 看出，即 $P = P(y)$ 曲线的水平段所对应的纵坐标是非零的。

采用准零刚度系统来抑制振动，这一思想是 Alabuzhev 教授于 1967 年提出的[6]。这里我们考察一个最简单的准零刚度型振动防护系统。如图 1.17(a) 所示，该系统包括了一个可以沿着垂向运动的质量 $m$，一个主弹性元件，刚度为 $k_1$，以及两个用于校正的弹性元件，刚度均为 $k_2$。这些弹性元件在未变形状态时的长度分别为 $L_{01} = b + \Delta b$ 和 $L_{02} = a + \delta_0$。假定在静平衡状态时，校正元件恰好处于水平位置，此时所有弹性元件都将受到预压力，初始变形为 $\Delta b = L_{01} - b$ 和 $\delta_0 = L_{02} - a$。如果令防护对象的位置从静平衡位置($O$ 点)开始计算，那么任意状态下主弹性元件和校正元件的长度分别可以表示为 $L_1 = x + b$ 和 $L_2 = \sqrt{x^2 + a^2}$。

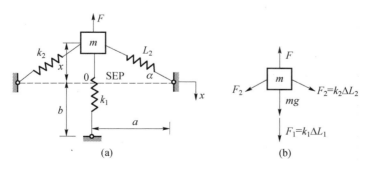

图 1.17　(a)具有准零刚度特性的振动防护系统原理图;(b)物体 $m$ 的受力分析图

现在我们来建立施加到质量 $m$ 上的垂向力与该质量的位移 $x$ 之间的关系，受力分析图可参见图 1.17(b)。

主弹性元件和校正元件的长度增量可以表示为

$$\begin{cases} \Delta L_1 = L_1 - L_{01} = b + x - (b + \Delta b) = x - \Delta b \\ \Delta L_2 = L_2 - L_{02} = \sqrt{x^2 + a^2} - (a + \delta_0) \end{cases} \quad (1.48)$$

因此弹性元件中产生的力为

$$\begin{cases} F_1 = k_1 \Delta L_1 = k_1(x - \Delta b) \\ F_2 = k_2 \Delta L_2 = k_2(\sqrt{x^2 + a^2} - a - \delta_0) \end{cases} \quad (1.49)$$

平衡方程(投影到 $x$ 轴上)可以表示为

$$F = mg + F_1 + 2F_2 \sin\alpha \quad (1.50)$$

将式(1.48)和式(1.49)代入到式(1.50)中，我们也就得到了系统的载荷位移特性如下：

$$F = k_1 x + 2k_2 x \left( 1 - \frac{a + \delta_0}{\sqrt{x^2 + a^2}} \right) \quad (1.51)$$

下面再来考察该系统在垂向($x$)上的等效刚度。为此，需要将式(1.51)对 $x$ 做微分，于是有

$$k_{eq} = \frac{\mathrm{d}F}{\mathrm{d}x} = \frac{\mathrm{d}}{\mathrm{d}x} \left[ k_1 x + 2k_2 x - \frac{2k_2 x(a + \delta_0)}{\sqrt{x^2 + a^2}} \right] = k_1 + 2k_2 \left[ 1 - \frac{a^2(a + \delta_0)}{\sqrt{(x^2 + a^2)^3}} \right]$$

$$(1.52)$$

显然，上式表明了该系统的刚度是由两个部分组成的。第一个部分是主弹性元件提供的刚度 $k_1$，第二个部分的刚度是由校正元件的刚度 $k_2$、几何参数 $a$、初始变形量 $\delta_0$ 以及防护对象的位置 $x$ 所共同决定的。如果 $a^2(a + \delta_0) < \sqrt{(x^2 + a^2)^3}$，那么系统的刚度 $k_{eq} > k_1$，反之，系统的等效刚度将小于主弹性元件所提供的刚度，即 $k_{eq} < k_1$。这就意味着校正装置表现出了负刚度效应。进一步，我们可以很容易地求出等效刚度为零的条件，这表明在给定的参数 $k_1$、$k_2$、$a$ 和 $\delta_0$ 条件下，必定存在某个位置 $x$ 使得 $k_{eq} = 0$ 成立，但是系统却仍然能够承受负载。

可以借助主弹性元件的刚度值来给出无量纲形式的等效刚度，即

$$k_{eq}^* = \frac{k_{eq}}{k_1} = 1 + 2k_{21}^* \left( 1 - \frac{1 + \delta_0^*}{\sqrt{(1 + x^{*2})^3}} \right), k_{21}^* = \frac{k_2}{k_1}, \delta_0^* = \frac{\delta_0}{a}, x^* = \frac{x}{a}$$

$$(1.53)$$

在平衡位置 $x = 0$ 处，该刚度应为

$$k_{eq}^* = 1 - 2k_{21}^* \delta_0^*$$

　　这就表明了在平衡位置 $x=0$ 处,系统的刚度 $k_{eq}^*$ 是依赖于参数 $k_2/k_1$ 和 $\delta_0/a$ 的。特别地,当 $2k_{21}^*\delta_0^*=1$ 时我们可得到 $k_{eq}^*=0$。此时,该振动防护系统的承载能力仍然是由主弹性元件的刚度决定的,即 $F_{x=0}=k_1\Delta b$。根据式(1.53)还可以确定防护对象的最大位移 $x^*$,从而使得它所对应的等效刚度 $k_{eq}^*$ 可以小于预先给定的值。

　　在得到了系统的等效刚度以后,我们就可以很容易地写出运动方程,进而借助软件程序如 MATLAB 来进行数值积分求解了。文献[6]中已经针对简谐激励、多谐激励以及冲击激励等多种不同激励形式分析和考察了准零刚度系统的响应,并给出了微分方程的数值积分结果。本书中也包括了一些准零刚度型振动防护系统的设计,以及详细的分类和较为重要的关系式。文献[23]已经讨论了准零刚度型振动防护系统的有效性,其中指出了对于图1.16所示的准零刚度系统,在受到简谐力作用下,振动幅值将比线性系统降低约两个数量级。当然,根据此类系统的特点我们也可以进一步构造出更为紧凑的振动防护系统,Car-rella 等人在文献[24,25]中曾给出了准零刚度系统的比较详尽的分析。

　　应当注意的是,准零刚度系统存在着一些缺陷,其中一个较为重要的缺陷在于,刚度为零所对应的位移范围比较小。通过采用带有补偿弹簧的两级系统,这一缺点可以得到较为显著的改善[23],此时准零刚度所处的变形段可以明显增大。其他方面的不足可以参阅文献[6]。

## 供思考的一些问题

　　1.1　试述线性和非线性振动防护系统包括了哪些基本元件。

　　1.2　试述安装在一个可变形支撑基础之上的振动防护系统具有哪些方面的主要特征。

　　1.3　试解释运动激励条件下一些物理量的含义,包括相对速度、相对加速度、绝对速度、绝对加速度、速度传递率以及加速度传递率等。

　　1.4　试说明动力放大率和传递率的定义。

　　1.5　试解释复数幅值方法的基本内涵,并说明这一方法涉及的基本概念及其不足之处。

　　1.6　试述位移、速度和加速度在矢量图中是如何描述的。

　　1.7　试采用复数幅值方法对如下动力学系统进行分析:

$$m\ddot{x}+kx=F\sin\omega t$$

　　1.8　试将方程 $m\ddot{x}+b\dot{x}+kx=f(t)$ 以无阻尼固有频率 $\omega_0=\sqrt{k/m}$ 和阻尼比 $\xi=b/2\sqrt{mk}$ 的形式重新表达。

1.9 试利用复数幅值方法求解右端带有简谐项的线性微分方程,并给出详细过程,方程如下:

$$\frac{\mathrm{d}^n x}{\mathrm{d} t^n} + a_1 \frac{\mathrm{d}^{n-1} x}{\mathrm{d} t^{n-1}} + \cdots + a_{n-1} \frac{\mathrm{d} x}{\mathrm{d} t} + a_n x = F \sin \omega t$$

1.10 试解释阿甘特图的含义并指出其主要特征和优势。

1.11 试解释拉格朗日方程的主要特点及其在运动方程推导过程中是如何应用的。

1.12 设有一个两自由度的线性系统具有两个广义坐标,分别设为 $q$ 和 $s$。势能和动能均为这些广义坐标和广义速度的二次函数形式,分别为

$$U = \frac{1}{2}\left(a_q q^2 + 2a_{qs} qs + a_s s^2\right), \quad T = \frac{1}{2}\left(k_q \dot{q}^2 + 2k_{qs} \dot{q}\dot{s} + k_s \dot{s}^2\right) \text{(瑞利形式)}$$

试导出自由振动方程式(能量损耗忽略不计),确定局部固有频率,并给出非零幅值所对应的条件(本征方程)。(提示:$q = A_1 \mathrm{e}^{\lambda t}, s = A_2 \mathrm{e}^{\lambda t}$)

参考答案:$\lambda^4 + (n_s^2 + n_q^2)\lambda^2 + \left(n_s^2 n_q^2 - \dfrac{a_{qs}^2}{k_q k_s}\right), \; |n|_q^2 = \dfrac{a_q}{k_q}, \; |n|_s^2 = \dfrac{a_s}{k_s}$。

1.13 试将问题(1.12)中的本征方程转换为如下形式:

$$z^2 - (\xi + 1)z + \xi(1 - \rho) = 0, \; z = -\lambda^2/n_q^2, \; \xi = n_s^2/n_q^2, \; \rho = a_{qs}^2/a_q a_s$$

并在坐标平面 $\xi - z$ 上绘制出本征方程(Wein 图)的根轨迹。

1.14 试利用本征方程(Wein 图)来计算 $\xi = 1$ 时 $z_1 - z_2$ 的值。

参考答案:$z_1 - z_2 = 2\sqrt{\rho}$。

1.15 试推导图 P1.15 所示系统的微分方程,该系统包括了弹性元件 $k$、两个阻尼器 $b_1$ 和 $b_2$,以及两个无质量构件。系统输入端受到的外力为 $F$,对应的速度设为 $v$。试以速度 $v$ 作为输入参数给出输出力 $F$ 的表达式。

参考答案:$\dfrac{b_1 + b_2}{k}\dfrac{\mathrm{d} F}{\mathrm{d} t} + F = b_2\left(\dfrac{b_1}{k}\dfrac{\mathrm{d} v}{\mathrm{d} t} + v\right)$。

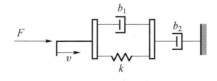

图 P1.15

1.16 根据正文中图 1.15 所示的弹性悬挂的阻尼器模型,试绘制出该系统的动力放大率曲线,将其与图 1.6 给出的结果进行比较,并估计弹性元件 $k_1$ 的影响情况。

1.17　根据正文中图 1.15 所示的弹性悬挂的阻尼器模型,试绘制出该系统的传递率曲线,将其与图 1.7 给出的结果进行比较,并估计弹性元件 $k_1$ 的影响情况。

1.18　根据正文中图 1.15 所示的弹性悬挂的阻尼器模型,试推导该系统在受到运动激励条件下的振动微分方程,并考虑极限情况 $k_1 = \infty$。

1.19　如图 P1.19 所示,一个质量为 $m$、惯性矩为 $I$ 的均匀杆支撑在基础上,受到外力 $F(t)$ 的激励,若选择广义坐标为 $x(t)$ 和 $\theta(t)$,试推导该系统的数学模型,并给出其矩阵形式。

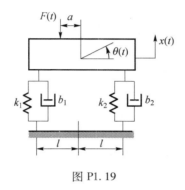

图 P1.19

参考答案:$M\ddot{x} + B\dot{x} + Kx = F(t)$,$x = \begin{bmatrix} x \\ \theta \end{bmatrix}$,$F = \begin{bmatrix} -F(t) \\ F(t)a \end{bmatrix}$,$M = \begin{bmatrix} m & 0 \\ 0 & I \end{bmatrix}$,

$B = \begin{bmatrix} b_1 + b_2 & (b_2 - b_1)l \\ (b_2 - b_1)l & (b_1 + b_2)l^2 \end{bmatrix}$,$K = \begin{bmatrix} k_1 + k_2 & (k_2 - k_1)l \\ (k_2 - k_1)l & (k_1 + k_2)l^2 \end{bmatrix}$。

1.20　如图 P1.20 所示,一个不可变形的刚性杆 $AB$ 由两根刚度系数分别为 $k_1$ 和 $k_2$ 的弹簧悬吊,杆的质量和绕质心的惯性矩分别设为 $M$ 和 $J$,且系统受到的运动激励为 $z_1$ 和 $z_2$。若令点 $A$ 和点 $B$ 的垂向位移分别为 $y_1$ 和 $y_2$,而质心位移为 $y_0$,试推导系统的运动微分方程。

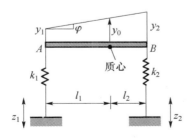

图 P1.20　两自由度系统的被动振动防护原理图

提示:广义坐标可选为质心位移和物体的转动角度,即 $q_1 = y_0$ 和 $q_2 = \varphi$,因此广义坐标形式的位移就可以写成 $y_1 = y_0 - l_1\varphi$,$y_2 = y_0 + l_2\varphi$,而拉格朗日方程则为

$$\frac{\mathrm{d}}{\mathrm{d}t}\left(\frac{\partial T}{\partial \dot{y}_0}\right) - \frac{\partial T}{\partial y_0} + \frac{\partial U}{\partial y_0} = Q_{y_0}, \frac{\mathrm{d}}{\mathrm{d}t}\left(\frac{\partial T}{\partial \dot{\varphi}}\right) - \frac{\partial T}{\partial \varphi} + \frac{\partial U}{\partial \varphi} = Q_{\varphi}$$

系统的动能和势能分别为

$$T = \frac{1}{2}M\dot{y}_0^2 + \frac{1}{2}J\dot{\varphi}^2, U = \frac{1}{2}k_1\left(y_1 - z_1\right)^2 + \frac{1}{2}k_2\left(y_2 - z_2\right)^2$$

参考答案:$M\ddot{y}_0 + \left(k_1 + k_2\right)y_0 + \left(-k_1l_1 + k_2l_2\right)\varphi = k_1z_1 + k_2z_2$,

$J\ddot{\varphi} + \left(k_1l_1^2 + k_2l_2^2\right)\varphi + \left(-k_1l_1 + k_2l_2\right)y_0 = -k_1l_1z_1 + k_2l_2z_2$。

1.21 试述非线性单轴隔振器的主要特性,参考图见正文图 1.17。

1.22 试述 von Mises 桁架的基本特征。

1.23 试述具有准零刚度的系统的基本概念。

# 参考文献

1. Crede, C. E. , &Ruzicka, J. E. (1996). Theory of vibration isolation(Chapter 30). In Handbook: Harris, C. M. (Editor in Chief). (1996) Shock and vibration(4th ed). New York: McGraw Hill.

2. Mead, D. J. (1999). Passive vibration control. Chichester, England: Wiley.

3. Harris, C. M. (Ed.). (1996). Shock and vibration handbook(4th ed). New York: McGraw-Hill.

4. Frolov, K. V. (Ed.) (1981). Protection against vibrations and shocks. vol. 6. In Handbook: Chelomey, V. N. (Chief Editor), (1978 - 1981) Vibration in Engineering, Vols. 1 - 6. Moscow: Mashinostroenie.

5. Ogata, K. (1992). System dynamics(2nd ed.). Englewood Cliffs, NJ: Prentice Hall.

6. Alabuzhev, P. , Gritchin, A. , Kim, L. , Migirenko, G. , Chon, V. , &Stepanov, P. (1989). Vibration protecting and measuring systems with quasi-zero stiffness. Applications of vibration series. New York: Hemisphere Publishing.

7. Thomson, W. T. (1981). Theory of vibration with application(2nd ed.). Englewood Cliff, NJ: Prentice-Hall.

8. Timoshenko, S. , Young, D. H. , & Weaver, W. , Jr. (1974). Vibration problems in engineering(4th ed.). New York: Wiley.

9. Steidel, R. F. , Jr. (1989). An introduction to mechanical vibrations(3rd ed.). New York: Wiley.

10. Fowles, G. R. , &Cassiday, G. L. (1999). Analytical mechanics (6th ed.). Belmont, CA: BROOKS/CO, Thomson Learning.

11. Tse, F. S. , Morse, I. E. , & Hinkle, R. T. (1963). Mechanical vibrations. Boston: Allyn and Bacon.

12. Liangliang, Z. , &Yinzhao, L. (2013). Three classical papers on the history of the phasor method [J]. Transactions of China Electrotechnical Society, 28(1), 94 - 100.

13. Popov, V. P. (1985). Fundamentals of circuit theory. Moscow: Vysshaya Shkola.

14. Clough, R. W. , &Penzien, J. (1975). Dynamics of Structures. New York: McGraw-Hill.

15. Shearer, J. L. , Murphy, A. T. , & Richardson, H. H. (1971). Introduction to system dynamics. Reading, MA: Addison-Wesley.

16. Birger, I. A. , &Panovko, Ya. G. (Eds.). (1968). Strength, stability, vibration. Handbook (Vols. 1 − 3). Moscow: Mashinostroenie.

17. Chelomey, V. N. (Editor in Chief) (1978 − 1981). Vibrations in engineering. Handbook (Vols. 1 − 6). Moscow: Mashinostroenie.

18. Karnovsky, I. A. , & Lebed, O. (2001). Formulas for structural dynamics. Tables, graphs and solutions. New York: McGraw Hill.

19. Karnovsky, I. A. , & Lebed, O. (2004). Non-classical vibrations of arches and beams. Eigenvalues and eigenfunctions. New York: McGraw-Hill Engineering Reference.

20. Mises, R. (1923). Uber die Stabilitats-probleme der Elastizitatstheorie. Zeitschr. angew Math. Mech. , s. 406 − 462.

21. Panovko, Ya. G. , &Gubanova, I. I. (2007). Stability and oscillations of elastic systems: Modern concepts, paradoxes, and errors (6th ed. ). NASA TT-F, 751, 1973, M. : URSS.

22. Karnovsky, I. A. , & Lebed, O. (2010). Advanced methods of structural analysis. New York: Springer.

23. Zotov, A. N. (2005). Vibration isolators with the quasi-zero stiffness. NeftegazovoeDelo, RSS, т. 3. Standards.

24. Carrella, A. , Brennan, M. J. , Kovacic, I. , & Waters, T. P. (2009). On the force transmissibility of a vibration isolator with quasi-zero stiffness. Journal of Sound and Vibration, 322, 4 − 5.

25. Carrella, A. , Brennan, M. J. , & Waters, T. P. (2007). Static analysis of a passive vibration isolator with quasi-zero stiffness characteristic. Journal of Sound and Vibration, 301, 3 − 5.

# 第 2 章　集中参数系统的力学两端网络

对于受到简谐力和(或)运动激励的线性动力学系统来说,其稳态振动的分析可以转化为对应的力学两端网络(M2TN)的分析,二者是等效的,它们的控制方程组是完全相同的。根据相似理论[1-4],这种分析的转化是可行的。将一个动力学系统转化为力学两端网络并进行分析,所带来的一个重要优点就是由多元件组成的动力学系统可以以非常简单的形式体现在对应的力学两端网络中,并可以很方便地通过代数方法来进行分析[5],否则就必须求解一组微分方程。另一个优点在于,在力学两端网络的分析过程中,常用的电路分析理论都是适用的,如克希霍夫定律、戴维南和诺顿定理以及叠加原理等,因此分析起来要更为方便。

应当指出的是,在这一章中力学阻抗是一个极为重要的概念。阻抗方法可以直接用于线性力学系统的分析之中,可以考察三种不同类型的激励形式,即周期激励、冲击激励以及平稳随机激励[6]。借助这一方法,我们还可以获得一个动力学系统所有元件中所产生的内力分布情况,并可以得到该系统各个节点上的运动学特性,进而能够轻松地建立振动防护有效性的相关准则。

本章中我们重点关注的是集中参数型动力学系统的分析。

## 2.1　机电类比与对偶电路

振动或振荡广泛存在于各类领域之中,如力学域、电学域以及声学域等,在一定的前提假设下,它们的基本特性都可以通过微分方程组进行描述,这些微分方程组的组成结构也是相同的。正因如此,可以说这些不同类型的系统是可类比的,一个系统的特性也就可以拓展到另一个系统之中。在这些系统的分析过程中,一个应用得非常广泛的方法就是力学阻抗法,这一方法建立在机电类比基础之上,对于振动的分析来说是十分有用的,特别是针对力学系统的振动防护问题更是如此。

在分析一个具有 $s$ 个自由度的力学系统的振动问题过程中,可以通过人们

所熟知的拉格朗日方程[7]来建立其数学模型,即

$$\frac{\mathrm{d}}{\mathrm{d}t}\left(\frac{\partial T}{\partial \dot{q}_j}\right) = -\frac{\partial U}{\partial q_j} - \frac{\partial \Phi}{\partial \dot{q}_j} + Q_j, j = 1, \cdots, s \tag{2.1}$$

式中:$q$ 和 $\dot{q}$ 分别为广义坐标和广义速度;$t$ 为时间变量;$T$、$U$ 和 $\Phi$ 分别为系统的动能、势能以及瑞利耗能函数;$Q_j$ 为对应于第 $j$ 个广义坐标的广义力。

麦克斯韦已经指出,拉格朗日方程也可以用于电学系统的分析。在电学系统中,主动成分包括了电源产生的电压和电流,而被动成分则包括了电阻、电容和电感等。

当应用到电学系统和机电系统时,拉格朗日方程需要做相应的变化,此时一般称为拉格朗日 - 麦克斯韦方程,即

$$\frac{\mathrm{d}}{\mathrm{d}t}\left(\frac{\partial T}{\partial \dot{q}_j}\right) = -\frac{\partial U_e}{\partial q_j} - \frac{\partial \Phi_e}{\partial \dot{q}_j} + e_j, j = 1, \cdots, s \tag{2.2}$$

式(2.1)和式(2.2)的结构形式是完全一致的。电学系统或者机电系统中的电学部分中的广义坐标 $q_j$ 一般是电学量,如电流和电位等。

力学系统中的动能 $T$ 是与磁场能量 $T_e$ 相对应的,势能 $U$ 则对应于电场能量 $U_e$,力学系统的耗能函数 $\Phi$ 对应于电路的耗能函数 $\Phi_e$,最后,广义力 $Q_j$ 对应了电动势 $e_j$。

下面我们针对电路元件给出电压和电流之间的关系。为了便于理解机电类比的特点以及掌握力学网络的基本概念,这里我们考虑一个最简单的单自由度力学系统,它是由 $m$、$k$、$b$ 三个元件构成的,如图 2.1 所示。这里我们选择广义坐标 $q$ 为质量 $m$ 的线位移 $x(t)$。

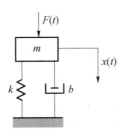

图 2.1　最简单的 $m - k - b$ 力学系统

对于这一系统,我们可以将前述的物理量表示为

$$T = \frac{1}{2}m\dot{q}^2, U = \frac{1}{2}kq^2, \Phi = \frac{1}{2}b\dot{q}^2, Q_x = F(t)$$

根据拉格朗日方程,进一步可以导得该系统模型的运动微分方程为 $m\ddot{x} +$

$b\dot{x} + cx = F(t)$,这个方程可以进一步转化为一个等效的积分 - 微分方程形式,即

$$m\frac{\mathrm{d}\dot{x}}{\mathrm{d}t} + b\dot{x} + k\int\dot{x}\mathrm{d}t = F(t) \qquad (2.3)$$

对于一个最简单的电路系统来说,也可以建立一个与此相类似的方程来进行描述。不妨假定被动元件 $L$、$R$ 和 $C$ 是以串联形式连接的,且整个电路的总电压为 $u(t)$,如图 2.2(a)所示。

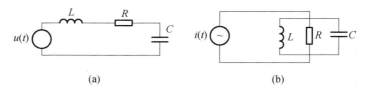

(a)                                    (b)

图 2.2 对偶电路:(a)串联连接;(b)并联连接

根据电路元件的特性可以看出,流经这些电路元件后所产生的电压降分别应为

$$u_L = L\frac{\mathrm{d}i}{\mathrm{d}t}, u_R = iR, u_C = \frac{1}{C}\int_0^t i\mathrm{d}t + u(0)$$

根据克希霍夫电压定律(回路方程),任何回路中所有的电压降的代数和必须为零[8]。这里显然就对应了方程 $u_L + u_R + u_C - u(t) = 0$。将上述电路中各元件上的电压降累加起来,我们可以得到

$$L\frac{\mathrm{d}i}{\mathrm{d}t} + Ri + \frac{1}{C}\int i\mathrm{d}t = u(t) \qquad (2.4)$$

可以看出,图 2.1 所示力学系统的控制微分方程(2.3)与图 2.2(a)所示电学系统的控制微分方程(2.4)具有相同的结构形式。很明显,从类比角度来看,力 $F(t)$ 应当与电压 $u(t)$ 相互对应。在这种"力 - 电压"类比基础上,进而就可以建立其他参量的机电类比,即 $m\leftrightarrow L, b\leftrightarrow R, k\leftrightarrow C^{-1}$。

现在假定这些被动元件是以并联方式连接起来的,且整个电路的能量由电流源提供,如图 2.2(b)所示。根据克希霍夫电流定律(节点方程),即电路节点处流入和流出的电流之代数和必须为零[8],就可以建立电路方程了。这里显然应当满足方程 $i_L + i_R + i_C - i(t) = 0$,参考表 2.1 不难导出如下形式的积分 - 微分方程:

$$C\frac{\mathrm{d}u}{\mathrm{d}t} + \frac{1}{R}u + \frac{1}{L}\int u\mathrm{d}t = i(t) \qquad (2.5)$$

表 2.1　电路元件和电压电流关系[2,9,10]

| 元件 | 符号 | 电压 | 电流 | 备注 |
|---|---|---|---|---|
| 电压源 $u$ | 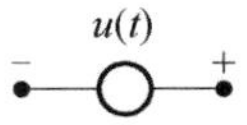 $u(t)$ | 电压不依赖于流经的电流 | 电流依赖于电路中的元件 | 是一种主动性元件,无论流经的电流如何,均能保持两极之间的电压恒定不变 |
| 电流源 $i$ | 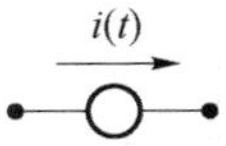 $i(t)$ | 电压依赖于电路中的元件 | 电流不依赖于两极之间的电压 | 是一种主动性元件,无论两极之间的电压如何,都能保持电流恒定不变 |
| 电阻 | 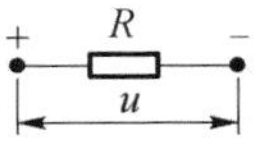 $R$ $u$ | $u = iR$ | $i = u/R$ | 被动元件,能够耗散能量 |
| 电容 | 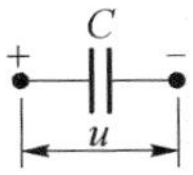 $C$ $u$ | $u = \dfrac{1}{C}\int_0^t i\,\mathrm{d}t + u(0)$ | $i = C\dfrac{\mathrm{d}u}{\mathrm{d}t}$ | 被动元件,可以储存电能 |
| 电感 | 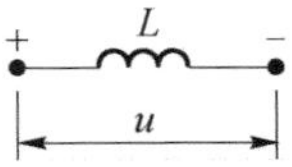 $L$ $u$ | $u = L\dfrac{\mathrm{d}i}{\mathrm{d}t}$ | $i - \dfrac{1}{L}\int_0^t u\,\mathrm{d}t + i(0)$ | 被动元件,可以储存电磁能量 |

很显然,对于力学系统(图 2.1)和电路系统(图 2.2(b))而言,它们的控制方程(2.3)和(2.5)具有一致的结构组成。这里的类比应当是力 $F(t)$ 和电流 $i(t)$,在这种"力-电流"类比机制下,其他的机电类比关系应当是 $m \leftrightarrow C, b \leftrightarrow R^{-1}, k \leftrightarrow L^{-1}$。

对于图 2.2(a)和图 2.2(b)来说,这两个相互对应的电路一般称为对偶电路。表 2.2 中已经列出了对偶电路中存在的类比关系。机电类比的两种形式,即"力-电压"和"力-电流"类比情况可参见表 2.3。

表 2.2　对偶电路的类比

| 回路方程的方析 | 节点方程的分析 |
|---|---|
| 克希霍夫电压定律 | 克希霍夫电流定律 |
| 电流 | 节点之间的电压降 |
| 电压源 | 电流源 |
| 电感 $L$ | 电容 $C$ |
| 电阻 $R$ | 电导率 $1/R$ |
| 电容 $C$ | 电感 $L$ |

表 2.3　力学系统和电学系统的类比[2]

| 系统 | 广义坐标与力 | 微分方程的系数 | | | 动能 $T, T_e$ | 势能 $U, U_e$ | 耗能函数 $\Phi, \Phi_e$ |
|---|---|---|---|---|---|---|---|
| 力学系统 | $x(t), F(t)$ | $m$ | $b$ | $k$ | $T = \frac{1}{2}m\dot{x}^2$ | $U = \frac{1}{2}kx^2$ | $\Phi = \frac{1}{2}b\dot{x}^2$ |
| 电学系统 | | | | | | | |
| 力-电压类比 | $q, e(t)$ | $L$ | $R$ | $C^{-1}$ | $T_e = \frac{1}{2}L\dot{q}^2$ | $U_e = \frac{1}{2}C^{-1}q^2$ | $\Phi_e = \frac{1}{2}R\dot{q}^2$ |
| 电学系统 | | | | | | | |
| 力-电流类比 | $u, \dfrac{di}{dt}$ | $C$ | $R^{-1}$ | $L^{-1}$ | $T_e = \frac{1}{2}C\dot{u}^2$ | $U_e = \frac{1}{2}L^{-1}u^2$ | $\Phi_e = \frac{1}{2}R^{-1}\dot{u}^2$ |

现在我们有必要提出一个最基本的问题,即我们应当如何将这些类比机制应用到力学系统的分析之中。为此,第一种方法可以将原力学系统类比替换成对应的电路形式,并构建对应的微分方程组,进而进行电路方程的求解,这一过程的详细细节可参见文献[2]。第二种方法则是将力学系统的原理图(即力学网络)进行转换,使之变为一个电路系统,这样我们就可以利用电路系统相关的定理定律以及代数计算方法来进行分析了,这一方法可参阅文献[3,11-13]。在下文中,我们将主要关注第二种方法,这是因为这一方法可以更好更深入地帮助我们研究相关的振动防护问题。

## 2.2　力学网络的主要概念

本节我们主要介绍力学阻抗方法在动力学系统分析过程中的一些基本概念。这里假定所讨论的动力学系统是集中参数型的,并且是一个线性系统,受到的激励为简谐型的力激励或者运动激励[14-17]。

### 2.2.1　简谐力的矢量描述

在复数平面上,简谐力 $F_0\cos\omega t$ 可以表示为一个旋转的径向矢量,如图 2.3(a)所示。该矢量的长度(复数意义上是指幅值)等于扰动力的幅值 $F_0$,角速度 $\omega$ 代表的是激励频率。在任意给定的时刻 $t$,这个径向矢量的位置可以用角度 $\omega t$ 来确定,该角度是从坐标轴的正方向开始计算的,并设逆时针方向为正方向。由此,我们可以将该简谐力表示成如下的复数形式[8]:

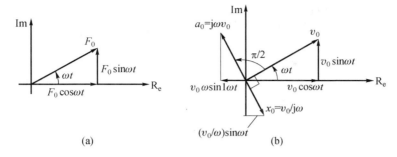

图 2.3　(a)复数平面上简谐力 $F$ 的描述;(b)复数平面上运动
参数的描述(速度 $v$、位移 $x$ 和加速度 $a$)

$$F(t) = F_0\cos\omega t + jF_0\sin\omega t \tag{2.6}$$

需要指出的是,在声学、电学以及力学等领域中,复数中的虚数单位 $\sqrt{-1}$ 一般可以用字母 j 或者 i 来表示[5]。

在极坐标系中,力 $F$ 还可以表示成指数形式,即 $F = F_0\mathrm{e}^{j\omega t}$。

## 2.2.2　运动学特性

如果假定一个点的速度变化规律是简谐形式的,即 $v = v_0\cos\omega t$,那么这个速度也可以以径向矢量的形式来表达,其角速度为 $\omega$,如图 2.3(b)所示。该点的速度的复数形式可以表示为

$$v = v_0(\cos\omega t + j\sin\omega t) = v_0\mathrm{e}^{j\omega t} \tag{2.7}$$

利用上面这个速度 $v$ 的表达式,我们还可以计算出对应的加速度 $a$ 和位移 $x$,并在复数平面上将这些量也表示为相应的径向矢量。

加速度表达式是 $a = \dot{v} = v_0\omega(-\sin\omega t + j\cos\omega t)$,代表加速度的径向矢量在实数轴上的投影应当是 $-v_0\omega\sin\omega t$,而两个径向矢量 $v$ 和 $a$ 之间的夹角为 $\pi/2$。若采用极坐标形式,那么加速度还可以以如下方式给出:

$$a = \dot{v} = \frac{\mathrm{d}}{\mathrm{d}t}v_0\mathrm{e}^{j\omega t} = v_0 j\omega\mathrm{e}^{j\omega t} \tag{2.8}$$

这里的因子 j 表明,径向矢量 $v$ 在逆时针方向上转动了 $\pi/2$,由于 $v = \dot{x}$,因此位移可以按下式计算得到:

$$x = \int v\mathrm{d}t = \int v_0(\cos\omega t + j\sin\omega t)\,\mathrm{d}t = \frac{v_0}{\omega}(\sin\omega t - j\cos\omega t) \tag{2.9}$$

显然上面这个径向矢量投影到实数轴上应等于 $\dfrac{v_0}{\omega}\sin\omega t$,而两个径向矢量 $v$ 和 $x$ 之间的夹角也为 $\pi/2$。极坐标形式下也可以表示为

$$x = \int \boldsymbol{v} \mathrm{d}t = \int \boldsymbol{v}_0 \mathrm{e}^{\mathrm{j}\omega t} \mathrm{d}t = \frac{\boldsymbol{v}_0}{\mathrm{j}\omega} \mathrm{e}^{\mathrm{j}\omega t} = -\mathrm{j}\omega \boldsymbol{v}_0 \mathrm{e}^{\mathrm{j}\omega t} \tag{2.10}$$

很明显,这里的因子( $-\mathrm{j}$ )代表了径向矢量 $\boldsymbol{v}$ 向顺时针方向(即负方向)转动了 $\pi/2$ 。

### 2.2.3 被动元件的阻抗和导纳

在动力学系统中,所涉及的被动式元件一般包括了三种主要类型,即惯性元件、弹性元件(可储存能量)以及耗能元件,这些元件在工作中均不需要外部能源。动力学系统中的每一种被动元件如弹簧、阻尼器或质量,均可以视为一个具有两个端点的元件。下面我们将针对一些惯性元件作直线运动的动力学系统[3]进行分析。

**1. 弹性元件**

我们假定这里所讨论的弹性元件是线性的,也就是说弹簧中产生的弹性力 $F_e$ 是正比于两个端点之间的相对位移的,也即 $F_e = k(x_1 - x_2)$ ,其中 $k$ 为刚度系数(kN/m)。从等效角度来看,这一关系式也可表示为 $x_1 - x_2 = nF$ ,其中 $n$ 为柔度或导纳(m/kN),且有 $n = k^{-1}$ 这一互逆关系成立。

**2. 阻尼器(力学阻抗)**

这里仍然假定阻尼器也是线性的,这意味着阻尼器所产生的黏性阻尼力 $F_d$ 是正比于阻尼器两个端点之间的相对速度的,也即 $F_d = b(\dot{x}_1 - \dot{x}_2)$ ,其中 $b$ 为阻尼系数(kN·s/m)。

从上述这两个关于弹性元件和阻尼元件的定义中,我们可以清晰地体会到具有两个端点的系统这一概念[9],这一概念在后面将起到十分重要的作用。将被动元件视为一个两端元件,其原理描述如图 2.4 所示,力 $F_1(t)$ 和 $F_2(t)$ 分别作用在端点 1 和端点 2 上,这些端点处的力学特性可以用位移矢量 $\boldsymbol{x}_1(t)$ 和 $\boldsymbol{x}_2(t)$ 、速度矢量 $\boldsymbol{v}_1 = \dot{x}_1$ 和 $\boldsymbol{v}_2 = \dot{x}_2$ 来表征。

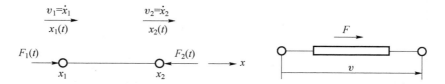

图 2.4　被动元件及其两端力学网络描述(元件类型未指定)

**3. 惯性元件**

对于惯性元件为质量 $m$ 的情形,第一个端点就是质量元件自身,而第二个端点的位置则是较为模糊的。由于速度差必须定义在两个端点之上,因此第二个端点一般应设定在某个固定面上,比如地面。

对于转动系统而言,可以将一些物理量类比到平动系统中,参见表 2.4。

表 2.4　两种不同运动类型中的物理参数类比

| 参数 | 平动 | 转动 |
| --- | --- | --- |
| 位移 | 线位移 $x$ | 角位移 $\theta$ |
| 载荷 | 力 $F$ | 力矩 $M$ |
| 惯性 | 质量 $m$ | 惯性矩 $I$ |
| 弹性常数 | 弹簧系数 $k$ | 弹簧系数 $k_r$ |
| 阻尼常数 | 阻尼系数 $b$ | 阻尼系数 $b_r$ |

平动和转动运动中的弹簧力可以分别表示为 $F_s = k(x_1 - x_2)$ 和 $M_s = k_r(\theta_1 - \theta_2)$,阻尼力分别为 $F_d = b(\dot{x}_1 - \dot{x}_2)$ 和 $M_d = b(\dot{\theta}_1 - \dot{\theta}_2)$,另外,牛顿第二定律的形式分别为 $F = m\ddot{x}$ 和 $M = I\ddot{\theta}$。

如果无论受到的载荷幅值多大,上述关系式均能满足,那么这些元件就称为线性元件。此外,如果载荷可以在两个方向上大小相等地传递出去,那么这种元件还称为双向元件。显然,一个由双向、集中参数型、被动式元件构成的力学系统是可以视为一个标准的两端元件网络的。

这里我们通过一个实例做一讨论。假定两个线弹性元件是以串联方式连接的,且受到的力为 $F$,弹簧刚度分别为 $k_1$ 和 $k_2$。那么这两个弹性元件的变形量就是 $\lambda_1 = F_1/k_1$ 和 $\lambda_2 = F_2/k_2$,总的变形量则为 $\lambda_{tot} = \lambda_1 + \lambda_2 = F_1/k_1 + F_2/k_2$。由于是串联连接方式,所以每个弹性元件中的力应为 $F_1 = F_2 = F$。从等效弹簧角度来看,其变形量应为 $\lambda_{eq} = \lambda_{tot} = \lambda_1 + \lambda_2$,于是等效刚度可表示为

$$k_{eq} = \frac{F}{\lambda_{eq}} = \frac{F}{F_1/k_1 + F_2/k_2} = \frac{k_1 k_2}{k_1 + k_2}$$

对于两个弹簧并联的情况来说,我们有 $F = F_1 + F_2$ 和 $\lambda = \lambda_1 = \lambda_2$,因此等效刚度应为 $k_{eq} = k_1 + k_2$。

在线性动力学系统的基本概念中,阻抗(或动刚度)和导纳是两个比较重要的方面,其中阻抗这一概念最早是 1890 年左右由 Oliver Heaviside 建立起来的。

力学阻抗是一个复数量,它一般定义为简谐激励力与速度的比值形式,即

$$Z = F/v \tag{2.11}$$

阻抗的单位是力 × 时间/长度,也就是 FT/L。与阻抗相反的量是导纳,其定义式为

$$Y = Z^{-1} = v/F[L/FT] \tag{2.12}$$

应当着重指出的是,阻抗的另一种定义方式是"力/位移",即 $Z = F/x$,其单

位是 $Z_{F/x} = [F/L]$，一些文献中采用了这种定义方式，如文献[14,18 - 20]。类似地，导纳也存在着另一种定义，即"位移/力"，其单位是 $Y_{x/F} = [L/F]$。这些定义的详细内容将在第12章中作进一步讨论。

如果系统中仅有某个特定点处的力和速度是已知的，那么我们可以得到该点的输入阻抗或者输入导纳。两个点之间的传递阻抗或传递导纳则是指速度和力是分别在系统的不同点处测量得到的，或者虽然是在同一个点处测得的，但是所测得的力和速度是不同方向上的。

下面我们来构造被动元件的阻抗和导纳表达式，这些被动元件包括了质量 $m$、刚度 $k$ 以及阻尼器 $b$。简谐作用力可以描述为

$$F = F_0(\cos\omega t + \mathrm{j}\sin\omega t) = F_0 \mathrm{e}^{\mathrm{j}\omega t} \tag{2.13}$$

正如前文中提及的，阻尼器是这样一种装置，它的两个端点之间的相对速度与产生的力是成正比的。如图2.5(a)所示，点 $A$ 处的相对速度是 $v = (v_A - v_B) = \dfrac{F_A}{b}$，其中 $b$ 称为阻尼系数。如果点 $B$ 是固定的，即 $v_B = 0$，那么传递的力 $F_B$ 就等于 $F_A$，于是有 $v_A = \dfrac{F_A}{b}$。当受到的是简谐力 $F_A = F_0 \mathrm{e}^{\mathrm{j}\omega t}$ 时，速度就可以表示为

$$v_A = \frac{F_0 \mathrm{e}^{\mathrm{j}\omega t}}{b} = v_0 \mathrm{e}^{\mathrm{j}\omega t} \tag{2.14}$$

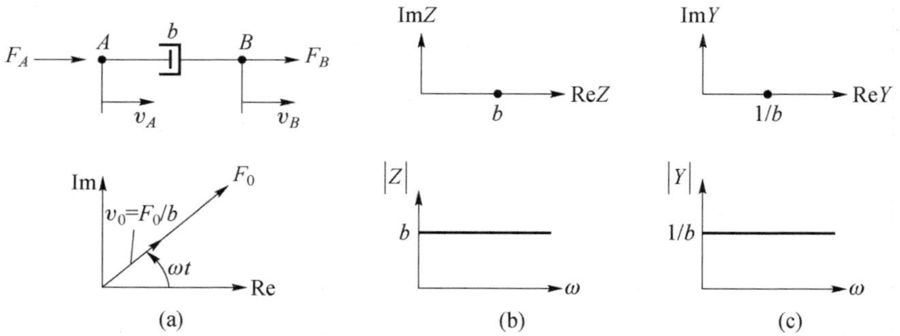

图2.5　黏性阻尼器[11]：(a)复数平面上的描述；(b)阻抗及其幅值；(c)导纳及其幅值

这意味着代表力和速度的径向矢量将以相同的角速度 $\omega$ 转动，它们的相位差为零，参见图2.5(a)。根据阻抗的定义式，不难得到阻尼器的阻抗为 $Z = \dfrac{F_A}{v_A} = b$，显然它的力学阻抗就等于阻尼系数 $b$。

在复数平面上，阻尼器的阻抗 $Z_b$ 和导纳 $Y_b = 1/b$ 以及它们的幅值是随着振

动频率而变化的,如图 2.5(b),(c)所示。对于所有的频率值,阻抗和导纳的绝对值是不变的常数。

对于弹簧元件来说,两个端点之间的相对位移是正比于所受到的力的。如图 2.6(a)所示,点 $A$ 处的相对位移为 $x = (x_A - x_B) = \dfrac{F_A}{k}$,其中的 $k$ 称为刚度系数。如果点 $B$ 是固定的,也即 $x_B = 0$,那么传递的力 $F_B$ 就等于 $F_A$,于是点 $A$ 处的位移就是 $x_A = \dfrac{F_0 \mathrm{e}^{\mathrm{j}\omega t}}{k} = x_0 \mathrm{e}^{\mathrm{j}\omega t}$。这意味着位移矢量是与力矢量以相同的相位转动的。

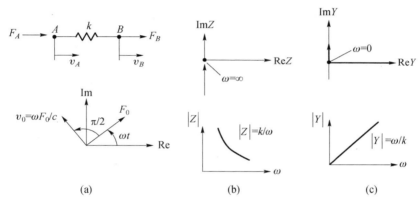

图 2.6   弹簧元件[11]:(a)复数平面上的描述;
(b)阻抗及其绝对值;(c)导纳及其绝对值

为了计算出弹簧的阻抗,首先必须计算出速度。对于点 $A$ 我们有 $v_A = \dot{x}_A = \dfrac{\mathrm{j}\omega F_0 \mathrm{e}^{\mathrm{j}\omega t}}{k}$,这里的因子 j 表明在相位上速度要比激励力超前 $\pi/2$,参见图 2.6(a)。事实上,这个式子还可以表示为 $\dfrac{\mathrm{j}\omega F_0 \mathrm{e}^{\mathrm{j}\omega t}}{k} = \dfrac{\omega}{k} F_0 \mathrm{e}^{\mathrm{j}(\omega t + \pi/2)}$。因此,弹簧的阻抗应为 $Z = \dfrac{F_0 \mathrm{e}^{\mathrm{j}\omega t}}{v_A} = \dfrac{k}{\mathrm{j}\omega} = -\mathrm{j}\dfrac{k}{\omega}$,而导纳则为 $Y = \dfrac{\mathrm{j}\omega}{k}$,这些量都是纯虚数。图 2.6(b),(c)给出了复数平面上弹簧的阻抗 $Z_k$ 和导纳 $Y_k$,以及它们的幅值随振动频率的变化情况。

**4. 质量元件**

图 2.7(a)给出了质量元件 $m$ 的两种描述,第一种描述是根据两端原理来表达质量元件的,这类似于阻尼器和刚度元件。第二种描述也是将质量表示成两端元件,不过其中的一端是自由的,此时有 $F_B = 0$。

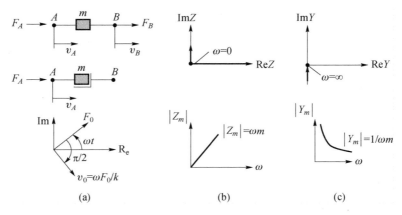

图 2.7　（a）质量元件及其在复平面上的描述；
（b）阻抗及其绝对值；（c）导纳及其绝对值[11]

质量元件的加速度是与所受到的力成正比的，也即 $\ddot{x}_A = \dfrac{F_A}{m} = \dfrac{F_A e^{j\omega t}}{m}$。通过积分我们可以得到速度的表达式

$$\dot{x} = v_A = \frac{F_0 e^{j\omega t}}{j\omega m} = -jv_0 e^{j\omega t}$$

上式中的因子（$-j$）表明，在相位上速度要比所受到的力滞后 $\pi/2$。

在复数平面上，力和速度之间的关系如图 2.7（a）所示。质量元件的阻抗是 $Z_m = \dfrac{F_0 e^{j\omega t}}{v_A} = j\omega m$，导纳为 $Y_m = 1/j\omega m = -j/\omega m$。显然，质量元件的阻抗和导纳都是依赖于频率和质量的虚数，图 2.7（b），（c）给出了它们在复数平面上的幅值随振动频率的变化情况。

我们可以看出，随着激励频率的增加，质量元件的阻抗也随之增大（图 2.7（b）），而弹性元件的阻抗则随之降低（图 2.6（b））。

**5. 被动元件的组合**

两种被动元件可以以并联方式或串联方式连接起来，此时这些组合可以等效成一个元件，因此等效阻抗就可以通过各个元件的阻抗来表达。

对于两个被动元件的并联连接方式而言，两个元件的相对速度是相同的。这种情况下，两个元件中所产生的力的和就等于所受到的全部外力。如果令这两个元件的阻抗分别为 $Z_1$ 和 $Z_2$，那么等效阻抗也就应当等于每个元件阻抗之和了，即

$$Z = Z_1 + Z_2 \tag{2.15}$$

对于两个被动元件的串联连接方式而言，每个元件中所产生的力都等于所受到的外力，此时等效元件的阻抗可以通过如下关系式进行计算

$$\frac{1}{Z} = \frac{1}{Z_1} + \frac{1}{Z_2} \tag{2.16}$$

例如,如果两个刚度分别为 $k_1$ 和 $k_2$ 的弹性元件是以串联方式连接的,那么这个力学系统就可以替换为一个刚度系数为 $k_{eq}$ 的等效刚度元件,且

$$\frac{1}{Z} = \frac{j\omega}{k_1} + \frac{j\omega}{k_2} = \frac{j\omega}{k_{eq}} \rightarrow k_{eq} = \frac{k_1 k_2}{k_1 + k_2}$$

对于更多的集中参数型的被动元件组合情况,阻抗和导纳的计算方法可以参见文献[11]。

## 2.3　两端网络的构建

这一节我们将给出根据动力学系统初始原理方案构建出等效的 M2TN 的过程,在这一过程中不需要进行对应的电路系统构建。

### 2.3.1　一个简单隔振器对应的两端力学网络

这里我们将针对一个受到激励力作用的单轴隔振器(图 2.8(a)),建立其对应的 M2TN[8,9,16]。这一结构支撑在一个固定平面上,一般称该系统处于支撑态(若系统是悬吊的,则称为处于悬吊态)。这里我们假定系统中所包含的每个被动元件都具有两个极(即端点)。对于弹簧和阻尼器来说,这些端点是十分显然的,而对于质量元件的两端描述来说,可以将其中的一个端点设定在质量自身上,而另一个则可以设定在固定平面上。系统中的节点编号是任意的,两个并联元件 1−2 和 3−4 的端点 2 和 4 具有相同的速度,这些端点与端点 5 是一致的(参见图 2.8(b))。在支撑平面上我们已经标注了端点 6、1、3(粗线 6−1−3),同时还将元件 $m$、$k$ 和 $b$ 分别与端点 5、2、4 联系起来。端点 2、5、4 是连接到同一个节点处的,这表明了这些端点具有相同的速度。质量元件 $m$ 上方的水平线表示两端元件 6−5(质量元件)的端点 5 是自由的(图 2.8(c))。

图 2.8 中包括了两个力 $F$,施加到端点 5 上的力 $F$ 是激励力,而在直线 6−1−3 上标注的力则代表了响应。将这两个力 $F$ 转动到虚线所示的方向上,然后把它们(作用力和响应力)连接起来作为一个力源 $F(t)$,最终也就得到了对应的 M2TN,即由质量、刚度和阻尼器等元件的阻抗所构成的力学两端网络,如图 2.8(d)所示。该图给出了每个元件端点的编号和对应的阻抗,同时还给出了这个 M2TN 中不同分支上以及系统元件中的力分布情况。

按照上述处理过程,图 2.8(a)所示的原力学系统即可转化成了图 2.8(d)所示的系统了,这个新系统可以完整地对应到一个由电感 $L$、电阻 $R$ 以及电容 $C$ 等元件以并联方式连接而成的电路系统(图 2.2(b))。

下面我们再来考察一下同时处于支撑状态和悬吊状态的 $m-k-b$ 系统,如图2.8(e)所示。这个系统的上部(悬吊部分)可以视为底部支撑的一部分,因而整个支撑事实上也就包括了点1和点3这两个位置(图2.8(a))。正如图2.8(a)所示的情形,阻尼器 $b$ 是分别连接到质量 $m$ 上(点4)和支撑上(点3)的。质量自身的第一个端点为点5,而第二个端点为点7。重力线5-6和5-7方向相同,这也是为什么图2.8(a),(e)所示的两个力学系统具有相同的M2TN(图2.8(d))的原因。

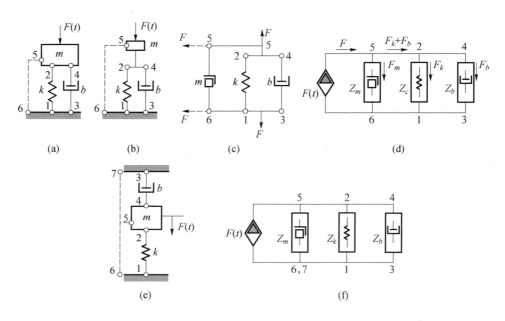

图2.8  (a)激励力作用下的集中参数型力学系统;(b)-(d)带有支撑的系统及其等效两端力学网络的构造;(e)-(f)带有支撑与悬挂的系统以及对应的两端力学网络

实际上,如果我们去掉图2.8(e)中的阻尼器,那么剩下的 $m-k$ 部分也就对应了由两个以并联方式连接起来的两端元件(阻抗分别是 $Z_m$ 和 $Z_k$)所构成的M2TN了。此处质量元件 $m$ 的速度 $v$ 将传递到阻尼器上,这就意味着阻尼器受到的是运动激励,因而在M2TN中就将表现出额外的阻抗 $Z_b$ 了,这个阻抗是与 $Z_m$ 和 $Z_k$ 并联的。如果我们去除弹性元件再构造出由元件 $m$ 和 $b$ 组成的M2TN,那么也可以得到类似的结果。综上所述可以看出,对于上述这个简单的由 $m-k-b$ 元件组成的隔振器来说,它在支撑态(图2.8(a))和悬吊态(图2.8(e))将具有完全相同的M2TN描述,即图2.8(d),(f)。

下面考虑这个由 $m-k-b$ 元件组成的隔振器受到运动激励 $\xi(t)$ 的情况,如

图 2.9(a)所示,对应的 M2TN 如图 2.9(b)所示。

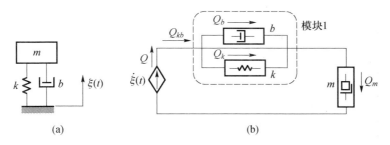

(a)　　　　　　　　　　　　(b)

图 2.9　受到运动型简谐激励 $\xi(t) = \xi\sin\omega t$ 作用的单轴隔振器:(a)原理简图;
(b)等效的力学两端网络。$Q_m$、$Q_k$、$Q_b$ 分别代表的是作用在质量元件、
弹性元件和阻尼器上的力,$Q_{kb}$ 代表的是作用在模块 1 上的力,$Q$ 为合力

与图 2.8(a)所示的力激励情况显著不同的是,此处的运动激励直接作用到弹性元件和阻尼器上,随后激励将被传递到质量元件上。弹簧和阻尼器是并联连接的(方框 1),然后再以串联方式连接到质量 $m$ 上。由于这二者是串联连接的,因而输入端和输出端的力应当都是相等的,也即 $Q = Q_{bk} = Q_m$。

图 2.10(a)给出了三个被动元件串联连接的组合形式,对应的 M2TN 如图 2.10(b)所示[21]。力首先作用到弹性元件上,然后传递到 $m - b$ 元件上。这种情况下,弹性元件 $k$ 的输入和输出速度是不同的,而它的输出速度(端点 3)和 $m - b$ 模块的输入速度(端点 2,5)则是相同的。如果我们改变图 2.10(a)中元件 $b$ 和 $k$ 的位置,那么在 M2TN 中也必须相应地改变阻抗 $Z_k$ 和 $Z_b$ 的位置[16]。

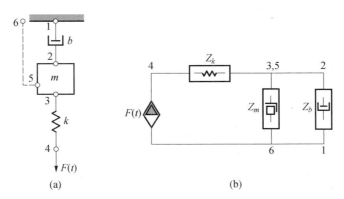

(a)　　　　　　　　　　　　(b)

图 2.10　自由端受到力激励作用的被动元件串联组合式系统:
(a)原理简图;(b)对应的 M2TN

根据图 2.8 和图 2.9 不难看出,对于相同的系统而言,力学网络描述在力激励和运动激励情况下是有区别的。不仅如此,如果力施加到系统不同的点处,那么力学网络也是不同的。

现在我们来考察如图 2.11(a),(b)所示的 $m-b-k$ 系统及其对应的力学两端网络。这两个系统具有相同的结构,不同之处在于,在图 2.11(a)中,力 $F(t)$ 是作用到质量元件上的,而在图 2.11(b)中,力则是作用到阻尼器和弹性元件之间的点上的[16]。

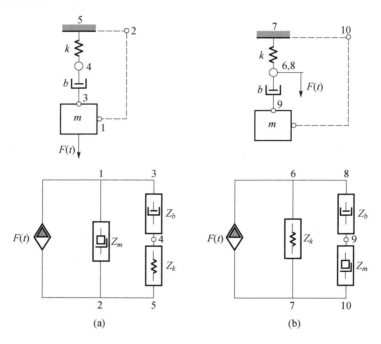

图 2.11  受到激励力 $F(t)$ 作用的 $m-b-k$ 系统:(a)激励力作用在质量元件 $m$ 上;
(b)激励力作用在弹性元件与阻尼器连接点处

这里我们简要分析一下这些系统。在情况(a)中,端点 3 处的质量速度与 $3-4-5$ 段的输入速度是相等的,也即 $v=v_m=v_{bk}=v_b+v_k$。对于元件 $Z_b$ 和 $Z_k$ 而言,我们有 $F_b=F_k$。在情况(b)中,弹簧(方框 $6-7$)的输入速度和阻尼 – 质量段(方框 $8-9-10$)是相同的,即 $v=v_k=v_{bm}=v_b+v_m$。对于元件 $Z_b$ 和 $Z_m$ 而言,我们有 $F_b=F_m$。

## 2.3.2  两级振动防护系统

图 2.12(a)给出了一个受到激励力作用的两自由度力学系统,如同前文所

述的过程,为了构建出与之对应的 M2TN,我们必须先为每个两端元件的输入和输出端点进行编号处理。图 2.12(b),(c)给出了该 M2TN 的构建过程和结果,其中的直线 10 – 8 – 1 代表的是固定支撑面。

我们首先单独考察 $F(t)$ 的作用。由于端点 4、6、9 属于单个元件,因而它们在 M2TN 中是连接到一个节点上的。

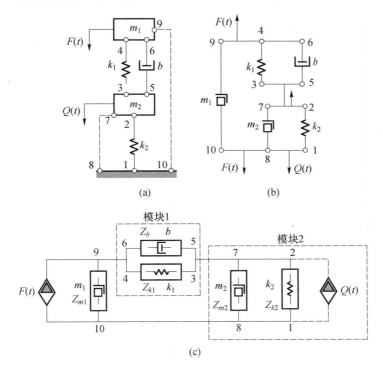

图 2.12 (a)受到激励力作用的两自由度力学系统;
(b)对应的 M2TN 的构造;(c)最终的 M2TN

模块 1 的输出端点 5 和 3 以及输入端点 7 和 2 也属于单个元件($m_2$),因此这些端点在 M2TN 中也是连接到一个节点上的。

很明显,如果我们在图 2.12(a)中引入一个阻尼器 $b_2$ 并且将其与弹性元件 $k_2$ 并联的话,那么就必须在图 2.12(c)中引入一个阻抗为 $Z_{b_2}$ 的元件 $b_2$ 且使之与组合元件 $k_2 - m_2$(模块 2)并联起来。

如果系统中包含了力源 $Q(t)$,那么这个源和元件 $m_2$、$k_2$(模块 2)就必须以并联方式连接,图 2.8 已经给出了这一实例。附加的力 $Q(t)$ 和附加源在图 2.12 中已经用虚线标注出来。

对于图 2.12 所示的系统,其分析可以按照下述过程进行。首先,我们应确定模块2(即并联元件组合 $k_2-m_2$)的阻抗 $Z_2$,然后再去确定模块1和模块2串联之后的阻抗,最后才能得到系统的总阻抗。根据阻抗的定义,可以先确定出点4(6,9)和点3(5,7,2)处的速度与位移以及传递到每个元件上的力。如果系统的分析是针对给定的一组元件参数值的,那么上述过程所得到的结果将是复数形式的,即 $\alpha+\mathrm{j}\beta$,进而就很容易计算出相应的幅值和相位了,这些过程将在2.4和2.5节中详细进行阐述。

还有另外一种情况是值得注意的,即系统受到的某个作用力可能是作用到无质量的平台上的(点2),如图2.13(a)所示,这种情况下所对应的M2TN已经在图2.13(b)中给出。

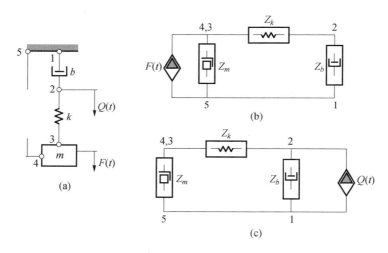

图 2.13  (a)串联连接的被动元件受到激励力的作用;(b)力 $F(t)$ 作用在质量 $m$ 上;
(c)力 $Q(t)$ 作用在无质量平台的点2处及其对应的 M2TN

### 2.3.3  复杂的动力学系统及其共面网络

图2.14(a)给出了一个特殊的两级振动防护系统[16],该系统的特点在于质量 $m_1$ 是直接连接到一个固定支撑上的。这个系统可以描述为两个简单结构的组合形式,其中的一个是 $m_2-k_2-b_2$ 系统,如图2.14(b)所示,它受到的是力 $F(t)$ 的激励;另一个是 $m_1-k_1-b_1$ 系统,如图2.14(c)所示,它受到的是运动激励 $v(t)$。在后者中,激励首先作用到阻尼器 $b_1$ 上,然后再传递到元件 $m_1$ 和 $k_1$ 上。由于端点为8和9的这些元件的输入速度和端点为8的元件 $b_1$ 的输出速度是相等的,因而端点8、11和9是连接到一个节点上的,而元件 $m_1$ 和 $k_1$ 则表现为并联连接形式。

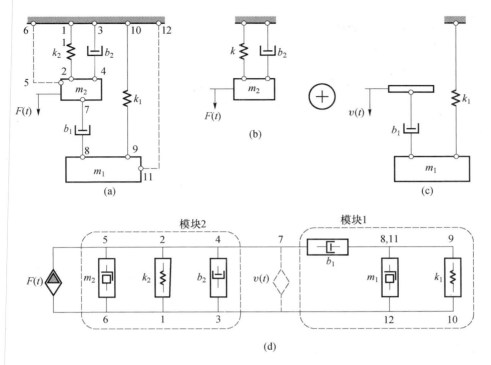

图 2.14　复杂的动力学系统:(a)原理简图;(b-c)两个局部图;(d)对应的力学两端网络。
　　　　激励力 $F(t)$ 作用在 $m_2 - k_2 - b_2$ 系统上(模块 2),速度 $v(t)$ 作用于模块 1 上

　　这里的"复杂系统"并不是指系统所包含的元件数量多或者具有的自由度数量多,而是指系统中的不同元件之间的连接方式较为复杂。在图 2.12 所给出的系统中,实际上就是在前文所述的两级系统中引入了附加的元件。例如,如果主要元件是 $m_2 - k_2$,那么附加的元件 $k_1 - b$ 就必须连接到质量 $m_2$ 上,而附加元件 $m_1$ 必须连接到 $k_1 - b$ 上。图 2.15(a)和(b)给出了一个共面系统[16],如果我们将阻尼器 $b_1$ 从系统中移除掉,那么将得到一个三级系统,其基本组成原理类似于图 2.12。不过,我们也可以采用另一方式来构造系统,即,将附加质量 $m_1$ 不仅连接到质量 $m_2$ 上,同时也连接到质量 $m_3$ 上。这样一来阻尼器 $b_1$ 将与第一个和第三个元件连接起来,这也称为交叉连接。在图 2.15(b)中我们给出了上述系统所对应的 M2TN。一般来说,对于复杂系统我们可以通过非相邻的级之间的连接元件来描述之,在 2.6 节中我们还将介绍另一种复杂系统的定义。

　　在这里的 M2TN 中,存在着分支 $1 - b_1 - 2$,它表明了这是一个交叉连接。这类系统的分析一般都会存在着一些特殊性。在图 2.15(b)中,模块 1 是由元件 $b_1$、$k_1$ 和 $k_2$ 组成的,该模块构成了一个三角形连接方式,顶点为 1、2 和 3,如图

2.15(c)所示。分支 1-2、1-3 和 2-3 的阻抗分别标记为 $Z_{12}$、$Z_{13}$ 和 $Z_{23}$。我们很容易就能把这个三角形连接转换成星型连接方式,利用已知的公式就能根据 $Z_{12}$、$Z_{13}$ 和 $Z_{23}$ 计算出对应的阻抗 $Z_1$、$Z_2$ 和 $Z_3$[15,16],即

$$\begin{cases} Z_1 = Z_{12} + Z_{13} + \dfrac{Z_{12}Z_{13}}{Z_{23}} \\[2mm] Z_2 = Z_{12} + Z_{23} + \dfrac{Z_{12}Z_{23}}{Z_{13}} \\[2mm] Z_3 = Z_{23} + Z_{13} + \dfrac{Z_{23}Z_{13}}{Z_{12}} \end{cases}$$

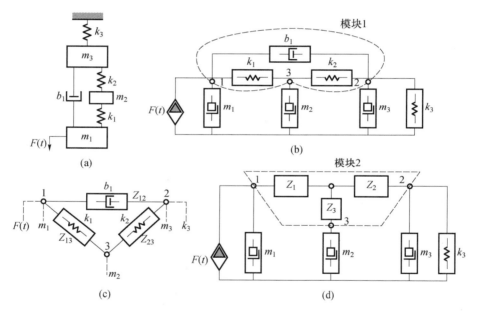

图 2.15　共面型动力学系统:(a)原理简图;
(b)共面型 M2TN,阻尼器 b1 形成了交叉连接;
(c)三角形连接;(d)等效的 M2TN

图 2.15(b),(c)中的模块 1 的等效形式为图 2.15(d)中的模块 2,这样的话图 2.15(b)所示的共面网络图就可以转换为图 2.15(d)所示的形式了,由此可以很容易地计算出局部阻抗和总阻抗,进而就可以方便地进行详细的动力学分析了。

应当指出的是,交叉连接还可以有另外一种形式,感兴趣的读者可以去参阅文献[16]。

## 2.4　力学网络理论

这一节我们主要介绍有关力学网络的基本特性的若干理论内容,并将给出计算各类元件的阻抗和导纳的方法,这些元件可以通过并联、串联以及混联等连接方式进行连接组合。

### 2.4.1　力学元件的组合

正如前面提及的,被动式的两端元件可以通过并联、串联或混联等方式相互连接[11,15],为此我们有必要介绍一下与此相关的一些基本原理。

**定理 1**　如果元件是以串联方式连接的,那么第一个和最后一个元件之间的相对位移必定等于每个元件两端点之间相对位移的和。

在图 2.16(a)中给出了由被动元件 1、2、$\cdots$、$n$ 构成的串联连接系统,并且受到了力 $F$ 的作用。这里不妨记元件 $n$ 和 $n-1$ 之间产生的力为 $F_n$,而元件 $n$ 的两个端点之间的相对速度为 $v_n$。

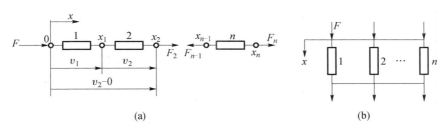

图 2.16　元件的连接形式:(a)串联连接方式;(b)并联连接方式

若将各个节点处的位移分别记为 $x_0$、$x_1$、$x_2$、$\cdots$,那么每个元件的两端点之间的相对位移应为

$$\Delta x_1 = x_1 - x_0, \Delta x_2 = x_2 - x_1, \cdots, \Delta x_n = x_n - x_{n-1}$$

于是有

$$x_n - x_0 = \sum_n \Delta x \tag{2.17}$$

**推论**　如果元件是串联连接的,那么第一个和最后一个元件之间的相对速度(相对加速度)必定等于每个元件两端点之间的相对速度(相对加速度)之和,即

$$\begin{cases} v_n - v_0 = \sum_n \Delta v \\ a_n - a_0 = \sum_n \Delta a \end{cases} \tag{2.18}$$

**定理 2**  如果元件是串联连接的,那么作用到每个元件上的力必定等于作用到系统上的总力,即

$$F_1 = F_2 = \cdots = F_n = F$$

**定理 3**  如果两个阻抗分别为 $Z_1$ 和 $Z_2$ 的元件是以串联方式连接的,那么该组合元件的总阻抗为

$$Z = \frac{Z_1 Z_2}{Z_1 + Z_2} \tag{2.19}$$

实际上,根据阻抗的定义我们有 $Z_1 = F/v_1$ 和 $Z_2 = F/v_2$,因此有 $v_1 = F/Z_1$ 和 $v_2 = F/Z_2$,由于总速度 $v = v_1 + v_2$,所以总阻抗应当按照下式计算

$$Z = \frac{F}{v_1 + v_2} = \frac{F}{\dfrac{F}{Z_1} + \dfrac{F}{Z_2}} = \frac{Z_1 Z_2}{Z_1 + Z_2}$$

**定理 4**  如果导纳分别为 $Y_1$、$Y_2$ 的元件是以串联方式连接的,那么该组合元件的总导纳必为

$$Y = Y_1 + Y_2 \tag{2.20}$$

实际上,根据定义可知总导纳应按照下式计算:

$$Y = v/F = (v_1 + v_2)/F = Y_1 + Y_2$$

很明显,可以看出,当两个弹性元件的刚度分别为 $k_1$ 和 $k_2$ 且以串联方式连接起来时,它们就可以等效成一个刚度为 $k_{eq}$ 的弹性元件,且有 $\dfrac{1}{k_{eq}} = \dfrac{1}{k_1} + \dfrac{1}{k_2}$。

**定理 5**  如果元件是以并联方式连接的,那么它们的端点之间的相对位移必定等于每个元件两端点之间的相对位移,即

$$x_1 = x_2 = \cdots = x_n = x \tag{2.21}$$

**推论**  如果元件是以并联方式连接的,那么连接在一起的两个端点必定具有相同的相对速度和相同的相对加速度。

**定理 6**  如果元件是以并联方式连接的,那么作用到每个元件上的力的和必定等于作用到该连接上的总外力,即

$$F_1 + F_2 + \cdots + F_n = F \tag{2.22}$$

**定理 7**  如果阻抗为 $Z_1$、$Z_2$、$\cdots$、$Z_n$ 的元件是以并联方式连接的,那么该连接的总阻抗为

$$Z = Z_1 + Z_2 + \cdots + Z_n \tag{2.23}$$

**定理 8**  如果导纳分别为 $Y_1$、$Y_2$ 的元件是以并联方式连接的,那么该连接的总导纳必为

$$Y = \frac{Y_1 Y_2}{Y_1 + Y_2} \tag{2.24}$$

很明显可以看出,当两个弹性元件的刚度分别为 $k_1$ 和 $k_2$ 且以并联方式连接时,它们就可以等效成为一个刚度为 $k_{eq}$ 的弹性元件,且应满足关系式 $k_{eq} = k_1 + k_2$。

为方便起见,我们汇总了上述被动元件以串联和并联方式连接时阻抗和导纳的计算方法,见表 2.5。

表 2.5　典型连接的阻抗/导纳计算[22, vol. 5]

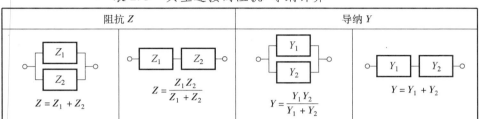

| 阻抗 $Z$ | | 导纳 $Y$ | |
|---|---|---|---|
| $Z = Z_1 + Z_2$ | $Z = \dfrac{Z_1 Z_2}{Z_1 + Z_2}$ | $Y = \dfrac{Y_1 Y_2}{Y_1 + Y_2}$ | $Y = Y_1 + Y_2$ |

## 2.4.2　基尔霍夫定律

通过机电类比,我们就可以利用电学系统中的基尔霍夫定律来分析力学网络。这些定律可以适用于任何网络构型,无论网络中的元件是线性还是非线性的,也无论这些元件是时变还是时不变的[8,23]。

**1. 关于力的基尔霍夫定律**

对于给定的一个网络,可以为每个分支中的力任意指定一个方向并用箭头表示。一般地,力的方向若指向一个节点(若干个元件的公共连接点)则应设定为正值,而若力的方向是离开节点那么应取负号。这一定律指出,若网络的任一节点受到 $n$ 个力的作用,那么任一节点处所受到的力的代数和必须为零,即

$$\sum_{i=1}^{n} F_i = 0 \text{(任一节点处)} \tag{2.25}$$

**2. 关于速度的基尔霍夫定律**

如果网络的一个回路包含了 $n$ 个元件,那么回路中所有的相对速度降的代数和必须为零,即

$$\sum_{i=1}^{n} v_i = 0 \text{(任一回路)} \tag{2.26}$$

此外应当注意的是,基尔霍夫定律也适用于瞬态值的分析,可以用于导出任何系统的运动微分方程[11]。

下文中所述的相关定理只适用于由双向元件组成的线性网络。这里所谓的线性网络是指网络中包含的均为理想元件,即质量原件、弹性原件和耗能元件都是理想的,它们的 $m$、$k$ 和 $b$ 等特性参数均为常数,与振动幅值无关;所谓的双向元件也称为对称元件,是指该元件中的力在两个方向上是同等传递的[11]。

### 2.4.3　互易定理

对于一个由线性双向元件构成的系统来说,下面这一关系是成立的,即点 $k$ 处作用的特定频率的力在点 $i$ 处所导致的速度必定等于同一频率但作用在点 $i$ 处的力在点 $k$ 处所导致的速度,也即 $v_{ik}=v_{ki}$。这一定理表明,在一个线性双向元件系统中,能量是以相同的速度向两个方向传递的。图 2.17 给出了这一定理的图形描述 ($v_{12}=v_{21}$),图中两个系统的组成元件及其阻抗都是相同的。

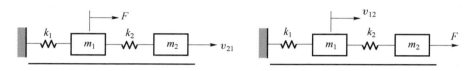

图 2.17　互易定理图形描述

附带指出的是,这一定理实际上是互易理论体系[1,11,24,25]中的一个组成部分。

### 2.4.4　叠加原理

如果一个由线性双向元件组成的系统中包括了若干个简谐振动源,且系统的初始状态为零状态,那么该系统的任意点处的响应(如位移、速度、加速度、力等)应等于由各个简谐振动源单独作用条件下所产生的系统响应的总和[9]。

事实上,这一原理也适用于非简谐激励的情形,此时一般需要将这样的激励以傅里叶级数形式展开来进行分析[11]。

对于力学系统来说,两端网络不只是等效于原理图的另一种描述方式,即系统的图形化描述,如文献[8,22,vol.5],事实上它还为我们提供了一个可以用于研究系统特性的非常方便的工具,特别是当原系统中的连接关系发生改变的时候。

顺便指出的是,如果对等效系统问题的更多更详细的内容感兴趣的话,可以去参阅文献[11],其中介绍了与戴维南和诺顿定理相关的其他一些内容。

## 2.5　一个最简单的单向 $m-k-b$ 隔振器

本节我们详细分析一下一个受到简谐型力激励和运动激励的 $m-k-b$ 系统,分析过程中主要借助的是力学阻抗方法和 M2TN 理论。

## 2.5.1 力激励

这里所讨论的系统的原理图已在图 2.18(a)中给出,假设这一系统是线性的,即弹簧中产生的弹性力 $F_k$ 和黏性阻尼力 $F_b$ 分别可以表示为 $F_k = kx$ 和 $F_b = b\dot{x}$,且系统受到的是一个简谐力 $F(t) = F\sin\omega t$ 的作用。力激励条件下所对应的力学网络如图 2.18(b)所示,该网络的一个主要特征就是所有的被动元件都是以并联方式连接起来的。

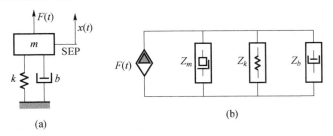

(a)           (b)

图 2.18   (a)受到激励力 $F(t) = F\sin\omega t$ 作用的单轴隔振器;
(b)对应的等效力学两端网络:$Z_m$、$Z_k$、$Z_b$ 分别代表的是质量、弹簧和阻尼器

在这个力学网络中,被动元件的复阻抗分别为 $Z_m = \mathrm{j}\omega m$,$Z_k = -\mathrm{j}k/\omega$,$Z_b = b$,根据表 2.4 我们可以计算出该网络的总阻抗为

$$\overline{Z} = Z_m + Z_k + Z_b = b + \mathrm{j}\frac{\omega^2 m - k}{\omega}$$

一般地,阻抗的实部称为阻,而其虚部则称为抗。

由此可以得到速度量为

$$\overline{v} = \frac{F}{\overline{Z}} = \frac{F}{\mathrm{j}\left(\omega m - \dfrac{k}{\omega}\right) + b}$$

而质量元件 $m$ 的位移及其对应的位移幅值分别为

$$\begin{cases} \overline{X} = \dfrac{\overline{v}}{\mathrm{j}\omega} = \dfrac{F}{(k - m\omega^2) + \mathrm{j}b\omega} \\[4mm] X = \dfrac{F}{\sqrt{(k - m\omega^2)^2 + (b\omega)^2}} \end{cases}$$

这些表达式是与式(1.4)对应的,无量纲参数形式的动力放大率则如式(1.5)所示。

对于系统的共振频率,可以按照下式进行计算,即

$$\mathrm{Im}Z = 0,\quad \omega^2 m - k = 0,\quad \omega_0 = \sqrt{\frac{k}{m}}$$

在三个元件相连接的节点处,速度为

$$v = \frac{F}{Z} = \frac{F}{b + \mathrm{j}\dfrac{\omega^2 m - k}{\omega}} = \frac{F\omega}{b\omega + \mathrm{j}(\omega^2 m - k)}$$

将上式乘以 $b\omega - \mathrm{j}(\omega^2 m - k)$ 这个因子可以得到

$$v = \frac{F\omega[b\omega - \mathrm{j}(\omega^2 m - k)]}{\Delta}, \Delta = (b\omega)^2 + (\omega^2 m - k)^2 \quad (2.27)$$

每个元件上受到的力可以表示为[16]

$$F_m = Z_m v = \mathrm{j}\omega m \frac{F\omega[b\omega - \mathrm{j}(\omega^2 m - k)]}{\Delta} = \frac{F\omega^2 m[(\omega^2 m - k) + \mathrm{j}b\omega]}{\Delta}$$

$$(2.28)$$

$$F_k = Z_k v = -\mathrm{j}\frac{k}{\omega}\frac{F\omega[b\omega - \mathrm{j}(\omega^2 m - k)]}{\Delta} = -\frac{Fc[(\omega^2 m - k) + \mathrm{j}b\omega]}{\Delta}$$

$$(2.29)$$

$$F_b = Z_b v = b\frac{F\omega[b\omega - \mathrm{j}(\omega^2 m - k)]}{\Delta} \quad (2.30)$$

图2.8 中的点 2、4 和 5 处的总位移为

$$x = \frac{v}{\mathrm{j}\omega} = -\frac{\mathrm{j}}{\omega}\frac{F\omega[b\omega - \mathrm{j}(\omega^2 m - k)]}{\Delta} = -\frac{F[(\omega^2 m - k) + \mathrm{j}b\omega]}{\Delta} \quad (2.31)$$

图2.19(a)给出了式(2.28)~式(2.30)在复数平面上的情况。这些公式的结构组成表明,对于任意的振动频率 $\omega$,$F_m$ 和 $F_k$ 这两个矢量是互相平行而方向相反的,并且都垂直于矢量 $F_b$。该图还给出了位移 $x$ 和速度 $v$ 所对应的径向矢量情况,这两个矢量是相互正交的,这表明当位移取最大值时速度应为零值。随着激励力频率的增加,所有这些矢量都向顺时针方向转动,不过它们之间的相对位置仍然保持不变。

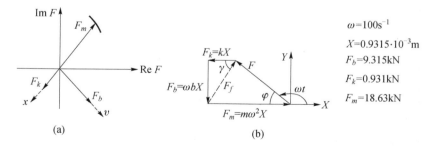

图2.19 (a)复数平面上力、速度和位移的描述;(b)阿甘特图

下面我们给出一些数值算例。

若假定 $F = 20\mathrm{kN}, k = 1000\mathrm{kN/m}, m = 2\mathrm{kN} \cdot \mathrm{s}^2/\mathrm{m}, b = 100\mathrm{kN} \cdot \mathrm{s/m}$,且令 $\omega = 100\mathrm{s}^{-1}$,那么根据式(2.27)~式(2.31)我们可以得到如下复数参量值:

$$
\begin{cases}
F_m = 0.8676(19 + 10\mathrm{j}) \\
F_k = -0.04338(19 + 10\mathrm{j}) \\
F_b = 0.4338(10 - 19\mathrm{j}) \\
v = 0.004338(10 - 19\mathrm{j}) \\
x = -0.4338 \times 10^{-4}(19 + 10\mathrm{j})
\end{cases}
\tag{2.32}
$$

同样地,根据式(2.27)~式(2.31)我们也可以计算出相应复数量的模,即

$$
|x| = X = \sqrt{(\mathrm{Re}x)^2 + (\mathrm{Im}x)^2} = \sqrt{\frac{F^2\left[(\omega^2 m - k)^2 + (b\omega)^2\right]}{\left[(\omega^2 m - k)^2 + (b\omega)^2\right]^2}}
$$

$$
= \frac{F}{\sqrt{(\omega^2 m - k)^2 + (b\omega)^2}} |v| = \omega X, |F_m|
$$

$$
= m\omega^2 X, |F_k| = kX, |F_b| = \omega b X
$$

将上面给定的具体数值代入后可以得到

$$
|x| = X = \frac{20}{\sqrt{(100^2 \times 2 - 1000)^2 + (100 \times 100)^2}} = 0.9315 \times 10^{-3}\mathrm{m}
$$

利用式(2.32)同样可以得到相同的结果,即

$$
X = 0.4338 \times 10^{-4}\sqrt{19^2 + 10^2} = 0.9315 \times 10^{-3}\mathrm{m}
$$

而力的幅值则分别为

$$
|F_m| = 18.63\mathrm{kN}, |F_k| = 0.9315\mathrm{kN}, |F_b| = 9.315\mathrm{kN}
$$

下面我们再来确定激励力 $F(t) = F\cos\omega t$ 和位移 $x$(或力 $F_m$)之间的相位差。为此可以先将复数力 $F_m(t)$ 表示为 $F_m = F\cos(\omega t + \phi)$,根据式(2.28)或式(2.31),可以立即得到 $\tan\phi = \dfrac{b\omega}{\omega^2 m - k}$[7]。对于给定的参数值,这里有 $\phi = -27.75°$。稳态情况下所有的力是平衡的,这一点可从阿甘特图看出,即图 2.19(b)[19,26],其中的多边形 $F - F_k - F_b - F_m$ 是封闭的。实际上,如果 $F_k$ 和 $F_m$ 是平行于 $x$ 轴的,那么将有

$$
\begin{cases}
\sum F_x = -F\cos\phi - F_k + F_m = -20\cos 27.75° - 0.931 + 18.63 \\
\qquad\quad = -18.63 + 18.63 = 0 \\
\sum F_y = F\sin\phi - F_b = 20\sin 27.75° - 9.31 = 0
\end{cases}
$$

在前图中同时还给出了传递到基础上的力 $F_f$ 的幅值,且 $\tan\gamma = \omega b/k$,参见图中的虚线。

前面这一算例对应于 $\dfrac{\omega}{\sqrt{k/m}} \gg 1$ 的情形,事实上从阿甘特图中也很容易表示出 $\dfrac{\omega}{\sqrt{k/m}} \ll 1$ 和 $\dfrac{\omega}{\sqrt{k/m}} = 1$ 等情形[19]。

由此我们可以计算振动防护有效性的相关指标了,动力放大率和传递率分别为

$$
\begin{cases}
\mathrm{DC} = \dfrac{X}{\delta_{st}} = \dfrac{0.9315 \times 10^{-3}}{0.02} = 0.0466, \delta_{st} = \dfrac{F}{k} = \dfrac{20}{100} = 0.02\mathrm{m} \\[3mm]
\mathrm{TC} = \dfrac{F_f}{F} = \dfrac{\sqrt{F_k^2 + F_b^2}}{F} = \dfrac{\sqrt{0.9315^2 + 9.3115^2}}{20} = 0.468
\end{cases}
$$

这一结果表明,传递到基础支撑上的力的幅值应为激励力幅值的47%。

## 2.5.2 运动激励

如图2.20(a)所示为受到简谐型运动激励的系统原理图,激励形式可设为 $\xi(t) = \xi_0 \sin\omega t$,对应的力学网络如图2.20(b)所示[3],其中弹性元件的柔度 $n$ 为 $n = k^{-1}$。该网络的一个主要特点在于柔度 $n$ 和阻尼器 $b$ 是以并联方式连接的(模块1),这个模块然后再与被动元件 $m$ 构成串联组合。

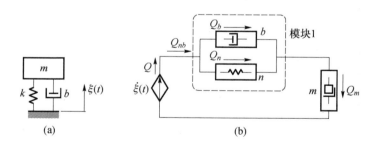

图2.20　(a)受到简谐型运动激励 $\xi(t) = \xi \sin\omega t$ 作用的单轴隔振器;
(b)对应的等效力学两端网络: $Q_m$, $Q_n$, $Q_b$ 分别代表的是作用在质量、弹簧和阻尼器上的力, $Q_{nb}$ 为作用在模块1上的力, $Q$ 为合力

两个并联元件 $n$ 和 $b$ 的总阻抗可以表示为

$$
Z_1 = Z_n + Z_b = \dfrac{1}{\mathrm{j}\omega n} + b
$$

而模块 $1(n-b,$ 阻抗为 $Z_1)$ 和质量元件 $(m,$ 阻抗为 $Z_m = \mathrm{j}\omega m)$ 串联之后的总阻抗应为

$$
\begin{cases}
Z = \dfrac{Z_1 Z_m}{Z_1 + Z_m} = \dfrac{(1/\mathrm{j}\omega n + b) \cdot \mathrm{j}\omega m}{(1/\mathrm{j}\omega n + b) + \mathrm{j}\omega m} \\
Z = \dfrac{(1 + \mathrm{j}2zv) \cdot \mathrm{j}\omega m}{1 - z^2 + \mathrm{j}2zv}
\end{cases}
$$

其中,$z = \omega/\omega_0,\ \omega_0 = 1/\sqrt{mn},$ 而无量纲参数 $v$ 为 $v = 1/2Q_0,\ Q_0 = 1/\omega_0 nb$。

作用到模块 1 和元件 $m$ 上的力为 $Q_{nb} = Q_m = Q,$ 而对于并联元件组合 $n$ 和 $b$ 则有 $Q_{nb} = Q_n + Q_b$。

质量元件的速度是 $v_m = \dfrac{Q_m}{Z_m} = Y_m Q = Y_m Z v,$ 由于质量元件的导纳为 $Y_m = \dfrac{1}{\mathrm{j}\omega m},$ 因此有

$$
v_m = v\,\frac{1 + \mathrm{j}2zv}{1 - z^2 + \mathrm{j}2zv} \tag{2.33}
$$

于是质量元件 $m$ 的绝对位移应为

$$
x_m = \frac{v_m}{\mathrm{j}\omega} = \frac{1}{\mathrm{j}\omega}v\,\frac{1 + \mathrm{j}2zv}{1 - z^2 + \mathrm{j}2zv} = \frac{-\mathrm{j}v(1 + \mathrm{j}2zv)}{\omega(1 - z^2 + \mathrm{j}2zv)} = -\mathrm{j}\xi_0\,\frac{1 + \mathrm{j}2zv}{1 - z^2 + \mathrm{j}2zv}
$$

由此即可导出绝对位移的幅值如下:

$$
|X_m| = \xi_0\,\frac{\sqrt{1 + 4z^2 v^2}}{\sqrt{(1 - z^2)^2 + 4z^2 v^2}} \tag{2.34}
$$

在导出上式的过程中已经利用了一个人们所熟知的公式,即如果 $A = \dfrac{a + \mathrm{j}b}{c + \mathrm{j}b},$ 那么有 $|A| = \dfrac{\sqrt{a^2 + b^2}}{\sqrt{c^2 + b^2}}$。

由此我们很容易就能导出绝对加速度的幅值,即

$$
W = \xi_0\omega^2\,\frac{\sqrt{1 + 4z^2 v^2}}{\sqrt{(1 - z^2)^2 + 4z^2 v^2}} \tag{2.35}
$$

进一步,可以导得隔振系数[27]如下:

$$
k = \frac{W}{\xi_0\omega^2} = \frac{\sqrt{1 + 4z^2 v^2}}{\sqrt{(1 - z^2)^2 + 4z^2 v^2}} \tag{2.36}
$$

如果我们假定振动防护的目标是减小质量元件 $m$ 的相对位移,那么这时的隔振系数应当为

$$
k = \frac{|X_m^{\mathrm{rel}}|}{\xi_0} = \frac{z^2}{\sqrt{(1 - z^2)^2 + 4z^2 v^2}} \tag{2.37}
$$

最后应当指出的是,对于更为复杂的系统,其分析也同样可以按照上述相似的过程进行。

## 2.6 复杂的单向 $m-k-b$ 隔振器

被动元件组合 $m-k-b$ 可以作为构造更为复杂的振动防护系统的基本模块,这里所说的复杂系统是指系统的原理图不能转换为图 2.18 所示的最简单的形式。下面将考察若干个典型的振动防护系统,其中包括了一个带有弹性悬挂的隔振器、两级和三级振动防护系统。针对每个动力学系统我们都将给出其对应的 M2TN,并将采用力学阻抗方法进行分析。

### 2.6.1 带有弹性悬挂的隔振器

这里所考察的系统是通过在一个简单的单轴振动防护系统中引入一个额外的弹性元件而构成的,该弹性元件与阻尼器以串联方式连接。如图 2.21(a) 所示,这里还假定该系统受到了力或者运动激励。两种不同激励形式下的等效力学两端网络已经在图 2.21(b),(c) 中给出[3]。

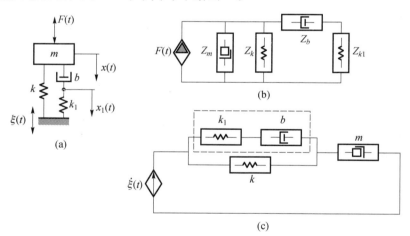

图 2.21　带有弹性悬挂的隔振器:(a)带悬挂的单侧隔振器;
(b)力激励条件下的等效力学两端网络;(c)运动激励条件下的等效力学两端网络

首先我们来考虑力激励的情形,参见图 2.21(a),(b)。对于两个串联连接的元件 $k_1$ 和 $b$ 所构成的组合,它的阻抗应为

$$Z_{k_1 b} = \frac{Z_{k_1} Z_b}{Z_{k_1} + Z_b} = \frac{-jk_1/\omega \cdot b}{-jk_1/\omega + b} = \frac{-jk_1 b}{\omega b - jk_1}$$

于是,系统的总阻抗为

$$Z = Z_m + Z_k + Z_{k_1b} = \mathrm{j}\omega m - \mathrm{j}\frac{k}{\omega} - \mathrm{j}\frac{k_1 b}{\omega b - \mathrm{j}k_1}$$

$$= \frac{k_1(\omega^2 m - k) + \mathrm{j}\omega b(\omega^2 m - k - k_1)}{\omega(\omega b - \mathrm{j}k_1)} \tag{2.38}$$

速度可以通过 $v = \dfrac{F}{Z}$ 来确定,因此对于复位移我们就可以得到

$$x = \frac{v}{\mathrm{j}\omega} = \frac{F(k_1 + \mathrm{j}\omega b)}{k_1(k - \omega^2 m) + \mathrm{j}\omega b(k + k_1 - \omega^2 m)} \tag{2.39}$$

这一结果与式(1.13)也是一致的。

当系统受到的是运动激励时,可以按照下述步骤进行分析:首先确定两个元件串联后的阻抗 $Z_{k_1b}$,然后再计算 $Z_{k_1b}$ 和 $Z_k$ 这两个元件并联后的阻抗,最后得到包括 $Z_{k_1b}$、$Z_k$ 以及 $Z_m$ 在内的总阻抗。随后,每个元件之间的力分布情况、速度计算以及隔振系数的计算等内容均可按照前述分析过程进行。

## 2.6.2　两级振动防护系统

图 2.22(a)给出了一个两级振动隔离系统,它所对应的 M2TN 可参见图 2.22(b)。这里我们采用与前相似的过程对这一系统进行分析,特别关注的是动力放大系数 $\mu_F = F_f/F$,其中的 $F_f$ 是指传递到基础上的力。

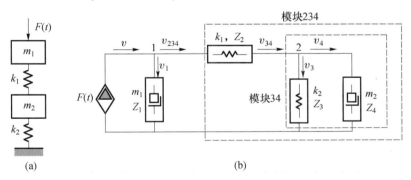

图 2.22　(a)受到激励力 $F(t) = F\sin \omega t$ 作用的单轴两级隔振器;(b)对应的 M2TN

被动元件 $m_1$、$k_1$、$k_2$ 以及 $m_2$ 的阻抗可以分别表示为 $Z_1$、$Z_2$、$Z_3$ 和 $Z_4$,它们的表达式是 $Z_1 = \mathrm{j}\omega m_1,Z_2 = -\mathrm{j}k_1/\omega,Z_3 = -\mathrm{j}k_2/\omega,Z_4 = \mathrm{j}\omega m_2$。

这里我们采用记号 $Z_i(i = 1 - 4)$,从而以更为一般的方式对该系统进行详细考察。在对应的 M2TN 中元件阻抗的编号是从距离激励源最远的元件开始的,即 $k_2$ 和 $m_2$ 元件。

模块 34 包含了两个并联连接的元件,它们的阻抗分别是 $Z_3$ 和 $Z_4$,因而有 $Z_{34} = Z_3 + Z_4$。元件 $Z_2$ 和模块 34 是串联连接的,因此有

$$Z_{234} = \frac{Z_2 Z_{34}}{Z_2 + Z_{34}} = \frac{Z_2(Z_3 + Z_4)}{Z_2 + Z_3 + Z_4}$$

于是,这个系统的总阻抗为

$$Z = Z_1 + Z_{234} = Z_1 + \frac{Z_2(Z_3 + Z_4)}{Z_2 + Z_3 + Z_4} = \frac{Z_1(Z_2 + Z_3 + Z_4) + Z_2(Z_3 + Z_4)}{Z_2 + Z_3 + Z_4}$$

$$(2.40)$$

我们从距离激励源最近的元件开始来对速度进行考察。根据定义,系统的速度应为

$$v = \frac{F}{Z} = \frac{F(Z_2 + Z_3 + Z_4)}{Z_1(Z_2 + Z_3 + Z_4) + Z_2(Z_3 + Z_4)} \tag{2.41}$$

在节点 1 处,输入速度 $v_{34}$ 和输出速度 $v_1$、$v_{234}$ 是相等的,因而有 $v = v_1 = v_{234}$。速度 $v_{234}$ 又是模块 234 的输入速度,而阻抗为 $Z_2$ 的元件的输出速度为 $v_{34} = v_{234} = v$。在节点 2 处,输入速度 $v_{34}$ 和输出速度 $v_3$、$v_4$ 是相等的,因此有 $v_{34} = v_3 = v_4$。传递到模块 234 上的力则为 $F_{234} = Z_{234}v_{234} = Z_{234}v$。

阻抗为 $Z_2$ 的元件的输出力为 $F_{34} = F_{234} = Z_{234}v$,这也是模块 34 受到的作用力。由于 $v_3 = v_{34}$,因而弹性元件 $c_2$(阻抗为 $Z_3$)上受到的作用力为

$$F_3 = Z_3 v_3 = Z_3 v_{34} = Z_3 \frac{F_{34}}{Z_{34}} = Z_3 \frac{Z_{234}v}{Z_{34}}$$

将 $Z_{234}$、$Z_{34}$ 和 $v$ 替换后可以导出如下的关系式,它以各个元件阻抗的形式给出了作用到弹簧上的力,即

$$F_3 = F \frac{Z_2 Z_3}{Z_1(Z_2 + Z_3 + Z_4) + Z_2(Z_3 + Z_4)} \tag{2.42}$$

对于传递到基础上的力来说,可以将特定元件的阻抗进行替换,从而得到

$$F_3 = F_f = \frac{F \dfrac{k_1 k_2}{\omega^2}}{\dfrac{k_1 k_2}{\omega^2} - m_1 k_1 - m_1 k_2 - m_2 k_1 + \omega^2 m_1 m_2}$$

于是动力放大系数为

$$\mu_F = \frac{F_f}{F} = \frac{1}{1 - \omega^2 m_1 \left( \dfrac{1}{k_1} + \dfrac{1}{k_2} \right) - \omega^2 \dfrac{m_2}{k_2} + \omega^2 \dfrac{m_1 m_2}{k_1 k_2}} \tag{2.43}$$

下面是一些特殊的情况:

(1)若令 $m_2 = 0$,则可以得到一个由质量元件 $m_1$ 和串联连接的两个弹性元件(刚度分别为 $k_1$ 和 $k_2$)所构成的系统。

(2)若令 $m_2 = 0$ 和 $k_2 = 0$,那么将可以得到一个人们所熟知的关系式:

$$\mu_F = \frac{F_f}{F} = \frac{1}{1 - \omega^2 m_1 / k_1} \tag{2.44}$$

图 2.22 所示的系统可以用于分析振动隔离系统($m_1$ 和 $k_1$)的特性,这个隔离系统是安装在可变形的基础(模型为元件 $k_2$ 和 $m_2$)上的,这一问题将在后面的 3.2.2 节中详细讨论。

图 2.23(a)给出了一个修改后的两级振动防护系统,它与图 2.22 所示系统的区别在于,此处的简谐激励力是加载到中间质量上的。这种构造形式也称为动力吸振器,它所对应的 M2TN 可参见图 2.23(b)。利用 M2TN 理论,我们也可以确定出质量 $m_2$ 的垂向位移,进而分析和验证动力吸振器的一些主要特性。

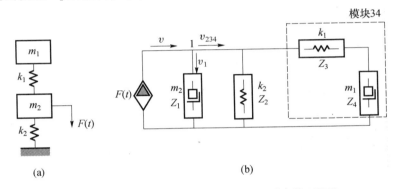

图 2.23　动力吸振器:(a)原理图;(b)对应的 M2TN

模块 34 的阻抗是 $Z_{34} = \dfrac{Z_3 Z_4}{Z_3 + Z_4}$,系统总的阻抗和相应的速度分别为

$$Z = Z_1 + Z_2 + Z_{34} = Z_1 + Z_2 + \frac{Z_3 Z_4}{Z_3 + Z_4} = \frac{(Z_1 + Z_2)(Z_3 + Z_4) + Z_3 Z_4}{Z_3 + Z_4}$$

$$v = \frac{F}{Z} = F \frac{Z_3 + Z_4}{(Z_1 + Z_2)(Z_3 + Z_4) + Z_3 Z_4}$$

在节点 1 处我们有 $v = v_1 = v_{234}$,于是

$$v_1 = \frac{F(Z_3 + Z_4)}{(Z_1 + Z_2)(Z_3 + Z_4) + Z_3 Z_4}$$

质量元件 $m_2$ 的位移为

$$x_1 = -\frac{\mathrm{j} v_1}{\omega} = -\frac{\mathrm{j}}{\omega} \frac{F(Z_3 + Z_4)}{(Z_1 + Z_2)(Z_3 + Z_4) + Z_3 Z_4}$$

由于 $Z_3 = -\mathrm{j} k_1 / \omega$ 和 $Z_4 = \mathrm{j} \omega m_1$,于是可以得到

$$x_1 = \frac{1}{\omega} \frac{F\left(-\dfrac{k_1}{\omega} + \omega m_1\right)}{(Z_1 + Z_2)(Z_3 + Z_4) + Z_3 Z_4}$$

87

如果 $k_1/m_1 = \omega^2$，那么质量元件 $m_2$ 的位移也就等于零了。在第 6 章(动力吸振器)、第 8 章(不变性原理)以及第 12 章(结构理论)中还将更为详尽地讨论这一系统。

最终我们得到的位移表达式为

$$x_1 = \frac{F(k_1 - \omega^2 m_1)}{(k_1 - \omega^2 m_1)(k_1 + k_2 - \omega^2 m_2) - k_1^2} \tag{2.45}$$

在图 2.22 所示的系统中，实际上就是实现了一种振动的隔离，即弱化了振动防护对象与基础之间的连接。图 2.23 中的系统则包含了一个附加装置 $m_1 - k_1$，从而给出了一个不同的隔振概念。这一系统能够产生一个附加的力，进而可以对给定的简谐激励力 $\xi(t)$ 加以补偿。总地来说，这两个系统都可以用相似的方法和过程进行分析。

在包含多个元件的系统中，我们一般不必去进行完整的系统分析，而只需去确定若干个节点处的力和加速度即可达到目的。这一工作可以通过利用戴维南和诺顿定理[11,22]来完成。这些定理容许我们将原系统转化为一个简化系统，其中带有力源或者速度源。如何选取合适的定理主要取决于原系统的设计类型，对于由双向元件组成的系统而言这些定理都是成立的。在此类系统的分析中我们还可以借助 M2TN 来进行。对于 M2TN 来说，它的主要特征和优点主要包括如下方面：

(1)力学两端网络可以帮助我们对线性动力学系统做详细的分析，并且这种分析是通过代数方法进行的，而不是推导和求解相应的微分方程组。

(2)M2TN 的构建及其在动力学系统中的分析应用不需要构造等效的电路。

(3)对于特定的动力学系统来说，M2TN 的结构取决于激励的类型(即力激励还是运动激励)以及激励力施加的位置。

(4)在包含交叉连接的情况中，必须将网络从三角形连接转换为星形连接，这种转换可以采用 3.3 节所阐述的方法来进行。

对于既包含经典被动元件(质量、弹簧和阻尼器)又包含杠杆的动力学系统，它们的分析可以参阅文献[16]。另外，关于结构动力学研究中的阻抗和导纳方法，Gardonio 和 Brennan 等人曾经对其历史发展进行过综述，感兴趣的读者可以去参阅文献[14]。

## 供思考的一些问题

2.1 试述机电类比的本质涵义并给出相应实例进行说明。

2.2 试述对偶电路的概念。

2.3 试给出基尔霍夫定律。

2.4　试述力学系统中的被动式两端元件的概念,以及力学阻抗和导纳的涵义,并给出被动式元件所对应的表达式及其图形描述。

2.5　试解释共面动力学系统的涵义。

2.6　试分析下述情况中的阻抗和导纳的计算公式:(a)元件之间的串联连接;(b)元件之间的并联连接,并考察特殊的元件情况(两个弹簧、两个阻尼器)。

2.7　试述线性动力学系统的力学两端网络的基本特征。

2.8　试解释阿甘特图的概念。

2.9　试构建出图 P 2.9(a),(b)所示的动力学系统的 M2TN。

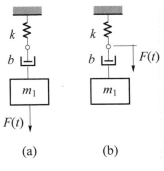

图 P2.9

2.10　图 P 2.10 给出了一个 $m-k-b$ 力学系统,试构建对应的 M2TN,计算出阻抗,并给出完整的动力学分析。

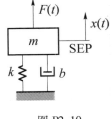

图 P2.10

2.11　图 P 2.11 给出了一个 $m-k$ 力学系统,试构建对应的 M2TN,计算出导纳,并给出完整的动力学分析。

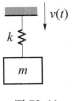

图 P2.11

2.12 图 P 2.12(a) - (c)给出了一个两级力学系统,试构建对应的 M2TN 并计算阻抗。

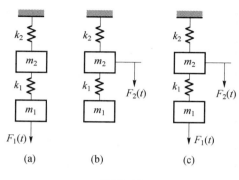

图 P2.12

2.13 图 P 2.13 给出的是一个受到运动激励的力学系统[16],$v(t)$为速度,试构建对应的 M2TN 并计算导纳。

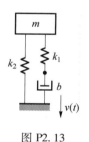

图 P2.13

参考答案:$Y = [\omega b(k_2 - \omega^2 m) + j(\omega^2 k_1 m - k_1 k_2 + \omega^2 k_2 m)] / [\omega k_2 m(j\omega b + k_1)]$

# 参考文献

1. Olson, H. F. (1958). Dynamical analogies(2nd ed. ). Princeton, NJ: D. Van Nostrand.

2. Tse, F. S. , Morse, I. E. , & Hinkle, R. T. (1963). Mechanical vibrations. Boston: Allyn andBacon.

3. Lenk, A. (1975). Elektromechanische systeme. Band 1: Systeme mit konzentrierten parametern. Berlin: VEB Verlag Technnic.

4. Ogata, K. (1992). System dynamics(2nd ed. ). Englewood Cliff, NJ: Prentice Hall.

5. Brown, J. W. , & Churchill, R. V. (2009). Complex variables and applications—Solutionsmanual (8th ed. ). New York: McGraw-Hill.

6. Fahy, F. , & Walker, J. (1998). Fundamentals of noise and vibration. New York: CRC Press.

7. Newland, D. E. (1989). Mechanical vibration analysis and computation. Harlow, England: Longman Scientific and Technical.

8. Gupta, S. C. , Bayless, J. W. , &Peikari, B. (1972). Circuit analysis with computer application to problem sol-

ving. Scranton,PA:Intext Educational.

9. Shearer,J. L. ,Murphy,A. T. ,& Richardson, H. H. (1971). Introduction to system dynamics. Reading, MA: Addison-Wesley.

10. Williams,R. L. (2014). Mechanism kinematics & dynamics and vibrational modeling. Mech. Engineering, Ohio University.

11. Hixson, E. L. (1996). Mechanical impedance. In Handbook:Shock and Vibration. Harris C. M. (Editor in Chief). McGraw Hill,4th Edition,1996,(Ch. 10).

12. Karnovsky, I. A. ,& Lebed,O. (2004). Free vibrations of beams and frames. Eigenvalues and eigenfunctions. New York:McGraw-Hill Engineering Reference.

13. Skudrzyk,E. J. (1972). The foundations of acoustics. New York:Springer.

14. Gardonio,P. ,& Brennan,M. J. (2002). On the origins and development of mobility and impedance methods in structural dynamics. Journal of Sound and Vibration,249(3),557 − 573.

15. Bulgakov,B. V. (1954). The vibrations. Gosizdat:Moscow.

16. Druzhinsky,I. A. (1977). Mechanical networks. Leningrad,Russia:Mashinostroenie.

17. Kljukin,I. I. (Ed. ). (1978). Handbook on the ship acoustics. Leningrad,Russia:Sudostroenie.

18. Bishop,R. E. D. ,& Johnson,D. C. (1960). The mechanics of vibration. New York:Cambridge University Press.

19. Thomson,W. T. (1981). Theory of vibration with application(2nd ed. ). Englewood Cliffs,NJ:Prentice-Hall.

20. Liangliang,Z. ,&Yinzhao,L. (2013). Three classical papers on the history of the phasor method [J]. Transactions of China Electrotechnical Society,28(1),94 − 100.

21. D' Azzo,J. J. ,&Houpis,C. H. (1995). Linear control systems. Analysis and design(4th ed. ). New York: McGraw-Hill.

22. Chelomey,V. N. (Ed. ). (1978 − 1981). Vibrations in engineering. Handbook(Vols. 1 − 6). Moscow:Mashinostroenie.

23. Harris,C. M. (Editor in Chief). (1996). Shock and vibration handbook(4th ed. ). New York:McGraw-Hill.

24. Karnovsky,I. A. ,& Lebed,O. (2010). Advanced methods of structural analysis. New York:Springer.

25. Karnovsky,I. A. ,& Lebed,O. (2001). Formulas for structural dynamics. Tables,graphs and solutions. New York:McGraw Hill.

26. Clough,R. W. ,&Penzien,J. (1975). Dynamics of structures. New York:McGraw-Hill.

27. Frolov,K. V. (Ed. ). (1981). Protection against vibrations and shocks. vol. 6. In Handbook:Chelomey,V. N. (Editor in Chief)(1978 − 1981). Vibration in Engineering(Vols. 1 − 6). Moscow:Mashinostroenie.

# 第3章 混合系统的力学两端网络和多端网络

在这一章中,我们将针对混合系统的振动防护问题进一步考察力学两端网络的相关理论。此类系统一般包括一个可变形结构,为实现所需的振动防护,系统中还应附连一个振动防护装置。我们将对混合系统的基本特性进行分析,并推导出输入和输出阻抗与导纳的相关计算式。本章的分析是一般性的,没有指定系统的具体类型或者规定其某些特殊之处,同时也没有指定所包含的振动防护装置的具体结构及其参数和位置。阻抗和导纳的分析计算是在构建最优综合 M2TN 的过程中实现的(被动元件的个数作为最优化准则)。

本章还阐述了以下两个方面的内容:力学四端网络(M4TN)理论及其在集中参数型被动式力学元件上的应用;利用力学八端网络(M8TN)来描述均匀梁的横向振动问题。

## 3.1 带有振动防护装置的可变形系统的基本特性

如图 3.1 给出了一个可变形系统实例,在点 1 处受到了一个简谐激励力 $F_1$ 的作用。这个可变形系统可以是梁、框架或板等,不过从一般性出发,这里我们不去指定它们的具体类型及其参数,如刚度分布特点、局部孔的位置、主结构形式以及边界条件等。另外,在系统中我们只考虑其弹性特性而忽略其惯性。在图 3.1 中,点 2 处连接了一个振动防护装置,该装置代表了集中质量元件 $m$、弹性元件 $k$ 以及阻尼器 $b$ 等的任意形式的组合。

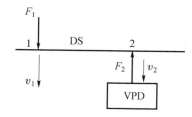

图 3.1 带有振动防护装置(VPD)的可变形系统(DS)

一般来说,在集中参数型系统中对于元件 $m$、$k$ 和 $b$ 构成的振动防护装置,其阻抗 $Z(j\omega)$ 可以通过构造对应的 M2TN 来给出。计算阻抗和导纳的方法已经在上一章中介绍过了。

现在最主要的问题就是如何去构造这个混合系统的 M2TN。与前面一章不同的是,这里的系统包含了一个带有分布参数特点的弹性子系统(可变形系统,DS)。这一特点极大地增加了分析的复杂度,不过由于力学阻抗方法的优势,因而这一问题仍然可以较为方便地加以解决。

我们首先回顾一下力学阻抗方法的优点,即只需构造出一个简单的 M2TN 来替换原系统,就可以不必去推导和求解系统的微分方程组,而只需直接对这个 M2TN 中的阻抗进行代数计算即可。另外,M2TN 还可以让我们很轻松地修改系统设计,进而获得不同振动防护装置的分析结果,特别是可以很方便地去评价振动防护的效果。

### 3.1.1 输入和传递阻抗以及输入和传递导纳

输入阻抗、传递阻抗、输入导纳以及传递导纳是系统基本特性参数中的重要组成部分,它们的定义为

$$
\begin{cases}
Z_{\text{inp}}(j\omega) = \dfrac{F}{v_1} \\[2mm]
Z_{\text{tr}}(j\omega) = \dfrac{F}{v_2} \\[2mm]
Y_{\text{inp}}(j\omega) = \dfrac{v_1}{F} \\[2mm]
Y_{\text{tr}}(j\omega) = \dfrac{v_2}{F}
\end{cases}
\tag{3.1}
$$

这里:$v_1$ 和 $v_2$ 分别为可变形体中点 1 和点 2 处的速度,参见图 3.1。

为了导出上述这些阻抗和导纳的具体计算式,我们必须做一些必要的处理。不妨设振动防护装置作用到可变形体上的力为 $F_2$,可变形体上的点 2 处的速度为 $v_2$,并假定该可变形体是线性的,那么根据叠加原理可以得到位移计算式如下:

$$
\begin{cases}
y_1 = \delta_{11}F_1 - \delta_{12}F_2 \\
y_2 = \delta_{21}F_1 - \delta_{22}F_2
\end{cases}
\tag{3.2a}
$$

式中:$\delta_{ik}$ 为方向 $k$ 上受到的单位力在方向 $i$ 上产生的位移。应当注意的是 $\delta_{ii} > 0$,而 $\delta_{ik}(i \neq k)$ 则可能为正值或负值,也可能为零。此外还有 $\delta_{ik} = \delta_{ki}$ 这一关系。关于线性可变形系统 $\delta_{ik}$ 的计算可参阅文献[1]。

由于位移 $y_2$ 和速度 $v_2$ 是相关联的,即 $v_2 = j\omega y_2$,因此式(3.2a)中的第二个方程可化为

$$
\begin{cases}
v_1 = j\omega(\delta_{11}F_1 - \delta_{12}F_2) \\
v_2 = j\omega(\delta_{21}F_1 - \delta_{22}F_2)
\end{cases}
\tag{3.2b}
$$

为计算输入阻抗和输入导纳，必须先确定相应的力和速度。在振动防护装置中产生的作用力为 $F_2 = v_2 Z = j\omega(\delta_{21}F_1 - \delta_{22}F_2)Z$，由此可得

$$F_2 = \frac{j\omega\delta_{21}Z}{1 + j\omega\delta_{22}Z}F_1 \tag{3.3}$$

点 1 处的速度和对应的位移之间满足关系 $v_1 = j\omega y_1$，考虑到式（3.2a），于是有

$$v_1 = j\omega\left(\delta_{11} - \frac{j\omega\delta_{12}^2 Z}{1 + j\omega\delta_{22}Z}\right)F_1$$

类似地，速度 $v_2$ 变为

$$v_1 = j\omega\left(\delta_{21} - \frac{j\omega\delta_{21}\delta_{22}Z}{1 + j\omega\delta_{22}Z}\right)F_1$$

如果可变形体是与一个阻抗为 $Z$ 的振动防护装置相连的，那么现在我们可以导出基本特性关系式（3.1）了。输入导纳和输入阻抗为[2]

$$Y_{\text{inp}}(j\omega) = j\omega\left(\delta_{11} - \frac{j\omega\delta_{12}^2 Z}{1 + j\omega\delta_{22}Z}\right) \tag{3.4a}$$

$$\begin{cases} Z_{\text{inp}}(j\omega) = Y_{\text{inp}}^{-1}(j\omega) = \dfrac{1 + j\omega\delta_{22}Z}{j\omega\delta_{11} + (j\omega)^2 DZ} \\ D = \delta_{11}\delta_{22} - \delta_{12}^2 \end{cases} \tag{3.4b}$$

传递导纳和传递阻抗则为

$$Y_{\text{tr}}(j\omega) = j\omega\left(\delta_{21} - \frac{j\omega\delta_{21}\delta_{22}Z}{1 + j\omega\delta_{22}Z}\right) \tag{3.5a}$$

$$Z_{\text{tr}}(j\omega) = Y_{\text{tr}}^{-1}(j\omega) = \frac{1}{j\omega\delta_{21}} + \frac{\delta_{22}}{\delta_{21}}Z \tag{3.5b}$$

振动防护装置的阻抗可以表示为

$$Z(j\omega) = U + j\omega V \tag{3.6}$$

其中：$U$ 和 $V$ 分别为复数 $Z(j\omega)$ 的实部和虚部。

对于带有振动防护装置的可变形体，其输入阻抗也就相应地变成为

$$Z_{\text{inp}}(j\omega) = \frac{1 + j\omega\delta_{22}(U + j\omega V)}{j\omega\delta_{11} + (j\omega)^2 D(U + j\omega V)} \tag{3.7}$$

如果我们消去分母中的虚部，那么输入阻抗可以表示为

$$\begin{cases} Z_{\text{inp}}(j\omega) = \text{Re}Z_{\text{inp}} + \text{Im}Z_{\text{inp}} \\ \text{Re}Z_{\text{inp}} = A^{-1}\delta_{12}^2 U \\ \text{Im}Z_{\text{inp}} = -(A\omega)^{-1}\left[(1 - \omega^2\delta_{22}V)(\delta_{11} - \omega^2 DV) - \omega^2\delta_{22}DU^2\right] \\ A = \omega^2 D^2 U^2 + (\delta_{11} - \omega^2 DV)^2 \end{cases} \tag{3.8}$$

对于某种可变形体而言,其自身特性和边界条件将决定单位位移响应 $\delta_{ik}$,而振动防护装置的结构及其参数($m$、$k$ 和 $b$)则决定了阻抗 $Z(j\omega) = U + j\omega V$ 的实部和虚部。改变振动防护装置的结构仅仅只会改变 $U$ 和 $V$ 的值,而不会影响到阻抗和导纳计算式的结构。

现在就很容易在平面 $\mathrm{Re}Z_{\mathrm{inp}} - \mathrm{Im}Z_{\mathrm{inp}}$ 上构建可变形系统的阻抗函数 $Z_{\mathrm{inp}}$($j\omega$)及其模函数 $|Z_{\mathrm{inp}}| = \sqrt{(\mathrm{Re}Z_{\mathrm{inp}})^2 + (\mathrm{Im}Z_{\mathrm{inp}})^2}$ 了,它们都是激励频率 $\omega$ 的函数。

对于这一系统,其频率方程可以表示为如下形式:

$$(1 - \omega^2 \delta_{22} V)(\delta_{11} - \omega^2 DV) - \omega^2 \delta_{22} DU^2 = 0 \qquad (3.9)$$

由此导出的结果可以用于静态和动态问题的统一分析,这方面的内容可以参阅文献[2],其中已经给出了大量相关实例。

实例 3.1　设有一根均匀的悬臂梁带有一个弹性支撑,且受到了力 $F_1$ 的作用,如图 3.2 所示,梁的长度为 $l$。试确定弹性支撑处的反作用力。

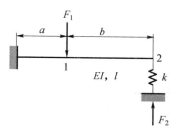

图 3.2　带有弹性支撑的梁

求解过程:可以看出,这个系统是一个静不定系统,其中的弹性支撑可以视为一个冗余约束。主系统的单位位移响应为

$$\delta_{22} = \frac{l^3}{3EI}, \delta_{21} = \frac{a^3}{3EI}\left(1 + \frac{3b}{2a}\right)$$

而弹性支撑的阻抗则为 $Z = \dfrac{k}{j\omega}$。根据式(3.3),我们就可以得到所求的反作用力为[1]

$$F_2 = \frac{j\omega\delta_{21}Z}{1 + j\omega\delta_{22}Z}F_1 = \frac{F_1 a^3}{l^3} \cdot \frac{1 + \dfrac{3b}{2a}}{1 + \dfrac{3EI}{l^3 k}}$$

实例 3.2　如图 3.3(a),(b)所示,梁上带有不同类型的振动防护装置,试计算其振动频率。

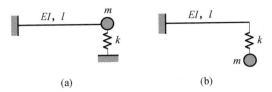

(a)                              (b)

图 3.3 带有不同形式振动防护装置的均匀梁:(a)末端带有集中
质量和弹性支撑的梁;(b)带有 $k-m$ 装置的梁

求解过程:对于图 3.3(a)所示的系统,质量的速度和弹簧顶端的速度是相同的,$k-m$ 这个连接组合应当考虑为并联连接方式,因此这个单元的阻抗应为

$$Z^{(a)}(j\omega) = Z_m + Z_k = \frac{(j\omega)^2 m + k}{j\omega}$$

振动频率可以根据方程 $Z_{inp}(j\omega)=0$ 来确定,由式(3.4b)我们有

$$1 + j\omega\delta_{22}Z = 0 \text{ 或 } 1 + j\omega\delta_{22}\frac{(j\omega)^2 m + k}{j\omega} = 0$$

考虑到 $\delta_{22} = \frac{l^3}{3EI}$,所以有

$$\omega = \sqrt{\frac{k + 3EI/l^3}{m}}$$

对于图 3.3(b)所示的系统,梁末端的质量和弹簧的速度是不同的,因此 $k-m$ 的连接组合应当视为串联连接方式,因此阻抗应为

$$Z^{(a)}(j\omega) = \frac{Z_m Z_k}{Z_m + Z_k} = \frac{j\omega mk}{(j\omega)^2 m + k}$$

于是,频率方程变为 $1 + j\omega\delta_{22}\frac{j\omega mk}{(j\omega)^2 m + k} = 0$,进而我们可以得到

$$\omega = \sqrt{\frac{3EIk}{m(3EI + l^3 k)}}。$$

实例 3.3  图 3.4 给出了一根悬臂梁,它在点 1 处受到简谐力 $F_1$ 的作用。试计算振动防护指标 $\mu_F = \frac{F_2}{F_1}$。

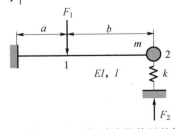

图 3.4 带有 $m-k$ 型振动防护装置的均匀梁

求解过程:点 2 处的速度为质量 $m$ 和弹性元件 $k$ 的速度,它们是一致的。因此在 M2TN 中,元件 $m$ 和 $k$ 是以并联方式连接的。$m-k$ 这个部分的阻抗应为

$$Z_{m-k} = Z_m + Z_k = \frac{(j\omega)^2 m + k}{j\omega}$$

传递率显然应为

$$\mu_F = \frac{F_2}{F_1} = \frac{j\omega\delta_{21}Z_{m-k}}{1 + j\omega\delta_{22}Z_{m-k}}$$

通过变换不难得到

$$\mu_F = \frac{\delta_{21}(k - m\omega^2)}{1 + \delta_{22}(k - m\omega^2)}$$

如果 $\omega = 0$(即静态问题),那么有

$$\mu_F = \frac{\delta_{21}k}{1 + \delta_{22}k}$$

进一步,如果令 $a = b = l/2$,那么就可以得到人们所熟知的结果[1]:

$$\mu_F = \frac{5}{16\left[1 + \dfrac{3EI}{kl^3}\right]}$$

实例 3.4　设有一根悬臂梁受到简谐力 $F(t)$ 的作用,该力施加在位于梁的末端的集中质量 $m_2$ 上,同时在该点还附连了一个 $k_1 - m_1$ 装置,如图 3.5(a)所示。试分析梁的端点 $A$ 处的运动情况。

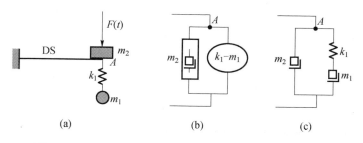

图 3.5　(a)带有振动防护装置(VP)的弹性体系统(DS);
(b)$m_2$ 和 $k_1 - m_1$ 的连接;(c)M2TN 中的 $Z_{m_2}$ 元件

求解过程:这一系统包含了两个部分,即一个弹性可变形的梁和一个附加装置 $m_2 - k_1 - m_1$。整个系统的输入阻抗可以根据式(3.4b)得到,即

$$Z_{inp}(j\omega) = \frac{1 + j\omega\delta_{22}Z^{VPD}}{j\omega\delta_{11} + (j\omega)^2 DZ^{VPD}}$$

式中:$Z^{VPD} = U + j\omega V$ 为振动防护装置 $m_2 - k_1 - m_1$ 的阻抗。

由于力的作用点和振动防护装置的安装点是相同的,因而有 $\delta_{11} = \delta_{22} = \delta$,于

是可得

$$D = \delta_{11}\delta_{22} - \delta_{12}^2 = 0, Z_{inp}(j\omega) = \frac{1 + j\omega\delta Z^{VPD}}{j\omega\delta}$$

现在来计算 $m_2 - k_1 - m_1$ 的阻抗。对于质量 $m_2$ 和 $k_1 - m_1$ 组合来说,点 $A$ 是公共的,因此这二者是通过节点 $A$ 连接起来的,换言之二者是通过并联方式连接起来的,参见图 3.5(b)。$k_1 - m_1$ 元件受到的是相等的力,因此它们应当是串联连接方式。图 3.5(c)给出了 M2TN 中的相应部分的示意图。

局部的阻抗分别可以表示为

$$Z_{m_2} = j\omega m_2, Z_{k_1 m_1} = \frac{Z_{k_1} \cdot Z_{m_1}}{Z_{k_1} + Z_{m_1}} = \frac{\frac{k_1}{j\omega} \cdot j\omega m_2}{\frac{k_1}{j\omega} + j\omega m_2} = \frac{j\omega k_1 m_1}{k_1 - \omega^2 m_1}$$

于是,总阻抗应为

$$Z_{tot}^{VPD} = Z_{m_2} + Z_{k_1 m_1} = j\omega\left(m_2 + \frac{k_1 m_1}{k_1 - \omega^2 m_1}\right)$$

由此可以得到振动防护装置阻抗的实部和虚部如下:

$$U = 0, V = m_2 + \frac{k_1 m_1}{k_1 - \omega^2 m_1}$$

然后我们就可以计算出这个混合系统的总输入阻抗 $Z_{inp}(j\omega)$ 了。对于点 $A$,它的速度和位移应分别为

$$v_A = \frac{F(t)}{Z_{inp}(j\omega)}, y_A = \frac{v(t)}{j\omega}$$

由于 $U = 0$,因此有

$$y_A(t) = \frac{F(t)\delta}{1 - \omega^2\delta\left(m_2 + \frac{k_1 m_1}{k_1 - \omega^2 m_1}\right)}$$

经过变换后不难得到

$$y_A(t) = \frac{F(t)(k_1 - \omega^2 m_1)}{(k_1 - \omega^2 m_1)(k_1 + k_2 - \omega^2 m_2) - k_1^2}, k_2 = \frac{1}{\delta}$$

事实上这里得到的结果已经在前面关于动力吸振器的分析中给出了(参见 2.6.2 节式(2.45)),这里的可变形体类似于图 2.22 中的弹性元件 $k_2$。因此,如果吸振器的振动频率 $\omega_1 = \sqrt{k_1/m_1}$ 与这里的激励频率 $\omega$ 相等的话,那么梁的端点 $A$ 将保持不动。

这里所得到的关系式对于任何线性可变形系统都是适用的,无论是梁还是板等可变形体,也无论何种边界条件、刚度分布以及带有何种特征(如局部弱化、刚性夹塞等)。

上述过程的一个主要特点在于,分析过程中我们需要确定扰动力作用点处的单位位移响应 $\delta$。根据图 3.1 可知,被动元件 $m_2 - k_1 - m_1$ 必须去除,因此对于给定的问题来说我们有 $\delta = \dfrac{l^3}{3EI}$。

## 3.1.2　任意点处的阻抗和导纳

在很多情况中,振动隔离性能指标的计算可能需要针对某个点 $n$ 进行,而这个点并不是激励力的作用点或振动防护装置的安装点,比如图 3.1 中的点 1 和点 2。为此我们首先分析一下传递阻抗和传递导纳。

根据定义,传递阻抗和传递导纳应为

$$Z_{1-n}(\mathrm{j}\omega) = F_1/v_n,\quad Y_{1-n}(\mathrm{j}\omega) = Z_{1-n}^{-1}(\mathrm{j}\omega) = v_n/F_1$$

与前文类似,这里可以先构造出如下的速度表达式:

$$v_n = \mathrm{j}\omega(\delta_{n1}F - \delta_{n2}F_2) \tag{3.10}$$

考虑到式(3.3),上面这个式子可化为

$$v_n = \mathrm{j}\omega\left(\delta_{n1} - \frac{\mathrm{j}\omega\delta_{n2}\delta_{21}Z}{1 + \mathrm{j}\omega\delta_{22}Z}\right) \tag{3.11}$$

于是系统的导纳变为

$$Y_{1n}(\mathrm{j}\omega) = \mathrm{j}\omega\left(\delta_{n1} - \frac{\mathrm{j}\omega\delta_{n2}\delta_{21}Z}{1 + \mathrm{j}\omega\delta_{22}Z}\right)F_1 \tag{3.12}$$

进一步考虑到式(3.6)并采用记号 $p = \mathrm{j}\omega$,式(3.12)可改写为

$$Y_{1n}(\mathrm{j}\omega) = \frac{p^3(\delta_{n1}\delta_{22} - \delta_{n2}\delta_{21})V + p^2(\delta_{n1}\delta_{22} - \delta_{n2}\delta_{21})U + p\delta_{n1}}{p^2\delta_{22}V + p\delta_{22}U + 1} \tag{3.13}$$

于是系统的阻抗可表示为

$$Z_{1n}(\mathrm{j}\omega) = \frac{p^2\delta_{22}V + p\delta_{22}U + 1}{p^3 D_1 V + p^2 D_1 U + p\delta_{n1}},\quad D_1 = \delta_{n1}\delta_{22} - \delta_{n2}\delta_{21} \tag{3.14}$$

很容易验证上式是式(3.7)和式(3.5b)的一般化形式,后面两个式子分别适用于输入阻抗和传递阻抗的计算。实际上:

(1)若令点 $n$ 恰好为激励力的作用点 1,则有 $\delta_{n1} = \delta_{11}$,$\delta_{n2} = \delta_{12} \to D_1 = D$,显然这种特定情况下也就得到了式(3.7)。

(2)若令点 $n$ 恰好为附加上去的振动防护装置的安装点 2,于是有 $\delta_{n1} = \delta_{21}$,$\delta_{n2} = \delta_{22} \to D_1 = 0$,显然这种情况下也就得到了式(3.5b)。

## 3.2　振动防护系统的可变形支撑

在上一章单自由度振动防护系统的原理图 2.2(a)中,实际上是假定了基础的

质量要远远大于防护对象的质量,并且基础的刚度也是远远大于弹性元件的刚度的,这事实上也就是假定了基础是不可变形的。然而在一些情况中这些假设是不切实际的,例如,如果发动机是安装在船舶上,那么支撑结构的质量就可能小于防护对象的质量了,并且支撑部分的刚度也不会满足远远大于隔振元件的刚度这一条件。类似的情况还有安装在喷射翼上的涡轮这种场合[3]。在这些情况下就必须考虑基础的可变形特性,此时所得到的往往是一个多自由度系统。

### 3.2.1 具有有限个自由度的系统的自由振动

我们来考察一个集中参数型的可变形结构,如图 3.6 所示。此类结构的行为特性可以通过不同形式的微分方程来刻画,我们将从单位位移响应角度来分析这些微分方程,分析中阻尼是忽略不计的。

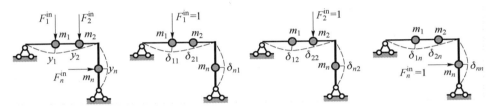

图 3.6 带有集中质量的弹性体系统及其对应的单位力作用状态

在自由振动情况中,每个质量仅受到惯性力的作用,因而它们的位移可以表示为[1,4]

$$\begin{cases} y_1 = \delta_{11}F_1^{in} + \delta_{12}F_2^{in} + \cdots \delta_{1n}F_n^{in} \\ y_2 = \delta_{21}F_1^{in} + \delta_{22}F_2^{in} + \cdots \delta_{2n}F_n^{in} \\ \cdots \\ y_n = \delta_{n1}F_1^{in} + \delta_{n2}F_2^{in} + \cdots \delta_{nn}F_n^{in} \end{cases} \tag{3.15}$$

式中:$\delta_{ik}$ 为单位位移响应,即第 $k$ 个方向上作用的单位力在第 $i$ 个方向上导致的位移。

由于质量 $m_i$ 的惯性力为 $F_i^{in} = -m_i\ddot{y}_i$,因而上面这个方程组就变成为

$$\begin{cases} \delta_{11}m_1\ddot{y}_1 + \delta_{12}m_2\ddot{y}_2 + \cdots \delta_{1n}m_n\ddot{y}_n + y_1 = 0 \\ \cdots \\ \delta_{n1}m_1\ddot{y}_1 + \delta_{n2}m_2\ddot{y}_2 + \cdots \delta_{nn}m_n\ddot{y}_n + y_1 = 0 \end{cases} \tag{3.16}$$

这个方程组实际上给出了相容性条件。由于所有坐标的二阶导数同时出现在每一个方程之中,因此这组运动方程是动力学耦合的。

如果以矩阵形式来描述,那么该系统的运动方程组还可以表示为

$$\boldsymbol{FM\ddot{Y} + Y = 0} \tag{3.17a}$$

式中:$F$ 为柔度矩阵或者说单位位移响应矩阵;$M$ 为质量矩阵;是对角阵;$Y$ 为位移矢量,它们分别为

$$
F = \begin{bmatrix} \delta_{11} & \delta_{12} & \cdots & \delta_{1n} \\ \delta_{21} & \delta_{22} & \cdots & \delta_{2n} \\ \vdots & \vdots & & \vdots \\ \delta_{n1} & \delta_{n2} & \cdots & \delta_{nn} \end{bmatrix}, M = \begin{bmatrix} m_1 & 0 & \cdots & 0 \\ 0 & m_2 & \cdots & 0 \\ \vdots & \vdots & & \vdots \\ 0 & 0 & \cdots & m_n \end{bmatrix}, Y = \begin{bmatrix} y_1 \\ y_2 \\ \vdots \\ y_n \end{bmatrix} \quad (3.17b)
$$

**1. 频率方程**

微分方程组(3.17a)的解可以表示为

$$
y_1 = A_1 \sin(\omega t + \varphi_0), y_2 = A_2 \sin(\omega t + \varphi_0), \cdots, y_n = A_n \sin(\omega t + \varphi_0)
$$
$$(3.18a)$$

式中:$A_i$ 为对应的质量 $m_i$ 的振幅;$\varphi_0$ 为振动的初始相位。

将这些位移解对时间变量求二阶导数,可得

$$
\ddot{y}_1 = -A_1 \omega^2 \sin(\omega t + \varphi_0), \ddot{y}_2 = -A_2 \omega^2 \sin(\omega t + \varphi_0), \cdots,
$$
$$
\ddot{y}_n = -A_n \omega^2 \sin(\omega t + \varphi_0)
$$
$$(3.18b)$$

再将式(3.18a)和(3.18b)代入到式(3.17a)中,并消去因子 $\omega^2 \sin(\omega t + \varphi_0)$,可以得到

$$
\begin{cases} (m_1 \delta_{11} \omega^2 - 1) A_1 + m_2 \delta_{12} \omega^2 A_2 + \cdots + m_n \delta_{1n} \omega^2 A_n = 0 \\ m_1 \delta_{21} \omega^2 A_1 + (m_2 \delta_{22} \omega^2 - 1) A_2 + \cdots + m_n \delta_{2n} \omega^2 A_n = 0 \\ \cdots \\ m_1 \delta_{n1} \omega^2 A_1 + m_2 \delta_{n2} \omega^2 A_2 + \cdots + (m_n \delta_{nn} \omega^2 - 1) A_n = 0 \end{cases} \quad (3.19a)
$$

式(3.19a)是一个关于未知系数 $A$ 的齐次代数方程。平凡解 $A_i = 0$ 代表的是系统处于静态情形,要想获得非平凡解,那么系数行列式必须为零,即

$$
D = \begin{vmatrix} m_1 \delta_{11} \omega^2 - 1 & m_2 \delta_{12} \omega^2 & \cdots & m_n \delta_{1n} \omega^2 \\ m_1 \delta_{21} \omega^2 & m_2 \delta_{22} \omega^2 - 1 & \cdots & m_n \delta_{2n} \omega^2 \\ \vdots & \vdots & & \vdots \\ m_1 \delta_{n1} \omega^2 & m_2 \delta_{n2} \omega^2 & \cdots & m_n \delta_{nn} \omega^2 - 1 \end{vmatrix} = 0 \quad (3.20)
$$

这一方程称为位移形式的频率方程,它的解有 $n$ 个,即 $\omega_1, \omega_2, \cdots, \omega_n$,它们也就是该结构的特征频率。应当指出的是,自由振动中的这些频率个数是等于系统的自由度个数的。

**2. 振型和模态矩阵**

方程(3.19a)是关于未知系数 $A$(幅值)的齐次代数方程,由此是不能解出这些幅值的,不过我们可以确定出这些幅值之间的比例关系。不妨设这一结构

系统具有两个自由度,那么式(3.19a)也就变成为

$$\begin{cases} (m_1\delta_{11}\omega^2 - 1)A_1 + m_2\delta_{12}\omega^2 A_2 = 0 \\ m_1\delta_{21}\omega^2 A_1 + (m_2\delta_{22}\omega^2 - 1)A_2 = 0 \end{cases} \tag{3.19b}$$

由上述方程不难得到如下比例关系:

$$\frac{A_2}{A_1} = -\frac{m_1\delta_{11}\omega^2 - 1}{m_2\delta_{12}\omega^2} \quad 或 \quad \frac{A_2}{A_1} = -\frac{m_1\delta_{21}\omega^2}{m_2\delta_{22}\omega^2 - 1} \tag{3.21a}$$

进一步,如果我们将第一个自然频率 $\omega_1$ 代入到上面这个关系式中,那么也就可以确定出 $(A_2/A_1)_{\omega_1}$ 的值。一般地,我们令 $A_1 = 1$,从而计算出 $A_2$(反过来也是可以的)。很明显,$A_1$ 和 $A_2$ 也就给定了第一个自然频率 $\omega_1$ 所对应的振动幅值分布情况,这一分布形态一般称为第一阶振型,通常是以一个列向量 $\boldsymbol{\varphi}_1$(即特征向量)的形式给出,其首元素为 $A_1 = 1$,第二个元素为 $A_2$。

对于第二个自然频率 $\omega_2$,对应的振型或者说第二个特征矢量也可以类似地求出,由此我们可以将这两个特征矢量组合为矩阵形式,即 $\boldsymbol{\Phi} = [\boldsymbol{\varphi}_1 \quad \boldsymbol{\varphi}_2]$,一般称其为模态矩阵或振型矩阵。

可以看出,对于一个两自由度系统来说,式(3.21a)所确定的比例关系只有一个,如果系统具有 $n$ 个自由度,那么这种比例关系将为 $n-1$ 个。此时,第 $i$ 个特征向量(即第 $i$ 阶振型)就对应了模态矩阵 $\boldsymbol{\Phi} = [\boldsymbol{\varphi}_1 \quad \boldsymbol{\varphi}_2 \quad \cdots \quad \boldsymbol{\varphi}_n]$ 中的第 $i$ 列。

实例 3.5 图 3.7 给出了一个框架结构的原理图,试确定该系统的特征频率和振型。

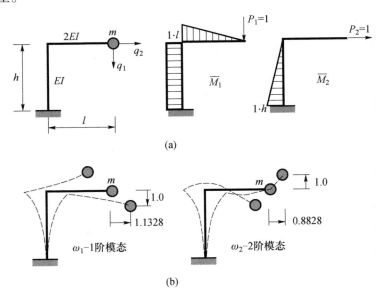

图 3.7 (a)框架的原理简图、单位力作用状态及其对应的弯矩图;(b)振动模态

求解过程:该系统显然具有两个自由度,广义坐标可选为 $q_1$ 和 $q_2$。我们必须在 $q_1$ 和 $q_2$ 方向上施加单位力从而构造出弯矩图,然后再利用 Vereshchagin 规则[1],于是可以得到单位位移响应为

$$\begin{cases} \delta_{11} = \sum \int \frac{\overline{M_1}\overline{M_1}}{EI}\mathrm{d}x = \frac{\overline{M_1} \times \overline{M_1}}{EI} = \frac{1}{2EI} \cdot \frac{1}{2} \cdot 1 \cdot l \cdot l \cdot \frac{2}{3} \cdot 1 \cdot l + \frac{1}{EI} \cdot 1 \cdot l \cdot h \cdot 1 \cdot l \\ \qquad = \frac{l^3}{6EI} + \frac{l^2 h}{EI} \\ \delta_{22} = \frac{\overline{M_2} \times \overline{M_2}}{EI} = \frac{1}{EI} \cdot \frac{1}{2} \cdot 1 \cdot h \cdot h \cdot \frac{2}{3} \cdot 1 \cdot h = \frac{h^3}{3EI} \\ \delta_{12} = \delta_{21} = \frac{\overline{M_1} \times \overline{M_2}}{EI} = \frac{1}{EI} \cdot \frac{1}{2} \cdot 1 \cdot h \cdot h \cdot 1 \cdot l = \frac{h^2 l}{2EI} \end{cases}$$

令 $h = 2l$,$\delta_0 = \frac{l^3}{6EI}$,此时有 $\delta_{11} = 13\delta_0$,$\delta_{22} = 16\delta_0$,$\delta_{12} = \delta_{21} = 12\delta_0$。

于是式(3.19a)就变成为

$$\begin{cases} (13\delta_0 m\omega^2 - 1)A_1 + 12\delta_0 m\omega^2 A_2 = 0 \\ 12\delta_0 m\omega^2 A_1 + (16\delta_0 m\omega^2 - 1)A_2 = 0 \end{cases} \qquad (3.21b)$$

若令 $\lambda = \frac{1}{\delta_0 m\omega^2} = \frac{6EI}{m\omega^2 l^3}$,那么可以将上式改写为

$$\begin{cases} (13 - \lambda)A_1 + 12A_2 = 0 \\ 12A_1 + (16 - \lambda)A_2 = 0 \end{cases} \qquad (3.21c)$$

显然频率方程为

$$D = \begin{vmatrix} 13 - \lambda & 12 \\ 12 & 16 - \lambda \end{vmatrix} = (13 - \lambda)(16 - \lambda) - 144 = 0$$

上式的两个根分别为 $\lambda_1 = 26.593$,$\lambda_2 = 2.4066$,于是特征频率为

$$\omega_1 = \sqrt{\frac{6EI}{\lambda_1 m l^3}} = 0.4750\sqrt{\frac{EI}{ml^3}}, \omega_2 = \sqrt{\frac{6EI}{\lambda_2 m l^3}} = 1.5789\sqrt{\frac{EI}{ml^3}}$$

进一步也就可以根据式(3.21b)计算出相应的振型了。

对于一阶模态($\lambda_1 = 26.593$),幅值之比为

$$\begin{cases} \dfrac{A_2}{A_1} = -\dfrac{13 - \lambda}{12} = -\dfrac{13 - 26.593}{12} = 1.1328 \\ \dfrac{A_2}{A_1} = -\dfrac{12}{16 - \lambda} = -\dfrac{12}{16 - 26.593} = 1.1328 \end{cases}$$

令 $A_1 = 1$,那么第一个特征向量就可以表示为 $\boldsymbol{\varphi} = [\varphi_{11} \quad \varphi_{21}]^{\mathrm{T}} = [1 \quad 1.1328]^{\mathrm{T}}$。

对于二阶模态($\lambda_2 = 2.4066$),幅值之比为

$$\begin{cases} \dfrac{A_2}{A_1} = -\dfrac{13 - \lambda}{12} = -\dfrac{13 - 2.4066}{12} = -0.8828 \\[3mm] \dfrac{A_2}{A_1} = -\dfrac{12}{16 - \lambda} = -\dfrac{12}{16 - 2.4066} = -0.8828 \end{cases}$$

根据上述结果,可以得到振型矩阵为

$$\boldsymbol{\Phi} = \begin{bmatrix} 1 & 1 \\ 1.1328 & -0.8828 \end{bmatrix}$$

对应的振动模态形状可参见图 3.7(b)。

附带提及的是,对于两自由度系统,其频率分析也可以利用局部频率概念[4-6]和 Wien 图[5]进行。

## 3.2.2　广义支撑模型及其阻抗

在最一般的情形下,一个可变形的基础支撑可以表现出质量、刚度和阻尼的特征。为简洁起见,首先我们将可变形支撑模型考虑为一个安装在弹性元件上的质量 $m_1$,弹性元件的刚度为 $k_1$,而支撑的阻尼略去不计。图 3.8 给出了相应的示意图[3,7]。

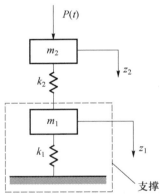

图 3.8　$m_2 - k_2$ 安装在可变形的支撑上

这里假定振动防护对象的质量为 $m_2$,防护装置中采用的弹性元件的刚度为 $k_2$。一般地,支撑部分的质量 $m_1$ 和刚度 $k_1$ 只能通过实验来确定。为此,可以采用激振器对支撑进行激振,然后对输入阻抗进行测量,从而得到"力 - 位移"特性。

由于这里忽略了阻尼因素,因而该系统在受到简谐型激励力 $P_0 \cos pt$ 的条件下,其数学模型可以表示为

$$\begin{cases} m_2 \ddot{z}_2 + k_2(z_2 - z_1) = P_0 e^{jpt}, j = \sqrt{-1} \\ m_1 \ddot{z}_1 - k_2(z_2 - z_1) + k_1 z_1 = 0 \end{cases} \tag{3.22}$$

当然,如果我们考虑支撑的阻尼效应,引入一个表示阻尼的项的话就更为理想了,此时上式中的第二个方程就变成了 $m_1\ddot{z}_1 + b\dot{z}_1 - k_2(z_2 - z_1) + k_1 z_1 = 0$。不过,这里我们还是先将分析限定在不考虑阻尼的情况。

该系统的响应可以表示为 $z_1 = A_1 \mathrm{e}^{\mathrm{i}pt}, z_2 = A_2 \mathrm{e}^{\mathrm{i}pt}$,将它们代入到式(3.22)中可以导出如下的方程组:

$$\begin{cases} -m_1 p^2 A_1 - k_2(A_2 - A_1) + k_1 A_1 = 0 \\ -m_2 p^2 A_2 + k_2(A_2 - A_1) = P_0 \end{cases} \tag{3.23}$$

根据文献[3],我们可以引入支撑的阻抗:

$$Z_{\mathrm{sup}} = -m_1 p^2 + k_1$$

于是由式(3.23)中的第一个方程就可以得到 $A_2 = (Z_{\mathrm{sup}} + k_2)\dfrac{A_1}{k_2}$,将其代入到式(3.23)中的第二个方程,就可以获得支撑的幅值为

$$A_1 = \frac{P_0}{Z_{\mathrm{sup}}\left(1 - \dfrac{m_2 p^2}{k_2}\right) - m_2 p^2}$$

传递到基础支撑上的力可以表示为 $P_{\mathrm{sup}} = Z_{\mathrm{sup}} A_1$,于是可以得到振动防护的指标(振动隔离系数或力传递率)如下:

$$\eta = \frac{P_{\mathrm{sup}}}{P_0} = \frac{Z_{\mathrm{sup}} A_1}{P_0} = \frac{Z_{\mathrm{sup}}}{Z_{\mathrm{sup}}\left(1 - \dfrac{m_2 p^2}{k_2}\right) - m_2 p^2} \tag{3.24}$$

如果把支撑的阻尼考虑为黏性阻尼 $b$ 的话,那么支撑的阻抗就是 $Z_{\mathrm{sup}} = -m_1 p^2 + k_1 + \mathrm{j}pb$,这是一个复数,其绝对值和相位角分别为[3]

$$\begin{cases} |Z_{\mathrm{sup}}| = \sqrt{(k_1 - m_1 p^2)^2 + p^2 b^2} \\ \tan\varphi = \dfrac{pb}{k_1 - m_1 p^2} \end{cases} \tag{3.25}$$

前面的式(3.24)和式(3.25)已经包含了支撑的基本力学特性,至于其他方面的特征,如局部的孔、刚度的变化以及各个部件之间的连接等,将需要通过基础阻抗的实验测量来确定。

### 3.2.3 支撑模型和振动防护的有效性指标

这一节我们来考察一些特定的支撑形式。

(1)假定支撑仅由弹性特性来描述,也即 $k_1 \neq 0, m_1 = 0, b = 0$。这种情况下,支撑的阻抗变为 $Z_{\mathrm{sup}} = k_1$,于是振动防护指标可由下式给出:

$$\eta = \frac{k_1}{k_1\left(1 - \dfrac{m_2 p^2}{k_2}\right) - m_2 p^2} = \frac{1}{1 - \dfrac{p^2}{\omega_0^2}} = \frac{1}{1 - \gamma^2 \dfrac{k_1 + k_2}{k_1}} = \frac{k_1 k_2}{m_2(k_1 + k_2)}, \gamma = \frac{p}{\omega_2}$$

(3.26)

式中:$\omega_2 = \sqrt{\dfrac{k_2}{m_2}}$ 为系统的局部频率。

若令上式中的分母为零,即

$$1 - \gamma^2 \frac{k_1 + k_2}{k_1} = 0$$

于是,可以得到共振频率的表达式

$$\gamma_{\text{res}} = \frac{p}{\omega_2}\bigg|_{\text{res}} = \sqrt{\frac{k_1}{k_1 + k_2}}$$

当 $|\eta| = 1$ 这一条件满足时,可以得到相应的截止频率,其中的 $\gamma_{\text{cut}} = 0$ 虽然也对应了 $\eta = 1$,不过这是一种平凡情形。当 $\eta = -1$ 时我们有

$$\gamma_{\text{cut}} = \sqrt{\frac{2k_1}{k_1 + k_2}} < \sqrt{2}$$

在图 3.9(a) 中我们已经给出了振动隔离系数曲线(即力传递率曲线),可以看出,与刚性基础这种情况(虚线 1)相比,这里的频率响应曲线中的共振峰向 $\gamma = 1$ 的左边移动了。振动防护装置的有效工作范围($\eta < 1$)位于 $\gamma \geqslant \sqrt{2}$。

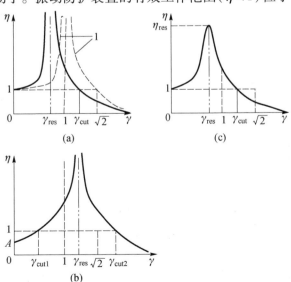

图 3.9 不同类型可变形支撑条件下的振动隔离系数:
(a)$k_1 \neq 0, m_1 = 0, b = 0$;(b)$m_1 \neq 0, k_1 = 0, b = 0$;(c)$b \neq 0, k_1 = 0, m_1 = 0$

（2）假定支撑仅由惯性特征来描述，即 $m_1 \neq 0, k_1 = 0, b = 0$，此时支撑的阻抗应为 $Z_{sup} = -m_1 p^2$。这种情况下的振动防护指标则为

$$\eta = \frac{m_1 p^2}{-m_1 p^2 \left(1 - \dfrac{m_2 p^2}{k_2}\right) - m_2 p^2} = \frac{1}{1 - \dfrac{m_2 p^2}{k_2} + \dfrac{m_2}{m_1}} = \frac{1}{1 - \gamma^2 + \dfrac{m_2}{m_1}}, \gamma^2 = \frac{p^2}{\omega_2^2}$$

$$(3.27)$$

共振频率为

$$\gamma_{res} = \left. \frac{p}{\omega_2} \right|_{res} = \sqrt{1 + \frac{m_2}{m_1}}$$

对于纯粹的惯性支撑来说，存在着两个截止频率值，分别为

$$\gamma_{cut1} = \sqrt{\frac{m_2}{m_1}}, \gamma_{cut2} = \sqrt{2 + \frac{m_2}{m_1}} > \sqrt{2}$$

振动隔离系数曲线可参见图 3.9（b），它起始于点 $A$，即 $\eta(0) = m_1/(m_1 + m_2)$。可以发现，与刚性基础情况（图 3.9（a）中的虚线）相比，这里的频率响应曲线中的共振峰向 $\gamma = 1$ 的右侧移动了。振动防护装置的有效工作范围位于 $(0 - \gamma_{cut1})$ 和 $\gamma > \gamma_{cut2}$。

（3）假定支撑仅由阻尼特性来描述，也即 $b \neq 0, m_1 = 0, k_1 = 0$。此时支撑的阻抗应为 $Z_{sup} = jpb$。振动防护指标可由下式给出：

$$\eta = \frac{jpb}{jpb\left(1 - \dfrac{m_2 p^2}{k_2}\right) - m_2 p^2} = \frac{1}{1 - \dfrac{m_2 p^2}{k_2} - \dfrac{m_2 p^2}{jpb}} = \frac{1}{1 - \gamma^2 + \dfrac{jm_2 p}{b}}, \gamma^2 = \frac{p^2}{\omega_2^2}$$

$$(3.28a)$$

它的绝对值则为

$$|\eta| = \frac{1}{\sqrt{(1 - \gamma^2)^2 + \dfrac{\gamma^2 m_2 k_2}{b^2}}}, \gamma^2 = \frac{\omega^2}{\omega_2^2}, \omega_2 = \sqrt{\frac{k_2}{m_2}} \qquad (3.28b)$$

上式的函数曲线参见图 3.9（c），可以看出频率响应曲线的共振峰向 $\gamma = 1$ 的左侧移动了，对应的共振点为

$$\gamma_{res} = \sqrt{1 - m_2 k_2/2b^2}$$

然后根据 $\gamma_{res} = 1$ 就可以确定出相应的截止频率了。此外，在共振点处振动隔离系数也可以计算出来，即

$$\eta_{res} = \frac{1}{\sqrt{\dfrac{m_2 k_2}{b^2} - \dfrac{m_2^2 k_2^2}{4b^4}}}$$

由此可以看出,在共振点处振动隔离系数是一个有限值。

应当指出的是,根据式(3.24)和式(3.25),我们还可以非常方便地考察另外的可变形基础支撑情况[3],即包含两个非零参数的情况,如 $m_1 - k_1$、$m_1 - b$ 或 $k_1 - b$ 的组合,以及包含三个非零参数的情况,即 $m_1 - k_1 - b$。

## 3.3　基本特性的最优综合

这里我们进一步讨论带有振动防护装置的可变形系统的阻抗和导纳问题,目的是通过构造出最优的力学两端网络,使得预期的系统基本特性得以实现,分析中采用了 Foster 和 Cauer 网络方法。

### 3.3.1　最优综合问题描述——Brune 函数

利用被动式元件 $m$、$k$ 和 $b$ 可以建立系统的阻抗与导纳的表达式,由于可能的实现方式是不唯一的,因而这里我们将采用一种最优的方式来进行,使得所构建的 M2TN 只包含最少数量的被动元件。这一实现过程是较为复杂的,原因在于阻抗 $Z(p)$ 和导纳 $Y(p)$($p = j\omega$)的表达式都包含了复数。

对于带有振动防护装置(阻抗为 $Z = U + j\omega V$)的可变形系统,其输入阻抗可以表示为

$$Z_{\text{inp}}(j\omega) = \frac{p^2\delta_{22}V + p\delta_{22}U + 1}{p^3 DV + p^2 DU + p\delta_{11}} = \frac{N(p)}{M(p)} \qquad (3.29)$$

式中:$\delta_{ik}$ 为单位位移响应;$D = \delta_{11}\delta_{22} - \delta_{12}^2$;$p = j\omega$。振动防护装置的阻抗 $Z$ 是以复数形式给出的。另外在 3.1.1 节中,已经给出了输入导纳和传递阻抗、传递导纳的计算表达式。

这里我们主要关心的是这个带有振动防护装置的可变形系统[2]的输入阻抗表达式的主要特征。

阻抗 $Z(p)$ 一般是有理函数,即复频率 $p$ 的正实函数(Brune 函数)[8-10]。事实上:

(1)分子和分母中 $p$ 的所有系数都是实数并且是非负的。

(2)分子和分母的最高阶和最低阶均相差 1 阶。

(3)$Z_{\text{inp}}$ 的零点和极点的实部均位于左半平面,这里的零点是指使得 $N(p) = 0$ 的那些 $p$ 值,而那些使得 $M(p) = 0$ 的 $p$ 值则称为极点。

显然,这就表明了所得到的式(3.4a)、式(3.4b)、式(3.5a)以及式(3.5b)都可以通过被动元件来实现。换言之,对于一个由可变形体(梁、板等)和任意结构形式的振动防护装置所组成的力学系统,都可以通过一组被动式元件来描述。这些元件与这个可变形系统可以通过 M2TN 形式关联到一起。对于此类网

络来说,所有用于集中参数系统的相关规则和定理都是适用的。应当注意的是, $Z(p)$ 是 Brune 函数,因而它的反函数 $Y(p) = Z^{-1}(p)$ 在物理上同样也是可以实现的[10]。下面先通过一个实例对 Brune 函数作更为详细的讨论。

**实例 3.6**　试说明函数 $H(p) = N(p)/M(p) = (p^2 + 4)/(p^3 + 9p)$ 是 Brune 函数。

分析这个函数可以发现:

(1)分子 $p^2 + 4$ 和分母 $p^3 + 9p$ 中的系数均为实数且非负,二者的最高阶和最低阶项都只相差一阶。

(2)该函数的所有零点($p_{01} = 2\mathrm{j}, p_{02} = -2\mathrm{j}$)和所有极点($p_{p1} = 2\mathrm{j}, p_{p2} = 3\mathrm{j}$, $p_{p3} = -3\mathrm{j}$)均位于虚轴上,它们都是简单零点和简单极点。

(3)函数 $H(p)$ 在零点处的导数为

$$\left.\frac{\mathrm{d}H(p)}{\mathrm{d}p}\right|_{p = \pm 2\mathrm{j}} = \left.-\frac{p^4 + 3p^2 + 36}{p^2(p^2 + 9)}\right|_{p = \pm 2\mathrm{j}} = 0.4$$

而该函数在极点处的留数都是正实数,即

$$\operatorname*{Res}_{p=0} H(p) = \left.\frac{N(p)}{\mathrm{d}M(p)/\mathrm{d}p}\right|_{p = 0} = \left.\frac{p^2 + 4}{3p^2 + 9}\right|_{p = 0} = \frac{4}{9}, \operatorname*{Res}_{p = \pm 3\mathrm{j}} H(p) = \left.\frac{p^2 + 4}{3p^2 + 9}\right|_{p = 3\mathrm{j}} = \frac{5}{18}$$

显然该函数的实部为

$$\operatorname{Re}\left[H(p)\right]_{p = \mathrm{j}\omega} = \operatorname{Re}\left[\frac{4 - \omega^2}{\mathrm{j}\omega(9 - \omega^2)}\right] = 0$$

于是,函数 $H(p)$ 应当可以通过被动元件实现[10]。一般地,对于一个带有振动防护装置的可变形系统,只要其中不包含主动元件,那么就是满足 Brune 条件的。借助 Foster 和 Cauer 方法[9,10],我们能够综合出由式(3.29)描述的物理网络。

## 3.3.2　Foster 标准网络

在线性电路理论中,有很多著名的标准化方法可以通过最少数量的被动元件来描述电路的相关函数表达式[10]。在振动防护系统中,这些函数就是输入阻抗与导纳以及传递阻抗与导纳。我们知道,机电系统的类比可以帮助我们将一个电路系统转换为一个对应的力学网络。对于一个带有振动防护装置的可变形系统来说,将其转换成对应的力学网络也有很多的优点,其中之一就是,这个力学网络可以包含两个部分,一个部分用于描述可变形体自身的特性参数,而另一个部分则可用于描述振动防护装置。

先来考察一个带有理想振动防护装置的力学系统,这里的理想是指假定该装置中不存在能量耗散。

Foster 方法的主要思想是将系统的工作函数(阻抗或导纳) $H(p)$ 表示为一

系列最简单的函数的线性组合，即 $H(p) = H_1(p) + \cdots + H_n(p)$。根据这一公式，我们就可以最小数量的被动元件来实现具有预期的阻抗或导纳的力学网络。这种方法对于 Brune 函数的实现是可行的，也就是不包含主动元件的可变形系统的阻抗函数。

Foster 的第一个标准化电路给出的是一个由电感 $L_\infty$、电容 $C_0$ 和并联连接的 $L_2 - C_2$ 元件所构成的串联电路，如图 3.10(a) 所示。

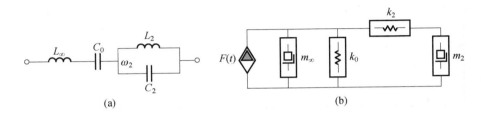

图 3.10　第一种规范化的 Foster 方案及其对应的 M2TN
（当 $U = 0$ 时可实现阻抗（3.29））：(a) 电路图；(b) 力学网络

根据前文中表 2.3 所给出的机电类比方法（"力 – 电压"类比，即 $L - m$，$C^{-1} - k$），我们就可以得到第一个标准化的 M2TN 形式，如图 3.10(b) 所示，这个网络给出的是由质量元件 $m_\infty$、刚度元件 $k_0$ 和串联连接的 $k_2 - m_2$ 所构成的并联连接形式。

考虑到这里已经假定这个振动防护装置是理想的（即阻尼不计），因而在输入阻抗 $Z_{inp}(j\omega)$ 的一般表达式（3.7）中，可以令 $U = 0$。现在的主要问题就是如何通过被动元件来实现下面这个函数了，即

$$\begin{cases} Z_{inp}(j\omega) = \dfrac{p^2\delta_{22}V + 1}{p^3DV + p\delta_{11}} = \dfrac{\delta_{22}}{D}\dfrac{p^2 + \omega_1^2}{p(p^2 + \omega_2^2)} \\[2mm] \omega_1^2 = \dfrac{1}{\delta_{22}V} \\[2mm] \omega_2^2 = \dfrac{\delta_{11}}{DV} \end{cases} \tag{3.30}$$

这个理想系统的阻抗还可以表示为[2,10,11]

$$Z(p) = L_\infty p + \frac{A_0}{p} + \frac{A_2 p}{p^2 + \omega_2^2} \tag{3.31a}$$

由于式中右边第一项 $L_\infty p$ 包含了因子 $p$，因而这一项是对应于电感元件的；第二项 $\dfrac{A_0}{p}$ 则对应于电容元件 $C_0$；第三项对应了 $L_2 - C_2$ 这个并联元件组合（图 3.10(a)）。

上述电路参数的一般表达式可以表示为[10]

$$\begin{cases} L_\infty = \lim_{p\to\infty} \dfrac{Z(p)}{p} \\[2mm] A_0 = \dfrac{1}{C_0} = \lim_{p\to0} pZ(p) \\[2mm] A_2 = \dfrac{1}{C_2} = \lim_{p^2\to-\omega_2^2} \dfrac{p^2+\omega_2^2}{p^2}Z(p) \\[2mm] L_2 = \dfrac{1}{\omega_2^2 C_2} \end{cases} \tag{3.31b}$$

显然,这实际上就是把电路参数以工作函数 $Z(p)$ 的形式表示出来了。由此,对于式(3.30)所给出的函数(即带有振动防护装置的可变形系统的工作函数),我们可以得到

$$\begin{cases} L_\infty = \lim_{p\to\infty}\dfrac{Z(p)}{p} = \lim_{p\to\infty}\dfrac{1}{p}\dfrac{p^2\delta_{22}V+1}{p^3DV+p\delta_{11}} = 0 \\[3mm] A_0 = \dfrac{1}{C_0} = \lim_{p\to0}pZ(p) = \lim_{p\to0}p\dfrac{p^2\delta_{22}V+1}{p^3DV+p\delta_{11}} = \dfrac{1}{\delta_{11}} \\[3mm] A_2 = \dfrac{1}{C_2} = \lim_{p^2\to-\omega_2^2}\dfrac{p^2+\omega_2^2}{p^2}Z(p) = \lim_{p^2\to-\omega_2^2}\dfrac{p^2+\omega_2^2}{p^2}\dfrac{p^2\delta_{22}V+1}{p^3DV+p\delta_{11}} = \dfrac{\delta_{12}^2}{D\delta_{11}} \\[3mm] L_2 = \dfrac{1}{\omega_2^2 C_2} = \dfrac{1}{\delta_{11}/DV}\dfrac{\delta_{12}^2}{D\delta_{11}} = \dfrac{\delta_{12}^2}{\delta_{11}^2}V \end{cases} \tag{3.32}$$

现在我们再将注意力转向被动式力学元件。式(3.31a)中的第一项 $L_\infty$ 对应了质量元件 $m_\infty$,由于 $L_\infty=0$,因而 $m_\infty$ 就必须从图 3.10(b)中移除。式(3.31a)中的第二项的分母中包含了 $p$,因此 $A_0/p$ 也就对应了刚度元件 $k_0$。至于式(3.31a)中的第三项 $A_2 p/(p^2+\omega_2^2)$,显然应该对应于 $m_2-k_2$ 这个串联组合元件。

为了导出公式 $A_2 = \delta_{12}^2/(D\delta_{11})$,我们必须考虑关于 $\omega_1^2$ 和 $\omega_2^2$ 的表达式(3.30)和 $D = \delta_{11}\delta_{22}-\delta_{12}^2$ 这个关系式。模块 $L_2-C_2$ 的频率是 $\omega_2 = \sqrt{1/L_2 C_2} = \sqrt{k_2/m_2}$,从力学角度看,元件 $L_2$ 对应了质量 $m_2$。最后得到的 M2TN 如图 3.11 所示,这个网络能够实现带有理想振动防护装置的可变形系统的输入阻抗式(3.30)。

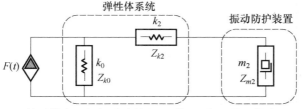

图 3.11　针对带有理想振动防护(VP)装置(点 2 处阻抗为 $Z = \mathrm{j}\omega V$)
的弹性体系统,能够实现阻抗式(3.30)的力学两端网络

该 M2TN 的参数和对应的阻抗分别为

$$k_0 = \frac{1}{\delta_{11}}, k_2 = \frac{\delta_{12}^2}{D\delta_{11}}, m_2 = V\frac{\delta_{12}^2}{\delta_{11}^2},$$

$$Z_{k_0} = \frac{k_0}{\mathrm{j}\omega}, Z_{k_2} = \frac{k_2}{\mathrm{j}\omega}, Z_{m_2} = \mathrm{j}\omega m_2$$

很明显,刚度 $k_0$ 和 $k_2$ 是依赖于这个可变形系统的单位位移响应的,质量 $m_2$ 则依赖于振动防护装置阻抗的虚部 $V$ 和因子 $\delta_{12}^2/\delta_{11}^2$,这里的 $\delta_{12}$ 表示的是作用到点 2 上的单位力在方向 1 上所产生的位移,点 1 和点 2 的位置参见图 3.1。

对于上面综合得到的 M2TN,很容易验证其具有如式(3.30)所示的输入阻抗。实际上,串联组合元件 $m_2 - k_2$ 的局部阻抗为

$$Z_{m_2k_2} = \frac{Z_{m_2}Z_{k_2}}{Z_{m_2} + Z_{k_2}} = \frac{pV\delta_{12}^2}{\delta_{11}(p^2VD + \delta_{11})}$$

考虑到阻抗 $Z_{k_0}$ 和 $Z_{m_2k_2}$ 是并联连接的,因此图 3.11 所示的 M2TN 的总阻抗就应当为

$$Z = Z_{k_0} + Z_{m_2k_2} = \frac{p^2V\delta_{22} + 1}{p(p^2VD + \delta_{11})}$$

图 3.11 中所示的力学两端网络描述的是带有理想振动防护装置的可变形系统,这种系统的主要特性可通过单位位移响应 $\delta_{ik}$ 体现出来。可变形系统的主要特性包括了系统的类型(如梁、板等)、边界条件、刚度分布、激励力作用点以及振动防护装置的安装点等。一个理想的振动防护装置结构的特性一般可以通过其阻抗的虚部 $V$ 来反映。如果我们假定不连接这个振动防护装置,那么 $V = 0$,此时可变形系统的输入阻抗也就是 $Z_{k_0}$ 了,换言之,此时的输入阻抗仅仅由可变形体自身的弹性特征所决定。

不难看出,上述 M2TN 的结构包括了两个部分,一个仅由可变形体的参数决定,而另一个则由振动防护装置的阻抗虚部 $V$ 决定。改变振动防护装置阻抗的虚部 $V$ 只会导致替代元件 $m_2$ 的改变,而 M2TN 的结构组成不会发生变化。

第二种 Foster 标准网络主要是借助被动元件来实现带有理想振动防护装置 ($U = 0$) 的可变形系统的导纳。该电路给出的是一个并联连接,其中包括了电感 $L_0$、电容 $C_\infty$ 以及一个串联组合元件 $L_2 - C_2$,参见图 3.12(a)。

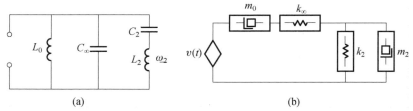

$$(a) \qquad\qquad\qquad\qquad (b)$$

图 3.12 (a)第二种规范化 Foster 电路;(b)可实现输入导纳式(3.33a)的 M2TN

应当指出的是,如果某个阻抗可以通过被动元件来实现,那么其反函数(即导纳)也是可以通过被动元件来实现的[10]。此时的问题体现为如何利用被动元件来实现下述的输入导纳函数 $Y(p)$:

$$\begin{cases} Y_{\text{inp}}(p) = Z^{-1}(p) = \dfrac{p^3 DV + p\delta_{11}}{p^2 \delta_{22} V + 1} = \dfrac{D}{\delta_{22}} \dfrac{p(p^2 + \omega_2^2)}{p^2 + \omega_1^2} \\[3mm] \omega_2^2 = \dfrac{\delta_{11}}{DV} \\[3mm] \omega_1^2 = \dfrac{1}{\delta_{22} V} \end{cases} \tag{3.33a}$$

式(3.33a)所给出的导纳可以借助电路参数表示为

$$Y(p) = C_\infty p + \frac{1}{pL_0} + \frac{p}{(p^2 + \omega_1^2)L_2} \tag{3.33b}$$

这些电路参数的一般表达式为

$$\begin{cases} C_\infty = \lim\limits_{p\to\infty} \dfrac{Y(p)}{p} \\[3mm] \dfrac{1}{L_0} = \lim\limits_{p\to 0} pY(p) \\[3mm] \dfrac{1}{L_2} = \lim\limits_{p^2\to -\omega_1^2} \dfrac{p^2 + \omega_1^2}{p^2} Y(p) \\[3mm] C_2 = \dfrac{1}{\omega_2^2 L_2} \end{cases} \tag{3.33c}$$

由此我们就可以把这些电路参数表示为可变形系统参数的形式,即

$$C_\infty = \lim_{p\to\infty} \frac{Y(p)}{p} = \frac{D}{\delta_{22}}, \quad L_0^{-1} = \lim_{p\to 0} pY(p) = 0,$$

$$L_2^{-1} = \lim_{p^2\to -\omega_1^2} \frac{p^2 + \omega_1^2}{p^2} Y(p) = \frac{\delta_{12}^2}{V\delta_{22}^2}, \quad C_2 = \frac{\delta_{12}^2}{\delta_{22}}$$

在图 3.12(b)中已经给出了一个力学两端网络,它是与图 3.12(a)的电路对应的。这个 M2TN 的参数和相应的导纳分别为

$$k_\infty = \frac{D}{\delta_{22}}, \quad m_0 = \infty, \quad m_2 = V\frac{\delta_{22}^2}{\delta_{12}^2}, \quad k_2 = \frac{\delta_{22}}{\delta_{12}^2},$$

$$Y_{k_\infty} = \frac{\text{j}\omega}{k_\infty}, \quad Y_{m_0} = 0, \quad Y_{m_2} = \frac{1}{\text{j}\omega m_2}, \quad Y_{k_2} = \frac{\text{j}\omega}{k_2}$$

这里的振动防护装置也是通过 $U$ 和 $V$ 来描述的,参见式(3.6)。

最终得到的 M2TN 如图 3.13 所示,它实现了带有理想振动防护装置($U=0$)的可变形系统的输入导纳函数(3.33a)。我们很容易验证这一点,实际上,对于

串联组合元件 $k_2 - m_2$ 来说,其局部导纳应为

$$Y_{m_2 - k_2} = \frac{Y_{m_2} Y_{k_2}}{Y_{m_2} + Y_{k_2}} = \frac{p \delta_{12}^2}{\delta_{22}(p^2 V \delta_{22} + 1)}$$

因此系统总的输入导纳为

$$Y_{\text{inp}}(p) = Y_{k_\infty} + Y_{m_2 - k_2} = \frac{p(p^2 DV + \delta_{11}) \delta_{12}^2}{p^2 V \delta_{22} + 1}$$

这一结果显然是与式(3.33a)相同的。

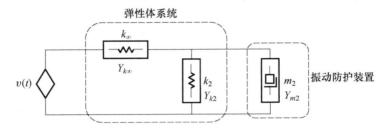

图 3.13 针对带有理想振动防护(VP)装置(点 2 处阻抗为 $Z = \mathrm{j}\omega V$)
的弹性体系统,能够实现输入导纳式(3.33a)的力学两端网络

### 3.3.3 Cauer 标准网络

Cauer 方法已经广泛用于电路综合问题中[10,12],利用这种方法我们可以实现一个带有非理想的振动防护装置的可变形系统的工作函数(阻抗或导纳)。这里的非理想振动防护装置是指该装置的阻抗 $Z$ 同时包含了实部和虚部,即 $Z = U + \mathrm{j}V$,事实上包含任意个线性元件的任意装置的阻抗都可以表示成这种一般形式。与 Foster 方法一样,Cauer 方法也是只利用被动元件来实现所期望的工作函数。

在 Cauer 方法中,工作函数一般是被表示为连分数形式的,利用这种方法,我们可以以包含最小数量被动元件的力学网络来实现所需的阻抗或导纳。

一般情况下,一个工作函数可以写成两个多项式的比值形式,即 $H(p) = \frac{N(p)}{M(p)}$,可以将这一函数分解成一个连分数的形式,即

$$H(p) = H_1(p) + \cfrac{1}{H_2(p) + \cfrac{1}{H_3(p) + \cdots + \cfrac{1}{H_{v-1}(p) + \cfrac{1}{H_v(p)}}}} \qquad (3.34a)$$

这一分解过程是通过不断地选取元素 $H_i(p)$ 来实现的。首先用一个多项式 $M(p)$ 去除多项式 $N(p)$,然后再用第一次的余数 $r_1(p)$ 去除 $M(p)$,接着用第二

次的余数 $r_2(p)$ 去除 $r_1(p)$，以此类推下去，直到最后一次除法操作得到的余数为零。相应的数学过程可表示为

$$
\begin{cases}
H(p) = \dfrac{N(p)}{M(p)} = H_1(p) + \dfrac{r_1(p)}{M(p)} = H_1(p) + \dfrac{1}{M(p)/r_1(p)} \\[4mm]
\qquad = H_1(p) + \dfrac{1}{H_2(p) + \dfrac{1}{r_1(p)/r_2(p)}} \\[8mm]
\qquad = H_1(p) + \dfrac{1}{H_2(p) + \dfrac{1}{H_3(p) + \dfrac{1}{r_2(p)/r_3(p)}}} = \cdots
\end{cases}
\tag{3.34b}
$$

根据前面这两个表达式(3.34a)和(3.34b)，我们就能够构造出对应的电路了，不过这里可以有几种不同的方式。

第一种 Cauer 电路方案包括了纵向分支中的电感 $L_1, L_3, \cdots, L_{v-1}$ 和交叉分支中的电容 $C_2, C_4, \cdots, C_{v-2}, C_v$。如果 $H(p)$ 代表的是阻抗 $Z$，那么根据式(3.34a)我们有

$$H_1(p) = pL_1, H_2(p) = pC_2, H_3(p) = pL_3, \cdots, H_{v-1}(p) = pL_{v-1}, H_v(p) = pC_v$$

而如果 $H(p)$ 代表的是导纳 $Y$，则有

$$H_1(p) = pC_1, H_2(p) = pL_2, H_3(p) = pC_3, \cdots, H_{v-1}(p) = pL_{v-1}, H_v(p) = pC_v$$

第二种 Cauer 电路方案包括了纵向分支中的电容 $C_1, C_3, \cdots, C_{v-1}$ 和交叉分支中的 $L_2, L_4, \cdots, L_{v-2}, L_v$。如果 $H(p)$ 代表的是阻抗 $Z$，那么根据式(3.34a)我们有

$$H_1(p) = (pC_1)^{-1}, H_2(p) = (pL_2)^{-1}, H_3(p) = (pC_3)^{-1}, \cdots,$$

$$H_{v-1}(p) = (pC_{v-1})^{-1}, H_v(p) = (pL_v)^{-1}$$

而如果 $H(p)$ 代表的是导纳 $Y$，则有

$$H_1(p) = (pL_1)^{-1}, H_2(p) = (pC_2)^{-1}, H_3(p) = (pL_3)^{-1}, \cdots,$$

$$H_{v-1}(p) = (pC_{v-1})^{-1}, H_v(p) = (pL_v)^{-1}$$

在此基础上，就可以通过机电类比来构建出所需的力学两端网络了。

针对带有振动防护装置的可变形系统的输入阻抗和输入导纳，下面将给出最终的分析结果，这里的振动防护装置的阻抗假定为 $Z = U + j\omega V$，由于具体的分析过程较为繁琐，因而这里不再全部给出，感兴趣的读者可以去参阅文献[2]，其中给出了详尽的分析过程。

对于式(3.7)所给出的输入阻抗来说，它可以变换成如下的连分数形式，即

$$Z_{\mathrm{inp}}(\mathrm{j}\omega) = \frac{p^2\delta_{22}V + p\delta_{22}U + 1}{p^3DV + p^2DU + p\delta_{11}} = \frac{1}{p\delta_{11}} + \cfrac{1}{D\dfrac{\delta_{11}}{\delta_{12}^2}p + \cfrac{1}{V\dfrac{\delta_{12}^2}{\delta_{11}^2}p + U\dfrac{\delta_{12}^2}{\delta_{11}^2}}}$$

$$\text{(3.35a)}$$

被动元件的参数及其对应的阻抗 $Z$ 分别为

$$\begin{cases} k_0 = \dfrac{1}{\delta_{11}} \\[2ex] k_2 = \dfrac{\delta_{12}^2}{D\delta_{11}} \\[2ex] m = V\dfrac{\delta_{12}^2}{\delta_{11}^2} \\[2ex] b = U\dfrac{\delta_{12}^2}{\delta_{11}^2} \\[2ex] Z_{k_0} = \dfrac{k_0}{\mathrm{j}\omega} \\[2ex] Z_{k_2} = \dfrac{k_2}{\mathrm{j}\omega} \\[2ex] Z_m = \mathrm{j}\omega m \\[1ex] Z_b = b \end{cases} \qquad \text{(3.35b)}$$

在图 3.14 中已经给出了对应的 M2TN,它能够实现式(3.7)所给出的阻抗函数。

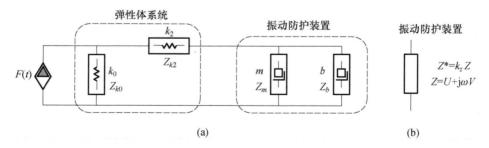

(a)　　　　　　　　　　　　　　　　(b)

图 3.14　(a)针对带有理想振动防护(VP)装置(点 2 处阻抗为 $Z = U + \mathrm{j}\omega V$)

的弹性体系统,能够实现输入导纳(3.35a)的力学两端网络;

(b)简化后的阻抗 $Z^*$($k_z = (\delta_{12}/\delta_{11})^2$)

这个 M2TN 对于任何可变形系统来说都是适用的,例如系统中的可变形体为梁或板等不同形式,又如系统连接的是不同类型的振动防护装置,等等。事实上前面曾经指出过,经过综合后得到的 M2TN 具有的重要特征就是它包括了两个部分,一个部分只取决于可变形体的特性参数,而另一个则仅由振动防护装置决定。正因如此,这里的振动防护系统所包含的元件个数、类型以及连接方式等都是可以随意的,它们的阻抗计算过程已经在第 2 章中介绍过了,只要以 $Z = U + \mathrm{j}\omega V$ 这个统一的形式来描述,那么 M2TN 的结构组成不会随之改变。

在这里所考虑的情况中,振动防护装置是非理想的,因而该装置中会产生能量的耗散。这一点也正是为什么在对应的 M2TN 中会包含一个附加元件"阻尼器 $b$"的原因,该附加元件是以并联方式与一个简化的"质量元件 $m$"连接的。这个"阻尼器 $b$"反映的是振动防护装置阻抗 $Z$ 的实部($U \neq 0$),而"质量元件 $m$"则反映的是其虚部。参数 $b$ 和 $m$ 均包含了一个公共因子 $\delta_{12}^2/\delta_{11}^2$,这是因为振动防护装置的响应是传递到可变形体上的单个点处的。我们可以将这两个元件放到一个单独的模块中(图 3.14(b)),当激励施加在点 1 处时,该点处阻抗 $Z = U + \mathrm{j}\omega V$ 的系数就应等于 $k_z = \delta_{12}^2/\delta_{11}^2$,而如果点 1 和点 2 是重合的,那么就有 $k_z = 1$ 了。

现在假定我们需要改变振动防护装置的参数、结构或者安装位置,此时 M2TN 的结构形式以及与可变形体部分所对应的参数是不变的,而只有单位位移响应和振动防护装置阻抗的 $U$、$V$ 值会发生改变,如图 3.14(a)所示。

输入导纳可以表示为[2]

$$Y(p) = Z^{-1}(p) = \frac{p^3 DV + p^2 DU + p\delta_{11}}{p^2 \delta_{22} V + p\delta_{22} U + 1} = \frac{D}{\delta_{22}} p + \frac{1}{pV \dfrac{\delta_{22}^2}{\delta_{12}^2} + U \dfrac{\delta_{22}^2}{\delta_{12}^2} + \dfrac{\delta_{22}^2}{p\delta_{12}^2}}$$

(3.36)

对应的 M2TN 如图 3.15 所示,其参数和对应的导纳分别为

$$k_\infty = \frac{\delta_{22}}{D}, m_2 = V\frac{\delta_{22}^2}{\delta_{12}^2}, k_2 = \frac{\delta_{22}^2}{\delta_{12}^2}, b_2 = U\frac{\delta_{22}^2}{\delta_{12}^2};$$

$$Y_{k_\infty} = \frac{\mathrm{j}\omega}{k_\infty}, Y_{m_2} = \frac{1}{\mathrm{j}\omega m_2}, Y_{k_2} = \frac{\mathrm{j}\omega}{k_2}, Y_{b_2} = \frac{1}{b_2}$$

这里的 $m_2$ 和 $b_2$ 反映了振动防护装置的结构特性,在图 3.15(b)中已经表示为一个 VPD 模块。阻抗 $Z$ 的实部由"阻尼器"$b$ 反映,而虚部则由"质量"$m$ 代表。对于点 1 来说,其导纳 $Y$ 的系数等于 $k_Y = \delta_{11}^2/\delta_{12}^2$。

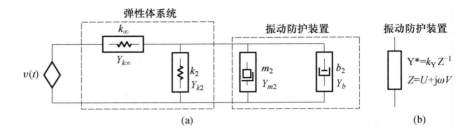

图 3.15 (a)针对带有振动防护(VP)装置(点 2 处阻抗为 $Z = U + j\omega V$)
的弹性体系统,能够实现输入导纳式(3.36)的力学两端网络;
(b)简化后的导纳 $Y^* = (H^*)^{-1} = k_y/(U + j\omega V)(k_y = (\delta_{12}/\delta_{22})^2)$

### 3.3.4 带有分布质量的可变形支撑

这一节我们来考察一根带有任意边界条件的均匀梁,如图 3.16 所示。该梁在点 1 处受到了简谐型激励的作用,同时在点 2 处还附连了一个振动防护装置(图中未示出),其阻抗为 $Z = U + j\omega V$。我们的目的是构造出这一系统的 M2TN,其中应考虑到梁的分布质量特性。

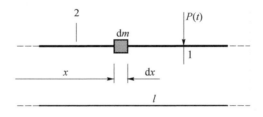

图 3.16 带有分布质量的均匀梁段

如果梁的长度为 $l$ 而总质量为 $M$,那么无穷小微元段 $dx$ 的质量就等于 $dm = (M/l)dx$。

质量微元的阻抗(缩聚到输入点 1)$Z_{dm}$、转换系数 $\alpha_{dm}$ 以及分布质量的总阻抗 $Z_M$ 分别为

$$Z_{dm} = \left(j\omega \frac{M}{l}dx\right)\alpha_{dm}, \alpha_{dm} = \frac{\delta_{1x}^2}{\delta_{11}^2}, Z_m = j\omega M\alpha_M, \alpha_M = \frac{1}{l\delta_{11}^2}\int_{(l)}\delta_{1x}^2 dx$$

图 3.17 已经给出了一个 M2TN,它描述了具有分布质量特性的可变形体(点 2 处带有阻抗为 $Z = U + j\omega V$ 的振动防护装置)[11]。

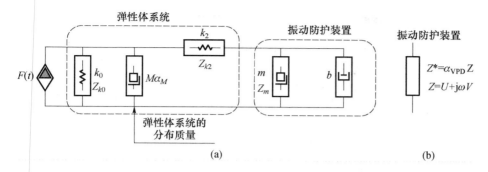

图 3.17　(a)带有振动防护(VP)装置(点 2 处阻抗为 $Z = U + \mathrm{j}\omega V$)和均匀
分布质量的弹性体系统的力学两端网络(图 3.1);(b)振动防护装置
的简化阻抗 $Z^*$,质量和振动防护装置的变换系数分别为 $\alpha_M$ 和 $\alpha_{\mathrm{VPD}} = (\delta_{12}/\delta_{11})^2$

正如前文指出的,这里的 M2TN 是由两个部分组成的,即可变形体和振动防护装置。梁的分布质量是通过 M2TN 中的被动元件 $M\alpha_M$ 来体现的。在计算被动元件 $k_0$、$k_2$、$m$、$b$ 时必须借助式(3.35b)。

实例 3.7　试分析一根长度为 $l$、质量为 $M$ 的均匀悬臂梁,该梁受到自由端处的简谐激励力的作用。

针对这一结构,单位位移响应和转换系数分别应为[1]

$$\delta_{1x} = \delta_{x1} = \frac{1}{6EI}(3lx^2 - x^3), \alpha_M = \frac{1}{l\delta_{11}^2}\int_0^l \delta_{1x}^2 \mathrm{d}x = \frac{33}{4 \cdot 35} = 0.2357$$

可以看出,原结构等效于一个无质量的悬臂梁,该梁在自由端带有集中质量 $M_0 = 0.2357M$,这个结果是精确的,事实上 Lenk[13]也曾给出过一个近似的转换系数值($\alpha_M = 0.25$)。

对于给定的这个实例,图 3.17(a)所示的 M2TN 可以化简。所对应的 M2TN 只包含了两个被动元件,即弹性元件 $k_0$ 和集中质量元件 $M\alpha_M$。因为此处没有安装振动防护装置,所以图 3.17(a)中的弹性元件 $k_2$ 应去除,这时有 $\delta_{12} = 0$。该系统的总阻抗变成了 $Z(\mathrm{j}\omega) = Z_{k_0} + Z_M = \dfrac{1}{\mathrm{j}\omega\delta_{11}} + \mathrm{j}\omega M\alpha$,其中的单位位移响应 $\delta_{11} = \dfrac{l^3}{3EI}$。系统自由振动的频率则可以根据条件 $Z = 0$ 来确定,即 $1 + (\mathrm{j}\omega)^2 \delta_{11} M\alpha = 0 \rightarrow \omega = 2.06\sqrt{\dfrac{3EI}{Ml^3}}$。

实例 3.8　设有一根简支梁受到中点处的简谐力激励,该梁的质量 $m_0$ 是均匀分布的,如图 3.18 所示。试构造集中质量位于中点处的等效梁,并计算其自由振动频率。

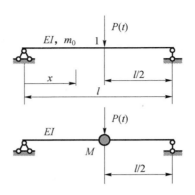

图 3.18 梁模型及其等效模型

单位位移响应、转换系数以及等效质量分别为[1]

$$\delta_{11} = \frac{l^3}{48EI}, \delta_{1x} = \delta_{x1} = \frac{l^3}{16EI}\left(\frac{x}{l} - \frac{4}{3}\frac{x^3}{l^3}\right), x \in [0, l/2],$$

$$\alpha_M = \frac{1}{l\delta_{11}^2}\int_0^l \delta_{1x}^2 dx = \frac{17}{35}, M = \frac{17}{35}m_0 l$$

根据条件 $1 + (j\omega)^2\delta_{11}M\alpha_M = 0$ 可以导出自由振动频率的表达式为 $\omega = \sqrt{\frac{48 \cdot 35}{17}\frac{1}{l^2}}\sqrt{\frac{EI}{m_0}}$，这与精确公式 $\omega = \frac{\pi^2}{l^2}\sqrt{\frac{EI}{m_0}}$ 是一致的。

实例 3.9　试分析一块矩形板，边长为 $a$ 和 $b$，厚度为 $h$，板材料的弹性模量和泊松比分别为 $E$ 和 $\nu$。简谐力加载在点 1 处，坐标为 $(x_0, y_0)$，如图 3.19(a)，(b) 所示。

如果板的总质量 $M$ 是均匀分布在板上的，那么无穷小板元 $dx - dy$ 的质量 $dm$ 应为 $dm = (M/ab)dxdy$。

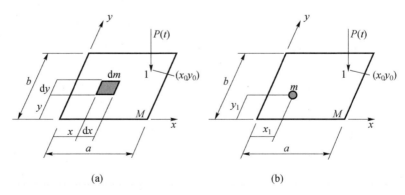

(a)　　　　　　　　　　　(b)

图 3.19　矩形板简图:(a)均匀分布质量 $M$;(b)集中质量 $m$

与点 1 相关的总阻抗和转换系数应分别为

$$Z_M = j\omega M\alpha, \alpha = \frac{1}{ab\delta_{11}^2} \iint_{(\Omega)} \delta_{1x}^2 dx dy$$

如果板的四边是简支边界,那么单位位移响应为

$$\delta_{1x} = \frac{4}{\overline{D}\pi^4 ab} \sum_{m=1}^{\infty} \sum_{n=1}^{\infty} \frac{\sin\dfrac{m\pi x_0}{a}\sin\dfrac{n\pi y_0}{b}}{\left(\dfrac{m^2}{a^2} + \dfrac{n^2}{b^2}\right)^2} \sin\frac{m\pi x}{a}\sin\frac{n\pi y}{b}, \overline{D} = \frac{Eh^3}{12(1-v^2)}$$

为了计算出振动模式,我们必须令 $m = n = 1$,此时可得

$$\iint_{(\Omega)} \delta_{1x}^2 dx dy = \frac{\delta_{11}}{\overline{D}^2 \pi^4 \left(\dfrac{1}{a^2} + \dfrac{1}{b^2}\right)^2}, \delta_{11} = \frac{4}{\overline{D}^2 \pi^4 ab} \frac{\sin^2\dfrac{\pi x_0}{a}\sin^2\dfrac{\pi y_0}{b}}{\left(\dfrac{1}{a^2} + \dfrac{1}{b^2}\right)^2}$$

总质量 $M$ 的阻抗转换到输入点 1 后就变为

$$Z_M = j\omega M\alpha, \alpha = \frac{1}{4\sin^2\dfrac{\pi x_0}{a}\sin^2\dfrac{\pi y_0}{b}}$$

这里的 M2TN 只包含了两个被动元件,即弹性元件 $k_0$ 和集中质量 $M\alpha_M$,因此系统的总阻抗 $Z^*$ 应为

$$Z^* = Z_{k_0} + Z_M = \frac{1}{j\omega\delta_{11}} + j\omega M\alpha$$

根据条件 $Z = 0$ 我们可以得到人们所熟知的振动频率表达式,即

$$\omega = \frac{\pi^4(a^2 + b^2)}{a^2 b^2}\sqrt{\frac{\overline{D}ab}{M}}$$

## 1. 集中质量 $m$

假定集中质量 $m$ 放置在坐标为 $(x_1, y_1)$ 的点处,参见图 3.19(b)。那么转换到点 1(坐标为 $(x_0, y_0)$)的阻抗应为

$$Z_m = j\omega m\alpha_m, \alpha_m = \frac{\delta_{0x}^2}{\delta_{00}^2}$$

若假定板的边界都是简支的,那么有

$$\delta_{0x} = \frac{4}{\overline{D}\pi^4 ab} \frac{\sin\dfrac{\pi x_0}{a}\sin\dfrac{\pi y_0}{b}}{\left(\dfrac{1}{a^2} + \dfrac{1}{b^2}\right)^2} \sin\frac{\pi x}{a}\sin\frac{\pi y}{b}, \delta_{00} = \frac{4}{\overline{D}\pi^4 ab} \frac{\sin^2\dfrac{\pi x_0}{a}\sin^2\dfrac{\pi y_0}{b}}{\left(\dfrac{1}{a^2} + \dfrac{1}{b^2}\right)^2}$$

如果板自身的质量为 $M$,那么转换到点 1 的总阻抗为

$$Z(\mathrm{j}\omega) = Z_{k_0} + Z_M + Z_m,$$

$$Z_{k_0} = \frac{1}{\mathrm{j}\omega\delta_{00}}, Z_M = \mathrm{j}\omega M\alpha_M, \alpha_M = \frac{\delta_{0x}^2}{\delta_{00}^2}$$

进而根据条件 $Z = 0$ 即可导出自由振动频率如下:

$$\omega = \pi^2\left(\frac{1}{a^2} + \frac{1}{b^2}\right)\sqrt{\frac{\overline{D}ab}{M + 4m\sin^2\dfrac{\pi x_1}{a}\sin^2\dfrac{\pi y_1}{b}}}$$

如果在板面坐标为 $(x_i, y_i)$ 的点上具有 $i$ 个相等的集中质量 $m$,那么振动频率就变成为

$$\omega = \pi^2\left(\frac{1}{a^2} + \frac{1}{b^2}\right)\sqrt{\frac{\overline{D}ab}{M + 4m\sum_i \sin^2\dfrac{\pi x_i}{a}\sin^2\dfrac{\pi y_i}{b}}}$$

如果这些质量还是对称形式布置的,如图 3.20(a)所示,那么振动频率就变成为

$$\omega = \pi^2\left(\frac{1}{a^2} + \frac{1}{b^2}\right)\sqrt{\frac{\overline{D}ab}{M + 4m}}$$

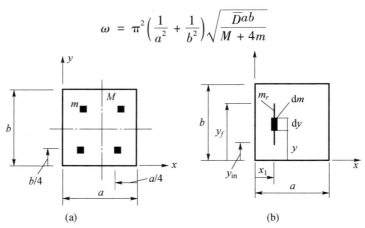

图 3.20　带有特定质量分布的矩形板:
(a)集中质量 $m$;(b)均匀筋板带有分布质量特性

## 2. 加强筋质量 $M_r$

现在再来考察质量为 $M$ 的均匀矩形板,板上附加有一块长为 $l$、质量为 $M_r$ 的加强筋,如图 3.20(b)所示。该加强筋平行于 $y$ 轴,起点和终点坐标分别是 $y_{in}$ 和 $y_f$,并假定该板的四边均处于简支状态。

对于无穷小质量元和总质量 $M_r$,它们的阻抗转换到任意点 1(图中未示出)后应为

$$Z_{\mathrm{dm}} = \mathrm{j}\omega m_r \alpha_m \mathrm{d}y, m_r = \frac{M_r}{l}$$

转换系数为

$$\alpha_m = \frac{\delta_{0x}^2}{\delta_{00}^2},$$

$$\delta_{0x} = N\sin\frac{\pi x_0}{a}\sin\frac{\pi y_0}{b}\sin\frac{\pi x_1}{a}\sin\frac{\pi y_1}{b}, \delta_{00} = N\sin^2\frac{\pi x_0}{a}\sin^2\frac{\pi y_0}{b},$$

$$N = \frac{4}{\overline{D}\pi^4\,(1/a^2 + 1/b^2)^2}$$

加强筋的阻抗转换到点 1 上之后应为

$$Z_{M_r} = \mathrm{j}\omega m_r \int_{y_{\mathrm{in}}}^{y_f}\alpha_m \mathrm{d}y = \mathrm{j}\omega m_r \frac{\sin^2\frac{\pi x_1}{a}}{\sin^2\frac{\pi x_0}{a}\sin^2\frac{\pi y_0}{b}}A(y),$$

$$A(y) = \int_{y_{\mathrm{in}}}^{y_f}\sin^2\frac{\pi y}{b}\mathrm{d}y = \frac{1}{2}\left(y_f - y_{\mathrm{in}} - \frac{2b}{\pi}\sin\frac{\pi(y_f - y_{\mathrm{in}})}{b}\cos\frac{\pi(y_f + y_{\mathrm{in}})}{b}\right)$$

这种情况下的 M2TN 包括了三个被动元件,即弹性元件 $k_0$、板的集中质量 $M\alpha_M$ 和加强筋的集中质量 $M_r\alpha_M$。

这种"板 + 加强筋"系统的总阻抗就变成为

$$Z(\mathrm{j}\omega) = Z_{k_0} + Z_M + Z_{M_r}$$

进而根据条件 $Z = 0$ 即可导出自由振动频率如下:

$$\omega = \pi^2\left(\frac{1}{a^2} + \frac{1}{b^2}\right)\sqrt{\frac{\overline{D}ab}{M + 4m\sin^2\frac{\pi x_1}{a}A(y)}}$$

特殊情况:

若令 $y_{\mathrm{in}} = 0, y_f = b$,那么我们有 $A(y) = b/2$,进而可以得到振动频率:

$$\omega = \pi^2\left(\frac{1}{a^2} + \frac{1}{b^2}\right)\sqrt{\frac{\overline{D}ab}{M + 2M_r b\sin^2\frac{\pi x_1}{a}}}$$

如果 $x_1 = 0$ 或 $x_1 = a$,也即加强筋是沿边布置的,那么这个加强筋将对自由振动频率没有影响。

# 3.4　振动防护装置的力学四端网络描述

任意一个一维振动防护装置都可以转换为一个具有两个端点的被动元件模

123

块。防护装置的端点行为是相互依赖的,如果假定每一个端点处可以由两个参数来表征,通过类比电学四端网络,这种防护装置就可以转换为一个所谓的力学四端网络(M4TN)了。M2TN 和 M4TN 这两种力学网络的区别并不在于网络结构特性,而是在于这些特性的描述方式。换言之,这也就意味着同一个系统既可以描述为 M2TN 也可以描述为 M4TN[15]。M4TN 理论有一个核心要点,即在复杂力学系统的振动分析中我们不关心 M4TN 自身的内部结构,而只关心该网络输入和输出力与速度之间的关系[2,15-17]。另外,两个或两个以上的 M4TN 连接到一起还可以形成一个具有新特性参数的等效 M4TN。

### 3.4.1　集中参数型被动元件的力学四端网络

图 3.21(a)给出了一个一般性的 M4TN 模型,它并不反映力学系统的内部结构,因为这种内部结构可以是任意的。该模型的输入和输出分别标记为 1 和 2,且受到的是简谐型激励力,输入端为 $F_1$,输出端为 $F_2$。这两个力使得输入端和输出端分别产生了速度 $v_1$ 和 $v_2$。在 M4TN 中规定向内的方向为力的正方向,而速度的正方向规定为从输入端指向输出端,图 3.21(a)中示出了正向力和正向速度[18]。

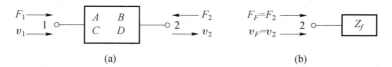

图 3.21　(a)M4TN 的黑箱描述;(b)传递到阻抗为 $Z_f$ 的基础上的力和速度

对于一个任意的 M4TN 来说,其数学模型都可以表示为[17]

$$\begin{cases} \boldsymbol{F}_1 = \boldsymbol{A}\boldsymbol{F}_2 + \boldsymbol{B}\boldsymbol{v}_2 \\ \boldsymbol{v}_1 = \boldsymbol{C}\boldsymbol{F}_2 + \boldsymbol{D}\boldsymbol{v}_2 \end{cases} \tag{3.37}$$

式中:$\boldsymbol{A}$、$\boldsymbol{B}$、$\boldsymbol{C}$ 和 $\boldsymbol{D}$ 为这个 M4TN 的特征参数。如果以矩阵形式来表达的话,这个系统方程还可以写成 $\begin{bmatrix} \boldsymbol{F}_1 \\ \boldsymbol{v}_1 \end{bmatrix} = \boldsymbol{A}_0 \begin{bmatrix} \boldsymbol{F}_2 \\ \boldsymbol{v}_2 \end{bmatrix}$,因此 M4TN 的特性矩阵为

$$\boldsymbol{A}_0 = \begin{bmatrix} \boldsymbol{A} & \boldsymbol{B} \\ \boldsymbol{C} & \boldsymbol{D} \end{bmatrix} \tag{3.38}$$

由此,如果已知了输出力和输出速度,那么我们就可以确定出输入端的力和速度了。下面再介绍一下其他形式的 M4TN 处理方法。

在前面的处理方法中,我们有 $\boldsymbol{AD} - \boldsymbol{BC} = 1$。一般来说,所有这些元素都是激励频率 $\omega$ 的函数[17]。特性矩阵中的位于主对角线上的元素是无量纲的,而 $\boldsymbol{B}$ 和 $\boldsymbol{C}$ 这两个元素则代表的是通道 $1-2$ 的瞬态导纳和瞬态阻抗。

我们先来考察一些集中参数型的被动元件,包括绝对刚性的杆、集中质量、弹性元件以及黏性阻尼器。表 3.1 给出了这些典型的线性被动元件所对应的特性参数 $\boldsymbol{A}$、$\boldsymbol{B}$、$\boldsymbol{C}$ 和 $\boldsymbol{D}$[19,20]。

表 3.1　最简单的被动式元件及其 A 格式 M4TN 的特性参数

| M4TN 的特性参数 | 绝对刚性的杆 | 集中质量 $m$ | 刚度系数为 $k$ 的弹性元件 | 阻尼系数为 $b$ 的阻尼元件 |
|---|---|---|---|---|
| $A$ | 1 | 1 | 1 | 1 |
| $B$ | 0 | $j\omega m$ | 0 | 0 |
| $C$ | 0 | 0 | $j\omega/k$ | $1/b$ |
| $D$ | 1 | 1 | 1 | 1 |

按照前面的矩阵表达方法,绝对刚性杆、质量 $m$、刚度 $k$ 以及阻尼器 $b$ 等的数学模型可以分别表示为

$$\begin{cases} \begin{bmatrix} \boldsymbol{F}_1 \\ \boldsymbol{v}_1 \end{bmatrix} = \begin{bmatrix} 1 & 0 \\ 0 & 1 \end{bmatrix} \begin{bmatrix} \boldsymbol{F}_2 \\ \boldsymbol{v}_2 \end{bmatrix} \\[2mm] \begin{bmatrix} \boldsymbol{F}_1 \\ \boldsymbol{v}_1 \end{bmatrix} = \begin{bmatrix} 1 & j\omega m \\ 0 & 1 \end{bmatrix} \begin{bmatrix} \boldsymbol{F}_2 \\ \boldsymbol{v}_2 \end{bmatrix} \\[2mm] \begin{bmatrix} \boldsymbol{F}_1 \\ \boldsymbol{v}_1 \end{bmatrix} = \begin{bmatrix} 1 & 0 \\ j\omega/k & 1 \end{bmatrix} \begin{bmatrix} \boldsymbol{F}_2 \\ \boldsymbol{v}_2 \end{bmatrix} \\[2mm] \begin{bmatrix} \boldsymbol{F}_1 \\ \boldsymbol{v}_1 \end{bmatrix} = \begin{bmatrix} 1 & 0 \\ j/b & 1 \end{bmatrix} \begin{bmatrix} \boldsymbol{F}_2 \\ \boldsymbol{v}_2 \end{bmatrix} \end{cases} \tag{3.39}$$

实际上,对于一根绝对刚性的杆来说,力和速度将会毫无改变地传递过去,因此有

$$\begin{cases} \boldsymbol{F}_1 = 1 \times \boldsymbol{F}_2 + 0 \times \boldsymbol{v}_2 \\ \boldsymbol{v}_1 = 0 \times \boldsymbol{F}_2 + 1 \times \boldsymbol{v}_2 \end{cases}$$

对于质量来说,如果将其考虑为一个绝对刚性体,那么它的输入端和输出端将具有相同的速度,即 $\boldsymbol{v}_1 = \boldsymbol{v}_2$。此时作用在输入和输出端的力将具有 $\boldsymbol{F}_1 = \boldsymbol{F}_2 + j\omega m \boldsymbol{v}_2$ 这一关系。

类似地,我们也很容易获得刚度元件和阻尼元件的这些关系式[7]。

式(3.37)将($\boldsymbol{F}_1$,$\boldsymbol{v}_1$)这组参数与($\boldsymbol{F}_2$,$\boldsymbol{v}_2$)联系了起来,($\boldsymbol{F}_1$,$\boldsymbol{v}_1$)是未知的。这一系统表达方法一般称为 A 格式。实际上也可以将其他参数作为未知量,通过式(3.37)进行变换就可以获得相应的表达式了,从而也就得到了不同于 A 格式的其他格式[17],它们有着不同的名称,下面作一介绍。

**1. Z 格式**

式(3.37)可以变换成

$$\begin{bmatrix} \boldsymbol{F}_1 \\ \boldsymbol{F}_2 \end{bmatrix} = \boldsymbol{Z} \begin{bmatrix} \boldsymbol{v}_1 \\ \boldsymbol{v}_2 \end{bmatrix} \tag{3.40a}$$

利用矩阵 $\boldsymbol{A}_0$ 的元素 $\boldsymbol{A}$、$\boldsymbol{B}$、$\boldsymbol{C}$ 和 $\boldsymbol{D}$,我们可以得到

$$\boldsymbol{Z} = \begin{bmatrix} \boldsymbol{AC}^{-1} & -\boldsymbol{C}^{-1} \\ \boldsymbol{C}^{-1} & -\boldsymbol{DC}^{-1} \end{bmatrix} \tag{3.40b}$$

矩阵 $\boldsymbol{Z}$ 的所有元素都代表了阻抗。

**2. Y 格式**

式(3.37)还可以变换为

$$\begin{bmatrix} \boldsymbol{v}_1 \\ \boldsymbol{v}_2 \end{bmatrix} = \boldsymbol{Y} \begin{bmatrix} \boldsymbol{F}_1 \\ \boldsymbol{F}_2 \end{bmatrix} \tag{3.41a}$$

显然,矩阵 $\boldsymbol{Y}$ 中的每个元素均具有导纳的单位,这些元素也可以通过矩阵 $\boldsymbol{A}_0$ 的元素 $\boldsymbol{A}$、$\boldsymbol{B}$、$\boldsymbol{C}$ 和 $\boldsymbol{D}$ 来给出,即

$$\boldsymbol{Y} = \begin{bmatrix} \boldsymbol{DB}^{-1} & -\boldsymbol{B}^{-1} \\ \boldsymbol{B}^{-1} & -\boldsymbol{AB}^{-1} \end{bmatrix} \tag{3.41b}$$

矩阵 $\boldsymbol{Y}$ 的所有元素代表的是导纳。不仅如此,还可以验证 $\boldsymbol{ZY} = \begin{bmatrix} 1 & 0 \\ 0 & 1 \end{bmatrix}$,也即 $\boldsymbol{Y} = \boldsymbol{Z}^{-1}$。

此外,M4TN 的数学模型还可以表示成 H 格式、G 格式和 B 格式,即

$$\begin{cases} \begin{bmatrix} \boldsymbol{F}_1 \\ \boldsymbol{v}_2 \end{bmatrix} = \boldsymbol{H} \begin{bmatrix} \boldsymbol{v}_1 \\ \boldsymbol{F}_2 \end{bmatrix} \\ \begin{bmatrix} \boldsymbol{v}_1 \\ \boldsymbol{F}_2 \end{bmatrix} = \boldsymbol{G} \begin{bmatrix} \boldsymbol{F}_1 \\ \boldsymbol{v}_2 \end{bmatrix} \\ \begin{bmatrix} \boldsymbol{F}_2 \\ \boldsymbol{v}_2 \end{bmatrix} = \boldsymbol{B} \begin{bmatrix} \boldsymbol{F}_1 \\ \boldsymbol{v}_1 \end{bmatrix} \end{cases} \tag{3.41c}$$

类似于矩阵 $\boldsymbol{Y}$ 和 $\boldsymbol{Z}$,这里的矩阵 $\boldsymbol{H}$、$\boldsymbol{G}$ 和 $\boldsymbol{B}$ 的所有元素也都可以借助矩阵 $\boldsymbol{A}_0$ 的元素 $\boldsymbol{A}$、$\boldsymbol{B}$、$\boldsymbol{C}$ 和 $\boldsymbol{D}$ 来表达[15]。需要注意的是,对于 Z、Y、H 和 G 格式,速度的正方向必须规定为相反的方向(图 3.21(a))。究竟应当选择哪一种 M4TN 格式,应取决于分析中哪对参数是已知或未知的。

除了上述格式以外,还可以将一个 M4TN 转换为等效的 T 格式或 Π 格式,这些格式及其对应的关系如图 3.22 所示。

图 3.22　M4TN 的 $T$ 格式和 $\Pi$ 格式描述

对于 T 格式或 $\Pi$ 格式，$Z_i$ 与 A 格式中的特性参数 $A$、$B$、$C$、$D$ 之间的关系如下。

对于 T 格式有

$$Z_1 = (A - 1)/C, A = Z_1 + Z_1/Z_3,$$

$$Z_2 = (D - 1)/C, B = Z_1 + Z_2 + Z_1 Z_2/Z_3,$$

$$Z_3 = 1/C, C = 1/Z_3, D = 1 + Z_2/Z_3$$

对于 $\Pi$ 格式有

$$Z_1 = B, A = 1 + Z_1/Z_2, B = Z_1,$$

$$Z_2 = B/(D - 1), C = (Z_1 + Z_2 + Z_3)/Z_2 Z_3,$$

$$Z_3 = B/(A - 1), D = 1 + Z_1/Z_2$$

### 3. 可变形系统的 M4TN

考虑一个任意的可变形系统，在点 1 处受到了简谐激励力 $F_1$ 的作用，同时还有一个任意的振动防护装置安装在点 2 处，参见图 3.23。这里的系统类型和边界条件都是任意的，因而是一般性情况。与前面的类似，对于这里的弹性体我们只考虑其弹性特性，而忽略其惯性。

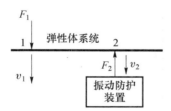

图 3.23　带有振动防护装置的弹性体系统简图

振动防护装置传递到可变形体的响应是 $F_2$，可变形体上点 2 处的速度为 $v_2$。我们假定对于这个系统来说叠加原理是适用的，那么第一个和第二个方向上的位移就可以写成如下形式：

$$\begin{cases} y_1 = \delta_{11} F_1 - \delta_{12} F_2 \\ y_2 = \delta_{21} F_1 - \delta_{22} F_2 \end{cases} \tag{3.42}$$

式中：$\delta_{ik}$ 为单位位移响应。

位移和速度之间是通过如下关系式关联起来的，即

$$\boldsymbol{v}_1 = \mathrm{j}\omega\boldsymbol{y}_1, \boldsymbol{v}_2 = \mathrm{j}\omega\boldsymbol{y}_2$$

为了将这个可变形系统表示成 A 格式的 M4TN,应根据式(3.42)解出 $\boldsymbol{F}_1$ 和 $\boldsymbol{v}_1$。从式(3.42)中的第一个式子我们可以导出

$$\boldsymbol{F}_1 = \frac{1}{\delta_{21}}\left(\delta_{22}\boldsymbol{F}_2 + \frac{\boldsymbol{v}_2}{\mathrm{j}\omega}\right)$$

将其代入到式(3.42)中的第一式,即可得到

$$\begin{bmatrix} \boldsymbol{F}_1 \\ \boldsymbol{v}_1 \end{bmatrix} = \boldsymbol{A}_0 \begin{bmatrix} \boldsymbol{F}_2 \\ \boldsymbol{v}_2 \end{bmatrix}, \boldsymbol{A}_0 = \begin{bmatrix} \boldsymbol{A} & \boldsymbol{B} \\ \boldsymbol{C} & \boldsymbol{D} \end{bmatrix}$$

$$\boldsymbol{A} = \frac{\delta_{22}}{\delta_{21}}, \boldsymbol{B} = \frac{1}{\mathrm{j}\omega\delta_{21}}, \boldsymbol{C} = \mathrm{j}\omega\frac{\delta_{11}\delta_{22} - \delta_{12}^2}{\delta_{21}}, \boldsymbol{D} = \frac{\delta_{11}}{\delta_{21}}$$

应当注意的是,对于任何 M4TN 来说,都有 $\det\boldsymbol{A}_0 = \boldsymbol{AD} - \boldsymbol{BC} = 1$。

单位位移响应是一个重要特性,它们能够反映系统的所有信息,包括边界条件等。为了计算梁、框架和拱等结构系统的单位位移响应,最合适的方法就是利用 Maxwell – Mohr 方法的图乘法(弯矩图,Vereshchagin 规则)[1]。如果一个可变形系统是板的话,那么单位位移响应的表达式可以参阅文献[21]。一般情况下(例如任意形状的带有非经典边界的板),这些单位位移响应必须通过有限元方法才能获得。

如果激励力的施加位置(点 1)和振动防护装置的安装点(点 2)是同一个点的话,那么矩阵 $\boldsymbol{A}_0$ 中的元素为

$$\boldsymbol{A} = \boldsymbol{D} = 1, \boldsymbol{B} = (\mathrm{j}\omega\delta)^{-1}, \boldsymbol{C} = 0$$

如果可变形体是一个边界条件为固支 – 自由的均匀梁(长为 $l$,弯曲刚度 $EI$),且点 1 和点 2 都位于自由端点,那么有 $\delta = l^3/48EI$。

对于 M4TN 模型的 Y 格式,对应的元素为[2]

$$Y_{11} = \mathrm{j}\omega\delta_{11}, Y_{12} = -\mathrm{j}\omega\delta_{12}, Y_{21} = \mathrm{j}\omega\delta_{21}, Y_{22} = -\mathrm{j}\omega\delta_{22}$$

从中我们可以看出 $Y_{12} = -Y_{21}$,这是由所规定的输入和输出速度的正方向导致的。应当注意的是,上面在确定单位位移响应时是不考虑振动防护装置的。

## 3.4.2 M4TN 与阻抗为 $Z_f$ 的支撑的连接问题

这里我们假定上述的 M4TN 在输出点 2 处连接了一个阻抗为 $Z_f$ 的基础支撑,参见图 3.21(b)。现在来推导一下这种情况中输入和输出速度之间的关系。

根据式(3.37)中的第一式,我们有 $\boldsymbol{F}_2 = \frac{1}{\boldsymbol{A}}(\boldsymbol{F}_1 - \boldsymbol{B}\boldsymbol{v}_2)$。由阻抗的定义可知 $\boldsymbol{v}_2 = \boldsymbol{F}_f/Z_f = \boldsymbol{F}_2/Z_f$。因此,若以 M4TN 的 A 格式中的特性参数和输入力来表达的话,那么输出速度就应当为[17]

$$\boldsymbol{v}_2 = \frac{\boldsymbol{F}_1}{\boldsymbol{A}Z_f + \boldsymbol{B}} \tag{3.43}$$

将输出力 $F_2$ 和速度 $v_2$ 的表达式代入到式(3.37)中的第二式,可以导出

$$v_1 = F_1 \frac{CZ_f + D}{AZ_f + B} \qquad (3.44)$$

于是,对于这个带有阻抗 $Z_f$ 的支撑部件的 M4TN 来说,其输入阻抗就变成

$$Z_1^{(f)} = F_1/v_1 = \frac{AZ_f + B}{CZ_f + D} \qquad (3.45)$$

特殊情况:

(1)如果支撑部件的阻抗 $Z_f$ 非常大,此时 M4TN 的输出点 2 实际上就是不可移动的了。这种情况下,输入阻抗应为

$$Z_1^0 = A/C \qquad (3.46)$$

(2)如果支撑部件的阻抗 $Z_f = 0$,那么意味着 M4TN 的输出点 2 是自由的,因此输入阻抗就变成为

$$Z_1^* = B/D \qquad (3.47)$$

另外,根据上面这些结果不难看出,对于上述两种特殊情况,$C/A$ 和 $D/B$ 就是对应的输入导纳[17]。

### 3.4.3　力学四端网络的连接问题

一些最简单的被动元件的特性参数是已知的(表 3.1),利用它们可以构造出任意结构形式的振动防护装置。此外,利用 M4TN 的理论还可以确定出复杂的振动防护装置的特性参数。这一节中我们将针对以下这些 M4TN 的连接形式进行分析,即串联连接、并联连接、分支连接等,如图 3.24 所示。其他的连接类型可以参考文献[11,15 - 17]。

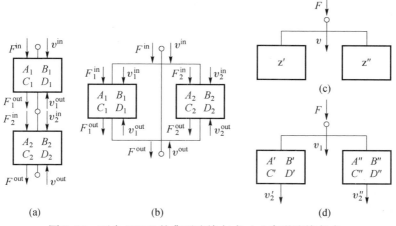

图 3.24　两个 M4TN 的典型连接方式:(a)串联连接方式;
(b)并联连接方式;(c),(d)分支连接方式

**1. 分级连接方式(即串联连接)**

如图 3.24(a)所示,对于这种连接方式,第一个 M4TN 的输出端是连接到第二个 M4TN 的输入端的,此时有 $F_1^{out} = F_2^{in}$, $v_1^{out} = v_2^{in}$。

如果两个 M4TN 是采用的这种分级连接方式,同时二者均是以 A 格式给出,即 $A_1^0$ 和 $A_2^0$,那么可以构造出一个等效的 M4TN,其特性矩阵可以表示为

$$A_0 = A_1^0 A_2^0 \tag{3.48a}$$

将其展开之后,应为

$$A_0 = \begin{bmatrix} A & B \\ C & D \end{bmatrix} = \begin{bmatrix} A_1 A_2 + B_1 C_2 & A_1 B_2 + B_1 D_2 \\ C_1 A_2 + D_1 C_2 & C_1 B_2 + D_1 D_2 \end{bmatrix} \tag{3.48b}$$

式(3.48a)可适用于任意数量个 M4TN 串联的情况(均以 A 格式表达)。

**2. 并联连接方式**

如图 3.24(b)所示,对于这种并联连接方式,可以给出如下关系式:

$$F^{inp} = F_1^{in} + F_2^{in}, F^{out} = F_1^{out} + F_2^{out},$$

$$v^{inp} = v_1^{in} = v_2^{in}, v^{out} = v_1^{out} = v_2^{out}$$

如果这两个并联的 M4TN 都是以 A 格式给出的,即 $A_1^0$ 和 $A_2^0$,那么等效后的 M4TN 应具有如下的特性矩阵:

$$A_0 = \begin{bmatrix} A & B \\ C & D \end{bmatrix}$$

其中

$$\begin{cases} A = \dfrac{A_1 C_2 + A_2 C_1}{C_1 + C_2} \\[2mm] B = B_1 + B_2 + \dfrac{(A_1 - A_2)(D_1 - D_2)}{C_1 + C_2} \\[2mm] C = \dfrac{C_1 C_2}{C_1 + C_2} \\[2mm] D = \dfrac{C_1 D_2 + C_2 D_1}{C_1 + C_2} \end{cases} \tag{3.49}$$

如果每一个 M4TN 是以 Z 格式给出的,即 $Z_1$ 和 $Z_2$,那么等效的 M4TN 的矩阵 $Z$ 就应为

$$Z = Z_1 + Z_2 \tag{3.50a}$$

将其展开后,借助 A 格式中的特性参数,我们有

$$Z = \begin{bmatrix} A_1 C_1^{-1} + A_2 C_2^{-1} & -C_1^{-1} - C_2^{-1} \\ C_1^{-1} + C_2^{-1} & -D_1 C_1^{-1} - D_2 C_2^{-1} \end{bmatrix} \tag{3.50b}$$

式(3.50a)适用于任意数量个 M4TN 的并联连接情况(均以 Z 格式表达)。

特殊情况:

(1)假定构成复合 M4TN 的最简单的模块中,质量元件这个模块被移除了。此时,等效 M4TN 的矩阵 $A$ 中的元素将有 $B = 0, A = D = 1$。如果模块间是串联连接方式的,那么等效 M4TN 中的元素 $C$ 将等于所有最简 M4TN 的特性参数 $C_i$ 之和,即

$$C = \sum_{i=1}^{n} C_i \tag{3.51a}$$

如果模块间是以并联方式连接起来的,那么等效 M4TN 的元素 $C$ 可以按下面这个式子来计算,即

$$C^{-1} = \sum_{i=1}^{n} C_i^{-1} \tag{3.51b}$$

(2)如果最简模块都是无质量的弹性元件,那么根据表 3.1(第三行)和式(3.51a),串联方式连接的模块的等效柔度就应当等于各个弹性元件柔度的总和,即

$$k_{\text{eq}}^{-1} = \sum_{i=1}^{n} k_i^{-1} \tag{3.51c}$$

如果模块间是以并联方式连接起来的,那么根据式(3.51b),等效后的刚度就应当等于各个弹性元件刚度的总和,即

$$k_{\text{eq}}^{\text{par}} = \sum_{i=1}^{n} k_i \tag{3.51d}$$

(3)如果最简模块只包含了阻尼器,那么根据表 3.1 和式(3.51a)、式(3.51b),串联和并联方式连接所对应的等效阻尼参数分别应为

$$b_{\text{eq}}^{\text{ser}} = \left( \sum_{i=1}^{n} b_i^{-1} \right)^{-1} \tag{3.52a}$$

$$b_{\text{eq}}^{\text{par}} = \sum_{i=1}^{n} b_i \tag{3.52b}$$

(4)如果弹性元件的刚度系数 $k \to \infty$ 且黏性阻尼系数 $b \to \infty$,那么根据表 3.1,这些模块的所有特性参数与绝对刚性杆就是一致的了。

实例 3.10　如图 3.25(a)所示为一个黏弹性模块,它代表的是两个元件的组合,即弹簧 $k$ 和阻尼器 $b$。试分析这个模块所对应的 M4TN,并计算 A 格式的参数。

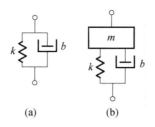

图 3.25　最简单的力学系统:(a)无惯性元件的 $k-b$ 系统;
(b)惯性元件 $m$ 与 $k-b$ 元件组成的系统

这个系统中的两个元件是以并联方式连接起来的(图 3.24(b)),弹性元件 $k$ 和阻尼元件 $b$ 的特性参数矩阵分别应为 $\boldsymbol{A}_0^k = \begin{bmatrix} 1 & 0 \\ \mathrm{j}\omega/k & 0 \end{bmatrix}$ 和 $\boldsymbol{A}_0^b = \begin{bmatrix} 1 & 0 \\ b^{-1} & 0 \end{bmatrix}$ (表 3.1)。根据式(3.49)可知,等效 M4TN 的参数应为

$$
\begin{cases}
\boldsymbol{A} = \dfrac{A_1 C_2 + A_2 C_1}{C_1 + C_2} = \dfrac{1 \cdot b^{-1} + 1 \cdot \mathrm{j}\omega k^{-1}}{\mathrm{j}\omega k^{-1} + b^{-1}} = 1 \\[2mm]
\boldsymbol{B} = B_1 + B_2 + \dfrac{(A_1 - A_2)(D_1 - D_2)}{C_1 + C_2} = 0 \\[2mm]
\boldsymbol{C} = \dfrac{C_1 C_2}{C_1 + C_2} = \dfrac{\mathrm{j}\omega k^{-1} \cdot b^{-1}}{\mathrm{j}\omega k^{-1} + b^{-1}} = \dfrac{1}{b + \dfrac{k}{\mathrm{j}\omega}} = \dfrac{\mathrm{j}\omega}{k + \mathrm{j}\omega b} = \dfrac{\mathrm{j}\omega}{\tilde{k}} \\[2mm]
\boldsymbol{D} = \dfrac{C_1 D_2 + C_2 D_1}{C_1 + C_2} = 1
\end{cases}
\tag{3.53a}
$$

其中, $\tilde{k} = k + \mathrm{j}\omega b$,它的倒数为

$$
\tilde{k}^{-1} = (k + \mathrm{j}\omega b)^{-1} = \frac{1}{k\lambda}\left(1 - \frac{\omega b}{k}\right),\ \lambda = 1 + \frac{\omega^2 b^2}{k^2}
$$

这两个量分别称为复刚度和复柔度。

对于 M4TN 的特征元素 $\boldsymbol{C}$,其计算公式如下:

$$
\boldsymbol{C} = \frac{C_1 C_2}{C_1 + C_2} = \frac{\dfrac{\mathrm{j}\omega}{k} \cdot \dfrac{1}{b}}{\dfrac{\mathrm{j}\omega}{k} + \dfrac{1}{b}} = \frac{\dfrac{\mathrm{j}\omega}{k} \cdot \dfrac{1}{b}}{\dfrac{\mathrm{j}\omega}{k} + \dfrac{1}{b}} \cdot \frac{\dfrac{1}{b} - \dfrac{\mathrm{j}\omega}{k}}{\dfrac{1}{b} - \dfrac{\mathrm{j}\omega}{k}} = \frac{\omega}{k} \frac{1}{1 + \dfrac{\omega^2 b^2}{k^2}}\left(\frac{\omega b}{k} + \mathrm{j}\right)
$$

$$
= \frac{\omega}{k} \frac{1}{\lambda}\left(\frac{\omega b}{k} + \mathrm{j}\right)
\tag{3.53b}
$$

对于一系列黏弹性模块来说,它们之间既可以是以并联方式连接也可以是以串联方式连接。

(1)如果 $n$ 个黏弹性模块是以并联方式连接的,那么等效模块的总复刚度

应为[17]

$$\tilde{k} = \sum_{i=1}^{n} \tilde{k}_i = \sum_{i=1}^{n} k_i + j\omega \sum_{i=1}^{n} b_i = k_{eq} + j\omega b_{eq} \tag{3.54}$$

其中,等效刚度和等效阻尼必须按照式(3.51d)和(3.52b)进行计算。此时对应的 M4TN 的参数为 $A = D = 1$,$B = 0$,而 $C$ 的值可以通过式(3.53a)进行计算。

(2)如果 $n$ 个黏弹性模块是以串联方式连接的,那么等效模块的总复刚度应为

$$\tilde{k} = \left( \sum_{i=1}^{n} k_i^{-1} \right)^{-1} = k_{eq}^{ser} + j\omega b_{eq}^{ser} \tag{3.55}$$

其中,等效刚度 $k_{eq}^{ser}$ 和等效阻尼 $b_{eq}^{ser}$ 可以通过式(3.51c)和(3.52a)计算。这里我们假定对所有 $n$ 个连接来说都有 $k_i/b_i = \text{const}$,对于等效的 M4TN 来说这一关系式仍然成立。该 M4TN 的参数为 $A = D = 1$,$B = 0$,而元素 $C$ 可以按照式(3.53a)和式(3.53b)计算。

**实例 3.11**　设有一个由 $m - k$ 元件组成的振动系统(图 3.26)受到了简谐力 $F_1$ 的激励。试确定支撑的作用力,即输出力 $F_2$,其中的支撑假定为绝对刚性体。

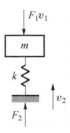

图 3.26　$m - k$ 元件组成的振动系统及对应的 M4TN 中的输入输出

整个系统可以视为两个 M4TN 的串联连接,第一个 M4TN 是质量 $m$,第二个是弹簧 $k$。等效 M4TN 的矩阵为 $A_0 = A_1 A_2$,根据式(3.48a)和表 3.1,不难得到

$$A_0 = A_1 A_2 = \begin{bmatrix} 1 & j\omega m \\ 0 & 1 \end{bmatrix} \cdot \begin{bmatrix} 1 & 0 \\ j\omega/k & 1 \end{bmatrix} = \begin{bmatrix} 1 - \omega^2 m/k & j\omega m \\ j\omega/k & 1 \end{bmatrix}$$

输入和输出参数之间的矩阵关系式应为:

$$\begin{bmatrix} F_1 \\ v_1 \end{bmatrix} = A_0 \begin{bmatrix} F_2 \\ v_2 \end{bmatrix}$$

由此我们可以写出:$F_1 = (1 - \omega^2 m/k) F_2 + j\omega m v_2$。考虑到这里的支撑是不可移动的,于是有 $v_2 = 0$,由此可得支撑作用力为

$$F_2 = \frac{F_1}{1 - \omega^2 m/k} = \frac{F_1}{1 - \omega^2/\omega_0^2}, \omega_0^2 = \frac{k}{m}$$

实例 3.12　试分析图 3.25(b) 所示的由质量 – 弹簧 – 阻尼器构成的振动系统。

这些被动元件的组合可以视为两个 M4TN 的串联连接。第一个 M4TN (M4TN$_1$) 只包括了质量 $m$，第二个 (M4TN$_2$) 代表了刚度 $k$ 和阻尼 $b$ 的并联组合。根据式(3.48b)，并考虑到 M4TN$_2$ 的表达式(参见实例 3.10，式(3.53b))，我们有

$$\boldsymbol{A}_0 = A_m A_{k-b} = \begin{bmatrix} 1 & \mathrm{j}\omega m \\ 0 & 1 \end{bmatrix} \cdot \begin{bmatrix} 1 & 0 \\ \dfrac{\omega}{k}\dfrac{1}{\lambda}\left(\dfrac{\omega b}{k} + \mathrm{j}\right) & 1 \end{bmatrix}, \lambda = 1 + \dfrac{\omega^2 b^2}{k^2}$$

最后，M4TN 的矩阵 $\boldsymbol{A}$ 所包含的元素为

$$\begin{cases} \boldsymbol{A} = A_1 A_2 + B_1 C_2 = 1 - \omega^2 \dfrac{m}{k}\dfrac{1}{\lambda} + \mathrm{j}\dfrac{\omega b}{k}\dfrac{\omega^2 m}{k}\dfrac{1}{\lambda} \\[2mm] \boldsymbol{B} = A_1 B_2 + B_1 D_2 = \mathrm{j}\omega m \\[2mm] \boldsymbol{C} = C_1 A_2 + D_1 C_2 = \dfrac{\omega}{k}\dfrac{\omega b}{k}\dfrac{1}{\lambda} + \mathrm{j}\dfrac{\omega}{k}\dfrac{1}{\lambda} = \dfrac{\omega}{k\lambda}\left(\dfrac{\omega b}{k} + \mathrm{j}\right) \\[2mm] \boldsymbol{D} = C_1 B_2 + D_1 D_2 = 1 \end{cases}$$

关于更多由被动元件($m$、$b$ 和 $k$) 构成的复杂力学系统，如两级和三级系统等，以及它们所对应的等效 M4TN，可参阅文献[17]。

图 3.24(c)，(d) 给出了最简单的分支系统，简谐激励力 $F$ 作用在两个分支之间的位置。显然，作用到每个 M4TN 上的力是与阻抗 $Z'$、$Z''$ 成比例的，即

$$F = F' + F'', \frac{F'}{F''} = \frac{Z'}{Z''}$$

由于并联的 M4TN 的总阻抗为 $Z = Z' + Z''$，因此两个分支的输入速度是相同的，即

$$v_1 = \frac{F}{Z' + Z''} = \frac{F'}{Z'} + \frac{F''}{Z''} \tag{3.56}$$

特殊情况：

如果假定两个 M4TN 的输出点 2 是自由的(图 3.24(c))，那么根据式(3.43)可知，它们的输出速度应分别为[17]

$$\begin{cases} v_2' = \dfrac{F'}{B'} \\[2mm] v_2'' = \dfrac{F''}{B''} \end{cases} \tag{3.57}$$

由于每个 M4TN 都有自由运动,因此有

$$\begin{cases} Z' = \dfrac{B'}{D'} \\ Z'' = \dfrac{B''}{D''} \end{cases}$$

作用到每个 M4TN 上的力则为

$$\begin{cases} F' = \dfrac{FZ'}{Z' + Z''} = \dfrac{F}{1 + Z''/Z'} = \dfrac{FD''B'}{D''B' + B''D'} \\ F'' = \dfrac{FZ''}{Z' + Z''} = \dfrac{FD'B''}{D''B' + B''D'} \end{cases}$$

每一个 M4TN 的输出速度可以用输入力和特性参数 $B$、$D$ 来表达,即

$$\begin{cases} v'_2 = \dfrac{F'}{B'} = \dfrac{FD''}{D''B' + B''D'} \\ v''_2 = \dfrac{F''}{B''} = \dfrac{FD'}{D''B' + B''D'} \end{cases} \tag{3.58}$$

一般情况下 $v'_2 \neq v''_2$,这二者之间的比值依赖于每个 M4TN 的特性参数 $D$,即

$$\frac{v'_2}{v''_2} = \frac{D''}{D'}$$

如果 $D' = D''$,那么有 $v'_2 = v''_2$,此时图 3.24(d)所示的分支系统将转变为具有公共的输出端的并联 M4TN 系统(图 3.24(b))。

对于一个多级动力学系统,如果它在一个中间级上受到了激励作用,此时扰动将向两个方向传播出去,显然这类系统必须考虑为分支系统。因此,对于多级振动防护装置来说,根据力或速度的作用点不同,应当将其视为一个 M4TN 的串联连接或者分支系统来处理。

实例 3.13　设有一个两级系统受到了简谐型激励的作用,如图 3.27(a)所示,试从 M4TN 层面分析之。

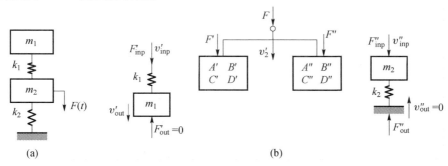

图 3.27　两级动力学系统:(a)动力吸振器原理简图;
(b)将动力吸振器视为由两个 M4TN 组成的分支系统

从 M4TN 角度来看,这一动力学系统可以视为一个分支系统,其中的两个 M4TN 如图 3.27(b)所示。第一个 M4TN 包括了串联方式连接的元件组合 $k_1 - m_1$,它的 A 格式($A'_0$)可以通过四个特性参数来描述,即 $A'$、$B'$、$C'$ 和 $D'$。应当注意,在图 3.27(b)中这个 M4TN 已经相对于起始位置(图 3.27(a))转动了180°,输入力为 $F'_{inp} = F'$。

第二个 M4TN 包括了两个串联元件 $m_2 - k_2$,其 A 格式为 $A''_0$,特性参数为 $A''$、$B''$、$C''$ 和 $D''$,输入力为 $F''_{inp} = F''$。

为了确定系统的总阻抗,必须先得到每一个 M4TN 的矩阵 $A_0$。

对于 $k_1 - m_1$ 元件组合而言,由于力首先作用在弹性元件 $k_1$ 上,然后再传递到质量 $m_1$ 上,因此我们有

$$A'_0 = A_{k_1} A_{m_1} = \begin{bmatrix} 1 & 0 \\ j\omega/k_1 & 1 \end{bmatrix} \cdot \begin{bmatrix} 1 & j\omega m_1 \\ 0 & 1 \end{bmatrix} = \begin{bmatrix} 1 & j\omega m_1 \\ j\omega/k_1 & -\omega^2 m_1/k_1 + 1 \end{bmatrix}$$

第一个 M4TN 的输入和输出参数之间的关系为

$$\begin{cases} F'_{inp} = 1 \cdot F'_{out} + j\omega m_1 \cdot v'_{out} \\ v'_{inp} = \dfrac{j\omega}{k_1} \cdot F'_{out} + (1 - \omega^2 m_1/k_1) v'_{out} \end{cases}$$

考虑到这个 M4TN 的输出端是自由的,即 $F'_{out} = 0$,因此其阻抗应为

$$Z' = \frac{F'_{inp}}{v'_{inp}} = \frac{j\omega m_1}{1 - \omega^2 m_1/k_1}$$

对于元件组合 $m_2 - k_2$ 来说,其特性矩阵已经在实例3.11中推导过了,即

$$A''_0 = \begin{bmatrix} 1 - \omega^2 m_2/k_2 & j\omega m_2 \\ j\omega/k_2 & 1 \end{bmatrix}$$

很容易验证 $\mathrm{Det}A'_0 = \mathrm{Det}A''_0 = 1$。

第二个 M4TN 的输入和输出参数之间的关系为

$$\begin{cases} F''_{inp} = (1 - \omega^2 m_2/k_2) \cdot F''_{out} + j\omega m_2 \cdot v''_{out} \\ v'_{inp} = \dfrac{j\omega}{k_2} \cdot F''_{out} + 1 \cdot v''_{out} \end{cases}$$

考虑到输出端是不可移动的,即 $v''_{out} = 0$,因此这个 M4TN 的阻抗为

$$Z'' = \frac{F''_{inp}}{v'_{inp}} = \frac{k_2(1 - \omega^2 m_2/k_2)}{j\omega}$$

于是总阻抗就变成 $Z = Z' + Z''$,总速度和每个 M4TN 的输入速度为 $v = v'_{inp} = v''_{inp} = F/Z$。质量 $m_2$ 的位移为

$$x_2 = -\frac{jv''_{inp}}{\omega} = -\frac{j}{\omega}\frac{F}{Z} = \frac{F(1 - \omega^2 m_1/k_1)}{-\omega^2 m_1 + k_2(1 - \omega^2 m_1/k_1)(1 - \omega^2 m_2/k_2)}$$

重新整理上式后可以得到

$$x_2 = \frac{F(k_1 - \omega^2 m_1)}{(k_1 - \omega^2 m_1)(k_1 + k_2 - \omega^2 m_2) - k_1^2} \tag{3.59}$$

如果 $k_1 - \omega^2 m_1 = 0$，那么质量 $m_2$ 将处于静止状态，这意味着 $k_1 - m_1$ 部分实际上就代表了一个动力吸振器了。

实例 3.14　一根悬臂梁的自由端安装了一个 $k_1 - m_1$ 装置和一个集中质量 $M$，梁长为 $l$，弯曲刚度为 $EI$，且受到了简谐激励力 $F$ 的作用，作用点位于集中质量 $M$ 上，如图 3.28(a)所示。若将其视为由两个力学四端网络组成的分支系统（图 3.28(b)），试分析这一系统的特性。

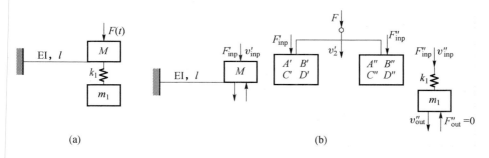

图 3.28　动力吸振器：(a)原理简图；(b)作为分支系统的动力学结构

第一个 M4TN(特征参数 $A'$、$B'$、$C'$ 和 $D'$)包括了两个串联连接起来的 M4TN，它们分别与集中质量 $M$ 和悬臂梁相关。于是，这个"集中质量 – 梁"系统就可以表示为如下的 A 格式，即

$$A_{\text{M-beam}} = A_M A_{\text{beam}} = \begin{bmatrix} 1 & j\omega M \\ 0 & 1 \end{bmatrix} \cdot \begin{bmatrix} 1 & \dfrac{1}{j\omega\delta} \\ 0 & 1 \end{bmatrix} = \begin{bmatrix} 1 & \dfrac{1}{j\omega\delta} + j\omega M \\ 0 & 1 \end{bmatrix}, \delta = \frac{l^3}{3EI}$$

特征参数 $B'$ 就是该结构部分的阻抗，即

$$Z' = \frac{1}{j\omega\delta} + j\omega M$$

第二个 M4TN(特性参数为 $A''$、$B''$、$C''$ 和 $D''$)包括了两个串联连接起来的 M4TN，它们分别是与弹性元件 $k_1$ 和质量 $m_1$ 相关的。这一连接方式在前面已经考察过了，参见实例 3.13，它的阻抗为 $Z'' = \dfrac{j\omega m_1}{1 - \omega^2 m_1/k_1}$，因此整个系统的总阻抗为

$$Z_{\text{tot}} = \frac{1}{j\omega\delta} + j\omega M + \frac{j\omega m_1}{1 - \omega^2 m_1/k_1}$$

梁的端点处的位移则为

$$x = \frac{1}{j\omega}v' = \frac{1}{j\omega}\frac{F}{Z_{\mathrm{tot}}} = \frac{1}{j\omega}\frac{F}{\dfrac{1}{j\omega\delta} + j\omega M + \dfrac{j\omega m_1}{1 - \omega^2 m_1/k_1}}$$

重新整理后可得

$$x = \frac{F(k_1 - \omega^2 m_1)}{(k_1 - \omega^2 m_1)(k_1 + k_2 - \omega^2 m_2) - k_1^2}, \quad k_2 = \frac{1}{\delta} = \frac{3EI}{l^3}, \quad m_2 = M$$

我们可以看出,这里的 $k_1 - m_1$ 起到的是动力吸振器的作用。此外也可以看出,将质量 $M$ 从第一个 M4TN 中移除然后纳入到第二个 M4TN 中也是可行的。

这里考虑一个将振动防护装置安装在设备(振动源)和基础支撑之间的情况。假定这里的基础支撑的阻抗为 $Z_f$,并将该振动防护装置视为特性参数为 $A$、$B$、$C$ 和 $D$ 的 M4TN。

该 M4TN 的输入是力 $\boldsymbol{P}_1$ 和速度 $\boldsymbol{v}_1$,输出为力 $\boldsymbol{P}_2$ 和速度 $\boldsymbol{v}_2$,参见图 3.29。现在的问题是如何确定输入阻抗,这里应当将这个振动防护装置输出端的附加结构考虑进来。

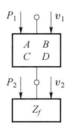

图 3.29　M4TN 与支撑阻抗为 $Z_f$ 的连接

这个 M4TN 的 A 格式描述应为

$$\begin{cases} \boldsymbol{P}_1 = \boldsymbol{A}\boldsymbol{P}_2 + \boldsymbol{B}\boldsymbol{v}_2 \\ \boldsymbol{v}_1 = \boldsymbol{C}\boldsymbol{P}_2 + \boldsymbol{D}\boldsymbol{v}_2 \end{cases} \tag{3.60}$$

输出量 $\boldsymbol{P}_2$、$\boldsymbol{v}_2$ 与基础支撑的阻抗 $Z_f$ 之间是通过关系 $\boldsymbol{P}_2 = \boldsymbol{v}_2 Z_f$ 联系到一起的,将这一关系代入到上式中,我们可以导出考虑基础阻抗 $Z_f$ 的系统的输入阻抗表达式,即

$$Z_{\mathrm{inp}} = \boldsymbol{Z}_1 = \frac{\boldsymbol{P}_1}{\boldsymbol{v}_1} = \frac{\boldsymbol{A}Z_f + \boldsymbol{B}}{\boldsymbol{C}Z_f + \boldsymbol{D}}$$

特殊情况:

(1)如果 $Z_f = 0$(即 M4TN 带有自由端),于是 $Z_{\mathrm{inp}} = \boldsymbol{Z}_1 = \dfrac{\boldsymbol{P}_1}{\boldsymbol{v}_1} = \dfrac{\boldsymbol{B}}{\boldsymbol{D}}$。

（2）如果 $Z_f = \infty$（即 M4TN 带有固定端或者说基础支撑是不可变形的），于是有

$$Z_{\text{inp}} = Z_1 = \frac{P_1}{v_1} = \frac{A}{C}$$

对于力学过滤器来说，即在特定频率范围内抑制振动的装置，利用 M4TN 理论也可以很方便地进行分析。Johnson[22]、Druzhinsky[15] 和 Bulgakov[16] 等人对此曾经做过详细的研究工作，感兴趣的读者可以参阅这些相关文献。

## 3.5　带有分布参数的被动元件的力学多端网络

如果我们将带有分布参数的元件引入进来，那么系统振动防护问题中的被动元件的范畴也就得到了进一步拓展。在最简单的连续型元件中，均匀的弹性杆、梁和板是比较典型的代表。下面我们将考察弹性杆的 M4TN 描述，这里将分析两个模型，它们分别描述的是均匀杆的纵向振动和横向振动。

### 3.5.1　用于描述杆的纵向振动的 M4TN

现在我们先来考虑一根长度为 $l$、横截面面积为 $A$ 的均匀弹性杆，该弹性杆做简谐型的纵向振动，如图 3.30（a）所示。

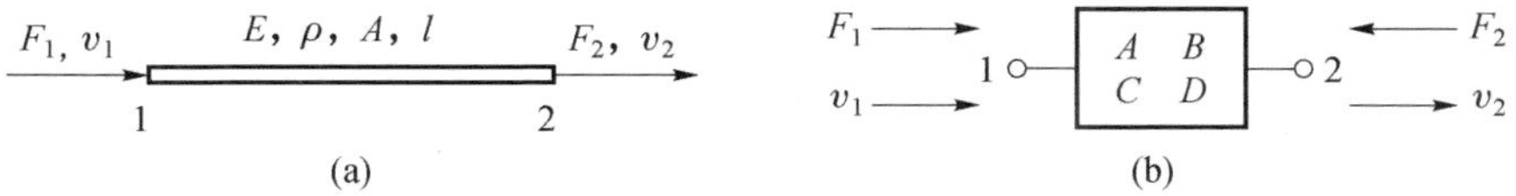

图 3.30　（a）均匀杆纵向振动的相关参数；

（b）以 M4TN 形式描述的均匀杆纵向振动模型

这一被动元件可以通过标准的 M4TN 的 $A_0$ 格式来描述，即[20,22]

$$\begin{bmatrix} F_1 \\ v_1 \end{bmatrix} = \begin{bmatrix} \cos\beta l & jEAc_0^{-1}\sin\beta l \\ jc_0\,(EA)^{-1} & \cos\beta l \end{bmatrix}\begin{bmatrix} F_2 \\ v_2 \end{bmatrix} \tag{3.61}$$

式中：$\beta$ 为传播常数，即波数，$\beta = \omega/c_0$；$\omega$ 为激励频率；$c_0$ 为杆材料中压缩 – 拉伸波传播速度，$c_0 = \sqrt{E/\rho}$；$E$ 和 $\rho$ 分别为杆材料的弹性模量和质量密度。

矩阵 $A_0$ 的元素 $B$ 和 $C$ 分别具有阻抗单位和导纳单位，可以看出 $|A_0| = 1$。上面这个方程是以 $A_0$ 格式表达的，它也可以转换为其他的格式，比如 Z 格式或 Y 格式。

应当指出的是，这里给出的数学模型也适用于总质量为 $M = \rho l A$ 的均匀弹簧

（不考虑摩擦）。

实例 3.15 考虑一个由质量 $m$、弹簧（刚度系数为 $k$）和一根可变形的杆（参数为 $E$、$A$、$l$ 和 $\rho$）所组成的动力学系统,其中杆的弯曲变形可以忽略不计,如图 3.31 所示。现在设该系统受到了简谐激励力 $F(t)$ 的作用,试计算传递系数 $F_2/F_1$。

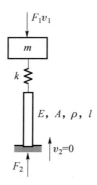

图 3.31 由集中质量 $m$、弹性元件 $k$ 和弹性杆组成的复杂动力学系统

我们可以将这个结构系统视为由三个 M4TN 以串联方式连接起来的组合,输入和输出参数之间的关系应为

$$\begin{bmatrix} \boldsymbol{F}_1 \\ \boldsymbol{v}_1 \end{bmatrix} = A_0 \begin{bmatrix} \boldsymbol{F}_2 \\ \boldsymbol{v}_2 \end{bmatrix}$$

特性参数矩阵则为

$$\boldsymbol{A}_0 = A_m A_k A_{\mathrm{rod}} = \begin{bmatrix} 1 & \mathrm{j}\omega m \\ 0 & 1 \end{bmatrix} \cdot \begin{bmatrix} 1 & 0 \\ \mathrm{j}\omega/k & 1 \end{bmatrix} \cdot \begin{bmatrix} \cos\beta l & \mathrm{j}EAc_0^{-1}\sin\beta l \\ \mathrm{j}c_0 (EA)^{-1}\sin\beta l & \cos\beta l \end{bmatrix}$$

其中,$\beta l = \omega l/c_0$,$c_0 = \sqrt{E/\rho}$。由于 $v_2 = 0$,因此传递率的表达式就变为

$$\frac{F_2}{F_1} = \frac{1}{\left(1 - \dfrac{\omega^2 m}{k}\right)\cos\beta l - \omega m \dfrac{c_0}{EA}\sin\beta l} \tag{3.62}$$

如果这根杆是绝对刚性的,那么我们有

$$c_0 \to \infty, E \to \infty, \cos\beta l \to 1, \lim_{c_0 \to \infty} c_0 \sin\frac{\omega l}{c_0} = \omega l, \lim_{E \to \infty} \frac{\omega^2 ml}{EA} = 0$$

于是,前式分母中的第二项将等于零,这样我们也就得到了人们所熟知的下述关系式:

$$\frac{F_2}{F_1} = \left(1 - \frac{\omega^2 m}{k}\right)^{-1} \tag{3.63}$$

实例 3.16 设有一个动力学系统由一根可变形的杆和一个附加装置构成，其中的杆的参数为 $E$、$A$、$l$ 和 $\rho$，附加装置的阻抗为 $Z_r$，如图 3.32 所示。试分析这一系统。

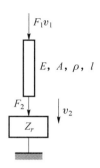

图 3.32 由弹性杆和杆末端的附加装置(阻抗为 $Z_r$)组成的复杂动力学系统

可以令杆的顶端(输入点 1)的简谐力和速度分别为 $F_1$ 和 $v_1$，杆底端的力和速度分别为 $F_2$ 和 $v_2$，它们作为输入量将经过附加装置进行传递。事实上，这一系统的动态传递系数可以表示为[23]

$$
\begin{cases}
\mu_f = \dfrac{F_2}{F_1} = \dfrac{1}{\cos\beta l + \mathrm{j}(Z_0/Z_r)\sin\beta l} \\[3mm]
\mu_v = \dfrac{v_2}{v_1} = \dfrac{1}{\cos\beta l + \mathrm{j}(Z_r/Z_0)\sin\beta l} \\[3mm]
\beta = \dfrac{\omega}{c_0} \\[3mm]
c_0 = \sqrt{\dfrac{E}{\rho}} \\[3mm]
Z_0 = \rho c_0 A
\end{cases}
\tag{3.64}
$$

其中，$Z_0$ 对应的是无限长的杆。

如果放置于杆底部点 2 和基础之间的是一个刚度为 $k$ 的弹性元件，那么此时有 $Z_k = Z_r = -\mathrm{j}k/\omega$，于是对于复数量 $\mathrm{j}(Z_0/Z_r)$ 其值将为 $\dfrac{k}{\omega\rho c_0 A}$。传递系数 $\mu_f$ 将随着杆横截面面积 $A$ 的增大而增加，而 $\mu_v$ 则随之减少。

此外，在将阻抗 $Z_r$ 考虑进来后，这一系统的输入阻抗也就变为

$$
Z_{\mathrm{inp}} = \frac{F_1}{v_1} = Z_0\frac{Z_r\cos\beta l + \mathrm{j}Z_0\sin\beta l}{Z_0\cos\beta l + \mathrm{j}Z_r\sin\beta l} = Z_r\frac{\cos\beta l + \mathrm{j}(Z_0/Z_r)\sin\beta l}{\cos\beta l + \mathrm{j}(Z_r/Z_0)\sin\beta l} \tag{3.65}
$$

## 3.5.2　均匀梁横向振动的力学八端网络描述

前面已经针对弹性杆给出了如下描述：

（1）M2TN 形式的描述，输入端带有力参数 $F$（或弯矩 $M$）而输出端带有速度参数 $v$（或角速度 $\Omega$）。

（2）M4TN 形式的描述，输入和输出端均带有参数 $F$ 和 $v$，或者 $M$ 和 $\Omega$。

应当指出的是，对于弹性梁的振动来说，我们需要利用更复杂一些的形式才能完整地描述，即输入和输出端均带有参数 $M$、$F$、$v$ 和 $\Omega$。此类情况在机械滤波器设计和各类技术领域中的振动防护设计问题中都是十分重要的，特别是在电子领域更是如此[22]。不难看出，需要解决的主要问题就是在梁的描述中如何将所有这些参数都考虑进来。

这里我们来考察一根均匀弹性梁的情况，不妨设该梁的弯曲刚度为 EI，长为 $l$，材料密度为 $\rho$。如图 3.33 所示，这根梁可以视为一个力学八端网络，即 M8TN。在该网络的输入点 1 处，可以带有两组参数，即力参数和运动参数。力参数包括了弯矩 $M_1$ 和力 $F_1$，运动学参数则包括了线速度和角速度（$v_1$，$\Omega_1$）。在网络的输出端（点 2），也存在相应的四个参数，即 $M_2$、$F_2$、$v_2$ 和 $\Omega_2$。根据问题性质的不同，这些参数中的一部分是给定的，它们可以仅仅是输入参数或者输出参数，也可以同时包含输入和输出参数。

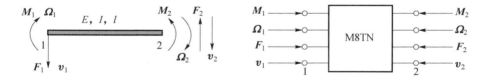

图 3.33　梁的横向振动的相关参数与对应的 M8TN 模型描述

在 M8TN 中，状态方程可以表示成不同格式，如果假定输出端的参数矢量 $v_2$、$\Omega_2$、$M_2$ 和 $F_2$ 是已知的，那么这个 M8TN 的数学模型就可以写成如下形式：

$$[v_1, \Omega_1, M_1, F_1]^{\mathrm{T}} = A_8 [v_2, \Omega_2, M_2, F_2]^{\mathrm{T}} \tag{3.66}$$

式中，T 代表的是转置运算。

通过类比 M4TN 的 $A$ 格式可以看出，上面这一模型形式就是其相应的推广，即 $A_8$ 格式。矩阵 $A_8$ 具有一个重要的性质，即 $\det A_8 = 1$。

根据式（3.66）来求解矢量 $F_1$、$M_1$、$F_2$ 和 $M_2$，可以得到 M8TN 的另一描述形式，即阻抗矩阵的格式：

$$[F_1, M_1, F_2, M_2]^{\mathrm{T}} = Z_8 [v_1, \Omega_1, v_2, \Omega_2]^{\mathrm{T}} \tag{3.67}$$

如果将这一关系式倒置,则可以获得以导纳矩阵格式描述的形式:

$$[\boldsymbol{v}_1, \boldsymbol{\Omega}_1, \boldsymbol{v}_2, \boldsymbol{\Omega}_2]^{\mathrm{T}} = \boldsymbol{Y}_8 [\boldsymbol{F}_1, \boldsymbol{M}_1, \boldsymbol{F}_2, \boldsymbol{M}_2]^{\mathrm{T}} \tag{3.68}$$

当然,其他格式的描述也是可以的。每一种格式都可以将给定的参数矢量和未知的参数矢量联系起来。

通过类比 M4TN 可以看出,M8TN 也可以有各种不同的连接方式。最简单的情况就是分级连接,此时第一个 M8TN 的输出端将连接到第二个 M8TN 输入端上(参数应一一对应)。在分级连接方式中,我们有 $S_2' = S_1''$ 这一关系式,其中的 $S$ 代表的是 $\boldsymbol{M}$、$\boldsymbol{F}$、$\boldsymbol{v}$ 和 $\boldsymbol{\Omega}$。符号 $S_2'$ 代表了第一个 M8TN(单个上撇号)的一组输出参数(下标为 2),而 $S_1''$ 则代表了第二个 M8TN(双上撇号)的一组输入参数(下标为 1)。

对于每一个 M8TN 来说,我们都可以写出 $A_8$ 格式描述的状态方程:$S_1' = A_8'S_2'$;$S_1'' = A_8''S_2''$。考虑到 $S_2' = S_1''$ 这一关系,进而可得

$$[\boldsymbol{v}_1', \boldsymbol{\Omega}_1', \boldsymbol{M}_1', \boldsymbol{F}_1']^{\mathrm{T}} = A_8'A_8'' [\boldsymbol{v}_2'', \boldsymbol{\Omega}_2'', \boldsymbol{M}_2'', \boldsymbol{F}_2'']^{\mathrm{T}} \tag{3.69}$$

如果两个 M8TN 是分级连接起来的,那么等效的 M8TN 的特性矩阵 $A$ 就等于它们的特性矩阵 $A_8$ 的乘积。对于均匀梁来说,可以得到如下一些结果:

无质量的梁的情况:设梁的长度为 $l$,弯曲刚度为 $EI$,参数 $n_0 = l^3/EI$。根据文献[13],这个 M8TN 的 $A_8$ 格式应为 $\boldsymbol{S}_1 = A_8\boldsymbol{S}_2$,其中的 $S$ 为 $\boldsymbol{S} = [\upsilon\Omega MF]^{\mathrm{T}}$,即

$$\begin{bmatrix} \boldsymbol{v}_1 \\ \boldsymbol{\Omega}_1 \\ \boldsymbol{M}_1 \\ \boldsymbol{F}_1 \end{bmatrix} = \begin{bmatrix} 1 & -l & -j\omega n_0/2l & -j\omega n_0/6 \\ 0 & 1 & \omega n_0/l^2 & j\omega n_0/2l \\ 0 & 0 & 1 & l \\ 0 & 0 & 0 & 1 \end{bmatrix} \begin{bmatrix} \boldsymbol{v}_2 \\ \boldsymbol{\Omega}_2 \\ \boldsymbol{M}_2 \\ \boldsymbol{F}_2 \end{bmatrix} \tag{3.70a}$$

如果将这一组方程相对输出状态矢量 $\boldsymbol{S}_2$ 来表达的话,可以得到

$$\begin{bmatrix} \boldsymbol{v}_2 \\ \boldsymbol{\Omega}_2 \\ \boldsymbol{M}_2 \\ \boldsymbol{F}_2 \end{bmatrix} = \begin{bmatrix} 1 & l & -j\omega n_0/2l & j\omega n_0/6 \\ 0 & 1 & -j\omega n_0/l^2 & j\omega n_0/2l \\ 0 & 0 & 1 & -l \\ 0 & 0 & 0 & 1 \end{bmatrix} \begin{bmatrix} \boldsymbol{v}_1 \\ \boldsymbol{\Omega}_1 \\ \boldsymbol{M}_1 \\ \boldsymbol{F}_1 \end{bmatrix} \tag{3.70b}$$

而如果将式(3.70a)或式(3.71)相对于由 $\boldsymbol{F}_1\boldsymbol{M}_1\boldsymbol{F}_2\boldsymbol{M}_2$ 构成的矢量来表达的话,则可得到阻抗矩阵形式的描述,即

$$\begin{cases} [\boldsymbol{F}_1, \boldsymbol{M}_1, \boldsymbol{F}_2, \boldsymbol{M}_2]^{\mathrm{T}} = \boldsymbol{Z}_8 [\boldsymbol{v}_1, \boldsymbol{\Omega}_1, \boldsymbol{v}_2, \boldsymbol{\Omega}_2]^{\mathrm{T}} \\ \\ \boldsymbol{Z}_8 = \dfrac{\mathrm{j}}{\omega n_0} \begin{bmatrix} -12 & -6l & 12 & -6l \\ -6l & -4l^2 & 6l & -2l^2 \\ -12 & -6l & 12 & -6l \\ 6l & 2l^2 & -6l & 4l^2 \end{bmatrix} \end{cases} \tag{3.71}$$

进一步还可以将这个 M8TN 表示成导纳矩阵的形式,即

$$[\boldsymbol{v}_1,\boldsymbol{\Omega}_1,\boldsymbol{v}_2,\boldsymbol{\Omega}_2]^{\mathrm{T}} = \boldsymbol{Y}_8 [\boldsymbol{F}_1,\boldsymbol{M}_1,\boldsymbol{F}_2,\boldsymbol{M}_2]^{\mathrm{T}}, \boldsymbol{Y}_8 = \boldsymbol{Z}_8^{-1} \quad (3.72)$$

上面这些方程都可以帮助我们建立系统两个不同位置处的状态矢量之间的关系。

实例 3.17 设有一根长度为 $l$,弯曲刚度为 $EI$ 的冗余梁,在支撑点 1 处受到弯矩 $\boldsymbol{M}_1$ 的作用,如图 3.34 所示,试确定支撑处的反作用力。

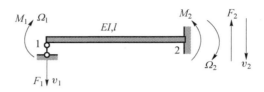

图 3.34 冗余梁结构简图及其对应的 M8TN 分析

求解过程:这一系统的输入和输出端可分别记为 1 和 2,图 3.34 中已经标注了运动参数和力参数的正方向。根据式(3.71),并考虑到边界条件 $\boldsymbol{v}_1 = \boldsymbol{v}_2 = \boldsymbol{\Omega}_2 = 0$,我们有

$$\begin{cases} \boldsymbol{v}_2 = l\boldsymbol{\Omega}_1 - \mathrm{j}\dfrac{\omega n_0}{2l}\boldsymbol{M}_1 + \mathrm{j}\dfrac{\omega n_0}{6}\boldsymbol{F}_1 = 0 \\[2mm] \boldsymbol{\Omega}_2 = \boldsymbol{\Omega}_1 - \mathrm{j}\dfrac{\omega n_0}{l^2}\boldsymbol{M}_1 + \mathrm{j}\dfrac{\omega n_0}{2l}\boldsymbol{F}_1 = 0 \\[2mm] \boldsymbol{M}_2 = \boldsymbol{M}_1 - l\boldsymbol{F}_1 \\[2mm] \boldsymbol{F}_2 = \boldsymbol{F}_1 \end{cases}$$

因此可以得到支撑处的反作用力(力矩)分别为 $\boldsymbol{F}_1 = \dfrac{3}{2}\dfrac{\boldsymbol{M}_1}{l}, \boldsymbol{M}_2 = -\dfrac{\boldsymbol{M}_1}{2}$[1]。

**惯性梁的情况** 设一根均匀梁的质量为 $M = \rho l A$,其中 $l$ 为梁的长度,$A$ 为横截面面积,$I$ 为横截面的惯性矩,$\rho$ 为材料密度。该梁现在做简谐的横向振动,其基本的矩阵方程可以表示为[22]

$$\begin{cases} [\boldsymbol{F}_1,\boldsymbol{M}_1,\boldsymbol{v}_1,\boldsymbol{\Omega}_1]^{\mathrm{T}} = 0.5G[\boldsymbol{F}_2,\boldsymbol{M}_2,\boldsymbol{v}_2,\boldsymbol{\Omega}_2]^{\mathrm{T}} \\[3mm] \begin{bmatrix} \boldsymbol{F}_1 \\ \boldsymbol{M}_1 \\ \boldsymbol{v}_1 \\ \boldsymbol{\Omega}_1 \end{bmatrix} = \dfrac{1}{2} \begin{bmatrix} H_3 & -H_2\dfrac{\alpha}{l} & -H_1\dfrac{K\alpha^3}{\mathrm{j}\omega l^3} & -H_4\dfrac{K\alpha^2}{\mathrm{j}\omega l^2} \\[2mm] H_1\dfrac{l}{\alpha} & H_3 & H_4\dfrac{K\alpha^2}{\mathrm{j}\omega l^2} & -H_2\dfrac{K\alpha}{\mathrm{j}\omega l} \\[2mm] H_2\dfrac{\mathrm{j}\omega l^3}{K\alpha^3} & H_4\dfrac{\mathrm{j}\omega l^2}{K\alpha^2} & H_3 & -H_1\dfrac{l}{\alpha} \\[2mm] -H_4\dfrac{\mathrm{j}\omega l^2}{K\alpha^2} & H_1\dfrac{\mathrm{j}\omega l}{K\alpha} & H_2\dfrac{\alpha}{l} & H_3 \end{bmatrix} \begin{bmatrix} \boldsymbol{F}_2 \\ \boldsymbol{M}_2 \\ \boldsymbol{v}_2 \\ \boldsymbol{\Omega}_2 \end{bmatrix} \end{cases} \quad (3.73)$$

式中：

$H_1 = \sin\alpha + \sinh\alpha, H_2 = \sin\alpha - \sinh\alpha, H_3 = \cos\alpha + \cosh\alpha, H_4 = \cos\alpha - \cosh\alpha,$

$K = EI, \alpha^4 = \dfrac{\rho A}{EI}\omega_2 l^4$

关于做横向振动的均匀梁的情况，其他形式的 M8TN 可以参阅文献[13]。

实例 3.18　一根均匀的悬臂梁，长度为 $l$，在自由端（输入端，点 1）受到了一个集中力 $F$ 的作用。试计算该梁的输入阻抗和频率方程。

根据已知条件可知 $M_1 = 0, \Omega_2 = v_2 = 0$（夹紧边界，输出端，点 2），结合式（3.73）我们有

$$\begin{aligned}
F_1 &= \frac{1}{2}\left(H_3 F_2 - H_2\frac{\alpha}{l}M_2\right), \\
v_1 &= \frac{1}{2}\left(H_2\frac{j\omega l^3}{K\alpha^3}F_2 + H_4\frac{j\omega l^2}{K\alpha^2}M_2\right)
\end{aligned} \tag{3.74a}$$

另外还有一个附加关系式：

$$M_1 = \frac{1}{2}\left(H_1\frac{l}{\alpha}F_2 + H_3 M_2\right) = 0 \tag{3.74b}$$

考虑到 $M_1 = 0$，因此根据上式我们可以得到 $M_2 = -\dfrac{H_1}{H_3}\dfrac{l}{\alpha}F_2$。于是利用式（3.74a）就可以将这里的梁以 M4TN 的形式描述出来，即

$$\begin{bmatrix} F_1 \\ v_1 \end{bmatrix} = \frac{1}{2H_3}\begin{bmatrix} H_3^2 + H_1 H_2 & 0 \\ H_2 H_3 - H_1 H_4 & 0 \end{bmatrix}\begin{bmatrix} F_2 \\ v_2 \end{bmatrix} \tag{3.75}$$

输入阻抗变成了 $Z_{\text{inp}}(j\omega) = \dfrac{F_1}{v_1} = \dfrac{H_3^2 + H_1 H_2}{H_2 H_3 - H_1 H_4}$。经过一些基本的处理之后可以得到

$$Z_{\text{inp}}(j\omega) = j\frac{\alpha^3 EI}{\omega l^3}\frac{1 + \cos\alpha\cosh\alpha}{\sinh\alpha\cos\alpha - \sin\alpha\cosh\alpha} \tag{3.76}$$

进一步可以根据 $\mathrm{Im}Z_{\text{inp}}(j\omega) = 0$ 这一条件导得频率方程为 $1 + \cos\alpha\cosh\alpha = 0$[4]。

下面给出了一些基本的分析结果：

（1）对于自由端受到弯矩 $M_1$ 作用的均匀悬臂梁，输入阻抗（"弯矩 – 线速度"）等于

$$Z_{\text{inp}}(j\omega) = \frac{M_1}{v_1} = j\frac{\alpha^2 EI}{\omega l^2}\frac{H_3^2 + H_1 H_2}{H_2^2 + H_3 H_4}$$

而输入阻抗（"弯矩 – 角速度"）则等于

$$Z_{\text{inp}}(j\omega) = \frac{M_1}{\Omega_1} = j\frac{\alpha EI}{\omega l}\frac{H_3 H_2 - H_1 H_4}{H_1 H_2 + H_4^2}$$

（2）对于在可移动的基础支撑上受到弯矩 $M_1$ 作用的均匀冗余梁（"简支 – 夹紧"边界），输入阻抗（"弯矩 – 角速度"）为

$$Z_{\text{inp}}(j\omega) = \frac{M_1}{\Omega_1} = j\frac{\alpha EI}{\omega l}\frac{H_3 H_2 - H_1 H_4}{H_1 H_2 + H_4^2}$$

由此可以导出频率方程为 $\tan\alpha = \tanh\alpha$。

## 3.6　振动防护的有效性

利用 M4TN 理论可以导出各种动力系数的一般表达式，并将其表示为振动防护装置特性参数和支撑阻抗 $Z_f$ 的函数形式。

这里我们考虑一个一维动力学系统，该系统包括了一台提供了简谐振动激励源的设备，一个振动防护装置，以及一个支撑，如图 3.35 所示。这个振动防护装置可以处理为一个 M4TN 网络，其 A 格式的特性参数为 $A$、$B$、$C$ 和 $D$，设备和支撑的阻抗分别设为 $Z_M$ 和 $Z_f$。

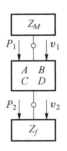

图 3.35　带有支撑和振动防护装置（M4TN 形式）的设备系统简图

对于这个振动防护装置来说，其 A 格式的 M4TN 中的输入输出参数应具有如下关系：

$$P_1 = AP_2 + Bv_2 \tag{3.77}$$

$$v_1 = CP_2 + Dv_2 \tag{3.78}$$

由于输出参数和支撑的阻抗之间满足 $P_2 = v_2 Z_f$ 这一关系，于是根据式（3.77）可以得到振动防护装置的输入输出力与支撑阻抗之间的关系，即

$$P_1 = AP_2 + B\frac{P_2}{Z_f} \rightarrow P_1 = P_2\left(A + \frac{B}{Z_f}\right)$$

力的传递系数为

$$\beta_{P_2/P_1} = \frac{P_2}{P_1} = \frac{Z_f}{AZ_f + B} = \frac{1}{A + B/Z_f} \tag{3.79}$$

振动防护装置上力的差值可以采用分贝形式来描述,也即

$$L_{P_1/P_2} = 20\log\left|\frac{P_1}{P_2}\right| = 20\log\left|A + \frac{B}{Z_f}\right| \tag{3.80}$$

由式(3.78)我们还可以得到振动防护装置输入和输出速度之间的如下关系:

$$v_1 = Cv_2Z_f + Dv_2 \rightarrow v_1 = v_2(CZ_f + D)$$

因此,速度传递系数就变成了

$$\beta_{v_2/v_1} = \frac{v_2}{v_1} = \frac{1}{CZ_f + D} \tag{3.81}$$

振动防护装置上的速度差异为(以分贝表达)

$$L_{v_1/v_2} = 20\log\left|\frac{v_1}{v_2}\right| = 20\log\left|CZ_f + D\right| \tag{3.82}$$

式(3.79)和式(3.81)以复数形式给出了相应的动力系数,利用这些式子我们还可以计算出输入和输出信号(力或速度)之间的相位差[17]。

根据前述表达式,可以得到传递系数的模为

$$\beta_{P_2/P_1} = \left|A + B/Z_f\right|^{-1}, \beta_{v_2/v_1} = \left|CZ_f + D\right|^{-1} \tag{3.83}$$

这两个关系式也就是力传递率和速度传递率,这些式子中不包含相位差信息。

**振动防护装置的有效性**　这里我们考虑将设备安装到支撑上的两种不同方法。第一种方法中,振动防护装置是放置于设备和支撑之间的,如图 3.35 所示,传递到支撑上的力和速度分别记作 $P_f$ 和 $v_f$。第二种方法中,设备是直接安装到支撑上的,而没有安装振动防护装置,传递到支撑上的力和速度分别记作 $P_f^*$ 和 $v_f^*$。现在假定设备产生的激励力与是否存在振动防护装置无关,且这里的振动防护装置可以通过特性参数为 $A$、$B$、$C$ 和 $D$ 的 A 格式力学网络来描述,那么为了衡量这一振动防护装置的有效性,我们可以建立如下指标[20]来体现:

$$U = 20\log\left|\frac{P_f^*}{P_f}\right| = 20\log\left|\frac{v_f^*}{v_f}\right| = 20\log\left|\frac{AZ_f + B + Z_M(CZ_f + D)}{Z_M + Z_f}\right| \tag{3.84}$$

这个关系式表明,一个振动防护装置的有效性不仅取决于该装置自身的结构参数,而且还要依赖于设备的阻抗 $Z_M$。在最简单的情形中,设备可以视为一个集中质量 $M$,其阻抗也就是 $Z_M = j\omega M$。不过,在有些情况中此处的 $M$ 不代表总质量,而只是一部分质量,一般可称为有效质量[20],这一概念将在第 12 章中再作更为详尽的介绍。

在低频范围内,振动防护装置中可以视为不存在波动过程,此时的式(3.84)往往可以进行简化处理。当频率较高时,波动的影响可能会变得比较重要,因而作简化处理时必须谨慎,不过应当指出的是,究竟在多高频率位置必

须考虑这一波动过程的影响,这一点还是不大容易评估的[20]。

一个振动防护装置可以处理成 M4TN,它与支撑一起构成了一个复杂系统。若设这一系统具有输入点 1 和输出点 2,那么在支撑阻抗为 $Z_f$ 的条件下点 1 处的阻抗就可以通过下式来计算:

$$Z_{\mathrm{VPD}-f} = \frac{AZ_f + B}{CZ_f + D} \tag{3.85}$$

于是,如果在设备和支撑之间安装了振动防护装置,那么此时该系统支撑的阻抗的模将会减小,减小的幅度可通过如下参量来表征,即:

$$\xi = 20\log\left|\frac{Z_f}{Z_{\mathrm{VPD}-f}}\right| \tag{3.86}$$

最后顺便提及的是,在文献[17,20]中已经介绍了式(3.84)的各种简化情况,以及两级振动防护系统的评价等问题,这些主题已经超出了本书的范畴,感兴趣的读者可以去参阅。

## 供思考的一些问题

3.1 试述为了能够将动力学系统表达为 M4TN 形式,应当对该系统施加何种限定条件。

3.2 试述 M2TN 和 M4TN 之间的差异。

3.3 试述第一种和第二种 Foster 方法和 Cauer 方法的基本内容。

3.4 试导出质量元件、刚度元件和阻尼元件的 A 格式 M4TN 的特性参数。

3.5 试阐述 M4TN 的不同描述格式之间的区别。

3.6 动力学系统的 A 格式 M4TN 描述是 $A_0 = \begin{bmatrix} A & B \\ C & D \end{bmatrix}$,试解释各个矩阵元素的含义、单位以及它们之间的关系。

3.7 试将 A 格式 M4TN 的数学模型分别转换为 E 格式、H 格式和 B 格式。

参考答案:(a) $\begin{bmatrix} F_2 \\ v_1 \end{bmatrix} = E\begin{bmatrix} F_1 \\ v_2 \end{bmatrix}, E = \begin{bmatrix} -A^{-1} & BA^{-1} \\ CA^{-1} & C^{-1} \end{bmatrix}$;

(b) $\begin{bmatrix} F_1 \\ v_2 \end{bmatrix} = \begin{bmatrix} D^{-1} & BD^{-1} \\ -CD^{-1} & D^{-1} \end{bmatrix}\begin{bmatrix} v_1 \\ F_2 \end{bmatrix}$;(c) $\begin{bmatrix} F_2 \\ v_2 \end{bmatrix} = \begin{bmatrix} D & -B \\ -C & A \end{bmatrix}\begin{bmatrix} F_1 \\ v_1 \end{bmatrix}$

3.8 试分析 M4TN 的各种经典连接方式,并给出这些连接方式之间的基本关系。

3.9 试述集中参数型和分布参数型动力学系统的 M4TN 之间的区别。

3.10 两个线性并联组合元件 $k_1 - b_1$ 和 $k_2 - b_2$ 分别以并联方式和串联方式连接时,试确定等效的 A 格式 M4TN 的特性参数 $A$、$B$、$C$ 和 $D$。

3.11  如图 P3.11 所示为一个由 $m-k-b-k_1$ 元件组合构成的动力学系统，试给出这一系统的 M4TN 描述，并计算出 $A$ 矩阵的各个元素。

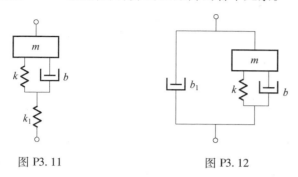

图 P3.11                    图 P3.12

提示：这个系统中的 $m-k-b$ 部分与元件 $k_1$ 是以串联方式连接起来的。

3.12  如图 P3.12 所示为一个由 $m-k-b-b_1$ 构成的动力学系统，试给出这一系统的 M4TN 描述，并计算出 $A$ 矩阵的各个元素。

提示：（1）$m$、$k$ 和 $b$ 元件的特性矩阵元素 $A$、$B$、$C$ 和 $D$ 可参见表 3.1；（2）这个系统中的 $m-k-b$ 部分与元件 $b_1$ 是以并联方式连接起来的。

3.13  试利用 Cauer 过程[15] 构造出一个力学两端网络，使之能够实现阻抗

$$Z(p) = \frac{p^2 + 6p + 8}{0.01p^2 + 0.4p + 0.03}。$$

# 参考文献

1. Karnovsky, I. A. , & Lebed, O. (2010). Advanced methods of structural analysis. New York：Springer.

2. Karnovsky, I. A. , & Lebed, O. (1985). Application of the mechanical impedance method for analysis of supporting parts of machines with dynamic loads. Kiev：UkrNIINTINo. 983, Uk－85.

3. Il'insky, V. S. (1982). Protection of radio-electronic equipment and precision equipment from the dynamic excitations. Moscow：Radio.

4. Karnovsky, I. A. , & Lebed, O. (2001). Formulas for structural dynamics. Tables, graphs andsolutions. New York：McGraw Hill.

5. Migulin, V. V. , Medvedev, V. I. , Mustel, E. R. , &Parugin, V. N. (1988). Fundamentals of the theory of vibrations. Moscow：Nauka.

6. Karnovsky, I. A. , & Lebed, O. (2004). Free vibrations of beams and frames. Eigenvalues and eigenfunctions. New York：McGraw-Hill Engineering Reference.

7. Harris, C. M. (Editor in Chief). (1996). Shock and vibration handbook(4th ed.). New York：McGraw-Hill.

8. Brune, O. (1931). Synthesis of a finite two-terminal network whose driving-point impedance is a prescribed function of frequency. MIT Journal of Mathematics and Physics, 10, 191－236.

9. D'Azzo, J. J. , &Houpis, C. H. (1995). Linear control systems. Analysis and design(4th ed.). New York：McGraw-Hill.

10. Popov, V. P. (1985). Fundamentals of circuit theory. Moscow: VysshayaShkola.

11. Karnovsky I. A. ,& Lebed, O( 1989 ). Representation of discrete mechanical systems in the form of four-port networks. In book: The problems of static and dynamic operation of the bridges. Dnepropetrovsk, Ukraine: DI-IT.

12. Cauer, W. ( 1934 ). Aquivalenz von 2n-Polen ohne Ohmsche Widerstande. Nachrichtend. Gesellschaft d. Wissenschaften Gottingen, math-phys. Kl. , N. F. ( vol 1, pp. 1 – 33 ).

13. Lenk, A. (1977). Elektromechanische systeme. Band 2: Systeme mit verteilten parametern. Berlin, Germany: VEB Verlag Technnic.

14. Leissa, A. W. (1969). Vibration of plates. Scientific and Technical Information Division NASA.

15. Druzhinsky, I. A. ( 1977 ). Mechanical networks. Leningrad, Russia: Mashinostroenie.

16. Bulgakov, B. V. (1954). The vibrations. Moscow: Gosizdat.

17. Kljukin, I. I. ( Ed. ). ( 1978 ). Handbook on the ship acoustics. Leningrad, Russia: Sudostroenie.

18. Gupta, S. C. , Bayless, J. W. ,&Peikari, B. ( 1972 ). Circuit analysis with computer application to problem solving. Scranton, PA: Intext Educational.

19. Blevins, R. D. (2001). Flow-induced vibration(2nd ed. ). Malabar, FL: Krieger.

20. Judin, E. Ya. ( Ed. ). ( 1985 ). Noise control. Handbook. Moscow: Mashinostroenie.

21. Roark, R. J. ,& Young, W. C. (1975). Formulas for stress and strain(5th ed. ). New York: McGraw-Hill.

22. Johnson, R. A. (1983). Mechanical filters in electronics. New York: Wiley.

23. Hixson, E. L. (1996). Mechanical impedance. In Handbook: Harris C. M. ( Editor in Chief ) ( 1996 ). Shock and Vibration. McGraw Hill, 4th Edition, 1996.

# 第4章　任意激励作用下的动力学系统

这一章中我们主要讨论线性动力学系统的一些基本函数特性,其中包括传递函数、格林函数、杜哈梅尔积分以及标准化函数等。本章将针对动力学系统的不同问题类型详细阐述这些基本函数的应用过程。

## 4.1　传递函数

传递函数是一个十分重要的基本概念,它已经广泛应用到各类工程学科领域,如振动、控制以及线性系统动力学等领域[1-4]。

### 4.1.1　时域分析

考虑一个集中参数型线性动力学系统,各个参数均为常数。这里的线性是指,如果系统受到的是激励 $u(t) = Au_1(t) + Bu_2(t)$ 的话($A$ 和 $B$ 为常数),那么系统的响应可以表示为 $x(t) = Ax_1(t) + Bx_2(t)$,其中 $x_i(t)$ 为由激励 $u_i(t)$ 单独作用时所产生的系统响应。

上面这个动力学系统的状态可以通过一组关于广义坐标 $x_1, \cdots, x_n$ 的常微分线性方程组(系数为常数)来描述。一般来说,分析的目的并不是求出所有这些广义坐标上的行为,而往往是其中某一个广义坐标上的响应。这种情况下,最好是将系统方程组表示为针对所关心的坐标的单个微分方程,在很多典型情况中这种变换也是可行的[4]。对于所需分析的坐标来说,一般我们可以导出如下形式的线性微分方程:

$$a_0 \frac{d^n}{dt^n}x + a_1 \frac{d^{n-1}}{dt^{n-1}}x + \cdots + a_{n-1} \frac{d}{dt}x + a_n x = b_0 \frac{d^m}{dt^m}u + \cdots + b_m u, m \leqslant n$$

$$(4.1)$$

式中:$x(t)$ 为所关心的坐标上的响应,$u(t)$ 为激励,它们分别代表了输出量和输入量。

如果引入微分算子 $p = \dfrac{d}{dt}$,那么式(4.1)还可以表述得更加简洁。引入算子后,第 $i$ 阶导数就可以表示为 $p^i x$,其中 $p^0 = 1$,它代表的是不求导,此时得到的方程式就变为

$$(a_0 p^n + a_1 p^{n-1} + \cdots + a_{n-1} p + a_n)x = (b_0 p^m + b_1 p^{m-1} + \cdots + b_{m-1} p + b_m)u$$

$$(4.2)$$

所谓的传递函数就是指线性系统的稳态输出响应 $x$ 与输入激励 $u$ 之间的比值[1]，其表达式为

$$W(p) = \frac{x}{u} = \frac{K(p)}{D(p)} = \frac{b_0 p^m + \cdots + b_m}{a_0 p^n + \cdots + a_n}$$

$$(4.3)$$

如果知道了系统的激励 $u$ 和传递函数 $W(p)$，那么我们也就能够确定出系统的响应了，即 $x = W(p)u$。

传递函数具有一系列重要的基本性质，下面对此作一介绍：

（1）对于集中参数系统而言，传递函数（4.3）是复变量 $p$ 的有理函数。

（2）传递函数的分子和分母是系统的特征多项式，分母多项式的根，即 $D(p) = a_0 p^n + a_1 p^{n-1} + \cdots + a_{n-1} p + a_n = 0$ 的根称为传递函数的极点，而分子多项式的根，即 $K(p) = b_0 p^m + b_1 p^{m-1} + \cdots + b_{m-1} p + b_m = 0$ 的根称为传递函数的零点。

（3）对于一个物理上可实现的系统而言，传递函数的分子多项式的阶数 $m$ 不会超过分母多项式的阶数 $n$。

（4）由于输入和输出信号的类型可以不同，因而传递函数的单位就依赖于它们的具体类型。很明显，力学阻抗和导纳这两个概念就可以视为力学系统中的特定类型的传递函数。其他一些类型还包括动刚度、动柔度以及传递率等，这些将在后面的第 12 章中进行介绍。

如果系统（4.1）的初始条件为零状态的话，那么经过拉普拉斯变换[5]之后可直接由该方程导出式（4.3），因此，这里的传递函数实际上也就联系了两个拉普拉斯变换像函数，即输入激励 $U(p)$ 和系统响应 $X(p)$。

现在我们再来介绍一下对传递函数的另一种比较重要的理解或认识。假定一个处于平衡状态的线性系统受到了一个单位脉冲激励的作用，这种激励称为 $\delta$ 函数或狄拉克函数，此时所产生的系统响应一般称为单位脉冲响应。通常来说，传递函数也就是这个单位脉冲响应函数的拉普拉斯变换。

再来考察一个实例，假定一台仪器通过框架安装在一个可移动的基座上，我们的目的是降低这个仪器的振动水平。显然，这里的输入应当为该基座的运动激励，而输出则为仪器的运动响应。这种情况下，传递函数可以描述仪器自身的内部特性和基座支撑的特性，同时也能体现出仪器框架与基座之间的连接类型及其特性。

正是因为传递函数已经包含了系统模型的所有理论层面上的信息，因此通过传递函数的分析我们就能够深入地考察模型的特性，进而揭示出系统的行为。在传递函数的分析计算方面，目前已经有一些比较成熟的软件包可供利用，对于

多项式 $K(p)$ 和 $D(p)$ 最高阶导数的系数为 1 的情况已经可以直接进行运算了。在工程应用中,利用传递函数的规范形式则要更为方便些,该形式中特征多项式的自由项等于 1。

应当指出的是,对于受到简谐激励所产生的稳态响应计算问题来说,传递函数分析方法尤为方便而有效。若令 $p = \mathrm{j}\omega(\mathrm{j} = \sqrt{-1})$,那么我们就可以导出一个复数形式的传递函数表达式,即

$$W_{x/u}(\mathrm{j}\omega) = \frac{x}{u} = \frac{b_0\ (\mathrm{j}\omega)^m + b_1\ (\mathrm{j}\omega)^{m-1} + \cdots + b_m}{a_0\ (\mathrm{j}\omega)^n + a_1\ (\mathrm{j}\omega)^{n-1} + \cdots + a_n} \tag{4.4}$$

对这个复函数可以作进一步的处理(与复数有关的运算规则可参见附录 A),即

$$W_{x/u}(\mathrm{j}\omega) = \frac{x(t,\omega)}{u(t,\omega)} = P(\omega) + \mathrm{j}Q(\omega) \tag{4.5}$$

该复函数的模和相位分别为

$$\begin{cases} |W_{x/u}(\mathrm{j}\omega)| = \sqrt{P^2(\omega) + Q^2(\omega)} \\ \varphi(\omega) = \arg W_{x/u}(\mathrm{j}\omega) = \arctan\dfrac{Q(\omega)}{P(\omega)} \end{cases} \tag{4.6}$$

**实例 4.1** 试确定线性动力学系统 $m\ddot{x} + b\dot{x} + kx = F(t)$ 的稳态响应,其中的 $F(t) = F_0\sin\omega t$ 是简谐激励。

显然,对于这个动力学系统来说,其算子形式和复数形式的传递函数可以分别表示为

$$W_{x/F}(p) = \frac{1}{mp^2 + bp + k}, W_{x/F}(\mathrm{j}\omega) = \frac{1}{(k - m\omega^2) + \mathrm{j}\omega b}$$

因此,传递函数的模为

$$|W(\mathrm{j}\omega)| = \frac{1}{\sqrt{(k - m\omega^2)^2 + (b\omega)^2}}$$

由于这里的激励力是简谐型的,因此稳态振动响应的幅值也就等于力的幅值 $F_0$ 与传递函数的模 $|W(\mathrm{j}\omega)|$ 之乘积,即

$$A = |W_{x/F}(\mathrm{j}\omega)|F_0 = \frac{F_0}{\sqrt{(k - m\omega^2)^2 + \omega^2 b^2}}$$

这一关系式也可以表示为如下形式:

$$A = \frac{\delta_{\mathrm{st}}}{\sqrt{(1 - z^2)^2 + 4v^2 z^2}}$$

式中:$\delta_{\mathrm{st}} = F_0/k$ 为激励力的幅值 $F_0$ 作用下所产生的静态变形量,其他无量纲参数分别是 $z = \omega/\omega_0$,$\omega_0 = \sqrt{k/m}$,$v = n/\omega_0$,$2n = b/m$。这个表达式与式(1.8)是一

致的。

下面我们针对一个单自由度线性振动防护系统去构造其传递函数,该系统如图4.1所示。

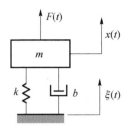

图4.1　振动防护系统

(1)假定该系统受到激励力 $F(t)$ 的作用。运动方程仍然为一般形式,即 $m\ddot{x} + b\dot{x} + kx = F(t)$,传递到支撑上的力则可表示为 $F_0 = b\dot{x} + kx$。

现在来确定以 $F(t)$ 和 $F_0$ 为输入和输出的传递函数。以算子形式表达的运动方程和传递的力分别为 $(mp^2 + bp + k)x = F(t)$,$F_0 = (bp + k)x$。从这两个方程中消去 $x$,可以得到 $m\ddot{F}_0 + b\dot{F}_0 + kF_0 = b\dot{F} + kF$。这个线性微分方程给出了输入的激励力 $F(t)$ 与作用到固定基础上的响应力 $F_0$ 之间的关系,因此传递函数为

$$W_{F_0/F}(p) = \frac{bp + k}{mp^2 + bp + k} \tag{4.7}$$

(2)如果图4.1所示的系统受到的是运动激励 $\xi(t)$,那么运动方程就可以写为 $m\ddot{x} + b(\dot{x} - \dot{\xi}) + k(x - \xi) = 0$,其等效形式为

$$m\ddot{x} + b\dot{x} + kx = b\dot{\xi} + k\xi \tag{4.8}$$

质量 $m$ 的相对位移为

$$\Delta = x(t) - \xi(t) \rightarrow x = \Delta + \xi \tag{4.9}$$

式(4.8)和(4.9)可以用算子形式表示为

$$(mp^2 + bp + k)(\Delta + \xi) = (bp + k)\xi$$

这个方程也可重新表示为

$$(mp^2 + bp + k)\Delta = -m\ddot{\xi} \tag{4.10}$$

上面这个线性微分方程实际上描述了支撑位移 $\xi(t)$ 与物体相对位移 $\Delta(t)$ 之间的关系。若将 $\ddot{\xi}$ 和 $\Delta(t)$ 分别视为输入量和输出量,那么对应的传递函数为

$$W_{\Delta/\ddot{\xi}}(p) = -\frac{m}{mp^2 + bp + k} \tag{4.11}$$

传递到运动支撑上的力 $F_r(t)$ 应为 $F_r(t) = b\dot{\Delta} + k\Delta$,如果用算子形式来表示

的话,则为

$$(bp + k)\Delta = F_r(t) \tag{4.12}$$

从式(4.10)和式(4.12)中消去 $\Delta$,可以得到

$$m\ddot{F}_r + b\dot{F}_r + kF_r = -m(b\dot{\xi} + k\ddot{\xi})$$

这个线性微分方程实际上就描述了支撑位移 $\xi(t)$ 与作用到支撑上的力 $F_r(t)$ 之间的关系,以算子形式表达可以写为

$$(mp^2 + bp + k)F_r = -m(bp + k)\ddot{\xi}$$

传递函数"力 $F_r$——支撑的加速度 $a = \ddot{\xi}$"则可以表示为

$$W_{F_r/a}(p) = -\frac{m(bp + k)}{mp^2 + bp + k} \tag{4.13a}$$

实例4.2 设有一个线性动力学系统($k - m - b$)受到了运动激励 $x_1$ 的作用,激励作用点位于端点 $A$ 处,如图4.2所示,初始时刻系统处于静止状态,并假定这个激励是一个单位阶跃函数。试根据这个激励 $x_1$ 来确定质量 $m$ 的位移响应 $x_2$。

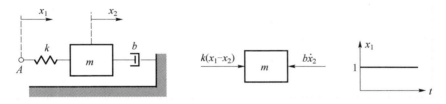

图 4.2 带有黏性阻尼器的振动防护系统

很显然,我们可以列出该系统的运动微分方程为 $m\ddot{x}_2 = k(x_1 - x_2) - b\dot{x}_2$,或者可以写为

$$m\ddot{x}_2 + b\dot{x}_2 + kx_2 = kx_1 \tag{4.13b}$$

这里我们需要将 $x_1$ 和 $x_2$ 分别视为输入量和输出量,因此在算子形式中,上面这个方程就变为

$$(mp^2 + bp + k)x_2 = kx_1 \tag{4.13c}$$

上式的完整解可以表示为稳态解和瞬态解的叠加形式,也即

$$x_2 = x_2^{st}(t) + x_2^{tr}(t) \tag{4.13d}$$

为了求出稳态解,在式(4.13c)中,与 $x_2$ 方向上的速度和加速度相关的那些项应当设定为零,也即 $mp^2 = bp = 0$。事实上,位移 $x_2^{st}$ 一定会到达一个固定的稳态位置,当它到达一个不变的值后,速度和加速度也就变成零了[6]。正因如此,我们有 $kx_2^{st} = kx_1$ 或者 $x_2^{st} = 1$。

现在再来关注一下式(4.13d)中的第二项的含义。方程(4.13c)的传递函

155

数可以写为

$$W_{x_2/x_1}(p) = \frac{k}{mp^2 + bp + k} \tag{4.13e}$$

这个传递函数的极点就是它的分母多项式的根,也就是 $mp^2 + bp + k = 0$ 的根。将这个多项式方程用 $\omega = \sqrt{k/m}$ 和 $\xi = b/2\sqrt{km}$ 这两根参量来表示的话,即可得到

$$p^2 + 2\xi\omega p + \omega^2 = 0$$

显然这个方程的根就是 $p = -\xi\omega \pm \omega\sqrt{\xi^2 - 1}$。可以看出,瞬态解 $x_2^{tr}$ 的性质显然是依赖于阻尼比 $\xi$ 的,这又可以区分为三种不同情况,分别是大于 1、等于 1 和小于 1。

(1)如果 $\xi > 1$,这时也称为过阻尼情况,此时的根将是实数根,瞬态响应为

$$x_2^{tr} = A_1 e^{-\xi + \gamma\omega t} + A_2 e^{-\xi - \gamma\omega t}, \gamma = \sqrt{\xi^2 - 1}$$

显然,这种情况下,振动是不会出现的,而只会表现出一种不断衰减的运动。

(2)如果 $\xi = 1$,此时亦称为临界阻尼情况,两个根是相等的实数,即 $p_{1,2} = -\xi\omega$。这种情况下,瞬态响应为

$$x_2^{tr} = A_1 e^{-\xi\omega t} + A_2 t e^{-\xi\omega t}$$

可以看出,这种运动也不是振动过程。

(3)如果 $\xi < 1$,此时为欠阻尼情况,两个根都是复数根,瞬态响应为

$$x_2^{tr} = A e^{-\xi\omega t} \sin(\omega\sqrt{1 - \xi^2} t + \varphi)$$

显然,这种情况将会导致一种振动形式的运动。这里的两个常数 $A$ 和 $\varphi$ 应当根据完整解(4.13d)来确定,即

$$x_2(t) = x_2^{st}(t) + x_2^{tr}(t) = 1 + A e^{-\xi\omega t} \sin(\omega\sqrt{1 - \xi^2} t + \varphi) \tag{4.13f}$$

初始条件分别是 $x_2(0) = 0, \dot{x}_2(0) = px_2(0) = 0$,整理后可以得到[6]

$$A = -\frac{1}{\sqrt{1 - \xi^2}}, \varphi = \arctan(\sqrt{1 - \xi^2}/\xi) = \arccos\xi \tag{4.13g}$$

上面的式(4.13f)和式(4.13g)给出了完整的解。

在动力学系统分析中,利用传递函数这一概念可以为我们提供非常大的便利。针对不同类型的问题,比如确定系统响应或者分析动力学系统的稳定性等,传递函数都是可以应用的,它所带来的优势根据这些问题类型的不同以及求解算法过程的不同而有所不同[2,4]。特别是在复杂的动力学系统中,这一方法往往是必须采用的,尤其是在建立系统任意点处的输入输出关系这一方面更是如此。

## 4.1.2 频率响应的对数图形表达——伯德图

在频域内进行传递函数的分析是一种非常有效的动力学系统分析手

段[2,6,7]。复数形式的传递函数式(4.5)可以表示为如下的极坐标形式,即

$$W(j\omega) = A(\omega)e^{j\varphi(\omega)} \tag{4.14}$$

式中:$A(\omega) = |W(j\omega)|$ 为传递函数的幅值(或模、绝对值);$\varphi(\omega)$ 为传递函数的相位(或相角)。可以看出,$A(\omega)$ 和 $\varphi(\omega)$ 分别代表幅值 – 频率特性和相位 – 频率特性。式(4.14)的主值为

$$\ln W(\omega) = \ln A(\omega) + j\varphi(\omega), \quad -\pi < \varphi \leqslant \pi \tag{4.15}$$

可以将 $\ln|W(\omega)| = \ln A(\omega)$ 表示为随频率 $\omega$ 变化的曲线,不过一般情况下给出的是 $20\log A(\omega)$ 的曲线(对数的基底是 10)。这个量一般称为对数幅值,简写为 Lm。因此,传递函数的对数幅值为

$$\text{Lm}W(\omega) = 20\log A(\omega) = 20 \cdot \log e \cdot \ln A(\omega) = 20 \cdot 0.434\ln A(\omega) \tag{4.16}$$

人们一般将 $\text{Lm}W(\omega) = 20\log A(\omega)$ 随着对数频率 $\log\omega$ 变化的曲线称为对数幅值 – 频率特性曲线,或者伯德图。类似地,将 $\varphi(\omega)$ 随对数频率 $\log\omega$ 变化的曲线称为对数相频特性曲线。这两条曲线都可以绘制在半对数平面上,即对于频率 $\omega$ 来说采用对数尺度,而幅值 $A(\omega)$ 和相位 $\varphi(\omega)$ 仍采用线性尺度(单位分别为分贝和度)。

应当注意的是,$\text{Lm}W(\omega) = 1\text{dB}$ 意味着 $20\log A = 1$,此时 $A = \log^{-1}(1/20) \approx 1.1220$,而如果 $\text{Lm}W = m(\text{dB})$,那么就有 $A = 10^{m/20}$。显然,如果 $\text{Lm}W$ 增加了 $n$ 分贝,那么比值 $A_2/A_1$ 为

$$\frac{A_2}{A_1} = \frac{10^{(m+n)/20}}{10^{m/20}} = 10^{n/20}$$

频率的成倍或成数量级改变是指频率增大(或缩小)到原来的 2 倍或 10 倍,对于前者来说,曲线 $\text{Lm}(\omega)$ 沿着水平轴方向的移动量应是 $\log 2\omega - \log\omega = \log 2 \approx 0.3010$。对于后者而言,曲线 $\text{Lm}(\omega)$ 沿着水平轴方向的移动量应是 $\log 10 = 1$。由于一个数量级中包括了 $1/0.301 = 3.32$ 个倍频,因而 20dB/十倍频程的变化也就等价于 6dB/倍频程的改变。

下面我们来考察一些典型的传递函数,介绍它们对应的对数幅频和相频曲线。

(1)对于与频率无关的增益 $K$,对数幅值为 $\text{Lm}W(\omega) = 20\log K$,所对应的对数幅值图为一条水平线,如果 $K > 0$ 则 $\varphi_K = 0^0$,而如果 $K < 0$ 则 $\varphi_K = 180^{\circ[6]}$。

(2)对于传递函数 $W(p) = \dfrac{1}{p}$,对数幅频特性为[6]

$$\text{Lm}W(\omega) = 20\log|W(\omega)| = 20\log\left|\frac{1}{j\omega}\right| = -20\log\omega$$

这是一个关于 $\log\omega$ 的线性函数,负斜率为 20dB/十倍频程或 6dB/倍频程。

（3）对于传递函数 $W(p)=p$，对数幅频特性可以表示为 $\mathrm{Lm}W(\omega)=20\log$ $|W(\omega)|=20\log|\mathrm{j}\omega|=20\log\omega$，相位 $\varphi$ 是不变的，等于 $+90^\circ$。如果 $W(p)=p^{\pm n}$，那么对数幅频曲线 $\mathrm{Lm}W(\omega)$ 代表的是一条斜率为 $\pm20n\mathrm{dB}/$ 十倍频程的直线，而相位角 $\varphi$ 则为 $\pm n\,90^\circ$ 的常数。

实例4.3　试给出传递函数为 $W(p)=\dfrac{k}{Tp+1}$ 的系统的对数幅频曲线和相频曲线。

求解过程：对数幅频特性为

$$\mathrm{Lm}W(\omega)=20\log|W(\omega)|=20\log\left|\frac{k}{\mathrm{j}\omega T+1}\right|=20\log k-20\log|\mathrm{j}\omega T+1|$$

$$=20\log k-20\log\sqrt{1+\omega^2T^2}$$

在低频段，$\omega\gg1/T$，可以利用近似关系式 $\sqrt{1+\omega^2T^2}\approx1$，因此有 $\mathrm{Lm}(\omega)\approx20\log k=\mathrm{const}$；而在高频段，$\omega\ll1/T$，我们有 $\sqrt{1+\omega^2T^2}\approx\omega T$，因此 $\mathrm{Lm}(\omega)\approx20\log k-20\log\omega T$。可以看出，如果我们针对较低和较高频率范围分别采用不同的近似处理，那么所得到的曲线也就变成了两条直线了，它们亦称为渐近线。对应的方程是 $\mathrm{Lm}(\omega)\approx20\log k=\mathrm{const}$ 和 $\mathrm{Lm}(\omega)\approx20\log k-20\log\omega T$。这组渐近线的交点位于 $\omega=1/T$ 处，这个交点对应的频率值一般称为拐点频率（或转折频率）。在图4.3中已经给出了精确的频率曲线，如虚线所示，这个 $\mathrm{Lm}(\omega)$ 图像给出了整个频率域内响应幅值（输出）与输入信号幅值之间的比值。近似处理所导致的最大误差出现在 $\omega=1/T$ 点上，误差为 $\Delta=-3\mathrm{dB}$，此外，对于这个频率点，还有 $\phi(\omega)=-\arctan\omega T=-45^\circ$。

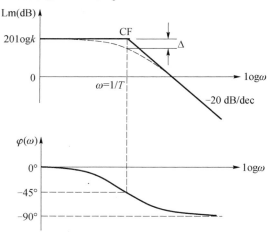

图4.3　传递函数 $W(p)=\dfrac{k}{Tp+1}$ 的对数幅频曲线、渐近线、转折频率（CF）和相位曲线

现在再来考察一个振动系统,输入力和输出位移之间的传递函数为(算子形式):

$$W_{F/x}(p) = \frac{1}{mp^2 + bp + k}$$

以复数形式表达可以写为

$$W(j\omega) = \frac{1}{\dfrac{(j\omega)^2}{\omega_0^2} + \dfrac{2\xi}{\omega_0}j\omega + 1}$$

对数幅值则为

$$\mathrm{Lm}W(\omega) = 20\log|W(\omega)| = 20\log\left|\left(\frac{(j\omega)^2}{\omega_0^2} + \frac{2\xi}{\omega_0}j\omega + 1\right)^{-1}\right|$$

$$= -20\log\sqrt{(1 - T_0^2\omega^2)^2 + (2\xi T_0\omega)^2}, T_0 = \frac{1}{\omega_0}$$

对于较低频率段($\omega \ll 1/T_0$),我们有 $\mathrm{Lm}(\omega) \approx -20\log\sqrt{1} = 0\mathrm{dB}$,而对于较高频率段($\omega \gg 1/T_0$),对数幅值可以近似为 $\mathrm{Lm}(\omega) \approx -20\log(T_0\omega)^2 = -40\log(T_0\omega)\mathrm{dB}$。

从图形上看,较低频率段内的对数幅值曲线为一条水平直线,而高频段内的渐近线则为一条斜率为 $-40\mathrm{dB}/10$ 倍频程的直线,两条渐近线在频率 $\omega_0$ 处相交。相频特性为

$$\varphi = -\arctan\frac{2\xi T_0\omega}{1 - \omega^2/\omega_0^2}$$

在拐点频率 $\omega = \omega_0$ 处,相位角为 $\varphi = -\pi/2\mathrm{rad}$,而在 $\omega = 0$ 和 $\omega = \infty$ 处,相位角则分别为 $\varphi = 0°$ 和 $\varphi = -180°$。

在很多关于动力学系统的经典教材和文献中都介绍了典型传递函数的伯德图,特别是文献[6]。对于由标准传递函数模块组成的线性动力学系统而言,这些伯德图是描述其频率响应特性非常有用的工具。在第 12 章中我们还将详细介绍伯德图问题。

## 4.2　格林函数和杜哈梅尔积分

格林函数是动力学系统的一个重要的基本特性,它描述了一个初始处于静止状态的线性系统在受到单位脉冲激励($\delta$ 函数)作用时所产生的响应[8,9]。

在集中参数型动力学系统中,格林函数 $G(t)$ 是时间 $t$ 的函数,而在分布参数型系统中,例如在弦、梁、板等弹性体系统中,格林函数的形式应为 $G(x, \xi, t)$,它给出的是零时刻作用在点 $\xi$ 处的单位脉冲在 $t$ 时刻、点 $x$ 处所产生的位移响

应[10]。这一函数是根据英国数学家 George Green 来命名的,他曾在 1830 年左右最先提出这一理论方法。

如果已知了格林函数,那么我们就可以据此计算出受任意激励 $f(t)$ 作用的线性系统的响应 $x(t)$,即

$$x(t) = \int_0^t G(t-\tau)F(\tau)\mathrm{d}\tau \tag{4.17}$$

上面这个积分式也就是所谓的卷积分,或者说杜哈梅尔积分,其推导过程是建立在叠加原理基础之上的[11,12]。卷积分特别适合于一组带有不同非齐次项的线性微分方程(即左侧项完全相同,仅右侧项不同)的积分求解,它能显著减少计算工作量。

一般来说,格林函数与对象的数学模型(如集中参数还是分布参数系统)、微分方程的阶次及其系数情况都是相关的。Butkovskiy 和 Pustylnikov[9] 等人已经针对各类数学物理方程所涉及的格林函数给出过比较完整的介绍。

### 4.2.1 集中参数型系统

这里我们来考虑一个线性动力学系统,它是由 $m$ 和 $k$ 两个元件所构成的,于是这个系统的运动就可以借助方程 $m\ddot{x}(t)+kx=0$ 来描述。下面我们来确定一下这个系统的格林函数,这实际上就是去寻求当这个系统受到 $t=0$ 时刻的单位脉冲激励 $S=1$ 作用后上面这个微分方程的解。我们假定在脉冲激励作用前该系统是处于静平衡状态的,也就是一个初始条件可以表示为 $x(0)=0$。为了确定第二个初始条件,可以借助动量定理[13]来分析,即如果 $\dot{x}(-0)=0$,且冲击后速度变为 $\dot{x}(+0)=v_0$,那么就有 $mv_0-m\cdot 0=S=1$,由此可以得到相应的第二个初始条件了。完整的初始条件也就是 $x(0)=0$ 和 $\dot{x}(0)=v_0=1/m$。于是,方程 $m\ddot{x}(t)+kx=0$ 的通解就应当为

$$x(t) = x(0)\cos\omega t + \frac{\dot{x}(0)}{\omega}\sin\omega t, \omega = \sqrt{\frac{k}{m}}$$

这样的话,我们也就得到了格林函数,即

$$G(t) = \frac{1}{m\omega}\sin\omega t \tag{4.18}$$

上面这个格林函数的单位制应当是 $[LF^{-1}T^{-1}]$。在考虑黏性阻尼的系统中(即 $m-k-b$ 系统),自由振动是由方程 $m\ddot{x}+b\dot{x}+kx=0$ 所描述的,采用类似的分析过程我们就可以得到对应的格林函数[11]:

$$G(t) = \frac{1}{m\omega_1}\exp(-nt)\sin\omega_1 t, \omega_1 = \sqrt{\omega^2-n^2}, n = \frac{b}{2m}, \omega = \sqrt{\frac{k}{m}}$$

$$\tag{4.19}$$

确定了格林函数之后,就可以计算出任意激励作用下系统所产生的响应了。下面我们将分别考察力激励和运动激励的情况。

#### 4.2.1.1　力激励情况

这里我们假定一个 $m-k$ 系统受到了突加载荷力的作用,且此后该力一直作用于该系统上,力函数的形式为 $H(t)=1$,也称为海维赛德激励函数。根据杜哈梅尔积分表达式,不难导出如下结果:

$$
\begin{aligned}
x(t) &= \int_0^t G(t-\tau) F(\tau) \mathrm{d}\tau = \frac{1}{m\omega} \int_0^t \sin\omega(t-\tau) H(\tau) \mathrm{d}\tau \\
&= \frac{1}{m\omega} \int_0^t \sin\omega(t-\tau) \cdot 1 \mathrm{d}\tau = \frac{1}{m\omega} \int_0^t (\sin\omega t \cos\omega\tau - \cos\omega t \sin\omega\tau) \mathrm{d}\tau \\
&= \frac{1}{m\omega} \left[ \sin\omega t \int_0^t \cos\omega\tau \mathrm{d}\tau - \cos\omega t \int_0^t \sin\omega\tau \mathrm{d}\tau \right] \\
&= \frac{1}{m\omega^2}(1-\cos\omega t) = \frac{1}{k}(1-\cos\omega t)
\end{aligned}
$$

由于激励力所导致的静态位移可以表示为 $\delta_{\mathrm{st}} = \dfrac{1}{\omega^2 m} = \dfrac{1}{k}$,于是我们有

$$
x(t) = \delta_{\mathrm{st}}(1-\cos\omega t) \tag{4.20}
$$

式中:$\delta_{\mathrm{st}}$ 为单位静态载荷力作用下质量 $m$ 所产生的静态位移。不难看出,这个质量所产生的最大位移是 $x_{\max} = 2\delta_{\mathrm{st}}$,由此可得动力放大系数为

$$
\mu_{\mathrm{din}} = x_{\max}/\delta_{\mathrm{st}} = 2 \tag{4.21}
$$

整个系统的运动状态可以通过下面这个微分方程来描述,即

$$
\ddot{x} + \omega^2 x = F(t)/m = f(t) \tag{4.22}
$$

对于一般性的初始条件来说,式(4.22)的通解可以表示为[14]

$$
x(t) = x_0 \cos\omega t + \frac{v_0}{\omega}\sin\omega t + \frac{1}{\omega}\int_0^t f(\tau)\sin\omega(t-\tau)\mathrm{d}\tau, \omega = \sqrt{\frac{k}{m}}
$$

$$\tag{4.23a}$$

这一响应也可表示为

$$
\begin{cases}
x(t) = A\sin(\omega t + \alpha) + \dfrac{1}{\omega}\displaystyle\int_0^t f(\tau)\sin\omega(t-\tau)\mathrm{d}\tau \\
A = \sqrt{x_0^2 + \dfrac{v_0^2}{\omega^2}}, \tan\alpha = \dfrac{\omega x_0}{v_0}
\end{cases} \tag{4.23b}
$$

式(14.23b)的第一项代表的是初始条件产生的响应,而第二项则代表了激励 $f(t)$ 所产生的响应部分,也即杜哈梅尔积分[15,ch.8]。

实例 4.4　针对系统(4.22),分析它受到简谐激励力 $f(t) = (F_0/m)\sin\theta t$ 作用时的响应。

显然,这种情况下的通解可表示为

$$x(t) = x_0\cos\omega t + \frac{v_0}{\omega}\sin\omega t + \frac{F_0}{\omega m}\int_0^t \sin\theta\tau \cdot \sin\omega(t - \tau)\mathrm{d}\tau$$

积分运算之后可以得到[16]

$$x(t) = x_0\cos\omega t + \frac{v_0}{\omega}\sin\omega t - \frac{F_0}{m(\omega^2 - \theta^2)}\Big[\frac{\theta}{\omega}\sin\omega t - \sin\theta t\Big] \quad (4.24)$$

上面这个通解中的第一项和第二项描述的是系统的自由振动响应(频率为 $\omega = \sqrt{k/m}$),而第三项中包含了如下成分:

$$x_3 = \frac{F_0\theta}{m\omega(\omega^2 - \theta^2)}\sin\omega t \quad (4.25)$$

这一成分代表的是以频率 $\omega = \sqrt{k/m}$ 进行的自由振动响应,也称为伴随振动响应[16]。这一成分的幅值是与激励力有关的,而与初始条件无关。该项的最终确定需要知道激励力幅值和频率以及系统特性参数等。第三项中还包括了另一部分,即

$$x_4 = \frac{F_0}{m(\omega^2 - \theta^2)}\sin\theta t \quad (4.26)$$

这一部分的响应就是系统的受迫振动。

如果初始条件为 $x(0) = 0, \dot{x}(0) = 0$,那么式(4.24)将变为

$$x(t) = \frac{F_0}{m(\omega^2 - \theta^2)}\Big[\sin\theta t - \frac{\theta}{\omega}\sin\omega t\Big] = \frac{\delta_{\mathrm{st}}}{1 - z^2}\Big(\sin\theta t - \frac{\theta}{\omega}\sin\omega t\Big), z = \frac{\theta}{\omega}$$

$$(4.27)$$

于是,动力放大系数就变为

$$\mu_{\mathrm{din}} = x/\delta_{\mathrm{st}} = \frac{1}{1 - z^2}\Big(\sin\theta t - \frac{\theta}{\omega}\sin\omega t\Big) \quad (4.28)$$

如果固有频率与激励力的频率恰好相同,也即 $\omega = \theta$,那么上面的部分解 $x_3$ 和 $x_4$ 就没有意义了,实际上当 $\omega = \theta$ 时,同时考虑这两项将得到一个 $0/0$ 型的不定式,即

$$x_3 + x_4 = -\frac{F_0\theta}{m\omega(\omega^2 - \theta^2)}\sin\omega t + \frac{F_0}{m(\omega^2 - \theta^2)}\sin\theta t$$

$$= \frac{F_0}{m}\cdot\Big[\frac{-\theta\sin\omega t + \omega\sin\theta t}{\omega^2 - \theta^2}\Big]_{\omega = \theta} = \frac{0}{0}$$

利用洛必达法则,可以进一步导出如下结果[16]:

$$x(t) = x_0\cos\omega t + \frac{v_0}{\omega}\sin\omega t + \frac{F_0}{2m\omega^2}\sin\omega t - \frac{F_0}{2m\omega}t\cos\omega t$$

$$= x_{\mathrm{free}}(t) + \frac{F_0}{2m\omega}\Big(\frac{1}{\omega}\sin\omega t - t\cos\omega t\Big)$$

$$(4.29)$$

不难看出,此时质量 $m$ 的受迫振动响应是由两个部分组成的,即,周期部分 $\dfrac{F_0}{2m\omega^2}\sin\omega t$ 和非周期部分 $-\dfrac{F_0}{2m\omega}t\cos\omega t$。后者的简谐函数的系数中包含了时间因子 $t$,一般称为长期项或永年项,其绝对值将随着时间的增长而无限增长。事实上,人们将这种由于激励频率与系统固有频率相等因而导致响应随时间无限增长的现象称为共振现象。

上面这个受迫振动部分的响应(即式(4.29 的最后一项))还可以更方便地通过杜哈梅尔积分来直接求出。事实上,当 $\omega = \theta$ 时,由杜哈梅尔积分计算式我们不难得到

$$\frac{F_0}{\omega m}\int_0^t \sin\omega\tau \cdot \sin\omega(t-\tau)\,\mathrm{d}\tau = \frac{F_0}{2\omega m}\left(\frac{1}{\omega}\sin\omega t - t\cos\omega t\right)$$

根据式(4.26)可以发现,该受迫振动部分具有如下几个方面的重要特性:

(1)受迫振动的频率等于激励力的频率,且与系统的特性参数无关。

(2)受迫振动的幅值与系统的初始条件无关,而仅取决于系统的特性参数。

(3)当激励力的频率与系统的固有频率相互靠近时,即便激励力的幅值很小,也会导致系统产生剧烈的受迫振动。

#### 4.2.1.2　运动激励的情况

这里我们来考察一个由 $m-k-b$ 元件构成的动力学系统[11,14],该系统受到的是一个运动激励 $\xi(t)$ 的作用。关于绝对位移 $x$ 的数学模型可以表示为 $m\ddot{x} = -b(\dot{x}-\dot{\xi})-c(x-\xi)$,整理后可得

$$\begin{cases} m\ddot{x} + b\dot{x} + kx = k\xi + b\dot{\xi} \\ \ddot{x} + 2n\dot{x} + \omega^2 x = \omega^2\xi + 2n\dot{\xi} = f_1 + f_2 \end{cases} \tag{4.30}$$

如果 $\xi(t)$ 是可微的,那么上式中的右侧项也就包含了两个解析函数。第一个是 $f_1 = \omega^2\xi$,它对应于施加到质量上的激励力 $k\xi$,而第二个 $f_2 = 2n\dot{\xi} = \dfrac{2n}{\omega^2}\dot{f}_1$ 则对应了耗散力 $2n\dot{\xi}$。这种情况下,杜哈梅尔积分变为

$$x(t) = \frac{1}{\omega_1}\int_0^t \mathrm{e}^{-n(t-\tau)}[f_1(\tau) + f_2(\tau)\sin\omega_1(t-\tau)]\mathrm{d}\tau, \quad \omega_1 = \sqrt{\omega^2 - n^2}, \quad 2n = \frac{b}{m}$$

$$\tag{4.31}$$

于是,这个 $m-b-k$ 动力学系统的格林函数为

$$G(t) = \frac{1}{m\omega_1}\exp(-nt)\sin\omega_1 t$$

如果阻尼可以忽略不计(即令 $n = 0$),那么卷积分就变成了如下形式:

$$x(t) = \frac{1}{\omega}\int_0^t f_1(\tau)\sin\omega(t-\tau)\,\mathrm{d}\tau$$

在有些场合中,系统的激励可能是以基础支撑的加速度 $\ddot{\xi}$ 形式给出的,这种情况下我们将有如下的相对坐标关系[14]:

$$x_{\mathrm{rel}} = x - \xi; \dot{x}_{\mathrm{rel}} = \dot{x} - \dot{\xi}; \ddot{x}_{\mathrm{rel}} = \ddot{x} - \ddot{\xi}$$

此时关于 $x_{\mathrm{rel}}$ 的微分方程就变为

$$m\ddot{x}_{\mathrm{rel}} + b\dot{x}_{\mathrm{rel}} + cx_{\mathrm{rel}} = -m\ddot{\xi} \text{ 或 } \ddot{x}_{\mathrm{rel}} + 2n\dot{x}_{\mathrm{rel}} + \omega^2 x_{\mathrm{rel}} = -\ddot{\xi} = f(t) \quad (4.32)$$

这个方程的解为

$$x_{\mathrm{rel}} = -\frac{\mathrm{e}^{-nt}}{\omega_1} \int_0^t \mathrm{e}^{n\tau} \ddot{\xi} \sin\omega_1(t - \tau) \mathrm{d}\tau \quad (4.33)$$

当阻尼可以忽略不计时,式(4.32)和式(4.33)可化为[11]

$$\begin{cases} \ddot{x}(t) + \omega^2 x = -\ddot{\xi}(t) \\ x(t) = -\frac{1}{\omega} \int_0^t \ddot{\xi}(\tau) \sin\omega(t - \tau) \mathrm{d}\tau \end{cases} \quad (4.34)$$

## 4.2.2 带有分布参数的系统

振动防护系统常常包含了带有分布参数特性的元件,如梁或板等弹性体元件。此类元件的行为特性一般需要借助偏微分方程来描述。下面介绍一下卷积分在此类元件上的应用。

首先考虑一根均匀的梁,这里假定其边界条件是任意的,它的动力学方程可以表示为[17,18]

$$EI \frac{\partial^4 w}{\partial x^4} + m_0 \frac{\partial^2 w}{\partial t^2} = X(x,t) \text{ 或 } a^2 \frac{\partial^4 w}{\partial x^4} + \frac{\partial^2 w}{\partial t^2} = \frac{X(x,t)}{m_0}, a^2 = \frac{EI}{m_0} \quad (4.35)$$

式中:$w(x,t)$ 为 $t$ 时刻梁上点 $x$ 处的横向位移;$m_0$ 为梁单位长度的质量;$E$ 为梁材料的弹性模量;$I$ 为梁的截面惯性矩。格林函数可以表示为[10]

$$G(x,\xi,t) = \frac{1}{m_0} \sum_{n=1}^{\infty} \frac{1}{\omega_n} W_n(x) W_n(\xi) \sin\omega_n t \quad (4.36)$$

式中:$W_n$ 为相互正交的本征函数族[10]。任意边界条件下,梁的自由振动频率和本征函数的表达式可以参阅文献[17,19]。

如果梁受到了激励 $X(x,t)$,那么方程(4.35)的通解可以通过卷积分的形式来给出,即[10]

$$w(x,t) = \frac{1}{m_0} \sum_{n=1}^{\infty} W_n(x) \cdot \int_0^l W_n(u) \mathrm{d}u \int_0^t X(u,\tau) \frac{1}{\omega_n} \sin\omega_n(t - \tau) \mathrm{d}\tau$$

$$(4.37)$$

若假定载荷是在 $t = 0$ 时刻开始作用的,且沿着梁的长度方向有变化,于是可以表示为 $X(x,t) = q(x)F(t)$,此时式(4.37)就变为

$$w(x,t) = \frac{1}{m_0} \sum_{n=1}^{\infty} W_n(x) \cdot \int_0^l q(u) W_n(u) \mathrm{d}u \int_0^t F(\tau) \frac{1}{\omega_n} \sin\omega_n(t-\tau) \mathrm{d}\tau$$

$$(4.38)$$

实例4.5　设在梁上位置 $x = \xi$ 处,施加了一个瞬时的集中力 $X(x,t) = 1 \cdot \delta(x-\xi)\delta(t)$,试分析该梁的横向位移情况。

这里的因子 $\delta(x-\xi)$ 表明了这个载荷是作用在点 $x=\xi$ 处的,而 $\delta(t) = \delta(t-0)$ 则体现了该载荷是在 $t=0$ 这一瞬时作用的。$\delta$ 函数的基本特性为[20]

$$\begin{cases} \int_0^l \delta(u-\xi) W_n(u) \mathrm{d}u = W_n(\xi), \\ \int_0^t \delta(\tau) \sin\omega_n(t-\tau) \mathrm{d}\tau = \sin\omega_n t \end{cases}$$

根据 $\delta$ 函数的这些基本特性,梁的横向位移表达式(4.38)就可以转化为

$$w(x,t) = \frac{1}{m_0} \sum_{n=1}^{\infty} W_n(x) \int_0^l 1 \cdot \delta(u-\xi) W_n(u) \mathrm{d}u \int_0^t \delta(\tau) \frac{1}{\omega_n} \sin\omega_n(t-\tau) \mathrm{d}\tau$$

$$= \frac{1}{m_0} \sum_{n=1}^{\infty} \frac{1}{\omega_n} W_n(x) W_n(\xi) \sin\omega_n t = G(x,\xi,t)$$

正如所预期的,这里得到了格林函数,也就是系统对瞬态集中力的响应。

实例4.6　设一根梁受到了一个单位阶跃激励的作用,即 $X(x,t) = 1 \cdot \delta(x-\xi)H(t)$。试分析该梁的横向位移情况。

很明显,这个激励力是在 $t=0$ 时刻作用到梁上的 $x=\xi$ 处的,随后将持续作用在其上。这里的 $H(t)$ 代表的是海维赛德函数,它体现了这个激励力在时间域内的阶跃特征,具有如下性质:

$$\int_0^t H(\tau) \sin\omega_n(t-\tau) \mathrm{d}\tau = \int_0^t 1 \cdot \sin\omega_n(t-\tau) \mathrm{d}\tau = \frac{1}{\omega_n}(1-\cos\omega_n t)$$

结合式(4.38)所给出的梁的横向振动位移,我们有

$$w(x,t) = \frac{1}{m_0} \sum_{n=1}^{\infty} W_n(x) \int_0^l \delta(u-\xi) W_n(u) \mathrm{d}u \int_0^t 1 \cdot H(\tau) \frac{1}{\omega_n} \sin\omega_n(t-\tau) \mathrm{d}\tau$$

$$= \frac{1}{m_0} \sum_{n=1}^{\infty} W_n(x) W_n(\xi) \frac{1}{\omega_n^2}(1-\cos\omega_n t)$$

实例4.7　设在梁上 $x=\xi$ 位置处受到一个集中力 $F(t)$ 作用,试分析该梁的横向位移情况。

这种情况下,激励力的表达式可以写成 $X(x,t) = 1 \cdot \delta(x-\xi)F(t)$。于是,横向位移解应为

$$w(x,t) = \frac{1}{m_0} \sum_{n=1}^{\infty} W_n(x) \int_0^l 1 \cdot \delta(u-\xi) W_n(u) \mathrm{d}u \int_0^t F(\tau) \frac{1}{\omega_n} \sin\omega_n(t-\tau) \mathrm{d}\tau$$

$$= \frac{1}{m_0} \sum_{n=1}^{\infty} W_n(x) W_n(\xi) \int_0^t F(\tau) \frac{1}{\omega_n} \sin\omega_n(t-\tau) \mathrm{d}\tau$$

如果假设该系统具有如下的初始条件,即

$$w(x,0) = g_1(x), \dot{w}(x,0) = g_2(x)$$

此时,系统的通解将包括两个部分:

$$w(x,t) = w_1(x,t) + w_2(x,t) \qquad (4.39)$$

式(4.39)右边第一项 $w_1(x,t)$ 与卷积分(4.37)是一致的,第二项则包含了初始条件,因而应当根据如下关系式进行计算:

$$w_2(x,t) = \sum_{n=1}^{\infty} W_n(x) \int_0^l W_n(u) \left[ g_1(u)\cos\omega_n t + \frac{1}{\omega_n} g_2(u)\sin\omega_n t \right] du$$

**实例4.8** 设有一根受到任意静态载荷作用的梁,在给定的静态载荷下各点的横向位移量可用 $w_{st}(x)$ 来描述,现假定这个载荷在 $t=0$ 时刻突然移除,试分析系统的响应。

在载荷移除后,初始条件可以表示为

$$w(x,0) = g_1(x) = w_{st}(x), \dot{w}(x,0) = g_2(x) = 0$$

由于 $X(x,t)=0$,因而有 $w_1(x,t)=0$。对于式(4.39)中的第二项来说,我们有[10]

$$w_2(x,t) = \sum_{n=1}^{\infty} W_n(x)\cos\omega_n t \int_0^l W_n(u) w_{st}(u) \, du$$

一般地,对于一根长度为 $l$、弯曲刚度为 $EI$ 的均匀简支梁来说,正交的本征函数族和固有频率分别可以表示为 $W_n(x) = \sqrt{\dfrac{2}{l}}\sin\dfrac{n\pi x}{l}$ 和 $\omega_n = \dfrac{n^2\pi^2}{l^2}\sqrt{\dfrac{EI}{m_0}}$。对于此类边界条件,格林函数应为

$$G(x,\xi,t) = \frac{2}{m_0 l}\sum_{n=1}^{\infty} \frac{1}{\omega_n}\sin\frac{n\pi x}{l}\sin\frac{n\pi\xi}{l}\sin\omega_n t \qquad (4.40)$$

最后应当提及的是,与梁结构类似,任意边界条件下的矩形板也是振动防护领域中的一种十分重要的结构类型,其数学模型和相应的格林函数可参阅文献[10,14,21]。此外,在 Butkovskiy 和 Pustylnikov 所给出的手册[9]中还可以找到更为全面而系统的有关各类数学物理方程的格林函数情况。

## 4.3 标准化函数

一般来说,线性动力学系统的数学模型往往会带有非齐次的初始条件和边界条件,借助标准化函数可以将其转换为对应的具有齐次条件的数学模型。这一函数实际上代表的是初始条件、边界条件和外部激励的线性组合,系统所产生的响应一般可以通过卷积分进行求解。标准化函数在分布参数型主动振动防护系统问题的分析过程中特别有效。

对于分布参数型线性动力学系统来说,振动微分方程的一般形式可以表示为

$$L[w(x,t)] = f(x,t), t > t_0 \tag{4.41}$$

边界条件和初始条件可以写作

$$\begin{cases} B[w(x,t)] = g(x,t), t > t_0 \\ I[w(x,t)] = w_0(x,t), t = t_0 \end{cases} \tag{4.42}$$

上面的 $L$ 是系统的线性微分算子,$B$ 和 $I$ 分别是边界条件算子和初始条件算子,并且假定式中的函数 $f(x,t)$、$g(x,t)$ 和 $w_0(x,t)$ 均已经给定。于是,从数学物理层面上来看,问题就转化为在条件(4.42)下来求解微分方程(4.41)了。

实际上,这一问题是等价于如下提法的[9,22],即求解微分方程:

$$L[w(x,t)] = \Phi(x,t), t > t_0 \tag{4.43}$$

使之满足给定的下述条件:

$$\begin{cases} B[w(x,t)] = 0, t > t_0 \\ I[w(x,t)] = 0, t = t_0 \end{cases} \tag{4.44}$$

这种等效实质上是进行了如下的变换,即在新的问题描述中,式(4.43)左边项保持不变,而边界条件 $B$ 和初始条件 $I$ 则变成了齐次形式,另外,在式(4.43)中右边项不再是式(4.41)中的 $f(x,t)$,而代之以一个新的函数 $\Phi(x,t)$。这个新函数 $\Phi(x,t)$ 称为标准化函数,它是 $f(x,t)$、$g(x,t)$ 和 $w_0(x,t)$ 的线性组合。在问题求解时可以将卷积分应用到新方程(4.43)上,即

$$w(x,t) = \int_0^t \int_D G(x,\xi,t,\tau) \Phi(\xi,\tau) d\xi d\tau \tag{4.45}$$

从数学的观点来看,这种变换的优点在于,可以将边界条件 $g(x,t)$ 作为运动激励来处理。

实例4.9　利用标准化函数的概念来推导单自由度系统的响应表达式。

单自由度系统的运动方程可以表示为 $m\ddot{x} + kx = F(t), t > 0$,或者也可以改写成 $\ddot{x} + \omega^2 x = F(t)/m = f(t)$。初始条件可以设为 $x(0) = x_0, \dot{x}(0) = v_0$。格林函数是 $G(t) = \dfrac{1}{m\omega} \sin\omega t$。这里的标准化函数可表示为 $\Phi(t) = F(t) + mv_0 \delta(t) + mx_0 \delta'(t)$ [9]。于是,系统的响应为

$$x(t) = \int_0^t \Phi(\tau) G(t-\tau) d\tau = \frac{1}{m\omega} \int_0^t [F(\tau) + mv_0 \delta(\tau) + mx_0 \delta'(\tau)] \sin\omega(t-\tau) d\tau$$

考虑到 $\delta$ 函数的基本特性,上面这个表达式可以化为如下人们所熟知的形式:

$$x(t) = \frac{1}{m\omega} \int_0^t F(\tau) \sin\omega(t-\tau) d\tau + \frac{1}{\omega} v_0 \sin\omega t + x_0 \cos\omega t$$

上式中的第一项是卷积分。

实例 4.10 考虑一根均匀的简支梁的横向振动问题。

均匀简支梁的横向振动微分方程可以表示为

$$a^2 \frac{\partial^4 w}{\partial x^4} + \ddot{w} = f(x,t) \tag{4.46}$$

初始条件可设为

$$\begin{cases} w(x,0) = w_0(x) \\ \dot{w}(x,0) = w_1(x) \end{cases} \tag{4.47}$$

边界条件显然是左端和右端支撑点处的横向位移与弯矩均为零,也即

$$\begin{cases} w(0,t) = w(l,t) = 0 \\ \ddot{w}(0,t) = \ddot{w}(l,t) = 0 \end{cases} \tag{4.48}$$

在主动振动抑制问题中(这一方面将在本书第二部分中阐述),我们将会去掉条件(4.48)的要求,而假定支撑点处的位移和弯矩都是可以取非零值的,这样的话,就可以运用运动控制或动力控制手段来改变振动梁的状态,从而实现抑制梁的横向振动这一目的。所谓的运动控制将涉及左右两个支撑点处的位移控制,而动力控制则需要在这两个支撑点处施加控制力矩。这种情况下,将采用如下所示的非零边界条件来替代前面的式(4.48):

$$\begin{cases} w(0,t) = u_1(t) \\ w''(0,t) = u_2(t) \\ w(l,t) = u_3(t) \\ w''(l,t) = u_4(t) \end{cases} \tag{4.49}$$

因而对于受到外部激励 $f(x,t)$ 的梁来说,其响应将由式(4.46)、非零初始条件(4.47)和非零边界条件(4.49)来描述了。

前文中已经提及,标准化函数是外部激励函数、初始条件和边界条件的线性组合[9],这里可以将其表示为如下形式:

$$\Phi(x,t) = f(x,t) + w_0(x)\delta'(t) + w_1(x)\delta(t) + a^2\delta''(x)u_1(t) + a^2\delta'(x)u_2(t)$$
$$+ a^2\delta''(l-x)u_3(t) + a^2\delta'(l-x)u_4(t)$$

式中:$\delta$ 为狄拉克函数;上面的撇号代表求导运算。

现在需要考察的是在初始条件和边界条件均为零的条件下,微分方程 $a^2 \dfrac{\partial^4 w}{\partial x^4} + \ddot{w} = F(x,t)$ 的解。杜哈梅尔积分计算式为

$$w(x,t) = \int_0^t \int_D G(x,\xi,t,\tau)\Phi(\xi,\tau)\mathrm{d}\xi\mathrm{d}\tau \tag{4.50}$$

简支梁的格林函数可以按式(4.40)计算[10],即

$$G(x,\xi,t) = \frac{2}{m_0 l}\sum_{n=1}^{\infty}\frac{1}{\omega_n}\sin\frac{n\pi x}{l}\sin\frac{n\pi\xi}{l}\sin\omega_n t,$$

$$\omega_n = \frac{n^2\pi^2}{l^2}\sqrt{\frac{EI}{m_0}}$$

式中:$l$ 为梁的长度;$m_0$ 为单位长度梁的质量;$EI$ 为弯曲刚度;$\omega_n$ 为第 $n$ 阶自由振动频率。

于是,由杜哈梅尔积分式(4.50)就可以导得梁的位移响应表达式了,它与未知的运动量 $u_1(t)$ 和 $u_3(t)$ 以及力激励 $u_2(t)$ 和 $u_4(t)$ 是相关联的。

在手册[9]中收集整理了 500 多个系统的微分方程,包括集中参数系统和分布参数系统。对于每一个方程,该手册中都给出了传递函数、格林函数、标准函数、本征值以及本征函数等信息。读者除了可以参阅这一文献之外,还可以参考另外一本非常有用的教材[10]。

## 供思考的一些问题

4.1　试解释格林函数、杜哈梅尔积分以及标准化函数的概念。

4.2　试阐述任意激励与系统响应之间的关系。

4.3　试确定带有黏性阻尼的线性系统($m\ddot{x}+b\dot{x}+kx=0$)的格林函数。

参考答案:$G(t)=\dfrac{1}{m\omega_1}\exp(-nt)\sin\omega_1 t,\omega_1=\sqrt{\omega^2-n^2},n=\dfrac{b}{2m},\omega=\sqrt{\dfrac{k}{m}}$

4.4　设一个系统的输入为 $u(t)=F_0\sin\omega t$,传递函数为 $W(p)=\dfrac{2p+1}{3p^2+p+1}$,试确定 $\omega=3$ 时的稳态响应。

提示:

$$W(\mathrm{j}\omega)=\frac{2\mathrm{j}\omega+1}{3(\mathrm{j}\omega)^2+\mathrm{j}\omega+1}=\frac{1+\mathrm{j}2\omega}{(1-3\omega^2)+\mathrm{j}\omega};\ |W(\mathrm{j}\omega)|=\frac{\sqrt{1+4\omega^2}}{\sqrt{(1-3\omega^2)^2+\omega^2}};$$

$$|W(\mathrm{j}3)|=\frac{\sqrt{1+4\cdot 3^2}}{\sqrt{(1-3\cdot 3^2)^2+3^2}}=0.239;\varphi=\arctan(2\omega)-\arctan\frac{\omega}{1-3\omega^2};$$

$$\varphi(3)=\arctan(2\cdot 3)-\arctan\frac{3}{1-3\cdot 3^2}=80.5°-(-6.6°)=87°;$$

$$X(t)=\frac{\sqrt{1+4\omega^2}}{\sqrt{(1-3\omega^2)^2+\omega^2}}F_0\sin\left(\omega t+\arctan(2\omega)-\arctan\frac{\omega}{1-3\omega^2}\right)$$

$$=0.239F_0\sin(\omega t+87°)$$

参考答案:$X(t)=0.239F_0\sin(\omega t+87°)$

4.5　试利用杜哈梅尔积分来确定无阻尼线性系统 $m\ddot{x}+kx=F(t)$ 的位移响

应,其中 $F(t)=\alpha t$,初始条件为 $x(0)=\dot{x}(0)=0$。

参考答案:$x(t)=\dfrac{\alpha}{m\omega^2}\left(t-\dfrac{1}{\omega}\sin\omega t\right),\omega=\sqrt{\dfrac{k}{m}}$。

4.6 试利用杜哈梅尔积分来确定无阻尼线性系统 $m\ddot{x}+kx=F(t)$ 的位移响应,其中的激励力 $F(t)$ 如图 P4.6 所示,初始条件设为 $x(0)=\dot{x}(0)=0$。

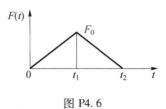

图 P4.6

提示:

$$F_1(t)=\dfrac{F_0}{t_1}t,0\le t\le t_1;F_2(t)=F_1(t)-\dfrac{F_0 t_2}{t_1}\dfrac{t-t_1}{t_2-t_1},t_1\le t\le t_2;$$

$$F_3(t)=F_2(t)+\dfrac{F_0}{t_2-t_1}(t-t_2),t_2\le t$$

参考答案:

$$x_1(t)=\dfrac{F_0}{t_1}\dfrac{1}{m\omega^2}\left(t-\dfrac{1}{\omega}\sin\omega t\right),0\le t\le t_1;\omega^2=\dfrac{c}{m},$$

$$x_2(t)=x_1(t)-\dfrac{F_0}{t_2-t_1}\dfrac{t_2}{t_1}\dfrac{1}{m\omega^2}\left[(t-t_1)-\dfrac{1}{\omega}\sin\omega(t-t_1)\right],t_1\le t\le t_2;$$

$$x_3(t)=x_2(t)+\dfrac{F_0}{t_2-t_1}\dfrac{1}{m\omega^2}\left[(t-t_2)-\dfrac{1}{\omega}\sin\omega(t-t_2)\right],t_2\le t,\omega^2=\dfrac{c}{m}$$

4.7 一个无阻尼线性系统$(m-k)$受到了一个如图 P4.7 所示的激励,试通过杜哈梅尔积分来确定齐次初始条件 $x(0)=\dot{x}(0)=0$ 下的响应。

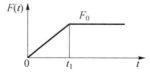

图 P4.7

提示:格林函数为 $G(t)=\dfrac{1}{m\omega}\sin\omega t=\dfrac{\omega}{k}\sin\omega t$。

参考答案:

$$t < t_1 : F = F_0(t/t_1), x(t) = \frac{F_0}{k}\left(\frac{t}{t_1} - \frac{\sin\omega t}{\omega t_1}\right);$$

$$t > t_1 : F = F_0, x(t) = \frac{F_0}{k}\left[1 - \frac{\sin\omega t}{\omega t_1} + \frac{1}{\omega t_1}\sin\omega(t - t_1)\right]$$

4.8 试利用杜哈梅尔积分来确定线性无阻尼系统 $m\ddot{x} + kx = F(t)$ 的位移响应,其中的激励力 $F(t)$ 如图 P4.8 所示,初始条件设为 $x(0) = \dot{x}(0) = 0$。

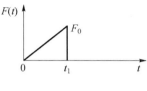

图 P4.8

参考答案:

$$x(t) = \frac{F_0}{k}\frac{1}{\omega t_1}(\omega t - \sin\omega t), t \leqslant t_1; \omega^2 = \frac{k}{m},$$

$$\frac{kx_2(t)}{F_0} = \frac{1}{\omega t_1}[\sin\omega(t - t_1) - \sin\omega t] + \cos\omega(t - t_1), t > t_1$$

4.9 试确定线性微分方程 $\ddot{x} + a\dot{x} + bx = f(t)$ 的标准化函数,初始条件设为 $x(0) = x_0, \dot{x}(0) = v_0$。

参考答案:$w(t) = f(t) + (v_0 + ax_0)\delta(t) + x_0\delta'(t)$。

# 参考文献

1. Ogata, K. (1992). System dynamics(2nd ed.). Englewood Cliff, NJ: Prentice Hall.

2. Shearer, J. L., Murphy, A. T., & Richardson, H. H. (1971). Introduction to system dynamics. Reading, MA: Addison-Wesley.

3. Bulgakov, B. V. (1954). The vibrations. Moscow: Gosizdat.

4. Feldbaum, A. A., & Butkovsky, A. G. (1971). Methods of the theory of automatic control. Moscow: Nauka.

5. Doetsch, G. (1974). Introduction to the theory and application of the Laplace transformation. Berlin: Springer.

6. D'Azzo, J. J., & Houpis, C. H. (1995). Linear control systems. Analysis and design(4th ed.). New York: McGraw-Hill.

7. Gupta, S. C., Bayless, J. W., & Peikari, B. (1972). Circuit analysis with computer application to problem solving. Scranton, PA: Intext Educational.

8. Lalanne, C. (2002). Mechanical vibration and shock(Vol. 1 - 4). London: Hermes Penton Science.

9. Butkovskiy, A. G., & Pustyl'nikov, L. M. (1993). Characteristics of distributed-parameter systems: Handbook of equations of mathematical physics and distributed-parameter systems. New York: Springer.

10. Nowacki, W. (1963). Dynamics of elastic systems. New York: Wiley.

11. Thomson, W. T. (1981). Theory of vibration with application(2nd ed. ). Englewood Cliffs, NJ: Prentice-Hall.

12. Newland, D. E. (1989). Mechanical vibration analysis and computation. Harlow, England: Longman Scientific and Technical.

13. Fowles, G. R. , & Cassiday, G. L. (1999). Analytical mechanics(6th ed. ). Belmont, CA: BROOKS/CO, Thomson Learning.

14. Timoshenko, S. , Young, D. H. , & Weaver, W. , Jr. (1974). Vibration problems in engineering(4th ed. ). New York: Wiley.

15. Harris, C. M. (Editor in Chief)(1996). Shock and vibration handbook(4th ed). New York: McGraw-Hill.

16. Babakov, I. M. (1965). Theory of vibration. Moscow: Nauka.

17. Karnovsky, I. A. , & Lebed, O. (2001). Formulas for structural dynamics. Tables, graphs and solutions. New York: McGraw Hill.

18. Karnovsky, I. A. , & Lebed, O. (2010). Advanced methods of structural analysis. New York: Springer.

19. Karnovsky, I. A. , & Lebed, O. (2004). Free vibrations of beams and frames. Eigenvalues and eigenfunctions. New York: McGraw-Hill Engineering Reference.

20. Korn, G. A. , & Korn, T. M. (1968). Mathematical handbook(2nd ed. ). New York: McGraw-Hill Book; Dover Publication, 2000.

21. Leissa, A. W. (1969). Vibration of plates. Scientific and Technical Information Division NASA.

22. Butkovsky, A. G. (1983). Structural theory of distributed systems. New York: Wiley.

# 第 5 章　振动中的阻尼

这一章主要介绍的是集中参数型和分布参数型振动系统中的阻尼问题,这些阻尼的产生主要原因在于系统中存在着能够吸收振动能量的某些机制,它们一般会导致振动发生衰减,因而往往可以用于实现振动防护这一目的。我们将在这一章中讨论多种不同类型的材料模型和复合结构模型,并考察如下一些基于能量耗散理念的阻尼振动防护方法:

(1)外部阻尼减振。这种阻尼是由附加装置(即阻尼器)提供的,在这些装置内部,我们主要借助液体或气体介质的阻抗来实现振动能量的耗散[1,2]。

(2)内部阻尼减振。这种阻尼是由于结构材料自身的摩擦所导致的,特别是对于具有高阻尼特性的聚合物材料更是如此,这些材料往往用来覆盖到结构表面或者作为复合结构的一层以耗散振动能量[2,3]。

(3)结构阻尼减振。这种类型的阻尼也可以归结为摩擦力导致的内部能量耗散机制,这些摩擦力主要来源于不同零部件(如螺栓组、铆钉等)接触面处的振动行为[4,5,vol.1]。

(4)气动力阻尼减振[6-9]。在这种类型的阻尼中,通过结构自身的改变可以使得结构周围的气流特性发生相应的改变,进而导致气动力阻尼特性的变化。这一过程可以通过主动方式来实现,它能够显著减小作用到结构上的气动力载荷,从而也就降低了振动水平[10,11]。

应当注意的是,一般来说内摩擦和气动力阻尼在振动抑制问题中起到的是积极的作用,然而在某些场合中,内摩擦也可能会导致危险的振动问题,例如处于超临界转速的转子[4],气动力也可能会导致有害的振动,如颤振问题[5,vol.3]。

## 5.1　基于现象学的阻尼描述

基于现象学的描述方法主要是从阻尼对系统动力学行为的影响这一角度进行的,而不去关心产生阻尼力的物理机制如何[2]。因此,我们首先要考虑的一个问题就是:如何根据所观测到的振动能量耗散现象来描述一种材料。事实上,人们已经提出了很多种不同的材料数学模型。

## 5.1.1　材料模型

理想弹性材料已经在弹性理论中得到了较为详尽的研究,这些材料的行为遵从胡克定律,即应力正比于应变,而不依赖于速度、加速度以及应变对时间的其他导数。对于理想液体来说,根据牛顿流体定律,应力是正比于应变速度的。

黏弹性材料是指这样一种材料,其应力是由应变和应变速度(或应变对时间的更高阶导数)决定的。一个黏弹性模型一般包含了两种元件,即弹簧和阻尼器,它们分别体现的是弹性特性和黏性特性。在小变形前提下,这些元件及其速度均可假定为线性。

将此类元件以不同的方式组合起来,我们就可以构造出很多不同的黏弹性模型。从现象学角度来看,最简单的模型只包含了一个阻尼力与相对速度成正比的元件或装置。这种模型已经在前面几章中多次使用过了,该模型在物理上和数学上都非常简单,也不会产生物理上的明显矛盾,当然,这种振动阻尼的实际形成过程是相当复杂的,利用这种简单的模型也是无法揭示的[2,12]。

黏弹性材料的另一模型是 Maxwell 模型(1867)[16,vol.1],该模型包含了一个纯粹的黏性阻尼器和一个纯粹的弹簧,二者以串联方式连接起来,如图 5.1(a)所示。这一材料模型的数学描述可以表示为

$$\frac{\mathrm{d}\varepsilon}{\mathrm{d}t} = \frac{1}{E}\frac{\mathrm{d}\sigma}{\mathrm{d}t} + \frac{1}{b}\sigma \tag{5.1}$$

式中:$\sigma$ 和 $\varepsilon$ 分别为应力和应变的瞬态值;常数 $E$ 为材料的弹性模量;$b$ 为黏性系数。

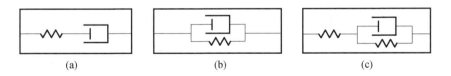

(a)　　　　　　　(b)　　　　　　　(c)

图 5.1　材料的力学模型:(a)Maxwell 模型;(b)Voigt 模型;(c)标准线性模型

Maxwell 模型一般用于小变形情况的分析中,第一项描述的是弹性变形,第二项代表的是屈服应变。该模型的一个缺陷是,我们难以通过它得到应力应变之间的显式关系,原因在于材料变形过程不仅依赖于应力而且还与应力持续时间有关。

特殊情况:如果 $\varepsilon$ 是常数,那么我们有 $\frac{1}{E}\frac{\mathrm{d}\sigma}{\mathrm{d}t} + \frac{1}{b}\sigma = 0$,这一方程的解为[13]

$\sigma = \sigma_0 \mathrm{e}^{-(E/b)t} = \sigma_0 \mathrm{e}^{-t/\tau}$,其中 $\tau = b/E$。于是对于 Maxwell 模型来说,在时间上应

力松弛将呈现出指数变化规律。材料松弛周期 $\tau$ 决定了应力减少到初始值 $\sigma_0$ 的 $1/e = 0.3678$ 倍时所需的时间。

另一种模型是 Voigt 模型[5,14,15],它是由阻尼器和弹簧并联组成的,如图 5.1(b)所示。这个模型考虑了外部激励作用后弹性力的延迟效应,其数学模型可表示为

$$\sigma = \varepsilon E + b_0 \frac{d\varepsilon}{dt} \tag{5.2a}$$

式中:$\sigma$ 和 $\varepsilon$ 分别为应力和应变;$t$ 为时间;$E$ 为弹性模量;$b_0$ 为常数。这个方程的解为

$$\begin{cases} \varepsilon = \dfrac{\sigma}{E}(1 - e^{-t/\tau}) \\ \tau = \dfrac{b_0}{E} \end{cases} \tag{5.2b}$$

式(5.2b)表明,应力卸载之后样件将按照指数规律恢复到初始形态。这实际上是胡克定律 $\sigma = \varepsilon E$ 的推广形式,也即弹性应变的发展是与黏性变形相伴随的。因此,常数 $b_0$ 一般称为材料的黏性系数。对于单自由度黏弹性系统来说,基于 Voigt 模型我们可以得到

$$N = ky + b \frac{dy}{dt} \tag{5.2c}$$

式中:$N$ 和 $y$ 分别为广义力和广义坐标;$k$ 和 $b$ 分别为刚度系数和黏性系数。Voigt 模型的优点在于,它容许我们将加载曲线和卸载曲线之间的差异考虑进来[4]。

对于聚合物材料而言,上述这些模型是不能正确描述它们的黏弹性特性的。在采用 Maxwell 模型来描述一个实际材料时,如果应力保持不变,那么黏性单元将产生不确定的变形;而如果采用 Voigt 模型来描述的话,那么对于给定的应力将存在着一个弹簧变形使得黏性单元无法正常运动。一般地,如果材料的黏性特性比弹性特性更为突出的话,那么应当选择 Maxwell 模型,反之则应选择 Voigt 模型。这两种模型都已经广泛应用于各类振动防护问题之中。

**标准线性模型**

图 5.1(c)给出了一个可以更好地用于描述具有松弛特性和高黏性特性材料的近似模型,该模型的方程可表示为[2]

$$\sigma + \alpha \frac{d\sigma}{dt} = E\varepsilon + \beta E \frac{d\varepsilon}{dt} \tag{5.3}$$

式中:$E$ 为弹性模量。可以发现,这实际上也包含了胡克模型和 Voigt 模型,只需

分别令 $\alpha = \beta = 0$ 和 $\alpha = 0$。

附带指出的是,人们实际上还曾经提出了另外一些模型,如 Prandtl 和 Kargin – Slonimsky 模型[15,vol.1],一般来说,这些模型往往会带来相当大的数学上的困难。

## 5.1.2 复弹性模量

复弹性模量这一概念为线性黏弹性材料的行为描述提供了很大的便利[2],这里我们介绍一下这一概念在黏性材料的标准线性模型中的应用,该模型参见式(5.3)。

如果我们假定 $\sigma = \sigma_0 e^{j\omega t}$ 和 $\varepsilon = \varepsilon_0 e^{j\omega t}$,那么根据式(5.3)可以导得

$$\sigma_0 = E\varepsilon_0 \frac{1 + j\omega\beta}{1 + j\omega\alpha} = E^* \varepsilon_0 \tag{5.4}$$

于是,我们可以得到一个复数形式的模量,即

$$E^* = E \frac{1 + j\omega\beta}{1 + j\omega\alpha} \tag{5.5}$$

这个表达式称为复数形式的动弹性模量。于是应力可以表示为 $\sigma_0 = \varepsilon_0(E' + jE'')$,其中 $E'$ 和 $E''$ 分别是 $E^*$ 的实部和虚部,即

$$\begin{cases} E' = E \dfrac{1 + \omega^2 \alpha\beta}{1 + \omega^2 \alpha^2} \\ E'' = E \dfrac{\omega(\beta - \alpha)}{1 + \omega^2 \alpha^2} \end{cases} \tag{5.6}$$

复模量的实部 $E'$ 刻画了储存于元件中的弹性能,而虚部 $E''$ 则刻画了损耗的能量部分。因此,复模量 $E^*$ 的实部也称为储能模量,而虚部称为损耗模量或动力黏性。一般地,复模量可以通过样品的简谐振动实验来确定。

## 5.1.3 耗散力

无论阻力的本质如何,它们的方向总是与速度方向相反的,这种耗散力的特性可以通过"力 – 速度"曲线加以表征[2,16,17]。

**1. 黏性阻尼**

黏性阻力主要来源于黏性介质(气体或液体)中物体的小幅振动,这种耗散力是线性的,且与速度成正比,即 $F_d = b_1\dot{x}$,其特性如图 5.2(a)所示,其中 $\tan\beta = b_1$。

**2. 平方阻尼**

对于较大的振动速度,上面的 $F_d(\dot{x})$ 将具有平方关系表达式,即 $F_d = b_2\dot{x}^2 \mathrm{sgn}\dot{x}$。

### 3. 库伦阻尼(干阻尼)

这种阻尼来源于两个压紧的表面之间所产生的摩擦力。根据库伦定律,干摩擦力 $F$ 可视为正压力 $N$ 的正比例函数,即 $F = fN$,其中的 $f$ 是摩擦系数。一般来说,我们认为这个摩擦力是不变的,并且也不依赖于速度[2,16,18,19]。图 5.2(c)中已经给出了库伦摩擦 $F_d = b_0 \mathrm{sgn}\dot{x}$ 的特性曲线。

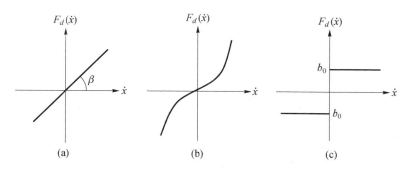

图 5.2 耗散力特性:(a)黏性阻尼力;(b)平方阻尼力;(c)库伦阻尼力

根据上面给出的这些关系式,我们还可以将它们表示为一个耗散力与速度的统一函数形式,即 $F_d = b_i |\dot{x}|^i \mathrm{sgn}\dot{x}$,其中 $i = 1$ 代表了黏性阻尼情况,$i = 2$ 代表了平方阻尼情况,而 $i = 0$ 则代表了库伦阻尼情形[20]。

在 5.1.4 节中我们还将介绍描述耗散力的另一途径。

## 5.1.4 无量纲参数形式的能量耗散

能量的耗散可以采用各种参数来评估,采用这些参数在考察带有黏性摩擦的单自由度线性系统时是十分方便的。此类系统的数学模型一般可以表示为

$$m\ddot{x} + b\dot{x} + kx = 0 \tag{5.7}$$

式中:$m$、$b$ 和 $k$ 分别为系统的质量、黏性系数以及刚度系数。

式(5.7)也可以表示为如下的等效形式,即 $\ddot{x} + 2n\dot{x} + \omega^2 x = 0$,其中 $2n = b/m$,而 $\omega = \sqrt{k/m}$ 代表的是系统的无阻尼固有频率。

可以引入阻尼因子或者阻尼比这一概念,它定义为黏性系数 $b$ 与临界阻尼 $b_{cr}$ 的比值[21],即

$$\xi = \frac{b}{b_{cr}}, b_{cr} = 2\sqrt{km}, \xi = \frac{b}{2\sqrt{km}} = \frac{b}{2m\omega} = \frac{n}{\omega}$$

于是,前面的方程就可以改写为[17]

$$\ddot{x} + 2\xi\omega\dot{x} + \omega^2 x = 0 \tag{5.8}$$

这样一来,式(5.7)也就存在了两种等效表达形式,分别对应于以有量纲参数 $n$ 或者以无量纲参数 $\xi$ 来描述。

应当注意的是,上面的参数 $\xi$ 决定了系统的本性,正如前面一章中的 4.1 节所述及的,一般可以区分为三种不同情况[14]:

(1)阻尼因子等于 1 的临界阻尼情况。此时我们有 $b^2 = 4mk$,于是 $n = \omega$,这显然只是一种衰减运动,而不是振动过程。

(2)阻尼因子大于 1 的过阻尼情况。这种情况中,$b^2 > 4mk$,因而 $n < \omega$,这同样也是一种衰减运动,而不是振动,系统将渐近地趋向于平衡位置。

(3)阻尼因子小于 1 的欠阻尼情况。这种条件下,$b^2 < 4mk$ 而 $n > \omega$,我们可以得到一个不断衰减的振动过程,其幅值不断减小,而其周期却为常数,即

$$T = \frac{2\pi}{\omega \sqrt{1 - (n/\omega)^2}} = \frac{2\pi}{\omega \sqrt{1 - \xi^2}} \tag{5.9}$$

应注意的是,这种情况下的振动幅值是呈现出几何缩减的,即

$$\frac{A_1}{A_2} = \frac{A_2}{A_3} = \cdots = \frac{A_s}{A_{s+1}} \cdots = e^{nT} = \text{const} \tag{5.10}$$

图 5.3(a)给出了响应 $x(t)$ 的时间曲线,不难看出,这条函数曲线受到了曲线 1(即 $Ae^{-nt}$ 曲线)和曲线 2($-Ae^{-nt}$ 曲线)的限制,参数 $A = \sqrt{x_0^2 + \frac{(\dot{x}_0 + nx_0)^2}{\omega^2 - n^2}}$,其中的 $x_0$ 和 $\dot{x}_0$ 分别为系统的初始位移和初始速度。应当注意的是,这个 $A$ 一般并不称为幅值。

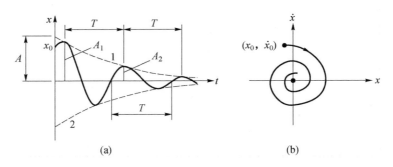

图 5.3 有阻尼振动:(a)运动曲线;(b)相轨迹

系统的内在特性及其振动行为还可以通过相轨迹以可视化的方式表达出来,它绘制于"位移 – 速度"平面上,也称为相平面。对于欠阻尼振动情况,图 5.3(b)给出了部分相轨迹,即一条从点 $(x_0, \dot{x}_0)$ 出发的螺旋线,这个起点实际上就代表了初始条件(或初始状态)。螺旋线上的点的运动方向已经用箭头指示出来了。实际上,每一条这样的螺旋线的方程都是对数螺线方程,任意初始条件所对应的螺旋线也都可以通过相轨迹来描述[22]。从图 5.3(b)可以看出,这条相轨迹表明了该系统将作逐渐趋向于稳定平衡位置的运动,这个稳定平衡位

置点称为焦点,这里的坐标是(0,0)。

根据式(5.10)还可以定义幅值缩减这个概念,即相同方向上的任意两次相邻的幅值之比值。进一步还可定义对数缩减这一概念,即任意相邻两次幅值比值的自然对数[14],其表达式为

$$\begin{cases} \delta = \ln\dfrac{A_s}{A_{s+1}} = nT \\[2mm] n = \dfrac{c}{2m} \\[2mm] T = \dfrac{2\pi}{\omega_d} \\[2mm] \omega_d = \sqrt{\omega^2 - n^2} = \omega\sqrt{1-\xi^2} \end{cases} \tag{5.11}$$

若采用阻尼比 $\xi$ 来表示,则为[17]

$$\delta = \xi\omega T = \frac{2\pi\xi}{\sqrt{1-\xi^2}} \tag{5.12}$$

上面各式中的 $T$ 和 $\omega_d$ 分别为有阻尼系统的振动周期和固有频率。

如果设 $A_s$ 和 $A_{s+i}$ 分别是第 $s$ 个和第 $(s+i)$ 个周期的幅值,那么我们有

$$\delta = \frac{1}{i}\ln\frac{A_s}{A_{s+i}} \tag{5.13}$$

此外,可以引入能量吸收系数这一参量,这个参量可以帮助我们来评估系统中的能量耗散情况[4],其定义为 $\Psi = \dfrac{\Psi_s}{W_s}$,其中的 $\Psi_s$ 代表的是第 $s$ 个周期内所耗散掉的能量,而 $W_s$ 则代表了第 $s$ 个周期开始时刻系统中所储存的势能。每个周期所耗散掉的能量为 $\Psi_s = W_s - W_{s+1} = \dfrac{k}{2}(A_s^2 - A_{s+1}^2)$,其中的 $A_s$ 和 $A_{s+1}$ 分别代表了第 $s$ 个和第 $s+1$ 个周期开始时刻的幅值。显然,能量吸收系数应为

$$\Psi = \frac{A_s^2 - A_{s+1}^2}{A_s^2} = 1 - e^{-2nT} \tag{5.14}$$

式中: $T = \dfrac{2\pi}{\sqrt{(k/m)^2 - n^2}}$ 为有阻尼系统的振动周期,而 $n = \dfrac{c}{2m}$。引入这一参量的好处在于它不依赖于特定的周期。

对于较小的 $nT$ 值而言,我们可以做合理的近似处理,即 $e^{-2nT} \approx 1 - 2nT$,因此有[14]

$$\Psi \approx 2nT = 2\delta \tag{5.15}$$

进一步,可以定义损耗因子这个概念,它给出了系统在大约六分之一个周期内所吸收的能量,即[3]

$$\eta = \frac{\varPsi}{2\pi} \qquad (5.16)$$

品质因数是另一个无量纲参数,它定义为共振状态下系统所储存的振动能量与每个周期内耗散掉的能量之比,即[23]

$$Q = 2\pi \frac{T_{\max}}{E} \qquad (5.17)$$

这一参数刻画了振动系统的选择性特征,即品质因数越高,外部激励力的带宽就越窄,从而可以导致更强的系统振动。如果以参数 $m$、$b$ 和 $k$ 来表达,那么品质因数可以写为

$$Q = \frac{\sqrt{mk}}{b} = \frac{\omega m}{b} = \frac{\omega}{2n} = \frac{1}{2\xi} \qquad (5.18)$$

在表 5.1 中已经列出了与能量耗散相关的无量纲参数之间的关系,所有这些公式都没有做简化。此外要注意的是,无量纲参数 $\tau = 1/n(\mathrm{s})$ 称为时间延迟,该参数定义了系统振动幅值减小 $\mathrm{e} = 2.718$ 倍所需的时间[24]。

表 5.1　与能量耗散相关的无量纲参数[24]

| 参数 | 定义 | $\varPsi$ | $\eta$ | $\delta$ | $\xi$ | $Q$ | 备注 |
|---|---|---|---|---|---|---|---|
| 能量吸收系数 $\varPsi$ | $\varPsi = \dfrac{A_s^2 - A_{s+1}^2}{A_s^2}$ | $\varPsi$ | $2\pi\eta$ | $2\delta$ | $\dfrac{4\pi\xi}{\sqrt{1-\xi^2}}$ | $\dfrac{4\pi}{\sqrt{4Q^2-1}}$ | 每个周期内的相对能量损失 |
| 损耗系数 $\eta$ | $\eta = \dfrac{A_s^2 - A_{s+1}^2}{2\pi A_s^2}$ | $\dfrac{\varPsi}{2\pi}$ | $\eta$ | $\dfrac{\delta}{\pi}$ | $\dfrac{2\xi}{\sqrt{1-\xi^2}}$ | $\dfrac{2}{\sqrt{4Q^2-1}}$ | 每 1/6 个周期内的相对能量损失 |
| 对数缩减 $\delta$ | $\delta = \ln\dfrac{A_s}{A_{s+1}} = nT$ | $\dfrac{\varPsi}{2}$ | $\pi\eta$ | $\delta$ | $\dfrac{2\pi\xi}{\sqrt{1-\xi^2}}$ | $\dfrac{2\pi}{\sqrt{4Q^2-1}}$ | 相邻两次振动幅值之比的自然对数 |
| 阻尼因子 $\xi$ | $\xi = \dfrac{b}{b_{cr}} = \dfrac{b}{2\sqrt{mk}}$ | $\dfrac{\varPsi}{\sqrt{\varPsi^2+16\pi^2}}$ | $\dfrac{\eta}{\sqrt{\eta^2+4}}$ | $\dfrac{\delta}{\sqrt{\delta^2+4\pi^2}}$ | $\xi$ | $\dfrac{1}{2Q}$ | 黏性阻尼系数 $b$ 与临界阻尼 $b_{cr}$ 之比 |
| 品质因数 $Q$ | $Q = 2\pi\dfrac{T_{\max}}{E}$ | $\dfrac{\sqrt{\varPsi^2+16\pi^2}}{2\varPsi}$ | $\dfrac{\sqrt{\eta^2+4}}{2\eta}$ | $\dfrac{1}{2\delta}\sqrt{\delta^2+4\pi^2}$ $Q$ | $\dfrac{1}{2\xi}$ | $Q$ | 共振时系统储存的能量与每个周期内耗散的能量的比值 |

注:数学模式 $m\ddot{x} + b\dot{x} + kx = 0$. $2n = b/m$. 有阻尼振动的周期 $T = 2\pi/\omega_d$,$\omega_d = \sqrt{\omega^2 - n^2} = \omega\sqrt{1-\xi^2}$,$\xi = b/c_{cr}$,$c_{cr} = 2\sqrt{km}$,$\xi = b/2\sqrt{km} = b/2m\omega = n/\omega$

## 5.2　滞后阻尼

在一些问题中,人们往往发现基于黏性阻尼的理论预测结果与实验观测结

果之间存在着不一致性,而如果引入滞后阻尼这一概念则可以有效消除这种不一致现象。不仅如此,引入这一概念之后还能够简化问题的分析求解过程。不过,滞后阻尼概念的应用范围是有限的,它只适用于作稳态简谐振动的线性系统,但是对于系统的自由度数却没有任何限制[21,23]。

## 5.2.1　滞后回线

在很多非弹性振动情况中,变形能的损耗意味着系统存在内部摩擦耗能,能够形成这些内部摩擦耗能的机制是多种多样的[2]。大量实验研究[1,2,25,26]已经指出,内摩擦是与变形幅值相关的。载荷和变形之间的关系本质上是非线性的,加载和卸载过程也是不同的,这一现象一般称为滞后,最早是由 James Alfred Ewing 所提出的,它意味着系统在载荷移除后不会恢复到初始状态。滞后行为一般发生在铁磁性材料中,不过人们在其他很多领域中也观测到了这一现象,如生物学、遗传学、生理学以及经济学等领域。

在周期加载和卸载所产生的变形情况中,阻力 – 位移关系曲线通常是类似于螺旋线的[4],不过人们一般考虑理想的封闭形式的曲线,并将其称为滞后回线[14,19]。

现在我们来考虑一个最简单的元件,即黏性阻尼器,其阻尼力与速度成正比,即 $F_d(\dot{x}) = b\dot{x}$。现假定这个元件端点处的稳态位移和速度分别为 $x(t) = A\cos(\omega t - \varphi)$、$\dot{x}(t) = -A\omega\sin(\omega t - \varphi)$。

每个周期($T = 2\pi/\omega$)内耗散掉的能量可以通过如下的通用公式来计算[14],即 $W_{\text{dis}} = \oint F_d \mathrm{d}x$。经过一些基本的变换后不难得到

$$W_{\text{dis}} = \oint b\dot{x}\mathrm{d}x \cdot \frac{\mathrm{d}t}{\mathrm{d}t} = \oint b\dot{x}^2 \mathrm{d}t = bA^2\omega^2 \int_0^{T=2\pi/\omega} \sin^2(\omega t - \varphi)\mathrm{d}t = \pi b\omega A^2$$

(5.19)

现在我们来构造滞后回线。速度可以以位移来表达,即

$$\dot{x}(t) = -A\omega\sin(\omega t - \varphi) = \pm A\omega\sqrt{1 - \cos^2(\omega t - \varphi)} = \pm\omega\sqrt{A^2 - x^2}$$

阻尼力为

$$F_d(\dot{x}) = b\dot{x} = \pm b\omega\sqrt{A^2 - x^2} = \pm b\omega A\sqrt{1 - \frac{x^2}{A^2}}$$

这个力已经是以位移 $x$ 来表达了,由此可以直接导出如下的椭圆方程:

$$\frac{x^2}{A^2} + \left(\frac{F_d}{b\omega A}\right)^2 = 1$$

(5.20)

这个椭圆的半轴长分别为 $A$ 和 $b\omega A$。图 5.4(a)给出了对应的滞后回线,它所包围的区域面积代表了每个周期内所耗散掉的能量,事实上椭圆与半轴 $a$ 和 $b$ 所包围的面积是 $W_d = \pi ab$,由此不难导出上述结果。

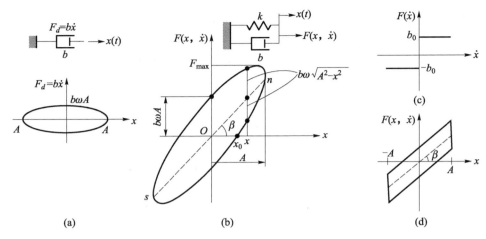

图5.4 不同力学模型的滞后回线:(a)黏性模型;(b)黏弹性模型;
(c)-(d)干摩擦模型及其滞后回线

现在我们再来考察一下 Voigt 模型,该模型实际上考虑了阻尼力 $b\dot{x}$ 和恢复力 $kx$ 的组合效应,也即 $F(x,\dot{x}) = F_{dis}(\dot{x}) + F_{el}(x) = b\dot{x} + kx^{[2,23]}$。若设简谐位移和速度分别为 $x(t) = A\sin\omega t$ 和 $\dot{x} = A\omega\cos\omega t$,那么弹簧和阻尼器这两个元件中所产生的总的力为

$$F(x,\dot{x}) = kx + b\dot{x} = kA\sin\omega t + bA\omega\cos\omega t = kx \pm b\omega\sqrt{A^2 - x^2} \quad (5.21)$$

这个函数的图形就是图5.4(b)所示的椭圆。对于一个理想的弹性系统来说,不存在能量损耗,也即 $b = 0$,因此滞后回线将会退化成一条直线 $nOs$ 了,其倾斜角度为 $\beta = \arctan k$。

现在我们回到一般情况中,即式(5.21)的情况,最大的力 $F_{max} = A\sqrt{k^2 + b^2\omega^2}$,它发生在 $x_0 = b\omega A/\sqrt{k^2 + b^2\omega^2}$ 处。对于 $k = 0$ 的情形,由式(5.20)可得到图5.4(a)所示的椭圆[23],而对于由方程 $m\ddot{x} + b\dot{x} + kx = F\cos\omega t$ 所描述的力学系统来说,其滞后回线将如图5.4(b)所示。如果给定参数 $k$ 和 $b$,而改变质量,那么将会相应地改变椭圆的形状以及直线 $nOs$ 的斜率,不过椭圆所围成的面积仍然是保持不变的。

对于库伦阻尼的情况,力学特性形式是 $F(x,\dot{x}) = b_0 \text{sgn}\dot{x}$(图5.4(c)),对应的滞后回线如图5.4(d)所示,该回线所包围的区域面积是 $\Psi = 4Ab_0^{[20]}$。

## 5.2.2 滞后阻尼概念

根据图5.5中的滞后曲线和式(5.19)(即 $W_{dis} = \pi b\omega A^2$)可以看出,能量损耗(即滞后回线所包围的区域面积)是依赖于激励频率 $\omega$ 的。如果激励频率趋近于零,那么滞后回线包围的面积也将趋近于零,换言之,即滞后回线将逐渐退化为一条直线。然而应当指出的是,这一结果是与实验观测结果相矛盾的。实际上,即使一个黏弹性样件处于静态测试状态(即 $\omega = 0$),加载曲线和卸载曲线也是不重合的[27]。

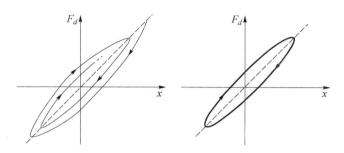

图 5.5　有阻尼振动的滞后螺旋线与理想滞后回线(一个周期内)

为了消除这一矛盾,变形元件的数学模型就必须做相应的修正,即滞后回线所包围的面积保持为常数,而不依赖于激励频率[23]。这一修正可以通过引入一个新的概念来实现,即滞后阻尼。为此,黏性摩擦系数 $b$ 必须替换成滞后摩擦系数 $h/\omega$,于是在黏性阻尼器中产生的阻尼力 $-b\dot{x}$ 也就需要用 $-h\dot{x}/\omega$ 来替换掉,而滞后回线所包围的面积将保持不变,即 $W_{\mathrm{dis}} = \pi h A^2$。

滞后阻尼的数学模型可以表述为[21]

$$F_d = hk\,|\,x\,|\cdot\frac{\dot{x}}{|\,\dot{x}\,|} \tag{5.22}$$

式中:$k\,|\,x\,|$ 代表了弹性力,而 $hk\,|\,x\,|$ 是指滞后耗散力 $F_d$ 是弹性力的一部分,因子 $\dot{x}/|\,\dot{x}\,|$ 则表明了滞后阻尼产生的力是与速度同相位的。显然,这里的滞后阻尼 $h$ 也就定义了阻尼力,它与速度同相且正比于位移。

对于具有黏性阻尼的系统和具有滞后阻尼的系统来说,根本的不同之处就在于黏性阻尼情况中每个周期内耗散的能量是线性依赖于振动频率的(参见式(5.19)),而滞后阻尼情况中则与振动频率无关[2]。

如果一个线性弹簧(刚度系数为 $k$)和一个黏性阻尼器(阻尼系数为 $b$)以并联方式连接起来,那么这两个元件可以利用单个元件来替代,这个等效元件将具有复刚度 $k + \mathrm{j}\omega b$[23];而对于弹簧与滞后阻尼器相连接的情况,这个等效元件则应具有复刚度 $K = k + \mathrm{j}h$。

这里所谓的复刚度具有两重含义,一方面这个术语表明了该刚度代表的是一个包含有实部和虚部的复数量,而另一方面则意味着对应的元件同时具有弹性特征和能量耗散特性[2]。

最后,应当再次着重指出的是,滞后阻尼这一概念只适用于稳态简谐振动情况的分析。

### 5.2.3 单自由度系统的受迫振动

图 5.6 给出了一个带有滞后阻尼的弹簧质量系统,它受到了简谐激励力 $F\exp(j\omega t)$ 的作用。质量 $m$ 的位移响应 $x$ 满足如下微分方程[23]:

$$m\ddot{x} + \frac{h}{\omega}\dot{x} + kx = F\exp(j\omega t) \tag{5.23}$$

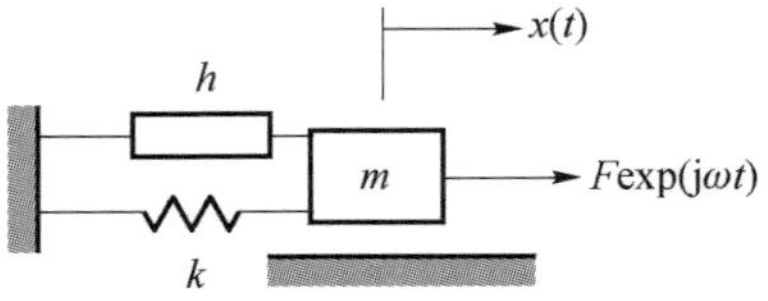

图 5.6 带有滞后阻尼 $h$ 的 $m-k$ 力学系统

上面这个方程的左边可以重新改写为

$$m\ddot{x} + \frac{h}{\omega}\dot{x} + kx = m\ddot{x} + \frac{h}{\omega}\cdot j\omega x + kx = m\ddot{x} + k\left(1 + j\frac{h}{k}\right)x$$

$$= m\ddot{x} + k(1 + j\mu)x, \mu = \frac{h}{k}$$

于是式(5.23)就变为

$$m\ddot{x} + k(1 + j\mu)x = F\exp(j\omega t) \tag{5.24}$$

这种以复数形式来表示刚度的方法也就是 Sorokin 方法[4]。

方程(5.23)的形式解可以表示为

$$\begin{cases} x = Xe^{j\omega t} \\ \dot{x} = Xj\omega e^{j\omega t} \\ \ddot{x} = -X\omega^2 e^{j\omega t} \end{cases} \tag{5.25}$$

因此,方程(5.23)及其解为

$$\begin{cases} [-m\omega^2 + (k + jh)]X = F \\ X = \dfrac{F}{-m\omega^2 + (k + jh)} \end{cases} \tag{5.26}$$

由于运动方程是线性的,因而质量 $m$ 的稳态简谐运动可以表示为 $x = Xe^{j\omega t}$ $= \alpha Fe^{j\omega t}$,导纳 $\alpha$ 依赖于系统参数和激励频率 $\omega$,不过与激励力的幅值 $F$ 无关[23],即

$$\alpha = \frac{X}{F} = \frac{1}{-m\omega^2 + (k + jh)} = \frac{k - m\omega^2}{(k - m\omega^2)^2 + h^2} - j\frac{h}{(k - m\omega^2)^2 + h^2} \tag{5.27}$$

显然,位移响应 $x$ 包括了两个部分,第一个部分(即导纳的实部)与激励力

是同相位的,而第二个部分(导纳的虚部)则要滞后于激励力 $\pi/2$ 相位[23]。

这个导纳的模和相位分别为

$$\begin{cases} |\alpha| = \dfrac{1}{\sqrt{(k - m\omega^2)^2 + h^2}} \\ \tan\eta = \dfrac{h}{k - m\omega^2} \end{cases} \tag{5.28}$$

静态位移和简谐位移幅值则为

$$\begin{cases} \delta_{\text{stat}} = \dfrac{F}{k} \\ X = \alpha F = \dfrac{F}{\sqrt{(k - m\omega^2)^2 + h^2}} \end{cases} \tag{5.29}$$

于是动力放大系数就变为

$$\lambda_X = \frac{X}{\delta_{\text{stat}}} = \alpha k = \frac{k}{\sqrt{(k - m\omega^2)^2 + h^2}} \tag{5.30}$$

如果写成无量纲形式,则为

$$\begin{cases} \lambda_X = \dfrac{1}{\sqrt{(1 - \omega^2/\omega_0^2)^2 + \mu^2}} \\ \tan\eta = \dfrac{\mu}{1 - \omega^2/\omega_0^2} \\ \omega_0^2 = \dfrac{k}{m} \\ \mu = \dfrac{h}{k} \end{cases} \tag{5.31}$$

进一步还可以求出传递到基础上的力的幅值为 $F_S = kX = k\alpha F$,力传递率为 $\lambda_F = F_S/F$,很明显可以看出,这里有 $\lambda_X = \lambda_F$。

根据式(5.31)可知,此处的最大传递率 $\lambda_{\max}$ 将发生在激励频率 $\omega = \omega_0$ 处,也即无阻尼自由振动频率处。应当注意的是,在黏性阻尼情况中,最大传递系数是发生在 $\omega/\omega_0 < 1$ 处的,参见第 1 章中的图 1.4。另外,在滞后阻尼情况中,对于非常小的 $\omega/\omega_0$ 值而言,相位角 $\eta$ 趋近于 $\arctan\mu$,而在黏性阻尼情况中则趋近于零[23]。

现在回到品质因数 Q 这个概念上来。方程 $m\ddot{x} + \dfrac{h}{\omega}\dot{x} + kx = 0$ 的解是 $x = A\sin\omega t$,因而共振状态下所对应的最大动能 $T_{\max}$ 和每个周期内耗散的能量 $W_{\text{dis}}$ 为[23]

$$\begin{cases} T_{\max} = \dfrac{1}{2}m\dot{x}^2 = \dfrac{1}{2}mA^2\omega_0^2 \\ W_{\text{dis}} = \pi h A^2 \end{cases}$$

于是品质因数为

$$Q = 2\pi \frac{T_{\max}}{W_{\mathrm{dis}}} = \frac{k}{h} = \frac{1}{\mu} \tag{5.32}$$

可以看出,共振条件下幅值将为 $X_{\mathrm{res}} = F/h = QF/k$,而动力放大系数和 $Q$ 值是相等的了[23]。正因如此,可以说品质因数 $Q$ 是反映动力学系统共振特性的一个定量指标,它给出了共振条件下的稳态受迫振动的幅值要比远离共振条件下的幅值大多少这一特征。这里所谓的远离共振指的是激励频率足够低,以致于受迫振动的幅值可视为与激励频率无关了,这一点也是计算品质因数 $Q$ 的基础。此外,根据表 5.1 中的第 5 行可以看出,如果对数缩减很小,那么有 $Q \approx \frac{\pi}{\delta}$[28],由于 $\delta = \ln \frac{A_S}{A_{S+1}}$,所以 $\frac{1}{\delta}$ 的整数部分也就是"幅值"衰减 $e = 2.71$ 倍所需经历的振动周期个数。关于品质因数 $Q$ 的更多内容可以参阅文献[23,28]。

### 5.2.4　黏性阻尼和滞后阻尼的比较

对于一个由 $m - k$ 元件组成的动力学系统来说,当它带有黏性阻尼 $b$ 或滞后阻尼 $h$ 时,其稳态简谐振动的一些主要结论已在图 5.7 和表 5.2 中给出,对这两种不同的阻尼情况的对比是针对激励力 $F(t) = F\cos\omega t$ 进行的[2]。

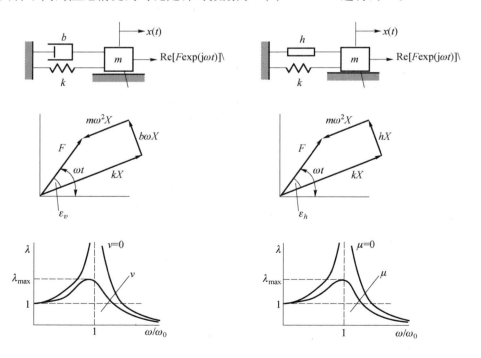

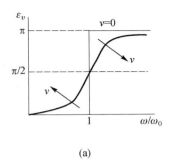
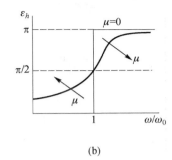

$$(a) \qquad\qquad\qquad\qquad (b)$$

图 5.7　带有不同类型阻尼的 $m-k$ 系统简化模型、阿甘特图、幅频特性以及相频特性：

（a）黏性阻尼情况；（b）滞后阻尼情况。（ $v=b/2m\omega_0$ ,$\mu=h/k$ ,$\omega_0=\sqrt{k/m}$ ）

表 5.2　带黏性阻尼的系统与带滞后阻尼的系统（图 5.7）之间的动态特性对比[2,23]

| 特性 | 阻尼的类型 | |
|---|---|---|
| | 黏性阻尼（图 5.7（a）） | 滞后阻尼（图 5.7（b）） |
| 微分方程 | $m\ddot{x}+b\dot{x}+kx=F\cos\omega t$ | $m\ddot{x}+(k+\mathrm{j}h)x=F\cos\omega t,h=\mu k$ |
| 稳态振动 | $x=A\cos(\omega t-\varepsilon_v)$ | $x=B\cos(\omega t-\varepsilon_h)$ |
| 幅值 | $A=\dfrac{F}{\sqrt{(k-m\omega^2)^2+\omega^2 b^2}}$ | $B=\dfrac{F}{\sqrt{(k-m\omega^2)^2+k^2 h^2}}$ |
| 相位差 | $\tan\varepsilon_v=\dfrac{b\omega}{k-m\omega^2}$ | $\tan\varepsilon_h=\dfrac{h}{k-m\omega^2}$ |
| 每个周期内耗散的能量 | $D_v=\pi b\omega A^2$ | $D_h=\pi h B^2$ |
| 共振频率 | $\omega_{\mathrm{res}}=\sqrt{\dfrac{k}{m}\left(1-\dfrac{b^2}{2km}\right)}$ | $\omega_{\mathrm{res}}=\sqrt{\dfrac{k}{m}}$（$x_{\max}$ 发生于 $\omega/\omega_0=1$） |
| | $b$ 增大时 $\omega_{\mathrm{res}}$ 减小 | $\omega_{\mathrm{res}}$ 不依赖于 $\mu=h/k$ |
| 柔度（"位移－力"） | $\mathrm{Re}\alpha=\dfrac{k-m\omega^2}{(k-m\omega^2)+b^2\omega^2}$ | $\mathrm{Re}\alpha=\dfrac{k-m\omega^2}{(k-m\omega^2)+h^2}$ |
| | $\mathrm{Im}\alpha=\dfrac{b\omega}{(k-m\omega^2)+b^2\omega^2}$ | $\mathrm{Im}\alpha=\dfrac{h}{(k-m\omega^2)+h^2}$ |
| 共振幅值 | 依赖于方程中的所有参数 | 与质量无关 $A^{\mathrm{res}}=\dfrac{F}{h}=Q\dfrac{F}{k}$ |
| 静态位移 | $\delta_v^{\mathrm{st}}=F/k$ | 一定条件下 $\delta_h^{\mathrm{st}}=F/k$ |
| 动态放大体系数 | $\lambda=\dfrac{1}{\sqrt{\left(1-\dfrac{\omega^2}{\omega_0^2}\right)^2+4v^2\dfrac{\omega^2}{\omega_0^2}}}$ | $\lambda=\dfrac{1}{\sqrt{\left(1-\dfrac{\omega^2}{\omega_0^2}\right)^2+\mu^2}}$ |
| | $\lambda_{\max}$ 发生在 $\omega/\omega_0<1$ | $\lambda_{\max}$ 发生在 $\omega/\omega_0=1$ |
| 品质因数 | $Q=m\omega_0/b=k/b\omega_0=1/(2v)$ | $Q=k/h=1/\mu$ |

# 5.3 结构阻尼

结构阻尼一般产生于不同类型的连接结构所带来的摩擦过程,这种阻尼机制也是一种振动抑制途径,它可以实现振动能量的耗散[16]。实际上,一个整体结构系统中的结构阻尼所带来的对数缩减要比由部分元件材料自身内摩擦带来的强烈得多[2;5,vol.3]。结构阻尼的本质是相当复杂的,这方面的理论仍在不断发展中[1,16]。尽管如此,应当注意的是,结构阻尼也是可以量化的[1;5,vol.1]。这一节中我们将考察一些典型的分析处理方法,利用这些方法我们能够更好地理解结构阻尼现象并得到所需的解析解[5;16,vol.1;20]。

## 5.3.1 概述

可动连接和不可动连接情况中的能量耗散有着根本的不同,在可动连接如轴承和导轨等情况中,运动副的组成元件的变形是可以忽略不计的,而在不可动连接如铆接和配合等情况中,接触面上的摩擦力和组成元件的变形都应当考虑进来[4,20]。

从结构阻尼的角度来看,各类设备中的不可动连接可以划分为两种情形[4;5,vol.3]:

(1)具有集中式摩擦特征的连接,或者说,当载荷达到某些临界值时,接触面上将立即产生滑动。

(2)具有分布式滞后参数特征的连接,或者说,当载荷发生改变时,滑动区域也将随之改变。

结构阻尼的定量描述主要是根据每个振动周期内耗散掉的能量 $\Psi$ 来进行的。尽管对于简单的连接形式来说,这种能量耗散是可以作解析分析与计算的[5,vol.3],然而一般来说,各类连接形式和结构的滞后回线都需要借助实验来构建,并且经常使用吸收系数 $\psi = 2\delta$ 这一概念(其中的 $\delta$ 为对数缩减)。人们已经进行了大量的实验研究,从中可以得到如下一些关于能量耗散和吸收系数方面的结论[20]:

(1)增大接触压力将导致能量吸收系数的降低。

(2)能量吸收系数基本上与振动频率无关,这一点使得我们可以根据库伦定律来确定接触面上的摩擦力。

## 5.3.2 具有集中式摩擦特征的系统内的能量耗散

图5.8给出了带有集中式干摩擦特征的两种典型系统,摩擦力为 $fQ$,其中

的 $f$ 是摩擦系数。在这两种系统中,质量 $m$ 都受到了力 $\alpha P$ 的作用,随着无量纲参数 $\alpha$ 取值的不同,该载荷也就可以发生相应的改变,其中 $|\alpha| \leqslant 1$,同时这里还假定了载荷循环是对称的[20]。

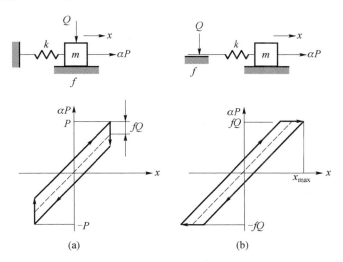

图 5.8　两种干摩擦实现形式及其对应的滞后回线:
(a)将质量压在基础上;(b)将条板压在基础支撑面上

对于图 5.8(a)所示的集中式摩擦连接情况,滞后回线是由多个直线段组成的,它们所包围的区域面积为

$$\psi = \frac{4fQ(P-fQ)}{k} \tag{5.33}$$

当 $Q = P/2f$ 时式(5.33)可取到最大值,即 $\psi_{\max} = P^2/k$。如果加载是不对称的,那么式(5.33)中力 $P$ 就必须利用 $(P_{\max} - P_{\min})/2$ 来替换。

对于图 5.8(b)所示的情况,滞后回线所包围的区域面积为

$$\psi = 4fQ(x_{\max} - fQ/k), \quad x_{\max} > fQ/k \tag{5.34}$$

这种情况下,上式将在 $Q = kx_{\max}/2f$ 处达到最大值,即 $\psi_{\max} = kx_{\max}^2$。此外,如果 $x_{\max} < fQ/k$,则有 $\psi_{\max} = 0$[20]。

### 5.3.3　具有分布式摩擦特征的系统内的能量耗散

对于此类系统,我们应当注意如下两种典型情况[4]:

(1)系统内包含有纯摩擦特性的相互作用。

(2)系统内包含有弹性 - 摩擦特征的相互作用。这种情形中,库伦干摩擦定律可用于接触面之间的摩擦分析,而相互接触的元件材料部分的分析就必须

采用胡克定律。另外，与前相似的是，这里的激励也可以是对称的或非对称的。

**Goodman-Klumpp 问题[29]**

这里我们分析一下当系统内的两个零件以纯摩擦方式相互作用时滞后回线的解析构建过程。如图 5.9(a)所示为一根长度为 $l$、厚度为 $2h$ 的悬臂梁，它是由两个独立的层组成的，每层宽度为 $b$、厚度为 $h$。梁的两层通过一个常压力 $q$ 压住，然后受到了对称循环加载，作用力为 $\alpha P$，施加在自由端，其中的可调参数范围是 $-1 \leqslant \alpha \leqslant 1$。下面我们来考察一个载荷循环内的各个阶段。

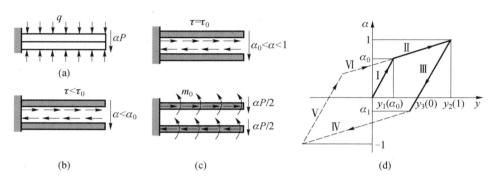

图 5.9　(a)悬臂梁简图；(b)无滑动的变形阶段；
(c)中面有滑动的变形阶段；(d)滞后回线

(1)如果载荷 $P$ 较小，矩形截面梁的中面(接触面)上的切向应力 $\tau = 3\alpha P/(4bh)$ 将小于极限应力 $\tau_0$。因此，这个梁将作为一个整体发生变形，而在层的接触面上没有滑移，不会发生能量耗散，如图 5.9(b)所示。梁自由端的垂向位移是 $y = \alpha P l^3/(24EI)$，其中的 $I$ 为单层的惯性矩。我们可以发现这个关系式 $y = y(\alpha)$ 是线性的。这一阶段反映在 $\alpha - \gamma$ 图上就是图 5.9(d)中的第 I 段。随着力 $P$ 的增加，应力 $\tau$ 也随之增大，当这个剪应力达到极限应力值 $\tau_0 = fq$ 后，这个第一阶段就结束了。此时有 $\alpha_0 P = 4bh\tau_0/3$，对应的垂向位移则为 $y_1(\alpha_0) = \alpha_0 P l^3/(24EI)$。

(2)梁的两个层之间的相对滑移开始于 $\alpha = \alpha_0$，而且是在整个长度 $l$ 上发生的。随着载荷的进一步增大，摩擦剪切应力保持不变，等于 $\tau_0$，这个摩擦力使得这一过程变得不可逆。图 5.9(c)指出了，梁的每个组成层受到了逐渐增大的载荷作用($\alpha P/2$)，均匀分布的弯矩强度为 $m_0 = \tau_0 bh/2 = 3\alpha_0 P/8$，力作用在悬臂梁的自由端，而整个长度上都分布有弯矩。要注意的是，这里的弯矩在载荷增大过程中也是保持不变的。梁的自由端的位移为：

$$y_2(\alpha) = \frac{\alpha P l^3}{6EI} - \frac{m_0 l^3}{3EI} = \frac{P l^3}{24EI}(4\alpha - 3\alpha_0) \tag{5.35}$$

第二阶段终止于 $\alpha = 1$ 时,此时梁自由端所对应的位移为

$$y_2(1) = Pl^3(4 - 3\alpha_0)/(24EI) \tag{5.36}$$

在图 5.9(d)中,这一阶段已经标记为 Ⅱ。

(3)在剪应力卸载阶段,$\tau < \tau_0$,滑移效应消失了,接触面之间将呈现出刚性耦合特点。降低载荷值将使得摩擦力也相应降低。此时剪应力和均匀分布的弯矩强度变为

$$\tau(\alpha) = \tau_0 - \frac{3(1-\alpha)P}{4bh} = \frac{3\alpha_0 P}{4bh} - \frac{3(1-\alpha)P}{4bh} = \frac{3P}{4bh}(\alpha_0 + \alpha - 1)$$
$$\tag{5.37}$$

$$m(\alpha) = \tau bh/2 = 3P(\alpha_0 + \alpha - 1)/8 \tag{5.38}$$

如果 $\alpha = 0$,则有 $m(0) = -3P(1-\alpha)/8$,且

$$y_3(\alpha) = \frac{\alpha Pl^3}{6EI} - \frac{ml^3}{3EI} = \frac{Pl^3}{24EI}(3 - 3\alpha_0 + \alpha) \tag{5.39}$$

当彻底卸载之后,应有

$$y_3(0) = Pl^3(1 - \alpha_0)/(8EI) \tag{5.40}$$

第三阶段结束于 $|\tau| = \tau_0$ 处,此时 $\alpha_1 = 1 - 2\alpha_0$。

随后的阶段具有以下一些特点。第四阶段开始于 $\alpha_1 = 1 - 2\alpha_0$,而结束于 $P_{min} = -P$,在这一阶段过程中接触面之间的滑移再次出现。第五阶段对应于载荷的继续增大,刚性耦合的接触面上的剪应力也随之增大,并终止于 $\tau = \tau_0$ 处。第六阶段开始于 $\alpha = \alpha_0$,层间产生滑移,从而再次重复前一次的循环过程。在图 5.9(d)中给出了循环加载过程中的所有六个阶段(Ⅰ-Ⅵ)。

这个滞后回线所包围的区域面积为 $\Psi = 2P\alpha_0 y_3(0)$,将其展开后即为

$$\Psi = \frac{8ql^3 f}{Eh^2}\left(P - \frac{4}{3}qbhf\right) \tag{5.41}$$

最大的能量耗散 $\Psi_{max} = P^2 l^3/(8fbh)$ 发生于 $q = 3P/(8fbh)$。如果 $q = 0$ 或者 $3P - 4qbhf = 0$,则有 $\Psi = 0$。吸收系数是 $\psi = \Psi_{max}/W_{max}$。这个梁在弯曲时的最大势能 $W_{max}$ 就是由 $y$ 轴、直线 Ⅰ、直线 Ⅱ 以及垂线 $y_2(1)$ 所围成的区域面积[4],即 $W_{max} = P^2 l^3(4 - 3\alpha_0^2)/(48EI)$。可以看出,能量耗散 $\Psi$ 是线性依赖于力 $P$ 的,这是因为滑移同时发生在整个接触面上。

在受到循环加载的典型连接方式中,应当考虑一下两个薄片和板的铆接情况。在这种情况中,结构中的各个零件之间将形成弹性 - 摩擦这种相互作用,从而既表现出摩擦力又表现出弹性剪切力,如图 5.10 所示。板的引入可以增强能量耗散效应,例如图 5.11(a),(b)就是如此。

对于图 5.10 和图 5.11 所示的系统,与纯摩擦相互作用相比而言,这种带有弹性 – 摩擦相互作用的系统的解析解推导要更为困难一些。Panovko[4] 曾针对此类系统给出了能量耗散计算方面的一些定性特征。

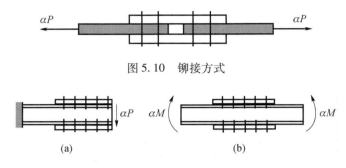

图 5.10  铆接方式

图 5.11  用于增强能量耗散的板

在文献[5,20,第 3 卷]中,还介绍了不同类型连接方式的能量吸收性能和用于高效能量耗散的附加装置等方面的更为丰富的内容。此外,Inman[30] 和 Henderson[31] 等人还曾讨论过不同类型的非线性阻尼机制。感兴趣的读者可以参阅这些相关文献。

## 5.4  等效黏性阻尼

有很多阻尼机制是不同于黏弹性阻尼的,它们将会导致系统的振动呈现出一些非线性特征。通过对这些非线性阻尼的线性近似,我们就能够简化问题的求解过程,同时也能揭示出各种系统参数对振动特性的影响。

### 5.4.1  吸收系数

能量的耗散可以通过吸收系数来评价,其定义式是 $\psi = \Psi/W_{max}$,其中的 $\Psi$ 为每个振动周期内的能量损耗,而 $W_{max}$ 是周期开始时刻系统所储存的势能[20]。对于一个线弹性元件来说,$W_{max} = kA^2/2$,其中 $k$ 为元件的刚度系数而 $A$ 为振动幅值。于是吸收系数就变为

$$\psi = 2\Psi/(kA^2) \tag{5.42}$$

其中,$\Psi$ 应当通过滞后回线来确定。

对于黏性阻尼情况,根据式(5.19)可知每个周期内的能量损耗等于 $\Psi_{vd} = \pi b\omega A^2$,其中的 $b$ 是黏性系数,于是吸收系数就变成了 $\psi = 2\pi b\omega/k$。

对于库仑阻尼情况,每个周期内的能量损耗等于 $\Psi_{Cd} = 4Ab_0$,因此吸收系数

就等于 $\psi = 8b_0/(kA)$。

我们可以发现,在黏性阻尼情况中吸收系数随着频率的增加而增大,且与幅值是无关的,然而在库伦阻尼情况中吸收系数却是随着幅值增大而减小的,同时与频率是无关的。

## 5.4.2 等效黏弹性模型

如果一个系统的阻尼比较小,那么非线性的弹性耗散特性 $F(x,\dot{x})$ 就可以作等效线性化近似,即 $F(x,\dot{x}) \approx kx + b_{eq}\dot{x}$,其中的 $b_{eq}$ 是黏性阻尼系数。等效的黏性阻尼实际上就对应了椭圆形状的"力 - 位移"曲线,这个黏性阻尼系数的选择应当使得原系统和等效系统具有相同的吸收系数(即曲线所包围的面积相等),并且还应具有相同的最大位移[21]。

在黏性阻尼情况中,能量耗散和吸收系数为 $\Psi_{vd} = \pi b \omega A^2$ 和 $\psi = 2\pi b\omega/k$。当一个系统具有任意的 $F(x,\dot{x})$ 时,每个周期内的能量损耗可以根据式(5.42)来确定,即 $\Psi = \psi \dfrac{kA^2}{2}$。于是,根据原系统和等效线性系统应具有相同的能量耗散这一条件(即 $\Psi_{vd} = \Psi$),可以得到

$$b_{eq} = \psi \frac{k}{2\pi\omega} \tag{5.43}$$

这表明了等效黏性系数 $b_{eq}$ 可以通过吸收系数 $\psi$ 来表达,后者一般需要通过实验来确定。式(5.43)给我们带来的便利就是,我们不需要再去考虑原来的弹性耗散特性 $F(x,\dot{x})$ 或者说这种滞后回线的形状,而只需利用实验测得的吸收系数 $\psi$ 即可[20]。

在库伦阻尼情况中,吸收系数是 $\psi = 8b_0/(kA)$,因此等效的黏性系数就是 $b_{eq} = 4b_0/(\pi\omega A)$。这里可以看到,$b_{eq}$ 不仅仅依赖于干摩擦力的特性($b_0$),而且还跟激励频率 $\omega$ 以及振动幅值 $A$ 有关。

对于具有其他耗散特性的非线性系统,它们的等效黏性阻尼的分析可以参阅文献[16,30]。

下面我们来说明一下引入等效黏性阻尼这一概念的好处。不妨设一个系统可以描述为 $m\ddot{x} + b\dot{x} + kx = F_0\sin\omega t$,正如 1.2.2 节所述的(式(1.4)),稳态振动的幅值可以表示为

$$A = \frac{F_0/m}{\sqrt{(\omega_0^2 - \omega^2)^2 + 4n^2\omega^2}}, \omega_0^2 = k/m, 2n = \frac{b}{m}$$

这一表达式可以直接应用于一个带有非线性能量耗散特征的系统分析中,

例如,如果能量耗散是以库伦摩擦形式发生的,那么我们可以用表示等效黏性阻尼的表达式 $b_{eq} = 4b_0 / (\pi \omega A)$ 去替换上式中的 $b$,进而可以得到

$$A = \frac{F_0 / k}{\sqrt{(1 - z^2)^2 + \left(\frac{4b_0 \omega}{\pi k}\right)^2 \frac{1}{A^2}}}, z^2 = \frac{\omega^2}{\omega_0^2}$$

可以看出上式中的幅值参数同时出现在两边,通过简单的变换处理我们可以得到

$$A = \frac{F_0}{k} \frac{\sqrt{1 - \beta^2}}{1 - z^2}, \beta = \frac{4b_0}{\pi F_0}$$

Panovko[4]已经证明,对于大多数工程对象而言,结构阻尼在能量耗散中占据了非常重要的地位,他还指出在很多工程振动问题的求解过程中,滞后回线所包围的区域面积是重要的,而其形状并不是关键。

## 5.5　带有内部滞后摩擦的梁的振动

这一节我们主要讨论内部阻尼对梁的横向振动的影响,其中涉及关于内部能量耗散的两种不同的处理方法。在第一种方法中我们主要采用了 Voigt 模型来处理梁的材料,而第二种方法则建立在 Sorokin 假设之上[1,4]。

对于一根均匀梁的无阻尼自由振动问题,可以通过如下线性微分方程来描述其横向位移响应,即

$$EI \frac{\partial^4 y}{\partial x^4} + m \frac{\partial^2 y}{\partial t^2} = 0 \tag{5.44}$$

式中:$EI$ 和 $m$ 分别为梁的横向刚度和单位长度的质量;$y$ 为横向位移;$x$ 和 $t$ 分别为空间和时间坐标。式中的第一项实际上代表的是弹性恢复力。

对于最简单的 Voigt 形式的阻尼来说,其处理方式是比较简单的,我们只需引入一个内部阻尼力即可,这个力应当与弹性恢复力的变化速率的一次幂成正比[32]。因此,我们可以得到内部阻尼力的如下表达式:

$$b \frac{\partial}{\partial} \left( EI \frac{\partial^4 y}{\partial x^4} \right) = bEI \frac{\partial^5 y}{\partial t \partial x^4} \tag{5.45}$$

式中:$b$ 为比例系数或者黏性阻尼系数。对于具有黏性内摩擦特性的均匀梁而言,其自由振动的微分方程就变为

$$\frac{\partial^4 y}{\partial x^4} + b \frac{\partial^5 y}{\partial t \partial x^4} + \frac{m}{EI} \frac{\partial^2 y}{\partial t^2} = 0 \tag{5.46}$$

上面这个常系数线性方程是容易求解的,不过它所基于的前提假设则必须

要经过实验的验证[32]。如果梁受到的是周期载荷,那么利用 Sorokin 方法(即复阻抗方法)[1,18,32]能够获得更符合实验数据的结果,即

$$S^* = S + R = S\left(1 + j\frac{\psi}{2\pi}\right), j^2 = -1 \tag{5.47}$$

这里的总内部阻抗 $S^*$ 是由两个部分组成的, $S$ 和 $R$ 分别代表的是弹性恢复力部分和非弹性阻抗部分。如果假定阻抗 $R$ 正比于弹性恢复力 $S$,只是相位上偏移了 $\pi/2$,那么有

$$R = j\frac{\psi}{2\pi}S \tag{5.48}$$

式中: $\psi$ 为能量吸收系数。

考虑到 $\psi = 2\delta$( $\delta$ 是对数缩减),复数阻抗就变为

$$S^* = S\left(1 + j\frac{\delta}{\pi}\right) = \left(1 + j\frac{\delta}{\pi}\right)EI\frac{\partial^4 y}{\partial x^4} \tag{5.49}$$

这一公式适用于较小的 $\delta$ 值。此外,它仅适用于简谐激励情况,并且需要进行结果检验。实际上很容易就可以验证,这一公式在用于均匀梁的自由振动分析时,将会导出矛盾的结果[32](参见思考题 5.3)。

具有复数阻抗的梁的简谐型受迫振动具有如下形式的运动方程:

$$m\frac{\partial^2 y}{\partial t^2} + \left(1 + j\frac{\delta}{\pi}\right)EI\frac{\partial^4 y}{\partial x^4} = F(x)e^{j\omega t} \tag{5.50}$$

这一方程的稳态解为

$$y(x,t) = \sum_{k=1}^{\infty} a_k X_k(x)e^{j\omega t} \tag{5.51}$$

式中: $\alpha_k$ 为未知系数; $X(x)$ 为无阻尼自由振动方程 $EIy^{IV} + m\ddot{y} = 0$ 的特征函数。关于不同边界条件下梁的特征函数,读者可以参阅文献[23,27,33]。

将式(5.51)代入到式(5.44)可以导得

$$EIX_k^{IV}(x) = m\omega_k^2 X_k(x) \tag{5.52}$$

式中: $\omega_k$ 为梁自由振动的第 $k$ 阶固有频率。

可以将函数 $F(x)$ 关于一组特征函数 $X(x)$ 展开,即

$$F(x) = \sum_{k=1}^{\infty} b_k X_k(x) \tag{5.53}$$

式中: $b_k$ 为未知系数。

在式(5.53)两边同时乘以 $X_k(x)$,然后在梁的全长上进行积分,可得

$$\int_0^l F(x)X_k(x)\,dx = b_k\int_0^l X_k^2(x)\,dx$$

于是,未知系数 $b_k$ 就可以计算如下:

$$b_k = \frac{B_1}{B_2}, B_1 = \int_0^l F(x) X_k(x) \,\mathrm{d}x, B_2 = \int_0^l X_k^2(x) \,\mathrm{d}x \tag{5.54}$$

将式(5.51)和式(5.53)代入到式(5.50)中,可以得到

$$m \sum_{k=1}^\infty a_k \left[ \left( 1 + \mathrm{j}\frac{\delta}{\pi} \right) \omega_k^2 - \omega^2 \right] X_k(x) = \sum_{k=1}^\infty b_k X_k(x)$$

令上式左侧和右侧的关于 $X_k(x)$ 的系数相等,可以导得

$$a_k = \frac{b_k}{m} \frac{1}{\left( 1 + \mathrm{j}\frac{\delta}{\pi} \right) \omega_k^2 - \omega^2} = \frac{b_k}{m} \frac{1}{(\omega_k^2 - \omega^2) + \mathrm{j}\frac{\delta}{\pi}\omega_k^2} \tag{5.55}$$

若以极坐标形式来表达,则有 $a_k = \dfrac{b_k}{m} R_k \mathrm{e}^{\mathrm{j}\varphi_k}$,其中 $R_k = \dfrac{1}{\sqrt{(\omega_k^2 - \omega^2)^2 + \dfrac{\delta^2}{\pi^2}\omega_k^4}}$,

$\tan\varphi_k = -\dfrac{\delta\omega_k^2}{\pi(\omega_k^2 - \omega^2)}$。于是,梁的横向位移就可以表示为

$$y(x,t) = \sum_{k=1}^\infty \frac{b_k}{m} R_k X_k(x) \mathrm{e}^{\mathrm{j}(\omega t + \varphi_k)} \tag{5.56}$$

方程(5.50)的解实际上是式(5.56)的实部,即

$$y(x,t) = \sum_{k=1}^\infty \frac{b_k}{m} R_k X_k(x) \cos(\omega t + \varphi_k) \tag{5.57}$$

在第 $k$ 阶共振情况下($\omega_k = \omega$),$R_k = \pi/(\delta\omega_k^2)$,而其他的 $R$ 值均小于它。因此,式(5.57)中除了包含共振频率的那一项以外其他所有项都可以忽略不计,于是位移表达式也就变为

$$y(x,t) = \frac{b_k}{m} R_k X_k(x) \cos(\omega t + \varphi_k) \tag{5.58}$$

显然,如果第 $k$ 阶共振发生了,那么振动形态也将与对应的自由振动特征函数形态相吻合了[4]。

对于第 1 阶共振情况($\omega_1 = \omega$)我们有 $\varphi_1 = -\dfrac{\pi}{2}$,$R_1 = \dfrac{\pi}{\delta\omega_1^2}$,且式(5.58)将变为

$$y(x,t) = \frac{b_1}{m} \frac{\pi}{\delta\omega_1^2} X_1(x) \sin\omega_1 t \tag{5.59}$$

**实例5.1** 设有一根简支梁,长度为 $l$,第一阶特征函数为 $X_1(x) = \sin(\pi x/l)$,该梁受到了分布载荷 $q_0\sin\omega_1 t$ 的作用。试分析该梁的横向振动。

根据前述分析,我们有

$$B_1 = q_0 \int_0^l X_1 \mathrm{d}x = 0.6366 q_0 l, B_2 = \int_0^l X_1^2 \mathrm{d}x = 0.5l, b_1 = 1.2732 q_0, \omega_1 = \frac{\pi^2}{l^2}\sqrt{\frac{EI}{m}},$$

$$y(x,t) = \frac{1.2732 q_0 l^4}{\pi^3 \delta EI}\sin\frac{\pi x}{l}\sin\omega_1 t = \frac{0.04106}{\delta}\frac{q_0 l^4}{EI}\sin\frac{\pi x}{l}\sin\omega_1 t$$

如同所预期的,当对数缩减 $\delta$ 增大时,梁的位移将减小。最大位移发生在梁的中部,为 $y(l/2) = \dfrac{0.04106}{\delta}\dfrac{q_0 l^4}{EI}$,而由均匀分布的载荷 $q_0$ 导致的梁中部的静态位移则为 $y_{\mathrm{st}}(l/2) = \dfrac{5}{384}\dfrac{q_0 l^4}{EI}$。于是,相应的动力放大系数就是 $\mu = \dfrac{y(l/2)}{y_{\mathrm{st}}(l/2)} = \dfrac{0.04106/\delta}{5/384} = \dfrac{3.1534}{\delta}$。这一结果与实验测试结果是相当吻合的。

对于带有内部弹性阻抗的梁,其自由振动问题的讨论可参阅文献[20]。

## 5.6　带有外部阻尼覆盖层的梁的振动

两层或多层构成的结构(如梁、板等)一般称为复合结构,如果至少有一层所包含的材料具有高阻尼特性,那么此类结构就能够显著提高能量吸收系数。在船舶工程领域中这一增强能量耗散的方法已经得到了广泛应用,它能够有效降低主要构件或与此类结构相连接的零部件的振动水平[3]。此外,该方法还被用于减小战斗机[2]、电路板、雷达电子设备以及精密仪器设备[30]的振动防护中。

### 5.6.1　用于振动吸收的分层结构

薄壁结构广泛存在于各类系统中,为降低其振动水平,一般可以在其上覆盖一个具有高阻尼特性的振动防护层。借助这一方法可以获得一种具有良好阻尼特性的复合结构,在很宽的工作温度范围和振动频率范围内它们都能表现出较好的振动抑制性能。此类振动吸收覆盖层可以有很多不同的分类方法,最流行的是根据其变形方式来进行划分。从这一角度来看,首先被提出的振动吸收覆盖层是基于阻尼层拉伸和压缩方式实现能量耗散的,这一途径是 Oberst[34]、Nashif[2] 以及 Harris[35] 等人首先提出的。

图 5.12(a)给出了这种最简单的吸收层,即在结构上增加了外部阻尼层(单侧)。当然,在结构上对称地敷设阻尼层也是可行的。在弯曲振动情况中,这些结构覆盖层中将会产生拉压变形过程。

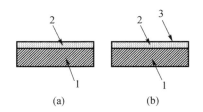

图 5.12　表面阻尼类型:(a)第一类表面阻尼形式;(b)第二类表面阻尼形式
1—弯曲结构部分;2—阻尼材料;3—加强层

第二种类型的阻尼层是一种基于剪切变形方式耗能的阻尼层。为构造出这种变形方式,可以在阻尼材料上表面放置一个薄的加强板,后者可以阻止阻尼层上表面的运动,从而能够导致该层中形成剪切变形过程,如图 5.12(b)所示,这一方式是 Ross 等人[36]所提出的。

上述的这些结构还有很多种可行的形式,例如多层对称或非对称构型、有无加强板的构型、条状或筋板状构型等[3]。

通过对带有吸振覆盖层的复合梁板类结构的分析,可以确定出等效刚度、固有振动频率以及结构的吸收系数等特性[24]。

吸振覆盖层的优点在于,这些层的变形方式(拉压或剪切)、层的数量、层的厚度、材料等都可以很方便地进行调整,从而实现所需的吸收系数水平[2]。此外还值得注意的是,这种技术措施的成本相对比较低,而可靠性很高且可以承受较大应变。

吸振覆盖层的物理本质:

在循环变形过程中存在多种不同的能量吸收机制,它们与内部微结构或宏观结构的重构是直接相关的,关于这些阻尼机制的描述可以参阅文献[1,2,25,26]。我们应当注意的是,能量耗散过程总是要伴随着各种不同的效应,其中包括了磁效应和温度效应,而由此可能会导致原子层面的重构。所有这些能量耗散效应基本上都具有非线性特征,在动态分析过程中将这些效应和因素考虑进来的话(如温度、激励频率、振幅、压力等),问题往往会变得非常复杂。因此,目前人们多采用滞后回线作为一个有效工具来进行能量耗散的定量评估。

关于各种不同的吸振覆盖层的物理和力学特性,读者可以参阅文献[2]。

### 5.6.2　双层复合梁的横向振动

这里我们考察一个最简单的情况,如图 5.12(a)所示,在一根梁的单侧覆盖了一个可变形的层。我们的主要目的是确定这个复合结构的损耗因子,为此应当进行如下步骤的分析[2]:

(1)将这个复合结构等效为匀质梁,并确定其横向刚度;

（2）考虑每层的阻尼特性，将每层的弹性模量替换成复模量；

（3）推导出该复合结构的损耗因子的解析表达式；

（4）完成这个复合梁的自由振动和受迫振动分析。

### 1. 复合梁的弯曲

如图 5.13 所示，横截面为 $b \times h_1$ 的梁 1 上覆盖了一个吸振层 2，后者的厚度为 $h_2$。梁 1 和层 2 的弹性模量分别记作 $E_1$ 和 $E_2$，前者的能量损耗系数为 $\eta_1$，后者为 $\eta_2$，而整个复合结构的则记为 $\eta$。

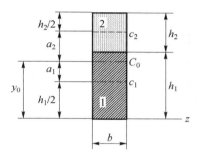

图 5.13　复合结构的横截面

不妨设梁和覆盖层之间的连接是理想的，因此连接的接触面上的结构阻尼就可以忽略不计了，并且整个结构将作为一个整体发生弯曲变形。梁和覆盖层的中轴分别标记为 $c_1$ 和 $c_2$，整个复合结构的中性轴则记为 $C_0$。

对于由 $n$ 层组成的复合梁而言，其中性轴的位置应为

$$y_0 = \frac{\sum\limits_{i=1}^{n} E_i A_i y_i}{\sum\limits_{i=1}^{n} E_i A_i} \tag{5.60}$$

式中：$A_i$ 为第 $i$ 层的横截面面积；$y_i$ 为第 $i$ 层的中线到 $z$ 轴的距离。对于双层梁，我们有

$$y_0 = \frac{E_1 b h_1 \cdot h_1/2 + E_2 b h_2 \cdot (h_1 + h_2/2)}{E_1 b h_1 + E_2 b h_2} = \frac{E_1 h_1^2 + 2E_2 h_1 h_2 + E_2 h_2^2}{2(E_1 h_1 + E_2 h_2)} \tag{5.61}$$

轴之间的距离为（图 5.13）

$$\begin{cases} a_1 = y_0 - \dfrac{h_1}{2} = \dfrac{E_1 h_2 (h_1 + h_2)}{2(E_1 h_1 + E_2 h_2)} \\[3mm] a_2 = h_1 + \dfrac{h_2}{2} - y_0 = \dfrac{E_1 h_1 (h_1 + h_2)}{2(E_1 h_1 + E_2 h_2)} \end{cases} \tag{5.62}$$

梁和阻尼层关于复合梁的中性轴 $C_0$ 的弯曲刚度 $B_{1C}$、$B_{2C}$ 分别为

$$\begin{cases} B_{1C} = E_1(I_1 + bh_1a_1^2) = E_1b\left(\dfrac{h_1^3}{12} + h_1a_1^2\right) \\ B_{2C} = E_2b\left(\dfrac{h_2^3}{12} + h_2a_2^2\right) \end{cases}$$

于是复合梁的刚度可以表示为 $EI = B_{1C} + B_{2C}$，经简单变换之后可以得到

$$\frac{EI}{E_1 I_1} = 1 + \alpha\beta^3 + \frac{3\alpha\beta(1+\beta)^2}{1+\alpha\beta} \tag{5.63}$$

其中，$\alpha = E_2/E_1$，$\beta = h_2/h_1$，$I_1 = bh_1^3/12$。

利用上面这个关系式我们就可以确定出任意边界条件下双层梁的自由振动频率[33]。

**2. 复合梁的损耗因子**

这里假定梁 1 和覆盖层 2 的损耗因子满足如下关系，即 $\eta_1 \leqslant \eta_2$。对于这个复合梁，我们可以引入复数形式的整体弹性模量和阻尼覆盖层的弹性模量，即 $E \rightarrow E(1+j\eta)$ 和 $E_2 \rightarrow E_2(1+j\eta_2)$，其中 $\eta_2$ 为阻尼层材料的损耗因子，而 $\eta$ 为待定的整个复合结构的损耗因子。由此式(5.63)就变为

$$\frac{EI}{E_1 I_1}(1+j\eta) = 1 + \alpha\beta^3(1+j\eta_2) + \frac{3\alpha\beta(1+\beta)^2(1+j\eta_2)}{1+\alpha\beta(1+j\eta_2)} \tag{5.64a}$$

式中最后一项可以表为 $D = \dfrac{3\alpha\beta(1+\beta)^2(1+j\eta_2)}{1+\alpha\beta(1+j\eta_2)} = \text{Re}D + \text{Im}D$，其中实部和虚部分别为 $\text{Re}D = \dfrac{3(1+\beta)^2[\alpha\beta(1+\alpha\beta)+\eta_2^2\alpha^2\beta^2]}{(1+\alpha\beta)^2+\eta_2^2\alpha^2\beta^2}$，$\text{Im}D = \dfrac{3\alpha\beta(1+\beta)^2\eta_2}{(1+\alpha\beta)^2+\eta_2^2\alpha^2\beta^2}$。由于 $\alpha^2\beta^2 \ll \alpha\beta$，所以我们有

$$\text{Re}D = \frac{3\alpha\beta(1+\beta)^2}{1+\alpha\beta} \tag{5.64b}$$

$$\text{Im}D = \frac{3\alpha\beta(1+\beta)^2(1+\eta_2)}{(1+\alpha\beta)^2} \tag{5.64c}$$

实际上，如果我们令式(5.64a)左侧项和右侧项的实部相等，同时考虑式(5.64b)，就可以得到式(5.63)。若令虚部相等，再考虑到式(5.64c)，那么我们将会得到该复合结构损耗因子的解析表达式，即 $\eta\dfrac{EI}{E_1 I_1} = \alpha\beta^3\eta_2 + \dfrac{3\alpha\beta(1+\beta)^2\eta_2}{(1+\alpha\beta)^2}$，或者表示为

$$\frac{\eta}{\eta_2} = \frac{\alpha\beta}{1+\alpha\beta} \cdot \frac{3+6\beta+4\beta^2+2\alpha\beta^3+\alpha^2\beta^4}{1+4\alpha\beta+6\alpha\beta^2+4\alpha\beta^3+\alpha^2\beta^4} \tag{5.65}$$

式(5.65)表明,当弹性模量 $E_2$ 的实部与损耗因子 $\eta_2$ 的乘积达到最大时,上述双层结构的损耗因子将取得最大值[2]。

很明显,随着相对厚度 $\beta = h_2/h_1$ 的增大,覆盖层的阻尼特性也将得到提升,因此,对于双层结构的损耗因子 $\eta$ 来说,不等式 $\eta_1 < \eta < \eta_2$ 是显然成立的。

**3. 复合梁的自由振动和受迫振动**

我们先来确定双层复合梁的自由振动频率。假定梁和阻尼覆盖层材料的密度分别为 $\rho_1$ 和 $\rho_2$,因此复合梁的密度为

$$\rho = \frac{\sum \rho_i A_i}{\sum A_i} = \rho_1 \frac{1 + \tilde{\rho}\beta}{1 + \beta}, \tilde{\rho} = \frac{\rho_2}{\rho_1} \tag{5.66}$$

复合梁的单位长度质量和相应的质量比分别为

$$m = \rho A = \rho_1 b h_1 (1 + \tilde{\rho}\beta), \tilde{\rho} = \frac{\rho_2}{\rho_1},$$

$$m/m_1 = 1 + \tilde{\rho}\beta \tag{5.67}$$

匀质梁 1 和复合梁的自由振动频率分别为

$$\omega_1 = \frac{\lambda^2}{l^2}\sqrt{\frac{E_1 I_1}{m_1}}, \omega = \frac{\lambda^2}{l^2}\sqrt{\frac{EI}{m}} \tag{5.68}$$

于是,复合梁的无量纲固有频率为

$$\left(\frac{\omega}{\omega_1}\right)^2 = \frac{1}{1 + \tilde{\rho}\beta} \cdot \frac{EI}{E_1 I_1} \tag{5.69}$$

如果我们令 $\alpha = E_2/E_1 = 0.1, \beta = h_2/h_1 = 1.0, \tilde{\rho} = \rho_2/\rho_1 = 0.2$,那么这个复合梁的损耗因子将等于 $\eta = 0.498\eta_2$。此时,复合梁的弯曲刚度和自由振动频率将分别为 $EI = 2.19 E_1 I_1$ 和 $\omega = 1.35\omega_1$。

对于双层梁的受迫振动,采用式(5.50)进行分析更为方便。在 5.5 节中已经详细给出了该方程的求解过程,根据表 5.1 得到的 $\delta/\pi$ 即可给出双层复合梁的损耗因子。

为了增强复合结构的阻尼水平,还可以在匀质梁和阻尼层之间引入一个较硬的轻质材料层,此类系统的分析过程与前述过程也是类似的[3]。

文献[1,2]针对不同材料的吸振特性进行过详细的考察,在大量技术领域中人们也已经积累了很多与吸振覆盖层有关的认识,这些领域包括了船舶[3]、航空[2]、发动机[2]、电路板以及电子设备[30]等。在一些基础教材中[15,vol.3;18],也曾经对各类机械装备、工程结构及其零部件进行过与此相关的振动分析。

## 5.7 气动阻尼

气流能够使很多高耸结构产生强烈的振动,如广播电视塔、金属烟囱、纪念碑、塔台以及桥梁和电力线等。这些结构物周围的气流特性及其产生的动力响应是非常复杂的,很难给出解析解。为此,人们通常借助于实验研究,利用风洞实验来分析这些结构物的气动力学稳定性,并评估振动控制的有效性[7-11]。

只有针对有限的几种结构形式,人们才能得到气流作用下的解析响应,如柱状物和截锥状物[7,9,11,37]。文献[10]对气弹性现象进行过较为详细的分类讨论,人们已经认识到了涡激振动、驰振和颤振等现象,Collar等人则提出了发生在气动力、惯性、弹性以及耗散力之间的多种相互作用形式[38]。下面我们将简要介绍一下涡激振动和驰振现象。

### 5.7.1 结构与气流之间的相互作用

当气流作用到结构上之后,我们往往会观察到两种类型的振动:涡激振动和驰振。这些振动的本征值和本征函数一般都是接近于结构自身的本征值和本征函数的[10]。

当气流作用在圆柱状结构(如烟囱)上时,一般会产生涡激现象。这种激励的产生可以解释为圆柱结构后方的尾流区域中会形成卡门涡街,这些涡产生后会在交替方向上移动[37],如图5.14所示。它们会周期地从圆柱表面上分离(或脱落)出来,并产生一个简谐的举升力,该力的方向是垂直于气流速度方向的。

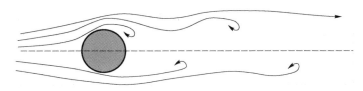

图5.14 卡门涡街的形成

涡旋脱落的频率 $f$ 可由 Strouhal 数来确定,即 $Sh = fd/v = 0.22$,其中 $d$ 为圆柱的直径,而 $v$ 为气流速度[6]。

如果涡旋脱落的频率与结构的固有频率相等,那么就可能产生危险的振动,这种振动一般称为风致共振,它发生在特定的风速条件下。

对于处在流体中的物体而言,其行为可以通过很多不同的模型来描述,其中之一就是准线性圆柱经验模型。这一模型中包括了圆柱(振动系统)、涡旋(激振器)和非线性阻尼(限制振动的增长)。圆柱的振动也会影响到涡旋的形成,由此可见振动物体会对能量源产生反作用,这也是自激振动系统的一个典型特点。这一模型能够反映一个重要的实验现象,即圆柱的固有振动频率决定了"圆柱 – 气流"系统的振动情况。另外,该模型的另一特征还在于,圆柱的振动是发生在垂直于气流速度的方向上的[6,37]。

在涡激振动的研究中,人们一般认为作用到固定或振动的圆柱上的气动力是依赖于雷诺数的($Re = vd/v$,其中的 $v$ 是流体的运动黏度),并且难以进行理论计算[10]。

驰振是一种自激振动,当气流作用在带有非圆滑截面的结构上时往往会发生这种振动[39],电力线传输用的电缆塔就是一个实例。电缆塔包括了多种不同的结构元件,其横截面是非常不光滑的。此类结构的另一实例就是方形或矩形横截面的塔台(连接有覆冰电力线)。

驰振的产生原因在于气流会在截面上的某些固定点处发生分离[10],这一现象会导致出现一个不变的剪切力。与涡激振动相比,驰振可以发生在高于临界速度的任何风速条件下,这个临界速度一般是由结构阻尼决定的。Den Hartog 曾经对驰振现象做过一个非常出色的解释[6],Kazakevich 和 Vasilenko 等人则曾给出过驰振型气弹性自激振动的一个解析解[39]。

## 5.7.2　振动的气动力抑制

气动抑制是一个较为复杂的问题,可以通过改变流经结构的流体特性来实现,显然这样是可以显著减小作用在结构上的气动载荷的,从而也就降低了振动水平;改进结构形式也是可行的,例如安装一个整流罩,或者增强结构的阻尼,我们也可以实现气动力的抑制。由于在振动结构上附连额外的减振装置之后,此类问题的分析会变得较为复杂,因此最为常用的研究手段还是借助风洞实验来进行。下面我们介绍一些气动力减振方面的有效方法[10]。

(1)假定一个结构具有圆形横截面或者包含带有角点的段,那么为了减小上部结构的风载,该结构的横截面应设计成从底部向顶部逐渐收缩的形式。

(2)为了防止圆柱或圆锥状结构高度方向上涡旋的同时脱落现象,一个常用的方法是利用线缆在高度方向上对这些结构进行螺旋式缠绕。这些线缆能够使得各个部位的涡旋脱落过程产生一定的相位差,从而能够显著降低振动水平。四组线缆可以构造出四条螺旋线,并产生 90°相位差。对于此类结构物的振动抑制来说,利用扰流板也是可行的手段,它们是一种以螺旋形式布置在结构上部的矩形板,不过所起到的效果一般要弱于前面的线缆方法。

(3)为了减小横截面上带有角点(如方形、菱形等)的结构上部的交变力,可以在角点附近设置一些导流通道。

(4)一些电缆振动的抑制方法可以参阅文献[40],例如那些经常用于输电线的振动控制方法。这些方法的本质是消除涡激振动,其中包括在电缆上缠绕附加的线缆,安装拦截器或刚性间隔器等。值得提及的是架空线减震器或者说"蹄式减震器"[6],它是由一段大约30cm长的绞合电缆和两端重物组成的,将这种简单的结构附连到电缆的反节点上就可以有效地抑制卡门涡街导致的振动。

有关结构风致振动的预防问题,Blevins[8,9]、Walshe 和 Wootton 等人[41]也曾经进行过相关的讨论,感兴趣的读者可以去参阅这些文献。

## 供思考的一些问题

5.1 能量吸收系数 $\psi$ 一般定义为 $\Psi_s/W_s$,其中的 $\Psi_s$ 是第 $s$ 个周期内的能量耗散,而 $W_s$ 是第 $s$ 个周期开始时刻所储存的势能,该时刻的位移为 $A_s$(表5.1)。仍然利用这一定义,试推导能量吸收系数的表达式,其中考虑的是第 $s$ 个周期结束时刻所储存的势能,对应的位移为 $A_{s+1}$,并解释这一结果。(推导时假定对数缩减比较小)

参考答案:$\psi \approx 2\delta$[4]。

5.2 针对动力学系统 $m\ddot{x} + b\dot{x} + kx = 0$,试将无量纲参数 $\psi$、$\eta$、$\delta$、$\xi$、$Q$ 以系统参数 $m$、$k$、$b$ 来表示。

参考答案:$\xi = \dfrac{b}{2\sqrt{km}}$;$Q = \dfrac{\sqrt{mk}}{b}$。

5.3 考虑一根均匀梁的自由振动情况,试说明方程 $m\ddot{y}\dfrac{\partial^2 y}{\partial t^2} + (1 + j\delta/\pi)$

$EIy^{\text{IV}} = 0$ 将会导致不一致的结果,即阻尼振动的固有频率会超过无阻尼系统的固有频率(Babakov 悖论[32])。

求解过程:假定 $y(x,t) = X(x)T(t)$,于是 $\ddot{y}(x,t) = X(x)\ddot{T}(t)$,$y^{\text{IV}} = X^{\text{IV}}(x)T(t)$。代入原方程后有 $mX(x)\ddot{T}(t) + \left(1 + j\dfrac{\delta}{\pi}\right)EI \cdot X^{\text{IV}}(x)T(t) = 0$,分离变量可得

$$\frac{\ddot{T}(t)}{(1 + j\delta/\pi)T(t)} = -\frac{EI}{m} \cdot \frac{X^{\text{IV}}(x)}{X(x)} = -p^2, \ddot{T}(t) + p^2(1 + j\delta/\pi)T(t) = 0$$

。如果 $\delta = 0$,则 $\ddot{T}(t) + p^2 T(t) = 0$,其中 $p$ 为自由振动固有频率(不计阻尼)。如果 $\delta \neq 0$,则 $p^2(1 + j\delta/\pi) = p_d^2$,其中 $p_d$ 为阻尼固有频率。显然有 $|p_d^2| = \sqrt{p^4 + \dfrac{\delta p^2}{\pi}} > p^2$。

5.4 设有一个系统的控制方程是 $\ddot{x} + 2h\dot{x} + \omega_0^2 x = 0$,试推导相轨迹的方程,这里仅考虑欠阻尼情况 $h^2 < \omega_0^2$。

提示:(1)给出原方程的形式解:

$$x = M_1 e^{-ht}\sin(\omega t + \varphi_1), \dot{x} = M_2 e^{-ht}\sin(\omega t + \varphi_2), \omega = \sqrt{\omega_0^2 - h^2}$$

（2）将原方程改写为状态方程形式，即 $\dot{x}=y, \dot{y}=-\omega_0^2 x-2hy$，然后消去时间变量 $t$。

参考答案：$\dfrac{\mathrm{d}y}{\mathrm{d}x}=-\dfrac{\omega_0^2 x+2hy}{y}^{[22]}$。

# 参考文献

1. Pisarenko, G. S. (1962). Vibration of elastic systems taking account of energy dissipation in the material (Wright Air Development Center Report WADD-TR-60-582).

2. Nashif, A. D., Jones, D. I. G., & Henderson, J. P. (1985). Vibration damping. New York: Wiley.

3. Kljukin, I. I. (Ed.). (1978). Handbook on the ship acoustics. Leningrad: Sudostroenie.

4. Panovko, J. G. (1960). Internal friction at vibration of elastic systems. Moscow: Phys. Math.

5. Birger, I. A., & Panovko, Ya. G. (Eds.). (1968). Strength, stability, vibration. Handbook (Vols. 1 – 3). Moscow: Mashinostroenie.

6. Den Hartog, J. P. (1985). Mechanical vibrations (4th ed.). New York: Mc Graw-Hill, Dover, 1985.

7. Davenport, A. G. (1996). Vibration of structures induced by wind. In Harris, C. M. (Editor in Chief), Shock and Vibration. Handbook (4th ed.) New York: McGraw-Hill.

8. Blevins, R. D. (2001). Flow-induced vibration (2nd ed.). Malabar, FL: Krieger.

9. Blevins, R. D. (1996). Vibration of structures induced by fluid flow. In Harris, C. M. (Editor in Chief), Shock and Vibration. Handbook (4th ed.) New York: McGraw-Hill.

10. Korenev, B. G., & Rabinovich, I. M. (Eds.). (1981). Dynamical analysis of the structures on the special excitations. Handbook. Moscow: Strojizdat.

11. Bertin, J. J. (2001). Aerodynamics for engineers. Englewood Cliffs, NJ: Prentice-Hall.

12. Shearer, J. L., Murphy, A. T., & Richardson, H. H. (1971). Introduction to system dynamics. Reading, MA: Addison-Wesley.

13. Ferry, J. D. (1970). Viscoelastic properties of polymers (2nd ed.). New York: Wiley.

14. Thomson, W. T. (1981). Theory of vibration with application (2nd ed.). Englewood Cliffs, NJ: Prentice-Hall.

15. Chelomey, V. N. (Editor in Chief). (1978 – 1981). Vibrations in engineering. Handbook (Vols. 1 – 6). Moscow: Mashinostroenie.

16. Tse, F. S., Morse, I. E., & Hinkle, R. T. (1963). Mechanical vibrations. Boston: Allyn and Bacon.

17. Ogata, K. (1992). System dynamics (2nd ed.). Englewood Cliffs, NJ: Prentice Hall.

18. Korenev, B. G., & Rabinovich, I. M. (Eds.). (1984). Dynamical analysis of the buildings and structures. Handbook. Moscow: Strojizdat.

19. Timoshenko, S., Young, D. H., & Weaver, W., Jr. (1974). Vibration problems in engineering (4th ed.). New York: Wiley.

20. Frolov, K. V. (Ed.). (1981). Protection against vibrations and shocks. vol. 6. In Handbook: Chelomey, V. N. (Editor in Chief) (1978 – 1981). Vibration in Engineering, vols. 1 – 6. Moscow: Mashinostroenie.

21. Clough, R. W., & Penzien, J. (1975). Dynamics of structures. New York: McGraw-Hill.

22. Feldbaum, A. A., & Butkovsky, A. G. (1971). Methods of the theory of automatic control. Moscow: Nauka.

23. Bishop, R. E. D., & Johnson, D. C. (1960). The mechanics of vibration. London: Cambridge University Press.

24. Judin, E. Ya. (Ed.). (1985). Noise control. Handbook. Moscow: Mashinostroenie.

25. Muszynska, A. (1974). Internal damping in mechanical systems. Dynamika Maszyn. Polish Academy of Science 164 – 212.

26. Lazan, B. J. (1968). Damping of materials and members in structural mechanics. New York: Pergamon Press.

27. Karnovsky, I. A., & Lebed, O. (2010). Advanced methods of structural analysis. New York: Springer.

28. Strelkov, S. P. (1964). Introduction to the theory of vibrations. Moscow: Nauka.

29. Goodman, L. E., Klumpp, J. H. (1956). Analysis of slip damping. Journal of Applied Mechanics, 3.

30. Il'insky, V. S. (1982). Protection of radio-electronic equipment and precision equipment from the dynamic excitations. Moscow: Radio.

31. Henderson, J. P. (1985). Vibration damping. New York: Wiley.

32. Babakov, I. M. (1965). Theory of vibration. Moscow: Nauka.

33. Karnovsky, I. A., & Lebed, O. (2004). Free vibrations of beams and frames. Eigenvalues and eigenfunctions. New York: McGraw-Hill Engineering Reference.

34. Oberst, H. (1952). U″ber die Dampfung Biegeschwingunge Dunner Blech durch fest Haftende Belage. Acustica, 4, 181 – 194.

35. Harris, C. M. (Editor in Chief) (1996). Shock and vibration Handbook (4th ed.). New York: McGraw-Hill.

36. Ross, D., Ungar, E., & Kerwin, E. M. Jr. (1959). Damping of plate flexural vibrations by means of viscoelastic laminate. In ASME (Ed.), Structural damping (pp. 49 – 88). New York: ASME.

37. von Ka'rma'n, T. (1963). Aerodynamics. New York: McGraw-Hill, Dover (1994).

38. Collar, A. R. (1959). Aeroelasticity—Retrospect and prospect. The Journal of the Royal Aeronautical Society, 63 (577), 1 – 15.

39. Kazakevich, M. I., & Vasilenko, A. G. (1996). Closed analytical solution for galloping aeroelastic self-oscillations. Journal of Wind Engineering and Industrial Aerodynamics, 65, 353 – 360.

40. Korenev, B. G., & Smirnov, A. F. (Eds.). (1986). Dynamical analysis of the special engineering structures. Handbook. Moscow: Strojizdat.

41. Walshe, D. E., & Wootton, L. R. (1970). Preventing wind-induced oscillation of structures. In Proc. Inst. Civil Eng. Paper 7289.

# 第6章　集中参数系统的振动抑制

这一章主要阐述的是集中参数系统的振动抑制问题。首先针对一个最简单的动力吸振器介绍了吸振技术,随后讨论了几种不同类型的吸振器形式。Babitsky[1,2]、Haxton 和 Barr[3]、Karamyshkin[4] 等人曾对这些吸振器进行过较为深入的研究,主要包括了冲击吸收器、陀螺吸振器以及自参数式吸振器等。这些装置对于分布参数系统的减振来说也是十分有用的[5]。

## 6.1　动力吸振器

一个最简单的动力吸振器装置可以通过在一个 $m-k$ 系统(主结构)上附连一个质量 $m_a$ 和刚度为 $k_a$ 的弹簧来构造,如图 6.1(a)所示。这种动力吸振器的概念最早是由 Hermann Frahm 于 1909 年提出的(美国专利,#989958,1911 年授权)。随后 Ormondroyd 和 Den Hartog 等人[6,7]对动力吸振器理论进行了研究和发展。总体而言,利用动力吸振器可以减小甚至彻底消除主结构在力激励和运动激励作用下所产生的振动。

动力吸振器存在着很多不同的结构形式。如果一个附加质量是通过一个弹性元件 $k_a$ 和一个黏性元件 $b_a$ 连接到主结构上的,那么这个附加上去的系统就是带有阻尼的吸振器,如图 6.1(b)所示。图 6.1(c)还给出了一种冲击振动吸

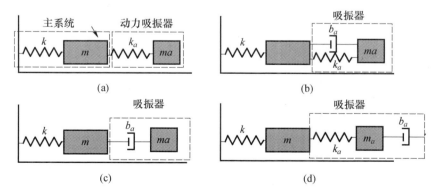

图 6.1　作为动力吸振器的附加动力学系统:(a)无阻尼动力吸振器;(b)有阻尼动力吸振器;(c)黏性冲击吸收器;(d)Frahm 冲击吸收器

207

收器,其中的附加质量是借助摩擦元件连接到主结构中的,一般可以利用干摩擦阻尼器(库伦阻尼)[8]。图 6.1(d)给出的是 Frahm 提出的冲击吸收器模型,它是通过在主结构质量 $m$ 上附连一个圆筒 $T$ 实现的,在该圆筒中包含了串联连接起来的弹性元件、质量元件和阻尼元件。

类似的设计思路还可以用于扭转振动抑制中。例如,图 6.2 中就给出了一个与图 6.1(a)所示方案相似的扭转振动吸振器结构[9, vol. 3]。

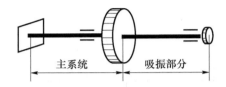

主系统　　　　吸振部分

图 6.2　用于吸收转动轴的扭转振动的吸振器

上述这些装置的缺点在于,它们只能在一个较窄的频率范围内才会起到振动吸收作用,而当激励频率是变化的时候,具有固定参数的这些吸振器的振动抑制效果将会变差。一般来说,这些吸振器在主结构的共振状态处才能够起到最强的吸振效果,这也是它们被称为反共振装置的原因。

现在我们来考察一下吸振器的基本思想。图 6.3 给出了一个两自由度的力学系统,其中的质量 $m_0$ 受到了一个简谐型激励力 $P_0 \sin \omega t$ 的作用(图 6.3(a))。我们将指出,当参数 $m_1 - k_1$ 和激励频率 $\omega$ 之间满足特定关系时,质量 $m_0$ 将保持静止。下面的讨论中,图中的 $m_0 - k_0$ 系统一般称为主系统,而附连上去的 $m_1 - k_1$ 系统则称为吸振器。这里要注意的是,主系统和吸振器的局部固有频率分别为 $\omega_0 = \sqrt{k_0/m_0}$ 和 $\omega_a = \sqrt{k_1/m_1}$。

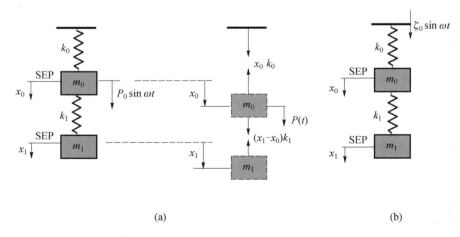

(a)　　　　　　　　　　　　　　　　(b)

图 6.3　两自由度力学系统:(a)力激励;(b)运动激励

上述两自由度系统的振动可以通过如下微分方程组来描述：

$$\begin{cases} m_0\ddot{x}_0 + (k_0 + k_1)x_0 - k_1x_1 = P_0\sin\omega t \\ m_1\ddot{x}_1 + k_1(x_1 - x_0) = 0 \end{cases} \tag{6.1}$$

式中：位移 $x_0$ 和 $x_1$ 都是以静态平衡位置（SEP）作为原点的。

上面这个方程组的解可以表示为

$$\begin{cases} x_0 = A_0\sin\omega t \\ x_1 = A_1\sin\omega t \end{cases} \tag{6.2}$$

为了确定形式解中的待定幅值 $A_0$ 和 $A_1$，可以将式（6.2）代入到方程组（6.1）中，由此我们可以得到关于待定幅值 $A_0$ 和 $A_1$ 的一组线性代数方程，即

$$\begin{cases} (-m_0\omega^2 + k_0 + k_1)A_0 - k_1A_1 = P_0 \\ -k_1A_0 + (-m_1\omega^2 + k_1)A_1 = 0 \end{cases} \tag{6.3}$$

质量 $m_0$ 的振动幅值可以表示为 $A_0 = D_0/D$，其中

$$D = \det\begin{bmatrix} -m_0\omega^2 + k_0 + k_1 & -k_1 \\ -k_1 & -m_1\omega^2 + k_1 \end{bmatrix}$$

而 $D_0$ 是通过对 $D$ 进行变换得到的行列式，即将 $D$ 的第一列替换为式（6.3）的自由项，于是有

$$D_0 = \det\begin{bmatrix} P_0 & -k_1 \\ 0 & -m_1\omega^2 + k_1 \end{bmatrix}$$

由此可得

$$A_0 = \frac{P_0(-m_1\omega^2 + k_1)}{D} \tag{6.4}$$

可以看出，当满足 $k_1 - m_1\omega^2 = 0$ 这一条件时质量 $m_0$ 的振幅 $A_0$ 将变成零。显然，只要我们选择合适的参数 $m_1$ 和 $k_1$，使得 $\sqrt{k_1/m_1}$ 恰好等于激励力的频率 $\omega$，那么就可以使得振幅 $A_0$ 为零，也就是主系统中的质量 $m_0$ 将保持静止。应当注意的是，此时质量 $m_1$ 的振幅并不为零，它仍为一个有限值[7,10,11]。

**1. 动力吸振器的物理本质**

在上述系统中，质量 $m_1$ 的运动规律是 $x_1 = A_1\sin\omega t$。为了确定其幅值 $A_1$，必须考察式（6.3）中的第二个方程。考虑前述吸振情况，可以令 $\omega = \sqrt{k_1/m_1}$，于是我们可以得到 $A_1 = -\dfrac{P_0}{k_1}$，那么质量 $m_1$ 的位移响应就是 $x_1 = A_1\sin\omega t = -\dfrac{P_0}{k_1}\sin\omega t$。由于质量 $m_0$ 保持静止，因而弹簧 1 中产生的力将等于 $F(t) = x_1k_1 = -P_0\sin\omega t$，显然这恰好等于作用在质量 $m_0$ 上的激励力 $P(t)$，也就是说所有由外部激励力输入的能量将全部传递到吸振器中去了。

根据上述分析可知,通过恰当的参数调整(即 $\sqrt{k_1/m_1} = \omega$)可以使得在任何时刻第二个弹簧中产生的弹性力刚好等于激励力 $P_0\sin\omega t$(方向相反)。从这一点就可以明确体会到吸振器的振动抑制机理,即它的存在为主系统中的质量 $m_0$ 提供了一个与外部激励力相互补偿的作用力。外部激励力幅值 $P_0$ 的改变仅仅只会影响到吸振器质量 $m_1$ 的振动位移,而吸振器工作条件(即完全补偿掉外部简谐激励力)则不会受到影响。

在 $\sqrt{k_1/m_1} \neq \omega$ 的情况下,由于系统存在着两个共振状态[12],因而动力吸振器的存在可能会产生有害影响[9,vol.3]。系统的固有频率 $\omega^*$ 是下述方程的根:

$$\det\begin{bmatrix} k_0 + k_1 - m_1\omega^2 & -k_1 \\ -k_1 & k_1 - m_1\omega^2 \end{bmatrix} = 0$$

由此可以导出这两个频率值,其计算式为[1,2]

$$\left(\omega_{1,2}^*\right)^2 = \frac{\omega_0^2 + (1+\mu)\omega_a^2}{2} \pm \left\{\left[\frac{\omega_0^2 - (1+\mu)\omega_a^2}{2}\right]^2 + \mu\omega_a^2\omega_0^2\right\}^{1/2}, \mu = \frac{m_1}{m_0} \tag{6.5}$$

式中:$\omega_0 = \sqrt{\dfrac{k_0}{m_0}}$ 和 $\omega_a = \sqrt{\dfrac{k_1}{m_1}}$ 分别为主系统和吸振器的局部固有频率。

前式(6.5)也可以表示成莫尔圆的形式[13](图6.4)。对于式(6.5)来说,它适用于任意的 $\omega/\omega_0$,如果 $\omega_a = \omega_0$ 则共振频率将由下式决定[7]:

$$\left(\frac{\omega_{1,2}^*}{\omega_a}\right)^2 = \left(1 + \frac{\mu}{2}\right) \pm \sqrt{\mu + \frac{\mu^2}{4}} \tag{6.6}$$

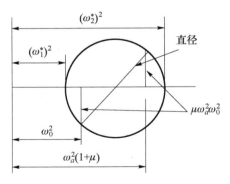

图6.4 莫尔圆:针对给定的局部频率 $\omega_0, \omega_a$ 和

质量比 $\mu = m_1/m_0$ 来计算自然频率 $\omega^*$

图6.5 给出了无量纲共振频率随无量纲参数 $\mu = m_1/m_0$ 而变的关系曲线[10,14]。

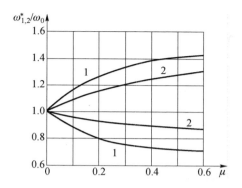

图6.5 无量纲固有频率 $\omega_{1,2}^*/\omega_0$ 随参数 $\mu = m_1/m_0$ 的变化:

$(1)\omega_a = \omega_0$; $(2)\omega_a = \omega_0/2$

质量 $m_0$ 的动力放大系数可以以 $\omega/\omega_a$、$\omega/\omega_0$ 以及刚度比 $k_1/k_0$ 等参量表示出来,即[10]

$$\lambda_{dyn} = \frac{A_0}{A_{0stat}} = \frac{1 - \dfrac{\omega^2}{\omega_a^2}}{\left(1 - \dfrac{\omega^2}{\omega_a^2}\right)\left(1 + \dfrac{k_1}{k_0} - \dfrac{\omega^2}{\omega_0^2}\right) - \dfrac{k_1}{k_0}} \qquad (6.7)$$

式中:$A_{0stat} = P_0/k_0$ 为质量 $m_0$ 在激励力幅值 $P_0$ 作用下所产生的静态位移。上式还可以表示为以 $\omega/\omega_a$、$\omega/\omega_0$ 以及质量比 $m_1/m_0$ 等为参量的函数形式,即[8]

$$\lambda_{dyn} = \frac{A_0}{A_{0stat}} = \frac{1 - \dfrac{\omega^2}{\omega_a^2}}{\left(1 - \dfrac{\omega^2}{\omega_a^2}\right)\left(1 - \dfrac{\omega^2}{\omega_0^2}\right) - \mu\dfrac{\omega^2}{\omega_0^2}}, \mu = \frac{m_1}{m_0} \qquad (6.8)$$

**2. 振动抑制**

若令吸振器的频率比为 $f = \omega_a/\omega$,那么根据式(6.7)得到的主系统质量 $m_0$ 的动力放大系数可以表示成图6.6的形式。如果这个吸振器的局部固有频率被调节到与激励力频率相等,即 $\sqrt{k_1/m_1} = \omega$ 或 $f = 1$,那么我们就能够实现对主系统质量 $m_0$ 的彻底的振动抑制目的。

在运动激励情况中,如图6.3(b)所示,系统的振动可由式(6.1)描述,因此这里只需用 $k_0\xi$ 代替 $P_0$,那么上面得到的所有结论都仍然成立。

如果动力学系统代表的是一根轴,那么可以按照图6.2所示的方案来抑制扭转振动。对于这里的简单情况而言,在式(6.1)中需要做如下替换,即 $P_0$ 替换为扭矩 $M_0$,$x_1$ 和 $x_2$ 替换为转动角坐标 $\varphi_1$ 和 $\varphi_2$,此时的参数 $\mu$ 则代表的是 $\mu = I_2/I_1$,其中 $I_2$ 和 $I_1$ 分别代表了吸振器和主系统的极惯性矩。

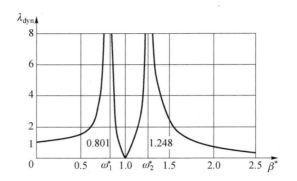

图 6.6　质量 $m_0$ 的动力放大率随参数 $\beta^* = \omega/\omega_a$ 的变化（$\mu = 0.2, \omega_a = \omega_0$）

图 6.1(a) 和图 6.2 所给出的动力吸振器的主要缺点也是很明显的,即它们仅在激励力频率固定不变的场合下才是有效的。如果简谐激励的频率是变化的,那么在振动防护设计中就必须采用参数可调型的动力吸振器了,特别是如果吸振器的参数能够根据激励频率进行自动调节的话那么就更加有效了(Zakora 等人[15])。

### 3. 悬置系统

这是另一种可行的方式,动力吸振器 $m_1 - k_1$ 并不是直接连接到主系统质量 $m_0$ 上,而是与主系统的弹性元件 $k_0$ 连接起来的,如图 6.7 所示。这种两级的动力学模型是汽车悬挂结构研究[16]中常用的一个最简单的模型。

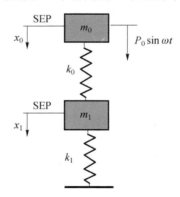

图 6.7　两级悬挂系统

上述系统的分析过程与图 6.3 所示系统的分析是类似的,其微分方程组可以表示为

$$\begin{cases} m_0 \ddot{x}_0 + k_0 (x_0 - x_1) = P_0 \sin\omega t \\ m_1 \ddot{x}_1 - k_0 x_0 + (k_0 + k_1) x_1 = 0 \end{cases}$$

上面这个方程组的解可以写成式(6.2)的形式,由此可以导出一组关于幅

值的线性代数方程,进一步不难得到主系统质量的振幅:

$$A_0 = \frac{-m_1\omega^2 + k_0 + k_1}{(-m_0\omega^2 + k_0)(-m_1\omega^2 + k_0 + k_1) - k_0^2}$$

可以看出,当满足如下条件时主系统质量的振幅将变为零:

$$\omega_a^2 = \frac{k_0 + k_1}{m_1} = \omega^2$$

正如前面的实例那样,上式中的这个频率也是该系统的一个局部固有频率[4]。

## 6.2　带阻尼的动力吸振器

这一节主要讨论一些带有能量耗散元件的动力吸振器,其中包括了一个带有黏性摩擦的动力吸振器,一个特殊类型的黏性冲击吸收器(附加系统仅仅包含一个黏性阻尼器,而无弹簧),以及一个带有库伦摩擦阻尼的动力吸振器,我们将给出这些情况所对应的动力放大系数表达式。

### 6.2.1　带有黏性阻尼的吸振器

实际系统中一般都可以观察到能量耗散现象,因此,为了评价一个振动防护装置的有效性,在动力学建模中就必须将阻尼器考虑进来。对于黏性阻尼器来说,其中的摩擦力是正比于两端的相对速度的,这种摩擦也称为黏性摩擦[1,4,17]。

图 6.8 给出了一个带有振动防护装置的主系统的一般模型[6,7],其中的附加质量 $m_a$ 将通过一个弹性元件 $k_a$ 和一个黏性元件 $b_a$ 与主质量 $m$ 发生耦合。在简谐激励力 $G(t) = G_0 e^{j\omega t}$ 的作用下该系统将发生相应的振动。应当指出的是,如果是基础支撑提供的运动激励情况( $\xi(t) = \xi_0 e^{j\omega t}$ ),那么只需令 $G_0 = k\xi_0$ ,我们就可以将运动激励情形等效成对应的力激励情形了。

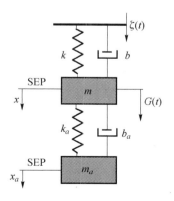

图 6.8　带有黏性阻尼器的动力吸振器

数值分析结果已经表明,如果附加系统包含有阻尼器 $b_a$,那么主系统的阻尼 $b$ 对动力放大系数的影响将变得不再重要[4]。为此,我们可以假定主要的能量损耗均产生于附加系统中,并令主系统的阻尼为零(即 $b=0$)。与前面一样,这里的 $m-k$ 系统称为主系统,而附加上的 $m_a-k_a-b_a$ 系统则称为带有黏性摩擦的动力吸振器。

在这一假设基础之上,这个系统的振动就可以通过如下形式的线性耦合微分方程组来描述[1,7,17],即

$$\begin{cases} m\ddot{x} + b_a(\dot{x} - \dot{x}_a) + kx + k_a(x - x_a) = G_0 e^{j\omega t} \\ m_a\ddot{x}_a + k_a(x_a - x) + b_a(\dot{x}_a - \dot{x}) = 0 \end{cases} \tag{6.9}$$

这里的主系统和吸振器的局部固有频率分别记为 $\omega_0 = \sqrt{k/m}$ 和 $\omega_a = \sqrt{k_a/m_a}$。

求解上述方程组的最简洁的方法就是复数幅值方法,这里我们略去了冗长复杂的变换过程,直接给出主质量的动力放大系数的最终结果[1,11,18],即

$$\lambda = \frac{|A|}{G_0/k} = \sqrt{\frac{(1 - \xi_0^2)^2 + 4\beta_a^2\xi_0^2}{[(1 - \xi_0^2)(1 - \xi^2) - \mu\xi^2]^2 + 4\beta_a^2\xi_0^2[1 - \xi^2(1 + \mu)]^2}} \tag{6.10}$$

式中:$A$ 为主质量 $m$ 的振幅;$\xi = \omega/\omega_0$ 为激励频率与 $m-k$ 系统的局部固有频率之比;$\xi_0 = \omega/\omega_a$ 为激励频率与附加系统 $m_a-k_a$ 的局部固有频率之比;$\mu = m_a/m$ 为吸振器质量与主系统质量之比;$\beta_a = b_a/b_{cr}$ 为相对阻尼,其中 $b_{cr} = 2\sqrt{k_a m_a}$ 为附加系统的临界阻尼。

动力放大系数是四个无量纲参数 $\xi = \omega/\omega_0$、$\xi_0 = \omega/\omega_a$、$\beta_a$ 和 $\mu = m_a/m$ 的函数,图 6.9 给出了主质量的动力放大系数曲线。图中的两条实线分别代表了 $\beta_a = 0.1$ 和 $\beta_a = 0.32$ 这两种情形。无论阻尼参数 $\beta_a$ 多大,所有曲线都将经过两

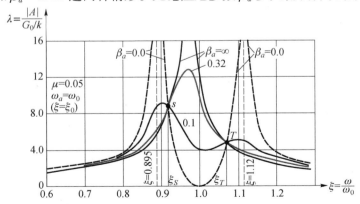

图 6.9 主质量 $m$ 的动力放大率 $\lambda$ 随无量纲频率 $\xi$ 的变化:附加系统中的阻尼参数为 $\beta_a$;质量比 $\mu = m_a/m = 0.05$;附加系统和主系统的局部固有频率相等

$(\omega_a = \omega_0)$(Timoshenko[11],Reed[8])

个固定点,即 $S$ 和 $T$。关于式(6.10)更为详尽的分析,可以参阅 Den Hartog[7] 和 Timoshenko[11] 等人的文献,其中包括了对点 $S$ 和点 $T$ 的位置分析,最优阻尼参数 $\xi$ 的分析,以及吸振器的具体调节过程。

下面讨论一些极限情况:

(1) $\beta_a = \infty$ 的情况。这种情况下这个两自由度系统将转变成单自由度系统,总质量为 $m + m_a$。

(2) 吸振器的局部固有频率 $\omega_a$ 等于激励频率 $\omega$ 的情况。这种情况下 $\xi_0 = 1$,主质量的动力放大系数将取决于吸振器的相对阻尼 $\beta_a$,即[1]

$$\lambda = \frac{|A|}{G_0/k} = \frac{2\beta_a}{\sqrt{\mu^2 \xi^4 + 4\beta_a^2 [1 - \xi^2(1 + \mu)]^2}} \tag{6.11}$$

当阻尼器的损耗因子最小时吸振器将具有最高的工作效率。因此,如果 $\beta_a \to 0$,那么主质量的振幅将等于零,这种情形如图中虚线所示。此时的主要特征是出现了两条共振曲线(虚线)。对于给定的参数,它们发生在 $\xi = 0.895$ 和 $\xi = 1.12$ 处,参见图6.9。当改变激励频率 $\omega$ 或者改变吸振器的参数 $m_a$ 或 $k_a$ 时,系统将发生失调,进而导致主质量的振幅显著增长。根据系统固有频率对特性参数的依赖关系,可以确定该系统对参数失调的敏感程度。此外,在确定系统固有频率的时候,我们可以令式(6.10)的分母为零,并令 $\beta_a = 0$,从这一方程中解出 $\omega_{1,2}^*$,即可得到式(6.5)。

## 6.2.2　黏性冲击吸收器

图6.1(c)给出了一个黏性冲击吸收器的原理图,这里假定附连系统仅包含了一个黏性阻尼器,而不存在弹簧元件。为了得到主质量的动力放大系数表达式,我们再次考察式(6.10)。如果指定 $k_a = 0$,那么有 $\omega_a = \sqrt{k_a/m_a} = 0$ 和 $\xi_0 = \infty$,代入到式(6.10)将得到一个 $\infty/\infty$ 型不定式。因此,$\xi_0$ 必须改写为 $\xi_0 = \xi \dfrac{\omega_0}{\omega_a}$ 这一形式,经过一系列变换之后我们可以导出主质量的动力放大系数表达式如下[18,1]:

$$\lambda_{dyn} = \frac{A_0}{A_{0stat}} = \sqrt{\frac{\xi^2 + 4\beta_0^2}{\xi^2(1 - \xi^2)^2 + 4\beta_0^2[1 - \xi^2(1 + \mu)]^2}} \tag{6.12}$$

式中:无量纲参数为 $\xi = \omega/\omega_0$,$\mu = m_a/m$,$\beta_0 = b_a/(2m_a\omega_0)$。

图6.10给出了这个动力放大系数随无量纲参数 $\omega/\omega_0$ 的变化曲线。

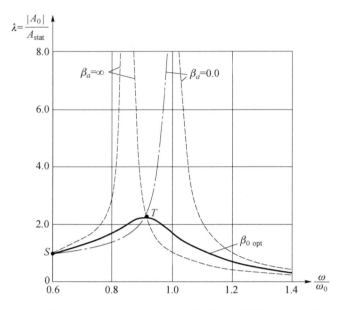

图 6.10　主系统质量 $m$ 的动力放大率 $\lambda$ 随无量纲频率 $\omega/\omega_0$ 的变化曲线

$\beta_0 = 0$ 情况意味着质量 $m$ 和 $m_a$ 之间不存在连接关系,因而系统也就变成了单自由度情形,其质量为 $m = m_0$,弹性元件为 $k$,共振将发生于 $\omega/\omega_0 = 1$ 这一条件下。$\beta_0 = \infty$ 情况意味着质量 $m$ 和 $m_a$ 之间是刚性连接的,此时的系统也将变成一个单自由度系统,其质量为 $m = m + m_a$,弹性元件仍为 $k$,无量纲共振频率因此也将小于 1。

事实上,存在一个最优的 $\beta_{0opt}$,它可以使得固定点 $T$ 处的动力放大系数取到最大值,这一参数及其对应的动力放大系数分别为[9, vol. 3]

$$\begin{cases} \beta_{0opt} = \sqrt{\dfrac{1}{2(2+\mu)(1+\mu)}} \\ \lambda_{max} = 1 + 2/\mu \end{cases} \tag{6.13}$$

附带提及的是,Panovko 曾经对阻尼器和吸振器进行过对比研究,感兴趣的读者可以去参阅文献[9, vol. 3]。

### 6.2.3　具有库伦阻尼的吸振器

对于扭转振动的抑制来说,利用带有干摩擦阻尼器的减振装置[1,8]也是可行的。这种附加装置一般包含一个惯性矩为 $J_a$ 的圆盘,该圆盘连接到主系统对应的圆盘上,后者的惯性矩为 $J$,两者之间能够形成干摩擦力矩 $M$。这个力矩是不变的常数值(记为 $\theta$),其方向与相对角位移方向相反,这里记主系统和附加系统中的圆盘的角位移分别为 $\varphi$ 和 $\varphi_a$,如图 6.11 所示。

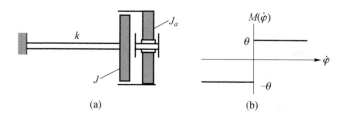

图 6.11　(a)利用带库伦阻尼的吸振器抑制扭转振动；(b)干摩擦特性

上述系统的运动可以通过一组非线性微分方程来描述，即

$$\begin{cases} J\ddot{\varphi} + \theta\mathrm{sgn}(\dot{\varphi} - \dot{\varphi}_a) + k\varphi = M_0 \mathrm{e}^{\mathrm{j}\omega t} \\ J_a\ddot{\varphi}_a - \theta\mathrm{sgn}(\dot{\varphi} - \dot{\varphi}_a) = 0 \end{cases} \tag{6.14}$$

其中，函数 $\mathrm{sgn}\dot{\varphi}$ 代表的是速度的符号，如果 $\dot{\varphi} > 0$ 则 $\mathrm{sgn}\dot{\varphi} = 1$，而如果 $\dot{\varphi} < 0$，则 $\mathrm{sgn}\dot{\varphi} = -1$。函数 $M(\dot{\varphi}) = \theta\mathrm{sgn}\dot{\varphi}$ 如图 6.11(b)所示，其中 $\theta$ 为常数力矩。

为了确定上面这个非线性微分方程组的近似周期解，我们可以采用谐波平衡法进行求解。为此，可以根据非线性元件每个周期内所耗散掉的能量应当等于等效黏性元件所耗散掉的能量这一条件[9, vol. 3]来确定等效的线性摩擦力，由此我们可以得到如下的线性化方程组：

$$\begin{cases} J\ddot{\varphi} + b_{ae}\dot{\psi} + k\varphi = M_0 \mathrm{e}^{\mathrm{j}\omega t} \\ J_a\ddot{\varphi}_a - b_{ae}\dot{\psi} = 0 \end{cases} \tag{6.15}$$

所引入的新坐标是 $\psi = \varphi - \varphi_a = \psi_0 \mathrm{e}^{\mathrm{j}\omega t}$，系统附加部分的等效阻尼参数为 $b_{ae} = \dfrac{4\theta}{\pi\omega|\psi_0|}$。

各类非线性摩擦情况所对应的等效黏性摩擦系数可以参阅文献[9, vol. 3]，其中包括了平方型摩擦 $R = \pm\beta\dot{\varphi}^2$、非线性黏性摩擦 $R = k\dot{\varphi}|\dot{\varphi}|^n$ 以及非线性内摩擦 $R = k\varphi^n$。

可以假定式(6.15)的形式解为

$$\begin{cases} \varphi(t) = \vartheta \mathrm{e}^{\mathrm{j}\omega t} \\ \varphi_a(t) = \vartheta_a \mathrm{e}^{\mathrm{j}\omega t} \end{cases} \tag{6.16}$$

式中：$\vartheta$ 和 $\vartheta_a$ 为复数幅值。将式(6.16)代入到微分方程组(6.15)中就可以导得幅值 $\vartheta$ 和 $\vartheta_a$ 的表达式。对于动力放大系数，我们可以得到[1]

$$\frac{|\vartheta|}{M_0/k} = \frac{1}{|1 - \xi_0^2|}\sqrt{1 - \lambda^2\left[1 - \frac{2(1 - \xi_0^2)}{\mu\xi_0^2}\right]},$$

$$\frac{|\psi_0|}{M_0/k} = \frac{1}{|1 - \xi_0^2|}\sqrt{1 - \lambda^2\left[1 - \frac{1 - \xi_0^2}{\mu\xi_0^2}\right]^2}, \tag{6.17}$$

其中,$\lambda = \dfrac{4\theta}{\pi M_0}$,$\xi_0 = \dfrac{\omega}{\sqrt{k/J}}$,$\mu = \dfrac{J_a}{J}$。

由于根号下应为正值,因此从(6.17)中的第二个式子我们可以得到吸振器不发生锁死的条件,即

$$\frac{1}{\lambda} \geqslant \left| 1 - \frac{1-\xi_0^2}{\mu\xi_0^2} \right| \qquad (6.18)$$

随着 $\mu$ 的增大,吸振器的效果也将随之增强。应当指出的是,正如 Babicky[1,12] 所注意到的,引入吸振器并不能防止可能发生的振动无限增长(在 $\xi_0 = 1$ 处)。

如果每个周期内的最大能量耗散已经确定,那么干摩擦力所产生的最优力矩将为 $\theta = \dfrac{\sqrt{2}}{\pi} J_a \omega^2 \vartheta_0$[1,8],其中的 $\vartheta_0$ 为轴的角振动幅值。

最后顺便提及的是,对于干摩擦式吸振器和黏性吸振器,文献[1,14]还曾进行过比较分析,感兴趣的读者可以参阅。

## 6.3　滚子惯性式吸振器

很多实际应用场合中,激励频率不可避免地会出现一定的变化,不仅如此,外界激励的频谱往往也是十分复杂的。这些情况下系统的振动抑制往往可以借助一类特殊的装置来实现。一般来说,这些装置中会包含一个球状或柱状物(放置在一个特殊形状的空腔内),或者包含一个套在杆上的环状物。此类装置能够根据外部激励的频率自动进行调节。图 6.12 给出了一个滚子惯性式吸振器的原理方案[1,19],其主要部件是一个放置于空腔中的滚子,利用这一结构就能够产生振动抑制作用。

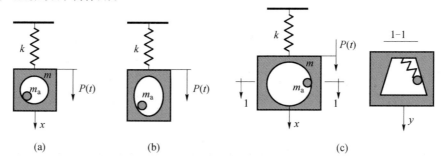

图 6.12　滚子式吸振器的主要方式:(a)滚子放置在圆柱形空腔中;
(b)滚子放置在椭圆柱形空腔中;(c)滚子放置在特殊形状的空腔中

最简单的情况就是将一个自由的球形滚子放置到一个圆柱形空腔中,如图 6.12(a)所示,它能够有效地抑制简谐激励力所导致的振动。对于那些受到复杂频谱激励的系统来说,此类吸振器应当设计成一个自由的球形滚子与一个非圆柱形的空腔的组合形式(图 6.12(b)),或者设计成一个带有弹性连接件的球形滚子与一个特殊形状的空腔的组合形式(图 6.12(c))。

我们来考察一下图 6.12(a)所示的滚子惯性式吸振器。不妨设主系统 $m - k$ 受到了一个简谐激励力 $P(t) = P_0\cos(\omega t + \psi)$ 的作用,吸振器中的球体半径为 $r$、质量为 $m_a$,空腔的半径为 $R$。质量 $m_a$ 的相对运动可由吸振器的角坐标 $\varphi$ 表示,牵连运动的垂向坐标设为 $x$,参见图 6.13。

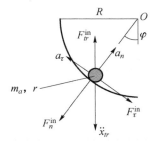

图 6.13　滚子惯性式吸振器(图 6.12(a))的分析简图

相对运动中的法向和切向加速度分别可以表示为

$$\begin{cases} a_n = (R - r)\dot{\varphi}^2 \\ a_\tau = (R - r)\ddot{\varphi} \end{cases} \tag{6.19}$$

牵连运动中质量 $m_a$ 的加速度为 $\ddot{x}$,于是我们可以写出这个系统的运动微分方程组:

$$\begin{cases} (m + m_a)\ddot{x} = \sum F_x \\ J_a\ddot{\varphi} = \sum M \end{cases} \tag{6.20}$$

附加上去的滚子质量关于点 $O$ 的惯性矩为 $J_a = m_a(R - r)^2$。将相对运动中的法向和切向惯性力投影到 $x$ 轴上可以得到

$$\begin{cases} F_n^{in} = m_a(R - r)\dot{\varphi}^2\cos\varphi \\ F_\tau^{in} = m_a(R - r)\ddot{\varphi}\sin\varphi \end{cases} \tag{6.21}$$

牵连运动关于点 $O$ 的惯性力矩为 $M_O = m_a(R - r)\ddot{x}\sin\varphi$。

于是可以将系统的微分方程组(6.20)展开成如下形式:

$$(m + m_a)\ddot{x} + kx = P_0\cos(\omega t + \psi) + (R - r)m_a(\dot{\varphi}^2\cos\varphi + \ddot{\varphi}\sin\varphi) \tag{6.22}$$

$$m_a(R - r)^2\ddot{\varphi} = m_a(R - r)\ddot{x}\sin\varphi \tag{6.23}$$

当满足下述条件时主质量将保持静止,即

$$x = \dot{x} = \ddot{x} \equiv 0 \tag{6.24}$$

此时根据式(6.23)可得

$$\varphi = \omega_a t + \varphi_0 \tag{6.25}$$

这意味着吸振器的质量 $m_a$ 将做一种匀速转动运动。

将式(6.24)代入到式(6.22)可以确定出未知参数 $\omega_a$ 值应为 $\omega$,且有

$$\varphi_0 = \psi + \pi \tag{6.26}$$

这一表达式给出了吸振器质量的初始位置与激励力相位之间的关系。

如果将式(6.24)和式(6.25)代入到式(6.22)中,通过变换之后我们可以得到

$$m_a(R - r)\omega^2 \cos(\omega_a t + \varphi_0) - P_0 \cos(\omega t + \psi + \pi) = 0, \omega_a \equiv \omega \tag{6.27}$$

或者

$$m_a(R - r)\omega^2 = P_0 \tag{6.28}$$

这一关系式表明,离心力 $m_a(R - r)\omega^2$ 将对外部激励力 $P_0$ 形成完全的补偿作用。

显然,式(6.26)和式(6.28)揭示了这个吸振器能够根据外部激励频率进行自动调节,使得主质量的垂向振动能够被完全抑制掉。应当注意的是,为了消除掉主质量的横向位移,一般需要以对称的方式安装两个相同的滚子惯性式吸振器。

现在我们假定外部激励的幅值 $P_0$ 和频率 $\omega$ 发生了变化,而式(6.26)和式(6.28)仍然是成立的,那么很明显,在激励幅值和频率全范围内,这个吸振器方案仍然是可以实现完全的振动抑制效果的。例如,如果主质量的振动是由不平衡质量 $m_d$ 的转动导致的,所产生的扰动力幅值将为 $P_0 = \varepsilon\omega^2 m_d$,其中 $\varepsilon$ 为偏心量,那么这种情况下式(6.28)就变成了 $m_a(R - r) = m_d\varepsilon$。

如果激励中还包含了高阶谐波成分,那么分析时就必须构造出滚子惯性式吸振器的周期响应谱,对于这类情况我们应当将前面的圆柱形空腔改成椭圆柱形的(图6.12(b))。

如果假定不平衡质量带有可变的偏心量,那么对于它所导致的振动来说,我们就必须采用带有弹性连接件的滚子吸振器来进行振动抑制了,如图6.12(c)所示,其中的空腔横截面是一种截锥形状的。

# 6.4　扭转振动吸振器

在发动机转速发生改变的时候往往会导致转轴产生扭转振动,为了抑制这种扭振,可以借助离心摆式吸振器或 Pringle 吸振器。这些吸振器具有一个重要

特性,即它们可以根据转动角速度的变化自动地改变自身的固有频率[4,7,10,20]。

## 6.4.1　离心摆式吸振器

这里我们来考察摆式吸振器的基本特性,图 6.14 给出了一个最简单的摆式吸振器原理。在发动机的轴上弹性连接了一个半径为 $R$ 的圆盘,其惯性矩为 $J$,无质量的杆 $AB$ 长度为 $r$,在 $B$ 点带有一个集中质量 $m_a$,该杆以铰接方式连接到圆盘上的 $A$ 点处。

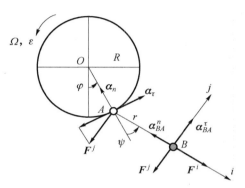

图 6.14　离心摆式动力吸振器

现在假定圆盘在做稳态转动,平均角速度为 $\Omega$,并叠加有一个小幅的简谐振动,即

$$\varphi_{\sup}(t) = \vartheta_0 \sin\omega t \tag{6.29a}$$

式中:$\vartheta_0$ 为简谐运动的幅值,该参数实际上代表的是转动的非均匀程度[1];$\omega = n\Omega$ 为轴的扭转振动频率,$n = 1,2,\cdots$ 代表了振动的阶次,它实际上反映了轴每转动一周所受到的扰动次数,或者说反映了所激发出的谐波成分的阶数[7]。于是,角坐标位移可以写成如下形式:

$$\varphi(t) = \Omega t + \vartheta_0 \sin n\Omega t \tag{6.29b}$$

由扰动力矩导致的轴的扭转振动可以表示为

$$M(t) = k\vartheta_0 \sin n\Omega t \tag{6.29c}$$

式中:$k$ 为位于发动机和圆盘之间的轴段的扭转刚度。

可以采用一个角度坐标 $\psi$(从 $OA$ 方向开始计算)来表征摆 $AB$ 的位置,我们将首先确定质量 $m_a$ 绕 $OA$ 位置摆动的频率,为此先来推导该质量的运动微分方程。

这个离心摆可以视为一个两自由度的系统,令广义坐标分别为 $\varphi$ 和 $\psi$,$A$ 点的法向和切向加速度分别是 $a_A^n = \Omega^2 R$,$a_A^\tau = \varepsilon R$,其中的角速度是 $\Omega = \dfrac{\mathrm{d}\varphi}{\mathrm{d}t} = \dot{\varphi}$,角

加速度是 $\varepsilon = \dfrac{\mathrm{d}^2\varphi}{\mathrm{d}t^2} = \ddot{\varphi}$。柯氏加速度是沿着 $AB$ 方向的,可以忽略。

如图 6.14 所示,若将 $A$ 点视为一个端点,那么 $B$ 点的加速度就可以表示为该端点的加速度与 $B$ 点相对于 $A$ 点的加速度的矢量和,即 $\boldsymbol{\alpha}_B = \boldsymbol{\alpha}_A + \boldsymbol{\alpha}_{AB} = \boldsymbol{\alpha}_A^n + \boldsymbol{\alpha}_A^\tau + \boldsymbol{\alpha}_{BA}^n + \boldsymbol{\alpha}_{BA}^\tau$。在杆 $AB$ 绕着端点 $A$ 转动的过程中,$B$ 点的加速度是 $a_{BA}^n = \dot{\psi}^2 r$,$a_{BA}^\tau = \ddot{\psi}r$。将 $B$ 点的加速度投影到 $i$ 轴和 $j$ 轴上可以得到

$$\begin{cases} a_B^i = -a_n\cos\psi + a_\tau\sin\psi - \alpha_{BA}^n = -R\dot{\varphi}^2\cos\psi + R\ddot{\varphi}\sin\psi - r\dot{\psi}^2 \\ a_B^j = a_n\sin\psi + a_\tau\cos\psi + \alpha_{BA}^\tau = R\dot{\varphi}^2\sin\psi + R\ddot{\varphi}\cos\psi + r\ddot{\psi} \end{cases}$$

图 6.14 中给出了 $i$ 方向和 $j$ 方向上质量 $m_a$ 的惯性力,它们分别为 $\boldsymbol{F}^i = -m_a\boldsymbol{\alpha}_B^i$,$\boldsymbol{F}^j = -m_a\boldsymbol{\alpha}_B^j$。根据达朗贝尔原理,我们有 $\sum M_A = m_a[R\dot{\varphi}^2\sin\psi + R\ddot{\varphi}\cos\psi + r\ddot{\psi}]r = 0$。于是,可以得到第一个微分方程如下:

$$R\dot{\varphi}^2\sin\psi + R\ddot{\varphi}\cos\psi + r\ddot{\psi} = 0 \tag{6.30}$$

若 $\psi$ 为小值,那么可以利用近似关系式 $\sin\psi \approx \psi$,$\cos\psi \approx 1$,将上式转化为

$$R\dot{\varphi}^2\psi + R\ddot{\varphi} + r\ddot{\psi} = 0 \text{ 或}$$

$$\ddot{\psi} + \frac{R}{r}\dot{\varphi}^2\psi = -\frac{R}{r}\ddot{\varphi} \tag{6.31}$$

上面这个方程是包含 $\dot{\varphi}$ 和 $\ddot{\varphi}$ 的非线性微分方程,为了消去这两个参量,我们可以根据式(6.29b)求出其导数,即

$$\begin{cases} \dot{\varphi}(t) = \Omega + \vartheta_0 n\Omega\cos n\Omega t \approx \Omega, \\ \ddot{\varphi}(t) = -\vartheta_0(n\Omega)^2\sin n\Omega t \end{cases} \tag{6.32}$$

将式(6.32)代入到式(6.31)即可得到一个关于角位移 $\psi(t)$ 的受迫振动线性微分方程,即

$$\ddot{\psi} + \frac{R}{r}\Omega^2\psi = \frac{R}{r}\vartheta_0 n^2\Omega^2\sin n\Omega t \tag{6.33}$$

摆的局部固有频率应为

$$\omega_a = \Omega\sqrt{\frac{R}{r}} = \frac{\omega}{n}\sqrt{\frac{R}{r}} \tag{6.34}$$

这一结果明确指出,这个摆的相对振动固有频率 $\omega_a$ 是变化的,它与转轴的角速度 $\Omega$ 成正比[7]。这就意味着,如果扭转振动的频率 $\omega$ 发生了变化,那么这个摆式吸振器就能够自动调整自身的固有频率 $\omega_a$[8]。这样一来,对于转轴的所有角速度 $\Omega$ 来说,摆的振动频率 $\omega_a$ 就会与扰动力矩的频率 $\omega = n\Omega$ 保持一致(式(6.29c)),也即,这个摆会主动调整并适应第 $n$ 阶力矩(或第 $n$ 阶激励)[20]。

微分方程(6.33)的解可以表示为

$$\psi(t) = \psi_0 \sin n\Omega t \qquad (6.35)$$

将式(6.35)代入到式(6.33)中即可导得如下的幅值比:

$$\frac{\vartheta_0}{\psi_0} = \frac{\omega_a^2 - n^2\Omega^2}{\dfrac{R}{r}n^2\Omega^2} \qquad (6.36)$$

显然,当满足如下条件时,圆盘上所叠加的振动的幅值将变为零:

$$\omega_a^2 - n^2\Omega^2 = 0 \ 或 \ \omega_a^2 - \omega^2 = 0 \ 或 \ \omega = \Omega\sqrt{R/r} \qquad (6.37)$$

现在来考察一下上述振动抑制过程的物理本质。实际上,这个摆在每一阶振动过程中所生成的惯性力是不同的,可以表示为

$$F^j = m_a[R\dot{\varphi}^2\sin\psi + R\ddot{\varphi}\cos\psi + r\ddot{\psi}] \qquad (6.38)$$

考虑到式中 $R\dot{\varphi}^2\sin\psi$ 是最大的项,那么惯性力近似为 $F^j = m_aR\Omega^2\sin\psi$。它在 $A$ 点处所产生的力矩则为 $M_A = m_aR\Omega^2 r\sin\psi$。

上面这个惯性力 $F^j$ 会传递到点 $A$(图6.14),而它在点 $O$ 处生成的力矩则等于 $M_o = m_aR^2\Omega^2\sin\psi\cos\psi$。对于小幅振动情况,总的恢复力矩就是 $M = M_A + M_0$,于是有

$$M \approx m_aR\Omega^2\psi(R + r) \qquad (6.39)$$

显然,这个摆所产生的力矩将补偿掉扰动力矩 $M(t)$[10]。

离心摆式吸振器主要用于抑制轴的扭转振动,更为精细的模型应当将杆 $AB$ 的惯性矩、发动机和圆盘之间的轴的扭转刚度以及铰链连接中的黏性摩擦等因素考虑进来,文献[1,21]曾对此进行过分析。摆式吸振器的其他形式及其缺点可以参阅文献[7],各种类型的摆式扭转振动吸振器的主要特征可参见文献[1],而非线性摆式吸振器的相关理论分析则可在 Newland 的研究[20]中找到,其中主要考察了摆的大幅振动情况。

## 6.4.2 Pringle 吸振器

图6.15(a)给出了 Pringle 吸振器的原理,该装置中通过弹性连接方式将一个集中质量 $m$ 连接到了圆盘上的径向通道内。当圆盘做扭转振动时,质量将在通道内移动,从而会产生柯氏惯性力,该惯性力进而会产生一个扭矩与扰动扭矩相互抵消[4,22]。

不妨设上述圆盘以角速度 $\Omega$ 转动,扰动力矩 $M(t) = M_0\sin\omega t$ 将导致该转动上会叠加一个小幅的振动,即

$$\begin{cases} \varphi_{\sup}(t) = \varphi_0\sin\omega t \\ \dot{\varphi}_{\sup}(t) = \varphi_0\omega\cos\omega t \end{cases} \qquad (6.40)$$

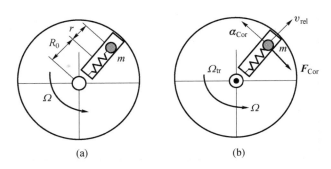

图 6.15 Pringle 扭振吸振器:(a)原理简图;(b)科氏加速度和惯性力

这个系统显然也是一个两自由度系统。事实上,质量 $m$ 的运动是一种复合运动,它的相对运动是在通道内进行的直线运动,而牵连运动则是由圆盘的转动引起的。

圆盘总的转角及其角速度应为

$$\begin{cases} \varphi(t) = \Omega t + \varphi_0 \sin\omega t \\ \dot{\varphi}(t) = \Omega + \varphi_0 \omega \cos\omega t \end{cases} \tag{6.41}$$

我们将无振动情况下质量 $m$ 偏离转动中心的距离记作 $R_0$,而将有振动情况下产生的附加的径向位移记作 $r$。于是,这个点质量的相对法向加速度将是沿着径向的,即

$$a_r = R (\Omega + \varphi_0 \omega \cos\omega t)^2, R = R_0 + r$$

惯性离心力为 $F_{\text{centr}}^{\text{in}} = m a_r$。若设 $R \approx R_0$,则有

$$F_{\text{centr}}^{\text{in}} = mR_0 \left( \Omega^2 + 2\varphi_0 \omega\Omega\cos\omega t + \frac{1}{2}\varphi_0^2\omega^2 + \frac{1}{2}\varphi_0^2\omega^2\cos2\omega t \right) \tag{6.42}$$

这个离心力的变化部分为 $F_{\text{centr}}^{\text{in}}(t) = mR_0 \left( 2\varphi_0 \omega\Omega\cos\omega t + \frac{1}{2}\varphi_0^2\omega^2\cos2\omega t \right)$。忽略其中的第二项,并考虑到式(6.40),我们可以得到 $F_{\text{centr}}^{\text{in}}(t) = 2mR_0\varphi_0\omega\Omega\cos\omega t = 2mR_0\Omega\dot{\varphi}(t)$。

质量 $m$ 的相对振动(通道内的直线运动)的微分方程可以表示为

$$m\ddot{r} = F_{\text{centr}}^{\text{in}}(t) - kr = 2mR_0\Omega\dot{\varphi} - kr \tag{6.43}$$

式中:$k$ 为弹簧刚度系数。

柯氏惯性力[23,24]应当按照下式进行计算,即

$$F_C^{\text{in}} = -2m\boldsymbol{\Omega}_{\text{tr}} \times \boldsymbol{v}_{\text{rel}} \tag{6.44}$$

其中,牵连运动的角速度矢量 $\boldsymbol{\Omega}_{\text{tr}} = \boldsymbol{\Omega}$ 是垂直于圆盘面的,在图 6.15(b)中已经在圆盘中心处用粗点进行了标记;相对运动的线速度矢量 $\boldsymbol{v}_{\text{rel}}$ 位于圆盘面内并沿

着通道方向。由此我们不难发现,柯氏加速度矢量 $\boldsymbol{\alpha}_{\mathrm{Cor}}$ 与惯性力矢量 $\boldsymbol{F}_{\mathrm{Cor}}$ 也位于圆盘面内,且垂直于通道,如图 6.15b 所示。这个力相对于转动中心所产生的力矩(假定 $R \approx R_0$)为

$$M_C = -2mR_0\Omega\frac{\mathrm{d}r}{\mathrm{d}t} \tag{6.45}$$

圆盘的扭转振动方程是 $I\ddot{\varphi} = M(t) + M_C - k_1\varphi$,这里也就变成为

$$I\ddot{\varphi} = M_0\sin\omega t - 2mR_0\dot{r} - k_1\varphi \tag{6.46}$$

式中:$M(t)$ 为扰动力矩;$I$ 为圆盘关于中心的惯性矩;$k_1$ 为轴的扭转刚度系数。

可以看出,上述 Pringle 吸振器可以通过两个解耦的线性微分方程来描述,即式(6.43)和式(6.46),分别是关于坐标 $\varphi$ 和 $r$ 的。它们的解可以设为

$$\begin{cases} \varphi(t) = \varphi_0\sin\omega t \\ r(t) = r_0\cos\omega t \end{cases} \tag{6.47}$$

将它们代入到式(6.42)和式(6.46)中,我们可以导出关于幅值 $\varphi_0$ 和 $r_0$ 的一组线性代数方程:

$$\begin{cases} -mr_0\omega^2 r_0 = 2mR_0\Omega\omega\varphi_0 - kr_0 \\ -I\omega^2\varphi_0 = M_0 + 2mR_0\omega r_0 - k_1\varphi_0 \end{cases} \tag{6.48}$$

由此可以解得

$$\varphi_0 = \frac{M_0\left(1 - \dfrac{\omega^2}{p^2}\right)}{k_1\left[\left(1 - \dfrac{\omega^2}{p_1^2}\right)\left(1 - \dfrac{\omega^2}{p^2}\right) - \dfrac{4mR_0^2\Omega}{k_1}\dfrac{\omega^2}{p^2}\right]} \tag{6.49}$$

其中,$p^2 = k/m$,$p_1^2 = k_1/I$。

如果假定吸振器的局部固有频率 $p$ 正好等于激励频率 $\omega$,那么无论轴的角速度 $\Omega$ 是多少,圆盘上叠加的振动将全部被抑制掉。

对于惯性式振动激励来说,也即简谐激励的幅值正比于频率的平方,Pringle 吸振器的调节问题可以参阅文献[4]。

## 6.5　陀螺吸振器

陀螺仪已经广泛用于各类技术领域,例如车载或船载光学仪器的稳定器、导航设备以及其他大量特殊仪器中都有陀螺仪的身影。它们可以安装在船舶、飞机、火箭以及坦克等重要装备上。这一节中我们主要考察陀螺仪在机械系统中是如何用来实现振动抑制这一功能的。关于陀螺仪理论及其应用方面的基本内容,读者也可以在一些基础教程中找到,如文献[23,25,26]。

### 6.5.1 陀螺仪的基本理论

陀螺仪是一个绕一个对称轴旋转着的刚体,其空间方位可以随时间不断变化。如果一个物体围绕一根固定的轴线 $oz$ 旋转,那么角动量矢量 $\boldsymbol{L_0}$ 的方向就是沿着这根转轴的,该矢量的模应为 $L_0 = L_z = I_z \omega_1$,其中的 $I_z$ 为陀螺仪关于其对称轴的惯性矩,$\omega_1$ 为转动的角速度。

角动量定理已经指出,系统关于任何给定中心的角动量的时间变化率必定等于作用到该系统上的所有外力所产生的力矩总和(关于该中心的力矩),即[24]

$$\frac{\mathrm{d}\boldsymbol{L_0}}{\mathrm{d}t} = \boldsymbol{M_0} \qquad (6.50)$$

在陀螺仪基本理论中的一个基本假设是,即便陀螺仪的转轴在慢速变化,它关于给定点的任何瞬时主角动量矢量 $\boldsymbol{L_0}$ 仍然指向转轴方向($\boldsymbol{\omega_1}$ 方向)并且等于 $I_z \omega_1$。陀螺仪转动得越快,这个假设就越可靠。下面我们就在这一基础上来考察陀螺仪的一些特性。

**1. 自由陀螺仪**

如果安装陀螺仪时保持其重心固定且转轴可以以任何方式围绕重心转动,那么这种陀螺仪就称为自由陀螺仪。如果假定它没有受到外部激励力的作用,那么所有外力的力矩(关于重心)之和就是 $\boldsymbol{M_0} = 0$。根据式(6.50),角动量矢量 $\boldsymbol{L_0}$ 将指向转轴方向,这意味着一个自由陀螺仪的转轴在空间中是保持不变的(相对于惯性参考框架而言)。

**2. 陀螺仪转轴受到力的作用**

现在设一个力 $\boldsymbol{F}$ 作用在正在转动的陀螺仪的转轴上(图 6.16),这个力关于重心 $O$ 的力矩应为 $M_0 = Fh$,矢量 $\boldsymbol{M_0}$ 将垂直于点 $O$ 和 $\boldsymbol{F}$ 所构成的平面。

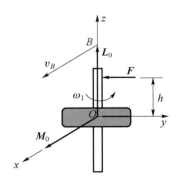

图 6.16 自由陀螺:Resal 定理

我们可以将矢量 $L_0$ 视为一个径向矢量 $r$（点 $B$），它对时间的一阶导数代表了一个瞬时速度矢量，即 $\dfrac{\mathrm{d}L_0}{\mathrm{d}t} = \dfrac{\mathrm{d}(r)}{\mathrm{d}t} = v_B$。要注意的是这个"速度"$v$ 的单位不是长度/时间，而是角动量/时间。由式（6.50）可得

$$v_B = M_0 \tag{6.51}$$

这就意味着转轴上点 $B$ 的速度矢量 $v_B$ 与 $M_0$ 矢量是相等的（Resal 定理[24]）。于是，陀螺仪转轴上这个点 $B$ 将在矢量 $M_0$ 的方向上运动，因此如果陀螺仪转轴上受到了力的作用，那么这个轴将不会在该力的方向上运动，而是在该力所产生的力矩（关于陀螺仪的固定点）方向上运动，即在垂直于该力的方向上产生运动。

当外力作用结束时，$M_0$ 和 $v_B$ 也将消失，因而陀螺仪的转轴将停止运动，显然，陀螺仪不会自动去保持外力导致的运动。

**3. 陀螺仪的规则进动**

这里我们来考虑一个固定点 $O$ 不同于重心 $G$ 的陀螺仪情况，并假定关于对称轴 $z$ 的旋转角速度为 $\omega_1$，如图 6.17 所示。现有一个力 $P$ 持续作用在旋转轴上，它对于固定点 $O$ 所产生的力矩矢量为 $M_0$，该力矩垂直于 $OG$ 和 $P$ 所构成的平面，而速度矢量 $v_B$ 则指向该力矩的方向。这意味着力 $P$ 将使得轴线 $Oz$ 向力矩 $M_0$ 的方向运动，即 $zOz_1$ 平面的法向，而不是向下运动。于是，陀螺仪的转轴将绕着垂直轴 $Oz_1$ 转动，角速度为 $\omega_2$（矢量 $\omega_2$ 的方向参见图 6.17），这实际上描述了一个锥面运动，一般我们把陀螺仪转轴的这种运动称为进动。

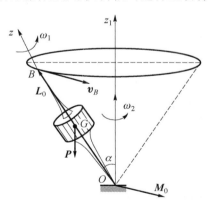

图 6.17　陀螺的规则进动

进动角速度 $\omega_2$ 为 $\omega_2 = \dfrac{Pl}{I_z \omega_1}$，$l = OG$，而陀螺仪角动量的端点 $B$ 处的速度为 $v_B = \omega_2 \times \overline{OB} = \omega_2 \times L_0$，$L_0 = I_z \omega_2$。若以标量形式表示，则有 $v_B = M_0 =$

$I_z\omega_1\omega_2\sin\alpha$。这表明,为了构造出陀螺仪的进动运动,必须施加一个外部的力矩,反之亦然。

**4. 陀螺效应**

这里考虑一个旋转的陀螺仪,它由平衡环上的两个轴承 $A$ 和 $A'$ 支撑,关于转轴 $z$ 的角速度设为 $\omega_1$,平衡环以角速度 $\omega_2$ 绕 $DD'$ 轴转动,且 $\omega_1 \gg \omega_2$,如图 6.18 所示。显然,此处的陀螺仪可以视为一个两自由度系统。

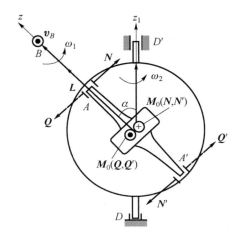

图 6.18　陀螺效应

陀螺仪的轴在做进动,同时其角动量矢量 $\boldsymbol{L}$ 的端点 $B$ 处的速度为 $\boldsymbol{v}_B = \boldsymbol{\omega}_2 \times \boldsymbol{L}_0$,这意味着会产生一个力矩 $M_0 = v_B = I_z\omega_1\omega_2\sin\alpha$,该力矩是由两个作用在陀螺仪转轴 $A - A'$ 上的力导致的,即力 $Q$ 和力 $Q'$。所产生的这个力矩矢量 $M_0(Q, Q')$ 指向 $\boldsymbol{v}_B$ 方向,亦即垂直于纸面的方向,在图 6.18 中已经用粗圆点标记了这个方向。

轴承 $A$ 和 $A'$ 的反作用力分别为 $N = Q$ 和 $N' = Q'$,它们构成了陀螺力矩,其矢量 $M_0(N, N')$ 在图 6.18 中已经用符号"+"表示了。这个陀螺力矩将作用到包含有陀螺仪的结构之上,其大小为

$$M_{\mathrm{gyr}} = M_0 = I_z\omega_1\omega_2\sin\alpha \tag{6.52}$$

应当提及的是,Zhukovsky 法则已经指出,"如果一个旋转着的陀螺仪受迫产生了进动运动,那么它会将产生一对力矩 $M_{\mathrm{gyr}}$ 作用到轴承上,并迫使转轴沿着最短路径移动,使之趋于和进动轴相互平行,进而导致矢量 $\boldsymbol{\omega}_1$ 和 $\boldsymbol{\omega}_2$ 的方向重合",相关内容可参阅文献[24]。

## 6.5.2　Schlick 陀螺吸振器

图 6.19 给出了陀螺仪用于抑制船舶横摇的原理示意图,陀螺仪的转子 1 连

接到轴承 $A$ 和 $A_1$ 中,平衡环 2 承载了这两个轴承,且它的轴 2 连接于支撑 $B$ 和 $B_1$ 处,这两个支撑是与船壳 4 刚性连接的。

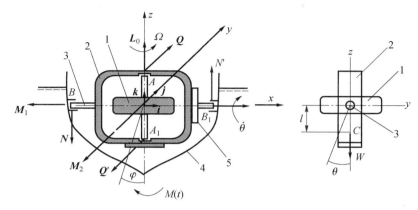

图 6.19　通过陀螺吸振器来抑制船体的横摇
1—转子;2—平衡环;3—平衡环的轴;4—船体;5—刹车鼓

　　下面首先阐述上述振动抑制过程的物理本质。陀螺仪的转子是以角速度 $\boldsymbol{\Omega}$ 绕轴 $z$ 转动的,船舶的横摇将导致一个受迫的进动运动,即船舶绕着纵轴 $y$ 转动,角位移和角速度分别为 $\varphi$ 和 $\dot{\varphi}$。这种情况下,陀螺仪转轴的端部将向垂直于平面 $xOz$ 的方向运动。在船体横摇导致的受迫进动的作用下,将产生一个力矩 $M = \dot{\varphi} \times L_0$,这个力矩作用在陀螺仪的转轴上。该力矩矢量和矢量 $L_0$ 端点的角速度是平行的,指向 $x$ 轴的正方向。陀螺力矩矢量将作用到带有轴承 $A$ 和 $A_1$ 的框架之上,这个矢量与 $\boldsymbol{M}$ 的方向是相反的。事实上我们有

$$M_1 = I_0 k\Omega \times j\dot{\varphi} = -il_0\Omega\dot{\varphi} \qquad (6.53)$$

式中:$I_0$ 为转子惯性力矩(关于陀螺仪的对称轴 $z$);$\boldsymbol{i}\,\boldsymbol{j}$ 和 $\boldsymbol{k}$ 为单位矢量。

　　陀螺力矩矢量 $\boldsymbol{M}_1$ 是沿着 $x$ 轴的负方向的,它可以描述为两个作用到平衡环上的 $A$ 和 $A_1$ 点处的力 $Q$ 和 $Q'$,其指向是沿着船体纵轴 $y$ 方向的。因此,力矩 $\boldsymbol{M}_1(\boldsymbol{Q}, \boldsymbol{Q}')$ 将导致框架 2 绕横轴 $Ox$ 转动一个角度 $\theta$,转动角速度 $\dot{\theta}$ 就是陀螺仪进动角速度。于是,陀螺仪转轴的端点将获得一个纵剖面 $zOy$ 内的位移,这反过来就导致了一个陀螺力矩的形成,即

$$M_2 = I_0 K\Omega \times (-i\dot{\theta}) = -I_0\Omega\dot{\theta}j \qquad (6.54)$$

　　这个力矩可以描述为两个通过轴承框架 $B$ 和 $B_1$ 传递到船壳 4 上的力 $N$ 和 $N'$,该力矩 $\boldsymbol{M}_2(\boldsymbol{N}, \boldsymbol{N}')$ 将平衡掉导致船体横摇的力矩 $M(t)$,因而起到了稳定的作用。

　　显然,上述陀螺吸振器可以将海浪的能量转换成平衡环吸振器的振动能量,为了抑制平衡环 2 上的轴 3 的振动,可以安装一个鼓式制动器[27]。此外,上述系统也是可以用于抑制船体的纵摇和艏摇运动的。

从数学层面来看,上述小幅振动的抑制问题可以简化为一个关于转角 $\varphi$ 和 $\theta$ 的线性微分方程组的求解问题[8],该方程组如下:

$$\begin{cases} I\ddot{\varphi} + k\varphi + I_0\Omega\dot{\theta} = M(t) \\ I_g\ddot{\theta} + Wl\theta + b_g\dot{\theta} - I_0\Omega\dot{\varphi} = 0 \end{cases} \tag{6.55}$$

式中:$\varphi$ 和 $\theta$ 分别为横摇角位移和进动角位移(即平衡环绕 $x$ 轴的转角);$I$ 为船体相对于纵轴 $y$ 的惯性矩;$I_g$ 和 $W$ 分别为平衡环关于自身进动轴 $x$ 的惯性矩以及平衡环的质量。

前式中的 $k\varphi$ 这一项是恢复力矩,它正比于横摇角,$M(t)$ 代表的是作用到船体上的横摇力矩,通常是波浪产生的,系数 $b_g$ 反映的是鼓式制动器中的黏性摩擦。另外,"平衡环 + 转子"这个系统的重心到摆动中心之间的距离设为 $l$。

如果设 $M(t) = M_0\exp(j\omega t)$,那么式(6.55)将存在如下形式解,即 $\varphi(t) = \varphi_0\exp(j\omega t)$,$\theta(t) = \theta_0\exp(j\omega t)$。船体横摇运动的幅值可以表示为无量纲形式,即 $\dfrac{\theta_0}{M_0/k}$,它的表达式如下[1]:

$$\frac{\theta_0}{M_0/k} = \sqrt{\frac{(1 - \xi_0^2)^2 + 4\beta_g^2\xi_0^2}{[(1 - \xi_0^2)(1 - \xi^2) - \mu\xi^2]^2 + 4\beta_g^2\xi_0^2[1 - \xi^2(1 + \mu)]^2}} \tag{6.56}$$

其中,$\xi_0 = \dfrac{\omega}{\sqrt{Wl/I_g}}$,$\xi = \dfrac{\omega}{\sqrt{k/I}}$,$\beta_g = \dfrac{b_g}{2\sqrt{WI_gl}}$,$\mu = \dfrac{I_0^2\Omega^2}{WlI}$。

如果我们假定 $b_g = 0$,那么动力放大系数就变成为

$$\frac{\theta_0}{M_0/c} = \frac{1 - \xi_0^2}{(1 - \xi_0^2)(1 - \xi^2) - \mu\xi^2} \tag{6.57}$$

很显然,式(6.56)的构成形式与式(6.10)是一致的,后者针对的是一个带有黏性阻尼器的吸振器结构,对应的图像已经在6.2节中给出过了。

# 6.6　冲击式吸振器

这里我们来讨论安装在单自由度系统上的若干不同类型的冲击式吸振器,它们包括摆式、浮动式和弹簧式等形式。

不妨设一个动力学系统的质量为 $m$(主系统),受到了一个扰动力 $P\sin\omega t$ 的作用,现安装了一个冲击式吸振器,其质量为 $m_a$,该质量与主系统将产生相互作用,从而实现振动的抑制。

## 6.6.1　摆式冲击吸振器

图6.20给出了一个摆式冲击吸振器的示意图,在这种类型结构中,每个振

动周期内将形成一次单边的碰撞行为[1,28]。这个碰撞发生于主系统和吸振器的位移均为零的时刻,且此时主系统的速度为正。换言之,碰撞将发生在主系统中的质量具有最大速度的时刻。

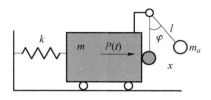

图 6.20　摆式冲击吸收器

图 6.20 所示的系统可以视为一个两自由度系统,广义坐标可以选为物体的线位移 $x$ 和吸振器的角位移 $\varphi$,如果我们假定主系统中的物体受到了一个外部简谐激励力 $P\sin\omega t$ 的作用,那么对于主系统的质量来说,它的振动微分方程就可以表示为

$$\begin{cases} \ddot{x} + \omega_0^2 x = \dfrac{P}{m + m_a}\sin\omega t \\ \omega_0^2 = \dfrac{k}{m + m_a} \end{cases} \tag{6.58}$$

可以看出,当外部激励的频率 $\omega$ 等于主系统的固有频率 $\omega_0$ 时,系统将产生共振。

现在我们仅考虑冲击载荷的情况,假定吸振器作用到质量 $m$ 上的冲击脉冲为 $S$,碰撞发生的时间间隔为 $T$。显然,此时主系统质量的运动微分方程就可以表示为

$$\ddot{x} + \omega_0^2 x = \frac{S}{m + m_a}[\delta(t) + \delta(t - T) + \delta(t - 2T + \cdots)] = \frac{S}{m + m_a}\sum_{j=0}^{\infty}\delta(t - jT) \tag{6.59}$$

其中,$\delta(t)$ 为 delta 函数,这个函数具有如下一些特性[14]:若 $t \neq a$,则有 $\delta(t - a) = 0$;过滤特性,即 $\int_0^{\infty} f(t)\delta(t - a)\mathrm{d}t = f(a)$。

在运动过程中,即便吸振器的质量 $m_a$ 与主系统质量 $m$ 可能不发生接触,但是它仍然一起参与了整个系统的振动过程,因此在式(6.58)和式(6.59)中仍然会包含这一质量。

为了确定脉冲量 $S$,需要引入冲击时的恢复系数 $r$,即

$$S = (1 + r)\frac{(m + m_a)m_a}{m + 2m_a}l\dot{\varphi}(T)$$

吸振器的振动微分方程可以写为

$$\ddot{\varphi} + \omega_a^2\varphi = -\frac{\ddot{x}}{l} + \frac{S}{m_a l}\sum_{j=0}^{\infty}\delta(t - jT) \tag{6.60}$$

假定碰撞的时间间隔 $T$ 等于主系统的固有振动周期,那么不同时间段内主系统质量的运动可以表示为

$$\begin{cases} x_1(t) = \dfrac{S}{(m + m_a)\omega_0}\sin\omega_0 t, & 0 < t < T \\[2mm] x_2(t) = \dfrac{2S}{(m + m_a)\omega_0}\sin\omega_0 t, & T < t < 2T \\[2mm] \cdots \\[2mm] x_n(t) = \dfrac{nS}{(m + m_a)\omega_0}\sin\omega_0 t, & (n-1)T < t < nT \end{cases}$$

这也就是说,如果这个 $m-k$ 系统只受到脉冲 $S$ 的作用的话,那么主系统质量 $m$ 的振动幅值将随着时间间隔数量呈正比例增长。

如果这个 $m-k$ 系统同时受到了简谐激励力 $P\sin\omega t$ 和脉冲 $S$ 的作用,那么质量 $m$ 的运动方程就应当为

$$\ddot{x} + \omega_0^2 x = \frac{P}{m + m_a}\sin\omega t - \frac{S}{m + m_a}\sum_{j=0}^{\infty}\delta(t - jT) \qquad (6.61)$$

此时式(6.60)仍适用。

式(6.61)右端的两项符号相反,这意味着主系统质量 $m$ 的振动是有可能得到抑制的。不妨设系统参数已经经过调整,且满足了如下两个条件:

$$\begin{cases} \omega T = 2\pi \\ 2\omega_a = \omega \end{cases} \qquad (6.62)$$

其中,$\omega_a^2 = \dfrac{g}{l}$(与数学摆类似)。式(6.62)中的第一个条件代表了激励力频率与碰撞周期之间的关系,而第二个条件则代表的是吸振器的固有频率与激励力频率之间的关系。

在上述两个条件基础上,我们最终可以得到时间段 $[0, T]$ 内系统(6.58)发生共振时主质量的无量纲位移(即动力放大系数)[29, sect.16],即

$$\begin{cases} \dfrac{x(t)}{x_{st}} = \dfrac{1}{2}\left\{\left[\dfrac{3\pi}{4d} - \pi + \omega_0 t\right]\sin\omega_0 t - \dfrac{2}{3}\cos\omega_0 t\right\} \\[3mm] x_{st} = \dfrac{P}{m\omega_0^2} \\[3mm] d = \dfrac{\mu(1 + r)}{(1 + \mu)(1 - r)} \\[3mm] \mu = \dfrac{m_a}{m + m_a} \end{cases} \qquad (6.63)$$

可以看出,在共振情况下,动力放大系数表达式中包含了长期项 $\omega_0 t\sin\omega_0 t$。这里我们进一步来观察一下主系统质量的动力放大系数情况,如果假定 $\mu = 0.1$

且冲击恢复系数为 $r=0.9$，那么这种情况下参数 $d=0.909$，由条件 $\dfrac{\mathrm{d}}{\mathrm{d}t}\left(\dfrac{x}{x_{st}}\right)=0$ 可以导得 $\omega_0 t=0.4048$，因而主系统质量的动力放大系数就是 $|x/x_{st}|=0.3349$。

关于摆式冲击吸振器，人们还提出了很多不同形式的原理方案，并给出过详尽的理论和数值分析，感兴趣的读者可以去参阅 Popukoshko 等人的文献[30]。

## 6.6.2　浮动式冲击吸振器

这里我们考虑一个由 $m-k$ 元件构成的单自由度系统，该系统受到一个简谐型激励力 $P(t)=P_0\cos\omega t$ 的作用，在质量元件内部设计了一个空腔，这个空腔的间隙尺寸为 $2\Delta$，并在该空腔内安装了一个质量为 $m_a$ 的球体作为吸振措施，如图 6.21(a) 所示。

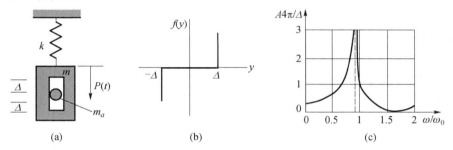

图 6.21　(a) 浮式冲击吸收器；(b) 静态特性；(c) 幅频特性（$\omega^2=k/m$）

该吸振器的主要特点包括如下几个方面：

(1) 吸振器的静特性是非线性的，如图 6.21(b) 所示。

(2) 这个浮动式的吸振器可以进行调整，从而使得在一个运动周期内球体可以与主质量产生两次相继的碰撞[1,28]。

当外界激励频率通过系统的固有频率时可以实现振动的抑制，残余振动的幅值将为 $A=4(1-r^2)\Delta/\pi^2$，其中的 $r$ 为速度恢复系数。最不利的情况下（即 $r=0$），$A\approx 0.4\Delta$。

对于这种浮动式冲击吸振器，我们可以根据激励频率进行调节，从而使得在一个很宽的激励频率范围内都能够获得振动抑制性能。关于此类吸振器的相关理论细节，如数学模型、特殊性质、数值结果以及不平衡质量激励条件下的分析等内容，可以参阅 Babitsky[1] 和 Sysoev[29] 这些相关文献。

## 6.6.3　弹簧式冲击吸振器

图 6.22 给出了一个单边的弹簧式冲击吸振器的原理概况，吸振器弹簧的刚度系数为 $k_a$，该吸振器的静特性也在图 6.22 中给出了。正如摆式冲击吸振器那样，这种构型也能在一个振动周期内产生一次单侧碰撞行为。

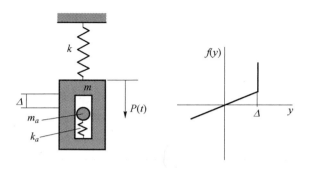

图 6.22    弹簧式冲击吸收器及其静态特性

采用这种弹簧式冲击吸振器,经过合适的调整之后我们可以实现更高激励频段内的振动抑制,一般来说,它所针对的激励频率下限为 $\sqrt{k_a/m_a}$,并且在频率为 $2\sqrt{k_a/m_a}$ 时最为有效。对于此类吸振器,文献[1,28]中已经详细讨论过它们的幅频特性及其优缺点,感兴趣的可以去查阅。

最后需要指出的是,还有很多关于冲击式吸振器方面的内容这里没有进行介绍,这方面的信息可以参阅文献[4]。此外,在 Korenev 和 Reznikov 等人的书[5]中还曾对冲击式吸振器的相关理论及其应用方面做过进一步的深入探讨。

# 6.7    自参数式吸振器

在图 6.23 中给出了一个由弹簧支撑着的质量为 $m_1$ 的物体,它可以在垂直方向上运动,物体受到了一个简谐力 $F(t) = Q\cos\Omega t$ 的作用,同时在物体上连接了一个附加的 $k_2 - m_2 - m_3$ 装置。下面我们将根据 Thomsen[31] 的工作简要地介绍该系统的特性。

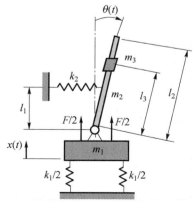

图 6.23    Haxton 和 Barr 的动力吸振器[31]

这个系统的广义坐标可以选为 $x$ 和 $\theta$，系统的动能和势能分别可表示为

$$\begin{cases} 2T = m_1\dot{x}^2 + m_2\left(\dot{x}^2 + \dfrac{1}{3}l_2^2\dot{\theta}^2 - l_2\dot{x}\dot{\theta}\sin\theta\right) + m_3(\dot{x}^2 + l_3^2 - 2l_3\dot{x}\dot{\theta}\sin\theta) \\ 2V = k_1\dot{x}^2 + k_2l_1^2\tan^2\theta \end{cases} \quad (6.64)$$

系统的拉格朗日方程如下：

$$\begin{cases} \dfrac{\mathrm{d}}{\mathrm{d}t}\dfrac{\partial L}{\partial \dot{x}} - \dfrac{\partial L}{\partial x} = F(t) \\[2mm] \dfrac{\mathrm{d}}{\mathrm{d}t}\dfrac{\partial L}{\partial \dot{\theta}} - \dfrac{\partial L}{\partial \theta} = 0 \\[2mm] L = T - V \end{cases} \quad (6.65)$$

因此，我们可以导得如下一组微分方程：

$$\begin{cases} (m_1 + m_2 + m_3)\ddot{x} + k_1 x - \dfrac{1}{2}(m_2l_2 + 2m_3l_3)(\dot{\theta}^2\cos\theta + \ddot{\theta}\sin\theta) = Q\cos\Omega t \\[2mm] \left(\dfrac{1}{3}m_2l_2^2 + m_3l_3^2\right)\ddot{\theta} - \dfrac{1}{2}(m_2l_2 + 2m_3l_3)\ddot{x}\sin\theta + k_2l_1^2\tan\theta(1 + \tan^2\theta) = 0 \end{cases} \quad (6.66)$$

上面这个方程组是精确的非线性数学模型，其求解是相当困难的。如果我们从第一个方程中消去 $\ddot{\theta}$，从第二个方程中消去 $\ddot{x}$，展开非线性项并保留线性项和二次项，那么就可以将该非线性微分方程组简化为

$$\begin{cases} \ddot{x} + \omega_1^2 x + \gamma_1\theta^2 - \dfrac{\gamma_1\dot{\theta}^2}{\omega_2^2} = q\cos\Omega t \\[2mm] \ddot{\theta} + \omega_2^2\theta + \gamma_2 x\theta - \dfrac{\gamma_2\theta}{\omega_1^2}q\cos\Omega t = 0 \end{cases} \quad (6.67)$$

其中：

$$\omega_1^2 = \frac{k_1}{m_1 + m_2 + m_3},\ \omega_2^2 = \frac{k_2l_1^2}{\dfrac{1}{3}m_2l_2^2 + m_3l_3^2},\ q = \frac{Q}{m_1 + m_2 + m_3},$$

$$\gamma_1 = \frac{\dfrac{1}{2}(m_2l_2 + 2m_3l_3)}{m_1 + m_2 + m_3}\omega_2^2,\ \gamma_1 = \frac{\dfrac{1}{2}(m_2l_2 + 2m_3l_3)}{\dfrac{1}{3}m_2l_2^2 + m_3l_3^2}\omega_1^2$$

可以看出，式（6.67）中的第一个方程的解 $x(t)$ 同时也是第二个方程的参量，因此这个系统是自参数型的（Bolotin[32, vol.1]），因此，进一步的分析需要引入一个附加的假设，即主质量 $m_1$ 应远大于吸振器中的质量 $m_2$ 和 $m_3$。

图 6.23 所示的结构方案是 Haxton 和 Barr 等人于 1972 年提出并讨论的[3]，

他们以及后来的 Cartmell、Lawson[33]、Thomsen[31] 等人还考察并揭示了一个基本特性,即非线性项 $\gamma_1\theta^2$ 对于主质量 $m_1$ 的运动能起到稳定作用。这实际上意味着 $\theta$ 的任何增加都将使得 $x$ 的幅值趋于减小。产生这一现象的原因在于,作用到主质量上的能量将被传递到附加装置 $k_2 - m_2 - m_3$ 中去。

## 供思考的一些问题

6.1 试述动力吸振器和冲击吸振器实现振动抑制的物理本质。

6.2 试述滚子式吸振器和冲击吸振器的差异。

6.3 试述离心摆的基本特性。

6.4 试述一个力作用到旋转陀螺的轴线上所产生的效应,解释"进动""陀螺力矩"和"受迫进动"的概念并说明基于陀螺效应的振动抑制这一思想。

6.5 试述自参数式吸振器的本质及其精确数学模型的特征。

6.6 试述 Pringle 吸振器的主要特征以及柯氏惯性力的作用。

6.7 设有一个质量为 $m_1$ 的物体放置在一个光滑表面上,该物体带有一个圆柱形空腔,半径为 $r$,其中放置了一个质量为 $m_2$ 的球体,且该球体的尺寸可以忽略不计。弹簧刚度系数设为 $k$。物体受到了一个水平方向的简谐力 $F(t) = F_0\sin\omega t$ 的作用。试推导"物体 – 球体"这个系统的运动方程,并确定要想彻底抑制掉物体 $m_1$ 的振动需要满足何种条件。

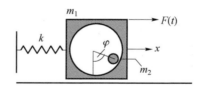

图 P 6.7

参考答案:

$$\ddot{x} + (k/m_1)^2 x - (m_2/m_1)g\varphi = (F_0/m_1)\sin\omega t,$$

$$\ddot{x} + r\ddot{\varphi} + g\varphi = 0$$

当满足 $\omega^2 r = g$ 这一条件时,物体 $m_1$ 将处于静止状态,其中的 $g$ 为重力加速度。

6.8 设有一个动力吸振器 $m_1 - k_1$ 与一个主系统中的弹性元件(刚度系数为 $k_0$)相连,试计算主系统质量 $m_0$ 的振幅,并确定实现该质量振动的完全抑制所需满足的条件。

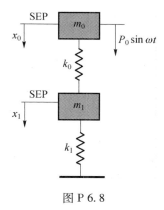

图 P 6.8

提示：

该系统的运动方程可以表示为如下形式，即

$$\begin{cases} m_0\ddot{x}_0 + k_0(x_0 - x_1) = P_0\sin\omega t \\ m_1\ddot{x}_1 - k_0 x_0 + (k_0 + k_1)x_1 = 0 \end{cases}$$

可以设其解为 $x_0 = A_0\sin\omega t$，$x_1 = A_1\sin\omega t$，由此可解得主质量的振幅为

$$A_0 = \frac{-m_1\omega^2 + k_0 + k_1}{(-m_0\omega^2 + k_0)(-m_1\omega^2 + k_0 + k_1) - k_0^2}$$

于是，彻底抑制振动所需满足的条件应为 $\omega^2 = \dfrac{k_0 + k_1}{m_1}$。

6.9　一个离心摆式吸振器通过铰链安装在一个圆盘上的 $A$ 点处，该圆盘以角速度 $\Omega$ 转动，距离 $OA = b$。设圆盘的受迫振动频率为 $\omega$，试确定摆的参数 $m$ 和 $l$，使得圆盘的受迫振动幅值为零。

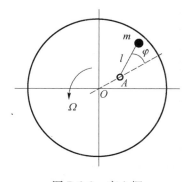

图 P 6.9　离心摆

参考答案：$\omega = \Omega\sqrt{\dfrac{b}{l}}$。

# 参考文献

1. Babitsky, V. I. (1981). Dynamic suppression of vibration. In book Frolov K. V. ( Ed. ). Protection against vibrations and shocks, vol. 6. In Handbook: Chelomey, V. N. ( Editor inChief) (1978 – 1981). Vibration in Engineering, vols. 1 – 6. moscow: Mashinostroenie.

2. Biot, M. A. (1943). Analytical and experimental methods in engineering seismology. Transactionsof ASCE, 108, 365 – 408.

3. Haxton, R. S. , & Barr, A. D. S. (1972). The autoparametric vibration absorber. ASME Journalof Engineering for Industry, 94(1), 119 – 125.

4. Karamyshkin, V. V. (1988). Dynamic suppression of vibration. Leningrad, Russia: Mashinostroenie.

5. Korenev, B. G. , &Reznikov, L. M. (1993). Dynamic vibration absorbers. Theory and technical applications. New York: Wiley.

6. Ormondroyd, J. , & Den Hartog, J. P. (1928). The theory of the dynamic vibration absorber. Transactions of the ASME, 50(1), 9 – 22.

7. Den Hartog, J. P. (1956). Mechanical vibrations(4th ed. ). New York: Mc Graw-Hill, Dover, 1985.

8. Reed, F. E. (1996). Dynamic vibration absorbers and auxiliary mass dampers. In Handbook: Harris, C. M. ( Editor in Chief) (1996). Shock and Vibration, 4th ed. McGraw Hill.

9. Birger, I. A. , &Panovko, Ya. G. ( Eds. ). (1968). Strength, stability, vibration. Handbook( Vols. 1 – 3). Moscow: Mashinostroenie.

10. Thomson, W. T. (1981). Theory of vibration with application(2nd ed. ). Englewood Cliffs, NJ: Prentice-Hall.

11. Timoshenko, S. , Young, D. H. , & Weaver, W. , Jr. (1974). Vibration problems in engineering(4th ed. ). New York: Wiley.

12. Babakov, I. M. (1965). Theory of vibration. Moscow: Nauka.

13. Craig, R. R. (2000). Mechanics of materials. New York: Wiley.

14. Tse, F. S. , Morse, I. E. , &Hinkle, R. T. (1963). Mechanical vibrations. Boston: Allyn and Bacon.

15. Zakora, A. L. , Karnovsky, I. A. , & Lebed, V. V. (1989). Tarasenko V. P. self-adapting dynamic vibration absorber. Soviet Union Patent 1477870.

16. Shearer, J. L. , Murphy, A. T. , & Richardson, H. H. (1971). Introduction to system dynamics. Reading, MA: Addison-Wesley.

17. Ogata, K. (1992). System dynamics(2nd ed. ). Englewood Cliffs, NJ: Prentice Hall.

18. Harris, C. M. ( Editor in Chief). (1996). Shock and vibration handbook(4th ed). New York: McGraw-Hill.

19. Korenev, B. G. , &Reznikov L. M. (1986). Dynamic dampers vibration of special buildings. InHandbook: Korenev, B. G. Smirnov, A. F. ( Eds. ) . Dynamic analysis of special engineering buildings and structures. Moscow: Stroiizdatat.

20. Newland, D. E. (1989). Mechanical vibration analysis and computation. Harlow, England: Longman Scientific and Technical.

21. Alabuzhev, P. , Gritchin, A. , Kim, L. , Migirenko, G. , Chon, V. , &Stepanov, P. (1989). Vibration protecting and measuring systems with quasi-zero stiffness. Applications of vibration series. New York: Hemisphere Publishing Corporation.

22. Pringle, O. A. (1954). Use of the centrifugal governor mechanism as a torsional vibration absorber. University

of Missouri.

23. Fowles, G. R. , &Cassiday, G. L. (1999). Analytical mechanics(6th ed. ). New York: BROOKS/CO Thomson Learning.

24. Targ, S. M. (1976). Theoretical mechanics. A short course. Moscow: Mir.

25. Awrejcewich, J. , &Koruba, Z. (2012). Classical mechanics: Applied mechanics and mechatronics( Series: Advances in mechanics and mathematics, Vol. 30). New York: Springer.

26. Scarborough, J. B. (1958). The gyroscope: Theory and applications. New York: Interscience.

27. Lojtsyansky, L. G. , & Lurie, A. I. (1983). Course of theoretical mechanics (Vol. 2). Moscow: Nauka; Vol. 3. ОНТИ, 1934.

28. Korenev, B. G. , &Reznikov, L. M. (1981). Analysis of buildings equipped with the dynamic dampers of vibration. In Handbook: Korenev, B. G. , Rabinovich, I. M. (Eds. ). Dynamic analysis of structures under special excitations. Moscow: Stroiizdat.

29. Sysoev, V. I. (1984). Devices for reducing vibrations. In Handbook: Korenev, B. G. , Rabinovich, I. M. (Eds. ). Dynamic analysis of buildings and structures. 2nd edition. Moscow: Stroiizdat.

30. Polukoshko, S. , Boyko, A. , Kononova, O. , Sokolova, S. , &Jevstignejv, V. (2010). Impact vibration absorber of pendulum type. In 7th International DAAAM Baltic Conference "IndustrialEngineering", Tallinn, Estonia.

31. Thomsen, J. J. (2003). Vibration and stability. Advanced theory, analysis, and tools(2nd ed. ). New York: Springer.

32. Bolotin, V. V. (1978)(Editor). Vibration of linear systems. Vol 1. In Handbook: Vibration in Engineering, Vols. 1 − 6. Moscow: Mashinostroenie.

33. Cartmell, M. P. , & Lawson, J. (1994). Performance enhancement of an autoparametric vibration absorber. Journal of Sound and Vibration, 177(2), 173 − 195.

# 第7章 分布参数型结构的振动抑制

这一章主要讨论的是匀质梁的振动抑制问题。此类梁可以视为分布参数结构,基本的分析方法是 Krylov – Duncan 法。我们将考虑在梁上安装两种类型的吸振器,分别是集中参数式吸振器和分布参数式吸振器。此外,我们还将讨论一类悬臂梁的横向振动抑制问题(针对简谐型运动激励和力激励两种情况),其中的吸振器是以接杆形式附连到主梁上的。

## 7.1 Krylov – Duncan 法

对于一根均匀的伯努利-欧拉梁而言,其横向自由振动的控制方程可以写为[1]

$$\frac{\partial^4 y}{\partial x^4} + \frac{m}{EI}\frac{\partial^2 y}{\partial t^2} = 0 \tag{7.1}$$

式中:$m = \rho A_0$ 为单位长度梁的质量;$A_0$、$EI$ 和 $\rho$ 分别为横截面面积、弯曲刚度和材料的密度。$y = y(x,t)$ 代表的是梁的横向位移,它是轴线坐标 $x$ 和时间 $t$ 的函数。

微分方程(7.1)的解可以表示为[2]

$$y(x,t) = X(x)T(t) \tag{7.2}$$

式中:$X(x)$ 为空间函数(或者说形状函数、模态函数、本征函数);$T(t)$ 为时间函数。空间函数和时间函数是分别依赖于边界条件和初始条件的。

将形式解(7.2)代入到式(7.1)中可以得到

$$\frac{EI X^{\mathrm{IV}}}{mX} + \frac{\ddot{T}}{T} = 0 \tag{7.3}$$

显然,式(7.3)中的两项应当是大小相等正负相反的,不妨令 $\frac{\ddot{T}}{T} = -\omega^2$,于是可以得到如下关于空间函数和时间函数的微分方程组,即

$$\ddot{T} + \omega^2 T = 0 \tag{7.4}$$

$$X^{\mathrm{IV}}(x) - \lambda^4 X(x) = 0, \lambda = \sqrt[4]{\frac{m\omega^2}{EI}} \tag{7.5}$$

这样一来,与方程(7.1)包含了两个独立参数(时间 $t$ 和坐标 $x$)不同的是,我们得到了两个解耦的常微分方程,它们分别是关于待定函数 $X(x)$ 和 $T(t)$ 的。这一过程也就是人们所熟知的分离变量法(傅里叶法)。

方程(7.4)的解可以表示为 $T(t) = A_1 \sin\omega t + B_1 \cos\omega t$,其中 $\omega$ 为振动频率。该方程表明梁的振动位移是简谐型的,解中的系数 $A_1$ 和 $B_1$ 应当根据系统的初始条件来确定。

方程(7.5)的通解可以表示为 $X(x) = a\cosh\lambda x + B\sinh\lambda x + C\cos\lambda x + D\sin\lambda x$,其中 $A$、$B$、$C$ 和 $D$ 应当根据系统的边界条件来计算。实际上还可以通过一种更为有效的方式来求解齐次微分方程(7.5),为此可以将解表示为

$$X(x) = C_1 S(\lambda x) + C_2 T(\lambda x) + C_3 U(\lambda x) + C_4 V(\lambda x) \tag{7.6}$$

式中:$X(x)$ 为模态形状的一般表达式;$S(\lambda x)$、$T(\lambda x)$、$U(\lambda x)$、$V(\lambda x)$ 为 Krylov – Duncan 函数(Krylov,1936;Duncan,1943),它们代表了三角函数和双曲函数的组合[3,4],即

$$\begin{cases} S(\lambda x) = \dfrac{1}{2}(\cosh\lambda x + \cos\lambda x) \\[2mm] T(\lambda x) = \dfrac{1}{2}(\sinh\lambda x + \sin\lambda x) \\[2mm] U(\lambda x) = \dfrac{1}{2}(\cosh\lambda x - \cos\lambda x) \\[2mm] V(\lambda x) = \dfrac{1}{2}(\sinh\lambda x - \sin\lambda x) \end{cases} \tag{7.7}$$

前式中的 $C_i$ 可以通过边界条件表示出来,即

$$\begin{cases} C_1 = X(0) \\[2mm] C_2 = \dfrac{1}{\lambda}X'(0) \\[2mm] C_3 = \dfrac{1}{\lambda^2 EI}X''(0) \\[2mm] C_4 = \dfrac{1}{\lambda^3 EI}X'''(0) \end{cases} \tag{7.8}$$

在式(7.7)中,每一个函数组合都是满足均匀伯努利－欧拉梁的自由振动方程的,它们具有如下一些重要特性:

(1)Krylov – Duncan 函数以及它们的各阶导数在 $x=0$ 处将构成一个单位矩阵,即

$$\begin{matrix} S(0) = 1 & S'(0) = 0 & S''(0) = 0 & S'''(0) = 0 \\ T(0) = 0 & T'(0) = 1 & T''(0) = 0 & T'''(0) = 0 \\ U(0) = 0 & U'(0) = 0 & U''(0) = 1 & U'''(0) = 0 \\ V(0) = 0 & V'(0) = 0 & V''(0) = 0 & V'''(0) = 1 \end{matrix} \tag{7.9}$$

（2）Krylov – Duncan 函数以及它们的各阶导数具有循环排列性质（图7.1，表7.1）。

（3）Krylov 函数的组合与三角函数之间存在着如下一些有用的关系[5,6]：

$$\begin{cases} 2(ST - UV) = \cosh\lambda x\sin\lambda x + \sinh\lambda x\cos\lambda x \\ 2(TU - SV) = \cosh\lambda x\sin\lambda x - \sinh\lambda x\cos\lambda x \\ S^2 - U^2 = \cosh\lambda x\cos\lambda x \\ T^2 - V^2 = 2(SU - V^2) = \sinh\lambda x\sin\lambda x \\ 2(U^2 - TV) = 1 - \cosh\lambda x\cos\lambda x \\ 2(S^2 - TV) = 1 + \cosh\lambda x\cos\lambda x \end{cases}$$

利用式(7.7)中的这些函数所具有的上述特性,我们就可以非常方便地推导出自由振动的频率方程和模态形状。事实上,Krylov 函数的优点就在于,针对端点 $x = 0$ 处的边界条件借助它们可以直接从式(7.5)写出一般的积分表达式。这个表达式仅仅包含两个待定常数,它们需要根据另一端 $x = l$ 处的边界条件来确定。

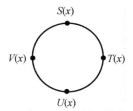

图 7.1　Krylov – Duncan 函数的循环排列

表 7.1　Krylov – Duncan 函数的导数[3,4]

| 函数 | 一阶导数 | 二阶导数 | 三阶导数 | 四阶导数 |
| --- | --- | --- | --- | --- |
| $S(x)$ | $\lambda V(x)$ | $\lambda^2 U(x)$ | $\lambda^3 T(x)$ | $\lambda^4 S(x)$ |
| $T(x)$ | $\lambda S(x)$ | $\lambda^2 V(x)$ | $\lambda^3 U(x)$ | $\lambda^4 T(x)$ |
| $U(x)$ | $\lambda T(x)$ | $\lambda^2 S(x)$ | $\lambda^3 V(x)$ | $\lambda^4 U(x)$ |
| $V(x)$ | $\lambda U(x)$ | $\lambda^2 T(x)$ | $\lambda^3 S(x)$ | $\lambda^4 V(x)$ |

在利用 Krylov – Duncan 函数去推导频率方程时,可以按照下述算法流程去进行:

第1步:选择合适的模态形状函数,使之满足 $x = 0$ 这一端的边界条件,这个函数表达式只包含两个 Krylov – Duncan 函数,它们各自只带有两个待定系数。采用哪些 Krylov – Duncan 函数取决于式(7.9)和 $x = 0$ 处的边界条件。

第2步:利用另一端 $x = l$ 处的边界条件和表7.1来确定上述待定系数,从而得到两个齐次代数方程。

第3步:由该代数方程组的非平凡解存在条件即可导出频率方程。如果我们用如下的非齐次方程来代替齐次方程(7.5):

$$X^{\mathrm{IV}}(x) - \lambda^4 X(x) = f(x) \tag{7.10}$$

考虑到关系式(7.8),那么该方程的通解可以写为

$$X(x) = X(0)S(\lambda x) + \frac{X'(0)}{\lambda}T(\lambda x) + \frac{X''(0)}{EI}U(\lambda x) + \frac{X'''(0)}{EI}V(\lambda x) + X_{\mathrm{part}}(x)$$

$$\tag{7.11}$$

其中,式(7.10)的特解为

$$X_{\mathrm{part}}(x) = \frac{1}{\lambda^3}\int_0^x f(\xi)V[\lambda(x-\xi)]\mathrm{d}\xi \tag{7.12}$$

这个积分一般称为 Krylov 偏积分[3]。如果梁在点 $x = x_1$ 处受到了简谐激励力 $Q$ 或者力矩 $M$ 的作用,那么这个偏积分就为

$$\begin{cases} X_{\mathrm{part}}(x) = \dfrac{Q}{\lambda^3 EI}V[\lambda(x-x_1)] \\ X_{\mathrm{part}}(x) = \dfrac{M}{\lambda^2 EI}U[\lambda(x-x_1)] \end{cases} \tag{7.13}$$

实例7.1 设有一根梁长度为 $l$,单位长度的质量为 $m$,弹性模量为 $E$,截面惯性矩为 $I$,如图7.2所示。试计算该结构的固有频率和振动模态。

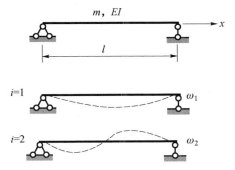

图7.2 简支梁模型及其一阶和二阶振动模态

求解过程:在左端边界处,即 $x = 0$ 处,变形和弯矩应为零:$X(0) = 0$,$X''(0) = 0$。在 $x = 0$ 处 Krylov – Duncan 函数和它们的二阶导数都为零,根据式(7.9)可知,只有 $T(\lambda x)$ 和 $V(\lambda x)$ 才满足这些条件,于是模态形状可以表示为 $X(x) = C_2 T(kx) + C_4 V(kx)$,其中待定系数将由另一端($x = l$)的边界条件来确定,即 $X(l) = 0$,$X''(l) = 0$,于是有

$$\begin{cases} X(l) = C_2 T(\lambda l) + C_4 V(\lambda l) = 0 \\ X''(l) = \lambda^2[C_2 V(\lambda l) + C_4 T(\lambda l)] = 0 \end{cases} \tag{7.14a}$$

根据上面这个方程组的非平凡解存在条件就可以得到频率方程,即

$$\begin{vmatrix} T(\lambda l) & V(\lambda l) \\ V(\lambda l) & T(\lambda l) \end{vmatrix} = 0 \rightarrow T^2(\lambda l) - V^2(\lambda l) = 0$$

根据式(7.7),由上面这个式子也就导出了 $\sin\lambda l = 0$ 这一方程,它的根应为 $\lambda l = \pi, 2\pi, \cdots$。于是自由振动的频率就是 $\omega_i = \lambda_i^2\sqrt{\dfrac{EI}{m}}$,$\omega_1 = \dfrac{\pi^2}{l^2}\sqrt{\dfrac{EI}{m}}$,$\omega_2 = \dfrac{4\pi^2}{l^2}\sqrt{\dfrac{EI}{m}}$,$\cdots$。

振动模态为 $X(x) = C_2 T(\lambda x) + C_4 V(\lambda x) = C_2 \cdot \left[ T(\lambda_i x) + \dfrac{C_4}{C_2} V(\lambda_i x) \right]$。根据式 (7.14a)可得 $C_4/C_2$ 为 $\dfrac{C_4}{C_2} = -\dfrac{T(\lambda_i l)}{V(\lambda_i l)} = -\dfrac{V(\lambda_i l)}{T(\lambda_i l)}$,于是与第 $i$ 阶固有频率对应的第 $i$ 阶振动模态为

$$X(x) = C_2 T(\lambda x) + C_4 V(\lambda x) = C\left[ T(\lambda_i x) - \dfrac{T(\lambda_i l)}{V(\lambda_i l)} V(\lambda_i x) \right]$$

$$= C\left[ T(\lambda_i x) - \dfrac{V(\lambda_i l)}{T(\lambda_i l)} V(\lambda_i x) \right] \tag{7.14b}$$

考虑到 Krylov - Duncan 函数 $T(\pi) = V(\pi)$,$T(2\pi) = V(2\pi)$,$\cdots$,那么振动模态也就变为

$$X(x) = C[T(\lambda_i x) - V(\lambda_i x)] = C\sin\lambda_i x = C\sin\dfrac{i\pi}{l}x, i = 1,2,\cdots \tag{7.14c}$$

其中,第一阶和第二阶模态如图 7.2 所示。

附带提及的是,对于单跨匀质梁,经典边界条件下的相关特性数据可参见文献[5,6],其中包括了频率方程、一阶到三阶本征值以及模态节点等。

## 7.2  梁上的集中参数式吸振器

为实现分布参数结构如梁、板、壳等的振动抑制,可以在此类结构上安装集中参数式吸振器。这类系统的特点在于,吸振器部分的行为可以通过一个常微分方程来刻画,而具有分布参数特性的主系统的行为则应当由一个偏微分方程来描述。

如图 7.3 所示,一根均匀的简支梁,长度为 $l$,横向刚度为 $EI$,受到了一个简谐型激励力 $F(t) = F\sin\omega t$ 的作用,另外,在梁上的点 1 处($x = x_1$)安装了一个附加的 $m_a - k_a$ 装置。

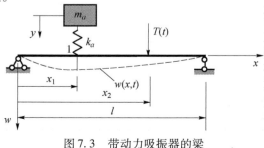

图 7.3  带动力吸振器的梁

这里我们在线性框架下来考察这个"梁－吸振器"系统的稳态振动情况,分析中忽略了梁的阻尼和二阶效应[7]。

在激励力 $F(t)$ 的作用下,设梁的位移为 $w(x,t)$,因此,附加上去的 $m_a - k_a$ 装置将受到运动激励 $w(x_1,t)$。吸振器部分的行为可用常微分方程描述,即

$$m_a \frac{\mathrm{d}^2 y}{\mathrm{d}t^2} + k_a y = k_a w(x_1,t) \tag{7.15}$$

式中:$y(t)$ 和 $w(x_1,t)$ 分别为附加质量 $m_a$ 和梁在点 1 处的位移。

梁部分的振动可以通过如下线性偏微分方程来刻画,即

$$EI \frac{\partial^4 w}{\partial x^4} + m \frac{\partial^2 w}{\partial t^2} = k_a[y - w(x_1)]\delta(x - x_1) + F(t)\delta(x - x_2) \tag{7.16}$$

式中:$m$ 为梁单位长度的质量;$[y - w(x_1)]$ 为弹簧两端的相对位移;$\delta(x)$ 为 delta 函数。很显然,式(7.15)和式(7.16)是相互耦合的。

如果我们考虑频率为 $\omega$ 的稳态振动过程,那么可以假定如下的形式解:

$$w(x,t) = u(x)\sin\omega t \tag{7.17}$$

于是式(7.15)的解变为

$$\begin{cases} y(t) = \dfrac{\omega_a^2}{\omega_a^2 - \omega^2} u(x_1)\sin\omega t \\[2mm] \omega_a^2 = \dfrac{k_a}{m_a} \end{cases} \tag{7.18}$$

将式(7.17)和式(7.18)代入到式(7.16),可以得到

$$EIu^{IV} - m\omega^2 u = k_a \delta(x - x_1)[y - u(x_1)] + F_0\delta(x - x_2) \tag{7.19}$$

如果假定梁上点 $x_1$ 处的位移远小于吸振器质量的位移,即 $u(x_1) \ll y$,那么式(7.19)就变为

$$\begin{cases} u^{IV} - \lambda^4 u = \mu\delta(x - x_1)u(x_1) + F_0\delta(x - x_2) \\[2mm] \lambda^4 = \dfrac{m\omega^2}{EI} \\[2mm] \mu = \dfrac{k_a\omega^2}{EI(\omega_a^2 - \omega^2)} \\[2mm] F_0 = \dfrac{F}{EI} \end{cases} \tag{7.20}$$

在求解式(7.20)时可以利用 Krylov－Duncan 函数,函数 $T(\lambda x)$ 和 $V(\lambda x)$ 是满足边界条件 $u(0) = u''(0) = 0$ 的,因此对于 $0 \leqslant x \leqslant x_1$ 这一段,式(7.19)的解可以写为

$$u_1^*(x) = BT(\lambda x) + DV(\lambda x) \tag{7.21}$$

式中：$B$ 和 $D$ 为任意常数。

对于 $x_1 \leqslant x \leqslant x_2$ 这一段，根据式（7.13）我们有

$$u_2^*(x) = u_1^*(x) + \mu \frac{u(x_1)}{\lambda^3} V[\lambda(x - x_1)]$$

$$= BT(\lambda x) + DV(\lambda x) + \mu \frac{u(x_1)}{\lambda^3} V[\lambda(x - x_1)] \tag{7.22}$$

将关系式 $u(x_1) = BT(\lambda x_1) + DV(\lambda x_1)$ 代入到式（7.22），可以得到

$$u_2^*(x) = B\left\{ T(\lambda x) + \frac{\mu}{\lambda^3} T(\lambda x_1) V[\lambda(x - x_1)] \right\}$$

$$+ D\left\{ V(\lambda x) + \frac{\mu}{\lambda^3} V(\lambda x_1) V[\lambda(x - x_1)] \right\} \tag{7.23}$$

对于 $x_2 \leqslant x \leqslant l$ 这一段，考虑到式（7.23），我们有

$$u_3^*(x) = u_2^*(x) + \frac{F_0}{\lambda^3} V[\lambda(x - x_2)] = B\left\{ T(\lambda x) + \frac{\mu}{\lambda^3} T(\lambda x_1) V[\lambda(x - x_1)] \right\}$$

$$+ D\left\{ V(\lambda x) + \frac{\mu}{\lambda^3} V(\lambda x_1) V[\lambda(x - x_1)] \right\} + \frac{F_0}{\lambda^3} V[\lambda(x - x_2)] \tag{7.24}$$

式（7.24）应满足梁的右端边界条件，即 $u(l) = u''(l)$，由此我们可以得到一组关于 $B$ 和 $D$ 的线性代数方程。考虑到 $2T(\lambda x) = \sinh\lambda x + \sin\lambda x$，$2V(\lambda x) = \sinh\lambda x - \sin\lambda x$，式（7.20）、式（7.23）和式（7.24）将变为

$$\begin{cases} u(x) = \dfrac{F_0}{2\lambda^3 \Delta} \left[ u_0(x) + \dfrac{\mu}{2\lambda^3} u_1(x) \right], & 0 \leqslant x \leqslant x_1 \\[2ex] u(x) = \dfrac{F_0}{2\lambda^3 \Delta} \left[ u_0(x) + \dfrac{\mu}{2\lambda^3} u_1(x) + \dfrac{\mu}{\lambda^3} u_2(x) \right], & x_1 \leqslant x \leqslant x_2 \\[2ex] u(x) = \dfrac{F_0}{2\lambda^3 \Delta} \left[ u_0(x) + \dfrac{\mu}{2\lambda^3} u_1(x) + \dfrac{\mu}{\lambda^3} u_2(x) \right] + \dfrac{F}{\lambda^3} V[\lambda(x - x_2)], & x_2 \leqslant x \leqslant l \end{cases} \tag{7.25}$$

其中：

$$\begin{cases} u_0(x) = \sinh\lambda l \sin\lambda(l - x_2) \sin\lambda x - \sin\lambda l \sinh\lambda(l - x_2) \sinh\lambda x \\ u_1(x) = [\sinh\lambda(l - x_1) \sin\lambda(l - x_2) - \sin\lambda(l - x_1) \sinh\lambda(l - x_2)] \\ \qquad \times (\sin\lambda x \sinh\lambda x_1 - \sinh\lambda x \sin\lambda x_1) \\ u_2(x) = [\sinh\lambda l \sin\lambda(l - x_2) \sin\lambda x_1 - \sin\lambda l \sinh\lambda(l - x_2) \sinh\lambda x_1] V[\lambda(x - x_1)] \end{cases}$$

$$\tag{7.26}$$

$$\begin{cases} \Delta = \sinh\lambda l \sin\lambda l + \dfrac{\mu}{\lambda^3}\Delta_1 \\ \Delta_1 = [\sin\lambda l \sinh\lambda x_1 \sinh\lambda(l-x_1) - \sinh\lambda l \sin\lambda x_1 \sin\lambda(l-x_1)] \end{cases}$$

$$(7.27)$$

对于这个带有附加装置的梁而言,其固有频率可由 $\Delta(\lambda l) = 0$ 这一条件给出。如果不存在这个附加装置,即 $m_a = 0$(于是 $\mu = 0$),那么这个简支梁的频率方程也就变为 $\sin(\lambda l) = 0^{[6]}$。

可以看出,前面的式(7.25)~式(7.27)完整地给出了图 7.3 所示整个系统的振动模态信息。

若假定吸振器被调整到了扰动频率上,也即 $\omega_a = \omega$,那么此时有 $\mu = \infty$。由于 $\Delta = \Delta(\mu)$,于是将 $\mu = \infty$ 代入到式(7.25)中即可导出一个 $\infty/\infty$ 型不定式,考察这一不定式我们就可以得到不同梁段所对应的位移,即

$$\begin{cases} u(x) = \dfrac{F_0}{4\lambda^3\Delta_1}u_1(x), & 0 \leqslant x \leqslant x_1 \\ u(x) = \dfrac{F_0}{2\lambda^3\Delta_1}\Big[\dfrac{1}{2}u_1(x) + u_2(x)\Big], & x_1 \leqslant x \leqslant x_2 \\ u(x) = \dfrac{F_0}{2\lambda^3\Delta_1}\Big[\dfrac{1}{2}u_1(x) + u_2(x)\Big] + \dfrac{F_0}{\lambda^3}V[\lambda(x-x_3)], & x_2 \leqslant x \leqslant l \end{cases}$$

$$(7.28)$$

在式(7.28)中,$u_1(x)$ 这一项包含了如下因子:

$$\sin\lambda x \sinh\lambda x_1 - \sinh\lambda x \sin\lambda x_1 \qquad (7.29)$$

这个因子当 $x = x_1$ 时将等于零。这意味着如果 $\omega_a = \omega$,那么点 1 处将不会产生振动。

特殊情况:

(1)吸振器已经调整到激励频率,且安装于激励力作用点处,即 $(x_1 = x_2)$。这种情况下,根据式(7.26)和式(7.27)可知,$u_2(x) = -\Delta_1 V[\lambda(x-x_3)]$,且式(7.28)中的第二式不必考虑了。结合式(7.25)~式(7.27)并详细分析式(7.28)中的第一个和第三个式子可以发现,梁不会发生横向振动。产生这种现象的原因在于,吸振器作用到梁上的惯性力等于简谐扰动力,从而它们之间形成了相互补偿或抵消$^{[7]}$。

(2)$k_a = \infty$ 的情况。这种情况下,整个吸振器也就退化成了一个连接到梁上 $x_1$ 点处的集中质量 $m_a$,且有 $\mu = \dfrac{\omega^2 m_a}{EI}$。

值得提及的是,对于受简谐力矩作用的简支梁的振动抑制问题,Karamyshkin 在文献[7]中也曾给出过详细的求解过程,其中假定了吸振器提供了一个补偿力偶。此外,在梁的振动抑制分析中该文献还将梁与吸振器中所存在的能量耗散问题考虑了进来。

## 7.3 分布式吸振器

图 7.4 所示为一根长度为 $l$、横向刚度为 $EI$ 的均匀简支梁,在点 $x = x_1$ 处受到了一个简谐激励力 $F(t) = F\sin\omega t$ 的作用。现在在这根简支梁的全长上均匀布置了一个分布式的吸振器,可以将这个附加的吸振器视为一组离散单元的组合形式,每个吸振器单元为 $m_a - k_a$,其中 $m_a$ 为附加装置单位长度的质量,并假定这些离散的吸振器单元都是独立工作的,互不影响[7]。

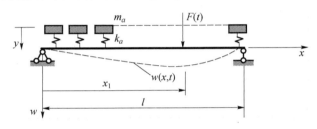

图 7.4　带分布质量型动力吸振器的梁

类似于 7.2 节,这里我们仍然在线性框架下考虑这个系统的稳态振动情况,梁的阻尼和二阶效应均不计。另外,每个吸振器单元都可以视为受到了运动激励 $w(x,t)$ 的作用。分布式吸振器的微分方程与集中参数式是不同的,应当采用偏微分方程形式,即

$$m_a \frac{\partial^2 y}{\partial t^2} + k_a y = k_a w(x,t) \tag{7.30}$$

梁的控制方程为

$$EI \frac{\partial^4 w}{\partial x^4} + m \frac{\partial^2 w}{\partial t^2} = k_a(y - w) + F(t)\delta(x - x_1) \tag{7.31}$$

式中:$m$ 为梁单位长度的质量;$y - w$ 为弹簧两端的相对位移。

$w(x,t)$ 和 $y(x,t)$ 可以设为如下形式:

$$\begin{cases} w(x,t) = u(x)\sin\omega t \\ y(x,t) = Y(x)\sin\omega t \end{cases} \tag{7.32}$$

将式(7.32)代入到式(7.30)可以导得

$$y(t) = \frac{\omega_a^2}{\omega_a^2 - \omega^2} u(x)\sin\omega t \tag{7.33}$$

式中：$\omega_a = \sqrt{k_a/m_a}$为每个吸振器单元的局部固有频率。

如果将式（7.32）和式（7.33）代入到式（7.31）中，并考虑到$w \ll y$这一条件，那么可以得到

$$
\begin{cases}
u^{\mathrm{IV}} - \xi^4 u = F_0 \delta(x - x_1) \\
\xi^4 = \lambda^4 \left( 1 + \dfrac{m_a}{m} \dfrac{\omega_a^2}{\omega_a^2 - \omega^2} \right) \\
\lambda^4 = \dfrac{m\omega^2}{EI} \\
F_0 = \dfrac{F}{EI}
\end{cases}
\tag{7.34}
$$

上面这个非齐次方程的通解可以表示为$u(x) = u_{\text{gen}} + u_{\text{part}}$。齐次方程$u^{\mathrm{IV}} - \xi^4 u = 0$的通解$u_{\text{gen}}$依赖于$\xi$的符号，其中包括了$\xi > 0$，$\xi < 0$，$\xi = 0$这三种情形。

下面考察一下能够彻底抑制梁的振动的情况。

如果$\xi > 0$，那么根据文献[3,7]可知方程（7.34）的通解为

$$
u(x) = A\cosh\xi x + B\sinh\xi x + C\cos\xi x + D\sin\xi x + \frac{F_0}{\xi^3} V[\xi(x - x_1)]
\tag{7.35}
$$

式中，最后一项仅当讨论右段（$x - x_1 > 0$段）时才需要考虑，$V$为 Krylov 函数。

左边支撑的边界条件可写成$u(0) = u''(0) = 0$，于是可以导得$A = C = 0$。右边支撑的边界条件可写为$u(l) = u''(l) = 0$，于是可得如下关于$B$和$D$的方程组，即

$$
\begin{cases}
B\sinh\xi l + D\sin\xi l = -\dfrac{F_0}{\xi^3} V[\xi(l - x_1)] \\
B\sinh\xi l - D\sin\xi l = -\dfrac{F_0}{\xi^3} T[\xi(l - x_1)]
\end{cases}
$$

这个方程组的解为

$$
\begin{cases}
B = -\dfrac{F_0}{2\xi^3 \sinh\xi l} \{ V[\xi(l - x_1)] + T[\xi(l - x_1)] \} \\
D = -\dfrac{F_0}{2\xi^3 \sin\xi l} \{ V[\xi(l - x_1)] - T[\xi(l - x_1)] \}
\end{cases}
\tag{7.36}
$$

于是，对于梁的左段和右段，式（7.35）就可以改写为

$$
\begin{cases}
u(x) = B\sinh\xi x + D\sin\xi x, & x \leqslant x_1 \\
u(x) = B\sinh\xi x + D\sin\xi x + \dfrac{F_0}{\xi^3} V[\xi(x - x_1)], & x \geqslant x_1
\end{cases}
\tag{7.37}
$$

进一步把式（7.36）代入到上面这两个表达式中，由此我们也就得到了梁位

移的一般表达,即

$$
\begin{aligned}
u(x) &= -\frac{F_0}{2\xi^3 \sinh\xi l}\{V[\xi(l-x_1)] + T[\xi(l-x_1)]\}\sinh\xi x \\
&\quad + \frac{F_0}{2\xi^3 \sin\xi l}\{V[\xi(l-x_1)] - T[\xi(l-x_1)]\}\sin\xi x \\
&\quad + \frac{F_0}{\xi^3}V[\xi(x-x_1)]
\end{aligned}
\tag{7.38}
$$

同样的,式(7.38)中的最后一项仅适用于梁的右段($x \geqslant x_1$)。

现在我们假定每个吸振器单元的局部固有频率都被调整到与激励频率相等,即 $\omega \to \omega_a$。这种情况下,根据式(7.34),$\xi \to \infty$,Krylov – Duncan 函数将变为

$$
\begin{cases}
\lim_{\xi\to\infty} T(\xi x) = \lim_{\xi\to\infty}\frac{1}{2}(\sinh\xi x + \sin\xi x) = \frac{1}{2}\sinh\xi x = \frac{1}{4}e^{\xi x} \\
\lim_{\xi\to\infty} V(\xi x) = \lim_{\xi\to\infty}\frac{1}{2}(\sinh\xi x - \sin\xi x) = \frac{1}{2}\sinh\xi x = \frac{1}{4}e^{\xi x}
\end{cases}
\tag{7.39}
$$

我们来单独分析式(7.38)中的每一项,主要考虑梁的两个部分。

首先是激励力左侧的梁段,根据式(7.39)并考虑到 $x - x_1 < 0$,式(7.38)中的第一项将为

$$
\begin{aligned}
&\lim_{\xi\to\infty}\left(-\frac{F_0}{2\xi^3 \sinh\xi l}\right)\{V[\xi(l-x_1)] + T[\xi(l-x_1)]\}\sinh\xi x \\
&= \lim_{\xi\to\infty}\left(-\frac{F_0}{2\xi^3 \sinh\xi l}\right)\sinh[\xi(l-x_1)]\sinh\xi x \\
&= -\lim_{\xi\to\infty}\frac{F_0}{2\xi^3 \frac{e^{\xi l}}{2}}\frac{e^{\xi(l-x_1)}}{2}\frac{e^{\xi x}}{2} = -\frac{1}{4}\lim_{\xi\to\infty}\frac{F_0}{\xi^3}e^{\xi(x-x_1)}
\end{aligned}
\tag{7.40}
$$

由于 $x - x_1 < 0$,因此这一极限将等于零。

式(7.38)中的第二项为

$$
\begin{aligned}
&\lim_{\xi\to\infty}\frac{F_0}{2\xi^3 \sin\xi l}\{V[\xi(l-x_1)] - T[\xi(l-x_1)]\}\sin\xi x \\
&= \lim_{\xi\to\infty}\frac{F_0}{2\xi^3 \sin\xi l}\left\{\frac{1}{4}e^{\xi x} - \frac{1}{4}e^{\xi x}\right\}\sin\xi x \equiv 0
\end{aligned}
\tag{7.41}
$$

这意味着梁左部的每个点处的位移都等于零。

再来分析激励力右侧的梁段($x - x_1 > 0$ 段)。考虑到式(7.40)和式(7.41),式(7.38)将变成:

$$
u_{\text{right}}(x) = \frac{1}{4}\lim_{\xi\to\infty}\frac{F_0}{\xi^3}e^{\xi(x-x_1)} \equiv 0
\tag{7.42}
$$

于是,如果每个吸振器单元的局部固有频率都被调整到了激励频率处,即 $\omega = \omega_a$,那么整个梁的振动将被彻底地抑制掉。在这一条件下,激励力的分布就可以是任意的了。这一点可以作如下解释,即从整个分布式吸振器来说,只有位于激励力作用点处的那个吸振器单元才是起作用的,此时,根据式(7.40)～式(7.42)可知,梁不会产生横向振动。因此,其他的吸振器单元将不会参与到该梁的动力过程中。

对于受到集中的简谐力矩作用的梁来说,也有与上述相似的结论。不仅如此,从叠加原理出发我们也不难看出,上述结论同样也是适用于力和力矩同时作用的情形的[7]。

## 7.4　用于吸振的接杆

这里考察的是受到动态激励的悬臂梁的横向振动抑制问题,在该结构上连接了一根接杆,它将起到吸振作用。整个结构的动力学过程需要借助偏微分方程组来描述,另外应当注意的是,这里我们只限于讨论线性情况。

如图 7.5 所示,一根均匀梁 $AB$ 的长度设为 $l_1$,刚度为 $E_1 I_1$,单位长度的质量为 $m_1$,在点 $A$ 处夹紧固定,该梁受到了一个简谐力 $F(t) = F\sin\omega t$ 的作用。为了抑制梁 $AB$ 的振动,在端点 $B$ 处附连了一根接杆 $BC$,其特性参数相应地分别记为 $l_2$、$E_2 I_2$、$m_2$。显然,从结构形式上来看,这里所附加上去的接杆 $BC$ 是不同于前面所讨论过的 $m_a - k_a$ 形式的吸振器的。毫无疑问,附连上接杆之后主梁 $AB$ 的动力学行为(在给定的激励下)将会发生改变。我们的目的是,通过合理地调整该接杆的特性参数($l_2$, $E_2$, $I_2$, $m_2$)使梁 $AB$ 的振动得到抑制,可以看出,这里的接杆事实上就代表了一类特殊的吸振器了[7]。

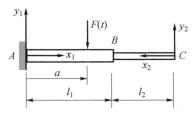

图 7.5　"梁－接杆"系统简图

我们不妨假定设计目标是希望抑制梁 $AB$ 上点 $B$ 处的线位移 $y$ 或角位移 $\varphi$,为此,这里可以借助伯努利－欧拉梁理论来分析这个"梁－接杆"系统的稳态振动问题。所针对的边界条件设定为各类经典边界情况,同时分析中还假定不存在能量的耗散。于是,这个系统的振动就可以通过如下两个线性偏微分方程来

描述,即

$$E_1 I_1 \frac{\partial^4 y_1}{\partial x_1^4} + m_1 \frac{\partial^2 y_1}{\partial t^2} = F(t)\delta(x-a) \qquad (7.43a)$$

$$E_2 I_2 \frac{\partial^4 y_2}{\partial x_2^4} + m_2 \frac{\partial^2 y_2}{\partial t^2} = 0 \qquad (7.43b)$$

其中,$\delta(x-a)$ 为 delta 函数。这个系统的边界条件共有 8 个,分别为

$$\begin{cases} \text{点 } A \text{ 处}(x_1 = 0): ① y_1 = 0; ② \dfrac{\partial y_1}{\partial x_1} = 0 \\[2mm] \text{点 } C \text{ 处}(x_2 = 0): ③ \dfrac{\partial^2 y_2}{\partial x_2^2} = 0; ④ \dfrac{\partial^3 y_2}{\partial x_2^3} = 0 \\[2mm] \text{点 } B \text{ 处}: ⑤ y_1 \big|_{x_1=l_1} = y_2 \big|_{x_2=l_2}; ⑥ \dfrac{\partial y_1}{\partial x_1}\bigg|_{x_1=l_1} = -\dfrac{\partial y_2}{\partial x_2}\bigg|_{x_2=l_2}; \\[2mm] ⑦ E_1 I_1 \dfrac{\partial^2 y_1}{\partial x_1^2}\bigg|_{x_1=l_1} = E_2 I_2 \dfrac{\partial^2 y_2}{\partial x_2^2}\bigg|_{x_2=l_2}; \\[2mm] ⑧ E_1 I_1 \dfrac{\partial^3 y_1}{\partial x_1^3}\bigg|_{x_1=l_1} = -E_2 I_2 \dfrac{\partial^3 y_2}{\partial x_2^3}\bigg|_{x_2=l_2} \end{cases} \qquad (7.44)$$

可以假定系统的响应解为

$$\begin{cases} y_1(x_1,t) = u_1(x_1)\sin\omega t \\ y_2(x_2,t) = u_2(x_2)\sin\omega t \end{cases} \qquad (7.45)$$

将式(7.45)代入到式(7.43a)和式(7.43b)中,我们可以导出一个线性常微分方程组:

$$u_1^{IV} - \lambda_1^4 u_1 = F_0 \delta(x-a) \qquad (7.46a)$$

$$u_2^{IV} - \lambda_2^4 u_2 = 0 \qquad (7.46b)$$

函数 $u(x)$ 的边界条件将变为

$$\begin{cases} ① u_1(0) = 0; \quad ② u_1'(0) = 0; \quad ③ u_2''(0) = 0; \quad ④ u_2'''(0) = 0; \\[2mm] ⑤ u_1(l_1) = u_2(l_2); \quad ⑥ u_1'(l_1) = -u_2'(l_2); \\[2mm] ⑦ E_1 I_1 u_1''(l_1) = E_2 I_2 u_2''(l_2); \quad ⑧ E_1 I_1 u_1'''(l_1) = -E_2 I_2 u_2'''(l_2) \end{cases} \qquad (7.47)$$

为满足边界条件①和②,根据式(7.9),我们需要利用函数 $U$ 和 $V$,事实上,只有这两个函数及其一阶导数在 $x = 0$ 处才等于零。因此,式(7.46a)应具有如下形式的解:

$$\begin{cases} u_1(x) = C_1 U(\lambda_1 x_1) + C_2 V(\lambda_1 x_1), & 0 \leqslant x_1 \leqslant a \\[2mm] u_1(x) = C_1 U(\lambda_1 x_1) + C_2 V(\lambda_1 x_1) + \dfrac{F_0}{\lambda_1^3} V[\lambda_1(x_1-a)], & a \leqslant x_1 \leqslant l_1 \end{cases} \qquad (7.48)$$

其中，$\lambda_1^4 = \dfrac{m_1 \omega^2}{E_1 I_1}$，$\lambda_2^4 = \dfrac{m_2 \omega^2}{E_2 I_2}$，$F_0 = \dfrac{F}{E_1 I_1}$。

为满足边界条件③和④，可以利用函数 $S$ 和 $T$，因此式(7.46b)的解应当表示为

$$u_2(x) = D_1 S(\lambda_2 x_2) + D_2 T(\lambda_2 x_2)，\qquad 0 \leqslant x_2 \leqslant l \tag{7.49}$$

上面的 $C_i$ 和 $D_i$ 是任意常数，$S$、$T$、$U$ 和 $V$ 为 krylov – Duncan 函数(7.7)。

不妨令点 $B$ 处的线位移和角位移的幅值分别为 $y$ 和 $\varphi$，对于主梁 $AB$ 来说，我们有 $u_1(l_1) = y$ 和 $u_1'(l) = \varphi$。在计算 Krylov 函数的导数时可以借助表 7.1，即 $U'(\lambda x) = \lambda T(\lambda x)$，$V'(\lambda x) = \lambda U(\lambda x)$。由此，根据式(7.48)中的第二式可以导出如下关系：

$$\begin{cases} C_1 U(\lambda_1 l_1) + C_2 V(\lambda_1 l_1) + \dfrac{F_0}{\lambda_1^3} V[\lambda_1(l_1 - a)] = y \\[2mm] \lambda \left\{ C_1 T(\lambda_1 l_1) + C_2 U(\lambda_1 l_1) + \dfrac{F_0}{\lambda_1^3} V[\lambda_1(l_1 - a)] \right\} = \varphi \end{cases} \tag{7.50}$$

对于接杆 $BC$，我们有 $u_2(l_2) = y$ 和 $u_2'(l_2) = \varphi$，于是由式(7.49)可导出如下关系式：

$$\begin{cases} D_1 S(\lambda_2 l_2) + D_2 T(\lambda_2 l_2) = y \\[2mm] \lambda_2 [ D_1 V(\lambda_2 l_2) + D_2 S(\lambda_2 l_2) ] = \varphi \end{cases} \tag{7.51}$$

随后，求解式(7.50)即可得到常数 $C_1$ 和 $C_2$，求解式(7.51)则可得到常数 $D_1$ 和 $D_2$。这些常数的表达式中将包含主系统和接杆的参数，以及点 $B$ 处的线位移幅值 $y$ 和角位移幅值 $\varphi$。进一步，可以根据边界条件表达式⑦和⑧(参见式(7.47))来建立点 $B$ 处的关系式，由此将得到一个关于幅值 $y$ 和 $\varphi$ 的方程组，它是以主梁和接杆的参数表达的，具体可参阅文献[7]。

当对振动防护系统的相关参数加以预先限定之后，我们就可以确定出接杆的具体参数了。这里我们假定应满足如下要求：

(1)吸振器的局部固有频率调整为激励频率，即 $\omega_{\min}^{(2)} = \omega$；

(2)点 $B$ 处的位移幅值均为零，即 $y = 0$，$\varphi = 0$。

在这些条件基础上，吸振器参数可由如下形式的控制方程[7]得到

$$b_1 a_{22}^{(2)} + \psi b_2 a_{12}^{(2)} = 0 \tag{7.52}$$

其中，上标(2)代表的是元件 2，也即吸振器；未知的基本参数为

$$\psi = \frac{\lambda_1}{\lambda_2} = \sqrt[4]{\frac{m_1}{m_2} \frac{E_2 I_2}{E_1 I_1}} \tag{7.53}$$

而其他的系数为

$$
\begin{cases}
b_1 = -\dfrac{F_0}{\Delta_1 \lambda_1^3}\{V(\beta^*)\alpha_{22}^{(1)} - U(\beta^*)\alpha_{12}^{(1)}\} - \dfrac{F_0}{\lambda_1^3}T(\beta^*) \\[2mm]
b_2 = -\dfrac{F_0}{\Delta_1 \lambda_1^3}\{V(\beta^*)\alpha_{21}^{(1)} - U(\beta^*)\alpha_{11}^{(1)}\} - \dfrac{F_0}{\lambda_1^3}S(\beta^*)
\end{cases} \tag{7.54}
$$

式中:Krylov 函数 $S$、$T$、$U$ 和 $V$ 的宗量为 $\beta^* = \lambda_1(l_1 - a)$;主元件(1)的参数 $\alpha_{ik}^{(1)}$ $(i, k = 1, 2)$ 和 $\Delta_1$ 分别为

$$
\begin{cases}
2a_{11}^{(1)} = \sinh\lambda_1 l_1 \sin\lambda_1 l_1 \\[1mm]
2a_{12}^{(1)} = \sin\lambda_1 l_1 \cosh\lambda_1 l_1 - \sinh\lambda_1 l_1 \cos\lambda_1 l_1 \\[1mm]
2a_{21}^{(1)} = \cos\lambda_1 l_1 \sinh\lambda_1 l_1 + \cosh\lambda_1 l_1 \sin\lambda_1 l_1 \\[1mm]
2a_{22}^{(1)} = \sinh\lambda_1 l_1 \sin\lambda_1 l_1 \\[1mm]
2\Delta_1 = 1 - \cosh\lambda_1 l_1 \cos\lambda_1 l_1
\end{cases} \tag{7.55}
$$

这样一来 $b_1$ 和 $b_2$ 的两个表达式就只和主元件关联了。对于吸振器(元件 2),在 $\alpha_{ik}^{(1)}$ 的表达式中应当用 $\lambda_2 l_2$ 去替代宗量 $\lambda_1 l_1$,这样的话,式(7.52)也就描述了整个"梁 - 吸振器"系统了,且实现了点 $B$ 处的振动完全被抑制这一要求。在上述条件下,该吸振器的振动将类似于一个在点 $B$ 处夹紧的悬臂梁情形,自由端为 $C$。

下面我们给出详细的求解过程。设已知主梁的 $m_1$、$l_1$、$E_1$ 和 $I_1$ 等特性参数,激励力的位置为 $a$,频率为 $\omega$,幅值为 $F_0$。吸振器(接杆)的参数应当根据 $y_B = 0$ 和 $\varphi_B = 0$ 这一条件来确定。过程如下:

(1)确定主梁的参数 $\lambda_1 = \sqrt[4]{\dfrac{m_1 \omega^2}{E_1 I_1}}$ 和 $a_{ik}^{(1)}(\lambda_1 l_1)$。

(2)确定主梁的参数 $\beta^* = \lambda_1(l_1 - a)$,然后以 $\beta^*$ 为宗量计算 Krylov 函数 $S$、$T$、$U$ 和 $V$。

(3)确定主梁的参数 $\Delta_1 = \dfrac{1}{2}(1 - \cosh\lambda_1 l_1 \cos\lambda_1 l_1)$ 和 $a_{ik}^{(1)}$,然后计算出系数 $b_1$ 和 $b_2$。

(4)确定 $\lambda_2 l_2$。假定吸振器弯曲振动的最低阶固有频率等于激励频率,也即调整后满足条件 $\omega = \omega_{\min}^{(2)}$[7],由此可导出吸振器横向振动(类似悬臂梁)的频率方程 $1 + \cosh\lambda_2 l_2 \cos\lambda_2 l_2 = 0$,该方程最小的根为 $\lambda_2 l_2 = 1.8754$[6]。

(5)确定吸振器的参数 $a_{ik}^{(2)}(\lambda_2 l_2)$。

（6）针对 $\psi = \sqrt[4]{\dfrac{m_1 E_2 I_2}{m_2 E_1 I_1}}$ 求解方程（7.52）。若给定了参数 $m_2$，则可计算出吸振器的弯曲刚度 $E_2 I_2$，长度 $l_2 = \dfrac{1.8754}{\lambda_2}$，其中 $\lambda_2 = \sqrt[4]{\dfrac{m_2 \omega^2}{E_2 I_2}}$。

正如前面曾提及过的，这类吸振器的不足之处在于，需要将其固有频率调整到激励频率。如果不满足这一条件，该吸振器有可能导致主系统的振动变大。如果吸振器的参数能够跟踪激励频率，那么就有可能在很宽的激励频率范围内自动满足前述条件，文献[8]中给出了一个吸振器可自动调整到激励频率的实例。关于振动防护系统的自动控制方面的一般理论可以参阅 Kolovsky[9]。

最后应当指出的是，最优吸振器理论也是十分重要的一个方面，它们已经应用到了很多离散系统和连续系统的研究之中，不过这一问题不在本书所考虑的范畴内，感兴趣的读者可以去参阅 Balandin、Bolotnik 和 Pilkey[10]，以及 Korenev 和 Reznikov[11] 等人的工作，其中介绍了相关的理论和应用。

## 供思考的一些问题

7.1　试述分离变量法的基本思想。

7.2　试述 Krylov – Duncan 方法的基本思想，并说明 Krylov 函数的优缺点及其性质。

7.3　试推导均匀伯努利 – 欧拉梁的自由振动频率，设梁的长度为 $l$，单位长度的质量为 $m$，弹性模量为 $E$，截面惯性矩为 $I$，并考虑如下不同边界条件情况：（a）夹紧 – 自由梁；（b）夹紧 – 夹紧梁；（c）简支 – 夹紧梁。以 Krylov 函数和三角函数形式给出结果。

提示：梁的运动微分方程可参考式（7.1）。

参考答案：（a）$S^2(kl) - V(kl)T(kl) = 0$，$\cos kl \cosh kl = -1$，其中频率参数为 $k = \sqrt[4]{m\omega^2/EI}$；（b）$\cos kl \cosh kl = 1$；（c）$\tan kl - \tanh kl = 0$。

7.4　设有一个集中参数型动力吸振器安装在一根梁（或板）上，试述这个"梁 – 吸振器"系统模型的数学特征，以及进行线性模型简化所需满足的假设条件。

7.5*　设有一根均匀简支梁在点 $x = x_2$ 处受到了一个简谐力矩 $M(t) = M\sin\omega t$ 的激励，梁的长度为 $l$，横向刚度为 $EI$，单位长度质量为 $m$。现在在梁上的点 1 处（$x = x_1$）连接了一个附加装置 $I_a - k_a$，$I_a$ 和 $k_a$ 分别代表了惯性矩和扭转刚度。试构造整个系统的数学模型,并进行动力学分析。

提示:吸振器和梁的运动微分方程可以分别表示为

$$\begin{cases} I_a \dfrac{\mathrm{d}^2 y}{\mathrm{d}t^2} + k_a \varphi = k_a w'(x_1, t) \\ EI \dfrac{\partial^4 w}{\partial x^4} + m \dfrac{\partial^2 w}{\partial t^2} = -k_a [\varphi - \varphi'(x_1)] \delta(x - x_1) - M(t) \delta(x - x_2) \end{cases}$$

7.6* 设有一根均匀简支梁上安装了两个吸振器,梁的特性参数为 $l, EI, m$,线位移吸振器 $m_a - k_l$ 连接在梁上的点 1 处($x = x_1$),角位移吸振器 $I_a - k_a$ 连接在点 2 处($x = x_2$)。在梁上 $x = x_3$ 处受到了一个简谐力 $F(t) = F\sin\omega t$ 作用,同时在点 $x = x_4$ 处还受到了简谐力矩 $M(t) = M\sin\omega t$ 的作用。试分析这两个吸振器的联合作用情况。

7.7 (接上题)考虑两个吸振器都安装在梁上同一个点处的情况,且二者的局部固有频率相等。这一情况将导致一种所谓的"dynamic cork"效应[7],试分析该效应的物理含义。

7.8 设有一根均匀简支梁长度为 $l$,横向刚度为 $EI$,单位长度的质量为 $m$,在梁上的点 $x = x_1$ 处受到了简谐激励力 $F(t) = F\sin\omega t$ 的作用,参见图 7.4。现在在梁上附加了一个分布式的 $m_a - k_a$ 装置,其中的 $m_a$ 是附加装置单位长度的质量。所有这些吸振器单元可视为彼此独立工作的。试说明当 $\xi \to 0$ 时,在频率 $\omega^2 = \omega_a^2(1 + m_a/m)$ 处动力吸振器将没有吸振效果。

7.9 参见图 7.5,一个"梁 – 吸振器"系统在点 $B$ 处受到了简谐力 $F(t) = F\sin\omega t$ 的作用。如果希望点 $B$ 处的横向振动完全被抑制,试确定应当满足何种条件。

提示:可以参考式(7.43a)～式(7.55)。

## 参考文献

1. Il'insky, V. S. (1982). Protection of radio-electronic equipment and precision equipment from the dynamic excitations. Moscow, Russia: Radio.

2. Timoshenko, S., Young, D. H., & Weaver, W., Jr. (1974). Vibration problems in engineering(4th ed.). New York: Wiley.

3. Babakov, I. M. (1965). Theory of vibration. Moscow, Russia: Nauka.

4. Karnovsky, I. A., & Lebed, O. (2010). Advanced methods of structural analysis. New York: Springer.

5. Karnovsky, I. A., & Lebed, O. (2001). Formulas for structural dynamics. Tables, graphs and solutions. New York: McGraw Hill.

6. Karnovsky, I. A., & Lebed, O. (2004). Free vibrations of beams and frames. Eigenvalues and eigenfunc-

tions. New York: McGraw-Hill Engineering Reference.

7. Karamyshkin, V. V. (1988). Dynamic suppression of vibration. Leningrad, Russia: Mashinostroenie.

8. Zakora, A. L. , Karnovsky, I. A. , Lebed, V. V. , & Tarasenko, V. P. (1989). Self-adapting dynamic vibration absorber. Soviet Union Patent 1477870.

9. Kolovsky, M. Z. (1976). Automatic control by systems of vibration protection. Moscow, Russia: Nauka.

10. Balandin, D. V. , Bolotnik, N. N. , & Pilkey, W. D. (2001). Optimal protection from impact, shock and vibration. Amsterdam, The Netherlands: Gordon and Breach Science.

11. Korenev, B. G. , & Reznikov, L. M. (1993). Dynamic vibration absorbers. Theory and technical applications. Chichester, England: Wiley.

# 第8章 线性系统的参数式振动防护

这一章主要讨论的是可由常系数线性微分方程来描述的动力学系统,这些系统所受到的外界激励可以是任意的时间函数形式。本章将从绝对不变性原理这一角度阐述此类线性系统的参数式振动防护问题。所谓的绝对不变性,是指动力学系统中的某些坐标是完全独立于外界激励的。我们将讨论 Shchipanov – Luzin 绝对不变性准则和 Petrov 双通道原理,并针对转子和受移动式惯性负载作用的板,分别介绍相应的参数式振动抑制过程。

## 8.1 概述

内部防护方法是动力学系统的一种振动防护途径,这里的内部防护是指通过改变动力学系统的特性参数来降低防护对象的振动水平。这一方法的基本思想实质上就是通过系统参数的改变使得系统远离共振点。应当指出的是,在某些特定情况中,内部振动防护问题是难以借助现有的振动理论方法来妥善解决的,特别当外部环境和激励频率处于不稳定状态或者人们对这些信息并不是很清楚的时候。

众所周知,当系统参数与外部激励之间满足一定关系时就可能出现共振现象。那么,依据物理学中的对偶原理[1],我们可以设想一个最优的参数式振动防护概念,即是否能够通过系统参数的合理选择使一个或多个广义坐标对任何外部激励都保持不变性呢? 如果这是可能的,那么任意的外部激励都将不会引发这些特定的振动模式。从本质上说,这种不变性是指不会出现某些振动的传递通道,或者说在某些坐标和外部激励之间形成了"裂隙"。显然,正如临界条件的分析那样,我们最希望能够给出此类不变性条件在状态空间中的逐点描述。

不变性原理最早是 Rayleigh[2] 爵士所提出的(Rijke 管中的"歌焰"现象)。Shchipanov(1939)[3] 和 Luzin(1951)[4] 等人也曾对不变性原理进行过研究。这些先驱者的思想为现代控制技术中的不变性理论这一领域奠定了基础。在苏联,Shchipanov 的思想受到了非常负面的对待,他和 Luzin 也随之遭受了相当的烦扰。1966 年,Shchipanov 所提出的思想作为一项科学发现终于被认可。随后在声学领域中人们也提出了相应的不变性基本原理[5]。当前,不变性理论已经得到了非常广泛的应用,在很多技术领域[6-8]中都可以见到它的身影。

## 8.2　不变性原理

这里考虑一个线性动力学系统,该系统具有有限个自由度和不变的特性参数,且受到了一个任意形式的外部激励作用。我们所关心的问题是,要想系统某个特定的广义坐标不受外部激励的影响,那么系统的参数空间应当满足何种条件。这里我们将采用算子方法进行分析,利用这一方法可以非常方便地处理初始条件的影响。

### 8.2.1　Shchipanov-Luzin 绝对不变性

对于上述的线性动力学系统,其行为一般可以通过如下一组线性常微分方程来描述:

$$\begin{cases} a_{11}(p)x_1 + a_{12}(p)x_2 + a_{13}(p)x_3 = f_1(t) \\ a_{21}(p)x_1 + a_{22}(p)x_2 + a_{23}(p)x_3 = 0 \\ a_{31}(p)x_1 + a_{32}(p)x_2 + a_{33}(p)x_3 = 0 \end{cases} \tag{8.1}$$

式中:$p = \dfrac{\mathrm{d}}{\mathrm{d}t}$为微分算子,而系数项的一般形式可以表示为

$$a_{ik}(p) = m_{ik}p^2 + l_{ik}p + c_{ik}, i,k = 1,2,3 \tag{8.2}$$

式中:$m_{ik}$、$l_{ik}$和 $c_{ik}$均为常数。

不妨假定该系统的初始条件为 $x_i(0) = \dot{x}_i(0) = 0 (i = 1,2,3)$,于是问题就转化为寻求能够使得第 $i$ 个广义坐标 $x_i$ 不依赖于任意外部激励 $f(t)$所需满足的条件了[6]。

对系统方程(8.1)作标准的拉普拉斯变换,可以导出如下方程组:

$$\begin{cases} a_{11}(s)X_1 + a_{12}(s)X_2 + a_{13}(s)X_3 = F_1(s) \\ a_{21}(s)X_1 + a_{22}(s)X_2 + a_{23}(s)X_3 = 0 \\ a_{31}(s)X_1 + a_{32}(s)X_2 + a_{33}(s)X_3 = 0 \end{cases} \tag{8.3}$$

式中:$X_i(s)$和$F(s)$分别为系统的响应$x_i(t)$和激励函数$f_1(t)$的像。借助上述拉普拉斯变换处理,我们就可以方便地解释绝对不变性准则的物理含义了。更多与拉普拉斯变换相关的内容将在第 13 章中介绍。

上面这个方程组的解可以表示为$X_i(s) = D_i/D(i = 1,2,3)$,其中

$$\begin{cases} D = \begin{vmatrix} a_{11} & a_{12} & a_{13} \\ a_{21} & a_{22} & a_{23} \\ a_{31} & a_{32} & a_{33} \end{vmatrix} \\ D_1 = \begin{vmatrix} F_1 & a_{12} & a_{13} \\ 0 & a_{22} & a_{23} \\ 0 & a_{32} & a_{33} \end{vmatrix} \\ D_2 = \begin{vmatrix} a_{11} & F_1 & a_{13} \\ a_{21} & 0 & a_{23} \\ a_{31} & 0 & a_{33} \end{vmatrix} \\ D_3 = \begin{vmatrix} a_{11} & a_{12} & F_1 \\ a_{21} & a_{22} & 0 \\ a_{31} & a_{32} & 0 \end{vmatrix} \end{cases} \tag{8.4}$$

广义坐标$x_j$的像$X_i(s)$分别为

$$\begin{cases} X_1(s)D = F_1(s) \begin{vmatrix} a_{22} & a_{23} \\ a_{32} & a_{33} \end{vmatrix} \\ X_2(s)D = - F_1(s) \begin{vmatrix} a_{21} & a_{23} \\ a_{31} & a_{33} \end{vmatrix} \\ X_3(s)D = F_1(s) \begin{vmatrix} a_{21} & a_{22} \\ a_{31} & a_{32} \end{vmatrix} \end{cases} \tag{8.5}$$

从式中的第一个关系式我们可以发现,如果满足了如下条件,那么像$X_1(s)$相对于外部激励函数的像$F_1(s)$而言就是不变的,即

$$M_{11}(s) = \begin{vmatrix} a_{22} & a_{23} \\ a_{32} & a_{33} \end{vmatrix} = a_{22}a_{33} - a_{23}a_{32} \equiv 0 \tag{8.6}$$

在这种情况下,系统坐标$x_1(t)$是独立于外部激励$f_1(t)$的,无论后者是何种形式,该坐标上的响应都不会受到任何影响。式(8.6)就是坐标$x_1(t)$相对于任意外部激励$f_1(t)$保持绝对不变性的 Shchipanov - Luzin 条件[4]。

类似地,我们也可以写出广义坐标 $x_2(t)$ 和 $x_3(t)$ 关于激励函数 $f_1(t)$ 保持绝对不变性的条件,即

$$
\begin{cases}
M_{21}(s) = \begin{vmatrix} a_{21} & a_{23} \\ a_{31} & a_{33} \end{vmatrix} \equiv 0 \\[3mm]
M_{31}(s) = \begin{vmatrix} a_{21} & a_{22} \\ a_{31} & a_{32} \end{vmatrix} \equiv 0
\end{cases}
\tag{8.7}
$$

在最一般的情况下,系统可由 $n$ 个线性微分方程来描述,即

$$
\begin{cases}
a_{11}(p)x_1 + a_{12}(p)x_2 + \cdots + a_{1n}(p)x_n = f_1(t) \\
a_{21}(p)x_1 + a_{22}(p)x_2 + \cdots + a_{2n}(p)x_n = f_2(t) \\
\cdots \\
a_{n1}(p)x_1 + a_{n2}(p)x_2 + \cdots + a_{nn}(p)x_n = f_n(t)
\end{cases}
\tag{8.8}
$$

此时,只要 $M_{ij} \equiv 0$ 这一条件成立,那么坐标 $x_j(t)$ 对于激励 $f_i(t)$ 将保持绝对不变性。

应当注意的是,上面我们讨论的仅仅是坐标相对于外部激励的绝对不变性,这种不变性仅意味着系统在 $ij$ 这个"通道"上不会受外部激励的影响,而实际上非零初始条件仍然是会导致广义坐标发生变化的。

## 8.2.2　$\varepsilon$ 不变性

现在来考察非零初始条件对系统(8.1)的影响[4],其中的 $a_{ij}(s)$ 都不高于二阶。为此,我们将借助初始条件的微分理论给出相应的函数 $R_i$:

$$
\begin{cases}
R_1(s) = m_{11}[x_1(0)s + \dot{x}_1(0)] + l_{11}x_1(0) + m_{12}[x_2(0)s + \dot{x}_2(0)] + l_{12}x_2(0) \\
\qquad + m_{13}[x_3(0)s + \dot{x}_3(0)] + l_{13}x_2(0) \\
R_2(s) = m_{21}[x_1(0)s + \dot{x}_1(0)] + l_{21}x_1(0) + m_{22}[x_2(0)s + \dot{x}_2(0)] + l_{22}x_2(0) \\
\qquad + m_{23}[x_3(0)s + \dot{x}_3(0)] + l_{23}x_2(0) \\
R_3(s) = m_{31}[x_1(0)s + \dot{x}_1(0)] + l_{31}x_1(0) + m_{32}[x_2(0)s + \dot{x}_2(0)] + l_{32}x_2(0) \\
\qquad + m_{33}[x_3(0)s + \dot{x}_3(0)] + l_{33}x_2(0)
\end{cases}
$$

然后在式(8.3)中引入这些函数项,从而把初始条件考虑进来。于是修改后的方程组(8.3)将变为

$$
\begin{cases}
a_{11}(s)X_1 + a_{12}(s)X_2 + a_{13}(s)X_3 = F_1(s) + R_1(s) \\
a_{21}(s)X_1 + a_{22}(s)X_2 + a_{23}(s)X_3 = R_2(s) \\
a_{31}(s)X_1 + a_{32}(s)X_2 + a_{33}(s)X_3 = R_3(s)
\end{cases}
$$

而行列式 $D_i$ 则变为

$$\begin{cases} D_1 = \begin{vmatrix} F_1 + R_1 & a_{12} & a_{13} \\ R_2 & a_{22} & a_{23} \\ R_3 & a_{32} & a_{33} \end{vmatrix} \\[3em] D_2 = \begin{vmatrix} a_{11} & F_1 + R_1 & a_{13} \\ a_{21} & R_2 & a_{23} \\ a_{31} & R_3 & a_{33} \end{vmatrix} \\[3em] D_3 = \begin{vmatrix} a_{11} & a_{12} & F_1 + R_1 \\ a_{21} & a_{22} & R_2 \\ a_{31} & a_{32} & R_3 \end{vmatrix} \end{cases}$$

此时,对于广义坐标 $x_1(t)$ 来说,它的拉普拉斯变换像 $X_1(s)$ 的表达式也就变成了如下形式:

$$X_1(s)D = (F_1 + R_1)\begin{vmatrix} a_{22} & a_{23} \\ a_{32} & a_{33} \end{vmatrix} - R_2 \begin{vmatrix} a_{12} & a_{13} \\ a_{32} & a_{33} \end{vmatrix} + R_3 \begin{vmatrix} a_{12} & a_{13} \\ a_{22} & a_{23} \end{vmatrix} \quad (8.9)$$

正如前面指出的那样,如果条件(8.6)满足的话,那么坐标 $x_1(t)$ 相对于任何外部激励 $f_1(t)$ 就是具有不变性的。不过,这并不代表系统不会产生运动,特别是在坐标 $x_1(t)$ 上仍然可能存在运动,这是因为式(8.9)中包含了 $R_i$ 这一项,该项反映了初始条件的影响。应当注意的是,这种非零初始条件所导致的振动行为本质上是一个瞬态过程。

考虑到表达式(8.2),绝对不变性的条件(8.6)可以写为

$$M_{11}(s) = \begin{vmatrix} m_{22}s^2 + l_{22}s + c_{22} & m_{23}s^2 + l_{23}s + c_{23} \\ m_{32}s^2 + l_{32}s + c_{32} & m_{33}s^2 + l_{33}s + c_{33} \end{vmatrix} \equiv 0$$

这个行列式可展开为 $s$ 的幂函数形式,即

$$\varepsilon_0 s^4 + \varepsilon_1 s^3 + \varepsilon_2 s^2 + \varepsilon_3 s + \varepsilon_4 \equiv 0 \quad (8.10)$$

不难看出,根据上式直接可以导得如下的恒等式,即

$$\begin{cases} \varepsilon_0 = \begin{vmatrix} m_{22} & m_{23} \\ m_{32} & m_{33} \end{vmatrix} \equiv 0 \\[2em] \varepsilon_1 = \begin{vmatrix} m_{33} & l_{23} \\ m_{32} & l_{22} \end{vmatrix} + \begin{vmatrix} m_{22} & l_{32} \\ m_{23} & l_{33} \end{vmatrix} \equiv 0 \\[2em] \varepsilon_2 = \begin{vmatrix} m_{33} & c_{23} \\ m_{32} & c_{22} \end{vmatrix} + \begin{vmatrix} l_{22} & l_{23} \\ l_{32} & l_{33} \end{vmatrix} + \begin{vmatrix} m_{22} & c_{32} \\ m_{23} & c_{33} \end{vmatrix} \equiv 0 \\[2em] \varepsilon_3 = \begin{vmatrix} c_{22} & l_{32} \\ c_{23} & l_{33} \end{vmatrix} + \begin{vmatrix} l_{22} & c_{32} \\ l_{23} & c_{33} \end{vmatrix} \equiv 0 \\[2em] \varepsilon_4 = \begin{vmatrix} c_{22} & c_{23} \\ c_{32} & c_{33} \end{vmatrix} \equiv 0 \end{cases} \quad (8.11)$$

上面这 5 个条件式包含了系统(8.1)中的 12 个参数。如果式(8.11)中的所有条件都满足了,那么响应 $x_1(t)$ 相对于任意外部激励 $f_1(t)$ 和所有广义坐标上的非零初始条件来说就具有了完全的不变性;而如果存在部分不等于零的 $\varepsilon$,那么一般称这种系统具有 $\varepsilon$ 不变性。

在满足绝对不变性条件(8.6)的情况下,若将行列式 $D$ 展开,那么可以将式(8.9)转化为

$$\left\{ - a_{12} \begin{vmatrix} a_{21} & a_{23} \\ a_{31} & a_{33} \end{vmatrix} + a_{13} \begin{vmatrix} a_{21} & a_{22} \\ a_{31} & a_{33} \end{vmatrix} \right\} X_1(s) = - R_2 \begin{vmatrix} a_{12} & a_{13} \\ a_{32} & a_{33} \end{vmatrix} + R_3 \begin{vmatrix} a_{12} & a_{13} \\ a_{22} & a_{23} \end{vmatrix}$$

(8.12)

进一步将式(8.12)中左边的行列式展开之后,$a_{21}$ 和 $a_{31}$ 这两个因子就可以分离出来,从而变为

$$\left\{ a_{21} \begin{vmatrix} a_{13} & a_{12} \\ a_{33} & a_{32} \end{vmatrix} + a_{31} \begin{vmatrix} a_{12} & a_{13} \\ a_{22} & a_{23} \end{vmatrix} \right\} X_1(s) = R_2 \begin{vmatrix} a_{13} & a_{12} \\ a_{33} & a_{32} \end{vmatrix} + R_3 \begin{vmatrix} a_{12} & a_{13} \\ a_{22} & a_{23} \end{vmatrix}$$

(8.13)

如果以紧凑的形式表达,那么式(8.13)可改写为

$$\{a_{21} M_{21} + a_{31} M_{31}\} X_1(s) = R_2 M_{21} + R_3 M_{31}$$

其中,$M_{21}$ 和 $M_{31}$ 为余因子,对应于行列式 $D$ 的 $a_{21}$ 和 $a_{31}$ 这两个元素。由此我们就可以得到广义坐标的像的表达式:

$$X_1(s) = \frac{R_2 M_{21} + R_3 M_{31}}{a_{21} M_{21} + a_{31} M_{31}}$$

(8.14)

从式(8.14)不难看出,在绝对不变性条件(8.6)的基础上,只有受迫成分才会被消除掉,而非零初始条件所导致的瞬态响应成分将会保留下来[6]。

## 8.3　转子的参数式振动防护

这一节我们来讨论一个水平刚性转子系统,如图 8.1 所示,转子的质量为 $M$,安装在两个弹性支撑 1 和 2 上,刚度系数分别为 $k_1$ 和 $k_2$。该转子绕纵轴以不变的角速度 $\omega$ 旋转,转子的质心 $C$ 距离左右两边支撑的距离分别令为 $l_1$ 和 $l_2$,而两个支撑之间的间距为 $l$。此外,转子关于转动轴 $x$ 的惯性矩记为 $J_x$,而关于任意垂直于转轴且通过质心 $C$ 的轴来说惯性矩为 $J_C$。现设在质心 $C$ 处受到了一个水平激励力 $F(t)$ 的作用,下面我们将从广义坐标相对于激励 $F(t)$ 的不变性这一角度来分析该系统的运动情况。

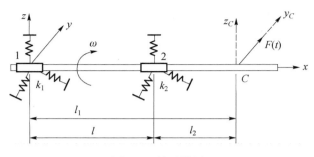

图 8.1 转子简图

这里我们考虑该转子在其平衡位置附近的小幅振动过程,该平衡位置与转子的水平对称轴 $x$ 是一致的。固定参考系 $xyz$ 的原点设定在平衡位置的左支撑点处。不妨设该转子产生了一个任意的位移,特定点处的位移(左支撑点 1,右支撑点 2,质心 $C$)分别记为 $(y_1,z_1)$、$(y_2,z_2)$ 和 $(y_C,z_C)$,转子轴在 $x-y$ 平面内的转角记作 $\beta$,在 $x-z$ 平面内的转角记作 $\gamma$。显然这个系统具有四个自由度,因此可以将广义坐标选为 $y_1$、$y_2$、$z_1$ 和 $z_2$,参见图 8.2。在图 8.3 中已经给出了两个弹性支撑位置处的反作用力分析,并进行了相应的标注。根据所选定的广义坐标,前述的转角 $\beta$ 和 $\gamma$ 也就可以分别表示为 $l\tan\beta = y_2 - y_1$,$l\tan\gamma = z_2 - z_1$,$\tan\beta \approx \beta$,$\tan\gamma \approx \gamma$。

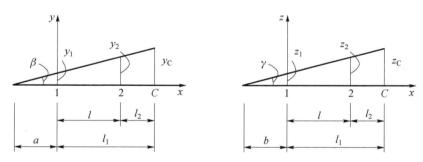

图 8.2 转子上特定点处的位移

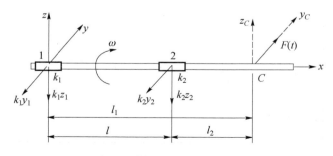

图 8.3 转子的受力分析简图

可以从刚体动力学的两个相关定理[9]出发来导出该转子的运动方程组。根据质心运动定理的矢量和标量形式,我们有

$$Ma_C = R^e \qquad (8.15)$$

$$\begin{cases} M\ddot{y}_C = -k_1 y_1 - k_2 y_2 + F(t) \\ M\ddot{z}_C = -k_1 z_1 - k_2 z_2 \end{cases} \qquad (8.16)$$

式中:$a_C$ 为质心的加速度;$R^e$ 为外力主向量;$\ddot{y}_C$ 和 $\ddot{z}_C$ 分别为质心加速度在 $y$ 轴和 $z$ 轴上的投影。

系统的角动量定理为

$$\frac{\mathrm{d}L}{\mathrm{d}t} = M^e \qquad (8.17)$$

式中:$L$ 为系统的角动量;$M^e$ 为外力产生的力矩主矢量。

该转子关于中心轴的角动量为

$$\begin{cases} L_{Cx} = I_x \omega \\ L_{Cy} = I_x \omega\beta - J_C \dot{\gamma} \\ L_{Cz} = I_x \omega\gamma + J_C \dot{\beta} \end{cases} \qquad (8.18a)$$

外力所产生的关于中心轴的力矩为

$$\begin{cases} M_{Cx}^e = 0 \\ M_{Cy}^e = -z_2 k_2 l_2 - z_1 k_1 l_1 \\ M_{Cz}^e = y_2 k_2 l_2 + y_1 k_1 l_1 \end{cases} \qquad (8.18b)$$

根据式(8.17),由上面这两个式子就可以导出

$$\begin{cases} I_x \omega\dot{\beta} - I_C \ddot{\gamma} = -z_2 k_2 l_2 - z_1 k_1 l_1 \\ I_x \omega\dot{\gamma} + I_C \ddot{\beta} = y_2 k_2 l_2 + y_1 k_1 l_1 \end{cases} \qquad (8.18c)$$

如果我们将表达式 $y_C = -y_1 l_2/l + y_2 l_1/l$ 和 $z_C = -z_1 l_2/l + z_2 l_1/l$ 代入到式(8.16)和式(8.18c)中,并考虑到转角 $\beta$ 和 $\gamma$ 为小量,那么就可以得到该转子的小幅振动方程,即[10]

$$\begin{cases} M(l_1 \ddot{y}_2 - l_2 \ddot{y}_1) + k_1 l y_1 + k_2 l y_2 = lF(t) \\ M(l_1 \ddot{z}_2 - l_2 \ddot{z}_1) + k_1 l z_1 + k_2 l z_2 = 0 \\ I_x \omega(\dot{y}_2 - \dot{y}_1) - I_C(\ddot{z}_2 - \ddot{z}_1) + k_2 l_2 l z_2 + k_1 l_1 l z_1 = 0 \\ I_x \omega(\dot{z}_2 - \dot{z}_1) + I_C(\ddot{y}_2 - \ddot{y}_1) - k_2 l_2 l y_2 - k_1 l_1 l y_1 = 0 \end{cases} \qquad (8.19)$$

当转子的质心位于两个支撑之间时,那么在上述所有方程中 $l_2$ 的符号应当相反。很明显,上面这组方程也可以从拉格朗日方程出发推导得到,不过在动能表达式中就必须保留广义坐标的二阶项[10]。

下面我们按照 $y_1$、$y_2$、$z_1$、$z_2$ 的顺序调整一下坐标,那么方程组(8.19)的算子形式就可以写为

$$[a_{ik}(s)][Y_k(s)] = [F_k(s) + R_k(s)] \tag{8.20}$$

其中的系统矩阵为

$$[a_{ik}(s)] = \begin{bmatrix} -Ml_2s^2 + k_1l & Ml_1s^2 + k_2l & 0 & 0 \\ 0 & 0 & -Ml_2s^2 + k_1l & Ml_1s^2 + k_2l \\ -I_x\omega s & I_x\omega s & I_Cs^2 + k_1l_1l & -I_Cs^2 + k_2l_2l \\ -I_Cs^2 - k_1l_1l & I_Cs^2 - k_2l_2l & -I_x\omega s & I_x\omega s \end{bmatrix}$$

$$\tag{8.21}$$

式中:$Y_k(s)$ 为坐标 $y_1,y_2,z_1,z_2$ 的像矢量;$R_k$ 则反映了非零初始条件。

坐标 $z_1$ 相对于 $F(t)$ 的不变性所需满足的条件应为 $M_{13}(s) \equiv 0$,也即

$$|M_{13}(s)| = \begin{vmatrix} 0 & 0 & Ml_1s^2 + k_2l \\ -I_x\omega s & I_x\omega s & -I_Cs^2 + k_2l_2l \\ -I_Cs^2 - k_1l_1l & I_Cs^2 - k_2l_2l & I_x\omega s \end{vmatrix} \equiv 0 \quad (8.22)$$

可以将这个行列式展开为如下的幂级数形式:

$$\begin{cases} |M_{13}(s)| = \alpha_1 s^3 + \alpha_2 s \equiv 0 \\ \alpha_1 = I_x M\omega l l_1 (k_2l_2 + k_1l_1) \\ \alpha_2 = I_x \omega k_2 l^2 (k_2l_2 + k_1l_1) \end{cases}$$

不难看出,当下述条件成立时上面这两个系数的表达式将同时变为零,即

$$k_2l_2 + k_1l_1 = 0 \tag{8.23}$$

很容易验证,对于相同的条件式(8.23)来说,坐标 $z_2$ 也将关于激励 $F(t)$ 具有完全的不变性。事实上,这种情况下的不变性条件是 $M_{14}(s) \equiv 0$,而行列式(8.22)中的元素 $Ml_1s^2 + k_2l$ 必须用 $-Ml_2s^2 + k_1l$ 替换掉,由此可以导出相同的条件。

这样一来,如果转子的质心 $C$ 位于两个支撑之间,且满足 $k_2l_2 = k_1l_1$ 这一条件,那么任何作用在质心 $C$ 上且指向 $y$ 轴的载荷就不会影响到转子的垂向振动($z$ 向),参见图8.3。应当注意的是,这里的 $y_1$ 和 $y_2$ 关于 $F(t)$ 并不具有不变性,因此这种情况下只能实现部分振动防护效果。

在分布参数系统中,在简谐激励力的作用点处也可通过参数的合理调整来实现该点的振动抑制,某些情况下我们还可以给出精确解。这里将给出一个实例,即一根均匀"夹紧 - 自由"梁,弯曲刚度为 $EI$,单位长度质量为 $m$,在点 $x = l$ 处受到了一个集中简谐力作用,如图8.4所示。

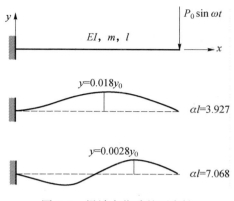

图 8.4　梁端点位移的不变性

分析表明,梁上任意点 $x$ 处的横向位移可以表示为[11]

$$\begin{cases} y(x,t)=P_0\dfrac{(\cosh\alpha l+\cos\alpha l)(\sinh\alpha x-\sin\alpha x)-(\sinh\alpha l+\sin\alpha l)(\cosh\alpha x-\cos\alpha x)}{[2\alpha^3 EI(\cosh\alpha l\cos\alpha l+1)^2]^2}\sin\omega t \\[2ex] \alpha^4=\dfrac{m\omega^2}{EI} \end{cases}$$

应当指出的是,上面这个式子还可以利用 Krylov 函数推导得到[12-14],而且更为方便。

于是,梁的自由端的变形为

$$y(l,t)=P_0\frac{\sinh\alpha l\cos\alpha l-\cosh\alpha l\sin\alpha l}{\alpha^3 EI(\cosh\alpha l\cos\alpha l+1)}\sin\omega t \tag{8.24}$$

显然,如果式(8.24)中的分子为零,那么梁的自由端处的位移在任何时刻都将等于零,这一情况对应的条件也就是 $\tan\alpha l=\tanh\alpha l$,由此可以得到 $\alpha l=3.927,7.068,\cdots$。于是我们可以认为,若要完全消除梁自由端的振动,可以通过调整参数使得 $\sqrt[4]{\dfrac{m\omega^2}{EI}}l=3.927,7.068,\cdots$ 这一条件满足即可。图 8.4 中已经给出了这种情形下梁的一阶和二阶振动模态,其中的 $y_0=P_0 l^3/EI$。显然,这种情况下梁的端点处既受到了简谐力的激励,同时还能始终保持静止状态,这一现象亦称为梁端点处的反共振。

## 8.4　不变性条件的物理可行性

为使坐标响应 $X(s)$ 能够相对于外部激励 $F(s)$ 具有绝对不变性,就必须满足一定的条件,因此系统的参数也就必须进行合理的选择,使得激励作用点与所关心的响应点之间的传递函数 $G$ 等于零。这一点可以通过两种途径加以实现,下面我们分别进行讨论。

### 8.4.1　"扰动－坐标"通道的不可控性

这里先来考察一下 Shchipanov－Luzin 绝对不变性准则的物理内涵,我们的分析将建立在系统的微分方程基础上,这些方程都是二阶的,且初始条件均为零。系统的微分方程如下:

$$\begin{cases} a_{11}(p)x_1 + a_{12}(p)x_2 + a_{13}(p)x_3 = f_1(t) \\ a_{21}(p)x_1 + a_{22}(p)x_2 + a_{23}(p)x_3 = 0 \\ a_{31}(p)x_1 + a_{32}(p)x_2 + a_{33}(p)x_3 = 0 \end{cases} \tag{8.25}$$

对于上面这组方程来说,我们已经得到了 Shchipanov－Luzin 准则。该方程组经过拉普拉斯变换之后将变为

$$\begin{cases} a_{11}(s)X_1 + a_{12}(s)X_2 + a_{13}(s)X_3 = F_1(s) \\ a_{21}(s)X_1 + a_{22}(s)X_2 + a_{23}(s)X_3 = 0 \\ a_{31}(s)X_1 + a_{32}(s)X_2 + a_{33}(s)X_3 = 0 \end{cases} \tag{8.26}$$

针对每个方程可以求解出变量 $X_i(s)$,即

$$\begin{cases} X_1(s) = \dfrac{1}{a_{11}(s)}[F_1(s) - a_{12}(s)X_2 - a_{13}(s)X_3] \\ X_2(s) = \dfrac{1}{a_{22}(s)}[-a_{21}(s)X_1 - a_{23}(s)X_3]' \\ X_3(s) = \dfrac{1}{a_{33}(s)}[-a_{31}(s)X_1 - a_{32}(s)X_2] \end{cases} \tag{8.27}$$

这里我们来分析像坐标 $X_1(s)$ 关于激励的像 $F_1(s)$ 的不变性问题。于是,输入应为 $F_1(s)$ 而输出则为 $X_1(s)$。图 8.5(a)中给出了系统(8.27)对应的方框图,为简便起见,这里只限于考察 $a_{12}(p) = a_{31}(p) = 0$ 的情形。

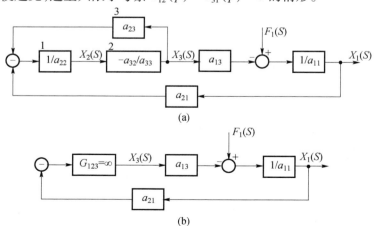

图 8.5　(a)式(8.27)所描述的系统的方框图;(b)转换后的方框图($a_{12}(p) = a_{31}(p) = 0$)

图 8.5(a)中,模块 1 和 2 构成的传递函数为 $G_{12}(s) = G_1(s)G_2(s) = -\dfrac{1}{a_{22}}\dfrac{a_{32}}{a_{33}}$,
因此模块 1、2 和 3 也就构成了如下的传递函数:

$$G_{123}(s) = \frac{G_{12}(s)}{1 + G_{12}(s)G_3(s)} = -\frac{a_{32}}{a_{22}a_{33} - a_{32}a_{23}} \tag{8.28a}$$

转换之后的方框图已经在图 8.5(b)中给出,关于系统方框图的变换,将在后面的第 12 章中进行更加详尽的阐述。

根据 Shchipanov – Luzin 准则(8.6),当满足 $a_{22}a_{33} - a_{32}a_{23} = 0$ 这一条件时 $X_1$ 将关于 $F_1(s)$ 具有不变性。因此,传递函数 $G_{123}(s) = \infty$,同时 $F_1(s) - X_1(s)$ 通道的传递函数将变为

$$G_{F_1 - X_1} = \frac{1/a_{11}}{1 + G_{123}a_{13}(1/a_{11})a_{21}} = 0$$

上面这一条件意味着,输入和输出通道之间的连接被打断了,正因如此,对于任意的激励 $F_1(s)$ 来说,稳态响应 $X_1(s)$ 都将等于零。换言之,如果上述通道的传递函数等于零,那么也就实现了绝对不变性。

## 8.4.2　Petrov 双通道原理

前述的绝对不变性条件 $G_{F_1 - X_1} = 0$ 也可以通过另一途径来实现。这里我们针对做旋转运动的转子来再次考察 Shchipanov – Luzin 不变性条件(8.6)。式(8.20)和式(8.21)可以表示为

$$\begin{cases} a_{11}(s)X_1 + a_{12}(s)X_2 = F_1(s) \\ a_{23}(s)X_3 + a_{24}(s)X_4 = 0 \\ a_{31}(s)X_1 + a_{32}(s)X_2 + a_{33}(s)X_3 + a_{34}(s)X_4 = 0 \\ a_{41}(s)X_1 + a_{42}(s)X_2 + a_{43}(s)X_3 + a_{44}(s)X_4 = 0 \end{cases} \tag{8.28b}$$

根据该方程组可以解出 $X_i(s)$,即

$$\begin{cases} X_1(s) = \dfrac{1}{a_{11}(s)}[F_1(s) - a_{12}(s)X_2] \\ X_2(s) = \dfrac{1}{a_{32}(s)}[-a_{31}(s)X_1 - a_{33}(s)X_3 - a_{34}(s)X_4] \\ X_3(s) = -\dfrac{a_{24}}{a_{23}}X_4 \\ X_4(s) = \dfrac{1}{a_{44}(s)}[-a_{41}(s)X_1 - a_{42}(s)X_2 - a_{43}(s)X_3] \end{cases} \tag{8.28c}$$

图 8.6 给出了相应的方框图,我们将确定引出点 2 与比较点 5 之间的传递

函数。通过简单的变换[15]（如将比较点移到某环节之前或将引出点移到某环节之后等），我们就可以写出点 2 和点 5 之间的主分支所对应的传递函数表达式，即 $G_{25}^{pr}(s) = -a_{31}(1/a_{32})(-a_{42})$。为得出这一结果，变换过程中需要把通过环节 $a_{34}$ 的信号 $X_4$ 放到环节 $a_{31}$ 之前，相应的变换法则将在第 12 章中介绍。在点 2 处信号 $X_1$ 分岔并沿着两个同方向的通道从点 2 传递到点 5，于是点 2 和点 5 之间的总传递函数就变成了 $G_{25}(s) = G_{25}^{pr} - a_{41} = -a_{31}(1/a_{32})(-a_{42}) - a_{41}$。

最后，我们可以看出，当满足 $G_{25}(s) = \dfrac{a_{31}a_{42} - a_{32}a_{41}}{a_{32}} = 0$ 这一条件时，坐标 $x_4 = z_2$ 将关于 $F_1(t)$ 具有不变性。这一结果从式（8.21）、式（8.28a）、式（8.28b）以及式（8.28c）来看也是十分显然的。实际上，对应的余因子为

$$
\begin{bmatrix}
0 & 0 & a_{23} \\
a_{31} & a_{32} & a_{33} \\
a_{41} & a_{42} & a_{43}
\end{bmatrix} = 0
$$

此外，根据图 8.6 所示的方框图不难看出，这种情况也同时实现了坐标 $x_3 = z_1$ 关于 $F_1(t)$ 的不变性。

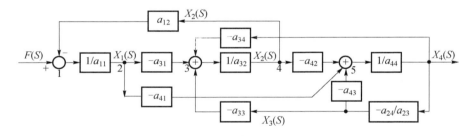

图 8.6　式（8.28c）所描述的转子系统的方框图

总之，为了实现像坐标 $X_1(s)$ 关于激励的像 $F_1(s)$ 的不变性，可以在二者之间构造两个传递通道，并保证这些 $F_1(s) - X_1(s)$ 通道的总传递函数为零，这是 Petrov 双通道原理的基本思想[6,16]，对于这些通道的分析可以通过方框图来进行。

### 8.4.3　动力吸振器

本节中我们将从 Petrov 双通道原理这一角度来讨论一下动力吸振器问题。如图 8.7（a）所示，该系统的振动可由如下方程来描述：

$$
\begin{cases}
m_0\ddot{x}_0 + (k_0 + k_1)x_0 - k_1x_1 = P_0\sin\omega t \\
m_1\ddot{x}_1 + k_1(x_1 - x_0) = 0
\end{cases}
$$

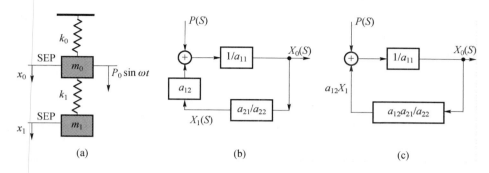

图 8.7 动力吸振器:(a)原理简图;(b)对应的方框图及其简化方案

以算子形式可以表示为

$$\begin{cases} (m_0 p^2 + k_0) x_0 - k_1 x_1 = P_0 \sin\omega t \\ -k_1 x_0 + (m_1 p^2 + k_1) x_1 = 0 \end{cases}$$

对上式作拉普拉斯变换之后可以得到

$$\begin{cases} a_{11}(s) X_0(s) - a_{12}(s) X_1(s) = P(s) \\ -a_{21}(s) X_0(s) + a_{22}(s) X_1(s) = 0 \end{cases}$$

由此可以解出

$$\begin{cases} X_0(s) = \dfrac{1}{a_{11}(s)} [P(s) + a_{12}(s) X_1(s)] \\ X_1(s) = \dfrac{a_{21}(s)}{a_{22}(s)} X_0(s) \end{cases}$$

图 8.7(b)给出了与此对应的方框图。可以看出,这一系统是带有反馈环节的,反馈环节的传递函数为 $a_{12} a_{21}/a_{22}$,系统的传递函数应为 $G(s) = \dfrac{1/a_{11}}{1 - \dfrac{1}{a_{11}} \dfrac{a_{12} a_{21}}{a_{22}}}$。如果假定激励是简谐型的,且激励频率为 $\omega = \sqrt{k_1/m_1}$,那么我们有 $a_{22} = 0$。这就意味着传递函数 $G(s) = 0$,通道 $G - X_0$ 也就断开联系了,因而有 $X_0(s) = 0$。

在上面这个实例中,输出响应 $x_0(t)$ 相对于任意激励而言仅仅在简谐激励条件下才是独立的,因此根据 Shchipanov - Luzin 原理来说这个系统并不具有严格的不变性。不过,这个实例可以让我们清晰地观察到,通过吸振器的调节能够实现对外部激励的完全补偿。

对于有限自由度的系统来说,参数式振动防护问题一般是针对确定的广义坐标进行分析的,而在连续系统中,这一问题要变得更为复杂一些,其原因在于系统的微分方程组(截断处理后)中可以引入不同形式的广义坐标组合[17]。

## 8.5 受移动载荷作用的板的参数式振动防护

类似于集中参数系统的情况,在分布参数系统中也可以利用不变性原理来分析和解决振动的参数式抑制问题。下面所给出的近似处理过程可以以最简单的方式来确定此类问题的解。这一处理过程的第一步需要将系统偏微分方程组的形式解表示成级数形式,且应使之满足边界条件的要求。由此即可将原来的数学模型(偏微分方程组)转换成一组常微分方程,进而就可以利用已有方法(如 Bubnov – Galerkin 方法)进行求解了。

在将形式解表示为级数形式这一步中,分布参数类型问题的特点就已经清晰地显现出来了。实际上,在集中参数系统问题中,方程的数量是等于自由度个数的,而对于分布参数系统,方程的个数则是由这个级数中所考虑的项数决定的。当选择了合适数量的项以及恰当的空间函数后,后面的工作就是利用 Shchipanov – Luzin 准则去确定完全不变性或不完全不变性所需满足的条件了。在级数表达式中引入更多的项能够使我们在系统参数空间中获得拓展的不变性条件,并且这些条件与从原级数表达式(项数较少)导出的不变性条件可能是不相容的。

附带提及的是,关于分布参数系统不变性条件的解析分析,感兴趣的读者可以去参阅文献[8]。

### 8.5.1 系统的数学模型

这里我们考虑一块矩形板,假定该板是理想情况,即板面内表现出绝对刚性而横向可产生弹性变形。板是由均匀各向同性的理想弹性材料所制成的,厚度为常数,令单位面积对应的质量为 $m_0$,初始时处于静止状态。现设该板上受到了一个移动载荷作用,即一个无限长的条板以恒定的速度 $v$ 在板上移动,如图 8.8 所示。载荷强度和单位面积条板的质量分别记为 $q(t)$ 和 $m_q$,载荷宽度为 $2c$,且关于板的中线 $y = b/2$ 是对称的。此外,这里只考虑定态情况[18],而不考虑条板速度可变、条板移上板面或移出板面这些情况。

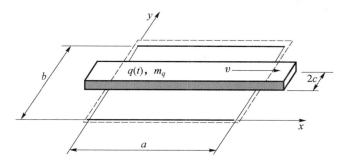

图 8.8　受到条板的惯性移动载荷的板

该矩形板的动力学状态可以通过如下方程来刻画：

$$X = D\nabla^2\nabla^2 w + m_0\frac{\partial^2 w}{\partial t^2} - q = 0 \tag{8.29}$$

式中：$w$ 为板的横向位移；$D = Eh^3/12(1 - v^2)$ 为板的弯曲刚度；$h$ 为板厚；$E$ 和 $v$ 分别为板材料的弹性模量和泊松比，式中的微分算子定义为

$$\begin{cases} \nabla^2 = \dfrac{\partial^2}{\partial x^2} + \dfrac{\partial^2}{\partial y^2} \\[2mm] \nabla^2\nabla^2 = \dfrac{\partial^4}{\partial x^4} + 2\dfrac{\partial^4}{\partial x^2\partial y^2} + \dfrac{\partial^4}{\partial y^4} \end{cases} \tag{8.30}$$

载荷强度 $q$ 包含了板单元的惯性力和所施加的载荷强度 $q_0$，以及移动载荷的惯性力等部分[18-20]，即

$$q = -m_0\frac{\partial^2 w}{\partial t^2} + \left[ q_0 - m_q\frac{\mathrm{d}^2 w}{\mathrm{d}t^2} \right] \tag{8.31}$$

式中：全导数应按照如下公式来计算，即

$$\frac{\mathrm{d}^2 w}{\mathrm{d}t^2} = \frac{\partial^2 w}{\partial t^2} + 2v\frac{\partial^2 w}{\partial t\partial x} + v^2\frac{\partial^2 w}{\partial x^2} \tag{8.32}$$

式中：第一项描述的是牵连加速度；第二项和第三项则代表的是柯氏加速度和移动载荷的法向加速度。

现在我们将板的横向位移表示为如下级数形式：

$$w = \sum_j\sum_i f_{ji}(t)\sin\frac{j\pi x}{a}\sin\frac{i\pi y}{b} \tag{8.33}$$

式中：$f_{ji}(t)$ 为未知的时间函数。为了确定这些函数，可以借助 Bubnov – Galerkin 方法对式(8.29)进行处理，即

$$\int_0^a\int_0^b X_k\sin\frac{m\pi x}{a}\sin\frac{n\pi y}{b}\mathrm{d}x\mathrm{d}y = 0, k = 1, 2 \tag{8.34}$$

由此我们可以得到一组关于 $f_{ji}$ 的无限个常微分方程，可以对其进行截断处理，这里我们主要考虑待定的 $f_{11}$、$f_{13}$、$f_{15}$、$f_{21}$、$f_{23}$ 等函数。每个微分方程中均包含

了 $\ddot{f}_{ji}$、$\dot{f}_{ji}$、$f_{ji}$ 项,它们对应的系数是 $m$、$l$ 和 $c$。表8.1 已经给出了这个方程组,根据这个表可以看出,第一个方程中的函数 $f_{11}$ 及其导数为

$$a_{11}f_{11} = (m_{11}p^2 + l_{11}p + c_{11})f_{11} = (1+2A_1)\ddot{f}_{11} + 0 \cdot \dot{f}_{11} + (\omega_{11}^2 - 2\bar{n}^2 A_1)f_{11}$$

$$\bar{n} = \frac{\pi v}{a}; \quad \omega_{mn}^2 = \pi^4\left(\frac{m^2}{a^2} + \frac{n^2}{b^2}\right)^2 \frac{D}{m_0}; \quad A_k = \mu\left(\frac{c}{b} + \frac{1}{2k\pi}\sin\frac{2k\pi c}{b}\right), k = 1,3,5;$$

$$\mu = \frac{m_q}{m_0}; \quad A_2 = \mu\left(2\sin\frac{2\pi c}{b} + \sin\frac{4\pi c}{b}\right), \quad A_4 = \mu\left(3\sin\frac{4\pi c}{b} + 2\sin\frac{6\pi c}{b}\right),$$

$$A_6 = \mu\left(4\sin\frac{2\pi c}{b} + \sin\frac{8\pi c}{b}\right)$$

表8.1 受到移动载荷作用的矩形板的振动微分方程及其稳态条件 $(a_{ik}(p) = m_{ik}p^2 + l_{ik}p + c_{ik}, i,k = 1,\cdots,n)$ [17,19]

| 方程,算子 | | $f_{11}=x_1$ | $f_{13}=x_2$ | $f_{15}=x_3$ | $f_{21}=x_4$ | $f_{23}=x_5$ | 自由项 $F_i(t)$ |
|---|---|---|---|---|---|---|---|
| | | $a_{11}$ | $a_{12}$ | $a_{13}$ | $a_{14}$ | $a_{15}$ | |
| 1 | $m_{1j}$ | $1+2A_1$ | $-A_2/2\pi$ | $A_4/6\pi$ | $0$ | $0$ | $\dfrac{16q_0(t)}{m_0\pi^2}\sin\dfrac{\pi c}{b}$ |
| | $l_{1j}$ | $0$ | $0$ | $0$ | $-32\bar{n}A_1/3\pi$ | $8\bar{n}A_1/3\pi^2$ | |
| | $c_{1j}$ | $\omega_{11}^2 - 2\bar{n}^2 A_1$ | $\bar{n}^2 A_2/2\pi$ | $-\bar{n}^2 A_4/6\pi$ | $0$ | $0$ | |
| | | $a_{21}$ | $a_{22}$ | $a_{23}$ | $a_{24}$ | $a_{25}$ | |
| 2 | $m_{2j}$ | $0$ | $0$ | $0$ | $1+2A_1$ | $-A_2/2\pi$ | $0$ |
| | $l_{2j}$ | $32\bar{n}A_1/3\pi$ | $-8\bar{n}A_2/3\pi^2$ | $8\bar{n}A_1/9\pi^2$ | $0$ | $0$ | |
| | $c_{2j}$ | $0$ | $0$ | $0$ | $\omega_{21}^2 - 8\bar{n}^2 A_1$ | $2\bar{n}^2 A_2/\pi$ | |
| | | $a_{31}$ | $a_{32}$ | $a_{33}$ | $a_{34}$ | $a_{35}$ | |
| 3 | $m_{3j}$ | $-A_2/2\pi$ | $1+2A_3$ | $-A_6/4\pi$ | $0$ | $0$ | $-\dfrac{16q_0(t)}{3m_0\pi^2}\sin\dfrac{3\pi c}{b}$ |
| | $l_{3j}$ | $0$ | $0$ | $0$ | $8\bar{n}^2 A_2/3\pi^2$ | $-32\bar{n}A_3/3\pi$ | |
| | $c_{3j}$ | $\bar{n}^2 A_2/2\pi$ | $\omega_{13}^2 - 2\bar{n}A_3$ | $\bar{n}^2 A_6/4\pi$ | $0$ | $0$ | |
| | | $a_{41}$ | $a_{42}$ | $a_{43}$ | $a_{44}$ | $a_{45}$ | |
| 4 | $m_{4j}$ | $0$ | $0$ | $0$ | $-A_2/2\pi$ | $1+2A_3$ | $0$ |
| | $l_{4j}$ | $-8\bar{n}A_2/3\pi^2$ | $32\bar{n}A_3/3\pi$ | $-4\bar{n}A_6/3\pi^2$ | $0$ | $0$ | |
| | $c_{4j}$ | $0$ | $0$ | $0$ | $2\bar{n}^2 A_2/\pi$ | $\omega_{23}^2 - 8\bar{n}^2 A_3$ | |
| | | $a_{51}$ | $a_{52}$ | $a_{53}$ | $a_{54}$ | $a_{55}$ | |
| 5 | $m_{5j}$ | $A_4/6\pi$ | $-A_6/4\pi$ | $1+2A_5$ | $0$ | $0$ | $\dfrac{16q_0(t)}{5m_0\pi^2}\sin\dfrac{5\pi c}{b}$ |
| | $l_{5j}$ | $0$ | $0$ | $0$ | $-8\bar{n}^2 A_4/9\pi^2$ | $4\bar{n}A_6/3\pi^2$ | |
| | $c_{5j}$ | $-\bar{n}^2 A_4/6\pi$ | $\bar{n}^2 A_6/4\pi$ | $\omega_{15}^2 - 2\bar{n}^2 A_5$ | $0$ | $0$ | |

这里我们针对板的 2 – 1 模态的抑制问题来确定所需满足的条件,即在该条件下板的 2 – 1 模态不会出现。这实际上就是需要确定一个不变性条件,使得 $f_{21} = x_4$ 相对于激励(第一个方程的右端项,参见表 8.1)具有不变性。为此,我们考虑如下几种情形:

(1) $J_{21-1}^{124}$ 不变性。这里的下标 21 – 1 代表的是 $f_{21}$ 关于方程 1 中的右端激励项的不变性,上标 1,2,4 则分别代表的是所考虑的方程编号。在考察函数 $x_1 = f_{11}, x_2 = f_{13}, x_4 = f_{21}$ 和方程 1,2,4 时,可以建立如下的矩阵算子 $a_{ik}$:

$$\begin{bmatrix} a_{11} & a_{12} & a_{14} \\ a_{21} & a_{22} & a_{24} \\ a_{41} & a_{42} & a_{44} \end{bmatrix}$$

当满足如下条件时即可保证不变性:

$$\begin{vmatrix} a_{21} & a_{22} \\ a_{41} & a_{42} \end{vmatrix} = 0 \text{ 或 } a_{21}a_{42} - a_{22}a_{41} = 0 \tag{8.35}$$

该方程可以展开表示为

$$16\pi^2 A_1 A_3 - A_2^2 = 0 \tag{8.36}$$

显然,仅当 $c/b = 0$ 时上式才是可能的,这就意味着这个矩形板受到的载荷必须位于中线上,可以看出此结论与原假设是一致的。

(2) $J_{21-1}^{125}$ 不变性。这里对所考察的方程范围进行了拓展,Shchipanov – Luzin 准则应为 $a_{41}a_{55} - a_{51}a_{45} = 0$,显然这一条件将对应于如下一些情形:$c/b = 0$,沿着中线加载;$c/b = 0.5$,沿着板宽加载;$\mu = m_q/m_0 = 0$,无质量的移动载荷。

(3) $J_{21-3}^{1245}$ 不变性。这里增加了方程的个数,并考虑了第三个方程中的外部激励。此时 Shchipanov – Luzin 行列式变为

$$\begin{vmatrix} a_{11} & a_{12} & a_{13} \\ a_{21} & a_{22} & a_{23} \\ a_{41} & a_{42} & a_{43} \end{vmatrix} = 0 \tag{8.37}$$

将这个行列式展开并令 $s^4$ 和 $s^2$ 项系数为零,由此可得 $f_{21} = x_4$ 关于 $F_3$ 保持绝对不变性的条件,它包括 $c/b = 0, c/b = 0.5, \mu = 0, \bar{n} = 0$,最后这个条件意味着载荷是静态的(不移动的)。

此外,进一步的分析还可以表明 $J_{21-5}^{1245}$ 不变性的条件也将与上面的第 3 种情形相同,这里不再给出具体过程。可以看出,随着所考虑的方程个数增加(即引入新的方程),对应的不变性条件的范围也在增大,其原因在于系统内部有更多的信号传递路径被激活了。关于信号传递机制的内容已经超出了本书的范畴,这里不再作进一步的讨论。

除了这里所讨论的矩形板以外,还可以对壳结构做类似的分析,这里我们

不再进一步介绍,感兴趣的读者可以参阅文献[17],其中讨论了具有正高斯曲率的壳受到惯性移动载荷作用的情况,分析了一些振动模态的参数式抑制问题。

### 8.5.2 Petrov 原理

根据前面的表8.1,我们可以写出函数 $x_1 = f_{11}, x_2 = f_{13}, x_4 = f_{21}$ 对应的方程1,2,4,即

$$\begin{cases} a_{11}x_1 + a_{12}x_2 + a_{14}x_4 = F_1(t) \\ a_{21}x_1 + a_{22}x_2 + a_{24}x_4 = 0 \\ a_{41}x_1 + a_{42}x_2 + a_{44}x_4 = 0 \end{cases} \tag{8.38}$$

对上述方程组做拉普拉斯变换($x_i \rightarrow X_i(s)$),整理后可以得到

$$\begin{cases} X_1(s) = \dfrac{1}{a_{11}}(F_1 - a_{12}X_2 - a_{14}X_4) \\ X_2(s) = -\dfrac{1}{a_{22}}(a_{21}X_1 + a_{24}X_4) \\ X_4(s) = -\dfrac{1}{a_{44}}(a_{41}X_1 + a_{42}X_2) \end{cases} \tag{8.39}$$

图8.9给出了与此对应的系统方框图。很明显,在直接通道中的模块 $a_{21}$、$-1/a_{22}$ 和 $a_{42}$ 等可以用单个模块来替换,该模块的等效传递函数为 $W_1 = -\dfrac{a_{21}}{a_{22}}a_{42}$[15]。这表明了求和节点2的输出信号 $X_2$ 源自于两个单向通道,分别是传递函数为 $W_1$ 的直接通道和传递函数为 $W_2 = a_{41}$ 的平行通道。根据 Petrov 双通道原理,当条件 $W_1 + W_2 = 0$ 得以满足时,就可以得到式(8.35)。这实际上意味着通道 $F_1 - X_4$ 中的传递过程被打断了,因而系统的广义坐标 $x_4 = f_{21}$ 将不再受到激励的影响,因而板的 $f_{21}$ 振动模态也就不可能形成了。此外我们还可以看出,利用参数式振动抑制方法是不能消除板的 $x_{11} = f_{11}$ 振动模态的。

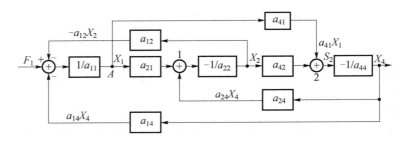

图8.9 "板——无限长移动条板"构成的动力学系统的方框图

## 供思考的一些问题

8.1  试述 Shchipanov - Luzin 绝对不变性的数学涵义,并指出它对动力学系统的数学模型施加了何种限定。

8.2  试述 Petrov 双通道原理的基本思想。

8.3  试述通过解析方式确定不变性条件的优缺点。

8.4  试述通过结构分析方式确定不变性条件的优缺点。

8.5  试述不变性原理中初始条件的影响。

8.6  试述绝对不变性与 $\varepsilon$ 不变性之间的差异。

8.7  设有一个动力学系统中包含了一个受到无限长条状移动载荷作用的矩形板,该系统的行为可用式(8.29)~式(8.34)和表 8.1 来描述。试证明 $f_{11}$ 关于激励 $F_1$ 的绝对不变性是不可能实现的。

8.8  对于一块受到无限长条状移动载荷作用的矩形板(式(8.29)~式(8.34)和表 8.1),从表 8.1 中的方程 1、2、3 出发,试确定响应 $f_{13}$ 关于 $F_1$ 具有不变性所需满足的条件。

8.9  对于利用 Schlick 陀螺吸振器进行振动抑制这一情况,是否可以视为不变性原理的一个具体实现?

8.10  如图 P 8.10 所示,一个任意的弹性系统带有三个集中质量,边界条件未指定,质量 $m_3$ 上受到了激励力 $F(t)$ 的作用。若仅考虑稳态振动情况,试推导出坐标 $x_1$ 关于任意激励 $F(t)$ 的不变性条件,并讨论 $m_3 = 0$ 的情形。

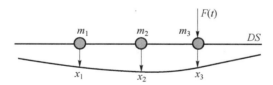

图 P 8.10   带有集中质量的可变形结构

提示:作用于点 1、2、3 上的惯性力 $m_i\ddot{x}_i$ 所导致的质量 $m_1$ 的位移为 $x_1 = \delta_{11}(-m_1\ddot{x}_1) + \delta_{12}(-m_2\ddot{x}_2) + \delta_{13}(-m_3\ddot{x}_3)$,其中的 $\delta_{ik}$ 是单位位移响应,即单位力 $F_k$ 作用下在力 $F_i$ 方向上产生的位移。

参考答案:不变性所需满足的条件为

$$I_{X_1-F} = \begin{vmatrix} a_{12}(s) & a_{13}(s) \\ a_{22}(s) & a_{23}(s) \end{vmatrix} = \begin{vmatrix} \delta_{12}m_2 s^2 & \delta_{13}m_3 s^2 \\ \delta_{22}m_2 s^2 + 1 & \delta_{23}m_3 s^2 \end{vmatrix}$$

$$= m_2 m_3 (\delta_{12}\delta_{23} - \delta_{22}\delta_{13})s^4 - \delta_{13}m_3 s^2 = 0$$

（1）如果 $\delta_{12}\delta_{23} = \delta_{22}\delta_{13}$，那么不变性 $I_{X_1-F}$ 是 $\varepsilon^2 = \delta_{13}m_3$ 级的。若减小 $\delta_{13}m_3$ 的值，则将导致位移响应 $x_1$ 与外部激励之间的关系变得更弱。

（2）当 $\delta_{23} = \delta_{13} = 0$ 时，$I_{X_1-F}$ 将是绝对不变性的。

8.11 对于问题 8.10 中的力学系统，试推导出坐标 $x_2$ 关于任意激励 $F(t)$ 的不变性条件。

参考答案：

$$I_{X_2-F} = \begin{vmatrix} a_{11}(s) & a_{13}(s) \\ a_{21}(s) & a_{23}(s) \end{vmatrix} = \begin{vmatrix} \delta_{11}m_1s^2 + 1 & \delta_{13}m_3s^2 \\ \delta_{21}m_1s^2 & \delta_{23}m_3s^2 \end{vmatrix}$$

$$= m_1m_3(\delta_{11}\delta_{23} - \delta_{21}\delta_{13})s^4 + \delta_{23}m_3s^2 = 0$$

8.12 一个转子受到一个简谐的水平激励力 $F(t) = F_0\cos\omega_0 t$ 的作用，作用点是质心 $C$，如图 8.1 所示。试证明如果点 $C$ 位于支撑点 1 和 2 之间且满足 $k_2l_2 = k_1l_1$ 这一条件，那么垂向位移 $z$ 是不会产生的。

提示：可利用微分方程组（8.19）和如下形式的特解：

$$y_1(t) = a_1\cos\omega_0 t, z_1(t) = a_3\sin\omega_0 t,$$

$$y_2(t) = a_2\cos\omega_0 t, z_2(t) = a_4\sin\omega_0 t$$

# 参考文献

1. Razumovsky, O. S. (1975). Modern determinism and extreme principles in physics. Moscow, Russia: Nauka.

2. Rayleigh Lord (J. W. Strutt) (1945). The theory of sound. New York: Dover.

3. Shchipanov, G. V. (1939). Theory and methods of design of the automatic regulators. Automatics and Telemechanics, 1.

4. Luzin, N. N. , & Kuznetsov, P. I. (1951). Absolute invariance and invariance up to ε in the theory of differential equations. DAN USSR, т. 80, 3.

5. Karnovsky, M. I. (1942). Acoustical compensating devices. DAN USSR, т. XXXVII, 1.

6. Solodovnikov, V. V. (Ed. ). (1967). Technical cybernetics(Vol. 1 – 4). Moscow, Russia: Mashinostroenie.

7. D'Azzo, J. J. , &Houpis, C. H. (1995). Linear control systems. Analysis and design(4th ed. ). New York: McGraw-Hill.

8. Egorov, A. I. (1965). Optimal processes in systems with distributed parameters and certain problems of the invariance theory. AN USSR, Series Math, 29(6), 1205 – 1260.

9. Fowles, G. R. , &Cassiday, G. L. (1999). Analytical mechanics(6th ed. ). Belmont, CA: Brooks/Cole—Thomson Learning.

10. Bat', M. I. , Dzhanelidze, G. J. , &Kel'zon, A. S. (1973). Theoretical mechanics (Special topics, Vol. 3). Moscow, Russia: Nauka.

11. Panovko, Ya. G. , &Gubanova, I. I. (1973). Stability and oscillations of elastic systems: Modern concepts, paradoxes, and errors(6th ed. ). NASA TT-F, 751, M. : URSS, 2007.

12. Karnovsky, I. A. , & Lebed, O. (2001). Formulas for structural dynamics. Tables, graphs and solutions. New York: McGraw Hill.

13. Karnovsky, I. A. , & Lebed, O. (2010). Advanced methods of structural analysis. New York: Springer.

14. Babakov, I. M. (1965). Theory of vibration. Moscow, Russia: Nauka.

15. Shinners, S. M. (1978). Modern control system theory and application Reading, MA: Addison Wesley. (Original work published 1972).

16. Petrov, B. N. (1960). The invariance Principle and the conditions for its application during the calculation of linear and nonlinear systems. Proceedings of International Federation of Automation Control Congress, Moscow (Vol. 2, pp. 1123 – 1128). London: Butterworth, 1961.

17. Karnovsky, I. A. (1976). The invariance of the vibration modes of a shallow shell with respect to external excitation. Izvestiya VUZov. Mashinostroenie, 2.

18. Karnovsky, I. A. (1968). Vibration of a plate carrying a moving load. Case of large deflections. Soviet Applied Mechanics, 4(10), 56 – 60.

19. Karnovsky, I. A. (1971). Vibration of shell subjected to moving load. Strength of materials and theory of structures (Vol. 13). Kiev: Budivel'nik.

20. Karnovsky, I. A. (2012). Theory of arched structures. Strength, stability, vibration. New York: Springer.

# 第9章　振动防护系统的非线性理论

本章主要阐述了非线性的成因以及非线性振动的一般特性,并讨论了谐波线性化方法的基本内容,以及这一方法在单自由度系统的自由振动和受迫振动分析中的应用。本章给出了多种不同类型的非线性情况,其中包括杜芬硬特性、非线性刚度与黏性阻尼力的组合、带有干摩擦的线性刚度等。此外,这一章还考察了一个非线性动力吸振器问题,并讨论了任意个数自由度的系统的线性化问题。

## 9.1　概述

对于动力学系统的振动防护问题来说,考虑非线性往往是一个必然要求,原因在于[1-4]:

(1)任何系统本质上都是非线性的,有些情况中如果做线性假设则可能导致理论分析结果与实际观测结果之间产生不可调和的矛盾,因此,仅仅在一个纯粹的线性理论框架下来进行振动防护问题的分析就是不全面的,它不能充分地反映和体现振动防护系统的真实特征。

(2)当一个振动防护系统经历的是较强的振动和冲击过程时,所产生的很多现象是难以通过线性理论进行描述和揭示的。

(3)有时为了增强振动抑制效果,往往会在系统中特意引入一些带有非线性特性的元件。

### 9.1.1　非线性的类型及其特性

在很多情况下系统往往都会呈现出非线性,一般来说这些非线性来源于两种不同情况,其一是系统元件实际特性所导致的非线性,其二则是特意引入到系统中的非线性元件所导致的。对于第一类非线性来说,一般包括如下情形[5,6]:

(1)物理非线性,即某个元件材料的应力应变关系不遵从胡克定律。

(2)几何非线性,主要来源于大幅值振动。

(3)耗散力导致的非线性。

(4)系统所处的环境特征导致的非线性,如位于非线性磁场中的系统,再如位于非线性弹性基础上的梁等。

(5)结构非线性,其中包括弹性元件的特殊性(如直径有变化的螺旋弹簧)和对称或非对称约束的存在等。

第二类非线性一般是由特意引入的元件的特性导致的,引入这些元件的目的是为了实现某些特定的性能[3],其中包括[7]:

(1)阶梯状非线性,如库伦摩擦、预加载荷、理想延迟等。

(2)死区非线性,所谓的死区是指某个输入范围中不存在对应的输出,即使物体运动的方向发生改变,该区域仍然保持原状态,直到触发临界条件。

(3)组合非线性,如死区和饱和机制的组合、死区和滞后机制的组合等。

此外,对振动防护装置尺寸上的限制往往也会导致一些非线性问题[1]。有关非线性的类型、特征、分析方法等方面的更多细节可以参阅文献[3,6,8-10,11,vol. 2]。

对于振动防护系统来说,非线性可以跟弹性、阻尼和支撑类型等相关联,总体来看它们可以划分为两种情况,即静态非线性和动态非线性。下面我们介绍一些典型的非线性。

**1. 静态非线性特性**

"力-位移"特性 $F = F(x)$ 一般可以表示为解析形式或者表格形式,下面我们介绍一些不同的"力-位移"特性。

(1)幂非线性[12,13]。对于一个非线性元件来说,有必要区分渐硬特性和渐软特性这两种不同的特性类型。就渐硬特性来说,如图9.1(a)所示,"力-位移"曲线的斜率随负载的增大而增大,而在渐软特性情况中,如图9.1(b)所示,这个斜率是减小的。两幅图中的虚线代表的是线性特性。一般地,杜芬(1918)形式的恢复力特性可以表示为

$$F(x) \approx kx \pm hx^3 \tag{9.1}$$

其中,正号(负号)代表的是具有渐硬(软)特性的弹簧。卷绕半径发生变化的弹簧就是一个渐硬特性弹簧的实例。另外,应当注意的是,非线性特性既可以是对称的也可以是非对称形式的,所谓的对称非线性是指满足 $F(-x) = -F(x)$ 这一关系。

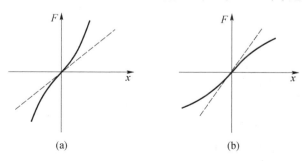

(a)                                (b)

图9.1 (a)具有渐硬特性的对称形式的恢复力;(b)具有渐软特性的对称形式的恢复力

当把一个集中质量附加到一个未受预拉力的绳上时,就可以形成一种对称形式的渐硬特性,这种情形对应的是几何非线性,这是因为该非线性不是由绳子材料的物理特性导致的,而是来源于大位移行为[6]。如果这个绳中是有预拉力的,那么"力-位移"特性将变成非对称的了(关于原点)[14]。若该集中质量 $m$ 位于绳的中点,且绳长为 $2l$,那么它的振动方程可以近似表示为 $m\ddot{x} + \dfrac{2S}{l}x + \dfrac{EA}{l^3}x^3 = 0$,其中 $x$ 为质量的位移(垂直于绳的初始轴方向),$S$ 为绳中的预拉力,$A$ 为绳的横截面面积,$E$ 为绳材料的弹性模量。与前面这一情况不同的是,梁材料的应力应变关系若为 $\sigma = E\varepsilon - \beta E^3 \varepsilon^3$ [10],那么就可以导致一类渐软形式的物理非线性。

(2)分段线性。采用线性弹簧的组合可以构造出此类分段线性的非线性特征,图 9.2 给出了相应的"力-位移"曲线[14,15]。这些组合形式包括:①带有间隙的系统;②带有预载荷的系统;③带有双侧弹性限位器的系统;④带有单侧弹性限位器的系统。所有这些形式都可以导致分段线性特性。

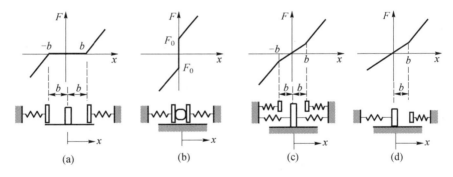

图 9.2　分段线性特性:(a)带有间隙的系统;(b)带有预加载荷的系统;
(c)带有双侧弹性限位器的系统;(d)带有单侧弹性限位器的系统[4]

(3)非线性支撑。图 9.3(a)给出了一个由小变形区域内呈现渐硬特性和大变形区域内呈现线性特性(虚线)所构成的特性组合,支撑在曲线型刚性导轨上的梁往往就具有这一特性[15]。梁与支撑之间具有不同的接触长度,进而可以导致梁的无接触部分长度也是变化的。随着负载的增大,接触区域也相应增大,而自由部分的长度也就随之减小,即刚性增大了。当曲线支撑部分完全被占据,进一步提高载荷将不会再改变梁的长度了,因而将呈现出线性特性。此外,还可以有双侧和单侧弹性支撑的形式,双侧情况的特性如图 9.3(b)所示,其中"前进"和"后退"方向上的刚度系数是不同的,而单侧弹性支撑的情况如图 9.3(c)所示[2]。

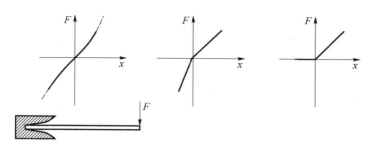

图 9.3 支撑的非线性特性：(a)，(b)双侧限位；(c)单侧限位

**2. 动态非线性特性**

这类非线性特性一般可由非线性的微分关系式来表达，即 $F = F(x, px), p = \dfrac{\mathrm{d}}{\mathrm{d}t}$。这种情况中单自由度系统的自由振动方程可以描述为 $m\ddot{x} + F(x, \dot{x}) = 0$，其中的函数 $F(x, \dot{x})$ 包含了恢复力 $F(x)$ 和阻尼力两种成分。下面我们仅考察阻尼力情形，此时最简单的 $F(x, \dot{x})$ 就是线性阻尼力函数，即 $F(x, \dot{x}) = a\dot{x}$，其中的 $a$ 为黏性阻尼系数。物体在黏性流体中低速运动时所受到的阻力往往就是这类情况，而如果物体是快速运动的，那么阻尼力将与速度的平方成正比了，即 $F = a\dot{x}^2$。另外，阻力还有可能是既与速度相关，又与位移相关的，如 $F(x, \dot{x}) = a(x)\dot{x}$。

当一个物体在粗糙表面上滑动时，将形成一种干摩擦力，它与物体的运动速度（$px = \dot{x}$）方向相反。根据库伦定律，若 $\dot{x} \neq 0$，那么这个力可以表示为 $F(\dot{x}) = -F_0 \mathrm{sgn}\dot{x}$[2]，如图 9.4(a)所示。如果 $\dot{x} = 0$，那么摩擦力将在 $-c \leqslant F \leqslant c$ 这一范围内取值，且该值应等于所有外力（包括惯性力）的和。假定在 $\dot{x} = 0$ 时刻所有外力的和小于 $c$，那么系统将保持静止，这一现象称为停滞，它将一直持续，直到外力之和达到 $|F| = c$ 为止，随后系统将开始运动。这就是干摩擦和延迟特性的区别（后者也具有类似的现象）。当然，如果在 $\dot{x} = 0$ 时刻系统总能满足 $|F| > c$ 这一条件，那么系统中也就不会观测到停滞现象了[3]。

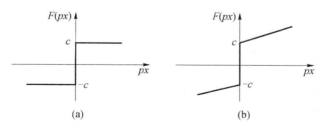

图 9.4 不同的非线性类型：(a)干摩擦；(b)黏性干摩擦

图 9.4(b)给出了系统的一种组合特性,其中同时带有线性阻力和干摩擦力,图中斜线的斜率就等于黏性阻尼系数。

对于一个带有干摩擦阻尼的振动防护系统来说,它本质上就已经成为一个非线性系统了[1]。在干摩擦力的影响下,系统运动情况的分析是较为复杂的。

下面我们将给出一些单自由度系统的非线性动力学模型,这些系统的输入激励和输出响应分别用 $x_1$ 和 $x_2$ 表示。

如果一个振动防护系统中包含了黏性摩擦元件、干摩擦元件和一个线弹性元件,那么其动力学模型可表示为[3]

若 $\dot{x}_2 = 0$ 处有 $|k_1 x_1 - k_2 x_2 - m\ddot{x}_2| \geq c$,则

$$m\ddot{x}_2 + k\dot{x}_2 + c\,\mathrm{sgn}\dot{x}_2 + k_2 x_2 = k_1 x_1 \tag{9.2}$$

而若 $\dot{x}_2 = 0$ 时刻有 $|k_1 x_1 - k_2 x_2 - m\ddot{x}_2| < c$,那么式(9.2)仅当 $\dot{x}_2 \neq 0$ 才成立,而在 $\dot{x}_2 = 0$ 时将发生停滞现象。该现象将一直持续,直到式(9.2)的右端项满足 $(k_2 x_m - c) < k_1 x_1 < (k_2 x_m + c)$,其中 $x_m = x_2$。此外,在这类系统中,还会出现非线性系统所特有的一些现象,如跳跃现象[3]。

另一个振动防护系统包含了非线性恢复力和非线性摩擦[3],它的运动方程可以表示为

$$\begin{cases} m\ddot{x}_2 + F(x_2) + F(\dot{x}_2) = k_1 x_1 \\ m\ddot{x}_2 + F(x_2) + k_0 \dot{x}_2 + c\dot{x}_2^2 \mathrm{sgn}\dot{x}_2 = k_1 x_1 \end{cases} \tag{9.3}$$

此外,还有很多其他类型的非线性以及对应的系统运动方程,感兴趣的读者可以参阅文献[6,8,16]。

## 9.1.2 非线性振动的主要特性

这里我们只简要地列举非线性系统的一些基本特性[3,14,16,17]:

(1)在不承受外部激励的线性系统中,如果对初始条件做成比例的调整,那么将会导致动力学过程的同比例改变,而不会改变该过程的形态。与此不同的是,在非线性系统中,初始条件的改变不仅会引起动力学过程形态的变化,而且还会改变其基本特性。例如,对于较小的初始位移($x_0 < A_0$)而言,某系统的振动将会随着时间增长而衰减,因而是稳定的,而对于较大的初始位移($x_0 > A_0$),系统可能会变成不稳定的了,如图 9.5 所示。与此相反,在一些非线性系统中,初始条件的值较小时系统的自由振动却会逐渐增长(图 9.6,曲线 1),而较大的值则会导致自由振动不断衰减(曲线 2)[3]。

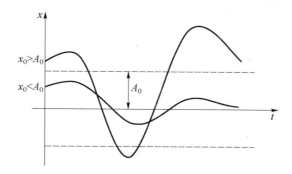

图 9.5　初始条件对某非线性系统自由振动的影响

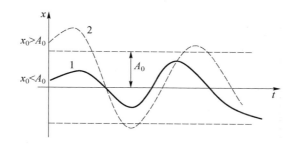

图 9.6　不同初始位移 $x_0$ 条件下某非线性系统的不稳定的瞬态过程

（2）对于非线性系统而言，叠加原理不再适用。

（3）一般而言，非线性系统的自由振动不是简谐型的，其频率依赖于振幅。

（4）当非线性系统受到简谐型的激励 $F = F_0 \sin \omega t$ 作用时，系统的响应本质上是非简谐的，其中可能包含高频谐波成分和低频成分（如亚谐振动）。

关于非线性系统的更多内容可以在一些相关文献中找到，例如 Hayashi 的书[6]中介绍了非线性系统的基本理论，其中详细探讨了非线性振动的分析方法、稳定性、稳态受迫振动和瞬态自激振动等内容，再如 Popov 的基础教材[3]，其中介绍了非线性系统控制理论。

# 9.2　谐波线性化方法

目前已经有多种不同的非线性动力学系统分析方法[16;11,vol.2]，不过只有在一些特殊情况中才能获得非线性微分方程的精确解析解。正因如此，对于非线性方程来说，人们在研究中广泛采用了各类不同的数值积分方法[12,17]、拟线性方法以及定性方法等。在这些方法中，线性化方法是一个重要的类型，这里我们主要关注的是这一类型中的谐波线性化方法。

谐波线性化方法是一种非常有效的分析手段,可以用于各种类型非线性系统的自由振动和受迫振动的分析[3],当然也适用于振动防护系统[2]的研究。这一方法的一个特征在于,最终得到的线性化结果中仍保留了非线性系统的本质属性,另一特征则在于,它不是去求解原来的非线性微分方程(组),而是去构造能够将系统参数与动力学过程特性相互联系起来的代数方程(组)。

## 9.2.1 谐波线性化方法的基本思想

谐波线性化概念[18]最早是 Krylov 和 Bogljubov 提出的,将系统中的非线性元件用线性元件来替代,这是该方法的基本点。对于这个替换后的线性元件来说,在简谐激励条件下其参数需要根据如下条件来确定,即等效线性模块的响应与非线性元件情况下的一阶谐波成分应具有相同的幅值。显然,这一方法是一种近似方法,可用于系统的线性部分的输出谱仅由系统响应的一阶谐波成分(由傅里叶级数确定)决定的情况。该方法对非线性函数的限制是比较少的,一般不会影响到其应用。

下面我们考察一下自由振动问题。这里考虑一个由任意形式的线性结构和一个非线性元件所组成的动力学系统,主要分析该系统以单一频率、对称形式进行的稳态自由振动过程[3]。系统的振动过程可以描述为

$$Q(p)x + R(p)F(x,px) = 0, p = \frac{\mathrm{d}}{\mathrm{d}t} \tag{9.4}$$

式中:$Q(p)$ 和 $R(p)$ 为以算子形式给出的任意多项式函数;$F(x,px)$ 为任意的非线性函数,这里的非线性可以是比较强的,或者说 $F(x,px)$ 可以包含比较显著的高阶谐波成分[3]。

我们所关心的问题可以描述如下,即寻找式(9.4)的一个周期解,使得即便是在强非线性函数 $F(x,px)$ 情况下,输出变量 $x$ 也仍然可以借助一个近似于谐波函数的形式来表达,即 $x = a\sin\omega t + \varepsilon z(t)$,其中的 $\varepsilon$ 为小参数,而 $z(t)$ 为任意的时间函数。

谐波线性化方法的主要特点就是在所期望的解中引入了一个小参数 $\varepsilon$,而很多其他的准线性求解方法则是将小参数引入到原方程中以表征非线性项[3]。

我们假定系统的线性部分表现为低通滤波特性,也就是说,在周期振动情况中所有较高的谐波将会被抑制掉。于是,线性模块输出端的变量 $x$ 可视为按照 $x = a\sin\omega t$ 的规律变化,这一信号作为输入进一步传递到非线性模块中。显然,在非线性模块中我们就有 $y = F(x) = F(a\sin\omega t)$。可以看出,谐波线性化方法也正是由于引入了谐波函数(替代了非线性函数 $F(x)$)而得名的。

上述表达式 $y = F(x) = F(a\sin\omega t)$ 可以展开为傅里叶级数形式，我们仅考察一阶谐波项，则有

$$F(x) = F(a\sin\omega t) \approx \frac{A_0}{2} + A\cos\omega t + B\sin\omega t \tag{9.5}$$

其中系数为

$$\begin{cases} \dfrac{A_0}{2} = \dfrac{\omega}{\pi}\int_0^{2\pi/\omega} F(x)\,\mathrm{d}t = \dfrac{\omega}{\pi}\int_0^{2\pi/\omega} F(a\sin\omega t)\,\mathrm{d}t \\[2mm] A = \dfrac{\omega}{\pi}\int_0^{2\pi/\omega} F(a\sin\omega t)\cos\omega t\,\mathrm{d}t \\[2mm] B = \dfrac{\omega}{\pi}\int_0^{2\pi/\omega} F(a\sin\omega t)\sin\omega t\,\mathrm{d}t \end{cases} \tag{9.6}$$

当非线性项 $F(x)$ 呈现出对称性特征时，式(9.5)中的常数项应为 $A_0 = 0$。另外应当指出的是，式(9.5)中忽略掉高阶项是合理的，这一点可以作严格的证明，即便是在强非线性情况中也是如此，感兴趣的读者可以去参阅 Popov 的文献[3]。

现在我们将非线性模块输出信号中的傅里叶系数 $A$ 和 $B$ 的表达式做一变换，引入新的变量 $q(a)$ 和 $q'(a)$，使得 $B = aq(a)$，$A = aq'(a)$。利用这些新变量，我们可以将前式(9.5)变换为

$$F(x) \approx A\cos\omega t + B\sin\omega t = aq'(a)\cos\omega t + aq(a)\sin\omega t \tag{9.7}$$

由于 $x = a\sin\omega t$，于是有 $a\cos\omega t = \dfrac{px}{\omega}$，$p = \dfrac{\mathrm{d}}{\mathrm{d}t}$。因此，式(9.7)可以转化为

$$F(x) \approx q'(a)\frac{px}{\omega} + q(a)x = \left[q(a) + q'(a)\frac{p}{\omega}\right]x \tag{9.8}$$

这样一来，非线性项 $F(x)$ 就可近似为一个线性函数了，即

$$F(x) \approx q(a)x + \frac{q'(a)}{\omega}\dot{x} \tag{9.9}$$

上面这一过程也就是对非线性项 $F(x)$ 的谐波线性化过程，由此可以导出非线性系统(9.4)的谐波线性化方程，即

$$Q(p)x + R(p)\left[q(a) + \frac{q'(a)}{\omega}p\right]x = 0 \tag{9.10}$$

式中：$q(a)$ 和 $q'(a)$ 称为谐波线性化系数。可以看出，式中的第二项包含了时间微分算子，因此 $q(a)$ 和 $q'(a)/\omega$ 就分别代表了线性化系统的刚度系数和黏性系数，这些参数仅仅依赖于振幅 $a$。很显然，这里的线性化方程是一个线性常微分方程，它将给出常数幅值和频率的周期振动解。

由于采用了近似函数 $q(a)x + \dfrac{q'(a)}{\omega}\dot{x}$，因而方程(9.10)是可以求出解析解

的。谐波线性化过程的主要特点就是保留了非线性系统的特征，可以看出，如果假定解是简谐形式的话，那么谐波线性化方法将使得函数式(9.9)与函数 $F(x, px)$ 之间的均方差达到最小[1]。

下面我们来推导谐波线性化系数的表达式。可以将参数 $q(a)$ 和 $q'(a)$ 纳入到前面的式(9.6)中，即

$$\begin{cases} A = aq'(a) = \dfrac{\omega}{\pi} \displaystyle\int_0^{2\pi/\omega} F(a\sin\omega t)\cos\omega t\, dt \\[2mm] B = aq(a) = \dfrac{\omega}{\pi} \displaystyle\int_0^{2\pi/\omega} F(a\sin\omega t)\sin\omega t\, dt \end{cases}$$

此处我们引入一个新变量 $\omega t = \psi$，$dt = \dfrac{d\psi}{\omega}$。这样一来，式(9.6)中的积分项的上限就变成了 $\psi = \omega t = \omega\dfrac{2\pi}{\omega} = 2\pi$。于是最后得到的线性化系数表达式为

$$\begin{cases} q'(a) = \dfrac{1}{a\pi} \displaystyle\int_0^{2\pi} F(a\sin\psi)\cos\psi\, d\psi \\[2mm] q(a) = \dfrac{1}{a\pi} \displaystyle\int_0^{2\pi} F(a\sin\psi)\sin\psi\, d\psi \end{cases} \tag{9.11}$$

很明显，对于一个单值、对称的非线性奇函数来说，我们有 $q'(a) = 0$。这就意味着在一个用于替换原非线性系统的线性系统中，只存在着线弹性元件，而不存在阻尼元件了。

在部分非线性情况中，即 $F = F(x)$，线性化系数应当根据式(9.11)来计算。这种情况下，非线性微分方程 $Q(p)x + R(p)F(x) = 0$ 可以近似为如下线性形式：

$$Q(p)x + R(p)\left[ q(a) + \frac{q'(a)}{\omega}p \right]x = 0 \tag{9.12}$$

对于最一般的非线性情况，即 $F = F(x, px)$，线性化系数则应当按照如下公式来计算，即

$$\begin{cases} F(x, px) = \left[ q(a, \omega) + \dfrac{q'(a, \omega)}{\omega}p \right]x \\[2mm] q'(a) = \dfrac{1}{a\pi} \displaystyle\int_0^{2\pi} F(a\sin\psi, a\omega\cos\psi)\cos\psi\, d\psi \\[2mm] q(a) = \dfrac{1}{a\pi} \displaystyle\int_0^{2\pi} F(a\sin\psi, a\omega\cos\psi)\sin\psi\, d\psi \end{cases} \tag{9.13}$$

此时，非线性微分方程(9.4)可以表示为如下线性化形式：

$$Q(p)x + R(p)\left[ q(a, \omega) + \frac{q'(a, \omega)}{\omega}p \right]x = 0 \tag{9.14}$$

在后面的 9.2.2 节中,我们还将给出若干特定的非线性情况所对应的线性化系数。

谐波线性化方法的严格描述可以参阅文献[18,19],文献[20]还给出了与各种类型非线性相关的一些详细表格。此外,人们还对这种方法做了大量的拓展,并应用到了各种不同场合中,如瞬态和稳态振动分析、稳定性分析等,同时也考察了该方法与其他方法之间的内在联系,这些内容可以在基础书籍[3]中找到。

对于前面得到的线性化方程(9.10)或(9.14),可以从其中的积分开始分析。例如,我们来考虑一个二阶的非线性方程,即 $m\ddot{x} + F(x) = 0$,这种情况下我们有 $Q(p) = mp^2$,$R(p) = 1$,$F(x) = q(a)x + \dfrac{q'(a)}{\omega}\dot{x}$,进而这个非线性方程就可以近似为如下人们所熟知的线性方程形式:

$$m\ddot{x} + q(a)x + \frac{q'(a)}{\omega}\dot{x} = 0$$

如果假定 $F(x) = kx^3$(杜芬特性),那么有 $q(a) = 3ka^2/4$,$q'(a) = 0$(参见9.2.2 节)。显然,经过谐波线性化过程之后该方程就变为

$$m\ddot{x} + \frac{3}{4}ka^2x = 0$$

由此可以得到自由振动频率为 $\omega = a\sqrt{\dfrac{3k}{4m}}$,这一关系式给出了振动频率与振幅之间的联系,事实上,频率依赖于振幅($\omega = \omega(a)$)正是非线性振动系统的一个主要特征。应当指出的是,利用 Chebyshev 多项式[21]对原非线性方程进行线性化也可以得到相同的结果。

对于更高阶次的系统来说,为了找到振幅与频率之间的关系,可以采用代数方法进行分析。谐波线性化方程(9.14)的特征方程将具有如下形式:

$$Q(p) + R(p)\left[q(a,\omega) + \frac{q'(a,\omega)}{\omega}p\right] = 0 \tag{9.15}$$

为确定周期解 $x = a\sin\omega t$ 中的幅值和频率的关系,可以令 $p = j\omega$($j = \sqrt{-1}$),进而可将式(9.15)分离成实部和虚部的组合形式,即 $X(a,\omega) + jY(a,\omega) = 0$。由此可以导出

$$\begin{cases} X(a,\omega) = 0 \\ Y(a,\omega) = 0 \end{cases} \tag{9.16}$$

根据式(9.16)即可确定出周期解的幅值频率依赖关系。

在非对称振动情况中$(x = a_0 + a\sin\omega t)$,表达式(9.5)中的常数项 $A_0$ 是不为零的,因而式(9.6)中的三个系数表达式需要同时考虑,而随后的振动参数计算过程则是一样的。

总体而言,谐波线性化这一分析方法的优点主要体现在以下几个方面:

(1)该方法对系统微分方程线性部分的阶次没有限制。

(2)系统中的非线性元件可以是任意类型的,特别地,该非线性可以是单值的也可以是多值的。

(3)非线性元件在系统中的位置可以是任意的,并且线性元件和非线性元件之间的连接也可以是任意类型的,线性化处理过程不依赖于非线性元件的具体类型。

(4)该方法适用面十分广泛,可用于有关非线性振动的大量技术问题的求解。

此外,这种方法还特别适合于系统设计阶段的问题求解。

## 9.2.2　谐波线性化系数

本节我们来考察一些典型的非线性实例,其中包括幂非线性、继电型非线性、分段线性以及不同类型的摩擦等。

首先分析幂非线性。假定杜芬形式的非线性项为 $F(x) = kx^3$,这种情况下的谐波线性化系数为

$$\begin{cases} q_3'(a) = \dfrac{1}{\pi a}\displaystyle\int_0^{2\pi} F(a\sin\psi)\cos\psi\,\mathrm{d}\psi = 0 \\[2mm] q_3(a) = \dfrac{1}{\pi a}\displaystyle\int_0^{2\pi} F(a\sin\psi)\sin\psi\,\mathrm{d}\psi = \dfrac{1}{\pi a}\displaystyle\int_0^{2\pi} k(a\sin\psi)^3\sin\psi\,\mathrm{d}\psi = \dfrac{3}{4}ka^2 \end{cases}$$

$$(9.17)$$

线性化系数中的下标 3 代表的是非线性度。这里的立方非线性被近似为一个刚度系数为 $q_3(a)$ 的弹簧和一个黏性系数为 $q_3'(a) = 0$ 的阻尼器的组合。显然,对于立方非线性来说,刚度系数 $q(a)$ 是依赖于幅值的平方的。

在最一般的情况下,幂非线性特性的解析形式可以表示为

$$F(x) = \begin{cases} kx^n & ,n\ \text{为奇数} \\ kx^n\mathrm{sgn}x & ,n\ \text{为偶数} \end{cases}$$

$$(9.18)$$

式中:$n$ 为正整数。这一非线性项的线性化系数为[3,22]

$$n = 2, \quad q_2 = 8ka/(3\pi)$$

$$(9.19)$$

$$n = 4, \quad q_4 = 32ka^3/(15\pi); \quad n = 5, \quad q_5 = 5ka^4/8 \tag{9.20}$$

线性化系统的刚度系数可以通过如下的循环公式来计算：

$$q_n = \frac{4nka^{n-1}}{(n+1)\pi} \int_0^{\pi/2} \sin^{n-1}\psi \mathrm{d}\psi \tag{9.21}$$

如果非线性特性为 $F(x) = kx^3$，且系统的振动为非对称形式的，即 $x = x^0 + a\sin\psi$，那么谐波线性化系数将为[3]

$$q = \frac{k}{\pi a} \int_0^{2\pi} (x^0 + a\sin\psi)^3 \sin\psi \mathrm{d}\psi = 3k\left[(x^0)^2 + \frac{a^2}{4}\right], q' = 0 \tag{9.22}$$

再来考察一下继电型非线性[3]。理想的继电型非线性特性如图 9.7 所示，对应的谐波线性化系数为

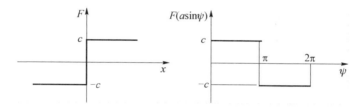

图 9.7　继电型非线性特性与 $F(a\sin\psi)$ 曲线

$$\begin{cases} q(a) = \dfrac{1}{\pi a} \int_0^{2\pi} F(a\sin\psi) \sin\psi \mathrm{d}\psi = \dfrac{2}{\pi a} \int_0^{\pi} c\sin\psi \mathrm{d}\psi = \dfrac{2}{\pi a} (-\cos\psi)\Big|_0^{\pi} = \dfrac{4c}{\pi a} \\[3mm] q'(a) = \dfrac{1}{\pi a} \int_0^{2\pi} F(a\sin\psi) \cos\psi \mathrm{d}\psi = \dfrac{2c}{\pi a} \int_0^{2\pi} \cos\psi \mathrm{d}\psi = 0 \end{cases}$$

$$\tag{9.23}$$

应当提及的是，对于继电型非线性系统的分析来说是存在精确方法的[3]。

下面再来介绍一下干摩擦这种非线性特性，它可以表示为 $F(px) = c\,\mathrm{sgn}\,px$ $\left(p = \dfrac{\mathrm{d}}{\mathrm{d}t}\right)$，这一特性的曲线也可用图 9.7 表示，不过其中的 $x$ 需要用 $px$ 来替换。通过类比继电型非线性，可以导得此类非线性的谐波线性化系数如下：

$$q'(a) = \frac{4c}{\pi a}, q(a) = 0 \tag{9.24}$$

内摩擦[1,23]是另一种非线性形式，其中非线性 Sorokin – Panovko 特性可以表示为[23]

$$F(x, \dot{x}) = \beta a^n \sqrt{1 - \frac{x^2}{a^2}} \mathrm{sgn}\dot{x} \tag{9.25}$$

式中:$a$ 为振幅;$\beta$ 和 $n$ 为材料参数;$n$ 为无量纲参数(不一定是整数)。参数 $\beta$ 的单位依赖于 $n$,即 $[\beta] = [F/L^n]$,其中的 $F$ 和 $L$ 分别代表力和长度的单位。当系统的振动接近于简谐形式时,我们有[1]

$$\begin{cases} x = a\sin\omega t \\ \sqrt{1 - \dfrac{x^2}{a^2}} = |\cos\omega t| \\ \dot{x} = a\omega\cos\omega t = a\omega\sqrt{1 - \dfrac{x^2}{a^2}}\mathrm{sgn}\dot{x} \end{cases} \tag{9.26}$$

于是 Sorokin – Panovko 非线性表达式(9.25)的谐波线性化结果就变成了 $F(x,\dot{x}) = \dfrac{\beta a^{n-1}}{\omega}\dot{x}$。这个式子表明,内摩擦力不仅依赖于材料参数 $\beta$ 和 $n$,而且还与振动过程中的 $\omega$、$a$ 和 $\dot{x}$ 等参量有关。

最后我们来讨论一下分段线性这种非线性特性[2,3,15],图 9.8 给出了若干分段线性特性的实例。这种非线性的谐波线性化系数应为

$$\begin{cases} q(a) = k_2 - \dfrac{2}{\pi}(k_2 - k_1)\left(\arcsin\dfrac{b}{a} + \dfrac{b}{a}\sqrt{1 - \dfrac{b^2}{a^2}}\right) \\ q'(a) = 0 \end{cases} \tag{9.27}$$

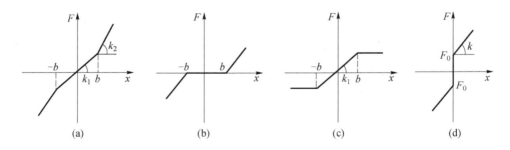

图 9.8 分段线性特性:(a)一般情况;(b)带有死区的系统;
(c)具有有限线性段的系统(无死区);(d)带有预加载荷的系统

在图 9.8(a)中,实际上已经包含了图 9.8(b) – (d)这些情况,换言之后者是前者的特殊情形,事实上:

(1)当 $k_1 = 0$ 时,对应了图 9.8(b),这是一个带有死区的非线性系统。

(2)当 $k_2 = 0$ 时,对应了图 9.8(c),这是一个带有有限线性段的非线性系统(无死区);

（3）当分段线性系统中带有预加载荷时（即 $F = F_0 + kx$），就对应了图 9.8(d)，此时我们有

$$q(a) = \frac{2}{\pi a} \int_0^\pi (F_0 + ka\sin\psi)\sin\psi\,\mathrm{d}\psi = k + \frac{4F_0}{\pi a}, q'(a) = 0 \quad (9.28)$$

除了上面我们讨论过的这些非线性特性以外，各种不同类型的非线性，如对称/不对称的、单值/双值的等，它们的谐波线性化系数均可在一些文献中找到，如 Hsu 和 Meyer[20]、Popov[3] 等人的书籍。

## 9.3　简谐激励

这一节我们主要分析简谐激励条件下单自由度非线性振动防护系统的特性，其中将考虑多种不同类型的非线性特性，如杜芬型非线性刚度与黏性摩擦、库伦摩擦的组合，以及任意形式的非线性恢复力等。分析中将采用前文所述的谐波线性化方法，并将详细讨论幅频特性的求解过程[1,14]。

### 9.3.1　杜芬型恢复力

如图 9.9 所示，一个质量为 $m$ 的物体连接了一根非线性弹簧，弹簧特性为 $F(x) = k(x \pm \mu x^3)$，系统受到了一个简谐外力 $F\cos\omega t$ 的作用。

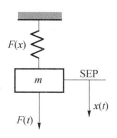

图 9.9　受到简谐型激励作用的非线性系统

物体的振动方程可以表示为杜芬方程，即

$$m\ddot{x} + k(x \pm \mu x^3) = F\cos\omega t \text{ 或}$$
$$\ddot{x} + \omega_0^2(x \pm \mu x^3) = q\cos\omega t, \omega_0^2 = k/m, q = F/m \quad (9.29)$$

式中：正负号分别对应于渐硬弹簧特性和渐软弹簧特性。显然，对非线性恢复力进行谐波线性化之后可得

$$\omega_0^2(x \pm \mu x^3) = \omega_0^2 x \pm \frac{3}{4}\omega_0^2 \mu a^2 x \quad (9.30)$$

式中：$a$ 为待定的振幅。由此可导出线性化的振动方程为

$$\ddot{x} + \omega_0^2\left(1 \pm \frac{3}{4}\mu a^2\right)x = q\cos\omega t \tag{9.31}$$

从式(9.31)中不难看出，非线性自由振动频率的平方应等于 $\omega_0^2\left(1 \pm \frac{3}{4}\mu a^2\right)$，这种频率与振幅的相互依赖性是非线性系统的基本特征。

如果假定在频率为 $\omega$ 的外界激励力作用下系统产生了同频率的受迫振动，那么我们可以寻求式(9.31)如下形式的解：

$$\begin{cases} x = a\cos\omega t \\ \ddot{x} = -a\omega^2\cos\omega t \end{cases} \tag{9.32}$$

将式(9.32)代入到方程(9.31)中，可以得到

$$-a\omega^2 + \omega_0^2\left(1 \pm \frac{3}{4}\mu a^2\right)a = q \tag{9.33}$$

对于渐硬和渐软弹簧特性来说，式(9.33)分别变为

$$\frac{3}{4}\mu a^3 = \left(\frac{\omega^2}{\omega_0^2} - 1\right)a + \frac{q}{\omega_0^2} \tag{9.34}$$

$$\frac{3}{4}\mu a^3 = \left(1 - \frac{\omega^2}{\omega_0^2}\right)a - \frac{q}{\omega_0^2} \tag{9.35}$$

事实上，上述结果也可以利用 Galerkin 方法得到[14]。

在式(9.34)中包含了稳态振动 $x = a\cos\omega t$ 的未知幅值 $a$，而已知参数为质量 $m$，线性振动的固有频率 $\omega_0 = \sqrt{k/m}$，非线性项的系数 $\mu$，以及激励力的幅值 $F$。根据式(9.34)我们可以获得非线性振动防护系统最重要的一个特性，即幅频特性。按照 Timoshenko[14] 给出的结果，我们在图 9.10(a) 中示出了两条曲线，一条是以虚线表示的骨架曲线，另一条是以实线表示的共振曲线，这两条曲线都是绘制在 $|a| - \omega/\omega_0$ 这个坐标平面上的。

为了得到方程(9.34)所对应的骨架曲线，可以令 $q/\omega_0 = 0$，这实际上也就等同于自由振动情况。由此可得骨架曲线的方程如下：

$$\frac{3}{4}\mu a^2 = \frac{\omega^2}{\omega_0^2} - 1 \tag{9.36}$$

显然，当 $\omega/\omega_0 = 1$ 时我们有 $a = 0$，骨架曲线上的这个点已经标注为 S，参见图 9.10(a)。骨架曲线上的其他点需要根据如下关系式来确定，即

$$a = \sqrt{\frac{4}{3\mu}\left(\frac{\omega^2}{\omega_0^2} - 1\right)} \tag{9.37}$$

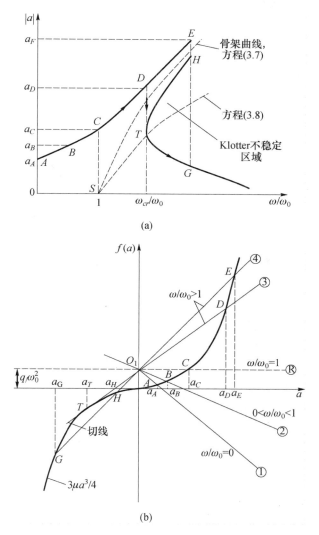

图 9.10　(a)非线性杜芬方程(9.29)的幅频特性曲线;(b)用于构造骨架曲线的辅助图

为此,我们可以在 $a-f(a)$ 平面上作一个辅助图来描述共振曲线,如图 9.10
(b)所示。在这个平面上分别给出了式(9.34)中的每一项。$3\mu a^3/4$ 这一项代表
了一条三次抛物线,式(9.34)右端项是一条直线,它与坐标轴 $f(a)$ 相交于 $\dfrac{q}{\omega_0^2}$,该
直线的斜率为 $(\omega/\omega_0)^2-1$。下面将考虑一组特殊的直线,它们均通过点 $O_1$,但
是对应于不同的 $\omega/\omega_0$ 值。

当上述的直线斜率为 $(\omega/\omega_0)^2-1=0$ 时(即对应于 $\omega/\omega_0=1$),它将与曲线
$3\mu a^3/4$ 相交于点 $C$(对应的振幅为 $a_C$)。在图 9.10(a)中已经标注出了这个点,

即点 $C(\omega/\omega_0 = 1, a_C)$。

直线 1 的斜率为 $-1$(即对应于 $\omega/\omega_0 = 0$),它与曲线 $3\mu a^3/4$ 相交于点 A,对应的振幅为 $a_A$。直线 2 对应于 $0 < \omega/\omega_0 < 1$ 的情况,它与曲线 $3\mu a^3/4$ 交于点 B,对应的振幅为 $a_B$。直线 3(对应于 $\omega/\omega_0 > 1$)是曲线 $3\mu a^3/4$ 的切线,切点为 T,且与该曲线相交于点 D,对应振幅为 $a_D$。共振曲线上对应的点 T 和点 D 是位于同一铅直线上的,如图 9.10(a)所示。为了确定点 T 在坐标平面 $|a| - \omega/\omega_0$ 上的位置(图 9.10(a)中没有给出坐标 $a_T$),必须将式(9.36)对幅值 $a$ 求导,由此可得

$$9\mu a^2/4 = (\omega/\omega_0)^2 - 1 \tag{9.38}$$

将点 T 对应的振幅 $a_T$ 代入式(9.38),我们就可以确定出临界激励频率,即

$$\frac{\omega_{\text{crit}}^2}{\omega_0^2} = \frac{9\mu a_T^2}{4} + 1 \tag{9.39}$$

直线 4 也是满足 $\omega/\omega_0 > 1$ 的,不过与直线 3 不同的是,它与抛物线交于三个点,即 F、G 和 H,对应的振幅分别为 $a_F$、$a_G$ 和 $a_H$。

根据上述分析可以看出,非线性振动防护系统的幅频特性曲线中包含了两个分支,上分支为 ABCDF,下分支为 HTG,两个分支都渐近地趋向于骨架曲线。幅频特性曲线的上分支表明,从点 $A(\omega/\omega_0 = 0)$ 开始,随着无量纲频率 $\omega/\omega_0$ 的增大,稳态振动的幅值也随之增长,直到共振曲线上的点 D 为止。由于系统不可避免地会受到外部干扰,此时的振动幅值可能从点 D 突变到点 T 处,这也就是所谓的跳跃现象,此时相位角也将发生从 0° 到 180° 的突变。此后如果进一步增大频率,系统的幅频特性将沿着下分支变化,振幅将逐渐减小。在共振曲线上已经用箭头示意了上述这一过程。

相反地,如果从 $\omega/\omega_0 > \omega_{\text{crit}}/\omega_0$(点 G)开始,逐渐减小振动频率,那么在临界点 T 处振幅为 $a_T$,随后将突变为 $a_D$,相位角也将从 180° 突变为 0°。进一步降低频率则将导致振幅的减小,如共振曲线中的 DCBA 分支所示,这一过程是按照图中箭头的反方向进行的。

可以看出,点 T 将共振曲线中的下分支 GTH 分割成了两个部分,分别是稳定分支 TG 和不稳定分支 TH,图 9.10(a)中已经标注出了对应的 Klotter 不稳定区域[1,14]。

对于渐软非线性特性,幅频特性曲线的构造过程也是类似的[14]。应当指出的是,对于非线性振动防护系统来说,具有不同幅值相位特性的多个稳态振动区域并存是一个基本特征[1]。

## 9.3.2　非线性恢复力和黏性阻尼

这里我们考虑一个由两个元件组成的振动防护系统,它们分别是具有杜芬

特性 $F(x) = k(x \pm \mu x^3)$ 的非线性刚度元件,以及黏性阻尼器,且二者是以并联方式连接的。现假定该系统受到了简谐激励力 $F(t)$ 的作用,如图 9.11 所示。

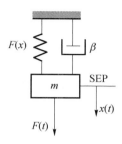

图 9.11  带有黏性阻尼器的非线性系统

对于上述系统中的物体(质量为 $m$)来说,其振动方程可以表示为[14]

$$m\ddot{x} + \beta\dot{x} + k(x \pm \mu x^3) = F\cos\omega t$$

或

$$\ddot{x} + 2n\dot{x} + \omega_0^2(x \pm \mu x^3) = q\cos\omega t, 2n = \beta/m, \omega_0^2 = k/m, q = F/m$$

$$(9.40)$$

式中:正负号分别对应于渐硬弹簧特性和渐软弹簧特性。非线性弹簧经过谐波线性化之后可得 $\omega_0^2(x \pm \mu x^3) \approx \omega_0^2 x \pm \dfrac{3}{4}\omega_0^2\mu a^2 x$,因此线性化之后的振动方程就变为

$$\ddot{x} + 2n\dot{x} + \omega_0^2\left(1 \pm \frac{3}{4}\mu a^2\right)x = q\cos\omega t \qquad (9.41)$$

对于上面这个方程,可以寻求如下形式的解:

$$x = a\cos(\omega t + \varphi), \dot{x} = -a\omega\sin(\omega t + \varphi), \ddot{x} = -a\omega^2\cos(\omega t + \varphi) \quad (9.42)$$

式中:$a$ 为待定的振幅;$\varphi$ 为简谐激励力与质量 $m$ 的位移响应之间的相位差。

式(9.41)右端项可以改写为

$$q\cos\omega t = q\cos[(\omega t + \varphi) - \varphi] = q[\cos(\omega t + \varphi)\cos\varphi + \sin(\omega t + \varphi)\sin\varphi]$$

将 $x$ 和 $q\cos\omega t$ 的具体形式代入到式(9.41)中,可以得到

$$-a\omega^2\cos(\omega t + \varphi) - 2na\omega\sin(\omega t + \varphi) + \omega_0^2\left(1 \pm \frac{3}{4}\mu a^2\right)a\cos(\omega t + \varphi)$$

$$= q[\cos(\omega t + \varphi)\cos\varphi + \sin(\omega t + \varphi)\sin\varphi]$$

收集上式左右两边关于 $\sin(\omega t + \varphi)$ 的系数并令其相等,可得

$$-2n\omega a = q\sin\varphi \ \text{或} \ -2n\omega = \frac{q}{a}\sin\varphi \qquad (9.43a)$$

而对于包含 $\cos(\omega t + \varphi)$ 的项,类似可得

$$\pm\frac{3}{4}\omega_0^2\mu a^3 + (\omega_0^2 - \omega^2)a = q\cos\varphi \ \text{或} \ \pm\frac{3}{4}\omega_0^2\mu a^2 - \omega^2 + \omega_0^2 = \frac{q}{a}\cos\varphi$$

$$(9.43b)$$

将式(9.43a)和式(9.43b)平方后相加,然后再执行一次除法操作就可以导出如下结果:

$$4n^2\omega^2 + \left[\omega_0^2 - \omega^2 \pm \frac{3}{4}\omega_0^2\mu a^2\right]^2 = \left(\frac{q}{a}\right)^2 \tag{9.44}$$

$$\tan\varphi = \frac{-2n\omega}{\omega_0^2 - \omega^2 \pm \dfrac{3}{4}\omega_0^2\mu a^2} \tag{9.45}$$

应当指出的是,利用 Galekin 方法也可得到相同的结果[14]。

对于式(9.44),也可以将其改写为

$$4\frac{n^2}{\omega_0^2}\frac{\omega^2}{\omega_0^2} + \left[1 - \frac{\omega^2}{\omega_0^2} \pm \frac{3}{4}\mu a^2\right]^2 = \left(\frac{q}{\omega_0^2 a}\right)^2 \tag{9.46}$$

对于渐硬非线性情况,由式(9.46)可以导得

$$\frac{3}{4}\mu a^3 = \left(\frac{\omega^2}{\omega_0^2} - 1\right)a + \frac{q}{\omega_0^2 a}\sqrt{1 - 4\frac{n^2}{\omega_0^2}\frac{\omega^2}{\omega_0^2}\frac{1}{q^2/\omega_0^4}a^2} \tag{9.47}$$

式中包含了待定幅值 $a$。另外,根据所假定的式(9.42)可知,受迫振动的频率 $\omega$ 与激励力频率是相同的。下面我们来讨论一些特定的情形:

(1)$n=0$ 的情况(即无阻尼器)。这种情况下我们有 $1 - \dfrac{\omega^2}{\omega_0^2} \pm \dfrac{3}{4}\mu a^2 = \dfrac{q}{\omega_0^2 a}$,该方程在 9.3.1 节中已经给出了。相位差变成了 $\tan\varphi = 0$,$\varphi = 0°,180°$,这一点在 9.3.1 节中也已经讨论过了。

(2)$\mu=0$(即线性弹簧情况)。这种情况下我们有

$$a = \frac{q/\omega_0^2}{\sqrt{\left(1 - \dfrac{\omega^2}{\omega_0^2}\right)^2 + 4\dfrac{n^2}{\omega_0^2}\dfrac{\omega^2}{\omega_0^2}}}$$

上式与式(1.4)是一致的。

利用式(9.47)和式(9.44),我们就可以构造出系统的幅频特性和相频特性曲线。为了得到骨架曲线,则需要考察式(9.47)中的被开方项,它必须是非负数,即 $(q/\omega_0)_{\min} = 2(n/\omega_0)(\omega/\omega_0)a$。根据这一条件也就得到了骨架曲线的方程 $\dfrac{3}{4}\mu a^2 = \left(\dfrac{\omega^2}{\omega_0^2} - 1\right)$,它与式(9.36)是吻合的。共振曲线上的 $A$ 点处将对应于 $\omega/\omega_0 = 0$,因此 $A$ 点处的幅值就可以根据方程 $0.75\mu a^3 + a - q/\omega_0^2 = 0$ 计算出来。与图 9.10(a)所示的幅频特性曲线不同的是,这里的共振曲线的两个分支将与骨架曲线相交于点 $F$,如图 9.12 所示。这个交点的位置可以通过求解式(9.36)和式(9.47)得到。为了确定共振曲线上的其他点,可以选择一组参数 $\mu$,$n/\omega_0$,$q/\omega_0^2$,然后数值计算出 $|a| - \omega/\omega_0$ 的依赖关系。

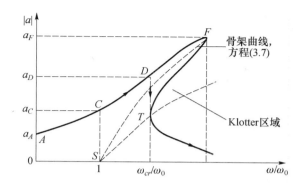

图 9.12　带有黏性阻尼器的非线性杜芬方程(9.40)所具有的幅频特性

这里不妨假定一组系统参数为 $\mu = 0.2\text{cm}^{-2}$,$n/\omega_0 = 0.1$,$q/\omega_0^2 = 1.0\text{cm}$,那么经过数值计算之后不难得到 $a_A = 0.89313\text{cm}$,而跳跃现象发生在 $\omega_{\text{crit}}/\omega_0 = 1.3937$,对应的幅值是 $a_D = 2.7902\text{cm}$,$a_T = 1.546\text{cm}$,骨架曲线上的最高点 $F$ 的坐标为(1.5754,3.1662)。

图 9.13 给出了根据式(9.47)得到的一组幅频特性曲线,其中参数 $\mu$ 的变化步长为 $0.35\text{cm}^{-2}$。在图 9.14 中进一步给出了幅频特性的三维包络曲面,其中的曲线 1 和曲线 2 这两条共振曲线分别对应于 $\mu = 0.5\text{cm}^{-2}$ 和 $\mu = 1.5\text{cm}^{-2}$ 的情形,而曲线 3 给出的是 $T$ 点的集合,曲线 4 代表了 $F$ 点的集合,这些点的含义可参见图 9.12。

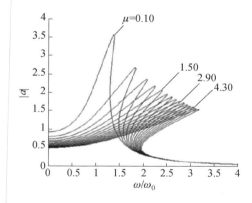

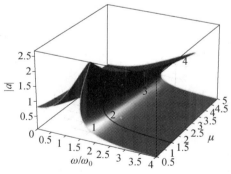

图 9.13　幅频特性曲线族:
$n/\omega_0 = 0.1$,$q/\omega_0^2 = 1.0\text{cm}$

图 9.14　幅频特性曲线族
的包络曲面

### 9.3.3　线性恢复力和库伦摩擦

本节所考察的系统是由一个质量为 $m$ 的物体和一根刚度系数为 $k$ 的线弹簧以及一个干摩擦系数为 $c$ 的阻尼元件所组成的,如图 9.15 所示,系统受到了

一个简谐激励力 $F\cos\omega t$ 的作用。

这一系统中物体的振动方程应为[1]

$$m\ddot{x} + c\operatorname{sgn}\dot{x} + kx = F\cos\omega t \tag{9.48}$$

其中,函数 $c\operatorname{sgn}\dot{x}$ 的曲线如图 9.15 所示。

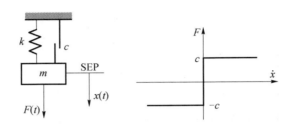

图 9.15　非线性系统简图和干摩擦特性

这个库伦摩擦力的谐波线性化结果为

$$c\operatorname{sgn}\dot{x} = q(a) + \frac{q'(a)}{\omega}\dot{x}, q(a) = 0, q'(a) = \frac{4c}{\pi a} \tag{9.49}$$

而线性化之后的振动方程则变为

$$m\ddot{x} + \frac{4c}{\pi a\omega}\dot{x} + kx = F\cos\omega t \tag{9.50}$$

显然,经过线性化处理之后干摩擦已经被替换为等效的黏性摩擦了,这种等效的含义已经在9.2.1节中讨论过了。应当注意的是,这里的等效阻尼参数 $\dfrac{4c}{\pi a\omega}$ 是依赖于激励频率 $\omega$ 和未知的振幅 $a$ 的,这一点与线性的黏性摩擦有所不同。不难看出,随着激励频率和振幅的增加,此处的"黏性"摩擦系数 $b_{eq} = q'(a)/\omega$ 将逐渐减小。

为便于分析,可以将上述方程中的函数 $\cos\omega t$ 改写为

$$\cos\omega t = \cos[(\omega t + \varphi) - \varphi] = \cos(\omega t + \varphi)\cos\varphi + \sin(\omega t + \varphi)\sin\varphi \tag{9.51}$$

于是,该振动方程(9.50)就可以转化为

$$m\ddot{x} + \frac{4c}{\pi a\omega}\dot{x} + kx = F[\cos(\omega t + \varphi)\cos\varphi + \sin(\omega t + \varphi)\sin\varphi] \tag{9.52}$$

可以假定这一方程的形式解为

$$x = x_0 + a\cos(\omega t + \varphi) \tag{9.53}$$

式中:$a$ 为振幅;$x_0$ 为振动中心相对于静平衡位置的偏移量。

将式(9.53)代入到式(9.52)中,整理后可得

$$-ma\omega^2\cos(\omega t + \varphi) - \frac{4c}{\pi}\sin(\omega t + \varphi) + ka\cos(\omega t + \varphi) + kx_0$$

$$= F[\cos(\omega t + \varphi)\cos\varphi + \sin(\omega t + \varphi)\sin\varphi]$$

通过比较上式中 $\sin(\omega t + \varphi)$、$\cos(\omega t + \varphi)$ 以及自由项的系数,我们可以得到

$$-\frac{4c}{\pi} = F\sin\varphi \tag{9.54a}$$

$$(k - m\omega^2)a = F\cos\varphi \tag{9.54b}$$

$$kx_0 = 0 \tag{9.54c}$$

可以看出,振动中心的偏移量为 $x_0 = 0$。为了确定振幅 $a$,可以将式(9.54a)和式(9.54b)作平方与求和处理,于是有

$$a^2 = \frac{F_1^2 - h^2}{(\omega_0^2 - \omega^2)^2}, F_1 = \frac{F}{m}, h = \frac{4c}{\pi m}, \omega_0^2 = \frac{k}{m} \tag{9.55}$$

$$a = \frac{\sqrt{F_1^2 - h^2}}{|\omega_0^2 - \omega^2|} \tag{9.56a}$$

为确定激励力 $F(t)$ 与响应 $x$ 之间的相位差 $\varphi$,可以将式(9.54a)除以式(9.54b),并考虑关系式(9.56a),我们可以得到

$$\tan\varphi = \frac{h}{\sqrt{F_1^2 - h^2}}\mathrm{sgn}(\omega_0^2 - \omega^2) \tag{9.56b}$$

现在来分析一下式(9.56a)。对于这个振动防护系统来说,可能存在着如下的一些状态:

第一种状态是锁定系统。如果干摩擦力 $c$ 超过了激励力的幅值 $F$,那么物体 $m$ 是不会开始运动的,因此锁定条件就是 $F(\omega) < c$。显然,对于物体受到冲击激励的情况,在经过一段时间的运动后它最终将趋于一个平衡位置。就锁定系统而言,任何时刻的能量耗散都要大于输入到系统中的能量[1]。

在某些情况中,激励力的幅值是正比于激励频率的平方的,也即 $F(\omega) = m\xi_0\omega^2$。如果改写为 $F(\omega) = F_1(\omega)m$,那么 $F_1(\omega) = \xi_0\omega^2$ 也就代表了单位质量上的激励力幅值。对于此类激励来说,系统的锁定条件 $F(\omega) < c$ 就可以用激励频率的形式给出。当激励频率满足 $\omega^2 < \frac{c}{m\xi_0}$ 这一条件时系统将被锁定,这一条件的等效形式也可以表示为 $\omega^2 < \frac{h\pi}{4\xi_0}$。

下面讨论第二种状态,当 $F_1(\omega) < h$ 时,根据式(9.56a)可知振幅 $a$ 为虚数。

这种情况中,每隔一段时间物体的运动将周期性地停滞。在频率轴上这对应了一个比较窄的区域,其区间为 $\omega^2 = \left(\dfrac{\pi h}{4\xi_0}, \dfrac{h}{\xi_0}\right)$。在实际的振动防护系统中,这种状态是比较少见的。

第三种状态对应于物体 $m$ 的简谐运动。根据式(9.56a)可知,当 $F_1(\omega) > h$ 时将会出现这种状态。与前面类似,如果考虑 $F(\omega) = m\xi_0\omega^2$ 的情形,那么我们可以导出对应的条件为 $F(\omega) = mF_1(\omega) > 4c/\pi$,这一条件在频率 $\omega^2 > \dfrac{4c}{\pi m\xi_0} = \dfrac{h}{\xi_0}$ 时将得到满足。由此也可看出前面第二种状态所对应的频率区域确实应为

$$\frac{h\pi}{4\xi_0} = 0.785\,\frac{h}{\xi_0} < \omega^2 < \frac{h}{\xi_0} \tag{9.57}$$

图9.16给出了激励频率(频率的平方)这个坐标轴上的三个区域,它们分别对应了上述的三种状态,这三个区域是以参数 $h$ 和 $\xi_0$ 的形式给出的。一般而言,在振动防护问题中人们最感兴趣的是其中的第一个和第三个频率区域。

图9.16 非线性系统式(9.48)的不同状态区域

下面我们来考察一下共振曲线 $A(\omega)$。考虑 $F_1(\omega) = \xi_0\omega^2$,式(9.55)将变为

$$a^2 = \frac{\xi_0^2\omega^4 - h^2}{(\omega_0^2 - \omega^2)^2} \tag{9.58}$$

我们关心的是振幅 $a$ 取极值时所对应的频率 $\omega^*$,为此可以将 $a^2$ 对 $\omega^2$ 求导,并令其等于零,即

$$\frac{d(a^2)}{d(\omega^2)} = \frac{2\xi_0^2\omega^2(\omega_0^2 - \omega^2)^2 - (\xi_0^2\omega^4 - h^2)2(\omega_0^2 - \omega^2)(-1)}{(\omega_0^2 - \omega^2)^4} = 0$$

由此即可得到 $\omega^* = \dfrac{h}{\xi_0\omega_0}$,与此对应的最大振幅则为

$$a^* = \frac{\xi_0 h}{\sqrt{h^2 - \xi_0^2\omega_0^4}} \tag{9.59}$$

无量纲形式的最大振幅可以表示为 $\bar{a} = \dfrac{a^*}{\xi_0} = \dfrac{\eta}{\sqrt{\eta^2 - 1}}$,其中 $\eta = \dfrac{h}{\xi_0\omega_0^2} > 1$。

当 $\eta$ 从右侧趋近于 1 时,我们有 $\bar{a} \to \infty$,另外还可看出,$\bar{a} = \bar{a}(\eta)$ 曲线是从上方渐近地趋向于水平直线 $\bar{a} = 1$ 的。

从式(9.58)可以解出振动频率为 $\omega_{1,2}^2 = \dfrac{a^2 \omega_0^2 \pm \sqrt{a^2 (\xi_0^2 \omega_0^4 - h^2) + \xi_0^2 h^2}}{a^2 - \xi_0^2}$,这意味着对于一个给定的幅值来说,可以对应两个不同的振动频率。

根据式(9.58)还可以解出振幅为

$$a = \frac{\sqrt{\xi_0^2 \omega^4 - h^2}}{|\omega_0^2 - \omega^2|} = \frac{\sqrt{\xi_0^2 - (h^2/\omega^2)^2}}{|\omega_0^2/\omega^2 - 1|} \tag{9.60}$$

可以看出,在 $\xi_0$ 线上方将出现共振曲线的分支,事实上,$\lim\limits_{\omega^2 \to \infty} a = \xi_0$ 且对于正值和负值的 $\omega_0^2/\omega^2 - 1$ 均有 $a > 0$。

当 $\xi_0^2 \omega^4 - h^2 \geqslant 0$ 时将存在实数的幅值,这表明共振曲线是从坐标为 $\omega = \sqrt{h/\xi_0}$,$a = 0$ 的点 $N$ 出发的,如图 9.17 所示,该点对应了图 9.16 中的第二个区域的右边界。此外还可看出,图 9.17 中的频率点 $\omega_1 = \dfrac{1}{\sqrt{2}\omega_0}\sqrt{\dfrac{h^2}{\xi_0^2} + \omega_0^4}$ 应当是满足 $\sqrt{\dfrac{h}{\xi_0}} < \omega_1 < \omega_0$ 的。

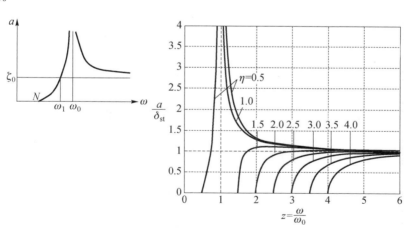

图 9.17　幅频特性曲线及其对应的动力放大率

进一步,可以将式(9.60)表示为另一种形式,采用无量纲参数 $z = \omega/\omega_0$ 和 $\eta = h/\xi_0\omega_0^2$,该式可变为

$$a = \frac{\sqrt{\xi_0^2 \omega^4 - h^2}}{|\omega_0^2 - \omega^2|} = \frac{\xi_0 \sqrt{z^4 - (h/\xi_0\omega_0^2)^2}}{|1 - z^2|} = \frac{\xi_0 \sqrt{z^4 - \eta^2}}{|1 - z^2|} \tag{9.61}$$

显然,式中的 $\eta = h/\xi_0\omega_0^2$ 已经包含了系统的特性参数:库伦摩擦、系统的质量与刚度以及外部激励参数。根据式(9.61),以参数 $z$ 和 $\eta$ 表示的无量纲振幅即为 $\dfrac{a}{\xi_0} = \dfrac{\sqrt{z^4 - \eta^2}}{|1 - z^2|}$。

传递到支撑上的力的最大幅值将为[1]

$$R_{max} \cong ma^*\omega_0^2 + c \tag{9.62}$$

于是,传递率将为

$$\mu = \frac{R_{max}}{F} = \frac{ma^*\omega_0^2 + c}{m\omega_0^2\xi_0} = \frac{\eta}{\sqrt{\eta^2 - 1}} + \frac{\pi}{4}\eta \tag{9.63}$$

最小的传递率可以根据 $\dfrac{d\mu}{d\eta} = 0$ 来计算,由此可得 $\eta^{crit} = 1.47$,且 $\mu^* = 2.52$。

由于 $\eta = \dfrac{h}{\xi_0\omega_0^2} = \dfrac{4c}{\pi m\xi_0\omega_0^2}$,因此能够对简谐激励起到防护效果的最优干摩擦力将为[1]

$$c^{opt} = \frac{\pi}{4}\eta^{crit}m\xi_0\omega_0^2 = \frac{\pi}{4}1.47m\xi_0\omega_0^2 = 1.15m\xi_0\omega_0^2$$

附带指出的是,对于图 9.15 所示的系统,运动激励情况下的分析可参见 Fokin[24] 的书。

### 9.3.4　内摩擦

这里所考虑的系统中,质量为 $m$ 的物体是与一根刚度系数为 $k$ 的线弹簧相连的,同时还包含了内摩擦类型的能量耗散,且系统受到了外部简谐力 $F\cos\omega t$ 的作用。

根据 Sorokin – Panovko 假设[23],非线性摩擦力及其谐波线性化结果为[1]

$$F(x, \dot{x}) = \beta a^n \sqrt{1 - \frac{x^2}{a^2}} \operatorname{sgn}\dot{x} \tag{9.64}$$

$$F(x, \dot{x}) = \frac{\beta a^{n-1}}{\omega}\dot{x} \tag{9.65}$$

式中: $a$ 为待定的简谐振动幅值; $\beta$ 和 $n$ 为材料参数; $\omega$ 为激励频率。

物体的非线性振动方程与线性化之后的振动方程分别为

$$m\ddot{x} + U(x, \dot{x}) + kx = F\cos\omega t \tag{9.66}$$

$$m\ddot{x} + \frac{\beta a^{n-1}}{\omega}\dot{x} + kx = F\cos\omega t \tag{9.67}$$

式中：$\dfrac{\beta a^{n-1}}{\omega}$ 为等效黏性阻尼系数，它依赖于激励频率 $\omega$ 和振幅 $a$，以及材料参数 $\beta$ 和 $n$。

方程(9.67)的解可以设为 $x = a\cos(\omega t + \varphi)$，将这一形式解代入方程之后，整理可得

$$-ma\omega^2\underline{\cos(\omega t + \varphi)} - \frac{\beta a^{n-1}}{\omega}a\omega\,\underline{\underline{\sin(\omega t + \varphi)}} + ka\,\underline{\cos(\omega t + \varphi)}$$

$$= F\left[\underline{\cos(\omega t + \varphi)}\cos\varphi + \underline{\underline{\sin(\omega t + \varphi)}}\sin\varphi\right]$$

通过比较式中 $\sin(\omega t + \varphi)$、$\cos(\omega t + \varphi)$ 的系数，我们可以得到

$$-\beta a^{n-1}a = F\sin\varphi \qquad (9.68a)$$

$$(k - m\omega^2)a = F\cos\varphi \qquad (9.68b)$$

为了确定振幅 $a$，可以将上面两个式子平方后相加，即可得到

$$a = \frac{F}{\sqrt{(k - m\omega^2)^2 + \beta^2 a^{2(n-1)}}} \qquad (9.69)$$

或其等效形式：

$$a = \frac{F_1}{\sqrt{(\omega_0^2 - \omega^2)^2 + \beta_1^2 a^{2(n-1)}}}, F_1 = \frac{F}{m}, \omega_0^2 = \frac{k}{m}, \beta_1 = \frac{\beta}{m} \qquad (9.70)$$

为确定激励力 $F(t)$ 与响应 $x$ 之间的相位差 $\varphi$，可以将式(9.68a)除以式(9.68b)，由此可得[23]

$$\tan\varphi = -\frac{\beta a^{n-1}}{k - m\omega^2} = -\frac{\beta_1 a^{n-1}}{\omega_0^2 - \omega^2}$$

也可以从式(9.70)中解出 $\omega^2$，即

$$\omega^2 = \omega_0^2 \pm \sqrt{\frac{F_1^2}{a^2} - \beta_1^2 a^{2n-2}} \qquad (9.71)$$

可以看出，当 $\dfrac{F_1^2}{a^2} - \beta_1^2 a^{2n-2} \geq 0$ 时频率取实数值，且有 $a \leq \left(\dfrac{F_1}{\beta_1}\right)^{1/n}$。这也表明，共振曲线将位于直线 $a = (F_1/\beta_1)^{1/n}$ 的下方。文献[1]中已经给出了该共振曲线并进行了讨论，其骨架曲线的形状依赖于系数 $n$ 和 $F_1(\omega)$ 的类型，如果 $F_1(\omega)$ 是常数，那么骨架曲线将是平行于垂直轴 $a$ 的直线。

当 $n = 2$ 时，由式(9.69)还可以导出动力放大系数的表达式，即

$$\frac{a}{\delta_{\text{stat}}} = \frac{1}{\sqrt{(1 - z^2)^2 + \gamma^2\left(\dfrac{a}{\delta_{\text{stat}}}\right)^2}}, \gamma = \frac{\beta\delta_{\text{stat}}}{k} \qquad (9.72)$$

为确定动力放大系数,我们可以固定参数 $\gamma$,然后针对每一个 $z$ 值去计算 $a/\delta_{stat}$,由此得到的动力放大系数曲线如图 9.18 所示。

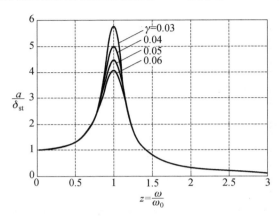

图 9.18　带有内摩擦的单自由度系统的动力放大率($n=2$)

下面我们来讨论一些特殊情况:

(1)$z=0$ 的情况。由于实际材料的参数 $\lambda \approx 1.0 = 0.02 \div 0.05$,因此有 $a/\delta_{stat} \approx 1.0$;

(2)$z=\omega/\omega_0=1$ 的情况。此时有 $a/\delta_{stat} = \sqrt{k/\beta\delta_{st}}$,这一结果也可以从 $a \leqslant (F_1/\beta_1)^{1/n}(n=2)$ 推导得到,并可以改写为 $a = \sqrt{F/\beta}$ 这一形式。显然,共振幅值 $a$ 与激励力幅值 $F$ 之间是一种非线性关系。此外还可看出,虽然共振频率是依赖于系统的刚度 $k$ 和质量 $m$ 的,然而共振幅值却是与这些特性参数无关的[23]。

(3)$z \rightarrow \infty$ 的情况,此时有 $a/\delta_{stat} \rightarrow 0$。

应当注意的是,如果 $n=2$,那么根据方程

$$m\ddot{x} + \beta a^n \sqrt{1 - \frac{x^2}{a^2}}\,\mathrm{sgn}\dot{x} + kx = F\cos\omega t \qquad (9.73)$$

是能够得到精确的解析解的。事实上,由于已经假定了 $x = a\cos(\omega t + \varphi)$,因而有 $\sqrt{1 - x^2/a^2} = \sqrt{1 - \cos^2(\omega t + \varphi)} = \sin(\omega t + \varphi)$,那么原方程就变为

$$\ddot{x} + \omega_0^2 x - \frac{\beta a^2}{m}\sin(\omega t + \varphi) = \frac{F}{m}\cos\omega t = F_1\left[\cos(\omega t + \varphi)\cos\varphi + \underline{\sin(\omega t + \varphi)}\sin\varphi\right]$$

$$(9.74)$$

将 $x$ 和 $\ddot{x}$ 的表达式代入到式(9.74)中,可得

$$-a\omega^2\underline{\cos(\omega t + \varphi)} - \frac{\beta a^2}{m}\underline{\sin(\omega t + \varphi)} + \omega_0^2 a \underline{\cos(\omega t + \varphi)}$$

$$= F_1\left[\underline{\cos(\omega t + \varphi)}\cos\varphi + \underline{\sin(\omega t + \varphi)}\sin\varphi\right]$$

通过比较上式中正弦项和余弦项的系数,可以得到

$$\begin{cases} -\dfrac{\beta a^2}{m} = F_1 \sin\varphi \\ (\omega_0^2 - \omega^2)a = F_1 \cos\varphi \end{cases}$$

由此我们立即可以得到式(9.70)。

## 9.4　非线性吸振器

图 9.19 给出了一个动力吸振器的原理图,这里假定物体 $m_1$ 上方连接的是刚度系数为 $k$ 的线性弹簧,而吸振器部分的弹簧是非线性的,其非线性特性可以表示为 $R(x_2 - x_1)$,其中的 $R$ 为相对位移 $(x_2 - x_1)$ 的非线性函数,而 $x_1$ 和 $x_2$ 分别代表的是质量 $m_1$ 和 $m_2$ 的位移(从各自的静平衡位置开始计算)。此外,系统中的主质量 $m_1$ 还受到了一个简谐激励力 $P_0 \sin\omega t$ 的作用[25]。

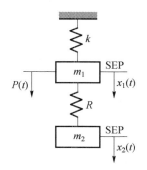

图 9.19　带有非线性元件 $R$ 的动力吸振器的原理简图

这个系统具有两个自由度,其运动状态可由如下方程组来描述:

$$\begin{cases} m_1 \ddot{x}_1 + k x_1 - R(x_2 - x_1) = P_0 \sin\omega t \\ m_2 \ddot{x}_2 + R(x_2 - x_1) = 0 \end{cases} \tag{9.75}$$

现引入一个新的坐标,即 $x = x_2 - x_1$,那么上面这个方程组就可以通过 $x_1$ 和 $x$ 这两个变量来表达,即

$$\begin{cases} m_1 \ddot{x}_1 + k x_1 - R(x) = P_0 \sin\omega t \\ m_2(\ddot{x}_2 + \ddot{x}) + R(x) = 0 \end{cases} \tag{9.76}$$

两式相加可得

$$(m_1 + m_2)\ddot{x}_1 + m_2 \ddot{x} + k x_1 = P_0 \sin\omega t \tag{9.77}$$

这个线性微分方程中包含了主质量的位移 $x_1$ 和两个质量的相对位移 $x$,可以假定它的形式解为

$$\begin{cases} x = A\sin\omega t \\ x_1 = A_1\sin\omega t \end{cases} \tag{9.78}$$

将这一形式解回代到方程(9.77)中可以得到关于幅值 $A$ 和 $A_1$ 的关系式如下：

$$-(m_1 + m_2)\omega^2 A_1 - m_2\omega^2 A + kA_1 = P_0$$

由此我们可以得到以相对位移幅值 $A$ 表示的主质量的幅值 $A_1$，即

$$A_1 = \frac{P_0 + m_2\omega^2 A}{k - (m_1 + m_2)\omega^2} \tag{9.79}$$

若设非线性特性为如下形式：

$$R(x) = \begin{cases} kx^n & ,n \text{ 为偶数} \\ kx^n\mathrm{sgn}x & ,n \text{ 为奇数} \end{cases} \tag{9.80}$$

那么经过谐波线性化之后该函数将变成 $R(x) = \left[q(A) + \dfrac{q'(A)}{\Omega}p\right]x$，其中线性化系数的一般表达式可以写作 $q(A) = \dfrac{1}{\pi A}\int_0^{2\pi} R(A\sin\psi)\sin\psi\mathrm{d}\psi$，$q'(A) = \dfrac{1}{\pi A}\int_0^{2\pi} R(A\sin\psi)\cos\psi\mathrm{d}\psi$。对于上面给定的非线性特性(9.80)，于是有[3]

$$q(A) = \frac{4nkA^{n-1}}{(n+1)\pi}\int_0^{\pi/2}\sin^{n-1}\psi\mathrm{d}\psi, q'(A) = 0 \tag{9.81}$$

上式中的积分为[26]

$$\int_0^{\pi/2}\sin^{n-1}\psi\mathrm{d}\psi = 2^{n-2}B\left(\frac{n}{2},\frac{n}{2}\right) \tag{9.82}$$

其中：$B$ 为宗量为 $\dfrac{n}{2}$ 的贝塔函数。若 $n=1$，则有 $q_1 = k$；若 $n = 2,3,4,\cdots$，则有[3]

$q_2 = \dfrac{8kA}{3\pi}$，$q_3 = \dfrac{3kA^2}{4}$，$q_4 = \dfrac{32kA^3}{15\pi}$，$\cdots$（$q'=0$），其递推公式为 $q_n = \dfrac{nA^2}{n+1}q_{n-2}$。

现在我们就得到了非线性函数 $R(x)$ 的谐波线性化形式，即

$$R(x) = \frac{2^n nkA^{n-1}}{(n+1)\pi}B\left(\frac{n}{2},\frac{n}{2}\right)x \tag{9.83}$$

将式(9.83)和式(9.78)代入到式(9.76)中的第二个方程，我们可以得到

$$-m_2\omega^2 A_1 - m_2\omega^2 A + \frac{2^n nkA^{n-1}}{(n+1)\pi}B\left(\frac{n}{2},\frac{n}{2}\right)A = 0 \tag{9.84}$$

重新整理式(9.84)不难得到

$$A_1 = \frac{nk}{m_2\omega^2}\frac{(2A)^n}{(n+1)\pi}B\left(\frac{n}{2},\frac{n}{2}\right) - A \tag{9.85}$$

式(9.79)和式(9.85)是相等的，由此可得

$$\frac{P_0 + m_2\omega^2 A}{k - (m_1 + m_2)\omega^2} = \frac{nk}{m_2\omega^2}\frac{(2A)^n}{(n+1)\pi}B\left(\frac{n}{2},\frac{n}{2}\right) - A \tag{9.86}$$

利用这个非线性方程,我们就可以计算出任意 $n$ 值情况下相对位移的幅值 $A$。进一步将 $A$ 的表达式代入到式(9.79)中,就可以导出一个关于主质量 $m_1$ 的振幅 $A_1$ 的代数方程了。

下面我们讨论 $n=1$ 这种特殊情形,这时有 $B\left(\dfrac{n}{2}, \dfrac{n}{2}\right) = \pi$,用于确定振幅 $A$ 的方程则变为

$$\frac{P_0 + m_2 \omega^2 A}{k - (m_1 + m_2)\omega^2} = \left(\frac{k}{m_2 \omega^2} - 1\right)A \tag{9.87}$$

从式中解出 $A$ 然后代入到式(9.79)中,整理之后可以得到主质量 $m_1$ 的振幅 $A_1$ 为

$$A_1 = \frac{P_0(k - m_2 \omega^2)}{(k - m_2 \omega^2)[k - \omega^2(m_1 + m_2)] - (m_2 \omega^2)^2} \tag{9.88}$$

很容易验证,根据第 6 章中给出的过程(6.4)也可导出相同的结果。

对于 $n=3$ 的情况,相应的解析解和数值结果可以参阅文献[25]。

## 9.5  谐波线性化和力学阻抗方法

这里考虑一个由多个被动元件组成的动力学系统,这些元件之间的连接方式可以是任意的,并且这些元件都具有非线性特性。正如前面的 9.3 节和 9.4 节中所展现的,此类系统的分析主要包括以下几个步骤:①构造该力学系统的数学模型;②执行谐波线性化处理;③进行线性化系统的分析。事实上,当分析过程中将力学阻抗概念包含进来时,我们还可以采用另一种分析途径,它包括了如下步骤:首先构造出一个两端网络,在此过程中假定其中的所有元件都是线性的,并考虑系统的基本构成和激励类型(力激励还是运动激励);然后对每一个非线性元件进行线性化处理,进而借助力学阻抗方法进行分析。实际分析过程中这两个步骤应当是同时进行的。

作为一个实例,这里我们分析一个包含干摩擦元件的振动防护系统,如图 9.20(a)所示,该系统受到了一个简谐激励力 $F\cos\omega t$ 的作用。在这个系统中存在着三个被动元件,即质量元件 $m$,弹性元件(刚度系数为 $k$),以及干摩擦元件 $c$,它们是以并联方式连接起来的。在干摩擦元件中产生的力可表示为 $F_{fr} = c\,\mathrm{sgn}\,\dot{x}$,这种非线性特性可参见图 9.15,且其谐波线性化的结果为 $F_{fr}^{har} = \dfrac{h}{a}\dot{x}$,其中 $h = \dfrac{4c}{\pi\omega}$。

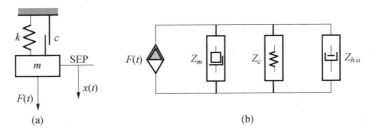

图 9.20 一个非线性系统及其对应的两端网络

图 9.20(b)中给出了对应的两端网络,总的阻抗为

$$Z = Z_m + Z_k + Z_{h/a} = \mathrm{j}\omega m + \frac{k}{\mathrm{j}\omega} + \frac{h}{a} \qquad (9.89)$$

可以看出,该系统的总阻抗是与未知的振幅 $a$ 有关的。质量 $m$ 的复振速 $\bar{v}$ 和复振幅 $\bar{a}$ 分别为

$$\bar{v} = \frac{F}{\overline{Z}} = \frac{F}{\mathrm{j}\left(\omega m - \dfrac{k}{\omega}\right) + \dfrac{h}{a}} \qquad (9.90)$$

$$\bar{a} = \frac{\bar{v}}{\mathrm{j}\omega} = \frac{F}{\mathrm{j}\omega\left[\mathrm{j}\left(\omega m - \dfrac{k}{\omega}\right) + \dfrac{h}{a}\right]} = \frac{F}{(k - m\omega^2) + \mathrm{j}\dfrac{\omega h}{a}} \qquad (9.91)$$

于是复振幅的模将为

$$a = \frac{F_1}{\sqrt{(\omega_0^2 - \omega^2)^2 + \dfrac{1}{a^2}\left(\dfrac{4c}{\pi\omega}\right)^2}}, \omega_0^2 = \frac{k}{m}, F_1 = \frac{F}{m} \qquad (9.92)$$

由此即可导得 $a^2 = \dfrac{F_1^2 - h}{|\omega_0^2 - \omega^2|}$,这也就是前面已经给出的式(9.56a)。

上面这种方法也可以用于分析带有任意形式振动防护装置的弹性体系统,其中的振动防护装置可带有非线性被动元件。通过对这些非线性特性的谐波线性化处理,我们就能够将整个非线性系统转换成一类线性系统,其特点在于,线性化系统的阻抗是依赖于未知振幅的。

## 9.6 任意自由度系统的线性化

对于带有任意个自由度的动力学系统来说,拉格朗日方程是建立其运动方程的非常有效的途径。如果系统的势能是广义坐标的二次函数形式,那么该系统的振动方程就是线性的,否则,该系统的振动必须用非线性方程来描述。对于多维非线性振动系统,其线性化过程主要建立在原系统和近似系统之间应具有相等的势能这一原理基础上。一般地,我们需要在广义坐标构成的多维空间中将势能函数简化为二次函数形式,从而将原系统线性化并得到运动方程。这一方法[27]可以用于估计非线性振动系统的固有频率,还可用于测试该线性化系统与原非线性系统的近似程度。很自然地,这种近似程度的分析主要是针对系统的势能函数的。

这里我们假定系统中的能量耗散可以忽略不计,且非线性主要源自于恢复力部分。一般来说,线性系统的势能函数 $U(q_1,\cdots,q_n)$ 是关于广义坐标的正定二次函数。如果初始能量水平设为 $U_0$,那么在广义坐标构成的 $n$ 维空间中,表达式 $U(q_1,\cdots,q_n) - U_0 = 0$ 就代表了一个封闭曲面,它包围了一个简单连通域 $G'$。对于线性系统来说,其边界曲面 $U - U_0 = 0$ 是一个 $n$ 维的椭球面,即

$$U_0 - \sum_{i=1}^{n} \sum_{k=1}^{n} b_{ik} q_i q_k = 0 \tag{9.93}$$

而对于一个非线性系统来说,其边界曲面则是一个 $n$ 维的卵形面。

显然,线性化问题事实上也就意味着确定出合适的参数,使得线性化系统的椭球面能够最大程度地逼近给定非线性系统的卵形面[27]。正如单自由度系统情况那样(Panovko 线性化[28, vol.3]),最佳近似的准则一般采用的是非线性系统的势能 $U_1$ 与近似系统的势能 $U_2$ 之间的加权均方差取最小值,即

$$J = \int\cdots\int \left[ U_1(q_1,\cdots,q_n) - U_2(q_1,\cdots,q_n) \right]^2 p^2(q_1,\cdots,q_n)\mathrm{d}q_1\cdots\mathrm{d}q_n = \min \tag{9.94}$$

式中的积分是在整个域 $G$ 上进行的,域 $G$ 是一个包围域 $G'$ 的 $n$ 维平行六面体,它的参数是根据初始条件来确定的。加权函数 $p^2(q_1,\cdots,q_n)$ 是非负实函数。

前面的线性系统势能函数中的系数 $b_{ik}$ 可以通过如下方程来确定:

$$\frac{\partial J}{\partial b_{ik}} = 0 \tag{9.95}$$

可以看出,从式(9.95)可以导得 $n(n+1)/2$ 个线性代数方程,它们是关于系数 $b_{ik}$ 的。

作为一个实例,这里我们考虑一个两自由度的非线性动力学系统,如图9.21(a)所示。假定弹性元件1具有杜芬非线性特性,而吸振器中的弹性元件是线性的。广义坐标可选为 $q_1$ 和 $q_2$。非线性弹簧作用到 $m_1$ 上的力可以表示为 $R_1 = k_1 q_1(1 + \beta^2 q_1^2)$ [10],并记线性弹簧的刚度系数为 $k_2$。

我们可以引入如下记号:$\chi_1^2 = \dfrac{k_1}{m_1}, \chi_2^2 = \dfrac{k_2}{m_2}, \mu = \dfrac{m_2}{m_1}, \xi_1 = \beta q_1, \xi_2 = \beta q_2$。于是非线性系统的动能和势能就可以表示为如下关于坐标 $\xi_1$ 和 $\xi_2$ 的形式[10]:

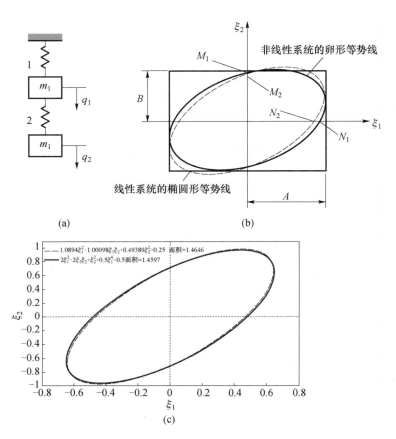

图 9.21 将两自由度非线性系统的势能简化为二次形式：(a)非线性系统的原理简图；
(b)非线性系统等势线(EC)的近似；(c)数值结果

$$\begin{cases} K = \dfrac{1}{2}\dfrac{m_1}{\beta^2}(\dot{\xi}_1^2 + \mu\dot{\xi}_2^2) \\ U_1 = \dfrac{1}{2}\dfrac{m_1}{\beta^2}(a_1\xi_1^2 - a_2\xi_1\xi_2 + a_3\xi_2^2 + a_4\xi_1^4) \end{cases} \qquad (9.96)$$

其中，$a_1 = \chi_1^2 + \mu\chi_2^2, a_2 = 2\mu\chi_2^2, a_3 = \mu\chi_2^2, a_4 = \chi_1^2/2$。为简便起见，这里我们令 $\mu = 1$ 和 $k_1 = k_2 = k$，于是有 $\chi_1 = \chi_2 = \chi$。

线性化系统的势能 $U_2(\xi_1, \xi_2)$ 可以表示为

$$U_2(\xi_1, \xi_2) = b_1\xi_1^2 + 2b_{12}\xi_1\xi_2 + b_2\xi_2^2 \qquad (9.97)$$

若令加权函数为 $p^2(\xi_1, \xi_2) = \xi_1\xi_2$，经过一些变换之后我们可以得到如下一组关于系数 $b_1$、$b_{12}$ 和 $b_2$ 的代数方程：

$$\begin{bmatrix} \gamma/12 & 2/15 & 1/16\gamma \\ 2\gamma/15 & 4/16 & 2/15\gamma \\ \gamma/16 & 2/15 & 1/12\gamma \end{bmatrix} \cdot \begin{bmatrix} b_1 \\ b_{12} \\ b_2 \end{bmatrix} = \frac{1}{2}\frac{m}{\beta^2} \begin{bmatrix} \gamma/12 & -1/15 & 1/16\gamma & \gamma A^2/16 \\ 2\gamma/15 & -1/8 & 2/15\gamma & 2\gamma A^2/21 \\ \gamma/16 & -1/15 & 1/12\gamma & \gamma A^2/24 \end{bmatrix} \begin{bmatrix} a_1 \\ a_2 \\ a_3 \\ a_4 \end{bmatrix}$$

$$\tag{9.98}$$

其中，$\gamma = A/B$，$2A$ 和 $2B$ 是包络矩形沿着 $\xi_1$、$\xi_2$ 轴的边长，参见图 9.21(b)。在图 9.21(c) 中还给出了等势线 $U_1$ 的数值结果，其中参数为 $2\beta^2 U_1 = 0.5m\chi^2$。对于原非线性系统来说，其等势线方程为

$$0.25 = \xi_1^2 - \xi_1\xi_2 + 0.5\xi_2^2 + 0.25\xi_1^4 \tag{9.99}$$

这个卵形线上的特征点是 $M_1 = 0.7071$，$N_1 = 0.4851$。包络矩形的尺寸为[10] $A = 0.64359$，$B = 0.97638$。

对于线性化系统来说，势能函数为

$$U_2(\xi_1,\xi_2) = (1.0894\xi_1^2 - 2 \cdot 0.50049\xi_1\xi_2 + 0.49389\xi_2^2)\frac{m\chi^2}{\beta^2} \tag{9.100}$$

当参数 $2\beta^2 U_1 = 0.5m\chi^2$ 时，这个椭圆的特征点为 $M_2 = 0.71146$，$N_1 = 0.4790$。

利用拉格朗日方程，我们可以得到如下的线性微分方程：

$$\begin{cases} \ddot{\xi}_1 + 2.1788\chi^2\xi_1 - 1.00098\chi^2\xi_2 = 0 \\ \ddot{\xi}_2 + 0.98778\chi^2\xi_2 - 1.00098\chi^2\xi_1 = 0 \end{cases} \tag{9.101}$$

于是频率就是 $\omega_1 = 1.658\chi$，$\omega_2 = 0.646\chi$，而原系统的频率为[10] $\omega_1 = 1.618\chi$，$\omega_2 = 0.618\chi$，可以看出这两个结果之间分别相差 2.47% 和 4.7%。

如果加权函数取 $p^2(\xi_1,\xi_2) = \xi_1 + \xi_2$，那么所得到的频率将为 $\omega_1 = 1.6603\chi$，$\omega_2 = 0.6497\chi$。

对于一组给定的 $\xi_1$，坐标 $\xi_2$ 的精确值和近似值可参见表 9.1。

表 9.1　针对一组给定的 $\xi_1$，坐标 $\xi_2$ 的精确值和近似值[27]

| | $\xi_1 = 0.0$ | 0.2 | 0.4 | −0.2 | −0.4 |
|---|---|---|---|---|---|
| 精确公式（卵形线） | 0.70710 | 0.87764 | 0.97201 | 0.47764 | 0.17201 |
| 椭圆，$p^2(\xi_1,\xi_2) = \xi_1\xi_2$ | 0.71145 | 0.88020 | 0.96885 | 0.47485 | 0.15818 |
| 椭圆，$p^2(\xi_1,\xi_2) = \xi_1 + \xi_2$ | 0.70895 | 0.87805 | 0.96770 | 0.47242 | 0.15644 |

最后应当提及的是，上述方法还可用于柱壳非线性自由振动频率的计算[27]。

## 供思考的一些问题

9.1 试述谐波线性化方法的基本含义。

9.2 试述谐波线性化方法的优缺点。

9.3 试说明谐波线性化中的系数 $q(a)$ 和 $q'(a)$ 可以通过何种被动元件来实现。

9.4 试述跳跃现象。

9.5 试述骨架曲线的含义,并说明骨架曲线方程是怎样导出的。

9.6 试证明对于周期非线性 $F(x) = k\sin x$,谐波线性化系数 $q' = 0$。

9.7 对于带有预加载荷的分段线性特性 $F = F_0 + kx$(参见图9.8(d)),试证明谐波线性化系数为 $q(a) = k + \dfrac{4F_0}{\pi a}, q'(a) = 0$。

9.8 试确定非线性函数 $F(x) = kx^4 \mathrm{sgn}x$ 的谐波线性化系数。

参考答案:$q = 32ka^3/15\pi$。

9.9 试确定非线性函数 $F(x) = kx^5$ 的谐波线性化系数。

参考答案:$q = 5ka^4/8, q' = 0$。

9.10 试述继电型非线性和干摩擦特性之间的差异。

9.11 设质量为 $m$ 的物体与一根非线性弹簧相连,弹簧特性为 $F(x) = k(x + \gamma x^3)$,试将力学阻抗方法与谐波线性化方法组合起来计算该系统的自由振动频率,并确定骨架曲线。

参考答案:$\omega = \omega_0 \sqrt{1 + \dfrac{3}{4}\gamma a^2}, \omega_0^2 = \dfrac{k}{m}$。

9.12 如图 P 9.12 所示,一个单自由度动力学系统带有两个非线性被动元件,且受到了简谐力 $F(t) = F_0\cos\omega t$ 的作用,被动元件中产生的力可表示为 $F_1(x) = kx^3, F_2(\dot{x}) = b\dot{x}^2$。设质量 $m$ 的位移 $x$ 从静平衡位置开始计算,试分析这一系统的自由振动和受迫振动。

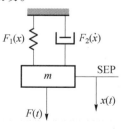

图 P 9.12

9.13 如图 P 9.13 所示,一个动力学系统由两个集中质量和若干非线性被动元件组成,质量 $m_1$ 和 $m_2$ 的位移 $x_1$ 和 $x_2$ 均从静平衡位置开始计算,被动元件中产生的力分别为:$F_1 = k_1 x_1^3$,$F_2 = c_1 \text{sgn} x_1$,$F_3 = b_3 (\dot{x}_2 - \dot{x}_1)$,$F_4 = k_4 (x_2 - x_1)$,$F_5 = b_5 \dot{x}_2^2$。试对这些非线性元件进行谐波线性化处理,并推导每个质量的线性化运动方程。

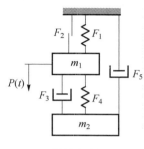

图 P 9.13

9.14 试述利用等效黏性摩擦来替代干摩擦的含义。

9.15 试述有限自由度系统的线性化处理过程,并说明最佳近似准则。

9.16 对于非线性自由振动方程 $m\ddot{x} + F(x) = 0$,如果恢复力 $F(x)$ 是对称的,那么自由振动频率的平方是 $\omega^2 = \dfrac{5}{mA^5} \int_0^A F(x) x^3 dx$,其中 $A$ 为振幅(Panovko 直接线性化[28, vol.3])。试针对如下情形推导出 $\omega$ 的计算公式:(a)非线性特性 $F(x) = kx^n$;(b)杜芬非线性特性(即 $n = 3$)。

参考答案:(a)$\omega = \sqrt{\dfrac{5k}{m(n+4)}} A^{(n-1)/2}$;(b)$\omega = \sqrt{\dfrac{5k}{7m}} A$。

# 参考文献

1. Kolovsky, M. Z. (1999). Nonlinear dynamics of active and passive systems of vibration protection. Berlin, Germany: Springer.

2. Ivovich, V. A. (1984). Vibration-isolated systems with non-linear characteristics. In Handbook: Korenev B. G., Rabinovich I. M. (editors) (1984). Dynamic analysis of buildings and structures. 2nd edition. Moscow: Stroiizdat.

3. Popov, E. P. (1973). Applied theory of control processes in the nonlinear systems. Moscow, Russia: Наука.

4. Sysoev, V. I. (1984). Devices for reducing vibrations. In Handbook: Korenev B. G., Rabinovich I. M. (editors) (1984). Dynamic analysis of buildings and structures. 2nd edition. Moscow: Stroiizdat.

5. Harris, C. M. (Editor in Chief) (1996). Shock and vibration handbook(4th ed.). New York: McGraw-Hill.

6. Karnovsky, I. A., & Lebed, O. (2004). Non-classical vibrations of arches and beams. Eigenvalues and eigenfunctions. New York: McGraw-Hill Engineering Reference.

7. D'Azzo, J. J. , & Houpis, C. H. (1995). Linear control systems. Analysis and design (4th ed. ). New York: McGraw-Hill.

8. Karnovsky, I. A. , & Lebed, O. (2001). Formulas for structural dynamics. Tables, graphs and solutions. New York: McGraw Hill.

9. Feldbaum, A. A. , & Butkovsky, A. G. (1971). Methods of the theory of automatic control. Moscow, Russia: Nauka.

10. Kauderer, H. (1958). Nichtlineare Mechanik. Berlin, Germany: Springer.

11. Chelomey, V. N. (Chief Editor) (1978—1981). Vibrations in engineering. Handbook (Vols. 1 – 6). Moscow, Russia: Mashinostroenie.

12. Timoshenko, S. P. , Goodier, J. N. (1987). Theory of elasticity (3rd ed. ). New York: McGraw-Hill, classic textbook reissue series.

13. Newland, D. E. (1989). Mechanical vibration analysis and computation. Harlow, England: Longman Scientific and Technical.

14. Timoshenko, S. , Young, D. H. , & Weaver, W. , Jr. (1974). Vibration problems in engineering (4th ed. ). New York: Wiley.

15. Den Hartog, J. P. (1956). Mechanical vibrations (4th ed. ). New York: Mc Graw-Hill. Dover, 1985.

16. Hayashi, C. (1964). Nonlinear oscillations in physical systems. New York: McGraw-Hill book.

17. Thomson, W. T. (1981). Theory of vibration with application (2nd ed. ). Englewood Cliffs, NJ: Prentice-Hall.

18. Bogoljubov, N. N. (1961). Asymptotic methods in the theory of non-linear oscillations. Paris, France: Gordon & Breach.

19. Krylov, N. M. , & Bogoljubov, N. N. (1947). Introduction to non-linear mechanics. Princeton, NJ: Princeton University Press.

20. Hsu, J. C. , & Meyer, A. U. (1968). Modern control principles and application. New York: McGraw-Hill.

21. Hamming, R. W. (1962). Numerical methods for scientists and engineers. New York: McGraw-Hill Book. Second edition, Dover Publications 1973.

22. Solodovnikov, V. V. (Ed. ). (1967). Technical cybernetics (Vol. 1 – 4). Moscow, Russia: Mashinostroenie.

23. Panovko Ja, G. (1960). Internal friction at vibration of elastic systems. Moscow, Russia: Physics Math.

24. Fokin, A. V. (2011). Steady-state vibration of oscillator with dry friction (Vol. 12). M. : Acoustic institute.

25. Karnovsky, I. A. , Lebed, V. V. , & Petrusenko, V. A. (1985). The optimal suppression vibration of the beam. In Investigation of statics and dynamics of the bridges. Dnepropetrovsk, Ukraine: DIIT.

26. Gradstein, I. S. , & Ryzhik, I. M. (1965). Tables of integrals, sums, series, and products. New York: Academic.

27. Karnovsky, I. A. , & Cherevatsky, B. P. (1970). Linearization of nonlinear oscillatory systems with an arbitrary number of degrees of freedom. Soviet Applied Mechanics, 6(9), 120 – 124.

28. Birger, I. A. , & Panovko, Y. G. (Eds. ). (1968). Strength, stability, vibration. Handbook (Vol. 1 – 3). Moscow, Russia: Mashinostroenie.

316

# 第 2 部分

## 主动振动防护

# 第 10 章　Pontryagin 原理

本章将从动态过程的最优控制这一角度来阐述最优主动振动防护理论,主要考察的是集中参数型动力学系统。我们将在 Pontryagin 原理[1]基础上讨论振动抑制最优化问题的描述、最优准则以及最优解等一系列问题,主要分析过程基本上遵循了一些基础教程中的相关内容,这些文献包括 Athans 和 Falb[2]、Hsu 和 Meyer[3]以及 Lee 和 Markus[4]等。此外,本章还将讨论振动防护系统的一些定性特性,并给出若干典型实例。

## 10.1　力学系统主动振动防护的控制层面描述

本节我们先来介绍力学系统最优振动防护所对应的数学模型,并对相关的一些问题进行简要分类。

### 10.1.1　振动防护问题的数学模型

对于最优振动防护问题,其数学模型主要包括状态方程、激励、约束以及性能指标(最优准则)等几个方面[2,3]。

首先介绍一下状态方程、输出量以及方程的解。对于一个有限自由度的线性动力学系统来说,其运动可以通过如下一组一阶微分方程来刻画,即

$$\dot{\boldsymbol{x}}(t) = \boldsymbol{A}(t)\boldsymbol{x}(t) + \boldsymbol{B}(t)\boldsymbol{u}(t) \tag{10.1}$$

式中:$\boldsymbol{x}(t)$为 $n$ 维状态向量;$\boldsymbol{u}(t)$为 $m$ 维激励向量;$\boldsymbol{A}(t)$为 $n \times n$ 维的系统矩阵;$\boldsymbol{B}(t)$为与激励相关的 $n \times m$ 维系数矩阵。一般地,式(10.1)可以表示为

$$\dot{\boldsymbol{x}}(t) = \boldsymbol{f}[\boldsymbol{x}, \boldsymbol{u}, t] \tag{10.2}$$

假定初始条件为 $\boldsymbol{x}(t_0) = \boldsymbol{x}_0$,我们来考察时间段 $[t_0, t]$ 内系统的运动。式(10.1)所对应的齐次方程为

$$\dot{\boldsymbol{x}}(t) = \boldsymbol{A}(t)\boldsymbol{x}(t) \tag{10.3}$$

它的解可以表示为

$$\boldsymbol{x}(t) = \boldsymbol{\Phi}(t, t_0)\boldsymbol{x}_0 \tag{10.4}$$

式中:$\boldsymbol{\Phi}(t, t_0)$为齐次方程(10.3)的基本解(矩阵形式),它可以表示为[5]

$$\boldsymbol{\Phi}(t,t_0) = \begin{bmatrix} x_1^1(t) & x_1^2(t) & \cdots & x_1^n(t) \\ x_2^1(t) & x_2^2(t) & \cdots & x_2^n(t) \\ \vdots & \vdots & & \vdots \\ x_n^1(t) & x_n^2(t) & \cdots & x_n^n(t) \end{bmatrix} \tag{10.5}$$

上面这个矩阵中的每一列代表的是方程(10.3)在特定初始条件下的齐次解集,例如,对于第一列、第二列和最后一列,对应的初始条件分别为 $[1 \quad 0 \quad \cdots \quad 0]^t$、$[0 \quad 1 \quad \cdots \quad 0]^t$ 和 $[0 \quad 0 \quad \cdots \quad 1]^t$。这些解的个数是与矩阵的维数 $n$ 一致的。该矩阵具有如下一些主要特性:

(1)基本矩阵 $\boldsymbol{\Phi}(t,t_0)$ 中的每一个元素都是时间变量 $t$ 的可微函数,且该矩阵满足如下微分关系,即

$$\frac{\mathrm{d}}{\mathrm{d}t}\boldsymbol{\Phi}(t,t_0) = \dot{\boldsymbol{\Phi}}(t,t_0) = \boldsymbol{A}(t)\boldsymbol{\Phi}(t,t_0) \tag{10.6}$$

(2)如果 $t=t_0$,那么该基本矩阵将为单位阵 $\boldsymbol{I}$,即

$$\boldsymbol{\Phi}(t,t_0) = \begin{bmatrix} 1 & 0 & \cdots & 0 \\ 0 & 1 & \cdots & 0 \\ \vdots & \vdots & & \vdots \\ 0 & 0 & \cdots & 1 \end{bmatrix} = \boldsymbol{I} \tag{10.7}$$

(3)$\boldsymbol{\Phi}(t,t_0)$ 的逆矩阵为 $\boldsymbol{\Phi}(t_0,t)$,即

$$\boldsymbol{\Phi}^{-1}(t,t_0) = \boldsymbol{\Phi}(t_0,t) \tag{10.8}$$

利用这一特性,我们就可以写出非齐次方程(10.1)在初始条件 $\boldsymbol{x}(t_0) = \boldsymbol{x}_0$ 情况下的全解,即[2]

$$\boldsymbol{x}(t) = \boldsymbol{\Phi}(t,t_0)\left\{\boldsymbol{x}_0 + \int_{t_0}^{t}\boldsymbol{\Phi}^{-1}(\tau,t_0)\boldsymbol{B}(\tau)\boldsymbol{u}(\tau)\mathrm{d}\tau\right\} \tag{10.9}$$

假定我们所处理的系统的参数是常数,也就是说矩阵 $\boldsymbol{A}$ 的元素都是不依赖于时间变量 $t$ 的。为了确定基本矩阵,需要引入一个复变量 $s$,并构造一个矩阵 $s\boldsymbol{I}-\boldsymbol{A}$ 及其逆矩阵 $(s\boldsymbol{I}-\boldsymbol{A})^{-1}$,然后对这个逆矩阵的每一个矩阵元素进行拉普拉斯反变换[2],即 $\boldsymbol{\Phi}(t) = L^{-1}(s\boldsymbol{I}-\boldsymbol{A})^{-1}$(在附录 B 中已经给出了常见的拉普拉斯变换表,可供参考)。

实例 10.1　设一个系统可由微分方程 $\ddot{x}+\omega^2 x = Ku(t)$ 描述,如果记 $x = x_1$,并引入变量 $\dot{x} = x_2$,那么原方程可以改写为

$$\begin{bmatrix} \dot{x}_1 \\ \dot{x}_2 \end{bmatrix} = \boldsymbol{A}\begin{bmatrix} x_1 \\ x_2 \end{bmatrix} + \begin{bmatrix} 0 \\ K \end{bmatrix}u(t), \boldsymbol{A} = \begin{bmatrix} 0 & 1 \\ -\omega^2 & 0 \end{bmatrix}$$

第一步,我们引入复变量 $s$ 并构造一个新矩阵 $[s\boldsymbol{I}-\boldsymbol{A}] = \begin{bmatrix} s & -1 \\ \omega^2 & s \end{bmatrix}$;第二

步,求出这个新矩阵的逆阵,即 $[sI-A]^{-1}=\dfrac{1}{s^2+\omega^2}\begin{bmatrix} s & 1 \\ -\omega^2 & s \end{bmatrix}$,很容易验证

$[sI-A]^{-1}[sI-A]=\dfrac{1}{s^2+\omega^2}\begin{bmatrix} s & 1 \\ -\omega^2 & s \end{bmatrix}\begin{bmatrix} s & -1 \\ \omega^2 & s \end{bmatrix}=\begin{bmatrix} 1 & 0 \\ 0 & 1 \end{bmatrix}=I$;第三步,进行拉

普拉斯反变换,从而得到了系统的基本矩阵 $\boldsymbol{\Phi}(t)$,即 $\boldsymbol{\Phi}(t)=L^{-1}(sI-A)^{-1}=$

$\begin{bmatrix} \cos\omega t & \dfrac{1}{\omega}\sin\omega t \\ -\omega\sin\omega t & \cos\omega t \end{bmatrix}$,不难验证 $\boldsymbol{\Phi}(0)=I$。

如果初始条件设定为 $x_1(0)=x_0,x_2(0)=\dot{x}_1(0)=\dot{x}_0$,那么自由振动方程就可以表示为

$$\begin{bmatrix} x_1=x \\ x_2=\dot{x} \end{bmatrix}=\boldsymbol{\Phi}(t)\begin{bmatrix} x_0 \\ \dot{x}_0 \end{bmatrix}=\begin{bmatrix} \cos\omega t & \dfrac{1}{\omega}\sin\omega t \\ -\omega\sin\omega t & \cos\omega t \end{bmatrix}\begin{bmatrix} x_0 \\ \dot{x}_0 \end{bmatrix}=\begin{bmatrix} x_0\cos\omega t+\dot{x}_0\sin\omega t \\ -x_0\omega\sin\omega t+\dot{x}_0\cos\omega t \end{bmatrix}$$

我们再来讨论一下伴随系统。仍然考虑系统(10.1)的齐次方程,即式(10.3),它的伴随系统微分方程为

$$\dot{z}(t)=-A'(t)z(t) \tag{10.10}$$

式中:$A'(t)$ 为式(10.3)中的矩阵 $A(t)$ 的转置。

对于方程(10.3),初始条件为 $x_0$ 时对应的解为 $x(t)=\boldsymbol{\Phi}(t,t_0)x_0$,而伴随方程(10.10)在初始条件为 $z_0$ 时的解为 $z(t)=\boldsymbol{\Psi}(t,t_0)z_0$,其中 $\boldsymbol{\Psi}(t,t_0)$ 为伴随系统的基本矩阵。

这里应当注意的是,这两个系统(即原系统(10.3)和伴随系统(10.10))具有如下一些特性[2]:

$$\begin{cases} \boldsymbol{\Psi}'(t)\boldsymbol{\Phi}(t)=I \\ \langle z(t),x(t)\rangle=\langle \boldsymbol{\Psi}(t)z_0,\boldsymbol{\Phi}(t)x_0\rangle=\langle z_0,\boldsymbol{\Psi}'(t)\boldsymbol{\Phi}(t)x_0\rangle=\langle z_0,x_0\rangle \end{cases}$$

$$\tag{10.11}$$

式中:符号 $\langle a,b\rangle$ 代表的是标量积运算。

实例 10.2　仍然考虑前述的系统方程 $\ddot{x}+\omega^2 x=Ku(t)$,我们引入如下状态变量[2]:

$$\begin{cases} x_1=\dfrac{\omega}{K}x \\ x_2=\dfrac{1}{K}\dot{x} \end{cases} \tag{10.12a}$$

将这些变量代入到原微分方程中可以得到 $\dfrac{\mathrm{d}}{\mathrm{d}t}(Kx_2)+\omega^2\dfrac{Kx_1}{\omega}=Ku(t)$,于是我们也就得到了两个微分方程,即

$$\begin{cases} \dot{x}_1 = \dfrac{\omega}{K}\dot{x} = \dfrac{\omega}{K}Kx_2 = \omega x_2 \\ \dot{x}_2 = -\omega x_1 + u(t) \end{cases}$$

若以矩阵形式来表达,那么状态方程就变为

$$\begin{bmatrix} \dot{x}_1 \\ \dot{x}_2 \end{bmatrix} = \begin{bmatrix} 0 & \omega \\ -\omega & 0 \end{bmatrix} \begin{bmatrix} x_1 \\ x_2 \end{bmatrix} + \begin{bmatrix} 0 \\ 1 \end{bmatrix} u(t) \qquad (10.12b)$$

该系统的基本矩阵也就为

$$\boldsymbol{\Phi}(t) = L^{-1}(s\boldsymbol{I} - \boldsymbol{A})^{-1} = L^{-1}\begin{bmatrix} s & -\omega \\ \omega & s \end{bmatrix}^{-1}$$

$$= L^{-1}\frac{1}{s^2 + \omega^2}\begin{bmatrix} s & \omega \\ -\omega & s \end{bmatrix} = \begin{bmatrix} \cos\omega t & \sin\omega t \\ -\sin\omega t & \cos\omega t \end{bmatrix}$$

很容易就可以验证出 $\dfrac{\mathrm{d}}{\mathrm{d}t}\boldsymbol{\Phi}(t,t_0) = \boldsymbol{A}(t)\boldsymbol{\Phi}(t,t_0)$,$\boldsymbol{\Phi}'(t)\boldsymbol{\Phi}(t) = \boldsymbol{\Phi}(t)\boldsymbol{\Phi}'(t) = \boldsymbol{I}$。

从上面这两个实例中不难看出,对于同一个系统 $\ddot{x} + \omega^2 x = Ku(t)$,基本矩阵可以有不同的形式。正如所预期的,两种形式下得到的解也是相同的。为了验证这一点,只需考察一下如下形式的初始条件即可,即 $\xi_1 = x_1(0) = \dfrac{\omega}{K}x(0)$,$\xi_2 = x_2(0) = \dfrac{1}{K}\dot{x}(0)$,它们可以根据式(10.12a)变换为 $x$ 和 $\dot{x}$ 形式的初始条件。

应当指出的是,式(10.12b)中的矩阵 $\boldsymbol{A}$ 具有复数的特征值[6],这也是此类矩阵的一个基本特征。

对于主动振动防护系统来说,一般需要引入控制作用 $\boldsymbol{u}(t)$,它们是指特意引入到力学系统中的附加力或运动,利用这些控制作用我们就可以使系统按照所期望的方式改变状态,换言之,也就是构造一个振动防护控制问题。

在分布参数系统中,振动防护所引入的控制作用可以是分布式的,当然,集中式也是可行的,这些控制作用可以在不同时刻施加到系统中的不同点处[7]。

在实际的工程问题中,振动防护系统的状态和控制等方面都存在着一些约束,这些约束往往决定了振动防护执行机构的技术性能、对振动防护过程的要求、以及状态变量的变化范围或彼此间的关系等[2]。从数学层面上来看,约束可以表达为附加条件,一般以方程或不等式形式给出。

如果假定 $u(t)$ 为我们提供给系统的主动控制力或力矩,那么不等式约束 $u(t) \leqslant u_0$ 则意味着执行机构所能提供的控制力或力矩的范围是有限制的,不能超过 $u_0$。而如果系统带有 $k$ 个控制作用 $u_i(t)$,那么在每一个上面都可能存在着相应的约束,即 $u_i(t) \leqslant u_{0i}(i = 1, 2, \cdots, k)$。不仅如此,这些约束还可能是随时间改变的。

在一些场合中, $u(t)$ 可能代表的是一个结构上的支撑点位移,那么约束 $u(t) \leqslant u_0$ 就代表了相应的执行机构的自由行程要受到 $u_0$ 的限制。另外,某些系统中还可能对执行机构的能量消耗有限制,那么对于控制作用 $u(t)$ 的约束就可以表示为

$$\int_0^T |u(t)| \, dt \leqslant F_0 \tag{10.13}$$

式中: $F_0$ 为受限的能量供应[2]。

对于自能源来说则可通过如下积分来代表有限能源的约束,即

$$\int_0^T u^2(t) \, dt \leqslant l^2 \tag{10.14}$$

约束还可以是针对状态变量的,最简单的情况就是某个坐标在某个时间段内(如 $[0, T]$)存在相应的约束,即

$$x_i(t) \leqslant x_0 \tag{10.15}$$

当然,每个坐标上都可以施加对应的约束,即

$$x_i(t) \leqslant x_{0i}, i = 1, 2, \cdots, n \tag{10.16}$$

或者也可以以一组坐标的加权形式出现:

$$\sum_{i=1}^n \alpha_i x_i(t) \leqslant X_0 \tag{10.17}$$

式中: $\alpha_i$ 为加权系数。

由于各类约束的存在,因而非经典变分法(Pontryagin 原理)也就明显区别于经典变分法[1]。

在性能指标方面,可以利用特定形式的泛函来评估振动防护系统的性能水平,这些泛函的构成主要取决于系统的设计需要。在最优振动防护理论中,抑制振动所需的时间往往是十分重要的,因此对应的性能指标就可以设定为

$$J = \int_{t_0}^T dt = T - t_0 \tag{10.18}$$

于是一个最优振动防护问题也就转化为寻找一个振动防护所需的控制作用 $u(t)$,使得系统(10.1)的初始状态 $\boldsymbol{x}(t_0) = \boldsymbol{x}_0$ 能够转变为最终的状态 $\boldsymbol{x}(T) = \boldsymbol{x}_T$,同时应使目标函数(10.18)达到最小值,即 $J = T - t_0 \rightarrow \min$。这一类型的问题一般称为时间优化问题。最终状态也是依赖于系统的设计需要的,它可以是一个给定半径的超球面,特别地,当振动防护的目标是彻底抑制(即消除)振动时,最终状态的所有坐标显然可表示为 $\boldsymbol{x}_T = \boldsymbol{0}$。

对于振动防护问题来说,如下形式的二次泛函往往是十分重要的,即

$$J[u(t)] = \int_0^T u^2(t) \, dt \tag{10.19}$$

这个泛函主要考虑的是系统从初始状态 $\boldsymbol{x}_0$ 转变到最终状态 $\boldsymbol{x}_T$ 这一过程

中振动控制所需提供的能量。从物理层面来看,二次函数 $u^2(t)$ 实际上是对较大的 $u(t)$ 起到了一种惩罚作用[2],而从数学层面来看,在某些情况下利用上面这个泛函能够让我们获得解析形式的解。

将控制作用 $u(t)$ 和状态坐标 $x(t)$ 组合起来构成二次泛函也是可以的,例如[2]

$$J[u(t),x(t)] = \int_0^T [u^2(t) - x(t)u(t)]dt \qquad (10.20)$$

$$J[u(t),x(t)] = \int_0^T [u^2(t) + x^2(t)]dt \qquad (10.21)$$

在船舶横摇的抑制问题中,经常可以见到一些依赖于中间坐标值的泛函情况,依赖于最终时刻的坐标的泛函也属于这一类型。在此类泛函中,以下两种是比较重要的[8]:

$$J = x_1(T) \text{ 或 } J = x_1^2(T) \qquad (10.22)$$

$$J = \frac{1}{2}\int_0^T \Big[ \langle x(t),Q(t)x(t) \rangle + \langle u(t),R(t)u(t) \rangle + 2\langle x(t),M(t)u(t) \rangle \Big]dt$$
$$(10.23)$$

式中:$Q(t)$ 和 $R(t)$ 分别为正定的 $n \times n$ 矩阵和 $r \times r$ 矩阵;$M(t)$ 为 $n \times r$ 矩阵;符号 $\langle a,b \rangle$ 代表标量积运算。

最优的主动式振动完全抑制问题可以描述为:寻找一个振动防护控制作用 $u(t)$,在满足一定的约束条件下,该控制作用可以在给定的时间 $T$ 内将动力学系统从给定的初始状态转变为最终的零状态,且使得给定的目标函数 $J$ 达到最小值。

上述振动防护的目标函数可以表述为最一般的形式,即

$$J = \int_0^T L[x(t),u(t)]dt \qquad (10.24)$$

式中:$L$ 为被积函数。

## 10.1.2　最优振动防护问题的分类

力学系统的最优主动振动抑制问题的分类一般是根据系统数学模型所具有的不同特征来进行的[8],这些特征主要包括如下方面:

(1)描述系统动力学状态的微分方程类型。对于集中参数系统来说,一般采用常微分方程组来描述,而对于分布参数系统来说,需要借助偏微分方程组来描述。这些方程可以是线性的,也可以是非线性的,系统参数可以是常数也可以是变化的。另外,这些微分方程的右端项可以是连续的,也可以是不连续的。

(2)约束的类型。约束既可以体现在控制作用 $u(t)$ 上,也可以体现在状态变量 $x(t)$ 上,甚至可以体现在状态变量的组合上。当然,没有约束也是可以的。

（3）性能指标类型。目标函数可以仅依赖于控制器,也可以依赖于控制器和观测时间段端点处的状态变量,还可以依赖于控制器和中间点的相位坐标。对于最小时间问题,则是指系统在最短时间内从初始状态转变到最终的零状态(即完全的振动抑制)或者指定的最终状态(即满足振动衰减量指标的状态)。

（4）优化问题的特点。我们可以令控制作用 $u(t)$ 与系统当前状态无关,也可以令其为当前状态的函数。对于后者,实际上就是最优调节器的综合,它可以通过反馈来实现。

（5）振动防护过程的边界条件和时间。在问题描述中我们可以给定或不给定系统状态转变的时间要求。最终状态可以指定为一个点,也可以指定为一个区域[2]。

上面所列出的这些特征仍然是不完全的,这也反映出最优主动式振动抑制问题是多种多样的,其内容十分丰富。

## 10.2　状态方程的柯西矩阵形式描述

一个常参数 $n$ 阶线性微分方程可以化为一个一阶线性微分方程组,本节中我们将给出这一转化过程,并主要考虑两种"激励(输入) - 响应(输出)"关系[2]。

首先我们讨论如下的一个 $n$ 阶常系数线性微分方程:

$$(D^n + a_{n-1}D^{n-1} + \cdots + a_1 D + a_0)y(t) = b_0 u(t) \tag{10.25}$$

式中: $D = \mathrm{d}/\mathrm{d}t$ 为时间微分算子; $y(t)$ 和 $u(t)$ 分别为系统的响应(输出)和外界激励(输入)。此外,为了能够确定上述微分方程的解,还必须给定 $n$ 个初始条件,即 $y(0), \dot{y}(0), \cdots, y^{(n-1)}(0)$。

式(10.25)的特点在于,其右端项不包含激励 $u(t)$ 的导数。如果假定 $a_i$ 和 $b_0$ 均为实常数,且最高阶导数项 $D^n y(t)$ 的系数为 $1$[9],那么我们是可以将这个方程转化为一个一阶线性微分方程组的,该方程组一般称为柯西方程。

可以引入如下所示的一组新状态变量 $z_k(t)$, $k = 1, \cdots, n$[2,5]:

$$
\begin{cases}
z_1(t) = y(t) \\
z_2(t) = \dot{y}(t) \\
\cdots \\
z_k(t) = y^{(k-1)}(t) \\
\cdots \\
z_n(t) = y^{(n-1)}(t)
\end{cases}
\tag{10.26}
$$

那么就有

$$\begin{cases} \dot{z}_1(t) = \dot{y}(t) = z_2(t) \\ \dot{z}_2(t) = \ddot{y}(t) = z_3(t) \\ \cdots \\ \dot{z}_{n-1}(t) = y^{(n-1)}(t) = z_n(t) \end{cases} \quad (10.27)$$

现在可以构造出 $\dot{z}_n(t)$ 的表达式了。将式(10.25)重新改写为

$$D^n y(t) = -a_0 y(t) - a_1 D y(t) - \cdots - a_{n-1} D^{n-1} y(t) + b_0 u(t) \quad (10.28)$$

考虑到 $D^n y(t) = y^{(n)}(t) = \dot{z}_n(t)$，将式(10.26)和式(10.27)代入到式(10.28)中可得

$$\begin{aligned} \dot{z}_n(t) &= -a_0 y(t) - a_1 D y(t) - \cdots - a_{n-1} D^{n-1} y(t) + b_0 u(t) \\ &= -a_0 y(t) - a_1 \dot{y}(t) - \cdots - a_{n-1} y^{(n-1)}(t) + b_0 u(t) \quad (10.29) \\ &= -a_0 z_1(t) - a_1 z_2(t) - \cdots - a_{n-1} z_n(t) + b_0 u(t) \end{aligned}$$

这样一来，如果状态变量是按照式(10.26)定义的，那么根据式(10.27)和式(10.29)，原方程(10.25)将转化为如下的一组一阶线性微分方程，即

$$\begin{bmatrix} \dot{z}_1(t) \\ \dot{z}_2(t) \\ \vdots \\ \dot{z}_{n-1}(t) \\ \dot{z}_n(t) \end{bmatrix} = \begin{bmatrix} 0 & 1 & 0 & \cdots & 0 \\ 0 & 0 & 1 & \cdots & 0 \\ \vdots & \vdots & \vdots & & \vdots \\ 0 & 0 & 0 & \cdots & 1 \\ -a_0 & -a_1 & -a_2 & \cdots & -a_{n-1} \end{bmatrix} \begin{bmatrix} z_1(t) \\ z_2(t) \\ \vdots \\ z_{n-1}(t) \\ z_n(t) \end{bmatrix} + \begin{bmatrix} 0 \\ 0 \\ \vdots \\ 0 \\ b_0 \end{bmatrix} u(t) \quad (10.29a)$$

严格来说，线性动力学系统可通过两组微分方程来描述。第一组方程是利用矩阵形式(10.29a)来表达系统(10.25)，该方程是将系统的状态变量 $z$ 作为激励 $u(t)$ 的函数；第二组方程则仅将系统的输出 $y(t)$ 视为系统的第一个状态变量 $z_1(t)$ 的函数[2]。当已知系统的初始状态变量矢量 $z(t_0)$ 和时间段 $(t_0, t)$ 内的激励 $u(t)$，那么我们就可以确定出该时间段内的 $z(t)$ 和 $y(t)$ 了。

下面我们再来考虑另一个 $n$ 阶常系数线性微分方程，其形式如下：

$$\begin{aligned} &(D^n + a_{n-1} D^{n-1} + \cdots + a_1 D + a_0) y(t) \\ &= (b_n D^n + b_{n-1} D^{n-1} + \cdots + b_1 D + b_0) u(t) \end{aligned} \quad (10.30)$$

显然，与前一个方程(10.25)类似的是，这个方程也具有一个输入 $u(t)$ 和一个输出 $y(t)$。不过应当注意的是，此处的系统状态不仅依赖于 $u(t)$，而且还要依赖于它的各阶导数，且最高阶导数也是 $n$ 阶的。与前面一样，这里也假定 $a_i$ 和 $b_i$ 均

为实常数,且最高阶导数项 $D^n y(t)$ 的系数为 1。为了能够确定方程(10.30)的解,这里必须给定 $2n$ 个初始条件,即 $y(0), \dot{y}(0), \cdots, y^{(n-1)}(0)$ 和 $u(0), \dot{u}(0), \cdots, u^{(n-1)}(0)$。仍然可以引入如下所示的一组新状态变量 $z_k(t)(k=1,\cdots,n)$:

$$\begin{cases} z_1(t) = y(t) - h_0 u(t) \\ z_2(t) = \dot{y}(t) - h_0 \dot{u}(t) - h_1 u(t) \\ z_3(t) = \ddot{y}(t) - h_0 \ddot{u}(t) - h_1 \dot{u}(t) - h_2 u(t) \\ \cdots \\ z_n(t) = y^{(n-1)}(t) - h_0 u^{(n-1)}(t) - h_1 u^{(n-2)}(t) - \cdots - h_{n-1} u(t) \end{cases} \quad (10.31)$$

如果按照下述关系来确定未知参数:

$$\begin{cases} h_0 = b_n \\ h_1 = b_{n-1} - h_0 a_{n-1} \\ h_2 = b_{n-2} - h_0 a_{n-2} - h_1 a_{n-1} \\ \cdots \\ h_{n-k} = b_k - \sum_{i=0}^{n-k-1} h_i a_{i+k}, k = 1, 2, \cdots, n-1 \end{cases} \quad (10.32)$$

那么 $\dot{z}_n(t)$ 将不再依赖于 $u(t)$ 的各阶导数。这样一来,若状态变量是按照式(10.31)和式(10.32)定义的,那么原方程(10.30)就可以转化为 $n$ 个线性微分方程,其中每一个方程都是一阶的,即

$$\begin{bmatrix} \dot{z}_1(t) \\ \dot{z}_2(t) \\ \vdots \\ \dot{z}_{n-1}(t) \\ \dot{z}_n(t) \end{bmatrix} = \begin{bmatrix} 0 & 1 & 0 & \cdots & 0 \\ 0 & 0 & 1 & \cdots & 0 \\ \vdots & \vdots & \vdots & & \vdots \\ 0 & 0 & 0 & \cdots & 1 \\ -a_0 & -a_1 & -a_2 & \cdots & -a_{n-1} \end{bmatrix} \begin{bmatrix} z_1(t) \\ z_2(t) \\ \vdots \\ z_{n-1}(t) \\ z_n(t) \end{bmatrix} + \begin{bmatrix} h_1 \\ h_2 \\ \vdots \\ h_{n-1} \\ h_n \end{bmatrix} u(t) \quad (10.33)$$

最后,这个系统的动力学状态也就表示成了如下的两组方程了,即

$$\begin{aligned} \dot{z}(t) &= A z(t) + b u(t), b = \begin{bmatrix} h_1 & h_2 & \cdots & h_{n-1} & h_n \end{bmatrix}', \\ y(t) &= z_1(t) + h_0 u(t) \end{aligned} \quad (10.34)$$

上面的第一个方程将系统状态变量 $z$ 表示为激励 $u(t)$ 的函数,而第二个方程是将系统的输出 $y(t)$ 表示为系统第一个状态变量 $z_1(t)$ 和激励 $u(t)$ 的函数。因此,为得到一组能够完整的描述系统动力学状态的方程,必须在式(10.1)中补充一个方程,即 $y(t) = z_1(t) + h_0 u(t)$。

在最一般的情况下,线性动力学系统可通过如下两个方程来刻画,即[2]

$$\begin{cases} \dot{\boldsymbol{x}}(t) = \boldsymbol{A}(t)\boldsymbol{x}(t) + \boldsymbol{B}(t)\boldsymbol{u}(t) \\ \boldsymbol{y}(t) = \boldsymbol{C}(t)\boldsymbol{x}(t) + \boldsymbol{D}(t)\boldsymbol{u}(t) \end{cases} \tag{10.35}$$

式中:$\boldsymbol{x}(t)$ 为 $n$ 维状态矢量;$\boldsymbol{u}(t)$ 为 $m$ 维激励矢量;$\boldsymbol{y}(t)$ 为 $n$ 维输出矢量;$\boldsymbol{A}(t)$ 为 $n \times n$ 维系统矩阵;$\boldsymbol{B}(t)$ 为 $n \times m$ 维激励系数矩阵;$\boldsymbol{C}(t)$ 和 $\boldsymbol{D}(t)$ 分别为 $p \times n$ 和 $p \times m$ 维转换矩阵。

式(10.35)中的第一个方程针对的是系统状态变量 $x(t)$,而第二个方程则针对的是系统的输出。如果矩阵 $\boldsymbol{A}$、$\boldsymbol{B}$、$\boldsymbol{C}$、$\boldsymbol{D}$ 均不依赖于时间变量 $t$,那么这个系统也就成为一个时不变系统了。

在振动防护问题中,人们最感兴趣的是如下形式的系统方程,即

$$\begin{cases} \dot{\boldsymbol{x}}(t) = \boldsymbol{A}(t)\boldsymbol{x}(t) + \boldsymbol{B}(t)\boldsymbol{u}(t) \\ \boldsymbol{y}(t) = \boldsymbol{C}\boldsymbol{x}(t) \end{cases} \tag{10.36}$$

如果 $m = 0$,那么根据式(10.26)中的第一个方程可知关于输出的方程应为 $y(t) = z_1(t)$,而如果 $m = n$,那么根据式(10.31)中的第二个方程可知关于输出的方程将为 $y(t) = z_1(t) + h_0 u(t)$。一般地,如果 $m < n$,那么可以表示为 $\boldsymbol{y}(t) = \boldsymbol{C}\boldsymbol{x}(t)$。

显然,对于标准柯西形式的动力学系统的描述来说,我们就不必从整个系统的微分方程入手了,而可以通过整理后得到的系统各个状态量所对应的微分方程来进行。

**实例 10.3**  试分析一个含有阻尼的两自由度动力学系统,如图 10.1 所示,其中已经给出了受力分析。

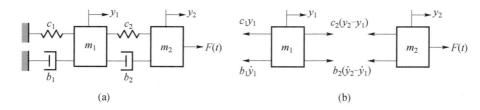

(a)                                                                    (b)

图 10.1  (a)带有阻尼的两自由度动力学系统的原理简图;(b)对应的受力分析图

通过对这个系统所包含的两个质量的受力分析,我们不难列出如下的牛顿方程组,即

$$\begin{cases} m_1\ddot{y}_1(t) = -b_1\dot{y}_1(t) + b_2[\dot{y}_2(t) - \dot{y}_1(t)] - c_1 y_1(t) + c_2[y_2(t) - y_1(t)] \\ m_2\ddot{y}_2(t) = F(t) - b_2[\dot{y}_2(t) - \dot{y}_1(t)] - c_2[y_2(t) - y_1(t)] \end{cases}$$

$$\tag{10.37}$$

如果引入如下变量[5]：

$$\begin{cases} x_1(t) = y_1(t) \\ x_2(t) = y_2(t) \\ x_3(t) = \dot{y}_1(t) \\ x_4(t) = \dot{y}_2(t) \end{cases} \tag{10.38}$$

那么前面的二阶方程组就可以转换为四个一阶微分方程，也即状态方程：

$$\begin{cases} \dot{x}_1(t) = x_3(t) \\ \dot{x}_2(t) = x_4(t) \\ m_1\dot{x}_3(t) = -(c_1 + c_2)x_1(t) + c_2x_2(t) - (b_1 + b_2)x_3(t) + b_2x_4(t) \\ m_2\dot{x}_4(t) = c_2x_1(t) - c_2x_2(t) + b_2x_3(t) - b_2x_4(t) + F(t) \end{cases} \tag{10.39}$$

若以矩阵形式来表达，那么该系统的状态方程和输出方程应分别为

$$\begin{cases} \dot{x}(t) = Ax(t) + Bu(t) \\ y(t) = Cx(t) \end{cases}$$

其中

$$\begin{cases} x = \begin{bmatrix} x_1 \\ x_2 \\ x_3 \\ x_4 \end{bmatrix} \\ A = \begin{bmatrix} 0 & 0 & 1 & 0 \\ 0 & 0 & 0 & 1 \\ -\dfrac{c_1 + c_2}{m_1} & -\dfrac{c_2}{m_1} & -\dfrac{b_1 + b_2}{m_1} & \dfrac{b_2}{m_1} \\ \dfrac{c_2}{m_2} & -\dfrac{c_2}{m_2} & \dfrac{b_2}{m_2} & -\dfrac{b_2}{m_2} \end{bmatrix} \\ B = \begin{bmatrix} 0 \\ 0 \\ 0 \\ \dfrac{1}{m_2} \end{bmatrix} \\ C = \begin{bmatrix} 1 & 0 & 0 & 0 \\ 0 & 1 & 0 & 0 \end{bmatrix} \\ u(t) = F(t) \\ y = \begin{bmatrix} y_1 \\ y_2 \end{bmatrix} \end{cases} \tag{10.40}$$

显然，这个系统的状态将由两个质量的位移 $y_1(t)$、$y_2(t)$ 和速度 $\dot{y}_1(t)$、$\dot{y}_2(t)$ 给出，系统的输出是坐标 $y_1(t)$ 和 $y_2(t)$。

实例 10.4　试分析一个带有两个集中质量的线弹性体,如图 10.2 所示,且系统受到的激励力为 $P(t)$。

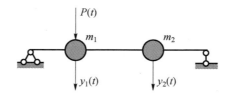

图 10.2　带有两个集中质量的梁的原理简图

这里我们以单位位移响应的形式来推导该系统的状态方程和输出方程。受迫振动方程可以描述为

$$y_1(t) + \delta_{11}m_1\ddot{y}_1(t) + \delta_{12}m_2\ddot{y}_2(t) = \delta_{1P}P(t) \tag{10.41a}$$

$$y_2(t) + \delta_{21}m_1\ddot{y}_1(t) + \delta_{22}m_2\ddot{y}_2(t) = \delta_{2P}P(t) \tag{10.41b}$$

其中:$\delta_{ik}$ 为单位位移响应,对于弹性体结构这些单位位移响应的计算可参见文献[10]。

引入如下新坐标:

$$\begin{cases} x_1(t) = y_1(t) \rightarrow \dot{x}_1 = \dot{y}_1 = x_3 \\ x_2(t) = y_2(t) \rightarrow \dot{x}_2 = \dot{y}_2 = x_4 \end{cases} \tag{10.42a}$$

$$\begin{cases} x_3(t) = \dot{y}_1(t) \rightarrow \dot{x}_3 = \ddot{y}_1 \\ x_4(t) = \dot{y}_2(t) \rightarrow \dot{x}_4 = \ddot{y}_2 \end{cases} \tag{10.42b}$$

方程(10.41a)和(10.41b)是通过二阶导数项动态耦合到一起的,可以从这两个方程中消去 $\ddot{y}_2$,即将式(10.41a)乘以 $\delta_{22}$,式(10.41b)乘以 $\delta_{12}$,然后用第二个方程减去第一个方程,由此可得

$$\dot{x}_3 = -\frac{\delta_{22}}{D_1}x_1 + \frac{\delta_{12}}{D_1}x_2 + \frac{\delta_{22}\delta_{1P} - \delta_{12}\delta_{2P}}{D_1}P(t), D_1 = Dm_1 = (\delta_{11}\delta_{22} - \delta_{12}^2)m_1 \tag{10.43}$$

类似地,也可以从这两个方程中消去 $\ddot{y}_1$,由此得到

$$\dot{x}_4 = \frac{\delta_{21}}{D_2}x_1 - \frac{\delta_{11}}{D_2}x_2 - \frac{\delta_{21}\delta_{1P} - \delta_{11}\delta_{2P}}{D_2}P(t), D_2 = Dm_2 = (\delta_{11}\delta_{22} - \delta_{12}^2)m_2 \tag{10.44}$$

该系统的柯西形式状态方程可以表示为

$$\begin{cases} \dot{x}(t) = Ax(t) + Bu(t) \\ y(t) = Cx(t) \end{cases}$$

也即

$$\begin{bmatrix} \dot{x}_1(t) \\ \dot{x}_2(t) \\ \dot{x}_3(t) \\ \dot{x}_4(t) \end{bmatrix} = \begin{bmatrix} 0 & 0 & 1 & 0 \\ 0 & 0 & 0 & 1 \\ -\delta_{22}/D_1 & \delta_{12}/D_1 & 0 & 0 \\ \delta_{21}/D_1 & -\delta_{11}/D_1 & 0 & 0 \end{bmatrix} \begin{bmatrix} x_1(t) \\ x_2(t) \\ x_3(t) \\ x_4(t) \end{bmatrix} + \begin{bmatrix} 0 \\ 0 \\ b_1 \\ b_2 \end{bmatrix} P(t),$$

$$b_1 = \frac{\delta_{22}\delta_{1P} - \delta_{12}\delta_{2P}}{D_1}, b_2 = -\frac{\delta_{21}\delta_{1P} - \delta_{11}\delta_{2P}}{D_2}$$

而方程 $y(t) = Cx(t)$ 与上一个实例是相同的。

## 10.3　振动防护系统的定性特性

这一节我们简要介绍一下主动式线性振动防护系统作为一个特殊的控制系统来说所具有的一些基本的定性特性,其中包括可达性、可控性、正则性以及稳定性等。

### 10.3.1　可达性、可控性与正则性

这里主要讨论的是集中参数型线性动力学系统,其可达性、可控性与稳定性等概念的严格定义以及相关的准则和证明可参阅文献[2,4]。

可达性是指能够找到一个振动防护控制作用 $u(t)$,使得系统可以从给定的初始状态 $x_0$ 转变到最终状态 $x_1$。

可控性是指系统的任意状态 $x(t_0) = x_0$ 都能够在有限时间 $t$ 内转变到零状态 $x(t) = 0$。这种情况下我们称 $x_0$ 在时刻 $t_0$ 是可控的。如果任何时刻 $t_0$ 处的状态 $x(t_0) = x_0$ 都是可控的(在系统定义的时间范围内),那么我们就称该系统是完全可控的或简称为可控的。在分析线性振动防护系统(常参数)的某个状态 $x_0$ 是否可控的时候,一般可假定初始时刻为零时刻。下面我们将针对时不变系统 $\dot{x}(t) = A\dot{x}(t) + Bu(t)$,给出其完全可控的准则。

如果矩阵 $B$ 为 $(n \times 1)$ 矩阵 $b$,那么当且仅当 $(n \times n)$ 矩阵

$$G = [b \quad Ab \quad A^2b \quad \cdots \quad A^{n-1}b] \tag{10.45}$$

是非奇异阵时,该系统是完全可控的[2]。应当注意的是,在时不变系统情况中可达性和可控性是相同的。

实例 10.5　试证明方程 $\ddot{x} + \omega^2 x = u(t)$ 所描述的这个最简单的振动防护系统具有完全可控性。

事实上,可以以矩阵形式 $\dot{x}(t) = A\dot{x}(t) + Bu(t)$ 来表示这一系统,即

$$\begin{bmatrix} \dot{x}_1 \\ \dot{x}_2 \end{bmatrix} = \begin{bmatrix} 0 & 1 \\ -\omega^2 & 0 \end{bmatrix} \begin{bmatrix} x_1 \\ x_2 \end{bmatrix} + \begin{bmatrix} 0 \\ 1 \end{bmatrix} u, A = \begin{bmatrix} 0 & 1 \\ -\omega^2 & 0 \end{bmatrix}, B = \begin{bmatrix} 0 \\ 1 \end{bmatrix}$$

矩阵 $B$ 是一个列矩阵 $b = \begin{bmatrix} 0 \\ 1 \end{bmatrix}$,因此 $Ab = \begin{bmatrix} 0 & 1 \\ -\omega^2 & 0 \end{bmatrix} \cdot \begin{bmatrix} 0 \\ 1 \end{bmatrix} = \begin{bmatrix} 1 \\ 0 \end{bmatrix}$。矩阵

$G = [b \quad Ab] = \begin{bmatrix} 0 & 1 \\ 1 & 0 \end{bmatrix}$,且 $\det G \neq 0$。这就意味着该振动防护系统是完全可控的。

实例 10.6　考虑一个系统 $\ddot{q} + 2n\dot{q} + \omega^2 q = \dot{u}(t) + u(t)$,试确定参数 $n$ 和 $\omega$,使得系统成为一个不可控系统。

为利用可控性准则,应首先将这一系统的原始方程表示为标准的 Cauchy 形式,为此可引入状态变量 $x_1(t) = q(t)$,$x_2(t) = \dot{q}(t) - u(t)$[2],由此可得

$$\begin{bmatrix} \dot{x}_1 \\ \dot{x}_2 \end{bmatrix} = \begin{bmatrix} 0 & 1 \\ -\omega^2 & -2n \end{bmatrix} \begin{bmatrix} x_1 \\ x_2 \end{bmatrix} + \begin{bmatrix} 1 \\ 1-2n \end{bmatrix} u(t)$$

矩阵 $Ab = \begin{bmatrix} 1-2n \\ -\omega^2 - 2n(1-2n) \end{bmatrix}$,进而我们有

$$G = \begin{bmatrix} 1 & 1-2n \\ 1-2n & -\omega^2 - 2n(1-2n) \end{bmatrix}$$

于是有 $\det G = -\omega^2 + 2n - 1$。如果 $\omega = n = 1$,则有 $\det G = 0$,矩阵为奇异阵,因而此时的系统为不可控系统。

实例 10.7　如图 10.3 所示,一根均匀梁上对称布置了两个集中质量,且质量上受到了两个大小相等方向相反的激励 $u(t)$。

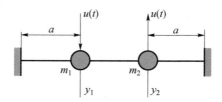

图 10.3　带有两个对称布置的集中质量的均匀梁

这个系统的振动方程可以表示为[10]

$$\begin{cases} m_1 \delta_{11} \ddot{y}_1 + m_2 \delta_{12} \ddot{y}_2 + y_1 = \delta_{11} u(t) - \delta_{12} u(t) \\ m_1 \delta_{21} \ddot{y}_1 + m_2 \delta_{22} \ddot{y}_2 + y_2 = \delta_{21} u(t) - \delta_{22} u(t) \end{cases}$$

式中：$\delta_{ik}$ 为单位位移响应，且 $\delta_{ik} = \delta_{ki}, \delta_{ii} > 0$ [10]。对于一个对称系统来说，$\delta_{11} = \delta_{22} = \delta$。若假定 $m_1 = m_2 = 1$，那么振动方程就变为

$$\begin{cases} \delta_{11}\ddot{y}_1 + \delta_{12}\ddot{y}_2 + y_1 = (\delta_{11} - \delta_{12})u(t) = U_0 \\ \delta_{21}\ddot{y}_1 + \delta_{22}\ddot{y}_2 + y_2 = (\delta_{21} - \delta_{22})u(t) = -U_0 \end{cases}$$

上面这个方程组可以改写为

$$\begin{cases} \delta\ddot{y}_1 + \delta_{12}\ddot{y}_2 + y_1 = (\delta - \delta_{12})u(t) = U_0 \\ \delta\ddot{y}_2 + \delta_{21}\ddot{y}_1 + y_2 = (\delta_{21} - \delta)u(t) = -U_0 \end{cases}$$

将这两个方程相加之后可以得到

$$\delta(\ddot{y}_1 + \ddot{y}_2) + \delta_{12}(\ddot{y}_1 + \ddot{y}_2) + (y_1 + y_2) = 0$$

由于该方程不依赖于 $u(t)$，因此对于这种对称形式的系统来说，该振动是不可能抑制掉的。从物理角度来看这一结果也是十分显然的。如果我们去掉一个控制作用 $u(t)$ 或者令两个作用函数的绝对值不相等，那么这个系统就可以变成完全可控的了[11]。

正则性是指一个系统对于控制函数 $u(t)$ 中的每个元素 $u_1(t), u_2(t), \cdots, u_m(t)$ 都是可控的。很明显，具有正则性的动力学系统也一定是完全可控的。正则系统的判定准则可参见文献[2]。比较而言，可控性这一概念是系统自身的固有属性，而正则性则应属于最优化问题的属性[11]。

此外，Egorov 还曾经讨论过可控性和不变性的问题，可以参考文献[12]。

## 10.3.2　稳定性

对于一个齐次的线性系统（$\dot{x}(t) = Ax(t)$（常参数，$A$ 为 $n \times n$ 矩阵），如果从平衡位置（即 $x(t) = 0$）产生一个小的偏移之后，该系统仍然能够保持一个小幅的运动，那么就称其是稳定的。更严格地说，如果当 $t \to \infty$ 时，对于任何一个解 $x(t)$ 它的欧氏范数 $\| x(t) \|$ 是有界的，那么该系统就是稳定的，而若系统是稳定的且满足 $\lim_{t \to \infty} \| x(t) \| = 0$，那么还称该系统是严格稳定的[2,13]。

动力学系统的稳定性可以根据其特征方程进行分析。如果运动方程为柯西形式 $\dot{x}(t) = Ax(t)$，那么特征方程就是 $\det(A - \lambda I) = 0$，其中 $I$ 为单位矩阵，$\lambda$ 为特征值。如果运动方程是以一个线性微分方程的形式给出的，那么可以做形式上的替换（即 $\dfrac{d^{(n)}}{dt^{(n)}} = \lambda^n$）得到特征方程。无论是哪一种情况，特征方程都可以化为一个 $\lambda$ 次的多项式。

麦克斯韦曾于 1868 年针对稳定性问题构建了直接的判定准则,即根据特征方程的系数来判定,而不需要去求解该方程的根。针对稳定性问题后来发展出了两种不同类型的判定方法,即频率方法和代数方法[14]。在各种频率方法中,Nyquist[9] 和 Mikhailov[15] 的工作是十分重要而典型的;而 Routh[16] 和 Hurwitz[17] 等人则对代数方法起到了推动作用。下面我们考察一下代数方法。

Routh 判据(1877):

如果特征方程的所有系数 $A_i$ 全为正数,且这些系数之间满足一定的关系,那么系统的运动就是稳定的。对于三阶和四阶特征方程来说,所对应的这些条件分别如下:

(1)三阶特征方程可以表示为 $\lambda^3 + A_1 \lambda^2 + A_2 \lambda + A_3 = 0$,要想使得系统的运动是稳定的,那么必须满足如下条件:①$A_i > 0$;②$A_1 A_2 > A_3$。

(2)四阶特征方程可以表示为 $\lambda^4 + A_1 \lambda^3 + A_2 \lambda^2 + A_3 \lambda + A_4 = 0$,要想使得系统的运动是稳定的,那么必须满足如下条件:①$A_i > 0$;②$A_1 A_2 A_3 > A_3^2 + A_1^2 A_4$。

下面介绍一下 Routh 判据的分析过程。不妨设特征方程为如下一般形式:

$$\lambda^n + A_1 \lambda^{n-1} + A_2 \lambda^{n-2} + \cdots + A_{n-1} \lambda + A_n = 0 \tag{10.46}$$

对于 $n > 4$ 的情况,利用如下数值分析过程更为方便。首先将特征方程的系数 $A_i (i = 1, \cdots, n)$ 整理到 Routh 阵列表中的第一行和第二行中,即

$$\begin{matrix} 1 & A_2 & A_4 & \cdots \\ A_1 & A_3 & A_5 & \cdots \\ C_1 & C_2 & C_3 & \cdots \\ D_1 & D_2 & D_3 & \cdots \end{matrix} \tag{10.47}$$

第三行中的常数按照如下关系式给出:

$$\begin{cases} C_1 = (A_1 A_2 - 1 \cdot A_3)/A_1 \\ C_2 = (A_1 A_4 - 1 \cdot A_5)/A_1 \\ \cdots \end{cases} \tag{10.48}$$

继续进行这一阵列表的计算,直到 $C$ 值全部等于零为止。

图 10.4 给出了一个方便记忆的办法。从第三行开始,每一行的数值可以按照如下过程得到:

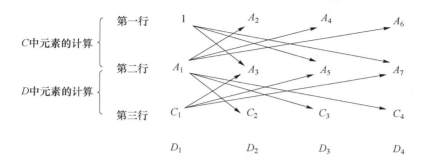

图 10.4　Routh 阵列表中第三行和第四行系数的计算方法

（1）首先将第一行和第二行的元素填入（1 和 $A_1$ 用于计算元素 $C$，而 $A_1$ 和 $C_1$ 用于计算元素 $D$）。

（2）将这些元素以交叉形式乘以后续元素。

（3）这些元素相减后再除以前一行的首元素。

利用这一过程，第四行的常数将为

$$\begin{cases} D_1 = (C_1A_3 - A_1 \cdot C_2)/C_1 \\ D_2 = (C_1A_5 - A_1 \cdot C_3)/C_1 \\ \cdots \end{cases} \tag{10.49}$$

Routh 阵列表中从第三行开始的所有元素可以都同时乘以前一行首元素，这样我们就不必写出分式表达式，而只需给出对应的分子表达式即可。为使系统具有稳定性，该阵列表中的第一列所有元素必须为正数。

对于三次特征方程 $\lambda^3 + A_1\lambda^2 + A_2\lambda + A_3 = 0$，Routh 阵列表变为

$$\begin{matrix} 1 & A_2 \\ A_1 & A_3 \\ A_1A_2 - A_3 & 0 \\ (A_1A_2 - A_3)A_3 & 0 \end{matrix}$$

而对于四次特征方程 $\lambda^4 + A_1\lambda^3 + A_2\lambda^2 + A_3\lambda + A_4 = 0$，该阵列表则变为

$$\begin{matrix} 1 & A_2 & A_4 & 0 \\ A_1 & A_3 & 0 & 0 \\ A_1A_2 - A_3 & A_1A_4 & 0 & 0 \\ (A_1A_2 - A_3)A_3 - A_1^2A_4 & 0 & 0 & 0 \\ A_1A_4[(A_1A_2 - A_3)A_3 - A_1^2A_4] & 0 & 0 & 0 \end{matrix}$$

实例 10.8　利用 Routh 阵列表分析特征方程 $\lambda^4 + 4\lambda^3 + 5\lambda^2 + 3\lambda + n = 0$，确定自由项 $n$ 使得系统为稳定的。

求解过程:根据前述过程可以列出 Routh 阵列表如下:

$$1 \qquad\qquad 5 \qquad\qquad n$$
$$4 \qquad\qquad 3 \qquad\qquad 0$$
$$4 \times 5 - 3 = 17 \qquad\qquad 4n \qquad\qquad 0$$
$$17 \times 3 - 4^2 n = 51 - 16n \qquad\qquad 0 \qquad\qquad 0$$
$$(51 - 16n)4n \qquad\qquad 0 \qquad\qquad 0$$

当第一列元素均为正数时系统是稳定的,于是可导得 $n < 51/16$。

某些问题中还可能出现第一列中的某个元素等于零的情况,此时我们需要引入一个小正数 $\varepsilon$,然后再继续上述的填表过程。

类似于 Routh 判据,Hurwitz 判据(1895)也可用于判定系统的稳定性,它也是建立在特征方程系数的基础上的。可以假定特征方程的一般形式为

$$A_0 \lambda^n + A_1 \lambda^{n-1} + A_2 \lambda^{n-2} + \cdots + A_{n-1} \lambda + A_n = 0 \qquad (10.50)$$

应当注意,这里的最高次项的系数可以不为 1,这一点与 Routh 判据是不同的。如果假定 $A_0 > 0$,那么我们可以构造一个 Hurwitz 矩阵($n \times n$ 维),该矩阵主对角线上的元素是特征方程的系数,其顺序为 $A_1, A_2, \cdots, A_n$。在主对角线右侧的元素其下标是逐渐减小的,而左侧的元素下标则逐渐增大。当下标变为负值或超过 $n$ 时,则应令该位置的元素为零。例如,矩阵中的第三行是从元素 $A_5$ 开始的,包含了 $n$ 项,其排列形式为 $A_5 A_4 A_3 A_2 A_1 A_0 00 \cdots 0$。Hurwitz 矩阵的一般形式为

$$\boldsymbol{H} = \begin{bmatrix} A_1 & A_0 & 0 & 0 & 0 & 0 & 0 & 0 & \cdots & 0 \\ A_3 & A_2 & A_1 & A_0 & 0 & 0 & 0 & 0 & \cdots & 0 \\ A_5 & A_4 & A_3 & A_2 & A_1 & A_0 & 0 & 0 & \cdots & 0 \\ A_7 & A_6 & A_5 & A_4 & A_3 & A_2 & A_1 & A_0 & \cdots & 0 \\ \vdots & \vdots & \vdots & \vdots & \vdots & \vdots & \vdots & \vdots & & \vdots \end{bmatrix} \qquad (10.51)$$

这一判据指出,如果上面这个矩阵主对角线元素的余子式都为正数,那么系统就是稳定的,也即

$$\Delta_1 = A_1 > 0, \Delta_2 = \begin{vmatrix} A_1 & A_0 \\ A_3 & A_2 \end{vmatrix} > 0, \Delta_3 = \begin{vmatrix} A_1 & A_0 & 0 \\ A_3 & A_2 & A_1 \\ A_5 & A_4 & A_3 \end{vmatrix} > 0, \cdots (10.52)$$

实例 10.9 一个系统的特征方程为 $A_0 \lambda^3 + A_1 \lambda^2 + A_2 \lambda + A_3 = 0$,系数全为正数,利用 Hurwitz 判据判定系统的稳定性。

求解过程:该系统的 Hurwitz 矩阵为

$$\boldsymbol{H} = \begin{bmatrix} A_1 & A_0 & 0 \\ A_3 & A_2 & A_1 \\ 0 & 0 & A_3 \end{bmatrix}$$

稳定性条件为

$$\Delta_1 = A_1 > 0, \Delta_2 = \begin{vmatrix} A_1 & A_0 \\ A_3 & A_2 \end{vmatrix} > 0, \Delta_3 = \begin{vmatrix} A_1 & A_0 & 0 \\ A_3 & A_2 & A_1 \\ 0 & 0 & A_3 \end{vmatrix} > 0$$

由于 $\Delta_3 = A_3 \Delta_2$ 且 $A_3 > 0$,因而只需验证第二个行列式 $\Delta_2 > 0$ 即可。显然,只要满足 $A_1 A_2 > A_3 A_0$,该系统就是稳定的。可以看出,若令 $A_0 = 1$,那么也就立即得到了 Routh 判据的结果,即 $A_1 A_2 > A_3$,此时的特征方程为 $\lambda^3 + A_1 \lambda^2 + A_2 \lambda + A_3 = 0$。

实例 10.10　为了确保某设备轴的转速恒定,可以利用 Boulton 和 Watt 提出的离心调速器(1788),其工作原理是众所周知的[18,19]。系统中的轴和离心调速器的离合器的运动可描述为两个耦合的微分方程[19,20]:

$$\begin{cases} J\ddot{\varphi} = -k_1 z \\ m\ddot{z} + \beta \dot{z} + kz = k_2 \dot{\varphi} \end{cases} \tag{10.53a}$$

式中:$\varphi$ 和 $z$ 分别为转子的转角和离合器的位移;$J$ 为设备转动部分的惯性矩;$m$ 为调速器中的离合器的质量;$\beta$ 为阻尼系数;$k$ 为调速器中弹簧的刚度系数;$k_1$ 为离合器产生单位位移时提供的力矩增量;$k_2$ 为转子角速度增加单位值时对离合器产生的增力。

为保证系统的稳定性,必须确定系统各参数之间的关系,或者说,必须确定在何种条件下该系统在经受突然的载荷变化之后能够恢复到正常工作状态。

系统的微分方程的解可以表示为 $z = Z_0 e^{\lambda t}$,$\varphi = \psi_0 e^{\lambda t}$,将它们代入到式(10.53a),可以得到关于幅值 $Z_0$ 和 $\psi_0$ 的一组代数方程,即

$$\begin{cases} k_1 Z_0 + J\lambda^2 \psi_0 = 0, \\ (m\lambda^2 + \beta\lambda + k) Z_0 - k_2 \lambda \psi_0 = 0 \end{cases} \tag{10.53b}$$

这个方程组是齐次的,因而要想使得 $Z_0$ 和 $\psi_0$ 存在非平凡解,其系数行列式必须为零,即

$$D = \begin{vmatrix} k_1 & J\lambda^2 \\ m\lambda^2 + \beta\lambda + k & -k_2\lambda \end{vmatrix} = 0 \tag{10.53c}$$

由此不难得到如下的三次特征方程:

$$\lambda^3 + \frac{\beta}{m}\lambda^2 + \frac{k}{m}\lambda + \frac{k_1 k_2}{mJ} = 0 \tag{10.53d}$$

前面已经指出,当满足 $A_1 A_2 > A_3$ 这一条件时,系统将是稳定的。根据这一条件和式(10.53b)中的系数,我们也就得到了如下稳定性要求:

$$\frac{\beta k}{m^2} > \frac{k_1 k_2}{mJ} \tag{10.53e}$$

如果考虑耗散力 $\beta\dot\varphi$ 和弹性力 $k\varphi$，将其引入到式（10.53a）中的第一个方程左端，那么所得到的这组方程也就描述了 Leblanc 吸振器这个系统（1901），Den Hartog[19] 曾对该系统的工作原理、应用场合以及稳定性等问题进行过研究。

## 10.4　Pontryagin 原理

这一原理针对动力学系统的最优控制问题给出了一组必要条件。本节将针对由常微分方程所描述的系统阐述其优化问题的一般形式，以及最优化所需满足的 Pontryagin 形式的必要条件[1,2,4,5]。

在前面的 10.1.1 节中，我们已经针对集中参数动力学系统的最优振动抑制问题给出了数学模型，它包含了状态方程、系统的初始状态和最终状态、约束以及优化准则等内容。主动式最优的完全振动抑制问题可表述为：寻找合适的振动控制作用 $u(t)$，在满足已知约束条件（10.13）~（10.17）的前提下，使得动力学系统（10.1）能够从给定的初始状态 $\boldsymbol{x}_0$ 转变到最终的状态 $\boldsymbol{x}(T)$，且目标函数 $J$（式（10.24））应取得最小值。这种控制作用 $\boldsymbol{u}^*(t)$ 称为最优控制器，与之对应的系统的运动轨迹 $\boldsymbol{x}^*(t)$ 称为最优振动防护轨迹。

根据 Pontryagin 原理，需要引入一个额外的变矢量 $\boldsymbol{p}(t)$，并构造如下函数 $H$，即

$$H[\boldsymbol{p}(t),\boldsymbol{x}(t),\boldsymbol{u}] = L[\boldsymbol{x}(t),\boldsymbol{u}] + \langle \boldsymbol{p},\boldsymbol{f}(\boldsymbol{x},\boldsymbol{u})\rangle \tag{10.54}$$

这个函数是哈密尔顿函数，它与文献[21]中给出的哈密尔顿运动方程有一定的相似性。该函数中的第一项 $L[\boldsymbol{x}(t),\boldsymbol{u}]$ 是目标函数（10.24）的积分，变矢量 $\boldsymbol{p}(t)$ 称为协态矢量，第二项 $\langle \boldsymbol{p},\boldsymbol{f}(\boldsymbol{x},\boldsymbol{u})\rangle$ 是协态矢量 $\boldsymbol{p}(t)$ 和函数 $\boldsymbol{f}[\boldsymbol{x}(t),\boldsymbol{u}(t)]$ 的标量积，它是状态方程（10.2）的右端项。

从初始状态 $\boldsymbol{x}(0) = \boldsymbol{x}_0$ 转变到最终状态 $\boldsymbol{x}(T)$ 的最优响应或最优轨迹 $\boldsymbol{x}^*(t)$ 应满足如下微分方程：

$$\frac{\mathrm{d}\boldsymbol{x}^*(t)}{\mathrm{d}t} = \frac{\partial H}{\partial \boldsymbol{p}}[\boldsymbol{p}^*(t),\boldsymbol{x}^*(t),\boldsymbol{u}^*(t)] = \boldsymbol{f}(\boldsymbol{x}^*,\boldsymbol{u}^*),\boldsymbol{x}(0) = \boldsymbol{x}_0$$

$$\tag{10.55}$$

其中，最优协态矢量 $\boldsymbol{p}^*(t)$ 满足如下方程：

$$\frac{\mathrm{d}\boldsymbol{p}^*(t)}{\mathrm{d}t} = -\frac{\partial H}{\partial \boldsymbol{x}}[\boldsymbol{p}^*(t),\boldsymbol{x}^*(t),\boldsymbol{u}^*(t)] \tag{10.56}$$

人们一般将上面这两个二阶微分方程称为与式（10.2）相关的正则系统，可以看出第一个正则方程（10.55）就是原来的方程（10.2），它与协态矢量 $\boldsymbol{p}(t)$ 无关。

作为 $\boldsymbol{u}$ 的函数，哈密尔顿函数 $H^*$ 在时间 $[0,T]$ 内沿着最优轨迹将具有绝

对极小值(参见下文对 Pontryagin 原理所进行的讨论中的第一条),而与约束性质无关[2],即

$$H^* = H[\boldsymbol{p}^*(t),\boldsymbol{x}^*(t),\boldsymbol{u}^*(t)] = \min_{u \in \Omega}[\boldsymbol{p}^*(t),\boldsymbol{x}^*(t),\boldsymbol{u}(t)] \quad (10.57)$$

或

$$H[\boldsymbol{p}^*(t),\boldsymbol{x}^*(t),\boldsymbol{u}^*(t)] \leqslant H[\boldsymbol{p}^*(t),\boldsymbol{x}^*(t),\boldsymbol{u}(t)],\text{对于}\Omega\text{中所有的}\boldsymbol{u}(t) \quad (10.58)$$

其中,$u \in \Omega$ 表示主动控制作用 $u$ 需满足给定形式的约束。

Pontryagin 原理所给出的一般过程如下,选择初始条件以构造协态矢量 $\boldsymbol{p}^*(t)$,进而根据最优条件(10.57)确定出满足约束的控制作用 $\boldsymbol{u}^*(t)$,该控制作用将使得系统转变到给定的最终状态。在这一过程中,最小值原理,即式(10.55)~式(10.58),是最优控制 $\boldsymbol{u}^*(t)$ 的必要条件。在引入特定的附加假设之后,这些必要条件可以进行拓展从而得到最优化的充分条件[2,22]。这些附加的假设一般会出现在实际问题中,因而应根据问题的实际情况来分析。

沿着最优轨迹哈密尔顿函数具有绝对极小值,而与约束性质无关,只有在 $\boldsymbol{u}^*(t)$ 不连续的点处该函数才是不能最小化的。式(10.54)~式(10.58)体现了 Pontryagin 原理的基本思想,在计算过程中也可以针对不同的问题进行适当地调整,如不同类型的最终状态、对状态空间的约束问题,以及控制过程时间问题(无要求或有要求)等。在 Athans 和 Falb 的书[2]中已经详细地讨论了与最小值原理相关的一些结果,并给出了很有价值的实例。

在介绍一些典型线性振动系统的抑制问题之前,我们先对 Pontryagin 原理做如下讨论。

(1)著名的 Pontryagin 原理[1,4,5]是一种最大值原理。这些书中提到的系统的哈密尔顿函数一般是以 $H[\boldsymbol{p}(t),\boldsymbol{x}(t),\boldsymbol{u}] = -L[\boldsymbol{x}(t),\boldsymbol{u}] + \langle \boldsymbol{p},\boldsymbol{f}(\boldsymbol{x},\boldsymbol{u})\rangle$ 形式给出的。读者可以很容易地看出这一形式与 Athans 和 Falb[2] 所采用的形式(即式(10.54))之间的差异,其中 $L[\boldsymbol{x}(t),\boldsymbol{u}(t)]$ 前面的负号意味着系统的哈密尔顿函数 $H$ 将沿着最优轨迹达到绝对最大值。应注意的是不同的哈密尔顿函数表示方法不会影响到分析结果,这里我们也采用了文献[2]中的做法。

(2)Pontryagin 原理最早是从变分法中导出的[1],它也可以从动态规划中推导得到[5,23],文献[2]中已经给出了 Pontryagin 最小值原理的几何证明,其中还包含了针对不同系统情况进行修正的 Pontryagin 原理形式,如将控制时间(固定或自由)、最终状态(约束或自由)以及不同类型的最优准则等考虑进来的情况。

(3)对于由偏微分方程所描述的系统,Pontryagin 原理已经发展得比较成熟了[13,24-26],特别是对于弹性体结构的最优主动振动抑制问题更是如此[27]。在这些问题中,解析分析和数值分析过程一般来说是存在较大难度的,不过对于最

优主动振动防护而言,某些情况中利用 Krein 矩方法[14,28]可能要更为有效一些,这一方法将在第 11 章中详细进行介绍。

(4)Pontryagin 原理的应用不限于力学运动问题的分析,它也可以应用于各种不同性质的问题分析,例如其中就包括了非经典结构分析问题[29]、特征值问题[30]、基于特征值的杆的优化问题[31]、热扩散过程的优化[25],以及化工和经济领域相关过程的最优化等。

## 10.5 集中参数系统的振动抑制

这一节中,我们来考察若干典型的最优主动振动抑制问题所涉及的内容,主要针对的是一个单自由度动力学系统。这些内容包括不同类型的约束(含无约束)以及不同形式的最优准则。我们将详细地分析最短时间问题,并讨论最小等时线这一概念。

### 10.5.1 无约束条件下的振动抑制问题

这里考虑的是对控制作用和系统状态变量均无约束的最优主动振动抑制问题,主要分析如下类型的二次泛函(目标函数),即能量泛函、能量泛函与振动抑制时间的组合、能量泛函与相位坐标的组合等,其中的第二种也就对应了非固定时间的控制问题。所有这些情况中,均指定系统的最终状态为零,也即问题中的预期最终状态是固定的[2]。

**1. 固定的终止时间与能量泛函**

对于一个时不变力学系统,其状态可由如下方程来描述,即

$$\ddot{x} + \omega^2 x = u(t) \tag{10.59}$$

若以标准形式来表达,则为

$$\begin{bmatrix} \dot{x}_1 \\ \dot{x}_2 \end{bmatrix} = \begin{bmatrix} 0 & 1 \\ -\omega^2 & 0 \end{bmatrix} \begin{bmatrix} x_1 \\ x_2 \end{bmatrix} + \begin{bmatrix} 0 \\ 1 \end{bmatrix} u(t) \tag{10.60}$$

初始条件可设为

$$\begin{cases} x(0) = x_0 \\ \dot{x}(0) = v_0 \end{cases} \tag{10.61}$$

我们的问题是确定最优的振动防护控制 $u(t)$,使得系统(10.59)能够在指定的时间 $T_f$ 内从初始状态(10.61)转变到最终的零状态,即 $x(T_f) = \dot{x}(T_f) = 0$,并使如下的二次能量泛函取得最小值:

$$J = \frac{1}{2} \int_0^{T_f} u^2(t) \, dt \tag{10.62}$$

可以看出,这里已经假定了不存在任何其他形式的约束条件。

根据 Pontryagin 原理,我们可以引入共轭变量 $p_1$ 和 $p_2$,并为系统(10.60)、(10.61)和最优准则(10.62)构造一个哈密尔顿函数,即

$$H = \frac{1}{2}u^2(t) + 1 \cdot x_2 p_1(t) - \omega^2 x_1 p_2(t) + u(t)p_2(t) \qquad (10.63)$$

其中:控制作用 $u(t)$ 应使得该函数取最小值。

由于 $H$ 是 $u(t)$ 的一个二次函数,于是可令

$$\frac{\partial H}{\partial u(t)} = u(t) + p_2(t) = 0 \qquad (10.64)$$

因此,这个极值对应的 $u(t)$ 为

$$u(t) = -p_2(t), t \in [0, T_f] \qquad (10.65)$$

伴随变量则必须满足如下微分方程:

$$\begin{cases} \dot{p}_1 = -\dfrac{\partial H}{\partial x_1} = \omega^2 p_2(t) \\ \dot{p}_2 = -\dfrac{\partial H}{\partial x_2} = -p_1(t) \end{cases} \qquad (10.66)$$

可以看出,式(10.60)和式(10.66)是不耦合的。

为了在初始条件 $p_1(0) = \pi_1, p_2(0) = \pi_2$ 下求解式(10.66),可以先把该式表示为矩阵形式,即

$$\begin{bmatrix} \dot{p}_1 \\ \dot{p}_2 \end{bmatrix} = \boldsymbol{A}_{\mathrm{adj}} \begin{bmatrix} p_1 \\ p_2 \end{bmatrix}, \boldsymbol{A}_{\mathrm{adj}} = \begin{bmatrix} 0 & \omega^2 \\ -1 & 0 \end{bmatrix} \qquad (10.67)$$

这个系统的基本矩阵为

$$\boldsymbol{\Phi}_{\mathrm{adj}}(t) = L^{-1}[s\boldsymbol{I} - \boldsymbol{A}_{\mathrm{adj}}]^{-1}$$

$$= L^{-1}\frac{1}{s^2 + \omega^2}\begin{bmatrix} s & \omega^2 \\ -1 & s \end{bmatrix} = \begin{bmatrix} \cos\omega t & \omega\sin\omega t \\ -\dfrac{1}{\omega}\sin\omega t & \cos\omega t \end{bmatrix} \qquad (10.68)$$

式中:$s$ 为复数变量;$\boldsymbol{I}$ 为单位矩阵;$L^{-1}$ 代表的是拉普拉斯反变换。

式(10.67)的解为

$$\begin{cases} \begin{bmatrix} p_1(t) \\ p_2(t) \end{bmatrix} = \boldsymbol{\Phi}(t)\begin{bmatrix} \pi_1 \\ \pi_2 \end{bmatrix} \\ p_1(t) = \pi_1\cos\omega t + \pi_2\omega\sin\omega t \\ p_2(t) = -\dfrac{\pi_1}{\omega}\sin\omega t + \pi_2\cos\omega t \end{cases} \qquad (10.69)$$

于是所需的控制作用就变为

$$u(t) = -p_2(t) = \frac{\pi_1}{\omega}\sin\omega t - \pi_2\cos\omega t \qquad (10.70)$$

将式(10.70)代入到式(10.59),可以得到如下微分方程:

$$\ddot{x} + \omega^2 x = u(t) = \frac{\pi_1}{\omega}\sin\omega t - \pi_2\cos\omega t \tag{10.71}$$

其中,未知参数为 $p_1(0) = \pi_1, p_2(0) = \pi_2$。可以看出,控制作用 $u(t)$ 是以自由振动频率 $\omega$ 作简谐变化的。因此,方程的特解应为 $x^* = -t\frac{\pi_1}{2\omega^2}\cos\omega t - t\frac{\pi_2}{2\omega}\sin\omega t$,而全解则为

$$x = C_1\cos\omega t + C_2\sin\omega t - t\frac{\pi_1}{2\omega^2}\cos\omega t - t\frac{\pi_2}{2\omega}\sin\omega t \tag{10.72}$$

式中:积分常数 $C_1$ 和 $C_2$ 可以根据初始条件(10.61)来确定,即 $x(0) = x_0, \dot{x}(0) = v_0$,于是有

$$\begin{cases} x(0) = C_1\cos\omega t = x_0 \\ \dot{x}(0) = C_2\omega - \frac{\pi_1}{2\omega^2} = v_0 \rightarrow C_2 = \frac{1}{\omega}\left(v_0 + \frac{\pi_1}{2\omega^2}\right) \end{cases}$$

位移和速度则为

$$\begin{cases} x(t) = x_0\cos\omega t + \frac{1}{\omega}\left(v_0 + \frac{\pi_1}{2\omega^2}\right)\sin\omega t - \frac{\pi_1}{2\omega^2}t\cos\omega t - \frac{\pi_2}{2\omega}t\sin\omega t \\ \dot{x}(t) = -x_0\omega\sin\omega t + \left(v_0 + \frac{\pi_1}{2\omega^2}\right)\cos\omega t - \frac{\pi_1}{2\omega^2}\cos\omega t + \frac{\pi_1}{2\omega}t\sin\omega t \\ \quad - \frac{\pi_2}{2\omega}\sin\omega t - \frac{\pi_2}{2}t\cos\omega t \end{cases} \tag{10.73}$$

协态变量 $p_1$ 和 $p_2$ 对应的待定初始状态 $p_1(0) = \pi_1, p_2(0) = \pi_2$ 可以根据系统(10.73)最终时刻 $T_f$ 时的零状态条件(即 $x(T_f) = \dot{x}(T_f) = 0$)来确定。由这些条件可以得到两个关于 $\pi_1$、$\pi_2$ 的线性代数方程,它们的解依赖于初始条件 $x(0) = x_0, \dot{x}(0) = v_0$ 以及振动抑制的总时间 $T_f$。

下面我们来考察第一种特殊情形,即 $x(0) = x_0 = 0$ 且 $T_f = 2\pi/\omega$。此时我们有

$$\begin{cases} x(T_f) = -\frac{\pi_1}{2\omega^2}\frac{2\pi}{\omega} = 0 \rightarrow \pi_1 = 0 \\ \dot{x}(T_f) = v_0 - \frac{\pi_2}{2}\frac{2\pi}{\omega} = 0 \rightarrow \pi_2 = \frac{v_0\omega}{\pi} \end{cases}$$

于是,在给定了 $T_f = 2\pi/\omega$ 之后,对于一个可变状态来说协态变量 $p_1$ 和 $p_2$ 就可以以初始条件的形式唯一确定了。

所需的最优振动控制作用为

$$u(t) = -\pi_2\cos\omega t = -\frac{v_0\omega}{\pi}\cos\omega t, 0 \leqslant t \leqslant T = \frac{2\pi}{\omega} \qquad (10.74)$$

很容易就可以验证,方程 $\ddot{x} + \omega^2 x = u(t) = -\frac{v_0\omega}{\pi}\cos\omega t$ 的解是满足初始条件 $x(0) = x_0 = 0, \dot{x}(0) = v_0$ 的,不仅如此,在经过 $T_f = 2\pi/\omega$ 时间后系统的振动也确实会彻底消除(即 $x(T_f) = \dot{x}(T_f) = 0$),式(10.62)这个指标也将取得最小值。此外应当注意的是,这里的最优振动控制作用 $u(t)$ 带有共振特征。

再来考察第二种特殊情形,即在初始状态变量为 $x(0) = x_0 = 0, \dot{x}(0) = v_0$ 的条件下,在任意给定的时间 $T_f$ 内消除振动。与前面一样,系统的最终状态仍为 $x(T_f) = \dot{x}(T_f) = 0$,且需要使目标函数(10.62)取得最小值。这种情况下我们可以得到伴随变量的初始状态为

$$\begin{cases} \pi_1 = 2v_0\omega^2 \dfrac{\sin^2\omega T_f}{\omega^2 T_f^2 - \sin^2\omega T_f} \\[4mm] \pi_2 = -v_0\omega \dfrac{\sin2\omega T_f - 2\omega T_f}{\omega^2 T_f^2 - \sin^2\omega T_f} \end{cases} \qquad (10.75)$$

所需的最优振动控制为

$$u(t) = \frac{\pi_1}{\omega}\sin\omega t - \pi_2\cos\omega t, 0 \leqslant t \leqslant T_f \qquad (10.76)$$

考虑到式(10.75),式(10.76)也就是

$$u(t) = \frac{2v_0\omega}{\omega^2 T_f^2 - \sin^2\omega T_f}[\sin^2\omega T_f\sin\omega t + (\sin\omega T_f\cos\omega T_f - \omega T_f)\cos\omega t]$$

$$(10.77)$$

很容易就可以验证出,上面这个振动防护控制作用对于任意给定的时间 $T_f$ 而言,都能够将系统(10.59)从初始状态 $x(0) = x_0 = 0, \dot{x}(0) = v_0$ 转变到最终的零状态(即 $x(T_f) = \dot{x}(T_f) = 0$),同时使得能量泛函(10.62)取得最小值。如果令 $\omega = 1$,那么这里的结果也就对应了文献[11]中所给出的结果。

总地来说,上述的时间 $T_f$ 是一个比较关键的参数,一般地,如果期望振动抑制花费的时间较少,那么所需的能量输入 $J$ 就会比较大。已有研究已经表明,最优振动抑制问题对于系统参数的变化一般是较为敏感的[2]。

**2. 非固定终止时间、能量和时间的组合泛函**

这里考虑的是一个线性振子,其状态可由式(10.59)和式(10.60)描述,初始条件为式(10.61),所关心的问题是确定合适的振动防护控制 $u(t)$,使得系统在非固定的时间 $T$ 内能够从初始状态(10.61)转变到零状态($x(T) = \dot{x}(T) = 0$),同时使得如下泛函取得最小值:

$$J = kT + \frac{1}{2}\int_0^T u^2(t)\,\mathrm{d}t = \int_0^T \Big[ k + \frac{1}{2}u^2(t) \Big]\mathrm{d}t, k > 0 \qquad (10.78)$$

上面这个泛函是振动抑制所需能量与所需时间 $T$ 的线性组合,因而这里我们实际上处理的是终止状态确定而终止时间自由的这样一个振动防护问题。系统(10.60)的哈密尔顿函数可以写为

$$H = k + \frac{1}{2}u^2(t) + 1 \cdot x_2 p_1(t) - \omega^2 x_1 p_2(t) + u(t)p_2(t) \qquad (10.79)$$

下面我们将利用关于最优控制作用 $u(t)$ 的式(10.65)和式(10.70),关于共轭变量 $p_1$ 和 $p_2$ 的微分方程(10.66),以及关于共轭变量初始状态 $\pi_1$ 和 $\pi_2$ 的表达式(10.73)。不过需要注意的是,在这种不指定振动抑制时间的情况中,式(10.73)中的固定时间 $T_f$ 就必须用自由时间 $T$ 来替换了。

在不指定振动抑制过程的时间 $T$ 的情况下,沿着最优轨迹的最优必要条件是 $H = 0^{[2]}$,因此,在 $t = T$ 时刻我们有

$$H(T) = k + \frac{1}{2}u^2(T) + 1 \cdot x_2(T)p_1(T) - \omega^2 x_1(T)p_2(T) + u(T)p_2(T) = 0$$
$$(10.80)$$

由于 $x_1(T) = x_2(T) = 0$,根据式(10.65),$u(T) = -p_2(T)$,我们就可以得到

$$H(T) = k + \frac{1}{2}u^2(T) - u^2(T) = 0 \qquad (10.81)$$

于是在 $t = T$ 时,所需的振动控制作用就为

$$u(T) = \pm\sqrt{2k} \qquad (10.82)$$

若假定了初始条件为 $x(0) = x_0 = 0, \dot{x}(0) = v_0$,那么根据式(10.73)和式(10.74),最优振动防护作用为

$$u(t) = \frac{2v_0\omega}{\omega^2 T^2 - \sin^2\omega T}[\sin^2\omega T\sin\omega t + (\sin\omega T\cos\omega T - \omega T)\cos\omega t], 0 \leqslant t \leqslant T$$
$$(10.83)$$

对于 $\omega = 1$ 的情形,也就得到了人们所熟知的结果[11]。为了确定振动抑制时间 $T$,需要从式(10.83)中导出 $u(T)$,然后再代入到式(10.82),由此可以得到如下关于 $T$ 的超越方程,即

$$u(T) = \frac{2v_0\omega}{\omega^2 T^2 - \sin^2\omega T}[\sin\omega T - \omega T\cos\omega T] = \pm\sqrt{2k} \qquad (10.84)$$

随后需要确定的是当 $T$ 为何值时目标函数(10.78)可以取得最小值,确定之后根据式(10.83)我们也就可以得到最优的振动控制作用 $u(t)$ 了。

泛函(10.62)和(10.78)的一个特点在于,它们将给出一组关于伴随变量

$p_1(t)$ 和 $p_2(t)$ 的微分方程式（10.66）与（10.67），并且与关于状态变量 $x_1(t)$ 和 $x_2(t)$ 的式（10.60）是不耦合的。

### 3. 固定时间、能量和坐标的组合泛函

考虑系统（10.59），初始条件为式（10.61），即 $x(0) = x_0$，$\dot{x}(0) = v_0$。现在的问题是对于给定的时间 $T_f$，确定一个最优振动防护作用 $u(t)$，使得该系统可以从初始状态（10.61）转变到最终的零状态，即 $x(T_f) = \dot{x}(T_f) = 0$，并使得如下组合形式的二次泛函取得最小值：

$$J = \frac{1}{2} \int_0^{T_f} [a_1 x_1^2(t) + a_2 x_2^2(t) + u^2(t)] \mathrm{d}t \tag{10.85}$$

系统的哈密尔顿函数可表示为

$$H = \frac{1}{2} [a_1 x_1^2(t) + a_2 x_2^2(t) + u^2(t)] + 1 \cdot x_2 p_1(t) - \omega^2 x_1 p_2(t) + u(t) p_2(t) \tag{10.86}$$

为使上面这个泛函取得最小值，可建立如下条件，进而导得最优控制作用 $u(t)$：

$$\frac{\partial H}{\partial u(t)} = u(t) + p_2(t) = 0 \rightarrow u(t) = -p_2(t) \tag{10.87}$$

对于伴随变量 $p_1(t)$ 和 $p_2(t)$，可得如下方程组：

$$\begin{cases} \dot{p}_1(t) = -\dfrac{\partial H}{\partial x_1} = -a_1 x_1(t) + \omega^2 p_2(t) \\[2mm] \dot{p}_2(t) = -\dfrac{\partial H}{\partial x_2} = -a_2 x_2(t) - p_1(t) \end{cases} \tag{10.88}$$

可以看出，上面这组关于伴随变量 $p_1(t)$ 和 $p_2(t)$ 的方程与前面关于状态变量 $x_1(t)$ 和 $x_2(t)$ 的式（10.60）是耦合的，于是可以表示为

$$\begin{bmatrix} \dot{x}_1(t) \\ \dot{x}_2(t) \\ \dot{p}_1(t) \\ \dot{p}_2(t) \end{bmatrix} = \begin{bmatrix} 0 & 1 & 0 & 0 \\ -\omega^2 & 0 & 0 & 0 \\ -a_1 & 0 & 0 & \omega^2 \\ 0 & -a_2 & -1 & 0 \end{bmatrix} \begin{bmatrix} x_1(t) \\ x_2(t) \\ p_1(t) \\ p_2(t) \end{bmatrix} + \begin{bmatrix} 0 \\ 1 \\ 0 \\ 0 \end{bmatrix} u(t) \tag{10.89}$$

上面这个方程可以改写为不包含控制作用 $u(t)$ 的齐次方程，为此可将 $u(t) = -p_2(t)$ 代入，由此可得如下的耦合方程：

$$\begin{bmatrix} \dot{x}_1(t) \\ \dot{x}_2(t) \\ \dot{p}_1(t) \\ \dot{p}_2(t) \end{bmatrix} = \begin{bmatrix} 0 & 1 & 0 & 0 \\ -\omega^2 & 0 & 0 & -1 \\ -a_1 & 0 & 0 & \omega^2 \\ 0 & -a_2 & -1 & 0 \end{bmatrix} \begin{bmatrix} x_1(t) \\ x_2(t) \\ p_1(t) \\ p_2(t) \end{bmatrix} = \boldsymbol{A}_{x-p} \begin{bmatrix} x_1(t) \\ x_2(t) \\ p_1(t) \\ p_2(t) \end{bmatrix} \tag{10.90}$$

式中：$A_{x-p}$ 为这个状态变量和伴随变量构成的耦合系统的系数矩阵。

下面简要地介绍一下确定最优控制作用 $u(t)$ 的过程。针对给定的初始状态 $\boldsymbol{x}(0) = \boldsymbol{x}_0$（即 $x(0) = x_0$，$\dot{x}(0) = v_0$）和未知的伴随变量初始值 $\boldsymbol{p}(0) = \boldsymbol{\pi}$（即 $p_1(0) = \pi_1$，$p_2(0) = \pi_2$），对方程（10.90）进行积分，可得

$$\begin{bmatrix} \boldsymbol{x}(t) \\ \boldsymbol{p}(t) \end{bmatrix} = \boldsymbol{\Phi}(t) \begin{bmatrix} \boldsymbol{x}(0) \\ \boldsymbol{p}(0) \end{bmatrix} \tag{10.91}$$

根据彻底抑制振动的要求，即 $\boldsymbol{x}(T_f) = \boldsymbol{0}$，可以确定出待定的初始参数 $\pi_1$，$\pi_2$。进而就可由式（10.87）得到最优的振动防护控制 $u(t)$ 了。

最后我们再对系统的基本矩阵 $\boldsymbol{\Phi}(t)$ 的计算进行评述。由于系统（10.90）包含的是常参数，因而基本矩阵的计算可按照 $\boldsymbol{\Phi}(t) = L^{-1}[s\boldsymbol{I} - \boldsymbol{A}_{x-p}]^{-1}$ 进行，在这里的情况中：

$$[s\boldsymbol{I} - \boldsymbol{A}_{x-p}] = \begin{bmatrix} s & -1 & 0 & 0 \\ \omega^2 & s & 0 & 1 \\ a_1 & 0 & s & -\omega^2 \\ 0 & a_2 & 1 & s \end{bmatrix} \tag{10.92}$$

对于逆矩阵 $[s\boldsymbol{I} - \boldsymbol{A}_{x-p}]^{-1}$ 的解析计算，我们可以利用 Frobenius 公式[32]。将式（10.92）中的 $4 \times 4$ 矩阵视为一个分块矩阵，即

$$[s\boldsymbol{I} - \boldsymbol{A}_{x-p}] = \begin{bmatrix} \boldsymbol{A} & \boldsymbol{B} \\ \boldsymbol{C} & \boldsymbol{D} \end{bmatrix} \tag{10.93}$$

其中，方阵 $\boldsymbol{A}$、$\boldsymbol{B}$、$\boldsymbol{C}$、$\boldsymbol{D}$ 均是 $2 \times 2$ 维的，于是根据 Frobenius 公式，这个矩阵的逆矩阵为

$$\begin{cases} \boldsymbol{M} = [s\boldsymbol{I} - \boldsymbol{A}_{x-p}]^{-1} = \begin{bmatrix} \boldsymbol{A}^{-1} + \boldsymbol{A}^{-1}\boldsymbol{B}\boldsymbol{H}^{-1}\boldsymbol{C}\boldsymbol{A}^{-1} & -\boldsymbol{A}^{-1}\boldsymbol{B}\boldsymbol{H}^{-1} \\ -\boldsymbol{H}^{-1}\boldsymbol{C}\boldsymbol{A}^{-1} & \boldsymbol{H}^{-1} \end{bmatrix} \\ \boldsymbol{H} = \boldsymbol{D} - \boldsymbol{C}\boldsymbol{A}^{-1}\boldsymbol{B} \end{cases} \tag{10.94}$$

在这一过程中，逆矩阵 $\boldsymbol{M}$ 中每个元素的计算只涉及 $2 \times 2$ 矩阵的加法和求逆运算。

### 4. 一般情况：二次泛函与固定时间

这一小节中，我们来考察更为一般的情况下的最优主动振动防护问题。设有一个完全可控的线性动力学系统（常参数），其状态可由如下矩阵形式的微分方程来描述[2]：

$$\dot{\boldsymbol{x}}(t) = \boldsymbol{A}\boldsymbol{x}(t) + \boldsymbol{B}\boldsymbol{u}(t) \tag{10.95}$$

式中：$\boldsymbol{x}(t)$ 为 $n$ 维状态矢量；$\boldsymbol{A}(t)$ 为 $n \times n$ 维系统矩阵；$\boldsymbol{B}(t)$ 为 $n \times r$ 维增益矩阵；$\boldsymbol{u}(t)$ 为 $r$ 维振动防护控制作用矢量。这里我们假定这个控制作用不受幅值上的限制。

现考虑在时间区间$[0 - T_f]$范围内实现振动抑制这一问题,其中的 $T_f$ 是给定的。系统的初始状态矢量令为 $\boldsymbol{x}(0) = \boldsymbol{x}_0$,且期望能够彻底抑制掉振动,即$\boldsymbol{x}(T_f) = \boldsymbol{0}$。

振动防护过程的"品质"可以通过如下一般性的二次泛函来评价[2],即

$$J = \frac{1}{2} \int_0^{T_f} [\langle \boldsymbol{x}(t), \boldsymbol{Q}\boldsymbol{x}(t) \rangle + \langle \boldsymbol{u}(t), \boldsymbol{R}\boldsymbol{u}(t) \rangle + 2\langle \boldsymbol{x}(t), \boldsymbol{M}\boldsymbol{u}(t) \rangle] \mathrm{d}t$$

$$(10.96)$$

式中:$\boldsymbol{Q}$ 和 $\boldsymbol{R}$ 分别为 $n \times n$ 维和 $r \times r$ 维的正定矩阵;$\boldsymbol{M}$ 为 $n \times r$ 维矩阵;符号$\langle \boldsymbol{a}, \boldsymbol{b} \rangle$代表的是标量积。

于是,现在的问题就可以描述为,确定一个振动控制作用 $\boldsymbol{u}(t)$,使得系统能够在给定时间 $T_f$ 内从初始状态 $\boldsymbol{x}(0) = \boldsymbol{x}_0$ 转变到最终状态 $\boldsymbol{x}(T_f) = \boldsymbol{0}$,同时使目标函数(10.96)取得最小值。

我们先引入 $n$ 维的伴随矢量 $\boldsymbol{p}(t)$,并构造如下的哈密尔顿函数:

$$H = H[\boldsymbol{x}(t), \boldsymbol{p}(t), \boldsymbol{u}(t), t]$$
$$= \frac{1}{2}\langle \boldsymbol{x}(t), \boldsymbol{Q}\boldsymbol{x}(t) \rangle + \frac{1}{2}\langle \boldsymbol{u}(t), \boldsymbol{R}\boldsymbol{u}(t) \rangle + \langle \boldsymbol{x}(t), \boldsymbol{M}\boldsymbol{u}(t) \rangle \qquad (10.97)$$
$$+ \langle \boldsymbol{A}\boldsymbol{x}(t), \boldsymbol{p}(t) \rangle + \langle \boldsymbol{B}\boldsymbol{u}(t), \boldsymbol{p}(t) \rangle$$

如果设 $\boldsymbol{u}^*(t)$ 为所寻求的最优控制作用,那么对应的最优轨迹可以表示为 $\boldsymbol{x}^*(t)$,而最优伴随矢量可记为 $\boldsymbol{p}^*(t)$,于是最优状态和伴随变量将满足如下的微分方程:

$$\begin{cases} \boldsymbol{x}^*(t) = \boldsymbol{A}\boldsymbol{x}^*(t) + \boldsymbol{B}\boldsymbol{u}^*(t), \\ \boldsymbol{p}^*(t) = -\boldsymbol{Q}\boldsymbol{x}^*(t) - \boldsymbol{M}\boldsymbol{u}^*(t) - \boldsymbol{A}'\boldsymbol{p}^*(t) \end{cases} \qquad (10.98)$$

且对于 $x$ 而言,初始状态和最终状态分别是 $\boldsymbol{x}(0) = \boldsymbol{x}_0$,$\boldsymbol{x}(T_f) = \boldsymbol{0}$。

由于 $\boldsymbol{u}(t)$ 是不受约束的,因而可以得到如下的最优振动控制函数[2]:

$$\boldsymbol{u}^*(t) = -\boldsymbol{R}^{-1}[\boldsymbol{M}\boldsymbol{x}^*(t) + \boldsymbol{B}'\boldsymbol{p}^*(t)] \qquad (10.99)$$

式中:$\boldsymbol{R}$ 为非奇异矩阵,因此存在着逆矩阵 $\boldsymbol{R}^{-1}$。若将式(10.99)代入到正则方程(10.98)中,我们就可以导出关于 $\boldsymbol{x}_0$ 和 $T_f$ 的最优控制作用函数了。这一变换过程是比较繁琐的,相关细节内容可以参阅文献[2],这里我们只简要提一下其中的一个基本结论,即如果振动防护控制作用是不受约束的,且目标函数为一般的二次形式,那么集中参数型线性动力学系统的完全振动抑制问题是存在解析形式的解的。

## 10.5.2　控制作用受限的振动抑制问题——二次泛函、固定时间与固定终止状态

这里所讨论的是集中参数型线性系统,目的是确定满足某些限制条件的主

动振动控制作用,使得该系统能够从给定的初始状态转变到最终的零状态,同时使给定的二次泛函取得最小值[2]。

对于一个完全可控的常参数线性动力学系统来说,其状态可由如下矩阵形式的微分方程来描述:

$$\dot{x}(t) = Ax(t) + Bu(t) \tag{10.100}$$

式中:$x(t)$ 为 $n$ 维状态矢量;$A(t)$ 为 $n \times n$ 维系统矩阵;$B(t)$ 为 $n \times r$ 维增益矩阵;$u(t)$ 为 $r$ 维振动防护控制作用矢量。

不妨假定 $u(t)$ 的所有分量均受到如下幅值约束,即

$$|u_i(t)| \leqslant 1, i = 1, 2, \cdots, r \tag{10.101}$$

现考虑在时间区间 $[0, T_f]$ 范围内实现振动抑制这一问题,其中的 $T_f$ 是给定的。系统的初始状态矢量令为 $x(0) = x_0$,且期望能够彻底抑制掉振动,即 $x(T_f) = 0$。振动防护过程的"品质"可以通过如下一般性的二次泛函来评价,即式(10.96):

$$J = \frac{1}{2} \int_0^{T_f} [\langle x(t), Qx(t) \rangle + \langle u(t), Ru(t) \rangle + 2\langle x(t), Mu(t) \rangle] \mathrm{d}t$$

$$\tag{10.102}$$

式中:$Q$ 和 $R$ 分别为 $n \times n$ 维和 $r \times r$ 维的正定矩阵;$M$ 为 $n \times r$ 维矩阵;符号 $\langle a, b \rangle$ 代表的是标量积。

这里仍然引入 $n$ 维的伴随矢量 $p(t)$,并构造如下的哈密尔顿函数:

$$\begin{aligned} H &= H[x(t), p(t), u(t), t] \\ &= \frac{1}{2}\langle x(t), Qx(t) \rangle + \frac{1}{2}\langle u(t), Ru(t) \rangle + \langle x(t), Mu(t) \rangle \\ &\quad + \langle Ax(t), p(t) \rangle + \langle Bu(t), p(t) \rangle \end{aligned} \tag{10.103}$$

可以看出,这里的状态方程、目标泛函以及哈密尔顿函数与前面的10.5.1节(控制作用无约束的情况)所给出的是完全相同的。因此,关于伴随变量的微分方程组在有无约束的条件下也是一致的。这就意味着我们可以利用式(10.99)来计算 $u(t)$,除非不存在约束,否则需要进一步检查 $u(t)$ 的各个分量是否满足条件(10.101),这一过程可以表示为[2]

$$u^*(t) = -SAT\{R^{-1}[Mx^*(t) + B'p^*(t)]\} \tag{10.104}$$

式中:$u^*(t)$ 为主动振动控制作用;$x^*(t)$ 和 $p^*(t)$ 分别为对应的最优轨迹与伴随变量。函数 $SAT$ 的定义如下:

$$SAT\{y_i\} = \begin{cases} y_i, & |y_i| \leqslant 1; \\ \mathrm{sgn}\{y_i\}, & |y_i| > 1 \end{cases} \tag{10.105}$$

将式(10.104)代入到式(10.98),我们可以得到关于最优轨迹和共轭变量的微分方程组[2]:

$$
\begin{cases}
\dot{\boldsymbol{x}}^*(t) = \boldsymbol{A}\boldsymbol{x}^*(t) - \boldsymbol{B}SAT\{\boldsymbol{R}^{-1}[\boldsymbol{M}\boldsymbol{x}^*(t) + \boldsymbol{B}'\boldsymbol{p}^*(t)]\}, \\
\boldsymbol{p}^*(t) = -\boldsymbol{Q}\boldsymbol{x}^*(t) - \boldsymbol{A}'\boldsymbol{p}^*(t) - \boldsymbol{M}SAT\{\boldsymbol{R}^{-1}[\boldsymbol{M}\boldsymbol{x}^*(t) + \boldsymbol{B}'\boldsymbol{p}^*(t)]\}
\end{cases}
$$

$$(10.106)$$

上面这组方程是耦合的非线性方程,很难以系统参数、振动抑制时间 $T_f$ 以及初始状态 $\boldsymbol{x}(0) = \boldsymbol{x}_0$ 的形式给出最优振动防护控制 $\boldsymbol{u}^*(t)$ 的解析表达式,一般只能利用迭代方法来进行数值求解[2]。为此,在共轭变量的初始状态 $\boldsymbol{p}(0) = \boldsymbol{p}_0$ 的选择上就是较为重要的一个问题。

**实例 10.11**　考虑一个动力学系统 $\ddot{x} + \omega^2 x = u(t)$,这个系统在前面已经做过分析(参见 10.5.1 节中的第一种情况)。为了在给定时间 $T_f = 2\pi/\omega$ 内彻底消除由初始条件 $x(0) = x_0, \dot{x}(0) = v_0$ 导致的振动,在使得能量泛函(10.62)取得最小值的前提下,最优振动防护控制作用可由如下公式确定:

$$
u^*(t) = -\frac{v_0\omega}{\pi}\cos\omega t \tag{10.107}
$$

这一结果是在振动控制作用不受任何约束的条件下得到的,对于形如式(10.101)所示的约束来说,仅当 $v_0\omega \leqslant \pi$ 时才是适用的,此时意味着条件(10.101)得到了满足。如果这一条件没有满足,那么就必须将式(10.104)应用于式(10.107)中,最终得到的最优振动控制作用就变为

$$
u^*(t) = \begin{cases}
-\dfrac{v_0\omega}{\pi}\cos\omega t, & v_0\omega \leqslant \pi; \\
\mathrm{sgn}\left[-\dfrac{v_0\omega}{\pi}\cos\omega t\right], & v_0\omega > \pi
\end{cases} \tag{10.108}
$$

于是,最优振动控制作用就是一个时间的连续函数,其中 $v_0\omega > \pi$ 这个条件对应了最优振动控制作用 $u^*(t)$ 为常数的区间[2]。

奇异问题:

如果在 $[0,T]$ 内的一个有限时间区间 $[t_1, t_2]$ 中,符号函数 $\mathrm{sgn}\{\cdots\}$ 的宗量全为零,那么该函数就是不确定的,此时的最优必要条件为

$$
H[\boldsymbol{x}^*,\boldsymbol{p}^*,\boldsymbol{u}^*,t] \leqslant H[\boldsymbol{x}^*,\boldsymbol{p}^*,\boldsymbol{u},t] \tag{10.109}
$$

也就不能给出最优控制 $\boldsymbol{u}^*$ 与最优轨迹 $\boldsymbol{x}^*$ 以及最优协态变量 $\boldsymbol{p}^*$ 之间的关系了,因而也就难以得到振动控制作用的确定的表达式。这种情况一般称为奇异问题,对应的时间区间 $[t_1, t_2]$ 称为奇异区间,而 $\boldsymbol{u}^*_{t_1-t_2}$ 和 $\boldsymbol{x}^*_{t_1-t_2}$ 则分别称为奇异

的最优控制和奇异的最优轨迹。

这里的奇异性意味着可以存在多个解,且存在非继电型振动控制以及其他一些特征,Hsu 和 Meyer[3] 以及 Athans 和 Falb[2] 等人已经详细讨论过这一问题。

## 10.6 Bushaw 最短时间问题

这里我们针对一个经典的线性振子来讨论它的主动振动抑制问题,主要目的是以系统的当前状态来给出最优的振动控制作用。此处的最优准则要求是指在最短时间内彻底抑制振动,并假定振动控制作用在幅值上是受限的。下面我们将利用 Pontryagin 过程来求解这一问题,并详细讨论解的特性。

Bushaw(1953)最早对上述问题进行了研究[33],随后出现了大量与此相关的研究文献[2,4,34]。Bushaw 给出的解已经成为构造振动抑制跟踪系统的理论基础,这里我们将沿袭 Athans 和 Falb[2] 等人的工作来阐述这一 Bushaw 问题。

我们要分析的是一个二阶线性动力学系统,其运动微分方程为

$$\ddot{y} + \omega^2 y = Ku(t), K > 0 \tag{10.110}$$

初始条件可设为 $y(0) = y_0, \dot{y}(0) = v_0$。如果我们记 $y(t) = y_1(t), \dot{y}(t) = y_2(t)$,那么式(10.110)可改写为

$$\begin{bmatrix} \dot{y}_1(t) \\ \dot{y}_2(t) \end{bmatrix} = \begin{bmatrix} 0 & 1 \\ -\omega^2 & 0 \end{bmatrix} \begin{bmatrix} y_1(t) \\ y_2(t) \end{bmatrix} + \begin{bmatrix} 0 \\ K \end{bmatrix} u(t) \tag{10.111}$$

现在我们定义一组更为方便的状态变量 $x_1(t)$ 和 $x_2(t)$,即

$$\begin{cases} x_1(t) = \dfrac{\omega}{K} y(t) \rightarrow \dot{x}_1(t) = \dfrac{\omega}{K} \dot{y}(t) = \dfrac{\omega}{K} K x_2(t) = \omega x_2(t) \\ x_2(t) = \dfrac{1}{K} \dot{y}(t) \rightarrow \dot{x}_2(t) = \dfrac{1}{K} \ddot{y}(t) = \dfrac{1}{K} [-\omega^2 y(t) + Ku(t)] \\ \qquad = -\dfrac{\omega^2}{K} y(t) + u(t) = -\dfrac{\omega^2}{K} \dfrac{K}{\omega} x_1(t) + u(t) = -\omega x_1(t) + u(t) \end{cases} \tag{10.112}$$

这组坐标将满足如下矩阵形式的微分方程:

$$\begin{bmatrix} \dot{x}_1(t) \\ \dot{x}_2(t) \end{bmatrix} = \begin{bmatrix} 0 & \omega \\ -\omega & 0 \end{bmatrix} \begin{bmatrix} x_1(t) \\ x_2(t) \end{bmatrix} + \begin{bmatrix} 0 \\ 1 \end{bmatrix} u(t) \tag{10.113}$$

展开后为

$$\begin{cases} \dot{x}_1(t) = \omega x_2(t) \\ \dot{x}_2(t) = -\omega x_1(t) + u(t) \end{cases} \tag{10.114}$$

此处我们设振动防护控制作用 $u(t)$ 应满足的约束为

$$-1 \leqslant u(t) \leqslant 1 \tag{10.115}$$

最短时间问题的性能指标可表示为[5]

$$J = \int_0^T \mathrm{d}t = T \tag{10.116}$$

因此,最短时间问题[2]可以完整地描述为:在满足式(10.115)这一约束条件下,确定振动控制作用 $u(t)$,使得系统(10.113)能够在最短时间 $T$ 内从任意初始状态 $x_1(0) = \xi_1, x_2(0) = \xi_2$ 转变到最终的零状态 $x_1(T) = 0, x_2(T) = 0$。

对于原系统方程(10.111)和变换后的方程(10.113),它们的初始条件之间存在如下关系:

$$\begin{cases} x_1(0) = \xi_1 = \dfrac{\omega}{K} y(0) \\ x_2(0) = \xi_2 = \dfrac{1}{K} \dot{y}(0) \end{cases} \tag{10.117}$$

我们可以构造如下的哈密尔顿函数:

$$H = 1 + \omega x_2(t) p_1(t) - \omega x_1(t) p_2(t) + u(t) p_2(t) \tag{10.118}$$

这个泛函 $H$ 的绝对最小值将在如下位置处取得,即

$$u(t) = -\operatorname{sgn}[p_2(t)] \tag{10.119}$$

为了确定出 $u(t)$,首先需要确定 $p_2(t)$ 是如何变化的。共轭变量 $p_i(t)$ 满足如下的常微分方程组:

$$\begin{cases} \dot{p}_1(t) = -\dfrac{\partial H}{\partial x_1} = \omega p_2(t) \\ \dot{p}_2(t) = -\dfrac{\partial H}{\partial x_2} = -\omega p_2(t) \end{cases}$$

或者以矩阵形式表示为

$$\begin{bmatrix} \dot{p}_1(t) \\ \dot{p}_2(t) \end{bmatrix} = \begin{bmatrix} 0 & \omega \\ -\omega & 0 \end{bmatrix} \begin{bmatrix} p_1(t) \\ p_2(t) \end{bmatrix} \tag{10.120}$$

系统的基本矩阵应为

$$\boldsymbol{\Phi}(t) = L^{-1}\{[s\boldsymbol{I} - \boldsymbol{A}]^{-1}\} = L^{-1} \begin{bmatrix} s & -\omega \\ \omega & s \end{bmatrix}^{-1}$$

$$= L^{-1} \frac{1}{s^2 + \omega^2} \begin{bmatrix} s & \omega \\ -\omega & s \end{bmatrix} = \begin{bmatrix} \cos\omega t & \sin\omega t \\ -\sin\omega t & \cos\omega t \end{bmatrix}$$

如果 $p_1(t)$ 和 $p_2(t)$ 的初始状态设为 $p_1(0) = \pi_1, p_2(0) = \pi_2$,那么

式(10.120)的解就变为

$$
\begin{bmatrix} p_1(t) \\ p_2(t) \end{bmatrix} = \begin{bmatrix} \cos\omega t & \sin\omega t \\ -\sin\omega t & \cos\omega t \end{bmatrix} \begin{bmatrix} \pi_1 \\ \pi_2 \end{bmatrix}
$$

于是共轭变量 $p_2(t)$ 为

$$
p_2(t) = -\pi_1\sin\omega t + \pi_2\cos\omega t = a\sin(\omega t + \alpha),
$$
$$
a = \sqrt{\pi_1^2 + \pi_2^2}, \tan\alpha = -\pi_2/\pi_1 \tag{10.121}
$$

因此,根据式(10.119),振动防护控制将具有如下形式:

$$
u(t) = -\operatorname{sgn}[p_2(t)] = -\operatorname{sgn}[a\sin(\omega t + \alpha)] \tag{10.122}
$$

可以看出,为了构造出所需的控制作用 $u(t)$,我们需要先绘制出函数 $p_2(t) = a\sin(\omega t + \alpha)$,然后对于 $p_2(t) > 0$ 取 $u = -1$ 而对于 $p_2(t) < 0$ 则取 $u = +1$。

根据前述结果,对于线性振子的最短时间振动抑制问题我们可以得到如下一些重要结论:

(1)函数 $p_2(t) < 0$ 在有限时间区间内是不为零的,因此不会出现奇异性的振动控制作用,这也意味着该问题是正常的。

(2)最优振动防护控制作用是关于时间变量的分段常数函数形式,它在两个常数值($u(t) = -1, u(t) = +1$)之间切换。

(3)上述控制作用的切换没有次数上的限制。

(4)在不超过 $t = \pi/\omega(\mathrm{s})$ 的时间内这个最优时间控制是不变的。

应当注意的是,在当前的分析阶段,我们还不能绘制出函数 $p_2(t) = a\sin(\omega t + \alpha)$ 的曲线,原因在于初始状态 $p_1(0) = \pi_1, p_2(0) = \pi_2$ 还是未知的,进而 $a = \sqrt{\pi_1^2 + \pi_2^2}, \tan\alpha = -\pi_2/\pi_1$ 也是未知的。

考虑到 $u(t)$ 必须满足初始时刻和最终时刻对 $\boldsymbol{x}(t)$ 的要求,因此初始状态 $p_1(0) = \pi_1, p_2(0) = \pi_2$ 必须根据这两点处的解来确定。这使得最优振动抑制问题的求解变得更为复杂了。

现在我们来确定振动控制作用为 $u(t) = \pm 1$ 时系统(10.110)的解。很明显,与这些常数型控制作用相对应,状态轨迹是由分离的圆弧组成的。

(1)与 $u(t) = +1$ 对应的状态轨迹。这种情况下,状态方程(10.114)变为

$$
\begin{cases} \dfrac{\mathrm{d}x_1(t)}{\mathrm{d}t} = \omega x_2(t) \\ \dfrac{\mathrm{d}x_2(t)}{\mathrm{d}t} = -\omega x_1(t) + 1 \end{cases} \tag{10.123}
$$

如果将第一式除以第二式,那么可以得到 $(-\omega x_1 + 1)\mathrm{d}x_1 = \omega x_2\mathrm{d}x_2$。不妨引

入新的变量 $y_i = \omega x_i$,对该式两边进行积分,然后再返回到原来的变量 $\omega x_i$,那么可以得到

$$[\omega x_1(t) - 1]^2 + [\omega x_2(t)]^2 = \text{const} = R_1^2 \tag{10.124}$$

这就意味着这种情况中的状态轨迹是一组同心圆,且圆心位于点 $O_1(1,0)$,如图 10.5 所示。

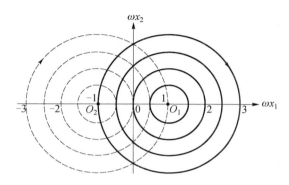

图 10.5　简谐振子的相轨迹:实线—振动防护控制作用为 $u(t) = +1$,
虚线—振动防护控制作用为 $u(t) = -1$。箭头代表的是随着时间的增长,
相坐标为$(\omega x_1, \omega x_2)$的点的运动方向

(2)对于 $u(t) = -1$ 的情况,很容易验证状态轨迹也是一组同心圆,其圆心位于点 $O_2(-1,0)$,如图 10.5 所示,其方程为

$$[\omega x_1(t) + 1]^2 + [\omega x_2(t)]^2 = R_2^2 \tag{10.125}$$

可以看出,在 $\omega x_1 - \omega x_2$ 平面上仅存在两组积分曲线,一组对应于方程(10.124),而另一组对应的是方程(10.125)。在时间 $t = 2\pi/\omega$ 内这些相点均做圆周运动,从点$[\omega x_1(0),\omega x_2(0)]$运动到点$[\omega x_1(t),\omega x_2(t)]$所需的时间正比于两个径向矢量之间的夹角 $\theta$,如图 10.6 所示。

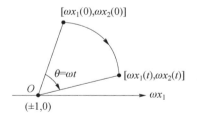

图 10.6　$\theta$ 角决定了相点从$[\omega x_1(0),\omega x_2(0)]$
状态达到$[\omega x_1(t),\omega x_2(t)]$状态所需的时间 $t$
(振动防护控制作用为 $u(t) = \pm 1$)

图 10.7 给出了两条经过原点的状态轨迹（相轨迹或轨线），分别标记为 $T^+$ 和 $T^-$。根据式（10.124）和式（10.125），我们不难得到这两条相轨迹的方程为

$$\begin{cases} [\omega x_1(t) - 1]^2 + [\omega x_2(t)]^2 = 1, \\ [\omega x_1(t) + 1]^2 + [\omega x_2(t)]^2 = 1 \end{cases} \quad (10.126)$$

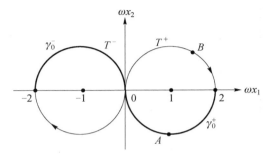

图 10.7　与振动防护控制作用 $u = 1$ 和 $u = -1$ 分别对应的
相轨迹 $\gamma_0^+$ 和 $\gamma_0^-$（粗线）：均通过相平面的原点 $(0,0)$；
半圆线 $\gamma_0^+$ 是圆 $T^+$ 的下半部分，而半圆线 $\gamma_0^-$ 是圆 $T^-$ 的上半部分

轨线 $T^+$ 对应于控制作用 $u = 1$，而另一轨线 $T^-$ 则对应了 $u = -1$。显然，利用控制作用 $u = 1$，我们可以使得 $T^+$ 上的任意点都能运动到该平面的原点处，例如点 2 可以在 $t = \pi/\omega$ 时刻运动到原点位置。对位于该轨线下半部分（$\gamma_+^0$）上的任意点 $A$ 来说，它运动到原点所需的时间 $t \leqslant \pi/\omega$，而上半部分轨线上的任意点 $B$ 运动到原点所需的时间 $t > \pi/\omega$。不过应当注意的是，这里的最优控制作用 $u(t) = \pm 1$ 只能在 $t = \pi/\omega$ 时间内保持不变，这就意味着对于轨线 $T^+$ 来说，$u(t) = +1$ 只对应了其下半部分 $\gamma_+^0$，它满足

$$[\omega x_1(t) - 1]^2 + [\omega x_2(t)]^2 = 1, \omega x_2 < 0 \quad (10.127)$$

类似地，对于轨线 $T^-$ 的上半部分 $\gamma_-^0$，位于其上的任意点均可在 $u(t) = -1$ 的控制作用下运动到原点位置，所需时间 $t \leqslant \pi/\omega$。显然，轨线 $T^-$ 的工作区域仅为这个上半部分，它满足

$$[\omega x_1(t) + 1]^2 + [\omega x_2(t)]^2 = 1, \omega x_2 > 0 \quad (10.128)$$

总之，上面的轨线 $\gamma_+^0$ 和 $\gamma_-^0$ 给出了振动防护控制作用 $u(t) = +1$ 和 $u(t) = -1$ 下的最优轨迹，由此可以彻底抑制掉振动。

现在我们来确定一组这样的状态集合 $R_1^+$，它们可以在 $t \leqslant \pi/\omega$ 时间内运动到轨线 $\gamma_-^0$ 上（在 $u(t) = +1$ 作用下）。为此，可以在 $\omega x_1$ 轴下方构造一个半径为 1 的半圆，圆心位于 $(3,0)$，这一曲线在图 10.8 中已经标注为 $\gamma_1^+$。然后，从 $\omega x_1 = 1$ 这一点绘制一组同心圆（标记为 $R_1^+$），其中半径为 3 的圆记

作 $LC(R_1^+)$。显然,$R_1^+$ 所在区域将位于 $LC(R_1^+)$、$\gamma_0^-$、$\gamma_0^+$ 以及 $\gamma_1^+$ 之间,该区域中的每条曲线都是半圆线。

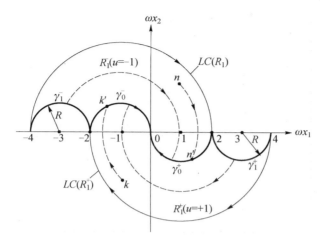

图 10.8　状态区域 $R_1^+(u=+1)$ 由曲线 $LC(R_1^+)$,$\gamma_0^-$,$\gamma_0^+$,$\gamma_1^+$ 所围成,
而状态区域 $R_1^-(u=-1)$ 由曲线 $LC(R_1^-)$,$\gamma_0^+$,$\gamma_0^-$,$\gamma_1^-$ 所围成

类似地,我们还可以构造出一组状态集合 $R_1^-$,它们运动到轨线 $\gamma_0^+$ 上所需的时间 $t \leqslant \pi/\omega$(在 $u=-1$ 控制作用下),其中半径为 3 的半圆已经标注为 $LC(R_1^-)$。这些状态所处的区域 $R_1^-$ 位于 $LC(R_1^-)$、$\gamma_0^-$、$\gamma_0^+$ 以及 $\gamma_1^-$ 之间。这样一来,如果一个点位于区域 $R_1^+$ 和 $R_1^-$,那么借助简单的控制作用切换,该点就可以运动到原点位置了,进行切换的时刻发生在动点到达曲线 $\gamma_0^+$ 或 $\gamma_0^-$ 上,换言之,这两条曲线也就是触发切换动作的曲线[2]。

如果某点不在区域 $R_1^+$ 或 $R_1^-$ 内,那么要想运动到原点,所需切换的次数将超过 1。

下面我们针对前述振子(10.113)的最优时间振动抑制问题给出其详细的构造过程,其中的振动防护控制作用 $u(t)$ 受到的约束为式(10.115)。

首先可以在 $\omega x_1 - \omega x_2$ 平面上绘制出两条积分曲线 $\gamma_0^+$ 和 $\gamma_0^-$,它们分别是圆心位于 $(1,0)$ 与 $(-1,0)$ 的半径为 1 的半圆,如图 10.9 所示。然后可以绘制出切换曲线 $\gamma_i^+(i=1,2,\cdots)$,它们是圆心位于 $(3,0)$、$(5,0)$、$(7,0)$ 等位置的半圆(半径均为 1),并且都位于 $\omega x_1$ 轴的下方。在这些曲线上,振动防护控制作用将发生切换,即从 $u=-1$ 切换到 $u=+1$。类似地,再绘制出切换曲线 $\gamma_i^-(i=1,2,\cdots)$,它们是圆心位于 $(-3,0)$、$(-5,0)$、$(-7,0)$ 等位置的半圆(半径均为 1),并且都位于 $\omega x_1$ 轴的上方,在这些曲线上将引发振动控制作用从 $u=+1$ 到 $u=-1$ 的切换。

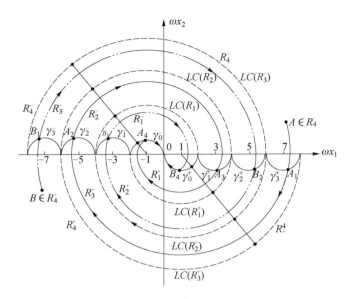

图 10.9　线性振子的最优振动抑制:半圆线 $\gamma_0^+$ 和 $\gamma_0^-$ 分别是对应于 $u=1$ 和 $u=-1$ 的积分
曲线;单位半径的半圆 $\gamma_i^+$ 和 $\gamma_i^-$ ($i=1,2,\cdots$) 分别对应于从 $u=-1$ 到 $u=1$ 或从 $u=1$ 到
$u=-1$ 的切换曲线;$LC(R_i^+)$,$LC(R_i^-)$ 分别为区域 $R_i^+$ ($u=+1$) 和区域 $R_i^-$ ($u=-1$)
的边界曲线;曲线 $A$ 和曲线 $B$ 这两条相轨迹的终点均为原点 $(0,0)$;点 $A_i$ 和点 $B_i$ 分别
是振动控制作用 $(-1\to+1)$ 和 $(+1\to-1)$ 的切换点[2]

　　进一步还需要在 $\omega x_1 - \omega x_2$ 的上半平面内给出 $LC(R_1^-)$、$LC(R_2^-)$ 和 $LC$
$(R_3^-)$ 等边界曲线,参见图 10.9。为此,可以以点 $(-1,0)$ 为圆心绘制一组同心
的半圆,上述边界曲线已在图中用虚线给出,它们的半径是 3、5、7…等数值。这
些边界曲线之间所围成的区域分别记作 $R_1^-$、$R_2^-$、$\cdots$、$R_4^-$ 等,从其中某个区域中
发出的轨线将只与切换曲线 $\gamma_i^-$ ($i=1,2,\cdots$) 中的某一条相交,在这些交点处将
触发从 $u=-1$ 到 $u=+1$ 的控制作用切换。

　　类似地,在 $\omega x_1 - \omega x_2$ 的下半平面内也应给出 $LC(R_1^+)$、$LC(R_2^+)$ 和 $LC(R_3^+)$ 等
边界曲线,它们是以点 $(1,0)$ 为圆心的同心半圆,图中同样也是以虚线标记的,其
半径为 3、5、7 等一系列数值。这些曲线所围成的区域分别记作 $R_1^+$、$R_2^+$、$\cdots$、$R_4^+$
等,任何从这些区域中发出的轨线仅与切换曲线 $\gamma_i^+$ ($i=1,2,\cdots$) 中的一条相交,在
这些交点处将引发从 $u=+1$ 到 $u=-1$ 的控制作用切换。

　　现设某点 $A$ 代表了初始状态,它位于区域 $R_4^-$ 内,显然有 $\omega x_2 > 0$,该区域内的
所有点都位于内半径为 7 而外半径为 9 的半环内。这种情况下,最优的完全振动
抑制(即将该初始点移动到原点位置)将表现为如下过程:在控制作用 $u=-1$ 下,
相轨迹与曲线 $\gamma_3^+$ 相交于点 $A_1$,在这一点处需要将控制作用从 $u=-1$ 切换为
$u=+1$,从点 $A$ 运动到点 $A_1$ 所需的时间为 $t<\pi/\omega$;然后在 $t=\pi/\omega$ 时刻,相点运动

到了曲线 $\gamma_2^-$ 上的点 $A_2$ 处,此时应从 $u = +1$ 切换到 $u = -1$。随后的切换将发生在曲线 $\gamma_1^+$ 上的点 $A_3$ 处(在时间 $t = \pi/\omega$ 内),最后一次切换则发生在曲线 $\gamma_0^-$ 上的点 $A_4$ 处(经过时间 $t = \pi/\omega$)。在控制作用 $u = -1$ 下,这个点 $A_4$ 将最终运动到原点位置,从而也就实现了完全的振动抑制,这一步所需的时间 $t < \pi/\omega$。

如果设在区域 $R_4^+$ 内存在某个状态点 $B$,该区域满足 $\omega x_2 < 0$,且其中的所有点都位于内半径为 7 而外半径为 9 的半环内。点 $B$ 运动到原点的最优轨迹应为 $B - B_1 - B_2 - B_3 - B_4$,最后的点 $B_4$ 属于积分曲线 $\gamma_0^+$,它将在 $u = +1$ 的控制作用下最终运动到原点位置。在这条最优轨迹中,除了 $B - B_1$ 和 $B_4 - O$ 这两段以外,所需的时间均为 $t = \pi/\omega$,而对于这两段所需的时间 $t < \pi/\omega$。

附带指出的是,在上面给出的求解过程基础上,我们还可以基于反馈思想来构造振动防护系统。

最后,我们来确定在控制作用(10.122)下最优振动防护过程的第一阶段所需要的时间 $t_1$,换言之,也就是确定点 $A$ 运动到积分曲线 $\gamma_0^+$ 上所需的时间(即,从初始状态到第一次引发控制作用切换所经历的时间)。若假定点 $A$ 的坐标 $\omega x_1$ 和 $\omega x_2$ 位于半径为 1 的圆域内,圆心是点 $(1,0)$,如图 10.10 所示,那么最优轨迹的第一段(在控制作用 $u = -1$ 下)就是半径为 $R_A$、圆心为 $(-1,0)$ 的圆上的 $AA'$ 部分,点 $A'$(坐标为 $\omega x_1'$ 和 $\omega x_2'$)是两个圆的交点,一个是半径为 1、圆心为 $(1,0)$ 的半圆 $\gamma_0^+$,另一个是半径为 $R_A$、圆心为 $(-1,0)$ 的半圆。它们的方程分别为

$$
\begin{cases}
(\omega x_1 - 1)^2 + (\omega x_2)^2 = 1, \omega x_2 < 0 \\
(\omega x_1 + 1)^2 + (\omega x_2)^2 = R_A^2, R_A = \omega \sqrt{x_1^2 + x_2^2}
\end{cases}
\tag{10.129}
$$

在确定了点 $A'$ 的坐标 $\omega x_1'$ 和 $\omega x_2'$ 之后,即可确定出角度 $\theta_A$ 为

$$
\theta_A = \arctan \frac{\omega x_2}{\omega x_1 - 1} + \arctan \frac{\omega x_2'}{\omega x_1' - 1}
\tag{10.130}
$$

由此即可得到所需的时间为 $t_1 = \theta_A/\pi$。

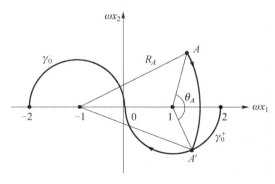

图 10.10  角 $\theta_A$ 确定了相点 $A(\omega x_1, \omega x_2)$ 到达切换曲线 $\gamma_0^+$ 所需的时间 $t_1$,$\theta_A = \omega t_1$[2]

357

## 10.7　最小等时线

这里主要针对无阻尼线性振子来阐述最小等时线这一概念,在动力学系统的最优振动抑制理论中这是一个十分重要的概念,据此我们可以考察接近于最优的振动控制,亦即近优控制。

最小等时线 $S(t^*)$ 给出的是这样一组状态点,它们可以在相同的最短时间 $t^*$ 内运动到原点。我们将针对一个简谐振子来介绍如何构造对应于不同时间值的等时线,下面所给出的过程主要建立在 Athans 和 Falb 等人[2]的工作基础上。

(1)在 $\omega x_1 - \omega x_2$ 平面上绘制出半径为 $r_1 = 1$ 的切换曲线 $\gamma_0^-$、$\gamma_0^+$、$\gamma_1^+$,并作出边界曲线 $LC(R_1^+)$,即圆心在点 $N(1,0)$、半径为 $R = 3$ 的半圆。

(2)假定一个任意点 $A$ 位于区域 $R_1^+$ 内,如图 10.11 所示,可以以该点为圆心绘制一个半径为 2 的圆,该圆与曲线 $\gamma_0^+$ 的交点记为 $A'$。

(3)以点 $A'$ 为圆心作一个半径为 $r_2$ 的圆,它通过点 $A$,且与曲线 $\gamma_1^+$ 相交于点 $D$,并与边界曲线 $LC(R_1^+)$ 相交于点 $E$。

(4)圆弧 $DAE$ 给出了区域 $R_1^+$ 内所需确定的等时线 $S(t_A^*)$。该圆弧上的任意点都可在相同的最短时间 $t_A^*$ 内运动到状态原点$(0,0)$。从点 $A$ 运动到原点的最优轨迹为 $AFCO$,从点 $A$ 到点 $C$(即 $AFC$ 轨线)和从点 $C$ 到原点(即 $CO$ 轨线)所需的时间将分别由 $ANC$ 和 $CMO$ 这两个角度确定。由于相点在相轨线上是均匀运动的,因而总时间 $t_A^*$ 应当根据 $\varphi_A = \omega t_A^*$ 这一条件来确定,其中的 $\varphi_A = \angle ANC + \angle CMO$。

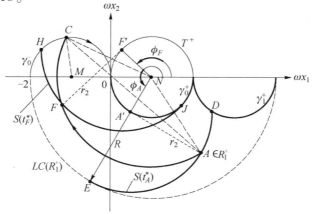

图 10.11　点 $A$ 和点 $F$ 的最小等时线构建:圆心为 $N(1,0)$,$M(-1,0)$;

1—$A \in R_+^1$,$AA' = r_2 = 2$,$A'D = A'E = r_2$,$\varphi_A = \omega t_A^*$;

2—$F \in$ 弧 $AC$,$FF' = r_2 = 2$,$F'H = F'J = r_2$,$\varphi_F = \omega t_F^*$

现在我们再来构造最优轨迹 $AFC$ 上的点 $F$ 对应的最小等时线 $S(t_F^*)$，为此也需要进行上述处理过程。首先，以点 $F$ 为圆心绘制一个半径为 $r_2 = 2$ 的圆弧，使之与圆 $T^+$ 相交于点 $F'$。然后，以点 $F'$ 为圆心作一个半径为 $r_2$ 的圆，它将通过点 $F$，并与曲线 $\gamma_0^-$ 相交于点 $H$，而与半圆 $\gamma_0^+$ 交于点 $J$。由此即可得到 $JFH$ 圆弧，它就是所需确定的最小等时线 $S(t_F^*)$。对应的最优轨迹是曲线 $FHO$，最短时间 $t_F^*$ 应根据 $\varphi_F = \omega t_F^*$ 来确定，其中的 $\varphi_F = \angle FNC + \angle CMO$。

对于位于区域 $R_2^-$ 内的点 $K$ 来说，它的最小等时线 $S(t_K^*)$ 的构造可参见图 10.12。圆心为点 $K$ 而半径为 $r_4$ 的圆与半圆 $T^-$ 相交于点 $K'$，需要绘制一个以这个点 $K'$ 为圆心、半径为 $r_4 = 4$ 的圆弧，它与半圆 $\gamma_1^+$ 相交于点 $L$，并与边界曲线 $LC(R_1^-)$ 交于点 $S$，且有 $MS = R = 3$。这个曲线段 $SKL$ 就代表了最小等时线 $S(t_K^*)$。这里的最优轨迹是由三个圆弧段组成的，第一段是半径为 $MK$、圆心为 $M$ 的圆弧，从 $S$ 点到 $P$ 点（圆弧与曲线 $\gamma_1^+$ 的交点），第二段为半径为 $NP$、圆心为 $N$ 的圆弧，从 $P$ 点到 $Q$ 点（圆弧与曲线 $\gamma_0^-$ 的交点），而第三段则为圆弧段 $QO$。最短时间 $t_K^*$ 应根据 $\varphi_K = \omega t_K^*$ 这一条件来确定，其中角度 $\varphi_K$ 等于 $\angle KMP$、$\angle PNQ = \pi$、$\angle QMO$ 的总和，每一个角度都是对应最优轨迹部分的中心角。

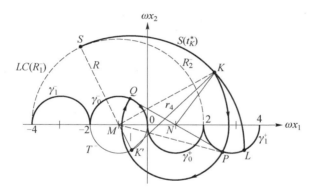

图 10.12　针对区域 $R_2^-$ 中的点 $K$ 进行最小等时线的构建：

$N(1,0)$，$M(-1,0)$；$KK' = r_4 = 4$；$K'L = K'S = r_4$；$\varphi_K = \omega t_K^*$

最小等时线可以通过时间 $t^*$ 来标记，针对一组给定的时间 $t^*$ 就可以绘制出这些等时线，如图 10.13 所示，下面做一简要分析：

（1）对于 $t^* = i\pi/\omega (i = 1,2,3,\cdots)$，对应的等时线 $S(t^*)$ 就是圆心位于原点而半径为 $R_i = 2i$ 的一组同心圆。

（2）对于圆心在原点、半径为 $R = 2$ 的圆域内的各点，与它们对应的最小等时线 $S(t^*)$ 是由两段圆弧组成的，它们关于 $\gamma_0^+$ 和 $\gamma_0^-$ 曲线是对称的，其中包括 $S(\pi/4\omega)$、$S(3\pi/4\omega)$ 等。这些等时线将在 $\gamma_0^+$ 和 $\gamma_0^-$ 曲线上发生转折。

（3）对于 $t^* > \pi/\omega$ 且 $t^* \neq i\pi/\omega (i = 1,2,3,\cdots)$，对应的最小等时线 $S(t^*)$

将由四段圆弧组成,它们没有转折点。

(4)构成等时线的所有圆弧的圆心均位于圆 $T^-$ 和 $T^+$ 上,参见图 10.11 和图 10.12。

(5)每一条等时线在状态平面内都是一条封闭曲线。

关于 Pontryagin 原理的更多方面的应用及其实例,可以参阅文献[4,8,28,35,36],这些文献主要讨论了集中参数系统,而与分布参数系统相关的则可参阅文献[12,24,26,27,37]。

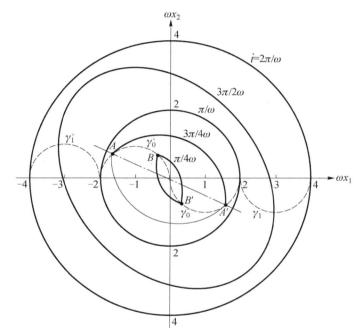

图 10.13　无阻尼的简谐振子:不同的 $t^*$ 所对应的最小等时线 $S(t^*)$

## 供思考的一些问题

10.1　试述如下概念的含义:动力学系统;可变状态;输入;输出。

10.2　试述如下概念的含义:可达性;可控性;可观测性;正则性;稳定性。并考察一个常参数线性动力学系统 $\dot{x}(t) = Ax(t) + Bu(t)$,给出其对应的这些性质。

10.3　试讨论可控性和可观测性的对偶关系。

10.4　试述用于稳定性分析的代数方法,以及采用这种方法进行稳定性分析时需要对动力学系统施加何种限定。

10.5　试述 Routh 和 Hurwitz 稳定性分析过程,给出与这两种方法相关的特征方程,并说明它们的优缺点。

10.6　设有一个动力学系统可由如下方程来描述[2]：

$$\begin{bmatrix} \dot{x}_1(t) \\ \dot{x}_2(t) \end{bmatrix} = \begin{bmatrix} 0 & 1 \\ 0 & -1 \end{bmatrix} \begin{bmatrix} x_1(t) \\ x_2(t) \end{bmatrix} + \begin{bmatrix} 1 \\ 0 \end{bmatrix} u(t)$$

试针对输出分别为（a）$y(t) = x_1(t)$；（b）$y(t) = x_2(t)$ 的情况讨论该系统的可观测性和可控性。

参考答案：（a）该系统是可观测的,但是不可控；（b）该系统既不可观测又不可控。

10.7　设有一个单输入单输出系统,其动力学方程为 $(p^3 + 3p^2 + 2p)y(t) = u(t)$,试将此方程转换为 Cauchy 矩阵形式,即 $\dot{\boldsymbol{x}}(t) = \boldsymbol{A}\boldsymbol{x}(t) + \boldsymbol{B}u(t)$[2]。

提示：$z_1(t) = y(t)$,$z_2(t) = \dot{y}(t)$,$z_3(t) = \ddot{y}(t)$。极点为 $s = 0$,$s = -1$,$s = -2$。

参考答案：$\boldsymbol{A} = \begin{bmatrix} 0 & 1 & 0 \\ 0 & 0 & 1 \\ 0 & -2 & -3 \end{bmatrix}$,$\boldsymbol{B} = \begin{bmatrix} 0 \\ 0 \\ 1 \end{bmatrix}$。

10.8　设有一个有阻尼简谐振动系统 $\ddot{x} + 2b\dot{x} + k^2 x = 0$,其中的 $b$ 和 $k$ 均为实常数,且 $k^2 > b^2$,试将此方程表示为矩阵形式,并确定其基本矩阵[4]。

参考答案：

$$\begin{bmatrix} \dot{x}(t) \\ \dot{y}(t) \end{bmatrix} = \boldsymbol{A}\begin{bmatrix} x(t) \\ y(t) \end{bmatrix},\boldsymbol{A} = \begin{bmatrix} 0 & 1 \\ -k^2 & -2b \end{bmatrix},$$

$$\boldsymbol{\Phi}(t) = \frac{k}{\omega}\mathrm{e}^{-bt}\begin{bmatrix} \sin(\omega t + \alpha) & \frac{1}{k}\sin\omega t \\ -b\sin(\omega t + \alpha) + \omega\cos(\omega t + \alpha) & -\frac{b}{k}\sin\omega t + \frac{\omega}{k}\cos\omega t \end{bmatrix},$$

$$\omega = \sqrt{k^2 - b^2},\sin\alpha = \frac{\omega}{k},\cos\alpha = \frac{b}{k}$$

10.9　设有一个系统的方程为 $\ddot{x} + \omega^2 x = -\omega^2[au_1(t) + bu_2(t)] + c\dot{u}_2(t)$,试证明这个系统是可控的。

提示：该系统的状态可表示为矩阵形式 $\dot{\boldsymbol{x}}(t) = \boldsymbol{A}\boldsymbol{x}(t) + \boldsymbol{B}u(t)$,即

$$\begin{bmatrix} \dot{x}_1 \\ \dot{x}_2 \end{bmatrix} = \begin{bmatrix} 0 & 1 \\ -\omega^2 & 0 \end{bmatrix}\begin{bmatrix} x_1 \\ x_2 \end{bmatrix} + \begin{bmatrix} a & b \\ 0 & c \end{bmatrix}\begin{bmatrix} u_1 \\ u_2 \end{bmatrix},$$

$$\boldsymbol{AB} = \begin{bmatrix} 0 & 1 \\ -\omega^2 & 0 \end{bmatrix} \cdot \begin{bmatrix} a & b \\ 0 & c \end{bmatrix} = \begin{bmatrix} 0 & c \\ -a\omega^2 & -b\omega^2 \end{bmatrix},$$

$$\boldsymbol{G} = [\boldsymbol{B}\ \ \boldsymbol{AB}] = \begin{bmatrix} a & b & 0 & c \\ 0 & c & -a\omega^2 & -b\omega^2 \end{bmatrix}$$

可以看出任意两列都是线性无关的,矩阵 $\boldsymbol{G}$ 的秩为 2,因此该系统是可控的。

10.10 设有一个系统的动力学方程为 $\begin{bmatrix} \dot{x}_1(t) \\ \dot{x}_2(t) \end{bmatrix} = \begin{bmatrix} 0 & 1 \\ -a_0 & -a_1 \end{bmatrix} \begin{bmatrix} x_1(t) \\ x_2(t) \end{bmatrix}$，为使得该系统具有绝对稳定性，试确定参数 $a_0$ 和 $a_1$ 应满足的条件。

提示：当所有特征值均具有负的实部时，系统才是绝对稳定的。

参考答案：$a_0 > 0, a_1 > 0$。

10.11 试利用 Hurwitz 方法来分析一个四阶动力学系统的稳定性，该系统的方程为 $A_0\lambda^4 + A_1\lambda^3 + A_2\lambda^2 + A_3\lambda + A_4 = 0$，其中系数均为正数。并针对 $A_0 = 1$ 的情况与 Routh 方法分析得到的结果进行比较。

10.12 试确定坐标为 $(+1, +1)$ 的点 $A$ 运动到原点 $(0, 0)$ 所需的最短时间，其中控制作用受到了式 (10.115) 的约束。

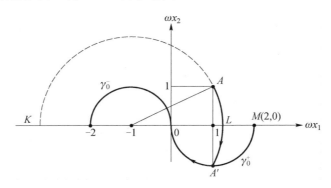

图 P10.12　线性振子从相点 $A(1, 1)$ 运动到原点 $(0, 0)$
所需的最短时间由相轨迹 $AA'O$ 决定

提示：如图 P10.12 所示，以点 $(-1, 0)$ 为圆心绘制一个半圆，使之通过点 $A$（图 10.10）。这个半圆与积分曲线 $\gamma_0^+$ 相交的点记作 $A'$。由于弧长 $\overset{\frown}{AA'} = \frac{1}{4}\overset{\smile}{KL}$，于是时间 $t_{AA'} = \frac{1}{4}\frac{\pi}{\omega}$。又由于 $\overset{\smile}{A'O} = \frac{1}{2}\overset{\smile}{OM}$，所以有 $t_{A'O} = \frac{1}{2}\frac{\pi}{\omega}$。

参考答案：$t_{AA'O} = t_{AA'} + t_{A'O}\dfrac{3}{4}\dfrac{\pi}{\omega}(s)$。

10.13 试导出一个有阻尼简谐振子 $\ddot{x} + 2b\dot{x} + k^2 x = 0, k > 0, k^2 > b^2$ 的基本矩阵。

参考答案：

$$\boldsymbol{\Phi}(t) = \frac{k}{\omega}\mathrm{e}^{-bt}\begin{bmatrix} \sin(\omega t + \alpha) & \frac{1}{k}\sin\omega t \\ -b\sin(\omega t + \alpha) + \omega\cos(\omega t + \alpha) & \frac{-b}{k}\sin\omega t + \frac{\omega}{k}\cos\omega t \end{bmatrix},$$

$$\omega = \sqrt{k^2 - b^2}, \sin\alpha = \frac{\omega}{k}, \cos\alpha = \frac{b}{k}$$

# 参考文献

1. Pontryagin, L. S., Boltyanskii, V. G., Gamkrelidze, R. V., & Mishchenko, E. F. (1962). Themathematical theory of optimal processes. New York: Interscience.

2. Athans, M., Falb, P. L. (1966). Optimal control: An introduction to the theory and itsapplications. New York: McGraw-Hill. (Reprinted by Dover in 2006).

3. Hsu, J. C., & Meyer, A. U. (1968). Modern control principles and application. New York: McGraw-Hill.

4. Lee, E. B., & Markus, L. (1967). Foundations of optimal control theory(The SIAM series in applied mathematics). New York: Wiley.

5. Shinners, S. M. (1978). Modern control system theory and application. Reading, MA: AddisonWesley. (Original work published 1972).

6. Karnovsky, I. A., & Lebed, O. (2004). Free vibrations of beams and frames. Eigenvalues and eigenfunctions. New York: McGraw-Hill Engineering Reference.

7. Butkovsky, A. G. (1969). Distributed control systems. New York: Elsevier.

8. Troitsky, V. A. (1976). Optimal processes vibrations of mechanical systems. Leningrad, Russia: Mashinostroenie.

9. D'Azzo, J. J., &Houpis, C. H. (1995). Linear control systems. Analysis and design(4th ed.). New York: McGraw-Hill.

10. Karnovsky, I. A., & Lebed, O. (2010). Advanced methods of structural analysis. New York: Springer.

11. Bryson, A. E., & Ho, Y. -C. (1969). Applied optimal control. Waltham, MA: Blaisdell.

12. Egorov, A. I. (1965). Optimal processes in systems with distributed parameters and certain problems of the invariance theory. AN USSR, Series Math, 29(6), 1205 – 1260.

13. Gabasov, R. F., &Kirillova, F. M. (1978). The qualitative theory of optimal processes. New York: M. Dekker.

14. Feldbaum, A. A., &Butkovsky, A. G. (1971). Methods of the theory of automatic control. Moscow, Russia: Nauka.

15. Mikhajlov, F. A., Teryaev, E. D., Bulekov, V. P., Salikov, L. M., &Dikanova, L. S. (1971). Dynamics of continuous linear systems wirh deterministic and random parameters. Moscow, Russia: Nauka.

16. Routh, E. T. (1877). Treatise on the stability of a given state of motion. London: Macmillan.

17. Hurwitz, A. (1895). *Uber die Bedinungen unter Weloher Eine Gileichung nur Wurzeln mit Negativen Reelen Theilen* Bezitzt. Mathematische Annalen, 46, 273 – 284.

18. Bulgakov, B. V. (1954). The vibrations. Moscow, Russia: Gosizdat.

19. Den Hartog, J. P. (1985). Mechanical vibrations(4th ed.). New York: Mc Graw-Hill. Dover, 1985.

20. Yablonsky, A. A., &Noreiko, S. S. (1975). Theory of vibration. Moscow, Russia: Vysshaya Shkola.

21. Fowles, G. R., &Cassiday, G. L. (1999). Analytical mechanics(6th ed.). Belmont, CA: Brooks/Cole-Thomson Learning.

22. Kalman, R. E. (1960). Contributions to the theory of control systems. Bolet?'n de la Sociedad Matema'tica Mexicana, 5, 102 – 119.

23. Bellman, R. E. (1962). Applied dynamic programming. Princeton, NJ: Princeton University Press.

24. Lions, J. L. (1971). Optimal control of systems governed by partial differential equations. Berlin, Germany: Springer.

25. Egorov, A. I. (1978). Optimal control of thermal and diffusion processes. Moscow, Russia: Nauka.

26. Sirazetdinov, T. K. (1977). Optimization of systems with distributed parameters. Moscow, Russia: Nauka.

27. Komkov, V. (1972). Optimal control theory for the damping of vibrations of simple elastic systems (Lecture notes in mathematics, Vol. 253). New York: Springer.

28. Krasovsky, N. N. (1968). Theory of control motion. Linear systems. Moscow, Russia: Nauka.

29. Iskra, V. S., & Karnovsky, I. A. (1975). The stress-strain state of the bar systems with variable structure. Strength of materials and theory of structures (Vol. 25). Kiev, Ukraine: Budivel'nik.

30. Karnovsky, I. A. (1973). Pontryagin's principle in the eigenvalues problems. Strength of materials and theory of structures (Vol. 19). Kiev, Ukraine: Budivel'nik.

31. Karnovsky, I. A., & Lebed, O. (2001). Formulas for structural dynamics. Tables, graphs and solutions. New York: McGraw Hill.

32. Gantmacher, F. R. (1959). Theory of matrices. New York: AMS Chelsea. (Reprinted by American Mathematical Society, 2000).

33. Bushaw, D. W. (1953). Differential equations with a discontinuous forcing term. Stevens Institute of Technology Experimental Towing Tank Report 469. Hoboken, NJ.

34. Bushaw, D. W. (1958). Optimal discontinuous forcing terms. In S. Lefschetz (Ed.), Contributions to the theory of nonlinear oscillations (Vol. 4, pp. 29 – 52). Princeton, NJ: Princeton University Press.

35. Zaden, L. A., & Desoer, C. A. (1963). Linear system theory. The state space approach. New York: McGraw-Hill.

36. Chernous'ko, F. L., Akulenko, L. D., & Sokolov, B. N. (1980). Control of oscillations. Moscow, Russia: Nauka.

37. Lurie, K. A. (1975). Optimal control in the problems of mathematical physics. Moscow, Russia: Nauka.

# 第 11 章　Krein 矩量法

Krein 矩量法(KMM)是现代数学理论中的一个较为成熟的分支,该方法已经广泛用于求解很多动态过程的最优控制问题,其中包括了动力学系统的振动控制、热传导、波动以及散射过程等[4,5]。

Krein 矩量法为我们提供了一种构建集中参数和分布参数线性系统的最优振动抑制问题的方法,同时也针对此类问题给出了一种有序而高效的求解过程。主动振动控制是振动控制领域中的一个重要方面,其中引入了额外的振动防护控制器(VPC),它们可以提供力和(或)运动型的控制作用。VPC 的引入使得我们能够改变振动过程,例如可以从众多可能的工作模式中选择最佳的过程,使之满足预期的要求。Krein 矩量法的优点就在于,它允许我们把约束施加到 VPC上,而不需要再对微分方程的阶次、系统的结构、控制器数量以及控制器的作用点等进行约束。

本章将简要介绍矩量问题,将这一理论应用于线性振子、弦和梁的主动式最优振动抑制,并讨论执行机构的实际特性。当系统表现出更为复杂的特征时(如系统带有非线性,对控制器或状态变量有限制等),一般需要借助数学程序对此类问题进行求解。针对这一点,本章将考察一块非线性板的主动振动控制,其中的控制器和板的位移均带有相应的约束。所有的分析均致力于确定所需的控制作用 $u(t)$,它们均为时间变量 $t$ 的函数[4]。

## 11.1　主动式最优振动防护对应的线性矩问题

主动式最优振动抑制问题是指在最短时间内抑制或消除振动,这一问题可以描述为一个数学上的矩问题。在控制器带有某些约束条件的情况中,我们一般可以将主动最优振动抑制问题构造为一个线性矩问题。下面首先对线性振子的最优振动抑制进行讨论。

### 11.1.1　振动抑制问题对应的矩问题构建

一个线性振子的行为可以通过如下的线性微分方程来描述:

$$\ddot{q} + \lambda^2 q = u(t) \tag{11.1}$$

且初始条件可记为 $q(0) = q_0, \dot{q}(0) = q_1$。不妨设所需的单位质量上的控制作用力为 $u(t)$，利用这个控制作用力将可对系统动力学过程产生某种影响。下面考虑最优振动抑制问题，即在最短时间 $T$ 内实现振动的彻底抑制。

方程(11.1)的解可表示为

$$q(t) = q_0\cos\lambda t + \frac{1}{\lambda}q_1\sin\lambda t + \frac{1}{\lambda}\int_0^t \sin\lambda(t - \tau)u(\tau)\mathrm{d}\tau \qquad (11.2)$$

其中，第一项和第二项代表了初始条件的影响，而第三项是杜哈梅尔积分。

只有当位移和速度同时等于零时，才表明实现了彻底的振动抑制，若假定这一时刻为 $t = T$，那么也就意味着

$$\begin{cases} q(T) = q_0\cos\lambda T + \frac{1}{\lambda}q_1\sin\lambda T + \frac{1}{\lambda}\int_0^T \sin\lambda(T - \tau)u(\tau)\mathrm{d}\tau = 0 \\ \dot{q}(T) = -q_0\lambda\sin\lambda T + q_1\cos\lambda T + \int_0^T \cos\lambda(T - \tau)u(\tau)\mathrm{d}\tau = 0 \end{cases} \qquad (11.3)$$

据此我们就可以构建出彻底抑制振动所需满足的条件了。利用如下的三角公式：

$$\begin{cases} \sin(\alpha - \beta) = \sin\alpha\cos\beta - \cos\alpha\sin\beta \\ \cos(\alpha - \beta) = \cos\alpha\cos\beta + \sin\alpha\sin\beta \end{cases} \qquad (11.4)$$

我们可以将式(11.3)改写为

$$\begin{cases} q_0\lambda\cos\lambda T + q_1\sin\lambda T + \int_0^T [\sin\lambda T\cos\lambda\tau - \cos\lambda T\sin\lambda\tau]u(\tau)\mathrm{d}\tau = 0 \\ -q_0\lambda\sin\lambda T + q_1\cos\lambda T + \int_0^T [\cos\lambda T\cos\lambda\tau + \sin\lambda T\sin\lambda\tau]u(\tau)\mathrm{d}\tau = 0 \end{cases}$$

$$(11.5)$$

若

$$x = \int_0^T u(\tau)\cos\lambda\tau\mathrm{d}\tau, y = \int_0^T u(\tau)\sin\lambda\tau\mathrm{d}\tau \qquad (11.6)$$

那么式(11.5)将为

$$\begin{cases} \sin\lambda T \cdot x - \cos\lambda T \cdot y = -q_0\lambda\cos\lambda T - q_1\sin\lambda T \\ \cos\lambda T \cdot x + \sin\lambda T \cdot y = q_0\lambda\sin\lambda T - q_1\cos\lambda T \end{cases} \qquad (11.7)$$

式中：右端项依赖于初始条件、自由振动频率 $\lambda$ 以及完全抑制振动所需的时间 $T$（未知量）。

现在针对 $x$ 和 $y$ 来求解方程(11.7)，该方程的系数行列式 $D = 1$，因此可以得到

$$\begin{cases} \int_0^T u(\tau)\cos\lambda\tau\mathrm{d}\tau = -q_1 \\ \int_0^T u(\tau)\sin\lambda\tau\mathrm{d}\tau = \lambda q_0 \end{cases} \qquad (11.8)$$

上面这个关系式一般称为矩量关系。对于单自由度系统来说,当给定彻底抑制振动所对应的时间 $T$ 之后,振动防护问题也就简化成了式(11.8)所示的这两个矩量关系。对于任意自由度个数的系统来说,矩量关系可以表示为

$$\int_0^T g_i(t)u(t)\mathrm{d}t = \alpha_i, i = 1, 2, \cdots, n \tag{11.9}$$

这些关系式的个数 $n$ 等于完全抑制振动所对应的条件个数。式中, $\alpha_i$ 是已知的, $g_i(t)$ 也是已知函数,而 $u(t)$ 是待定的控制作用函数。左端的积分称为函数 $u(t)$ 关于函数 $g_i(t)$ 的矩,换言之, $\alpha_i$ 也就是 $u(t)$ 关于一系列函数 $g_i(t)$ 的矩。

显然,现在的问题也就变成了如何确定出函数 $u(t)$ ,使得关系式(11.9)能够在最短时间段的结束时刻 $T$ 得到满足。这一问题称为矩量问题,是 T. Stieltjes 于 1894 年提出的,后来 Akhiezer 和 Krein 等人(1938)对这一问题的进一步发展做出了十分重要的贡献[1]。如果式(11.9)中所包含的关系式个数是有限的,那么对应的矩量问题就是有限维度的,否则就是无限维矩量问题。在无限维问题中,若丢弃一些关系式,那么还可以得到截断形式的矩量问题[4]。

现在回到式(11.1),对于由非零初始条件导致的振动,彻底抑制的条件(11.5)可以表达为矩量关系(11.8)和(11.9)的形式,其中 $g_1 = \cos\lambda\tau$ , $g_2 = \sin\lambda\tau, \alpha_1 = -q_1, \alpha_2 = \lambda q_0$ 。

式(11.8)描述了主动式、最优、完全振动抑制的思想,即在最短时间 $T$ 内彻底抑制掉由初始条件 $q_0$ 和 $q_1$ 导致的系统(11.1)的振动。在振动抑制条件的新描述形式中,式(11.8)中的第一个关系式并不对应于式(11.3)中的第一个条件(即位移抑制条件),因此这两种描述形式之间是需要进行等效的。

下面我们针对一般情况来考察动力学系统的振动抑制,将其以矩量问题的形式构造出来。一般地,线性系统的状态可以描述为柯西标准形式,即

$$\dot{q}(t) = \boldsymbol{A}(t)\boldsymbol{q}(t) + \boldsymbol{B}(t)u(t) + \boldsymbol{B}_1(t)F(t) \tag{11.10}$$

且初始条件为 $q_0 = q(0)$ 。这种形式中, $\boldsymbol{q}(t)$ 是一个 $n$ 维状态矢量, $\boldsymbol{A}(t)$ 是 $n \times n$ 维系统矩阵, $u(t)$ 是用于主动抑制振动的 $m$ 维控制作用函数, $F(t)$ 为 $r$ 维外部激励, $\boldsymbol{B}(t)$ 是控制作用的 $n \times m$ 维系数矩阵,且 $m \leqslant n$ , $\boldsymbol{B}_1(t)$ 是外部激励的 $n \times r$ 维系数矩阵,且 $r \leqslant n$ 。

对方程(11.10)积分,我们可以得到如下形式的状态方程[5]:

$$q(t) = \boldsymbol{\Phi}(t)\left\{ q_0 + \int_0^t \boldsymbol{\Phi}^{-1}(\tau)[B(\tau)u(\tau) + B_1(\tau)F(\tau)]\mathrm{d}\tau \right\} \tag{11.11}$$

式中: $\boldsymbol{\Phi}(t)$ 为系统(11.10)的齐次线性方程的基本解(矩阵形式); $\boldsymbol{\Phi}^{-1}(t)$ 为其逆矩阵。

振动的完全抑制条件是比较严的,这里可以稍加放宽一些,即假定在最终时

刻 $t = t_1$，所期望的系统状态矢量为 $\boldsymbol{q}(t_1) = \tilde{\boldsymbol{q}}(t_1)$。现将式（11.11）左乘以 $\boldsymbol{\Phi}^{-1}(t)$，于是有

$$\boldsymbol{\Phi}^{-1}(t_1)\tilde{\boldsymbol{q}}(t_1) = q_0 + \int_0^{t_1} \boldsymbol{\Phi}^{-1}(\tau)[B(\tau)u(\tau) + B_1(\tau)F(\tau)]\mathrm{d}\tau$$

进而可得

$$\int_0^{t_1} \boldsymbol{\Phi}^{-1}(\tau)B(\tau)u(\tau)\mathrm{d}\tau = \boldsymbol{\Phi}^{-1}(t_1)\tilde{\boldsymbol{q}}(t_1) - \int_0^{t_1}\boldsymbol{\Phi}^{-1}(\tau)B_1(\tau)F(\tau)\mathrm{d}\tau - q_0 \tag{11.12}$$

若

$$\begin{cases} G(t) = \boldsymbol{\Phi}^{-1}(t)\boldsymbol{B}(t) = \{g_i(t)\} \\ \alpha(t_1) = \boldsymbol{\Phi}^{-1}(t_1)\tilde{\boldsymbol{q}}(t_1) - \int_0^{t_1}\boldsymbol{\Phi}^{-1}(\tau)B_1(\tau)F(\tau)\mathrm{d}\tau - q_0 = \{\alpha_i(t_1)\} \end{cases}$$

那么式（11.12）就可以表示为如下形式的矩量关系：

$$\int_0^{t_1} g_i(\tau)u(\tau)\mathrm{d}\tau = \alpha_i(t_1), \quad i = 1,2,\cdots,n \tag{11.13}$$

对于前面的由式（11.1）所描述的系统来说，其矩量关系的推导过程中将涉及如下内容（其中利用了常参数系统的基本矩阵[6]）：

（1）将式（11.1）表示成柯西标准形式。为此，可以引入 10.2 节中所给出的记号，即 $x_1(t) = q(t)$，$x_2(t) = \dot{x}_1(t) = \dot{q}(t)$，由此即可将二阶方程（11.1）化为如下的一阶方程组形式：$\dot{x}_1(t) = x_2(t)$，$\dot{x}_2(t) = -\lambda^2 x_1(t) + u(t)$。若以矩阵形式表达，则可以写为 $\dot{\boldsymbol{x}}(t) = \boldsymbol{Ax}(t) + \boldsymbol{u}(t)$，其中 $\boldsymbol{A} = \begin{bmatrix} 0 & 1 \\ -\lambda^2 & 0 \end{bmatrix}$，$\boldsymbol{x}(t) = \begin{bmatrix} x_1(t) \\ x_2(t) \end{bmatrix}$，$\boldsymbol{u}(t) = \begin{bmatrix} 0 \\ u(t) \end{bmatrix}$，这里的 $\boldsymbol{A}$ 为系统矩阵，$\boldsymbol{x}(t)$ 为状态矢量，而 $\boldsymbol{u}(t)$ 为控制作用矢量。

（2）引入复变量 $s$ 和单位矩阵 $\boldsymbol{I}$，并构造矩阵 $[s\boldsymbol{I} - \boldsymbol{A}] = \begin{bmatrix} s & -1 \\ \lambda^2 & s \end{bmatrix}$。

（3）求出逆矩阵，即 $[s\boldsymbol{I} - \boldsymbol{A}]^{-1} = \dfrac{1}{s^2 + \lambda^2}\begin{bmatrix} s & 1 \\ -\lambda^2 & s \end{bmatrix}$。

（4）求出系统的基本矩阵 $\boldsymbol{\Phi}(t)$，它是 $[s\boldsymbol{I} - \boldsymbol{A}]^{-1}$ 中每个元素的拉普拉斯反变换，即

$$\boldsymbol{\Phi}(t) = \Lambda^{-1}[s\boldsymbol{I} - \boldsymbol{A}]^{-1} = \begin{bmatrix} \cos\lambda t & \dfrac{1}{\lambda}\sin\lambda t \\ -\lambda\sin\lambda t & \cos\lambda t \end{bmatrix} \tag{11.14}$$

很容易验证 $\boldsymbol{\Phi}(0) = \boldsymbol{I}$。利用这个基本矩阵我们就可以写出非零初始条件对应的解，即

$$\begin{cases} \begin{bmatrix} x_1 = q \\ x_2 = \dot{q} \end{bmatrix} = \boldsymbol{\Phi}(t) \begin{bmatrix} q_0 \\ \dot{q}_0 \end{bmatrix} = \begin{bmatrix} \cos\lambda t & \dfrac{1}{\lambda}\sin\lambda t \\ -\lambda\sin\lambda t & \cos\lambda t \end{bmatrix} \begin{bmatrix} q_0 \\ \dot{q}_0 \end{bmatrix} \\ = \begin{bmatrix} q_0\cos\lambda t + \dot{q}_0 \dfrac{1}{\lambda}\sin\lambda t \\ -q_0\lambda\sin\lambda t + \dot{q}_0\cos\lambda t \end{bmatrix} \end{cases} \tag{11.15}$$

事实上,由前面的式(11.2)也可得到这一结果(当 $u(t) = 0$ 时)。

上述过程可以应用于任意阶的常参数系统,对于参数可变的系统,其基本矩阵的计算可参阅文献[6]。

## 11.1.2 线性矩问题及其数值过程

式(11.8)和式(11.9)给出的矩量问题中是不包括任何约束的,然而对于各类实际问题来说,所引入的控制作用 $u(t)$ 往往不可避免地存在一些约束限制的,在文献[4,5,7]中就曾对这一问题进行过讨论。下面我们主要考察两种重要的约束,它们是范数约束一般理论中的特殊情形:

(1)可用于振动抑制的能源是受限的。这种约束可以表示为如下的数学形式:

$$\int_0^T u^2(t)\mathrm{d}t \leqslant l^2, 0 \leqslant t \leqslant T \tag{11.16}$$

(2)作动器的功率是受限的。这种约束可以表示为

$$-l \leqslant u(t) \leqslant l, 0 \leqslant t \leqslant T \tag{11.17}$$

所谓的时间最优振动抑制问题,是指在最短的时间内通过控制作用使得系统从初始状态转变到预期的最终状态,前文已经指出这一问题可以描述为矩量问题(11.9),其中,如果将最终状态设定为零状态,那么该问题就称为振动完全抑制问题。当振动防护系统中的控制作用 $u(t)$ 存在某些约束或限制时,那么根据式(11.16)或式(11.17),这个最优振动抑制问题也就构成了一个线性矩问题。可以按照如下过程来进行求解,即针对给定的 $n$ 个矩量关系式(11.9),引入因子 $\xi_1, \cdots, \xi_n$ 并构造一个辅助的泛函,对于约束(11.16)可构造如下模式的泛函:

$$J = \int_0^T (\xi_1 g_1 + \cdots + \xi_n g_n)^2 \mathrm{d}t \tag{11.18}$$

式中: $g_i$ 为矩量关系式(11.9)中的已知函数。而对于形如式(11.17)的约束,构造的附加泛函为

$$J = \int_0^T |\xi_1 g_1 + \cdots + \xi_n g_n| \mathrm{d}t \tag{11.19}$$

然后去寻找合适的 $\xi_1^0, \cdots, \xi_n^0$ 的值,使得泛函(11.18)或(11.19)取最小值,

且应满足如下等式约束条件：

$$\sum_1^n \xi_i \alpha_i = 1 \qquad (11.20)$$

式中：$\alpha_i$ 为矩量关系式(11.9)的右端项。

于是，对于约束(11.16)和泛函(11.18)来说，所需的最优振动防护控制作用就可以通过下式确定：

$$u(t) = l^2 \sum_{i=1}^n \xi_i^0 g_i, 0 \leqslant t \leqslant T \qquad (11.21)$$

而最短时间的计算可根据如下方程进行：

$$\min J = \frac{1}{l^2} \qquad (11.22)$$

对于约束(11.17)和泛函(11.19)来说，所需的最优振动防护控制将由下式给出：

$$u(t) = l\,\mathrm{sgn} \sum_{i=1}^n \xi_i^0 g_i, 0 \leqslant t \leqslant T \qquad (11.23)$$

而最短时间的计算可按照如下方程进行：

$$\min J = \frac{1}{l} \qquad (11.24)$$

最一般的情况下，我们可以把对 $u(t)$ 的范数约束表示为[3]

$$\| u(t) \|_p = \left( \int_0^T |u(t)|^p \mathrm{d}t \right)^{1/p}, \| u(t) \|_p \leqslant l \qquad (11.25)$$

式中：$l$ 为一个给定的正数；$\| u(t) \|_p$ 为函数 $u(t)$ 的范数；下标 $p$ 的取值范围为半无限区间 $[1, \infty)$，或者说 $1 \leqslant p < \infty$。如果 $p = 2$，那么我们将得到约束条件式(11.16)，而如果 $p = \infty$，则可得到约束条件式(11.17)。在满足约束(11.25)的条件下，一个动力学系统在最短时间内($T$)从给定的初始状态转变到最终的零状态，这个问题就称为 Krein 线性矩问题。

函数 $u(t)$ 所受到的一般性约束条件式(11.25)是 Krein[3] 于 1938 年给出的，Krasovsky 首先将这一理论应用到有限自由度线性系统的最优控制问题中[2]。随后，Butkovsky[4,7] 进一步利用这一方法分析了更多其他方面的相关问题。

在下文中我们将针对约束(11.16)和(11.17)阐述控制作用 $u(t)$ 的计算过程。

## 11.2  线性振子的时间最优问题

这里考察一个单自由度动力学系统，其行为由式(11.1)描述，初始条件设

为 $q(0) = q_0, \dot{q}(0) = q_1$。若要完全抑制掉系统的振动,所需满足的条件可化为式(11.8)所示的矩量关系。为在最短时间 $T$ 内满足该关系式,这里我们来寻求一个能够符合式(11.16)或式(11.17)所给出的约束条件的控制作用函数 $u(t)$。这一问题实际上就是在最短时间 $T$ 内实现完全的主动振动抑制。

## 11.2.1　能量约束

若假定振动防护中所引入的控制作用函数 $u(t)$ 受到了式(11.16)的限制,那么我们需要去考察式(11.18)和式(11.20)。这里可以引入因子 $\xi_1$ 和 $\xi_2$,并构造一个泛函(11.18),即

$$J = \int_0^T (\xi_1 \cos\lambda t + \xi_2 \sin\lambda t)^2 dt \tag{11.26}$$

然后我们需要确定 $\xi_1^0$ 和 $\xi_2^0$,使得上式能够取得最小值,且满足条件(11.20),也即

$$-\xi_1 q_1 + \xi_2 \lambda q_0 = 1 \tag{11.27}$$

对式(11.26)积分可得

$$J = \xi_1^2 I_1 + \xi_1 \xi_2 I_2 + \xi_2^2 I_3 \tag{11.28}$$

其中: $I_1 = \int_0^T \cos^2\lambda t dt = \dfrac{1}{4\lambda}(\sin 2\lambda T + 2\lambda T)$, $I_2 = \int_0^T \sin 2\lambda t dt = \dfrac{1}{2\lambda}(1 - \cos 2\lambda T)$,

$I_3 = \int_0^T \sin^2\lambda t dt = \dfrac{1}{4\lambda}(-\sin 2\lambda T + 2\lambda T)$。

由式(11.27)可以得到 $\xi_2 = \dfrac{1 + \xi_1 q_1}{\lambda q_0}$,将其代入到式(11.28)中,考虑到式(11.26)中的被积函数是二次函数,因而条件极值问题(11.26)和(11.27)将转化为无条件极值问题。进一步,根据泛函极值条件 $\dfrac{dJ}{d\xi_1} = 0$ 我们可以导得

$$\xi_1^0 = -\frac{\lambda q_0 + 2q_1 I_3}{2(\lambda^2 q_0^2 I_1 + q_0 q_1 \lambda I_2 + q_1^2 I_3)}。$$

下面再来讨论一下特殊情况。假定系统的运动是由非零的初始速度 $q_1$ 引起的,这种情况下我们有

$$\xi_1^0 = -1/q_1 \tag{11.29}$$

将式(11.29)代入到泛函(11.28)中,由极值条件 $\dfrac{dJ}{d\xi_2} = 0$ 可以得到

$$\xi_2^0 = \frac{I_2}{2q_1 I_3} = \frac{1 - \cos 2\lambda T}{q_1(2\lambda T - \sin 2\lambda T)} \tag{11.30}$$

根据式(11.21),最优主动振动防护的控制作用函数也就可以按照如下公式来确定:

$$u(t) = l^2(\xi_1^0 \cos\lambda t + \xi_2^0 \sin\lambda t), 0 \le t \le T \qquad (11.31)$$

应当注意的是,这个最优控制作用在 $T$ 时刻会表现出共振特征。

求解该问题的最后一步是确定振动抑制所需的最短时间 $T$。为此,需要考察 $\xi_1^0$ 和 $\xi_2^0$ 处的泛函(11.28),即

$$J(\xi_1^0, \xi_2^0) = \frac{1}{4q_1^2\lambda} \cdot \frac{\psi^2 - 2 + 2\cos\psi}{\psi - \sin\psi}, \psi = 2\lambda T \qquad (11.32)$$

显然,振动抑制所需的最短时间可以由条件(11.22)计算得到,即

$$\min_{\xi_1^0, \xi_2^0} J = \frac{1}{4q_1^2\lambda} \cdot \frac{\psi^2 - 2 + 2\cos\psi}{\psi - \sin\psi} = \frac{1}{l^2} \qquad (11.33)$$

不难看出,上式中已经包含了所需的时间 $T$ 以及能源的幅值 $l^2$。

上述过程的计算步骤如下:

(1)计算无量纲参数 $K_{q_1} = \dfrac{4q_1^2\lambda}{l^2}$。

(2)求解方程 $K_{q_1} = \dfrac{\psi^2 - 2 + 2\cos\psi}{\psi - \sin\psi}$,从而得到无量纲参数 $\psi$。

(3)计算出振动抑制的最优时间 $T = \dfrac{\psi}{2\lambda}$。

根据上述步骤,若令 $K_{q_1} = 12.56636$,则可以解得 $\psi = 4\pi$,最优时间为 $T = \dfrac{\psi}{2\lambda} = \dfrac{2\pi}{\lambda}$。很容易验证此时得到的控制作用函数:

$$\begin{cases} u(t) = h_1\cos\lambda t + h_2\sin\lambda t, 0 \le t \le T \\ h_1 = l^2\xi_1^0 = -\dfrac{l^2}{q_1}, h_2 = l^2\xi_2^0 = l^2\dfrac{1 - \cos 2\lambda T}{q_1(2\lambda T - \sin 2\lambda T)} \end{cases} \qquad (11.34)$$

确实能够在时间 $T = 2\pi/\lambda$ 内将系统(11.1)从初始状态 $(0, q_1)$ 转变到所期望的最终状态 $(0,0)$。可以看出,在上述的参数 $K_{q_1}$ 中已经包含了初始速度、自由振动频率以及能源的幅值 $l^2$。

这里所给出的算法过程已经被用于梁和板的最优振动抑制问题的分析,感兴趣的读者可参阅 Gritsjuk 等人的工作[8]。

## 11.2.2 幅值约束条件下的振动控制

仍然考虑由式(11.1)描述的单自由度动力学系统,初始条件设为 $q(0) = q_0, \dot{q}(0) = q_1$,所关心的问题是在最短时间 $T$ 内抑制掉自由振动,且假定控制作用 $u(t)$ 受到了式(11.17)的限制。

显然此处应构造出由式(11.17)和式(11.19)所组成的问题,可以引入因子 $\xi_1$ 和 $\xi_2$,同时建立泛函(11.19),即

$$J = \int_0^T \left| \xi_1 \cos\lambda t + \xi_2 \sin\lambda t \right| dt \tag{11.35}$$

然后确定 $\xi_1^0$ 和 $\xi_2^0$ 的值,使得上式能够取得最小值,且满足条件(11.20),也即

$$-\xi_1 q_1 + \xi_2 \lambda q_0 = 1 \tag{11.36}$$

若令 $q_0 = 0$,那么有 $\xi_1^0 = -\dfrac{1}{q_1}$,此时我们可以将问题描述为一个泛函的无条件极值问题,即

$$\min_{\xi_2^0} J = \int_0^T \left| -\frac{1}{q_1}\cos\lambda t + \xi_2 \sin\lambda t \right| dt \tag{11.37}$$

由于被积函数包含有绝对值符号,因而上式的解析解是难以得到的。图 11.1 (a)给出了针对一组特定参数得到的数值结果,这些参数为 $\lambda = 2\pi, T = \dfrac{2\pi}{\lambda}n, n = 1,$ $q_1 = [0.1, \cdots, 4.0]$。

在数值求解该无条件极值问题的过程中,我们采用了梯形法对式中的积分进行数值计算,为保证计算精度,采用了 2 万多个网格点。根据数值分析的结果我们不难发现,对于不同的 $q_1$ 值,$J$ 的最小值都位于 $\xi_2 = 0$ 处,同时该最小值是关于 $q_1$ 的单调减函数(图 11.1(b))。

利用式(11.23)我们就可以计算振动防护所需的控制作用,由此得到的结果为

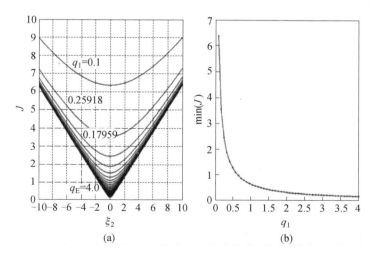

图 11.1　泛函(11.37)最小化的数值计算结果:
(a)曲线 $J = J(\xi_2)$,参变量为 $q_1$;(b)以 $q_1$ 表示的曲线 $\min J$

$$u(t) = \frac{1}{\min J}\mathrm{sgn}\left( -\frac{1}{q_1}\cos\lambda t \right) \tag{11.38}$$

由于式(11.38)中存在一个符号函数,因此控制作用函数将是不连续的分段形式,图11.2给出了一个实例,对应的 $q_1 = 4$。

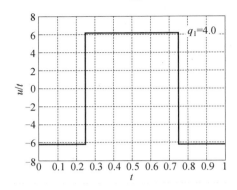

图11.2 最优振动防护控制:方程为式(11.1);约束为式(11.17);
初始条件为 $q(0) = 0, \dot{q}(0) = q_1$;容许的控制作用范围为 $-l \leqslant u(t) \leqslant l$

我们针对若干不同的参数 $q_1$ 对非齐次常微分方程(11.1)进行了求解,结果如图11.3所示。时间段$[0, T]$已经进行了归一化(即$[0, 1]$),所示的结果是借助四阶龙格库塔方法数值计算得到的。可以看出,在该时间段的右端点处,所有情况下的位移和速度都变成了零,这表明了振动得到了完全抑制。

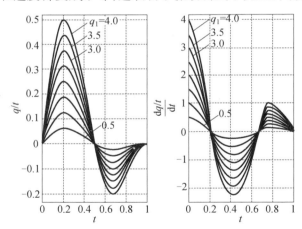

图11.3 最终时刻 $t = 1$ 处的振动得到了彻底抑制

## 11.3 连续系统的最优主动振动防护

连续系统的最优主动振动防护问题也可以转化为一个线性矩问题。这里我们将讨论弦和均匀简支梁(不变截面)模型,针对无限维情况推导出对应的

Krein 矩量关系(即对应于完全振动抑制)。进一步,我们还将考察截断的矩量问题,它对应于某些振动模式的抑制问题。在振动防护所引入的控制作用方面,既考虑了运动形式也考虑了力形式,分析中还借助了格林函数和标准化函数等概念与手段。

## 11.3.1　截断的矩量问题

在有限自由度的系统中,完全的振动抑制可以化为矩量问题,它是从系统中的每个质量所具有的位移和速度均为零这个预期状态导出的。显然,对于这样的力学系统,完全抑制振动问题所对应的矩量关系式的个数将为自由度个数的两倍。此外,对于这种有限自由度力学系统来说,还可以存在不完全的振动抑制问题,它是指仅消除系统中某些质量的振动,而其他质量的振动是不关心的,此时仅需考察那些指定的质量的矩量关系。很明显,在线性连续系统中,完全的振动抑制则意味着需要建立无限个矩量关系。

所谓的截断的矩量问题是指,只考察某些矩量关系,而丢弃掉剩余部分[4,7]。对于无限维线性矩问题,它有解的充分必要条件是在相同的范数约束 $\|u(t)\| \leqslant l$ 条件下任何截断后的线性矩问题都有解。一般地,选择何种截断的矩量关系主要取决于我们希望抑制哪些振动模式。

## 11.3.2　弦的振动抑制——标准化函数

对于一根长度为 $l$ 的弦来说,其横向振动方程可以表示为[9]

$$\rho A \frac{\partial^2 y}{\partial t^2} = S \frac{\partial^2 y}{\partial x^2} + X \tag{11.39}$$

式中:$y(t)$ 为弦的横向位移;$S$ 为弦中张力;$\rho$ 和 $A$ 分别为材料密度和横截面面积;$X(x,t)$ 为单位长度上受到的横向载荷。

初始条件可以设为

$$\begin{cases} y(x,0) = y_0(x) \\ \dot{y}(x,0) = y_1(x) \end{cases} \tag{11.40}$$

在载荷 $X$ 和非零初始条件(11.40)的作用下,弦会产生振动,为了抑制其振动,可以引入运动形式的控制作用,即在 $x = 0$ 和 $x = l$ 处引入主动的横向运动。于是,弦的左右两端边界条件就可以表示

$$\begin{cases} y(0,t) = u_1(t) \\ y(l,t) = u_2(t) \end{cases} \tag{11.41}$$

式中:$u_1(t)$ 和 $u_2(t)$ 为待定函数。

式(11.39)可以重新改写为

$$\frac{\partial^2 y}{\partial t^2} - c^2 \frac{\partial^2 y}{\partial x^2} = \frac{X(x,t)}{\rho A} = f(x,t) \qquad (11.42)$$

式中：$c^2 = S/\rho A$ 为剪切波的纵向传播速度[10]。

为了将这一振动抑制问题转化为矩问题，我们必须得到式(11.42)满足条件式(11.40)和式(11.41)的解。如果引入标准化函数 $w(x,t)$，那么就可以大大简化线性方程式(11.42)的积分运算过程。这个标准化函数是外部激励、非零初始条件以及边界条件的线性组合。它可以将原来的非零初始条件、非齐次边界条件下的积分转化为零初始条件、齐次边界条件下的积分。在采用运动形式的控制作用来抑制振动这个问题中，引入标准化函数能够给我们带来极大的便利。

对于带有非零初始条件式(11.40)和非齐次边界条件式(11.41)的方程式(11.39)来说，引入标准化函数之后方程可表示为

$$\frac{\partial^2 y}{\partial t^2} - c^2 \frac{\partial^2 y}{\partial x^2} = w(x,t) \qquad (11.43)$$

其中，标准化函数为[11,12]

$$w(x,t) = f(x,t) + y_0(x)\delta'(t) + y_1(x)\delta(t) + c^2\delta'(x)u_1(t) - c^2\delta'(l-x)u_2(t) \qquad (11.44)$$

式中：$\delta$ 和 $\delta'$ 为实变量 $x$ 的狄拉克函数及其导数，借助它们可以以解析形式描述集中作用到某点处的物理量（如质量、力等）。例如，一个作用在点 $x = a$ 处的点质量 $m$ 就可以用狄拉克函数表示为 $m\delta(x-a)$。

狄拉克函数一般是通过如下关系式来定义的，即[13]

$$\int_x \delta(x-a)f(x)\,\mathrm{d}x = f(a) \qquad (11.45a)$$

式中：$f(x)$ 为任意的连续函数。这一关系式实际上就是狄拉克函数的挑选性。对于狄拉克函数的导数来说，它的重要特性在于

$$\int_{R_n} \delta^{(k)}(x-a)f(x)\,\mathrm{d}x = (-1)^k f^{(k)}(a) \qquad (11.45b)$$

在零初始条件和齐次边界条件下，方程(11.43)的形式解可以表示为

$$y(x,t) = \int_{t_0}^t \int_D G(x,\xi,t,\tau)w(\xi,\tau)\,\mathrm{d}\xi\mathrm{d}\tau \qquad (11.46)$$

其中，弦的格林函数为[11,12]

$$G(x,\xi,t) = \frac{2}{\pi c}\sum_{k=1}^{\infty}\frac{1}{k}\sin\frac{k\pi x}{l}\sin\frac{k\pi\xi}{l}\sin\frac{kc\pi t}{l} \qquad (11.47)$$

格林函数是指，当点 $\xi$ 处受到瞬态集中激励（狄拉克激励）时在点 $x$ 处产生的变形。这个函数能够比较全面地反映物理模型的特性，当与标准化函数联合使用时将会为我们提供极大的便利。有关各种数学物理方程及其对应的标准化

函数、格林函数、传递函数以及对应的解等内容可以参阅 Butkovsky 的工作[11,12]，其中文献[12]还介绍了狄拉克函数的特性。

这里我们假定弦的振动是由初始条件(11.40)引起的，为抑制其振动，这里仅考虑在左支撑位置引入位移控制，即 $y(0,t) = u_1(t)$。下面将针对式(11.44)中的各项来考察式(11.46)。

(1) $y_0(x)\delta'(t)$ 项：由狄拉克函数的导数特性可以得到

$$\int_0^t \sin\omega_k(t-\tau)\delta'(\tau)\mathrm{d}\tau = -\frac{\mathrm{d}}{\mathrm{d}\tau}\sin\omega_k(t-\tau)\Big|_{\tau=0} = \omega_k\cos\omega_k t, \quad \omega_k = \frac{k\pi c}{l}$$

因此，如果我们改变积分和求和的顺序，并考虑上面这个关系式，就可以得到[9]

$$\begin{aligned}
y(x,t) &= \frac{2}{\pi c}\int_0^l\int_0^t\sum_{k=1}^{\infty}\frac{1}{k}\sin\frac{k\pi x}{l}\sin\frac{k\pi\xi}{l}\sin\frac{kc\pi(t-\tau)}{l}\cdot y_0(\xi)\delta'(\tau)\mathrm{d}\xi\mathrm{d}\tau \\
&= \frac{2}{\pi c}\sum_{k=1}^{\infty}\frac{1}{k}\sin\frac{k\pi x}{l}\int_0^l y_0(\xi)\sin\frac{k\pi\xi}{l}\mathrm{d}\xi\cdot\int_0^t\sin\omega_k(t-\tau)\delta'(\tau)\mathrm{d}\tau \\
&= \frac{2}{\pi c}\sum_{k=1}^{\infty}\frac{1}{k}\sin\frac{k\pi x}{l}\omega_k\cos\omega_k t\int_0^l y_0(\xi)\sin\frac{k\pi\xi}{l}\mathrm{d}\xi \\
&= \frac{2}{l}\sum_{k=1}^{\infty}\sin\frac{k\pi x}{l}\cos\omega_k t\int_0^l y_0(\xi)\sin\frac{k\pi\xi}{l}\mathrm{d}\xi
\end{aligned} \tag{11.48}$$

(2) $y_1(x)\delta(t)$ 项：采用与上面类似的过程可以得到

$$\begin{aligned}
y(x,t) &= \frac{2}{\pi c}\int_0^l\int_0^t\sum_{k=1}^{\infty}\frac{1}{k}\sin\frac{k\pi x}{l}\sin\frac{k\pi\xi}{l}\sin\frac{kc\pi(t-\tau)}{l}\cdot y_1(\xi)\delta(\tau)\mathrm{d}\xi\mathrm{d}\tau \\
&= \frac{2}{\pi c}\sum_{k=1}^{\infty}\frac{1}{k}\sin\frac{k\pi x}{l}\int_0^l y_1(\xi)\sin\frac{k\pi\xi}{l}\mathrm{d}\xi\int_0^t\sin\omega_k(t-\tau)\delta(\tau)\mathrm{d}\tau \\
&= \frac{2}{\pi c}\sum_{k=1}^{\infty}\frac{1}{k}\sin\frac{k\pi x}{l}\sin\omega_k t\int_0^l y_1(\xi)\sin\frac{k\pi\xi}{l}\mathrm{d}\xi \\
&= \frac{2}{l}\sum_{k=1}^{\infty}\frac{1}{\omega_k}\sin\frac{k\pi x}{l}\sin\omega_k t\int_0^l y_1(\xi)\sin\frac{k\pi\xi}{l}\mathrm{d}\xi
\end{aligned} \tag{11.49}$$

于是，非零初始条件(11.40)导致的自由振动为

$$\begin{cases}
y(x,t) = \dfrac{2}{l}\sum_{k=1}^{\infty}\sin\dfrac{k\pi x}{l}\Big[A_k\cos\omega_k t + \dfrac{B_k}{\omega_k}\sin\omega_k t\Big] \\[2mm]
A_k = \displaystyle\int_0^l y_0(\xi)\sin\dfrac{k\pi\xi}{l}\mathrm{d}\xi \\[2mm]
B_k = \displaystyle\int_0^l y_1(\xi)\sin\dfrac{k\pi\xi}{l}\mathrm{d}\xi
\end{cases} \tag{11.50}$$

(3) $c^2\delta'(t)u_1(t)$ 项(下文中 $u_1(t)$ 的下标 1 略去)：对于这一项，我们有

$$y(x,t) = \frac{2}{\pi c}\int_0^l\int_0^t\sum_{k=1}^{\infty}\frac{1}{k}\sin\frac{k\pi x}{l}\sin\frac{k\pi\xi}{l}\sin\frac{kc\pi(t-\tau)}{l}c^2\delta'(\xi)u(\tau)\mathrm{d}\xi\mathrm{d}\tau$$

$$= \frac{2}{\pi c} \sum_{k=1}^{\infty} \frac{1}{k} \sin \frac{k\pi x}{l} \int_0^l \sin \frac{k\pi \xi}{l} \delta'(\xi) d\xi \int_0^t c^2 u(\tau) \sin\omega_k(t-\tau) d\tau$$

$$= \frac{2c}{\pi} \sum_{k=1}^{\infty} \frac{1}{k} \sin \frac{k\pi x}{l} \cdot \frac{k\pi}{l} \int_0^t u(\tau) \sin\omega_k(t-\tau) d\tau$$

$$= \frac{2c}{l} \sum_{k=1}^{\infty} \sin \frac{k\pi x}{l} \int_0^t u(\tau) \sin\omega_k(t-\tau) d\tau \tag{11.51}$$

针对非零初始条件和振动控制作用 $u(t)$，为在时刻 $t = T$ 完全抑制掉位移和速度所需的条件也就转化成如下形式：

$$\begin{cases} \frac{2}{l} \sum_{k=1}^{\infty} \sin \frac{k\pi x}{l} \left[ A_k \cos\omega_k t + \frac{B_k}{\omega_k} \sin\omega_k t \right]_{t=T} + \frac{2c}{l} \sum_{k=1}^{\infty} \sin \frac{k\pi x}{l} \int_0^T u(\tau) \sin\omega_k(t-\tau) d\tau = 0 \\ \frac{2}{l} \sum_{k=1}^{\infty} \sin \frac{k\pi x}{l} \left[ -A_k \omega_k \sin\omega_k t + B_k \cos\omega_k t \right]_{t=T} + \frac{2c}{l} \omega_k \sum_{k=1}^{\infty} \sin \frac{k\pi x}{l} \int_0^T u(\tau) \cos\omega_k(t-\tau) d\tau = 0 \end{cases}$$
$$\tag{11.52}$$

式中：第一个和第二个方程分别描述了位移和速度抑制的条件。这两个条件成立的充分必要条件是所有的系数 $\sin \frac{k\pi x}{l}(k=1,2,\cdots)$ 全部为零。于是也就得到

$$\begin{cases} A_k \cos\omega_k T + \frac{B_k}{\omega_k} \sin\omega_k T = -c \int_0^T u(\tau) \sin\omega_k(T-\tau) d\tau \\ -A_k \omega_k \sin\omega_k T + B_k \cos\omega_k T = -c \omega_k \int_0^T u(\tau) \cos\omega_k(T-\tau) d\tau \end{cases} \tag{11.53}$$

若

$$x_1 = \int_0^T u(\tau) \cos\omega_k \tau d\tau, \quad x_2 = \int_0^T u(\tau) \sin\omega_k \tau d\tau$$

那么式(11.53)可以表示为

$$\begin{cases} -x_1 \sin\omega_k T + x_2 \cos\omega_k T = \frac{1}{c} \left( A_k \cos\omega_k T + \frac{B_k}{\omega_k} \sin\omega_k T \right) \\ -x_1 \cos\omega_k T - x_2 \sin\omega_k T = \frac{1}{c} \left( A_k \sin\omega_k T + \frac{B_k}{\omega_k} \cos\omega_k T \right) \end{cases} \tag{11.54}$$

对式(11.54)关于 $x_1$ 和 $x_2$ 进行求解可以得到无穷个矩量关系式，即

$$\begin{cases} \int_0^T u(\tau) \cos\omega_k \tau d\tau = -\frac{B_k}{c\omega_k} \\ \int_0^T u(\tau) \sin\omega_k \tau d\tau = \frac{A_k}{c}, \quad k = 1, 2, \cdots \end{cases} \tag{11.55}$$

这样的话，针对非零初始条件导致的弦的振动，完全抑制所需满足的条件也就转化成上式所示的无穷个矩问题了。如果对其进行截断处理，那么将得到针对特定振动模式的抑制条件。若令 $k = 1$，则一阶振动模式抑制问题也就对应了

如下的矩问题：

$$
\begin{cases}
\displaystyle\int_0^T u(\tau)\cos\omega_1\tau\,\mathrm{d}\tau = -\frac{B_1}{c\omega_1} \\[2mm]
\displaystyle B_1 = \int_0^l y_1(\xi)\sin\frac{\pi\xi}{l}\mathrm{d}\xi \\[2mm]
\displaystyle\int_0^T u(\tau)\sin\omega_1\tau\,\mathrm{d}\tau = \frac{A_1}{c} \\[2mm]
\displaystyle A_1 = \int_0^l y_0(\xi)\sin\frac{\pi\xi}{l}\mathrm{d}\xi,\ \omega_1 = \frac{\pi c}{l}
\end{cases}
\tag{11.56}
$$

下面我们再假定系统的振动是仅由非零的初始速度导致的,这种情况的一个实例就是弦受到了一个脉冲激励作用。显然这时我们有 $A_1 = 0$。不妨设初始速度为 $y_1(\xi) = v_0\sin\dfrac{\pi\xi}{l}$,其中 $v_0$ 为弦中点的速度,于是有 $B_1 = v_0\displaystyle\int_0^l \sin^2\dfrac{\pi\xi}{l}\mathrm{d}\xi = v_0\dfrac{l}{2}$。进一步,假定时间最优振动抑制所需的总能量需要满足如下限制条件,即

$$
\int_0^T u^2(t)\,\mathrm{d}t \leqslant \tilde{l}^2
$$

引入因子 $\xi_1$ 和 $\xi_2$,并构造如下泛函：

$$
J = \int_0^T (\xi_1\cos\lambda t + \xi_2\sin\lambda t)^2\mathrm{d}t
\tag{11.57}
$$

现在我们需要确定 $\xi_1^0$ 和 $\xi_2^0$,使得上面这个泛函取最小值,且满足条件(11.20),即 $-\xi_1\dfrac{v_0 l}{2c\omega} + \xi_2\cdot 0 = 1$。由于 $\xi_1 = -\dfrac{2c\omega}{v_0 l}$,于是由泛函极值条件 $\dfrac{\mathrm{d}J}{\mathrm{d}\xi_2} = 0$ 可导得如下关系式：

$$
\xi_2 = \frac{2c\omega}{v_0 l}\cdot\frac{1-\cos\psi}{\psi-\sin\psi},\ \psi = 2\omega T,\text{而泛函(11.57)的最小值也就变为}
$$

$$
\min_{\xi_1,\xi_2} J = \frac{c^2\omega}{v_0^2 l^2}\cdot\frac{\psi^2 - 2 + 2\cos\psi}{\psi-\sin\psi}
\tag{11.58}
$$

最优时间 $T$ 则为如下方程的解[4]：

$$
\min_{\xi_1,\xi_2} J = \frac{1}{\tilde{l}^2}
\tag{11.59}
$$

在最短时间 $T$ 内能够抑制掉基本振动模式所需的振动控制作用 $u(t)$ 则为

$$
u(t) = \tilde{l}^2\frac{2c\omega}{v_0 l}\Big(-\cos\omega t + \frac{1-\cos\omega T}{2\omega T - \sin\omega T}\sin\omega t\Big)
\tag{11.60}
$$

仔细检查这一结果不难看出,最优的振动控制作用 $u(t)$ 具有共振特征。

### 11.3.3 梁的振动抑制

均匀梁的横向振动可以描述为伯努利 – 欧拉偏微分方程[9]：

$$EI\frac{\partial^4 y}{\partial x^4} + m\frac{\partial^2 y}{\partial t^2} = X(x,t) \tag{11.61}$$

式中：$y(x,t)$ 为梁的横向位移；$X(x,t)$ 为横向载荷；$E$、$I$、$m$ 分别为梁的弹性模量、截面惯性矩以及单位长度的质量。其中 $t \geqslant 0$，$0 \leqslant x \leqslant l$，且 $l$ 为梁的长度。初始条件可设为

$$\begin{cases} y(x,0) = y_0(x) \\ \dot{y}(x,0) = y_1(x) \end{cases} \tag{11.62a}$$

系统的运动方程可以改写为如下的等效形式：

$$\begin{cases} c^2\frac{\partial^4 y}{\partial x^4} + \frac{\partial^2 y}{\partial t^2} = f(x,t) \\ c^2 = \dfrac{EI}{m} \\ f(x,t) = \dfrac{X(x,t)}{m} \end{cases} \tag{11.62b}$$

另外，梁的左端 $(x=0)$ 和右端 $(x=l)$ 的边界条件可记为

$$\begin{cases} y(0,t) = u_1(t) \\ M(0)/EI = y''(0,t) = u_2(t) \\ y(l,t) = u_3(t) \\ M(l)/EI = y''(l,t) = u_4(t) \end{cases} \tag{11.63}$$

式中：函数 $u_i(t)$ $(i=1,\cdots,4)$ 可以视为振动防护所需的控制作用，正是利用它们来实现振动的抑制。这些控制作用中，$u_1(t)$ 和 $u_3(t)$ 分别为左右两个边界处的垂向位移激励，它们显然是运动形式的。函数 $u_2(t)$ 和 $u_4(t)$ 分别为左右两端的力矩激励，显然它们属于力形式。

可以将梁的振动方程进一步表示成如下的标准形式：

$$c^2\frac{\partial^4 y}{\partial x^4} + \frac{\partial^2 y}{\partial t^2} = w(x,t) \tag{11.64}$$

其中，标准化函数为[11,12]

$$w(x,t) = f(x,t) + y_0(x)\delta'(t) + y_1(x)\delta(t) + c^2\delta'''(x)u_1(t) + c^2\delta'(x)u_2(t)$$
$$+ c^2\delta'''(l-x)u_3(t) + c^2\delta'(l-x)u_4(t) \tag{11.65}$$

很容易就可以验证，上式中每一项的单位都是 $L/T^2$。正如前文中曾经指出

过的,借助标准化函数我们可以将一个带有非零初始条件、非零边界条件的振动方程转化为初始条件和边界条件均为零的等效方程。利用格林函数,式(11.64)的全解可以表示为

$$y(x,t) = \int_0^t \int_0^l G(x,\xi,t,\tau) w(\xi,\tau) \mathrm{d}\xi \mathrm{d}\tau \qquad (11.66)$$

对于简支梁,格林函数应为[9,11,12]

$$G(x,\xi,t) = \frac{2}{l} \sum_{k=1}^{\infty} \frac{1}{\omega_k} \sin\frac{k\pi x}{l} \sin\frac{k\pi\xi}{l} \sin\omega_k t$$

$$= \frac{2l}{c\pi^2} \sum_{k=1}^{\infty} \frac{1}{k^2} \sin\frac{k\pi x}{l} \sin\frac{k\pi\xi}{l} \sin\omega_k t, \omega_k = \frac{k^2\pi^2}{l^2}\sqrt{\frac{EI}{m}}, c = \sqrt{\frac{EI}{m}} \quad (11.67)$$

现假定该梁的振动是由非零初始条件 $y(x,0) = y_0(x)$,$\dot{y}(x,0) = y_1(x)$ 导致的,用于振动抑制的控制激励采用力形式,且仅在左端支撑位置施加力矩控制,函数形式为 $u_2(t) = M(0)/EI$。这种情况下,标准化函数就变为

$$w(x,t) = y_0(x)\delta'(t) + y_1(x)\delta(t) + c^2\delta'(x)u_2(t) \qquad (11.68)$$

左支撑位置的控制力矩 $u_2(t) = M(0)/EI$ 所导致的梁的横向振动位移应为

$$y_{u_2(t)}(x,t) = \frac{2}{l}\int_0^l\int_0^t \sum_{k=1}^{\infty} \frac{1}{\omega_k}\sin\frac{k\pi x}{l}\sin\frac{k\pi\xi}{l}\sin\omega_k(t-\tau)c^2\delta'(\xi)u_2(\tau)\mathrm{d}\xi\mathrm{d}\tau$$

$$= \frac{2c^2}{l}\sum_{k=1}^{\infty}\frac{1}{\omega_k}\sin\frac{k\pi x}{l}\int_0^l\sin\frac{k\pi\xi}{l}\delta'(\xi)\mathrm{d}\xi\int_0^t u_2(\tau)\sin\omega_k(t-\tau)\mathrm{d}\tau$$

$$= \frac{2c^2}{l}\sum_{k=1}^{\infty}\frac{1}{\omega_k}\sin\frac{k\pi x}{l}\cdot\frac{k\pi}{l}\int_0^t u_2(\tau)\sin\omega_k(t-\tau)\mathrm{d}\tau$$

$$= \frac{2c}{\pi}\sum_{k=1}^{\infty}\frac{1}{k}\sin\frac{k\pi x}{l}\int_0^t u_2(\tau)\sin\omega_k(t-\tau)\mathrm{d}\tau \qquad (11.69)$$

对于梁的左支撑点处的常数力矩 $M(0) = EIu_2(t) = M_0 = \mathrm{const}$ 导致的振动,利用上面这一结果,我们就可以导出支撑点处梁的转角表达式。实际上,式(11.69)中的积分为 $\int_0^t u_2(\tau)\sin\omega_k(t-\tau)\mathrm{d}\tau = \dfrac{M_0}{\omega_k EI}$,于是转角就可以表示为级数形式,即 $y'(x) = \dfrac{2c}{l}\dfrac{M_0}{EI}\sum_{k=1}^{\infty}\dfrac{1}{\omega_k}\cos\dfrac{k\pi x}{l}$。考虑到 $\omega_k = \dfrac{k^2\pi^2}{l^2}\sqrt{\dfrac{EI}{m}}$,$\sum_{k=1}^{\infty}\dfrac{1}{k^2} = \dfrac{\pi^2}{6}$,$\sum_{k=1}^{\infty}\dfrac{1}{k^2}\cos k\pi = -\dfrac{\pi^2}{12}$,我们就可以得到人们熟知的结果,即 $y'(0) = M_0l/3EI$ 和 $y'(l) = -M_0l/6EI$[14]。

现在再来考察由非零初始条件 $y_0(x)$ 和 $y_1(x)$ 导致的位移,它可以表示为

$$y(x,t) = \int_{t_0}^{t}\!\!\int_D G(x,\xi,t,\tau)w(\xi,\tau)\mathrm{d}\xi\mathrm{d}\tau = \int_{t_0}^{t}\!\!\int_D G(x,\xi,t,\tau)[y_0\delta'(\tau) + y_1(x)\delta(t)]\mathrm{d}\xi\mathrm{d}\tau$$

$$= \int_0^l\!\!\int_0^t G(x,\xi,t,\tau)y_0\delta'(\tau)\mathrm{d}\xi\mathrm{d}\tau + \int_0^l\!\!\int_0^t G(x,\xi,t,\tau)y_1\delta(\tau)\mathrm{d}\xi\mathrm{d}\tau \tag{11.70}$$

$$= y_{y_0}(x,t) + y_{y_1}(x,t)$$

式中最后两项为

$$y_{y_0}(x,t) = \frac{2l}{c\pi^2}\sum_{k=1}^{\infty}\frac{1}{k^2}\sin\frac{k\pi x}{l}\int_0^t y_0(\xi)\sin\frac{k\pi\xi}{l}\mathrm{d}\xi\int_0^t\sin\omega_k(t-\tau)\delta'(\tau)\mathrm{d}\tau$$

$$= \frac{2l}{c\pi^2}\sum_{k=1}^{\infty}\frac{1}{k^2}\sin\frac{k\pi x}{l}A_k\int_0^t\sin\omega_k(t-\tau)\delta'(\tau)\mathrm{d}\tau \tag{11.71}$$

$$= \frac{2l}{c\pi^2}\sum_{k=1}^{\infty}\frac{1}{k^2}\sin\frac{k\pi x}{l}A_k\omega_k\cos\omega_k t, A_k = \int_0^l y_0(\xi)\sin\frac{k\pi\xi}{l}\mathrm{d}\xi$$

$$y_{y_1}(x,t) = \frac{2l}{c\pi^2}\sum_{k=1}^{\infty}\frac{1}{k^2}\sin\frac{k\pi x}{l}\int_0^l y_1(\xi)\sin\frac{k\pi\xi}{l}\mathrm{d}\xi\int_0^t\sin\omega_k(t-\tau)\delta(\tau)\mathrm{d}\tau$$

$$= \frac{2l}{c\pi^2}\sum_{k=1}^{\infty}\frac{1}{k^2}\sin\frac{k\pi x}{l}B_k\int_0^t\sin\omega_k(t-\tau)\delta(\tau)\mathrm{d}\tau \tag{11.72}$$

$$= \frac{2l}{c\pi^2}\sum_{k=1}^{\infty}\frac{1}{k^2}\sin\frac{k\pi x}{l}B_k\sin\omega_k t, B_k = \int_0^l y_1(\xi)\sin\frac{k\pi\xi}{l}\mathrm{d}\xi$$

因此,前述初始条件所导致的总位移为[9]

$$y_{in.c}(x,t) = y_{y_0}(x,t) + y_{y_1}(x,t)$$

$$= \frac{2}{l}\sum_{k=1}^{\infty}\sin\frac{k\pi x}{l}\left(A_k\cos\omega_k t + \frac{B_k}{\omega_k}\sin\omega_k t\right) \tag{11.73}$$

利用式(11.69)和式(11.73),我们就可以写出 $t = T$ 时刻彻底抑制梁的振动所需满足的条件,即

$$\begin{cases} y(x,T) = y_{in.c}(x,T) + y_{u_2(t)}(x,T) = 0 \\ \dot{y}(x,T) = \dot{y}_{in.c}(x,T) + \dot{y}_{u_2(t)}(x,T) = 0 \end{cases} \tag{11.74}$$

上面这两个式子分别对应的是位移和速度这两个量的抑制条件。

式(11.74)中的第一个方程可以展开为

$$\sum_{k=1}^{\infty}\sin\frac{k\pi x}{l}\left[\frac{2c}{\pi}\frac{1}{k}\int_0^T u_2(\tau)\sin\omega_k(T-\tau) + \frac{2}{l}\left(A_k\cos\omega_k T + \frac{B_k}{\omega_k}\sin\omega_k T\right)\right] = 0 \tag{11.75}$$

而速度抑制对应的条件式可以通过求上式关于时间的导数得到。

由于函数族 $\sin(k\pi x/l)$ 在区间 $[0,\pi]$ 上是完备的,因而实现完全振动抑制的充分必要条件就是所有这些函数的系数取零值[4]。由此,我们也就可以得到

如下所示的无穷个方程：

$$
\begin{cases}
\dfrac{2c}{\pi}\dfrac{1}{k}\displaystyle\int_0^T u_2(\tau)\sin\omega_k(T-\tau)\mathrm{d}\tau + \dfrac{2}{l}\left(A_k\cos\omega_k T + \dfrac{B_k}{\omega_k}\sin\omega_k T\right) = 0 \\[3mm]
\dfrac{2c}{\pi}\dfrac{1}{k}\displaystyle\int_0^T u_2(\tau)\cos\omega_k(T-\tau)\mathrm{d}\tau + \dfrac{2}{l}\left(-A_k\sin\omega_k T + \dfrac{B_k}{\omega_k}\cos\omega_k T\right) = 0, k = 1,2,\cdots
\end{cases}
$$

$$\tag{11.76}$$

如果我们的目的是消除一阶振动模式，那么可以设定 $k=1$，为简便起见，这里不妨略去 $\omega_k$、$A_k$、$B_k$ 中的下标 $k$，此外还应注意 $u_2 = u(t)$。于是，截断处理后的矩量关系式 (11.76) 就变为

$$
\begin{cases}
\displaystyle\int_0^T u(\tau)\sin\omega(T-\tau)\mathrm{d}\tau + \dfrac{\pi}{lc}\left(A\cos\omega T + \dfrac{B}{\omega}\sin\omega T\right) = 0 \\[3mm]
\displaystyle\int_0^T u(\tau)\cos\omega(T-\tau)\mathrm{d}\tau + \dfrac{\pi}{lc}\left(-A\sin\omega T + \dfrac{B}{\omega}\cos\omega T\right) = 0
\end{cases}
\tag{11.77}
$$

若 $x_1 = \displaystyle\int_0^T u(\tau)\cos\omega\tau\mathrm{d}\tau, x_2 = \int_0^T u(\tau)\sin\omega\tau\mathrm{d}\tau$，再考虑到式 (11.4)，那么还可以将式 (11.77) 重新写为

$$
\begin{cases}
x_1\sin\omega T - x_2\cos\omega T = -\dfrac{\pi}{lc}\left(A\cos\omega T + \dfrac{B}{\omega}\sin\omega T\right) \\[3mm]
x_1\cos\omega T + x_2\sin\omega T = -\dfrac{\pi}{lc}\left(-A\sin\omega T + \dfrac{B}{\omega}\cos\omega T\right)
\end{cases}
\tag{11.78}
$$

上述方程的解也就给出了一组截断的矩量关系式，即

$$
\begin{cases}
x_1 = \displaystyle\int_0^T u(\tau)\cos\omega\tau\mathrm{d}\tau = -\dfrac{\pi}{lc}\dfrac{B}{\omega} = \alpha_1, B = \int_0^l y_1(\xi)\sin\dfrac{\pi\xi}{l}\mathrm{d}\xi \\[3mm]
x_2 = \displaystyle\int_0^T u(\tau)\sin\omega\tau\mathrm{d}\tau = \dfrac{\pi}{lc}\dfrac{A}{\omega} = \alpha_2, A = \int_0^l y_0(\xi)\sin\dfrac{\pi\xi}{l}\mathrm{d}\xi
\end{cases}
\tag{11.79}
$$

应当指出的是，前面的式 (11.77) 中的第一个和第二个方程是分别对应于位移和速度的抑制条件的，而这里的式 (11.79) 则不是如此，其中的两个子式共同给出了位移和速度两个方面的抑制条件。

进一步，我们假定用于振动抑制的能量是受限的，对于所施加的控制激励 $u(t)$，能量约束条件可表示为

$$
\int_0^T u^2(t) \leqslant \tilde{l}^2
\tag{11.80}
$$

这样一来，梁的最优振动防护问题就可以表述为：寻求一个受到能量约束 (11.80) 的控制作用 $u(t)$，使得矩量关系 (11.79) 能够在最短时间 $T$ 内成立。这一问题的解可以根据线性矩理论来求出，由于在 11.1.2 节中已经讨论过了，因此这里将略去中间步骤而直接给出最终结果，具体的过程可以参见前面的式

(11.26) ~式(11.33)。我们考虑由非零初始速度 $\dot{y}(x,0) = y_1(x)$ 导致的振动情况，而初始位移为 $y(x,0) = y_0(x) = 0$。显然此时有 $A = 0$，根据式(11.79)中的第二个子式可知 $\alpha_2 = 0$，于是泛函(11.26)将在如下点处取得最小值：

$$\begin{cases} \xi_1 = \dfrac{1}{\alpha_1} = -\dfrac{lc\omega}{\pi B} \\[2mm] \xi_2 = \dfrac{lc\omega I_2}{2\pi B I_3} \\[2mm] I_2 = \displaystyle\int_0^T \sin2\omega t\,\mathrm{d}t = \dfrac{1}{2\omega}(1 - \cos2\omega T) \\[2mm] I_3 = \displaystyle\int_0^T \sin^2\omega t\,\mathrm{d}t = \dfrac{1}{4\omega}(-\sin2\omega T + 2\omega T) \end{cases}$$

抑制振动所需的最短时间 $T$ 是如下方程的根：

$$\frac{\psi^2 - 2 + 2\cos\psi}{\psi - \sin\psi} = \frac{1}{\tilde{l}^2}\frac{4}{\omega}\left(\frac{\pi B}{lc}\right)^2 = K, \psi = 2\omega T$$

抑制振动所需的最优控制作用则为

$$\begin{cases} u(t) = h_1\cos\omega t + h_2\sin\omega t \\[2mm] h_1 = \tilde{l}^2\xi_1 = -\dfrac{B}{lc} \\[2mm] h_2 = \tilde{l}^2\xi_2 = \dfrac{B}{2lc}\dfrac{I_2}{I_3} \end{cases} \qquad (11.81)$$

若取无量纲参数为 $K = 4\pi \to \tilde{l}^2 = \dfrac{\pi B^2}{\omega l^2 c^2}$，那么这种特殊情形下式(11.81)的根就是 $\psi = 4\pi$，即振动抑制所需的最短时间为 $T = 2\pi/\omega$。对于这个最短时间，积分 $I_2 = 0$，于是 $h_2 = 0$，进而我们可以得到 $u(t) = h_1\cos\omega t = -\dfrac{B}{lc}\cos\omega t, 0 \leqslant t \leqslant T = 2\pi/\omega$。

这里有必要针对上述内容做一简要评述。前面给出的是根据相关理论去确定最优振动防护中的控制作用，目的是在最短时间内彻底抑制振动，并考察了有限维度的动力学系统。实际上，还有另外一种可行的分析途径，即针对弹性体系统的振动抑制构建合适的跟踪系统的数学模型。这一跟踪系统的要点在于：①所研究的对象模型是无限维度的；②主动振动抑制过程是根据系统状态进行的。可以看出，这一主动振动抑制问题是不包含最优准则这个概念的，而是引入了无时间区间限制的跟踪系统这一概念。

20 世纪 60 年代期间,D. R. Vaughan 对分布参数系统的振动控制进行了较为广泛而深入的研究[15,16],分析的对象包括了杆的纵向振动和细梁的横向振动等。他的研究特点在于将振动理论、控制理论以及振动防护结构理论中的大量概念从逻辑上组合了起来,其中就包括了阻抗－导纳、传递函数、输入－输出、结构方块图以及振动控制等概念。Vaughan 的研究给出了一些精确的解析结果,这些结果可以作为基础和参考。很自然地,这些经典工作进一步促进了后来对更为复杂的系统的研究[17-20],这些研究大多直接或间接地借鉴了 Vaughan 的思想及其提出的概念。

在文献[16]中,Vaughan 讨论了均匀梁的横向振动问题,该梁的运动是由伯努利－欧拉方程描述的,即 $EI\dfrac{\partial^4 y}{\partial x^4} + \rho A\dfrac{\partial^2 y}{\partial x^2} = 0$。利用拉普拉斯变换,即 $L\{y(x,t)\} = y(x,s)$,可以将上述方程转化为常微分方程 $\dfrac{\mathrm{d}Y}{\mathrm{d}x} = AY$ 的矩阵形式,其中状态矢量 $Y$ 和系统矩阵 $A$ 分别为

$$Y = \begin{bmatrix} \dot{y} \\ \dot{\theta} \\ m \\ q \end{bmatrix},\quad A = \begin{bmatrix} 0 & 1 & 0 & 0 \\ 0 & 0 & p & 0 \\ 0 & 0 & 0 & 1 \\ -p & 0 & 0 & 0 \end{bmatrix}$$

式中:$\dot{y}$ 和 $\dot{\theta}$ 分别代表的是梁的横向速度和角速度,$m$ 和 $q$ 可以以弯矩 $M$ 和剪力 $Q$ 的形式表示为 $m = \dfrac{a}{EI}M$ 和 $q = \dfrac{a}{EI}Q$,其中 $a^2 = \dfrac{EI}{\rho A}$,另外,$p = \dfrac{s}{a}$。

利用上面这种方程描述形式,我们可以推导出能够体现出边界条件效应、波的传播与反射效应的基本方程组,并将它们表示为很方便的结构方框图形式。在此基础上,可以进一步分析横向振动的主动抑制问题。图 11.4 给出了这一系统的原理图,梁的右端 $b$ 处放置了一个传感器,用于检测当前的状态参数。受控变量包括线速度 $\dot{y}_b$ 和角速度 $\dot{\theta}_b$ 这两个量。若希望截面 $b$ 处的速度为 $\dot{y}_b^*$ 和 $\dot{\theta}_b^*$,那么受控变量与期望值之间的差值就是 $\dot{y} = \dot{y}_b - \dot{y}_b^*$ 和 $\dot{\theta} = \dot{\theta}_b - \dot{\theta}_b^*$。在这个截面处还安装了一个控制装置用于抑制梁的振动水平,它作用到梁端点处的弯矩和剪力分别记为 $M$ 和 $Q$。该控制装置的输入量为一个矢量,其元素为上面的差值 $\dot{y}$ 和 $\dot{\theta}$,而输出也是一个矢量,它的元素就是作用到梁右端的 $m$ 和 $q$ 这两个参数,参见图 11.4。

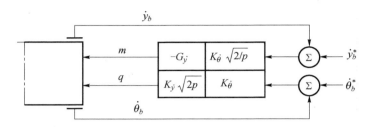

图 11.4 在梁的端部安装振动控制装置；$\dot{y}_b$ 和 $\dot{\theta}_b$ 为当前状态变量；$\dot{y}_b^*$ 和 $\dot{\theta}_b^*$ 为期望的状态变量值；$m$ 和 $q$ 为受控力矩和剪力（带有因子 $a/EI$）

控制作用 $m$ 和 $q$ 的具体形式可以表示为

$$
\begin{bmatrix} m \\ q \end{bmatrix}_b = \begin{bmatrix} -G_{\dot{y}} & G_{\dot{\theta}}\sqrt{2/p} \\ -K_{\dot{y}}\sqrt{2p} & K_{\dot{\theta}} \end{bmatrix} \cdot \begin{bmatrix} \dot{y}-\dot{y}^* \\ \dot{\theta}-\dot{\theta}^* \end{bmatrix}_b = Z_b \cdot \begin{bmatrix} \dot{y}-\dot{y}^* \\ \dot{\theta}-\dot{\theta}^* \end{bmatrix}_b
$$

式中：$G$ 和 $K$ 分别为用于确定 $m$ 和 $q$ 的权重；下标 $\dot{y}$ 和 $\dot{\theta}$ 代表反馈信号的类型；$1/\sqrt{p}$ 和 $\sqrt{p}$ 分别对应于阶跃响应 $\dfrac{2}{\pi}\sqrt{at}$ 和 $\dfrac{1}{\pi}\sqrt{\dfrac{1}{at}}$[16]。显然，带有阻抗矩阵 $Z_b$ 的控制装置能够产生校正作用 $m$ 和 $q$。

可以采用各种不同形式的控制装置来抑制梁的振动水平，这些形式将主要根据阻抗矩阵 $Z_b$ 中的非零元素来设计。一般情况下，该矩阵中的所有元素都是非零的，这也就意味着反馈过程应当全面考虑被检测的变量 $\dot{y}_b$ 和 $\dot{\theta}_b$，并同时提供弯矩 $m_b$ 和剪力 $q_b$ 以实现振动控制，这里下标 $b$ 代表当前的状态是在梁的末端 $b$ 处提取的。特定情况下，阻抗矩阵 $Z_b$ 是比较简单的，例如可以是 $Z_b = \begin{bmatrix} 0 & 0 \\ 0 & 1 \end{bmatrix}$，它意味着我们只需跟踪角速度信号 $\dot{\theta}_b$，而仅通过剪力 $q_b$ 来抑制振动。文献[16]中已经介绍和对比了不同类型阻抗矩阵 $Z_b$ 所对应的振动抑制效果。

对于这里所讨论的分布参数系统，虽然结构十分简单，然而振动防护问题的解析求解却是相当困难的，涉及多个学科领域的概念、思想和方法，其中包括连续系统的振动理论、控制理论以及结构理论等。分析中还需要大量采用拉普拉斯变换[21]和高级矩阵理论[22]。

最后附带提及的是，人们已经对 Vaughan 所给出的求解过程[16]进行了拓展，并成功求解了轴向受压梁的横向振动抑制问题[17,23]。

## 11.3.4 非线性矩问题

在振动防护系统中,如果采用移动式的控制作用,那么往往可以增强振动抑制性能。这种类型的振动控制一般对应于非线性矩问题,最早是由 Butkovsky、Darinsky 和 Pustylnikov 等人于 1974 年提出并分析的。文献[24]已经对此类问题进行了详细描述并介绍了求解方法,其中包括了各种具有不同物理本质的分布参数系统。

这里我们以一根均匀简支梁为例简要地介绍非线性矩问题的特点。该梁的长度为 $l$,初始条件为 $y(x,0) = y_0(x), \dot{y}(x,0) = y_1(x)$,且受到一个沿着梁移动的集中激励 $X(x,t)$,其位置可记为 $v(t)$,因此有 $0 \leqslant x - v(t) \leqslant l$。梁的振动方程是 $EI \dfrac{\partial^4 y}{\partial x^4} + m \dfrac{\partial^2 y}{\partial t^2} = X(x,t)$,其等效形式可写为

$$\begin{cases} c^2 \dfrac{\partial^4 y}{\partial x^4} + \dfrac{\partial^2 y}{\partial t^2} = f(x,t), c = \sqrt{\dfrac{EI}{m}}, f(x,t) = \dfrac{X(x,t)}{m} \\ f(x,t) = u(t)\delta(x - v(t)) \end{cases} \tag{11.82}$$

可以看出,集中激励是作用在动点 $x = v(t)$ 处的,显然这就使得我们不仅可以通过激励强度 $u(t)$ 还可以通过其作用点位置来控制系统的振动。特别地,还可以通过在一系列离散时间点上对梁上的某些特定点处施加控制作用来实现振动的抑制。

这里也可以选取标准化函数为

$$w(x,t) = y_0(x)\delta'(t) + y_1(x)\delta(t) + f(x,t) \tag{11.83}$$

简支梁的格林函数仍由式(11.67)给出。于是,梁的位移表达式就可以表示为一般形式,即 $y(x,t) = \displaystyle\int_0^t \int_0^l G(x,\xi,t,\tau)w(\xi,\tau)\mathrm{d}\xi\mathrm{d}\tau$。初始条件所导致的位移仍可由式(11.71)和式(3.29)给出,而移动着的控制激励 $u(t)$ 所导致的位移为

$$y_u(x,t) = \frac{2l}{c\pi^2} \sum_{k=1}^{\infty} \frac{1}{k^2} \sin\frac{k\pi x}{l} \int_0^t \int_0^l \sin\frac{k\pi\xi}{l} u(\tau)\delta(\xi - v(\tau)) \sin\omega_k(t - \tau)\mathrm{d}\xi\mathrm{d}\tau$$

$$= \frac{2l}{c\pi^2} \sum_{k=1}^{\infty} \frac{1}{k^2} \sin\frac{k\pi x}{l} \int_0^t \sin\frac{k\pi v(\tau)}{l} u(\tau) \sin\omega_k(t - \tau)\mathrm{d}\tau \tag{11.84}$$

现在我们仅考虑初始速度 $\dot{y}(x,0) = y_1(x)$ 和移动激励 $u(t)$,总的位移和速度应为

$$\begin{cases} y(x,t) = y_{y_1}(x,t) + y_u(x,t) \\ \quad = \dfrac{2l}{c\pi^2} \sum_{k=1}^{\infty} \dfrac{1}{k^2} \sin\dfrac{k\pi x}{l} \Big[ B_k\sin\omega_k t + \int_0^t \sin\dfrac{k\pi\upsilon(\tau)}{l} u(\tau)\sin\omega_k(t-\tau)\mathrm{d}\tau \Big] \\ \dot{y}(x,t) = \dot{y}_{y_1}(x,t) + \dot{y}_u(x,t) \\ \quad = \dfrac{2l}{c\pi^2}\omega_k \sum_{k=1}^{\infty} \dfrac{1}{k^2} \sin\dfrac{k\pi x}{l} \Big[ B_k\cos\omega_k t + \int_0^t \sin\dfrac{k\pi\upsilon(\tau)}{l} u(\tau)\cos\omega_k(t-\tau)\mathrm{d}\tau \Big] \end{cases}$$

若要在 $t = T$ 时刻实现振动抑制,所需满足的条件则为

$$\begin{cases} B_k\sin\omega_k T + \int_0^T \sin\dfrac{k\pi\upsilon(\tau)}{l} u(\tau)\sin\omega_k(T-\tau)\mathrm{d}\tau = 0 \\ B_k\cos\omega_k T + \int_0^T \sin\dfrac{k\pi\upsilon(\tau)}{l} u(\tau)\cos\omega_k(T-\tau)\mathrm{d}\tau = 0, k = 1,2,\cdots \end{cases}$$

$$(11.85)$$

若

$$x_1 = \int_0^T u(\tau)\sin\dfrac{k\pi\upsilon(\tau)}{l}\cos\omega_k\tau\mathrm{d}\tau , x_2 = \int_0^T u(\tau)\sin\dfrac{k\pi\upsilon(\tau)}{l}\sin\omega_k\tau\mathrm{d}\tau$$

并考虑式(11.4)给出的三角关系式,然后针对 $x_1$ 和 $x_2$ 来求解,那么关系式(11.85)可以化为一个无限维的矩量关系:

$$\begin{cases} \int_0^T u(\tau)\sin\dfrac{k\pi\upsilon(\tau)}{l}\cos\omega_k\tau\mathrm{d}\tau = -B_k \\ \int_0^T u(\tau)\sin\dfrac{k\pi\upsilon(\tau)}{l}\sin\omega_k\tau\mathrm{d}\tau = 0 \end{cases}$$

$$(11.86)$$

对于给定的 $k$ 值,式(11.86)代表了一个抑制条件,它对应于由初始速度 $\dot{y}(x,0)$ 导致的振动中的第 $k$ 阶模式。

如果我们还考虑了标准化函数(11.83)中的第一项,即初始位移 $y(x,0) = y_0(x)$,那么矩量关系式将为如下形式:

$$\begin{cases} \int_0^T u(\tau)\sin\dfrac{k\pi\upsilon(\tau)}{l}\cos\omega_k\tau\mathrm{d}\tau = -B_k \\ \int_0^T u(\tau)\sin\dfrac{k\pi\upsilon(\tau)}{l}\sin\omega_k\tau\mathrm{d}\tau = A_k\omega_k \end{cases}$$

$$(11.87)$$

式(11.86)和式(11.87)中的积分号内带有因子 $\sin\dfrac{k\pi\upsilon(\tau)}{l}$,这就意味着在时刻 $t = T$ 实现振动抑制的条件将转化为一个非线性的无限维矩量问题。由于这里需要处理两个控制量,即强度 $u(\tau)$ 和位置 $\upsilon(\tau)$,因而问题要变得更为复杂一些。当位置 $\upsilon(\tau)$ 已知时,那么 $u^*(\tau) = u(\tau)\sin\dfrac{k\pi\upsilon(\tau)}{l}$ 这一项就可以视为一

个未知控制量了,换言之,也就对应了一个线性矩问题了[4]。

目前,能够用于求解非线性矩问题的较为可靠的方法就是数值方法,Butkovsky 和 Pustylnikov[24] 以及 Kubyshkin[25] 等人已经详细考察了这一问题,这些工作中包含了非线性矩问题解的存在条件、可解性条件以及相关的算法过程等内容。

## 11.4　改进的矩量法过程

前面几节中我们主要分析了如何确定最优振动防护中的控制作用 $u(t)$,涉及两种类型的约束,即振动抑制所需能量的限制和作动器功率限制。这两种约束都是 $L^p$ 空间[4,5]中的特殊函数类型,实际上它们也就是 Krein 矩理论[1,3] 所研究的对象。$L^p$ 空间的维度 $p$ 和最优准则将决定最优振动控制器的结构和参数,而计算控制作用 $u(t)$ 则是与非平凡解的分析相关的。从本质上说,这一问题的目标就是针对系统的轨迹给出高精度的稳定的调节过程。

虽然在力学系统的振动抑制问题的分析中,我们可以不指定最小化目标函数的特定类型,也可以不考虑所施加的约束条件的具体形式,然而随之就会产生另一个问题,即利用特定类型的振动控制器如何在给定时间 $T$ 内抑制或消除振动,特别是在振动控制作用 $u(t)$ 与作动器特性紧密关联的场合更是如此。显然,这种情况下控制作用 $u(t)$ 的技术实现将会变得更为自然,也更为有效,同时它的分类也将更为详细而具体。

下面我们给出一个实例来详细说明上述分析途径,该实例是一个线性振子的自由振动抑制问题。这个线性振子系统的运动方程为

$$\ddot{x} + \lambda^2 x = u(t) \tag{11.88}$$

初始条件可以设为 $x(0) = x_0, \dot{x}(0) = x_1$。我们的目的是针对给定结构寻找合适的控制作用 $u(t)$,使得系统(11.88)能够在给定时间 $T$ 内从初始状态转变到期望的最终状态:$x(T) = x_0^T, \dot{x}(T) = x_1^T$。此处,$u(t)$ 的类型应由作动器的特性决定。

现假定振动抑制是通过共振型的简谐控制作用来实现的,即

$$u(t) = k_1 \cos\lambda t + k_2 \sin\lambda t \tag{11.89}$$

式中:$k_1$ 和 $k_2$ 为待定系数。

在前面的 11.2.1 节中,所阐述的 Krein 矩方法可以让我们得到式(11.31)和式(11.89)这种类型的最优控制作用,此外,该过程也给出了确定系数 $k_1$ 和 $k_2$ 的一种方法。于是,对于这里的问题来说,其描述要更为简单了,原因在于它主要关注的是利用给定形式的振动控制作用将系统从初始状态转变到最终状态(在给定时间内)所需的条件。

式(11.88)的通解形式为

$$x(t) = A_1\cos\lambda t + A_2\sin t + \frac{t}{2\lambda}(k_1\sin\lambda t - k_2\cos\lambda t) \tag{11.90}$$

对式(11.90)求导后即可得到速度的表达式。未知参数 $A_i$ 可由初始条件来确定,由此可得位移解为

$$x(t) = x_0\cos\lambda t + \frac{1}{\lambda}\left(\dot{x}_0 + \frac{k_2}{2\lambda}\right)\sin\lambda t + \frac{t}{2\lambda}(k_1\sin\lambda t - k_2\cos\lambda t) \tag{11.91}$$

为了确定出 $k_1$ 和 $k_2$,位移 $x(t)$ 和速度 $\dot{x}(t)$ 的表达式应当满足时刻 $t = T$ 的状态要求。若令 $c = \cos\lambda T, s = \sin\lambda T$,那么能够达到最终状态所需满足的条件就可以表示为

$$\begin{cases} x_0 c + \dfrac{\dot{x}_0 s}{\lambda} + \dfrac{s}{2\lambda^2}k_2 + \dfrac{Ts}{2\lambda}k_1 - \dfrac{Tc}{2\lambda}k_2 = x_0^T \\[2mm] x_0\lambda s + \dot{x}_0 c + \dfrac{s}{2\lambda}k_1 + \dfrac{Tc}{2}k_1 + \dfrac{Ts}{2}k_2 = x_1^T \end{cases}$$

这样我们就得到了一个关于未知参数 $k_1$ 和 $k_2$ 的线性代数方程,它的解为:

$$\begin{cases} k_1 = \dfrac{D_1}{D} \\[2mm] k_2 = \dfrac{D_2}{D} \\[2mm] D = \dfrac{T^2}{4\lambda} + \dfrac{Tcs}{4\lambda^2} \\[2mm] D_1 = (x_0^T - x_0 c)\dfrac{Ts}{2} + (x_1^T + x_0\lambda c)\dfrac{Tc}{2\lambda} - \dfrac{\dot{x}_0 T}{2} \\[2mm] D_2 = (x_1^T - \dot{x}_0 c)\dfrac{Ts}{2\lambda} - (x_0^T - x_0 c)\dfrac{s}{2\lambda} + \dfrac{\dot{x}_0 s^2}{2\lambda^2} - \left(x_0^T - \dfrac{\dot{x}_0 s}{\lambda}\right)\dfrac{Tc}{2\lambda} + \dfrac{Tx_0}{2} \end{cases} \tag{11.92}$$

当然,如果将式(11.89)代入到合适的矩量关系中,我们也可以得到相同的结果。

在式(11.89)和式(11.92)所给出的振动控制作用下,系统(11.88)将在任意时间 $T$ 内从初始状态 $(x_0, x_1)$ 转变到最终状态 $(x_0^T, x_1^T)$。如果假定 $T = \dfrac{2\pi}{\lambda}n$ ($n = 1, 2, \cdots$),那么我们可以得到

$$k_1 = (x_1^T - \dot{x}_0)\frac{\lambda}{n\pi}, k_2 = (x_0 - x_0^T)\frac{\lambda^2}{n\pi} \tag{11.93}$$

图11.5(a),(b)分别给出了由初始位移 $x_0$(情况 a)和初始速度 $\dot{x}_0$(情况 b)所导致的质量 $m$ 的运动情况,同时还给出了振动控制作用(11.89),其中的实线代表了位移曲线。在这两种情况中,都假定了最终状态为零状

态,即 $x_0^T = x_1^T = 0$。可以看出,在时刻 $T = 2\pi/\lambda, 4\pi/\lambda$,系统的振动得到了完全的抑制。

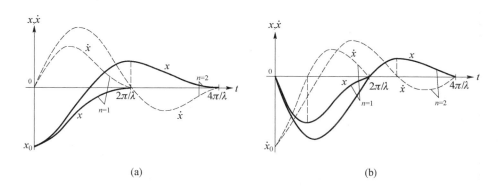

图 11.5　自由振动的主动抑制——不同参数 $n$ 下的位移(实线)和速度(虚线):
(a) $x_0 \neq 0, x_1 = 0$;(b) $x_0 = 0, x_1 \neq 0$

带有参数 $k_1$ 和 $k_2$ 的式(11.89)具有一个重要性质,即 $u(0) = u(T)$。它表明了经过一次振动防护过程之后作动器已经为下一循环中的振动防护过程做好了准备,而无须再做额外的调整。

我们再来考察受迫简谐振动的主动抑制,这里不考虑阻尼效应。不妨设振子受到了简谐激励力 $H\sin\omega t$ 的作用,且振动控制作用取如下形式:

$$u(t) = k_1\cos\nu t + k_2\sin\nu t \tag{11.94}$$

那么,振动方程就可以表示为

$$\ddot{x} + \lambda^2 x = H\sin\omega t + k_1\cos\nu t + k_2\sin\nu t \tag{11.95}$$

这里假定系统不会发生共振,即 $\omega \neq \lambda, \nu \neq \lambda$,同时我们也只考虑稳态振动情况。此时,上面这个方程的解可以写为

$$x(t) = \frac{H}{\lambda^2 - \omega^2}\sin\omega t + \frac{k_1}{\lambda^2 - \nu^2}\cos\nu t + \frac{k_2}{\lambda^2 - \nu^2}\sin\nu t \tag{11.96}$$

若期望在时刻 $t = T$ 处系统的振动水平降低至 $x(T) = x_0^T, \dot{x}(T) = x_1^T$,那么我们就可以导得待定参数 $k_1$ 和 $k_2$ 为

$$\begin{cases} k_1 = \dfrac{\lambda^2 - \nu^2}{\lambda^2 - \omega^2}\left[ x_0^T(\lambda^2 - \omega^2)\cos\nu T - H\sin\omega T\cos\nu T - x_1^T\dfrac{\lambda^2 - \omega^2}{\nu}\sin\nu T + H\dfrac{\omega}{\nu}\sin\nu T\cos\omega T \right] \\ k_2 = \dfrac{\lambda^2 - \nu^2}{\lambda^2 - \omega^2}\left[ x_1^T\dfrac{\lambda^2 - \omega^2}{\nu}\cos\nu T - H\dfrac{\omega}{\nu}\cos\nu T\cos\omega T + x_0^T(\lambda^2 - \omega^2)\sin\nu T - H\sin\nu T\sin\omega T \right] \end{cases}$$

$$\tag{11.97}$$

这个控制作用 $u(t)$ 可以在时间 $T$ 内使得该动力学系统达到预期的最终状态,应当指出的是这里没有考虑共振激励和(或)共振的抑制。

进一步,我们考虑激励频率与控制作用的频率相等的情况,即 $\omega = \nu$ 的情况。这种情况下,根据式(11.97)我们有

$$
\begin{cases}
k_1 = \dfrac{\lambda^2 - \nu^2}{\nu}(x_0^T \nu \cos\nu T - x_1^T \sin\nu T) \\[2mm]
k_2 = x_1^T \dfrac{\lambda^2 - \omega^2}{\nu}\cos\nu T + x_0^T(\lambda^2 - \omega^2)\sin\nu T - H
\end{cases}
\tag{11.98}
$$

如果希望彻底抑制掉振动,也即预期的最终状态为 $x_0^T = x_1^T = 0$,那么就可得到 $k_1 = 0, k_2 = -H$,因此主动振动防护所需提供的控制作用函数就是 $u(t) = -H\sin\omega t$。这种控制作用显然可以在任意时刻彻底抵消掉外部的激励 $H\sin\omega t$。不难看出,这里的实例可以用于测试上述的方法。

在文献[26,27]中,上述方法已经应用到更为广泛的集中参数和分布参数力学系统的分析,这些文献中考虑了振动防护控制作用的更多不同类型(特别是继电型、脉冲型等),并确定了受范数约束的 $u(t)$(经典的矩量方法)及其对应的结构。

这种方法的优点在于,我们在选择振动防护控制 $u(t)$ 的时候,只需通过考察初始和最终状态(不一定为零)以及所需的时间即可确定出该函数中的待定参数。

前面所阐述的内容可以让我们更好地去分析更多的相关工程应用问题,如同之前那样,第一步应选择所需的振动防护控制 $u(t)$ 的合理形式,该函数中的相关参数将根据最终状态的可达性条件来确定,而对应的时间 $T$ 并不确定。第二步需要引入一个最优准则 $J$,利用其图形确定出与所需满足的准则值 $J_0$ 所对应的最短时间(即正问题 $\min T \to J_0$),或者确定出与最小准则值相对应的振动抑制时间(即反问题 $T \to \min J$)。

## 11.5　板的最优振动抑制所对应的数学规划问题

除了矩量问题中所出现的一些典型的约束条件以外,在振动防护系统设计过程中还可以增加一些额外的约束,其中最自然的就是对系统状态的约束,例如系统中的所有点或者某些固定点处的位移和(或)速度不应超过允许值,再如另一个在11.4节中曾经讨论过的重要约束,即 $u(0) = u(T) = 0$。很多情况下,一个振动防护系统的动力学模型是非线性的,当增加了这些约束条件之后,振动防护控制将变成一个非线性优化问题,经典的矩量方法是不适用的,能够求解此类问题的唯一途径是数学规划法。

这里我们给出一个分析实例,主要涉及一个作大位移振动的板。该板的运动状态可由如下非线性偏微分方程组来描述:

$$
\begin{cases}
\dfrac{D}{h}\nabla^4 w - L(w,\phi) + \dfrac{\gamma}{g}\dfrac{\partial^2 w}{\partial t^2} = \dfrac{q}{h} \\[2mm]
\dfrac{1}{E}\nabla^4\phi + \dfrac{1}{2}L(w,w) = 0
\end{cases}
\tag{11.99}
$$

式中:$w$ 和 $\phi$ 分别为板的法向位移和 Airy 应力函数(1861);线性算子 $\nabla^4$ 的定义为 $\nabla^4 = \dfrac{\partial^4}{\partial x^4} + 2\dfrac{\partial^4}{\partial x^2\partial y^2} + \dfrac{\partial^4}{\partial y^4}$;非线性算子为

$$
\begin{cases}
L(w,w) = 2(w_{xx}w_{yy} - w_{xy}^2) \\[2mm]
L(w,\phi) = w_{xx}\phi_{yy} + w_{yy}\phi_{xx} - 2w_{xy}\phi_{xy}
\end{cases}
\tag{11.100}
$$

板受到的载荷为

$$
q = P(x,y,t) + u(t)\delta(x-\xi,y-\eta)
\tag{11.101}
$$

式中:$P(x,y,t)$ 为扰动载荷;$u(t)$ 为集中式的振动防护控制作用,施加在坐标为 $(\xi,\eta)$ 的点处;$\delta$ 为狄拉克函数。

应当注意的是,完整的模型描述还必须将初始条件和边界条件包括进来。

这里我们希望确定一个受到 $L^p$ 空间中范数限制的振动防护控制函数 $u(t)$,使得板上各点的位移和速度能够在最短时间 $T$ 内达到给定的水平,即

$$
\begin{cases}
w(x,y,T) = w_f(x,y) \\[2mm]
\dot{w}(x,y,T) = \dot{w}_f(x,y)
\end{cases}
\tag{11.102}
$$

$p=2$ 的约束对应于振动抑制所消耗的能量是有限的,而 $p=\infty$ 则意味着作动器的功率是有限的。此外,这里还必须考虑到附加的位移约束,即,板上各点处的位移应满足 $|w(x,y,t)| \leqslant [w], t \in [0,T]$。

为了以数学规划法的形式来构建这一最优主动抑制问题,可以借助时间域和空间域上的有限差分近似,也即

$$
\begin{cases}
\Delta x = \Delta y = \lambda \\
\Delta t = \tau \\
a = \lambda(n'+1) \\
b = \lambda(m'+1) \\
N = T/\tau
\end{cases}
\tag{11.103}
$$

针对由边界所围成的网格区域,在每个内部节点处都应记录板的状态方程信息,进而根据最小化泛函和振动抑制过程中第 $j(j=0,\cdots,N)$ 个时间步上的振

393

动控制作用 $u_k^{(j)}$，构造出目标函数 $T$（即最短时间）。最后，我们就可以得到一个数学规划问题，即在一组非线性代数方程（状态方程）及其相应约束条件下，确定泛函 $T = T(l^p, u_k^i)$ 的最小值。应当注意的是，即便问题是非线性的，此处仍然可以考虑范数约束 $l^p$。

这里我们没有给出状态方程、约束条件式以及泛函表达式，原因在于，最一般的情形下变量、等式或不等式形式的约束的数量是取决于时间域划分后的总份数 $N$ 以及板的边 $a$ 和边 $b$ 的分段数 $n'$ 和 $m'$ 的[28]。例如，变量 $u_k^{(j)}$ 的数量应为 $m'n'(N+1)$。

这里讨论一个实例，考虑一块简支的矩形均匀钢板，如图 11.6 所示，相关参数分别为 $a = 1.2\mathrm{m}, b = 0.8\mathrm{m}, h = 0.01\mathrm{m}, \gamma h/g = 78.5\mathrm{kgm}^{-2}$。板材料的弹性模量和泊松比分别为 $E = 2.06 \times 10^{11}, v = 0.3$。在板的中心处（点 8）受到了一个横向载荷 $P(t) = P_0\cos\theta t$ 的作用，其中 $P_0 = 1000\mathrm{N}, \theta = 175/\mathrm{s}$。为抑制板的振动，在同一点处施加了一个控制作用 $u(t)$，且用于振动抑制的能量源受到的限制为 $l = 149.9\mathrm{N} \cdot \mathrm{s}^{1/2}, p = 2$。在最终时刻 $t = T$，我们希望点 8 处的位移和速度能够达到给定值 $w_{f8}(T) = 0.25 \times 10^{-4}\mathrm{m}, \dot{w}_{f8}(T) = 0.15\mathrm{m/s}$。另外，在整个时间范围 $[0, T]$ 内，点 8 处的位移不应超过容许值 $[w] = 1.92 \times 10^{-3}\mathrm{m}$。

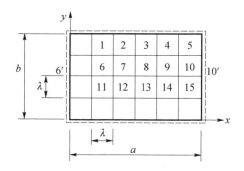

图 11.6　简支的矩形均匀板的网格区域

可以将这块板划分成近似的网格形式，步长选为 $\lambda = 0.2\mathrm{m}$，因此有 $n' = 5$，$m' = 3, M = 15$，如图 11.6 所示，其中没有给出轮廓点的编号。另外，将振动抑制所需的时间区间 $[0, T]$ 划分成了 $N = T/\tau = 10$ 段。由于所施加的振动控制作用仅仅针对板的中心点，因而这里的问题只包含了 10 个待定点（$u_8^{(j)}$）。此外，该问题还将包含 150 个等式形式的约束和 4 个不等式形式的约束。这里采用了文献[29]中给出的方法进行数值计算，在每一个时间步 $j(j = 0, \cdots, 10)$ 上依次求解状态方程，其中第 $j$ 步的求解结果将作为第 $j+1$ 步的初始状态。

图 11.7(对应于 $T_{min} = 0.025\text{s}$)给出了扰动力 $P(\tau^*)$、振动防护控制作用 $u$ $(\tau^*)$、中点处的位移 $w_8^0(\tau^*)$(参考基准为 $P_0$ 作用下所产生的变形量)等随时间 $\tau^* = t/T$ 的变化曲线,同时图中还表示出了最大容许值[$w$]和 $-$[$w$]所对应的水平线。

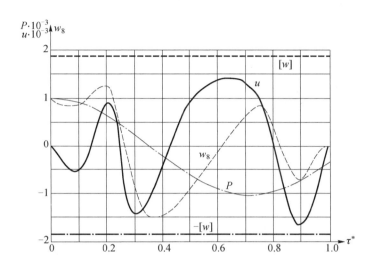

图 11.7  扰动力 $P$、振动防护控制作用 $u$、中点处的位移 $w_8$ 等随无量纲
时间 $\tau^*$ 的变化曲线,以及最大容许值[$w$]和 $-$[$w$]对应的水平线

在图 11.8 中给出了振动抑制过程中各个时刻点($j = 0, \cdots, 10$)处,板上直线 $6' \sim 10'$ 所对应的位移 $w^0(\tau^*)$,其中没有表示出 $j = 3$ 和 $j = 7$ 时刻的曲线。从图 11.7 和图 11.8 可以看出,所得到的振动控制作用 $u(t)$ 确实抑制了板上指定点处的振动,点 8 处的位移和速度在最终时刻 $T$ 没有超过给定的水平(即 $w_{f8}(T)$ 和 $\dot{w}_{f8}(T)$),而约束 $|w(x,y,t)| \leqslant [w]$ 在此例中是不起作用的。此外,还可以看出最后得到的这个 $u(t)$ 是满足 $u(0) = u(T)$ 的。

采用数学规划法的好处在于,它可以将原来的连续问题转化为离散问题,从而得到一组代数方程。借助这一过程我们可以考察具有不同特征的系统,如任意形状的板、非均匀板、非经典边界条件以及局部加强的结构等。这种处理方法除了可以考察各种类型的约束以外,还可以考察各种最优化目标,甚至还可以用于构造多目标优化问题,当然,这涉及合理选择每个目标的权重系数问题。最后应当指出的是,上述分析所得到的结果也给出了被动振动防护系统所能达到的理论上的振动抑制水平。

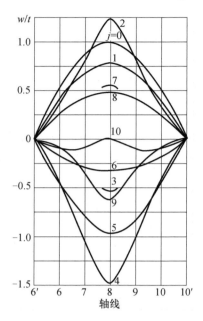

图 11.8　板上中线 $6' - 10'$ 在不同时刻($J = 0 - 10$)的
弹性位移($j = 3$ 和 $j = 7$ 时刻的曲线未示出)

## 供思考的一些问题

11.1　试述矩量问题和线性矩问题之间的差异。

11.2　试述线性矩问题及其数学求解过程。

11.3　试述振动抑制条件(11.3)与矩量关系(11.8)之间的差异。

11.4　试述线性矩问题的优缺点。

11.5　设有一个动力学系统由方程 $\ddot{q} + \lambda^2 q = u(t)$ 描述,初始条件为 $q(0) = q_0, \dot{q}(0) = 0$。如果假定控制作用 $u(t)$ 受到的限制为 $\int_0^T u^2(t) \mathrm{d}t \leqslant l^2$,

(a)试推导彻底抑制振动的最短时间 $T$ 所对应的方程。

(b)试推导关于最优控制作用 $u(t)$ 的方程。

参考答案:(a) $\dfrac{4\lambda^3 q_0^2}{l^2} = \dfrac{2\cos^2\psi - 2\cos\psi + \psi^2}{\psi + \sin\psi}, \psi = 2\lambda T$

11.6　设有一根简支梁,其自由振动方程可以表示为 $EI\dfrac{\partial^4 y}{\partial x^4} + m\dfrac{\partial^2 y}{\partial t^2} = 0$,初始条件为 $y(x,0) = y_0(x), \dot{y}(x,0) = y_1(x)$。现假定在左端支撑位置处施加了一个振动防护力矩 $u(t)$,它应满足约束条件 $\int_0^T u^2(t) \mathrm{d}t \leqslant l^2$。如果需要在时间 $T$ 内

彻底消除一阶振动模式,试利用 11.3.2 节所述的过程计算 $u(t)$。

参考答案:

$$u(t) = h_1\cos\omega t + h_2\cos\omega t, 0 \leqslant t \leqslant T,$$

$$h_1 = \frac{4\omega}{D}\left[\alpha_1(2\omega T - \sin 2\omega T) - \alpha_2(1 - \cos 2\omega T)\right],$$

$$h_2 = \frac{4\omega}{D}\left[\alpha_1(\cos 2\omega T - 1) + \alpha_2(2\omega T + \sin 2\omega T)\right],$$

$$D = (2\omega T)^2 - 2 + 2\cos 2\omega T, \alpha_1 = -\frac{\pi}{lc}\frac{B}{\omega},$$

$$B = \int_0^l y_1(\xi)\sin\frac{\pi\xi}{l}\mathrm{d}\xi, \alpha_2 = \frac{\pi}{lc}\frac{A}{\omega}, A = \int_0^l y_0(\xi)\sin\frac{\pi\xi}{l}\mathrm{d}\xi$$

11.7　一根长度为 $l$ 的均匀简支梁在初始位移 $y(x,0) = y_0(x)$ 影响下产生了振动,并设初始速度为 $\dot{y}(x,0) = y_1(x) = 0$。现在在梁的左端支撑位置处施加了一个控制力矩 $u(t)$,试确定这个力矩,使得该梁的主模态能够在最短时间内被抑制掉,且同时满足能量约束要求,即 $\int_0^T u^2(t)\mathrm{d}t \leqslant l^2, 0 \leqslant t \leqslant T$。

11.8　一根长度为 $l$ 的均匀简支梁,弯曲刚度为 $EI$,单位长度的质量为 $m$,受到了一个简谐的横向扰动载荷 $P(t) = P_0\sin\theta t$ 作用,作用点位于 $x = a$ 处。初始条件设为 $y(x,0) = \dot{y}(x,0) = 0$。为抑制振动,在左端支撑点 $x = 0$ 处施加了振动防护力矩 $u(t) = M(0)/EI$,试推导出矩量关系。

提示:边界条件为 $y(0,t) = 0, M(0)/EI = y''(0,t) = u(t), y(l,t) = y''(l,t) = 0$。由力 $P(t)$ 导致的位移为

$$y_{P(t)}(x,t) = \frac{2P_0}{EIl}\sum_{k=1}^{\infty}\frac{1}{\alpha_k^4(1 - \eta_k^2)}\sin\frac{k\pi a}{l}\sin\frac{k\pi x}{l}\sin\theta t, \alpha_k = \frac{k\pi}{l},$$

$$\eta_k = \frac{\theta}{\omega_k}, \omega_k = \frac{k^2\pi^2}{l^2}\sqrt{\frac{EI}{m}}$$

11.9　考虑文中的式(11.93)~式(11.98),在指定的假设下,由外部简谐激励导致的振动可以通过振动控制作用彻底地消除,那么是否可以将这一问题视为一种参数式振动防护? 是否可以利用双通道这一概念来进行分析? 试解释。

## 参考文献

1. Akhiezer, N. I. (1961). Classical problem of moments. Moscow, Russia: Fizmatgiz.

2. Krasovsky, N. N. (1968). Theory of control motion. Linear systems. Moscow, Russia: Nauka.

3. Krein, M. G. , & Nydelman, A. A. (1973). Markov problem moments and the extremal problems. Moscow, Russia: Nauka.

4. Butkovsky, A. G. (1969). Distributed control systems. New York: Elsevier.

5. Feldbaum, A. A., & Butkovsky, A. G. (1971). Methods of the theory of automatic control. Moscow, Russia: Nauka.

6. Athans, M., & Falb, P. L. (1966). Optimal control: An introduction to the theory and itsapplications. New York: McGraw-Hill. (Reprinted by Dover in 2006)

7. Butkovskiy, A. G. (1966). The method of moments in the theory of optimal control of system with distributed parameters. Optimal and self-optimizing control. Cambridge, MA: The MITPress.

8. Gritsjuk, V. E., & Karnovsky, I. A. (1977). Optimal control of vibration in plates. Izvestiya Vuzov. Aviation technics, 2.

9. Nowacki, W. (1963). Dynamics of elastic systems. New York: Wiley.

10. Timoshenko, S., Young, D. H., & Weaver, W., Jr. (1974). Vibration problems in engineering (4th ed.). New York: Wiley.

11. Butkovsky, A. G. (1983). Structural theory of distributed systems. New York: Wiley.

12. Butkovskiy, A. G., & Pustyl'nikov, L. M. (1993). Characteristics of distributed-parametersystems: Handbook of equations of mathematical physics and distributed-parameter systems. New York: Springer.

13. Korn, G. A., & Korn, T. M. (1968). Mathematical handbook (2nd ed.). New York: McGraw-Hill Book. Dover Publication, 2000.

14. Karnovsky, I. A., & Lebed, O. (2010). Advanced methods of structural analysis. New York: Springer.

15. Vaughan, D. R. (1965). Application of distributed system concepts to dynamic analysis and control of bending vibrations. Douglas Report SM-48759, National Aeronautics and Space Administration.

16. Vaughan, D. R. (1968). Application of distributed parameter concepts to dynamic analysis and control of bending vibrations. Transaction of the ASME, Journal of Basic Engineering, 90, 157 – 166.

17. Iskra, V. S., & Karnovsky, I. A. (1975). Control of bending vibration of the compressed rod. Strength of materials and theory of structures (Vol. 27). Kiev, Ukraine: Budivel'nik.

18. Chen, L. Q. (2005). Analysis and control of transverse vibrations of axially moving strings. Applied Mechanics Reviews, 58, 91 – 116.

19. Eppinger, S. D. (1988). Modeling robot dynamic performance for endpoint force control. MIT Artificial Intelligence Laboratory.

20. Tanaka, N., & Iwamoto, H. (2007). Active boundary control of an Euler-Bernoulli beam for generating vibration—free state. Journal of Sound and Vibration, 304, 3 – 5.

21. Doetsch, G. (1974). Introduction to the theory and application of the Laplace transformation. Berlin, Germany: Springer.

22. Gantmacher, F. R. (1959). Theory of matrices. New York: AMS Chelsea Publishing. (Reprinted by American Mathematical Society, 2000)

23. Dyrda, V. I., Karnovsky, I. A., & Iskra, V. S. (1974). Control of bending vibration of the central-compressed rod. AN USSR. Institute of geo-technical mechanics, Dnipropetrovsk. VINITI, #3053 – 74.

24. Butkovskiy, A. G., & Pustyl'nikov, L. M. (1987). Mobile control of distributed parameters systems. New York: Halsted Press.

25. Kubyshkin, V. A. (2002). Methods analysis of control continuous systems with moving source of excitations. Thesis Doctor Science thesis, Moscow.

26. Karnovsky, I. A., & Steklov, L. D. (1980). Semi-inverse method for problems of optimal active control mo-

tion. Problems of Mechanical Engineering( Vol. 12). Naukova Dumka.

27. Karnovsky, I. A. , & Steklov, L. D. (1981). Semi-inverse method of elimination of the critical states of deformable systems. Problems of Mechanical Engineering( Vol. 15). NaukovaDumka.

28. Karnovsky, I. A. , Landa, M. Sh. , & Pochtman, Yu. M. (1981). Optimal control of vibrations of shallow shells and plates as a mathematical programming problem. Izv. AN USSR, Mekhanika Tverdogo Tela, 16(1).

29. Richtmyer, R. D. , & Morton, K. W. (1967). Difference methods for initial-value problems. New York: Wiley.

# 第 12 章  振动防护系统的结构化理论

动力学系统的现代自动控制理论中包含了一种极为有用的工具,这就是任意动力学系统的结构化描述。这种描述方法能让我们把注意力从各类过程(如热过程、振动过程和扩散过程等)的不同性质以及各类元件(如机械元件、气动元件等)的不同性质上转移到这些物理过程的本质特征上来[1]。在力学系统的结构化描述中,我们可以考察动力学过程的各个方面,如可控性、不变性以及稳定性等[1-3]。振动防护理论已经成为结构化理论中的一个非常有吸引力的应用领域,这包括了多个方面的原因。首先,控制理论中的很多基本概念和思想都与振动防护理论中的内容是一致的,其中包括输入输出概念、传递函数概念等;其次,振动防护系统一般都是由明显的模块组成的,它们可以很容易地表示成符号形式的功能框图。Kolovsky[4,5]、Eliseev[6]以及 Bozhko[7]等人已经借助结构化理论成功地分析了多个振动防护问题,Butkovsky[8]还采用这一理论系统地考察了分布参数型系统。将结构化描述方法与振动防护装置结合起来,已经成为描述集中参数型和分布参数型复杂动力学系统的一种常见做法。借助这一理论方法,我们可以很方便地在振动防护系统中做某些改变,并确定出系统任意坐标之间的关系,而系统的微分方程仍然保持固定不变的输入输出。此外还应指出的是,现有的 Simulink(MATLAB)软件包已经为我们提供了非常丰富的功能模块,借助它们可以实现任意结构化模型的构建。

## 12.1  动力学系统的算子特性

这里我们讨论任意一个常参数的线性动力学系统,它在频域中的行为可以通过算子特性函数来描述。为此,我们需要引入一个复数频率 $p = j\omega$($j = \sqrt{-1}$)。所谓的特性函数是以算子形式来表达系统的响应和系统所受激励之间的关系的。若假定该动力学系统受到了简谐型激励 $F(t) = F_0 \exp(j\omega t)$ 的作用,那么就可以建立该系统的基本算子特性集,其中每一个特性函数都可以视为一个传递函数。

### 12.1.1  算子特性的类型

对于任意的线性动力学系统来说,其动力学状态可以借助如下的运动学变量来描述,即位移 $d$、速度 $v$ 和加速度 $a$。这些参量都是简谐函数,可以以复数形式表示为 $\bar{d}$、$\bar{v}$、$\bar{a}$。它们之间的关系为

$$\bar{a}(p) = p\bar{v}(p) = p^2\bar{d}(p) \tag{12.1}$$

一个被动式的两端装置中的基本元件包括了质量 $m$、刚度 $k$ 和阻尼器 $b$。激励力 $\overline{F}(p)$ 与刚度 $k$ 以及前述的运动学变量 $\bar{d}$、$\bar{v}$、$\bar{a}$ 之间的关系为

$$\overline{F}(p) = k\bar{d}(p) = \frac{k}{p}\bar{v}(p) = \frac{k}{p^2}\bar{a}(p) \tag{12.2}$$

与阻尼器 $b$ 和质量 $m$ 相关的类似关系式可参见表 12.1。

表 12.1　以运动特性 $\bar{d}$、$\bar{v}$、$\bar{a}$ 和被动元件参数 $k$、$b$、$m$ 表示的力 $\overline{F}(p)$ [10, vol. 5]

|  | 刚度 $k$ | 阻尼 $b$ | 质量 $m$ |
|---|---|---|---|
| 位移 $\bar{d}(p)$ | $k\,\bar{d}(p)$ | $pb\,\bar{d}(p)$ | $p^2 m\,\bar{d}(p)$ |
| 速度 $\bar{v}(p)$ | $\dfrac{k}{p}\bar{v}(p)$ | $b\,\bar{v}(p)$ | $pm\,\bar{v}(p)$ |
| 加速度 $\bar{a}(p)$ | $\dfrac{k}{p^2}\bar{a}(p)$ | $\dfrac{b}{p}\bar{a}(p)$ | $m\,\bar{a}(p)$ |

严格来说,上面这些关系式都是针对质量、刚度和阻尼器所满足的线性关系 $F = ma$,$F = bv$,$F = kd$ 的拉普拉斯变换结果(在零初始条件下)。因此,这里的参数 $p$ 应当视为拉普拉斯算子(更多拉普拉斯变换的内容可参阅第 13 章),若需要变换到频率响应函数,只需令 $p = \mathrm{j}\omega$ 即可[9]。

运动特性与激励力之间的关系是由一组算子函数给出的,这些函数可以划分为正向和反向两种类型,正向的算子函数包括了动态质量 $M(p)$、力学阻抗(输入输出)$Z(p)$ 以及动态刚度 $R(p)$ [9,10, vol. 5]。

动态质量(或视在质量)$M(p)$ 是系统受到的周期激励力(输入)与所导致的振动加速度(输出)之间的比例,即 $M(p) = \overline{F}(p)/\bar{a}(p)$。这里的加速度是指在激励力作用点处测得的结果,且其方向应与激励力的方向一致。力学阻抗 $Z(p)$ 是系统受到的周期激励力(输入)与所导致的振动速度(输出)之间的比例,即 $Z(p) = \overline{F}(p)/\bar{v}(p)$。如果这一速度是在激励力作用点处沿着该力的方向测得的,那么也就对应了输入阻抗(或驱动点阻抗),否则就对应了传递阻抗。动态刚度 $R(p)$ 是系统受到的周期激励力(输入)与所导致的振动位移(输出)之间的比例,即 $R(p) = \overline{F}(p)/\bar{d}(p)$。

与这些正向的算子函数对应,反向的算子函数分别包括了敏感性 $G(p)$、导纳 $Y(p)$ 以及动柔度 $A(p)$。敏感性或者说惯容[9,11]是指加速度输出量与输入激励力之间的比例,即 $G(p) = \bar{a}(p)/\overline{F}(p)$,它也是视在质量的逆,即 $G(p) = M^{-1}$。导纳是指输出速度量与输入激励力之间的比例,即 $Y(p) = \bar{v}(p)/\overline{F}(p)$,它是阻抗的逆,即 $Y(p) = Z^{-1}$。动柔度[12,13]是输出位移与输入激励力之间的比例,即

$A(p) = \overline{d}(p)/\overline{F}(p)$，它同时也是动刚度的逆，即 $A(p) = R^{-1}$。

上述这些函数之间的关系可以做如下汇总：

$$\begin{cases} M(p) = \dfrac{\overline{F}(p)}{\overline{a}(p)} = \dfrac{Z(p)}{p} = \dfrac{1}{pY(p)} = G^{-1}(p) \\ Z(p) = \dfrac{\overline{F}(p)}{\overline{v}(p)} = Y^{-1}(p) \\ R(p) = \dfrac{\overline{F}(p)}{\overline{d}(p)} = pZ(p) = \dfrac{p}{Y(p)} = A^{-1}(p) \end{cases} \quad (12.3)$$

$$\begin{cases} G(p) = \dfrac{\overline{a}(p)}{\overline{F}(p)} = \dfrac{p}{Z(p)} = pY(p) = M^{-1}(p) \\ Y(p) = \dfrac{\overline{v}(p)}{\overline{F}(p)} = Z^{-1}(p) \\ A(p) = \dfrac{\overline{d}(p)}{\overline{F}(p)} = \dfrac{1}{pZ(p)} = \dfrac{Y(p)}{p} = R^{-1}(p) \end{cases} \quad (12.4)$$

对于被动式的两端元件，如质量、阻尼器和刚度，它们的算子函数已经列在表 12.2 中。

表 12.2　被动元件的算子函数

| | $M(p)$ | $Z(p)$ | $R(p)$ | $G(p)$ | $Y(p)$ | $A(p)$ |
|---|---|---|---|---|---|---|
| 质量 $m$ | $m$ | $pm$ | $p^2 m$ | $1/m$ | $1/pm$ | $1/p^2 m$ |
| 阻尼 $b$ | $b/p$ | $b$ | $pb$ | $p/b$ | $1/b$ | $1/pb$ |
| 刚度 $k$ | $k/p^2$ | $k/p$ | $k$ | $p^2/k$ | $p/k$ | $1/k$ |

如果令广义变量 $\overline{k}(p)$ 代表 $\overline{a}(p)$、$\overline{v}(p)$、$\overline{d}(p)$，那么它与激励力 $\overline{F}(p)$ 之间的关系就可以表示为

$$\begin{cases} \overline{F}(p) = D(p)\overline{k}(p) \\ \overline{k}(p) = D^{-1}(p)\overline{F}(p) \end{cases} \quad (12.5)$$

式中：$D(p)$ 为正向动态特性，即代表了 $M(p)$、$Z(p)$ 和 $R(p)$；$D^{-1}(p)$ 为反向动态特性，也即代表的是 $G(p)$、$Y(p)$ 和 $A(p)$。

对于由被动两端网络并联而成的情况，其合成的正向动态参数等于各个两端网络的正向动态参数之和，即

$$D(p) = \frac{\overline{F}(p)}{\overline{k}(p)} = \frac{\sum\limits_i \overline{F}_i(p)}{\overline{k}(p)} = \sum\limits_{i=1}^{n} \frac{\overline{F}_i(p)}{\overline{k}_i(p)} = \sum\limits_{i=1}^{n} D_i(p) \quad (12.6)$$

对于被动两端网络（M2TN）的并联和串联连接形式，表 12.3 中已经列出了其正向和反向动态特性的一般计算公式。

表 12.3　正向和反向动态参数的计算公式

| 动态参数 | 被动式 M2TN 的并联连接 | 被动式 M2TN 的串联连接 |
|---|---|---|
| 正向 $D(p) = \dfrac{\overline{F}(p)}{\overline{k}(p)}$ | $\displaystyle\sum_{i=1}^{n} D_i(p)$ | $\dfrac{1}{D^{-1}(p)} = \dfrac{1}{\displaystyle\sum_{i=1}^{n} D_i^{-1}(p)}$ |
| 反向 $D^{-1}(p) = \dfrac{\overline{k}(p)}{\overline{F}(p)}$ | $\dfrac{1}{D(p)} = \dfrac{1}{\displaystyle\sum_{i=1}^{n} D_i(p)}$ | $\displaystyle\sum_{i=1}^{n} \dfrac{\overline{k}_i(p)}{\overline{F}_i(p)} = \sum_{i=1}^{n} D_i^{-1}(p)$ |

实例 12.1　如图 12.1 所示为一个由 $m - k - b$ 元件组成的动力学系统,试确定激励力 $F(t)$ 作用点处的正向动态特性。

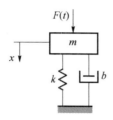

图 12.1　一个最简单的振动防护系统

求解过程:首先我们采用第一种方法来计算。该系统的微分方程可以表示为 $m\ddot{x} + b\dot{x} + kx = F(t)$。引入微分算子 $p = \mathrm{d}/\mathrm{d}t$,于是算子形式的微分方程就是 $(mp^2 + bp + k)x = F$。根据动柔度 $A(p)$ 的定义,可得动柔度算子为

$$A(p) = \frac{x(p)}{F(p)} = \frac{1}{mp^2 + bp + k}$$

于是频响特性中的动柔度及其模为(复数运算法则可参见附录 A)

$$\begin{cases} A(\mathrm{j}\omega) = \dfrac{1}{m(\mathrm{j}\omega)^2 + b(\mathrm{j}\omega) + k} = \dfrac{1}{k - m\omega^2 + b\mathrm{j}\omega} \\ |A(\mathrm{j}\omega)| = \dfrac{1}{\sqrt{(k - m\omega^2)^2 + (b\omega)^2}} \end{cases}$$

如果我们忽略阻尼效应,那么动柔度 $A(\mathrm{j}\omega) = \dfrac{1}{k - m\omega^2}$ 对任意的 $\omega$ 而言都是一个实函数,并且当 $k \to m\omega^2$ 时,其绝对值将呈无界增长。

如果激励力是按简谐规律变化的,即 $F(t) = F_0\cos\omega t$,那么稳态振动的幅值将等于激励力的幅值 $F_0$ 与对应动柔度的模 $|A(\mathrm{j}\omega)|$ 的乘积,即 $X_0 = F_0 \cdot |A(\mathrm{j}\omega)|$。

我们再介绍一下第二种求解方法。由于所有的被动元件(质量、弹性元件和阻尼器)在它们的连接点处具有相同的速度,因此这个系统可以视为并联连接的形式。于是,根据表 12.2 和表 12.3,我们可以得到动态刚度、输入阻抗以及视在质量,分别为

$$\begin{cases} R(p) = p^2 m + pb + k \\ Z(p) = pm + b + k/p \\ M(p) = m + b/p + k/p^2 \end{cases}$$

在表 12.4 中我们已经列出了最简单的动力学系统$(m-k-b)$的算子函数。

表 12.4　单自由度 $m-k-b$ 动力学系统的特性函数

| 算子特征 | 表达式 |
|---|---|
| 动刚度 $R(p)$ | $mp^2 + bp + k$ |
| 柔度 $A(p)$ | $1/(mp^2 + bp + k)$ |
| 力学阻抗 $Z(p)$ | $mp + bp + k/p$ |
| 导纳 $Y(p)$ | $1/(mp + bp + k/p)$ |
| 动质量 $M(p)$ | $m + b/p + k/p^2$ |
| 惯容 $G(p)$ | $1/(mp + b/p + k/p^2)$ |

为了获得频率特性函数,我们需要将 $p = \mathrm{j}\omega$ 代入到算子特性函数中,这样一来,算子函数就变成了复数形式的了,或者说它们将包含实部和虚部两个部分。

在表 12.5 中,我们列出了多维系统的正向和反向特性函数之间比较完整的关系式。所有这些函数都采用了输入输出概念,不过这里只限于输入为激励力的情况。因此,这些函数不能描述不同运动特性之间的比例关系,例如,在不同点处测得的输入加速度和输出速度之间的关系。对于相同类型特性的输入和输出量,我们得到的则是无量纲形式的传递率了,例如输入力与输出力之间的比例关系。

表 12.5　多维系统算子特性之间的相互关系[10, vol.5]

| 频率特征 | $R(p)$ | $Z(p)$ | $M(p)$ | $A(p)$ | $Y(p)$ | $G(p)$ |
|---|---|---|---|---|---|---|
| 动刚度 $R(p)$ | $\boldsymbol{R}$ | $\mathrm{j}\omega\boldsymbol{Z}$ | $-\omega^2\boldsymbol{M}$ | $\boldsymbol{A}^{-1}$ | $\mathrm{j}\omega\boldsymbol{Y}^{-1}$ | $-\omega^2\boldsymbol{G}^{-1}$ |
| 力学阻抗 $Z(p)$ | $-\dfrac{\mathrm{j}}{\omega}\boldsymbol{R}$ | $\boldsymbol{Z}$ | $\mathrm{j}\omega\boldsymbol{M}$ | $-\dfrac{\mathrm{j}}{\omega}\boldsymbol{A}^{-1}$ | $\boldsymbol{Y}^{-1}$ | $\mathrm{j}\omega\boldsymbol{G}^{-1}$ |
| 动质量 $M(p)$ | $-\dfrac{1}{\omega^2}\boldsymbol{R}$ | $-\dfrac{\mathrm{j}}{\omega}\boldsymbol{Z}$ | $\boldsymbol{M}$ | $-\dfrac{1}{\omega^2}\boldsymbol{A}^{-1}$ | $-\dfrac{\mathrm{j}}{\omega}\boldsymbol{Y}^{-1}$ | $\boldsymbol{G}^{-1}$ |
| 动柔度 $A(p)$ | $\boldsymbol{R}^{-1}$ | $-\dfrac{\mathrm{j}}{\omega}\boldsymbol{Z}^{-1}$ | $-\dfrac{1}{\omega_2}\boldsymbol{M}^{-1}$ | $\boldsymbol{A}$ | $-\dfrac{\mathrm{j}}{\omega}\boldsymbol{Y}$ | $-\dfrac{1}{\omega^2}\boldsymbol{G}$ |
| 导纳 $Y(p)$ | $\mathrm{j}\omega\boldsymbol{R}^{-1}$ | $\boldsymbol{Z}^{-1}$ | $-\dfrac{\mathrm{j}}{\omega}\boldsymbol{M}^{-1}$ | $\mathrm{j}\omega\boldsymbol{A}$ | $\boldsymbol{Y}$ | $-\dfrac{\mathrm{j}}{\omega}\boldsymbol{G}$ |
| 惯容 $G(p)$ | $-\omega^2\boldsymbol{R}^{-1}$ | $\mathrm{j}\omega\boldsymbol{Z}^{-1}$ | $\boldsymbol{M}-1$ | $\mathrm{j}\omega\boldsymbol{A}$ | $\mathrm{j}\omega\boldsymbol{Y}$ | $\boldsymbol{G}$ |

借助传递函数这一概念,我们可以直接构造出线性系统的输入输出关系,而不必关心其物理本质。因此,所有上述的特性函数以及传递率都可以视为广义上的传递函数,或者说是传递函数的特例。

## 12.1.2　传递函数

振动防护系统一般都是由一些模块构成的,每个模块又是由单个元件或者多个元件组合构成的。在这些系统元件中,我们可以区分出类似于振动防护对象、被动元件(刚度、冲击吸收器等)、作动器以及传感器等类型。振动防护系统作为一个总体来看,其工作过程实际上包括或体现了各元件和各模块彼此之间的相互作用。

振动防护系统中的每个元件和模块,甚至系统整体都可以描述为单向作用过程,这意味着每个元件(模块或系统)都具有输入信号 $u(t)$ 和输出响应 $x(t)$。应当注意的是输入和输出量的本性可以是任意的。如果假定这些元件(模块或系统)的行为可以通过一个常参数线性微分方程来刻画,那么写成一般形式的话就是前面曾经给出的式(4.1),也即

$$a_0 \frac{\mathrm{d}^n}{\mathrm{d}t^n}x + a_1 \frac{\mathrm{d}^{n-1}}{\mathrm{d}t^{n-1}}x + \cdots + a_{n-1} \frac{\mathrm{d}}{\mathrm{d}t}x + a_n x = b_0 \frac{\mathrm{d}^m}{\mathrm{d}t^m}u + \cdots + b_{m-1}p + b_m u, m \leqslant n$$

(12.7)

若引入算子 $\dfrac{\mathrm{d}^k}{\mathrm{d}t^k} = p^k$,那么上面这个方程就变为

$$a_0 p^n x + a_1 p^{n-1}x + \cdots + a_{n-1}px + a_n x = b_0 p^m u + \cdots + b_{m-1}p + b_m u \quad (12.8)$$

$$x = \frac{b_0 p^m + \cdots + b_{m-1}p + b_m}{a_0 p^n + \cdots + a_{n-1}p + a_n}u = \frac{K(p)}{N(p)}u \quad (12.9)$$

上面的多项式 $N(p) = a_0 p^n + \cdots + a_n$ 称为微分方程(12.7)的特征函数。如果令 $b_0 = \cdots = b_{m-1} = 0$ 即可得到式(10.25),而若 $m = n$,则对应了式(10.30)。

函数:

$$W(p) = \frac{x}{u} = \frac{K(p)}{N(p)} \quad (12.10)$$

称为元件或系统的传递函数,或者说是输出量 $x$ 与输入量 $u$ 之间的传递函数。这一概念已经在第 10 章中引入并做了简要的分析。很容易看出,式(10.25)和式(10.30)向柯西形式的变换实际上也就是传递函数的变换。显然,利用传递函数这一概念我们可以很方便地确定输出和输入之间的比例关系,即 $x = W(p)u$,前提条件是输入量作用时刻系统是处于静止状态的。当然,严格来说,拉普拉斯变换方法是可以用于确定任意初始条件下的系统响应的。传递函数的重要性在于,它将两个拉普拉斯变换后的像联系了起来,即输入激励的像 $U(p)$ 和输出响应的像 $X(p)$,这种关系为

$$X(p) = W(p)U(p) \quad (12.11)$$

为了确定系统(或单个元件、模块)的响应 $x(t)$,一般需要进行如下步骤:

(1)确定输入激励的拉普拉斯变换 $U(p)$。

(2)根据式(12.11)来确定输出量的像 $X(p)$。

(3)进行拉普拉斯反变换,即 $x(t) = L^{-1}X(p)$。

当系统内的模块之间存在复杂的相互作用,且需要确定任意坐标之间的关系时,式(12.7)就显得特别有用了。借助附录 B 中给出的相关知识,我们可以方便地对其进行拉普拉斯变换及其反变换。

现假定输入激励是常数,即 $u = u_0$,这种情况下当时间 $t$ 趋于无穷时,输出响应 $x(t)$ 将趋于某个稳态值 $x_y = \lim_{t \to \infty} x(t)$。此时根据文献[14],结合式(12.8)和式(12.9)我们可以得到一个所谓的传递因子,即

$$K = \frac{b_m}{a_n} = \frac{K(0)}{N(0)} = W(0)$$

当系统的初始条件为零,且受到的是单位阶跃激励 $u(t) = 1$ 时,系统将表现出单位阶跃响应 $h(t)$,该响应的确定以及相关的应用问题将在下文中讨论。

## 12.1.3  基本模块

振动防护系统所包含的模块可以划分为两种类型,分别是集中参数型模块和分布参数型模块,其中的集中参数型模块包括了加法器、放大器、积分器、非周期(惯性)环节以及振荡环节等[15]。而对于分布参数型的情况,Butkovsky[8]也已经对其结构化理论进行过研究。

每一种基本模块(或元件)都具有如下一些特性:

(1)单向性,即将输入端的激励传递到输出端。

(2)基本模块的功能不会因为输入输出端连接到其他模块而发生改变。

(3)对于最简单的元件,描述其特性的微分方程的阶次不会超过 2 阶。

尽管模块一般是由最简单的元件组合而成的,不过后文中我们不做严格区分,即也可以将各个元件称为模块。在动力学系统分析中,不同模块之间是以各种方式连接组合起来的,与此对应的原理描述就称为方框图或结构图。

下面我们先来介绍一些最简单的模块。

(1)加法模块,如图 12.2(a)所示,其输入信号为 $u_1$、$u_2$、$u_3$,而输出信号为 $u = u_1 + u_2 - u_3$。

(2)放大模块(比例模块),其输入为 $u$,输出为 $x$,二者之间的关系为 $x = ku$,其中的 $k$ 是增益因子,它可以为任意实数。由于输入和输出信号可以是不同类型的,因而因子 $k$ 的量纲应当是输出量的单位与输入量的单位之比值,即 $[k] = [x]/[u]$。

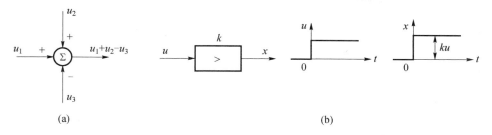

(a)　　　　　　　　　　　　　　　　　(b)

图 12.2　（a）加法模块的描述；（b）放大模块的描述

图 12.2（b）给出了比例模块及其特性，其中的符号"＞"代表的是信号的传递方向。如果输入信号 $u$ 为阶跃函数，那么输出信号 $x$ 也将是一个阶跃函数，因此该模块的响应实际上就是对输入进行了复制，既无延迟也无畸变。正是因为该模块不存在瞬态过程，因而它是一个非惯性模块。这个模块的传递函数为 $W(p) = k$，它可以从式（12.6）得到，只需令 $b_m = k$，$a_n = 1$，而其他系数为零。

（3）积分模块，其输出值 $x$ 的变化速度是正比于输入值 $u$ 的，即 $\dfrac{\mathrm{d}x}{\mathrm{d}t} = ku$。若采用微分算子 $p$ 来表示，则可写为 $px = ku$ 或者 $\dfrac{x}{u} = \dfrac{k}{p}$。积分模块的传递函数可以表示为 $W(p) = \dfrac{k}{p}$，事实上只需在式（12.6）中令 $b_m = k$，$a_{n-1} = 1$，而其他系数为零，即可得到这一结果。

对于单位阶跃信号输入 $u = 1(t)$，该模块给出的输出响应是线性函数 $x = kt$（$t \geqslant 0$），如图 12.3（a）所示。如果输入信号为 $u_1$，而其初始值为 $u_0$，那么输出信号将为 $u = \int_0^t u_1 \mathrm{d}t + u_0$，参见图 12.3（b）。对于任意的常数输入信号，可以看出输出信号将随时间无限增长。

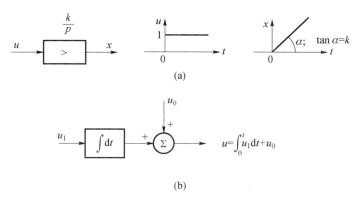

(a)

(b)

图 12.3　（a）积分模块、单位阶跃输入及响应 $x(t)$；（b）初始条件的引入

如果假定传递函数 $W(p)$ 包含了 $m$ 个积分模块,那么这个传递函数就可以表示为 $W(p) = \dfrac{1}{p^m} W_1(p)$,其中的 $W_1(p)$ 不含积分模块。这种情况下,根据定义可知传递系数就变成了 $TC = W_1(0)$[14]。

**实例 12.2** 试分析传递函数 $W(p) = \dfrac{4p^2 + 1}{3p^3 + 2p}$。

可以看出,$W(0) = \infty$,如果将该传递函数表示为 $W(p) = \dfrac{1}{p} W_1(p)$,其中 $W_1(p) = \dfrac{4p^2 + 1}{3p^2 + 2}$,那么这个传递函数 $W(p)$ 对应的模块就包括了一个积分环节,因而传递系数将为 $T = W_1(0) = 0.5$。

(4)非周期环节,这一模块对应的方程可以表示为 $T\dfrac{\mathrm{d}x}{\mathrm{d}t} + x = ku$,其中的 $T$ 为时间常数($T \geqslant 0$),而 $k$ 为增益系数或静态传递系数,该系数代表的是常数输出量 $x_c$ 与常数输入量 $u_c$ 的比值,也即 $k = x_c/u_c$,其单位制为 $[k] = [x]/[u]$。应当注意,当 $T < 0$ 时将变成一个不稳定的非周期环节。

非周期环节的传递函数可以写为 $W(p) = \dfrac{k}{Tp + 1}$,如果时间常数 $T$ 比较小且可以忽略不计时,那么这一环节也就变成了一个比例环节(元件或模块)了。如果时间常数 $T \gg 1$,那么该环节将变成一个系数为 $k_1 = k/T$ 的积分元件,这一点是容易看出的,事实上这个环节的方程可以改写为 $\dfrac{\mathrm{d}x}{\mathrm{d}t} + \dfrac{1}{T}x = \dfrac{k}{T}u$,而根据假设我们就可以忽略掉 $\dfrac{1}{T}x$ 这一项,由此不难得出该结论。

为了确定非周期环节的阶跃响应 $h(t)$,可以在初始条件 $x(0) = 0$ 的基础上求解方程 $T\dfrac{\mathrm{d}x}{\mathrm{d}t} + x = k \cdot 1(t)$。由于求解过程是针对 $t \geqslant 0$ 的,因此该方程可以写为 $T\dfrac{\mathrm{d}x}{\mathrm{d}t} + x = k$,它的解为

$$x(t) = h(t) = k(1 - \mathrm{e}^{-\frac{t}{T}}) \tag{12.12}$$

上面这个响应是针对单位阶跃输入信号的,且初始条件为零,图 12.4 给出了它的曲线。由于 $T \gg 0$,于是 $t \to \infty$ 时这个解 $x(t)$ 将渐近地趋向于稳态值 $x = k$。如果 $T < 0$,这个非周期环节将是不稳定的,因为 $t \to \infty$ 时这个解将趋于无穷。

图 12.4 中也标注出了时间常数 $T$,直线 $ON$ 与曲线 $x(t)$ 在点 $x(0)$ 处相切。随着时间常数 $T$ 的增大,该环节的惯性特征也将随之增强,换言之,时间常数越大,曲线 $x(t)$ 趋于稳态值的过程也就越慢。

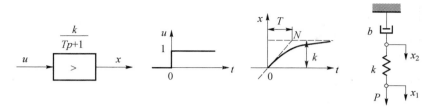

图 12.4 非周期模块、单位阶跃输入、单位阶跃响应以及该模块的力学实现实例

如果假定函数 $x(t)$ 不能超过极限值 $k$ 的 $n\%$,也就是说曲线 $x(t)$ 位于极限值 $k$ 下方 $\varepsilon = \dfrac{n}{100}k$ 的条状区域内,那么该曲线进入到这个区域内所需经历的时间将为 $t_1 = T\ln\dfrac{100}{n}$[14]。例如,如果令 $n = 10\%$,那么有 $t_1 = 2.3T$。

图 12.4 中还给出了一个非周期环节的动力学系统实例,其中弹簧和阻尼器上产生的力分别为 $P_b = b\dot{x}_2, P_k = k(x_1 - x_2)$。在串联连接形式下,$P_b = P_k$,于是可得 $T\dot{x}_2 + x_2 = u$,其中的时间常数为 $T = \beta/k, u = x_1$。

(5)振荡环节,其方程可以表示为

$$T_0 \frac{\mathrm{d}^2 x}{\mathrm{d}t^2} + T\frac{\mathrm{d}x}{\mathrm{d}t} + x = ku \tag{12.13}$$

其中:$u$、$x$ 分别为输入信号和输出信号,系数 $T_0 > 0$,单位为 $[s^2]$,而系数 $T > 0$ 的单位为 $[s]$。静态增益系数 $k$ 是输入信号与响应的比值(稳态下),即 $k = u_s/x_s$,其单位制为 $[k] = [u]/[x]$。

振荡环节的传递函数为

$$W(p) = \frac{k}{T_0 p^2 + Tp + 1} \tag{12.14}$$

为了确定该环节的阶跃响应 $h(t)$,需要求解方程 $T_0 \dfrac{\mathrm{d}^2 x}{\mathrm{d}t^2} + T\dfrac{\mathrm{d}x}{\mathrm{d}t} + x = k$,初始条件为 $x(0) = 0, \dfrac{\mathrm{d}x(0)}{\mathrm{d}t} = 0$。该方程的特解是 $x_{\text{part}} = k$。特征多项式 $T_0 p^2 + Tp + 1 = 0$ 的根为 $p_{1,2} = \dfrac{-T \pm \sqrt{T^2 - 4T_0}}{2T_0} = -\alpha \pm \mathrm{j}\omega$,其中的 $\alpha$ 和 $\omega$ 分别是阻尼系数和自由振动频率,即

$$\alpha = \frac{T}{2T_0} > 0, \omega = \frac{\sqrt{|T^2 - 4T_0|}}{2T_0} > 0 \tag{12.15}$$

409

可以看出,振荡环节的判别式应为 $\Delta = T^2 - 4T_0 < 0$ 或者 $2\sqrt{T_0} > T$,此时特征方程的根是复数,因而响应才是实际的振荡形式。在 $\Delta < 0$ 的情况下振荡环节是不能以其他最简单的元件来描述的。

对于 $\Delta = T^2 - 4T_0 > 0$ 的情况,在零初始条件下,阶跃响应将表现出非周期特征,这意味着该环节此时是与两个非周期环节彼此串联的构型等效的,它们的传递函数为 $W_i(p) = \dfrac{k_i}{T_i p + 1}$ $(i = 1,2)$。

可以很容易地将振荡环节的方程(12.13)转化为受激励 $f(t)$ 作用的线性振子所对应的方程,即

$$
\begin{cases}
T_0 \dfrac{\mathrm{d}^2 x}{\mathrm{d}t^2} + T \dfrac{\mathrm{d}x}{\mathrm{d}t} + x = ku \to \dfrac{\mathrm{d}^2 x}{\mathrm{d}t^2} + 2\alpha \dfrac{\mathrm{d}x}{\mathrm{d}t} + \omega_0^2 x = f(t) \\[2mm]
\omega_0^2 = \dfrac{1}{T_0} \\[2mm]
2\alpha = \dfrac{T}{T_0} \\[2mm]
f(t) = \dfrac{k}{T_0} u
\end{cases}
\tag{12.16}
$$

其中:参数 $\alpha = \dfrac{T}{2T_0} > 0$ 为阻尼系数,其单位为 $[\mathrm{s}^{-1}]$;参数 $\omega_0 [\mathrm{s}^{-1}]$ 为无阻尼固有频率,而阻尼固有频率为 $\omega = \sqrt{\omega_0^2 - \alpha^2}$。于是振荡环节的阶跃响应函数可以写为

$$
\begin{cases}
x(t) = h(t) = k\Big[ 1 - \dfrac{\mathrm{e}^{-\alpha t}}{\sin\varphi} \sin(\omega t + \varphi) \Big] \\[2mm]
\sin\varphi = \dfrac{\omega}{\sqrt{\omega^2 + \alpha^2}}
\end{cases}
\tag{12.17}
$$

由于 $\alpha > 0$,于是当 $t \to \infty$ 时 $h(t)$ 将渐近地趋向于稳态点,即 $\lim\limits_{t \to \infty} h(t) = k$,参见图 12.5。该平衡状态与比例和非周期环节是相同的。因此,当瞬态过程结束后,根据输出信号是难以区分出这三种环节的。对于振荡环节来说,阶跃响应函数具有明显的振荡特征,即在平衡位置 $x_s = k$ 附近以不变的频率 $\omega$ 振荡,其周期为 $T^* = \dfrac{2\pi}{\omega}$,而其幅值 $A_1, A_2, \cdots$ 则按几何级数形式不断衰减,相邻两次振幅的衰减比例为

$$
\lambda = \dfrac{A_1}{A_2} = \dfrac{A_2}{A_3} = \cdots = \mathrm{e}^{\alpha T^*}
\tag{12.18}
$$

该比例也称为幅值缩减,而其绝对值的对数,也就是 $\alpha T^*$,则称为对数缩减。

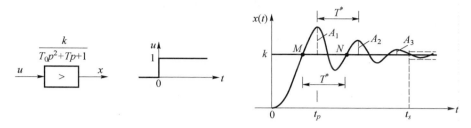

图 12.5　振荡模块、单位阶跃输入与单位阶跃响应

在振荡环节的响应曲线中,一般都会引入一些性能指标,如峰值时间和调节时间等。所谓峰值时间是指,响应到达第一个峰值(即图 12.5 中的点 $A_1$ 处)所需的时间 $t_p$。调节时间则是指,响应曲线达到并保持在最终稳定值 2% 范围内所需的时间 $t_s$[16]。此外,响应达到最终稳态值的一半(即 $0.5k$)所需的时间一般称为延迟时间。这些参量都可以根据瞬态响应过程的实验曲线来确定。

实例 12.3　如图 12.6 所示为一个振子[3],该系统可描述为方程 $(mp^2 + bp + k)x_2 = P(t) = kx_1$,$p = \dfrac{\mathrm{d}}{\mathrm{d}t}$,其中输入量 $x_1$ 是弹簧端点处的位移,输出量 $x_2$ 为质量的位移。

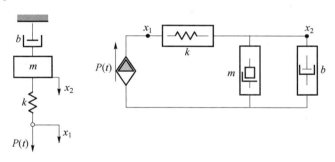

图 12.6　力学振荡模块及其对应的力学网络

可以看出,质量 $m$ 和阻尼器 $b$ 的速度是相同的,它们是一种并联连接。

对于其他集中参数型基本模块(环节或元件),如微分环节和延迟环节等,更详细的内容可以参阅文献[3,14]。

下面再来介绍一下连续型元件。在振动防护系统中经常会采用弹性杆、梁以及带有分布质量特性的弹簧等元件,此类系统的一个特点就是这些元件上任意点处的位移不仅依赖于时间变量,同时还与其空间位置坐标有关,而在集中参数型元件情况中则仅依赖于时间。此外,这些系统一般需要借助偏微分方程组、积分方程组或者更为复杂的函数关系式来描述[17,18]。

这里我们仅考察连续型元件中最简单的情况,即一根具有不变横截面的均匀弹性杆,其运动形式为纵向振动。对于这一元件,其状态可由如下偏微分方程来描述[8,18-20],即

$$\begin{cases} \dfrac{\partial^2 Q}{\partial t^2} = a^2 \dfrac{\partial^2 Q}{\partial x^2} \\ a^2 = \dfrac{E}{\rho} \end{cases} \tag{12.19}$$

式中:$Q$ 为截面在 $x$ 方向上的位移,即轴向位移;$E$ 和 $\rho$ 分别为材料的杨模量与质量密度。此外,假定边界条件为

$$\begin{cases} Q(0,t) = u(t) \\ Q(l,t) = 0 \end{cases} \tag{12.20}$$

式中:$u(t)$ 为截面 $x = 0$ 处的轴向位移;$l$ 为杆的长度。

初始条件应为初始时刻的位移分布与速度分布,可以表示为

$$\begin{cases} Q(x,0) = Q_0(x), 0 \leqslant x \leqslant l \\ \left. \dfrac{\partial Q(x,t)}{\partial t} \right|_{t=0} = Q_1(x), 0 \leqslant x \leqslant l \end{cases} \tag{12.21}$$

式中:$Q_0(x)$ 和 $Q_1(x)$ 分别为初始位移和初始速度分布函数。

为确定传递函数,可以引入关于时间的微分算子,即 $\dfrac{\partial^2}{\partial t^2} = p^2$,此时我们可以得到如下的常微分方程:

$$p^2 Q = a^2 \dfrac{\mathrm{d}^2 Q}{\mathrm{d}x^2} \tag{12.22}$$

对于式(12.20)所示的边界条件和零初始条件,可以求出这个二阶微分方程的解为

$$Q = \dfrac{\sin\mathrm{j}\dfrac{p}{a}(l-x)}{\sin\mathrm{j}\dfrac{p}{a}l} u, \mathrm{j} = \sqrt{-1} \tag{12.23}$$

于是,输入量 $u$ 和输出量 $Q$ 之间的传递函数为

$$W(p) = \dfrac{Q}{u} = \dfrac{\sin\mathrm{j}\dfrac{p}{a}(l-x)}{\sin\mathrm{j}\dfrac{p}{a}l} \tag{12.24}$$

不难看出,对于这种分布参数型元件,其传递函数不再是关于宗量 $p$ 的有理分式函数了,这一点明显区别于集中参数型元件的情况[14]。

## 12.1.4　模块的组合与伯德图

振动防护系统中的各个结构模块可以以不同的形式连接组合起来,这里我们主要考察一些比较重要的连接形式。

首先考察以串联方式连接起来的模块组合。这种模块组合情况中,第一个模块的输出将作为第二个模块的输入,而第二个模块的输出又作为第三个模块的输入,以此类推,参见图 12.7。每一个模块的输入和输出之间的关系可以表示为 $x_1 = W_1(p)u, x_2 = W_2(p)x_1, \cdots, x_n = W_n(p)x_{n-1}$,这里的 $u$ 和 $x_n$ 也就代表了总体的输入和输出。若消去中间变量 $x_1, x_2, \cdots, x_{n-1}$,我们就可以得到 $u$ 和 $x_n$ 之间的关系为 $x_n = W_1(p)W_2(p)\cdots W_n(p)u = \prod_{i=1}^{n} W_i(p)u$。于是,串联模块的传递函数就是各个模块传递函数的乘积,即

$$W(p) = \frac{x_n}{u} = \prod_{i=1}^{n} W_i(p) \qquad (12.25)$$

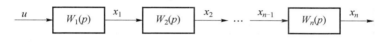

图 12.7　模块的串联连接

实例 12.4　试确定由三个模块串联构成的系统的运动方程,这三个模块分别为非周期环节、积分环节和微分环节,它们的传递函数分别为 $W_1(p) = \dfrac{k_1}{T_1 p + 1}$,$W_2(p) = \dfrac{k_2}{p}$,$W_3(p) = \dfrac{k_3 p}{T_2 p + 1}$。

很明显,这个串联系统的总传递函数应可写作

$$W(p) = W_1(p)W_2(p)W_3(p) = \frac{k_1}{T_1 p + 1} \frac{k_2}{p} \frac{k_3 p}{T_2 p + 1}$$

由于 $W(p) = \dfrac{x_3}{u}$,其中 $x_3$ 为第三个模块的输出而 $u$ 为第一个模块的输入,因而有

$$\frac{k_1}{T_1 p + 1} \frac{k_2}{p} \frac{k_3 p}{T_2 p + 1} = \frac{x_3}{u}$$

而传递函数方程就变成了 $(T_1 p + 1)p(T_2 p + 1)x_3 = k_1 k_2 k_3 p u$。

显然,这个系统的运动方程就可以表示为

$$T_1 T_2 \frac{\mathrm{d}^3 x_3}{\mathrm{d}t^3} + (T_1 + T_2) \frac{\mathrm{d}^2 x_3}{\mathrm{d}t^2} + \frac{\mathrm{d}x_3}{\mathrm{d}t} = k_1 k_2 k_3 \frac{\mathrm{d}u}{\mathrm{d}t}$$

下面再来考察并联形式的模块组合。这种形式中,所有 $n$ 个模块的输入都是同一

个信号 $u$,而总的输出信号 $x$ 则等于每个模块输出响应的总和,如图 12.8 所示。系统中的每个模块具有的传递关系分别为 $x_1 = W_1(p)u, x_2 = W_2(p)u, \cdots, x_n = W_n(p)u$,因此该并联组合的输入就变成了 $x = \sum_{i=1}^{n} x_i = \sum_{i=1}^{n} W_i(p)u$,而总的传递矩阵则等于各个模块传递矩阵之和,也即

$$W(p) = \frac{x}{u} = \sum_{i=1}^{n} W_i(p) \tag{12.26}$$

实例 12.5　试确定由两个模块组成的系统的运动方程,这两个模块分别是比例环节和非周期环节,二者通过并联方式连接而成,它们的传递函数分别为 $W_1(p) = k_1$, $W_2(p) = \dfrac{k_2}{Tp + 1}$。

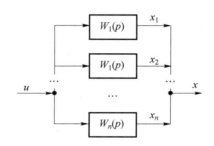

图 12.8　模块的并联连接

参考图 12.8 可以看出,这个系统的传递函数可以表示为

$$W(p) = \frac{x}{u} = W_1(p) + W_2(p) = k_1 + \frac{k_2}{Tp + 1} = \frac{k_1 Tp + k_1 + k_2}{Tp + 1}$$

于是,这个系统的运动方程就可以写成 $(Tp + 1)x = (k_1 Tp + k_1 + k_2)u$。如果我们假定 $k_1 = -k_2$,那么此时的传递函数就变成了 $W(p) = \dfrac{k_1 Tp}{Tp + 1}$。不难看出,这是微分环节的传递函数,显然这就意味着微分环节可以通过比例环节与非周期环节的并联组合形式得到。

我们再来分析一下闭环系统的情况。图 12.9 给出了一个基本的线性反馈系统的方框图,输入信号 $u$ 首先进入到一个加法器模块,经过一系列中间模块(环节)的传递和变换后它将再次进入到这个加法器。显然,前向传递通道包含了模块 1,其传递函数为 $W_1(p)$,而反馈通道则包含了模块 2,其传递函数为 $W_2(p)$。整个系统的输入和输出信号可分别表示为 $u$ 和 $x$,这个输出信号 $x$ 同时也是反馈通道中的模块 2 的输入,模块 2 的输出 $x_2$ 将在加法器中与系统的输入信号 $u$ 相加,所得到的信号 $x_1$ 则进入到模块 1 中[3,21]。

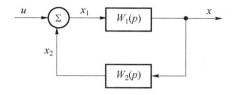

图 12.9　一个反馈系统的方框图

对于该系统中的每一个模块或环节来说，我们有如下关系：$x = W_1(p)x_1$，$x_2 = W_2(p)x$，$x_1 = u + x_2$。从中消去变量 $x_1$ 和 $x_2$，就可以得到系统输入信号与输出信号之间的关系式为 $x = \dfrac{W_1(p)}{1 - W_1(p)W_2(p)}u$，于是整个系统的总传递函数就变为

$$W(p) = \frac{x}{u} = \frac{W_1(p)}{1 - W_1(p)W_2(p)} \tag{12.27a}$$

如果我们假定图 12.9 中有 $x_1 = u - x_2$，这一情形称为负反馈，那么上述传递函数则应表示为

$$W(p) = \frac{x}{u} = \frac{W_1(p)}{1 + W_1(p)W_2(p)} \tag{12.27b}$$

上面这两个公式是控制系统理论中的最基本的关系式，对于任何闭环系统，无论其中的传递函数 $W_1(p)$ 和 $W_2(p)$ 如何，它们都是适用的。

现在我们回到式（12.27a），如果稳态情况下模块 $W_2(p)$ 的传递系数为正值，那么该闭环系统就是正反馈的，否则就变成了负反馈。例如，若令 $W_2(p) = \dfrac{4p^2 + 1}{3p^3 + 2p}$，那么这种情况下的传递系数将是 $TC = 0.5 > 0$（参见实例 12.2），于是它便对应了一个正反馈系统。

此外，当 $|W_1(p)W_2(p)| \gg 1$ 时，这个闭环系统的传递函数还可以近似表示为 $W(p) = \dfrac{x}{u} \approx \dfrac{1}{W_2(p)}$[15]。

实例 12.6　假定前向传递通道中包含了一个积分元件 1，其传递函数为 $W_1(p) = \dfrac{k_1}{p}$；反馈通道中包含了一个放大模块 2，其传递函数为 $W_2(p) = k_2$，如图 12.9 所示，试分析该系统的传递函数。

对于该系统，其传递函数应为 $\dfrac{x}{u} = W(p) = \dfrac{W_1(p)}{1 - W_1(p)W_2(p)} = \dfrac{\dfrac{k_1}{p}}{1 - \dfrac{k_1}{p}k_2} =$

415

$\dfrac{k_1}{p - k_1 k_2}$。如果将分子和分母同时除以 $-k_1 k_2$，并记 $k = -1/k_2$，$T = -1/k_1 k_2$，那么传递函数就可表示成 $W(p) = \dfrac{k}{Tp+1}$。这样一来，系统的输入输出关系就与非周期环节相同了。当 $T = -1/k_1 k_2 > 0$ 这一条件满足时，或者说 $k_1$ 和 $k_2$ 符号相反时，该系统就是稳定的。

利用前述的方框图还可以进行反问题的求解，所谓的反问题是指，已知系统的总体结构方案，需要确定其中某个模块的传递函数，从而实现预期的总传递函数。

接下来我们对伯德图做一介绍和分析。在前面的第 4 章中曾经考察过若干典型的传递函数的对数频率响应曲线，这里将针对由多个不同模块串联组合构成的系统，阐述其伯德图的构建过程。

不妨设两个模块的频率传递特性可表示为如下的极坐标形式[3]，即

$$\begin{cases} W_1(\mathrm{j}\omega) = A_1(\omega)\mathrm{e}^{\mathrm{j}\varphi_1(\omega)} \\ W_2(\mathrm{j}\omega) = A_2(\omega)\mathrm{e}^{\mathrm{j}\varphi_2(\omega)} \end{cases} \tag{12.28}$$

由于是串联连接形式，因此总的频率传递特性应为 $W(\mathrm{j}\omega) = W_1(\mathrm{j}\omega) \cdot W_2(\mathrm{j}\omega)$，其极坐标形式可表示为 $W(\mathrm{j}\omega) = A(\omega)\mathrm{e}^{\mathrm{j}\varphi(\omega)}$，而对数表达式则为

$$\begin{aligned} \ln W(\mathrm{j}\omega) &= \ln A(\omega) + \mathrm{j}\varphi(\omega) = \ln[W_1(\mathrm{j}\omega) \cdot W_2(\mathrm{j}\omega)] = \ln W_1(\mathrm{j}\omega) + \ln W_2(\mathrm{j}\omega) \\ &= \ln A_1(\omega) + \ln A_2(\omega) + \mathrm{j}[\varphi_1(\omega) + \varphi_2(\omega)] \end{aligned} \tag{12.29}$$

不难看出，对于这个串联连接形式的模块组合，其对数特性可以由各个模块的对数特性求和得到，这一结论对于任意数量模块的串联组合也是成立的。

**实例 12.7** 设有一个动力学系统，其传递函数可描述为如下所示的复数形式[3]：

$$W(\mathrm{j}\omega) = \frac{4(1 + \mathrm{j} \cdot 0.5\omega)}{\mathrm{j}\omega(1 + \mathrm{j} \cdot 2\omega)} \tag{12.29a}$$

试构造该系统的对数幅值曲线。

求解过程：

对数幅频特性为 $\mathrm{Lm}(\omega) = 20\log|W(\mathrm{j}\omega)| = 20\log\left|\dfrac{4(1 + \mathrm{j} \cdot 0.5\omega)}{\mathrm{j}\omega(1 + \mathrm{j} \cdot 2\omega)}\right|$。首先需要计算出转折频率[3]，对于因子 $1 + \mathrm{j} \cdot 0.5\omega$，转折频率为 $\omega = 1/T = 1/0.5 = 2$，而对于因子 $(1 + \mathrm{j} \cdot 2\omega)^{-1}$ 其转折频率则为 $\omega = 1/T = 1/2 = 0.5$。若将转折频率按 $\omega_1 < \omega_2 < \omega_3 < \cdots$ 这一形式来编号，那么这里就有 $\omega_1 = 0.5$，$\omega_2 = 2$。为方便起见，可以将上述传递函数中的每个因子的对数幅值和相位特性（复数形式）以表格形式列出，参见表 12.6。

表 12.6  表达式(12.29a)中各个因子的对数幅值和相位特性[3]

| 因子 | 转折频率 | 对数幅值(Lm)/dB | 相角特性 |
|---|---|---|---|
| 4 | 无 | 常数幅值 20log4 = 12dB | 常数 $\varphi = 0°$ |
| $(j\omega)^{-1}$ | 无 | 常数斜率 $-20$dB/dec | 常数 $-90°$ |
| $(1 + j \cdot 2\omega)$ | $\omega_1 = 0.5$ | 转折频率以下——斜率为 0 | $-90° \sim 0°$ |
| | | 转折频率以上—— $-20$dB/dec | |
| $(1 + j \cdot 0.5\omega)$ | $\omega_2 = 2.0$ | 转折频率以下——斜率为 0 | $-180° \sim 0°$ |
| | | 转折频率以上—— $-20$dB/dec | |

在图 12.10 中已经给出了对数幅频曲线,其中包括了三个频率范围:0.1 ~ 0.5;0.5 ~ 2;$\omega > 2$。下面分别进行讨论。

(1)在频率区间 0.1 ~ 0.5 内,只有两项因子才是有效的,即 4 和 $(j\omega)^{-1}$,这些因子的对数幅频特性为 $Lm4 = log4 = 12$dB 和 $log(j\omega)^{-1} = -20$dB/dec,图中均以虚线给出。在频率 $\omega_1 = 0.5$ 处,它们的纵坐标分别为 $Lm4 = 12$dB,$log(j\omega)^{-1} = 20\dfrac{log1 - log0.5}{log1 - log0.1} = 6.0$dB。于是,合成曲线在频率 $\omega_1 = 0.5$ 处的纵坐标就是 18dB,而在 $\omega = 0.1$ 处则为 32dB,这一段是用实线表示的。

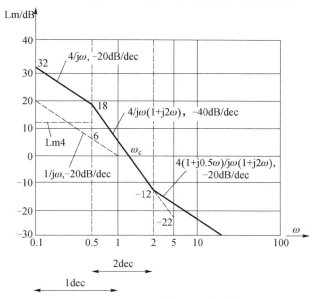

图 12.10  频率传递函数 $W(j\omega) = \dfrac{4(1 + j \cdot 0.5\omega)}{j\omega(1 + j \cdot 2\omega)}$ 的对数幅值曲线

(2)在频率区间 0.5 ~ 2 这一范围内,除了前面的两项以外,还必须计入 $(1 + j \cdot 2\omega)^{-1}$ 这一项,该项的对数幅值 $Lm(1 + j \cdot 2\omega)^{-1}$ 的斜率为 $-20$dB/十倍频程。这一斜率应当计入进来,因此合成曲线的总斜率就是 $-20 - 20 =$

$-40\mathrm{dB/dec}$。由于在频率区间 $0.5\sim2$ 内包含了两个倍频程,即 $(0.5-1),(1-2)$,因而合成曲线在 $\omega=2.0$ 处的纵坐标就等于 $18-\dfrac{40}{2\cdot3.32}=-12\mathrm{dB}$。

(3)在 $\omega_2=2.0$ 以上的频率范围内,最后一项因子对应的 $\mathrm{Lm}(1+\mathrm{j}\cdot0.5\omega)$ 也将起作用,其斜率为 $+20\mathrm{dB/dec}$,因此合成曲线在这一频率范围内的斜率也就变成了 $-40+20=-20\mathrm{dB/dec}$。

此外,图中的频率点 $\omega_c$ 对应的是 $\mathrm{Lm}W(\mathrm{j}\omega)=0$。

相频特性也可以通过对各个因子的频率特性求和得到,这一过程中不需要进行任何数值计算。

在表 12.4 中,我们已经列出了由 $m-k-b$ 元件构成的单自由度动力学系统的特性函数,将 $p=\mathrm{j}\omega$ 代入后即可将这些函数从算子形式转换为复频率形式。对于这些特性函数,也可以构建出对应的对数幅频图和相频图。

### 12.1.5 方框图的变换

在表 12.7 中列出了一些重要的变换规则,所有情况中的输入信号采用了符号 $x_1$ 和 $x_3$ 标记,输出信号则标记为 $x_2$,并且在方框中都标注了各个元件的传递函数。对于一个复杂的方框图结构来说,一般可以分步实现等效方框图的转换。

表 12.7　方框图的变换[21]

| 变换 | 原方框图 | 等效方框图 |
|---|---|---|
| 将一个引出点移动到某个模块之后 | 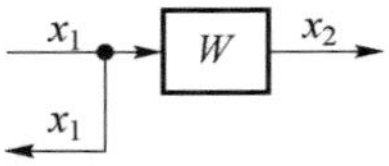 | 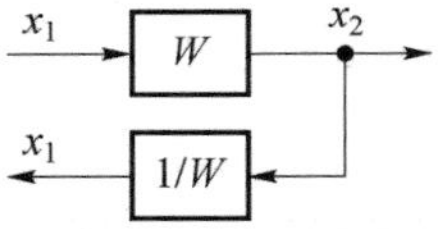 |
| 将一个引出点移动到某个模块之前 | 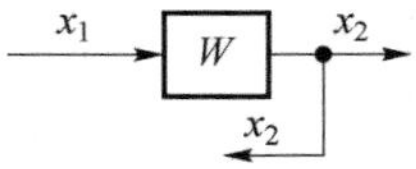 | 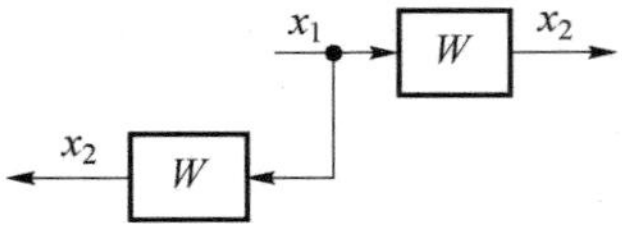 |
| 将一个加法器移动到某个模块之后 | 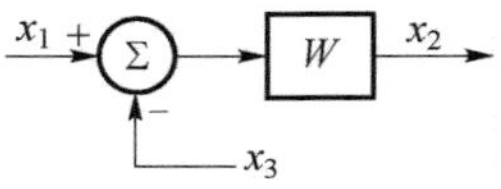 | 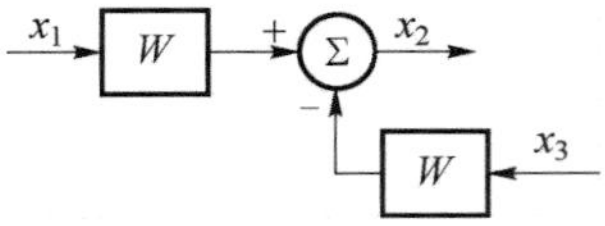 |
| 将一个加法器移动到某个模块之前 | 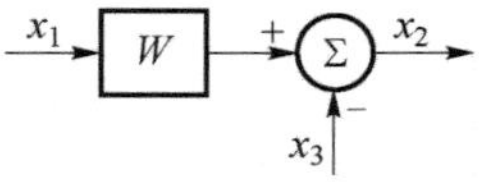 | 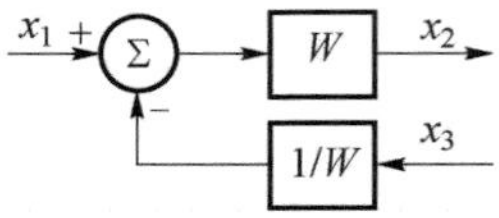 |
| 消除负反馈循环 | 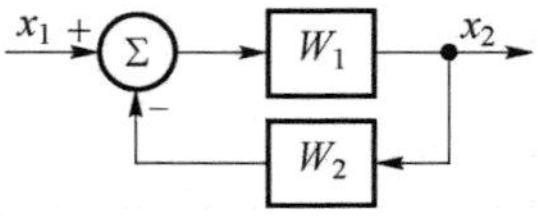 | 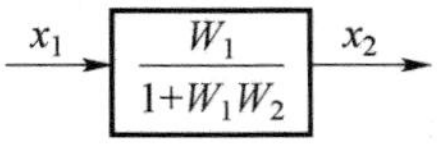 |

重新分配一个加法模块或者说重新布置某个功能模块前面或后面的引出点,往往需要新增一个附加的模块,而通过引出点来重新分配加法模块或者反过来一般是不可行的。关于方框图的等效转换,文献[16]中已经给出了较为详细的表格,感兴趣的读者可以去参阅。

实例 12.8　如图 12.11(a)所示为一个方框图,该系统具有两个输入,分别是 $X$ 和 $Y$,而只有一个输出($Z$)。试计算传递函数 $W_{Z-X}(p) = \dfrac{Z(p)}{X(p)}$ 和

$W_{Z-Y}(p) = \dfrac{Z(p)}{Y(p)}$。

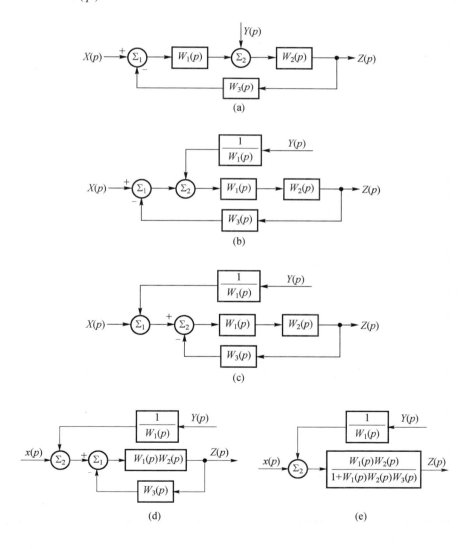

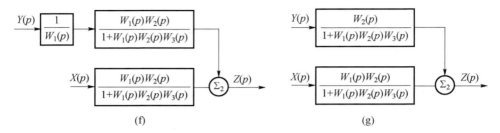

图 12.11　方框图的重组

利用表 12.7 中所列出的变换规则,我们需要进行如下一些步骤:

(1)将加法模块 $\Sigma_2$ 调整到模块 $W_1$ 之前,如图 12.11(b)所示。

(2)将模块 $\Sigma_1$ 和 $\Sigma_2$ 的位置互换,参见图 12.11(c)。

(3)将 $W_1$ 和 $W_2$ 这个串联组合转换为单个元件,如图 12.11(d)所示。

(4)将 $\Sigma_1 - W_1W_2 - W_3 - \Sigma_1$ 这个带有负反馈的闭环变换为单个元件,参见图 12.11(e)。

(5)将加法模块 $\Sigma_2$ 移动至模块 $W_1W_2/(1 + W_1W_2W_3)$ 的右侧,如图 12.11(f)所示。

(6)将两个串联连接的模块变换为一个模块(图 12.11(g))。

输入输出关系可以表示为

$$Z(p) = \frac{W_1(p)W_2(p)}{1 + W_1(p)W_2(p)W_3(p)}X(p) + \frac{W_2(p)}{1 + W_1(p)W_2(p)W_3(p)}Y(p)$$

不难看出,这个表达式体现了叠加原理。$X - Z$ 通道和 $Y - Z$ 通道的传递函数可以分别写为

$$\begin{cases} W_{X-Z}(p) = \dfrac{W_1(p)W_2(p)}{1 + W_1(p)W_2(p)W_3(p)} \\[3mm] W_{Y-Z}(p) = \dfrac{W_2(p)}{1 + W_1(p)W_2(p)W_3(p)} \end{cases}$$

## 12.2　振动防护系统的方框图

这一节中主要针对由质量元件 $m$、阻尼元件 $b$ 和刚度元件 $k$ 组成的振动防护系统,阐述其方框图的构建过程。方框图的构建主要建立在各个元件的协调方程、连续方程以及物理特性方程基础之上[15]。应当注意的是,这里所讨论的每种方框图都包含了反馈过程。

### 12.2.1　$b - k$ 和 $b - m$ 系统的方框图描述

我们来分析由 $b - k$ 元件或 $b - m$ 元件以并联或串联方式连接而成的系统。

在两个元件并联连接形式中,输入端的速度与每个元件的输入速度是相等的,而在串联形式中,输入力是等于每个元件中所产生的力的。

首先考虑阻尼器 $b$ 和弹簧 $k$ 的串联系统,如图 12.12 所示。这一系统中应考虑如下主要特征:

(1)协调条件:相对速度可以表示为 $v_{13} = v_{12} + v_{23}$,系统端点之间的相对速度为 $v = v_{13}$。

(2)连续性:阻尼器和弹簧这两个元件均受到了相同的力,因此有 $F = F_b = F_k$。

(3)元件特性:对于阻尼器和弹簧元件,我们有 $v_{12} = F_b/b$,$(y_2 - y_3)k = F_k \rightarrow$ $(v_2 - v_3) = v_{23} = \dfrac{1}{k}\dfrac{\mathrm{d}F_k}{\mathrm{d}t}$。

若将 $v_{12}$、$v_{23}$ 以及 $v = v_{13}$ 代入到协调方程中,可以得到

$$\frac{F}{b} + \frac{1}{k}\frac{\mathrm{d}F}{\mathrm{d}t} = v \tag{12.30}$$

这个微分方程实际上就建立了作用力 $F$ 和系统端点间的相对速度 $v = v_{13}$ 之间的联系。如果系统的输入和输出分别为 $v$ 和 $F$,那么上面这个方程就可以表示为一个方框图,如图 12.12 所示。

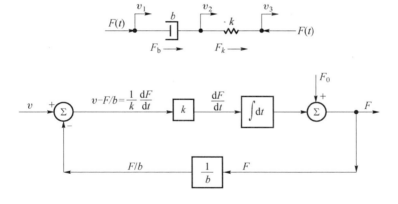

图 12.12　阻尼器 $b$ 和弹簧 $k$ 的串联连接及其对应的结构方框图

再来考虑阻尼器 $b$ 和弹簧 $k$ 的并联系统,如图 12.13 所示。类似地也需要注意以下特征:

(1)协调条件:施加到系统上的力将由阻尼器和弹簧共同承受,因此有 $F = F_b + F_k \rightarrow \dfrac{\mathrm{d}F}{\mathrm{d}t} = \dfrac{\mathrm{d}F_b}{\mathrm{d}t} + \dfrac{\mathrm{d}F_k}{\mathrm{d}t}$。

(2)连续性:总的输入速度与每个元件端点之间的相对速度都是相等的,因

此有 $v = v_{12}$。

（3）元件特性：对于这两个元件我们有 $F_b = bv_{12} \rightarrow \dfrac{\mathrm{d}F_b}{\mathrm{d}t} = b\dfrac{\mathrm{d}v_{12}}{\mathrm{d}t} \rightarrow \dfrac{\mathrm{d}F_b}{\mathrm{d}t} = b\dfrac{\mathrm{d}v}{\mathrm{d}t}$，$\dfrac{\mathrm{d}F_k}{\mathrm{d}t} = kv_{12} \rightarrow \dfrac{\mathrm{d}F_k}{\mathrm{d}t} = kv$。

若将 $\mathrm{d}F_b/\mathrm{d}t$ 和 $\mathrm{d}F_k/\mathrm{d}t$ 代入到协调方程中，那么就可以得到一个将相对速度 $v = v_{12}$ 与作用力 $F$ 联系起来的微分方程，即

$$b\frac{\mathrm{d}v}{\mathrm{d}t} + kv = \frac{\mathrm{d}F}{\mathrm{d}t} \tag{12.31}$$

对于这个系统（图 12.13），$F$ 为输入量，$v$ 为输出量。该图中还包含了一个反馈回路，其中带有一个比例环节（增益系数为 $k$）、一个积分环节以及一个加法器，后者可以将非零初始条件 $F_0$ 考虑进来。比例环节的输出为 $kv$，根据式（12.31）可知，该输出应为 $kv = \dfrac{\mathrm{d}F}{\mathrm{d}t} - b\dfrac{\mathrm{d}v}{\mathrm{d}t} = \dfrac{\mathrm{d}}{\mathrm{d}t}(F - bv)$。因此，积分环节的输出也就变成了 $(F - bv)$。

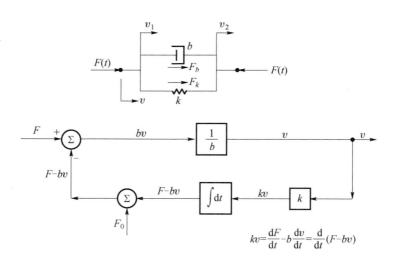

图 12.13　阻尼器 $b$ 与弹簧 $k$ 的并联连接及其对应的方框图（$v = v_{12}$）

下面我们再来观察一下由 $b_1$、$k$、$b_2$ 等元件组成的复杂连接形式，如图 12.14 所示。这一系统中包含了两个模块，第一个模块是 $b_1 - k$ 这两个元件的并联组合，第二个模块是单个阻尼器 $b_2$，这两个模块以串联方式连接起来。协调条件可以表示为 $v = v_{12} + v_2 \rightarrow v_{12} = v - v_2$；连续性条件为 $F = F_{b_1} + F_k = F_{b_2}$，微分之后可得 $\dfrac{\mathrm{d}F}{\mathrm{d}t} =$

$\dfrac{\mathrm{d}F_{b_1}}{\mathrm{d}t} + \dfrac{\mathrm{d}F_k}{\mathrm{d}t} = \dfrac{\mathrm{d}F_{b_2}}{\mathrm{d}t}$；元件的行为特性可表示为 $F_{b_1} = b_1 v_{12}$，$F_{b_2} = b_2 v_2$，$\dfrac{\mathrm{d}F_k}{\mathrm{d}t} = k v_{12}$。如果我们将元件的特性方程代入到连续性方程中,并考虑到协调方程,那么就可以导得 $b_1 \dfrac{\mathrm{d}v_{12}}{\mathrm{d}t} + k v_{12} = b_2 \dfrac{\mathrm{d}v_2}{\mathrm{d}t}$。利用协调条件 $v_{12} = v - v_2$ 可以从这个方程中消去 $v_{12}$,从而得到 $(b_1 + b_2)\dfrac{\mathrm{d}v_2}{\mathrm{d}t} + k v_2 = b_1 \dfrac{\mathrm{d}v}{\mathrm{d}t} + kv$。进一步,还可以消去 $v_2$,为此需要考虑 $F = F_{b_2} = b_2 v_2$。对这个式子进行微分后可得 $\dfrac{\mathrm{d}F}{\mathrm{d}t} = b_2 \dfrac{\mathrm{d}v_2}{\mathrm{d}t}$。由此就可以获得该振动防护系统的数学模型,即

$$(b_1 + b_2)\frac{\mathrm{d}F}{\mathrm{d}t} + kF = b_2\Big(b_1 \frac{\mathrm{d}v}{\mathrm{d}t} + kv\Big) \tag{12.32a}$$

上面这个方程给出了作用到第一个模块 $b_1 - k$ 上的输入力 $F$ 与该模块的输出速度 $v$ 之间的关系。它还可以改写为

$$T_0 \frac{\mathrm{d}F}{\mathrm{d}t} + F = b_2\Big(T_1 \frac{\mathrm{d}v}{\mathrm{d}t} + v\Big) \tag{12.32b}$$

式中：$T_0 = \dfrac{b_1 + b_2}{k}$,$T_1 = \dfrac{b_1}{k}$ 为时间常数。

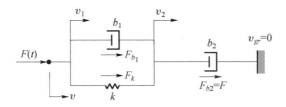

图 12.14　元件 $b_1$、$k$、$b_2$ 的复杂连接形式

若以算子形式表示,则有 $(T_0 p + 1)F = b_2(T_1 p + 1)v$,其中 $p = \mathrm{d}/\mathrm{d}t$。于是,传递函数就为 $W(p) = \dfrac{F}{v} = \dfrac{b_2(T_1 p + 1)}{(T_0 p + 1)}$,它也就是输入阻抗。为了进一步构造伯德图,可以令其中的 $p = \mathrm{j}\omega$。

对于由阻尼器 $b$ 和质量 $m$ 以并联方式连接而成的系统,如图 12.15 所示,初看上去似乎这两个元件是串联连接的,不过由于它们具有相同的速度,因而实际上是并联连接[15]。协调条件可以表示为 $v_1 = v_{1g} = v$,也即质量 $m$ 和阻尼器 $b$ 的速度是相等的。由于作用在系统上的力将由质量和阻尼器同时承受,因而连续性条件就可表示为 $F = F_m + F_b$。此外,由这两个元件的物理特性我们还有 $F_m = m \dfrac{\mathrm{d}v}{\mathrm{d}t}$,$F_b = bv$。

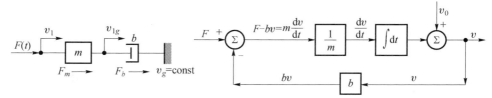

图 12.15　阻尼器 $b$ 与质量 $m$ 的并联连接及其对应的方框图

将 $F_m$ 和 $F_b$ 的表达式代入连续性条件可以导出

$$m \frac{\mathrm{d}v}{\mathrm{d}t} + bv = F \tag{12.33}$$

可以看出,这个方程将作用力 $F$ 与两个元件的公共速度 $v$ 联系了起来,其中的 $m \dfrac{\mathrm{d}v}{\mathrm{d}t}$ 这一项代表的是质量 $m$ 受到的力 $F_m$,它是不同于力 $F$ 的,这也再次体现了并联连接的特点。

如果系统的输入和输出分别为 $F$ 和 $v$,那么式(12.33)可以通过一个方框图来表达,如图 12.15 所示。可以看出,图 12.12 与图 12.15 这两个方框图是一致的,这就表明这两个系统是可以互相转换的。事实上,根据对应的式(12.30)和式(12.33)可知,只需进行 $F \leftrightarrow v, b \leftrightarrow 1/b, m \leftrightarrow 1/k$ 这一替换即可。

下面再来考虑阻尼器 $b$ 和质量 $m$ 串联连接的系统,如图 12.16 所示。这种连接形式意味着质量和阻尼器受到的力是相等的,由于质量与基础之间没有物理上的连接,因此也就没有力从质量传递到基础。

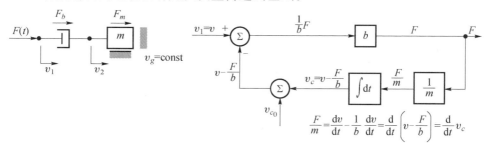

$$\frac{F}{m} = \frac{\mathrm{d}v}{\mathrm{d}t} - \frac{1}{b}\frac{\mathrm{d}v}{\mathrm{d}t} = \frac{\mathrm{d}}{\mathrm{d}t}\left(v - \frac{F}{b}\right) = \frac{\mathrm{d}}{\mathrm{d}t}v_c$$

图 12.16　阻尼器 $b$ 与质量 $m$ 的串联连接及其对应的方框图

协调条件可以表示为 $v_{1g} = v_{12} + v_{2g}$,其中的 $v_{1g}$ 代表的是力作用点相对于基础的速度。连续性条件为 $F = F_b = F_m$。这两个元件的特性可以表示为

$$\begin{cases} F_b = bv_{12} \rightarrow v_{12} = \dfrac{1}{b}F_b \rightarrow \dfrac{\mathrm{d}v_{12}}{\mathrm{d}t} = \dfrac{1}{b}\dfrac{\mathrm{d}F_b}{\mathrm{d}t} = \dfrac{1}{b}\dfrac{\mathrm{d}F}{\mathrm{d}t} \\ F_m = m\dfrac{\mathrm{d}v_{2g}}{\mathrm{d}t} \rightarrow \dfrac{\mathrm{d}v_{2g}}{\mathrm{d}t} = \dfrac{F_m}{m} \end{cases}$$

将协调方程对时间求导可得 $\dfrac{\mathrm{d}v_{1g}}{\mathrm{d}t} = \dfrac{\mathrm{d}v_{12}}{\mathrm{d}t} + \dfrac{\mathrm{d}v_{2g}}{\mathrm{d}t}$,进一步考虑到元件特性和连

续性条件,我们可以得到

$$\frac{F}{m} + \frac{1}{b}\frac{\mathrm{d}F}{\mathrm{d}t} = \frac{\mathrm{d}v}{\mathrm{d}t} \qquad (12.34)$$

显然,上面这个方程将作用力 $F$ 和力作用点处的速度 $v = v_{1g}$ 联系了起来。如果系统的输入和输出分别令为 $v$ 和 $F$ 的话,那么式(12.34)可以通过图 12.16 中的方框图来描述。

不难看出,$b-m$ 系统和 $b-k$ 系统是对偶的,这种对偶性可参见表 12.8。

最后,我们再来分析一下弹簧 $k$ 和质量 $m$ 的并联连接形式,如图 12.17 所示。对于这种连接形式,质量和弹簧元件在点 2 处将具有相同的位移和速度。实际上,在前面的力学两端网络中(图 2.8)已经考察了阻抗分别为 $Z_m$ 和 $Z_k$ 的两个模块的并联结构形式。显然,图 12.17 所示的这个系统具有的协调条件就可以表示为 $x_1 = x_2 = x$,$v_1 = v_2 = v$。此外,连续性条件可写为 $F = F_m + F_b$,而元件特性则分别为 $F_m = m\dfrac{\mathrm{d}v}{\mathrm{d}t}$,$F_k = k(x - x_g)$,其中的 $x_g$ 代表的是运动激励。

表 12.8　$b-m$ 和 $b-k$ 系统的并联和串联的对偶性[15]

| 阻尼器与质量的组合 | 对偶 | 阻尼器与弹簧的组合 |
|---|---|---|
| 并联 $bmm\dfrac{\mathrm{d}v}{\mathrm{d}t} + bv = F$　(12.33)<br><br>$v_1 = v_{1g} = v$、$v = 0$ 当 $t = 0 +$<br><br>方框图　12.15 | $F \leftrightarrow v$<br>$m \leftrightarrow 1/k$<br>$b \leftrightarrow 1/b$ | 串联 $bk\dfrac{1}{k}\dfrac{\mathrm{d}F}{\mathrm{d}t} + \dfrac{F}{b} = v$　(12.30)<br><br>$v_{12} + v_{23} = v_{13} = v$、$F = 0$ 当 $t = 0 +$<br><br>方框图　12.12 |
| 串联 $bm\dfrac{1}{b}\dfrac{\mathrm{d}F}{\mathrm{d}t} + \dfrac{F}{m} = \dfrac{\mathrm{d}v}{\mathrm{d}t}$　(12.34)<br><br>$v_1 = v_{1g} = v$、$F = bv_0$ 当 $t = 0 +$<br><br>方框图　12.16 | $v \leftrightarrow F$<br>$1/b \leftrightarrow b$<br>$1/m \leftrightarrow k$ | 并联 $bkb\dfrac{\mathrm{d}b}{\mathrm{d}t} + kv = \dfrac{\mathrm{d}F}{\mathrm{d}t}$　(12.31)<br><br>$F = F_b + F_k$、$v = \dfrac{F_0}{b}$ 当 $t = 0 +$<br><br>方框图　12.13 |
| ①初始条件应制定 $F$[15];<br>②初始条件应指定 $v$ | | |

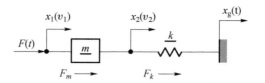

图 12.17　质量 $m$ 和弹簧 $k$ 的并联连接

将元件特性代入到连续性条件,我们可以得到

$$m \frac{\mathrm{d}\boldsymbol{v}}{\mathrm{d}t} + k(x - x_g) = F \qquad (12.35a)$$

如果令 $x_g = 0$,那么也就得到了人们所熟知的 $m - k$ 系统的微分方程式,即

$$m \frac{\mathrm{d}\boldsymbol{v}}{\mathrm{d}t} + k \int \boldsymbol{v} \mathrm{d}t = F \qquad (12.35b)$$

这种情况下的方框图构建过程与被动元件的其他连接情况是类似的[15],所得到的方框图中将包含一个由模块 $1/k$ 与微分模块 $p$ 构成的前向通道和一个由模块 $p$ 与 $m$ 构成的反馈通道。

## 12.2.2　振动防护闭环控制系统

这里我们主要讨论的是受到运动激励的单自由度动力学系统,如图 12.18 (a)所示。这个系统的控制方程可以表示为

$$m\ddot{x}_1 + b\dot{x}_1 + kx_1 = b\dot{x} + kx \qquad (12.36a)$$

若以算子形式表达,则可写为

$$(mp^2 + bp + k)x_1 = (bp + k)x \qquad (12.36b)$$

其中 $p = \mathrm{d}/\mathrm{d}t$。

不难看出,$x_1 - x$ 这个通道的传递函数应为

$$W(p) = \frac{x_1}{x} = \frac{bp + k}{mp^2 + bp + k} \qquad (12.37)$$

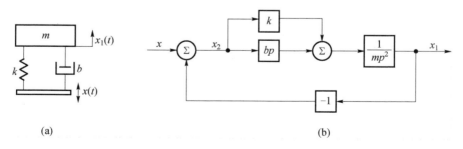

(a)　　　　　　　　　　　　　　　　(b)

图 12.18　(a)受到运动激励作用的振动防护系统;
(b)对应的方框图,$x_2 = x - x_1$ 为相对位移

为了构建这个振动防护系统的闭环控制系统形式的方框图,可以将方程 (12.36a)的形式改写为 $m\ddot{x}_1 = [b(\dot{x} - \dot{x}_1) + k(x - x_1)]$。可以看出,第一个加法模块的输出是质量 $m$ 的相对位移 $x_2 = x - x_1$,而根据式(12.36a),第二个加法模块的输出则为 $m\ddot{x}_1$。经过两次积分之后我们也就得到了输出坐标 $x_1$。最后,为了得到第一个加法模块的输出信号 $x_2 = x - x_1$,有必要引入一个负反馈,其传递函数为 $W = -1$,如图 12.18(b)所示[6]。

上面这个方框图的传递函数具有式(12.37)的形式,事实上,由 $k$ 和 $b$ 构成的并联模块所对应的传递函数为 $W_{kb}(p) = W_k(p) + W_b(p) = k + bp$,于是对于前向通道中由 $W_{kb}(p)$ 和 $W_m(p) = 1/mp^2$ 所构成的串联组合模块来说,其传递函数就是 $W_{dir}(p) = W_{kb}(p)W_m(p) = (k + bp)/mp^2$。显然,这个闭环系统的传递函数就变为

$$W(p) = \frac{W_{dir}(p)}{1 - [W_{dir}(p)(-1)]} = \frac{(k + bp)\dfrac{1}{mp^2}}{1 + (k + bp)\dfrac{1}{mp^2}} = \frac{bp + k}{mp^2 + bp + k}$$

利用这个方框图,我们就可以跟踪信号的传递路径了。首先可以假设不存在反馈,那么系统的输入信号 $x(t)$(即基础的位移)将进入到由 $k$ 和 $bp$ 构成的并联模块中,这意味着弹簧和阻尼器与运动基础相连接的点具有相同的位移 $x(t)$ 和速度。这个并联模块的输出信号是 $kx$ 和 $bpx$,它们分别代表了弹簧和阻尼器中所产生的力,它们的合成(即 $bpx + kx = u$)就是后续模块(传递函数为 $1/mp^2$)的输入信号了。经过变换($u/mp^2$)之后也就得到了质量 $m$ 的位移 $x_1$,这是因为 $mp^2 x_1 = m\ddot{x}_1 = u$。质量元件和其他被动元件(如弹簧、阻尼器)一样都属于两端元件,其中的一端位于质量自身,而另一端则位于运动基础上。实际上,反馈过程反映的正是质量元件的两端性,式(12.36a)和方框图中的位移差 $x_1 - x$ 都代表了质量相对于运动基础的相对位移量。

我们再来分析受到力激励作用的单自由度系统,这里的基础是固定不动的,如图 12.19(a)所示。这一系统的微分方程可以表示为 $m\ddot{x} + b\dot{x} + kx = F(t)$,为了便于考察系统的反馈过程,可以将这一方程改写为

$$m\ddot{x} = -(b\dot{x} + kx - F(t)) \tag{12.38}$$

与此对应的方框图已在图 12.19(b)中给出,其中加法模块的输出信号为 $m\ddot{x}$。利用这个方框图我们可以对 $x$、$\dot{x}$、$\ddot{x}$ 进行控制。先来确定"输入 $F(t)$ - 输出 $x(t)$"这个通道的传递函数。模块 1 和模块 2 所形成的传递函数为 $W_{12} = \dfrac{1/mp}{1 + (1/mp)b} = \dfrac{1}{mp + b}$,而对于模块 1、2 和 3,可以得到传递函数 $W_{123} = W_{12}W_3 = \dfrac{1}{mp^2 + pb}$。于是,所需确定的传递函数为

$$W(p) = \frac{X(p)}{F(p)} = W_{1234} = \frac{W_{123}}{1 + W_4 W_{123}} = \frac{1}{mp^2 + pb + k} \qquad (12.39)$$

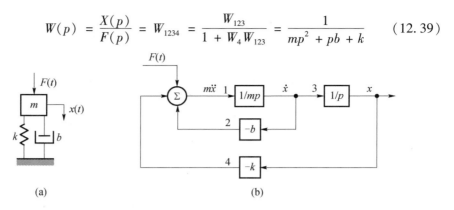

图 12.19 （a）受力激励作用的振动防护系统；（b）对应的方框图

在图 12.20（a）中，我们给出了一个单自由度的两级振动防护系统，该系统在受到一个动态激励力 $F(t)$ 作用的同时，还受到了轻质板（忽略质量）所提供的运动激励 $x(t)$ 的作用。系统的控制方程可以表示为

$$\begin{cases} m\ddot{x}_1 + (b + b_1)\dot{x}_1 + (k + k_1)x_1 = f(t) \\ f(t) = b\dot{x} + kx + F(t) \end{cases} \qquad (12.40)$$

而传递函数则可以写为 $W(p) = \dfrac{x_1}{f} = \dfrac{1}{mp^2 + (b + b_1)p + (k + k_1)}$。

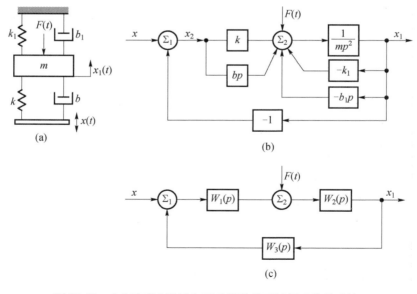

图 12.20 （a）受到力激励和运动激励的两级振动防护系统；
（b）对应的方框图；（c）变换后的方框图

可以将微分方程(12.40)改写为算子形式,即 $bp(x - x_1) + k(x - x_1) - b_1 p x_1 - k_1 x_1 + F = mp^2 x_1$。该系统所对应的闭环方框图[6]已在图 12.20(b)中给出。

很明显,输入信号 $x(t)$(即运动激励)将进入到加法模块 $\Sigma_1$,而激励力 $F(t)$ 也是输入信号,它将进入到加法模块 $\Sigma_2$。不难看出图中的模块 $k$ 和 $bp$ 是并联形式连接的,而模块 $1/mp^2$,$-k_1$,$-b_1 p$ 则是反向并联连接的。利用这个方框图,我们可以分别针对输入 $x(t)$ 和 $F(t)$ 来确定对应的传递函数。为此,可以将该方框图改造为图 12.20(c)的形式,其中重新组装后的模块分别是 $W_1(p) = k + bp$,$W_2(p) = \dfrac{1}{mp^2 + b_1 p + k_1}$,而反馈过程中的传递函数为 $W_3 = -1$。可以看出,除了传递函数 $W_3$ 为负以外,图 12.20(c)所示的方框图与图 12.11 中的情况是一致的,因此,根据实例 12.8 我们就可以将输入输出关系表示为

$$x_1 = \frac{W_1 W_2}{1 - W_1 W_2 W_3} x + \frac{W_2}{1 - W_1 W_2 W_3} F \tag{12.41a}$$

这个关系式体现了叠加原理,即输出函数 $x_1$ 是输入激励 $x$ 和 $F$ 的线性组合。由此我们也就得到了如下的传递函数关系:

$$\begin{cases} W_{x_1/x}(p) = \dfrac{x_1}{x} = \dfrac{W_1 W_2}{1 - W_1 W_2 W_3} = \dfrac{bp + k}{mp^2 + (b + b_1)p + (k + k_1)} \\[3mm] W_{x_1/F}(p) = \dfrac{x_1}{F} = \dfrac{W_2}{1 - W_1 W_2 W_3} = \dfrac{1}{mp^2 + (b + b_1)p + (k + k_1)} \end{cases} \tag{12.41b}$$

由此不难发现,如果该系统具有多个输入,那么在确定特定的传递函数时就必须按如下过程来运用叠加原理,即假定除了所关心的那个输入以外的所有输入激励均等于零,然后将带有这个单输入的方框图转换成一个模块,最后再回到图 12.20(c)即可导得式(12.41a)。

需要着重指出的是,振动防护系统的方框图具有一个重要特点,即带有反馈过程。此类系统的实际状态一般可由能量泛函取极小值来确定[22],从这一角度出发,每个这样的系统都可以视为是最优的,因为系统会自动调整到最优模式(例如在强度和稳定性问题中就是如此[23,24])。反馈元件是实现这种自动调整功能所必备的一种元件,在主动振动控制问题中,人们往往会特意引入反馈过程,并且这些过程一般都会体现出清晰的物理本质。此外,还存在着另外一种情况,其中的反馈过程是系统自身所拥有的本质属性。

下面我们针对图 12.21 所示的两自由度两级振动防护系统(一维运动情况),构建其方框图。这个系统受到的是下部无质量平板的运动激励 $x(t)$。质量 $m_1$ 和 $m_2$ 的位移可分别记为 $x_1(t)$ 和 $x_2(t)$。这里我们假定需要进行振动防护的是质量 $m_2$,系统的输入和输出信号分别为 $x(t)$ 和 $x_2(t)$。

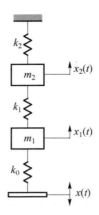

图 12.21　受到运动激励 $x(t)$ 作用的两级系统原理图

如果忽略掉阻尼力,那么该系统的微分方程应为

$$\begin{cases} m\ddot{x}_1 = k_0(x - x_1) - k_1(x_1 - x_2) \\ m\ddot{x}_2 = k_1(x_1 - x_2) - k_2 x_2 \end{cases} \qquad (12.42a)$$

利用微分算子 $p = \mathrm{d}/\mathrm{d}t$,可以将上述方程改写为

$$\begin{cases} k_0(x - x_1) - k_1 x_1 + k_1 x_2 = m_1 p^2 x_1 \\ k_1(x_1 - x_2) - k_2 x_2 = m_2 p^2 x_2 \end{cases} \qquad (12.42b)$$

图 12.22(a)给出了与此对应的方框图,从中可以看出,它是由两个子系统通过反馈连接起来的,即第二个子系统的输出信号 $x_2$ 经过比例模块 $k_1$ 进入到第一个子系统的加法模块中,该加法模块决定了第一个子系统的行为。每个子系统中都包含了两个负反馈,它们的传递函数分别是 $-1$ 和 $-k$。

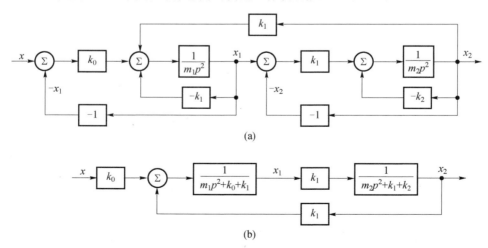

(a)

(b)

图 12.22　(a)图 12.21 所示两级系统的方框图;(b)重新组织后的方框图

为了进行重新组装,应将上述关系式(12.42b)改写为关于 $x_1$ 和 $x_2$ 的形式,也即

$$\begin{cases} x_1 = (k_0 x + k_1 x_2) \dfrac{1}{m_1 p^2 + k_0 + k_1} \\ x_2 = k_1 x_1 \dfrac{1}{m_1 p^2 + k_1 + k_2} \end{cases} \qquad (12.42c)$$

与此对应的方框图参见图 12.22(b)。在确定通道 $x - x_2$ 的传递函数 $W = x_2/x$ 时,可以从式(12.42c)中消去 $x_1$,或者直接利用图 12.22(b)所示的方框图。

## 12.2.3 动力吸振器

如图 12.23(a)所示,其中给出了一个两自由度动力学系统[25],激励源为作用到质量 $m$ 上的力 $F(t)$,系统的广义坐标选为 $x(t)$ 和 $x_1(t)$[25],由此可知系统的输入量为 $F(t)$,而输出量为 $x(t)$ 和 $x_1(t)$。

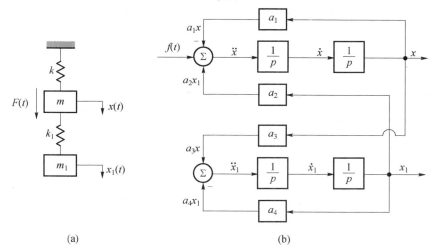

(a) (b)

图 12.23 (a)动力吸振器;(b)对应的方框图

这一系统的微分方程组可以写为

$$\begin{cases} m\ddot{x} + (k + k_1)x - k_1 x_1 = F(t) \\ m_1 \ddot{x}_1 - k_1 x + k_1 x_1 = 0 \end{cases} \qquad (12.43a)$$

从该方程组中可以解出最高阶导数项,即

$$\begin{cases} \ddot{x} = -\dfrac{k + k_1}{m} x + \dfrac{k_1}{m} x_1 + \dfrac{F(t)}{m} \\ \ddot{x}_1 = \dfrac{k_1}{m_1} x - \dfrac{k_1}{m_1} x_1 \end{cases}$$

或者

$$\begin{cases} \ddot{x} = -a_1 x + a_2 x_1 + f(t) \\ \ddot{x}_1 = a_3 x - a_4 x_1 \\ a_3 = a_4 = k_1/m_1 \\ f(t) = F(t)/m \end{cases} \quad (12.43b)$$

图 12.23(b)给出了对应的方框图,其等效形式可参见图 12.24(a)。可以看出,子系统是通过模块 $a_2$ 和 $a_3$ 连接起来的,前向通道中的两个子系统包含了两个以串联形式连接的积分模块 $1/p$(图 12.23(b)),这使得我们能够获得第一个模块的速度输出信号。由于不考虑能量耗散效应,因而这里的 $\dot{x}$ 和 $\dot{x}_1$ 并不用于产生耗散力。于是,在图 12.24(a)中,两个串联的积分模块也就变成了传递函数为 $1/p^2$ 的单个模块了。此外还可以看出,每个子系统都带有一个负反馈过程,其增益系数分别为 $a_1$ 和 $a_4$。

图 12.24(b)给出了消除这些子系统的反馈环节之后的结果。该图中的两个串联连接模块,即传递函数为 $a_3$ 和 $p^2/(p^2 + a_4)$ 的模块,可以通过一个传递函数为 $a_3 p^2/(p^2 + a_4)$ 的单个模块来替换。于是,引出点可以放置在这个模块的前面,并需要在反馈通道中引入一个附加模块,其传递函数为 $a_3 p^2/(p^2 + a_4)$。这样一来,这个模块与模块 $a_2$ 组合起来就构成了模块 $a_2 a_3 p^2/(p^2 + a_4)$,参见图 12.24(c)。最后,我们可以从该图中消去反馈环节,从而得到图 12.24(d),此时从 $f$ 到 $x$ 的传递函数为

$$W_{x/f}(p) = W(p) = \frac{p^2(p^2 + a_4)}{(p^2 + a_1)(p^2 + a_4) - a_2 a_3 p^4} \quad (12.44)$$

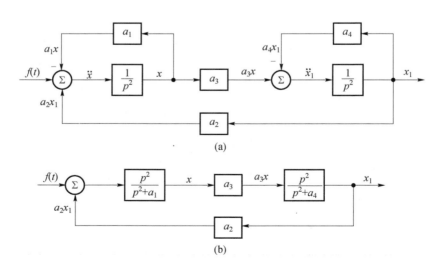

(a)

(b)

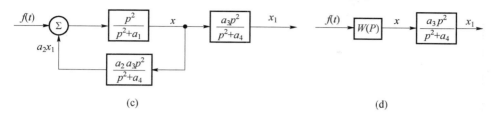

图 12.24　图 12.23(b)所示方框图的变换

对于任意的激励 $f(t)$，以算子形式表示的响应为 $x(p) = W_{x/f}(p)F(p)$，其中 $x(p)$ 和 $F(p)$ 分别为响应和激励力函数的像。如果我们假定该系统受到的是简谐型力激励，即 $F(t) = F_0 \sin\omega t$，那么可以得到 $p^2 + a_4 = (\mathrm{j}\omega)^2 + \dfrac{k_1}{m_1} = -\omega^2 + \dfrac{k_1}{m_1}$。若 $\dfrac{k_1}{m_1} = \omega^2$，那么从激励 $F$ 到响应 $x$ 的传递函数就变成了 $W(p) = 0$，因而响应也就变成了 $x(t) = 0$。这就意味着，如果激励频率 $\omega$ 等于子系统 $k_1 - m_1$ 所具有的自由振动频率 $\sqrt{k_1/m_1}$，那么质量 $m$ 的位移就变成了零，事实上在前面的 6.1 节中我们已经通过解析分析手段得到了这一结果。这里需要注意的是，从激励 $F$ 到响应 $x_1$ 的传递函数是不等于零的，该函数为 $W_{x_1/f}(p) = W(p)$

$$\frac{a_3 p^2}{p^2 + a_4} = \frac{a_3 p^4}{(p^2 + a_1)(p^2 + a_4) - a_2 a_3 p^4}。$$

## 12.3　带有附加被动连接的振动防护系统

在振动防护系统中引入附加的元件一般会从本质上改变系统的特性。通过对这些元件进行参数优化，可以提高振动防护的性能，拓宽有效振动防护频带，某些情况下还可能揭示出一些全新的现象。从能量角度来看，新引入的连接可以是被动类型的也可以是主动类型的，它们的数学描述可以是线性也可以是非线性的，甚至可以不必考虑其具体的物理实现形式。下面我们来考察引入附加的被动连接对振动防护系统数学模型的影响[6]。

### 12.3.1　负刚度连接

这里考虑一个受到运动激励的振动防护系统，该系统可参见前面的图 12.18，其中还给出了对应的方框图。为了改变该系统的特性，这里引入了附加的连接 $I$，它与元件 $k$ 和 $b$ 是以并联形式连接起来的，如图 12.25(a)所示。不妨设这个新引入的连接的传递函数为 $I(p)$，而不关心其具体的物理本质，那么与新系统对应的方框图将如图 12.25(b)所示。在特定的情况下，这个附加的连接可以使得系统的刚度降低,此时振动隔离的有效频带也将得到拓展。

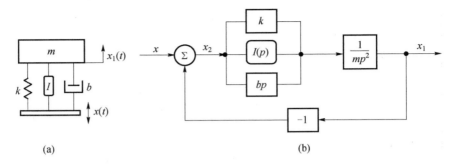

图 12.25 (a) 带附加元件 $I$ 的振动防护系统 $(k - b)$
受到运动激励 $x(t)$ 的作用;(b)方框图

并联模块 $(k 、b)$ 与附加元件 $I$ 所构成的传递函数可以表示为

$$W_{klb}(p) = W_k(p) + I(p) + W_b(p) = k + bp + I(p)$$

在前向通道中,串联连接的两个模块的传递函数分别为 $W_{klb}(p)$ 和 $W_m(p) = \dfrac{1}{mp^2}$,于是串联后的传递函数应等于 $W_{\mathrm{pr\ ch}}(p) = W_{klb}(p) W_m(p) = (k + bp + I(p)) \dfrac{1}{mp^2}$。进而可以得到闭环系统的传递函数为

$$W(p) = \frac{W_{\mathrm{pr\ ch}}(p)}{1 - [W_{\mathrm{pr\ ch}}(p)(-1)]} = \frac{(k + bp + I(p)) \dfrac{1}{mp^2}}{1 + [k + bp + I(p)] \dfrac{1}{mp^2}}$$

$$= \frac{bp + k + I(p)}{mp^2 + bp + k + I(p)} \tag{12.45}$$

不难看出,如果 $bp + k = -I(p)$,那么我们有 $W(p) = 0$。这就意味着,系统对于外部激励来说具有了绝对不变性(参见第 8 章)。如果阻尼可以忽略(即 $b = 0$),那么当弹性元件 $I$ 的刚度等于 $-k$ 时,任意频率的外部激励都会被完全补偿掉。能够实现这种负刚度的机械结构可以参阅 Alabuzhev 等人的文献[26]。

## 12.3.2　加速度连接关系

引入这种附加的连接关系之后,可以使质量 $m$ 的相对运动速度发生变化时(即存在加速度时)出现附加阻抗,其传递函数应当设定为 $I(p) = m'p^2$ 这一形式。因而,整个系统的传递函数就变为[6]

$$W(p) = \frac{m'p^2 + bp + k}{(m + m')p^2 + bp + k} \tag{12.46}$$

可以看出,在系统中附加了这样的连接关系后,将可以获得更低的固有频率,原因在于系统的质量增大了 $m'$。这种附加的连接关系能够显著改变系统的动力学特性,实际上从传递函数就可以看出这一点,即传递函数中的分子多项式的阶次增大了一阶,因而与分母多项式的阶次相等了。

应当注意的是,如果只是将系统的质量 $m$ 增大 $m'$,而没有引入这种附加的连接,那么式(12.46)所示的传递函数的分母是不变的,但是其分子仍为 $bp+k$。对于传递函数为式(12.46)的系统,有关其幅频特性的更多内容可以参阅 Eliseev 的工作[6]。

## 12.4　带有附加的主动连接关系的振动防护系统

振动主动抑制的基本思想是,通过引入附加的控制激励来补偿外部扰动的影响,所引入的控制激励可以是力(或力矩)的形式也可以是运动的形式。与被动系统不同的是,主动振动防护系统中包含了一组自动控制系统中常见的元件,如传感器、校正模块、滤波器以及执行机构(伺服电机)等[1,3,6]。伺服电机主要用于根据控制信号执行相应的调整动作。为了确保伺服电机能够正常工作,振动防护系统中必须带有能量源。事实上,系统中带有能量源也正是主动振动防护系统的一个基本标志。

主动振动防护系统一般用于对振动水平有着严格要求的场合,如精密机床设备、火箭发射塔、导航设备等往往对振动或过载量有着苛刻的性能要求[12,27]。主动振动防护系统具有诸多优点,特别体现在以下几个方面[1,5,28]:

(1)对于振动物体的重量变化的敏感性较低。

(2)能够在很宽的频率范围内实现有效的振动防护。

(3)能够得到所需的幅频特性。

根据所引入的主动连接关系的不同,主动振动防护系统可以有如下两种类型:

(1)在振动防护对象上直接施加控制力。

(2)在系统中的基础上施加控制位移。

### 12.4.1　主动振动防护系统的功能方案

这里我们将通过一个单自由度系统分析实例来讨论主动振动防护系统的功能方案,如图 12.26 所示。振动防护对象为质量 $m$,它受到了一个激励力 $F(t)$ 的作用,为了减小振动,系统中同时采用了被动式和主动式防护元件。一般而言,系统中的被动防护部分(模块 1)包含的是以某种方式连接起来的弹性元件和阻尼器等被动元件。下文中我们将假定被动部分是由阻尼器 $b$ 和弹簧 $k$ 以并联方式连接而成的,此时这两个元件所构成的传递函数就可以表示为 $W_{pas}(p) = bp + k$。该系统中的主动防护部分包含了传感器 2、信号转换模块 3 以及执行机构 4[29,30]。系统的输入激励为 $F(t)$,而输出为质量 $m$ 的位移 $x(t)$。

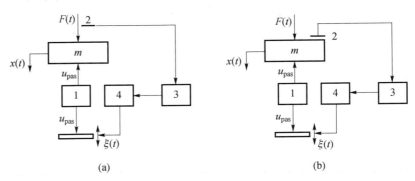

(a)                            (b)

图 12.26     力激励情况下的一维主动式运动控制型振动防护系统:
(a) 基于激励信号 $F(t)$ 的功能方案;(b) 基于物体动力学状态信号 $x(t)$ 的功能方案
1—振动防护系统的被动部分;2—传感器;3—信号转换装置;4—执行机构

这里的振动防护系统可以有两种不同的工作方式。第一种方式中,传感器 2 用于检测物体的激励信号(图 12.26(a)),而在第二种方式中传感器 2 检测的是物体的状态信号(图 12.26(b))。这两种方式所对应的情况可以分别视为基于激励信号的振动防护与基于物体状态信号的振动防护。除此之外,其他的信号传递过程都是相同的,即信号转换装置(模块 3)与执行机构(模块 4)等都是一致的,但是应特别注意的是,在这两种方式中,模块 2 的输出信号是具有完全不同的本性的。此外,这里我们还假定了在这两种方式中,振动防护控制均施加在基础上,换言之,这里的防护控制采用了运动激励形式。当然,振动防护控制也是可以施加在防护对象上的,也即激励力形式的控制激励。

图 12.27 中给出了各种不同形式的振动抑制方案,这些方案都是基于物体状态信号的。通过放置在物体上的传感器,物体的状态信号将输入到不同的功能模块中(这里没有示出)。图 12.27(a) 中表示的是激励力为 $F(t)$ 而振动防护为控制力型的情况,运动激励为 $\xi(t)$ 而振动防护为控制力 $U(t)$ 的情况如图 12.27(b) 所示,图 12.27(c) 则对应了激励力为 $F(t)$ 而振动防护为运动控制 $\xi(t)$ 的情况。应注意的是,这些方案中并没有指定物体状态信息的类型,如位移、速度、加速度或者它们的组合形式[31]。

实际上,在上述方案基础上作进一步地修改之后,我们还可以得到更多形式的主动振动防护系统[6,7,28,32],例如利用系统中的作动器来改变被动元件的参数特性就是一例。

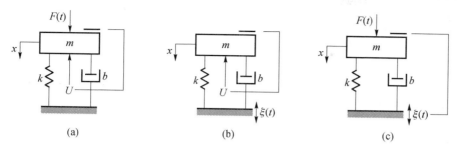

图 12.27  基于物体 $m$ 的状态的振动防护功能原理

## 12.4.2  基于激励信号的振动防护——不变性系统

设有一个质量为 $m$ 的物体受到了简谐型激励力 $F(t) = F_0\sin\omega t$ 的作用,我们来考虑其稳态振动情况,如图 12.28 所示。这里引入了振动防护控制 $\xi(t)$,它是根据物体受到的激励信号进行工作的。此外,该系统中的被动部分包含了刚度系数为 $k$ 的弹性元件和一个阻尼器 $b$,二者以并联方式连接。

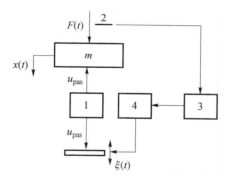

图 12.28  受到力激励的一维振动防护系统的功能方案:
基础运动激励 $\xi(t)$ 作为主动式振动防护控制作用

这里的防护对象的运动可以通过如下方程来描述:

$$m\ddot{x} = -\left(b\frac{\mathrm{d}}{\mathrm{d}t} + k\right)(x - \xi) + F(t) \tag{12.47}$$

式中:$x - \xi$ 为防护对象相对于基础的位移量。

此处所需确定的是基础的位移变化规律 $\xi(t)$,目的是使得被动元件(弹簧 $k$ 和阻尼器 $b$)中所产生的力能够与激励力 $F(t) = F_0\sin\omega t$ 大小相等而方向相反。

当这一条件满足时,式(12.47)的右端应等于零,即 $\left(b\dfrac{\mathrm{d}}{\mathrm{d}t} + k\right)(x - \xi) = F(t)$。

进一步,如果作用到质量 $m$ 上的合力为零,那么有 $m\ddot{x} = 0 \rightarrow \dot{x} = C_1 \rightarrow x = C_1 t + C_2$。若假定初始条件为 $x = \dot{x} = 0$,于是就可以得到如下关于基础位移的方程:

437

$$b\dot{\xi} + k\xi = -F_0\sin\omega t \tag{12.48}$$

为了求解这个方程,可以将其表示为复数形式。复数形式的激励力和复数解应分别写为 $\overline{F} = F_0\mathrm{e}^{j\omega t}$, $\overline{\xi} = \psi\mathrm{e}^{j\omega t}$,其中的 $\psi$ 为基础的位移幅值。将这些复数形式代入到式(12.48),容易得到一个关于幅值 $F_0$、$\psi$、系统参数以及激励频率的关系式,即 $\psi(jb\omega + k) = -F_0$。于是,基础的位移幅值(复数形式)就变成了 $\psi = -\dfrac{F_0}{k + jb\omega}$。由此可以得到式(12.48)的实数形式的解为

$$\xi(t) = -\psi\sin(\omega t - \varphi) \tag{12.49}$$

其中

$$\begin{cases} \psi = \dfrac{F_0}{\sqrt{k^2 + b^2\omega^2}} \\[3mm] \varphi = \arctan\dfrac{b\omega}{k} \end{cases} \tag{12.50}$$

这一结果表明了,基础的稳态运动所具有的频率应等于激励频率 $\omega$,不过在相位上要比激励滞后 $\varphi$。很容易可以验证,对于这一基础位移控制作用,被动元件 $k-b$ 中所产生的力恰好为 $-F_0\sin\omega t$。事实上我们有

$$-(b\dot{\xi} + k\xi) = -[b\omega\psi\cos(\omega t - \varphi) + k\psi\sin(\omega t - \varphi)] \tag{12.51}$$
$$= -\psi\{b\omega[\cos\omega t\cos\varphi + \sin\omega t\sin\varphi] + k[\sin\omega t\cos\varphi - \cos\omega t\sin\varphi]\}$$

由于 $\cos\varphi = \dfrac{k}{\sqrt{k^2 + b^2\omega^2}}$,$\sin\varphi = \dfrac{b\omega}{\sqrt{k^2 + b^2\omega^2}}$,于是式(12.51)也就等于 $-F_0\sin\omega t$。这样的话,基础的位移(12.49)将对激励力的作用形成完全补偿。换言之,对于任意频率 $\omega$ 和幅值 $F_0$ 的外部简谐激励来说,这个主动振动防护系统(图12.28)将可以使得防护对象的位移 $x(t)$ 具有不变性。很明显,与第8章所给出的概念相比,这里的不变性是狭义上的。只要振动防护系统中包含了能够监测激励幅值和激励频率的变化的装置,那么这里的不变性就是可以实现的。应当注意的是,这里我们讨论的只限于稳态振动情况,而不包括瞬态振动[1,21]。

## 12.4.3 基于对象状态信号的振动防护——性能指标

对于由 $m-k-b$ 元件构成的振动系统,Kolovsky[4,5]曾经详细考察过各种不同形式的主动振动防护方案,如图12.27所示。这里我们将介绍其中的一部分内容。

第一种方案:

这种方案主要涉及一个受到激励力 $F(t)$ 作用的系统,所采用的主动振动防护措施是在防护对象(质量 $m$)上施加一个主动控制力 $U(t)$。系统中的反馈过

程建立在防护对象的状态信号 $x(t)$ 上,如图 12.27(a)所示。一般地,可以将控制作用 $U(t)$ 和状态 $x(t)$ 之间的关系表示为

$$U(t) = -W_x(p)x(t) \qquad (12.52)$$

式中:$W_x(p)$ 为某种算子。如果所采用的控制作用 $U(t)$ 正比于防护对象的位移,那么有 $W_x(p) = \alpha$;若该控制作用正比于速度或者加速度,那么分别有 $W_x(p) = \alpha_1 p$,$W_x(p) = \alpha_2 p^2$。很显然,我们可以将对象的位移、速度和加速度等状态信息以任意形式组合起来(带有不同的加权系数),从而构造出各种 $W_x(p)$ 的表达式[31]。

这里的振动防护系统的数学模型可以描述为

$$m\ddot{x} + \left( b\frac{\mathrm{d}}{\mathrm{d}t} + k \right)x = F(t) + U(t) \qquad (12.53)$$

或者以算子形式表示为

$$mp^2 x + (bp + k)x = F(p) - W_x(p)x$$

上面这个方程的解可以写为

$$x = [mp^2 + bp + k + W_x(p)]^{-1}F(t) \qquad (12.54)$$

于是,对于这个包含有被动元件 $m$、$b$、$k$ 以及主动连接关系(算子函数为 $W_x(p)$)的振动防护系统来说,其"位移 $x$ - 力 $F$"之间的传递函数就应为

$$W_{x/F}(p) = \frac{1}{mp^2 + bp + k + W_x(p)} \qquad (12.55)$$

如果系统中不存在反馈环节,那么就有 $x_{\mathrm{pas}} = [mp^2 + bp + k]^{-1}F(t)$。因此,振动防护的有效性可以以算子形式表示为

$$K_x(p) = \frac{x}{x_{\mathrm{pas}}} = \frac{[mp^2 + bp + k + W_x(p)]^{-1}}{[mp^2 + bp + k]^{-1}} = \left[ 1 + \frac{W_x(p)}{mp^2 + bp + k} \right]^{-1} \qquad (12.56a)$$

其中,带有下标"pas"的参数代表的是系统中仅包含被动防护部分这一情形,也即去除主动振动防护系统中的主动连接之后的参数。应当注意的是这里的 $K_x(p)$ 不能视为传递系数。若需要评估指定振动频率 $\omega$ 处的振动防护效果,可以将 $p = \mathrm{j}\omega$ 代入到上面这个表达式中,然后计算出复数的模即可。

式(12.56a)所示的有效系数还可以通过另外一种形式给出。由于动柔度和动刚度分别为 $A(p) = (mp^2 + bp + k)^{-1}$ 和 $R(p) = A^{-1}(p) = mp^2 + bp + k$,于是式(12.56a)可改写为

$$K_x(p) = \frac{R(p)}{R(p) + W_x(p)} \qquad (12.56b)$$

不难看出,有效的主动振动防护应当是满足如下条件的,即

$$K_x(\mathrm{j}\omega) = \frac{|R(\mathrm{j}\omega)|}{|R(\mathrm{j}\omega) + W_x(\mathrm{j}\omega)|} < 1$$

主动振动防护在较低的动刚度情况下(即近共振区域内)能够体现出特别显著的效果。实际上,在引入振动防护装置之后,系统的固有频率发生了变动,因而原固有频率处将不会再产生共振,这是振动防护在共振点附近特别有效的根本原因。

Kolovsky[5]还曾经针对不同类型的算子函数 $W_x(p)$,如 $\alpha_0$、$\alpha_1 p$、$\alpha_2 p^2$ 等,提出过不同的有效性指标,并对其应用场合进行了讨论。此外,该文献中还阐述了多谐激励、随机激励以及非定常激励等条件下的有效性指标。

下面再来分析主动振动防护中的反馈过程对传递到基础上的力的影响。在存在反馈的情况下,我们有

$$F_{\text{act}} = (bp + k)x + W_x(p)x = [bp + k + W_x(p)]x$$
$$= \frac{bp + k + W_x(p)}{mp^2 + bp + k + W_x(p)}F(t) \tag{12.57}$$

当不存在反馈过程时,我们有 $F_{\text{pas}} = (bp+k)x = \dfrac{bp+k}{mp^2+bp+k}F(t)$。因此,针对传递到基础上的力,就可以借助如下算子形式的指标来反映振动防护的有效性,即

$$K_F(p) = \frac{F_{\text{act}}}{F_{\text{pas}}} = \frac{bp + k + W_x(p)}{mp^2 + bp + k + W_x(p)} \cdot \frac{mp^2 + bp + k}{bp + k} = \left[1 + \frac{W_x(p)}{bp + k}\right]\left[1 + \frac{W_x(p)}{mp^2 + bp + k}\right]^{-1}$$
$$\tag{12.58}$$

这里需要做一些简要的评述。在第一种情况中(图 12.27(a)),如果假定所采用的系统状态信息是防护对象的加速度,那么我们需要在控制作用 $U(t) = -W_x(p)x(t)$ 中设定 $W_x(p) = \alpha_2 p^2$。这种情况下,$\alpha_2 p^2$ 项应当置入到被动系统的算子形式振动方程(即 $(mp^2 + bp + k)x = F(t)$)中。这就意味着这个主动振动防护系统的算子形式的振动方程就变成了 $[(m+\alpha_2)p^2 + bp + k]x(t) = F(t)$。初看上去,似乎没有必要去构造一个复杂的主动振动防护系统,而只需引入一个附加质量 $\alpha_2$ 就足够了,然而事实并不是如此。对于简单地增加一个质量这种方式而言,系统的静态特性将发生改变,而对于带反馈的主动振动防护系统来说,却可以在不增大防护对象重量的前提下构造出控制作用 $W_x(p) = \alpha_2 p^2$。此外,在运动激励情况中(图 12.27(b)),带有 $W_x(p) = \alpha_2 p^2$ 的主动防护系统能够保证防护对象的静态位置相对不变,并且可实现不同负载下的基础动态支撑[5,27]。

类似的情况也会出现在基于防护对象的位移($W_x(p) = \alpha_0$)和速度信号($W_x(p) = \alpha_1 p$)来进行振动控制($U(t) = -W_x(p)x(t)$)的场合。对基于位移的情形,主动振动防护的方程应为 $[mp^2 + cp + (k+\alpha_0)]x(t) = F(t)$;而对基于速度的情形,方程应取 $[mp^2 + (b+\alpha_1)p + k]x(t) = F(t)$ 这一形式。

最后应提及的是,系统状态信号是可以拓展的,主动振动防护系统中的反馈

可以基于 $x(t)$、$px(t)$、$p^2x(t)$、$x(t)$ 的更高阶导数，$\int x(t)\mathrm{d}t$，或者它们的任意组合来构造[31]。

第二种方案：

设系统受到了运动型激励 $\xi(t)$，而主动振动抑制措施与前一种方案中相同，即采用的是控制力 $U(t)$，如图 12.27(b) 所示。这里假定反馈是建立在防护对象的绝对位移基础上的，即 $U(t) = -W_x(p)x(t)$。防护对象 $m$ 的振动方程可以表示为

$$m\ddot{x} + \left( b\frac{\mathrm{d}}{\mathrm{d}t} + k \right)(x - \xi) = U(t) \tag{12.59}$$

式中：$x(t)$ 为绝对位移；$\xi(t)$ 为基础位移；$x(t) - \xi(t)$ 则代表了防护对象的相对位移。

以算子形式可将上式改写为 $mp^2x = -(bp + k)(x - \xi) - W_x(p)x$ 或者 $[mp^2 + bp + k + W_x(p)]x = (bp + k)\xi$。于是绝对位移为

$$x = x_{\mathrm{abs}} = \frac{bp + k}{mp^2 + bp + k + W_x(p)}\xi \tag{12.60}$$

而相对位移则为

$$x_{\mathrm{rel}} = x - \xi = \frac{bp + k}{mp^2 + bp + k + W_x(p)}\xi - \xi$$

$$= -\frac{mp^2 + W_x(p)}{mp^2 + bp + k + W_x(p)}\xi \tag{12.61}$$

传递到基础上的力包括了两个部分，即

$$F = F_{\mathrm{pas}} + F_{\mathrm{act}} = (bp + k)x_{\mathrm{rel}} + W_x(p)x(t)$$

$$= -\frac{mp^2(bp + k)}{mp^2 + bp + k + W_x(p)}\xi \tag{12.62}$$

输出量 $x_{\mathrm{abs}}$ 与输入激励 $\xi$ 之间的传递函数可以写为

$$W_{x_{\mathrm{abs}}-\xi}(p) = \frac{x_{\mathrm{abs}}}{\xi} = \frac{bp + k}{mp^2 + bp + k + W_x(p)} \tag{12.63}$$

利用式(12.61)~式(12.63)，我们可以得到移除主动连接之后的防护系统的相关特性表达式，它们分别为

$$x_{\mathrm{abs}}^{\mathrm{pas}} = \frac{bp + k}{mp^2 + bp + k}\xi \tag{12.64}$$

$$x_{\mathrm{rel}}^{\mathrm{pas}} = -\frac{mp^2}{mp^2 + bp + k}\xi \tag{12.65}$$

$$R^{\mathrm{pas}} = -\frac{mp^2(bp + k)}{mp^2 + bp + k}\xi \tag{12.66}$$

以算子形式表达,振动防护的有效系数则为[5]

$$K_{x_{abs}}(p) = \frac{x}{x_{pas}} = \left[1 + \frac{W_x(p)}{mp^2 + bp + k}\right]^{-1} \qquad (12.67)$$

$$K_{x_{rel}}(p) = \frac{x_{rel}}{x_{rel}^{pas}} = \left[1 + \frac{W_x(p)}{mp^2 + bp + k}\right]^{-1}\left[1 + \frac{W_x(p)}{mp^2}\right] \qquad (12.68)$$

$$K_R(p) = \frac{R}{R_{pas}} = \left[1 + \frac{W_x(p)}{mp^2 + bp + k}\right]^{-1} \qquad (12.69)$$

如果系统中的反馈是根据防护对象的相对位移来构造的,那么控制力就应当取 $U(t) = -W_y(p)y(t)$, $y(t) = x(t) - \xi(t)$,而不是式(12.52)了。

第三种方案:

这里我们考虑一个质量为 $m$ 的物体,如图 12.27(c)和图 12.29(a)所示,它受到了扰动力 $F(t)$ 和防护装置中被动部分(模块1)产生的力 $U_{pas}$ 的作用,振动防护控制是以运动形式给出的,即通过控制基础的位移来实现。被动模块1仍然由弹簧 $k$ 和阻尼器 $b$ 的并联连接构成。运动控制作用 $\xi(t)$ 建立在防护对象 $m$ 的状态信号基础上。很明显,被动元件产生的力 $U_{pas}$ 是依赖于防护对象与基础之间的相对位移情况的。

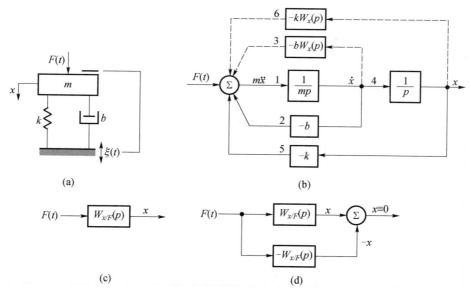

图 12.29 根据对象状态进行主动式运动控制的振动防护系统:
(a)一维振动防护系统的功能方案;(b)方框图;(c)等效方框图;
(d)对外部激励具有不变性的系统(Petrov 双通道原理的实现)

对于系统中的防护对象(质量 $m$),其运动可通过如下微分方程来描述:

$$m\ddot{x} = -\left( b\,\frac{\mathrm{d}}{\mathrm{d}t} + k \right)(x - \xi) + F(t) \tag{12.70}$$

式中:$x(t)$ 和 $x - \xi$ 分别为质量 $m$ 的绝对位移和相对位移。

不妨假定振动防护控制 $\xi(t)$ 是根据防护对象的绝对位移信号来构造的,即

$$\xi(t) = -W_x\{x(t)\} \tag{12.71}$$

式(12.71)反映的是基础位移与防护对象的位移之间的关系,将其代入到式(12.70)中,并利用微分算子 $p$,就可以得到如下的线性微分方程:

$$mp^2 x = F(t) - bpx - kx - bpW_x(p)x - kW_x(p)x \tag{12.72a}$$

或

$$[mp^2 + (bp + k)(1 + W_x(p))]x(t) = F(t) \tag{12.72b}$$

于是,防护对象的绝对位移就能够以算子形式表示为

$$x(t) = \frac{1}{mp^2 + (bp + k)(1 + W_x(p))}F(t) \tag{12.73}$$

传递函数"位移 $x$ – 力 $F$"则为

$$W_{x/F}(p) = \frac{1}{mp^2 + (bp + k)(1 + W_x(p))} \tag{12.74}$$

根据式(12.72a),很容易构造出如图 12.29(b)所示的方框图,其中的模块 3 和模块 6 体现了反馈过程,它们是用虚线表示的。如果需要得到对应的被动防护系统($m - b - k$)的传递函数,只需令 $W_x(p) = 0$ 即可。

对于该方框图我们可以确定出如下的传递函数,即

$$W_{1-2}(p) = \frac{W_1}{1 + W_1 W_2} = \frac{1}{mp + b}, W_{12-3}(p) = \frac{W_{12}}{1 + W_{12}W_3} = \frac{1}{mp + b(1 + W_x)},$$

$$W_{123-4}(p) = W_{123}W_4 = \frac{1}{mp^2 + pb(1 + W_x)},$$

$$W_{1234-5}(p) = \frac{W_{1234}}{1 + W_{1234}W_5} = \frac{1}{mp^2 + pb(1 + W_x) + k}$$

最后,由 $W_{x/F}(p) = W_{12345-6} = \dfrac{W_{12345}}{1 + W_{12345}W_6}$ 就可以计算得到式(12.74)了。

以算子形式表示的振动防护有效系数应为

$$K(p) = \frac{x(t)}{x_{\mathrm{pas}}(t)} = \left[ \frac{mp^2 + (bp + k)(1 + W_x(p))}{mp^2 + (bp + k)} \right]^{-1}$$

$$= \left[ 1 + \frac{(bp + k)W_x(p)}{mp^2 + bp + k} \right]^{-1} \tag{12.75}$$

上述问题可以很容易进行转化,例如可以转化为防护控制作用(运动控制)是基于防护对象的相对位移 $x(t) - \xi(t)$ 的情形,此时的控制作用应取 $\Psi(t) = -W_y \{x(t) - \xi(t)\}$ 的形式,再如还可以转化为基于绝对加速度的情形,此时的控制作用应取 $\Psi(t) = -W_{\ddot{x}} \{x(t)\}$ 的形式。

借助上述系统的方框图及其传递函数(12.74),我们可以构造出对外部激励具有不变性的振动防护系统。为此,可以将图 12.29(b)所示的方框图改成其等效形式,即图 12.29(c),其中的 $W_{x/F}(p)$ 代表的是从激励 $F$ 到质量 $m$ 的绝对位移 $x$ 的传递函数。这里需要在系统中引入一个附加的修正后的并联通道,如图 12.29(d)所示,假定该通道的传递函数与式(12.74)恰好相反,也即 $W_{cor} = -W_{x/F}(p)$。这种情况下,系统的响应,即质量 $m$ 的绝对位移 $x$ 将对外部激励 $F(t)$ 具有不变性。这样一来,我们也就人为地构造出了信号传递的第二通道,显然,当这个具有两个传递通道的系统具有如下的合成传递函数:

$$W = W_{x/F}(p) + W_{cor}(p) \equiv 0 \tag{12.76}$$

那么输出量也就具有绝对不变性了。这一点实际上就是前面曾经讨论过的 Petrov 双通道原理[1,21,33]。这里附带指出的是,在前面的第 8 章中我们已经给出了实现无附加校正通道的双通道系统所需满足的条件。

## 12.4.4 最优反馈型振动防护的方框图

在第 10 章中曾经详细分析过线性振子的最优振动抑制问题,即 Bushaw 最短时间问题。这里我们以方框图形式给出这一问题,并简要讨论最优振动防护控制的实现[2]。

振动防护控制激励可以以两种形式实现,第一种形式中的控制激励是作为当前时间的函数 $u(t)$,这种情形在第 10 章中是通过式(10.74)、式(10.77)、式(10.83)和式(10.84)给出的。第二种形式中,最优防护控制 $u(t)$ 是建立在系统当前状态上的,参见第 10 章中的式(10.122),采用这一形式我们就可以构造反馈过程并根据系统状态来实现振动防护,而不是按照预定不变的过程去进行。

图 12.30 给出了一个线性振子最优振动防护所对应的方框图,这是一个带反馈的系统,其反馈过程利用了相坐标 $\omega x_1$ 和 $\omega x_2$,并构造了最优振动防护控制函数 $u(t) = \pm 1$。该系统包含了两个非线性模块 NB1 和 NB2,模块 NB1 的输入输出特性与图 10.8 给出的 $\gamma$ 切换曲线是相同的。模块 NB2 则包含了一个继电型非线性元件,它实际上用于实现符号函数,进而也就用于实现这里的最优振动控制。工作过程中需要实时测量状态变量 $x_1$(输出)和输出速率 $x_2$ 信号,然后

这些信号将被引入到模块 $\omega$ 中,通过这一模块后将形成输出信号 $\omega x_1$ 和 $\omega x_2$。

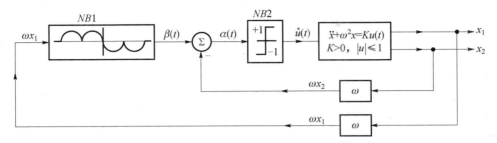

图 12.30 线性简谐振子时间最优振动防护的方框图:振动防护控制作用 $|u| \leq 1$

这一振动控制问题中最为重要的部分在于,相坐标为 $\omega x_1$ 和 $\omega x_2$ 的点应当位于相平面上的哪个区域($R_+$ 或 $R_-$,参见图 10.8)。为此,可以将输出信号 $\omega x_1$ 引入到模块 NB1 中,该模块的输出信号是 $\beta(t)$。然后将输出信号 $\omega x_2$ 引入到加法模块与 $\beta(t)$ 相减从而得到信号 $\alpha(t) = \beta(t) - \omega x_2(t)$。如果 $\alpha(t)$ 为正,那么点$(\omega x_1, \omega x_2)$ 将属于区域 $R_+$,而若 $\alpha(t) < 0$,那么该点就属于区域 $R_-$。

在模块 NB2 的输出端我们将得到最优主动振动防护控制的值( + 1 或 −1),切换点与模块 NB1 中的切换曲线是对应的。

正如前面曾经指出过的,我们不仅可以检测系统的状态,还可以检测系统受到的外部激励以实现反馈控制。与此对应的,Zakora 等人提出了一种自适应动力吸振器模型[34],该系统就包含了一个这样的反馈装置,并由此实现了全激励频带内的自动调节。

## 供思考的一些问题

12.1 试述如下概念:输入 – 输出;正向和反向算子特性;传递率;传递函数。

12.2 试建立被动元件的算子函数表。

12.3 针对由并联和串联两种形式构造而成的被动两端网络,说明正向和反向动态参数的计算过程。

12.4 试述单位阶跃响应函数的概念,并解释线性振子单位阶跃响应曲线的特征参数。

12.5 试述基本模块及其方程形式,并说明它们的主要特性。

12.6 试比较比例、积分和非周期环节的单位阶跃响应。

12.7 试述基本模块的典型连接形式,并说明两个或多个元件的并联与串联连接形式的相关特性。

12.8 试述方框图的概念及其优点。

12.9 试述方框图的等效转换。

12.10 试述闭环系统的基本概念,并说明正反馈和负反馈的物理含义。

12.11 试述在动力学系统的数学模型推导过程中所用到的物理概念。

12.12 试述主动振动防护这一概念以及引入反馈过程的目的,并说明基于外部激励和基于系统状态来设计反馈过程的含义。

12.13 试述基于对象状态的反馈的可行方式。

12.14 试述 Bushaw 问题及其解的特殊性,并指出对应的方框图所具有的特征。

12.15 试述图 P12.15 所示的两个系统的差异。

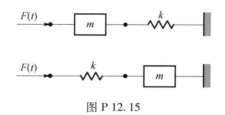

图 P 12.15

12.16 如图 P12.16 所示,该方框图中的传递函数 $W_1(p) = k_1/p$,试确定反馈通道中的传递函数 $W_2(p)$,使得系统的总传递函数为 $W(p) = k/(Tp+1)$。

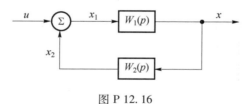

图 P 12.16

参考答案:$W_2(p) = \dfrac{p}{k_1} - \dfrac{Tp+1}{k}$。

12.17 图 P12.17 给出了一个振动防护系统的原理方案,反馈是根据防护对象的相对位移信号构建的,也即振动控制作用为 $U(t) = -W_y(p)y(t)$,$y(t) = [x(t) - \xi(t)]$。试针对如下物理量推导算子形式的有效系数表达式:(a)绝对位移;(b)相对位移;(c)传递到基础上的力。

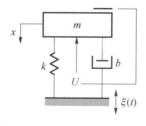

图 P 12.17

参考答案:$(c)K_R(p) = \dfrac{R}{R^{\mathrm{pas}}} = \left[ 1 + \dfrac{W_y(p)}{mp^2 + bp + k} \right]^{-1} \left[ 1 + \dfrac{W_y(p)}{bp + k} \right]$

12.18　如图 P12.18 所示为一个两自由度动力学系统,它受到了激励力 $F_1(t)$ 和 $F_2(t)$ 的作用。试确定系统的动柔度 $e_A(p)$、$e_B(p)$ 和 $e_{AB}(p)$。

提示:$\begin{aligned}&(m_1 p^2 + b_1 p + k_1)x_1 + (b_2 p + k_2)(x_1 - x_2) = F_1(t),\\&m_2 p^2 x_2 + (b_2 p + k_2)(x_2 - x_1) = F_2(t)\end{aligned}$

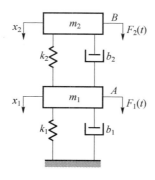

图 P 12.18

参考答案:

$e_A(p) = \Delta^{-1}(p)(m_2 p^2 + b_2 p + k_2)$;$e_{AB}(p) = \Delta^{-1}(p)(b_2 p + k_2)$;

$e_B(p) = \Delta^{-1}(p)(m_1 p^2 + b_1 p + b_2 p + k_1 + k_2)$;

$\Delta = \begin{vmatrix} m_1 p^2 + b_1 p + b_2 p + k_1 + k_2 & -(b_2 p + k_2) \\ -(b_2 p + k_2) & m_2 p^2 + b_2 p + k_2 \end{vmatrix}$

12.19　如图 P12.19 所示为一个受到了力激励 $F(t)$ 和运动激励 $x(t)$ 作用的动力学系统。如果将激励作为输入而质量 $m$ 的位移作为输出,试构建对应的方框图,并确定通道 $F - x_1$ 与通道 $x - x_1$ 的传递函数。

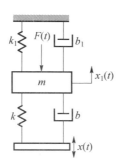

图 P 12.19

参考答案：$W_{F-x_1}(p) = \dfrac{1}{mp^2 + (b+b_1)p + (k+k_1)}$。

# 参考文献

1. Solodovnikov, V. V. (Ed.). (1967). Technical cybernetics(Vol. 1－4). Moscow: Mashinostroenie.

2. Athans, M., & Falb, P. L. (2006). Optimal control: An introduction to the theory and its applications. New York: McGraw-Hill/Dover. (Original work published 1966)

3. D'Azzo, J. J., & Houpis, C. H. (1995). Linear control systems. Analysis and design(4th ed.). New York: McGraw Hill.

4. Kolovsky, M. Z. (1999). Nonlinear dynamics of active and passive systems of vibration protection. Berlin: Springer.

5. Kolovsky, M. Z. (1976). Automatic control by systems of vibration protection. Moscow: Nauka.

6. Eliseev, S. V. (1978). Structural theory of vibration protection systems. Novosibirsk, Russia: Nauka.

7. Bozhko, A. E., Gal', A. F., Gurov, A. P., Nerubenko, G. P., Rozen, I. V., & Tkachenko, V. A. (1988). Passive and active vibration protection of ship machinery. Leningrad, Russia: Sudostroenie.

8. Butkovsky, A. G. (1983). Structural theory of distributed systems. New York: Wiley.

9. Newland, D. E. (1989). Mechanical vibration analysis and computation. Harlow, England: Longman Scientific and Technical.

10. Chelomey, V. N. (Editor in Chief). (1978－1981). Vibrations in engineering. Handbook: Vols. 1－6. Moscow: Mashinostroenie.

11. Inman, D. J. (2006). Vibration, with control. New York: Wiley.

12. Harris, C. M. (Editor in Chief). (1996). Shock and vibration handbook(4th ed.). McGraw-Hill.

13. Bishop, R. E. D., & Johnson, D. C. (1960). The mechanics of vibration. London: CambridgeUniversity Press.

14. Feldbaum, A. A., & Butkovsky, A. G. (1971). Methods of the theory of automatic control. Moscow: Nauka.

15. Shearer, J. L., Murphy, A. T., & Richardson, H. H. (1971). Introduction to system dynamics. Reading, MA: Addison-Wesley.

16. Ogata, K. (1992). System dynamics(2nd ed.). Englewood Cliffs, NJ: Prentice Hall Int.

17. Lenk, A. (1977). Elektromechanische systeme. Band 2: Systeme mit verteilten parametern. Berlin: VEB Verlag Technnic.

18. Butkovskiy, A. G., & Pustyl'nikov, L. M. (1993). Characteristics of distributed-parametersystems: Handbook of equations of mathematical physics and distributed-parameter systems. New York: Springer.

19. Nowacki, W. (1963). Dynamics of elastic systems. New York: Wiley.

20. Butkovsky, A. G. (1969). Distributed control systems. New York: Elsevier.

21. Shinners, S. M. (1978). Modern control system theory and application. Reading, MA: AddisonWesley. (Original work published 1972)

22. Timoshenko, S., Young, D. H., & Weaver, W., Jr. (1974). Vibration problems in engineering(4th ed.). New York: Wiley.

23. Karnovsky, I. A. (1973). Pontryagin's principle in the eigenvalues problems. Strength of materials and theory of structures: Vol. 19, Kiev, Budivel'nik.

24. Iskra, V. S., & Karnovsky, I. A. (1975). The stress-strain state of the bar systems with variable struc-

ture. Strength of materials and theory of structures: Vol. 25. Kiev, Budivel' nik.

25. Tse, F. S. , Morse, I. E. , & Hinkle, R. T. (1963). Mechanical vibrations. Boston: Allyn and Bacon.

26. Alabuzhev, P. , Gritchin, A. , Kim, L. , Migirenko, G. , Chon, V. , & Stepanov, P. (1989). Vibration protecting and measuring systems with quasi-zero stiffness (Applications of Vibration Series). New York: Hemisphere Publishing/Taylor & Francis Group.

27. Frolov, K. V. (Editor). (1981). Protection against vibrations and shocks. vol. 6. In Handbook: Chelomey, V. N. (Editor in Chief) (1978 – 1981) Vibration in engineering, vols. 1 – 6, Moscow: Mashinostroenie.

28. Frolov, K. V. (Ed. ). (1982). Dynamic properties of linear vibration protection systems. Moscow: Nauka.

29. Hsu, J. C. , & Meyer, A. U. (1968). Modern control principles and application. New York: McGraw-Hill.

30. Fuller, C. R. , Elliott, S. J. , & Nelson, P. A. (1996). Active control of vibration. London: Academic Press.

31. Karnovsky, I. A. (1977). Stabilization of the motion of a cylindrical panel. Sov. Applied Mechanics, 13(5).

32. Genkin, M. D. , Elezov, V. G. , & Yablonsky, V. V. (1985). Methods of controlled vibration protection of machines. Moscow: Nauka.

33. Petrov, B. N. (1961). The invariance Principle and the conditions for its application during the calculation of linear and nonlinear systems. Proc. Intern. Federation Autom. Control Congr. , Moscow, vol. 2, pp. 1123 – 1128, 1960. Published by Butterworth & Co. London.

34. Zakora, A. L. , Karnovsky, I. A. , Lebed, V. V. , & Tarasenko, V. P. (1989). Self-adapting dynamic vibration absorber. Soviet Union Patent 1477870.

# 第 3 部分

# 冲击和瞬态振动

# 第13章 瞬态振动的主动和参数式振动防护

本章主要阐述线性动力学系统的瞬态振动问题,主要借助的是拉普拉斯变换方法和海维赛德展开方法。这些方法可以用于分析受不同类型的力激励和运动激励作用下的线性振动系统,这些激励类型包括冲击、脉冲以及周期性的瞬时脉冲等。我们所关心的主要问题是通过力控制和运动控制手段来实现主动的振动抑制,以及参数式的振动防护。

对于一个动力学系统来说,当它受到任意形式的激励作用后,其运动过程一般包含两个阶段,即瞬态振动阶段和稳态振动阶段。例如,当机器设备启动和停机时,或者改变其工作模式时,又或者有效载荷突然增大或减小时,这些时候往往就会产生瞬态振动过程。该过程的主要特征在于其频率为系统的固有频率,而其幅值则依赖于激励的具体类型。稳态振动一般是在载荷发生改变以后经过一段时间才达到的状态,这种状态与系统的初始条件是无关的,而仅仅只由系统所受到的激励载荷决定。

对于线性系统中的瞬态过程,拉普拉斯变换是一种非常有效的研究方法。之所以需要采用这种方法,原因在于振动理论中已有的一些经典方法在处理瞬态振动时往往会遇到较大的困难,比方说必须考虑扰动的特定类型,如冲击和不连续的激励等[1]。

## 13.1 拉普拉斯变换

拉普拉斯变换是一种算子分析方法,它可以将线性微分方程转化为对应的代数方程,而初始条件可以以统一的公式进行处理[2,3]。

不妨设 $f(t)$ 是实变量 $t$ 的函数,这里将其称为原函数,那么进行拉普拉斯变换就意味着将该函数乘以因子 $\mathrm{e}^{-pt}$($p$ 为复变量),然后将其从 $t=0$ 到 $t=\infty$ 做积分,由此可得像函数[4]:

$$F(p) = L\{f(t)\} = \int_0^\infty f(t)\mathrm{e}^{-pt}\mathrm{d}t \tag{13.1}$$

这个像函数就称为原函数的拉普拉斯变换。根据式(13.1)可以看出,每个

实变量函数 $f(t)$ 都存在一个与之对应的复变量函数 $F(p)$。

**实例 13.1** 试求出原函数 $f(t) = A$ 的像函数 $F(p)$。

求解:对于给定的函数 $f(t) = A$,根据式(13.1)可得

$$L\{A\} = \int_0^\infty A \mathrm{e}^{-pt} \mathrm{d}t = -\frac{A}{p} \mathrm{e}^{-pt} \Big|_0^\infty = \frac{A}{p}$$

当 $A = 1$ 时,原函数也就变成了单位阶跃函数(即海维赛德函数)$H(t)$,即

$H(t) = \begin{cases} 0, & t < 0 \\ 1, & t \geq 0 \end{cases}$。利用这个函数我们就可以将任意函数 $f(t)$ 表示为 $f(t)H(t)$ 的

形式。进一步,如果考虑作用于时刻 $\tau$ 的单位脉冲函数,那么对应的拉普拉斯变换就是 $L[\delta(t-\tau)] = \mathrm{e}^{-p\tau}$,当 $\tau = 0$ 时有 $L[\delta(t)] = 1$。

**实例 13.2** 设原函数为 $f(t) = \sin t$,试确定其像函数 $F(p)$。

求解:由于 $\sin t = \dfrac{\mathrm{e}^{\mathrm{j}t} - \mathrm{e}^{-\mathrm{j}t}}{2\mathrm{j}}, \mathrm{j} = \sqrt{-1}$,于是式(13.1)就变为

$$L\{\sin t\} = \int_0^\infty \sin t \cdot \mathrm{e}^{-pt} \mathrm{d}t = \int_0^\infty \frac{\mathrm{e}^{\mathrm{j}t} - \mathrm{e}^{-\mathrm{j}t}}{2\mathrm{j}} \mathrm{e}^{-pt} \mathrm{d}t = \frac{1}{2\mathrm{j}} \Big( \frac{1}{p-\mathrm{j}} - \frac{1}{p+\mathrm{j}} \Big) = \frac{1}{p^2+1}$$

文献[3-5]中已经给出了拉普拉斯变换表,其中列出了大量不同形式的原函数 $f(t)$ 及其对应的拉普拉斯变换结果,即像函数 $F(p)$。利用这些已有的表格,在实际应用中我们就可以免去不少函数积分计算工作了。很多时候如果表中没有所需的函数,那么往往还可以利用这些基本结果以及拉普拉斯变换的基本性质来计算。

这里顺便提一下 Carson 变换,即 $F(p) = p \displaystyle\int_0^\infty f(t) \mathrm{e}^{-pt} \mathrm{d}t = F(p)$,这一变换是拉普拉斯变换的反过程,其中包含了因子 $p$[6]。

拉普拉斯变换具有如下一些基本性质[1,3]:

(1)线性特性。如果假定原函数 $f(t)$ 可根据式(13.1)进行变换,像函数为 $F(p)$,且 $c$ 为一个常数,那么若将原函数乘以 $c$,所得到的新函数的拉普拉斯变换就是原来的像函数与这个常数 $c$ 的乘积,也即 $L\{cf(t)\} = cF(p)$。

(2)叠加特性。如果两个函数 $f_1(t)$ 和 $f_2(t)$ 都可进行拉普拉斯变换,那么它们的代数和函数的像就等于各自像函数的代数和,也即

$$L\{\alpha f_1(t) \pm \beta f_2(t)\} = \alpha F_1(t) \pm \beta F_2(t) \tag{13.2}$$

式中:$\alpha$ 和 $\beta$ 为任意常数。

(3)时域中的尺度变换特性。假定有 $L\{f(t)\} = F(p)$,若将时间变量乘以正的比例因子 $\alpha$,那么新函数 $f(\alpha t)$ 的拉普拉斯变换为

$$L\{f(\alpha t)\} = \frac{1}{\alpha}F\left(\frac{p}{\alpha}\right), \alpha > 0 \tag{13.3}$$

显然,时域内作因子为 $\alpha$ 的尺度变换后,像函数中的复变量 $p$ 将变为原来的 $1/\alpha$ 倍。例如,设 $f(t) = \sin t$,其对应的拉普拉斯变换结果为 $L\{\sin t\} = \frac{1}{p^2+1}$,那么函数 $\sin\omega t$ 的拉普拉斯变换就应当是 $L\{\sin\omega t\} = \frac{1}{\omega}F\left(\frac{p}{\omega}\right) = \frac{1}{\omega}\frac{1}{\left(\frac{p}{\omega}\right)^2+1} = \frac{\omega}{p^2+\omega^2}$。当然,从式(13.1)出发也可以直接计算出这一结果。

(4)时域平移性[7]。对于函数 $f(t)$,若在时间轴上平移 $\tau$,那么将构成一个新函数 $f(t-\tau)$,如图 13.1 所示,图 13.1(a),(b)中的函数曲线具有完全相同的形状,不过后者中的曲线沿着时间轴平移了 $\tau$。如果原函数 $f(t)$ 的像函数是已知的,那么根据时域平移性我们就可以直接得到新函数的像,这一计算公式为

$$L\{f(t-\tau)\} = e^{-p\tau}F(p), L\{f(t)\} = F(p), \tau \geq 0 \tag{13.4}$$

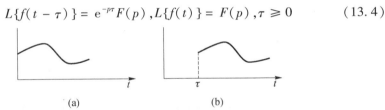

图 13.1　(a)时间函数 $f(t)$ 的曲线;(b)时移后的 $f(t-\tau)$ 曲线

不难看出,如果将原函数 $f(t)$ 向着时间轴的右侧移动了 $\tau$,那么只需将原函数的像乘以因子 $e^{-p\tau}$ 即可得到新函数的拉普拉斯变换了。

实例 13.3　试计算如图 13.2(a)所示的阶梯函数及其向右平移 $\tau_1$ 之后的新函数(图 13.2(b))的拉普拉斯变换,其中 $\tau_2 = \tau + \tau_1$。

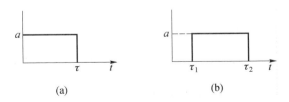

图 13.2　阶跃函数:(a)原函数;(b)时移后的函数

求解:对于图 13.2(a)所示的函数曲线,其解析表达式可以写为

$$f(t) = \begin{cases} 0, & t < 0 \\ a, & 0 < t < \tau \\ 0, & t > \tau \end{cases}$$

借助海维赛德函数这一概念,上面这个函数可以表示为 $f(t) = a[H(t) - H(t-\tau)]$ 这一形式,其中的第一项代表的是从 $t = 0$ 开始的单位阶跃函数,而第二项给出的是从 $t = \tau$ 开始的单位阶跃函数。考虑到 $L\{H(t)\} = 1$,因此函数 $f(t)$ 的拉普拉斯变换就是 $F(p) = a[1 - e^{-p\tau}]$。

对于平移后得到的函数(图 13.2(b)),我们有 $f(t) = a[H(t-\tau_1) - H(t-\tau_2)]$,其对应的拉普拉斯变换应为 $F(p) = a[e^{-p\tau_1} - e^{-p\tau_2}] = a[e^{-p\tau_1} - e^{-p(\tau+\tau_1)}] = ae^{-p\tau_1}[1 - e^{-p\tau}]$。

(5)Borel 卷积定理。两个函数 $f_1(t)$ 和 $f_2(t)$ 的卷积分形式为

$$\int_0^t f_1(\tau) f_2(t-\tau) d\tau \tag{13.5}$$

如果这两个函数的拉普拉斯变换结果分别为 $F_1(p)$ 和 $F_2(p)$,那么它们的卷积分的拉普拉斯变换将是各自像函数的乘积,也即

$$L\left\{\int_0^t f_1(\tau) f_2(t-\tau) d\tau\right\} = L\left\{\int_0^t f_1(t-\tau) f_2(\tau) d\tau\right\} = F_1(p) F_2(p) \tag{13.6}$$

(6)时间微分性质。这是拉普拉斯变换性质关于函数导数的一个十分重要的定理。若设原函数 $f(t)$ 的拉普拉斯变换为 $F(p)$,并且 $f(t)$ 关于时间的一阶导函数 $f'(t) = \dfrac{df}{dt}$ 也是可变换的,那么该导函数的拉普拉斯变换为

$$L\{f'(t)\} = pF(p) - f(0) \tag{13.7}$$

若 $f(0) = 0$,则有 $L\{f'(t)\} = pF(p)$,也即原函数的一阶导函数的拉普拉斯变换等于原像函数与因子 $p$ 的乘积。

进一步,对于 $f(t)$ 的 $n$ 阶导函数来说,它们的拉普拉斯变换结果可以表示为

$$L\{f^{(n)}(t)\} = p^n F(p) - p^{n-1} f(0) - p^{n-2} f'(0) - \cdots - p f^{(n-2)}(0) - f^{(n-1)}(0) \tag{13.8}$$

由此可以看出,$f(t)$ 的二阶导函数的拉普拉斯变换应为

$$L\{f''(t)\} = p^2 F(p) - p f(0) - f'(0) \tag{13.9}$$

当初始状态为零状态时,即 $f(0) = f'(0) = 0$,我们还可得到 $L\{f''(t)\} = p^2 F(p)$。

从拉普拉斯变换方法中不难发现,这一处理过程中已经考虑了初始状态的影响,这一点与经典的微分方程求解方法是不同的,后者一般需要在确定形式解

中的未知系数时再单独考虑初始条件。

本章中我们将主要利用拉普拉斯变换方法去分析单自由度动力学系统。

实例 13.4　考虑一个由 $m - b - k$ 元件构成的振动防护系统,在受到任意激励力 $F(t)$ 的作用下,系统的运动可描述为

$$m\ddot{x} + b\dot{x} + kx = F(t) \text{ 或}$$
$$\ddot{x} + 2n\dot{x} + \omega^2 x = h(t) \tag{13.10a}$$

如果初始状态设为 $x(0) = x_0, \dot{x}(0) = \dot{x}_0$,试计算系统响应 $x(t)$ 的拉普拉斯变换。

求解:不妨设系统响应 $x(t)$ 的拉普拉斯变换为 $X(p)$,而激励 $h(t) = F(t)/m$ 的像函数为 $H(p)$,也即 $L\{x\} = X(p), L\{h\} = H(p)$。于是,式(13.10a)的拉普拉斯变换将为

$$L\{\ddot{x} + 2n\dot{x} + \omega^2 x\} = L\{h(t)\} \tag{13.10b}$$

根据前述的线性和微分性质,不难得到

$$L\{\omega^2 x\} = \omega^2 X(p), L\{2n\dot{x}\} = 2n[pX(p) - x_0], L\{\ddot{x}\} = [p^2 X(p) - px_0 - \dot{x}_0] \tag{13.10c}$$

可以看出上面这组式子中已经体现了初始条件的影响。将它们代入到式(13.10b)中,合并同类项之后我们可以得到

$$\begin{cases} [p^2 X(p) - px_0 - \dot{x}_0] + 2n[pX(p) - x_0] + \omega^2 X(p) = H(p) \\ (p^2 + 2np + \omega^2) X(p) - (p + 2n)x_0 - \dot{x}_0 = H(p) \end{cases} \tag{13.10d}$$

化简以后可得 $(p^2 + 2np + \omega^2)X(p) = H(p) + (p + 2n)x_0 + \dot{x}_0$。于是系统响应 $x(t)$ 的像函数为

$$X(p) = \frac{1}{(p^2 + 2np + \omega^2)}[H(p) + (p + 2n)x_0 + \dot{x}_0] \tag{13.10e}$$

此外,如果假定初始条件为零,也即 $x(0) = \dot{x}(0) = 0$,那么根据式(13.10e)不难得到

$$X(p) = \frac{1}{(p^2 + 2np + \omega^2)}H(p) \tag{13.10f}$$

或者也可写为

$$\begin{cases} X(p) = W(p)H(p) \\ W(p) = \dfrac{1}{p^2 + 2np + \omega^2} \end{cases} \tag{13.10g}$$

这一结果形式是比较典型的,在各种实际工程问题中,它们解的拉普拉斯变换大多具有类似于上式的结构形式。

在式(13. 10f)中,左端的 $X(p)$ 代表的是输出量的拉普拉斯变换,$W(p)$ 为传递函数,它仅仅取决于系统参数,$H(p)$ 代表的是输入量的拉普拉斯变换。因此,更严格地说,传递函数 $W(p) = \dfrac{X(p)}{H(p)}$ 实际上就是在零初始状态情况下系统的输出量与输入量的拉普拉斯变换之比[6]。

为了得到系统的时域响应 $x(t)$,我们只需进行拉普拉斯反变换($L^{-1}$)即可,也即 $x(t) = L^{-1}\{X(p)\}$,$X(p) = W(p)\tilde{H}(p)$,$\tilde{H}(p) = [H(p) + (p + 2n)x_0 + \dot{x}_0]$。这一问题将在随后的 13. 2 节中进行介绍。

## 13. 2 海维赛德方法

从系统响应的像函数可以反过来确定出系统的响应函数,为此,需要对像函数进行拉普拉斯反变换。海维赛德展开法可以将像函数分解成多个简单分式函数的组合形式,在此基础上结合拉普拉斯变换与反变换表[3,4,7],我们就可以很方便地求出原函数了。

对于像函数 $X(p)$ 来说,一般可以将其表示成两个多项式函数 $A(p)$ 和 $B(p)$ 的比值形式,它们的阶次分别为正整数 $m$ 和 $n$,且 $m < n$,即

$$X(p) = \frac{A(p)}{B(p)} = \frac{a_m p^m + a_{m-1} p^{m-1} + \cdots + a_1 p + a_0}{b_n p^n + a_{n-1} p^{n-1} + \cdots + b_1 p + b_0} \tag{13. 11}$$

首先可以针对分母多项式 $B(p)$ 进行实系数因式分解,从而得到

$$X(p) = \frac{A(p)}{B(p)} = \frac{A(p)}{(p - p_1)(p - p_2) \cdots (p - p_k) \cdots (p - p_n)} \tag{13. 12}$$

分子 $A(p)$ 和分母 $B(p)$ 的根分别称为像函数 $X(p)$ 的零点和极点。极点可以是零、简单极点或多重极点,还可以是实数或复数。海维赛德分解主要依赖于分母多项式 $B(p)$ 的根的类型(即极点的类型)。

先分析第一种情况,也就是 $B(p)$ 的根全都是单根的情况。此时,像函数 $X(p)$ 的分解将为如下形式:

$$X(p) = \frac{A(p)}{B(p)} = \frac{A_1}{p - p_1} + \frac{A_2}{p - p_2} + \cdots + \frac{A_k}{p - p_k} + \cdots + \frac{A_n}{p - p_n} = \sum_{k=1}^{n} \frac{A_k}{p - p_k}$$

$$\tag{13. 13}$$

其中,常数 $A_k$ 可通过下式来计算:

$$A_k = (p - p_k) \frac{A(p)}{B(p)} \bigg|_{p = p_k} \tag{13. 14}$$

分解之后的式(13.13)也可以表示为如下的等效形式,即

$$X(p) = \frac{A(p)}{B(p)} = \sum_{k=1}^{n} \frac{A_k}{p - p_k}, A_k = \frac{A(p)}{B'(p)}\bigg|_{p = p_k} \tag{13.15}$$

其中: $B'(p)$ 为分母多项式 $B(p)$ 关于 $p$ 的导函数。

**实例 13.5**　试求出拉普拉斯变换像 $X(p) = \frac{A(p)}{B(p)} = \frac{p-5}{p^2 + 3p + 2}$ 的原函数 $x(t)$ [1]。

求解:可以看出分母多项式 $B(p) = 0$ 的根分别为 $p_1 = -1, p_2 = -2$,因此有

$$X(p) = \frac{A(p)}{B(p)} = \frac{p-5}{(p+1)(p+2)} = \frac{A_1}{p+1} + \frac{A_2}{p+2}$$

根据式(13.14)可以确定出上式中的常数 $A_1$:

$$A_1 = (p - p_1)\frac{A(p)}{B(p)}\bigg|_{p=p_1} = (p - p_1)\frac{p-5}{(p+1)(p+2)}\bigg|_{p=p_1}$$

$$= (p+1)\frac{p-5}{(p+1)(p+2)}\bigg|_{p=p_1} = \frac{p-5}{(p+2)}\bigg|_{p=p_1} = \frac{-1-5}{-1+2} = -6$$

类似可得

$$A_2 = (p - p_2)\frac{A(p)}{B(p)} = (p - p_2)\frac{p-5}{(p+1)(p+2)} = \frac{p-5}{(p+1)}\bigg|_{p=p_2} = \frac{-2-5}{-2+1} = 7$$

于是, $X(p)$ 分解之后的形式就变成了 $X(p) = \frac{p-5}{p^2+3p+2} = -\frac{6}{p+1} + \frac{7}{p+2}$。

若利用等效形式(13.15),那么有

$$\begin{cases} A_1 = \frac{A(p)}{B'(p)}\bigg|_{p=p_1} = \frac{p-5}{2p+3}\bigg|_{p=p_1} = \frac{-1-5}{2(-1)+3} = -6 \\ A_2 = \frac{A(p)}{B'(p)}\bigg|_{p=p_2} = \frac{-2-5}{2(-2)+3} = 7 \end{cases}$$

根据表 A.1,经过拉普拉斯反变换之后可以得到原函数:

$$x(t) = L^{-1}\{X(p)\} = L^{-1}\left\{-\frac{6}{p+1} + \frac{7}{p+2}\right\} = -6\mathrm{e}^{-t} + 7\mathrm{e}^{-2t}$$

**实例 13.6**　设有拉普拉斯变换像为 $X(p) = \frac{A(p)}{B(p)} = \frac{16p^2 + 6p + 10}{p^3 + 2p^2 + 5p}$,试求出原函数 $x(t)$。

求解:简单分析之后不难发现,该像函数中的分母多项式 $B(p) = 0$ 的根分别为 $p_1 = 0, p_2 = -1 - 2\mathrm{j}, p_3 = -1 + 2\mathrm{j}$。由于这些都是单根(一个是零,另外两个是一对共轭复根),于是可以作如下分解:

$$X(p) = \frac{A(p)}{B(p)} = \frac{A(p)}{p(p+1+2\mathrm{j})(p+1-2\mathrm{j})} = \frac{A_1}{p} + \frac{A_2}{p+1+2\mathrm{j}} + \frac{A_3}{p+1-2\mathrm{j}}$$

其中的常数应为

$$
\begin{cases}
A_1 = (p - p_1) \dfrac{A(p)}{B(p)} = p\,\dfrac{16p^2 + 6p + 10}{p(p^2 + 2p + 5)} = \dfrac{16p^2 + 6p + 10}{p^2 + 2p + 5}\Bigg|_{p=p_1} = 2 \\[4mm]
A_2 = (p - p_2) \dfrac{A(p)}{B(p)} = (p + 1 + 2\mathrm{j})\,\dfrac{16p^2 + 6p + 10}{p(p + 1 + 2\mathrm{j})(p + 1 - 2\mathrm{j})} = \dfrac{16p^2 + 6p + 10}{p(p + 1 - 2\mathrm{j})}\Bigg|_{p=p_1} \\[4mm]
\quad = \dfrac{16\,(-1-2\mathrm{j})^2 + 6(-1-2\mathrm{j}) + 10}{(-1-2\mathrm{j})(-1-2\mathrm{j}+1-2\mathrm{j})} = \dfrac{11 - 13\mathrm{j}}{2 - \mathrm{j}} = 7 - 3\mathrm{j}
\end{cases}
$$

由于 $p_2$ 和 $p_3$ 是共轭复根,于是有 $A_3 = A_2^* = 7 + 3\mathrm{j}$。现在我们就可以将 $X(p)$ 表示为

$$
X(p) = \frac{16p^2 + 6p + 10}{p^3 + 2p^2 + 5p} = \frac{2}{p} + \frac{7 - 3\mathrm{j}}{p + 1 + 2\mathrm{j}} + \frac{7 + 3\mathrm{j}}{p + 1 - 2\mathrm{j}}
$$

而借助拉普拉斯反变换就可以得到对应的原函数,即

$$
\begin{aligned}
x(t) &= L^{-1}\{X(p)\} = L^{-1}\left\{ \frac{2}{p} + \frac{7 - 3\mathrm{j}}{p + 1 + 2\mathrm{j}} + \frac{7 + 3\mathrm{j}}{p + 1 - 2\mathrm{j}} \right\} \\
&= 2 + (7 - 3\mathrm{j})\mathrm{e}^{-(1+2\mathrm{j})t} + (7 + 3\mathrm{j})\mathrm{e}^{-(1-2\mathrm{j})t}
\end{aligned}
$$

重新整理后,上述结果可以写成 $x(t) = 2 + \mathrm{e}^{-t}[7(\mathrm{e}^{2\mathrm{j}t} + \mathrm{e}^{-2\mathrm{j}t}) + 3\mathrm{j}(\mathrm{e}^{2\mathrm{j}t} - \mathrm{e}^{-2\mathrm{j}t})]$。如果考虑到 $\cos z = \dfrac{\mathrm{e}^{\mathrm{j}z} + \mathrm{e}^{-\mathrm{j}z}}{2}$,$\sin z = \dfrac{\mathrm{e}^{\mathrm{j}z} - \mathrm{e}^{-\mathrm{j}z}}{2\mathrm{j}}$ 这两个关系式,那么系统的响应最终就可以表示为 $x(t) = 2 + 2\mathrm{e}^{-t}(7\cos 2t + 3\sin 2t)$。

第二种情况是指方程 $B(p) = 0$ 的某个根(如 $p_1$)是 $s$ 重根,而其他的根仍为单根。这种情况下,拉普拉斯变换可以表示为[1]

$$
X(p) = \frac{A(p)}{B(p)} = \frac{A(p)}{(p - p_1)^2 (p - p_2)(p - p_3) \cdots} \tag{13.16}
$$

于是,对应的分解形式将变为

$$
X(p) = \frac{A(p)}{B(p)} = \frac{A_{11}}{(p - p_1)^s} + \frac{A_{12}}{(p - p_1)^{s-1}} + \cdots + \frac{A_{1s}}{(p - p_1)} + \frac{A_2}{p - p_2} + \frac{A_3}{p - p_3} + \cdots
$$
$$
\tag{13.17a}
$$

其中,针对复根的常数 $A_{11}, A_{12}, \cdots, A_{1s}$ 等可以按照如下公式来计算:

$$
\begin{cases}
A_{11} = (p - p_1)^k \dfrac{A(p)}{B(p)}\Bigg|_{p=p_1} \\[4mm]
A_{12} = \dfrac{\mathrm{d}}{\mathrm{d}p}(p - p_1)^k \dfrac{A(p)}{B(p)}\Bigg|_{p=p_1} \quad \cdots \\[4mm]
A_{1i} = \dfrac{1}{(i-1)!}\left\{ \dfrac{\mathrm{d}^{i-1}}{\mathrm{d}p^{i-1}}\left[ (p - p_1)^k \dfrac{A(p)}{B(p)} \right] \right\}_{p=p_1}
\end{cases} \tag{13.17b}
$$

对于那些单根来说,第一种情况中所述的过程仍然适用,这里不再重复。

实例 13.7　设一个拉普拉斯变换为 $X(p) = \dfrac{A(p)}{B(p)} = \dfrac{p+2}{p^3(p+1)^2}$,试将其进

行分解。

求解:我们考虑方程 $B(p) = p^3(p+1)^2 = 0$,这个方程的根 $p_1 = 0$ 是三重根(即 $s = 3$),而根 $p_2 = -1$ 是两重根($s = 2$)。于是,海维赛德分解后结果可以写为

$$X(p) = \frac{A(p)}{B(p)} = \frac{p+2}{p^3(p+1)^2} = \frac{A_{11}}{p^3} + \frac{A_{12}}{p^2} + \frac{A_{13}}{p} + \frac{A_{21}}{(p+1)^2} + \frac{A_{22}}{p+1}$$

其中,常数应当按照如下公式进行计算:

$$\begin{cases} A_{11} = (p-p_1)^3 X(p) = (p-0)^3 \dfrac{p+2}{p^3(p+1)^2} = \dfrac{p+2}{(p+1)^2}\bigg|_{p=0} = 2 \\[3mm] A_{12} = \dfrac{\mathrm{d}}{\mathrm{d}p}\big[(p-p_1)^3 X(p)\big] = \dfrac{\mathrm{d}}{\mathrm{d}p}[p^3 X(p)] = \left\{\dfrac{\mathrm{d}}{\mathrm{d}p}\Big[\dfrac{p+2}{(p+1)^2}\Big]\right\}_{p=p_1} = -3 \\[3mm] A_{13} = \dfrac{1}{2!}\Big[\dfrac{\mathrm{d}^2}{\mathrm{d}p^2}(p-p_1)^3 X(p)\Big] = \dfrac{1}{2}\dfrac{\mathrm{d}^2}{\mathrm{d}p^2}[p^3 X(p)] = \dfrac{1}{2}\left\{\dfrac{\mathrm{d}^2}{\mathrm{d}p^2}\Big[\dfrac{p+2}{(p+1)^2}\Big]\right\}_{p=p_1} = 4 \\[3mm] A_{21} = (p+1)2 X(p) = \dfrac{p+2}{p^3}\bigg|_{p=p_2} = -1 \\[3mm] A_{22} = \dfrac{\mathrm{d}}{\mathrm{d}p}(p+1)2 X(p) = \Big[\dfrac{\mathrm{d}}{\mathrm{d}p}\Big(\dfrac{p+2}{p^3}\Big)\Big]_{p=p_2} = -4 \end{cases}$$

进而我们得到

$$X(p) = \frac{p+2}{p^3(p+1)^2} = \frac{2}{p^3} - \frac{3}{p^2} + \frac{4}{p} - \frac{1}{(p+1)^2} - \frac{4}{p+1}$$

式中,每一项都可以在附录中的表 A.2 中找到。一般来说,在式(13.13)所示的分式展开式中,根据式(13.12)的分母多项式所具有的根的特点,我们经常会观察到如下一些形式的分式函数:

$$①\ \frac{A}{p-a};\quad ②\ \frac{B}{(p-a)^s};\quad ③\ \frac{Ap+b}{p^2+bp+c},\ b^2-4c<0;\quad ④\ \frac{Ap+b}{(p^2+bp+c)^s}$$

其中:$A$、$B$、$b$、$c$ 均为实数;$s$ 为自然数。文献[3-5]中给出了更为详尽的表格,感兴趣的读者可以参阅。

下面我们采用拉普拉斯变换来推导出杜哈梅尔积分。考虑一个线性振子,其控制方程为

$$m\ddot{x} + kx = f(t) \tag{13.18a}$$

初始条件可设为 $x(0) = x_0, \dot{x}(0) = v_0$。为了确定系统在受到任意激励 $f(t)$ 之后所产生的响应 $x(t)$，我们可以对上面这个方程的两边同时做拉普拉斯变换，从而得到

$$L[m\ddot{x} + kx] = L[f(t)] \tag{13.18b}$$

初始条件已经包含在了这个变换之中，即 $L[\ddot{x}] = p^2 X(p) - px_0 - v_0$。因此，根据式(13.18b)不难得到

$$m[p^2 X(p) - px_0 - v_0] + kX(p) = F(p) \ \text{或}$$
$$(mp^2 + k)X(p) - mpx_0 - mv_0 = F(p) \tag{13.19}$$

其中：$X(p)$ 与 $F(p)$ 分别为响应和激励的拉普拉斯变换。这个方程的解应为

$$X(p) = \frac{mpx_0}{mp^2 + k} + \frac{mv_0}{mp^2 + k} + \frac{F(p)}{mp^2 + k} \tag{13.20}$$

为了确定出系统的响应，需要进行拉普拉斯反变换，于是有

$$L^{-1}[X(p)] = L^{-1}\left[\frac{mpx_0}{mp^2 + k} + \frac{mv_0}{mp^2 + k} + \frac{F(p)}{mp^2 + k}\right] \tag{13.21}$$

下面根据表 A.1 对上式中的各项分别进行计算：

第一项为 $L^{-1}\left[\dfrac{mpx_0}{mp^2 + k}\right] = x_0 L^{-1}\left[\dfrac{p}{p^2 + k/m}\right] = x_0 L^{-1}\left[\dfrac{p}{p^2 + \omega^2}\right] = x_0\cos\omega t$，其中

$\omega^2 = \dfrac{k}{m}$；第二项为 $L^{-1}\left[\dfrac{mv_0}{mp^2 + k}\right] = v_0 L^{-1}\left[\dfrac{1}{p^2 + \omega^2}\right] = v_0 \dfrac{1}{\omega}\sin\omega t$；第三项为 $L^{-1}$

$\left[\dfrac{F(p)}{mp^2 + k}\right] = \dfrac{1}{m}L^{-1}\left[\dfrac{1}{\omega}\cdot\dfrac{F(p)\omega}{p^2 + \omega^2}\right] = \dfrac{1}{m\omega}L^{-1}\left[\dfrac{F(p)\omega}{p^2 + \omega^2}\right] = \dfrac{1}{m\omega}L^{-1}\left[F(p)\cdot\dfrac{\omega}{p^2 + \omega^2}\right]$。

最后一项代表的是卷积分或杜哈梅尔积分，因此有 $L^{-1}\left[\dfrac{F(p)}{mp^2 + k}\right] =$

$\dfrac{1}{m\omega}\displaystyle\int_0^t f(\tau)\sin\omega(t - \tau)\mathrm{d}\tau$，显然格林函数就是 $G(t - \tau) = \dfrac{1}{m\omega}\sin\omega(t - \tau)$。

由上述结果可以看出，原系统的通解就是如下人们所熟知的结果：

$$x(t) = x_0\cos\omega t + \frac{v_0}{\omega}\sin\omega t + \frac{1}{\omega m}\int_0^t f(\tau)\sin\omega(t - \tau)\mathrm{d}\tau \tag{13.22}$$

对于式(13.18a)，其杜哈梅尔积分和格林函数的推导也可采用傅里叶变换方法进行，这一内容将在后面14.1.3节中的实例14.5中给出。

**实例13.8** 设有一个质量为 $m$ 的物体与一根刚度系数为 $k$ 的弹簧相连，物体受到了一个脉冲激励 $F(t) = F_0\delta(t)$ 的作用，其中的 $\delta(t)$ 为单位脉冲响应函数（狄拉克函数），试确定该物体的运动。

求解：对于这一系统，其运动微分方程可表示为 $m\ddot{x} + kx = F_0\delta(t)$，对方程两边同

时进行拉普拉斯变换，即 $L[m\ddot{x} + kx] = L[F_0\delta(t)]$，若令系统的初始条件为 $x(0) = x_0$，$\dot{x}(0) = v_0$，那么经过拉普拉斯变换之后就可以得到 $m[p^2X(p) - px_0 - v_0] + kX(p) = F_0 \cdot 1$，其中 $X(p)$ 为系统响应 $x(t)$ 的像函数。如果假定初始条件为 $x_0 = v_0 = 0$，那么响应的像也就变为

$$X(p) = \frac{F_0}{m(p^2 + \omega^2)}, \omega^2 = \frac{k}{m} \tag{13.23}$$

实际上，式（13.23）也就是该系统的传递函数。

为了确定系统的运动响应，还需要进行拉普拉斯反变换，即 $x(t) = L^{-1}[X(p)] = L^{-1}\left[\dfrac{F_0}{m(p^2 + \omega^2)}\right]$，由此我们得到了 $x(t) = \dfrac{F_0}{\sqrt{mk}}\sin\omega t = \dfrac{F_0}{m\omega}\sin\omega t$。

**实例 13.9**　一个质量为 $m$ 的物体与一根刚度系数为 $k$ 的弹簧相连，物体受到了非周期力 $F(t) = F_0 t\cos\omega t$ 的作用，试确定初始条件为 $x_0 = v_0 = 0$ 情况下系统的运动[8]。

**求解**：该物体的运动方程可描述为 $m\ddot{x} + kx = F_0 t\cos\omega t$，对方程两边同时作拉普拉斯变换，即 $L[m\ddot{x} + kx] = L[F_0 t\cos\omega t]$，考虑到初始条件为零，于是拉普拉斯变换之后也就得到了关系式 $mp^2X(p) + kX(p) = F_0\dfrac{p^2 - \omega^2}{(p^2 + \omega^2)^2}$，由此可得系统响应的像函数为

$$X(p) = \frac{F_0}{m}\frac{p^2 - \omega^2}{(p^2 + \omega^2)^2(p^2 + k/m)} \tag{13.24a}$$

可以将式（13.24a）的右端展开为分式形式，即

$$\frac{p^2 - \omega^2}{(p^2 + \omega^2)^2(p^2 + k/m)} = \frac{Ap + B}{p^2 + \omega^2} + \frac{Cp + D}{(p^2 + \omega^2)^2} + \frac{Ep + H}{p^2 + k/m} \tag{13.24b}$$

为了确定式（13.24b）中的未知系数 $A$、$B$、$\cdots$、$H$，需要将右端部分化为公分母形式，然后比较左右两端关于 $p$ 的同幂项，由此可得

$$\begin{cases} A + E = 0, B + H = 0 \\[2mm] A\left(\omega^2 + \dfrac{k}{m}\right) + C + 2E\omega^2 = 0 \\[2mm] B\left(\omega^2 + \dfrac{k}{m}\right) + D + 2H\omega^2 = 1 \\[2mm] A\omega^2\dfrac{k}{m} + C\dfrac{k}{m} + E\omega^4 = 0 \\[2mm] B\omega^2\dfrac{k}{m} + D\dfrac{k}{m} + H\omega^4 = -\omega^2 \end{cases}$$

根据上面这组方程可以导得

$$\begin{cases} A = C = E = 0 \\ B = -H = \dfrac{k/m + \omega^2}{(k/m - \omega^2)^2} \\ D = -\dfrac{2\omega^2}{k/m - \omega^2} \end{cases}$$

若将这些系数代入到式(13.24b),那么作拉普拉斯反变换之后就可以得到系统的响应:

$$x(t) = \frac{F_0}{m}\Big[B\frac{\sin\omega t}{\omega} + D\frac{\sin\omega t - \omega t\cos\omega t}{2\omega^3} + H\frac{\sin kt}{k}\Big]$$

只需对上式作简单的变换,我们就可以将最终的响应表示为

$$x(t) = \frac{2mF_0\omega}{(k - m\omega^2)^2}\sin\omega t + \frac{F_0}{k - m\omega^2}t\cos\omega t - \frac{F_0(k + m\omega^2)}{(k - m\omega^2)^2}\frac{\sin\sqrt{k/m}t}{\sqrt{k/m}}$$

下面将给出另一个实例,它能够清晰地体现出拉普拉斯变换方法在分析由冲击激励所导致的瞬态振动中的优势,该情况中初始条件是非零的。

实例 13.10　设有一个重量为 $W = mg$ 的设备放置于一个绝对刚性的容器内,二者是通过刚度系数为 $k$ 的弹性元件相连接的,如图 13.3 所示。现假定该容器从高度为 $h$ 处跌落到一个刚性地面上[1],不考虑阻尼效应和容器的局部变形,试确定设备 $m$ 的运动。

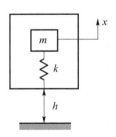

图 13.3　容器内弹性悬挂着的设备

求解过程:该设备的运动方程可以表示为

$$m\ddot{x} + kx = 0 \qquad\qquad (13.25a)$$

其中,$x$ 是从静平衡位置开始计算的。由弹性元件变形所产生的设备初始位移应为

$$x_0 = x(0+) = -\delta_{\text{stat}} = -\frac{W}{k} = -\frac{mg}{k} = -\frac{g}{\omega^2}, \omega^2 = \frac{k}{m}, g = 9.81(\text{m/s}^2)$$

于是,设备实际上所处的高度应为

$$h' = h - \delta_{\text{stat}} = h - \frac{g}{\omega^2} \tag{13.25b}$$

因此,在容器与地面发生碰撞的时刻,该设备的速度应为 $\dot{x}_0 = \dot{x}(0+) = \sqrt{2gh'}$。进一步对方程(13.25a)作拉普拉斯变换,我们就可以得到

$$X(p) = \frac{1}{mp^2 + k}(mpx_0 + m\dot{x}_0) = \frac{p}{p^2 + \omega^2}x_0 + \frac{1}{p^2 + \omega^2}\dot{x}_0$$

$$= \frac{p}{p^2 + \omega^2}\left(-\frac{g}{\omega^2}\right) + \frac{1}{p^2 + \omega^2}\sqrt{2gh'}$$

随后,对上式作拉普拉斯反变换即可得到系统的响应,即

$$\begin{cases} x(t) = \dfrac{\sqrt{2gh'}}{\omega}\sin\omega t - \dfrac{g}{\omega^2}\cos\omega t = \sqrt{\dfrac{2gh'}{\omega^2} + \dfrac{g^2}{\omega^4}}\sin(\omega t - \varphi) \\[2mm] \tan\varphi = \dfrac{g}{\omega\sqrt{2gh'}} \end{cases} \tag{13.25c}$$

利用式(13.25b),还可以上式改写为

$$\begin{cases} x(t) = \sqrt{\dfrac{2gh}{\omega^2} - \dfrac{g^2}{\omega^4}}\sin(\omega t - \varphi) = A\sin(\omega t - \varphi) \\[2mm] A = \dfrac{g}{\omega^2}\sqrt{\dfrac{2h\omega^2}{g} - 1} \end{cases} \tag{13.25d}$$

只需对式(13.25d)进行求导,就可以得到相应的速度 $\dot{x}(t)$ 与加速度 $\ddot{x}(t)$ 的表达式了。对于该设备来说,过载量应为 $\ddot{x}(t) = -\omega^2 A\sin\omega(t - \varphi)$,而最大过载量也就是 $\ddot{x}_{\max} = \omega^2 A = g\sqrt{\dfrac{2h\omega^2}{g} - 1}$,对应的最大相对过载量为 $\dfrac{\ddot{x}_{\max}}{g} = \sqrt{\dfrac{2h\omega^2}{g} - 1}$。如果假定最大相对过载量等于 $n$,即 $\sqrt{\dfrac{2h\omega^2}{g} - 1} = n$,那么我们就可以计算出该设备的自由振动频率应为 $\omega^2 = \dfrac{(n^2 + 1)g}{2h}$,而对应的弹性元件刚度必须为 $k = \dfrac{m(n^2 + 1)g}{2h}$。不妨假定 $n = 10, h = 1.5\text{m}$,则有 $\omega^2 = 330(\text{s}^{-2})$,这种情况下设备的静态位移量就是 $\delta_{\text{st}} = g/\omega^2 = 0.02967(\text{m})$,而动态位移幅值则变为 $\delta_{\text{din}} \approx \sqrt{2g(h - \delta_{\text{st}})/\omega^2} = \sqrt{2g(1.5 - 0.02967)/330} = 0.2956(\text{m})$。若假设容器撞击地面之后不发生回弹,那么该设备的最大相对位移就是 $2\delta_{\text{din}} = 0.5912(\text{m})$。

为了减小设备的动态相对位移量,一般来说我们需要增大自由振动频率 $\omega$,而这又将不可避免地导致设备过载量 $n$ 的增大[1],因此实际问题中人们往往需要进行折中考虑。

最后,我们再来强调一下拉普拉斯变换方法的优点,并对其历史发展过程做一简要介绍。

拉普拉斯变换方法的优点主要体现在以下几个方面:

(1)这一方法可以将线性微分方程的积分求解过程简化为代数运算过程。

(2)这一方法可以很方便地将初始条件计入进来,同时也很容易处理各种不同类型的激励形式,特别是不连续和非基本类型的激励。

(3)利用这一方法可以对稳态运动和瞬态运动作独立的分析计算。

(4)这一方法已经得到了广泛应用,有大量文献可供参考,这对于解析分析与求解是十分有利的。

积分变换方法最早是由拉普拉斯于 1812 年引入的,海维赛德则首先指出了对于特定的数学物理问题,其求解过程可以简化为代数运算(1893,1894),不过当时所提出的变换方法和相关规则仍然是不够严密和清晰的。随后,Bromwich 进一步从复变量函数这一角度阐释了海维赛德的方法体系(1916),Carson 则建立了海维赛德方法与泛函的拉普拉斯变换之间的对应关系(1922)。Van der Pol、Carson、Niessen、Koisumi、Doetsch、Lurie、Carslaw 以及 Jaeger 等人拓展了泛函变换技术并将其应用到一些特定的问题分析之中。我们一般将众多学者所提出的这些新方法称为运算微积分。

在文献[3]中已经给出了拉普拉斯变换的基本性质,文献[9]则列出了一些原函数及其变换后的像函数,更为详尽的表格可以参阅文献[3-5]。关于这种强有力的方法的实际应用,读者可以去阅读 Carslaw 和 Jaeger[2] 以及 Doetsch[3] 的专著。此外,Lurie[10] 详细介绍了力学问题中拉普拉斯变换方法的应用,这是一本比较经典的书,书中给出了大量的实例分析,主要涉及材料力学、流体动力学,以及集中参数型和连续系统的振动问题,其中的连续系统包括弦、杆、膜和板等结构形式。

## 13.3 瞬态振动的主动抑制

这一节我们考察的是单自由度系统,该系统受到了阶跃激励和脉冲激励的作用,即海维赛德激励和狄拉克激励。我们将讨论如何通过主动振动防护(运动控制作用)来实现瞬态振动的彻底抑制。

### 13.3.1 阶跃激励

如图 13.4(a),(b)所示,一个有阻尼的质量弹簧系统受到了阶跃激励力 $F(t) = W_0 H(t)$ 的作用,该激励力是 $t = 0$ 时刻作用到质量 $m$ 上的。此外,该系统还受到了一个阶跃型运动激励,即 $y(t) = y_0 H(t - t_0)$,它是 $t = t_0$ 时刻作用在基础上的。下面我们将分别考察这些激励单独作用时的情况。

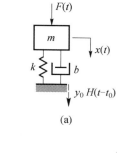

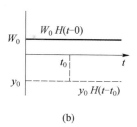

(a)

(b)

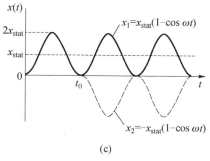

(c)

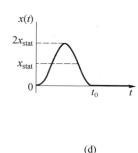

(d)

图 13.4　瞬态振动的主动抑制：(a)系统模型简图；(b)系统受到的阶跃激
励力和阶跃基础位移激励；(c)激励力导致的位移(实线)和
基础运动激励导致的位移(虚线)；(d)质量的合成位移

（1）对于阶跃激励力 $F(t) = W_0 H(t)$ 单独作用的情况，系统的数学模型可以描述为

$$m\ddot{x} + b\dot{x} + kx = W_0 H(t) \tag{13.26a}$$

式中：$H(t)$ 为海维赛德函数，也即 $H(t) = \begin{cases} 0, & t < 0 \\ 1, & t \geq 0 \end{cases}$ 。

$x(t)$ 的正方向参见图 13.4(a)。可以将上面这个数学模型重新表述为

$$\ddot{x} + 2n\dot{x} + \omega^2 x = wH(t), 2n = \frac{b}{m}, \omega^2 = \frac{k}{m}, w = \frac{W_0}{m} \tag{13.26b}$$

如果设初始条件为 $x(0) = \dot{x}(0) = 0$，那么式(13.26b)的拉普拉斯变换为

$$L[\ddot{x} + 2n\dot{x} + \omega^2 x] = L[wH(t)], \text{或}(p^2 + 2np + \omega^2)X_1(p) = \frac{w}{p} \tag{13.27}$$

于是位移 $x(t)$ 的像函数就变为

$$X_1(p) = w\frac{1}{p(p^2 + 2np + \omega^2)} \tag{13.28}$$

进一步可以将其分解为如下的分式形式：

$$\frac{1}{p(p^2 + 2np + \omega^2)} = \frac{A}{p} + \frac{Bp + C}{p^2 + 2np + \omega^2} \tag{13.29}$$

467

由此可得 $1 = A(p^2 + 2np + \omega^2) + (Bp + C)p$。为了确定其中的待定参数 $A$、$B$、$C$，可以利用特殊值方法[8]：

如果 $p = 0$，则有 $A = \dfrac{1}{\omega^2}$；如果 $p = 1$，则有 $1 = A(1 + 2n + \omega^2) + (B + C)$；如果 $p = -1$，则有 $1 = A(1 - 2n + \omega^2) + (B - C)$。将 $A$ 的表达式代入到后面两个式子中，就可以解得 $B = -\dfrac{1}{\omega^2}$ 和 $C = -\dfrac{2n}{\omega^2}$。于是响应的像就变成了 $X_1(p) = \dfrac{w}{\omega^2}\left[\dfrac{1}{p} - \dfrac{p + 2n}{p^2 + 2np + \omega^2}\right]$。考虑到 $p^2 + 2pn + \omega^2 = (p + n)^2 + \omega^2 - n^2$，因此 $X_1(p)$ 可以表示为

$$X_1(p) = \frac{w}{\omega^2}\left[\frac{1}{p} - \frac{p + n}{(p + n)^2 + \omega^2 - n^2} - \frac{n}{(p + n)^2 + \omega^2 - n^2}\right] \tag{13.30a}$$

进一步，作拉普拉斯反变换，即

$$L^{-1}\{X_1(p)\} = L^{-1}\left\{\frac{w}{\omega^2}\left[\frac{1}{p} - \frac{p + n}{(p + n)^2 + \omega^2 - n^2} - \frac{n}{(p + n)^2 + \omega^2 - n^2}\right]\right\}$$

于是可得响应为

$$x_1(t) = \frac{w}{\omega^2}\left[1 - e^{-nt}\left(\cos\sqrt{\omega^2 - n^2}\,t + \frac{n}{\sqrt{\omega^2 - n^2}}\sin\sqrt{\omega^2 - n^2}\,t\right)\right] \tag{13.30b}$$

不难看出，这个表达式所描述的正是在静平衡位置 $x_{\text{stat}} = \dfrac{w}{\omega^2} = \dfrac{W_0}{k}$ 附近的瞬态振动过程。

为了确定最大位移和对应的动力放大系数，可以考察方程 $\dot{x}(t) = 0$，由此可导得 $\sin\eta t = 0$，$\eta = \sqrt{\omega^2 - n^2}$。显然，最大位移将发生在 $\eta t = \pi$ 时刻，于是有 $x_{\max} = x_{\text{stat}}(1 + e^{-\pi n/\eta})$，而动力放大系数则为 $\beta = x_{\max}/x_{\text{stat}} = 1 + e^{-\pi n/\eta}$。

由于瞬态过程的持续时间比较短，因而阻尼效应基本上是来不及体现的，于是我们可以令 $b = 0$，则有 $n = 0$。这种情况下，动力放大系数就变成了 $\beta_{\max} = 1 + e^0 = 2$，而位移响应为

$$x_1(t) = \frac{W_0}{k}(1 - \cos\omega t) \tag{13.31}$$

图 13.4(c) 中已经用实线绘制出了振动图像，如果 $t_0 = 2\pi/\omega$，那么有 $x(t_0) = \dot{x}(t_0) = 0$。

（2）对于运动激励单独作用的情况，我们先考虑 $t = 0$ 时刻基础受到阶跃型运动激励 $y = y_0 H(t - 0)$ 作用（正方向上）的情形，并设初始状态为 $x(t_0) = \dot{x}(t_0) = 0$[1]。该系统的运动状态可以通过方程 $m\ddot{x} = -k(x - y)$ 来描述，其中的 $x - y$ 代表的是质量 $m$ 的相对位移，于是我们有 $m\ddot{x} + kx = ky_0 H(t)$，对该方程的两端同时进行

拉普拉斯变换可得

$$L\{m\ddot{x} + kx\} = L\{ky_0 H(t)\} \text{ 或 } (mp^2 + k)X_2(p) = ky_0 \frac{1}{p} \qquad (13.32)$$

于是位移响应的像就变为 $X_2(p) = ky_0 \dfrac{1}{p(mp^2 + k)} = y_0 \dfrac{\omega^2}{p(p^2 + \omega^2)}$。进一步引

入分式函数形式,即 $\dfrac{\omega^2}{p(p^2 + \omega^2)} = \dfrac{A}{p} + \dfrac{B}{p^2 + \omega^2} = \dfrac{1}{p} - \dfrac{p}{p^2 + \omega^2}$,由此可得位移响应:

$$x(t) = L^{-1}\{X_2(p)\} = L^{-1}\left\{y_0\left[\frac{1}{p} - \frac{p}{p^2 + \omega^2}\right]\right\}$$

最后也就得到质量 $m$ 的位移表达式:

$$x_2(t) = y_0(1 - \cos\omega t) \qquad (13.33a)$$

如果我们假定基础位移激励发生在 $t_0$ 时刻,也即 $y = y_0 H(t - t_0)$,这种情况下式(13.33a)必须重新修改为

$$x_2(t) = y_0\{(1 - \cos\omega t) - [1 - \cos\omega(t - t_0)H(t - t_0)]\} \qquad (13.33b)$$

当系统同时受到上述两种激励时,为确定质量的运动响应,显然应当将这两种激励各自的贡献都包括进来。这里的激励分别是指,突加在质量上然后保持不变的阶跃激励力 $F(t) = W_0 H(t - 0)$,以及运动激励 $y(t) = y_0 H(t - t_0)$。如果我们假定后者开始于 $t_0 = 2\pi/\omega$ 时刻,那么函数 $[1 - \cos\omega(t - t_0)H(t - t_0)]$ 也就变成了 $(1 - \cos\omega t)$,不过会向右平移一个时间周期。若设基础位移幅值为 $y_0 = x_{\text{stat}} = W_0/k$,那么由基础位移激励 $y = y_0 H(t - t_0)$ 导致的响应 $x_2(t)$ 将如图 13.4(c) 中的虚线所示。由图 13.4(c) 可以看出,力的补偿范围是从 $t_0 = 2\pi/\omega$ 开始一直延伸到无穷的。运动控制激励所产生的这种补偿效应可以解释如下,即在 $t_{0-}$ 时刻(也就是恰好在运动激励施加之前),质量 $m$ 的位移和速度为 $x(t_{0-}) = \dot{x}(t_{0-}) = 0$,弹簧尚未发生变形,物体仅受到力 $W_0$ 的作用。如果基础的位移为 $y_0 = x_{\text{stat}} = W_0/k$,那么从时刻 $t = t_0$ 开始我们将有 $x_1(t) = -x_2(t)$ 这一关系。事实上,在 $t = t_0$ 时刻弹簧的变形等于 $(-y_0)$,弹簧产生的力为 $ky_0 = -W_0$,它恰好抵消了外力 $W_0$。因此,从这一 $t_0$ 时刻开始,质量 $m$ 的位置就是固定的了,也即,该质量不会处于新的静平衡点 $x = x_{\text{stat}}$,而将处于原位置 $x = 0$ 处(图 13.4(d)),显然这也就实现了完全的振动抑制。不难看出,这个实例非常清晰地表明了,我们可以利用运动控制激励 $y(t)$ 来补偿外部动力激励 $F(t)$,从而实现振动的主动控制这一目的。

## 13.3.2　脉冲激励

如图 13.5(a),(b) 所示,一个无阻尼质量弹簧系统在 $t = 0$ 时刻受到了脉冲激励力 $F(t) = J\delta(t - 0)$ 的作用,同时还在 $t_0$ 时刻受到了作用在基础上的运动型脉冲激励 $y(t) = y_0\delta(t - t_0)$。

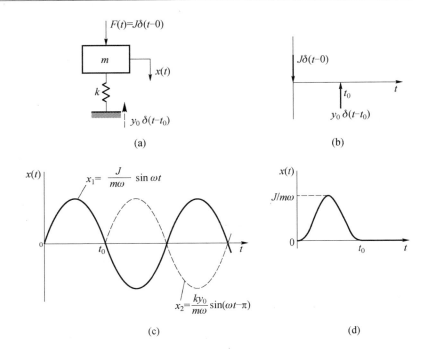

图 13.5　瞬态振动的主动抑制:(a)系统模型简图;(b)系统受到的脉冲激励力 $F(t) = J\delta$
$(t-0)$ 和脉冲(基础)位移激励 $y(t) = y_0\delta(t-t_0)$;(c)激励力 $F(t)$ 导致的位移 $x_1(t)$ 和
$t_0 = \pi/\omega$ 时刻的脉冲位移激励 $y_0 = J/k$ 所导致的位移 $x_2(t)$;(d)质量 $m$ 的合成位移 $x(t)$

一般地,函数 $\delta(t-T)$ 称为单位脉冲函数或狄拉克函数,该函数具有如下一些基本性质[1]:

(1)$\delta(t-T) = 0$, $\quad t \neq T$。

(2)$\int_0^\infty \delta(t-T)\mathrm{d}t = 1$ 。

(3)$\int_0^\infty f(t)\delta(t-T)\mathrm{d}t = f(T)$ 。

上面最后一个性质意味着该函数类似于一个"过滤器"。狄拉克函数的拉普拉斯变换为 $L\{\delta(t-0)\} = 1, L\{\delta(t-t_0)\} = \mathrm{e}^{-pt_0}$。

对于图 13.5 所示的系统,我们分别考察激励 $F(t)$ 和 $y(t)$ 的影响。

(1)对于受到脉冲力 $J$ 激励作用的无阻尼质量弹簧系统,若该激励作用于质量上的时刻为 $t = 0$,那么系统的数学模型可以表示为

$$m\ddot{x} + kx = J\delta(t-0) \tag{13.34}$$

位移 $x$ 的正方向参见图 13.5(a)。

将上面这个方程两端同时进行拉普拉斯变换,即 $L\{m\ddot{x} + kx\} = L\{J\delta(t-0)\}$,

若考虑初始状态为 $x(0) = \dot{x}(0) = 0$，则有 $(mp^2 + k)X_1(p) = J \cdot 1$。质量 $m$ 的位移 $x_1(t)$ 的像函数也就变成了 $X_1(p) = \dfrac{J}{m}\dfrac{1}{p^2 + \omega^2} = \dfrac{J}{m\omega}\dfrac{\omega}{p^2 + \omega^2}, \omega^2 = \dfrac{k}{m}$。

脉冲激励导致的位移响应可由拉普拉斯反变换得到，即

$$x_1(t) = x^J(t) = L^{-1}\{X_1(p)\} = L^{-1}\left\{\frac{J}{m\omega}\frac{\omega}{p^2 + \omega^2}\right\}$$

$$= \frac{J}{m\omega}\sin\omega t, t > 0 \tag{13.35}$$

可以看出，系统的运动将是简谐型的，它围绕静平衡位置 $x = 0$ 进行振动，振动频率为固有频率 $\omega$，振幅为 $J/m\omega$，其响应曲线如图 13.5(c) 中的实线所示。

这里应当注意一个重要关系，为说明该重要关系，我们先回到 13.3.1 节中所讨论的问题。根据式(13.31)，受到阶跃激励(海维赛德激励)作用的系统其响应应为 $x^S(t) = \dfrac{W_0}{k}(1 - \cos\omega t)$，这里上标 $S$ 代表的是阶跃激励情况。当该激励为单位阶跃函数 $W_0 = 1$ 时，若初始条件为零，那么系统响应一般称为单位阶跃响应，并记作 $h(t)$。对于狄拉克函数激励(单位脉冲激励)的情况，若初始条件为零，那么系统响应一般称为单位脉冲响应，并记作 $K(t)$。显然，如果令 $J = W_0 = 1$，那么就有 $h(t) = \dfrac{1}{k}(1 - \cos\omega t), K(t) = \dfrac{1}{m\omega}\sin\omega t$。可以看出，在这里的这种特殊情况下(实际上也包括了一般情况)，系统的单位阶跃响应与单位脉冲响应之间是满足如下基本关系的[6]：

$$K(t) = \frac{\mathrm{d}h(t)}{\mathrm{d}t} \tag{13.36}$$

(2) 运动激励的情况。不妨设系统中的基础在 $t_0$ 时刻受到了脉冲激励(位移) $y(t) = y_0\delta(t - t_0)$，且作用于负方向，如图 13.5(a) 所示[8]。物体的相对位移为 $[x - (-y)]$，于是系统的数学模型可表示为 $m\ddot{x} = -k(x + y), y = y_0\delta(t - t_0)$，因此可得

$$m\ddot{x} + kx = -ky_0\delta(t - t_0) \tag{13.37}$$

这种激励情况下，系统的初始状态可根据式(13.35)$(t = t_0)$确定，如果我们假定 $t_0 = \pi/\omega$，则有 $x(t_0) = 0, \dot{x}(t_0) = -J/m$。

对上述方程的两端同时进行拉普拉斯变换，即 $L\{m\ddot{x} + kx\} = L\{-ky_0\delta(t - t_0)\}$，根据式(13.8)就可以得到 $mp^2X(p) - m\dot{x}(t_0) + kX_2(p) = -ky_0\mathrm{e}^{-pt_0}$，其中第二项已经考虑到了非零初始条件。重新整理之后我们有 $[mp^2 + k]X_2(p) + J = -ky_0\mathrm{e}^{-pt_0}$。于是，质量 $m$ 的响应 $x_2(t)$ 的拉普拉斯变换为

$$X_2(p) = \frac{-ky_0\mathrm{e}^{-pt_0} - J}{mp^2 + k} = -\frac{ky_0}{m\omega}\frac{\omega\mathrm{e}^{-pt_0}}{p^2 + \omega^2} - \frac{J}{m\omega}\frac{\omega}{p^2 + \omega^2}$$

进一步,通过拉普拉斯反变换就可以得到作用到基础上的脉冲激励所导致的位移,即

$$x_2(t) = L^{-1}\{X_2(p)\} = L^{-1}\left\{-\frac{ky_0}{m\omega}\frac{\omega e^{-pt_0}}{p^2+\omega^2} - \frac{J}{m\omega}\frac{\omega}{p^2+\omega^2}\right\}$$

$$= -\frac{ky_0}{m\omega}\sin\omega(t-t_0) - \frac{J}{m\omega}\sin\omega t$$

或者以更为简洁的形式来表达,即

$$x_2(t) = x_2(y_0) + x_1(J) \tag{13.38}$$

式中,$x_1(J)$这一项将$t=t_0$时刻的初始状态考虑了进来,它实际上就是脉冲激励力在$t=0$时刻对质量$m$作用所产生的结果,$x_2(y_0)$这一项描述的是$t=t_0$时刻作用到基础上的脉冲激励(位移激励)所产生的振动。如果基础上的脉冲激励位移$y_0$和脉冲力激励$J$存在$y_0 = \dfrac{J}{k}$这一关系,那么基础上受到的脉冲位移激励$y(t)=y_0\delta(t-t_0)$,$t_0 = \pi/\omega$将具有补偿效应,事实上,这种情况下我们有

$$x_2(t) = -\frac{ky_0}{m\omega}\sin\omega\left(t-\frac{\pi}{\omega}\right) - \frac{J}{m\omega}\sin\omega t \equiv 0 \tag{13.39}$$

显然,从$t_0 = \pi/\omega$时刻开始,质量$m$将处于静止状态,换言之,我们也就实现了完全的主动振动抑制,参见图13.5(d)。

# 13.4   参数式振动抑制

这一节我们考虑一个单自由度系统的瞬态振动问题,主要涉及两种类型的激励形式,即周期性的瞬态脉冲和周期性的矩形脉冲。我们将指出,在选择合适的系统参数条件下,系统的振动水平是可以显著降低的。

### 13.4.1   周期性的瞬态脉冲

设有一个无阻尼质量弹簧系统,该系统每隔时间间隔$\tau$受到了脉冲$J$的周期性作用。在这种冲击型的激励过程中,非线性现象和能量耗散现象几乎没有足够的时间表现出来,因此可以将系统的微分方程写为$m\ddot{x}+kx=F(t)$这种形式。对于这个周期性的脉冲激励,可以借助狄拉克函数将其表示为如下的解析形式,即:

$$F(t) = J[\delta(t-0) + \delta(t-\tau) + \delta(t-2\tau) + \cdots] \tag{13.40}$$

如果令初始条件为$x(0)=\dot{x}(0)=0$,那么经过拉普拉斯变换$L\{m\ddot{x}+kx\}=L\{F(t)\}$之后可以得到

$$(mp^2+k)X(p) = J[1 + e^{-p\tau} + e^{-2p\tau} + \cdots] \tag{13.41}$$

于是质量 $m$ 的位移像函数也就变为

$$X(p) = \frac{J}{mp^2 + k}[1 + e^{-p\tau} + e^{-2p\tau} + \cdots]$$

$$= \frac{J}{m}\frac{1 + e^{-p\tau} + e^{-2p\tau} + \cdots}{p^2 + \omega^2}, \omega^2 = \frac{k}{m} \tag{13.42}$$

对上式作拉普拉斯反变换就可以得到系统的响应,即

$$x(t) = \frac{J}{m\omega}[\sin\omega t + \sin\omega(t - \tau) + \sin\omega(t - 2\tau) + \cdots] \tag{13.43}$$

不难看出,系统的响应是依赖于脉冲激励 $J$ 的作用时间间隔 $\tau$ 与系统自由振动频率 $\omega$ 之间的关系的。

如果令时间间隔 $\tau = T = \frac{2\pi}{\omega}$,其中的 $T$ 为自由振动的周期(图 13.6(a)),下面我们来考察若干个时间段内的系统响应。

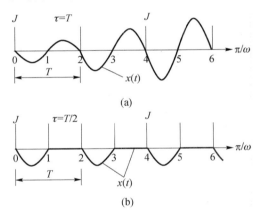

图 13.6　重复脉冲 $J$ 及其对应的响应 $x(t)$ : (a) $\tau = T$ ; (b) $\tau = T/2$ , $T = 2\pi/\omega$。

(1)在时间段 $(0 - 2)$ 内,即 $0 \leqslant t \leqslant \frac{2\pi}{\omega} = T$ 内,此时有 $x(t) = \frac{J}{m\omega}\sin\omega t$。

(2)在时间段 $(2 - 4)$ 内,即 $\frac{2\pi}{\omega} \leqslant t \leqslant \frac{4\pi}{\omega}$ 内,此时有

$$x(t) = \frac{J}{m\omega}\left[\sin\omega t + \sin\omega\left(t - \frac{2\pi}{\omega}\right)\right]$$

$$= \frac{J}{m\omega}[\sin\omega t + \sin\omega t\cos 2\pi - \cos\omega t\sin 2\pi] = \frac{2J}{m\omega}\sin\omega t$$

(3)在 $\frac{4\pi}{\omega} \leqslant t \leqslant \frac{6\pi}{\omega}$ 内,此时有

$$x(t) = \frac{J}{m\omega}\left[\sin\omega t + \sin\omega\left(t - \frac{2\pi}{\omega}\right) + \sin\omega\left(t - \frac{4\pi}{\omega}\right)\right] = \frac{3J}{m\omega}\sin\omega t$$

与此对应的响应 $x(t)$ 如图 13.6(a) 所示。可以看出,如果相邻两次脉冲之间的时间间隔 $\tau$ 等于自由振动周期 $2\pi\sqrt{m/k}$,那么系统响应的幅值将呈现无界增长。

如果令时间间隔 $\tau = \dfrac{T}{2} = \dfrac{\pi}{\omega}$,如图 13.6(b) 所示,不同时间区间内的系统响应将为

(1) 对于区间 $[0,1]$,即 $0 \leqslant t \leqslant \dfrac{\pi}{\omega}$ 内,此时有 $x(t) = \dfrac{J}{m\omega}\sin\omega t$。

(2) 对于区间 $[1,2]$,即 $\dfrac{\pi}{\omega} \leqslant t \leqslant \dfrac{2\pi}{\omega}$ 内,此时有

$$x(t) = \frac{J}{m\omega}\left[\sin\omega t + \sin\omega\left(t - \frac{\pi}{\omega}\right)\right] = \frac{J}{m\omega}[\sin\omega t + \sin\omega t\cos\pi - \cos\omega t\sin\pi] = 0$$

(3) 对于区间 $[2,3]$,即 $\dfrac{2\pi}{\omega} \leqslant t \leqslant \dfrac{3\pi}{\omega}$ 内,此时有

$$x(t) = \frac{J}{m\omega}\left[\sin\omega t + \sin\omega\left(t - \frac{\pi}{\omega}\right) + \sin\omega\left(t - \frac{2\pi}{\omega}\right)\right]$$

$$= \frac{J}{m\omega}[0 + \sin\omega t\cos2\pi - \cos\omega t\sin2\pi]$$

$$= \frac{J}{m\omega}\sin\omega t$$

可以看出,如果相邻两次脉冲之间的时间间隔 $\tau$ 等于自由振动周期的一半 $T/2 = \pi\sqrt{m/k}$,那么系统中将出现周期重复的振动模式,每个模式的持续时间为 $T/2$。在所有的奇数时间区间内,即 $[0,1]$、$[2,3]$、$[4,5]$ … 内,振动是简谐型的,且具有不变的幅值 $J/(m\omega)$,而在所有的偶数时间区间内,即 $[1,2]$、$[3,4]$、$[5,6]$ … 内,质量 $m$ 的位移为零(图 13.6(b))。

## 13.4.2 有限持续时间的脉冲的周期性作用

设有一个无阻尼质量弹簧系统受到了强度为 $F_0$ 的矩形周期脉冲作用,每个脉冲的持续时间以及相邻两次脉冲之间的时间间隔都等于 $\tau$,如图 13.7(a) 所示。系统的运动微分方程可以写为 $m\ddot{x} + kx = f(t)$,不连续的周期激励可以通过海维赛德函数表示为如下的解析形式:

$$F(t) = F_0[H(t-0) - H(t-\tau) + H(t-2\tau) - H(t-3\tau) + \cdots]$$

$$(13.44)$$

式中:括号内的第一项代表的是从 $t = 0$ 时刻开始作用的单位阶跃激励函数;第二项描述的是从 $t = \tau$ 开始作用的负单位阶跃激励。从 $t = \tau$ 时刻开始,这两个函数将相互抵消,因此在时间区间 $[0,\tau]$ 内将得到一个矩形的单位激励。式中的

后面两项则给出的是在时间区间 $[2\tau,3\tau]$ 内的矩形单位激励函数。

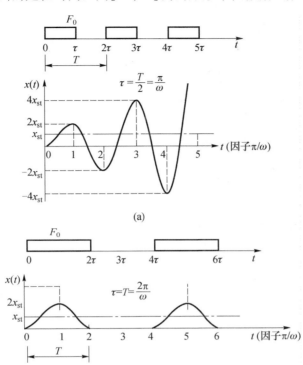

图 13.7　重复性的矩形脉冲 $F_0$ 及其对应的响应 $x(t)$：

$(a)\tau = \pi/\omega; (b)\tau = 2\pi/\omega; x_{st} = F_0/k, \omega^2 = k/m$

如果设初始状态为 $x(0) = \dot{x}(0) = 0$，那么作拉普拉斯变换 $L\{m\ddot{x} + kx\} = L\{F(t)\}$ 后可以得到 $(mp^2 + k)X(p) = F_0 \dfrac{1 - e^{-p\tau} + e^{-2p\tau} - e^{-3p\tau} + \cdots}{p}$。于是，质量 $m$ 的位移像函数应为

$$X(p) = F_0 \frac{1 - e^{-p\tau} + e^{-2p\tau} - e^{-3p\tau} + \cdots}{p(mp^2 + k)} = \frac{F_0}{m} \frac{1 - e^{-p\tau} + e^{-2p\tau} - e^{-3p\tau} + \cdots}{p(p^2 + \omega^2)}, \omega^2 = \frac{k}{m}$$

进一步即可根据拉普拉斯反变换得到质量的位移响应，即

$$x(t) = \frac{F_0}{m\omega^2} \left\{ \begin{array}{l} (1 - \cos\omega t) - [1 - \cos\omega(t - \tau)] + [1 - \cos\omega(t - 2\tau)] \\ - [1 - \cos\omega(t - 3\tau)] + \cdots \end{array} \right\}$$

$$(13.45)$$

如果我们假定时间间隔 $\tau = \dfrac{T}{2} = \dfrac{\pi}{\omega}$，那么系统在不同时间区间内的响应将分别为如下情形：

475

（1）第一个时间区间 $[0,1]$ 内，即 $0 \leqslant t \leqslant \dfrac{\pi}{\omega}$ 内，此时有

$$x(t) = \frac{f_0}{m\omega}(1 - \cos\omega t) = x_{st}(1 - \cos\omega t), x_{st} = \frac{F_0}{k}$$

（2）第二个时间区间 $[1,2]$ 内，即 $\dfrac{\pi}{\omega} \leqslant t \leqslant \dfrac{2\pi}{\omega}$，此时有

$$x(t) = \frac{F_0}{k}\left\{(1 - \cos\omega t) - \left[1 - \cos\omega\left(t - \frac{\pi}{\omega}\right)\right]\right\} = -2x_{st}\cos\omega t$$

（3）第三个时间区间 $[2,3]$ 内，即 $\dfrac{2\pi}{\omega} \leqslant t \leqslant \dfrac{3\pi}{\omega}$ 内，此时有

$$x(t) = \frac{F_0}{k}\left\{(1 - \cos\omega t) - \left[1 - \cos\omega\left(t - \frac{\pi}{\omega}\right)\right] + \left[1 - \cos\omega\left(t - \frac{2\pi}{\omega}\right)\right]\right\} = x_{st}(1 - 3\cos\omega t)$$

（4）第四个时间区间 $[3,4]$ 内，即 $\dfrac{3\pi}{\omega} \leqslant t \leqslant \dfrac{4\pi}{\omega}$ 内，此时有

$$x(t) = \frac{F_0}{k}\left\{(1 - \cos\omega t) - \left[1 - \cos\omega\left(t - \frac{\pi}{\omega}\right)\right] + \left[1 - \cos\omega\left(t - \frac{2\pi}{\omega}\right)\right] - \left[1 - \cos\omega\left(t - \frac{3\pi}{\omega}\right)\right]\right\}$$

$$= -4x_{st}\cos\omega t$$

图 13.7（a）给出了上述响应 $x(t)$ 的曲线。可以看出，如果系统参数 $m$ 和 $k$ 以及矩形脉冲的持续时间 $\tau$ 之间满足 $\tau = \pi\sqrt{m/k}$ 这一关系，那么系统的振动将呈现无界增长。

如果我们令时间间隔 $\tau = T = \dfrac{2\pi}{\omega}$，如图 13.7（b）所示，那么不同时间区间内的系统响应将为

（1）第一个时间区间 $[0,2]$ 内，即 $0 \leqslant t \leqslant \dfrac{2\pi}{\omega}$ 内，此时有

$$x(t) = \frac{F_0}{m\omega}(1 - \cos\omega t) = x_{st}(1 - \cos\omega t), x_{st} = \frac{F_0}{k}$$

（2）第二个时间区间 $[2,4]$ 内，即 $\dfrac{2\pi}{\omega} \leqslant t \leqslant \dfrac{4\pi}{\omega}$ 内，此时有

$$x(t) = \frac{F_0}{k}\left\{(1 - \cos\omega t) - \left[1 - \cos\omega\left(t - \frac{2\pi}{\omega}\right)\right]\right\} = 0$$

（3）第三个时间区间 $(4,6)$ 内，即 $\dfrac{4\pi}{\omega} \leqslant t \leqslant \dfrac{6\pi}{\omega}$ 内，此时有

$$x(t) = \frac{F_0}{k}\left\{(1 - \cos\omega t) - \left[1 - \cos\omega\left(t - \frac{2\pi}{\omega}\right)\right] + \left[1 - \cos\omega\left(t - \frac{4\pi}{\omega}\right)\right]\right\} = x_{st}(1 - \cos\omega t)$$

不难看出，如果系统参数 $m$ 和 $k$ 以及矩形脉冲的持续时间 $\tau$ 之间满足 $\tau = 2\pi\sqrt{m/k}$ 这一关系，那么系统中将出现两个交替的振动模式。在加载的时间区

间$[0,2]$、$[4,6]$,…内,振动规律为$x(t)=x_{st}(1-\cos\omega t)$,而在未受载荷的时间区间$[2,4]$、$[6-8]$,…内,系统将处于静止状态。于是,采用合适的参数进行振动防护,我们就可以限制最大位移量,甚至可以使得系统在周期性时间段内保持静止状态,与此相应地,这种参数式振动防护也将降低系统中的应力水平。

## 供思考的一些问题

13.1 试述阶跃响应和脉冲响应函数的含义,并说明它们之间的关系。

13.2 试述狄拉克函数及其基本性质。

13.3 试述拉普拉斯变换及其基本性质。

13.4 试述拉普拉斯变换的优点及其应用上的限制。

13.5 试述海维赛德分解法的含义,并说明其中涉及的特殊情况。

13.6 如图 P13.6 所示,试确定该函数的拉普拉斯变换。

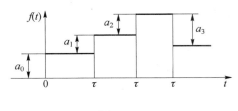

图 P13.6

13.7 如图 P13.7 所示,试确定该函数的拉普拉斯变换。

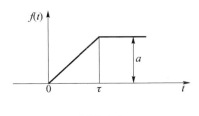

图 P13.7

提示:绘制出$f'(t)$的图像,并考虑到如下关系:$f(0)=0$,$f(t)=\int_0^t f'(t)\mathrm{d}t$,$L[f(t)]=\dfrac{1}{p}L[f'(t)]$。

参考答案:$F(p)=\dfrac{a}{p\tau}[1-\mathrm{e}^{-p\tau}]$。

13.8 图 P13.8 所示为一个周期性阶跃函数,周期为$2\tau$,幅值为1,试确定其拉普拉斯变换。

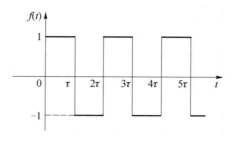

图 P13.8

提示：$f(t) = \sigma_0(t) - 2\sigma_0(t-\tau) + 2\sigma_0(t-2\tau) - 2\sigma_0(t-3\tau) + \cdots$

参考答案：$F(p) = 1 - 2e^{-p\tau} + 2e^{-2p\tau} - 2e^{-3p\tau} + \cdots = \dfrac{1 - e^{-p\tau}}{1 + e^{-p\tau}}$。

13.9 设有一个像函数为 $F(p) = \dfrac{5p^2 + 5p + 10}{p(p+2)^2}$，试利用海维赛德方法将该函数进行分解，然后确定原函数 $f(t)$。

参考答案：

$$L\{F(p)\} = \dfrac{5/2}{p} - \dfrac{10}{(p+2)^2} + \dfrac{5/2}{p+2},$$

$$f(t) = L^{-1}\{F(p)\} = \dfrac{5}{2} - 10te^{-2t} + \dfrac{5}{2}e^{-2t}$$

13.10 试对像函数 $F(p) = \dfrac{1}{p(p^2+2p+2)}$ 进行拉普拉斯反变换。

提示：应注意像函数表达式的分母存在一对共轭复根。

参考答案：$f(t) = \dfrac{1}{2} - \dfrac{1}{2}e^{-t}\sin t - \dfrac{1}{2}e^{-t}\cos t, t \geq 0$。

13.11 试对像函数 $F(p) = \dfrac{p+2}{p(p+1)(p+3)}$ 进行拉普拉斯反变换。

13.12 试求解微分方程 $\ddot{x} + 4\dot{x} + 40x = 0, x(0) = x_0, \dot{x}(0) = 0$。

参考答案：$x(t) = e^{-2t}\left(\dfrac{1}{3}\sin 6t + \cos 6t\right)x_0$。

13.13 设有一个动力学系统，其运动可描述为微分方程 $\ddot{y} + a_1\dot{y} + a_0 y = b_1\dot{x} + b_0 x$，初始条件设为 $y(0) = y_0, \dot{y}(0) = y_1, x(0) = 0$，试确定解的拉普拉斯变换。

参考答案：

$$Y(p) = \dfrac{b_1 p + b_0}{D(p)}X(p) + \dfrac{p + a_1}{D(p)}y_0 + \dfrac{1}{D(p)}y_1,$$

$$D(p) = p^2 + a_1 p + a_0$$

13.14 设有一个过程可以描述为 $\ddot{x} + 3\dot{x} + 2x = e^{-3t}$，初始条件为 $x(0) = 0$，

$\dot{x}(0)=0$。试确定响应及其拉普拉斯变换。

参考答案：$X(p)=\dfrac{1}{2}\dfrac{p}{p+3}+\dfrac{1}{2}\dfrac{p}{p+1}-\dfrac{p}{p+2}$，

$$x(t)=\frac{1}{2}\mathrm{e}^{-3t}+\frac{1}{2}\mathrm{e}^{-t}-\mathrm{e}^{-2t}$$

13.15　设有一个由 $m_1-k-m_2$ 构成的动力学系统,该系统受到了一个脉冲激励 $F_0\delta(t)$ 的作用,如图 P13.15 所示,如果假设初始状态为零,试确定其响应。

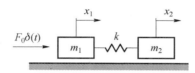

图 P13.15

参考答案：

$$x_1(t)=\frac{F_0}{m_1+m_2}\left(t+\frac{m_2}{\omega m_1}\sin\omega t\right),$$

$$x_2(t)=\frac{F_0}{m_1+m_2}\left(t-\frac{1}{\omega}\sin\omega t\right),\omega^2=k\frac{m_1+m_2}{m_1 m_2}$$

13.16　考虑第 13.3.1 节中所述的问题,试构造出与之对应的对偶问题,即将运动激励 $y(t)=y_0 H(t-0)$ 视为振动源,而将 $F(t)=W_0 H(t-t_0)$ 作为振动防护控制力。

13.17　考虑一个由 $b-m-k$ 构成的动力学系统,该系统受到了单位阶跃激励力的作用,如图 P13.17 所示,若设初始状态为 $x(0-)=\dot{x}(0-)=0,y(0-)=0$,试利用拉普拉斯变换方法确定其响应 $x(t)$。

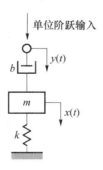

图 P13.17

提示：$m\ddot{x}+b(\dot{x}-\dot{y})+kx=b\dot{y},X(p)=\dfrac{bp}{mp^2+bp+k}$。

参考答案:$x(t) = \dfrac{2\xi}{\sqrt{1-\xi^2}}\mathrm{e}^{-\xi\omega_0 t}\sin\omega_0\sqrt{1-\xi^2}t, \omega_0 = \sqrt{k/m}, 2\xi\omega_0 = b/m$。

13.18 设有一个动力学系统的方程可以表示为 $m\ddot{x} + b\dot{x} + cx = f\sin\omega t$,若假定初始状态为 $x(0) = \dot{x}(0) = 0$,试确定系统的响应,并将瞬态振动与稳态振动区分开。

提示:(1)作拉普拉斯变换,即 $L[m\ddot{x} + b\dot{x} + cx] = L[f\sin\omega t]$;(2)计算得到解的像 $X(p)$ 并将其进行分解,即 $X(p) = \dfrac{h\omega}{(p^2+\omega^2)(p^2+2np+k^2)} = \dfrac{Ap+B}{p^2+\omega^2} + \dfrac{Cp+D}{p^2+2np+k^2}$;(3)计算出未知参数 $A$、$B$、$C$ 和 $D$;(4)进行拉普拉斯反变换。

参考答案:

$$k^2 = c/m, 2n = b/m, k_1 = \sqrt{k^2-n^2}, n < k, h = f/m,$$

$$x(t) = \dfrac{h}{4n^2\omega^2 + (k^2-\omega^2)^2}\left\{\begin{array}{l}(k^2-\omega^2)\sin\omega t - 2n\omega\cos\omega t \\ + \mathrm{e}^{-nt}\left[(\omega^2+2n^2-k^2)\dfrac{\omega}{k_1}\sin k_1 t + 2n\omega\cos k_1 t\right]\end{array}\right\}$$

13.19 试求解问题 13.18,其中不考虑阻尼,即令 $b = 0$。

参考答案:$x(t) = \dfrac{h}{k^2-\omega^2}\left(\sin\omega t - \dfrac{\omega}{k}\sin kt\right)$。

13.20 试求解共振情况下问题 13.19 的解,即令 $\omega = k$。

提示:可以利用洛必达法则。

参考答案:$x(t) = \dfrac{h}{2k}\left(\dfrac{1}{k}\sin\omega t - t\cos\omega t\right)$。

# 参考文献

1. Tse, F. S., Morse, I. E., & Hinkle, R. T. (1963). Mechanical vibrations. Boston: Allyn and Bacon.

2. Carslaw, H. S., & Jaeger, J. C. (1945). Operational methods in applied mathematics. London: Oxford University Press.

3. Doetsch, G. (1974). Introduction to the theory and application of the Laplace transformation. Berlin: Springer.

4. Abramowitz, M., & Stegun, I. A. (Eds.). (1970). Handbook of Mathematical Functions with Formulas, Graphs and Mathematical Tables. National Bureau of Standards, Applied Mathematics Series, 55, 9th Printing.

5. Korn, G. A., & Korn, T. M. (2000) Mathematical handbook(2nd ed.). McGraw-Hill Book/Dover, New York. (Original work published 1968)

6. Feldbaum, A. A., & Butkovsky, A. G. (1971). Methods of the theory of automatic control. Moscow: Nauka.

7. Thomson, W. T. (1981). Theory of vibration with application(2nd ed.). New York: Prentice-Hall.

8. Bat', M. I., Dzhanelidze, G. Y., & Kel'zon, A. S. (1973). Theoretical mechanics(Specialtopics, Vol. 3). Moscow: Nauka.

9. Harris, C. M. (Editor in Chief). (1996). Shock and vibration handbook(4th ed.). McGraw-Hill, New York.

10. Lurie, A. I. (1938 or after). Operational calculus and application to the mechanical problems. L-M.: ОНТИ.

# 第 14 章　冲击与谱理论

我认为关于冲击力的问题在理论上仍然是比较模糊的,到目前为止,这一主题上的研究人员还没有触及这一问题中的一些空白之处,人们对其仍然缺乏足够的认识。

"关于两门新科学的对话"　Galileo Galilei　1638 年

这一章中主要分析受到冲击激励作用的单自由度系统[1,2,3]。我们将讨论一些十分重要的概念,其中包括了冲击激励的类型以及处理冲击问题的各种不同方法。首先阐述的是非周期函数的傅里叶变换及其对应的一些概念,然后将其应用到冲击现象的分析之中。进一步我们将介绍冲击谱理论以及残余冲击谱和初始冲击谱等概念[4]。最后讨论的是由力和运动形式的冲击激励(如海维赛德阶跃激励、有限持续时间的阶跃激励以及脉冲激励等)所导致的瞬态振动问题,我们将详细给出动力放大系数和传递系数的推导过程并进行讨论。

## 14.1　冲击激励的概念

在冲击现象中,系统中某点处的速度将在非常短的时间内发生改变。冲击过程中所产生的力一般称为冲击力或脉冲力,这些力可能具有非常大的量值。

### 14.1.1　冲击激励的类型

从本质上看,冲击现象主要来源于系统中突然去除或突然施加某些约束(或激励)这一行为[5]。冲击激励可以是动力形式,也可以是运动形式的。在爆炸冲击波作用到物体上,飞机降落,以及地震波作用到物体底部基础上时,往往都会形成冲击,这些都是冲击激励的典型实例。应当注意的是,对于运动型冲击激励,可以以基础或支撑的位移、速度或加速度形式给出[6],还可以以基础位移的 $n$ 阶导数形式给出[4]。一般而言,冲击激励将不可避免地导致系统产生相应的振动。

外部激励能否称为冲击作用一般应根据其作用时间来判定,这是一个相对的概念。如果力学作用的时间与系统的自由振动周期(或多自由度系统情况中的最小振动周期)可比拟,那么它就可以视为一种冲击作用。因此我们可以发现,对于相同的激励来说,例如物体跌落到某个结构上,某些条件下(若结构的自由振动周期较小)就可以视为一种冲击作用,而其他条件下则可视为非冲击型作用。

图 14.1(a)给出了一个冲击作用 $\sigma(t)$ 的曲线,在动力作用的情况下 $\sigma(t)$ 代表的是作用到物体上的力 $F(t)$,一般称为冲击力;而在运动型激励情况下,$\sigma(t)$ 可以是基础支撑的加速度 $w(t)$ 或速度、位移等物理量。不难看出,随着时间的增长此类冲击作用将从零开始迅速增大到最大值,然后又快速减小至零。在时域内,冲击激励一般可以通过峰值、持续时间以及波形等特征参数来刻画[6]。

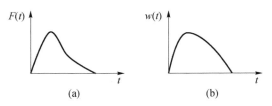

图 14.1 冲击激励的类型:(a)作用到物体上的冲击力;(b)基础加速度冲击

在很多情况的分析过程中,是不需要了解上述 $\sigma(t)$ 的具体信息的,因此实际应用中人们引入了各种近似的冲击激励作用曲线,如脉冲激励(狄拉克激励)和强度不变的短时激励(海维赛德激励)[2,6]等。图 14.2 给出了一些常用的标准激励形式,它们已经在前面的第 13 章中使用过了。

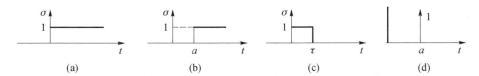

图 14.2 标准激励形式:(a)单位阶跃激励;(b)带时延的单位阶跃激励;
(c)持续时间为 $\tau$ 的单位矩形脉冲激励;(d)带时延的单位脉冲激励

冲击激励的积分是比较重要的,其形式如下:

$$S = \int_0^t \sigma(t)\,\mathrm{d}t \qquad (14.1)$$

在动力冲击 $\sigma(t) = F(t)$ 的情况中,上面这个积分式实际上代表了力 $F(t)$ 的冲量 $S_F$,其单位制是($F \cdot T$);在运动冲击情况中,$\sigma(t)$ 可以是加速度,即 $\sigma(t) = \ddot{x}(t)$,通过类比动力冲击我们也可以将积分式(14.1)记作 $S_{\ddot{x}}$,并称其为加速度冲量,单位制为($\dfrac{L}{T^2} \cdot T = \dfrac{L}{T}$)。

对于受到冲击作用的动力学系统来说,人们在分析中所关心的性能指标往往各不相同,例如可能关心的是防护对象的相对或绝对位移(加速度)量值,也可能是传递到基础上的动态力的量级。在所构造的"防护对象 + 振动防护装置"模型中,利用这些指标就可以评估模型参数对振动过程的影响,从而最终确定出所需的参数,使得振动水平及其负面影响得到合理地抑制。这一问题实际上涉及了优化分析,即在采用某种振动防护装置结构的基础上对系统的参数进行优化求解,更进一步,还可以构造出更为复杂一些的优化问题,即将振动防护装置自身的结构优化也考虑进来[7]。

## 14.1.2 冲击问题的不同分析方法

目前已经有多种不同的方法可以用于分析冲击作用下的动力学系统,这些方法大多建立在不同的前提假设基础之上,具有各自不同的基本特点,从而也就形成了各种冲击理论。这里我们将简要地介绍相关的主要概念及其对应的冲击理论,并给出一些典型实例。

针对受迫振动的冲击抑制问题:

在一些场合中,冲击力可以视为一种不依赖于系统特性及其运动的外部激励力。如果我们能够以图形方式将这样的激励力表达出来,如图 14.1(a)所示,那就可以将它作为已知的外部激励来考虑。由此导致的受迫振动问题一般可以借助人们熟知的方法来分析求解,特别是拉普拉斯变换方法和杜哈梅尔积分方法[8]。不过,这也会带来另外一个问题,即需要准确地确定出该冲击力的参数。对于这一问题,人们一般采用的是简化处理方式,即采用一些标准的激励函数进行近似分析,如单位脉冲激励、单位阶跃激励、有限持续时间的脉冲激励以及半正弦激励等(图 14.2)。这种分析方法也适用于运动激励的场合(图 14.1(b))。应当注意的是,物体的运动实际上是相对运动、牵连运动以及绝对运动等成分的合成,牵连惯性力也会像冲击力那样导致受迫振动的发生,因此,在一般情况中我们不能忘记柯氏惯性力的可能影响[9]。

刚性物体对无质量结构的冲击问题:

这一方面的理论主要建立在如下假设基础上,即一个绝对刚性的重物与一个弹性轻质结构发生了相互碰撞,然后二者将作为一个整体一起运动。换言之,这里是不考虑物体发生碰撞之后的回弹现象的,物体与弹性结构碰撞之后将作自由振动。实际上,如果假定这个弹性系统的变形为 $x$,作用到物体上的弹性力也就是 $kx$,其中的 $k$ 为刚度系数。因此,由 $-kx = m\ddot{x}$ 可以得到自由振动方程 $m\ddot{x} + kx = 0$ 了。初始条件可设为 $x(0) = 0, \dot{x}(0) = v_0$,这里的 $v_0$ 是物体与弹性结构在碰撞后的初始速度。于是物体的运动规律就可以表示为 $x(t) = (v_0/\omega)\sin\omega t, \omega = \sqrt{k/m}$。可以看出,物体的最大位移和弹性系统中产生的最大力将分别为 $x_{max} = v_0/\omega, N_{max} = kx_{max} = v_0\sqrt{km}$。达到这些最大值的时刻应为物体与结构发生接触之后的 $t = T/4$,其中的 $T = 2\pi/\omega$ 是无质量结构与物体(质量为 $m$)这个组合系统的自由振动周期。顺便指出的是,对于任意的弹性系统,其刚度的确定方法可以参阅文献[10]。

弹性结构中所产生的最大力也可以利用能量平衡方法(Cox,1850)[11,12]方便地求出。实际上,物体在碰撞时刻的动能可以表示为 $T = m v_0^2/2$,而弹性结构中的最大变形能为 $U = k x_{max}^2/2$。利用关系式 $T = U$ 就可以立即得到最大位移 $x_{max}$ 和最大力 $N_{max} = k x_{max}$ 的表达式了。

现假定质量为 $m$ 的物体是从高度为 $h$ 的位置下落到轻质弹性结构上的,如图 14.3 所示。这种情况下,动力放大系数可以表示为 $\mu = x/x_{stat} = 1 + \sqrt{1 + 2h/f_{stat}}$,其中 $x$ 为梁的位移幅值,而 $x_{stat}$ 为梁在静力 $F = mg$ 作用下产生的静变形量。显然,增大梁的刚度将会导致动力放大系数的增大。如果 $h = 0$,那么动力放大系数将为 $\mu = 2$,这一结果实际上就对应了梁上受到突加质量的情况。

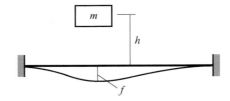

图 14.3  无质量弹性梁受到刚性重物的横向冲击

如果弹性梁的质量 $M$ 与下落物体的质量 $m$ 相差不远,那么动态变形量可以按下式来确定[11,12]:

$$x = x_{st} + \sqrt{x_{st}^2 + \frac{v^2}{g} \cdot \frac{x_{st}}{1 + k_0 M/m}}$$

其中,系数 $k_0$ 代表了该弹性梁的质量 $M$ 应当计入到物体质量 $m$ 中的比例,通过这种等效附加质量的处理,我们就可以将其视为一个单自由度系统了。对于物体下落到均匀简支梁的中点位置这种特殊情形,根据上述分析可以得到 $k_0 = 17/35$[13]。

即便是在上面所给出的假设基础上,对于一些更为复杂的系统来说,往往还需要分析系统的运动微分方程[5]。这里我们考虑一个两级振动防护系统,其中包括了一个质量为 $m$ 的物体和一个无质量的板 $P$,如图 14.4(a)所示。假定一个质量为 $M$ 的物体以速度 $v_0$ 撞击该板 $P$,然后与之共同运动,那么这个系统的模型将如图 14.4(b)所示。等效刚度 $k_2^{eq}$ 中已经考虑了梁的边界条件、横向刚度 $EI$ 以及弹簧刚度 $k_2$,该刚度的计算可以借助力学阻抗方法进行。

对于这个冲击问题,可以做如下分析,即在给定的初始条件 $x_1(0) = x_2(0) = 0$,$\dot{x}_1(0) = v_0$ 的情况下,先确定出每个质量的运动规律,然后再确定出两个质量的最大位移量,最后再计算出弹性元件中产生的力。

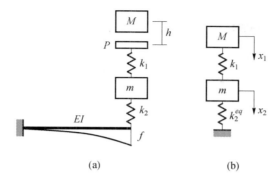

图 14.4　(a)两级振动冲击防护系统;(b)系统的力学模型

对于上面这个无质量结构受冲击激励的问题,利用经典的振动理论分析方法即可完成分析求解,而无需任何附加的假设。

冲击理论问题中的牛顿假设:

不同于物体和无质量结构的碰撞问题,这里所针对的冲击问题是关于质量为 $m_1$ 的物体与质量为 $m_2$ 的物体发生碰撞的情况。这类问题的主要特征在于,不能在绝对刚性假设的框架下进行分析。碰撞发生之后,两个物体的速度都会发生改变,不妨假定这两个物体是沿着同一方向运动的,速度分别为 $v_1$ 和 $v_2$,且 $v_1 > v_2$(否则第一个物体永远不会追上第二个物体)。将它们视为一个系统,于是可以应用动量守恒定理来处理这个碰撞问题[9],由此可以写出如下关系式:

$$m_1 v_1 + m_2 v_2 = m_1 u_1 + m_2 u_2 \tag{14.2}$$

式中:$u_1$、$u_2$ 为碰撞之后两个物体的速度。这个方程是根据力学原理所能得到的唯一一个独立方程,它包含了 $u_1$、$u_2$ 两个未知速度,因此该问题是不定的。

我们还可以采用另一方式来求解这一问题,利用动量定理分别处理两个发生碰撞的物体,于是有

$$\begin{cases} m_1(u_1 - v_1) = -S \\ m_2(u_2 - v_2) = S \end{cases}$$

式中:$S$ 为冲量。这样一来,我们就得到了两个独立方程,其中包括 $u_1$、$u_2$、$S$ 三个未知量。

人们在牛顿假设基础上提出了一种冲击理论,这一假设认为,碰撞后两个物体的相对速度与碰撞前的相对速度是成比例的,即

$$(u_1 - u_2) = -k(v_1 - v_2) \tag{14.3}$$

式中:比例因子 $k$ 称为恢复系数[2],它反映了两个物体的物理特性,而不依赖于物体的速度。式中右边所引入的负号是为了使这个恢复系数始终取正值。恢复系数一般位于 $0 \leqslant k \leqslant 1$ 这一范围。$k = 1$ 这种情况意味着物体的机械能在碰撞之后会完全恢复,这也是一种理想的弹性碰撞情况;$k = 0$ 则意味着碰撞是完全

非弹性的,因而 $0 < k < 1$ 就代表了非理想的弹性碰撞情形。一般而言,不同材料的恢复系数需要通过实验来确定。借助式(14.2)和式(14.3),我们就可以确定碰撞之后两个物体的速度,即

$$
\begin{cases}
u_1 = \dfrac{(m_1 - m_2 k)v_1 + m_2(1 + k)v_2}{m_1 + m_2} \\
u_2 = \dfrac{m_1(1 + k)v_1 + (m_2 - km_1)v_2}{m_1 + m_2}
\end{cases}
\tag{14.4}
$$

下面来分析两种特殊情形。

(1)理想的非弹性碰撞情形($k = 0$)。这种情形下,两个物体在碰撞之后将合并到一起,它们的相对速度将变为零,因此,它们将以相同的速度运动,即 $u_1 = u_2 = \dfrac{m_1 v_1 + m_2 v_2}{m_1 + m_2}$。对应的冲量为 $S_2 = -S_1 = \dfrac{m_1 m_2}{m_1 + m_2}(v_1 - v_2)$。

(2)理想的弹性碰撞情形($k = 1$)。这种情形下,我们有 $u_1 = v_1 - \dfrac{2m_2}{m_1 + m_2}(v_1 - v_2)$, $u_2 = v_2 + \dfrac{2m_1}{m_1 + m_2}(v_1 - v_2)$,而对应的冲量是 $S_2 = -S_1 = \dfrac{2m_1 m_2}{m_1 + m_2}(v_1 - v_2)$。可以看出,这个冲量是非弹性碰撞情形中的 2 倍,此外如果两个物体的质量相同的话,碰撞之后它们将会交换彼此的速度。

这里我们简要地做一评述。

(1)根据牛顿冲击理论可以得出一个重要结论:冲击的持续时间可以视为非常接近于 0,因此发生碰撞的物体的速度改变是瞬时完成的。

(2)除了 $k = 1$ 以外,在所有其他情形中都会存在动能的损耗[5]。对于理想的非弹性碰撞,动能损失等于物体以损失掉的速度运动时所对应的动能(Carnot 定理,1753—1823),也即

$$
T_0 - T_1 = \frac{1}{2}m_1(v_{1x} - u_x)^2 + \frac{1}{2}m_2(v_{2x} - u_x)^2
$$

(3)冲量可以根据公式 $S = \int_{t_1}^{t_2} F(t)\,\mathrm{d}t$ 来确定,其中 $F(t)$ 为时间区间($t_1 - t_2$)内的作用力。碰撞冲击过程中系统动量的改变等于所有外部冲击力对系统的冲量,即 $m(v_x - u_x) = S_x$。如果我们引入一个平均力 $F_{\text{ave}}$,那么冲量的形式就可以表示为 $S = F_{\text{ave}}(t_2 - t_1)$。若假定碰撞时间趋近于零,那么这个冲量也将趋于零,这就意味着瞬态脉冲的效果将会消失。显然这与实验观测结果是矛盾的,为消除这一矛盾,我们需要假定这个碰撞冲击力是变化的,例如它可以正比于 $1/\tau$。显然,这种冲击力在 $\tau \to 0$ 时将会变得无限大,可以将其称为瞬态的冲击力,其冲量将是一个有限值。这种思想十分类似于材料力学课程中所给出的集中力这一概念,即在一根梁上的一个无限小的长度上施加了一个强度(载荷集

度)为无穷大的力,这时这个力就可以视为一个作用到一点上的集中载荷。

实例 14.1　设有一个质量为 $m_1$ 的物体跌落到一个质量为 $m_2$ 的静止物体上,后者通过一个刚度系数为 $\bar{k}$ 的弹簧处于悬挂状态。若在发生碰撞时刻前者的速度为 $v_1$,而恢复系数为 $k$,试确定动力放大系数。

求解:考虑到 $v_2 = 0$,因此根据式(14.4)可知物体 2 在碰撞发生之后的速度应为 $u_2 = \dfrac{m_1(1+k)}{m_1+m_2}v_1$,所对应的动能则为 $T = \dfrac{m_2 u_2^2}{2} = \dfrac{m_1^2 m_2 (1+k)^2}{2(m_1+m_2)^2}v_1^2$。存储在弹簧中的势能应为 $U = \bar{k}f^2/2$,其中的 $f$ 为弹簧的变形量。由于 $T = U$,因此弹簧的最大变形量就变成了 $f = \dfrac{m_1(1+k)}{m_1+m_2}v_1\sqrt{\dfrac{m_2}{K}}$。这一关系式适用于任意的 $k$ 值(除了 $k = 0$ 以外)。在理想的非弹性碰撞情况中,两个物体共同运动的速度应为 $u_1 = u_2 = \dfrac{m_1 v_1}{m_1+m_2} = u$。因此动能可按下式计算: $T_* = \dfrac{(m_1+m_2)u^2}{2} = \dfrac{m_1^2 v_1^2}{2(m_1+m_2)}$。而势能仍然为 $U = \bar{k}f^2/2$。这种情况中,弹簧的最大变形量是 $f = \dfrac{m_1 v_1}{\sqrt{\bar{k}(m_1+m_2)}}$。传递到固定基础上的力应为 $F = f\bar{k}$,因此动力放大系数为

$$\mu = \frac{f}{f_{\text{stat}}} = \frac{f}{m_2 g/\bar{k}} = \frac{m_1}{m_2}\frac{v_1}{g}\sqrt{\frac{\bar{k}}{m_1+m_2}}, g = 9.81(\text{m/s}^2)$$

理想的非弹性碰撞情形($k = 0$)中的动能 $T_*$ 与非理想情形($0 < k < 1$)中的动能 $T$ 之比为

$$\begin{cases} \dfrac{T_*}{T} = \dfrac{m_1+m_2}{m_2(1+k)^2} = \dfrac{1+\dfrac{m_1}{m_2}}{1+2k+k^2} \\[4mm] \dfrac{T_*}{T} = \begin{cases} > 1, & m_1/m_2 > 2k+k^2 \\ < 1, & m_1/m_2 < 2k+k^2 \end{cases} \end{cases}$$

于是,在 $m_1$、$m_2$、$k$ 这些参数满足特定关系时,我们将有 $T_* < T$。这意味着完全非弹性碰撞这一假设可能会低估冲击效应[5]。

前述的冲击理论由于其简单性而得到了较为广泛的应用,不过,实验研究已经表明牛顿假设在实际问题中并不总是合理的。为了更好地分析两个物体的碰撞问题,应当增加额外的假设,然而在经典力学框架中一般均假设为绝对刚体,因此附加的假设是无法引入的。为此,需要抛弃刚体这一概念,而将变形考虑进来。

正是由于将碰撞物体的变形考虑进来,冲击理论才得到了进一步的发展。

Goldsmith[1]、Harris[2]、Timoshenko 和 Goodier[14]、Kil'chevsky[12] 以及 Filippov[11] 等人已经对冲击理论及其历史发展进行过讨论,根据这些经典文献,我们可以认识到一些极为重要的冲击理论。赫兹理论针对物体碰撞(或梁的冲击)问题提出仅考虑物体的局部变形,并将其视为静变形的处理方法。这一理论只能用于冲击速度较低的情况,此时接触区域内的应力不会超过弹性极限。Shtaerman 理论所考虑的碰撞要比赫兹理论所考虑的情况更为温和一些,该理论已经用于分析由振动导致的杆的变形问题。此外,Saint-Venant 还创立了冲击波理论,而 Sears 冲击波理论则不仅考虑了与杆的振动相关的变形,还计入了撞击物的局部变形。Timoshenko 理论进一步考虑了撞击物表面形状、物体的局部变形以及由振动导致的梁的变形等。该理论将赫兹理论和 Saint-Venant 理论中的一些主要概念进行了统一,使得人们可以更为深刻地认识和理解冲击碰撞过程。目前,冲击理论仍然处于不断的发展和完善之中。

应当指出的是,在很多基础书籍中已经阐述了大量有关冲击理论方面的问题,如文献[1,3]。除此之外,在文献[11,12,15]中还针对梁板类结构的横向冲击问题以及杆类结构的纵向冲击等问题进行了考察。读者可以通过参阅这些文献以获得更丰富的认识和更深刻的理解。

### 14.1.3 傅里叶变换

在冲击导致的振动问题中,人们往往将相关物理量变换到频域中进行分析,相应地,原有物理量之间的关系也将通过它们的频谱间的关系来体现[16],这一做法为我们的分析与研究带来了极大的便利。事实上,利用傅里叶变换技术可以将一个给定的实变量函数转换为另一个实变量函数,由此即可将原函数所包含的系数或幅值转换为具有不同频率成分的简谐分量。借助这一变换方法对原有的冲击激励进行处理之后,就可以得到对应的傅里叶谱,其中包含了与冲击有关的所有信息,据此我们就可以方便地考察结构中的冲击传递过程了[6,17]。

任意的周期函数 $f(t)$(周期为 $T$)在时间区间 $(0,T)$ 内均可以展开为傅里叶级数形式[18,19],即

$$\begin{cases} f(t) = a_0 + \sum_{n=1}^{\infty} (a_n \sin n\omega t + b_n \cos n\omega t) \\ \omega = \dfrac{2\pi}{T} \\ a_0 = \dfrac{1}{T} \int_0^T f(t) \, dt \\ a_n = \dfrac{2}{T} \int_0^T f(t) \sin n\omega t \, dt \\ b_n = \dfrac{2}{T} \int_0^T f(t) \cos n\omega t \, dt \end{cases} \tag{14.5}$$

上面这个展开式不仅仅只是一个数学上的处理过程，更重要的是，它非常清晰地反映了周期过程的物理本质。

式(14.5)也可以重新改写为

$$\begin{cases} f(t) = a_0 + \sum_{n=1}^{\infty} C_n\cos(n\omega t - \varphi_n) \\ C_n = \sqrt{a_n^2 + b_n^2}, \tan\varphi_n = b_n/a_n \end{cases} \tag{14.6}$$

其中，$C_n$ 值就构成了幅值谱，而 $\varphi_n$ 则构成了相位谱。如图 14.5(a)所示，其中给出了每一个谐波成分的幅值，它们是频率的函数。

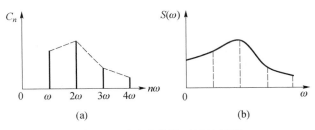

图 14.5　(a)离散谱；(b)连续谱

这个傅里叶谱中包含了离散的等间距的谱线，它们代表了谐波成分，对应的频率呈现出整数倍关系，因此这个谱也称为线谱或谐波谱。由所有的最大值($C_n$)连接而成的包络线代表了幅值分布的谱函数，有时也称为谱密度函数。如果采用复数记法，那么前式(14.5)还可以表示为 $f(t) = \sum_{n=-\infty}^{+\infty} D_n\mathrm{e}^{in\omega t}$，其中复数幅值为 $D_n = \dfrac{1}{T}\int_{-T/2}^{+T/2} f(t)\,\mathrm{e}^{-in\omega t}\mathrm{d}t$，$D_0 = a_0$。[1]此时，谱密度的每个坐标代表的是特定频率点处谐波成分的复数幅值。

现在考虑非周期函数 $f(t)$ 的情况，冲击正是这样的一种典型实例，其中物体之间的碰撞作用力或者系统的运动激励都是非周期性的。当然，要注意的是这里我们讨论的是单次冲击作用，而不是一系列冲击，特别是周期性的冲击。事实上，单次冲击行为可以视为周期性冲击作用的一种极限情形，即周期趋近于无穷大。由于周期可以表示为 $T = 2\pi/\omega$，那么当 $T\to\infty$ 时我们就有 $\omega\to 0$。这意味着如果以一个非周期函数(如任意形式的单次冲击)来替换周期函数时，后者的谱函数图形中的谱线间距将趋于零，因而不连续的谱将转化为连续谱了。显然，这种情况下该图将不再表现为一组离散的幅值 $C_n$，而将包含无穷多个幅值了，参见图 14.5(b)。这些幅值点所构成的包络线就是复数幅值的谱分布函数

---

① 　在这一节中，我们采用字母"i"来表示虚数单位，也即 $i = \sqrt{-1}$。

$S(\omega)^{[6,\text{vol. }2]}$。为了确定 $S(\omega)$，应将复数幅值 $D_n$ 代入到 $f(t)$ 的表达式中，即

$$f(t) = \frac{1}{T}\sum_{n=-\infty}^{+\infty}D_n e^{in\omega t}\int_{-T/2}^{+T/2}f(t)e^{-in\omega t}dt \tag{14.7}$$

对于上面所述的连续情形（离散形式的极限），我们需要引入系数 $1/2\pi$，而求和符号应换为积分号，即

$$f(t) = \frac{1}{2\pi}\int_{-\infty}^{\infty}e^{i\omega t}d\omega\int_{-\infty}^{\infty}f(t)e^{-i\omega t}dt \tag{14.8}$$

式（14.8）中的函数 $f(t)$ 具有连续型的频谱，如果

$$S(\omega) = \int_{-\infty}^{+\infty}f(t)e^{-i\omega t}dt \tag{14.9a}$$

那么傅里叶积分

$$f(t) = \frac{1}{2\pi}\int_{-\infty}^{\infty}S(\omega)e^{i\omega t}d\omega \tag{14.9b}$$

就给出了一个非周期函数，它是由一系列正弦成分组合而成的，这些正弦成分的频率是连续分布的。这一函数可以用于描述任意形式的单次冲击作用，而函数 $S(\omega)$ 则称为对应的谱密度。此外应注意的是，这里的时间变量 $t$ 和频率变量 $\omega$ 的取值都是连续的（从 $-\infty$ 到 $\infty$）。

在一些文献中，例如文献[6,vol.2,20]，往往还采用另外一种方式来表示谱函数和傅里叶积分，即

$$S(\omega) = \frac{1}{2\pi}\int_{-\infty}^{+\infty}f(t)e^{-i\omega t}dt \tag{14.9c}$$

$$f(t) = \int_{-\infty}^{\infty}S(\omega)e^{i\omega t}d\omega \tag{14.9d}$$

可以看出，系数 $1/2\pi$ 出现在式（14.8）中的第二个积分上。实际上，还可以有其他一些傅里叶变换的表达形式，如 $S_1(\omega) = \dfrac{1}{\sqrt{2\pi}}\int_{-\infty}^{+\infty}f(t)e^{-i\omega t}dt^{[6]}$。

一般地，谱密度 $S(\omega)$ 是一个复数函数，即

$$S(\omega) = \text{Re}[S(\omega)] + i\text{Im}[S(\omega)] \tag{14.10a}$$

而相位谱[6]则可表示为

$$\tan\varphi(\omega) = \text{Im}[S(\omega)]/\text{Re}[S(\omega)] \tag{14.10b}$$

谱密度的模 $|S(\omega)|$ 一般称为幅值谱，它反映的是信号中的谐波成分的幅值分布（作为频率的函数）。谱密度的相位角称为信号的相位谱，它体现的是信号中的谐波成分的初相位分布（也是频率的函数）。

前述的函数 $f(t)$ 与 $S(\omega)$ 互称为傅里叶共轭函数，已知其中一个即可得到另外一个。例如，当谱密度函数 $S(\omega)$ 已知，那么就可以根据式（14.9b）和式（14.9d）计算出非周期函数 $f(t)$，在冲击理论中，这个函数一般代表了冲击力或

运动。

有时我们需要确定导函数的傅里叶变换,此时可以借助如下性质来完成,即导函数的傅里叶变换(FT)等于原函数的傅里叶变换与因子 $i\omega$ 的乘积,也即

$$FT[\dot{x}(t)] = i\omega FT[x(t)], FT[\ddot{x}(t)] = -\omega^2 FT[x(t)], \cdots$$

在冲击导致的非平稳过程分析中,前面的式(14.9)是最基本的关系式,据此可以将冲击力表达为确定性的形式(如果我们需要确定谱密度),或者在波形图上表示为幅值不断衰减的复杂频谱形式[20]。

下面我们将针对一些确定性的冲击形式来确定对应的谱函数。

实例14.2 试确定海维赛德函数(图14.6(a))的傅里叶变换。

求解:海维赛德函数的解析表达式为

$$\begin{cases} f(t) = 0, t < 0 \\ f(t) = H, t \geqslant 0 \end{cases}$$

谱函数则为

$$S(\omega) = \frac{1}{2\pi}\int_0^{+\infty} He^{-i\omega t}dt = -\frac{H}{2\pi i\omega}e^{-i\omega t}\Big|_0^{\infty} = \frac{H}{2\pi i\omega} = -\frac{iH}{2\pi\omega}$$

可以看出这是一个纯虚函数,它的模为 $|S(\omega)| = \dfrac{H}{2\pi\omega}$。于是,随着频率的增大,简谐成分的幅值是不断减小的,图14.6(b)给出了这个幅值谱。此外,由于谱密度是一个纯虚函数,因此相位谱将为 $\varphi(\omega) = \infty$。

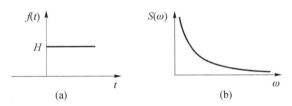

图14.6 (a)海维赛德函数 $f(t)$;(b)对应的谱函数 $S(\omega)$

实例14.3 如图14.7(a)为一个矩形脉冲,其幅值为 $H$,持续时间为 $t_i$,试确定其谱函数。

求解:这个函数的解析表达可以写成如下形式:

$$\begin{cases} f(t) = 0, t < -t_i/2, t > t_i/2, \\ f(t) = H, -t_i/2 \leqslant t \leqslant +t_i/2 \end{cases}$$

其谱函数应为

$$S(\omega) = \frac{1}{2\pi}\int_{-t_i/2}^{+t_i/2} He^{-i\omega t}dt = -\frac{H}{2\pi i\omega}e^{-i\omega t}\Big|_{-t_i/2}^{+t_i/2} = \frac{H}{2\pi i\omega}(e^{i\omega t_i/2} - e^{-i\omega t_i/2})$$

考虑到 $e^{iz} - e^{-iz} = 2i\sin z$ 这一关系,于是谱函数可化为

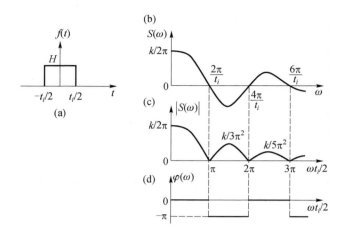

图 14.7 （a）矩形脉冲 $f(t)$；（b）对应的谱函数 $S(\omega)$；
（c）谱函数的绝对值；（d）相位谱 $\varphi(\omega)$，因子 $k = Ht_i$

$$S(\omega) = \frac{H}{\pi\omega}\sin\frac{\omega t_i}{2} = \frac{Ht_i}{2\pi}\frac{\sin(\omega t_i/2)}{\omega t_i/2} = \frac{HT}{2\pi^2}\sin\frac{\pi t_i}{T}, T = \frac{2\pi}{\omega}$$

可以看出，矩形脉冲的谱函数关于原点和 $\omega t_i/2$ 是对称的，如图 14.7（b）所示，该函数是一个形如 $\sin(x)/x$ 的实函数，外形上呈现出花瓣状特点，主瓣的半宽度和其他侧瓣在频率轴上的宽度均为 $\pi$，图中每个频率点处所对应的纵坐标代表了该频率谐波成分的幅值。这个谱函数具有振荡特征，且其幅值在不断衰减。零频率处对应的谱密度等于冲量 $Ht_i$ 除以 $2\pi$。图 14.7（c）给出了这个谱函数的绝对值（横坐标轴为 $\omega t_i/2$ 轴）。由于该谱函数为纯实函数，因此相位谱将为 $\tan\varphi(\omega) = \mathrm{Im}[F(\omega)]/\mathrm{Re}[F(\omega)] = 0$，显然，相位谱的取值应为 0 或 $-\pi$，这取决于 $\mathrm{Re}[F(\omega)]$ 的符号，如图 14.7（d）所示。

从图 14.7（b）中不难看出，谱函数 $S(\omega)$ 的零点位于频率轴上的点 $2\pi n/t_i$（$n = 1,2,3,\cdots$）处，这就意味着冲击持续的时间 $t_i$ 越小，该谱函数 $S(\omega)$ 的零点就离原点越远。当冲击的持续时间趋于零（$t_i \to 0$）时，谱函数的第一个零点将趋于无穷大，于是有 $S(\omega) \to 0$。显然，冲击的持续时间越短，频谱中包含的频带就越宽。这也意味着，如果想提高冲击脉冲的重构精度，我们需要增大频带宽度[20]。

若假定图 14.7（a）中所示的脉冲向右移动了 $t_i/2$，那么这个脉冲将起始于时刻 0 而终止于时刻 $t_i$。根据傅里叶变换所具有的性质，原函数 $f(t)$ 和移动后的函数 $g(t)$ 的谱将满足 $G(\omega) = F(\omega)\mathrm{e}^{-i\omega t_i/2}$ 这一关系。显然，幅值谱是不变的，而相位谱则多了 $-\omega t_i/2$ 这一项，这意味着所有的谱成分都将产生一个与频率成比例的移动量。

实例 14.4 试确定一个幅值衰减的正弦型脉冲激励[20] ($f(t) = Ae^{-\alpha t} \sin\omega_1 t$) 的傅里叶变换。

求解:谱函数应为

$$S(\omega) = \frac{A}{2\pi}\int_0^\infty e^{-\alpha t}\sin\omega_1 t \cdot e^{-i\omega t}dt = \frac{A}{2\pi}\int_0^\infty e^{-(\alpha+i\omega)t}\sin\omega_1 t dt$$

为计算这一积分,可以利用如下关系:

$$\int e^{ax}\sin bx dx = \frac{e^{ax}}{a^2+b^2}(a\sin bx - b\cos bx)$$

不妨作一替换:$a \to -(\alpha+i\omega), b \to \omega_1$。于是可得谱函数为

$$S(\omega) = \frac{A\omega_1}{2\pi}\frac{1}{\alpha^2+\omega_1^2-\omega^2+i2\alpha\omega}$$

若记 $\alpha^2+\omega_1^2 = \omega_0^2, \alpha/\omega_0 = \xi$,那么谱函数的表达式就可以写为

$$S(\omega) = \frac{A}{2\pi} \cdot \frac{\omega_1/\omega_0^2}{1-(\omega/\omega_0)^2+2\xi(\omega/\omega_0)i}$$

它的模为

$$\begin{cases} |S(\omega)| = \dfrac{A\omega_1}{2\pi}\dfrac{1}{\sqrt{(\omega_0^2-\omega^2)^2+4\alpha^2\omega^2}} = \dfrac{A\omega_1}{2\pi\omega_0^2}S_0(\omega) \\[3mm] S_0(\omega) = \dfrac{1}{\sqrt{(1-z^2)^2+4\xi^2z^2}} \\[3mm] z = \dfrac{\omega}{\omega_0} \end{cases}$$

关于不同形式的冲击激励及其对应的特性,读者还可以参阅文献[6,18]。

这里我们再来简要评述一下傅里叶变换方法的应用特点。傅里叶变换可以应用于线性微分方程的求解,不过这一方法要比拉普拉斯变换法更为繁杂一些,需要借助复数理论中的留数理论方面的工具。对于高阶微分方程来说,傅里叶变换法在应用时就更为困难一些了。此外,与拉普拉斯变换相比而言,这种方法还有一个本质上的缺陷,即该方法无法将系统的初始条件自动地纳入进来。

这里我们通过一个实例来体现傅里叶变换方法在求解线性微分方程过程中的困难,以及该方法与拉普拉斯变换方法相比所存在的不足之处。

实例 14.5 设有一个系统的数学模型可以描述为一个二阶线性微分方程:

$$m\ddot{x} + kx = f(t) \tag{14.11a}$$

且系统受到了如下形式的阶跃激励作用:

$$f(t) = \begin{cases} 0, t < 0 \\ H, t > 0 \end{cases}$$

其中:$H$ 为常数。系统的初始状态设为 $x(0) = \dot{x}(0) = 0$。试推导出杜哈梅尔积分和格林函数,并利用傅里叶方法确定响应 $x(t)$。

求解:令 $X(\omega)$ 为 $x(t)$ 的傅里叶变换,即 $F\{x(t)\} = \int_{-\infty}^{\infty} x(t) e^{i\omega t} dt = X(\omega)$,类似地,$F\{f(t)\} = \int_{-\infty}^{\infty} f(t) e^{i\omega t} dt = F(\omega)$。对式(14.11a)作傅里叶变换,即 $F\{m\ddot{x} + kx\} = F\{f(t)\}$,由此可得 $-m\omega^2 X(\omega) + kX(\omega) = F(\omega)$,于是响应的傅里叶变换为 $X(\omega) = \dfrac{F(\omega)}{-m\omega^2 + k}$。

作傅里叶反变换可得 $x(t) = \dfrac{1}{2\pi} \int_{-\infty}^{\infty} X(\omega) e^{-i\omega t} d\omega = \dfrac{1}{2\pi} \int_{-\infty}^{\infty} \dfrac{F(\omega)}{k - m\omega^2} e^{-i\omega t} d\omega$。相应地,$F(\omega)$ 可以改写为 $F(\omega) = \int_{-\infty}^{\infty} f(t') e^{i\omega t'} dt'$,其中 $t'$ 为积分变量。于是,响应的表达式就变成了 $x(t) = \dfrac{1}{2\pi} \int_{-\infty}^{\infty} \dfrac{d\omega}{k - m\omega^2} e^{-i\omega t} \int_{-\infty}^{\infty} f(t') e^{i\omega t'} dt'$。这里的内积分 $\int_{-\infty}^{\infty} f(t') e^{i\omega t'} dt'$ 代表的是函数 $f(t')$ 的傅里叶变换。

经过一些基本的变换之后不难得到

$$x(t) = \int_{-\infty}^{\infty} f(t') dt' \int_{-\infty}^{\infty} \frac{d\omega}{2\pi} \frac{e^{-i\omega t}}{k - m\omega^2} e^{i\omega t'} = \int_{-\infty}^{\infty} f(t') \frac{d\omega}{2\pi} \frac{e^{-i\omega(t-t')}}{k - m\omega^2} \qquad (14.11b)$$

对于积分 $\int_{-\infty}^{\infty} \dfrac{d\omega}{2\pi} \dfrac{e^{-i\omega(t-t')}}{k - m\omega^2}$,我们可以采用围道积分方法来计算[21]。根据柯西留数定理有 $\int_{-\infty}^{\infty} \dfrac{d\omega}{2\pi} \dfrac{e^{-i\omega(t-t')}}{k - m\omega^2} = -2\pi i \sum \mathbf{Residues}$,奇异性出现在分母的根值处,由 $k - m\omega^2 = 0$ 可以计算出这些根为 $\omega = \pm\sqrt{k/m}$。令 $\omega' = +\sqrt{k/m}$ 可得

$$\int_{-\infty}^{\infty} \frac{d\omega}{2\pi} \frac{e^{-i\omega(t-t')}}{k - m\omega^2} = -i\left[\frac{e^{-i\omega'(t-t')}}{-2m\omega'} + \frac{e^{-i(-\omega')(t-t')}}{2m\omega'}\right] = \frac{-i}{2m\omega'}\left[-e^{-i\omega'(t-t')} + e^{i\omega'(t-t')}\right]$$

$$= \frac{\sin\omega'(t-t')}{m\omega'}$$

将这一结果置入式(14.11b),我们也就得到了响应解为

$$x(t) = \int_{-\infty}^{\infty} f(t') G(t-t') dt' \qquad (14.11c)$$

其中,$G(t-t') = \dfrac{\sin\omega'(t-t')}{m\omega'}$ 即为格林函数,而式(14.11c)则给出了杜哈梅尔积分。这些结果在第13.2节的实例13.7中已经给出过了。

由上述分析,我们就可以得到式(14.11a)的解,即

$$x(t) = \int_{-\infty}^{t} f(t') G(t-t') \mathrm{d}t' = H\int_{0}^{t} \frac{\sin\omega'(t-t')}{m\omega'} \mathrm{d}t'$$

$$= \frac{H}{2im\omega'}\int_{0}^{t} [\,\mathrm{e}^{i\omega'(t-t')} - \mathrm{e}^{-i\omega'(t-t')}\,]\mathrm{d}t' = \frac{H}{2im\omega'} \left[ \frac{1}{i\omega'}\mathrm{e}^{i\omega'(t-t')} - \frac{1}{i\omega'}\mathrm{e}^{-i\omega'(t-t')} \right]_{t'=0}^{t'=t}$$

$$= \frac{H}{2im\omega'}\left[ \frac{2i}{\omega'} - \frac{2i\cos\omega't}{\omega'} \right] = \frac{H}{k}(1-\cos\omega t)$$

上面这个结果在前面的第 13.3.1 节中是通过更加简洁的方法得到的。

此外,应当注意的是这一傅里叶变换方法还要求初始状态为零,即 $x(0) = \dot{x}(0) = 0$。

### 14.1.4　时域和频域概念

线性性和定常性是诸多振动防护系统的基本特性。其中,线性性是指如果系统的输入激励 $u(t)$ 是由若干个激励成分组成的,如 $u(t) = A \cdot u_1(t) + B \cdot u_2(t)$,那么系统的响应将为各个激励成分单独作用所产生的激励之和,也即 $x(t) = A \cdot x_1(t) + B \cdot x_2(t)$,这里 $A$ 和 $B$ 为任意常数。这里的定常性是狭义上的,是指当系统的输入信号在时间上存在延迟时,输出信号也将产生同等的延迟。

线性定常的振动防护系统可以在时域和频域内进行分析,在这两个不同的域中我们能够以彼此独立的宗量(时间和频率)来刻画外部激励所导致的系统响应。

对于一个线性定常的动力学系统来说,最基本的特性就是系统的传递函数 $W(p)$ 或阻抗、导纳、单位阶跃响应 $h(t)$ 以及单位脉冲响应 $K(t)$ 等特性函数,其中单位阶跃响应和单位脉冲响应函数分别为系统受到单位阶跃激励与单位脉冲激励作用后的响应,它们之间的关系为 $K(t) = \dfrac{\mathrm{d}h(t)}{\mathrm{d}t}$。

根据传递函数的定义(算子形式),$W(p)$ 是输出信号的拉普拉斯变换与输入信号的拉普拉斯变换之比值。它与单位阶跃响应函数 $K(t)$ 之间的关系为 $L\{K(t)\} = W(p)$,其中符号 $L$ 代表的是拉普拉斯正变换。若将算子表示为 $p = j\omega$,并代入到 $W(p)$ 中,那么也就得到了复频率形式的传递函数 $W(\omega)$。

如果令 $p = j\omega$,那么傅里叶变换也就可以视为拉普拉斯变换的一种特殊情况了。实际上,根据前面第 13.1.1 节的内容可知,拉普拉斯变换 $L\{f(t)\} = \int_{0}^{\infty} f(t)\mathrm{e}^{-pt}\mathrm{d}t$ 是复变量 $p$ 的函数,而根据式(14.9a)可知,傅里叶变换 $F\{f(t)\} = \int_{-\infty}^{+\infty} f(t)\mathrm{e}^{-i\omega t}\mathrm{d}t$ 是频率 $\omega$ 的函数[22]。

图 14.8 给出了时域和频域内系统输入和输出之间的关系及其特性函数 $K(t)$、$W(p)$,其中 $u(t)$、$x(t)$ 分别为时域内系统的输入和输出,而 $U(\omega)$、$X(\omega)$ 分别为输入和输出的像(即频域内的输入和输出);$K(t)$、$W(\omega)$ 分别代表了单位

阶跃响应函数和频域内的传递函数;$LT$、$L^{-1}T$ 则分别代表的是拉普拉斯正变换和反变换。从中不难看出,时域内的系统特性函数能够转换到频域中对应的特性函数,反过来也是如此。

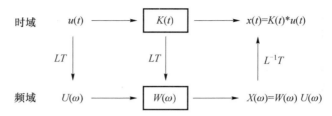

图 14.8    时域和频域之间的变换关系,$LT$ 和 $L^{-1}T$ 分别代表的是拉普拉斯正变换和反变换

在时域内,线性系统的响应是单位阶跃响应函数 $K(t)$ 与输入信号 $u(t)$ 的卷积分,即 $x(t) = K(t) * u(t)$。在频域内,线性系统的响应则为频率传递函数 $W(\omega)$ 与输入信号 $u(t)$ 的拉普拉斯变换之乘积,即 $X(\omega) = W(\omega)U(\omega)$,其中 $U(\omega) = L\{u(t)\}$。换言之,时域内的卷积分也就对应了频域内的乘积运算。应当注意的是,时域内的分析主要给出的是信号随时间的变化过程,而频域内的分析则主要给出的是信号的能量是如何在频率轴上分布的。

## 14.2    振动问题中的力冲击激励

这一节建立在第 4.2.1 节基础上,将采用杜哈梅尔积分来分析标准形式的冲击激励情况。这里主要考察的是如下一些经典问题:突加载荷问题;突加载荷且随后撤除问题;瞬时载荷问题。

如图 14.9 所示,一个单自由度线性系统带有黏性阻尼,且受到了冲击激励力 $P(t)$ 的作用。这一系统的数学模型可以描述为如下的二阶微分方程,即

$$m\ddot{x} + b\dot{x} + kx = P(t)$$

或

$$\ddot{x} + 2h\dot{x} + \omega^2 x = \frac{1}{m}P(t)$$

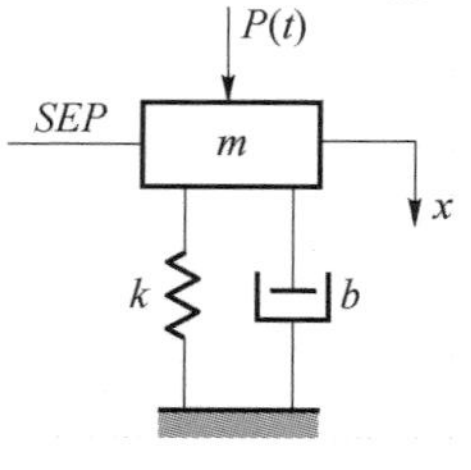

图 14.9    由 $m - k - b$ 元件构成的系统简图

设初始条件为 $x(0) = \dot{x}(0) = 0$,阻尼系数为 $h = b/2m$,$\omega = \sqrt{k/m}$ 为无阻尼系统的固有角频率(即 $b = 0$ 的情况),而有阻尼情况下的固有频率为 $\eta = \sqrt{\omega^2 - h^2}$。下面我们将讨论小阻尼情形,也即 $\omega^2 - h^2 > 0$ 的情形。

系统的响应可以借助杜哈梅尔积分[8]来计算,于是有

$$x(t) = \frac{1}{m\eta}\int_0^t P(\tau)\mathrm{e}^{-\xi\eta(t-\tau)}\sin\omega(t - \tau)\mathrm{d}\tau$$

其中,$\xi = b/(2m\omega) = h/\omega$,且坐标 $x$ 是以静平衡位置为原点的。

此外,系统的响应也可以采用另外一种计算方法来确定,即第 13 章中曾经介绍过的拉普拉斯变换方法。

### 14.2.1  海维赛德阶跃激励

设有一个系统在 $t = 0$ 时刻受到了一个载荷 $P_0$ 的作用,随后该载荷保持不变,如图 14.10 所示。这一激励形式一般称为海维赛德函数[17],可以表示为

$$P(t) = \begin{cases} 0, t < 0 \\ P_0, t > 0 \end{cases}$$

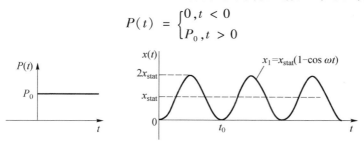

图 14.10  阶跃激励及其对应的响应

如果不考虑阻尼,即令 $h = 0$,那么杜哈梅尔积分就变成了 $x(t) = \frac{1}{\omega m}\int_0^t P(u)\sin\omega(t - u)\mathrm{d}u$,此时响应的表达式将为

$$\begin{aligned}
x(t) &= \frac{1}{\omega m}\int_0^t P_0\sin\omega(t - u)\mathrm{d}u = \frac{P_0}{\omega m}\int_0^t (\sin\omega t\cos\omega u - \cos\omega t\sin\omega u)\mathrm{d}u \\
&= \frac{P_0}{\omega m}\left(\sin\omega t\int_0^t \cos\omega u\mathrm{d}u - \cos\omega t\int_0^t \sin\omega u\mathrm{d}u\right) \\
&= \frac{P_0}{\omega m}\left(\sin\omega t \cdot \frac{1}{\omega}\sin\omega u\Big|_0^t - \cos\omega t \cdot \left(-\frac{1}{\omega}\right)\cos\omega u\Big|_0^t\right) \quad (14.12) \\
&= \frac{P_0}{\omega m}[\sin\omega t(\sin\omega t - \sin 0) - \cos\omega t(-\cos\omega t - \cos 0)] \\
&= \frac{P_0}{k}(\sin^2\omega t + \cos^2\omega t - \cos\omega t) = \frac{P_0}{k}(1 - \cos\omega t)
\end{aligned}$$

这一结果在前面的第 13.3.1 节和第 14.1.3 节中也曾给出过。

不难看出,当激励力是突然施加到系统上并且随后保持不变,那么这个系统将会围绕一个新的平衡位置运动。这个新的平衡位置为 $x_{\text{st}} = P_0/k$,系统将在其附近以自由振动频率作无阻尼振动(图 14.10),这一结果与第 13 章中的式(13.31)和图 13.4 是相同的。最大位移出现在 $\omega t = -1$ 处,这种幅值为 $P_0$ 的阶跃激励所产生的峰值响应将等于静变形量的 2 倍,其动力放大系数为 $\mu_{\text{dyn}} = x_{\text{max}}/x_{\text{stat}} = 2$。

如果 $h \neq 0$,那么由杜哈梅尔积分可以得到如下响应:

$$x(t) = \frac{P_0}{k}\left[1 - \mathrm{e}^{-ht}\left(\cos\eta t + \frac{h}{\eta}\sin\eta t\right)\right], 0 < t < \tau \qquad (14.13)$$

动力放大系数则为

$$\mu_{\text{dyn}} = x(t)/x_{\text{stat}} = 1 - \mathrm{e}^{-ht}\left(\cos\eta t + \frac{h}{\eta}\sin\eta t\right) \qquad (14.14)$$

可以看出,此时的动力放大系数是随时间改变的。最大位移和对应的动力放大系数发生在 $t = T/2 = \pi/\eta$ 时刻,它们的值为

$$x_{\text{max}} = \frac{P_0}{k}\left(1 + \mathrm{e}^{-\frac{\pi h}{\eta}}\right) \qquad (14.15)$$

$$\mu_{\text{max}} = x_{\text{max}}/x_{\text{stat}} = 1 + \mathrm{e}^{-\frac{\pi h}{\eta}} < 2 \qquad (14.16)$$

由此也可发现,如果阻尼可以忽略不计的话,那么动力放大系数就是 $\mu_{\text{max}} = 2$。

## 14.2.2 有限持续时间的阶跃激励

这种激励形式是指,在 $t = 0$ 时刻系统受到了载荷 $P_0$ 作用,然后在时间 $\tau$ 内一直保持不变,随后突然撤除,如图 14.11 所示。这一激励的表达式可写为

$$P(t) = \begin{cases} 0, & t < 0 \\ P_0, & 0 < t < \tau \\ 0, & t > \tau \end{cases}$$

或者也可以采用如下的解析形式表达:

$$P(t) = P_0[H(t) - H(t - \tau)] \qquad (14.17)$$

式中:$H(t)$ 为海维赛德函数。显然,$P_0 H(t)$ 和 $P_0 H(t - \tau)$ 就是两个幅值为常数的阶跃函数,如图 14.11 所示,第一个函数(直线 1)是从时刻 $t = 0$ 开始的,而第二个函数(直线 2)则是从 $t = \tau$ 开始的,两个函数都一直延伸到无穷远。因此,由杜哈梅尔积分可以导得

$$x(t) = \underline{\frac{P_0}{k}\left[1 - \mathrm{e}^{-ht}\left(\cos\eta t + \frac{h}{\eta}\sin\eta t\right)\right]} - \frac{P_0}{k}\left\{1 - \mathrm{e}^{-h(t-\tau)}\left[\cos\eta(t - \tau) + \frac{h}{\eta}\sin\eta(t - \tau)\right]\right\}$$

$$(14.18)$$

式中,带下划线的这一项可用于确定 $0 < t < \tau$ 内的位移,而对于 $t > \tau$ 则需采用这

个完整的表达式。为了得到稳态运动,可以令 $t \to \infty$,此时有 $\lim\limits_{t \to \infty} x(t) = 0$,因此这个系统将围绕初始平衡位置做稳态振动。

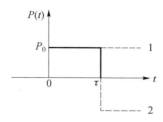

图 14.11　有限持续时间的阶跃激励

如果假定 $h = 0$(即 $\eta = \omega$),此时式 (14.18) 就变为

$$x(t) = \frac{P_0}{k}[1 - \cos\omega t] - \frac{P_0}{k}[1 - \cos\omega(t - \tau)] \tag{14.19a}$$

显然,式 (14.19a) 的结构形式体现出了叠加原理,即总的响应应等于零时刻和 $\tau$ 时刻分别作用的激励 1 和激励 2 所产生的响应之和,参见图 14.11。在第一个时间区间 $[0 - \tau]$ 内我们有

$$x^{(1)}(t) = \frac{P_0}{k}[1 - \cos\omega t] = \frac{2P_0}{k}\sin^2\frac{\omega t}{2} \tag{14.19b}$$

而动力放大系数则为

$$\mu^{(1)}(t) = \frac{x^{(1)}}{x_{\text{stat}}} = 2\sin^2\frac{\omega t}{2} \tag{14.19c}$$

可以看出这里的动力放大系数是随着时间 $t$ 的增长而增大的,并将在 $t = \tau$ 时刻达到最大值。于是,第一个时间区间内的最大动力放大系数应为

$$\mu_{\max}^{(1)}(t) = \mu^{(1)}(\tau) = 2\sin^2\frac{\omega\tau}{2} \tag{14.19d}$$

如果冲击激励的持续时间 $\tau$ 与自由振动的周期 $T$ 满足 $\tau \leqslant T/2$ 这一条件,那么 $\omega\tau \leqslant \pi$,于是速度将为 $v^{(1)}(\tau) = x_{\text{stat}}\omega\sin\omega\tau > 0 (x_{\text{stat}} = P_0/k)$。这就表明,在第一个时间区间内物体的位移来不及达到弹簧的静变形量,速度始终为正值。因此,该物体的最大位移应当出现在第二个时间段内 $(t > \tau)$,即载荷撤除之后[23]。在这一时间段内,式 (14.19a) 中的两项都必须考虑进来,即

$$x^{(2)}(t) = \frac{P_0}{k}[1 - \cos\omega t] - \frac{P_0}{k}[1 - \cos\omega(t - \tau)]$$

$$= \frac{P_0}{k}[\cos\omega(t - \tau) - \cos\omega t] = \frac{2P_0}{k}\sin\omega\left(t - \frac{\tau}{2}\right)\sin\frac{\omega\tau}{2} \tag{14.20}$$

很显然,利用杜哈梅尔积分也能得到同样的结果,实际上,我们有

$$x(t) = \frac{1}{\omega m}\Big[\int_0^\tau P_0 \sin\omega(t-u)\,\mathrm{d}u + \int_0^\tau 0 \cdot \sin\omega(t-u)\,\mathrm{d}u\Big]$$

$$= \frac{P_0}{\omega m} \cdot \frac{1}{\omega}\cos\omega(t-u)\,\Big|_0^\tau = \frac{P_0}{k}[\cos\omega(t-\tau) - \cos\omega t]$$

根据式(14.20),在载荷撤除之后,物体将作频率为 $\omega$ 的自由简谐振动,幅值为 $\frac{2P_0}{k}\sin\frac{\omega\tau}{2}$。第二个时间段内的最大位移将出现在 $\sin\omega\Big(t-\frac{\tau}{2}\Big)=1$ 处,此时有

$$x_{\substack{\max\\\min}}^{(2)} = \pm\frac{2P_0}{k}\sin\frac{\omega\tau}{2} \tag{14.21a}$$

而动力放大系数则为

$$\mu_{\mathrm{dyn}}^{(2)} = \frac{x_{\max}^{(2)}}{x_{\mathrm{stat}}} = 2\sin\frac{\omega\tau}{2} = 2\sin\Big(\pi\frac{\tau}{T}\Big) \tag{14.21b}$$

我们已经认识到,短时载荷作用的效应是依赖于载荷的持续时间 $\tau$ 的,为方便起见,一般可以将这个持续时间表示为自由振动周期 $T$ 的分数倍形式,表14.1 以这种形式($\tau/T$)列出了不同情况下对应的 $\mu_{\mathrm{dyn}}$ 值。

表 14.1　第一个和第二个时间段内的动力放大系数($\tau \leqslant T/2, \tau > T/2$)[15,23]

| $\tau/T$ | 0.0 | 0.125 | 0.167 | 0.25 | 0.375 | 0.5 |
|---|---|---|---|---|---|---|
| $\mu^{(1)}$ | 0.0 | 0.29289 | 0.5 | 1.0 | 1.70711 | 2.00 |
| $\mu^{(2)}$ | 0.0 | 0.76536 | 1.0 | 1.4142 | 1.84776 | 2.00 |

可以看出,在假定 $\tau \leqslant T/2$ 的情况中,阶段 1 和阶段 2 内的动力放大系数满足 $\mu^{(1)} < \mu^{(2)}$ 这一关系。

进一步,可以确定传递到基础上的力为

$$F(t) = kx = \begin{cases} F^{(1)} = 2P_0\sin^2\dfrac{\omega t}{2}, t \leqslant \tau \\[2mm] F^{(2)} = 2P_0\sin\omega\Big(t-\dfrac{\tau}{2}\Big)\sin\dfrac{\omega\tau}{2}, t > \tau \end{cases} \tag{14.22}$$

而传递率则为

$$\begin{cases} TC_{\max}^{(1)} = \dfrac{F^{(1)}}{P_0} = 2P_0\sin^2\dfrac{\omega\tau}{2} = \mu^{(1)}, t \leqslant \tau \\[2mm] TC_{\max}^{(2)} = \dfrac{F_{\max}^{(2)}}{P_0} = 2P_0\sin\dfrac{\omega\tau}{2} = \mu^{(2)}, t > \tau \end{cases} \tag{14.23}$$

很明显,如果减小悬挂刚度(相应的自由振动频率也将减小),那么将会导致动力放大系数和传递率均随之减小。

应当指出的是,本节中的分析和讨论实际上默认假定了该振动防护系统是

遵循胡克定律的,然而大量的实验数据已经表明,与静态加载条件下的载荷 - 变形关系呈线性这一点不同的是,冲击加载条件下这一关系实际上是非线性的[2, ch. 33, chs. 6, 7, 12]。此外,也应注意到很多现有的吸振器产品针对冲击激励还引入了非线性设计思想[2, ch. 32; 24, ch. 7]。因此可以说,上面我们给出的分析只是最简单的情形或者说做了简化处理。

## 14. 2. 3　脉冲激励[15, 17, 25]

这里我们讨论一个单自由度无阻尼系统,该系统受到了一个剧烈的冲击作用。根据式(14. 20)可知,在该冲击作用持续了时间 $\tau$ 之后,物体的运动将为

$$x^{(2)}(t) = \frac{2P_0}{k}\sin\omega\left(t - \frac{\tau}{2}\right)\sin\frac{\omega\tau}{2} \tag{14.24}$$

当冲击的持续时间趋于零时,应当考察上式的极限情况。为此,我们将上式同时乘以和除以因子 $\omega\tau/2$,然后计算 $\tau \to 0$ 时的极限,即

$$\lim_{\tau \to 0}x(t) = \lim_{\tau \to 0}\frac{2P_0 \cdot \dfrac{\omega\tau}{2}}{k}\sin\left(t - \frac{\tau}{2}\right)\frac{\sin(\omega\tau/2)}{\omega\tau/2} = \frac{S\omega}{k}\sin\omega t = \frac{S}{m\omega}\sin\omega t \tag{14.25}$$

其中: $S = P\tau$ 为作用力的冲量。

这里需要注意一个较为重要的问题,对于瞬时脉冲作用,我们必须区分两种不同的处理方式,一种将作用力视为不变,另一种将作用力的冲量视为不变。如果假定力 $P_0 = \text{const}$,那么当 $\tau \to 0$ 时冲量 $S \to 0$,这就意味着常数力的效应就是零。为了避免这一矛盾,必须摒弃常数力这一思路,而引入常数冲量来处理。这种情况下,随着冲击作用持续时间 $\tau$ 的减小,为了保证冲量 $S = P\tau = \text{const}$,显然冲击作用力 $P$ 就应随之增大。这一思路可以用于分析各种类型的冲量所导致的冲击效应,如三角波、梯形波、半正弦波以及正弦波等形式的冲量作用[2]。

在单自由度无阻尼系统受到一系列冲量 $S$(时间间隔为 $\tau$)作用的情况下,若设第一个冲量作用在 $t = 0$ 时刻,那么该系统的响应可以表示为

$$x(t) = \frac{S}{m\omega}[\sin\omega t + \sin\omega(t - \tau) + \sin\omega(t - 2\tau) + \cdots] \tag{14.26}$$

在第一个时间间隔内($t < \tau$),仅需考虑上式中的第一项即可,在分析随后的时间间隔时,则需要将满足 $t - n\tau > 0$ 的那些项考虑进来,其中 $n = 1, 2, \cdots$。

当考虑的是单自由度有阻尼系统时,有必要对上式进行修正,即

$$x(t) = \frac{S}{m\eta}[e^{-ht}\sin\eta t + e^{-h(t-\tau)}\sin\eta(t - \tau) + e^{-h(t-2\tau)}\sin\eta(t - 2\tau) + \cdots] \tag{14.27}$$

对于梁和拱等弹性体系统的冲击问题,文献[10]中已经进行了相应的分析

和讨论。此外,Newland[26]还曾考察了由 $m-k-b$ 元件组成的系统,分析了刚性和柔性基础这两种模型下的冲击问题。

## 14.3 振动问题中的运动型冲击激励

这里考虑一个无阻尼的单自由度系统,该系统受到了基础的运动激励$x(t)$。这种情况下,物体 $m$ 将表现为合成运动或复合运动。这意味着一个位于运动基础上的观察者和另一个位于系统外的固定点处的观察者将可观测到不同的运动形式(图 14.12)。在分析这一运动时,我们需要引入两个参考系,其中一个参考系假定与运动基础固连,而另一个为固定参考系。物体相对于运动坐标系的运动称为相对运动,而运动参考系相对于固定参考系的运动则称为牵连运动,物体相对于固定参考系的运动称为绝对运动或合成运动。

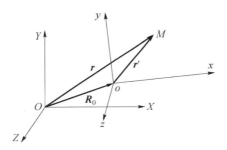

图 14.12 固定参考系 $OXYZ$ 和运动坐标系 $oxyz$ 中粒子 $M$ 的运动

合成运动的基本关系式可以表示为$r = R_0 + r'$,其中的矢量 $r$ 代表的是运动粒子在固定系中的位置(即绝对运动),矢量 $R_0$ 代表的是运动系的原点相对于固定系的位置(即牵连运动),而矢量 $r'$ 则代表了运动粒子在运动系中所占据的点 $M$ 的位置(相对于运动系,即相对运动)[9]。

如果牵连运动是平动而相对运动是同方向的直线运动,那么合成运动的基本关系就变成了 $y(t) = x_{rel} + x(t)$,这一关系式建立了质量 $m$ 的绝对坐标 $y(t)$、牵连坐标 $x(t)$ 以及相对坐标 $x_{rel}$ 三者之间的联系。

### 14.3.1 振动方程的形式

根据运动激励类型的不同,系统运动方程的形式也是各不相同的,其中最令人感兴趣的情况就是以基础的位移 $x(t)$ 和加速度 $\ddot{x}(t)$ 形式给出的激励类型。当然,运动激励也可以是位移的 $n$ 阶导数形式,即 $x^{(n)}(t)$ [2,6]。下面我们针对受到运动激励作用的单自由度系统,讨论若干数学模型[27]。

(1)针对物体绝对位移 $y(t)$ 的运动微分方程。描述物体绝对运动的方程可

以表示为

$$m\ddot{y} = -kx_{\text{rel}} = -[y(t) - x(t)] \tag{14.28a}$$

进而可得

$$m\ddot{y} + ky = kx(t) \tag{14.28b}$$

上面这个方程描述了振动防护系统中的基础运动为 $x(t)$ 时,物体的绝对坐标 $y(t)$ 的运动规律。它类似于力激励情况中的受迫振动方程(参见第 13.2 节),其中的力 $F(t)$ 等效于这里的 $kx(t)$,即 $F(t) \rightarrow kx(t)$。如果我们做这一替换的话,那么由运动激励 $x(t)$ 导致的物体的绝对运动将与由激励力 $F(t)$ 导致的物体运动是完全一致的。因此,在力激励情况中得到的所有结果都可以移植到运动激励情况中,只需进行对应的类比替换即可。

(2)针对物体相对位移的运动微分方程。由于 $y(t) = x_{\text{rel}} + x(t)$,因而方程可以表示为

$$m(\ddot{x}_{\text{rel}} + \ddot{x}) = -kx_{\text{rel}} \text{ 或}$$
$$m\ddot{x}_{\text{rel}} + kx_{\text{rel}} = -m\ddot{x} \tag{14.29}$$

式中,右端项($-m\ddot{x}$)代表了牵连惯性力。这一方程也类似于力激励下的受迫振动方程,即 $P(t) \leftrightarrow -m\ddot{x}(t)$。

(3)针对物体绝对加速度的运动微分方程。若假定运动激励是以基础的加速度形式给出的,即牵连加速度 $\ddot{x}(t)$,那么对式(14.28a)两次微分后可以得到

$$m\frac{\mathrm{d}^2\ddot{y}}{\mathrm{d}t^2} + k\ddot{y} = k\ddot{x}(t) \tag{14.30}$$

式(14.30)是一个关于物体的绝对加速度 $\ddot{y}$ 的二阶微分方程,右端项为已知的基础加速度 $\ddot{x}(t)$,它应视为外部的激励。

(4)针对物体相对加速度的运动微分方程。由于 $\ddot{y}(t) = \ddot{x}_{\text{rel}}(t) + \ddot{x}(t)$,因而由前面的基本方程可以导得 $m(\ddot{x}_{\text{rel}} + \ddot{x}) = -kx_{\text{rel}}$,于是有

$$m\ddot{x}_{\text{rel}} + kx_{\text{rel}} = -m\ddot{x} \tag{14.31}$$

可以看出,第二种和第四种情况中的微分方程是相同的。

应当指出的是,在力激励 $F(t)$ 的情况中,线性振子的振动方程为 $m\ddot{y} + ky = F(t)$。很容易看出,这一方程的结构形式与式(14.28b)~式(14.31)是相同的。正如前面述及的,这直接反映了上述运动激励所对应的情况与力激励情况是相互对应的。

## 14.3.2　加速度脉冲作用下线性振子的响应

这一节我们考察一个 $m-k$ 系统,该系统的基础受到了加速度 $\ddot{x}_0$ 的激励,作用时间为 $[0 - \tau]$,然后撤除(图 14.13),即

$$\ddot{x}(t) = \begin{cases} 0, & t < 0 \\ \ddot{x}_0, & 0 < t < \tau \\ 0, & t > \tau \end{cases}$$

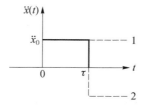

图 14.13　基础的加速度脉冲激励

根据式（14.30），关于物体绝对加速度的运动微分方程可以表示为 $m\dfrac{\mathrm{d}^2\ddot{y}}{\mathrm{d}t^2}+$ $k\ddot{y}=k\ddot{x}(t)$，其中 $\ddot{x}(t)=\ddot{x}_0$ 为基础的加速度。如同力激励情形（第 14.2.2 节，图 14.11），有限持续时间为 $\tau$ 的运动激励可以用两个常数激励（直线 1 和直线 2）之和来替换，这两个常数激励幅值相等而符号相反，且第二个激励在时间上延迟 $\tau$，与前面一样，这里设 $\tau \leqslant T/2$。

对于时间区间 $t \leqslant \tau$，为计算物体的加速度和动力放大系数，可以采用类似于式（14.19b－d）的公式，只需做 $P(t)\to k\ddot{x}(t)$ 这一替换即可，于是有

$$\ddot{y}(t) = \frac{2(k\ddot{x}_0)}{k}\sin^2\frac{\omega t}{2} = 2\ddot{x}_0\sin^2\frac{\omega t}{2} \qquad (14.32)$$

动力放大系数为

$$\begin{cases} \mu^{kin}(t) = \dfrac{\ddot{y}(t)}{\ddot{x}_0} = 2\sin^2\dfrac{\omega t}{2} \\[3mm] \mu^{kin}_{\max}(t) = \dfrac{\ddot{y}(\tau)}{\ddot{x}_0} = 2\sin^2\dfrac{\omega \tau}{2} \end{cases} \qquad (14.33)$$

如果冲击时间等于自由振动周期的一半，那么在时刻 $\tau = T/2$ 处的动力放大系数将等于 2。

对于 $t > \tau$，即第二段时间范围内，当 $\tau < T/2$ 时，可以采用与式（14.20）～式（14.21b）类似的公式来计算[20]，即

$$\begin{cases} \ddot{y}(t) = \dfrac{2(k\ddot{x}_0)}{k}\sin\omega\left(t-\dfrac{\tau}{2}\right)\sin\dfrac{\omega\tau}{2} = 2\ddot{x}_0\sin\omega\left(t-\dfrac{\tau}{2}\right)\sin\dfrac{\omega\tau}{2} \\[3mm] \ddot{y}_{\max} = 2\ddot{x}_0\sin\dfrac{\omega\tau}{2} \\[3mm] \mu^{kin}_{\max} = 2\sin\dfrac{\omega\tau}{2} = 2\sin\dfrac{\pi\tau}{T} \end{cases} \qquad (14.34)$$

其中，$T = 2\pi/\omega$ 为自由振动的周期。我们不难看出，物体的加速度要比基础加

速度滞后 $\tau/2$。为了计算传递率,可以利用式(14.22)~式(14.23),并做替换 $P_0 \rightarrow k\ddot{x}_0$ 即可。

当 $\tau \rightarrow 0$ 时将对应于脉冲型的运动激励,此时取式(14.34)中的第一式的极限可得

$$\lim_{\tau \to 0}\ddot{y}(t) = 2\ddot{x}_0\left(\frac{\omega\tau}{2}\right)\sin\omega\left(t - \frac{\tau}{2}\right)\frac{\sin(\omega\tau/2)}{\omega\tau/2} = 2\ddot{x}_0\left(\frac{\omega\tau}{2}\right)\sin\omega t = S_{\ddot{x}_0}\omega\sin\omega t$$

$$(14.35)$$

式中:$S_{\ddot{x}_0}$ 为加速度冲量,由 $S_{\ddot{x}} = \ddot{x}\tau$ 可知其单位制为 $[(L/T^2)T = L/T]$。

可以看出,运动冲击激励情况下式(14.32)~式(14.35)的结构形式与力冲击激励情况中的式(14.19b)~式(14.21b)是相同的,其原因在于这两种激励形式中的冲击作用实际上具有相同的本质,因而其数学模型也不会改变。实际上,这些公式的分析以及相应振动防护系统的特性已经在前面的第 14.2.2 节和 14.2.3 节讨论过了,并且还给出了相关的数值结果(表 14.1)以及简要的评述。

## 14.4　冲击谱理论

这一节主要从频域角度来分析受冲击激励作用的动力学系统,阐述初始谱和残余谱等概念,并针对一个由 $m - k$ 元件组成的振动防护系统进行这些特性的计算。我们将讨论谱方法,借助该方法可以确定受冲击激励作用的线性系统的响应。在本节的末尾,我们还将对动力学系统响应的不同解析计算方法进行总结和对比。

严格地说,时域内的分析方法可以适用于受任意激励作用的系统响应计算,其中包括非周期激励和不连续激励。因此,对于任意形式的冲击激励来说,时域分析总是可行的,不过在分析过程中往往会出现一些困难,特别是当这些激励的曲线比较复杂且参数难以确定的时候。

实际上,就冲击激励作用下的线性系统而言,在频域内去分析要更为方便而有效。原因在于,我们可以借助傅里叶变换技术将冲击载荷分解成一系列的简谐成分,而对于这些简谐成分来说系统的响应是很容易确定的(可以借助时域分析方法来计算系统的响应),进一步根据线性系统的叠加原理就可以将所有这些简谐激励单独作用所导致的响应累加起来,从而得到系统的总响应了。一般来说,冲击激励所包含的简谐成分分布在相当宽的频带上,其幅值随着频率的增大而减小。现有频域分析方法主要关心的是有限的频带,因此所给出的分析结果一般是近似的[28]。尽管如此,应当指出的是,频域分析方法的价值在于它体现的是一种谱分析思想,利用这一思想我们可以导出冲击激励下的动力学系统的解析形式的响应表达式。

从能量的观点来看,作用到系统上的冲击脉冲的能量分布在一个个简谐振

动成分上,因此在这样的系统中,我们可以观察到复杂的振动形态,其中振动成分在相位上一般是不相关的。在分析受冲击作用的动力学系统的时候,人们比较关心的主要是结构中特定点处的位移、速度和加速度等响应,这不仅包括冲击加载过程内的情况,同时也包括了冲击作用结束之后的情况。

### 14.4.1　Biot 结构动力学模型:初始冲击谱和残余冲击谱

冲击谱可以分为以下两种[2]:

(1)初始冲击谱。这种谱给出的是冲击作用时间内的峰值响应(作为固有频率的函数)。

(2)残余冲击谱。这种谱给出的是冲击作用结束之后的峰值响应(作为固有频率的函数)。

这里的"响应"一般代表的是振动质量的位移、速度或加速度,通常采用无量纲形式来描述。峰值响应曲线中的最大值可称为最大峰值响应[4]。

我们来考察残余冲击谱这一概念的物理含义。不妨设一个平台基础上安装了一些具有不同固有频率的振子(图 14.14),这些固有频率可记为 $\omega_1,\omega_2,\cdots,\omega_n$,且 $\omega_1<\omega_2<\cdots<\omega_n$。类似于 Biot[29] 的工作,这里我们假定所有振子的阻尼系数是相同的(阻尼器没有示出)。同时,还假定所有的质量也是相等的,即 $m_i=m(i=1,\cdots,n)$。如果这个平台受到了特定形式的冲击 $x(t)$ 作用,该冲击的加速度 $\ddot{x}(t)$ 随时间的变化如图 14.14 所示,冲击持续时间为 $t_0$,显然,每个振子都将开始运动,对应的位移可记为 $y_i(t)(i=1,\cdots,n)$,并且这些振子的响应(频率分别记为 $\omega_i$)可视为是彼此独立的。在第一幅图中,响应峰值处是用虚线表

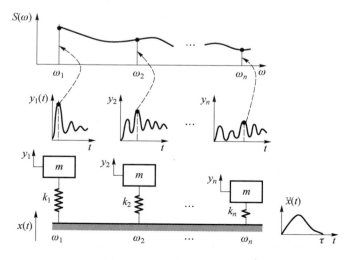

图 14.14　残余冲击谱概念

示的,可记为$\max_t y_1(t)$。这一峰值点实际上就定义了残余冲击谱中频率为$\omega_1$的点$S(\omega)$。类似地也可以对其他振子响应$y(t)$(频率为$\omega_2,\cdots,\omega_n,\cdots$)进行这一过程,从而得到响应的谱密度图像$S_y(\omega)$。显然,上述过程也适用于构建速度和加速度的谱密度图像,即$S_{\dot y}(\omega)$和$S_{\ddot y}(\omega)$。

初始冲击谱可以借助杜哈梅尔积分(在冲击作用时间内)来确定,对于所关心的作用于时间范围$[0,t]$内的冲击激励$f(t)$,可以得到$y(\omega,t) = \int_0^t f(\xi)\sin\omega(t-\xi)\mathrm{d}\xi$(参考第14.2节)。我们固定频率$\omega_1$,然后确定出最大位移,即$\max_t[y(\omega_1)]$,这个值也就是位移谱密度$S_y(\omega)$图像上频率$\omega_1$处所对应的纵坐标。针对其他频率点也进行类似的处理过程。显然,为了得到初始冲击谱,需要从每个频率点所对应的杜哈梅尔谱特性中提取出最大值,即

$$y(\omega) = \max_t \left| \int_0^t f(\xi)\sin\omega(t-\xi)\mathrm{d}\xi \right|$$

式中:$f(\xi)$为所分析的冲击激励。应注意的是,这一公式是不考虑阻尼效应的。

正如在残余位移冲击谱$S_y(\omega)$的情况中那样,我们也可以类似地构造出速度和加速度的初始冲击谱,即$S_{\dot y}(\omega)$和$S_{\ddot y}(\omega)$。

### 14.4.2 一个最简单的振动防护系统的响应谱

这里我们考虑一个最简单的$m-k$振子,阐述其幅值响应谱的解析构建过程,其中不考虑阻尼效应。如图14.11所示,该振子受到了单个矩形脉冲的作用,其持续时间为$\tau$,幅值为$P_0$。在初始响应和残余响应解析表达式的基础上即可构建出响应谱[4]。根据式(14.19b)和式(14.20),我们有

$$y_{\mathrm{pr}}(t) = \frac{P_0}{k}(1-\cos\omega t) = \frac{2P_0}{k}\sin^2\frac{\omega t}{2}, t \leqslant \tau \tag{14.36}$$

$$y_{\mathrm{res}}(t) = \frac{P_0}{k}[\cos\omega(t-\tau) - \cos\omega t] = \frac{2P_0}{k}\sin\omega\left(t-\frac{\tau}{2}\right)\sin\frac{\omega\tau}{2}, t > \tau$$

$$\tag{14.37a}$$

式(14.36)针对的是冲击作用的时间区间$(0 \leqslant t \leqslant \tau)$,它给出了零初始条件下常数载荷$P_0$所导致的受迫振动;式(14.37a)给出的是自由振动,它发生在$t \geqslant \tau$的时间内,这一自由振动的初始条件显然应为$t=\tau$时刻的系统状态。

$y_{\mathrm{res}}(t)$的峰值出现在$\sin\omega\left(t-\frac{\tau}{2}\right)=1$时,因此有

$$y_{\mathrm{res}}^{\max} = \frac{2P_0}{k}\sin\frac{\omega\tau}{2} = 2\delta_{\mathrm{stat}}\sin\frac{\omega\tau}{2} \tag{14.37b}$$

若以无量纲形式来表示,则有

$$\frac{y_{\text{res}}^{\max}}{P_0/k} = 2\sin\frac{\omega\tau}{2} \tag{14.38}$$

显然,这个幅值谱依赖于两个参数,振子的固有频率 $\omega$ 和冲击的持续时间 $\tau$。若以系统的自由振动周期 $T = 2\pi/\omega$ 来表示,则为

$$\frac{y_{\text{res}}^{\max}}{P_0/k} = 2\sin\frac{\omega\tau}{2} = 2\sin\frac{\pi\tau}{T} \tag{14.39}$$

图 14.15(a)中已经用虚线表示出了这一函数的曲线。

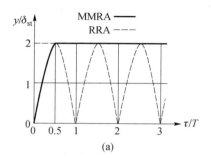
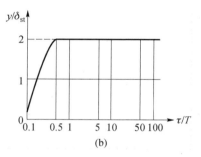

图 14.15 (a)最大峰值响应谱(MMRA);(b)残余幅值响应谱(RRA)

根据式(14.36)和式(14.39),当 $\tau/T \geqslant 0.5$ 时最大的峰值响应(无量纲形式)应为

$$\frac{y_{\max}}{P_0/k} = \frac{y_{\text{pr}}^{\max}}{P_0/k} = \frac{y_{\text{res}}^{\max}}{P_0/k} = 2 \tag{14.40}$$

图 14.15(a)给出了持续时间为 $\tau$ 的矩形脉冲激励作用下,所得到的残余和最大峰值的冲击谱,其中的无量纲值为 $y/\delta_{\text{st}} = y_{\text{pr}}^{\max}/\delta_{\text{st}} = y_{\text{res}}^{\max}/\delta_{\text{st}}$,$\delta_{\text{st}} = P_0/k$。最大的峰值响应谱也可以在半对数坐标上表示,如图 14.15(b)所示[4]。

根据冲击谱,我们就可以确定出冲击作用下系统"内部共振"所导致的最大响应,进而也就可以确定整个结构中哪种固有频率的振子将承受到最大载荷。

关于冲击谱问题,Ayre[4] 和 Lalanne[6,vol.2] 曾经给出了大量的实例分析,感兴趣的读者可以去参考。此外,冲击谱还可以通过 Smallwood 方法[30]来构建,而与冲击 - 响应谱分析有关的国际标准则可参阅 ISO 18431 - 4:2007。

### 14.4.3　利用谱方法确定响应

这种确定响应的方法主要建立在激励函数 $f(t)$ 的谱描述基础上,并利用了动刚度 $K(\text{j}\omega)$ 形式的系统数学模型。这里所涉及的一些前提假设包括:

(1)所考虑的是单自由度线性动力学系统,其动刚度为 $K(\text{j}\omega) = (k - m\omega^2) + \text{j}b\omega$,$\text{j} = \sqrt{-1}$,且系统受到的是确定性激励 $f(t)$。

（2）所考虑的任意激励函数 $f(t)$ 均可表示为 $f(t) = \frac{1}{2\pi}\int_{-\infty}^{\infty} S(j\omega) e^{j\omega t} d\omega$，其中 $S(j\omega)$ 为傅里叶谱（谱密度），因而这里的外部确定性激励力 $f(t)$ 将以其谱密度函数 $S(j\omega)$ 来表示（图 14.9（b））。

（3）激励力作用之前，系统处于静止状态。

当输入为简谐力 $\frac{1}{2\pi}S(j\omega) e^{j\omega t} d\omega$ 时，系统的振动将为

$$\frac{1}{2\pi}\frac{S(j\omega)}{K(j\omega)}e^{j\omega t}d\omega \tag{14.41a}$$

于是根据叠加原理可知，全部谱成分所导致的系统的振动将为

$$x(t) = \frac{1}{2\pi}\int_{-\infty}^{\infty}\frac{S(j\omega)}{K(j\omega)}e^{j\omega t}d\omega \tag{14.41b}$$

这一表达式可以视为系统响应 $x(t)$ 的傅里叶变换形式，因而 $B(j\omega) = \frac{S(j\omega)}{K(j\omega)}$ 也应当视为物体位移响应的谱密度函数。总体而言，式（14.41b）意味着位移响应 $x(t)$ 的谱密度 $B(j\omega)$ 等于外部激励 $f(t)$ 的谱密度 $S(j\omega)$ 除以系统的动刚度 $K(j\omega)$。我们还记得位移的复数幅值 $X$ 是等于激励力的幅值 $F_0$ 除以系统的动刚度 $K$ 的，即 $X = F_0/K$。可以看出，激励力与位移响应的谱关系与这些量的复数幅值之间的关系是相同的。这一结论可以总结为：对于线性系统受简谐激励力作用而产生的动态过程，不同物理量的谱关系与它们的复数幅值之间的关系是一致的[16]。

应当注意的是，对于非周期激励力情况，我们不再将振动区分为两种类型，即自由振动和受迫振动，此时的式（14.41b）代表了整个瞬态振动过程（而无所谓稳态过程）。

前面所讨论的内容实际上就是谱方法的一般过程。如果假设一个频率传递函数为 $W(j\omega)$ 的线性时不变系统受到一个任意的谱密度为 $U(j\omega)$ 的激励 $u(t)$ 作用，这里的函数 $u(t)$ 和 $U(j\omega)$ 是通过傅里叶正变换和反变换联系起来的，即

$$U(j\omega) = \int_{-\infty}^{+\infty} u(t) e^{-j\omega t} dt \tag{14.42a}$$

$$u(t) = \frac{1}{2\pi}\int_{-\infty}^{+\infty} U(j\omega) e^{j\omega t} d\omega \tag{14.42b}$$

那么根据谱分析方法，系统输出信号 $x(t)$ 的谱函数 $X(j\omega)$ 就是 $X(j\omega) = W(j\omega) U(j\omega)$，进一步利用傅里叶反变换我们就可以得到系统的响应为

$$x(t) = \frac{1}{2\pi}\int_{-\infty}^{+\infty} W(j\omega) U(j\omega) e^{j\omega t} d\omega \tag{14.43}$$

于是，线性定常系统的响应 $x(t)$ 就可以通过对激励 $u(t)$ 的谱成分 $U(j\omega)$ 作加权求和得到了，其中的权重为 $W(j\omega)$。应当注意的是，当激励信号满足 $u(t) \equiv 0$

（当 $t < 0$ 时），可通过单侧变换得到谱函数，即 $U(j\omega) = \int_0^{+\infty} u(t)e^{-j\omega t}dt$。

## 14.5 各类分析方法的简要评述

这里我们简要地总结和评述一下线性动力学系统及其各类分析方法。

线性动力学系统具有一个十分重要的特性，即当已知某些简单激励下的系统响应（初始条件为零）时，任何其他形式的激励所对应的响应即可由此导出。这就意味着对于线性系统，我们只需重点关注它们在一些标准激励形式的作用下所产生的响应即可。在这些标准的激励形式中，单位阶跃函数 $1(t)$ 和单位脉冲函数是两个重要类型，与之对应的响应一般称为单位阶跃响应 $h(t)$ 和单位脉冲响应 $K(t)$，它们之间的关系为 $K(t) = \dfrac{d}{dt}h(t)$。

动力学系统分析中最为通用的数学工具是微分方程。在常参数的线性系统中，微分方程的算子形式可以表示为

$$(a_0 p^n + a_1 p^{n-1} + \cdots + a_{n-1}p + a_n)x = (b_0 p^k + b_1 p^{k-1} + \cdots + b_{k-1}p + b_k)u, p = \frac{d}{dt}$$

(14.44)

这一方程将系统的已知激励 $u(t)$（输入）和未知响应 $x(t)$（输出）联系了起来，在给定的初始状态 $x(0)$、$px(0)$、$\cdots$、$p^{n-1}x(0)$ 下即可进行求解。激励函数可以是连续的，也可以是不连续甚至是冲量型的。根据分析目的的不同，系统输出量的选取也往往是不同的，因而即便是同一系统也可能会以不同的微分方程来描述。在上面这个描述线性动力学系统的式（14.44）的基础上，我们还可以导出一系列重要的基本概念，例如传递函数、瞬态振动、稳态振动以及稳定性等。

对于受到简谐力激励或简谐运动激励的线性系统，可以采用力学阻抗法进行分析。该方法主要建立在机电类比这一基础之上，它将每个被动式元件均视为一个两端元件，而所有这些元件进一步以特定的方式连接起来，从而构成对应于整个系统的力学两端网络。原力学系统和这个两端力学网络中的动态过程是完全相同的，因而它们是等效的。利用这一方法，我们可以确定系统中任意点处的稳态振动和运动特性，并可获得各个元件上的力分布情况，其计算过程比较简单，主要涉及简单的代数运算。不过需要注意的是，该方法中是不考虑初始条件的。

卷积分或杜哈梅尔积分法是另一重要求解方法，利用该方法可以将系统响应 $x(t)$ 以外部激励 $f(t)$ 和单位脉冲响应 $K(t)$ 的形式表示出来（零初始状态下），即

$$x(t) = \int_0^t f(\tau) K(t - \tau) \mathrm{d}\tau \qquad (14.45)$$

这一方法涉及如下的计算过程。将任意激励 $f(t)$ 的图像近似为一系列长条的组合,每个长条的宽度为 $\Delta\tau$ 而高度为 $f(\tau_i)$,因而激励函数就可以视为一个冲量序列,这些冲量的值等于对应长条的面积,即 $f(\tau_i)\Delta\tau$。于是,响应的近似表达式就可以写为 $x(t) = \sum_{i=1}^{n} K(t - \tau_i) f(\tau_i) \Delta\tau$。单位脉冲响应函数 $K(t - \tau_i)$ 代表的是 $\tau_i$ 时刻的冲量在所有冲量中对响应 $x(t)$ 的贡献度(或权重)。显然,当令每个冲量的作用时间趋于零时,将它们所产生的响应累加起来也就得到了精确解 $x(t)$ 了。

如果对式(14.45)作分部积分,并考虑到关系式 $K(t) = h'(t)$,那么该卷积分就可以以输入信号的初始值 $f(0)$ 和单位阶跃响应函数 $h(t)$ 来表示,即[22]

$$x(t) = f(0)h(t) + \int_0^t f'(\tau)h(t - \tau)\mathrm{d}\tau \qquad (14.46)$$

卷积分方法指出,系统的响应是一系列单位阶跃响应之和的极限值,因此系统的行为也就可以从瞬态层面来考察,即便系统处于稳态也是如此。对于给定的激励 $f(t)$,利用这一方法一般可以得到解析形式的解,当然,对卷积分进行数值计算往往也是不可避免的。

拉普拉斯变换方法可以用于分析受任意激励作用的动力学系统,这些激励既可以是不连续的也可以是冲量型的。利用这种算子求解方法可以处理任意阶的线性非齐次微分方程,该方法的核心在于拉普拉斯变换,即

$$F(p) = L\{f(t)\} = \int_0^\infty f(t)\,\mathrm{e}^{-pt}\mathrm{d}t \qquad (14.47)$$

这个变换将问题从原函数 $f(t)$ 空间转化到了像函数 $F(p)$ 空间中,从而使分析得到简化,即原函数上的数学运算变成了更为简单的关于像函数的运算。原函数空间中的两个函数的卷积将简化为像函数的乘积形式,线性微分方程则变成了代数方程形式。借助这一方法,我们可以以非常规范的形式来考虑非零初始条件,从而得到瞬态振动和稳态振动解,其应用过程十分简单。

傅里叶变换方法也可以用于线性微分方程的求解,不过它仍然存在着一些不足,例如求解要相对困难一些,再如无法直接计入非零初始条件的影响等。

谱理论中涉及一系列内容,最重要的就是如何将已知的输入信号 $u(t)$ 变换为谱形式 $U(\mathrm{j}\omega)$,以及如何建立线性确定性系统的响应谱特性。对于第一个问题,即使是在非周期信号情况下,我们都可以借助傅里叶正变换来完成,即

$$U(\mathrm{j}\omega) = \int_{-\infty}^{+\infty} u(t)\,\mathrm{e}^{-\mathrm{j}\omega t}\mathrm{d}t \qquad (14.48\mathrm{a})$$

其中,函数 $u(t)$ 为(根据傅里叶反变换)

$$u(t) = \frac{1}{2\pi}\int_{-\infty}^{+\infty} U(j\omega)\,e^{j\omega t}\,d\omega \qquad (14.48b)$$

对于第二个问题,我们应注意,对于线性系统中的任意动态过程来说,不同变量的谱之间的比值与受迫简谐振动中的复振幅之比是一致的。因此,线性系统的响应 $x(t)$ 可以通过传递函数 $W(j\omega)$ 和外部激励的傅里叶变换 $U(j\omega)$ 来表示,即

$$x(t) = \frac{1}{2\pi}\int_{-\infty}^{\infty} W(j\omega)\,U(j\omega)\,e^{j\omega t}\,d\omega \qquad (14.49)$$

显然,利用这种谱方法是可以得到解析形式的解的。该方法的求解过程中主要涉及信号的谱和系统的频率特性,这些都具有清晰的物理含义,并且可以以图形方式表达,因而该方法也是非常直观的。应注意的是,这一方法也没有考虑初始条件的影响,由此得到的系统输出信号一般应视为系统的稳态过程。

频域分析工具在信号处理技术中是极为重要的,它们的应用场合也非常广泛[28-33],包括了通信、地震、遥感、图像处理(图像分析、滤波、重构、压缩)、生物医学工程,还有声学等诸多领域。

## 供思考的一些问题

14.1 试述各类冲击激励比较典型的运动学和动力学特征。

14.2 试述冲击理论中的牛顿假设的必要性。

14.3 试述非周期函数的傅里叶变换。

14.4 试述傅里叶变换和拉普拉斯变换的性质。

14.5 试述幅值谱和相位谱的含义。

14.6 试述瞬时冲量概念以及常数力和常数冲量之间的区别。

14.7 试述冲击谱理论的基本概念。

14.8 试述单位阶跃响应和单位脉冲响应函数之间的区别。

14.9 试述线性系统特性以及标准激励形式的含义。

14.10 试述传递函数的定义,并说明传递函数的算子形式和复数形式之间的差异。

14.11 试述由 $m-b-k$ 元件构造而成的系统的动刚度概念。

14.12 试述时域分析和频域分析的含义。

14.13 试述初始冲击谱和残余冲击谱这两个概念之间的区别。

14.14 试述最大峰值响应谱这一概念。

14.15 设信号 $x(t)$ 的谱密度为 $X(j\omega)$,试证明信号 $\dot{x}(t)$ 的谱密度为 $j\omega X(j\omega)$,并计算 $x(t)$ 的第 $n$ 阶导数的谱密度[16]。

提示:当 $t \rightarrow \pm \infty$ 时,所有直到 $n-1$ 阶(含 $n-1$)的导数均趋于零。

参考答案:$(j\omega)^n X(j\omega)$。

14.16  试确定如图 P14.16 所示的三角形函数的谱密度[20]。

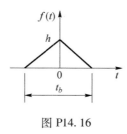

图 P14.16

参考答案:

$$F(\omega) = \frac{h}{2\pi}\int_{-t_b/2}^{0}(1 + 2t/t_b)\,\mathrm{e}^{-i\omega t}\mathrm{d}t + \frac{h}{2\pi}\int_{0}^{t_b/2}(1 - 2t/t_b)\,\mathrm{e}^{-i\omega t}\mathrm{d}t$$

$$= \frac{ht_b}{2\pi}\frac{1 - \cos\omega t_b}{(\omega t_b/2)^2}$$

14.17  设有一个单自由度无阻尼系统受到了如图 P14.17 所示的力激励,试利用杜哈梅尔积分[34]确定系统的受迫响应。

提示:$x(t) = \dfrac{1}{m\omega}\displaystyle\int_{0}^{t_1} F_0\,\dfrac{\tau}{t_1}\sin\omega(t - \tau)\mathrm{d}\tau + \dfrac{1}{m\omega}\int_{t_1}^{t} F_0\sin\omega(t - \tau)\mathrm{d}\tau$。

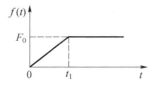

图 P14.17

参考答案:$x(t) = \dfrac{F_0}{m\omega}\left(\dfrac{1}{\omega} + \dfrac{\sin\omega(t - t_1)}{\omega^2 t_1} - \dfrac{\sin\omega t}{\omega^2 t_1}\right)$。

14.18  设有一个由 $m-k$ 元件组成的线性振子,受到了如下形式的激励作用:(1)阶跃力 $F_c$(海维赛德激励);(2)基础的阶跃位移激励 $u_c$;(3)基础的阶跃加速度激励 $\ddot{u}_c$。试确定情况 1 和 2 中物体的绝对位移响应 $y(t)$,以及情况 3 中物体的绝对加速度响应 $\ddot{y}(t)$,并进行讨论。

参考答案:(1) $y(t) = \dfrac{F_c}{k}(1 - \cos\omega_0 t)$;(2) $y(t) = u_c(1 - \cos\omega_0 t)$;(3) $\ddot{y}(t) = \ddot{u}_c(1 - \cos\omega_0 t)$,$\omega_0 = \sqrt{k/m}$。

14.19  设有一个由 $m-k$ 元件组成的振子受到了抛物线函数型的力激励,当 $0 \leqslant t \leqslant t_1$ 时激励力 $f(t) = F_1(1 - t^2/t_1^2)$,而 $t < 0$ 和 $t \geqslant t_1$ 时 $f(t) = 0$,试确定系

统的响应[35]。

参考答案:

$$x(t) = \frac{F_1}{k}\left[\left(1 + \frac{2}{\omega^2 t_1^2}\right)(1 - \cos\omega t) - \frac{t^2}{t_1^2}\right], 0 \leqslant t \leqslant t_1; \omega^2 = \frac{k}{m},$$

$$x(t) = \frac{F_1}{k}\left\{\frac{2}{\omega^2 t_1^2}\left[\cos\omega(t - t_1) - \cos\omega t\right] - \frac{2}{\omega t_1}\sin\omega(t - t_1) - \cos\omega t\right\}, t \geqslant t_1$$

# 参考文献

1. Goldsmith, W. (2014). Impact: The theory and physical behaviour of colliding solids. New York: Dover.

2. Harris, C. M. (Editor in Chief). (1996). Shock and vibration handbook(4th ed.). New York: McGraw-Hill.

3. Zukas, J. A. (1990). High velocity impact dynamics. New York: Wiley.

4. Ayre, R. S. (1996). Transient response to step and pulse functions. In Harris C. M. (Ed.), Shockand vibration handbook(4th ed.). New York: McGraw-Hill. Chapter 8.

5. Panovko, Ya. G. (1967). Fundamentals of applied theory of the vibrations and shock. Moscow: Mashinostroenie.

6. Lalanne, C. (2002). Mechanical vibration & shock(Vol. 1 – 4). New York: Hermes PentonScience.

7. Balandin, D. V., Bolotnik, N. N., & Pilkey, W. D. (2001). Optimal protection from impact, shock and vibration. Amsterdam: Gordon and Breach Science.

8. Clough, R. W., & Penzien, J. (1975). Dynamics of structures. New York: McGraw-Hill.

9. Fowles, G. R., & Cassiday, G. L. (1999). Analytical mechanics(6th ed.). Belmont, CA: Brooks/Cole—Thomson Learning.

10. Karnovsky, I. A., & Lebed, O. (2010). Advanced methods of structural analysis. New York: Springer.

11. Filippov, A. P. (1970). Vibration of the deformable systems. Moscow: Mashinostroenie.

12. Kil'chevsky, N. A. (1969). The theory of the collision of solid bodies(2nd ed.). Kiev, Ukraine: Naukova Dumka.

13. Lenk, A. (1977). Elektromechanische systeme. Band 2: Systeme mit verteilten parametern. Berlin: VEB Verlag Technnic.

14. Timoshenko, S. P., & Goodier, J. N. (1987). Theory of elasticity(Classic textbook reissue series 3rd ed.). New York: McGraw-Hill.

15. Rabinovich, I. M., Sinitsyn, A. P., & Terenin, B. M. (1958). Analysis of structures subjected to short-duration and impact forces. Moscow: Voenno-Inzhenernaya Akademiya(VIA).

16. Strelkov, S. P. (1964). Introduction to the theory of vibrations. Moscow: Nauka.

17. Thomson, W. T. (1981). Theory of vibration with application(2nd ed.). New York: Prentice-Hall.

18. Korn, G. A., & Korn, T. M. (2000). Mathematical handbook (2nd ed.). New York: McGraw-Hill Book/Dover. (Original work published 1968)

19. Tse, F. S., Morse, I. E., & Hinkle, R. T. (1963). Mechanical vibrations. Boston: Allyn andBacon.

20. Il'insky, V. S. (1982). Protection of radio-electronic equipment and precision equipment from the dynamic excitations. Moscow: Radio.

21. Brown, J. W., & Churchill, R. V. (2009). Complex variables and applications—Solutions manual(8th ed.).

Boston: McGraw-Hill.

22. Feldbaum, A. A. , & Butkovsky, A. G. (1971). Methods of the theory of automatic control. Moscow: Nauka.

23. Karnovsky, I. A. (2012). Theory of arched structures. Strength, stability, vibration. Berlin: Springer.

24. Frolov, K. V. (Ed.). (1981). Protection against vibrations and shocks. vol. 6. In Handbook: Chelomey, V. N. (Editor in Chief) (1978 – 1981) Vibration in engineering, vols. 1 – 6. Moscow: Mashinostroenie.

25. Ogata, K. (1992). System dynamics(2nd ed.). Englewood Cliffs, NJ: Prentice Hall Int.

26. Newland, D. E. (1989). Mechanical vibration analysis and computation. Harlow, England: Longman Scientific and Technical.

27. Crandall, S. H. (Ed.). (1963). Random vibration(Vol. 2). Cambridge, MA: MIT Press.

28. Lebed, E. (2009). Sparse signal recovery in a transform domain. Theory and application. Saarbrucken, Deutschland: VDM Verlag Dr. Muller, Aktiengesellschaft &Co. KG.

29. Biot, M. A. (1943). Analytical and experimental methods in engineering seismology. Transactions of the American Society of Civil Engineers, 108(1), 365 – 385.

30. Smallwood, D. (1981, May). An improved recursive formula for calculating shock response spectra. 《The Shock and Vibration Bulletin》, Bulletin No. 51, Part 2.

31. Lebed, E. , Mackenzie, P. J. , Sarunic, M. V. , & Beg, M. F. (2010). Rapid volumetric OCT image acquisition using compressive sampling. Optics Express, 18(20), 21003 – 210012.

32. Lebed, E. , Lee, S. , Sarunic, M. V. , & Beg, M. F. (2013). Rapid radial optical coherence tomography image acquisition. Journal of Biomedical Optics, 18(3), 03604 – 03613.

33. Lebed, E. (2013). Novel methods in biomedical image acquisition and analysis. PhD Thesis, Simon Fraser University, Burnaby, British Columbia, Canada.

34. Shabana, A. A. (1991). Theory of vibration: Vol. 2: Discrete and continuous systems. Mechanical Engineering Series. New York: Springer.

35. Timoshenko, S. , Young, D. H. , & Weaver, W. , Jr. (1974). Vibration problems in engineering(4th ed.). New York: Wiley.

# 第 15 章　振动防护系统的统计理论

毋庸置疑,偶然性总是体现在不断的变化之中,即使上帝自己也无法预知将会发生什么样的偶然性事件,如果他能够预知到,那么这个事件的发生就变成必然性的了,于是偶然性也就不复存在了。

Marcus Tullius Cicero,论占卜,第二册,7,(18)。

到目前为止,我们均假设系统所受到的外部激励是可以通过一个确定的时间函数来表达的。然而,有些情况中人们却无法给出这种确定性的激励形式。例如,在运动着的载体上,如铁路车辆、轮船、飞机、火箭以及导弹等运载工具上的系统,它们所受到的激励大多具有随机性特征[1],因而属于随机激励这类激励形式。当系统受到的是此类随机激励时,响应一般也是随机性的,于是在分析这种系统的时候我们有必要借助相关的统计学方法。此外,还应指出的是,振动防护系统中的随机因素并不限于外部激励,系统的参数也可以是随机性的[2]。

在这一章中,我们将主要考察由外部随机激励导致的随机振动问题,主要包括以下两个方面的内容:①随机过程的简要介绍、随机过程的基本特征及其性质、平稳和各态历经过程、谱密度以及通过线性常微分方程进行随机过程变换等;②一些典型的线性单自由度系统的振动防护问题,这些系统受到的是动力型和运动型随机激励作用。

在阅读和理解本章的内容时,读者应具备一定程度的概率和统计学基础,关于这些基础知识建议读者可以去参阅文献[3,4]等。

## 15.1　随机过程及其基本特征

这一节我们主要介绍带有连续型宗量的随机函数理论[5,6]。

随机函数是指,对于宗量的每个取值,函数值都是一个随机变量。当宗量为时间变量时,我们也称该随机函数为随机过程[7]。对于随机变量来说,如果可以取到任意两个指定值之间的任意值,那么该变量是一个连续变量,否则称为离散变量。从实验结果中以特定的形式提取出随机过程,一般称为随机过程的实现。在不变的实验条件下,从观测结果中是可以获得一个随机过程的多个实现的。事实上,我们不可能预测到任意一次实验中随机过程的实现是怎样的,而只能获得其统计性数据,它们刻画了相同条件下这些实现的总体特征。

随机过程 $X(t)$ 中包含了 $n$ 个实现,即 $x_1(t),\cdots,x_n(t)$,它们构成了样本集合,称为统计总体。图 15.1(a) 表示出了在时刻 $t_1$ 和 $t_2$ 附近取样得到的若干个实现,即 $x_1(t)$、$x_2(t)$、$x_k(t)$。随机过程的一个截面是由所有实现在某固定时刻处的取值集合构成的,在图 15.1(a) 中我们给出了时刻 $t_1$ 和 $t_2$ 处的两个截面示意。每个特定的实现可以视为一个确定性的函数,而随机过程作为总体则应考虑为无穷多个这种函数的集合(或者说是无穷多个截面的集合)来进行分析。当 $t=t_1$ 时,$x_1(t_1)$、$x_2(t_1)$、$x_k(t_1)$ 分别取值为 $A_1$、$B_1$、$C_1$,而在 $t=t_2$ 时,它们则取值为 $A_2$、$B_2$、$C_2$。

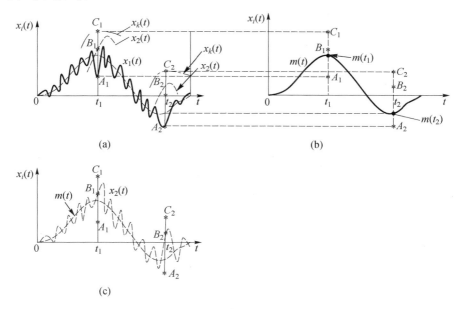

图 15.1  (a)随机过程的实现 $x_1(t)$ 与 $t_1$、$t_2$ 附近的实现 $x_2(t)$ 和 $x_k(t)$;(b)$t_1$ 和 $t_2$ 时刻的期望值与整个随机过程的期望值 $m(t)$;(c)随机过程的期望值 $m(t)$ 和随机过程的实现 $x_2(t)$

### 15.1.1  概率分布和概率密度

在任何瞬时随机过程的实现 $x(t)$ 都是不可预测的,我们只能得到相同条件下该随机过程的统计性数据[7]。利用随机过程的统计特征可以比较不同实现 $x(t)$ 发生的概率。最简单的概率特征就是一维概率分布函数 $P(x,t_i)$ 与一维概率密度函数 $p(x,t_i)$。

概率分布函数 $P(x,t_i)$ 给出的是时刻 $t_i$ 处随机变量 $X(t_i)$ 不超过值 $x$ 的概率,即 $P(x,t_i)=P\{X(t_i)\leqslant x\}$。显然,概率分布函数是一个非减函数,且有 $P\{-\infty,t\}=0,P\{\infty,t\}=1$ 这一关系式成立。于是,对于任意的时间变量 $t$ 而言,

概率分布函数就满足

$$0 \leqslant P(x) \leqslant 1 \tag{15.1}$$

概率密度函数 $p(x,t_i)$ 是指,在任意给定的时刻 $t_i$ 随机变量 $X(t_i)$ 的概率分布。这一函数等于概率分布函数的导数,即

$$p(x,t_t) = \lim_{\Delta x \to 0} \frac{P(x + \Delta x) - P(x)}{\Delta x} = \frac{\mathrm{d}P(x,t_i)}{\mathrm{d}x} \tag{15.2}$$

时刻 $t_i$ 实际上对应了随机过程 $X(t)$ 在可能状态空间中的一个截面,随机变量 $X(t_i)$ 在该截面处的概率密度就是 $p(x,t_i)$。$p(x,t_i)\mathrm{d}x$ 代表的是在 $x$ 附近一个无穷小区间 $\mathrm{d}x$ 内随机变量 $X(t_i)$ 的实现概率。在区间 $[a,b]$ 内随机变量 $X(t_i)$ 的实现概率可以以概率密度函数 $p(x,t_i)$ 来表示,即

$$P\{a < X(t_i) < b\} = \int_a^b p(x,t_i)\mathrm{d}x \tag{15.3}$$

$P(x,t_i)$ 与 $p(x,t_i)$ 这两个概念具有清晰的物理涵义。如图 15.2(a) 所示为一个动态过程 $x(t)$,我们考虑坐标 $x = x_1$ 处的取值情况。可以构造如下问题,即这个坐标值 $x_1$ 对随机变量 $X$ 不超过 $x_1$ 的概率有何影响?可以看出,条件 $X < x_1$ 对应于图中的时间区间 $\Delta t_1$ 和 $\Delta t_2$,直线 $x_1$ 越低,与该条件对应的时间区间 $\Delta t$ 将越小。很明显,当 $X \to -\infty$ 时,概率函数 $P(X < x_1) \to 0$。直线 $x_1$ 越高,上述的时间区间 $\Delta t$ 也就越大,当 $X \to \infty$ 时,概率函数 $P(X < x_1) \to 1$。因此,概率分布函数具有递增特性,如图 15.2(b) 所示,图中的 $P_1$ 代表的是随机值 $X < x_1$ 的概率,而 $P_2$ 代表的是 $X < x_2$ 的概率。

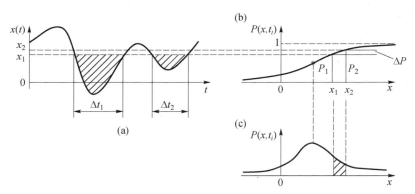

图 15.2 (a)概率分布示意图;(b)概率分布函数 $P(x,t_i)$ 的累积;(c)概率密度函数 $p(x,t_i)$

利用图 15.2(b),我们可以计算出随机值 $X$ 落在给定区间 $[x_1,x_2]$ 内的概率,即

$$P(x_1 < X < x_2) = P(X < x_2) - P(X < x_1) \tag{15.4}$$

图 15.2(c)给出了一个一维概率密度函数,该函数曲线下方位于 $x_1$ 和 $x_2$ 之

间的阴影部分代表的是变量 $X$ 位于此区间内的概率 $P^{[8,9]}$。这就意味着,概率密度曲线下的总面积必须等于 1,也即

$$P\{-\infty < X(t_i) < +\infty\} = \int_{-\infty}^{\infty} p(x, t_i) \mathrm{d}x = 1 \qquad (15.5a)$$

现在再回到概率分布这一概念。$x(t_1)$ 是一个随机变量,可由其概率分布来刻画。借助一维分布密度函数 $p_1(x_1, t_1)$,我们就可以确定出函数 $x(t)$ 在 $t_1$ 时刻位于 $x_1$ 附近一个微元 $\mathrm{d}x_1$ 内的概率值,参见图 15.3。

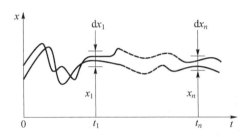

图 15.3　一维和 $n$ 维概率密度函数 $p(x, t)$ 的概念

采用多维概率分布函数可以描述随机过程更多方面的信息,利用这种函数我们能够对比随机过程不同曲线(实现)的出现概率。一般地,$n$ 维概率密度可以表示为 $p_n(x_1, t_1; x_2, t_2; \cdots, x_n, t_n)$,由此可以确定函数 $x(t)$ 在 $x_1$、$x_2$、$\cdots$、$x_n$ 附近的 $n$ 个微元(尺寸为 $\mathrm{d}x_1$、$\mathrm{d}x_2$、$\cdots$、$\mathrm{d}x_n$)内的出现概率。微元个数 $n$ 越大,所关心的随机过程的实现概率情况也就更加详细[7]。在实际问题中,我们通常限于考虑一维和二维概率密度情形。

除了用于描述随机过程基本特性的概率分布函数以外,人们还常常用到其他一些非随机函数,其中包括了数学期望、离差、相关函数以及谱密度等,这些都是一些比较基本的概念。与随机过程有关的其他函数读者可以去参阅文献[1,5,6,10,11]。

## 15.1.2　数学期望和离差

数学期望和离差是用于刻画随机过程特征的两个极为重要的非随机函数。

首先我们介绍数学期望或期望值。考虑一个随机过程 $X(t)$ 在给定时刻 $t = t_1$ 处的情况,如图 15.1(a)、(b)所示。在该随机过程的这个截面处,可以得到一组不同的实现,不妨将它们分别记为 $A_1$、$B_1$、$\cdots$、$C_1$,与此对应的随机值 $x_i(t_1)$ 是一组离散值。对于所得到这组 $x_i(t_1)(i = 1, 2, \cdots, n)$ 来说,其代数平均值应为 $\overline{m}_x(t_1) = \dfrac{1}{n}\sum_{k=1}^{n} x_k(t_1)$,其中 $n$ 为实现的个数,而 $x_k(t_1)$ 为截面 $t_1$ 处第 $k$ 个实现的随机值。对于这些离散的随机值来说,可以建立期望值这一概念,它是指所有

$x_k$ 与其出现概率 $P_k$ 乘积的总和,即 $m_x(t_1) = \sum_{k=1}^{n} x_k(t_1)P_k$ [12]。换言之,随机值 $X(t_1)$ 的数学期望 $m\{X(t_1)\}$,是对随机过程截面 $t_1$ 处的所有实现进行加权平均(权重为 $P_k$)的结果[3]。

对于连续型随机变量,例如概率密度为 $p(x_1,t_1)$ 的变量 $x(t_1)$,它的数学期望可以按如下公式来计算,即

$$m_x(t_1) = \int_{-\infty}^{\infty} x_1 p_1(x_1,t_1)\,\mathrm{d}x_1 \tag{15.5b}$$

这一计算过程可以针对不同截面进行,也就是针对不同的时刻 $t$ 进行。一般而言,不同时刻的数学期望值 $m_x(t_1)$ 也是不同的。可以看出,在积分之后,式(15.5a)和式(15.5b)的右端将为参数 $t_1$ 的函数。于是,一个随机过程的数学期望

$$m_x(t) = M[X(t)] = \int_{-\infty}^{\infty} xp(x,t)\,\mathrm{d}x \tag{15.6}$$

将是时间的函数(图 15.1(b))。在图 15.1(c)中,已经给出了一个动态过程的数学期望值 $m_x(t)$ 以及随机函数 $X$ 的一个可能实现 $x_2(t)$,如虚线所示。借助式(15.6),我们就可以根据一维概率密度 $p(x,t)$ 计算出随机过程的期望值[7]。这一公式实际上给出的是一种一阶矩,可以理解为概率密度曲线下方区域关于 $x=0$ 轴的矩心[8](图 15.4)。

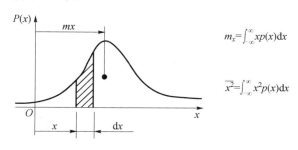

图 15.4　$p(x)$ 的一阶矩和二阶矩概念

从图 15.1(a),(c)中不难看出,任一时刻处的每种实现都包含了两种成分,其一为期望值 $m_x(t)$,它是随机过程 $X(t)$ 的非随机成分;其二为离差,它代表了每种实现的起伏波动成分。

随机过程的离差 $D(t)$ 刻画的是随机变量相对于它的数学期望值 $m(t)$ 的偏离程度,离差越大,随机变量取得较大正值和较小负值的概率也就越高。

对于一个离散型的随机变量来说,离差 $D(t)$ 一般定义为变量 $X(t)$ 相对其期望值 $m_x(t)$ 的平方偏差的数学期望 $M$[8,12],也即

$$D_x(t) = M\{[X(t) - m_x(t)]^2\} \tag{15.7a}$$

对于一个连续型的随机变量来说,离差的定义则为

$$D_x(t) = \int_{-\infty}^{\infty} [X(t) - m_x(t)]^2 p(x,t)\mathrm{d}x \tag{15.7b}$$

上面这个表达式也可以改写为[8]

$$D_x(t) = \int_{-\infty}^{\infty} [X(t) - m_x(t)]^2 p(x,t)\mathrm{d}x$$

$$= \int_{-\infty}^{\infty} x^2(t) p(x,t)\mathrm{d}x - 2m_x(t)\int_{-\infty}^{\infty} x(t)p(x,t)\mathrm{d}x + m_x^2(t)\int_{-\infty}^{\infty} p(x,t)\mathrm{d}x \tag{15.8a}$$

由于 $\int_{-\infty}^{\infty} x^2(t)p(x,t)\mathrm{d}x = \overline{x^2(t)}$, $\int_{-\infty}^{\infty} x(t)p(x,t)\mathrm{d}x = m_x(t)$, $\int_{-\infty}^{\infty} p(x,t)\mathrm{d}x = 1$, 因此有

$$D_x(t) = \overline{x^2(t)} - m_x^2(t) \tag{15.8b}$$

其中, $\overline{x^2(t)}$ 为均方值,它实际上代表了一种二阶矩,可以理解为概率密度曲线下方的区域关于 $x = 0$ 轴的惯性矩(图 15.4)。

在随机过程的分析中,人们还常常引入标准差这一概念,它给出的也是随机变量值相对于期望值的分散特征(沿着时间轴)。标准差 $\sigma_x(t)$ 一般定义为离差的平方根[8],即

$$\sigma_x(t) = \sqrt{D_x(t)} \tag{15.9}$$

这个值与 $\int_{-\infty}^{\infty} x^2(t)p(x,t)\mathrm{d}x = \overline{x^2(t)}$ 是有区别的,仅当均值 $m_x(t) = 0$ 时,标准差才等于均方根值(即 rms 值),亦即 $\sigma_x = \sqrt{\overline{x^2(t)}}$[8]。因此,人们通常将离差 $D$ 记作 $\sigma^2$。图 15.5 给出了一个随机过程 $X(t)$ 的某个实现,从中可以看出所具有的波动成分,以及随机变量相对于期望值 $m(t) = 0$ 的标准差 $\pm\sigma$。

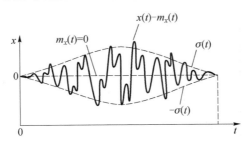

图 15.5　随机过程 $X(t)$ 的一个实现中的波动成分

随机过程的标准差与随机变量具有相同的单位,如果随机变量描述的是质量的位移,那么期望值,或者说平均位移的单位就是长度单位 $[L]$,而离差的单位是 $[L^2]$,标准差的单位则是 $[L]$。

### 15.1.3　相关函数

借助一维概率密度分布函数,人们就可以评估给定时刻随机过程的行为特性,然而,它并不能反映随机过程在不同时刻所取变量值之间的关系。图 15.6 (a),(b)给出了两个随机过程的实现,尽管数学期望和离差是相同的,并且两个过程的状态空间也是一致的,不过它们的动态特性是完全不同的。不难看出,图 15.6(a)所示的截面之间的统计相关性要明显强于图 15.6(b)中的情况,实际上,前者的动态过程较为平滑,而后者却变化得非常剧烈。

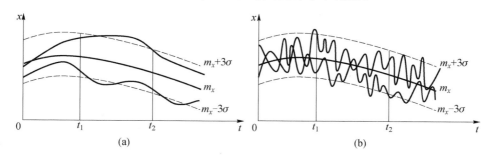

图 15.6　具有相同期望值和离差的两个随机过程的实现:
(a)平滑过程;(b)快速变化的过程

相关性和非相关性过程这一概念具有清晰的物理含义,如果两个独立的振动系统受到了运动激励,那么它们的动态过程就是不相关的,然而,如果它们的质量通过弹性连接方式耦合起来,那么这两个过程将变成相关的了。

为了考察一个随机过程 $X(t)$ 在任意时刻的瞬态值的统计相关性程度,或者说一个动态过程的变化剧烈程度,一般需要同时考虑两个随机变量值 $X(t_1)$ 和 $X(t_2)$。

随机过程 $X(t)$ 的相关函数是一个非随机函数,它是两个时间变量 $t_1$ 和 $t_2$ 的函数,可以表示为 $K_x(t_1,t_2)$。这一函数一般定义为随机过程在对应的截面 $t_1$ 和 $t_2$ 处的随机变量值 $X(t_1)$ 和 $X(t_2)$ 乘积的数学期望,即

$$K_x(t_1,t_2) = M\{X(t_1)X(t_2)\} = \int_{-\infty}^{\infty}\int_{-\infty}^{\infty} x_1(t_1)x_2(t_2)p_2(x_1,t_1;x_2,t_2)\mathrm{d}x_1\mathrm{d}x_2$$

(15.10)

其中,$p_2(x_1,t_1;x_2,t_2)$ 为随机变量 $x(t_1)=x_1$ 和 $x(t_2)=x_2$ 的联合概率分布密度(二维概率密度)。显然,积分之后上式的右端项将依赖于时间变量 $t_1$ 和 $t_2$。此外,根据这一定义还可以看出,$K_x(t_1,t_2)=K_x(t_2,t_1)$。

当考察两个随机过程 $X(t)$ 和 $Y(t)$ 之间的关系时,应当引入互相关函数这一概念,这个函数定义为两个随机过程分别在 $t_1$ 和 $t_2$ 处的随机变量值 $X(t_1)$ 和

$Y(t_2)$ 乘积的数学期望,也即

$$K_{xy}(t_1,t_2) = M\{X(t_1)Y(t_2)\} = \int_{-\infty}^{\infty}\int_{-\infty}^{\infty} x_1(t_1)y_2(t_2)p_2(x_1,t_1;y_2,t_2)\,\mathrm{d}x_1\mathrm{d}y_2$$

$$(15.11)$$

不难发现,互相关函数具有对称性,即同时互换下标 $x$、$y$ 和时间变量 $t_1$、$t_2$ 之后函数值仍保持不变,可以表示为 $K_{xy}(t_1,t_2) = K_{yx}(t_2,t_1)$。

下面我们给出一些非常有用的关系式。

(1)如果两个随机过程是线性相关的,即 $Y(t) = c(t)X(t)$,其中的 $c(t)$ 为一个确定性函数,那么有

$$m_y(t) = c(t)m_x(t), D_y(t) = c^2(t)D_x(t), K_y(t_1,t_2) = c(t_1)c(t_2)K_x(t_1,t_2)$$

$$(15.12)$$

(2)如果两个随机过程之间的关系为 $Y(t) = \int X(t)\mathrm{d}t$,那么有

$$m_y(t) = \int_0^t m_x(t)\,\mathrm{d}t, K_y(t_1,t_2) = \int_0^{t_1}\int_0^{t_2} K_x(t_1,t_2)\,\mathrm{d}t_1\mathrm{d}t_2 \qquad (15.13)$$

(3)如果两个随机过程之间的关系为 $Y(t) = \dfrac{\mathrm{d}X(t)}{\mathrm{d}t}$,那么有

$$m_y(t) = \frac{\mathrm{d}}{\mathrm{d}t}m_x(t), K_y(t_1,t_2) = \frac{\partial^2 K_x(t_1,t_2)}{\partial t_1 \partial t_2} \qquad (15.14)$$

**实例 15.1**　设有一个随机过程为 $X(t) = A\sin\omega t + B\cos\omega t$,其中系数 $A$ 和 $B$ 是随机量,其数学期望值分别为 $m_A$ 与 $m_B$,标准差分别为 $\sigma_A$ 与 $\sigma_B$,且系数之间的相关函数 $K_{AB} \neq 0$(这意味着这两个系数是相关的),试确定这一相关函数[12]。

求解:根据定义我们有

$$K_x(t_1,t_2) = M\{X(t_1)X(t_2)\} = M\{[A\sin\omega t_1 + B\cos\omega t_1][A\sin\omega t_2 + B\cos\omega t_2]\}$$
$$= M\{A^2\sin\omega t_1\sin\omega t_2 + AB\sin\omega t_1\cos\omega t_2 + AB\cos\omega t_1\sin\omega t_2 + B^2\cos\omega t_1\cos\omega t_2\}$$

由于和式的数学期望值等于数学期望值之和,因此有 $K_x(t_1,t_2) = \sin\omega t_1\sin\omega t_2 M\{A^2\} + \sin\omega(t_1+t_2)M\{AB\} + \cos\omega t_1\cos\omega t_2 M\{B^2\}$。如果假定这里有 $m_A = m_B = 0$,那么这种情况下就有 $D_A = M\{A^2\} = \sigma_A^2, D_B = M\{B^2\} = \sigma_B^2$,于是可以得到 $K_x(t_1,t_2) = \sigma_A^2\sin\omega t_1\sin\omega t_2 + K_{AB}\sin\omega(t_1+t_2) + \sigma_B^2\cos\omega t_1\cos\omega t_2$。不难看出,这个相关函数是依赖于观测时间 $t_1$ 和 $t_2$ 的。

## 15.2　平稳随机过程

很多动力学系统中所出现的过程在时间上都是均匀变化的,或者说它们的概率特性在时域内是不变的。人们一般将此类过程称为平稳过程。

### 15.2.1 平稳随机过程的特性

在平稳随机过程(SRP)情况中,概率密度的分布是不依赖于过程的起始时间的,任意时刻的一维概率密度分布函数 $p_1(x_1,t_1)$ 都是相同的,可以表示为 $p_1(x_1,t_1) = p_1(x_1)$;二维概率密度分布 $p_2(x_1,t_1;x_2,t_2) = p_2(x_1,t_1+t_0;x_2,t_2+t_0)$ 是不依赖于时刻 $t_1$ 和 $t_2$ 的,但是与它们的差值 $\tau = t_2 - t_1$ 相关。因此,对于平稳随机过程而言,所有基于 $p(x)$ 的平均值与时间都是无关的[1],即

$$\begin{cases} m_x(t_1) = m_x(t_2) = m_x = \mathrm{const} \\ D_x(t_1) = D_x(t_2) = D_x = \mathrm{const} \end{cases} \tag{15.15}$$

此外,如果两个时间截面 $t_1$ 和 $t_2$ 均移动了 $t_0$,那么平稳随机过程的相关函数仍然是保持不变的,即

$$K_x(t_1,t_2) = K_x(t_1+t_0,t_2+t_0) = \mathrm{const} \tag{15.16a}$$

这就意味着这一函数仅仅取决于时间截面 $t_1$ 和 $t_2$ 之间的间隔,于是可表示为

$$K_x(t_1,t_2) = K_x(\tau) \tag{15.16b}$$

换言之,平稳随机过程的相关函数仅为单个宗量 $\tau = t_2 - t_1$ 的函数了。

下面介绍一下平稳随机过程的相关函数的一些性质。

(1)由于 $K_x(t_1,t_2) = K_x(t_2,t_1)$,因此相关函数是偶函数,即 $K_x(\tau) = K_x(-\tau)$,其函数曲线是关于 $y$ 轴对称的[7]。

(2)任意 $\tau$ 值所对应的相关函数值均不超过零点的函数值(初始值),即 $|K_x(\tau)| \leq K_x(0)$。

(3)相关函数的初始值等于该随机过程的均方值(先平方再平均),即 $K_x(0) = M\{[X(t)]^2\}$ 或 $K_x(\tau=0) = \sigma^2$。换言之,平稳随机过程的离差 $D = \sigma^2$ 是等于 $K_x(0)$ 的。

(4)常函数 $x(t) = A_0$ 的相关函数等于该常数的平方,即 $K_x(\tau) = A_0^2$。无论观测时间多长,任意时刻这一过程的相关性是不变的。

(5)周期过程 $x(t) = A\sin(\omega t + \varphi)$ 的相关函数的形式为 $K_x(\tau) = \dfrac{A^2}{2}\cos\omega\tau$。

(6)对于过程 $x(t) = A_0 + \sum\limits_{k=1}^{n} A_k\sin(\omega_k t + \varphi_k)$,其相关函数的形式为 $K_x(\tau) = A_0^2 + \sum\limits_{k=1}^{n} \dfrac{A_k^2}{2}\cos\omega_k\tau$。

从广义上来说,一个随机过程被称为是平稳的,是指其数学期望和离差都不依赖于时间,且相关函数仅依赖于唯一的变量 $\tau = t_2 - t_1$,也即 $K_x = K_x(\tau)$,其中的 $t_1$ 和 $t_2$ 为该随机过程的观测点时间坐标。

**实例 15.2**  设有一个随机过程为 $X(t) = A\sin\omega t + B\cos\omega t$,其中的系数 $A$ 和 $B$ 是随机量,其数学期望值分别为 $m_A$ 与 $m_B$,标准差分别为 $\sigma_A$ 与 $\sigma_B$,且系数之间的相关函数为 $K_{AB}$。试确定该相关函数满足何种条件时对应了平稳随机过程。

**求解**:正如实例 15.1 中所给出的,当 $m_A = m_B = 0$ 时,相关函数应为

$$K_x(t_1, t_2) = \sigma_A^2 \sin\omega t_1 \sin\omega t_2 + K_{AB}\sin\omega(t_1 + t_2) + \sigma_B^2 \cos\omega t_1 \cos\omega t_2$$

若令 $\sigma_A = \sigma_B = \sigma$,且随机值 $A$ 和 $B$ 彼此间不存在相互校正作用,亦即 $K_{AB} = 0$,那么这种情况下的相关函数就可以表示为 $K_x(t_1, t_2) = \sigma^2 \cos\omega(t_1 - t_2)$。由于相关函数 $K_x(t_1, t_2)$ 是与两个时间截面 $t_1$ 和 $t_2$ 之间的间隔相关的,于是在上述假设前提下随机函数 $X(t)$ 也就描述了一个平稳随机过程。

各种不同形式的平稳随机过程的相关函数及其特性可参阅手册[11]。

图 15.7[12] 给出了具有同一结构的两个相关函数 $K_x(\tau) = \sigma^2 \mathrm{e}^{-\alpha|\tau|}$,它们的参数 $\alpha$ 取值是不同的,图中同时还给出了对应的随机过程 $x_1(t)$ 和 $x_2(t)$。对于具有 $K_1(\tau)$ 和 $K_2(\tau)$ 的两个动力学系统来说,它们具有不同的惯性。由于 $K_1(\tau)$ 要比 $K_2(\tau)$ 减小得更慢一些,因此相关函数为 $K_1(\tau)$ 的系统也将具有更大的惯性。相关函数减小得越快,在随机过程中能够观测到的频率也就越高。这意味着图 15.7(a) 所示的过程较之图 15.7(b) 而言更为粗糙一些,原因在于其中缺少了较高频段的信息。

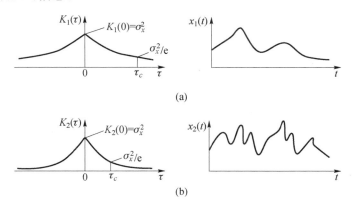

(a)

(b)

图 15.7  平稳随机过程的相关函数 $K_x(\tau) = \sigma^2 \mathrm{e}^{-\alpha|\tau|}, \alpha > 0$

这里可以引入一个随机过程的相关时间间隔概念,这一概念是指相关函数的值减小 e 倍所需的时间 $\tau_c$(图 15.7)。我们可以认为随机过程在 $\tau_c$ 内的值彼此之

间是弱相关的,于是,相关函数信息实际上也就反映了该随机过程的变化速率。

最后,应当注意的是还存在一些特殊的随机过程,这些随机过程中前一取值和随后的取值之间不存在任何关系,人们一般将此类过程称为白噪声,这也是随机过程中最简单的一个模型。对于白噪声来说,我们有 $\tau_c = 0$。

### 15.2.2  各态历经过程[12]

为了确定一个平稳随机过程 $X(t)$ 的概率特性,一般需要获得该过程各种可能的实现信息。与此不同的是,对于某些平稳随机过程来说,只需利用一个实现就能确定出实现总体集合的概率特性,人们将此类平稳随机过程称为各态历经过程,这一名称源自于希腊语 ergon 和 odos,最早是由 Boltzmann 在研究统计力学问题过程中所提出的。

对实现总体集合求平均值应建立在同一时刻对多个实现的观测这一基础上,而对某一时间范围内的数据求平均值则应建立在该时间范围内对单个实现的观测基础上。各态历经过程中随机变量的分布规律在实现总体集合上和时间上都是一致的。在这一随机过程的研究中,我们可以采用如下的 Birkhoff – Khinchine 定理(1931,1934)[13]:

$$m_x(t) = \lim_{T \to \infty} \frac{1}{T} \int_0^T x(t) \, dt \qquad (15.17)$$

其中,左侧和右侧项分别代表的是对实现总体集合的平均值和对单个实现的时间平均值。换言之,对于一个概率为 1 的各态历经过程来说,实现总体集合上的平均值是等于时间平均值的。

在实际应用中,为了验证某个过程是否具有各态历经性,一般可以通过检测如下条件是否满足来判定,即

$$\lim_{T \to \infty} \frac{1}{T} \int_0^T \left( 1 - \frac{\tau}{T} \right) K_x(\tau) \, d\tau = 0 \qquad (15.18)$$

**实例 15.3**  设有一个平稳随机过程 $X(t)$,其相关函数为 $K_x(\tau) = D_x e^{-\alpha |\tau|}$,试确定这一过程是否具有各态历经性。

求解:可以做如下检测,即

$$\lim_{T \to \infty} \frac{1}{T} \int_0^T \left( 1 - \frac{\tau}{T} \right) K_x(\tau) \, d\tau = \lim_{T \to \infty} \frac{1}{T} \int_0^T \left( 1 - \frac{\tau}{T} \right) D_x e^{-\alpha |\tau|} \, d\tau$$

$$= \lim_{T \to \infty} \frac{D_x}{T} \int_0^T \left( e^{-\alpha |\tau|} - \frac{\tau}{T} e^{-\alpha |\tau|} \right) d\tau$$

$$= \lim_{T \to \infty} \frac{D_x}{T} \int_0^T \left[ -\frac{1}{\alpha} \left( e^{-\alpha |\tau|} - 1 \right) - \frac{1}{\alpha^2 T} \left( -\alpha T e^{-\alpha T} - e^{-\alpha T} + 1 \right) \right]$$

$$= 0$$

显然,这一过程是满足各态历经条件的,因而是一个各态历经的随机过程。

## 15.2.3　谱密度

在前面的第 14.1.3 节中我们已经指出,任意的周期函数 $f(t)$ 及其谱密度函数 $S(\omega)$ 可以通过傅里叶正变换与反变换联系起来,即

$$\begin{cases} f(t) = \dfrac{1}{2\pi}\displaystyle\int_{-\infty}^{\infty} S(\omega)\,\mathrm{e}^{\mathrm{i}\omega t}\,\mathrm{d}\omega \\[2mm] S(\omega) = \displaystyle\int_{-\infty}^{\infty} f(t)\,\mathrm{e}^{-\mathrm{i}\omega t}\,\mathrm{d}t \end{cases} \tag{15.19}$$

上面这个傅里叶变换公式也可以用于任意的非周期函数,只需对其做一些特定的假设即可[14]。这里我们来考虑一个随机过程的相关函数 $K_x(\tau)$,将其作为一个非周期函数进行傅里叶分析,在式(15.19)的基础上,可以得到

$$\begin{cases} K_x(\tau) = \dfrac{1}{2\pi}\displaystyle\int_{-\infty}^{\infty} S_x(\omega)\,\mathrm{e}^{\mathrm{i}\omega\tau}\,\mathrm{d}\omega \\[2mm] S_x(\omega) = \displaystyle\int_{-\infty}^{\infty} K_x(\tau)\,\mathrm{e}^{-\mathrm{i}\omega\tau}\,\mathrm{d}\tau \end{cases} \tag{15.20}$$

由于 $K_x(\tau)$ 是随机过程的确定性函数,因而它的傅里叶变换结果也是非随机的。这一情况中,频率函数 $S(\omega)$ 称为该随机过程的谱密度,一般来说,该函数是一个实的非负偶函数[7],因而其图像将位于水平轴 $\omega$ 的上方,且关于纵坐标轴 $S(\omega)$ 对称。

在确定性过程中,一般可以通过两种途径来进行分析,即时域分析和频域分析,它们是相互补充的。在随机过程中也是类似的,平稳随机过程的时域特性主要是指相关函数,而频域内的主要特性一般是由谱密度函数来刻画的,例如式(15.20)中的函数 $S_x(\omega)$ 实际上就描述了信号能量(功率)在整个频带上的分布情况[7]。

如果所考虑的是平稳的各态历经过程,那么有 $K_x(\tau) = K_x(-\tau)$,根据式(15.20)我们可以得到 Wiener-Khinchine 关系(1931,1934)[7],即

$$\begin{cases} K_x(\tau) = \dfrac{1}{2\pi}\displaystyle\int_{-\infty}^{\infty} S_x(\omega)\cos\omega\tau\,\mathrm{d}\omega \\[2mm] S_x(\omega) = \displaystyle\int_{-\infty}^{\infty} K_x(\tau)\cos\omega\tau\,\mathrm{d}\tau = 2\displaystyle\int_{0}^{\infty} K_x(\tau)\cos\omega\tau\,\mathrm{d}\tau \end{cases} \tag{15.21a}$$

由于 $\cos\omega\tau = \cos(-\omega\tau)$,因此 $S_x(\omega) = S_x(-\omega)$,于是有

$$S_x(\omega) = 2\int_{0}^{\infty} K_x(\tau)\cos\omega\tau\,\mathrm{d}\tau \tag{15.21b}$$

关于单位制问题,可以看出,如果所讨论的随机过程 $x(t)$ 的单位为 $[a]$,那么相关函数的单位就是 $[a^2]$,谱密度的单位则是 $[a^2 s]$。

此外,从傅里叶变换的性质还可以发现,如果将函数 $K_x(\tau)$ 沿着 $\tau$ 轴压缩的

话,那么将导致频谱$S_x(\omega)$的拉伸,反过来也是如此。

实例15.4 若假定某个平稳随机过程的相关函数为$K_x(\tau) = D_x e^{-\alpha|\tau|}$,且$\alpha > 0$,那么对应的谱密度函数则为$S_x(\omega) = \int_{-\infty}^{\infty} D_x e^{-\alpha|\tau|} \cos\omega\tau \mathrm{d}\tau = 2\int_0^{\infty} D_x e^{-\alpha\tau} \cos\omega\tau \mathrm{d}\tau = \dfrac{2D_x\alpha}{\alpha^2 + \omega^2}$。

图15.8(a)给出了这个相关函数及其对应的谱密度函数的曲线,而图15.8(b),(c)中则示出了该相关函数的两种特殊情形,其中图15.8(b)对应了白噪声,而图15.8(c)则对应了常数型相关函数[7]。

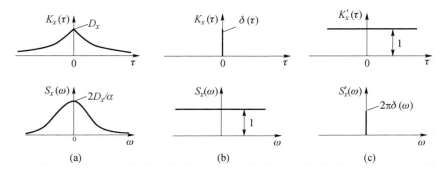

图15.8 定常随机过程的相关函数$K_x(\tau)$及其对应的谱密度函数$S_x(\omega)$:
(a)$K_x(\tau) = D_x e^{-\alpha|\tau|}$;(b)白噪声的相关函数$K_x(\tau) = \delta(\tau)$;(c)对于包含常数成分的定常随机过程$x(t)$有$K'_x(\tau) = 2\pi K_x(\tau)$,$S'_x(\tau) = 2\pi S_x(\tau)$

这里我们详细讨论一下上述特征,其中将利用狄拉克函数的特性,即$\int_{-\infty}^{\infty} x(t)\delta(t - t_1)\mathrm{d}t = x(t_1)$。这一特性表明,将$x(t)$与$\delta(t - t_1)$的乘积在一个无限区间上进行积分之后,将得到值$x(t_1)$,即狄拉克函数的过滤性质。如果$t_1 = 0$,则有$\int_{-\infty}^{\infty} x(t)\delta(t)\mathrm{d}t = x(0)$。

(1)考虑平稳随机过程的相关函数为$K_x(\tau) = \delta(\tau)$的情形。此时根据式(15.21a)可以得到其谱密度为$S_x(\omega) = \int_{-\infty}^{\infty} \delta(\tau)e^{-\mathrm{i}\omega\tau}\mathrm{d}\tau = e^{-\mathrm{i}\omega\tau}\big|_{\tau=0} = 1$。这一相关函数及其谱密度函数已经在图15.8(b)中给出。这种频谱均匀($S_x(\omega) = \mathrm{const}$)的平稳随机过程一般称为白噪声[1],它是一种理想情况,实际的过程$x(t)$中相邻变量值之间彼此无关的情况是不会存在的,不过这一白噪声概念对于工程应用研究来说仍然是非常有用的[10]。

(2)考虑谱密度函数$S_x(\omega)$为单位脉冲函数的情况,即$S_x(\omega) = \delta(\omega)$。此时

这个随机过程的相关函数就变成了 $K_x(\tau) = \dfrac{1}{2\pi}\displaystyle\int_{-\infty}^{\infty}\delta(\omega)\,\mathrm{e}^{\mathrm{i}\omega\tau}\,\mathrm{d}\omega = \dfrac{1}{2\pi}\left[\mathrm{e}^{\mathrm{i}\omega\tau}\right]_{\omega=0} =$
$\dfrac{1}{2\pi}$。如果引入一个因子 $2\pi$，那么可以将谱密度函数和相关函数改写为 $S_x'(\omega) =$
$2\pi\delta(\omega)$，$K_x'(\tau) = 2\pi K_x(\tau) = 1$，对应的图像如图 15.8(c)所示。

附带提及的是，对于带有简谐成分的随机过程的分析可以参阅文献[7，10]。

应当指出的是，图 15.8(b)，(c)中的图像可以视为图 15.8(a)的极限情况，事实上，若假定相关函数 $K_x(\tau)$ 的曲线变窄，极限情况下缩为一条垂直线(即狄拉克函数形式)，那么此时的谱密度函数 $S_x(\omega)$ 的曲线将扩展开来，极限情况下也就变为一条水平线了(图 15.8(b))。如果相关函数 $K_x(\tau)$ 曲线逐渐扩展，极限情况下趋于一条水平线，那么谱密度函数 $S_x(\omega)$ 的曲线将逐渐变窄并最终趋于狄拉克函数。此外，当谱密度函数中存在 $k\delta(\omega)$ 成分时($k = \mathrm{const}$)，那么也就意味着该随机过程中带有常数成分[7]。

相关函数和谱密度函数在一些重要的技术领域中有着广泛的应用，根据应用场合的不同它们也将表现出不同的特性，这些内容可以参阅 Sveshnikov[6]、Bolotin[11, vol. 1]、Bendat 和 Piersol[10]等人的工作。

## 15.2.4　线性系统中的随机激励变换

这一节中我们来考察一个受到平稳随机激励作用的振动防护系统，主要关心的问题是确定该系统响应的概率特性，这里我们假定系统的参数是确定性的，而动态过程是各态历经的。

考虑一个单输入单输出的平稳动力学系统，其运动状态可通过如下常系数的线性微分方程来描述：

$$a_0\frac{\mathrm{d}^n y(t)}{\mathrm{d}t^n} + a_1\frac{\mathrm{d}^{n-1}y(t)}{\mathrm{d}t^{n-1}} + \cdots + a_{n-1}\frac{\mathrm{d}y(t)}{\mathrm{d}t} + a_n y(t) =$$

$$b_0\frac{\mathrm{d}^m x(t)}{\mathrm{d}t^m} + b_1\frac{\mathrm{d}^{m-1}x(t)}{\mathrm{d}t^{m-1}} + \cdots + b_{m-1}\frac{\mathrm{d}x(t)}{\mathrm{d}t} + b_m x(t) \qquad (15.22\mathrm{a})$$

在任意的确定性激励情况下，系统的响应 $y(t)$ 与激励 $x(t)$ 之间存在着明确的对应关系，而在已知概率特性的随机激励作用下，系统响应的统计特性将有所不同。

这里设线性振动防护系统(15.22a)中的输入激励 $x(t)$ 是一个平稳随机过程 $X(t)$，数学期望值为 $m_x$，相关函数为 $K_x(\tau)$。显然，系统的响应 $y(t)$ 也将为一个随机过程 $Y(t)$，其概率特性待定。为了求解出系统响应的概率特性，首先可以将 $x(t)$ 视为一个确定性激励来求出对应的响应，然后再拓展到概率特性上[7]。

将微分方程(15.22a)表示为算子形式 $A_n(p)y(t) = B_m(p)x(t)$,其中 $p = \mathrm{d}/\mathrm{d}t$ 是微分算子,即

$$(a_0p^n + a_1p^{n-1} + \cdots + a_{n-1}p + a_n)y(t) = (b_0p^m + b_1p^{m-1} + \cdots + b_{m-1}p + b_m)x(t)$$

$$(15.22\mathrm{b})$$

由此可得系统的传递函数为

$$\frac{y}{x} = W(p) = \frac{B_m(p)}{A_n(p)} = \frac{b_0p^m + b_1p^{m-1} + \cdots + b_{m-1}p + b_m}{a_0p^n + a_1p^{n-1} + \cdots + a_{n-1}p + a_n} \quad (15.23)$$

线性微分方程(15.22a)的通解形式为 $y(t) = y_1(t) + y_2(t)$,其中的第一项 $y_1(t)$ 是齐次方程的解,代表了系统的自由振动响应部分,是由非零初始条件导致的,由于阻尼作用它将随时间衰减掉。第二项 $y_2(t)$ 代表的是由给定激励 $x(t)$ 导致的受迫振动。

这里应提及的是所谓的检测函数,它们是各种激励函数中的一些特定实例,例如其中包括了单位脉冲函数、单位阶跃函数以及简谐函数等。在单位脉冲函数激励下,线性系统的响应(初始条件为零)就是单位脉冲响应 $K(t)$,即

$$a_0 \frac{\mathrm{d}^n K(t)}{\mathrm{d}t^n} + a_1 \frac{\mathrm{d}^{n-1} K(t)}{\mathrm{d}t^{n-1}} + \cdots a_n K(t) = \delta(t) \quad (15.24)$$

在单位阶跃激励下,线性系统的响应(初始条件为零)就是单位阶跃响应 $h(t)$,即

$$a_0 \frac{\mathrm{d}^n h(t)}{\mathrm{d}t^n} + a_1 \frac{\mathrm{d}^{n-1} h(t)}{\mathrm{d}t^{n-1}} + \cdots a_n h(t) = 1(t) \quad (15.25)$$

这两种响应函数之间的关系是 $K(t) = h'(t)$。借助单位脉冲响应函数,我们可以以卷积分的形式给出系统响应 $y(t)$ 与外部激励 $x(t)$ 之间的关系,也即

$$y(t) = \int_0^t K(t - \tau)x(\tau)\mathrm{d}\tau \quad (15.26)$$

于是可以说,狄拉克函数激励下的响应 $K(t)$ 也就完整地刻画了线性系统的行为特性。

下面我们转到随机激励条件下系统响应的概率特性分析[13]。

首先应当注意到线性平稳系统所具有的一个基本特征,即如果一个线性时不变系统受到了一个平稳随机激励,那么它的频谱中将有部分频率处是放大的,而其他部分是衰减的。

响应的数学期望值 $m_y(t)$ 和输入激励的期望值 $m_x(t)$ 之间具有如下关系:

$$m_y(t) = \int_{t_0}^t K(t, \tau)m_x(\tau)\mathrm{d}\tau \quad (15.27)$$

如果激励 $x(t)$ 是频率为 $\omega$ 的简谐量,那么平稳系统的响应也将给出同频率的简谐振动,只是幅值和相位有所改变。实际上,如果线性系统受到了简谐激励

$x(t)=\mathrm{e}^{\mathrm{i}\omega t}$,那么系统(15.22a)的响应 $y(t)$ 应为

$$y(t) = F(\mathrm{i}\omega)\mathrm{e}^{\mathrm{i}\omega t} \tag{15.28}$$

式中:$F(\mathrm{i}\omega)$ 为未知的复数振幅。计算这个复数振幅的时候,需要将输入 $x(t)=$ $\mathrm{e}^{\mathrm{i}\omega t}$ 和输出 $y(t)=F(\mathrm{i}\omega)\mathrm{e}^{\mathrm{i}\omega t}$ 代入到原方程(15.22a),最终可得

$$\begin{cases} F(\mathrm{i}\omega) = \dfrac{B_m(\mathrm{i}\omega)}{A_n(\mathrm{i}\omega)} \\ A_n(\mathrm{i}\omega) = a_n(\mathrm{i}\omega)n + a_{n-1}(\mathrm{i}\omega)^{n-1} + \cdots + a_1(\mathrm{i}\omega) + a_0 \\ B_m(\mathrm{i}\omega) = b_m(\mathrm{i}\omega)m + b_{m-1}(\mathrm{i}\omega)^{m-1} + \cdots + b_1(\mathrm{i}\omega) + b_0 \end{cases} \tag{15.29}$$

函数 $F(\mathrm{i}\omega)$ 实际上就是这一线性系统的频率特性函数。在计算系统的传递函数 $W(p)$ 的时候,只需进行 $p=\mathrm{i}\omega$ 这一替换即可,即 $F(\mathrm{i}\omega)=W(\mathrm{i}\omega)$。可以看出,当常系数线性系统受到了简谐激励 $\mathrm{e}^{\mathrm{i}\omega t}$ 时,系统的响应就是一个简谐振动,它等于激励乘以系统的频率特性函数。

若输入的激励是 $x(t)=U\mathrm{e}^{\mathrm{i}\omega t}$,其中的 $U$ 与时间 $t$ 无关,那么系统的响应可以表示为 $y(t)=UW(\mathrm{i}\omega)\mathrm{e}^{\mathrm{i}\omega t}$,这一性质对于 $U$ 为随机值的情况也是适用的(只要 $U$ 不依赖于时间 $t$)。

下面我们根据线性系统的简谐振动分析将其变换到随机激励下的概率特性分析中。可以将平稳随机过程 $X(t)$ 的数学期望 $m_x$ 表示为零频率的简谐成分,由式(15.29)可以得到 $F(0)=\dfrac{B_m(0)}{A_n(0)}=\dfrac{b_0}{a_0}$。于是,系统响应的数学期望为

$$m_y = \frac{b_0}{a_0}m_x \tag{15.30}$$

这里我们不加证明地给出随机激励条件下,常系数线性动力学系统的若干重要性质[6]:

(1)外部激励的谱密度 $S_x(\omega)$ 与系统响应的谱密度 $S_y(\omega)$ 具有如下关系:

$$S_y(\omega) = |W(\mathrm{i}\omega)|^2 S_x(\omega) \tag{15.31}$$

其中:$|W(\mathrm{i}\omega)|^2$ 为系统频率特性函数的模的平方,即

$$|W(\mathrm{i}\omega)|^2 = \frac{|B_m(\mathrm{i}\omega)|^2}{|A_n(\mathrm{i}\omega)|^2} \tag{15.32}$$

(2)平稳随机激励的一阶和二阶导函数的谱密度为

$$\begin{cases} S_{\dot{x}}(\omega) = \omega^2 S_x(\omega) \\ S_{\ddot{x}}(\omega) = \omega^4 S_x(\omega) \end{cases} \tag{15.33}$$

而系统响应的一阶和二阶导函数的谱密度则为

$$S_{\dot{y}}(\omega) = |W(\mathrm{i}\omega)|^2\omega^2 S_x(\omega), S_{\ddot{y}}(\omega) = |W(\mathrm{i}\omega)|^2\omega^4 S_x(\omega) \tag{15.34}$$

系统响应的离差也可以以激励的谱密度来表示,即[12]

$$\begin{cases} D_y = \dfrac{1}{2\pi}\displaystyle\int_{-\infty}^{\infty} S_y \mathrm{d}\omega = \dfrac{1}{2\pi}\displaystyle\int_{-\infty}^{\infty} \mid W(\mathrm{i}\omega)\mid^2 S_x(\omega)\,\mathrm{d}\omega \\[3mm] D_{\dot y} = \dfrac{1}{2\pi}\displaystyle\int_{-\infty}^{\infty} \mid W(\mathrm{i}\omega)\mid^2 \omega^2 S_x(\omega)\,\mathrm{d}\omega \\[3mm] D_{\ddot y} = \dfrac{1}{2\pi}\displaystyle\int_{-\infty}^{\infty} \mid W(\mathrm{i}\omega)\mid^2 \omega^4 S_x(\omega)\,\mathrm{d}\omega \end{cases} \qquad (15.35)$$

式中，$\displaystyle\int_{-\infty}^{\infty} \mid W(\mathrm{i}\omega)\mid^2 S_x(\omega)\,\mathrm{d}\omega$ 是依赖于微分方程(15.22a)中的系数的，这个积分可以根据参考文献[6,12]中给出的积分表来计算，这里仅给出两个最简单的情形：

$$\begin{cases} \displaystyle\int_{-\infty}^{\infty} \dfrac{b_0\,\mathrm{d}\omega}{\mid a_0(\mathrm{i}\omega)+a_1\mid^2} = \dfrac{b_0}{2a_0 a_1}2\pi \\[4mm] \displaystyle\int_{-\infty}^{\infty} \dfrac{b_0\,(\mathrm{i}\omega)^2+b_1}{\mid a_0\,(\mathrm{i}\omega)^2+a_1\,(\mathrm{i}\omega)+a_2\mid^2}\,\mathrm{d}\omega = -\dfrac{b_0+a_0 b_1/a_2}{2a_0 a_1}2\pi \end{cases}$$

现在我们就可以求解上面给出的问题了，即已知一个线性系统的激励为平稳随机函数 $X(t)$，且其数学期望为 $m_x$，相关函数为 $K_x(\tau)$，由此来确定系统响应的随机特性。求解过程如下[15]（响应的随机特性均以随机激励的期望值 $m_x$ 和谱密度 $S_x(\omega)$ 的形式给出）：

(1)计算输出响应的数学期望，即式(15.30)，$m_y = \dfrac{b_0}{a_0}m_x$。

(2)根据式(15.20)计算激励的谱密度，$S_x(\omega) = \displaystyle\int_{-\infty}^{\infty} K_x(\tau)\mathrm{e}^{-\mathrm{i}\omega\tau}\mathrm{d}\tau$。

(3)根据式(15.32)计算系统频率特性的模的平方，即 $\mid W(\mathrm{i}\omega)\mid^2 = \dfrac{\mid B_m(\mathrm{i}\omega)\mid^2}{\mid A_n(\mathrm{i}\omega)\mid^2}$。

(4)根据式(15.31)，以激励的谱密度来计算响应的谱密度，即 $S_y(\omega) = \mid W(\mathrm{i}\omega)\mid^2 S_x(\omega)$。

(5)根据式(15.21a)，以激励的谱密度来计算响应的相关函数，即 $K_y(\tau) = \displaystyle\int_{-\infty}^{\infty} S_y(\omega)\mathrm{e}^{\mathrm{i}\omega\tau}\mathrm{d}\omega$。

如果我们假定随机激励是由两项组成的，即

$$X_1(t) = U_0 + X(t) \qquad (15.36)$$

式中：$U_0$，$X(t)$ 分别为离差为 $D_0$ 的随机值与平稳随机过程。那么，系统对于这一组合激励的响应将是两个激励单独作用所导致的响应之和。这里的激励 $U_0$ 可以视为零频率的简谐激励，根据式(15.30)可知对应的响应应为 $V_0 = \dfrac{b_0}{a_0}U_0$，因此，只需在由 $X(t)$ 所导致的系统响应表达式中将 $V_0$ 这一项加上即可得到总响应了。

## 15.3　受到随机激励力作用的线性振子

本节主要围绕单自由度线性振动防护系统,分析确定其响应的概率特性以及振动防护的有效性[1,9,16]。

### 15.3.1　脉冲冲击导致的瞬态振动

图 15.9(a)所示为一个动力学系统,该系统包含了一个在点 0 处铰连的绝对刚性物体,还有一个由弹簧 $k$ 和黏性阻尼 $\beta$ 组成的用于振动防护的线性装置[12]。该物体受到了一个突加的随机压力波作用,进而导致对点 0 产生了一个力矩冲量 $J_M$。这个随机脉冲 $J_M$ 的数学期望为 $m_J$,离差为 $D_J$。我们需要确定的是该系统响应的概率特性,并根据对动力学过程的要求来确定振动防护装置的相关参数。

在脉冲的激励作用下,物体的初始角速度 $\dot{\varphi}_0$ 可以根据方程 $J_M = J_0\dot{\varphi}_0$ 来确定,其中 $J_M$ 为力矩冲量,而 $J_0$ 为该物体关于其转轴的惯性矩。由于随机冲量 $J_M$ 的概率特性是给定的,即其期望为 $m_J$,离差为 $D_J$,因而初始角速度 $\dot{\varphi}_0$ 的期望值、离差以及均方差可以表示为

$$
\begin{cases}
m_{\dot{\varphi}_0} = \dfrac{m_J}{J_0} \\[2mm]
D_{\dot{\varphi}_0} = \dfrac{D_J}{J_0^2} \\[2mm]
\sigma_{\dot{\varphi}_0} = \sqrt{D_{\dot{\varphi}_0}} = \dfrac{\sqrt{D_J}}{J_0}
\end{cases}
\tag{15.37}
$$

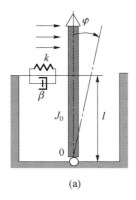

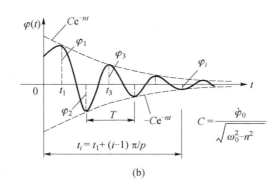

(a)                 (b)

图 15.9　(a)结构简图;(b)瞬态过程

下面我们考察振动防护装置的参数 $k$ 和 $\beta$ 对系统响应的概率特性的影响。这个刚性物体的转动运动可以通过如下微分方程来刻画,即

$$J_0 \ddot{\varphi}(t) = M_{\mathrm{pr}}^e \tag{15.38a}$$

外力的力矩为 $M_{\mathrm{pr}}^e = M_k + M_\beta$,其中弹簧和阻尼器中的力关于点 $O$ 的力矩分别为

$$\begin{cases} M_k = -k \cdot \varphi l \cdot l = -kl^2 \varphi \\ M_\beta = -\beta \cdot l\dot{\varphi} \cdot l = -\beta l^2 \dot{\varphi} \end{cases}$$

这里应注意的是,我们忽略了物体重力关于点 $O$ 所产生的力矩。进一步,可由微分方程(15.38a)导出线性振动方程 $J_0 \ddot{\varphi} + \beta l^2 \dot{\varphi} + kl^2 \varphi = 0$,这一方程可以化为

$$\begin{cases} \ddot{\varphi} + 2n\dot{\varphi} + \omega_0^2 \varphi = 0 \\ 2n = \dfrac{\beta l^2}{J_0} \\ \omega_0^2 = \dfrac{kl^2}{J_0} \end{cases} \tag{15.38b}$$

上面这个方程的通解可以写为

$$\varphi(t) = \mathrm{e}^{-nt}\left[\varphi_0\left(\cos pt + \frac{n}{p}\sin pt\right) + \frac{\dot{\varphi}_0}{p}\sin pt\right] \tag{15.39}$$

式中:$p = \sqrt{\omega_0^2 - n^2}$ 为物体自由振动频率,这里考虑了能量耗散效应。由于初始条件为 $\varphi(0) = 0$,$\dot{\varphi}(0) = \dot{\varphi}_0$,因此有

$$\varphi(t) = \frac{\dot{\varphi}_0}{p}\mathrm{e}^{-nt}\sin pt \tag{15.40}$$

图 15.9(b)给出了这一瞬态振动过程。

利用上面这个关系式,我们就可以确定出该物体转角 $\varphi(t)$ 的概率特性,其数学期望 $m_\varphi$、相关函数 $K_\varphi$ 以及标准差 $\sigma_\varphi$ 分别为

$$m_\varphi = \frac{m_{\dot{\varphi}_0}}{p}\mathrm{e}^{-nt}\sin pt \tag{15.41}$$

$$\begin{aligned} K_\varphi(t,t_1) &= M\left\{\left(\frac{\dot{\varphi}_0}{p}\mathrm{e}^{-nt}\sin pt\right)\left(\frac{\dot{\varphi}_0}{p}\mathrm{e}^{-nt_1}\sin pt_1\right)\right\} \\ &= \frac{\mathrm{e}^{-n(t+t_1)}}{p^2}\sin pt \sin pt_1 \cdot M\{(\dot{\varphi}_0)^2\} = D_{\dot{\varphi}_0}\frac{\mathrm{e}^{-n(t+t_1)}}{p^2}\sin pt \sin pt_1 \end{aligned} \tag{15.42}$$

$$\sigma_\varphi = \frac{\sigma_{\dot{\varphi}_0}}{p}\mathrm{e}^{-nt}\sin pt \tag{15.43}$$

以激励的概率特性来表示响应 $\varphi(t)$ 的概率特性则为

$$\begin{cases} m_\varphi = \dfrac{m_J}{J_0 p} \mathrm{e}^{-nt} \sin pt \\[2mm] K_\varphi(t, t_1) = D_J \dfrac{\mathrm{e}^{-n(t+t_1)}}{J_0^2 p^2} \sin pt \sin pt_1 \\[2mm] \sigma_\varphi = \dfrac{\sqrt{D_J}}{J_0 p} \mathrm{e}^{-nt} \sin pt \end{cases} \tag{15.44}$$

若假定对系统提出如下要求：

（1）最大转角不应超过许用值，即 $\varphi \leqslant [\varphi]$；

（2）在指定的时间 $t^*$ 内，物体的角振动幅值应减小 $\xi$ 倍。

那么，利用式（15.44）我们就可以确定出对应的振动防护装置的参数 $\beta$ 和 $k$。最大转角可以利用 $3\sigma$ 法则[3]来计算，即

$$\varphi_{\max} = m_\varphi + 3\sigma_\varphi = \frac{m_J + 3\sigma_J}{I_0 p} \mathrm{e}^{-nt} \sin pt \tag{15.45}$$

其中，第一个最大值 $(\varphi_{\max})_1$ 出现在 $t_1 = \pi/2p$ 处。

如果假定黏性系数 $\beta = 0$，那么就有 $n = 0$，$\mathrm{e}^{-nt} = 1$，$p = \omega_0$，于是可以得到

$$\varphi_{\max} = m_\varphi + 3\sigma_\varphi = \frac{m_J + 3\sigma_J}{I_0 \omega_0} \sin \omega_0 t \tag{15.46a}$$

进而条件 $\varphi \leqslant [\varphi]$ 就化为

$$(\varphi_{\max})_{t_1} = \frac{m_J + 3\sigma_J}{I_0 \omega_0} \leqslant [\varphi] \tag{15.46b}$$

考虑到 $\omega_0^2 = kl^2/J_0$，上式将在如下参数值处得以满足，即

$$k = \frac{(m_J + 3\sigma_J)^2}{I_0 [\varphi]^2 l^2} \tag{15.47}$$

显然这也就得到了弹性元件的刚度系数，其中考虑到了外部激励的概率特性、系统的许用转角要求以及系统的物理参数等因素。

图 15.9(b) 所示为任意初始条件下物体的运动图像，振动周期为 $T = 2\pi/p$，其中 $p = \sqrt{\omega_0^2 - n^2}$。第一个最大值发生在 $t_1 = \pi/2p$ 时刻，随后的最大值出现在 $T/2 = \pi/p$ 时刻，而第 $i$ 个最大值则发生在 $t_i = t_1 + (i-1)\pi/p\,(i = 1, 2, \cdots)$。

根据式（15.45）可知，$t_1$ 和 $t_i$ 时刻物体的角位移应分别为

$$\begin{cases} \varphi_{\max}(t_1) = \dfrac{m_J + 3\sigma_J}{I_0 p} \mathrm{e}^{-nt_1} \sin pt_1 \\[2mm] \varphi_{\max}(t_i) = \dfrac{m_J + 3\sigma_J}{I_0 p} \mathrm{e}^{-nt_i} \sin pt_i \end{cases}$$

这两个最大位移之比则为

$$\frac{\varphi_{max}(t_1)}{\varphi_{max}(t_i)} = \frac{\mathrm{e}^{-nt_1}\sin pt_1}{\mathrm{e}^{-nt_i}\sin pt_i} \tag{15.48a}$$

现在我们需要确定这个比值等于 $\xi$ 时所对应的总时间 $t_i$，即令

$$\frac{\mathrm{e}^{-nt_1}\sin pt_1}{\mathrm{e}^{-nt_i}\sin pt_i} = \xi \tag{15.48b}$$

由于 $t_1 = \dfrac{\pi}{2p}$，因此满足上式的时间 $t_i$ 应为

$$t_i = t_1 + (i-1)\frac{\pi}{p} = \frac{\pi}{2p} + (i-1)\frac{\pi}{p} = \frac{\pi}{2p}(2i-1), i = 1, 2, \cdots$$

若记 $n_1 = \dfrac{n}{\omega_0}$，那么可以得到相关的一些辅助参数如下：

$$nt_1 = \frac{\pi n_1}{2\sqrt{1-n_1^2}}, pt_1 = \frac{\pi}{2}, nt_i = \frac{(2i-1)\pi n_1}{2\sqrt{1-n_1^2}}, pt_i = \frac{(2i-1)\pi}{2}$$

于是条件式（15.48b）就可化为 $\exp\left\{\dfrac{(i-1)\pi n_1}{\sqrt{1-n_1^2}}\right\} = |\xi|$。对于所需的参数 $n_1$ 则有

$$n_1 = \frac{\ln|\xi|}{\sqrt{(i-1)^2\pi^2 + \ln^2|\xi|}} \tag{15.49}$$

在给定的振动抑制要求（参数 $\xi$）下，这一公式中包含了一个自由参数 $i=1$，$2, 3, \cdots$，它给出了满足条件（15.48b）所需的时间 $t_i$。它表明了，为使系统的振动衰减 $\xi$ 倍，可以通过引入带有可变阻尼因子 $\beta$ 的阻尼器来实现，这些阻尼因子应根据振动防护过程的时间要求来确定。表 15.1 中列出了参数 $n_1$ 的一些值，它们依赖于振动衰减的倍数 $\xi$ 和所需时间，是分别针对 $i=1, 2, 3, \cdots$ 等情形计算得到的，可参见图 15.9（b）。

表 15.1　一组 $\xi$ 和 $i$ 值对应的参数 $n_1 = \beta l^2/(2J_0\omega_0)$

| $i$ | $\xi=2$ | $\xi=3$ | $\xi=4$ | $\xi=5$ |
|---|---|---|---|---|
| 2 | 0.2154 | **0.3301** | 0.4037 | 0.4559 |
| 3 | 0.1096 | **0.1722** | 0.2154 | 0.2481 |
| 4 | 0.07334 | 0.1158 | 0.1455 | 0.1683 |

如果我们希望在 $t_2$ 时刻获得 3 倍的振动衰减（图 15.9（b）），那么就需要选择参数 $\beta = 0.3301\beta_0$（$\beta_0 = 2J_0\omega_0/l^2$）的阻尼器，而在 $t_3$ 时刻则将阻尼因子设定为 $\beta = 0.1722\beta_0$。初看上去，似乎所需的阻尼参数 $\beta$ 仅取决于系统自身的这些确定性参数，而与随机激励的概率特性无关，不过回想一下式（15.47）就可以发现，

这里的固有频率 $\omega_0 = l\sqrt{k/J_0}$ 实际上已经是一个随机值了。

## 15.3.2　随机力激励

这一节将针对单自由度线性振动防护系统,给出其响应与随机力激励之间的一些基本关系。

考虑一个线性振动防护系统,其状态可由如下方程描述,即

$$m\ddot{y} + b\dot{y} + ky = F(t), \quad \ddot{y} + 2n\dot{y} + \omega_0^2 y = \frac{F(t)}{m} \tag{15.50}$$

这里我们引入如下假设[1]:

(1)系统的参数假定为确定性的。

(2)初始状态假定为随机值,数学期望分别为 $m_{y_0}$ 和 $m_{\dot{y}_0}$,离差分别为 $D_{y_0}$ 和 $D_{\dot{y}_0}$。

(3)外部激励 $F(t)$ 假定为随机量,数学期望和相关函数分别为 $m_F(t)$ 和 $K_F(t, t_1)$。

(4)初始状态和外部激励是无关的,也即对应的互相关函数为 $K_{y_0\dot{y}_0} = K_{y_0F} = K_{\dot{y}_0F} = 0$。

在初始条件 $y_0$ 和 $\dot{y}_0$ 下,方程(15.50)的解可以表示为

$$\begin{cases}
y(t) = \mathrm{e}^{-nt}\left[y_0\left(\cos pt + \dfrac{n}{p}\sin pt\right) + \dfrac{\dot{y}_0}{p}\sin pt\right] + \dfrac{1}{pm}\displaystyle\int_0^t \mathrm{e}^{-n(t-\tau)}\sin p(t-\tau)F(\tau)\,\mathrm{d}\tau \\
2n = \dfrac{b}{m} \\
\omega_0^2 = \dfrac{k}{m} \\
p = \sqrt{\omega_0^2 - n^2}
\end{cases} \tag{15.51}$$

在前述假设基础上,系统响应的概率特性则为

$$\begin{cases}
m_y = \mathrm{e}^{-nt}\left[m_{y_0}\left(\cos pt + \dfrac{n}{p}\sin pt\right) + \dfrac{m_{\dot{y}_0}}{p}\sin pt\right] + \dfrac{1}{pm}\displaystyle\int_0^t \mathrm{e}^{-n(t-\tau)}\sin p(t-\tau)m_F(\tau)\,\mathrm{d}\tau \\
K_y(t, t_1) = \mathrm{e}^{-n(t-t_1)}\left[D_{y_0}\left(\cos pt + \dfrac{n}{p}\sin pt\right)\left(\cos pt_1 + \dfrac{n}{p}\sin pt_1\right) + \dfrac{D_{\dot{y}_0}}{p^2}\sin pt\sin pt_1\right] \\
\qquad + \dfrac{1}{p^2 m^2}\displaystyle\int_0^t\int_0^{t_1} \mathrm{e}^{-n(t-\tau)}\mathrm{e}^{-n(t_1-\tau_1)}\sin p(t-\tau)\sin p(t_1-\tau_1)K_F(\tau, \tau_1)\,\mathrm{d}\tau\mathrm{d}\tau_1 \\
D_y(t) = \mathrm{e}^{-2nt}\left[D_{y_0}\left(\cos pt + \dfrac{n}{p}\sin pt\right)^2 + \dfrac{D_{\dot{y}_0}}{p^2}\sin^2 pt\right] \\
\qquad + \dfrac{1}{p^2 m^2}\displaystyle\int_0^t\int_0^{t_1} \mathrm{e}^{-n(t-\tau)}\mathrm{e}^{-n(t_1-\tau_1)}\sin p(t-\tau)\sin p(t_1-\tau_1)K_F(\tau, \tau_1)\,\mathrm{d}\tau\mathrm{d}\tau_1
\end{cases} \tag{15.52}$$

当初始状态为 $y_0 = \dot{y}_0 = 0$ 时,上面这些概率特性将变为

$$\begin{cases} m_y = \dfrac{1}{pm}\displaystyle\int_0^t e^{-n(t-\tau)}\sin p(t-\tau)m_F(\tau)d\tau \\[3mm] K_y(t,t_1) = \dfrac{1}{p^2m^2}\displaystyle\int_0^t\!\!\int_0^{t_1} e^{-n(t-\tau)}e^{-n(t_1-\tau_1)}\sin p(t-\tau)\sin p(t_1-\tau_1)K_F(\tau,\tau_1)d\tau d\tau_1 \\[3mm] D_y(t) = \dfrac{1}{p^2m^2}\displaystyle\int_0^t\!\!\int_0^{t_1} e^{-n(t-\tau)}e^{-n(t_1-\tau_1)}\sin p(t-\tau)\sin p(t_1-\tau_1)K_F(\tau,\tau_1)d\tau d\tau_1 \end{cases}$$

$$(15.53)$$

通过这些式子我们就可以分析任意随机力激励作用下的瞬态振动了。例如,如果假定系统受到了一个随机常数力 $F(t) = aH(t)$ 的作用[12],且随机力 $a$ 的数学期望和离差分别为 $m_a$ 和 $D_a$,$H(t)$ 为单位阶跃函数,那么这种情况下系统响应的期望、相关函数、离差以及均方值为

$$\begin{cases} m_y = \dfrac{m_a}{m\omega_0^2}E(t) \\[3mm] K_y = \dfrac{D_a}{m^2\omega_0^2}E(t)E(t_1) \\[3mm] D_y = \dfrac{D_a}{m^2\omega_0^4}E^2(t) \\[3mm] \sigma_y = \dfrac{\sigma_a}{m\omega_0^2}E(t) \\[3mm] E(t) = 1 - e^{-nt}\left(\cos pt + \dfrac{n}{p}\sin pt\right) \end{cases}$$

$$(15.54)$$

位移最大值则为

$$y_{\max}(t) = m_y + 3\sigma_y = \frac{m_a + 3\sigma_a}{m\omega_0^2}\left[1 - e^{-nt}\left(\cos pt + \frac{n}{p}\sin pt\right)\right] \quad (15.55a)$$

若设 $n = 0$,那么第一个 $y_{\max}$ 将出现在 $t = \pi/\omega_0$ 时刻且其值为

$$y_{\max} = 2(m_a + 3\sigma_a)/(m\omega_0^2) \quad (15.55b)$$

当已知了质量 $m$ 的位移许可值 $[y]$,那么振动防护系统的总体尺寸也将得以确定[17,18],事实上,由 $[y]$ 可以得到所需的系统刚度为

$$k \geqslant 2\frac{m_a + 3\sigma_a}{[y]} \quad (15.56)$$

传递到基础上的力应为 $N(t) = ky + b\dot{y}$,它的数学期望为

$$m_N = m_a\left[1 - e^{-nt}\left(\cos pt + \frac{n}{p}\sin pt\right) + \frac{cp}{k}e^{-nt}\left(\frac{n^2}{p^2} + 1\right)\sin pt\right] \quad (15.57a)$$

若设 $n = 0$,那么力 $N$ 的期望值就是 $m_N = m_a(1 - \cos\omega_0 t)$。传递到基础上的力

的上限则为

$$N_{\max} = 2m_a + 3\sigma_a \tag{15.57b}$$

在振动过载问题中,通常还需要确定防护对象加速度的上限值[17],在随机情况下这一问题也可以做类似的求解。

下面给出系统(15.50)在受随机力 $F(t)$ 作用情况下的一些基本关系式。输入($x(t) = F(t)$)与输出(质量 $m$ 的位移 $y(t)$)之间的传递函数为[1]

$$\begin{cases} W(i\omega) = \dfrac{1}{m\omega_0^2} \cdot \dfrac{1}{1 - (\omega/\omega_0)^2 + i2\xi(\omega/\omega_0)} \\[2mm] \omega_0 = \sqrt{\dfrac{k}{m}} \\[2mm] \xi = \dfrac{c}{c_{cr}} \\[2mm] c_{cr} = 2\sqrt{km} = 2m\omega_0 \end{cases} \tag{15.58a}$$

其单位制是[长度/力 = L/F]。

传递函数模的平方则为

$$|W(i\omega)|^2 = \frac{1}{m^2\omega_0^4} \cdot \frac{1}{[1 - (\omega/\omega_0)^2]^2 + [2\xi(\omega/\omega_0)]^2} \tag{15.58b}$$

如果随机力的谱密度为 $S_x(\omega)$,那么响应的谱密度为

$$\begin{aligned} S_y(\omega) &= |W(i\omega)|^2 S_x(\omega) \\ &= \frac{1}{m^2\omega_0^4} \cdot \frac{1}{[1 - (\omega/\omega_0)^2]^2 + [2\xi(\omega/\omega_0)]^2} S_x(\omega) \end{aligned} \tag{15.59}$$

$S_x(\omega)$ 和 $S_y(\omega)$ 的单位制分别为 $[F^2 T]$ 和 $[L^2 T]$。

可以看出,上面这两个谱密度通过式(15.59)联系了起来[1],也即,平稳随机过程的输出谱密度将等于系统传递函数 $W(\omega)$ 的平方与输入谱密度的乘积[8]。

系统响应(物体的位移)的均方值为

$$\overline{y^2} = \int_0^\infty S_y(\omega)\,\mathrm{d}\omega \tag{15.60}$$

其中,积分下限已经改为零,这是为了去除负频率积分段(无物理意义)。将式(15.59)代入到式(15.60)可以得到[1]

$$\overline{y^2} = \int_0^\infty |W(\omega)|^2 S_x(\omega)\,\mathrm{d}\omega \tag{15.61}$$

这一关系式建立了物体均方位移、传递函数的模以及激励力的谱密度之间的内在联系。对于式(15.50)所给出的系统来说,我们有

$$\overline{y^2} = \int_0^\infty |W(\omega)|^2 S_x(\omega)\,\mathrm{d}\omega = \frac{1}{m^2\omega_0^4}\int_0^\infty \frac{S_x(\omega)\,\mathrm{d}\omega}{[1 - (\omega/\omega_0)^2]^2 + [2\xi(\omega/\omega_0)]^2}$$

$$\tag{15.62a}$$

这个积分应当根据实际激励的谱函数 $S_x(\omega)$ 进行计算,一般来说这个式子的解析计算是较为困难的。如果假定激励的谱密度是 $S_x(\omega) = \text{const}$ 这种简单情形(白噪声[11]),那么上式的计算就比较简单了,此时的 $S_x(\omega)$ 可以从积分号中提出,因而物体位移响应的均方值就变为[1]

$$\overline{y^2} = \frac{1}{m^2\omega_0^4}S_x(\omega)\int_0^\infty \frac{d\omega}{[1-(\omega/\omega_0)^2]^2 + [2\xi(\omega/\omega_0)]^2} = \frac{S_x(\omega)}{m^2\omega_0^4}\cdot\frac{\pi}{4\xi}\omega_0$$

$$(15.62b)$$

下面我们考虑系统响应为物体加速度的情况。加速度的谱密度可以通过位移谱 $S_y(\omega)$ 表示为[12]

$$S_{\ddot{y}}(\omega) = \omega^4 S_y(\omega) \tag{15.63a}$$

$$S_{\ddot{y}}(\omega) = \frac{1}{m^2}\left(\frac{\omega}{\omega_0}\right)^4 \frac{S_x(\omega)}{[1-(\omega/\omega_0)^2]^2 + [2\xi(\omega/\omega_0)]^2} \tag{15.63b}$$

加速度的均方值则为

$$\overline{\ddot{y}^2} = \int_0^\infty S_{\ddot{y}}(\omega)d\omega = \frac{1}{m^2}\left(\frac{\omega}{\omega_0}\right)^4 \int_0^\infty \frac{S_x(\omega)d\omega}{[1-(\omega/\omega_0)^2]^2 + [2\xi(\omega/\omega_0)]^2} \tag{15.64a}$$

对于常数型的输入谱密度,我们有

$$\overline{\ddot{y}^2} = \frac{1}{m^2}\left(\frac{\omega}{\omega_0}\right)^4 S_x(\omega)\int_0^\infty \frac{d\omega}{[1-(\omega/\omega_0)^2]^2 + [2\xi(\omega/\omega_0)]^2}$$

$$= \frac{1}{m^2}\left(\frac{\omega}{\omega_0}\right)^4 S_x(\omega)\cdot\frac{\pi}{4\xi}\omega_0 \tag{15.64b}$$

系统响应的离差也可以根据输入谱密度 $S_x(\omega)$ 来确定,计算方法与前面的式(15.35)类似。

## 15.4 受到随机运动激励的线性振子

考虑一个受到随机运动激励作用的线性振动防护系统,该系统由 $m-k$ 元件组成,且带有内摩擦 $\gamma_m$。这里所讨论的随机运动激励包括了简谐的和多谐的,以及一组阻尼型简谐函数形式的基础激励。我们将考察系统响应的概率特性,并分析振动防护的有效性[1,8,16]。

### 15.4.1 简谐和多谐激励

设有一个带有内摩擦的单自由度动力学系统,该系统受到了一个运动激励 $x(t)$,如图 15.10 所示。若记物体的绝对位移为 $y(t)$,结构阻尼因子为 $\gamma_m$,那么物体 $m$ 的振动方程可以表示为

$$m\ddot{y} + k(1+i\gamma_m)y = k(1+i\gamma_m)x, i = \sqrt{-1} \tag{15.65a}$$

式中 $k(1 + i\gamma_m)$ 一般称为该振动防护系统的复刚度。如果基础激励为 $x(t) = B\cos\omega t$，那么方程就是 $m\ddot{y} + k(1 + i\gamma_m)y = k(1 + i\gamma_m)B\cos\omega t$，其复数形式为

$$m\ddot{y} + k(1 + i\gamma_m)y = k(1 + i\gamma_m)Be^{ipt} \qquad (15.65b)$$

于是，该系统的传递函数及其模为[16]

$$W(p) = \frac{k(1 + i\gamma_m)}{k - mp^2 + ik\gamma_m} = \frac{(1 + i\gamma_m)}{1 - \dfrac{mp^2}{k} + i\gamma_m} = \frac{1 + i\gamma_m}{1 - \dfrac{p^2}{\omega_0^2} + i\gamma_m} = \frac{1 + i\gamma_m}{1 - \gamma^2 + i\gamma_m}$$

$$(15.66a)$$

$$\begin{cases} |W(p)| = \sqrt{\dfrac{1 + \gamma_m^2}{(1 - \gamma^2)^2 + \gamma_m^2}} \\[2mm] \gamma = \dfrac{\omega}{\omega_0} \\[2mm] \omega_0 = \sqrt{\dfrac{k}{m}} \end{cases} \qquad (15.66b)$$

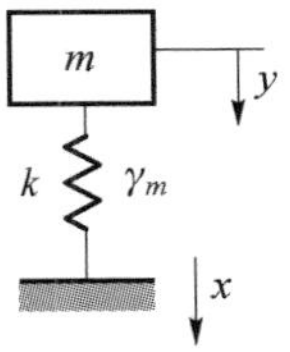

图 15.10　带内摩擦的单自由度系统受到运动激励的作用

若假定激励的谱密度 $S_x(\omega)$ 已知，那么根据关系式(15.34)就可以计算出系统响应的谱密度 $S_y(\omega)$，即

$$S_y(\omega) = |W(i\omega)|^2 S_x(\omega) \qquad (15.67)$$

也就是说，响应的谱密度将等于系统传递函数模的平方与激励谱密度的乘积。

如果所选择的输入和输出量分别是基础和物体的加速度，那么加速度响应的谱密度与激励加速度的谱密度之间将具有如下关系：

$$S_{\ddot{y}}(\omega) = |W(i\omega)|^2 S_{\ddot{x}}(\omega) \qquad (15.68)$$

激励加速度的均方值 $\overline{\ddot{x}}^2(\omega)$ 与谱密度 $S_{\ddot{x}}(\omega)$ 的关系为

$$\overline{\ddot{x}}^2(\omega) = \int_0^\infty S_{\ddot{x}}(\omega)\,\mathrm{d}\omega \qquad (15.69)$$

类似地，响应的均方加速度与谱密度之间的关系为

$$\overline{\ddot{y}}^2(\omega) = \int_0^\infty S_{\ddot{y}}(\omega)\,\mathrm{d}\omega \qquad (15.70)$$

若将式(15.68)代入到式(15.70)中，就可以得到响应的均方加速度与激励加速度的谱密度之间的关系，即[16]

$$\bar{y}^2(\omega) = \int_0^\infty |W(i\omega)|^2 S_{\ddot{x}}(\omega)d\omega \qquad (15.71)$$

利用上面这个关系式，我们就能够针对任意的激励谱密度计算出均方加速度响应值。计算中的主要困难在于上式中的积分运算。如果假设在激励频带$(\omega_1 - \omega_2)$内激励谱密度是常数，即$S_{\ddot{x}}(\omega) = S_{\ddot{x}} = \text{const}^{[14]}$，那么这种情况下，由式(15.71)和式(15.66a)所示的传递函数就可以导得

$$\begin{cases} \bar{y}^2(\omega) = S_{\ddot{x}}\int_0^\infty |W(i\omega)|^2 d\omega = S_{\ddot{x}}\int_0^\infty \dfrac{1 + \gamma_m^2}{(1 - \gamma^2)^2 + \gamma_m^2}d\omega \\[3mm] \gamma = \dfrac{\omega}{\omega_0} \end{cases} \qquad (15.72)$$

式中的积分可以借助一些解析计算软件包来完成，如 Maple 软件。计算结果为

$$\int_0^\infty \frac{1}{(1 - \gamma^2)^2 + \gamma_m^2}d\omega = -\frac{i\pi\omega_0}{2(\sqrt{1 - i\gamma_m} + \sqrt{1 + i\gamma_m})\sqrt{1 + \gamma_m^2}}, i = \sqrt{-1}$$

$$(15.73a)$$

于是，式(15.72)就变为

$$\bar{y}^2(\omega) = -S_{\ddot{x}}\frac{i\pi\omega_0\sqrt{1 + \gamma_m^2}}{2(\sqrt{1 - i\gamma_m} + \sqrt{1 + i\gamma_m})} \qquad (15.73b)$$

若不考虑内阻尼，即令$\gamma_m = 0$，那么式(15.73b)可化为

$$\begin{cases} \bar{y}^2(\omega) = -\dfrac{i\pi\omega_0}{4}S_{\ddot{x}} \\[3mm] |\bar{y}^2(\omega)| = \dfrac{\pi\omega_0}{4}S_{\ddot{x}} \end{cases} \qquad (15.74a)$$

$\langle \ddot{y}\rangle$的单位制是$[L/T^2]$，加速度谱密度的单位制为$[S_{\ddot{x}}] = \dfrac{[\bar{y}^2(\omega)]}{[\omega_0]} = \dfrac{L^2/T^4}{1/T} = \dfrac{L^2}{T^3}$。若引入共振频率$f[\text{Hz}]$，$2\pi f = \omega_0$，那么加速度谱密度的单位制就可以变为$[g^2/\text{Hz}]$，这表明了$S_{\ddot{x}}$的单位可以以重力加速度单位来表出。引入重力加速度$g$之后，还可以得到$S_{\ddot{x}} = S_{x(g)}\dfrac{g^2}{2\pi}$，$g = 9.81\text{m}/\text{s}^{2[16]}$。此时式(15.74a)就变为

$$\bar{y}^2(\omega) = \frac{\pi\omega_0}{4}S_{\ddot{x}} = \frac{\pi \cdot 2\pi f}{4} \cdot S_{x(g)}\frac{g^2}{2\pi} = \frac{\pi f g^2}{4} \cdot S_{x(g)} = 75.6 f S_{x(g)}$$

$$(15.74b)$$

也即，均方加速度响应取决于共振频率$f(\text{Hz})$和激励的加速度谱密度$S_{x(g)}$。

激励频率$f_e$处的均方位移响应为

$$\overline{y}^2 = \frac{\overline{\ddot{y}}^2(\omega)}{(2\pi f_e)^4} = \frac{75.6}{(2\pi f_e)^4} f S_{x(g)} \qquad (15.75)$$

由于已经假定在频率范围($\omega_1 - \omega_2$)内激励的谱密度为 $S_{\ddot{x}}(\omega) = S_{\ddot{x}} = $ const,因此输入激励的均方加速度就可以表示为[16]

$$\overline{\ddot{x}}^2(\omega) = S_{\ddot{x}}(\omega_2 - \omega_1) = S_{x(g)} \frac{g^2}{2\pi}(\omega_2 - \omega_1) = 96(f_2 - f_1)S_{x(g)}$$

$$(15.76a)$$

于是激励频率 $f_e$ 处所对应的均方位移输入为

$$\overline{x}^2 = \frac{\overline{\ddot{x}}^2(\omega)}{(2\pi f_e)^4} = \frac{96(f_2 - f_1)}{(2\pi f_e)^4} S_{x(g)} \qquad (15.76b)$$

振动防护的有效性可以根据响应的均方加速度与激励的均方加速度的比值来评价,即

$$\eta = \sqrt{\frac{\overline{\ddot{y}}^2}{\overline{\ddot{x}}^2}} = \sqrt{\frac{75.6 f S_{x(g)}}{96(f_2 - f_1)S_{x(g)}}} = 0.866 \sqrt{\frac{f}{f_2 - f_1}} \qquad (15.77)$$

当然,根据物体的平均位移与基础的平均位移的比值来评价也是可行的,即 $\eta_1 = \sqrt{\overline{y}^2/\overline{x}^2}$,二者的结果是相同的($\eta = \eta_1$)。

可以看出,如果激励谱密度在某个频率范围内是常数,那么振动防护的有效性将取决于该频率范围的上限和下限值以及共振频率值。增大共振频率或减小所述的频率范围均可以使得上述振动防护有效系数变大。

实例15.5　设有一个由 $m-k$ 元件组成的动力学系统,该系统受到了一个随机运动激励(简谐型),其谱密度为 $S_{x(g)} = 0.1g^2/Hz$,对应的频率范围为 $f_1 = 10Hz$,$f_2 = 1000Hz$,该频率范围的加权平均值(最显著的频率成分)[16]为 $f_e = 50Hz$,且系统的共振频率为 $f = 30Hz$。试确定该振动防护的有效性。

求解:基础的均方加速度和均方位移可以分别表示为

$$\begin{cases} \overline{\ddot{x}}^2(\omega) = 96(f_2 - f_1)S_{x(g)} = 96 \times (1000 - 10) \times 0.1 = 9504 m^2/cek^4 \\ \overline{\ddot{x}} = 97.49 m/cek^2 = 9.937g \\ \overline{x}^2 = \frac{96 \cdot (1000 - 10)}{(2\pi \cdot 50)^4} \times 0.1 = 9.7567 \times 10^{-7} m^2 \\ \overline{x} = 9.8779 \times 10^{-4} m = 0.9878 mm \end{cases}$$

响应的均方加速度和均方位移则为

$$\begin{cases} \overline{\ddot{y}}^2 = 75.6 f S_{x(g)} = 75.6 \times 30 \times 0.1 = 226.8 m^2/sek^4 \rightarrow \overline{\ddot{y}} = 15.05 m/sek^2 = 1.535g \\ \overline{y}^2 = \frac{75.6}{(2\pi f_e)^4} f S_{x(g)} = \frac{75.6}{(2\pi \cdot 50)^4} \times 30 \times 0.1 = 2.3283 \times 10^{-8} m^2 \\ \overline{y} = 1.5259 \times 10^{-4} m = 0.1526 mm \end{cases}$$

如果考虑内摩擦[16]，那么$\overline{y}^2$的表达式就应当改写为$\overline{y}^2 = 75.6 f S_{x(g)} \sqrt[4]{1+\gamma_m^2}$这一形式，对于实际材料，其中的因子$\sqrt[4]{1+\gamma_m^2} \approx 1$[19]。

于是，振动防护的有效系数为

$$\eta = \sqrt{\frac{\overline{\overline{y}}^2}{\overline{\overline{x}}^2}} = \sqrt{\frac{\overline{y}^2}{\overline{x}^2}} = \frac{1.535}{9.937} = \frac{0.1526}{0.9878} = 0.1544$$

应当注意的是，输入和输出的均方位移$\overline{x}^2$和$\overline{y}^2$都是依赖于前面给出的主要频率$f_e$的，但是振动防护有效系数$\eta$是与之无关的。对于均方加速度也有同样的结论。此外，振动防护有效系数对于阻尼系数也是不大敏感的。

如果基础位移的最大幅值不超过均方位移$\overline{x}^2$的3倍，即基础的最大位移为$x_{\max} = 3 \cdot 0.9878\text{mm} = 2.963\text{mm}$，那么物体$m$从静平衡位置离开的最大位移就应当为$y_{\max} = 3 \cdot 0.1526\text{mm} = 0.4578\text{mm}$，而最大可能的绝对位移就是$2.963 + 0.4578 = 3.4208\text{mm}$。应注意的是，这个绝对位移中之所以采用了算数求和，是因为运动激励的幅值与物体位移的幅值可能具有$180°$的相位差[16]。

对于多谐形式的基础激励，可以表示为[1,16]

$$x(t) = \sum_n A_n \omega_n^2 \sin(\omega_n t + \varphi_n) \tag{15.78}$$

每个谐波成分的均方值是其幅值的$1/\sqrt{2}$倍，因此多谐振动的均方值则为

$$\overline{x}^2 = \sqrt{\sum_n A_n^2 \omega_n^4 / 2} \tag{15.79}$$

这意味着为了确定多谐激励下系统响应的均方值，必须单独计算出每个谐波激励成分下的响应，然后再对它们的均方值求和开方。在窄带随机激励下，系统的响应也遵循简谐振动的规律，即在给定均方值的窄带随机激励作用下，单自由度系统的响应均方值与相同均方值的简谐激励下所得到的结果是一致的[1]。进一步，对于若干个窄带随机激励情况，系统的响应也就与若干个简谐激励下的响应具有相同的规律[16]。

## 15.4.2　由一组阻尼谐波成分构成的冲击激励

图15.10所示为一个由$m-k$元件组成的线性动力学系统，且带有内部阻尼$\gamma_m$，现受到了基础的加速度冲击激励。基础冲击中包含了一系列阻尼正弦成分，形式上可以描述为一系列独立的阻尼正弦函数，即[16]

$$\ddot{x}(t) = A e^{-\alpha t} \sin \omega_1 t \tag{15.80}$$

对于此类基础冲击来说，激励的频率范围$(\omega_1^{\min} - \omega_1^{\max})$应当是已知的，而对激励频带个数没有限制。现在所关心的问题是，针对不同的频率范围如何确定出振动防护系数，其定义式仍为$\eta = \sqrt{\overline{y}^2 / \overline{x}^2}$，其中$\overline{x}^2$和$\overline{y}^2$分别为激励和响应的均方加速度。

考虑由线性微分方程(15.65a)描述的动力学系统,其中物体 $m$ 的绝对位移响应为 $y$,输入量 $x$ 由式(15.80)给出。对于这个方程来说,可以根据式(15.66b)得到传递函数的模为

$$|W(i\omega)| = \sqrt{\frac{1 + \gamma_m^2}{(1 - \omega_1^2/\omega^2)^2 + \gamma_m^2}} \tag{15.81}$$

式中:$\omega = \sqrt{k/m}$ 为该 $m-k$ 系统的固有频率;$\omega_1$ 为运动激励的频率,在激励为一组阻尼谐波函数的情况中(式(15.80))它代表了一组频率。这里可以记 $\gamma = \dfrac{\omega_1}{\omega}$ 为无量纲形式的系统参数。

激励(15.80)的谱函数已经在第14.1.3节的实例14.4中推导过了,即

$$F(\omega) = \frac{A\omega_1}{2\pi} \frac{1}{\alpha^2 + \omega_1^2 - \omega^2 + i2\alpha\omega} = \frac{A\omega_1}{2\pi} \frac{1}{\omega_0^2 - \omega^2 + i2\alpha\omega} \tag{15.82}$$

其中,$\omega_0^2 = \alpha^2 + \omega_1^2$。由于 $\alpha \ll \omega_1$,于是 $\omega_0^2 \approx \omega_1^2$。单一激励情况下,频率 $\omega_0$ 将等于激励频率 $\omega_1$,而在一组激励情况下(频带为 $[\omega_{min}, \omega_{max}]$),频率 $\omega_0$ 则为该范围内振动频率的平均值。

根据式(15.69),可以将均方加速度 $\bar{\ddot{x}}^2$ 以其谱密度 $S_{\ddot{x}} = F(\omega)$ 的形式表示出来,即

$$\bar{\ddot{x}}^2 = \int_0^\infty F(\omega)\mathrm{d}\omega \tag{15.83}$$

如果激励频率 $\omega$ 位于区间 $[\omega_{low}, \omega_{high}]$ 内,考虑到式(15.82),式(15.83)就可化为

$$\bar{\ddot{x}}^2 = \frac{A\omega_1}{2\pi} \int_{\omega_{low}}^{\omega_{high}} \frac{1}{\omega_0^2 - \omega^2 + i2\alpha\omega} \mathrm{d}\omega \tag{15.84a}$$

这一表达式给出了激励 $\omega_1$ 的频率范围 $[\omega_{low}, \omega_{high}]$ 内的输入加速度均方值,其中假定了该频带内谱密度 $S_{\ddot{x}} = F(\omega)$ 为常数,因而可以将 $\omega_1$ 从积分号中提出。

如果式(15.82)中的 $\alpha = 0$,那么由式(15.84a)就可得到

$$\bar{\ddot{x}}^2 \approx \frac{A\omega_1}{2\pi} \int_{\omega_{low}}^{\omega_{high}} \frac{1}{\omega_0^2 - \omega^2} \mathrm{d}\omega \tag{15.84b}$$

现在不妨假设存在两个激励频率区间,分别为 $[1400, 2000]$ Hz 或 $[8800, 12550]\,\mathrm{s}^{-1}$ 以及 $[100, 650]$ Hz 或 $[628, 4080]\,\mathrm{s}^{-1}$,那么这两个区间的平均频率就分别为 $\omega_0 = 10650\,\mathrm{s}^{-1}$,$\omega_0 = 2350\,\mathrm{s}^{-1}$[16]。

对第一个频率区间,根据式(15.84b)我们有

$$\bar{\ddot{x}}^2 \approx \frac{A\omega_1}{2\pi} \int_{\omega_{low}}^{\omega_{high}} \frac{1}{\omega_0^2 - \omega^2} \mathrm{d}\omega = \frac{A\omega_1}{2\pi} \cdot \frac{1}{2\omega_0} \ln \frac{\omega_0 + \omega}{\omega_0 - \omega} \Big|_{8800}^{12550}$$

$$= \frac{A\omega_1}{2\pi} \cdot \frac{1}{2 \cdot 10650} \left\{ \ln \left| \frac{10650 + 12550}{10650 - 12550} \right| - \ln \frac{10650 + 8800}{10650 - 8800} \right\}$$

$$= 0.7 \cdot 10^{-5} \frac{A\omega_1}{2\pi} \qquad (15.84c)$$

对于第二个频率区间则有

$$\bar{x}^2 \approx \frac{A\omega_1}{2\pi} \cdot \frac{1}{2\omega_0} \ln \frac{\omega_0 + \omega}{\omega_0 - \omega} \bigg|_{628}^{4080} = 0.163 \cdot 10^{-3} \frac{A\omega_1}{2\pi} \qquad (15.85)$$

下面需要计算出响应的均方值,根据式(15.71)有

$$\bar{y}^2 = \int_{\omega_{\text{low}}}^{\omega_{\text{high}}} |W(\omega)|^2 F(\omega) d\omega \qquad (15.86)$$

式中: $|W(\omega)|$ 为系统传递函数的模。对于这里的系统,我们有

$$\bar{y}^2 = \int_{\omega_{\text{low}}}^{\omega_{\text{high}}} \frac{1 + \gamma_m^2}{(1 - \omega_1^2/\omega^2)^2 + \gamma_m^2} \cdot \frac{A\omega_1}{2\pi} \frac{1}{\sqrt{(\omega_0^2 - \omega^2)^2 + 4\alpha^2\omega^2}} d\omega$$

$$(15.87a)$$

在传递函数的表达式中(即上面积分号下的第一个因子项), $\omega_1$ 为激励频率, $\omega$ 为固有振动频率,而在谱密度模的表达式中(即积分号下的第二个因子项), $\omega$ 为激励频率。因此,我们需要借助一个新的积分变量 $p$ ,从而将第一个里面的 $\omega_1$ 和第二个里面的 $\omega$ 替换掉,而固有频率则以 $\omega_0$ 表示。此外,这里我们还设定 $\alpha = 0$ 。由此可以得到

$$\bar{y}^2 = \int_{p_{\text{low}}}^{p_{\text{high}}} \frac{1 + \gamma_m^2}{(1 - p^2/\omega_0^2)^2 + \gamma_m^2} \cdot \frac{A\omega_1}{2\pi} \frac{1}{\omega_0^2 - p^2} dp$$

$$= \frac{A\omega_1}{2\pi} (1 + \gamma_m^2) \int_{p_{\text{low}}}^{p_{\text{high}}} \frac{1}{(1 - p^2/\omega_0^2)^2 + \gamma_m^2} \frac{dp}{\omega_0^2 - p^2} \qquad (15.87b)$$

这个积分的解析求解是比较繁琐的[16],因而此处可以借助数值方法进行计算。若令系统的固有频率为 $\omega_0 = \sqrt{k/m} = 280\text{s}^{-1}$ ,结构阻尼系数为 $\gamma_m = 0.2$ ,那么对于第一个频率范围,该积分为

$$\int_{8800}^{12550} \frac{1}{(1 - p^2/280^2)^2 + 0.2^2} \cdot \frac{1}{10650^2 - p^2} dp = 0.869 \times 10^{-7}$$

$$(15.88a)$$

进而由式(15.87a)即可得到响应的均方值

$$\bar{y}_1^2 = \frac{A\omega_1}{2\pi} (1 + \gamma_m^2) \times 0.869 \times 10^{-7} \qquad (15.88b)$$

于是,振动防护系数为

$$\eta = \sqrt{\frac{\overline{\overline{y}}_1^2}{\overline{\overline{x}}_1^2}} = \sqrt{\frac{(1 + \gamma_m^2) \times 0.869 \times 10^{-7}}{0.7 \times 10^{-5}}} = 0.11 \qquad (15.89)$$

这就意味着在第一个激励频带内,只有 0.11 倍的输入能量会传递到物体上,换言之,物体的振动过载量为 $0.11g$。

类似地,对于第二个激励频率范围,前面的积分以及对应的响应均方值也可仿此进行计算,即

$$\int_{628}^{4080} \frac{1}{(1 - p^2 / 280^2)^2 + 0.2^2} \cdot \frac{1}{2350^2 - p^2} \mathrm{d}p = 0.188 \times 10^{-3} \qquad (15.90\mathrm{a})$$

$$\overline{y}_2^2 = \frac{A\omega_1}{2\pi}(1 + \gamma_m^2) \times 0.188 \times 10^{-3} \qquad (15.90\mathrm{b})$$

进而可得振动防护系数为

$$\eta = \sqrt{\frac{\overline{\overline{y}}_2^2}{\overline{\overline{x}}_2^2}} = \sqrt{\frac{(1 + \gamma^2) \times 0.188 \times 10^{-3}}{0.163 \times 10^{-3}}} = 1.09 \qquad (15.91)$$

这一结果表明,在第二个激励频率范围内该振动防护装置不能吸收能量,运动激励的能量将完全传递到物体上。

最后应提及的是,人们已经考察了大量有趣而重要的随机振动防护问题,这方面的内容可以参阅 Larin[2] 的书籍。此外,在文献[1]中还阐述了一些受到随机激励作用的复杂力学系统的振动问题,涉及船舶、火箭以及导弹等应用场合,感兴趣的读者也可以去参考。

## 供思考的一些问题

15.1 试述随机函数、平稳随机过程和各态历经过程的涵义。

15.2 试述时间平均和样本平均概念。

15.3 试述数学期望、离差、谱密度和相关函数的概念及其单位。

15.4 针对具有确定性常参数的线性微分方程,说明随机输入函数的变换。

15.5 试述响应的数学期望 $m_y(t)$ 与输入激励的数学期望 $m_x(t)$ 之间的关系。

15.6 试述任意函数的谱密度 $S_x(\omega)$ 与该函数导数的谱密度之间的关系。

15.7 试述输入谱函数与输出谱密度及其导出量的关系。

15.8 试述输入谱函数与输出离差及其导出量的关系。

15.9 试述任意函数的相关函数 $K_x(\omega)$ 与该函数的谱密度 $S_x(\omega)$ 之间的关系。

15.10 试说明式(15.71)中积分计算的困难之处,以及如何克服该困难;说明白噪声的含义,并解释加权平均频率这一概念。

15.11 试述均方位移(加速度)概念,并说明响应的均方值与响应的谱密度之间的关系,以及任意函数的均方值与该函数的离差之间的关系。

15.12 设有一个随机过程为 $Z(t) = X(t) + Y$,其中 $X(t)$ 为平稳各态历经过程,$Y$ 为随机值,二者之间的相关函数 $K_{XY} = 0$。试问(a)该随机过程是平稳的吗?(b)该随机过程是各态历经的吗?

15.13 设有一个带有稳态成分的正弦波 $x(t) = A_0 + A_1 \sin\omega t$,试确定数学期望 $m_x$。

15.14* 试证明当 $\xi \ll 1$ 时,$\int_0^\infty \dfrac{\mathrm{d}\omega}{[1 - (\omega/\omega_0)^2]^2 + [2\xi(\omega/\omega_0)]^2} = \dfrac{\pi}{4\xi}\omega_0$。

15.15* 设有一个集中质量 $m$ 安装在一根长为 $2l$ 的简支梁(无质量)的中点,且质量上连接了一个阻尼系数为 $\alpha$ 的黏性阻尼器。假定该质量受到了随机激励力 $f(t)$ 的作用,且其谱密度为 $S_f = \dfrac{\beta_1}{2\pi(\beta_2^2 + \omega^2)}$。梁的横截面为 $b \times h$,弯曲刚度为 $EI$。试确定该质量的均方加速度。

提示:$m\ddot{y} + \alpha\dot{y} + ky = f(t)$。

参考答案:$\sigma\ddot{y}^2 = \dfrac{\beta_1(\alpha\beta_2/m + \omega_0^2)}{2m\alpha(\alpha\beta_2/m + \omega_0^2 + \beta_2^2)}$,$\omega_0^2 = \dfrac{k}{m}$,$k = \dfrac{6EI}{l^3} = \dfrac{Ebh^3}{2l^3}$。

15.16 设有一个由 $m - k - b$ 元件组成的线性系统,受到了运动激励 $y(t) = Y\sin\omega t$ 的作用,该系统的方程为 $m\ddot{x} + b(\dot{x} - \dot{y}) + k(x - y) = 0$,其中 $x(t)$ 为质量的绝对运动,$y(t)$ 为牵连运动,$z = x - y$ 为相对运动。试推导绝对加速度的表达式,并确定均方加速度 $\bar{x}$。

参考答案:$\ddot{x} = \dfrac{k + \mathrm{j}\omega b}{k - m\omega^2 + \mathrm{j}\omega b}\ddot{y}$,$\mathrm{j} = \sqrt{-1}$。

# 参考文献

1. Crandall, S. H. (Ed.). (1963). Random vibration (Vol. 2). Cambridge, MA: MIT Press.

2. Larin, V. B. (1974). Statistical problems of vibration protection. Kiev, Ukraine: Naukova Dumka.

3. Milton, J. S., & Arnold, J. C. (1986). Probability and statistics in the engineering and computing sciences. New York: McGraw Hill.

4. Papoulis, A. (1991). Probability, random variables, and stochastic processes (3rd ed.). New York: McGraw-Hill.

5.  Pugachev, V. S. (1965). Theory of random functions and its application to control problems. Oxford, England: Pergamon Press.

6.  Sveshnikov, A. A. (1966). Applied methods of the theory of random functions. Oxford, England: Pergamon Press.

7.  Feldbaum, A. A., &Butkovsky, A. G. (1971). Methods of the theory of automatic control. Moscow: Nauka.

8.  Thomson, W. T. (1981). Theory of vibration with application(2nd ed. ). Englewood Cliffs, NJ: Prentice-Hall.

9.  DeJong, R. G. (1996). Statistical methods for analyzing vibrating systems. In Handbook: Harris, C. M. (Editor in Chief) (1996). Shock and vibration(4th edition). New York: McGrawHill.

10. Bendat, J. S., &Piersol, A. G. (1980). Engineering applications of correlation and spectral analysis. New York: Wiley.

11. Bolotin V. V. (1978). Vibration of linear systems. vol. 1. In Handbook: Chelomey, V. N. (Editorin Chief). (1978 – 1981). Vibrations in engineering: Vols. 1 – 6. Moscow: Mashinostroenie.

12. Svetlicky, V. A. (1976). Random vibration of mechanical systems. Moscow: Mashinostroenie.

13. Mikhajlov, F. A., Teryaev, E. D., Bulekov, V. P., Salikov, L. M., &Dikanova, L. S. (1971). Dynamics of continuous linear systems with deterministic and random parameters. Moscow: Nauka.

14. Korn, G. A., & Korn, T. M. (2000). Mathematical handbook (2nd ed. ). New York: McGraw-Hill Book/ Dover. (Original work published 1968).

15. Ventcel, E. S. (1999). Theory of probability(6th ed. ). Moscow: Vysshaya Shkola.

16. Il' insky, V. S. (1982). Protection of radio-electronic equipment and precision equipment from the dynamic excitations. Moscow: Radio.

17. Balandin, D. V., Bolotnik, N. N., &Pilkey, W. D. (2001). Optimal protection from impact, shock and vibration. Amsterdam: Gordon and Breach Science.

18. Frolov, K. V. (Editor). (1981). Protection against vibrations and shocks. Vol. 6. In Handbook: Chelomey, V. N. (Editor in Chief). (1978 – 1981). Vibration in Engineering. Vols. 1 – 6. Moscow: Mashinostroenie.

19. Nashif, A. D., Jones, D. I. G., & Henderson, J. P. (1985). Vibration damping. New York: Wiley.

# 第4部分

## 若干特定主题

# 第 16 章  作为结构激励源的旋转和平面机构

本章主要考察两个方面的问题,第一个问题是关于绕固定轴作转动的物体,在转子支撑上将可能出现附加的动态载荷,这些谐波形式的载荷会作用在支撑及其相连结构上。我们的目的是确定这些轴上的动载荷的出现条件,进而去抑制或消除它们。第二个问题主要关于往复机构(曲柄滑块机构),我们将给出动态反作用力的解析表达式,并确定其相对于机构参数具有不变性的条件,当满足这些参数条件后动态反作用力也就得以消除了。

在这两个问题的分析中,我们将转动物体和曲柄滑块机构视为作用到结构上的动态激励源,因此本章实际上讨论的是在振动源处实现系统振动的抑制[1-4]。

## 16.1  作用在转轴上的动态载荷

这一节我们将针对转动体系统推导其动态响应所应满足的方程,并指出当满足一定的条件时动态反作用力将不会出现。

考虑一个以角速度 $\omega$ 绕给定轴作均匀转动的刚性物体,转轴为 $z$ 轴(轴承 $A$ 和 $B$ 所构成的轴线),如图 16.1 所示,一般将该物体称为转子。这里主要讨论如下两个问题:

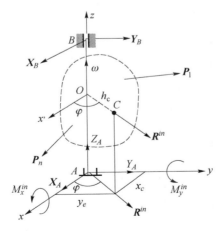

图 16.1  绕 $z$ 轴匀速转动的物体($h_C = OC$)

（1）确定物体转动过程中在支撑处所产生的作用力成分。

（2）确定在何种条件下，物体转动过程不会导致支撑处形成动载作用，也即此时的支撑结构只会承受静载作用。

为方便分析，这里引入了一个与物体共同旋转的运动坐标系，其原点为转轴上的任意点，如支撑点 $A$。物体受到的力主要包括了外部激励力和惯性力，分别分析如下。

（1）设给定的外力为 $\overline{P}_1, \cdots, \overline{P}_n$，并记外力矢量为 $\overline{R}^e = \sum \overline{P}_k (k = 1, \cdots, n)$。该矢量在坐标轴上的投影为 $\overline{R}_x^e = \sum P_{kx}, \overline{R}_y^e = \sum P_{ky}, \overline{R}_z^e = \sum P_{kz}$，而矢量关于坐标轴的力矩为 $\overline{M}_x^e = \sum m_x(P_k^e), \overline{M}_y^e = \sum m_y(P_k^e)$ 和 $\overline{M}_z^e = \sum m_z(P_k^e)$。刚体的转动运动方程可以表示为 $J_z \dfrac{\mathrm{d}\omega}{\mathrm{d}t} = M_z^e$，其中 $J_z$ 代表了物体关于转轴的惯性矩，$\omega$ 为角速度，$M_z^e$ 为外力的转矩。由于角速度为 $\omega = \mathrm{const}$，因而 $M_z^e = 0$。

（2）为计算惯性力，可以采用达朗贝尔原理[1]。利用这一原理可以以静力学方程的形式来描述动力学问题。惯性力矢量可记为 $\overline{R}^{in} = -M\overline{a}_c$，其中 $M$ 为物体的质量，$\overline{a}_c$ 为物体质心 $C$ 的加速度。可以将 $\overline{R}^{in}$ 平移到点 $A$，从而可得平面 $xAy$ 上的矢量 $\overline{R}^{in}$ 和两个力矩 $M_x^{in}$、$M_y^{in}$，这两个力矩是惯性力关于 $x$ 和 $y$ 轴的力矩，参见图 16.1。

不妨将转子的支撑反力分别记为 $X_A$、$Y_A$、$Z_A$ 以及 $X_B$、$Y_B$（图 16.1），这些作用力均随着物体转动。在惯性力和其他有效作用力的作用下，平衡方程可以表示为

$$\begin{cases} \sum F_x = X_A + X_B + R_x^e + R_x^{in} = 0 \\ \sum F_y = Y_A + Y_B + R_y^e + R_y^{in} = 0 \\ \sum F_z = Z_A + R_y^e + R_z^{in} = 0 \\ \sum M_x = -Y_B l + M_x^e + M_x^{in} = 0 \\ \sum M_y = X_B l + M_y^e + M_y^{in} = 0 \end{cases} \tag{16.1}$$

式中：$l$ 为支撑点 $A$ 和 $B$ 之间的距离。

将惯性力矢量投影到坐标轴上可以得到

$$\begin{cases} R_x^{in} = M\omega^2 h_c \cos\varphi = M\omega^2 x_c \\ R_y^{in} = M\omega^2 h_c \sin\varphi = M\omega^2 y_c \\ R_z^{in} = 0 \end{cases} \tag{16.2}$$

对于任意的坐标为 $x_k$、$y_k$、$z_k$ 的质点 $m_k$，惯性力应为 $F_k^{in} = m_k \omega^2 h_k$，于是有 $F_{kx}^{in} = m_k \omega^2 x_k, F_{ky}^{in} = m_k \omega^2 y_k, F_{kz}^{in} = 0$。由此不难得到惯性力关于 $x$ 和 $y$ 轴的力矩为

$$\begin{cases} M_x^{in} = -\left(\sum m_k y_k z_k\right)\omega^2 = -J_{yz}\omega^2 \\ M_y^{in} = -\left(\sum m_k x_k z_k\right)\omega^2 = -J_{xz}\omega^2 \end{cases} \quad (16.3)$$

其中包含了刚体的惯性积 $J_{xz}$ 和 $J_{yz}$。将式(16.2)和式(16.3)代入式(16.1)可以得到转子的动力平衡方程为

$$\begin{cases} X_A + X_B = -R_x^e - M\omega^2 x_c \\ Y_A + Y_B = -R_y^e - M\omega^2 y_c, \\ Z_A = -R_z^e \\ X_B l = -M_y^e - J_{xz}\omega^2 \\ Y_B l = M_x^e - J_{yz}\omega^2 \end{cases} \quad (16.4)$$

式(16.4)给出了一般情况下各个瞬态力之间的关系。合理选取支撑参数可使得该系统具有静定性[5]。

式(16.4)表明,支撑反力是两组力所产生的结果,即静力(外力)和惯性力。支撑反力的静态成分仅由静力作用导致(这些项都包含有上标"$e$")。如果我们仅仅考虑动态成分的话,那么对应的方程就必须改写为

$$\begin{cases} X_A + X_B = -M\omega^2 x_c \\ Y_A + Y_B = -M\omega^2 y_c \\ Z_A = 0 \\ X_B l = -J_{xz}\omega^2 \\ Y_B l = -J_{yz}\omega^2 \end{cases} \quad (16.5)$$

动态反力是随着物体一起转动的,因而作用到支撑上的也就是简谐力了。这里所谓的动态反力只与转动物体相关。显然,如果满足下述条件,那么这些动态反力就不会出现,即

$$x_C = y_C = 0 \quad (16.6)$$

$$J_{xz} = J_{yz} = 0 \quad (16.7)$$

这两个表达式给出了物体绕 $z$ 轴转动过程中具备动平衡特性所需满足的解析条件。条件式(16.6)强调的是物体的质心必须位于其转轴上,而条件式(16.7)则意味着转轴 $z$ 必须是物体的主惯性轴(相对于坐标系的原点 $A$)。如果这两个条件同时得到满足,那么转轴实际上也就成为了物体的中心惯性主轴,于是作用到结构上的简谐反力将不会形成,换言之,转轴上的动态反作用力也就是静态反力了。

这里我们需要注意以下几点。

(1)平衡条件仅仅取决于质量的分布,因此如果转子已经针对某个转速进行了平衡处理,那么对于所有转速它也是平衡的[1,6]。

（2）在非均匀转动情况中（$\varepsilon \neq 0$），式（16.5）应当进行修正。很明显，该情况下的动态反力将会发生改变，不过与动平衡条件有关的最终结论仍然是成立的[7]。

（3）也可以通过其他一些方法来推导转轴上的动态作用力，这些方法可以参阅文献[8]，与转子系统有关的动力学分析还可以参考文献[9]。

## 16.2  不平衡转子的类型

本节主要阐述绕给定轴转动的物体所存在的不平衡类型，以及作用在不平衡刚性转子上的力。

对于转子系统，有两种轴是较为重要的，一个是物体的中心惯性主轴，另一个是转动轴 $z$。根据相对位置的不同，系统的不平衡存在着多种类型，分别为静力不平衡、力偶不平衡、动力不平衡以及准静力不平衡等。

当且仅当转轴 $z$ 是转子的中心惯性主轴时，我们称该转子是动力平衡的，这种情况下附加的动态反力将彻底消失。动平衡的解析条件为式（16.6）和式（16.7），也即 $x_c = y_c = 0$，$J_{xz} = J_{yz} = 0$。此时，物体的转动不会影响轴承 $A$ 和轴承 $B$ 处的反作用力，换言之，这种情况下在振动源处实现了结构的振动抑制。

### 16.2.1  静力不平衡

这里我们所讨论的转子的轴与其自身的中心主惯性轴是平行的，它们之间的距离称为偏心量 $e$，如图 16.2 所示，可以通过一个不平衡的集中质量 $m$（偏心量为 $e$）来给出这一物理模型，不平衡力可以简化为惯性力矢量。静力不平衡的解析条件为[10]

$$\begin{cases} x_c^2 + y_c^2 \neq 0 \\ J_{xz} = J_{yz} = 0 \end{cases} \qquad (16.8)$$

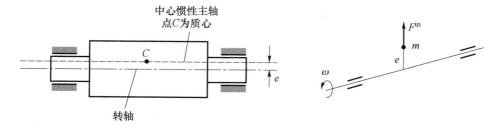

图 16.2  静力不平衡及其原理简图

不平衡度一般可以通过质量与偏心量的乘积形式给出,即 $D = me$。当角速度改变时,不平衡转子的惯性力也将发生变化,而不平衡度 $D$ 仍然保持不变。静力不平衡直接导致了惯性力矢量的出现,它将随着转子一起转动,并传递到转子支撑上,形成一种简谐的扰动力。

根据上述分析可知,转子的静力不平衡是可以通过静态实验进行检测的。

## 16.2.2　力偶不平衡

这种情况下,转子的轴及其自身的中心惯性主轴相交于转子质心处,如图 16.3 所示,其中给出了最简单的物理模型,两个相等的不平衡质量 $m$ 带有相同的偏心量 $e$,且这两个质量与转轴位于同一个平面上。不平衡力可以简化为两个大小相等方向相反的力 $F^{in}$,它们位于两个垂直于转轴的平面内。这两个力将形成一个力偶 $M^{in} = F^{in}h$,其中的 $h$ 为力臂。显然,在力偶不平衡中将会出现惯性力偶,这种类型的不平衡所需的解析条件为[10]

$$\begin{cases} x_c = y_c = 0 \\ J_{xz}^2 + J_{yz}^2 \neq 0 \end{cases} \qquad (16.9)$$

应当注意的是,力偶不平衡是不能通过静态实验进行测定的。

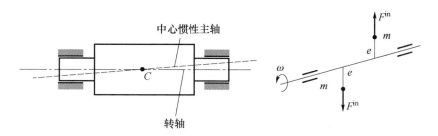

图 16.3　力偶(或力矩)不平衡及其原理简图

## 16.2.3　动力不平衡

这种情况下,转轴和中心惯性主轴的交点与质心 $C$ 是不重合的(图 16.4),两根轴也可能是交错的[4]。可以用一个简单的物理模型来描述这一情况,即两个不平衡质量 $m_1$ 和 $m_2$ 具有不同的偏心量 $e_1$ 和 $e_2$,且它们与转轴不在同一平面内。动力不平衡实际上可以视为静力不平衡与力偶不平衡这两者的组合。不平衡力可以化为力矢量和力矩矢量。这种不平衡只能针对转动的转子进行检测。

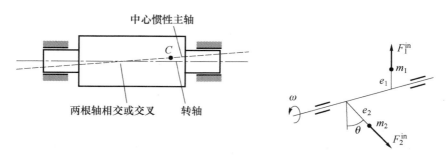

图 16.4　动力不平衡及其原理简图

## 16.2.4　准静力不平衡

这是动力不平衡的一个特殊情况,发生在 $\theta = 0$ 条件下(图 16.4),可以表示为两个不平衡质量 $m_1$ 和 $m_2$,带有不同的偏心量 $e_1$ 和 $e_2$,且这些质量与转轴构成了一个平面(图 16.5(a))。这种情况与力偶不平衡(图 16.3)不一样,不平衡质量的惯性力是不同的(图 16.5(a))。不过,这些惯性力与转轴在同一个平面内。实际上,它可以视为前面两种方式(图 16.5(b),(c))的组合。不妨设 $m_2 > m_1$ 且 $e_2 > e_1$,那么图 16.5(b)就对应了图 16.3(力偶不平衡),而图 16.5(c)则对应了图 16.2(静力不平衡),每个质量所产生的惯性力是相互平行的。动力不平衡和准静力不平衡所需满足的解析条件可以参阅文献[10]。

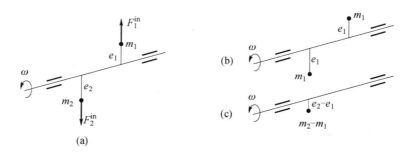

图 16.5　准静力不平衡:(a)原理简图;(b)力偶不平衡;(c)静力不平衡

转子的静力不平衡可以通过引入一个校正质量(配重)来消除,而其他情况下的转子不平衡则需要引入两个校正质量,一般应位于转子的两个任意横截面内。这些校正质量可以附加到转子上,也可以从转子上拆卸下来,比较灵活。此外,对于这些校正质量,也有多种不同的设计方法可供借鉴。

目前人们已经针对静力、力偶、动力不平衡的转子提出了多种平衡方法[1,4,11,12]，相关的指导文件和平衡指标要求可以参见 ISO 19499:2007。一般而言，我们需要考虑转子的不同结构形式、不同的校正平面位置以及转子的刚性或柔性等因素。从结构形式上看，转子可以分为单跨（带悬臂结构或不带悬臂结构）和多跨式的。校正平面一般位于支撑之间或位于悬臂部分，混合布置也是可行的。就动平衡方法而言，还应把转子区分为刚性和柔性两种情形。

如果转子满足了如下条件，那么它就可以作为刚性转子来处理[4,11]：

（1）当转动频率小于第一阶临界（共振）频率时，转子的不平衡可以在任何两个平面内实现校正。

（2）对于所有低于最大工作频率的转动频率来说，残余不平衡量不会超过容许值。

如果上面这两个条件中至少有一个不成立，那么该转子就必须视为柔性转子。

当前，很多公司已经开发和生产了通用型转子动平衡机，它们覆盖了较宽的尺寸范围和应用场合，例如，部分公司所生产的动平衡机可以适用于从 0.3mm 到超过 4m 直径的转子（质量从 50mg 到 40t）。

动平衡的目的是消除动态反作用力（一般是简谐型的），因此动平衡之后的结构将不再受到动态激励。

有关转子动平衡问题的研究非常多，不过详细考察各种转子的动平衡不是本书的目的，对这一方面感兴趣的读者可以去参阅文献[4,11,12]。

## 16.3　曲柄滑块机构的振动力

曲柄滑块机构广泛应用于往复式发动机中，它可以将转动运动转换为往复运动或者反之。图 16.6(a) 给出了一个单缸往复式发动机的原理图，曲柄 $OA$ 以角速度 $\omega$ 作顺时针旋转，滑块 $B$ 则沿着固定导轨运动。曲柄 $OA$、连杆 $AB$ 和滑块 $B$ 这些组成构件的质量分别记为 $m_1$、$m_2$ 和 $m_3$。曲柄和连杆的质心分别记为 $C$ 和 $G$，这两个构件的惯性矩分别令为 $J_C = J_1$ 和 $J_G = J_2$。我们的目的是确定传递到框架上的力以及消除或抑制这些力所需满足的条件。

曲柄 $OCA$ 所做的运动是绕点 $O$ 的转动，而连杆 $AGB$ 做的是平面运动，活塞 $B$ 则为直线运动。机构的位置可以通过坐标 $\theta$、$\varphi$、$s$ 来定义，很显然这些坐标是相互联系的。

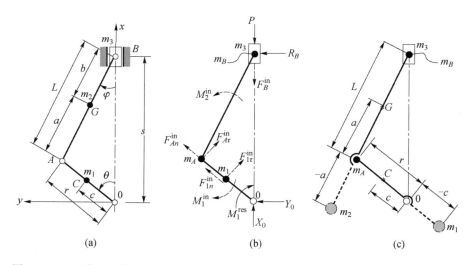

图 16.6 （a）单缸往复式发动机的原理模型；（b）等效惯性参数和受力分析图（$m_A$ 和 $m_B$ 为连杆 $AB$ 末端处的等效质量）；（c）静平衡机理：$m_A$ 由 $m_1$ 平衡，$m_3$ 由 $m_2$ 平衡

原连杆 $AB$ 的质量为 $m_2$，惯性矩为 $J_G = J_2$，可以将其等效为一个无质量的杆，其上带有两个集中质量 $m_A$ 和 $m_B$，它们分别为 $m_A = m_2 b/L$，$m_B = m_2 a/L$。在这种等效下，$m_A + m_B = m_2$，系统（$m_A - m_B$）的质心仍然位于原构件 $AB$ 上的点 $G$ 处。下面首先来确定构件 $AB$ 的动能。对于平面运动，连杆的动能等于质心平动动能与相对质心的转动动能之和[8]，即

$$T = \frac{1}{2} m v_G^2 + \frac{1}{2} J_G \dot{\varphi}^2 \tag{16.10}$$

式中：$m = m_2$ 为构件 $AB$ 的总质量；$J_G$ 为其关于点 $G$ 的惯性矩；$v_G$ 和 $\dot{\varphi}$ 分别为点 $G$ 的速度和连杆 $AB$ 的角速度。

连杆 $AB$ 质心 $G$ 处的速度和端点 $A$、$B$ 处的速度之间具有如下关系：

$$v_G^2 = v_A^2 \frac{b}{L} + v_B^2 \frac{a}{L} - ab\omega_{AB}^2 \tag{16.11a}$$

式中：$\omega_{AB} = \dot{\varphi}$ 为连杆 $AB$ 的角速度[1]。

于是，连杆的动能就可以用总质量和端点的速度来表示，即

$$T = \frac{1}{2} m \frac{b}{L} v_A^2 + \frac{1}{2} m \frac{a}{L} v_B^2 - \frac{1}{2} mab\dot{\varphi}^2 + \frac{1}{2} J_G \dot{\varphi}^2 \tag{16.11b}$$

若以端点处的质量 $m_A$ 和 $m_B$ 以及它们的速度来表示，那么有

$$T = \frac{1}{2} m_A v_A^2 + \frac{1}{2} m_B v_B^2 - \frac{1}{2} mab\dot{\varphi}^2 + \frac{1}{2} J_G \dot{\varphi}^2 \tag{16.11c}$$

如果记 $J_{AB} = J_G - mab$，那么动能表达式则为

$$T = \frac{1}{2}m_A v_A^2 + \frac{1}{2}m_B v_B^2 + \frac{1}{2}J_{AB}\dot{\varphi}^2 \qquad (16.12)$$

由此可见,连杆 $AB$ 可以借助一根无质量杆和两个集中质量 $m_A = m_2 b/L$,$m_B = m_2 a/L$ 来等效,质心位置 $G$ 仍保持不变,连杆的惯性矩为

$$J_{AB} = J_G - m_2 ab \qquad (16.13)$$

关于连杆 $AB$ 的质量分布及其相关误差的分析可以参阅 Goetz[13] 的工作,下面我们来详细分析这一曲柄滑块机构的动力学特性[1]。

### 16.3.1 动态反作用力

这里所考虑的曲柄滑块机构受到的载荷包括了力 $P$(如气体压力)、曲柄上的阻力矩 $M_1^{res}$ 以及支撑处的动态反作用力:点 $O$ 处的 $X_0$ 和 $Y_0$,活塞 $B$ 处的 $R_B$,参见图 16.6(b)。为了确定支撑处的反作用力,我们可以借助达朗贝尔原理,为此需要引入惯性力和惯性力偶,分别为

点 $C$ 处:$F_{1n}^{in} = m_1 a_C^n = m_1 \omega^2 c = m_1 \cdot c\dot{\theta}^2$, $F_{1\tau}^{in} = m_1 a_C^\tau = m_1 \varepsilon c = m_1 \cdot c\ddot{\theta}$

曲柄 $OCA$:$M_1^{in} = J_C \ddot{\theta}$

点 $A$ 处:$F_{An}^{in} = m_A a_A^n = m_A \omega^2 r = m_A \cdot r\dot{\theta}^2$, $F_{A\tau}^{in} = m_A a_A^\tau = m_A \varepsilon r = m_A \cdot r\ddot{\theta}$

$$(16.14)$$

连杆 $AGB$:$M_2^{in} = J_{AB}\ddot{\varphi}$

活塞 $B$:$F_B^{in} = (m_B + m_3)a_B = (m_B + m_3)\ddot{s}$

$$(16.15)$$

上面各式中:$a_C^n$ 和 $a_C^\tau$ 分别代表为点 $C$ 处的法向和切向加速度;$\dot{\theta}$ 和 $\ddot{\theta}$ 分别为曲柄的角速度和角加速度;$\ddot{\varphi}$ 为连杆 $AB$ 的角加速度;$\ddot{s}$ 为活塞 $B$ 的线加速度。惯性力和惯性力偶的方向与对应的加速度方向是相反的。

于是,动态平衡方程可以表示为[1]

$$\sum X = -P + X_0 + (F_{1n}^{in} + F_{An}^{in})\cos\theta + (F_{1\tau}^{in} + F_{A\tau}^{in})\sin\theta - F_B^{in} = 0 \text{ 或}$$

$$\sum X = -P + X_0 + (m_1 c + m_A r)\dot{\theta}^2\cos\theta + (m_1 c + m_A r)\ddot{\theta}\sin\theta - (m_3 + m_B)\ddot{s} = 0$$

$$(16.16)$$

$$\sum Y = R_B + Y_0 + (m_1 c + m_A r)\dot{\theta}^2\sin\theta - (m_1 c + m_A r)\ddot{\theta}\cos\theta = 0$$

$$(16.17)$$

$$\sum M_0 = R_B s - (F_{1\tau}^{in} + F_{A\tau}^{in} r) - M_1^{in} + M_2^{in} - M_1^{res} = 0 \text{ 或}$$

$$\sum M_0 = R_B s - (m_1 c^2 + m_A r^2 + J_C)\ddot{\theta} + J_{AB}\ddot{\varphi} - M_1^{res} = 0 \qquad (16.18)$$

从发动机传递到框架上的力可以表示为

$$\begin{cases} X_{\mathrm{fr}} = P - X_0 = (m_1 c + m_A r)\dot{\theta}^2\cos\theta + (m_1 c + m_A r)\ddot{\theta}\sin\theta - (m_3 + m_B)\ddot{s} \\ Y_{\mathrm{fr}} = - R_B - Y_0 = (m_1 c + m_A r)\dot{\theta}^2\sin\theta - (m_1 c + m_A r)\ddot{\theta}\cos\theta \end{cases}$$

$$(16.19)$$

从发动机传递到框架上的力矩可由式(16.18)导得,即

$$M_{\mathrm{fr}} = - R_B s = J_{AB}\ddot{\varphi} - (m_1 c^2 + m_A r^2 + J_C)\ddot{\theta} - M_1^{\mathrm{res}} \qquad (16.20)$$

下面我们引入往复质量和转动质量[1],即

$$\begin{cases} m_{\mathrm{rec}} = m_3 + m_B = m_3 + m_2\dfrac{a}{L} \\ m_{\mathrm{rot}} = m_1\dfrac{c}{r} + m_A \end{cases} \qquad (16.21)$$

于是,式(16.19)和式(16.20)就可以改写为

$$\begin{cases} X_{\mathrm{fr}} = m_{\mathrm{rot}} r\dot{\theta}^2\cos\theta + m_{\mathrm{rot}} r\ddot{\theta}\sin\theta - m_{\mathrm{rec}}\ddot{s} \\ Y_{\mathrm{fr}} = m_{\mathrm{rot}} r\dot{\theta}^2\sin\theta - m_{\mathrm{rot}} r\ddot{\theta}\cos\theta \\ M_{\mathrm{fr}} = J_{AB}\ddot{\varphi} - (m_1 c^2 + m_A r^2 + J_C)\ddot{\theta} - M_1^{\mathrm{res}} \end{cases} \qquad (16.22)$$

上面这组方程中包含了 $\theta$、$\varphi$、$s$ 这三个坐标的导数,由于系统是单自由度的,因而必须采用单个广义坐标,如 $\theta$。很明显,对于这个曲柄滑块机构来说,还存在如下的几何关系[1]:

$$\begin{cases} s = r\cos\theta + L\cos\varphi \\ \sin\varphi = \dfrac{r}{L}\sin\theta = \lambda\sin\theta \to \cos\varphi = (1 - \lambda^2\sin^2\theta)^{1/2} \\ \lambda = \dfrac{r}{L} \end{cases} \qquad (16.23a)$$

将上式展开可得

$$\cos\varphi = (1 - \lambda^2\sin^2\theta)^{1/2} = 1 - \frac{1}{2}\lambda^2\sin^2\theta - \frac{1}{2\times4}\lambda^4\sin^4\theta - \cdots$$

$$(16.23b)$$

利用这些关系式我们就可以将 $\ddot{s}$ 和 $\ddot{\varphi}$ 表示为广义坐标 $\theta$ 的形式[1],即

$$\begin{cases} \ddot{s} = r\dot{\theta}^2(-\cos\theta - A_2\cos2\theta + A_4\cos4\theta - \cdots) \\ \quad + r\ddot{\theta}\left(-\sin\theta - \dfrac{A_2}{2}\sin2\theta + \dfrac{A_4}{4}\sin4\theta - \cdots\right) \\ A_2 = \lambda + \dfrac{1}{4}\lambda^3 + \dfrac{15}{128}\lambda^5 + \cdots, \\ A_4 = \dfrac{1}{4}\lambda^3 + \dfrac{3}{16}\lambda^5 + \cdots \end{cases} \qquad (16.23c)$$

$$
\begin{cases}
\ddot{\varphi} = -\lambda\dot{\theta}^2(C_1\sin\theta - C_3\sin3\theta + C_5\sin5\theta + \cdots) \\[2mm]
\quad + \lambda\ddot{\theta}\Big(C_1\cos\theta - \dfrac{C_3}{3}\sin3\theta + \dfrac{C_5}{5}\cos5\theta - \cdots\Big) \\[2mm]
C_1 = 1 + \dfrac{1}{8}\lambda^2 + \dfrac{3}{64}\lambda^4 + \cdots \\[2mm]
C_3 = \dfrac{3}{8}\lambda^2 + \dfrac{27}{128}\lambda^4 + \cdots \\[2mm]
C_5 = \dfrac{15}{128}\lambda^4 + \cdots
\end{cases}
\tag{16.23d}
$$

现在可以将上述关系式代入到式(16.22)中,我们将得到以坐标 $\theta$ 来表示的传递到框架上的力和力矩,即

$$
\begin{aligned}
X_{\mathrm{fr}} &= (m_{\mathrm{rot}} + m_{\mathrm{rec}})r\dot{\theta}^2\cos\theta + m_{\mathrm{rec}}r\dot{\theta}^2(A_2\cos2\theta - A_4\cos4\theta - \cdots) \\
&\quad + (m_{\mathrm{rot}} + m_{\mathrm{rec}})r\ddot{\theta}\sin\theta + m_{\mathrm{rec}}r\ddot{\theta}\Big(\frac{A_2}{2}\sin2\theta - \frac{A_4}{4}\sin4\theta - \cdots\Big)
\end{aligned}
\tag{16.24}
$$

$$
Y_{\mathrm{fr}} = m_{\mathrm{rot}}r\dot{\theta}^2\sin\theta - m_{\mathrm{rot}}r\ddot{\theta}\cos\theta
\tag{16.25}
$$

$$
\begin{aligned}
M_{\mathrm{fr}} + M_1^{\mathrm{res}} &= -J_{AB}\lambda\dot{\theta}^2(C_1\sin\theta - C_3\sin3\theta + \cdots) \\
&\quad + J_{AB}\lambda\ddot{\theta}\Big(C_1\cos\theta - \frac{C_3}{3}\sin3\theta + \cdots\Big) - (m_1c^2 + m_Ar^2 + J_C)\ddot{\theta}
\end{aligned}
\tag{16.26}
$$

显然,这些式子还表明了结构所受到的激励将是多谐形式的。

如果考虑的是曲柄作匀速转动的情况,即 $\omega = \dot{\theta} = \mathrm{const}, \ddot{\theta} = 0$,并只计入式(16.24)~式(16.26)中的一阶谐波成分,那么反作用力和力矩也就变为

$$
X_{\mathrm{fr}}^* = (m_{\mathrm{rot}} + m_{\mathrm{rec}})r\omega^2\cos\theta
\tag{16.27}
$$

$$
Y_{\mathrm{fr}}^* = m_{\mathrm{rot}}r\omega^2\sin\theta
\tag{16.28}
$$

$$
M_{\mathrm{fr}} + M_1^{\mathrm{res}} = -J_{AB}\lambda\omega^2\sin\theta
\tag{16.29}
$$

## 16.3.2 动态反作用力的消除

首先,式(16.28)表明当满足如下条件时传递到框架上的水平力将为 $Y_{\mathrm{fr}} = 0$:

$$
m_{\mathrm{rot}}r = m_1c + m_Ar = 0
\tag{16.30}
$$

上式给出了消除反作用力 $Y_{\mathrm{fr}}$ 所需满足的参数条件,即 $-m_1c = m_Ar$。这意味着两个质量 $m_1$ 和 $m_A$ 关于点 $O$ 的静力矩为零,即 $S_0(m_1,m_A) = 0$。于是,曲柄的质量 $m_1$ 和质量 $m_A$ 必须位于曲柄转动中心的两侧,这一条件在实际问题中是容易实现的。

其次,根据式(16.27)可以看出,当如下条件得以成立时,传递到框架上的垂向力将变为零($X_{fr} = 0$):

$$m_{rot} + m_{rec} = 0 \tag{16.31}$$

这就意味着如果令 $m_{rot} = 0$ 和 $m_{rec} = 0$,那么前面的条件和这里的条件将同时得到满足,此时作用到框架上的两个力 $Y_{fr}$ 和 $X_{fr}$ 将同时为零[1]。根据式(16.21)中的第一个关系可以将 $m_{rec} = 0$ 这一条件改写为

$$m_{rec}L = m_3 L + m_2 a = 0 \tag{16.32}$$

这代表了两个质量 $m_2$ 和 $m_3$ 关于点 $A$ 的静力矩 $S_A(m_2, m_3)$ 等于零。

图16.6(c)给出了对应的平衡处理方案,曲柄的配重 $m_1$ 可以平衡掉质量 $m_A$,由此即可消除掉反作用力 $Y_{fr}$;类似地,配重 $m_2$ 平衡了质量 $m_3$,进而消除了 $X_{fr}$。

最后,由式(16.29)不难发现,当满足如下条件时发动机将在曲柄角速度为 $\omega = \dot{\theta} = \text{const}$ 状态下达到力矩平衡:

$$\begin{cases} J_{AB} = J_G - m_2 ab = 0 \\ b = L - a \end{cases} \tag{16.33}$$

这一条件可以通过在杆 $AB$ 两端增加集中质量 $\mu_A$ 和 $\mu_B$ 来实现,如图16.7所示。

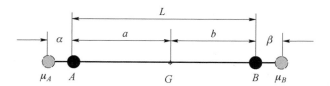

图16.7　总质量为 $m$ 的连杆 $AB$:通过引入两端的集中质量 $\mu_A$ 和 $\mu_B$ 使得 $J_{AB} = 0$。

根据文献[1]可知,当关系式

$$\alpha(L + \alpha)\mu_A + \beta(L + \beta)\mu_B = mab - J_G \tag{16.34}$$

成立时,惯性力矩将得以平衡。这里:$\alpha(\beta)$ 为点 $A(B)$ 与附加质量 $\mu_A(\mu_B)$ 中心之间的距离;$m$ 为连杆 $AB$ 的总质量。

如果我们考虑完整的方程(16.26),那么惯性力矩的平衡条件可以以解析形式表示为 $J_{AB} = J_G - m_2 ab = 0$ 和 $m_1 c^2 + m_A r^2 + J_C = 0$。很容易就可以看出,这些条件彼此之间是不相容的[1]。因此,在非稳态工作状态下,一般是难以通过被动方式从激励源上消除掉惯性力矩的,也正因如此,此类结构将会受到多谐激励(16.26)。

对于不平衡所导致的动力学效应及其相关的副作用,文献[2-4]中已经进

行过讨论。文献[1,14]中还针对发动机的平衡问题给出了更为全面的数学分析。在 Williams[15] 和 Uicker 等人[16] 的文献中,还给出了一些平面机构振动抑制问题的有趣实例,而 Goetz 在文献[13]中则对曲柄滑块机构的运动学和动力学进行了更为详尽的研究。

## 供思考的一些问题

16.1 试述动态反作用力的含义,针对匀速转动物体推导出动态反作用力为零所需满足的条件,并解释这些条件的物理意义。

16.2 试述不平衡转子的类型,解释相应的惯性力特性,给出最简单的原理图,并说明刚性转子和柔性转子的含义。

16.3 试给出曲柄滑块机构的原理图以及简化图,并说明该机构的惯性力特征。

16.4 试述连杆的双质量描述中的惯性力矩与实际惯性力矩之间的差异。

16.5 设有一个长度为 $l$ 的物体 $AB$ 以角速度 $\omega$ 作匀速转动,如果将该转子视为一根带有两个相同质量 $m$ 的无质量杆(每个质量均带有对应的偏心量,参见图 P16.5),试确定动态反作用力。

参考答案:$V_A = V_B = \dfrac{1}{2} m \omega^2 (e_2 - e_1)$。

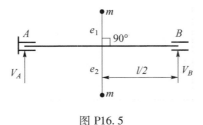

图 P16.5

16.6 设有一个长度为 $l$ 的物体 $AB$ 以角速度 $\omega$ 作匀速转动,如果将该转子视为图 P16.6 所示的一根带有两个相同质量 $m$ 的无质量杆,试确定动态反作用力。

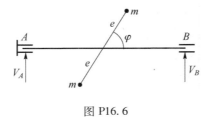

图 P16.6

参考答案：$V_A = -V_B = \dfrac{1}{l}me^2\omega^2\sin 2\varphi$。

16.7 设有一个长度为 $L = 3a$ 的物体 $AB$ 以角速度 $\omega$ 作匀速转动，不平衡质量 $m_1$ 位于平面 $xz$ 内，而质量 $m_2$ 位于平面 $xy$ 内，每个质量的偏心量均为 $e$，如图 P16.7 所示，试确定动态反作用力。

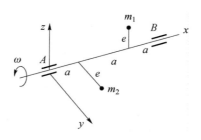

图 P16.7

参考答案：$R_A = R_B = \dfrac{\sqrt{5}}{3}me\omega^2$。

16.8 设有一个长度为 $L = 3a$ 的物体 $AB$ 以角速度 $\omega$ 作匀速转动，不平衡质量 $m_1$ 位于平面 $xz$ 内，而质量 $m_2$ 位于平面 $xy$ 内，两个质量的偏心量分别为 $e_1$ 和 $e_2$，如图 P16.8 所示，试确定动态反作用力。

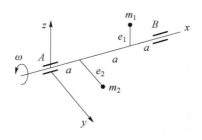

图 P16.8

16.9 如图 P16.9 所示，设有两根长度均为 $2l$、质量均为 $m$ 的杆，它们与长度为 $b$ 的垂直轴 $AB$ 焊接成直角结构，彼此间的距离为 $h$。若轴以角速度 $\omega$ 作匀速转动，试确定轴上受到的动态力，重力忽略不计。

提示：$F_{in1} = F_{in2} = ml\omega^2$。

参考答案：$X_A = X_B = \dfrac{mlh}{b}\omega^2$。

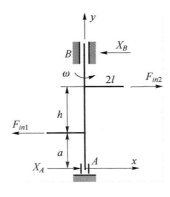

图 P16.9

16.10　如图 P16.10 所示,设杆 $AB$ 以不变的角加速度 $\varepsilon$ 转动,而长度均为 $r$ 的杆 $OC$ 和杆 $OD$ 垂直于杆 $AB$ 且彼此也相互垂直。此外在点 $C$ 和点 $D$ 处还带有质量为 $M$ 的集中质量。试确定动态反作用力。杆 $OC$ 和杆 $OD$ 的质量可忽略不计,且初始时刻系统处于静止状态。

参考答案:$X_A = X_B = \dfrac{M}{2}r\varepsilon(\varepsilon t^2 + 1)$,$Y_A = Y_B = \dfrac{M}{2}r\varepsilon(\varepsilon t^2 - 1)$。

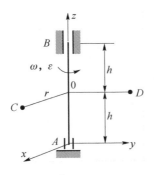

图 P16.10

16.11 * 如图 P16.11 所示,设有一个均匀圆柱体以不变的角速度 $\omega$ 绕 $z$ 轴转动,$z$ 轴通过圆柱的重心 $C$,且与圆柱对称轴 $\xi$ 之间的夹角为 $\alpha$,圆柱的重量为 $P$,半径和长度分别为 $r$ 和 $2l$。试确定支撑 $A$ 和 $B$ 处的动态反作用力。

提示:圆柱的惯性积为 $J_{xy} = J_{yz} = 0$,$J_{xz} = \dfrac{P}{2g}\left(\dfrac{r^2}{4} - \dfrac{l^3}{3}\right)\sin 2\alpha$。

参考答案:

$N_{Ay} = N_{By} = 0$,

$N_{Bx} = -N_{Ax} = \dfrac{P}{4gh}\left(\dfrac{r^2}{4} - \dfrac{l^3}{3}\right)\omega^2\sin 2\alpha$

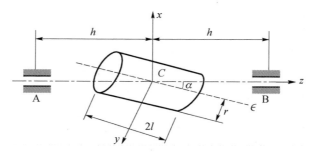

图 P16.11

16.12* 如图 P16.12 所示,设有一根均匀细杆 $AB$,重量为 $P$,长度为 $l$,刚性连接到一个垂直的转子 $O-O_1$ 上,该转子与 $AB$ 之间的夹角为 $\alpha$,且转子以不变的角速度 $\omega$ 转动。试确定杆上点 $A$ 处的动态反作用力。

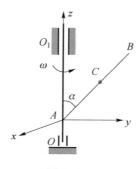

图 P16.12

参考答案:

$$R_A = \sqrt{X_A^2 + Y_A^2 + Z_A^2} = P\sqrt{1 + \frac{l^2\omega^4}{4g^2}\sin^2\alpha},$$

$$M_A = \sqrt{M_{Ax}^2 + M_{Ay}^2 + M_{Az}^2} = \frac{Pl}{2}\sqrt{\sin\alpha + \frac{l\omega^2}{3g}\sin 2\alpha}$$

# 参考文献

1. Burton, P. (1979). Kinematics and dynamics of planar machinery. Englewood Cliffs, NJ: Prentice Hall.

2. Den Hartog, J. P. (1985). Mechanical vibrations (4th ed.). New York: McGraw-Hill/Dover. (Original work published 1956)

3. Tse, F. S., Morse, I. E., & Hinkle, R. T. (1963). Mechanical vibrations. Boston: Allyn andBacon.

4. Frolov, K. V. (Ed.). (1981). Protection against vibrations and shocks. Vol. 6. In Handbook: Chelomey, V. N. (Editor in Chief) (1978 – 1981). Vibration in Engineering. Vols. 1 – 6. Moscow: Mashinostroenie.

5. Karnovsky, I. A., & Lebed, O. (2010). Advanced methods of structural analysis. Boston: Springer.

6. Krysinski, T., & Malburet, F. (2010). Mechanical vibrations: Active and passive control. Wiley.

7. Targ, S. M. (1976). Theoretical mechanics. A short course. Moscow: Mir.

8. Fowles, G. R., & Cassiday, G. L. (1999). Analytical mechanics (6th ed.). Belmont, CA: Brooks/Cole—Thomson Learning.

9. Genta, G. (2005). Dynamics of rotating systems. New York: Springer.

10. Geronimus, Ja. L. (1973). Theoretical mechanics. Essays on the main propositions. Moscow: Nauka.

11. Stadelbauer, D. G. (1996). Balancing of rotating machinery. In Handbook: Harris, C. M. (Editor in Chief) (1996). Shock and vibration (4th ed). New York: McGraw Hill.

12. Schneider, H. (1991). Balancing technology (4th ed.). Darmstadt, Germany: Carl Schenck AG.

13. Goetz, A. N. (2005). Kinematic and dynamics of a slider crank mechanism. Vladimir, Russia: Vladimir University.

14. Biezeno, C. B., & Grammel, R. (1954). Engineering dynamics (Internal-combustion engines, Vol. 4). London: Blackie.

15. Williams, R. L. (2014). Mechanism kinematics & dynamics and vibrational modeling. Athens: Mech. Engineering, Ohio University.

16. Uicker, J. J., Pennock, G. R., & Shigley, J. E. (2011). Theory of machines and mechanisms (4thed.). New York: Oxford University Press.

# 第 17 章　振动与冲击环境中的人员

本章主要关心的是处于振动与冲击环境中的人员,通常来说,这些冲击与振动对于人员是有着负面影响的,因此必须考虑如何进行防护。对于人员来说,振动与冲击的防护问题主要包括两个部分:其一是将人员视为一个复杂的生物动力学系统,并进行相应的数学模型构建;其二是考察各类保护人体不受影响的工程技术方法,它当然建立在所构造的数学模型基础之上,并且也是大量工程实际问题的主要研究对象。这一章我们主要阐述的是第一个方面的问题,将详细讨论如下一些内容:①振动环境的类型以及振动传递到人体上的过程;②振动环境对人体的影响;③人体的力学特性及其频率特性函数;(4)人体的动力学模型。

## 17.1　引言

本节主要介绍振动激励的类型与特征以及它们是如何传递到人员上的,并将给出各类工业场合中振动对人员影响方面的相关国际标准和规范。

### 17.1.1　振动激励及其传递到人员上的过程

作用在人体(操作人员或其他人员)上的振动激励可以根据很多指标进行分类[1-3],其中比较重要的有:

(1)作用到人体上的振动传递模式。

(2)激励的频率特性,如频率范围和频率成分等。

(3)振动的方向。

首先介绍作用到人体上的振动传递模式。一般来说人员所处的位姿可以分为三种,即站立在振动平台上,坐在振动的椅子上,以及躺在振动的表面上。每一种位姿还可以进一步区分出更为详细的不同人体姿势,如一个采取坐姿的人员可以是无靠背支撑或有靠背支撑的、肌肉放松或紧张的、向前或向后倾斜的等。

根据振动传递到人体上的不同方式,一般可以分为整体振动和局部振动。当人体受到的支撑处均为振动表面(如地板、座椅等)时,振动将会传递到人体的各个部分,这种情况称为整体振动;而如果只有部分肢体和(或)头部的支撑面才是振动表面,且由此引起的人体其他部分的振动可以忽略不计,那么这些与振动表面相接触的肢体部分的振动就称为局部振动。

图 17.1 中给出了振动传递到人体上的几种典型实例,应注意的是人体所受的激励可能是不同方向上的。对于图 17.1(b)中所示的人员坐姿情况,一般存在着两种基本的振动防护问题描述。

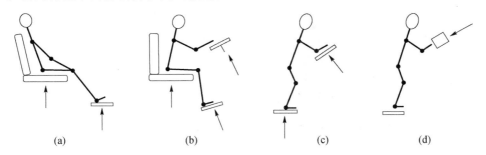

图 17.1　振动向人体传递的方式[3]:(a)乘客的整体振动;
(b)坐姿人体受到座椅、地板和手部接触面激励而产生的整体振动;(c)站姿
人体受到地板和手部接触面激励而产生的整体振动;(d)站姿人体的手部局部振动

第一种问题描述主要是为了满足对操作人员的标准工作条件要求。此时的人体可以视为一个刚性体,其位置可认为是固定的[3]。对于由座椅和人体所构成的这个系统,其设计工作主要体现在座椅的设计上,而人体的影响一般可以考虑为附加质量,并将其计入到总的振动质量之中。人们已经针对"座椅 + 人员"这一系统,将其作为一个整体考察了各种运动激励条件下(确定性或随机性的,简谐或多谐的)的振动问题。所关心的主要是人体的位移、速度和加速度等参数,要求它们不得超过最大容许值,这也是考察人体振动状态的最简单的途径(更多细节内容参见后面的第 17.3 节)。

在航空领域,振动结构与人体相接触所导致的人体振动一般称为由结构传播所导致的振动。实际上,高频激励不仅会通过接触点或接触面传递到人体上,而且还会通过空气介质传递,例如,在高噪声环境下,声波往往能够引起机载人员(含乘客)产生较明显的振动,一般将其称为由空气传播所导致的振动。

第二种问题描述主要是针对冲击状况下的人员防护要求。这种情况下人体应视为弹性体,其位姿可以迅速改变[4]。在冲击作用点处,"座椅 + 人员"这个系统的行为分析应考虑到人体的生物力学特性,同时,还有必要对冲击的动态过程进行研究,从而揭示出人员受到伤害的过程机理[5]。

下面我们介绍激励的频率特性。每个振动激励源所产生的振动可以根据不同的指标来划分,其中最重要的指标就是这些激励的频率范围和频率成分。

激励的频率范围可以分为宽带和窄带两种类型,宽带一般会覆盖若干个倍频程。这两种激励的判断可以根据特定的标准进行,参见第 17.1.2 节。在选择防护对象的动力学模型时,激励的频带宽度是有重要影响的。所选择的模型应当使得防护对象的所有固有频率都落在激励频带之内[3]。

根据人体振动是整体的还是局部的,其频率成分可以区分为低频的、中频的或高频的等不同类型。低频振动大多位于1~4Hz(整体振动)或8~16Hz(局部振动)这一频率范围内;对于中频振动,其频带主要发生在8~16Hz(整体振动)或31.5~63Hz(局部振动)范围;对于高频振动,则主要位于31.5~63Hz(整体振动)或125~1000Hz(局部振动)范围。

当需要分析振动所导致的人体组织变化效应时[2],一般是需要考虑较高频率的。在大约100Hz以下这一频率范围内,大多数情况下人体可以视为集中参数系统来处理,而在较高频率段,人体的行为将更类似于一个复杂的分布参数系统[6]。

根据时间特性(随时间的变化特性)的不同,这里的振动可以分为稳定振动和非稳定振动,此处的稳定振动是指所关心的参数在整个观测过程中其变化量不超过2倍。

一般而言,1~30Hz内的激励频率往往会对人体产生显著的负面影响[1,7],这是因为人体的共振频率主要位于这一频率范围内(大约在60Hz以下)[3]。

在表17.1中我们已经列出了一些能够传递到人体上的振动类型以及相关的一些设备,同时也给出了这些振动激励的性质。

表 17.1　部分机械设备及其对应的振动类型[3]

| 机械设备 | 振动类型 |
| --- | --- |
| 车辆、船舶、飞机 | 随机、宽带 |
| 铁路运输 | 随机、窄带 |
| 机床、压缩机、透平机械、水力机械、发动机 | 确定性、多谐 |
| 钻床、土方机械 | 随机性、确定性、多谐性 |

最后我们来介绍一下人体的仿真问题。对于受到振动和冲击作用的人员,其振动状态的诸多动力学特性可以借助模型来分析和揭示。现有的一些假人模型对人体的尺寸、形态、力学特性、关节特性、刚度特性、重量以及肢体分布等方面都做了较好的描述,并且可以在一些商业软件中直接获得,这些假人模型可以用于这里的仿真研究。对人体进行仿真的最重要的目的是,确定人体的频率特性、共振特性、各部位的响应、传递率以及振动衰减性质等。

仿真分析中,一般需要考虑人体的标准位姿,其中包括了坐姿、卧姿和站姿(图17.2)。当然,也存在其他一些人体姿态,例如飞行员在起飞过程中一般处于半躺姿态。此外,对于每种位姿来说,还可能存在着不同的更为具体的姿势和肢体位置。

为了便于进行生物动力学测试、分析和总结,也为了便于描述人体在机械振动和冲击下的振动状态,人们一般采用标准的生物动力学坐标系统,这些系统一般包括解剖学坐标系和基本中心坐标系。

图 17.2 给出了三种标准人体位姿下的全人体解剖学坐标系统(ACS),其中默认了人体两侧具有对称性。坐标轴连接到人体上,并随着人体一起转动。人体的整体振动可以在这个解剖学坐标系的三个正交方向上描述,即位移 $u_x$、$u_y$、$u_z$,速度 $v_x$、$v_y$、$v_z$,以及加速度 $a_x$、$a_y$、$a_z$。此外,也可以采用局部 ACS 形式来描述,如头部、颈部、上部躯体、骨盆和手部等 ACS[1,2]。对于这些局部 ACS 来说,均应根据 ISO 8727:1997,2014 这一标准来确定对应的原点和坐标轴取向,应注意的是,该标准中不区分男性和女性在骨骼解剖学上的差异。

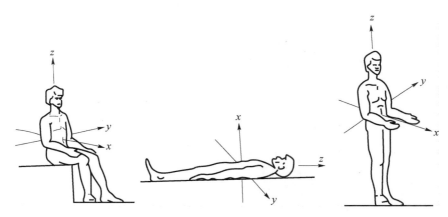

图 17.2　ISO 2631 中定义的用于描述人体受迫振动的生物动力学坐标系统

对于人体的整体振动和局部振动来说,也可以选择基本中心坐标系统来描述。这些坐标系统是针对车辆结构、工作场地或振动冲击源(如振动着的工具)来定义的,它们的原点一般应设置在接触面上。

对于一个完全处于站姿的人员来说,基本中心坐标系的原点一般应选择在人体与地面的接触点处。对于处于坐姿的人体(坐在平椅上,参见图 17.2),该坐标系的原点则应选择在坐骨下方的接触点处,且坐标方向应尽量与 ACS(原点为骨盆处)的坐标方向一致(ISO 8727:1997,3.2.2.2)。这个标准中还针对手传动力或手传运动情形所导致的局部振动情况进行了区分:①单手或双手抓握器具;②手掌和手指引导或按压器具或工具(非抓握)。

此外,在国际标准 ISO 8727 中还规定了地心坐标系和仪器坐标系,前者中的主坐标轴与地球重力方向一致,后者中的原点应与安装到头盔和座椅上的基准加速度计保持一致。

利用上述这些坐标系统,人们就可以完整地描述任意姿态下的人体(位置和方位),例如,在坐姿人体的分析中,可以采用一个 12 轴的基本中心坐标系统进行描述,这些轴的原点分别为:①脚部下方;②背部和靠背之间;③坐骨下方。就所采用的每一个坐标系而言,都可以建立三个线性坐标 $x$、$y$、$z$,且可通过下标 $f$、$b$、$s$ 分别标记脚部、背部和坐骨处的坐标轴。特别地,在第③种情况中还可以引入关于坐标轴 $x_s$、$y_s$、$z_s$ 的转动坐标,分别对应于翻转($r_x$)、俯仰($r_y$)和偏转($r_z$)等运动[1,2]。

### 17.1.2  国际标准和国家标准

在人体对各类振动的响应方面,人们已经积累了大量的研究经验,在基础文献[1,8,9]中也已经分析了振动对人体的多方面影响。目前,已有国际标准和国家标准对各类振动环境下人体的不同状态(如位置、激励特性、频谱和持续时间等)以及人员防护要求等内容进行了规定。这些标准已经得到了美国、英国、加拿大和其他一些国家的研究机构和官方指定的医学专家、科学家以及工程师的认可。

在大量的标准中,均对振动监测和分析提出了指导意见或者相应的要求,其中也包括了机械振动的分类、测量过程以及数据处理等方面的内容。

可以将这些标准划分为若干组,它们都是针对人体振动防护问题的特定方面的,其中包括人体整体振动标准(建筑和交通领域等)、振动传递标准、人体特定状态下的振动要求、工作状况下的振动危险性控制,以及振动量的计算等。很多标准之间都存在着一些重叠,不过它们也是相互补充的,因而一般仍将它们划归到不同的分组中。

当前,众多学者仍在积极地研究人体的振动防护问题,由于振动源的特性处于不断发展和变化之中,同时也由于人员的振动防护需求也在不断增长(这些变化可以从大量相关文献中体现出来),正因如此,上述这些标准也在不断地修订和更新。与国际标准和国家标准(直到 2011 年)相关的内容可以参阅 Ellias 和 Villot 等人的综述[10]。

## 17.2  振动激励对人体的影响

振动激励对于人体的影响特性主要取决于以下两个方面:①与人体接触的物体类型;②振动传递到人体上的途径。我们将讨论振动对人体的副作用的分类模型,阐述振动对人体生理学的影响,并进一步以均方根加速度和持续时间的形式来评估振动剂量。

### 17.2.1　振动对人体的副作用的分类

关于振动对人体的负面作用,当前已经提出了若干种不同的分类模型,下面所讨论的四种模型对这些副作用采用了不同分类标准,分别是四阶段分类模型、七种综合症模型、基于振动对人体的危害程度的模型,以及针对振动对人体功能和生理状态的影响程度的模型。

最早有关振动副作用的临床模型之一是 Andreeva-Galanina 于 1956 年提出的,她的名字与"振动病"[11]这一概念是直接联系在一起的。根据这一概念,人们已经认识到人体的整体振动和手传振动都会对中枢神经系统产生危害,其原因在于人体组织器官与其周围的血管和神经等都是紧密关联的[Griffin,1,p.568]。实际上,到目前为止,振动病也已经成为了一个统称[Griffin,1,p.569],它泛指由人体的整体振动或局部振动所导致的所有负面影响及其综合症。

(1) Andreeva-Galanina 的振动病模型(1959)是建立在四阶段病理过程上的,这四个阶段分别是:①初始的完全可逆阶段;②出现明显的综合症;③出现显著的病理异常;④达到非常稳定且不可逆的病理状态,甚至失去工作能力。每一个阶段均包含了清晰的临床信号(5～10 个)与对应的明显症状[1]。

(2) Drogichina 和 Metlina 的振动病模型(1967)是建立在 7 种综合症基础之上的,这些综合症分别是血管舒张、血管痉挛、营养性多神经炎、植物性肌筋膜炎、神经质、间脑综合症、前庭功能紊乱等。每一组综合症都带有典型的症状和临床信号[1]。

(3) 基于振动对人员的危害程度的分类模型主要包括以下 5 种不同程度的副作用[3]:

①人员未感觉到不适:振动没有对人员产生任何负面影响。

②人员仍可继续正常工作:振动导致的疲劳不影响人员的工作过程。

③人员的安全工作临界点:振动不会对人员产生持续的生理危害。

④人员工作的危险临界点:振动可能导致人员产生振动病。

⑤人员感到烦闷:振动对人员来说变得不可忍受或会导致创伤。

(4) Frolov[3] 提出的有害振动分类模型主要建立在①对人员各项功能的影响上和②对人员的生理学影响上。

从功能影响角度来说,有害振动将会使得人员更加疲劳、运动和视觉反应时间增加、前庭反应和运动协调性紊乱等。

从生理学角度来说,有害振动将会导致人员产生神经系统疾病的出现、心血管功能紊乱以及肌纤维与关节损伤等。

可以看出,振动对人员功能性的影响会使生产率等性能指标下降,而生理学上的影响则直接导致人员产生各类疾病,其中就包括了振动导致的雷诺病(手指发白),该疾病主要源于长期(3~5年)遭受振动激励的影响。

利用 Frolov 分类模型,人们可以将生理学上的症状对应到某些功能影响的分组中,例如,振动诱发的手部神经系统疾病就是与该部位的功能损伤对应的。

根据人体对振动的感觉的统计性分析结果,人们建立了振动等感曲线图或等价的舒适度/不适度等值线(ECC)[1]。ECC 给出的是一种主观性的、定性的同时也是平均意义上的振动描述。这些等值线可以绘制成频率 – 振动位移、频率 – 速度或频率 – 加速度的形式。

Griffin 的指南[1]中已经给出了一组针对坐姿和站姿人员的 ECC。对于一个采取坐姿的人员来说,应当考虑不同的振动方向,其中包括 $x$、$y$、$z$ 轴方向上的振动以及翻转($r_x$)、俯仰($r_y$)和偏转($r_z$)方向上的振动等。所有这些等值线均是在"频率 – 加速度"坐标系中构建的。国际标准 ISO 2631 则把舒适度估计值表示成了加权均方根加速度的函数形式,例如"未感觉到不适"对应于 rms < 0.315ms$^{-2}$,然后就是"稍微不适""较为不适""不适""非常不适",以及最后的"极端不适"(对应于 rms > 2ms$^{-2}$),换言之,它将人体对振动的主观评估以数值形式表示出来了。

图 17.3 给出了具有相同的平均振动感觉的区域[3],不同程度的振动感觉可参见表 17.2。这些区域之间的边界代表了等感曲线。

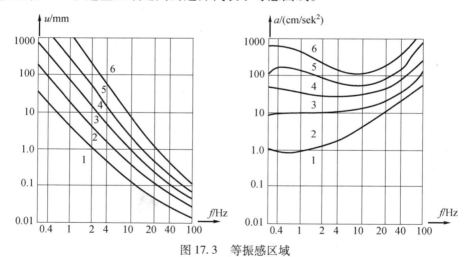

图 17.3　等振感区域

表 17.2　受到振动激励的人体的感觉[3]

| 区域 | 振感 | 区域 | 振感 |
| --- | --- | --- | --- |
| 1 | 无感觉 | 4 | 强烈振感 |
| 2 | 稍有感觉 | 5 | 受振时间较长时感觉不适 |
| 3 | 中等振感 | 6 | 受振时间较短即感觉不适 |

## 17.2.2　振动对人员的影响

人体是一个复杂的生物动力学系统,各种频率的振动激励会对人体各个不同部分和特定的器官产生负面和病理上的影响[3],这是因为人体各个不同部分作为对应的动力学系统来说均具有各自的固有频率,当它们受到同频率的激励时将会发生共振,从而使得器官或组织起振。

借助实验手段,人们可以有效考察和评价振动对人体的影响,实验中的分析对象可以是假人模型,也可以是真人。

对于采用假人模型的情况,一般能够获得这些假人模型的动态物理特性,进而可以定义人体各个部位的频率特性。这种情况下的实验具有很强的可重复性,同时也具有一定的客观性,由此得到的数据对于真人情况也比较适用。当然,这种适用性的程度主要取决于所采用的假人模型与真人之间在生物力学特性上的相似程度。

对于采用真人进行实验的情况,人们不仅可以得到人体的动态物理特性,而且还能够获得更为全面的主观振感评价。实验结果的可重复性程度要低一些,原因在于实验中往往存在着大量的额外影响因素,如人员的生理状态和振动剂量的累积效应等。

振动对人员的影响依赖于多个因素,其中包括:

(1)振动的频率范围。

(2)振动传递模式,作用点与作用方向。

(3)振动幅值,可由位移、速度或加速度来衡量振幅。

(4)振动的持续时间。

(5)人员的个体容忍度。

关于振动对人员的影响,一般可以从以下两个方面去认识和考察:

(1)人员的不适度水平与由此导致的工作表现。

(2)人员健康和安全方面的风险以及由此导致的损伤或职业病。

人员所受到的生理学上的影响应当分别针对局部振动和整体振动来分析。一般来说,传递到人员手臂部位的局部振动会对人员的健康和安全带来危害,特别是对血管、骨骼、关节和神经肌肉等。长期受到超过容许水平的振动激励时,这种危害程度会随之增加,同时患职业病的概率也在增大。此类振动病的一个实例就是白手指病[1]或手指僵硬,它是雷诺综合症的第二种形式,一般是由于人员使用带振动的工具而引起的。对于整体振动来说,它也会增加人员受伤的危险,特别是人体下背部软组织损伤以及脊柱创伤等。

各类工业场合中的振动大多分布在很宽的频率范围内,人体整体振动情况下所导致的诸多生理紊乱和功能紊乱主要发生在 0.5~80Hz 这一低频范围内,而对于手传振动则主要位于 5～1500Hz 这一较宽的频率范围,它们容易导致上肢功能紊乱[12]。表 17.3 中根据激励频率的不同列出了振动的有害影响。

表 17.3　振动频率对人体的影响[3]

| 振动对人体的负面影响 | |
| --- | --- |
| 运动不适 | |
| 气短气喘 | |
| 视力下降 | |
| 心血管功能紊乱 | |
| 上肢协调性丧失 | |
| 各类大小运动技能恶化 | |
| 软组织细胞损伤 | |

Griffin 在 1996 年已经针对不同的振动激励(如车辆、飞机、船舶、装备、工具等产生的激励)进行了分析,讨论了对应的振动病情况[1],同时还给出了非常有用的附录,其中列出了大量的参考文献(超过 1700 个),基本覆盖了 1918—1989 年期间的所有研究。

下面我们简要地介绍一下航空领域中的振动及其对机组人员和乘客的负面影响。飞机不仅包含了内部振源,而且也带有外部振源。内部振源主要是指推进系统,由此引起的振动一般与转子转速相关。外部振源主要是指空气湍流作用。其他形式的内外部振源以及它们的形成条件和典型频率成分可参阅文献[7,13]。在振动的传递过程以及对人员的影响方面,毫无疑问,人员的姿态是一个关键要素。对于采取坐姿的人员来说,座椅的设计是非常重要的,不同特性的座椅会极大地影响到人体所受的振动影响(整体振动)。这些座椅特性涉及座椅自身的结构形式、调整机构、坐垫(靠垫)材料以及安全带等多个方面。人员的振动防护可以通过对座椅进行被动控制或主动控制来实现,尽管这些措施已经用于很多地面车辆和轨道车辆,不过在飞机设计中采用这些防护措施时一般必须考虑减重问题。

长期经受振动的人体会产生应力累积效应,它可能导致人员的功能性和生理性变化(参见第 17.2.1 节中的有害振动分类#4),各器官的正常功能发生紊乱,甚至会导致人体多个部位的组织损伤。显然,在分析振动对人体的影响程度时,必须将严重不适甚至疼痛与一般的振动损伤影响区分开来[1,p914]。

每个人对振动都具有一定的忍受度,这种忍受度的水平取决于生物因素和生理因素。从医学上来说,振动忍受度是指"个体能够无痛苦感地承受的最大振动,其极限是振动频率和振幅的函数,且与振动方向有关"。忍受度这一概念的数学评价和不同个体间的比较准则目前尚未建立,不过,这一清晰的主观性概念对于分析振动对人体的影响仍然是非常有用的。

当前,个体的振动忍受度还没有客观性的定义。由于振动的副作用包括了疼痛、视觉模糊、恶心等,因而医学上常用的语言评价量表(用于评价疼痛等不适感)[14]可以认为是一种比较适合于定义忍受度的方式。在这个表中,疼痛是病人陈述的一种主观性感受,没有任何客观性的测试来验证其有效性。表中将疼痛感分成了 10 个不同等级,值为 0 代表了无疼痛感,而 10 则代表了极度的难以想象的疼痛。显然,这一分级描述原理也可用于评价振动副作用所带来的人体不适感水平,当然,这种情形下可以根据人员所述的不适情况来重新建立不同的不适感级别,并应考虑到测试过程的方便性和经济性。

振动忍受度与激励的持续时间是相关的,振动激励的时间越长,人体对该振动的忍受度就越低。图 17.4 中示出了在受到 z 轴方向振动激励下,成年男性的忍受极限与频率之间的关系。这幅图中绘制出了忍受度等值线,其中激励的持续时间是一个参变量。可以看出,随着某给定频率处加速度的增加,忍受时间是不断减少的。

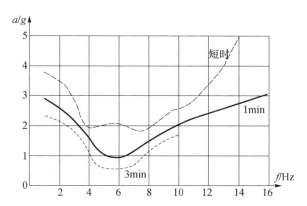

图 17.4　短时、1min 和 3min 激励条件下人体对整体
垂向简谐振动的忍受度等值线(引自 Magid 等[15])

在较低频率段(1 ~ 20Hz),受到振动激励的人体往往会出现多种不良的症状。4 ~ 9Hz 范围内表现为一般性的不适,13 ~ 20Hz 内表现为头部眩晕,而 10 ~ 18Hz 范围内则表现为大小便失禁。此外,在 5 ~ 7Hz 范围内还可表现出胸部疼痛感,8 ~ 12Hz 内腰骶部疼痛,4 ~ 10Hz 内腹部疼痛,13 ~ 20Hz 内可能出现肌肉紧张感,而在更低一些的频率(3 ~ 8Hz)处则可能影响到呼吸功能[1,3,7,15]。

心血管功能,如动脉血压、心率、耗氧量等,主要与振动频率与幅值有关,这些特性可以通过等值线形式来描述。在长期受到振动激励的情况下,一般的典型表现是背部疼痛或损伤现象,重复受到高强度振动激励时还可能导致慢性病的发生。

对于空气传播的振动,频率一般位于 50～100Hz 范围内(参见第 17.1.1 节),人体可能出现的症状包括轻度恶心、头晕、皮肤潮红、刺痛感(100Hz 附近出现)、咳嗽、胸骨后疼痛、气哽感觉、流涎症、吞咽疼痛、下咽骨不适(60Hz)以及头疼(50～60100Hz)等[7]。

航空领域中,飞行员受到振动激励后眼睛将经受更为复杂的运动。飞行员的眼睛需要不断运动以观察仪器面板,显然在振动激励情况下读取仪器值将变得更为困难,执行其他一些需要视觉来完成的动作也同样如此。此外,低频振动下飞行员头部的无意识运动也会导致视觉跟踪效果变差,而在较高频率振动下,眼睛还可能因为共振而造成视觉模糊。

文献[3]中曾讨论过振动对光信号下的无误操作概率(PEFO)的影响。人们已经认识到,在各种振动频率下,随着时间的增加 PEFO 均呈现出稳态下降的特点。Smith 等人于 2006 年在实验室中也进行了与此相关的实验研究。

车辆事故中如何保护驾驶员和乘客也是振动防护领域中的一个重要问题。人们已经通过计算机仿真手段构建了碰撞环境和人体模型,进而开展了这一方面问题的分析[4,16,17]。通过这些仿真工作,已经制定了一套用于防止人体各个部位(如脊柱、胸部和头部等)发生损伤的相关标准[5]。应当指出的是,在此类问题的研究中,人员的姿态不能视为完全固定的情况。

## 17.3 振动剂量值

人们已经认识到,当人体受到振动激励的时间增加时,生理和功能状态也将逐渐变差。这表明了,振动能量对于人体来说具有累积效应。根据英国标准 BS 6472－1:2008,可以借助两个概念来对人体储存的能量进行数值评价,即振动剂量值(VDV)和振动剂量估计值(eVDV)。这两个概念都同时考虑了振动特性和人员受振动激励的时间这两个方面的因素,它们针对人员所受到的振动与冲击给出了累积效应指标[1]。据此,我们可以以数值的形式来衡量人员受到的振动剂量。不仅如此,我们还可以借此来比较处于不同振动环境中的人员,更为客观地评估他们受到的振动影响程度。这两个指标具有完全相同的单位,它们的数值增大代表了人员受到了更多的振动影响。

人员受到的振动影响涉及多种因素,其中振动频率和振动方向是比较重要的。不同的振动频率将产生不同形式或不同程度的人体不良反应,这种影响可以借助频率权重来体现[1],为此人们引入了权重曲线这一概念。这些曲线($W$)是在"频率－无量纲模量"这个坐标系中构建的,例如,根据 BS 6472－1:2008 这一标准,建筑物中人体的整体垂向振动所对应的曲线 $W_b$ 可由图 17.5 给出。该曲线定义了每一频率处振动幅值所需乘以的"权重值",该值反映的是该频率成分对人体的影响程度。显然,如果某频率对人体的影响很大时,对应的这个权重值就很大,反之就会很小。从图中可以看出,对于 4~12Hz 频率范围内的垂向加速度而言,人体最敏感的频率是 $f = 6.3$Hz,与此对应的最大权重值为 $W_b = 1.0554$。对于不同坐标轴上的运动来说,频率权重值也应当是不同的,图 17.6 中示出了水平方向振动情况下的频率权重曲线 $W_d$。

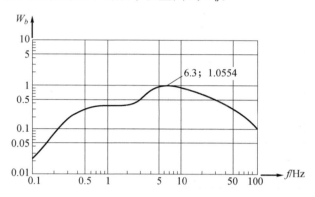

图 17.5　适用于人体垂向整体振动的频率加权曲线 $W_b$

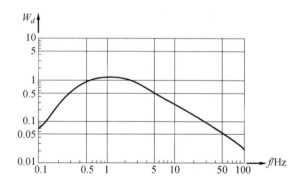

图 17.6　适用于人体水平方向整体振动的频率加权曲线 $W_d$

　　如前所述,人体受到振动影响的累积效应可通过振动剂量值(VDV)来表征,该值依赖于振动的持续时间、频率权重以及振动加速度大小等因素。根据英国标准 BS 6472 - 1,2:2008,VDV 可以定义为

$$\text{VDV}_{b/d;\text{day/night}} = \left[ \int_0^T a^4(t)\,\mathrm{d}t \right]^{1/4} \tag{17.1}$$

　　上式中的下标"$b$"或"$d$"分别代表的是频率权重曲线 $W_b$ 或 $W_d$(图 17.5 和图 17.6),$a$ 为采用 $W_b$ 或 $W_d$ 进行频率加权的加速度(单位为 $\mathrm{ms}^{-2}$),$T$ 为白天或

晚间振动持续的总时间(单位为 s)。于是振动剂量值(VDV)的单位就是 $[(m/s^2)^4 \cdot s]^{1/4} = m/s^{7/4} = ms^{-1.75}$。

当加权加速度的主要方向已经明确之后,就只需要确定该方向上的 VDV 了,而如果不清楚最主要的方向,那么就需要预先估计出哪个方向上对应了最大的加权加速度。很明显,VDV 是带有累积特征的,即人员受到的振动激励作用时间越长,VDV 就越大。

表 17.4 中列出了受振动影响后人员可能产生不良反应的三种概率水平,它们取决于振动剂量 VDV,针对的是住宅楼内的人员,分别给出了受到白天 16h 或晚间 8h 振动激励这两种情况下的结果。

表 17.4 与不同概率的负面影响相对应的振动剂量(VDV,$ms^{-1.75}$)范围(住宅楼内,BS 6472 - 1:2008)

| 位置和时间 | 影响概率较低[①] | 影响概率适中 | 影响概率较大[②] |
|---|---|---|---|
| 住宅楼内,白天,16h | 0.2 ~ 0.4 | 0.4 ~ 0.8 | 0.8 ~ 1.6 |
| 住宅楼内,晚间,8h | 0.1 ~ 0.2 | 0.2 ~ 0.4 | 0.4 ~ 0.8 |
| [①]低于这一范围一般不会产生影响; | | | |
| [②]高于这一范围非常可能产生影响 | | | |

重复性的激励:

如果假定振动状态是不变的或者是定时重复性的,那么就只需对单个有代表性的持续时间 $\tau$ 进行测试即可。若设测试值为 $VDV_{b/d,\tau}$,那么白天的总 VDV 就变为

$$VDV_{b/d,\text{day}} = \left(\frac{t_{\text{day}}}{\tau}\right)^{0.25} \times VDV_{b/d,\tau} \qquad (17.2)$$

式中:$VDV_{b/d,\text{day}}$ 为白天的总 VDV;$t_{\text{day}}$ 为白天持续时间(s)。

实例 17.1 设在白天的 16 个小时内,人员受到了 40 次重复性的垂向振动激励,每次持续时间为 $\tau$s,对应的 VDV 为 $VDV_{b,\tau} = 0.2\text{m/s}^{1.75}$。试计算整个白天内的 VDV,并与表 17.4 中的数据进行比较。

求解:根据前述公式我们有

$$VDV_{b,\text{day}} = \left(\frac{t_{\text{day}}}{\tau}\right)^{0.25} \times VDV_{b,\tau} = \left(\frac{40\tau}{\tau}\right)^{0.25} \times 0.2 = 40^{0.25} \times 0.2 = 0.503\text{m/s}^{1.75}$$

参考表 17.4 可以看出,这种情况下人员是可能产生不良反应的。

振动剂量估计值(eVDV):

在某些情况下可能是难以进行测试的,此时可以借助这一概念对结构振动水平进行预测。根据英国标准 BS 6472 - 1:2008,C4,振动剂量估计值 eVDV 的计算就是将 VDV 的积分计算过程替换为简单的代数运算过程,即

$$eVDV = 1.4 \times a(t)_{rms} \times t^{0.25} \qquad (17.3)$$

式中：$a_{rms}$ 为利用 $W_b$ 或 $W_d$ 进行频率加权的加速度均方根值（$ms^{-2}$）；$t$ 为振动激励的总持续时间（s）。于是，eVDV 的单位就是（$m/s^2$）$\cdot s^{0.25} = ms^{-1.75}$。系数 1.4 是人为引入的一个经验值，该值是针对具有低振幅因数的典型振动环境得到的，所谓的振幅因数是指峰值与均方根值（指定时间范围内）的比值[1]。利用式（17.3），我们也可以很方便地求出重复性激励条件下的 eVDV。

**实例 17.2** 设在白天的 16h 内存在 10 个激励，每个激励的持续时间为 20s，频率加权的加速度均方根值为 0.1$m/s^2$，试计算振动剂量估计值 eVDV。

求解：$eVDV = 1.4 \times a(t)_{rms} \times t^{0.25} = 1.4 \times 0.1 \times (10 \times 20)^{0.25} = 0.526 m/s^{1.75}$

参考表 17.4 可以看出，这种情况下人员可能会对这些激励产生不良反应。

**实例 17.3** 设在白天的 16 个小时内存在若干个激励，每个持续时间为 25s，频率加权的加速度均方根值为 0.1$m/s^2$，如果要求振动剂量估计值不得超过 1.6$m/s^{1.75}$，试确定这些激励个数的上限 $n$。

求解：$eVDV = 1.4 \times a(t)_{rms} \times t^{0.25} = 1.4 \times 0.1 \times (n \times 25)^{0.25} = 1.6 m/s^{1.75}$

因此我们可以建立如下关系式并导得激励个数的上限值，即

$$(n \times 25)^{0.25} = 11.428 \to n = 682$$

**实例 17.4** 试说明当振动幅值加倍时 VDV 将如何改变。

求解：

$$VDV_{b/d, day/night} = \left[ \int_0^T a^4(t) dt \right]^{1/4},$$

$$\overline{VDV_{b/d, day/night}} = \left[ \int_0^T (2a)^4(t) dt \right]^{1/4} = (2^4)^{1/4} \left[ \int_0^T a^4(t) dt \right]^{1/4} = 2VDV$$

可以看出，当振幅加倍后，VDV 也将加倍。

**实例 17.5** 试说明振动激励的持续时间变为原来的 16 倍而振幅不变时，eVDV 将如何改变。

求解：

$$eVDV = 1.4 \times a(t)_{rms} \times t^{0.25}, \overline{eVDV} = 1.4 \times a(t)_{rms} \times (16t)^{0.25} = 2eVDV$$

根据前面给出的关系式（17.1）～式（17.3），我们就可以确定出人体受振动影响的累积效应（振动剂量），它给出的是一个客观的定量值。人体受到的振动激励可能是多种多样的，例如连续的、间歇的或偶然性的，这些振动激励的特性也可能是多样化的，如幅值不变的、幅值变化的或脉冲式的等。正因如此，VDV 和 eVDV 的表达式才显得十分重要，因为它们可以在一个共同的基础上来比较所有类型振动激励的影响，或者说即便是脉冲式或间歇式的振动激励，它们对人体的影响程度（VDV 或 eVDV）的计算原理与连续振动激励的计算原理也是完全一致的（参见标准 BS 6472 - 1:2008 中的 3.1 节概述）。

关于 VDV 的更多深入的内容,以及人体所受振动作用的相关标准,建议读者去参阅 BS 6472 – 1,2:2008,ISO 8727:1997,2014,ISO 2631:2014,ISO 5982:2011,现有标准(2012)综述[10],指导手册与报告(2007)[12],以及一些相关的书和文章[1,6,7]。

## 17.4　人体的力学特性和频率特性

在人员振动防护理论中,人体的动力学模型是一个主要概念。这里所谓的动力学模型是指通过被动元件及其对应的物理参数来描述人体的结构。为了便于将人体描述为一个力学模型,人们已经进行了大量的实验研究。实验中主要采用了假人模型或真人来承受振动激励,如果采用的是假人模型,那么它应当与真人具有相同的基本参数。这些参数主要包括了人体的弹性和耗能特性、人体的形状和几何尺寸、质量分布、各部位的质心、整体的质心,以及人体各部位之间的连接方式(类似于关节力学)。实验中得到的结果一般为阻抗、等效质量、动态刚度以及各部位的局部频率等。根据这些结果和适当的人体模型,我们就可以定义等效力学系统的惯性、弹性以及耗能特性等方面的参数。很明显,这里所讨论的人体与力学模型之间的等效,只是建立在响应的物理构成(对于外部的动态激励)这一层面上的,而不涉及人员对振动激励的主观感受和评价。

### 17.4.1　人体的力学特性

首先应当指出的是,有必要将人体的姿态区分为三种主要的类型,即坐姿、站姿和仰卧姿。这些姿态还可以进一步划分为若干不同的子类型。例如,坐姿可以是笔直坐立、向前倾斜坐立或向后倾斜坐立,以及某些肢体或全部肢体放置在约束面上(如前臂放在座椅扶手上或放在方向盘上)等。对于"标准"人体(成年男性、成年女性和儿童)来说,每一种姿态都对应有平均的人体参数。这些参数中包括了人体各部位的几何尺寸与平均质量,各部位的质心、惯性矩,以及整个人体在不同姿态下的质心等[3]。

人体各个部位是通过若干个关节彼此连接起来的,可以从结构上和功能上对这些关节进行分类。结构上的划分主要根据的是连接人体各部位的结合组织的类型差异,这一分类方式的详细情况可以参阅文献[8]。关节的功能分类主要依据的是它们所容许的运动形式和数量,如纤维连结型的关节(不容许运动)、软骨关节(容许部分运动),以及滑膜关节(容许自由运动)[19]。在滑膜关节中还可以进一步区分为铰链、枢轴和球窝关节等细分形式。

人体臂部包含了上臂肱骨和前臂的尺骨与桡骨,它们之间的连接形成了肘部关节。这种连接的力学模型可以采用铰链关节形式来表达,它只容许出现向内弯曲运动(即减小尺骨和肱骨之间的角度)和向外扩张运动(即增大尺骨和肱骨之间的角度)。

腿部各部分功能段之间的连接构成了膝部,它包括了两个关节,即连接股骨和胫骨的关节与连接股骨和髌骨的关节。这些连接所对应的力学模型为枢轴铰链关节,它容许弯曲运动(弯腿)和扩张运动(伸腿),以及稍微的向内和向外转动。

在肩部关节处,肱骨的球头与肩胛盂腔相互连接和配合,因此可以利用球窝关节来表示这一连接的力学模型,其中一根骨头的球状曲面与另一根骨头的杯状凹窝连接在一起。球窝关节所容许的运动包括了弯曲、扩张、内收(即向人体中心线靠近和远离),以及向内和向外的转动等。人体中的肩关节和髋关节都是唯一的球窝关节类型,不过前者具有更大的运动范围。

关于人体关节的描述问题,众多学者都进行了研究,如 Platzer[20]、Herman[21]、Whiting 和 Stuart[18],以及 Tortora 和 Derrickson[19] 等人就进行了这一方面的工作。人们已经认识到,人体每个关节中所存在的阻力都可视为黏性力矩,其阻尼系数为常数。在碰撞情况下,关节力还会包含一个额外的非线性项,即"角位移－阻力矩"[4,vol.1]。此外,人体各个关节关于 $x$、$y$、$z$ 轴的转角都是有限的,例如,头部转角极限值为 $\varphi_x = 15°$(侧向倾斜)、$\varphi_y = 20°$(向前弯曲)、$\varphi_y = 30°$(向后弯曲)以及 $\varphi_z = 70°$(扭转)[3]。

人体的各个组织类型(如软组织、骨组织)均可通过力学参数来刻画[21],其中包括密度、剪切模量、杨氏模量、泊松比、体积模量以及极限抗拉强度等。对于骨组织(股骨、胫骨、桡骨等)来说,一个比较重要的参数是压缩状态下的断裂载荷[3]。生物组织具有非常复杂的流变学特性,它们取决于人体的物理状态,并随着人体年龄和健康状况的变化而发生显著改变[3]。人们已经分析并给出了轴向拉伸和压缩条件下骨组织和软组织的多种"应力－应变"关系[3,22],包括肌肉、肌腱、软骨、椎间盘和骨头等组织。在一些相关书籍[3,22]中还给出了各类不同组织(如椎间盘、腰椎等)的相对转动的"扭矩－转角"关系图。此外,在文献[3]中,Frolov 还曾讨论了人体若干关键部位(如头部、颈部和脊柱等)的力学特性,感兴趣的读者可以去参阅。一般来说,生物组织的"应力－应变"关系具有非线性特征。

当人体承受外部力作用时,为了保持稳定的坐姿,必须进行等张性肌肉收缩从而平衡掉外部激励力[4,vol.1]。以位于座椅上的人体为例,它所受到的法向接触力 $N$ 和切向接触力 $T$ 主要来源于椅垫、肘部支撑以及地板,它们分别作用在脚部、大腿、背部、肘部和头部等位置,图 17.7 给出了这些力的示意图,它们均施加在对应人体部位的质心处。从这一简要的描述中也不难看出,人体的动力学模型是丰富多样的,选择任何模型都会存在某些不足之处。

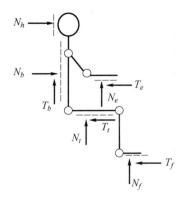

图 17.7　外力作用在坐姿人体上:虚线代表的是约束位置

## 17.4.2　人体的频率特性

在前面的第 12 章中,我们已经介绍了由被动元件组成的线性动力学系统的一些基本特性,这些特性包括了动态质量、力学阻抗、动态刚度、导纳以及传递率等。每一种特性都可以视为一般意义上的传递函数的特例,它们也都可以通过算子形式($p = \mathrm{d}/\mathrm{d}t$)来表达。不仅如此,所有这些算子形式的特性函数也都可以转化为对应的频率特性函数,只需进行 $p = \mathrm{j}\omega$ 替换即可。一般地,频率特性是复数值,即它们包括了实部和虚部。利用这些频率特性,我们就可以确定人体动力学模型的结构和参数,进而描述人体的响应。当作用到人体上的激励频率较低(不超过 $100\,\mathrm{Hz}$)且人体振动较小时,所有这些频率特性都是可以应用的,此时的人体可以视为一个线性黏弹性力学系统来处理。

人体及其各个部分的动力学特性可以通过不同类型的传递函数(算子形式)来分析,最常用的就是阻抗和传递率[3,23-25]。

传递阻抗代表的是作用在人体某点处的周期激励力与人体另一指定点处的速度之间的比值。如果这个速度是在同一个点处测量的,不过与该点处的激励力方向不同,那么这个力与速度的比值也可称为传递阻抗。应注意的是,如果该速度是在同一点测量并且方向也与激励力方向一致,那么这时的力与速度的比值一般称为输入阻抗或驱动点阻抗。一般而言,阻抗是一个复数,它的模 $|Z|$ 代表的是激励力的幅值与振动速度幅值的比值,也是激励频率的函数,即幅频特性。输入阻抗的相角与激励频率之间的函数关系代表了激励力与该力作用点处的速度在相位上的差异。对于非简谐振动来说,驱动点力学阻抗可以根据激励力和速度的谱来确定。阻抗 $Z$ 的模和相位差的计算一般需要用到复数的基本理论,参见附录 A。

频率特性的值与激励的作用点和人体上的测量点的位置是密切相关的,而人体自身的动态特性则与人体姿态和支撑人体的接触面类型(如地板、座椅、肘部支撑面等)有紧密的关联[3]。

对于以坐姿和站姿处于垂向振动平台上的人体,人们已经得到了一些实验结果,如图 17.8 所示。图中的曲线代表的是质量为 84kg 的人体的输入阻抗绝对值与激励频率之间的函数关系,激励施加在人体的支撑面上,阻抗的计算方法可参见文献[6,第 12 章]。

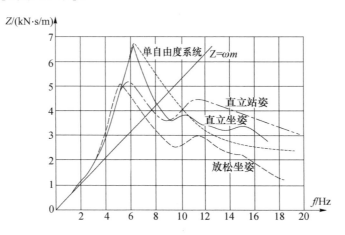

图 17.8　若干姿势下(站姿、直立坐姿和放松坐姿)人体的输入阻抗绝对值与有阻尼单自由度系统以及质量 $m$ 的阻抗的比较(Gierke 和 Brammer[2],1996)

为了便于对比分析,在该图中既给出了集中质量 $m$ 的阻抗的模 $|Z_m| = \omega m$,同时也给出了有阻尼单自由度系统(SDoFS)的阻抗的模。可以看出,在 2Hz 以下,人体和集中质量的行为是完全一致的;在 5Hz 以上,直立坐姿将使得阻抗的模增大,也就是动刚度增大。曲线的峰值点对应了共振行为。在 SDoFS 情况中只存在着一个共振点,而对于不同的人体姿态来说,可以存在多个峰值点,也即多个共振点。这就意味着,这些情况下的人体必须视为多自由度系统来处理。人体不同部位所对应的共振频率近似为[1,26]:头部 8 ~ 20Hz,眼睛 12 ~ 50Hz,气管 5 ~ 30Hz,胸部 2 ~ 15Hz,腰椎 4 ~ 15Hz,腹部 4 ~ 20Hz。

关于更多不同姿态人体(如坐姿、站姿、跪姿、卧姿等)的输入力学阻抗问题,可以参阅文献[3,24],其中考虑了激励力的不同作用点位置,如坐姿下的椅子、脚部,站姿下的脚部、手部,仰卧下的背部、头部等。

图 17.9 针对人员采取放松的坐姿情况给出了对应输入阻抗的模,并考虑了带有附加质量和不带附加质量的情形。图中的人员是坐在一个没有靠背和脚部支撑的硬椅上的。可以看出,当人体上附加了一个额外的质量时,阻抗的最大绝对值将向高频方向移动(曲线 2),这与线性理论的结果是相矛盾的,因而表明了

人体是具有非线性特征的[3]。

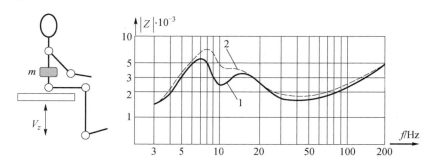

图 17.9　输入阻抗绝对值 $Z$(N·s/m)与激励频率 $f$(Hz)的关系:放松坐姿人体情况;
1—附加质量为 $m = 0$;2—附加质量 $m = 7.84$N·$s^2$/m 固定在腰部脊柱处(Miwa[24])

　　人体的阻抗显著依赖于人体的姿态,例如,当坐姿人体向前或向后倾斜时,其阻抗将有所不同,对于车上乘客来说,这一阻抗还与安全带的类型及其张力大小有关。

　　在文献[3]中已经给出了人体各个部位的输入阻抗和相位差曲线,其中还考虑了站姿和坐姿人体的各种不同具体姿势的影响。不过,这些曲线只反映了人体的物理特性,而没有体现出他们的生理状态。

　　传递率是一个无量纲比值,即受迫振动系统的稳态响应幅值与激励幅值的比值。这里的响应和激励的定义与前面的特性函数定义是类似的,即激励力、位移、速度或加速度等物理量均对应于系统中的不同点。例如,对于受支撑面垂向振动激励(幅值为 $Z_{base}$)的站姿人体来说,如果其头部的响应幅值为 $Z_{head}$,那么传递率就是 $T_{h/b} = Z_{head}/Z_{base}$。传递率这一概念是十分有用的,通过它不仅可以计算出传递率的幅值,也可以得到其相位差。

　　顺便提及的是,某个方向上的扰动可能导致人体在另一个方向上产生响应,这一现象称为离轴效应。这一效应在航空领域中常常可以观测到(对于乘客和机组人员)[7]。产生该效应的原因在于,人体不同部位之间可以发生能量传递行为。

　　周期激励力 $F(f)$($f$ 为频率)与其所导致的同频率振动加速度 $a(f)$ 的比值一般称为视在质量,即 $M(f) = F(f)/a(f) = -\mathrm{j}Z(f)/2\pi f$[27],应注意的是,这里的两个物理量都应是在同一个点处的同一个方向上测得的。该定义式中的因子 j 是指速度和加速度之间存在着 $\pi/2$ 的相位差。

　　总地来说,传递函数的概念使得我们可以不必关心线性系统的物理本质,而直接写出其输入和输出关系,因此,该概念所涵盖的范围要比力学阻抗、传递率以及视在质量等概念更为宽广。

　　在给定的位姿(如坐姿)下,通过考察各种人体姿势可以得到对应的

$|Z(f)|$,若将这些$|Z(f)|$的最大值和最小值提取出来绘制成曲线,那么该曲线一般可称为阻抗模的包络曲线,它是频率的函数。

　　线性时不变系统的传递率函数 $T(f)$ 是传递函数的一种特殊情形,即 $T(f) =$ Output$(f)/$Input$(f)$。利用这些函数可以反映出人体的生物动力学特性,如图 17.10 所示,其中给出了人体的不同姿态及其对应的传递率函数曲线,该结果假定了不同姿态下的输入和输出均为 $z$ 方向上指定点处的加速度,分别对应于支撑点(座椅或地板)处的加速度 $a_{zs}$ 与头部位置的加速度 $a_{zh}$。根据这幅图,我们可以确定出能够导致头部产生最大加速度的激励频率。类似地,针对人体上的任意观测点以及该点处的任意振动方向,也可以得到对应的传递率函数曲线。通过这些曲线我们不难得到所需传递率函数段对应的激励频率范围。

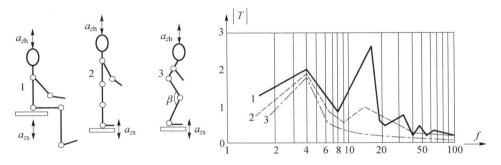

图 17.10　支撑至头部的传递率绝对值 $T = a_{zh}/a_{zs}$ 与激励频率 $f(\text{Hz})$ 的关系[3]:
1—放松坐姿人体情况;2—人体以放松站姿站立在硬地板上;3—挺直站立人体,$\beta = 135°$

　　关于从支撑点到人体不同部位(如头部、肩部或臀部等)的垂向和水平方向上的振动传递率,可以参阅文献[2],其中考虑了不同的人体姿态,如站姿和坐姿等。这些传递率很大程度上依赖于所考察的人体情况,特别是人体的质量和其他物理参数。

## 17.5　人体模型

　　这一节我们来讨论一下不同类型的人体模型,其中包括了站姿和坐姿人体在不同细分姿势下的一维和二维模型,以及车辆碰撞问题中的乘员模型[2,3,16]。

　　在合适的力学模型基础上,人们可以以解析分析方法来求解人体对动态激励的响应。这些模型的构建对于人体动力学状态的分析来说是一个关键环节,也是一个比较困难的阶段,这种困难表现在客观和主观两个方面。

　　客观方面的困难在于,作为生物力学对象而言,人体具有相当程度的复杂性。这种复杂性表现在关节的多样性、软组织和硬组织具有不同的物理力学特性,并且这些特性不仅仅依赖于性别和年龄,而且还依赖于人体的身体状况。在各类关节的建模中,所遇到的主要困难则表现在它们所涉及的人体部位的相对运动具有非对称特点。进一步,当需要将组织和关节的非线性特性考虑进来的时候,人体数学模型的构建也将变得更为复杂而困难。为了从力学层面来认识人体的复杂性,Lee[28] 曾借助计算机模拟手段给出了比较细致的人体生物力学模型。该模型是一个铰接形式构成的多体系统(75 块骨头),共有 165 个自由度,其中 139 个自由度与头 - 颈 - 躯干这一区域相关联。在模型上还建立了846 个肌肉力模型。在仿真中总共采用了 354000 个体心立方四面体单元来构建和描述高分辨率的皮肤和肌肉表面的变形情况。

在主观困难中,建模的预期目的是其中之一。成功的模型构建要求人体的动力学过程与模型的动力学过程之间具有相似性。不仅如此,良好的模型还应当使得系统参数和特征适合于特定的研究目的,并且只需反映出那些特定研究所需要的参数即可。对于人体特征和参数来说,最重要的就是人体的位置、质量、各个部分的惯性矩、关节及其静态描述与运动学描述,以及软硬组织的弹性和耗散性质等。事实上,人体模型也正是根据人体组织、肢体和关节的这些特征来进行分类的。

(1)最简单的模型仅仅包括集中质量、弹性元件和阻尼元件。当存在附加质量时,系统的自由度数量将发生改变。

(2)另一种类型的模型是由弹性元件、阻尼元件和有限单元组成的,这里的有限单元可以用于脊柱建模或其他已经定义好的人体部位,它们可以视为带有分布参数特性的子系统。

(3)还有一种模型是多体模型,它包括了两个或更多个刚性体、弹簧阻尼子系统以及不同类型的关节。

在模型构建过程中,一般需要以真实人体或假人模型的动力学实验数据为基础。相关实验方法、仪器、物理和生理学测试、力学环境和人体的模拟等都是研究人员在人体模型构造过程中所面临的一些困难之处。当然,人体动力学模型的数学描述仍然应按照已有的理论力学和振动理论中的方法来进行。

## 17.5.1 基本的一维动力学模型

人们已经针对不同姿态的人体进行过动力学模型描述,其中包括了每种姿态下的各种不同姿势情形[2,16]。每种模型都是由具有不同质量的肢体段通过被动式弹性和耗散元件连接而成的,例如,国际标准 ISO 5982:2011 中就针对坐姿人体情况给出了一个四自由度模型,利用该模型可以计算垂向($z$ 轴)传递率,如图 17.11 所示。

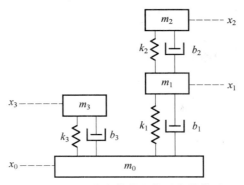

图 17.11　坐姿人体的生物动力学模型

对于图 17.11 所示的模型,简谐激励施加在质量 $m_0$ 上,人们在计算输入阻抗、视在质量和座椅 - 头部传递率的时候,已经考虑了不同质量的人员(557590kg)和不同的激励频率(0.5 ~ 20Hz)。

针对坐姿、站姿和仰卧姿人体情况中各种不同的具体姿势,对应的输入阻抗曲线可以参见文献[3]。该书给出了标准站姿、坐姿和仰卧姿人体的各种模型及其参数,同时还建立了自由站立人体的 2 自由度、5 自由度和 15 自由度模型,膝关节稍微弯曲的站立人体的模型,以及坐姿和仰卧姿人体的最简单模型等。

图 17.12 给出了若干人体模型图,其中的人体受到的是座椅(情况 1)或地板(情况 2)的垂向运动激励,$a$ 代表的是加速度。这些一维集中参数型人体模型是最简单的情况,与此对应的支撑 - 头部传递率也可参阅文献[3]。

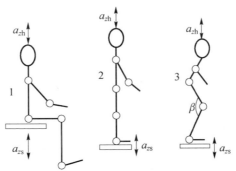

图 17.12　人体整体振动示意图:人体受到的是运动激励;
分析的主要目的是计算头部处的阻抗

图 17.13(a)中示出了一个站姿人体的多体模型,其构成是非常自然而清晰的。该模型包括了 17 个部分,它们通过铰链关节连接起来。与之对应的简化形式的集中质量模型如图 17.13(b)所示,其中包含了集中质量和弹簧 - 阻尼单元。这个一维模型的构建实际上假定了人体各个部分仅在垂向上运动(作为集中质量)。这种情况下,系统的广义坐标就是各个部分的质心的 $z$ 坐标(垂向坐

591

标）。显然,这一模型能够成功地刻画头部和人体其他部分在受到垂向简谐运动激励或基础冲击激励条件下的响应情况。

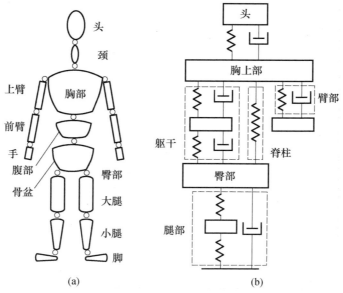

图 17.13 （a）站姿人体的多体模型；（b）对应的集中参数动力学模型

这里我们特别讨论一下人体的 von Gierke 平面模型（1996）[2]，该模型描述了脊柱关节的纵向振动和肺部的横向振动（图 17.14）。对于坐姿人体情况,

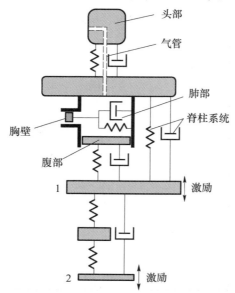

图 17.14 脊柱系统的纵向振动模型与肺部的横向振动模型:模型考虑了坐姿和站姿人体情况;激励方向是垂直方向（Gierke 和 Brammer[2]）

元件 1 代表了座椅,上面放置了人员的等效质量,地板(2)是不可移动的。对于站姿人体情况,元件 1 代表的是人体骨盆,而地板(2)受到了运动激励。这一模型能够解释肺部容积变化导致的压力改变现象。von Gierke 和 Brammer 等人[2]还进一步分析和探讨了这一模型在参数计算过程中所遇到的一些困难。

另外一个与此相关的模型是 von Gierke 的多功能平面模型(1971),它是用于处理人体受到纵向激励(冲击、振动)的情况的。该模型具有 5 个自由度[2],其独特性在于它描述了人体各个部分(腹部、脊柱和骨盆等子系统)关节的垂向振动,以及肺部、气管和胸壁的水平振动。利用这一模型,人们可以分析某些响应特性,例如肺部压力、腹部运动以及胸部动力学状态,等等。

目前,有关整体和局部振动情况下的人体模型问题已经有了大量研究工作,所提出的模型也考虑了不同的激励类型、激励方向、频率范围、人体位置和姿态等多方面要素[29-31]。值得提及的是,Griffin(1978)[1],von Gierke 和 Brammer[2]等人曾给出了人体特定部分的模型,并考察了对应的响应。这些特定部分包括了手部、脚部、手指、手指 - 手掌 - 手臂系统等,所给出的模型考虑了各部位的质量、肌肉和关节的弹性以及它们的尺寸等要素。

必须注意的是,"设备 - 人员 - 加工介质"这一完整系统是非常复杂的非线性系统,并且还带有不同类型的反馈特性,如力觉、触觉、视觉和听觉反馈等,这些在现有模型中还没有体现。事实上,就反馈而言,其参数是依赖于多种不同因素的,如人员的身体和精神状态、工作中的姿态、身体或精神上的疲劳以及其他一些因素,因而也是研究中一个较为困难的方面。

与车辆碰撞中乘员的响应相关的问题也得到了众多研究人员的关注[5,16,32,33],详尽的模型分析和相关的大量研究工作可以参阅 Liang 和 Chiang 的文献[7],关于计算机模拟中的人体生物力学建模的更多内容,Lee[28] 也曾进行过探讨。

毋庸置疑,在研究人体受动力激励这一问题时,要想构造一个能够描述所涉及的各个方面的统一的人体模型几乎是不可能的。因此,我们应当根据动力学激励的状态来构造人体模型,并使之满足特定问题的分析目的。这些模型的构建过程包含了大量的步骤,对于低频激励情况,所涉及的主要步骤如下:

(1)选择人体的位姿(如坐姿、站姿等)和具体姿势(如膝部稍微弯曲的站姿,向前或向后倾斜的坐姿等),以及振动传递的模式(如通过地板、座椅或手持工具等)及其传递方向。

(2)对于整体的垂向振动情况,可以考虑单轴模型。如果激励作用在地板(或座椅)上且方向沿着 $x$ 轴,那么在附加一定的假设之后就可以采用人体的两轴模型(在 $xz$ 平面内运动)。

(3)采用集中质量来描述人体特定部位(如头部、臀部和骨盆等),并利用被动元件将这些集中质量合理地连接起来。这一步是非常重要的,它依赖于很多因素,特别是分析目的和频带宽度,同时它也可以通过不同方式来实现。在这一步中应注意以下几点:

①若需要根据标准所容许的振动水平来限制工作场所的振动量,那么必须使得模型和人体的输入阻抗保持完全一致。

②若需要根据标准所容许的振动水平来限制人体各部位的振动量(对于人员需要管理不同系统或需要监控仪器读数等情况这一点尤为重要),那么应当使得模型和人体在幅频特性和相频特性上保持一致,与此对应的方案可以参阅文献[3]。

③在较低频段,应当尽可能采用自由度较少的模型。对于更宽的频率范围,增加模型中的集中质量的个数可以使得人体动力学特性的近似程度更为良好。一般而言,模型的维数可以根据实验得到的幅频特性中最大值点的个数来确定。

在建立数学模型的过程中,应当考虑如下一些方面:

①选择合适的广义坐标。

②获得组织和关节的恢复力和耗散力特性。

③确定人体与支撑面(如地板、座椅、靠背、扶手、头枕和皮带等)之间的接触点。

④确定关节位移的极限值。

⑤利用固体力学方法(如拉格朗日方程、有限元方法等)推导运动方程。

模型参数的确定将在第 17.5.2 节中作简要的讨论。

可以看出,即便上述人体模型的描述是不完整的,从中也可体现出人体建模问题的极端复杂性。

## 17.5.2 碰撞情况下坐姿人体的二维 - 三维动力学模型

这里我们考虑一个碰撞环境下坐在椅子上的飞机乘客模型。这一问题的基本分析过程最早是 Bolukbasi 和 Laananen(1986,1991)等人给出的。根据他们的研究工作[4,16],下面我们将简要地给出乘客动力学模型的描述。

假定人体的响应是关于 $x-z$ 平面对称的,因而此处可以采用二维人体模型。系统的广义坐标可选为人体各个部位的质心位置及其在 $x-z$ 平面内的转角,以及脊柱和颈部的坐标。如图 17.15(a)所示,其中给出了人体的平面模型。

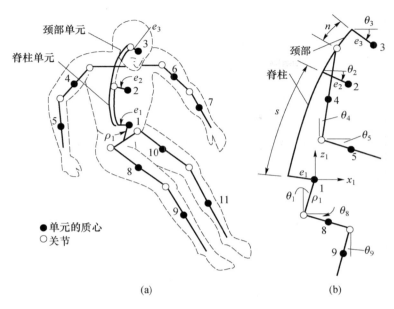

图 17.15　（a）二维乘员模型（11 段）；（b）对应的广义坐标[4]

这一模型包含了如下元件：1 和 2 分别为下部和上部躯干；3 为头部；4、5、8、9 分别为右上臂、右前臂、右大腿和右小腿；6、7、10、11 分别代表的是左上臂、左前臂、左大腿和左小腿；此外还有脊柱和颈部元件。下部和上部躯干相对于脊柱的偏心量分别为 $e_1$ 和 $e_2$，头部相对于颈部的偏心量为 $e_3$。

与一维模型不同的是，这里的脊柱和颈部可以发生弯曲，与此对应的曲线广义坐标可分别记为 $s$ 和 $n$。图 17.15（b）中示出了所有的广义坐标 $q_i(i=1,2,\cdots,11)$，并已经在表 17.5 中列出。

表 17.5　碰撞环境下处于飞机座椅中的乘员模型所包含的广义坐标 $q_i$[4, vol.1]

| 段 | 广义坐标 $q_i$ |
|---|---|
| 1. 下部躯干 | $x_1,z_1,\theta_1$ |
| 2. 上部躯干 | $\theta_2$ |
| 3. 头部 | $\theta_3$ |
| 4,6. 左右上臂 | $\theta_4$ |
| 5,7. 左右前臂 | $\theta_5$ |
| 8,10. 左右大腿 | $\theta_8$ |
| 9,11. 左右小腿 | $\theta_9$ |
| 脊柱 | $s$ |
| 颈部 | $n$ |
| 合计 | **11** |

这里的"乘客模型"涉及如下一些要素：

（1）人体模块：①人体的各个部分、初始姿态和广义坐标；②软组织和硬组织的物理力学特性；③容许特定运动行为且具有极限运动范围的关节。

（2）座椅和约束模块：座椅结构形式、几何参数、横截面参数、材料特性、连接状态、节点位移、安全带约束以及安全带固定点。

（3）冲击激励的作用点及其方向。

（4）作用力。可以分为两类，分别是模型元件中产生的力和作用到人体上的外力。关节中的阻力属于第一类。在最简单的情形下，每个人体关节的阻力均包括了两个方面，其一是常系数的黏性阻尼力，其二是用于模拟肌肉张力的力偶。接触力属于第二类，它们来源于坐垫、地板和皮带，并作用在人体上。

（5）人体受伤害的相关准则。现有参考文献中主要考虑的是人体头部、胸部、脊椎和腿部等部位的损伤。

图 17.15 中所示的二维模型具有 11 个自由度，所有连接关系均采用了铰链型的关节。人员的响应可以通过拉格朗日运动方程来描述，通过对该运动微分方程进行积分，我们可以得到人员在碰撞情况下的响应。在由此得到的大量数据基础上，就可以掌握冲击过程中人体的变形情况、作用在人体上的外力和内力分布情况，以及人体最容易受到伤害的部位情况等等。正因如此，这些数据对于振动防护措施的设计来说也就变成了最为基本的参考信息，例如在针对脊柱损伤防护的座椅设计中、针对胸部损伤防护的安全带设计中以及针对头部损伤防护的头盔设计中，都需要借助这些数据信息。

关于乘客三维模型，其中所包含的各个元件的详细描述可以参阅[4, vol.1, 附录 A]。该三维模型的构造与图 17.15 是相同的，它具有 29 个自由度，所有连接关系（除了膝部、肘部和头颈部的关节）都包含了 3 个转动自由度。在座椅模拟方面，则采用了有限元方法，并结合了已制订的 SOM – TA（运输机的座椅/乘员模型）[4, vol.2]，该模型可适用于较大的塑性变形情况，包含了 75 个节点和 450 个自由度。

## 17.5.3 人体模型的参数

在选择了合适的人体模型结构之后，下一步就需要确定该模型的各项参数。这些参数可以通过真人模拟数据或者根据实验得到的频率特性来确定[3]。

这里我们讨论第二种途径。可以引入两个矢量 $Z_e$（从实验中得到）和 $Z_m$（描述的是人体的动力学特性），这两个矢量具有相同的维度，其对应的元素也具有相同的本性，并且这些元素都是针对给定频率的。假定我们已经从实验中获得了人体力学阻抗的模 $|Z_e(i\omega)|$ 和相位 $\varphi_e(\omega)$ 信息（均为频率的函数），这些数据可以表示成表格或曲线的形式。又设所构建的动力学模型是针对集中参数

型线性动力学系统的,那么该模型的输入阻抗以算子形式就可以表示为[34]

$$Z_m(i\omega) = \frac{a_n p^n + a_{n-1} p^{n-1} + \cdots + a_0}{g_l p^l + g_{l-1} p^{l-1} + \cdots + g_0} \tag{17.4}$$

式中:$a_n = a_n(m_i, k_i, b_i)$,$g_l = g_l(m_i, k_i, b_i)$ 是系数,它们取决于模型的各个参数,即惯性 $m_i$、弹性 $k_i$ 和耗散特性参数 $b_i$。多项式的幂次依赖于结构的输入 – 输出关系的本质以及模型的自由度个数。$n$ 和 $l$ 均为正整数,且 $n \leqslant l$。应当特别引起注意的是,在作出线性模型这一假设时必须谨慎,因为这一线性性质可能会与实验得到的人体各部分的"应力 – 应变"数据以及人体的输入阻抗产生矛盾。

所引入的这两个矢量 $\boldsymbol{Z}_e$ 和 $\boldsymbol{Z}_m$ 的维度应根据所期望的模型精度要求来确定,若令所关心的频率轴上的点数为 $N$,那么该模型的待定参数就可以根据下式来确定,其中考虑了输入力学阻抗的模和相位的偏差,即

$$\min K = \min_{a_n, g_l} \sum_{j=1}^{N} \{ [ |Z_m(i\omega_j)| - |Z_e(i\omega_j)| ]^2 + [\varphi_m(\omega_j) - \varphi_e(\omega_j)]^2 \}$$

$$\tag{17.5}$$

可以看出,对于矢量 $\boldsymbol{Z}_e$ 和 $\boldsymbol{Z}_m$,模型参数的确定原则是,输入力学阻抗的模和相位的均方差之和应取最小值[35]。

由式(17.5)可知,$K$ 对每个变量的偏导数必须取零值,即

$$\begin{cases} \partial K / \partial a_i = 0, & i = 0, \cdots, n \\ \partial K / \partial g_i = 0, & i = 0, \cdots, l \end{cases} \tag{17.6}$$

根据这一组条件即可得到一组关于 $a_0, \cdots, a_n, g_0, \cdots, g_l$ 的代数方程。

确定模型参数的最后一步是针对输入阻抗(17.4)中的参数 $n$ 和 $l$,写出关系式 $a_n = a_n(m_i, k_i, b_i)$,$g_l = g_l(m_i, k_i, b_i)$,进而利用它们来计算出模型的参数 $m_i$、$k_i$ 和 $b_i$。

若假设从某个实验中我们发现人体输入阻抗的模包含了两个局部极大值,那么可以将其等效为由两个独立的线性振子 $m_1 - k_1 - b_1$ 和 $m_2 - k_2 - b_2$ 组成的力学系统,如图 17.16 所示,图中的这两个振子均安装在同一个支撑板上,且支撑板受到的是垂向运动激励。于是,该模型的输入阻抗表达式就可以表示为[3]

$$Z_m(i\omega) = -\frac{a_4 p^4 + a_3 p^3 + a_2 p^2 + a_1 p + a_0}{g_4 p^4 + g_3 p^3 + g_2 p^2 + g_1 p + g_0} \tag{17.7}$$

这个输入阻抗的模的平方则为

$$|Z_m(i\omega)|^2 = \frac{(a_4 \omega^4 - a_2 \omega^2)^2 + (a_1 \omega - a_3 \omega^3)^2}{(g_4 \omega^4 - g_2 \omega^2 + g_0)^2 + (g_1 \omega - g_3 \omega^3)^2} \tag{17.8}$$

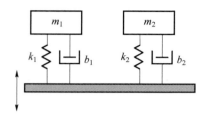

图 17.16 输入阻抗具有两个局部极大值点的人体系统可等效为两个独立的线性振子：
待定的振子参数应根据人体输入阻抗的实验数据来确定

类似地，相位角的表达式也可表示为待定参数 $a_i$ 和 $g_i$ 的函数形式，不过该表达式过于冗长，因而此处不再给出。需要指出的是，对于任意的参数 $n$ 和 $l$，这些模和相位的表达式都可以利用标准软件包 MATLAB 进行计算。

针对给定的频率值 $\omega_j$，若已经得到了对应的力学阻抗实验值 $|Z_e(\mathrm{i}\omega)|^2$，那么可以将式（17.8）代入到式（17.5）中，进而可构造出关系式（17.6）。求解式（17.6）即可得到一组 $a_i$ 和 $g_i$ 值（$i=0,1,\cdots,4$），在这些参数值处这个力学模型的输入阻抗（17.7）将与实验得到的阻抗取得最佳匹配（在可接受的水平上）。

随后可以进行人体力学模型的参数计算，这需要对输入阻抗关系式（17.7）进行变换从而以模型参数 $m_i$、$k_i$ 和 $b_i$ 的形式写出 $a_i$ 和 $g_i$ 的表达式。作为实例，对于前面所选择的力学模型来说，这些关系式应为[3]

$$
\begin{cases}
a_1 = k_1 k_2 (m_1 + m_2) \\
a_2 = (m_1 + m_2)(b_1 k_2 + b_2 k_1) \\
a_3 = b_1 b_2 (m_1 + m_2) + m_1 m_2 (k_1 + k_2) \\
a_4 = m_1 m_2 (b_1 + b_2) \\
g_0 = k_1 k_2 \\
g_1 = b_1 k_2 + b_2 k_1 \\
g_2 = m_1 k_2 + m_2 k_1 + b_1 b_2 \\
g_3 = m_1 b_2 + m_2 b_1 \\
g_4 = m_1 m_2
\end{cases}
\tag{17.9}
$$

根据这个非线性代数方程组，我们就可以求出所需确定的模型参数 $m_i$、$k_i$ 和 $b_i$ 了。

模型参数的确定也可以建立在其他复响应函数的基础上，如幅频响应、相频响应以及传递函数等，其计算过程与前面所给出的过程也是类似的。

不难看出，人体模型参数及其响应的确定是一个比较困难而繁琐的问题，为了回避这些困难，目前人们已经针对人体动力学分析的各个阶段分别提出了一些措施。下面我们简要介绍其中的一些方法。

一种方法是采用图论的相关思想,这一方面的实例可以参见 Gupta 等人[36]和 Genkin[25]等的工作。该方法将振动防护结构描述为一组由不同类型铰链连接而成的单元段,然后通过 Wittenburg 方法推导出该模型的微分方程以及对应的解。在文献[37]中详细介绍了怎样显著简化运动方程的推导过程,并特别考虑了包含人体典型的球窝关节和其他关节的力学系统。

另一方法(Nicol,1996)是将振动防护系统视为一个人工神经网络[38],这种新方法已经用于座椅垂向加速度激励下的乘员脊柱响应计算问题。

1975 年,Wittenburg 为戴姆勒 – 奔驰汽车公司开发了第一个用于模拟汽车事故中的人体动力学的软件工具(针对车内人员或车外行人),这一软件就是人们所熟知的 MESAVERDE、即机构(MEchanism)、卫星(SAtellite)、车辆(VEhicle)和机器人动力学方程(Robot Dynamics Equations)的简写,后来进一步发展成为面向一般多体系统动力学模拟的软件,特别是生物力学系统(人体)的建模,具体内容可参阅 Wittenburg 等人的工作[37,39]。MESA VERDE 针对大幅运动可以生成一组非线性微分方程,并允许我们对系统的动力学状态做非常详细的分析。

当前,采用先进的技术手段进行人体建模已经受到了人们的重视。人体的物理建模是一个复杂、耗时且代价昂贵的过程,为了能够对振动条件下的人体响应作详细分析,在这个建模过程中就需要建立大量的参数和特性函数。当必须考虑人体某些附加的功能特点时,此类系统的建模难度将迅速增大。这是因为即便是模型的一个轻微的改变,都将形成一个新的动力学系统,而且可能是非线性的。试图通过改变系统结构及其参数然后按照常规的过程去实现系统响应的有效观测,一般是比较困难的。为了避开这些困难,往往必须采用一些高效的现代计算机仿真方法[28],甚至超级计算机仿真手段[40]。

Lee 于 2008 年曾针对一个较为全面的人体生物力学模型进行了计算机模拟[28],其中的人体模型包括了 75 块骨头(165 个自由度,含椎骨和肋骨)和 800 多块肌肉。在模拟软组织的生物力学行为时,采用了三维有限元模型,其中的四面体单元的总数为 354000 个。该项研究工作中还给出了与人体不同部位(如肌肉、软组织、头颈部、躯干等)的生物力学模型相关的表格,涵盖了 1992—2008 年期间人们曾经分析过的模型。此外,该项工作还探讨了计算机模拟的不足之处。

超级计算机仿真在本质上是对两个现代软件包的组合使用,分别是 SolidWorks 和 ANSYS Mechanical 软件。生物力学过程的超级计算机仿真的初始阶段是构造真实系统的仿真图景,图 17.13(a)中示出了一个实例。这些图像是根据人体模型的类型(即人体姿态、约束、激励特性等)和分析目的来确定的。在此基础上,需要进一步构造出三维人体动力学模型,这一步主要采用的是 SolidWorks 软件。第二阶段中则需要将这个人体模型导入到 ANSYS Mechanical 软件环境下,主要采用有限元方法来分析人体动力学系统。这一阶段应确定模型的各项物理特性,其中包括人体的几何参数,人体各部位的软组织、肌肉、骨组织的力学特性,外部激励的作用点、作用方向以及相关参数等。利用这一软件,我们可以对人体动力学模型进行各种不同类型的分析,包括模态分析(用于确定特征值和特征函数),稳态振动和瞬态振动分析,以及谱分析等。

将 SolidWorks 和 ANSYS Mechanical(或其他合适的软件)这些软件包组合起来使用,能够为我们带来如下一些好处:

(1)可以构造更为精细的受振动激励的人体动力学模型。

(2)可以大大减少动力学方程推导和求解这一阶段的计算工作量,特别是对于非线性方程(组)更是如此。

(3)可以有效应对人体模型及其参数的改变。

(4)可以进行多种多样的人体动力学分析,例如,可以分析指定人体部位的力、应力、位移的分布情况。

最后附带提及的是,针对循环激励条件下人体腰部脊柱的动态载荷问题,Palatinskaya 等人也已经进行过计算机仿真研究,感兴趣的读者可以去参阅文献[40]。

## 参考文献

1. Griffin, M. J. (1990). Handbook of human vibration. London: Elsevier/Academic Press. Next editions 1996, 2003, 2004.

2. Gierke, H. E., & Brammer, A. J. (1996). Effects of shock and vibration on humans. In Handbook: Harris, C. M. (Editor in Chief), (1996). Shock and vibration(4th ed.). NewYork: McGraw-Hill.

3. Frolov, K. V. (Ed.). (1981). Protection against vibrations and shocks. vol. 6. In Handbook: Chelomey, V. N. (Editor in Chief) (1978 – 1981). Vibration in engineering. Vols. 1 – 6. Moscow: Mashinostroenie.

4. Bolukbasi, A. O., &Laananen, D. H. (1986). Computer simulation of a transport aircraft seat and occupant(s) in a crash environmental(Technical report, Vol. 1-127pages, Vol. 2-203pages). US Department of Transportation, Federal Aviation Administration.

5. Balandin, D. V., Bolotnik, N. N., &Pilkey, W. D. (2001). Optimal protection from impact, shock and vibration. Amsterdam: Gordon and Breach Science.

6. Harris, C. M. (Editor in Chief). (1996). Shock and vibration handbook(4th ed.). New York: McGraw-Hill.

7. Smith, S. D. (2002). Characterizing the effects of airborne vibration on human body vibration response. Aviation, Space, and Environmental Medicine, 73(2), 36 – 45.

8. Wald, P. H., & Stave, G. M. (2001). Physical and biological hazards of the workplace. New York: Wiley-Interscience.

9. Colwell, J. L. (1989). Human factors in the naval environment: A review of motion sickness and biodynamic problems(Technical Memorandum 89/220). Dartmouth, Nova Scotia: Canadian National Defence.

10. Ellias, P., &Villot, M. (2012). Review of existing standards, regulations and guidelines, as well as laboratory

and field studies concerning human exposure to vibration. RIVAS( Railway-Induced Vibration Abatement Solutions) Project,65 pages.

11. Andreeva-Galanina,E. Ts. (1973). Noise and noise sickness( pp. 748 – 751). Washington,DC:US National Aeronautics and Space Administrarion.

12. Bovenzi,M. ,& Hulshof,C. (2007). Vibration exposures VIBRISKS( FP5 Project No. QLK4-2002-02650,Final Technical Report). University of Trieste,Italy.

13. Guignard,J. C. ,& King,P. F. (1972). Aeromedical aspects of vibration and noise. London:North Atlantic Treaty Organization,Advisory Group for Aerospace Research and Development Aerospace Medical Panel.

14. Jovey,R. D. (Ed. ). (2002). Managing pain. The Canadian healthcare professional's reference. Purdue Pharma.

15. Magid,E. B. ,Coerman,R. R. ,&Ziegenruecker,G. H. (1960). Human tolerance to whole body sinusoidal vibration:Short-time,one-minute and three-minute studies. Aerospace Medicine,31,915 – 924.

16. Laananen,D. H. (1991). Computer simulation of a transport aircraft seat and occupant(s)in acrash environmental( User manual,Final report,240 pages). US Department of Transportation,Federal Aviation Administration.

17. Liang,C. -C. ,& Chiang,C. -F. (2008). Modeling of a seated human body exposed to vertical vibrations in various automotive postures. Industrial Health,46,125 – 137.

18. Whiting,W. C. ,& Stuart,R. (2006). Dynatomy:Dynamic human anatomy( Vol. 10). Champaign,IL:Human Kinetics.

19. Tortora,G. J. ,&Derrickson,B. H. (2012). Principles of anatomy and physiology(13th ed. ). New York:Wiley. 1344 pages.

20. Platzer,W. (2008). Color atlas and textbook of human anatomy( 6th ed. , Vol. 1). Stuttgart,Germany:Thieme.

21. Herman, I. P. ( 2007 ) . Physics of the human body. Biological and medical physics, biomedical engineering. Berlin:Springer.

22. Yamada,H. (1973). Strength of biological materials. New York:McGraw Hill. 297p.

23. Hinz,B. ,Menzel,G. ,Blu¨thner,R. ,& Seidel,H. (2001). Transfer functions as a basis for the verification of models—Variability and restraints. Clinical Biomechanics,16,S93 – S100.

24. Miwa,I. (1975). Mechanical impedance of human body in various postures. Industrial Health,13,5.

25. Genkin,M. D. (Ed. )(1981),Measuring and testing, vol. 5. In Handbook:Chelomey, V. N. ( Chief Editor) (1978 – 1981). Vibration in engineering,vols. 1 – 6. Moscow:Mashinostroenie.

26. Lewis,C. H. ,& Griffin,M. J. (1978). A review of the effects of vibration on visual acuity and continuous manual control. Part II. Continuous manual control. Journal of Sound and Vibration,56,415 – 457.

27. Fairley, T. E. , & Griffin, M. J. (1989) . The apparent mass of the seated human body:Vertical vibration. Journal of Biomechanics,22,81 – 94.

28. Lee,S. H. (2008). Biomechanical modeling and control of the human body for computer animation. Los Angeles:University of California.

29. Payne,P. R. ,& Band,E. G. U. (1969) A four-degree-of-freedom lumped parameter model of the seated human body. Aerospace Medical Research Laboratory,Wright-Patterson Air Force Base,OH,AMRL-TR-66-157.

30. Stech,E. I. ,& Payne,P. R. (1971). Dynamic models of the human body. Aerospace Medical Research Laboratory,Wright-Patterson Air Force Base,OH,AMRL-TR-70-35.

31. Muksian, R. ,& Nash, C. D. (1974). A model for the response of seated humans to sinusoidal displacements of the seat. Journal of Biomechanics, 7, 209 – 215.

32. Orne, D. ,& Liu, Y. K. (1971). A mathematical model of spinal response to impact. Journal of Biomechanics, 4, 49 – 71.

33. Prasad, P. ,& King, A. I. (1974). An experimentally validated dynamic model of the spine. Journal of Applied Mechanics. , 41, 546 – 550.

34. Stikeleather, L. P. , Hall, G. O. , & Radke, A. O. (1972). Study of vehicle vibration spectra as related to seating dynamics (Society of Automotive Engineers (SAE) Technical Paper 720001, 34p).

35. Eykhoff, P. (1974). System identification: Parameter and state estimation. New York: Wiley-Interscience.

36. Gupta, S. C. , Bayless, J. W. , &Peikari, B. (1972). Circuit analysis with computer application to problem solving. Scranton, PA: Intext Educational.

37. Wittenburg, J. , Wolz, U. , & Schmidt A. (1990). MESA VERDE—A general-purpose program package for symbolical dynamics simulations of multibody systems. In book: Schiehlen, W. (Ed. ). (1990). Multibody systems handbook. Berlin: Springer. In Schiehlen (Ed. ), Book (pp. 341 – 360).

38. Nicol, J. J. (1996). Modeling the dynamic response of the human spine to mechanical shock and vibration using an artificial neural network. Burnaby, British Columbia, Canada: SimonFraser University.

39. Schiehlen, W. (Ed. ). (1990). Multibody systems handbook. Berlin: Springer.

40. Palatinskaya, I. P. , Dolganina, N. Yu. , &Poptsova, T. Yu. (2013). Supercomputer simulation of the dynamic loads of the lumbar spine. Journal of Ufa State Aviation Technical University, 17(4), 57.

# 附录 A　复数的概念与运算

笛卡儿形式(代数形式)：

复数 $z$ 可以表示为 $z = x + \mathrm{i}y$，其中 $\mathrm{i}^2 = -1$，$x$ 和 $y$ 分别为 $z$ 的实部和虚部[1-3]。

在复数平面 $\mathrm{Re}z - \mathrm{Im}z$ 上，复数 $z = x + \mathrm{i}y$ 可以表示为一个点 $M$(图 A.1)。

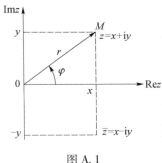

图 A.1

当且仅当 $x = y = 0$ 时，复数 $z = 0$。

若令 $z_1 = x_1 + \mathrm{i}y_1$，$z_2 = x_2 + \mathrm{i}y_2$，那么当且仅当 $x_1 = x_2$，$y_1 = y_2$ 时，我们有 $z_1 = z_2$。

## A.1　共轭复数

如果 $z = x + \mathrm{i}y$，$\bar{z} = x - \mathrm{i}y$，那么称复数 $z$ 和 $\bar{z}$ 互为共轭复数，它们的和为 $z + \bar{z} = 2x$。

复数的三角形式(矢量描述)：

复数 $z = x + \mathrm{i}y$ 可以看成一个矢量 $\overrightarrow{OM}$，该复数的模为 $|z| = |x + \mathrm{i}y| = r = \sqrt{x^2 + y^2} > 0$，幅角为 $\arg z = \arctan(y/x) = \varphi$，对于幅角主值 $\varphi = \arg z$ 来说，要求 $-\pi < \arg z < \pi$。

由于 $x = \mathrm{Re}z = r\cos\varphi$，$y = \mathrm{Im}z = r\sin\varphi$，因此有 $z = r(\cos\varphi + \mathrm{i}\sin\varphi)$。

对于共轭复数，我们有 $|\bar{z}| = |z|$，$\arg\bar{z} = -\arg z$。

复数的极坐标形式：

根据欧拉公式 $e^{\pm i\varphi} = \cos\varphi \pm i\sin\varphi$，可以将复数的三角形式转化为极坐标形式，即 $z = r(\cos\varphi + i\sin\varphi) = re^{i\varphi}$。

## A.2  复数运算

复数的加减法运算为

$$z_1 \pm z_2 = (x_1 + iy_1) \pm (x_2 + iy_2) = (x_1 \pm x_2) + i(y_1 \pm y_2)$$

乘法运算为

$$\begin{cases} z_1 \cdot z_2 = (x_1 x_2 - y_1 y_2) + i(x_1 y_2 + x_2 y_1) \\ |z_1 \cdot z_2| = |z_1| \cdot |z_2|, \arg(z_1 \cdot z_2) = \arg(z_1) + \arg(z_2) \end{cases}$$

除法运算为

$$\frac{z_1}{z_2} = \frac{x_1 + iy_1}{x_2 + iy_2} = \frac{z_1 \bar{z}_2}{|z_2|^2} = \frac{(x_1 x_2 + y_1 y_2) + i(x_2 y_1 - x_1 y_2)}{x_2^2 + y_2^2}, (z_2 \neq 0)$$

$$\left|\frac{z_1}{z_2}\right| = \frac{|z_1|}{|z_2|}, \arg\left(\frac{z_1}{z_2}\right) = \arg z_1 - \arg z_2$$

$$\frac{1}{z} = \frac{\bar{z}}{|z|^2} = \frac{x - iy}{x^2 + y^2}$$

若以三角形式来表示，那么复数的乘法和除法运算可以写为

$$z_1 z_2 = r_1(\cos\varphi_1 + i\sin\varphi_1) \cdot r_2(\cos\varphi_2 + i\sin\varphi_2) = r_1 r_2 [\cos(\varphi_1 + \varphi_2) + i\sin(\varphi_1 + \varphi_2)],$$

$$\frac{z_1}{z_2} = r_1(\cos\varphi_1 + i\sin\varphi_1) \div r_2(\cos\varphi_2 + i\sin\varphi_2) = \frac{r_1}{r_2}[\cos(\varphi_1 - \varphi_2) + i\sin(\varphi_1 - \varphi_2)]$$

若以极坐标形式来表示，那么可以写为

$$z_1 z_2 = r_1 r_2 [\cos(\varphi_1 + \varphi_2) + i\sin(\varphi_1 + \varphi_2)] = r_1 r_2 e^{i(\varphi_1 + \varphi_2)},$$

$$\frac{z_1}{z_2} = \frac{r_1}{r_2}[\cos(\varphi_1 - \varphi_2) + i\sin(\varphi_1 - \varphi_2)] = \frac{r_1}{r_2}e^{i(\varphi_1 - \varphi_2)}$$

复数的幂运算为

$$z^n = [r(\cos\varphi + i\sin\varphi)]^n = r^n(\cos n\varphi + i\sin n\varphi), n = 0, \pm 1, \pm 2, \cdots$$

$$z^2 = (x + iy)2 = x^2 - y^2 + i(2xy)$$

$$z^3 = x^3 - 3xy^2 + i(3x^2 y - y^3)$$

$$z^4 = x^4 - 6x^2 y^2 + y^4 + i(4x^3 y - 4xy^3)$$

复数的开方运算为

$$\sqrt[n]{z} = \sqrt[n]{r} \cdot \sqrt[n]{e^{i\varphi}} = \sqrt[n]{|z|}\left(\cos\frac{\varphi + 2k\pi}{n} + i\sin\frac{\varphi + 2k\pi}{n}\right), k = 0, 1, 2, \cdots, n - 1$$

$$\sqrt{z} = \sqrt{x + iy} = \sqrt{r} \cdot \sqrt{e^{i\varphi}} = \sqrt{r}\left(\cos\frac{\varphi}{2} + i\sin\frac{\varphi}{2}\right)$$

$z$ 的主平方根为 $\sqrt{z}$：$-\pi < \varphi < \pi$，另一平方根符号相反。

复数的对数运算为

$$\log(x + \mathrm{i}y) = \log(re^{\mathrm{i}\varphi}) = \log r + \mathrm{i}\varphi$$

此外，关于复数运算还有如下的不等式关系：

$$\big| |z_1| - |z_2| \big| \leqslant |z_1 + z_2| \leqslant |z_1| + |z_2|$$

# 附录 B　拉普拉斯变换

定义:关于实变量 $t$ 的函数 $f(t)$ 的一维拉普拉斯变换为[1,4,5]

$$F(p) = L\{f(t)\} = \int_0^p f(t)\,\mathrm{e}^{-pt}\mathrm{d}t$$

其中:$p$ 为复数;$f(t)$ 为原函数;$F(p)$ 为像函数;$L\{f(t)\}$ 代表了对函数 $f(t)$ 的拉普拉斯变换。

拉普拉斯变换的基本性质可参见表 B.1,常用的拉普拉斯变换对可参见表 B.2。

表 B.1　拉普拉斯变换的基本性质[1,4,5]

| | 性质 | 原函数 $f(t)$ | 像函数 $F(p) = L\{f(t)\}$ |
|---|---|---|---|
| 1 | 线性性、叠加性 | $af_1(t) \pm bf_2(t)$ | $aF_1(p) \pm bF_2(p)$ |
| 2 | 尺度变换 | $f(\alpha t)$ | $\dfrac{1}{\alpha}F\left(\dfrac{p}{\alpha}\right)$ |
| 3 | 时域平移 | $f(t-\tau)H(t-\tau)\ (\tau>0)$ | $\mathrm{e}^{-p\tau}F(p)$ |
| 4 | $p$ 域内的平移 | $\mathrm{e}^{-at}f(t)$ | $F(p+a)$ |
| 5 | 原函数的一阶导函数 | $f'(t)$ | $pF(p) - f(0+)$ |
| 6 | 原函数的二阶导函数 | $f''(t)$ | $p^2F(p) - pf(0) - f'(0)$ |
| 7 | 原函数的积分 | $\displaystyle\int_0^t f(t)\,\mathrm{d}t$ | $\dfrac{1}{p}F(p)$ |
| 8 | 像函数的导函数 | $-tf(t)$ | $\dfrac{\mathrm{d}F(p)}{\mathrm{d}p}$ |
| 9 | 对参数的微分 | $\dfrac{\mathrm{d}f(t,\alpha)}{\mathrm{d}\alpha}$ | $\dfrac{\mathrm{d}F(p,\alpha)}{\mathrm{d}\alpha}$ |
| 10 | 卷积定理(Borel 定理) | $\displaystyle\int_0^t f_1(t-\tau)f_2(\tau)\,\mathrm{d}t$ $= \displaystyle\int_0^t f_1(\tau)f_2(t-\tau)\,\mathrm{d}t$ | $F_1(p)F_2(p)$ |

## 表 B.2　拉普拉斯变换对[1,3-5]

| 像函数 $X(p)$ | 原函数 $x(t)$ $0 \leqslant t$ | 像函数 $X(p)$ | 原函数 $x(t)$ $0 \leqslant t$ |
|---|---|---|---|
| 1. $e^{-p\tau}$<br>1,当 $\tau = 0$ 时 | $t = \tau$ 时刻的单位脉冲<br>$\delta(t - \tau)$ | 13. $\dfrac{1}{p(p^2 + \omega^2)}$ | $\dfrac{1}{\omega^2}(1 - \cos\omega t)$ |
| 2. $\dfrac{e^{-p\tau}}{p}$ | $t = \tau$ 时刻的单位阶跃函数<br>$H(t - \tau)$ | 14. $\dfrac{p}{(p^2 + \omega^2)^2}$ | $\dfrac{t}{2\omega}\sin\omega t$ |
| 3. $\dfrac{1 - e^{-p\tau}}{p}$ | 矩形脉冲函数<br>$H(t) - H(t - \tau)$ | 15. $\dfrac{p^2 - \omega^2}{(p^2 + \omega^2)^2}$ | $t\cos\omega t$ |
| 4. $\dfrac{1}{p^n}, n = 1,2,3,\cdots$ | $\dfrac{t^{n-1}}{(n-1)!}$ | 16. $\dfrac{1}{(p + a)^2 + \omega^2}$ | $\dfrac{1}{\omega}e^{-at}\sin\omega t$ |
| 5. $\dfrac{1}{p + \omega}$ | 指数衰减函数 $e^{-\omega t}$ | 17. $\dfrac{p + a}{(p + a)^2 + \omega^2}$ | $e^{-at}\cos\omega t$ |
| 6. $\dfrac{1}{p(p + \omega)}$ | $\dfrac{1}{\omega}(1 - e^{-\omega t})$ | 18. $\dfrac{1}{p^2 - \omega^2}$ | $\dfrac{1}{\omega}\sin\omega t$ |
| 7. $\dfrac{1}{(p + a)(p + b)}, a \neq b$ | $\dfrac{e^{-at} - e^{-bt}}{b - a}$ | 19. $\dfrac{p}{p^2 - \omega^2}$ | $\cosh\omega t$ |
| 8. $\dfrac{p}{(p + a)(p + b)}, a \neq b$ | $\dfrac{ae^{-at} - be^{-bt}}{a - b}$ | 20. $\dfrac{p + a}{[(p + a)^2 + \omega^2]^2}$ | $\dfrac{t}{2\omega}e^{-at}\sin\omega t$ |
| 9. $\dfrac{1}{p^2 + \omega^2}$ | $\dfrac{1}{\omega}\sin\omega t$ | 21. $\dfrac{(p + a)^2 - \omega^2}{[(p + a)^2 + \omega^2]^2}$ | $te^{-at}\cos\omega t$ |
| 10. $\dfrac{p}{p^2 + \omega^2}$ | $\cos\omega t$ | 22. $\dfrac{1}{[(p + a)^2 + \omega^2]^2}$ | $\dfrac{1}{2\omega^3}te^{-at}$<br>$(\sin\omega t - \omega t\cos\omega t)$ |
| 11. $\dfrac{p + a}{p^2 + \omega^2}$ | $\dfrac{\sqrt{a^2 + \omega^2}}{\omega}\sin(\omega t + \phi)$,<br>$\phi = \tan^{-1}\dfrac{\omega}{a}$ | 23. $\dfrac{p}{[(p + a)^2 + \omega^2]^2}$ | $\dfrac{1}{2\omega^3}te^{-at}(a\sin\omega t - a\omega t$<br>$\cos\omega t + \omega^2 t\sin\omega t)$ |
| 12. $\dfrac{p\sin\theta + \omega\cos\theta}{p^2 + \omega^2}$ | $\sin(\omega t + \theta)$ | 24. $\dfrac{e^{-\xi\omega t}}{\omega\sqrt{1 - \xi^2}}\sin\omega$<br>$\sqrt{1 - \xi^2 t}$ | $\dfrac{1}{p^2 + 2\xi\omega p + \omega^2}$ |

注:$\delta(t - 0)$ 代表的是 $t = 0$ 时刻的单位狄拉克函数,$H(t - 0)$ 代表的是 $t = 0$ 时刻的单位海维赛德函数

## 参考文献

1. Abramowitz, M. , & Stegun, I. A. ( Eds. ). ( 1970 ). Handbook of mathematical functions with formulas, graphs and mathematical tables. National Bureau of Standards, Applied Mathematics Series, 55, 9th Printing.

2. Brown, J. W. , & Churchill, R. V. ( 2009 ). Complex variables and applications—Solutions manual ( 8th ed. ). New York: McGraw-Hill.

3. Korn, G. A. , & Korn, T. M. ( 1968 ). Mathematical handbook ( 2nd ed. ). New York: cGraw-Hill Book; Dover Publication, 2000.

4. D'Azzo, J. J. , & Houpis, C. H. ( 1995 ). Linear control systems. Analysis and design ( 4th ed. ). New York: McGraw-Hill.

5. Shearer, J. L. , Murphy, A. T. , & Richardson, H. H. ( 1971 ). Introduction to system dynamics. Reading, MA: Addison-Wesley.

# 译 者 简 介

舒海生,男,汉族,1976年生于安徽省石台县,工学博士,博士后,现任哈尔滨工程大学机电工程学院教授,博士生导师,主要从事振动分析与噪声控制、声子晶体与超材料、机械装备系统设计等方面的教学与科研工作,近年来发表科研论文30余篇,获国家发明专利6项,出版译著3部,承担国家自然科学基金等项目共5项,参研其他项目共7项。

史肖娜,女,汉族,1987年生于河北省新河县,工学博士,现任江苏科技大学机械工程学院讲师,主要从事振动噪声控制、声子晶体与超材料等方面的研究工作,近年来参研科研项目3项,发表论文8篇,合作翻译专著2部。